DIE GESCHICHTE DER STERNKUNDE

VON DEN ERSTEN ANFÄNGEN BIS ZUR GEGENWART

VON

PROFESSOR DR. ERNST ZINNER
DIREKTOR DER REMEIS-STERNWARTE IN BAMBERG

MIT 54 BILDERN IM TEXT
UND 13 TAFELN

BERLIN
VERLAG VON JULIUS SPRINGER
1931

ISBN 978-3-642-50599-7 ISBN 978-3-642-50909-4 (eBook)
DOI 10.1007/978-3-642-50909-4

VORWORT

DIE Geschichte der Sternkunde wendet sich zugleich an Gelehrte und an die zahlreichen Liebhaber der Sternkunde und muß deshalb vermeiden durch ein bloßes Berichten unter Beifügung zahlreicher Fußnoten für weite Kreise ungenießbar zu werden oder durch Außerachtlassung der Einzelheiten nur ein allgemeines Bild von der Sternkunde der einzelnen Völker zu entwerfen und dadurch den Leser nicht zu befriedigen. Die vorliegende Geschichte sucht den Werdegang der Sternkunde für die einzelnen Völker mit selbständiger Kultur darzustellen. Dabei mußte bei den älteren Sternkunden auf mehr Einzelheiten eingegangen werden, um besonders den Anfangszustand der Sternkunde besser zu kennzeichnen, während die jüngste Entwicklung nur in großen Zügen geschildert werden konnte. Diese notwendige Beschränkung, die aber kein Werturteil in sich schließen soll, entstand durch das riesige Anwachsen des Schrifttums in den letzten Jahrzehnten. Als Rudolf Wolf vor einem halben Jahrhundert seine Geschichte schrieb, sah er sich genötigt, um einen allzu großen Umfang seines Werkes zu vermeiden, die in den letzten Jahrzehnten erschienenen Schriften nur in ganz großen Zügen zu berücksichtigen. Noch viel mehr ist dies jetzt notwendig, wo das Schrifttum sich kaum noch übersehen läßt. So wurden beispielsweise in den 20 Jahren vor dem Erscheinen von Wolfs Geschichte etwa 8000 in das Gebiet der Sternkunde einschlägige Schriften veröffentlicht, dagegen in den letzten 20 Jahren mindestens 100 000. Für die letzte Zeit erschien es deshalb wichtiger die Hauptlinien der Entwicklung klarzulegen als den Leser durch eine Fülle von Einzelheiten zu ermüden.

Den Schluß bilden eine Schilderung der Geschichtsschreibung und eine vergleichende Darstellung der in der Sternkunde sich ausprägenden Gesetzmäßigkeiten und Werdegänge.

Großer Wert wurde auf eine möglichst genaue Umschrift der Eigennamen gelegt. Aus dem Wirrwarr der französischen, englischen und deutschen Umschriften der chinesischen Eigennamen half mir Herr

W. Simon in Berlin. Bei der Umschrift der arabischen Namen konnte ich mich der Hilfe von E. Wiedemann in Erlangen erfreuen. Meiner Frau Susi Zinner schulde ich für ihre Hilfe bei der Durchsicht der Niederschrift und bei der Druckprüfung vielen Dank.

Bamberg 1930 ERNST ZINNER

INHALTSVERZEICHNIS

VERZEICHNIS DER BILDER IM TEXT

VERZEICHNIS DER TAFELN

Bild auf dem Einband bzw. Umschlag: Mittelalterliche Gelehrte, nach einem Holzschnitt des 15. Jahrhunderts.

ERSTER TEIL

DIE STERNKUNDE DER ÄGYPTER

DIE ERFASSUNG DER ZEIT

ÄGYPTEN als Land begünstigt in besonderem Maße das frühzeitige Entstehen einer Sternkunde. Die Nähe der Wüste hat eine geringe Wolkenbildung zur Folge und bietet damit die Möglichkeit den himmlischen Vorgängen dauernde Aufmerksamkeit zu schenken. Die Dämmerung ist kurz; der Unterschied von Tag und Nacht prägt sich ein und begünstigt die Verwendung dieser Aufeinanderfolge von Tag und Nacht zur Einteilung der Zeit. Nur solche günstigen Bedingungen lassen eine Sternkunde entstehen, die über eine bloße Benennung einiger Sterne und verschwommene Anschauungen über den Himmel hinauswächst und die Bewältigung von Raum und Zeit erstrebt. Von den Völkern in der Nähe der Pole läßt sich eine besondere Pflege der Himmelsbeobachtungen nicht erwarten, gestattet doch die meistens geschlossene Wolkendecke keine dauernde Beobachtung der himmlischen Vorgänge. Selbst die Erfassung des Tages als Zeiteinheit wird ihnen erschwert. Die Planeten werden sich mehr oder weniger der Beobachtung entziehen. Ist es doch bereits für die Bewohner von Mittel- und Nordeuropa nur selten möglich, den Merkur mit bloßem Auge zu sehen, während dies für die Bewohner von Aegypten nicht schwierig ist. Für Aegypten kommt noch ein Umstand hinzu, der die Einteilung der Zeit begünstigt und seinen Bewohnern einen gewaltigen Vorsprung vor anderen Völkern verschafft hat: die jährliche Ueberschwemmung des Nils. Infolge der frühjährlichen Regengüsse in Mittelafrika und Abessinien schwillt der Nil an und führt vom Juli an große Wassermengen in das ausgetrocknete Aegypten, die das Land weithin überschwemmen. Die Ueberschwemmung dauert Monate an, währenddessen der mitgeführte Nilschlamm zu Boden sinkt und das

Land befruchtet. Die jährliche Wiederholung der Nilüberschwemmung mußte den Bewohnern Aegyptens, falls sie das Feld bestellen wollten, geeigneter zur Zeiteinteilung erscheinen als das unsichere Erscheinen des Frühlings oder als der Mondwechsel, die anderen Völkern zur Zeiteinteilung neben dem Tage dienten. Deshalb läßt sich für Aegypten bereits im 4. Jahrtausend v. Chr. eine Zeitrechnung nachweisen, die zur Nilschwelle in naher Beziehung steht.

DIE ZEITRECHNUNG

Ist diese Zeitteilung unter Benützung der Nilschwellen die älteste Zeiteinteilung der Aegypter oder gab es eine noch ältere? Ueber die Entwicklung der Zeitrechnung in der ältesten Zeit lassen sich nur Vermutungen aufstellen. Urkunden gibt es aus dieser Zeit, aus dem 5. Jahrtausend v. Chr. und früher, nicht. Nur aus manchen Gebräuchen lassen sich Schlüsse über diese frühe Zeit machen.

Bereits in sehr alter Zeit gilt der Mond als der Zeitrechner oder als der Scheider der Jahreszeiten, Monate und Jahre. Erst vom 3. Jahrtausend an wird die Sonne als Zeitteiler erkannt und mit ihrem Zeichen werden die Hieroglyphen für die Zeitausdrücke versehen. Ferner deutet auf eine Verwendung des Mondes zur Zeitteilung die Einteilung des Jahres in 12 Monate zu 30 Tagen. Diese Monate wurden als Zeiteinheit für Zeitangaben und die einzelnen Monatstage nur als Bruchteil des mit ihnen zum Abschluß kommenden Monatsteiles aufgefaßt, z. B. der 4. Tag als $^1/_{10} + {}^1/_{30}$ des Monates. Dabei wurde der Monat häufig nach einem Fest genannt, das am Ende des Monats selbst oder am Anfang des folgenden Monats lag. Auf eine frühere Beachtung des Mondwechsels zur Zeitteilung und demgemäß zur Hervorhebung wichtiger Tage, wie der des 1. Erscheinens des jungen Mondes und des Tages des Vollmondes, deuten das Fest des Kopfes des Monats am 2. Monatstage, entsprechend dem 1. Tag nach dem Neumonde, und das Hauptfest am 15. Monatstage, entsprechend dem Vollmonde. Solche Feste kommen eigentlich nur bei Völkern, welche den Mond als Zeitteiler anwenden, vor. Alles dieses spricht für eine frühere Mondrechnung. Diese braucht aber nicht soweit gegangen zu sein, daß man die Jahreslänge durch Monate und Schaltmonate darzustellen suchte.

Deutlicher als die Spur einer Mondrechnung ist die Erinnerung an eine frühe Jahresform, das Rundjahr von 360 Tagen. Daß diese Jahresform vor dem 4. Jahrtausend bestand, läßt sich als sicher annehmen. Für das frühere Vorhandensein dieser Jahresform spricht die noch sehr spät vorkommende Erinnerung, daß die 5 letzten Tage des altägyptischen Jahres ursprünglich nicht mitgezählt, sondern erst später hinzugenommen wurden und als Zusatztage für unheilvoll galten. Zur Erklärung dieser Anschauung teilt PLUTARCH die folgende Sage mit: *Der Gott Set und die Himmelsgöttin Nut hatten heimlich miteinander verkehrt. Die Sonne aber verfluchte die Nut, daß deren Kinder weder in einem Monat noch in einem Jahr geboren werden sollten. Nut wandte sich an den klugen Thoth um Rat. Dieser spielte mit der Mondgöttin Würfel und gewann ihr von jedem Tag des 360tägigen Jahres den 72. Teil ab, aus dem er 5 Tage bildete, die hinter den 12 Monaten angehängt wurden. Dadurch gewann das Sonnenjahr 5 Tage mehr als das alte Jahr, und das Mondjahr hatte 355 statt 360 Tage; was jenem gegeben wurde, mußte dieses verloren haben; und so konnten die fünf nachgeborenen Götter in die Welt eintreten.*

Das Rundjahr war geteilt in 3 Jahreszeiten zu je 4 Monaten, die 30 Tage zählten. Diese Rechnung von 12 Monaten zu je 30 Tagen war so einfach, daß sie sich im kaufmännischen und wissenschaftlichen Leben selbst dann, als eine genauere Jahreslänge bekannt war, noch hielt. Der Jahresverlauf wurde angezeigt durch das Emporsteigen der 36 Dekane, Sternbilder oder Teile von Sternbildern, deren Erscheinen am Morgenhimmel den Beginn der ihnen entsprechenden Zehnerwoche angab. Ursprünglich schloß das Jahr mit dem letzten Dekan und der letzten Zehnerwoche. Erst später, nach der Erkenntnis der Jahreslänge, ließ man die Zehnerwoche, wie jetzt die siebentägige Woche, über das Jahresende in das folgende Jahr hinübergehen, während man die 36 Dekane nach wie vor als Anzeiger des Jahresverlaufes ansah. Die Anwendung der Zehnerwoche läßt sich bis in die Mitte des 4. Jahrtausends nachweisen. Für die ältere Zeit fehlen die entsprechenden Urkunden.

Erst allmählich konnten sich die Aegypter über die Zahl der Zusatztage klar werden. Das Finden der Zusatztage wurde durch die Nilüberschwemmung erleichtert, deren ziemlich regelmäßige Wiederholung sich zur rohen Ableitung der Jahreslänge eignete. Ein genauer Wert für die Jahreslänge ließ sich erst dann finden, als der morgendliche Aufgang des Sirius in Verbindung mit dem Herannahen der Nilschwelle gebracht und festgestellt worden war, daß der Sirius für das mittlere Aegypten zum erstenmal am Morgenhimmel zu erscheinen, seinen Frühaufgang zu haben pflegt, wenn das Anschwellen des Niles gemeldet wurde. Aus dem unschwer zu beobachtenden Frühaufgange eines so hellen Sternes bestimmten die Aegypter die Jahreslänge zu 365 Tagen. Diese für die ägyptische Zeitrechnung eigentümliche Jahreslänge wurde in 12 Monate zu 30 Tagen und in die 5 Zusatztage geteilt. Das Jahr begann mit dem Morgen nach dem Frühaufgang des Sirius und enthielt die 3 Jahreszeiten der Ueberschwemmung, der Saat und der Ernte, innerhalb deren die Monate der Reihe nach als erster, zweiter, dritter und vierter bezeichnet wurden. Eine durch Jahrzehnte durchgeführte Beobachtung mußte ergeben, daß der Frühaufgang des Sirius sich zum Jahresanfang verschob, derart daß er vom 1. Tage des 1. Monates der Ueberschwemmung auf den 2. Tag, auf den 3. Tag usw. rückte. Die Verschiebung betrug in 4 Jahren 1 Tag, so daß nach 1460 Jahren der Jahresanfang wieder mit dem Siriusaufgang zusammenfiel. Diese sogenannte Siriusperiode — Sothisperiode — besagt, daß 1460 Siriusjahre 1461 »Wandeljahren« entsprechen, ein Verhältnis, das von den griechischen und römischen Schriftstellern als ständig geltend überliefert wurde. Tatsächlich änderte es sich im Laufe der Jahrtausende. Im 4. Jahrtausend war es 1458 zu 1459, später 1456 zu 1457 und im letzten vorchristlichen Jahrtausend 1454 zu 1455, weil der Aequator infolge der Anziehung von Sonne und Mond auf die abgeplattete Erde seine Lage im Raume änderte. Aus dem gleichen Grunde änderte sich auch der Beginn der Nilschwelle zum Frühaufgange des Sirius. Im 4. Jahrtausend fielen beide zeitlich zusammen und zwar auf den 16. Juli für Memphis, während im Jahre 141 n. Chr. die Nilschwelle 22 Tage vorher eintrat. Die Jahre des Zusammenfallens des Siriusaufganges mit dem Neujahr des Wandeljahres sind 141 n. Chr. und 1314, 2770 und 4228 v. Chr. Da sich Zeugnisse für das Vorhandensein des Wandeljahres bis ins 4. Jahrtausend finden, so wird bereits in dieser Zeit die Verschiebung des Siriusaufganges im Wandeljahr beobachtet worden sein. Die Priester, die den Kalender in Ordnung zu halten und besonders darauf zu sehen hatten, daß die Feste ordnungsgemäß an ihren Tagen gefeiert wurden, werden sich der Bedeutung dieser Verschiebung bald bewußt geworden sein. Es konnte ihnen nicht verborgen bleiben, daß sich der Siriusaufgang für beliebige Jahre vorausberechnen läßt, wenn das Siriusjahr, der Zeitraum zwischen 2 Frühaufgängen, zu $365^1/_4$ Tagen angenommen wurde, da ein merkwürdiger Zufall bewirkte, daß das Siriusjahr fast völlig dieser Dauer während der letzten vier Jahrtausende v. Chr. entspricht. Die Voraussetzung dafür war allerdings, daß der Siriusaufgang immer an demselben Ort beobachtet werde; aber es ist wohl

nicht zweifelhaft, daß wenigstens für das Alte Reich die Hauptstadt Memphis als Beobachtungsstätte galt, zumal nur für Memphis damals Siriusaufgang und Nilschwelle zusammenfielen.
Die für das Wandeljahr gültige Einteilung in 3 Jahreszeiten, 12 Monate und 5 Schalttage wurde auch auf das Siriusjahr übernommen. Ferner erhielten beide Jahresformen die gleiche Festordnung, nur mit dem Unterschiede, daß die mit dem Siriusaufgang, der Nilschwelle und der Ernte verbundenen Feste im Siriusjahr gefeiert wurden, während manche anderen Feste mit dem Wandeljahre wanderten und besonders das tägliche Leben an dieses Jahr geknüpft war. Somit gab es zugleich zwei sich völlig entsprechende Jahresformen, die gelegentlich zusammenfielen, meistens aber mehr oder weniger voneinander getrennt waren. Anscheinend wurde mehrmals versucht, die beiden Jahresformen zur Uebereinstimmung zu bringen, worauf das Fest der Zeitordnung, wie es unter der Regierung des Königs Athotis-Der und des 6. Königs des 1. Herrscherhauses, sowie im 19. Regierungsjahre des Königs Binothris-Mu-neteri des 2. Herrscherhauses gefeiert wurde, hindeuten. Wohl erst zur Zeit der mächtigen Herrscher und Pyramidenerbauer des 4. Herrscherhauses, um 2776 v. Chr., wurden solche Versuche aufgegeben und die Regel aufgestellt, daß sich das Wandeljahr unabänderlich jährlich um $^1/_4$ Tag gegen das Siriusjahr verschieben solle.
Auch die Eigentümlichkeiten des Sonnenlaufes scheinen im Kalender verewigt worden zu sein, obwohl beide Jahresformen auf die Jahrespunkte ursprünglich keine Rücksicht nahmen und selbst das Siriusjahr, obwohl ein Naturjahr, mit dem Sonnenjahr nicht übereinstimmt. Seit der Zeit des mittleren Reiches wurde die Sonne als die Erhalterin des Lebens erkannt und verehrt. Sie galt als die Urheberin von Tag und Nacht und der Jahreszeiten. Man unterschied nicht mehr wie früher ganz allgemein Sommer und Winter, sondern kam zur Kenntnis der Sonnenwenden. Wenigstens kann man, aus dem Vorhandensein entsprechender Feste, nämlich des Brandes und der Geburt der Sonne, darauf schließen. Die Geburt der Sonne entspricht der Wintersonnenwende und ist aus der Anschauung entstanden, daß der Jahreslauf der Sonne mit dem Leben eines Menschen von der Geburt bis zum Tode vergleichbar sei. Dieser Vergleich mit dem menschlichen Leben wurde ursprünglich auf den täglichen Sonnenlauf bezogen und erst später auf den Jahreslauf übertragen. Das Fest der Wintersonnenwende, »die Geburt der Sonne«, fiel wahrscheinlich auf den 5./6. Januar, an dem in spä-

terer, hellenistischer Zeit die Geburt der Ewigkeit gefeiert wurde, während die Wintersonnenwende sich allmählich im julischen Jahr verschob und deshalb um Christi Geburt das Fest der Geburt der Sonne am 25. Dezember gefeiert wurde. Als um 2000 v. Chr. der Anfang des Wandeljahres, das sogenannte Neujahrsfest, auf den 6. Januar fiel, zusammen mit der Wintersonnenwende und dem entsprechenden Fest der Geburt der Sonne, lag es nahe dieses Fest mit dem Neujahrsfest dauernd zu verbinden. Dies geschah wohl unter der Herrschaft des Amenemhēt I., der das Reich Aegypten aus dem Zustand der Ohnmacht wieder aufrichtete und mit dem das sogenannte Mittlere Reich begann. Es ist möglich, daß er den Anstoß zu dieser Kalenderverbesserung gab, die im Unterschied zu der ersten, auf Memphis bezüglichen, die neue Hauptstadt Theben zum Ausgangspunkt nahm und mehrere thebanische Feste einführte. Zu diesen Festen gehörten »die Geburt der Sonne« als Wintersonnenwende und der »Brand« als Sommersonnenwende. Die Kenntnis der entsprechenden Jahrespunkte braucht nicht erst damals erfolgt zu sein. Vielmehr ist den deutlichen Trennungsmerkmalen in den Dekanreihen von Siut, vom Anfange des 21. Jahrhunderts v. Chr., zu entnehmen, daß bereits vorher eine Teilung des Jahres in die entsprechenden 2 Teile bekannt war. Die Verbindung der Geburt der Sonne mit dem Neujahrsfest ließ sich wohl durch den König befehlen, aber nicht das dauernde Zusammenfallen des Neujahrsfestes des Wandeljahres mit der Wintersonnenwende. Vielmehr entfernte sich das Neujahrsfest mit dem Fest der Geburt mehr und mehr von der Wintersonnenwende und machte auch diese Kalenderregelung sinnlos. Deshalb wurde später dieses Fest nicht mehr auf die alljährliche Geburt bei der Wintersonnenwende bezogen, sondern ganz allgemein als das Fest der Weltschöpfung betrachtet, wo der Sonnengott Rēʿ als Knabe auf einer Lotosblume sitzend aus dem Urwasser empor tauchte. Der Zusammenfall dieses Festes mit dem Neujahrsfest und dem Siriusaufgang wurde als Wiederholung der Weltschöpfung angesehen und der Zeitpunkt der Weltschöpfung selbst als das erstmalige Zusammenfallen dieser 3 Feste aufgefaßt.

Durch das gleichzeitige Bestehen des Siriusjahres, beginnend mit der Ueberschwemmung und gekennzeichnet durch Feste, die mit der Ueberschwemmung und Ernte zusammenhängen, und des Wandeljahres mit seinen beweglichen Festen mußte eine große Verwirrung entstehen. Es war Sache der Priester Ordnung darin zu halten und die Lage der Naturfeste zu dem amtlichen Wandeljahr jährlich festzulegen.

Für die enge Verbindung der Priesterschaft mit der Sternkunde und Zeitrechnung spricht der Titel des Oberpriesters der Sonnenstadt Heliopolis, welcher der Große Beobachter, der Beobachter des Geheimnisses des Himmels und Oberster der Geheimnisse des Himmels genannt wurde. Dem Einfluß der Priester ist es zuzuschreiben, daß das Wandeljahr 4 Jahrtausende hindurch trotz seiner Fehler beibehalten wurde. Wohl versuchten die Könige eine bessere Jahresform einzuführen; sie drangen jedoch damit nicht durch. Um solche Versuche von vornherein zu unterbinden, wurden die Könige gezwungen vor der Aufsetzung der Krone einen Eid zu schwören, daß sie nicht versuchen würden Schalttage oder Monate einzuführen oder an dem althergebrachten Jahr von 365 Tagen etwas zu ändern. Erst im Jahre 238 v. Chr., unter der Herrschaft der Ptolemäer, bequemten sich die Priester zu einer Verbesserung, nämlich zur Einschaltung eines 6. Zusatztages jedes 4. Jahr und Festlegung des Wandeljahres zum Siriusjahr, indem der Siriusaufgang unverrückbar fest mit dem 1. Payni verbunden wurde. Jedoch nur wenige Jahrzehnte vermochte sich diese Neuerung zu halten. Das Volk und die Kirche bedienten sich nach wie vor der alten Jahresform des sogenannten ägyptischen Jahres. Nur gelegentlich wird die neue verwendet. Zuletzt läßt sie sich noch für das Jahr 57 v. Chr. nachweisen. Sie feiert ihre Auferstehung in der von Julius Cäsar beschlossenen und im Jahre 26/25 eingeführten Zeitrechnung, wonach der Neujahrstag = 1. Thoth auf den 29. August und der Siriusaufgang auf den 25. Epiphi fiel. Aber auch diese Jahresrechnung stieß auf den Widerstand des Volkes, das erst im 4. Jahrhundert nach Chr. unter dem Einflusse der christlichen Kirche zur Annahme dieses nunmehr alexandrinisch genannten Jahres sich bequemte.
Die Jahre wurden nicht fortlaufend gezählt, sondern nur innerhalb der Regierung eines Herrschers. Dabei wurde das Jahr, mit dem seine Herrschaft begann, als erstes und sein Todesjahr als letztes gezählt, so daß das erste Jahr des neuen Herrschers und das letzte seines Vorgängers dieselben sind. Das Jahr zerfiel in die 12 Monate, die im letzten Jahrtausend die Namen: Thoth, Phaophi, Athyr, Choiak, Tybi, Mechir, Phamenoth, Pharmuthi, Pachon, Payni, Epiphi, Mesori erhielten.

DIE ZEITMESSUNG

Tag und Nacht wurden als je eine Einheit aufgefaßt und in je 12 Stunden geteilt, die entsprechend der Jahreszeit verschieden lang und nur zur Zeit der Nachtgleiche gleichlang waren. Der Begriff der Stunde ist sehr alt und kommt bereits um 3000 v. Chr. vor. Unterabteilungen der Stunde sind nicht bekannt.

WASSERUHREN

Zur Einteilung von Tag und Nacht in die 12 Stunden bedienten sich die Aegypter der Wasser-, Sonnen- und Sternuhren. Gewichtsuhren kannten sie nicht. Wie sich die Entwicklung der verschiedenen Uhren, besonders der Wasseruhren, bei ihnen abspielte, läßt sich aus den wenigen erhaltenen Resten an Uhren und Schriften darüber nicht ersehen. Jedenfalls war die Entwicklung der Wasseruhren zu der Zeit, als die ältesten Reste der Wasseruhren auftreten, nämlich in der Mitte des 2. vorchristlichen Jahrtausends, schon beinahe abgeschlossen. Aus dieser Zeit ist eine sehr wichtige Mitteilung in dem Grabe des Fürsten und Siegelbewahrers Amenemḥeʿt in Bruchstücken erhalten. In ihr schildert Amenemḥeʿt seine Verdienste um die Verbesserung der Auslauf-Wasseruhr. In den ägyptischen Schriften habe er festgestellt, daß das Verhältnis der Länge der Winternacht zu der Sommernacht wie 14 zu 12 sei und daß die Nachtlänge von Monat zu Monat wechsle. Daraufhin habe er für Amenophis I. (herrschend 1555—1534 v. Chr.) eine Wasseruhr gebaut, die durch Berücksichtigung der verschiedenen Länge der Stunden und durch Verwendung nur eines Auslaufes die Stunde für jede Jahreszeit richtig angegeben habe. Aus dieser Mitteilung geht hervor, daß die früheren Wasseruhren auch schon die verschiedene Länge der Stunden berücksichtigten, aber verschiedene Auslaufröhren für diesen Zweck verwendeten. Wie Amenemḥeʿt seine Wasseruhr zur Angabe der verschiedenen Stunden eingerichtet hat, gibt er nicht an. Aber wir können uns aus den erhaltenen Uhren (Tafel 2), die bis zum Jahre 1400 etwa zurückreichen, eine Vorstellung davon machen, da diese Uhren schon in ihrem Aeußern der des Amenemhe t ähneln und im Innern auch nur eine Auslauföffnung haben und auch 14 zu 12 für das Verhältnis Winter zu Sommer annehmen. Anscheinend hat diese Erfindung einen wesentlichen Fortschritt bedeutet; sie erfuhr auch in der Folgezeit nur geringe Verbesserungen, so daß noch die im 3. nachchristlichen Jahrhundert auf einem Papyrus enthaltene Vorschrift zur Herstellung einer Wasseruhr ähnlich verfährt. Der Grundgedanke bei diesen Uhren besteht darin, daß in einer Wasseruhr mit kegelstumpfförmigem Querschnitt, wobei die Neigung der Wand 1 : 3 beträgt, der Wasserspiegel in gleichen Zeiten um die gleiche Höhe sinkt. Dies ist bei dieser Form des Gefäßes nicht möglich, sondern nur bei parabolischem Querschnitt. Deshalb konnten die an der Innenwand angebrachten Stundenmarken die Stunde nicht genau angeben. Die angegebenen Stunden waren zuerst zu lang, in der Mitte richtig und zuletzt zu kurz, weshalb die Zeit des Mittags oder der Mitternacht um 3/4 Stunden zu spät angezeigt wurde. Dabei ist noch die Annahme gemacht, daß die Stundenmarken gleichweit voneinander abstanden. Tatsächlich ist ihr Abstand nicht immer der gleiche, so daß dadurch die Angabe der Stunde noch ungenauer wird.

Zur Wiedergabe der Stunden in den verschiedenen Jahreszeiten bediente man sich für jeden Monat einer besonderen Reihe von Merkmalen, deren gegenseitiger Abstand der Länge der Nachtdauer der verschiedenen Monate entspricht. In der ältesten Uhr ist die Reihe des 4. Monates die längste und die des 10. Monates die kürzeste. Ihre Längen verhalten sich wie 14 zu 12, wie bei Amenemḥeʿt angegeben. Bei den späteren Uhren ist das Verhältnis anders, fortgeschrittener, wie auch die Aenderung der Länge von Monat zu Monat einen Fortschritt zeigt. Ursprünglich wurde eine gleichmäßige Aenderung um je 1/3 Finger angenommen, später in der Zeit Alexanders, eine von der Zeit der Tagundnachtgleiche aus gerechnete Aenderung, die 1, 2/3 und 1/3 Finger beträgt und der wirklichen erheblich näher kommt. Die zugrunde liegende Annahme von 10 : 14 entspricht der Länge von Tag und Nacht in Alexandria und wurde auch von den Griechen gebraucht. Dagegen liefert der erste Ansatz, der für die älteste Uhr gilt, für den Fundort Theben keine richtige den Jahreslängen entsprechende Aenderung. Zeigte die Uhr für die Nachtgleichen die richtige Dauer des Tages an, so mußte sie den kürzesten Tag um 51 Minuten zu lang und den längsten Tag um 53 Minuten zu kurz angeben.

Die Aegypter benützten außer den Auslaufuhren, die für jede Nacht oder Tag bis zu einem bestimmten Strich gefüllt werden mußten, auch Einlaufuhren, die im Laufe von 12 Stunden durch einfließendes Wasser gefüllt wurden, wobei ein Schwimmer sich hob und an einem sichtbaren Zifferblatt die Stunde angab. Die gefundenen Einlaufuhren zeigen wohl ägyptische Verzierungen und erinnern in ihrer Berücksichtigung der Jahreszeiten im Verhältnis 12/14 an die älteren Uhren; jedoch stammen sie aus der Zeit der Einwirkung der griechischen Kultur, so daß griechischer Einfluß nicht ausgeschlossen ist.

SONNENUHREN

Die Wasseruhren dienten anscheinend hauptsächlich zur Bestimmung der Nachtstunde, wie aus ihrer Einrichtung hervorgeht. Zur Bestimmung der Tagesstunde verwendeten die Aegypter die Sonne, die ihnen fast in allen Jahreszeiten zur Verfügung stand, und zwar benützten sie den Schattenwurf scharfer Kanten. Bei ihren Sonnenuhren wird teils die Breite, teils die Länge, teils die Richtung des Schattens gemessen. Bei der ersten, ins 15. Jahrhundert zurückreichenden Art (Bild 1)

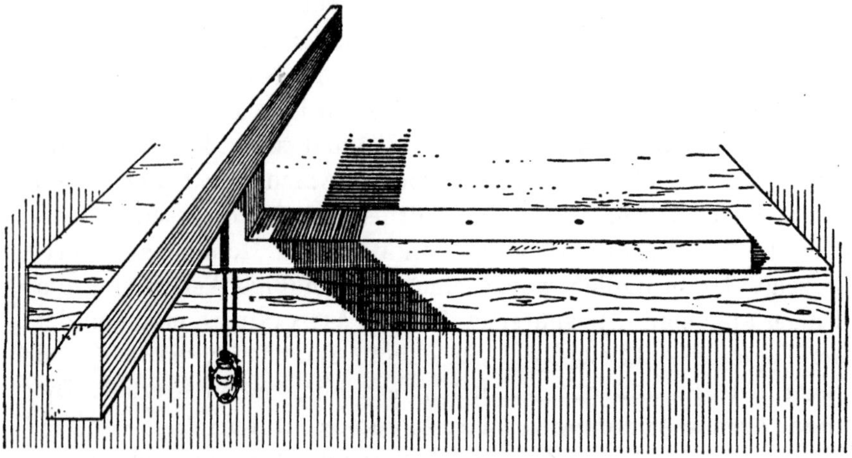

(Aus: BORCHARDT, Altägyptische Zeitrechnung, Berlin 1920, S. 33)

Bild 1. Aegyptische Weihellen-Sonnenuhr

handelt es sich um 2 Richtscheite, von denen das eine mit Stundenmarken versehen in der Richtung Ost-West auf einer wagerechten Fläche liegt und auf seinem aufwärts gekrümmten Ende eine südnördlich wagerecht liegende Weihelle trägt, die durch ihren Schattenfall die Stunde anzeigte. Eine besondere Berücksichtigung der Jahreszeiten war nicht beabsichtigt. Die Zahlenreihe vermag für keinen Tag die Stunden einigermaßen richtig anzuzeigen. Aus der späteren Zeit gibt es eine ähnliche Uhr, die aber außer der wagerechten Auffangfläche noch eine schräge und eine treppenförmige aufweist. 5 verschiedene Kanten dienen zum Schattenwurf. Auch damit konnte die Stunde nicht genau bestimmt werden, da offenbar die Aegypter bei dem Entwurf dieser Sonnenuhren von den für Aegypten nicht zutreffenden Voraussetzungen ausgingen, daß die Jahreszeiten für die Sonnenhöhen keine Rolle spielen und daß die Wanderung der Sonne am Himmel im Laufe eines Tages dem Aufundabstieg auf einer Treppe mit gleichhohen Stufen vergleichbar sei. Einen Fortschritt brachten erst im 1. Jahrtausend v. Chr. die Streiflicht-Sonnenuhren, deren Kante immer senkrecht zu den Sonnenstrahlen gestellt wurde. Der Schattenfall dieser Kante, der in diesem Fall der Schattenlänge entsprach, wurde an einer schrägen Fläche mit Schattenpunkten für die Stunden und Monate (Bild 2) beobachtet. Mit dieser Anordnung hätte eine recht brauchbare Sonnenuhr hergestellt werden können. Die überlieferten Stücke zeigen aber eine ziemlich schlechte Ausführung und liefern deshalb unrichtige Stundenangaben. Außerdem weisen sie die Eigentümlichkeit auf, daß die Punkte derselben Stunden auf einer Geraden liegen.

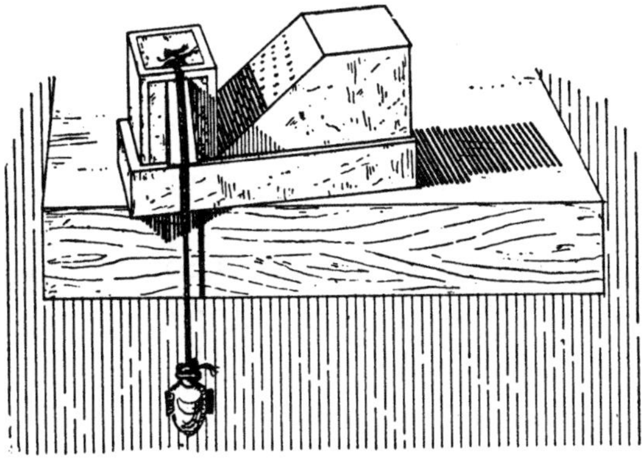

(Aus: BORCHARDT, Altägyptische Zeitrechnung, Berlin 1920, S. 45)
Bild 2. Aegyptische Streiflicht-Sonnenuhr

Bei den bisher besprochenen Sonnenuhren war ein Lot vorgesehen, falls nicht die Unterlage des Gerätes eine Gewähr für die nötige wagerechte Aufstellung des Gerätes bot. Auch bei den Sonnenuhren zur Messung der Richtung des Schattens darf das Lot nicht fehlen. Hier ist es besonders notwendig, handelt es sich doch um hängend getragene, halbkreisför-

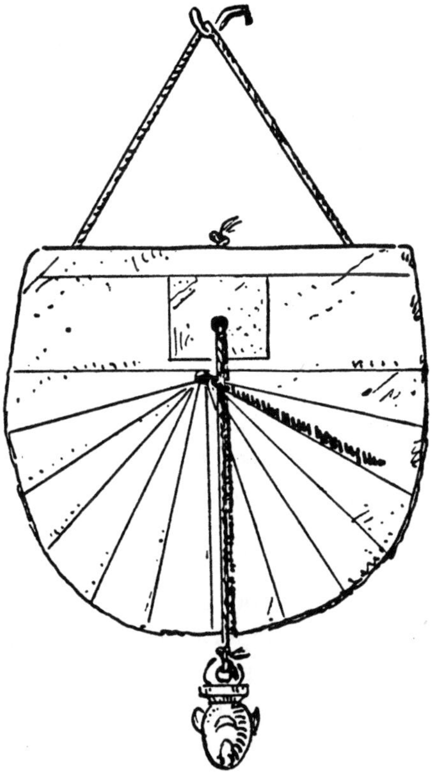

(Aus: BORCHARDT, Altägyptische Zeitrechnung, Berlin 1920, Tafel 15 linke Hälfte)
Bild 3. Aegyptische Hänge-Sonnenuhr

mige Scheiben, bei denen ein waagerecht herausragender Stift einen Schatten auf die senkrechte Scheibe warf (Bild 3). Diese Sonnenuhr konnte, wenn sie senkrecht und in der Richtung West-Ost hing, die Stunden nur bei senkrechtem Sonnenstand richtig angeben, was für Aegypten niemals eintraf. Von dieser Gattung sind verschiedene Stücke erhalten aus dem 13. Jahrhundert bis zur griechisch-römischen Zeit. Ferner befinden sich solche Sonnenuhren an senkrechten, gegen Süden gewandten Wänden.

Alle die verschiedenen Arten von Sonnenuhren vermochten die Stunden des Tages nicht richtig anzugeben. Sie stimmten weder untereinander noch mit den Wasseruhren überein.

STERNUHREN

Außer den Wasser- und Sonnenuhren besaßen die Aegypter noch die Sternuhren. Ihnen liegt die Erfahrung zugrunde, daß die Bewegung des Sternhimmels sich so regelmäßig vollzieht, daß man aus dem Aufgang und Untergang, besonders aber aus der Zeit des Höchststandes eines Sternes die Stunde der Nacht bestimmen könne, in der gleichen Weise wie man die Bewegung der Sonne am Tage zur Einteilung des Tages benützen kann. Zur Kenntnis des Höchststandes eines Sternes war es nötig die Mittagslinie zu kennen. Dies bereitete den Aegyptern keine Schwierigkeiten, da die Festlegung der Nordsüd- und der Ostwestrichtung bei der Grundsteinlegung der Tempel zu den wichtigsten Verrichtungen der Könige gehörte. Der Vorgang der Festlegung der Nordsüdrichtung wird auf Reliefs des 4. Jahrtausends bis zu Christi Geburt in genau gleicher Weise geschildert. Der König hat dabei zu sprechen: »*Ich fasse den Fluchtstab, packe das Ende des Schlegels und ergreife die Schnur zusammen mit der Weisheitsgöttin. Ich wende mein Gesicht nach dem Gange der Sterne. Ich richte meine Augen nach dem Sternbild des Stierschenkels (entsprechend dem großen Bären). Der Śk-ʿḥʿw* (Name des Gottes Thoth?) *steht neben seinem Meßgerät. Ich lege die 4 Ecken deines Tempels fest*«. Das Meßgerät bestand aus einer geschlitzten Palmrippe und dem schon erwähnten, aber ungeteilten Richtscheit mit emporgebogenem Ende und daran herabhängendem Lot und gestattete mit Hilfe des großen Bären die Nordsüd-Richtung festzulegen. Zur Zeit der Herrscher Ramses VI. und Ramses IX. — etwa zwischen 1160 und 1120 v. Chr. — entnahm man offenbar dem Durchgang bestimmter Sternbilder durch die Mittagslinie die Nachtstunde, da sich in den Grabkammern dieser Herrscher Sterntafeln abgebildet finden, die für den Anfang und die Mitte jedes Monates für alle 12 Stunden der Nacht den Mittagsstand je eines Sternbildes angaben. Auf diesen Tafeln ist ein sitzender zum Beschauer zugekehrter Mann abgebildet vor einem Liniennetz (Bild 4), auf dem verschiedene

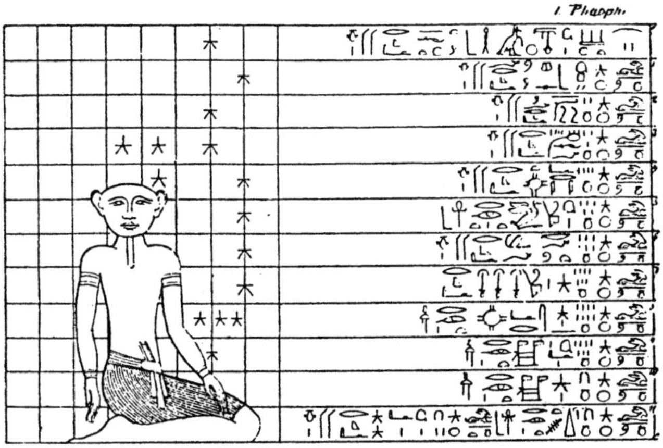

(Aus: BORCHARDT, Altägyptische Zeitrechnung, S. 36 Abb. 25)
Bild 4. Aegyptische Sterntafel

Sterne eingetragen sind. Offenbar soll dieses Bild zur Erklärung der neben jedem Sternbild beigefügten Worte: »in der Mitte«, oder »über dem linken Auge« oder »über dem rechten Ohr« dienen. Mit diesen Worten wurde vermutlich die Lage der zu beobachtenden Sternbilder zu der sitzenden Gestalt gekennzeichnet. Das Beobachtungsverfahren verlangte 2 Beobachter. Sie saßen einander gegenüber in der Mittagslinie, deren Lage sie mit dem Gerät bestimmt hatten. Zur Bestimmung der Stunde hatten sie darauf zu achten, wann das betreffende Sternbild in die angegebene Lage zu der gegenübersitzenden Person komme.
Die Genauigkeit dieser Zeitangaben läßt sich aus den überlieferten Tafeln nicht bestimmen, da die meisten Sternbilder noch nicht festzustellen sind. Sicherlich kommen in den Tafeln viele Versehen vor; denn die Angaben über die Lage der Sternbilder zu dem Kopf des Gegenüber widersprechen sich häufig. Bei einer Untersuchung der Genauigkeit der Tafeln darf nicht übersehen werden, daß die Tafeln nur mit Hilfe von Wasseruhren, die selbst nicht genau gingen, hergestellt werden konnten. In den Tafeln werden die 5 Zusatztage nicht berücksichtigt. Es ist sehr wahrscheinlich, daß die Tafeln nicht für das ägyptische Wandeljahr, sondern für ein Sternenjahr, das mit dem Frühhöchststande des Sirius, der auch in der Liste vorkommt, begann, galten.

In der Erfassung der Zeit kamen die Aegypter zu einer ziemlich genauen Jahreslänge und zur Einteilung des Tages in Stunden mit Hilfe von Uhren, wobei Verbesserungen dem Verlangen nach einer genauen Zeitteilung entgegenkamen.

DIE ERFASSUNG DES RAUMES

DIE ERDKUNDE

Wie stand es mit der Erfassung des Raumes? Die Erkundung des Landes Aegypten selbst muß schon sehr zeitig geschehen sein. Die bereits im 5. Jahrtausend erfolgte Vereinigung der Länder unter einem Herrscher verlangte aus Verwaltungsgründen Aufzeichnungen über die Lage der einzelnen Landesteile. Dazu kam die wegen der Nilüberschwemmungen häufig nötige Neueinteilung der Felder, die zur Feldmessung und Entwicklung der dazu nötigen mathematischen Kenntnisse drängte. Der Handelsverkehr und die Kriege mit den Nachbarn führten zur Herstellung von Karten über Aegypten und seine Nachbarländer, die eine ganz eigentümliche Anordnung zeigen. Sie gehen von der im 2. Jahrtausend schon nachweisbaren Vorstellung von der Erde als einem liegenden Gott, unter der sich darüber wölbenden Himmelsgöttin Nut, aus und setzen die Länder den 7 Teilen des Erdgottes: Haupt, rechter und linker Arm, rechter und linker Schenkel, die Füße und die Mitte des Körpers, entsprechend Aegypten, gleich. Die Siebenzahl der Länder und der Körperteile ist wohl wegen ihrer großen Bedeutung gewählt. Bei dieser Vorstellung denkt man sich die Sonne täglich in einem Nachen am Himmel entlang fahren, um nach ihrem Untergange während der Nacht unter dem die Erdscheibe vertretenden Erdgotte nach dem Osten zurückzukehren. Auch die Vorstellung der über der Erde sich wölbenden Halbkugel scheint den Aegyptern nicht fremd gewesen zu sein, wie aus dem Bild mit dem kugelig sich verkrümmenden Erdgott und den beiden sich darüber wölbenden Himmelsgöttinnen zu ersehen ist. Soll vielleicht die innere den Himmel des Mondes und die äußere den Himmel der Sonne mit den Sternen darstellen, entsprechend der späteren jonischen Lehre?

BEZUGSRICHTUNGEN UND BEZUGSEBENEN

Die täglichen himmlischen Vorgänge mußten, wenn ihre Beobachtung aus irgendwelchen Gründen erforderlich war, zur Festlegung einer Bezugsebene und ausgezeichneter Richtungen darauf führen. Als Bezugsebene diente natürlich zuerst die Erdoberfläche selbst. Die wichtigsten Richtungen darauf mußten die Richtungen nach Ost und Westen als die Stellen des Auf- und Unterganges und die Richtungen nach Süden und nach Norden als die Stellen der größten und kleinsten Wirksamkeit der Sonne sein. Mit der Kenntnis dieser Richtungen konnte der ägyptische Sternkundige die für die Zeitbestimmung am Tage und in der Nacht nötigen Beobachtungen machen. Aber auch für den Gottesdienst, soweit es sich um die Verehrung von Gestirnen handelte, war die Kenntnis der 4 Richtungen nötig. Bereits die sehr alten, aus dem 4. Jahrtausend stammenden Tempel des Sonnengottes sind nach den 4 Himmelsgegenden gerichtet. So enthält der vom König Ne-woser-re um 2700 v. Chr. gebaute Sonnentempel bei Abusir einen nach den Himmelsrichtungen gerichteten Obelisken und einen östlich davon liegenden Altar, deren Seiten von der Südnord- bzw. Ostwestrichtung, gemäß den Aufnahmen der deutschen Ausgrabungen von den wahren Richtungen um weniger als 1^0 abwichen (Bild 5). Genau östlich vom Altar befand sich ein tiefersitzender Granitsockel, der auf seiner Oberfläche gemäß BORCHARDTS Beschreibung »eine längliche, noch einmal im Boden getreppte Vertiefung mit unterschnittenen Langseiten hat. Auf dem Grund der Vertiefung sind zwei kleine Bolzenlöcher vorgesehen, ein quadratisches in der Fläche des oberen und ein rundes in der des unteren Bodenteiles, beide Bolzenlöcher von so geringem Durchmesser, daß sie nur zur Aufnahme von Metallstiften dienen konnten«. BORCHARDT glaubt, daß in die Vertiefung eine Standplatte für einen Kultgegenstand geschoben war und dahinter ein schmäleres, aber etwas tieferes Verschlußstück mit einem herabfallenden inneren Bolzen, der das Herausziehen des Verschlußstückes verhinderte. Damit wird aber das quadratische Bolzenloch noch nicht erklärt. Da die beiden Löcher die Nordsüdrichtung bezeichnen, wäre es möglich, daß die eingeschobene Standplatte 2 Löcher besaß, durch welche bis auf den Granitsockel reichende Stifte unverrückbar festgesteckt wurden, um die Nordsüdrichtung genau anzugeben. Aber selbst dann, wenn sich wirklich ein Gottesbild auf der Standplatte befunden hätte, so hätte sie leicht für sternkundliche

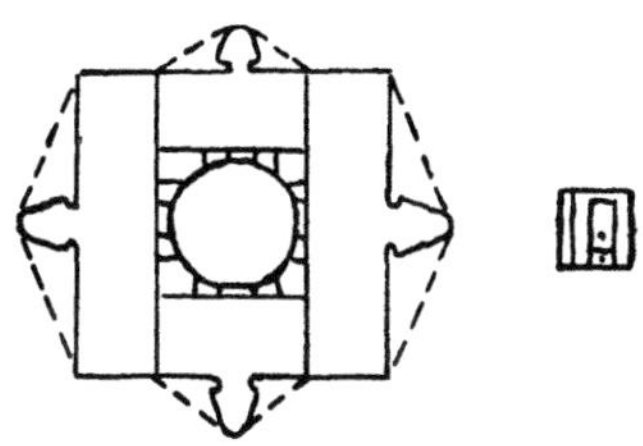

(Umzeichnung gemäß BORCHARDT)
Bild 5. Altar des Sonnentempels bei Abusir mit dem Granitsockel rechts

Beobachtungen dienen können. Der im Laufe eines Jahres erfolgende Wechsel in der Lage des Bildschattens auf der nahen Altarwand mußte dazu führen, die Lage der aufgehenden Sonne festzulegen und aus dem Hinundherwandern die Zeit der Sonnenwenden festzustellen. Aber auch die Zeiten der Tagundnachtgleichen waren mit Hilfe der Richtungen Ost-West an den Obelisken und Pyramiden ziemlich genau festzustellen. Der im Beobachten nicht geübte MARIETTE hat im Jahre 1853 die Zeit der Frühlingsgleiche bis auf 29 Stunden genau festgestellt, bloß durch Beobachten der Sonnenstellung zur Nord- und Südwand der großen Pyramide zur Zeit des Auf- und Unterganges der Sonne. Wieviel genauer mußten frühere Beobachtungen ausfallen, als die Oberfläche der Pyramide noch unversehrt und glatt war? Auf die frühere Benützung der Pyramiden zu diesem Zweck deutet die noch jetzt bei den Eingeborenen der benachbarten Dörfer anzutreffende Erfahrung, daß zur Zeit der Nachtgleichen die Sonne bei ihrem Untergang sowohl in der Verlängerung der Nordseite, wie auch der Südseite zu sehen ist. Für die Bewohner von Koneisseh ist die Zeit der Nachtgleichen gekommen, wenn ein etwas nördlich ihres Dorfes gelegener Granitstein durch den Schatten der Pyramidenspitze berührt wird. Diese Berücksichtigung der Himmelsrichtungen wurde immer beibehalten. So wurde noch bei dem Wiederaufbau des Tempels der Hathor in Dendera zur Zeit des Kaisers Augustus diese alte Sitte beachtet.

Die Erdoberfläche als Bezugsebene konnte wohl für Zeitbestimmungen dienen. Für eine eingehende Erforschung der Vorgänge am Himmel und der Lage der Sternbilder genügte sie aber nicht. Dafür gab es am Himmel selbst eine Ebene, mit deren Hilfe die himmlischen Vorgänge leichter als bisher zu überschauen waren. Dies war die Ebene des Aequators, die schräg geneigt die Horizontebene in den Punkten Ost und West schneidet. Ob die Aegypter von selbst oder durch babylonischen Einfluß auf diese Bezugsebene kamen, läßt sich noch nicht angeben. Benützt haben sie die Ebene anscheinend nur zur Festlegung der 36 Dekane.

Besaß der Aequator auch ausgezeichnete Stellen, die den Himmelsrichtungen entsprachen? Sicherlich wenn man von der Horizontebene ausging, wie man es bei den Horoskopen tat. Man unterschied dabei den Aufgang und den Untergang als den Schnitt der Horizontebene mit dem Aequator, den Himmelssee als die Stelle der größten Erhebung und den Unterweltssee als tiefste Stelle. Ob diese Bezeichnungen den Aegyptern bereits früh bekannt waren, ist unsicher.

Gibt es auch auf dem Aequator als Himmelskreis gedacht ausgezeichnete Stellen? Das mögen die überlieferten Dekanlisten lehren! Solche Listen gibt es von dem 10. Herrscherhause, von der Zeit 2100 v. Chr. bis zur griechischen Zeit um Christi Geburt. Ferner ist aus der Zeit des 20. Herrscherhauses eine Liste mit den Dekanen und den Zeiten ihrer Früh-, Mitternacht- und Spätaufgänge vorhanden. Die Namen der Sternbilder in den verschiedenen Sternlisten sind nicht einwandfrei überliefert, weshalb es möglich ist, daß die in dem folgenden Verzeichnis angeführten Namen noch nicht endgültig sind.

(Siehe Verzeichnis auf Seite 18.)

Die 3. Spalte enthält den Namen des Dekans und die 4. die Uebersetzung, die 1. und 5. Spalte die Reihenfolge der Dekane in den Listen aus dem Grabe des Msahiti und aus dem Grabe des Ramses IV., die 6. Spalte die in der griechischen Zeit erfolgte Gleichsetzung mit den Dritteln der Tierkreiszeichen und die damals an Stelle der älteren Namen überlieferten jüngeren Namen der Sternbilder. In diesen Listen werden noch die alten Dekane 19 und 29 mitgeführt, ohne jedoch mit den Tierkreiszeichen gleichgesetzt zu werden. Bemerkenswert ist in dieser letzten Liste die Unordnung, wodurch die Reihenfolge der Dekane stellenweise umgekehrt wird. Versehen kommen allerdings fast in jeder Dekanliste vor. Beachtenswert ist das Auftauchen neuer Namen und das Verschwinden alter Namen, wobei noch unentschieden bleibt, ob es sich um dieselben Sternbilder, nur mit anderen Namen, oder um verschiedene handelt. Schwierig ist die Feststellung der Reihenfolge der Dekannamen für die älteste Zeit, wo auch die beste und ausführlichste Liste aus dem Grabe des Msahiti durch Versehen entstellt ist, wie ein Vergleich der Zahlenfolge in Spalte 1 und 2 lehrt, und verschiedene Dekannamen enthält, welche später fehlen. Zu diesen weggefallenen Dekannamen gehören zum Beispiel als Nr. 4 und 5 die Dekane Anfang und Ende der Tausende, entsprechend dem späteren Anfang und Ende des Tat. Sollte unter den Tausenden ein Sternhaufen zu verstehen sein, so könnte an die Milchstraße zwischen Orion und Wasserschlange gedacht werden. Dieser Annahme widerspricht aber das Vorkommen desselben Dekans als Nr. 27.

Bemerkenswert ist die Anordnung der Dekane. In der ältesten Zeit während des 11. und 12. Herrscherhauses befinden sich an der Innenwand des Sarges, also in Anblick des Toten, die Dekanlisten, bestehend aus eigentlich 36 Reihen, deren jede einem Monatsdrittel entspricht und 12 aufeinanderfolgende Dekannamen enthielt, die von einer

VERZEICHNIS DER ÄGYPTISCHEN DEKANE

während des X., XIX. und XX., XXX. Herrscherhauses					während der		
X.	XIX. und XX.			XXX.	Griechischen Zeit:		
	1	Tpa-kenmut	Spitze des Kenmut	36	Krebs	2	Schildkrö-
1	2	Kenmut	Kenmut	1	„	3	[ten šit
3	3	chr-chpd-kenmut	Nabel des Kenmut	2	Löwe	1	
	4	ḫā-ṭat	Anfang des Tat	3	„	2	
	5	pḫu-ṭat	Ende des Tat	4	„	3	
6	6	tŏmet-ḫrt	Oberer Kasten	5	Jungfrau	1	
7	7	tomet-chrt	Unterer Kasten				
8	8	ušti	—	6	„	2	
	9	bekati	—	7			
		oder					
9		sibu-maḫu	Vollsterne	8	„	3	áposot
10					Waage	1	sebches
	10	tpā-chont	Spitze des chont	9	„	2	
11	11	chont-ḫrt	Oberer chont	10	„	3	
12	12	chont-chrt	Unterer chont	11			
13	13	themas n chont	Gesteli des chont	12			
	14	sapt chonnu	Ränder des chonnu	13	Skorpion	1	
	15	ḫr-ăb-ua	Der mitten i. Schiff	14	Schütze	1	
	16	šešmu	Die Presse	15	Skorpion	2	
					„	3	si-sešmu
					Schütze	2	sešmu
18	17	kenemu		16	„	3	
19	18	smad	Hälfter (i. Schaf)	18	Steinbock	1	
	19	tpā-smad	Spitze d. Hälfters	17			
20	20	sart	Schaf	19	„	2	
21	21	sisi-sart	Die beiden . . . des Schafes	20	„	3	
22	22	chr-chpd-sart	Nabel des Schafes	21			
23	23	tpā-chuchu	Spitze der 2 Glänzenden	22	Wassermann	1	
25	24	chuchu	Die 2 Glänzenden	23	„	2	
					„	3	tpā-biu
	25	bibi	Die 2 Seelen	24	Fische	1	biu
					„	3	tpi-biu
	26	chont-ḫrt	Oberer chont	25	„	2	
					Widder	1	
	27	ḫr-ăb-chont	Mitte des chont	26			
	28	chont-chrt	Unterer chont	27	„	2	
26	29	kod	—	28			
	30	sisi-kod	Die beiden d. Kod	29	„	3	
27	31	chau	Die Tausende	30	Stier	1	
28	32	ārīt	—	31	„	2	
	33	ater saḫ	7 Sterne des Orion	32	Zwillinge	1	thos ālq
32	34	ūaret	Fuß des Orion	33	„	2	
30	35	rum chr saḫ	Oberarm des Orion	34	Stier	3	
					Zwillinge	3	pḫu-ḫor
34	36	Sopdet	Sirius	35	Krebs	1	

Reihe zur nächsten um je eine Stufe anstiegen, entsprechend dem allmählichen früheren Aufgehen der Sternbilder im Laufe des Jahres. Die 12 Dekane jeder Reihe sollen offenbar den 12 Stunden der Nacht entsprechen. Dann durfte aber nicht nach jedem Monatsdrittel ein neuer

Dekan auftauchen. Die Dekanreihe eignete sich offenbar nicht für die Bezeichnung der 12 Stunden in jedem Monatsdrittel. Eine andere Schwierigkeit entstand dadurch, daß die 5 Ersatztage nicht berücksichtigt worden waren, sondern das Jahr nur zu 360 Tagen gerechnet wurde. Die erste Schwierigkeit wurde bei den späteren Dekanlisten dadurch beseitigt, daß jede Reihe einer Monatshälfte entsprach; ferner versuchte man durch Einschaltungen die Aufgänge der Dekane in eine Beziehung zu den Nachtstunden zu bringen. Bei den älteren Listen ist die Mitte der Nacht durch ein waagerechtes Trennungsband gekennzeichnet, und die Aufeinanderfolge der Reihen ist durch ein senkrechtes Band mit den Darstellungen des Sirius, Orion, Stierschenkel und der Himmelsgöttin Nut getrennt, offenbar den durch den Siriusaufgang gekennzeichneten Jahresanfang andeutend. Aus der Lage dieses Trennungsbandes zu den Monaten des beweglichen Jahres läßt sich das Alter der betreffenden Liste berechnen, und es ergibt sich für Msahiti zu 2047 v. Chr.

Während des 30. Herrscherhauses um 400 v. Chr. erscheinen die neuen Namen, die in der griechischen Zeit vorherrschen. Von den Dekanen sind nur bekannt die Sternbilder Sirius und Orion. Sirius, der erst im 2. Jahrtausend an die Stelle des Dekanes Sopdet (der Scharfe) trat und Orion bilden den Schluß der Dekane. Sie gehören zu den wenigen ägyptischen Sternbildern, die in eine Beziehung zueinander gesetzt sind. Orion als Stern des Osiris wird als ein in einem Nachen schreitender Mann dargestellt, der sich zu seiner nachfolgenden Schwester (Sirius), die als Stern der Göttin Isis entweder als schreitende Frau oder als liegende Kuh in einem Nachen abgebildet wird, zurückwendet. Offenbar bilden Orion und Sirius eine wichtige Stelle in der Reihe der Dekane. Die anderen Sternbilder der Dekane ließen sich noch nicht feststellen.

Beim Durchsehen der Liste fällt auf, daß ein Sternbild chont zweimal vorkommt und zwar als Nr. 10—13 und 26—28, etwa den gegenüberliegenden Stellen des Himmels entsprechend. Das Sternbild muß also annähernd die Form eines größten Kreises haben. Das ist ein merkwürdiger Fall. Man könnte an die Milchstraße denken, die als großes Band den Aequator zweimal mit 180° Abstand schneidet; sie kommt hier aber nicht in Betracht, da sie dicht neben dem Sirius liegen müßte. Das fragliche Sternbild liegt aber weit vom Sirius ab und entspricht in der griechischen Gleichsetzung mit den Tierkreiszeichen der Waage und dem Widder. Also handelt es sich um den Tierkreis, der vermutlich als ein breites Band auf den ägyptischen Himmelskugeln dargestellt war und, soweit es die Dekanfolge zuließ, darin aufgeführt wurde. Es mag merkwürdig erscheinen, daß das Dekanbild des Tierkreises später einer bestimmten Stelle des Tierkreises selbst zugeteilt werden konnte. Jedoch handelt es sich bei dieser Zuteilung auf den Tierkreis nicht darum, daß die einzelnen Dekanbilder nun wirklich als auf dem Tierkreis liegend gedacht wurden; vielmehr kam es nur darauf an, die bisher auf den Aequator bezogenen Sternbilder nunmehr auf den Tierkreis zu beziehen. Eine enge Beziehung war gar nicht zu erreichen; denn der Sirius, der vom Aequator 20° abstand, stand vom Tierkreis sogar 40° ab.

In der Dekanreihe sind bisher 3 ausgezeichnete Stellen gefunden: die Gruppe Orion-Sirius und die beiden davon gleichweit abstehenden Schnittstellen des Tierkreises. Die 4. dazu gehörige Stelle muß etwa beim Dekan 18 liegen und entspricht dem Sternbild »Hälfter«, das, wie sein Name besagt, das mit Sirius abschließende Band hälften soll. Es liegt also eine Teilung des Aequators mit Bezug auf den Tierkreis und Sirius vor, die den 4 Jahrespunkten entsprach und zwar im Naturjahr durch die Frühaufgänge und im Wandeljahr um 2000 v. Chr. durch die Mitternacht-Höchststände der betreffenden Dekane gekennzeichnet wurde.

DIE BEWEGUNG DER HIMMELSKÖRPER

Anscheinend kannten die Aegypter bereits im 2. Jahrtausend eine weitere Bezugsebene, den Tierkreis, die maßgebende Ebene für die Bewegung der Planeten, besonders von Sonne und Mond. Ob sie schon damals den Tierkreis seiner Länge nach einteilten, ist nicht bekannt. Später um Christi Geburt wurden die griechisch-babylonischen Tierkreis-Sternbilder, wie die Deckengemälde der Tempel in Dendera und Edfu beweisen, gebräuchlich, sowie eine den Figuren des Tierkreises entsprechende Zwölferrunde von Tieren (Uebersicht 15 S. 204), deren Zusammenstellung vielleicht ägyptisch ist, während der Gebrauch der Zwölferrunde wohl aus Asien stammt.

Ob die Aegypter durch Beobachtung der Bewegungen von Sonne, Mond und anderen Planeten die Bahnen dieser Körper festgestellt und versucht haben, den die Erde umgebenden Raum zugliedern, ist ungewiß. Sie sollen nach Angabe des Aristoteles viele Beobachtungen über die Bedeckung von Sternen durch Planeten gemacht haben. Diodorus von Sizilien, der im 1. Jahrhundert v. Chr.

lebte, weiß Folgendes zu erzählen: »*Die Arithmetik dient ihnen im Haushalt und bei den Lehrsätzen der Geometrie; auch ist sie denen von nicht geringem Vorteil, die sich mit der Sternkunde beschäftigen. Denn wenn bei irgendeinem Volke die Stellungen und Bewegungen sorgfältig beobachtet worden sind, so ist es bei den Aegyptern geschehen; sie verwahren Aufzeichnungen der einzelnen Beobachtungen seit einer unglaublich langen Reihe von Jahren, da bei ihnen von alten Zeiten her die größte Sorgfalt hierauf verwendet worden ist. Die Bewegungen und Umlaufszeiten und Stillstände der Planeten, auch den Einfluß eines jeden auf die Entstehung lebender Wesen und alle ihre guten und schädlichen Einwirkungen haben sie sorgfältig beachtet.*« Diese Mitteilung klingt sehr unwahrscheinlich. Wenn die Aegypter wirklich sorgfältige und sehr alte Beobachtungen besessen hätten, so wäre es unverständlich gewesen, daß Ptolemaios sie nicht verwendet hatte, zumal er sie in Alexandrien leicht hätte kennen lernen können. Offenbar wollte Diodor den Aegyptern ein möglichst tiefes und altes Wissen zuschreiben und folgte darin dem Geschmack seiner Zeit. Was sich über die Kenntnisse der Aegypter von den Planeten sagen läßt, ist folgendes: Bei der Sonne unterschieden sie die tägliche Bewegung von der jährlichen, die sie mit den menschlichen Lebensaltern verglichen. Zur Winterwende ist sie ein Kind, zur Frühlingsgleiche ein Jüngling, zur Sommerwende ein bärtiger Mann und zur Herbstgleiche ein hinfälliger Greis. Auch die Lichtgestalten des Mondes werden mit den Lebensaltern verglichen. Unter Uebertragung des beim Monde wahrnehmbaren Wechsels von hell und dunkel wird auch die Sonnenscheibe hell oder dunkel je nach der Jahreszeit genannt. Von Beobachtungen der Zeiten der Nachtgleichen oder der Finsternisse ist nichts bekannt. Der im 5. Jahrhundert v. Chr. oder eher lebende Hor-kheb rühmte sich die Sonnenbewegung, ihre Auf- und Untergänge zu kennen. Der Durchmesser der Sonne wurde mit Hilfe der Wasseruhr gemessen, indem man die während des völligen Auftauchens der Sonnenscheibe über dem Horizont verflossene Zeit mit der während eines ganzen Tages verflossenen verglich. Auch Beobachtungen von Planeten oder der Bedeckung von Sternen durch Planeten, von denen Aristoteles berichtet, haben sich noch nicht gefunden. Die 5 Planeten waren bereits im 13. Jahrhundert bekannt. Beim Mars war die Rückläufigkeit festgestellt. Er wurde als der leuchtende Horus wie die Sonne bezeichnet, als roter Stern aber erst zur griechischen Zeit. Venus wurde zuerst Planet des Osiris genannt, später als Morgen- und

Abendstern und deshalb als doppelköpfiges Wesen dargestellt. Wie Cicero mitteilt, bezeichneten die Aegypter Venus und Merkur als die Begleiter der Sonne. Inwieweit damit eine Umkreisung der Sonne gemeint war, läßt sich nicht ermitteln. Gemäß Plinius haben Nechepso und Petosiris, die sagenhaften Verfasser eines im 2. vorchristlichen Jahrhundert entstandenen Buches, als Umfang der Mondbahn, 12000, der Sonnenbahn 18000 und der Saturnbahn 24000 Stadien angegeben. Seit der Zeit des 19. Herrscherhauses ist die Reihenfolge der Planeten öfters überliefert worden, allerdings mit Aenderungen in der Aufeinanderfolge der einzelnen Planeten.

DIE STERNE

Die Zusammenfassung gewisser Sterne zu Sternbildern ist sicherlich sehr alt. Zu den ältesten gehört das Sternbild des großen Bären, das die Aegypter als Rind, genannt Set, oder meistens als seinen Vorderschenkel darstellen. Ueber dieses Sternbild und seine Nachbarn gibt es eine Erzählung, die in den thebanischen Königsgräbern des 2. Jahrtausends aufgezeichnet ist, wonach die 4 Götter als Diener den Gräulichen, nämlich den Set oder Stierschenkel, vom Kampf abhalten und an ein Seil legen. Isis in Nilpferdgestalt hat auf das Ungeheuer aufzupassen. Die 4 Götter bedeuten anscheinend die Himmelsrichtungen. Offenbar ist mit dem Kampf die schnelle Bewegung des Set (Großer Bär) um den Pol, an den er festgekettet erscheint, gemeint. Unter dem den Pol darstellenden Pflock ist wohl α und i im Drachen zu verstehen. Das Nilpferd Isis dürfte wohl der kleine Bär sein und das hinter ihr sich aufbäumende Krokodil den Sternen τ bis ι im Drachen entsprechen. Außerdem sind auf den alten Darstellungen der Polgegend zu sehen: um den Set herum der sperberköpfige Gott Horus mit einer Lanze, ein Löwe, ein Mann mit einer Lanze ein liegendes Krokodil berührend, ein stehender Mann, die stehende Göttin Serqet und ein Sperber. Die Darstellung der Sternbilder wechselt sehr auf den verschiedenen Bildern; aber die meisten Sternbilder lassen sich doch wieder erkennen. Sogar auf den um Christi Geburt entstandenen Tempelgemälden sind sie noch vorhanden. Der Stierschenkel wird auch Mascheti und Typhon genannt. Er gilt als Vertreter des nördlichen Himmels, während Orion und Sirius Vertreter des südlichen Himmels sind. Der Abstand vom Orion bis zum großen Bären wird zu 400 Ellen angegeben.

In der älteren Zeit, im 3. Jahrtausend v. Chr., gab es verschiedene Sternbilder, deren Form und Lage nicht festzustellen ist, wie die Aeffinnen, welche die Köpfe abschneiden, Strauß am See, Prachtkopf, Scheitelfasser, Läufer mit Messern. Im folgenden Jahrtausend wurden genannt: Kalb, ferner als Sternbilder hinter dem Sirius die 2 Schildkröten, welche 2 helle Sterne, wohl Kanopus und ε Carinae, darstellen und im 12. Jahrhundert an die Stelle der Spitze des Kenmut in der Dekanreihe treten, sowie die Flamme, die Kugel und Nutar Naš; ferner die 4 Götter Amseth, Ḥapī, Duamutes, Phepḫsonus hinter dem Stierschenkel. Andere Sternbilder enthalten die bereits erwähnten Dekanreihen, sowie die Tafeln der Mittagsdurchgänge. Aus diesen Tafeln der Durchgänge läßt sich einigermaßen die zeitliche Folge dieser Sternbilder berechnen. Im folgenden sind die Sternbilder mit ihrem Abstand vom Sirius angegeben: Doppelstern 1 Stunde, die Wassersterne 2, der Löwe 3, die vielen Sterne 4, der schöne Knabe 5, das Messer 6—7, das weibliche Nilpferd 7—12, der Riese 13—18, der Stern Ārīt 19, der Vogel 20—21, der Tausendstern 22, der Stern Ārīt (oder Sara) 22, Orion 23 Stunden. Von diesen Sternbildern sind in der Dekanreihe enthalten Sirius, Tausendstern, Orion und wahrscheinlich der zu zweit genannte Ārīt als Nr. 32, während der zuerst genannte wohl einem Versehen seine Aufnahme in die Tafel verdankt. Von den Sternbildern sind außer Sirius und Orion bekannt: das weibliche Nilpferd als kleiner Bär, ferner der Löwe, der dem jetzigen Sternbild des Löwen entspricht, zumal sein Kopf auch um 1 Stunde dem Schwanz vorausgeht. Man hat vielfach diese in den thebanischen Königsgräbern nicht seltenen Sterntafeln als Tafeln der Frühaufgänge zu deuten gesucht. Dies ist aber nicht möglich, da die immer als polnahe dargestellten Sternbilder Messer und Nilpferd für Aegypten nicht aufgingen.

Eine vollständige Darstellung des ägyptischen Sternhimmels um Christi Geburt soll offenbar das Rundbild im Tempel zu Dendera geben (Tafel II gegenüber S. 40). Allerdings ist diese Absicht infolge der Nachlässigkeit des Malers nicht erreicht worden. Es liegen offensichtliche Fehler vor: so wurde der Bootes unterhalb statt oberhalb des Tierkreises gestellt, ferner kommt die Jungfrau doppelt vor als ährentragende Göttin und als sitzende Frau mit einem Kinde. Die Bilder des Tierkreises dürften nur zum kleinsten Teil ägyptische Erfindung sein; denn manche Gestalten erinnern zu sehr an babylonische Vorbilder und sind höchstens wie der Schütze durch einen untergeschobenen Nachen verägyptet. Von den anderen sonst noch vorhandenen Sternbildern zeigen verschiedene ägyptische Eigentümlichkeiten; andere können auch übernommen sein. Außer den Sternbildern des Tierkreises und den schon genannten Sternbildern sind vorhanden: Vogel, Schützin, Seelöwe, Fisch unter dem Wassermann, Auge in einer Scheibe, Fuchs oder Schakal über der Scheibe bei der Waage, sitzender sperberköpfiger Gott mit Szepter und Sonnenscheibe auf dem Haupt in einer Barke, sitzende Anubis, sitzende Gestalt mit Geißel, kopfloses Tier, Widder auf einem Stierschenkel; ferner noch unter Angabe der Beziehung zu einem Tierkreiszeichen: zum Widder ein Hund, Rücken an Rücken mit einem Affen, auf dessen Haupt ein Sperber; zum Stier ein löwenköpfiger Mann mit Ziegenkopf in der Hand; zu den Zwillingen ein Sperber auf einer Stange; zum Löwen ein sitzender Mann mit Krone und Geißel, Frau mit Geißel; zur Jungfrau der stierköpfige Pflüger Bootes; zur Waage ein stehender Zentaur mit 2 Lampen in der Hand, sitzende Gestalt in einer Scheibe, stehende Gestalt mit Szepter in einer Scheibe; zum Skorpion ein Schakal auf einem Pflug; zum Schützen eine Barke; zum Steinbock ein sperberköpfiger szeptertragender Mann auf einer Gans, kopfloser Mann; zu den Fischen eine Frau in einer Scheibe mit einem Schwein in der Hand. Die Beziehung zu den Tierkreiszeichen, die nur auf dem viereckigen Gemälde (Tafel I) zu Dendera durchgeführt ist, ist sehr unsicher, was schon daraus hervorgeht, daß die ganze Nordpolgegend unter dem Tierkreisbild des Schützen angeführt ist.

Wie viele Sternbilder enthält der ägyptische Sternhimmel? Diese Frage läßt sich nur mit Vorbehalt beantworten; denn die überlieferten Tafeln und Gemälde brauchen nicht alle Sternbilder zu enthalten und es ist nicht ausgeschlossen, daß die Aegypter in einzelnen Sternbildern auch einzelne Sterne als besonderes Sternbild ansahen und aufzählten. Für das 2. Jahrtausend lassen sich feststellen mindestens 43 Sternbilder und für die Zeit um Christi Geburt mindestens 39 und überdies die 12 Tierkreisbilder, von denen der Löwe altes ägyptisches Eigentum sein kann, sowie die unter dem Löwen dargestellten Wasserschlange und Rabe.

Die Tafeln des 2. Jahrtausends geben bei den Sternbildern gelegentlich die Zahl der Sterne und meistens Götternamen an. In der ausführlichsten Liste werden am häufigsten die Namen Hur (Horus), Amseth, Duamutes, Phepḫsonuf, Ḫapī, dagegen sehr selten Seb, Bi, Chontet Ċhast, Isis, die Herrin von Aphroditopolis, Set, Nephtys, Mat-hur-hur, Osiris genannt. Für jedes Sternbild gibt es nicht eine besondere Gottheit; sondern verschiedenen räumlich ganz getrennten Sternbildern kommt derselbe Gott zu und andererseits kann ein Sternbild bis zu 4 Götternamen besitzen. Diese Zuteilung ist sehr merk-

Jahresanfang

Himmelspol

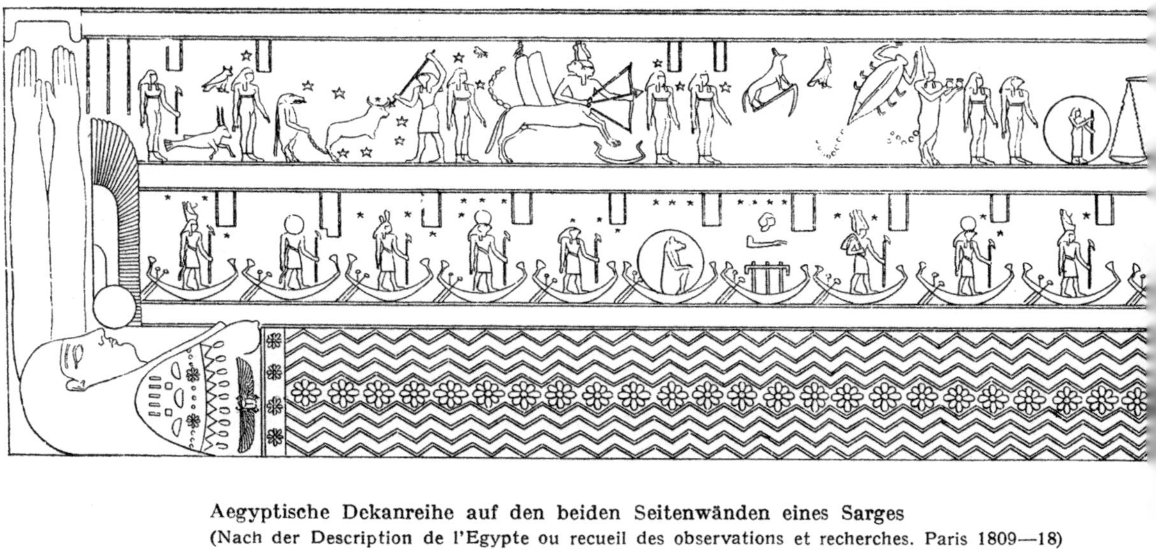

Aegyptische Dekanreihe auf den beiden Seitenwänden eines Sarges
(Nach der Description de l'Egypte ou recueil des observations et recherches. Paris 1809—18)

Tafel I

(Zu Seite 24)

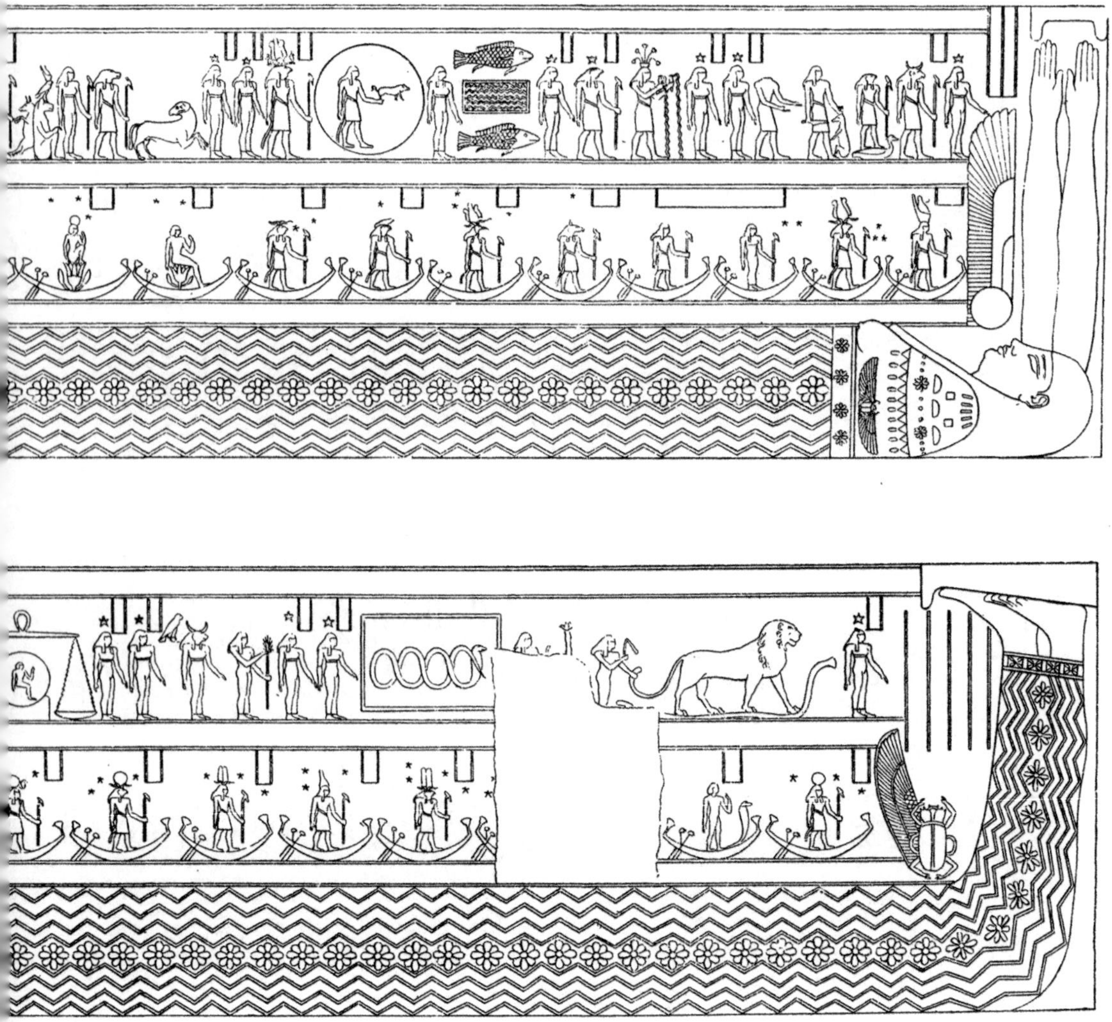

Verlag von Julius Springer in Berlin

würdig und erinnert an die babylonische Bezeichnung der Farben der Sternbilder bzw. ihrer Hauptsterne durch die Farbe der Planeten, wobei gelegentlich mehrere Planeten zur Kennzeichnung der Farbe eines Sternbildes dienen. Bei den Babyloniern sind es auch 5 Grundfarben, nämlich die der Planeten Merkur, Venus, Mars, Jupiter und Saturn, die in Betracht kommen, während Sonne und Mond zur Kennzeichnung von Doppelsternen, Sternhaufen und Nebeln dienen. Es ist daher sehr wahrscheinlich, daß die zuerst aufgeführten 5 Götternamen zur Farbenbezeichnung verwendet wurden. Dieser Annahme steht allerdings die Verwendung der anderen Götternamen entgegen. Da diese Namen aber nur ausnahmsweise benützt wurden, so ist es nicht ausgeschlossen, daß sie zur Kennzeichnung besonderer Umstände dienen sollten, während die 5 anderen Götternamen allein die Farbe bezeichnen sollten.

STERNGLAUBE UND STERNDEUTUNG

Die Verehrung der Gestirne ist bei den Aegyptern sehr alt. Sie verdrängte anscheinend die rohere Verehrung der Tiere und führte, wenn auch nur für kurze Zeit, zu einem Glauben an einen Gott. Die Hauptverehrung galt der Sonne. Bereits für das 5. Herrscherhaus, um 2700 v. Chr., lassen sich Sonnentempel nachweisen, wie sie in der Nähe von Abusir ausgegraben wurden. Dieses ausgegrabene Heiligtum bestand aus einem hohen Obelisken (Bild S. 31) auf viereckiger Grundfläche, der nach den Himmelsgegenden gerichtet war. Seine vergoldete Spitze glänzte, von den Sonnenstrahlen getroffen, in 72 m Höhe weithin und verkündete, daß die Sonne ihren Lichtberg bestiegen hatte. Davor stand der Altar aus riesigen Alabasterblöcken, wo unter freiem Himmel der Sonne geopfert wurde. Der auch genau nach den Himmelsrichtungen gebaute Altar (Bild S. 15) zeigte 4 Ausbuchtungen nach Süd, Ost, Nord und West. In der Nähe befand sich das Sonnenschiff, genau von Osten nach Westen gerichtet, auf gewaltigem Ziegelunterbau. Nicht lange dauerte es, so nannte sich der König Sohn der Sonne und der Glaube kam auf, daß der verstorbene König zum Himmel und zur Sonne aufstiege. Manche der vielfach erhaltenen Preislieder auf den Sonnengott Rēʿ sind von großer Schönheit. Sie wurden um so schwungvoller, je mehr der Einfluß der Sonne auf die Jahreszeiten und die Zeitrechnung erkannt wurde. Ihrem Gehalt nach übertreffen sie die Preislieder auf die anderen Götter. Den Höhepunkt erreichte die Verehrung der Sonne unter Amenophis IV., der von 1375—50 v. Chr. herrschte. Sein Streben ging dahin, den durch Verschmelzung mit anderem Götterglauben verderbten Glauben an die Sonne wieder zu reinigen und zu vertiefen. Von der Innigkeit und Tiefe seines Strebens zeugt sein berühmter Lobgesang:

Du erstrahlst schön am Lichtberg des Himmels,
Du lebender Aton, der zuerst lebte.
Wenn du am östlichen Himmel aufgehst,
Erfüllst du jedes Land mit deiner Schönheit.
Du bist schön, du bist groß
Du funkelst, hoch über jedem Lande.
Deine Strahlen umarmen die Länder
Und alles, was du geschaffen hast.
Gehst du unter am westlichen Horizont,
So ist die Erde finster, als wäre sie tot.
. . . .
Wenn du als Aton am Tag erstrahlst, so flieht die Finsternis.
Wenn du deine Strahlen aussendest,
So sind die beiden Länder voll Freude.
. . . .
Du schufst die Jahreszeiten, um alle deine Werke entstehen zu lassen,
Den Winter, um sie zu kühlen, die Glut, damit sie dich kosten.
Du hast den fernen Himmel gemacht, um an ihm aufzugehen,
Um alles zu sehen, was du gemacht hast, du ganz allein,
Aufgehend in deiner Gestalt als lebende Sonne,
Aufstrahlend, leuchtend, dich entfernend und wiederkehrend.
Du hast Millionen Gestalten gemacht aus dir allein.
Städte, Dörfer und Auen, Landweg und Fluß.

Um das Besondere seiner Religion kundzutun, gab Amenophis seinem Sonnengott einen eigenen Namen, nämlich Aton, was Sonnenscheibe bedeutet und die wärmende Wirkung der Sonne besonders versinnbildlichen soll, und baute ihm in seiner neuen Hauptstadt, jetzt El Amarna genannt, einen großartigen Tempel, wo der Sonne unter freiem Himmel geopfert wurde. Sein Werk hielt nicht lang an. Es rächte sich, daß Amenophis zur Verherrlichung seines Gottes den Gottesdienst der anderen Götter unterdrückt und deren Priester ihrer großen Einkünfte beraubt hatte. Deshalb wuchs der Haß der Priesterschaft gegen die neue Lehre so, daß sie nach des Königs Tode unterdrückt und der alte Zustand wieder hergestellt wurde.

Nächst der Sonne wurde von den Sternen am meisten verehrt die Göttin Isis-Sirius als Verkünderin des wichtigsten Ereignisses des Jahres, der Nilschwelle. Im Zusammenhang damit stand die Verehrung des Osiris, für den Orion, und der Isis-Hathor, als Tochter des Rēʿ. Der große Tempel der Hathor in Dendera bot in seinen Gemälden Abbildungen des Himmels und der jährlichen himmlischen Vorgänge, wie er auch durch kunstvoll angebrachte Fenster das Licht der Sonne und des Mondes bei bestimmten Festen einfallen ließ. Auch dem Monde wurde göttliche Verehrung zuteil. Sein Hauptheiligtum befand sich in Hermopolis.

Sonne und Sirius als Herrscher des Jahres genossen wohl allgemeine Verehrung. Den Bedürfnissen des Volkes entsprachen mehr die Dekane als Schutzgeister, weshalb bereits im 2. Jahrtausend die Dekannamen als Vornamen verwendet wurden. In ihren Nachen steigen die Dekane tagaus tagein am Himmel auf und ab und begleiten die Sonne auf ihrer nächtlichen Fahrt durch die Unterwelt. Unter den Dekanen verstand man wohl die Verkörperung der Sternenwelt. Man nannte sie »die Prachtsterne, die Schutzsterne, die Göttlichen, die aufgehenden Sterne«, obwohl sehr helle Sterne wie Wega und Arktur nicht dazu gehörten.

Die Sterne selbst dachte man sich als Wohnsitz der Toten oder als Wesen, die Lampen tragen. Man hegte den Wunsch nach dem Tode als Stern in der Nähe der Sonnenbahn oder als Morgenstern weiterzuleben. Auch die seit dem 3. Jahrtausend vorkommenden Särge mit den Darstellungen der Dekanreihe, sowie die Grabgewölbe der Könige mit ähnlichen Darstellungen und die Tempel mit den Abbildungen des Himmels sind ein Ausdruck für das ägyptische Streben, jederzeit in Beziehung zu den Sternen zu stehen.

Entsprach diesem stark entwickelten Sternglauben eine ähnlich ausgebildete Sterndeutung? Dafür lassen sich nur wenige Anzeichen beibringen. Verschiedene antike Schriftsteller haben wohl den Aegyptern die Erfindung der Sterndeutung zugeschrieben. Ferner sind Werke überliefert, die entweder ägyptischen Verfassern wie HERMES TRISMEGISTOS, womit die Griechen den Gott Thoth bezeichneten, oder NECHEPSO und PETOSIRIS zugeschrieben werden, oder wo die Verfasser behaupten, ihr Wissen neu gefundenen, uralten ägyptischen Lehrbüchern zu verdanken. Diese Werke enthalten aber nur sehr wenig, was als ägyptisches Wissen anzusehen ist, sondern hauptsächlich die Deutung der Tierkreiszeichen und der in ihnen vorkommenden Ereignisse wie der Finsternisse, ferner die von Ptolemaios überlieferte Verteilung der Planeten auf die Teile der Zeichen. Diese Art der Sterndeutung, die wohl babylonischen Ursprunges ist, kam anscheinend erst durch die Griechen nach Aegypten und kann als ein Zeichen der damals herrschenden Vermengung der griechischen, ägyptischen und babylonischen Anschauungen angesehen werden. Die Wandgemälde im Tempel zu Dendera beweisen, daß sogar die Priesterschaft sich den

neuen Anschauungen nicht verschließen konnte; denn die dargestellten Sternbilder sind nur zum Teil ägyptisch. Daneben sind die babylonisch-griechischen Tierkreisbilder, zum Teil in ägyptischer Umwandlung und die Planeten zur Zeit der Weltschöpfung zu sehen (Tafel I).
Bereits im 2. Jahrtausend gab es die Tagewählerei, wobei aus Kalendern entnommen wird, ob ein Tag glücklich oder unglücklich ist. Für die unglücklichen Tage wird genau vorgeschrieben, was man zu vermeiden hat, um ohne Unheil den Tag zu bestehen. Die Eigenschaft der Tage richtet sich nach den freudigen oder traurigen Ereignissen, die der Kalender der Sage gemäß für diese Tage verzeichnet. Für die unglücklichen Tage, die mit Ausnahme des dem 6. Januar (= 11 tybi) entsprechenden Tages, zu zweit auf jeden Monat kommen, dürfte vielleicht eine alte Erinnerung an die Mondrechnung als Ursache in Betracht kommen.
Zu der alten ägyptischen Sterndeutung gehört die Beachtung der Lichtgestalten des Mondes zu Heilzwecken. Auch bei dem Suchen der Heilkräuter war das Mondalter zu beachten, besonders aber bei der Vorhersage des glücklichen oder unglücklichen Ausganges einer Krankheit, auf Grund der viergeteilten Scheibe, deren Erfindung den Nechepso und Petosiris oder auch Pythagoras oder Timaios zugeschrieben wird. Ferner ist die Deutung der Dekane als Schutzgeister ägyptisches Eigentum. Die Einteilung des Himmelsumfanges in die 36 Dekane wurde auf den Tierkreis übertragen und die mit den Dekanen verbundene Vorstellung der Schutzgötter ließ sich zur Geburtsdeutung verwenden, wenn man wußte, welcher Dekan im Augenblick der Geburt aufging. Auf diese Weise ließen sich altägyptische Vorstellungen den neuen Anschauungen anpassen. Ebenso ging es mit der Vorstellung des Beginnes der Weltschöpfung an einem Tage des Zusammenfallens des Neujahrstages mit dem Siriusaufgange. Nach ägyptischer Ansicht mußte die Sonne an diesem Tage im Löwen stehen, der zugleich nach griechischer Ansicht ihrem Hause entsprach. Entsprechend mußten die anderen Planeten auch in ihren Häusern und zwar auf dem 15. Grad des betreffenden Tierkreiszeichens sich befinden, wie es die babylonisch-griechische Sterndeutung vorschrieb.
Auch die Wettervorhersage auf Grund der jährlichen Auf- und Untergänge der Sternbilder gehört zu der ägyptischen Sterndeutung. Im Ramasseum soll es einen Fries von 365 Ellen Länge gegeben haben, wo für jeden Tag die Auf- und Untergänge der Sterne und die daraus folgenden Wetteränderungen verzeichnet waren.

Wie der im 5. Jahrhundert v. Chr. oder früher lebende HOR-KHEB angibt, wurde auch der Einfluß der Venus und des Planeten Horus berücksichtigt.
Die Vorhersagen betrafen im allgemeinen den König oder sein Land, wie die Wettervorhersagen. Dagegen konnten die Dekanaufgänge und die Tagewählerei auf jeden Menschen angewendet werden.
Die ägyptischen Anregungen sind also nur spärlich. Um so wichtiger war aber das Ansehen, das die Sterndeutung durch die Verbindung mit der uralten, sehr angesehenen ägyptischen Sternkunde erhielt. Je älter die Bücher der Sterndeutung waren, um so verehrungswürdiger schienen sie zu sein. Und wenn es solche alten Bücher nicht gab, so mußte man sie erfinden. Dies betrifft die als besonders alt geltenden Werke des HERMES und der NECHEPSO und PETOSIRIS.

GELEHRTE UND UNTERRICHT

Die Zeitrechnung, der wichtigste Teil der ägyptischen Sternkunde, lag in der Hand der Priester, deren Hohenpriester, besonders an den Stätten der Sonnenverehrung, großes Ansehen genossen, wie aus dem Titel »Großer des Schauens« für den Hohenpriester zu Heliopolis, der Stadt der Sonnenverehrung, und »Großer des Schauens in Hermonthis, der den Gang des Himmels kennt« für den Hohenpriester zu Hermonthis hervorgeht. Sie hatten die Zeitrechnung so sehr in ihrer Hand, daß sie die Könige vor Eingriffen abzuhalten vermochten. Ihrem Einfluß ist es auch zuzuschreiben, daß die für das 5. Jahrtausend recht vollkommene Jahresdauer von 365 Tagen, das ägyptische Jahr, über 4 Jahrtausende beibehalten wurde, obwohl ihnen der ¼ Zusatztag schon bald bekannt war. Zu der Tätigkeit der Priester wird auch die Beobachtung der Siriusaufgänge und der Jahrespunkte gehört haben. Der im 5. Jahrhundert oder früher lebende HOR-KHEB rühmt sich die Himmelserscheinungen und besonders die Sterne genau beobachtet und von den Sternen noch nicht die Hälfte vernachlässigt zu haben.
Die Priester gehörten zu den Gelehrten, deren Stand seiner großen Vorteile wegen besonders geschätzt war. Konnte doch ein Vater seinem Sohne diesen Stand mit folgenden Worten anpreisen: »*Sieh, es gibt keinen Stand, der nicht regiert würde — nur der Gelehrte, der regiert selbst*« oder »*Der Gelehrte wird satt wegen seiner Gelehrsamkeit*«. Es sind das recht nüchterne Betrachtungen, die aus diesen Sätzen sprechen;

aber ein hoher Schwung fehlte immer dem ägyptischen Geistesleben, außer zur Zeit des Amenophis IV.

Wie der Unterricht vor sich ging, wissen wir nicht. Lehrbücher aus der Zeit vor dem Beginn des griechischen Einflusses sind nicht erhalten. Ueberliefert sind nur die Titel von Büchern über die Aufeinanderfolge der Sterne, sei es als Dekane, sei es bei Frühaufgängen oder beim Mittagshöchststand. Diese Bücher wurden Bücher der Weisheit genannt. Wie Plato, der mit Eudoxos in Heliopolis weilte, als eine Merkwürdigkeit berichtet, wurden dort die Kinder, außer in Mathematik, auch über den Umlauf der Gestirne unterrichtet.

Eine wesentliche Hilfswissenschaft der Sternkunde ist die Mathematik. Die überlieferten Lehrbücher zeigen, daß die Aegypter bereits im 2. Jahrtausend Gleichungen 1. und 2. Grades, arithmetische und geometrische Reihen, Näherungsverfahren für Wurzeln 2. Grades, ferner die Anfänge der Dreieckslehre und der Aehnlichkeitslehre kannten. Das Quadratnetz zum Auftragen von Zeichnungen wurde häufig benützt (Bild S. 13).

Als Maße wurden benützt die Länge eines Mannes = 6 Fuß; 1 Elle = 1 ½ Fuß = 6 Handbreiten = 24 Finger. Der Kreis wurde in 360 Teile geteilt; von einer Unterteilung der Grade ist nichts bekannt. Der Tag zerfiel in die 12 Stunden des Tages und in die 12 Stunden der Nacht.

Erstaunlich ist die Zähigkeit, mit welcher die Aegypter an erworbenem Wissen festhingen, wie in der Zeitrechnung, so auch in der Dreiecksrechnung. So wird der Inhalt des Kegelstumpfes der Auslaufsonnenuhr bis zum 3. Jahrhundert n. Chr. mit $\pi = 3$ berechnet, obwohl bereits im 17. Jahrhundert v. Chr. ein genauerer Wert für π bekannt war.

STERNWARTEN UND WISSENSCHAFTLICHE GERÄTE

Von ägyptischen Sternwarten ist nichts bekannt. Die meisten Beobachtungen werden sicherlich im Bereich der Tempel angestellt sein, wo die genaue Ortung der Altare, Obelisken und Pyramiden die Beobachtung der Auf- und Untergänge und der Mittagsstände erleichterte. Es ist sehr wahrscheinlich, daß die Priester des Sonnentempels bei Abusir bei starkem Dunst nicht von dem freistehenden Altar aus, sondern von der Höhe des Unterbaus des Obelisken, etwa 30 m über der Talsohle, die Himmelsvorgänge beobachteten (Bild 6).

Diese Bauwerke waren aus Haustein aufgeführt und sehr genau gerichtet. Auf Grund einer sehr sorgfältigen Untersuchung der für Cheops um 3400 v. Chr. erbauten großen Pyramide bei Gise ergab sich die Richtung der Nord- und Süd-Grundkanten südlich abweichend vom wahren West zu 2′ 28″ und 1′ 57″ und die Richtung der Ost- und West-Grundkanten westlich abweichend vom wahren Nord zu 5′ 30″ und 2′ 30″. Wie kamen die Aegypter zu diesen bewundernswert genauen Himmelsrichtungen? Die Beobachtung der Sonnenauf- und -untergänge zur Zeit der Nachtgleichen hätte so genaue Angaben nicht liefern können. Auch die Beobachtung von nördlichen nur für kurze Zeit unter dem Horizont verschwindenden Sternen konnte nur dann einigermaßen sichere Werte geben, wenn der Auf- und Untergang der Sterne gut zu beobachten war, was infolge des Dunstes am Rande der Wüste mit Schwierigkeiten verbunden sein mußte.

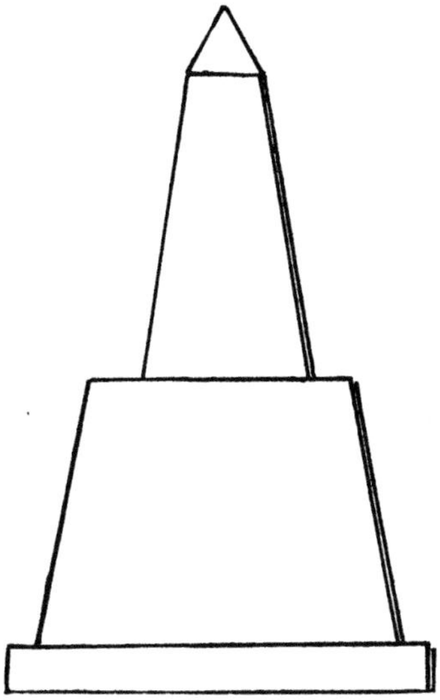
Bild 6. Obelisk im Tempel des 5. Herrscherhauses

Dagegen deutet auf ein anderes Hilfsmittel die Angabe in der Beschreibung einer Tempelgründung, daß bei der Seilspannung der Gott Thoth den Schatten beobachtete. Es handelte sich offenbar um das sehr alte, als »Indischen Kreis« (Bild S. 37) bekannte Verfahren zum Entwerfen der Mittagslinie. Die Mittagslinie ist dann das von dem Stab auf die Verbindungslinie der beiden Punkte gefällte Lot. Mit Hilfe der Seilspannung ließ sich aus diesen beiden aufeinander senkrechten Geraden die Grundkante der Pyramide festlegen. Das Messungsergebnis spricht ebensosehr für die Güte der ägyptischen Beobachtungen, wie auch der Seilspannung, da jede Pyramidenseite 230 m lang ist. Die Grundkante war scharf in das Pflaster eingerissen. Das Pflaster um die Pyramide herum wurde beinahe waagerecht gefunden. Der größte Unterschied der gemessenen Stellen beträgt 0,021 m und, wenn von einer kleinen Unebenheit abgesehen wird, sogar nur 0,015 m. Diese bewundernswerte Leistung haben die Aegypter nur mit der einfachen Setzwage (Bild S. 32) zustande gebracht!

Die Wasseruhren bestehen aus Alabaster, später aus schwarzem Granit oder Basalt. Die älteste Wasseruhr aus dem 14. Jahrhundert war recht genau gearbeitet. Die mittlere Abweichung der eingeritzten Linien beträgt 0,7 mm. Wahrscheinlich waren metallene Auslaufröhren vorhanden. Diese bestanden wohl aus Bronze, wie die Stifte in dem Granitsockel des Sonnentempels bei Abusir. Die Sonnenuhren mit senkrechter Auffangfläche bestanden im 13. Jahrhundert aus Elfenbein, die aus der griechischen Zeit aus Fayence mit Metalleinlage. Die Streiflichtsonnenuhren waren aus Kalkstein, die Weihellen aus grünlichem metamorphischen Schiefer. Die Sternuhren bestanden aus einer Palmrippe oder aus Elfenbein. Wie aus dieser Zusammenstellung hervorgeht, wurden die Geräte (Instrumente) aus den verschiedensten Stoffen hergestellt.

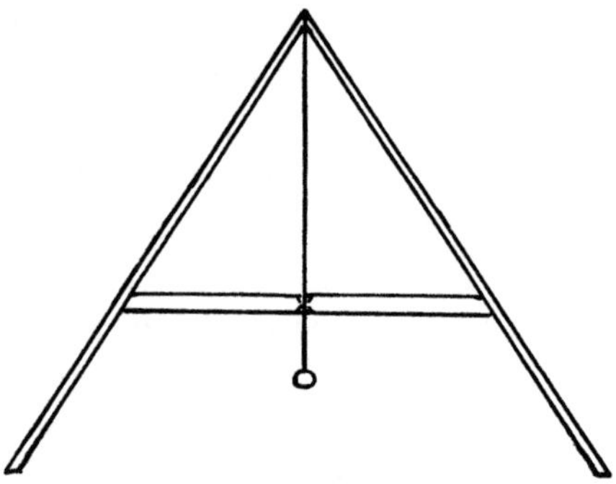

Bild 7. Aegyptische Setzwaage

Holz fand dabei keine Verwendung, was bei der Holzarmut des Landes nicht verwunderlich ist. Merkwürdigerweise wurde Bronze nur wenig benützt, trotzdem die ägyptische Geschichte sich hauptsächlich in der Bronzezeit abspielt. Eisen läßt sich als Rohstoff für die Geräte nicht nachweisen.

ZWEITER TEIL

DIE STERNKUNDE DER BABYLONIER

DAS Zweistromland, unter dessen zahlreichen Städten Babylon die bekannteste und bedeutendste ist, läßt sich mit Aegypten vergleichen. Auch hier bietet die langdauernde Wolkenlosigkeit günstige Beobachtungsbedingungen. Auch hier führen die Ströme Euphrat und Tigris im Frühjahr große Wassermengen und geben Gelegenheit zur Fruchtbarmachung des Landes und damit ein bequemes Mittel zur Zeitteilung. Auch hier war eine uralte Kultur vorhanden, der Nährboden der Wissenschaft und Kunst.

Im Zweistromlande rangen verschiedene Völker um die Herrschaft. Die ältesten Bewohner waren die Sumerer. Die Kenntnis der Planeten, die Deutung der himmlischen Vorgänge und die Anfänge der Zeitrechnung sind ihnen zuzuschreiben. Im 3. Jahrtausend v. Chr. dringen in das von ihnen bewohnte Gebiet, Akkad und Sumer genannt, Semiten als Sieger ein. Babylon wird zur mächtigen Stadt, deren Herrscherhäuser seit dem 22. Jahrhundert v. Chr. zählen. Am Ende des 2. Jahrtausends beginnen die Kämpfe mit dem aufstrebenden Assur um die Herrschaft. Im letzten Jahrtausend v. Chr. ist Babylon meistens die Beute der Assyrer, Chalder oder Perser und wird im 3. Jahrhundert v. Chr. endgültig zerstört. Sein berühmter Tempel bleibt aber bestehen. Die Wissenschaft wird dort, wie auch in den babylonischen Städten Uruk, Sippar und Borsippa noch bis zu Christi Geburt gepflegt, so daß man mit Recht die Babylonier als die Träger der im Zweistromlande blühenden Sternkunde ansehen kann. In den folgenden Jahrhunderten waren blühende Judengemeinden im Zweistromlande und haben manches babylonische Wissen bewahrt. Auch ist die sehr alte Mondverehrung im Harran zu erwähnen, dessen Tempel von den assyrischen Herrschern wieder aufgebaut wurde und die Römer in Staunen setzte.

Aus welchen Urkunden fließen unsere Kenntnisse von der babylonischen Sternkunde? In erster Linie sind es keilschriftlich beschriebene

Tontafeln, die sich in Tempeln und Palästen in großer Menge gefunden haben. Eine besondere Bedeutung kommt der großen Sammlung von Tafeln zu, die auf Befehl des assyrischen Königs Assurbanipal, der von 668—626 v. Chr. regierte, in Ninive angelegt wurde. Es wurden dazu nicht nur ältere Tafeln erworben, sondern von vielen älteren Tafeln, die anscheinend nicht angeschafft werden konnten, sehr sorgfältige Abschriften hergestellt. Die Abschrift wurde immer mit der Urschrift verglichen und Bemerkungen über den Zustand der Urschrift und besondere Mängel hinzugefügt. Die in Ninive gefundenen, sehr zahlreichen Tafeln enthalten auch viele für die Sternkunde wichtige Tafeln, bei deren Beschaffung die Sternkundigen ASCHARIDU, ein Beamter des Königs, und MARDUK-SCHAKIN-SCHUM behilflich waren. Es ist besonders die große Tafelreihe, genannt »Als Anu Enlil (Enuma Anu il Enlil)«, welche viele Angaben und Deutungen enthält. Die sternkundlichen Tafeln der späteren Zeit wurden hauptsächlich in den Tempeln gefunden.

Im Gegensatz zu Aegypten befinden sich auf den Bauwerken nur wenige hier in Betracht kommende Darstellungen. Nur auf den Grenzsteinen, die seit dem 2. Jahrtausend zur Beurkundung von Verträgen dienen, sind Tiere und andere Gegenstände als Sinnbilder der Götter abgebildet, in denen man verschiedene Planeten und Sternbilder des Tierkreises wiedererkannt hat. Von sternkundlichen Geräten hat sich fast nichts gefunden.

DIE ERFASSUNG DER ZEIT

DIE ZEITRECHNUNG

Zur Zeiteinteilung diente in erster Linie der Mondwechsel. Sorgfältig wurde er beobachtet und besondere Aufmerksamkeit dem Erscheinen des Neulichtes, des neuen Mondes, gewidmet. Die Zwischenzeit von einem Neulicht bis zum nächsten ließ sich aus den Beobachtungen zu rund 30 Tagen bestimmen und dies ist auch die Zahl, die dem Mondgott Sin zugelegt wird. Die Lichtgestalten des Mondes dienten zur Festlegung und Verkündigung der Feste, besonders bei den Harranern. 12 Monate machten ein Jahr aus, dessen Jahreszeiten sich durch die Naturerscheinungen, wie Regenzeit, Ueberschwemmung und Ernte kennzeichneten. Es ist nicht unwahrscheinlich, daß in der ältesten Zeit ein Rundjahr von 12 Monaten zu 30 Tagen in Gebrauch war.

Ein später am Ende des Jahres gefeiertes fünftägiges Fest würde, wie die ägyptischen 5 Schalttage, auf eine spätere Anpassung dieses Rundjahres an ein Jahr von 365 Tagen hindeuten. Aber wenn überhaupt ein solches Rundjahr in Gebrauch gewesen war, außer für die Zwecke der Abrechnung und der sternkundlichen Rechnung, wofür es sich nachweisen läßt, lange konnte die Zeitrechnung mit Monaten von 30 Tagen den Bedürfnissen des Gottesdienstes nicht genügen. Die Verbindung der Feste mit den Lichtgestalten des Mondes verlangte gebieterisch die Feststellung des Neulichtes, damit die Feste zu ihrer Zeit gefeiert wurden und nicht wie die ägyptischen mit dem Wandeljahr verbundenen sinnlos wurden. Schon nach mehreren Jahren mußte sich zeigen, daß die Monate, die zum Teil vom Ackerbau ihren Namen trugen, außerhalb ihrer Zeit fielen. Um diesem Uebelstand abzuhelfen, wurde von Zeit zu Zeit ein 13. Monat eingeschaltet. Der Zeitpunkt dafür wurde durch die Beobachtung der jahreszeitlichen Vorgänge gefunden. Sicherlich geschah dies nur sehr willkürlich, da solche Vorgänge wie Ueberschwemmungen nicht immer den Tag einhalten. Ein Fortschritt scheint erst zur Zeit des ersten Herrscherhauses von Babylon, von 2168—1868 v. Chr. eingetreten zu sein, als man lernte aus der Beobachtung des Himmels den Zeitpunkt für eine neue Schaltung zu bestimmen. Die Monate führen seit dieser Zeit die Namen: Nisannu, Airu, Sivannu, Dûzu, Abu, Ululu, Tašritu, Araḫ-samna, Kisilivu, Dhabitu, Sabadhu, Addaru. Der Monat Sivannu beginnt um die Frühlingsnachtgleiche. Dieser Zeitpunkt wurde zuerst wohl nicht durch Beobachtung der Tagundnachtgleiche, sondern durch Beobachtung von Frühaufgängen von Sternen, wahrscheinlich der Plejaden, bestimmt. War eine Schaltung notwendig geworden, so gab der König dies seinen Untertanen bekannt, wie bereits Hammurabi es tat. Eingeschaltet wurde der Schaltmonat hinter dem 12. Monate Adaru oder hinter dem 6. Monate Ululul, wie zu Hammurabis Zeit. Eine feste Regel der Einschaltung gab es nicht. Erst für das 6. Jahrhundert läßt sich eine Beziehung zwischen der Jahresdauer und der Monatsdauer nachweisen, die für eine bestimmte Reihe von Jahren Schaltmonate vorsieht, so daß der Jahresanfang sich nie zu sehr von der Frühlingsgleiche entfernt. Diese Beziehung besagte, daß 8 Jahren 99 Monate entsprechen. Lange hielt sich diese Schaltregel nicht, nur von 528—505 v. Chr.; dann wurde eine Schaltregel in Gebrauch genommen, die für die Dauer von 27 Jahren 10 Schaltmonate vorsieht. Sie dürfte veranlaßt worden sein durch die Erfahrung, daß der Sirius nach 27 Jahren am gleichen Tag wieder erscheint, wie auf einer Keilinschrift zu lesen, und galt bis zum Jahre 383 v. Chr. Darauf wurde sie durch die neunzehnjährige Schaltregel, die 7 Schaltmonate vorsieht, abgelöst. Diese 19 Jahrfolge ist damit ohne Zweifel in Babylon eher eingeführt worden als in Griechenland, wo sie erst ein halbes Jahrhundert später in Kraft trat. Sie bedeutete einen wesentlichen Fortschritt und ergab das mittlere Jahr der Folge nur noch um 0,00463 Tage zu groß, während die früheren Schaltregeln 0,19890 und 0,06218 Tage ergeben hatten. Nach diesem Erfolg wurden weitere Schaltungsregeln nicht aufgestellt. Der mittlere Jahresanfang, der 1. Nisannu, fiel nicht mit der Frühlingsgleiche zusammen, sondern vom 8. bis zum 5. Jahrhundert einige Tage zu spät.

In der ältesten Zeit wurden die Jahre nicht durchlaufend gezählt, sondern nach auffallenden Ereignissen im religiösen oder kriegerischen Leben oder nach einer Thronbesteigung benannt. Erstaunlicherweise fehlen Finsternisse, Kometen oder Feuerkugeln als Jahresmerkmale. Die Jahreszählung nach den Regierungsjahren der Herrscher kommt mit der Herrschaft der Kassiten, vom 18. Jahrhundert v. Chr., auf; die durchgehende Jahreszählung findet sich erst im 1. Jahrtausend v. Chr. Auf den Tafeln der letzten Jahrhunderte werden die Jahre gemäß der Herrschaft der Seleukiden vom 1. Nisannu des Jahres 311 v. Chr. oder gemäß der Herrschaft der Arsakiden vom 1. Nisannu des Jahres 247 v. Chr. an fortlaufend gezählt. Nicht von den Babyloniern, aber von Ptolemaios aufgestellt ist die Jahreszählung von der Regierung des Königs Nabonassar. Sie beginnt mit dem Mittage des 26. Februar 747 v. Chr., entsprechend dem 1. Thoth, während der Nisannu am 23. März anhebt, und dient zur Bearbeitung der babylonischen Beobachtungen, die erst mit dieser Zeit anfangen brauchbarer zu werden und, was das Wichtigste ist, auch die Beobachtungszeit angeben.

Die Monate zählen 29 oder 30 Tage. Ein neuer Monat beginnt, sobald das Neulicht beobachtet worden ist. »*Am 1. wurde der Mond gesehen; damit steht der Beginn des Monates Duzu fest*« berichtet ein Sternkundiger an den König.

Als Unterteilung der Monate lassen sich Wochen feststellen. Für geschäftliche Zwecke bediente man sich einer Woche zu 5 Tagen, im religiösen Leben läßt sich, wenigstens für die jüngere assyrische Zeit, eine Woche zu 7 Tagen nachweisen. Am 1. = Neulicht, am 7. = 1. Viertel, am 15. = Vollmond, am 21. = letztes Viertel, und am 28. = Altlicht wurden Feste gefeiert.

DIE ZEITMESSUNG

Der Tag begann mit Sonnenuntergang, was aus der Gewohnheit, den Beginn des Monates von der Sichtbarkeit des Neulichtes am Abend zu bestimmen, sich herleitet. Für die sternkundlichen Rechnungen wurde der Tag häufig von Mitternacht an gerechnet. Ferner gibt es eine noch im 17. Jahrhundert n. Chr. als babylonisch bekannte Stundenzählung, wonach die gleichlangen Stunden von Sonnenaufgang an gezählt wurden. Der Volltag von 24 Stunden wurde in je 3 Tagwachen und 3 Nachtwachen geteilt. Im 6. Jahrhundert begegnen wir Zeitangaben nach Doppelstunden (kas-bu) und zwar nach ganzen und drittel Doppelstunden. Kurze Zeiten wurden in uš, welche 4 Minuten = $^1/_{30}$ Doppelstunde entsprechen, angegeben. Die Messung der Zeit geschah anscheinend mit Wasseruhren und zwar Einlaufuhren, deren Gebrauch durch die Babylonier vielfach bezeugt ist. Die Eichung des Gefäßes erfolgte in der Weise, daß die von dem Aufgang eines hellen Sternes bis zu seinem nächsten Aufgang gemessene Wassermenge in 12 gleiche Teile geteilt und entsprechende Marken im Gefäß angebracht wurden, an denen man die 12 Doppelstunden ablas. Also war die Rechnung nach gleichlangen Stunden in Babylon gebräuchlich. Außer den Wasseruhren gab es Sonnenuhren. Im Anfange des 1. Jahrtausends wußte man die Tageszeit nach der Länge des Schattens eines senkrechten Stabes von 1 Elle Länge zu bestimmen. Die überlieferten Zahlen scheinen aber nicht Beobachtungen zu entstammen, sondern nach einem bestimmten Muster berechnet zu sein. Gemäß den Angaben des Herodot haben die Griechen die wagerechte Sonnenuhr mit senkrechtem Schattenstab, den Gnomon (Bild 8), und die kugelförmige Hohlsonnenuhr mit senkrechtem Schattenstab, den Polos, von den Babyloniern übernommen. Diese im Altertum sehr verbreiteten Sonnenuhren zeigten durch die Lage des Schattenpunktes der Spitze die ungleichlangen Stunden an. Die Teilung des täglich von der

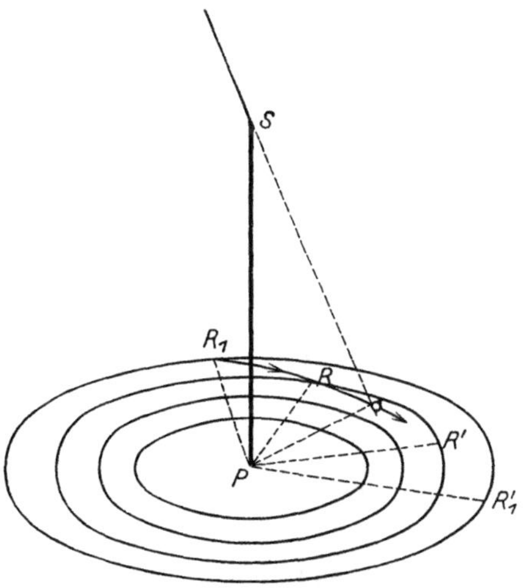

Bild 8. Waagerechte Sonnenuhr (Indischer Kreis)

Sonne erzeugten Schattens in 12 Teile war so einfach, daß eine Teilung nach gleichlangen Stunden sich im Altertum nie eingebürgert hat. Den beiden Sonnenuhren liegt derselbe Gedanke zugrunde: ein senkrechter Stab, dessen Spitze durch ihren Schattenwurf maßgebend für die Zeitablesung ist. Die waagerechte Sonnenuhr wird sich aus der Beobachtung des Schattenwurfes von aufgestellten Säulen und anderen Gegenständen auf der Ebene ergeben haben. Die kugelförmige dagegen stellt eine elegante Lösung vor: derselbe Grundgedanke, aber als Schattenebene nicht die wagerechte Ebene, sondern die Innenfläche der Kugel als Abbild des Himmels! Die kugelförmige Sonnenuhr hatte ursprünglich die Gestalt einer nach oben offenen Halbkugel (Bild 9). Sie war nicht sehr bequem; man konnte sie nur dann benützen, wenn man nahe herantrat und von oben hineinsah. Es war ein Fortschritt, als man von der Halbkugel den südlichen Teil ganz und von dem nördlichen Teil soviel wegließ, als ohne Beeinträchtigung des Zifferblattes möglich war. Damit schuf man eine Form, Hemicyclium genannt, die auf einer Säule aufgestellt, im Altertum sehr beliebt werden und alle öffentlichen Plätze zieren sollte. Als Erfinder dieser Sonnenuhren wird der Babylonier Berossos genannt. Sie möge ihm zu Ehren die Berossische Sonnenuhr heißen. Gefunden wurden bisher noch keine Wasser- oder Sonnenuhren. Unsere Kenntnisse beruhen daher nur auf lückenhaften Mitteilungen.

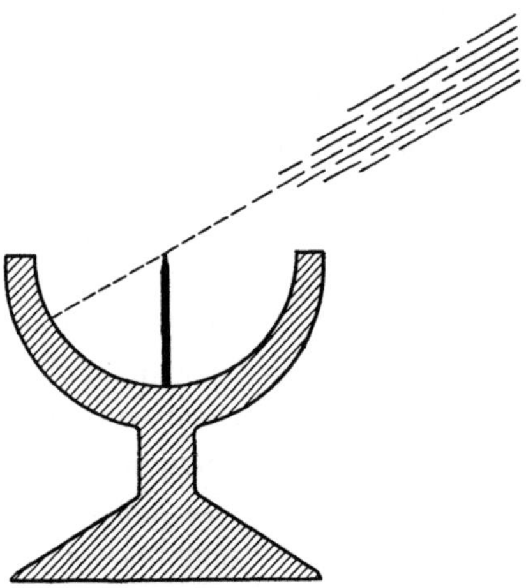

Bild 9. Sonnnenuhr

DIE ERFASSUNG DES RAUMES

Die Feldervermessung war seit den ältesten Zeiten gang und gäbe. Sie bewältigte ihre Aufgabe unter Zerlegung der Felder in rechtwinklige Dreiecke und Vierecke. Pläne von Tempeln und Städten, auch eine rohe Erdkarte sind seit dem 3. Jahrtausend überliefert. Ueber Erdmessung oder Einteilung der Erde in Gürtel verschiedener Wärme ist nichts bekannt.

DIE BEZUGSRICHTUNGEN UND DIE BEZUGSEBENEN

Bei der Beobachtung der himmlischen Vorgänge wurde zuerst alles auf den Erdboden als Bezugsebene bezogen. Die 4 Himmelsrichtungen dienten zur Einteilung der Erdscheibe in die bewohnten 4 Viertel. Auf den Erdboden beziehen sich die ältesten Beobachtungen, nämlich die der jährlichen Aufgänge. Später kam die Beobachtung der Zeit des Mittaghöchststandes der Sterne hinzu. Sie setzte die Kenntnis der Mittagslinie voraus.

Als weitere Bezugsebene kam der Aequator in Betracht; auf ihn wurde die Lage der Sterne bezogen. Er wurde als ein Band von etwa 30° Breite, Anu-Weg genannt, aufgefaßt, zu dessen beiden Seiten sich entsprechende Enlil-Weg und Ea-Weg genannte Bänder bis zum Pol oder zu den südlichsten noch sichtbaren Sternen ausdehnten.

Die Verwendung dieser Bezugsebenen zur Einteilung des Sternhimmels läßt ein etwa aus dem 7. Jahrhundert v. Chr. stammendes Sternverzeichnis (Tafel 86 378 Brit. Mus.) ersehen, dessen Bestandteile sicherlich viel älter sind. Es führt die in den drei Wegen befindlichen Sternbilder in der Reihenfolge ihres Aufganges auf und zwar im Enlil-Weg 23 Sternbilder, im Anu-Weg 17 und im Ea-Weg 12 Sternbilder. An der Spitze der Reihen stehen die Sternbilder: Dreieck (Apin), Pegasus (Dilgan) und der östliche der beiden Fische (Nūnu). Wie schon diese Sternbilder beweisen, sind die Grenzen der drei Wege nicht streng eingehalten worden. Auch läßt sich aus den 3 Sternbildern nicht der für alle Reihen geltende Anfangspunkt bestimmen. Dann folgt eine Reihe von Frühaufgängen und eine Reihe von Sternbildern, die gleichzeitig auf- oder untergehen, beginnend mit den Plejaden, die zu der Zeit aufgehen, wenn der Skorpion untergeht. Die nächste Liste enthält die Zahl der Tage, die zwischen dem Frühaufgange bestimmter, aufeinanderfolgender Sternbilder liegen. Dann folgt eine Reihe von Zenitsternen mit Angabe von Sternbildern, die während des Zenitstandes eines dieser Zenitsterne aufgehen. Der Zenit wird nicht mit Hilfe eines Gerätes angegeben, sondern nach folgender Vorschrift: »*Wenn du dich um den Zenit zu sehen, am 20. Nisannu morgens vor Sonnenaufgang hinstellst und zu deiner Rechten Westen, zu deiner Linken Osten ist, du also dein Auge gen Süden richtest, dann steht der Stern im Zenit.*«

Eine andere sehr wichtige Liste enthält die Tafel AO 6478, von der sich eine Abschrift bereits in der Bücherei des Assurbanipals befand. Diese Liste gibt für 26 Zenitsterne den Unterschied ihrer Durchgangszeiten an und zwar in dreifachem Maß nach dem Gewicht des eingelaufenen Wassers, nach dem Stande des Wasserspiegels an den Marken und im Bogenmaß, also unter Benützung einer Wasseruhr.

Im 2. Jahrtausend v. Chr. wurde der Tierkreis als die für die Bewegung der Wandelsterne maßgebende Bezugsebene erkannt. Man teilte ihn in 12 Zeichen zu 30 Graden (us). Zur Kennzeichnung der Breiten, der Abstände senkrecht zum Tierkreis, benützte man die Elle = ammatu = 2·°0 und den Finger zu 5′ und zwar bereits im 6. Jahrhundert v. Chr. Damals wurde der Ort der Planeten nicht in Länge und Breite angegeben, sondern nur ihre Abstände in Länge und Breite von einem der babylonischen Anhaltssterne. So lauteten die Ortsangaben aus dem Jahre 568 v. Chr.: »*Am 8. Nisannu stand der Mond 1 Elle vor dem Stern am hinteren Fuße des Löwen. Am 18. Airu stand die Venus 1 Elle 4 Finger über Regulus.*«

Die Bezeichnung der Zwölftel des Tierkreises durch Sternbilder ist in den sternkundlichen Rechnungen der letzten Jahrhunderte v. Chr. ständig in Gebrauch. Sie wird schon eher verwendet worden sein, da sich die einzelnen Sternbilder bereits in früheren Listen nachweisen lassen. Ihre Namen sind Taglöhner — Himmelsstier — Zwillinge — šittu entsprechend dem Krebs — Löwe — Aehre — Waage — Skorpion — Pa. bil. sag entsprechend Schütze — ein bestimmter Fisch, wohl der Ziegenfisch — Gu.la entsprechend dem Wassermann — Fisch. In bildlicher Darstellung auf Grenzsteinen kommen einige dieser Sternbilder bereits seit dem 13. Jahrhundert v. Chr. vor. Um die vorchristliche Jahrtausendwende gehörten dem zur Kennzeichnung der Planetenbewegung dienenden Gürtel auch die Sternbilder Plejaden, Orion, Fuhrmann und Perseus an. Sie schieden später aus oder wurden wie die Plejaden mit dem Stier vereinigt, sodaß nur die 12 Sternbilder übrig blieben. Vielleicht handelt es sich bei diesem, aus mindestens 16 Sternbildern bestehendem Gürtel um einen Uebergang vom Mondhäuserkreis zum Tierkeis.

Wo lag der Beginn des Tierkreises? Soweit sich aus den babylonischen Rechnungen der letzten vorchristlichen Jahrhunderte ersehen läßt, wurde der Beginn des ersten Tierkreiszeichens in die Nähe des aufsteigenden Knotens der Sonnenbahn, der dem Tage der Frühlingstag- und -nachtgleiche entspricht, gelegt. Maßgebend war die Lage der Anhaltssterne, von denen einer mit dem Anfange eines der 12 Zeichen zusammenfallen sollte. Der Beginn des Tierkreises fiel noch im 2. Jahrhundert v. Chr. nicht mit dem Schnittpunkt der beiden Kreise zu-

Tafel II

(Zu Seite 23)

Aegyptischer Sternbilderhimmel
Nach der Description de l'Egypte)

Tafel III

(Zu Seite 59 und 68)

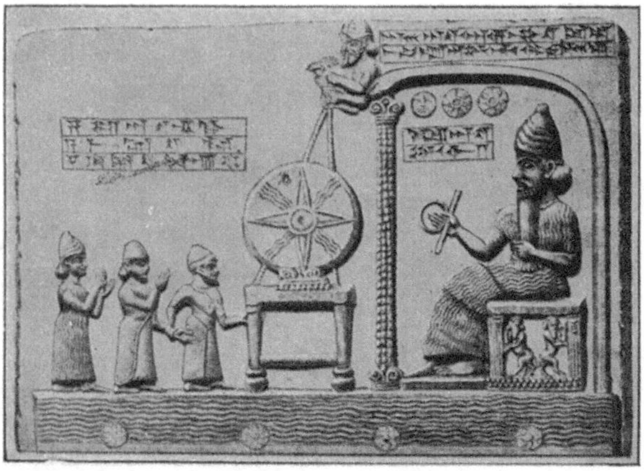

Babylonische Verehrung des Sonnengottes von Sippar
(Nach A. JEREMIAS, Handbuch der altorientalischen Geisteskultur, Leipzig 1913)

Turm E-te-menanki beim Esagilla-Heiligtum zu Babylon

sammen, sondern westlich. Die aus diesem Jahrhundert stammenden Tafeln lassen erkennen, daß als Anhaltssterne η und ν Pis, ε Tau und σ Vir benützt wurden und der Beginn des Tierkreises immer mehr nach Westen verlegt wurde, so daß sein Abstand vom Schnittpunkte von 3,7° auf 5,7° anwuchs (Bild 10).

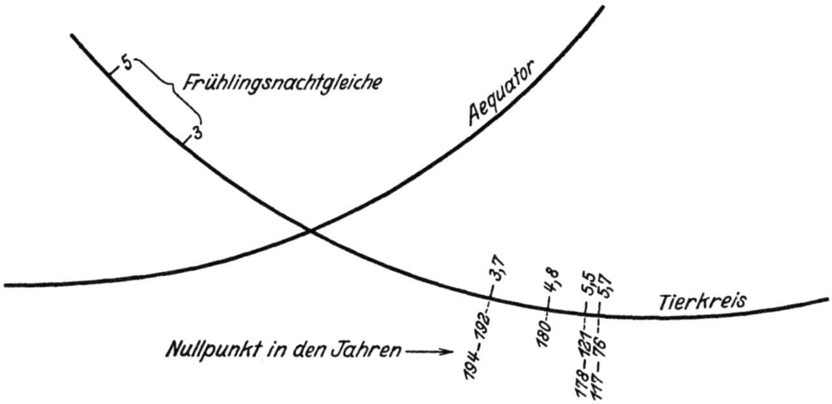

Bild 10. Babylonische Ansätze des Nullpunktes und der Frühlingsnachtgleiche

Wohin legten die Babylonier den Schnittpunkt des Aequators und des Tierkreises, der dem Jahrespunkt des Frühlings entspricht? Zur Zeit der Berechnung ihrer ersten Tafeln fällt der babylonische Jahrespunkt nicht mit dem wahren Jahrespunkt zusammen, sondern liegt östlich davon. So setzt die auf Naburi' annu zurückgehende Mondrechnung die Jahrespunkte auf den 10. Grad der entsprechenden Zeichen und die Mondrechnung des Kidinnu auf 8° der Zeichen. Beide Rechnungsarten wurden im 2. Jahrhundert benützt. Da in diesem Jahrhundert der Nullpunkt 3—5° zu westlich lag, so mußte der Frühlingspunkt 3—5° zu östlich liegen, das heißt die Frühlingsgleiche ist um 3—5 Tage zu spät angesetzt worden. Wie liegen die anderen Jahrespunkte? Aus den für das 2. Jahrhundert geltenden Jahrbüchern, welche die für eine Reihe von Jahren im voraus berechneten Oerter der Planeten enthalten, ergibt sich die Sommersonnenwende 1 Tag zu spät, die Herbstgleiche richtig und die Wintersonnenwende 3 Tage zu spät. Diese Zahlen sind das Mittel von mehreren, unter sich gut übereinstimmenden Zahlen, während die Uebereinstimmung der Zahlen für die Frühlingsgleiche weniger gut ist. Jedenfalls sind diese Ansätze für die Jahrespunkte sehr merkwürdig. Sie lassen sich nur durch die Annahme erklären, daß bei den Vorausberechnungen immer von der Frühlingsgleiche ausgegangen und der Zeitpunkt der anderen Jahrespunkte durch Hinzufügung von $^1/_4$, $^2/_4$ und $^3/_4$ Jahresdauer an die Frühlingsgleiche berechnet wurde. Da die Jahreszeiten verschieden lang sind und die Dauer von Frühling und Sommer um 3,7 Tage länger als die Hälfte des Jahres ist, so läßt sich der im Mittel um 4,2 Tage fehlerhafte Ansatz der Frühlingsgleiche durch die 3,7 Tage zum Verschwinden bringen und der richtige Tag für die Herbstgleiche berechnen; denn 4,2 + 182, 6 = 186 . 3 + 0,5, welcher Betrag dem Mittel der Verspätung des babylonischen Ansatzes der Herbstgleiche entspricht. Die obige Annahme wäre richtig, wenn die babylonischen Sternforscher die wirkliche Dauer der Jahreszeiten nicht gekannt hätten. Tatsächlich war sie ihnen bereits am Ende des 3. Jahrhunderts ziemlich genau bekannt, wie aus den folgenden der Mondrechnung des Naburi' annu entnommenen Zahlen hervorgeht, neben die in Klammern die für 200 v. Chr. geltenden genauen Zahlen geschrieben sind: Frühling 94,50 (94,04), Sommer 92,73 (92,31), Herbst 88,59 (88,62), Winter 89,44 (90,28). Diese recht genauen Zahlen ließen sich nur durch viele sorgfältige Beobachtungen der Jahrespunkte erhalten. Würden die in ihren Vorausberechnungen verwendeten Jahrespunkte ihren Beobachtungen entnommen worden sein, so hätten sich für die Dauer der Jahreszeiten ganz andere Zahlen ergeben. Es ist daher nicht einzusehen, warum die Babylonier die Frühjahrsgleiche so falsch ansetzten und die anderen Jahrespunkte auf eine ganz unzulängliche Weise berechneten. Und daß diese falschen Ansätze bis ins 2. Jahrhundert gebraucht worden sind, ist noch erstaunlicher. Dabei gab es bereits am Anfang des 2. Jahrhunderts Tafeln, welche die Frühlingsgleiche richtig angeben. Dies sind die für Uruk berechneten Neulichttafeln für die Jahre 194—192 v. Chr. Der uns unbekannte Sternforscher von Uruk setzt die Jahrespunkte auf den 3. Grad der Zeichen und, da er den Nullpunkt offenbar mit η in den Fischen zusammenfallen ließ, so wich der Jahrespunkt der Frühlingsgleiche um weniger als 1^0, entsprechend 1 Tag, von der wirklichen Frühlingsgleiche ab. Es ist rätselhaft, warum die Babylonier diesen zu ihren Beobachtungen gut passenden Ansatz nicht immer verwendet haben, sondern auch noch später den fehlerhaften. Vielleicht ist der Grund darin zu suchen, daß die 3 Ansätze 10^0, 8^0 und 3^0 drei verschiedenen Schulen entsprechen und das starre Festhalten der Schule an einer Lehrmeinung die Uebernahme einer Verbesserung nicht zuließ. Diese Schulen waren die Schulen in Babylon und Borsippa mit 10^0, wo das Rechnungsverfahren des Naburi' annu verwendet wurde, die Schule in Sippar mit 8°, wo Kidinnu lehrte, und die Schule in Uruk mit 3°. Dies würde wenigstens das Nebeneinanderbestehen verschiedener voneinander abweichender Ansätze erklären. Dagegen bleibt immer noch unerklärt, warum die Schulen in Babylon und Borsippa trotz Kenntnis der Dauer der Jahreszeiten für die Jahrespunkte des Frühlings und des Winters einen so abweichenden Ansatz machten. Die Ansätze der drei Schulen lassen erkennen, daß es zuletzt gelungen ist, den Tag der Frühlingsgleiche in ihren Vorausberechnungen richtig anzugeben. Allerdings gilt dies nur für den kurzen Zeitraum von 3 Jahren. Gibt es einen Grund anzunehmen, daß die Schule von Uruk dies auch für eine lange Reihe von Jahren vorausberechnen konnte, also die Wirkung des Rückwärtsschreitens des Frühlingspunktes auf dem Tierkreis in Betracht gezogen hat? Bekanntlich liegen die Schnittpunkte des Aequators und des Tierkreises nicht fest im Raume, sondern bewegen sich langsam entgegengesetzt zum täglichen Lauf der Sterne, also nach Westen. Wie aus dem dauernden Verlegen des Nullpunktes und der Jahrespunkte hervorgeht, waren die Babylonier im Zustande des Versuchens, wo sie nicht nur durch Hinzufügung von neuen Verfahren wie der Berücksichtigung der ungleichförmigen Bewegung, sondern auch durch Aenderung des Nullpunktes und der Jahrespunkte der Erscheinungen Herr zu werden suchten.

Noch eine andere Lage der Jahrespunkte in den Zeichen scheinen die Babylonier gekannt zu haben. Eudoxos sowohl, der in der ersten Hälfte des 4. Jahrhunderts lebende griechische Sternforscher, als auch die Chinesen kennen eine Lage der Jahrespunkte auf dem 15. Grade der Tierkreiszeichen, wobei über die Lage des Nullpunktes nichts angegeben ist. Da für die babylonischen Jahrespunkte bis zu 10° nachgewiesen sind, die mit der Zeit durch kleinere Zahlen ersetzt wurden, so läßt sich wohl annehmen, daß dieser Ansatz auch babylonischen Ursprunges ist, aber aus einer Zeit vor Naburi'annu stammt. Ebenso dürfte es sich mit der Lage der Jahrespunkte auf dem 19. und 12. Grad verhalten, worüber Andeutungen vorhanden sind.

Die Urheberin der babylonischen Sternforschung ist die Sterndeutung. Beide sind nicht voneinander zu trennen. Der Glaube, daß die Vorgänge am Himmel künftige Ereignisse auf der Erde andeuten, zwang zu einer immer vollständigeren Beobachtung und rechnerischen Erfassung dieser Vorgänge, um durch Vorausberechnung der Ereignisse künftiges Unheil vorhersehen und abwenden zu können. Die Sterndeutung bezog sich auf alle Vorgänge am Himmel: Lichtgestalten des Mondes, Finsternisse und gleichzeitige Sichtbarkeit von Sonne und Mond beim Vollmond, Stellungen der Planeten, Stellungen und Farben der Sterne, Ringe und Höfe um Sonne und Mond, Verfärbung der Himmelskörper durch Dunst oder bei tiefem Stand, Aussehen von Kometen und Feuerkugeln, Unwetter und Stürme. Alle diese Vorgänge wurden beobachtet und zusammen mit den darauffolgenden irdischen Ereignissen aufgezeichnet. Die Aufzeichnungen wurden in großen Sammlungen wie »Als Anu Enlil« zusammengestellt und dienten zur Vorhersage künftiger irdischer Ereignisse, wenn das vorhergehende himmlische eingetreten war. Mit der Zeit führte die Erkenntnis der großen Regelmäßigkeit in den himmlischen Vorgängen, selbst in solchen scheinbar unregelmäßigen wie in den Bewegungen der Planeten, dazu, daß man die Planeten bevorzugte, sie zur Deutung aller möglichen Ereignisse, selbst des menschlichen Geschickes, verwendete und dieser Deutung durch sorgfältige Erforschung der Bahnen eine sichere Grundlage gab. Damit entstand der Zweig der Sternforschung, der bis zur Mitte des 19. nachchristlichen Jahrhunderts der alleinherrschende sein sollte — die Bewegungslehre (Planetentheorie).

DIE BEWEGUNG DER HIMMELSKÖRPER

Auf Grund der bis jetzt vorliegenden Ueberlieferung des babylonischen Wissens läßt sich noch kein eindeutiges Bild ihrer Entwicklung entwerfen. Die Sonne bot, außer bei Sonnenfinsternissen, keinen besonderen Anlaß zur Deutung. Ihr täglicher Gang am Himmel ließ die 4 Himmelsrichtungen als bedeutungsvolle Richtungen erkennen. Wohl erst viel später wurden die Eigentümlichkeiten der jährlichen Sonnenbewegung bemerkt und durch die Beobachtung der Jahrespunkte festgelegt und damit die Lage des Tierkreises zum Aequator. Daß dies nur ganz allmählich vor sich ging, beweisen die tastenden Versuche, die Jahrespunkte und den Nullpunkt des Tierkreises zu finden. Zuletzt und zwar veranlaßt durch die Schwierigkeiten bei der Berechnung der Finsternisse kam die Erkenntnis, daß die Sonne sich nicht mit gleicher Geschwindigkeit in ihrer jährlichen Bahn bewege, was sich in der verschiedenen Dauer der Jahreszeiten andeutete. Aus den Beobachtungen ergab sich eine zwischen 2 Grenzwerten schwankende Geschwindigkeit. Beachtenswert sind auch die Angaben über die Tagesdauer und ihre Aenderung. Die Dauer des längsten Tages wurde zu 14 Stunden 24 Minuten angegeben, was für Babylon zu viel ist und nur durch das Zusammenwirken verschiedener Umstände, wie des Beobachtens von der Höhe des Tempelturmes, der Hebung des Sonnenbildes durch die Strahlenbrechung und des Beobachtens des obersten Sonnenrandes statt der Mitte zu erklären ist. Bei dieser Dauer von 14 Stunden 24 Minuten ist zu beachten, daß daraus für das Verhältnis des längsten zum mittleren und kürzesten Tage folgt 6 : 4 : 5, also ein Verhältnis, das dem für schematische Verhältnisse empfänglichen Geist der Babylonier zusagen mußte. Früher, um die Jahrtausendwende galt das Verhältnis 4 : 3 : 2.

Die monatliche Aenderung der Tageslänge ließen NABURI' ANNU gemäß der Folge 1 : 3 : 5 : 5 : 3 : 1 und KIDINNU gemäß der Folge 1 : 2 : 3 : 2 : 1 vor sich gehen. KIDINNUS Folge wurde bereits zu Anfang des 4. Jahrhunderts bei den ägyptischen Wasseruhren verwendet. Die vorliegenden ägyptischen und babylonischen Zeugnisse genügen noch nicht zur Entscheidung, ob die im späteren Altertum immer als richtig angesehene Folge den Aegyptern oder Babyloniern zuzuschreiben ist. Zwischen den beiden Folgen steht die Folge des Sternforschers von Uruk, der in seinen Tafeln für die Jahre 194—192 die Folge 1 : $2^1/_4$: 5 : 5 : 2 ¼ : 1 und als Dauer des längsten Tages für Uruk 14 Stunden 12 Minuten aufstellte. Die wirkliche Folge für Babylon war 1:2,4:3,2 : 3,2 : 2,4 : 1.

Die größte Mühe verwendeten die Babylonier auf die Erforschung der Mondbewegung, um das Erscheinen des Neulichtes und die Finsternisse richtig vorherzusagen. Dieses Bemühen ist besonders anzuerkennen, da die Erkenntnis der Mondbewegung mit sehr großen Schwierigkeiten verbunden ist, so daß PTOLEMAIOS sich veranlaßt sah, zur Darstellung der Mondbewegung 4 Bewegungsarten anzunehmen. Soweit brachten die Babylonier es wohl nicht. Immerhin war es eine erhebliche Arbeit, die sie durch Beobachtung und Verarbeitung der Beobachtungen geleistet haben.

Besonders schwierig war die Erkenntnis der Finsternisse. Es lag nahe, in diesen so auffälligen und dabei so unregelmäßigen Vorgängen besondere Bedeutungen zu sehen. Man sah in ihnen ursprünglich keine mit der Stellung des Mondes zur Sonne zusammenhängenden Erscheinungen, sondern suchte den Eintritt einer Finsternis aus anderen Anzeichen zu erschließen. So lautet ein Bericht des Hofsternsehers an den König: *»Ist der Mond von einem Ring umgeben, so wird eine Finsternis eintreten. Diese Nacht war der Mond von einem geschlossenen Ring umgeben.«*

Dieser Bericht besteht wie alle ähnlichen Berichte aus der Deutung, die, einer der großen Sammlungen von Deutungen entnommen, den auf Erfahrung beruhenden Zusammenhang zwischen Mondring und darauffolgender Finsternis angibt, und aus der Meldung über die Beobachtung des Mondringes. Andere Deutungen, die sich auf Finsternisse bezogen, gaben die Folgen der Finsternisse für einzelne Monatstage an. Gemäß diesen Deutungen konnten die Finsternisse auf den 1., 9.—21., 28.—30. Tag eines Monates fallen. Genauere Beobachtungen mußten die Finsternisse auf die Zeit um Neumond und Vollmond beschränken. Um diese Zeit galt es Ausschau zu halten, um dem König den Beginn der Finsternis zu melden. Ueber solche Beobachtungen unterrichten folgende Meldungen an den königlichen Hof: »*Der Monat Adaru wird 30 Tage haben. Am 15. Tage wurden Sonne und Mond miteinander gesehen. Am 13. Tage und in der Nacht zum 14. Adaru veranstalteten wir eine Beobachtung. Doch fand keine Finsternis statt. Siebenmal bin ich aufgestanden. Aber keine Finsternis fand statt. Den entscheidenden Bericht werde ich dem König noch senden. Von Ṭâbu-ṣil-Marduk, dem Neffen des Inlil-nâṣir*« und »*Was die Sonnenfinsternis betrifft, wegen der mein Herr König gesprochen hat, so ist sie nicht eingetreten. Am 27. werde ich wieder Ausschau halten und berichten.*« Dieser Bericht war von Balasī an den König Asarhaddon, der von 681—669 herrschte, gerichtet und läßt erkennen, daß Finsternisse wohl vorausberechnet wurden. Allerdings konnten die vorausberechneten Finsternisse wegen der mangelhaften Grundlagen meistens nicht eintreffen. Die Berechnung des Mondlaufes erforderte lange Reihen sorgfältiger Beobachtungen, besonders von Finsternissen. Solche Beobachtungen konnten erst dann mit Erfolg verwendet werden, wenn Jahr, Monat und Tag der Finsternis mitgeteilt war und außerdem Angaben über den Beginn und das Ende, über den Umfang der Finsternis und den Beobachtungsort vorlagen. Solche Angaben wurden erst seit derHerrschaft des Nabonassar, also vom Jahre 747 v. Chr. an, gemacht. Die Angaben waren zuerst nur roh und verfeinerten sich allmählich. Auch wurde der Bewegung des Mondes außerhalb der Finsternisse Aufmerksamkeit geschenkt und sein Ort im Verhältnis zu den Anhaltssternen angegeben, wie es im Jahre 567 v. Chr. geschah. Besonders wurde die Stellung des Vollmondes beachtet. Ob Sonne und Mond gleichzeitig am Himmel gesehen wurden, ob der eine erscheint, wenn der andere verschwindet, wieviel Zeit am nächsten Abend zwischen Sonnenuntergang und Mondaufgang verstreicht, alles das wurde aufgezeichnet und gab die Grundlage für die Berechnungen ab. Zu welchem Ergebnis führten diese Berechnungen? Aus der Betrachtung von Beobachtungen sehr langer Zeiträume mußte sich ergeben, daß einerseits Voll- und Neumonde und andererseits Finsternisse auf denselben Tag des Jahres fielen, daß also bestimmte Beziehungen zwischen der Jahreslänge und den Umläufen des Mondes bestehen und sich zur Vorausberechnung dieser Ereignisse verwenden lassen. Als Beziehung zwischen Jahr und Mondwechsel fanden die Babylonier allmählich 8 Jahre = 99 Mondwechsel, 27 Jahre = 334 Mondwechsel und 19 Jahre = 235 Mondwechsel. Die Vorausberechnung der Finsternisse bot größere Schwierigkeiten. Nur lange Beobachtungsreihen konnten zeigen, daß eine Finsternis sich nach einer Reihe von Jahren unter denselben Umständen bezüglich der Größe und Zeit der Finsternis und bezüglich des Ortes der Himmelskörper im Tierkreise wiederhole. Im 5. Jahrhundert war eine Periode von 684 Jahren bekannt, aber wohl nur kurze Zeit im Gebrauch. Die nächsten Bestrebungen galten der Auffindung einer Periode, welche eine Beziehung zwischen den Sonnenumläufen, den Mondwechseln, den Drachenmonaten, wodurch die Wanderung der Knotenlinie der Mondbahn auf dem Tierkreise Berücksichtigung findet, und anomalistischen Monaten, wodurch die Aenderung der Geschwindigkeit des Mondes in seiner Bahn berücksichtigt wird, darstellt. Diese Periode, Saros genannt, entsprach $6585\frac{1}{3}$ Tagen = 223 Mondwechseln = 239 anomalist. Monaten = 242 Drachenmonaten = 18 Sonnenumläufen + $10\,{}^2/_3{}^0$. Aus dieser Gleichung ergab sich ein genauerer Wert für den mittleren Mondwechsel, als er sich sonst ableiten ließe. Die von den Babyloniern gefundene Dauer des Mondwechsels und der anderen Monate erhellt aus der folgenden Uebersicht:

ÜBERSICHT 1

Dauer der Monate bei den Babyloniern.

	Saros	Naburi'annu	Kidinnu	Hipparch
Mittlerer Mondwechsel	29 · 530 64	29 · 530 641 458	29 · 530 594 136	29 · 530 594 2
Anomalist. Monat	27 · 553 70	27 · 554 536	27 · 554 569 25	27 · 554 564
Drachenmonat	27 · 212 12	27 · 230 39	27 · 212 22	27 · 212 22
Siderischer Monat			27 · 321 69	
Jahreslänge	365 . 249 1			

Der siderische Monat gibt die Zeit bis zur Rückkehr des Mondes zu demselben Stern an, der anomalist. Monat die Zeit bis zur Erreichung derselben größten Geschwindigkeit, der Drachenmonat die Zeit bis zum Erreichen desselben Knotens seiner Bahn.

Gemäß der Mitteilung des Ptolemaios haben die Babylonier die für den Saros geltende Zahl verdreifacht, um eine volle Zahl von Tagen zu erhalten. Diese große Periode von 19756 Tagen hieß die Aufrollung (Exeligmos).

Wie aus der Uebersicht 1 hervorgeht, haben sich die Babylonier nicht mit den aus dem Saros hervorgehenden Dauern der Monate begnügt, sondern noch genauere Werte abgeleitet. Die mit Kidinnus Namen verknüpften sind sehr genau und gleichen völlig den dem Hipparch zugeschriebenen.

Ob die Babylonier außer den in der Uebersicht angegebenen Dauern noch andere besaßen, läßt sich nicht angeben; denn die obigen Dauern sind mit Ausnahme des Saros nur aus einigen Mondrechnungen erschlossen worden. Es ist nicht unmöglich, daß die Babylonier für ihre Rechnungen abgekürzte Formeln verwendeten, wie es jetzt bei der Vorausberechnung des Lichtwechsels veränderlicher Sterne geschieht. Wollte jemand auf unsere gegenwärtigen Kenntnisse nur aus einem Bruchstück des Jahrbuches der veränderlichen Sterne schließen, so würde er ganz fehlgehen. Solange unsere Kenntnisse von der babylonischen Sternforschung nur auf der Entzifferung einiger Keiltafeln beruht, wird es nicht möglich sein, ihren Leistungen gerecht zu werden; denn es fehlt alles das, was einen Vergleich mit der griechischen Sternforschung ermöglichen würde: Lehrbücher wie das Handbuch des Ptolemaios oder die Sternkunde des Geminos, ferner genaue Nachrichten von Babyloniern über ihre Leistungen, wie sie auf griechischer Seite über Hipparch, Eudoxos und andere überliefert sind. Dazu kommt, daß die Deutung der griechischen Schriften sehr leicht und eindeutig ist gegenüber der Deutung der babylonischen, wo es gilt, gleichzeitig die Bedeutung eines Wortes zu enträtseln und das Wort zur Verdeutlichung bruchstückweise überlieferter und in ihrer Anordnung oft rätselhafter Keiltafeln zu verwenden.

Die in der Uebersicht 1 mitgeteilten Dauern der Monate fanden Verwendung zur Berechnung von Neu- und Vollmondtafeln mit Angaben über das Eintreffen von Finsternissen. Die Tafeln bestehen aus einer Reihe von Spalten, welche den Ort des Neu- und Vollmondes nach Länge und Breite, unter Berücksichtigung der veränderlichen Sonnenbewegung, ferner die Geschwindigkeit des Neu- und Vollmondes, die Dauer von Tag und Nacht, sowie die Zeit des Neu- und Vollmondes angeben. Die Zahlenwerte sind mitgeteilt in Tierkreiszeichen, Graden, Bogenminuten, -sekunden und -tertien, beziehungsweise in Doppelstunden, Doppelminuten, -sekunden und -tertien; also ist jede Einheit in $^1/_{60}$, $^1/_{60 \times 60}$, $^1/_{60 \times 60 \times 60}$ geteilt. Das Endergebnis, die Zeit des Neu- und Vollmondes, ist auch in Doppeltertien $= {}^1/_{30}{}'$ mitgeteilt, was in keinem Verhältnis zu der Genauigkeit dieser Angaben steht, weichen doch die Neumondzeiten um ½—2½ Stunden und zwar in demselben Sinne von der Wirklichkeit ab. Als Tagesanfang gilt bei NABURI'ANNU Sonnenuntergang und bei KIDINNU Mitternacht. In der Mondrechnung wurde die wechselnde Geschwindigkeit von Sonne und Mond berücksichtigt. In welcher Weise geschah dies? Betrachten wir zuerst die Sonnenbewegung. Die ältere Mondrechnung des NABURI'ANNU dachte sich die Sonnenbahn in 2 Bogenstücke von 194° und 166° Ausdehnung mit den Grenzen in 13° der Jungfrau und in 27° der Fische zerlegt und nahm an, daß die Sonne das längere Stück mit monatlicher Geschwindigkeit von 30° und das kürzere Stück mit monatlicher Geschwindigkeit von 28° 7′ 30″ durcheilt. Die Mitten der beiden Stücke liegen um etwa 10° von den genauen Punkten der Erdnähe und Erdferne ab. Die Bogenstücke und Geschwindigkeiten stehen im Verhältnis 16:15, das musikalisch dem Intervall eines großen Halbtones, der eine Dissonanz erzeugt, entspricht. Besaßen die Babylonier auch die Vorstellung von der Harmonie der Bewegung der Planeten, der Harmonie der Sphären, und wollten sie deshalb die Unregelmäßigkeit in der Sonnenbewegung als Störung und Dissonanz bezeichnen? Dies ist sehr wahrscheinlich; denn eine Mitteilung des PHILO besagt: »*Die Chalder brachten die irdischen Dinge mit den himmlischen in Verbindung und suchten dann aus den wechselseitigen Beziehungen dieser nur räumlich, nicht wesentlich geschiedenen Teile des Weltalles auch den Zusammenklang des Alles gleichwie durch Töne der Musik nachzuweisen.*« Gegenüber der Mondrechnung des NABURI'ANNU stellte die des KIDINNU einen Fortschritt dar, da sie an Stelle der 2 ungleichen Bogenstücke mit je einer unveränderlichen Sonnengeschwindigkeit eine sich ständig ändernde Sonnengeschwindigkeit innerhalb der Grenzen 30° 1′ 59″ 0‴ und 28° 10′ 39″ 40‴ annimmt. Die monatliche Geschwindigkeit ändert sich um 18′. Die Aenderung in der Mondgeschwindigkeit wurde von NABURI'ANNU so berücksichtigt, daß die tägliche Winkelbewegung zwischen den Grenzen 11° 4′ und 15° 57′ mit monatlicher Zu- und Abnahme von 42′ schwankt, während die entsprechenden Zahlen bei KIDINNU 11° 5′ 5″,15° 16′ 5″ und 36′ sind. Beachtenswert ist die Berechnung der Breite: NABURI'ANNU verwendete dazu ein Verfahren, bei dem nicht mehr eine gleichmäßige Zu- und Abnahme der Breite in Betracht kommt, sondern dem Umstande, daß die Aenderung der Breite in der Nähe der Knoten am größten ist, Rechnung getragen wird. KIDINNU benützt eine gleichmäßige Zu- und Abnahme mit einer entsprechenden Verbesserung bei den Knoten. Die Mondrechnung des NABURI'ANNU ist offensichtlich älter, enthält aber einige bemerkenswerte Einzelheiten, die in der Schule des KIDINNU anscheinend nicht Verwendung fanden, so Angaben über die Größe der Finsternisse in Zollen und über die Möglichkeit des Eintretens der Finsternisse, die bei einer Breite des Mondes von mehr als $1^0\ 44'\ 24''$ für nicht mehr möglich angesehen wurden. Es kommen dabei Mond- und Sonnenfinsternisse in Betracht. Auch scheint in dieser Mondrechnung der mit der Entfernung des Mondes zusammenhängende wechselnde scheinbare Durchmesser des Mondes berücksichtigt worden zu sein, um über die Möglichkeit von Finsternissen noch genauer aussagen zu können. Die Mondrechnung des KIDINNU scheint auch Tafeln, die unmittelbar den Beobachtungen entnommen waren, enthalten zu haben, und außerdem war anscheinend vorgesehen, daß die berechneten Zeiten der Neu- und Vollmonde durch Aenderungen in den Ausgangsperioden oder in dem Rechnungsverfahren an die Wirklichkeit mehr angepaßt werden konnten.

Der Durchmesser der Sonne wurde mit Hilfe der Wasseruhr bestimmt, indem das während des Aufganges der Sonnenscheibe zur Zeit der Nachtgleiche ausströmende Wasser gemessen wurde, und zu $^1/_{720}$ bis $^1/_{750}$ des Kreisumfanges von 360^0 gefunden.

Ein sehr merkwürdiger Versuch darf nicht unerwähnt bleiben: der Versuch den Durchmesser der sichtbaren Mondscheibe während eines Mondwechsels rechnerisch darzustellen. Die eine Berechnung befindet sich auf der 14. Tafel der Reihe »Als Anu Enlil« und muß infolgedessen sehr alt sein. Sie gibt die Größe der beleuchteten Mondscheibe in folgender Reihe gemäß dem Mondalter an: a, 2a, 4a, 8a 16a, 16a $(1 + {}^1/_5)$, 16a $(1 + {}^2/_5)$ und so fort bis zum 15. Tag, worauf die Abnahme entsprechend erfolgt. Die Formel stellt die Zu- und Abnahme befriedigend dar. Nur für die kaum zu beobachtende Mondsichel am Tage vor und nach Neumond beträgt der Fehler 48%, sonst innerhalb 25%. Bei dieser Formel ist der Durchmesser des Vollmondes zu 240 Teilen angenommen. Noch merkwürdiger ist der Versuch, die infolge der Abstandsänderung verursachte Aenderung des scheinbaren Durchmessers des Vollmondes rechnerisch darzustellen. Er findet sich in der auf NABURI'ANNU zurückzuführenden Mondrechnung und zwar in einer Tafel für

118 v. Chr. Der Monddurchmesser ergab sich daraus im Mittel zu 31′ 51″, 5 mit den Grenzen 34′ 16″, 2 und 29′ 26″, 9. Diese Werte sind viel genauer als die vor der Erfindung des Fernrohres gebräuchlichen. Sollte es sich in diesen beiden Fällen wirklich um die Aenderung des Monddurchmessers und nicht um etwas anderes handeln, so müßten die Babylonier recht genaue Meßgeräte besessen haben.

Nicht minder wichtig als die Bewegung von Sonne und Mond erschien die der anderen 5 Planeten. Venus scheint zuerst die Aufmerksamkeit auf sich gezogen zu haben. Beobachtungen gibt es bereits seit dem Anfange des 2. Jahrtausends v. Chr. Wegen der großen Bedeutung der Sichtbarkeit der Venus sind Beobachtungen über die Dauer ihrer Sichtbarkeit und Unsichtbarkeit sicherlich schon viel eher angestellt worden. Günstig erschien der Spätuntergang, da Venus bereits nach wenigen Tagen als Morgenstern erscheint. Ungünstig ist dagegen der Untergang morgens; denn dann bleibt Venus 3 Monate lang unsichtbar. Später machte man feinere Unterschiede. Günstig erschien ein Ausbleiben von 11—15 Tagen nach dem Spätuntergange und von 70—90 Tagen nach dem Untergang am Morgenhimmel, dagegen ungünstig ein kürzeres oder längeres Ausbleiben. Man hatte also schon bestimmte Regeln aufgestellt und Abweichungen von der Regel als ungünstige Vorbedeutung angesehen. Aus dieser Zeit der Feststellung der Gesetzmäßigkeiten der Venus stammen die Venustafeln, denen Beobachtungen aus der Regierungszeit des Königs Ammizaduga, der dem 1. Herrscherhause von Babylon angehörte und von 1921—1901 herrschte, zugrunde liegen. Die als 63. Tafel zur Sammlung »Als Anu Enlil« gehörige Deutungsreihe enthält Beobachtungen und Deutungen in folgender Form: »*Wenn Venus am 6. Abu im Osten sichtbar wird, so wird es Regengüsse vom Himmel geben; Zerstörung wird es geben. Bis zum 10. Nisan steht sie im Osten; am 11. Nisan verschwindet sie; 3 Monate bleibt sie am Himmel aus; am 11. Dūzu leuchtet Venus im Westen wieder auf. Dann wird es Feindschaften im Lande geben, aber die Feldfrucht des Landes wird gedeihen.*« Es handelt sich also um Beobachtungen des ersten Erscheinens und Verschwindens der Venus am Abend- und am Morgenhimmel und der Dauer ihrer Unsichtbarkeit mit entsprechenden Deutungen. Jahresangaben fehlen fast völlig. Bei den Angaben der Unsichtbarkeit sind die Monate zu 30 Tagen gerechnet. Die Anordnung der Beobachtungen geschah erstens der Zeit nach und zweitens ihrer Verteilung den Monaten gemäß. Aus den vorliegenden Beobachtungen fanden die babylonischen Sternforscher, daß die Erscheinungen der Venus sich nach einer bestimmten Reihe von Jahren wiederhole, da in nahezu 8 Sonnenjahren die Venus fünfmal an denselben Ort, von der Erde aus gesehen, zurückkehrt.

Diese Beobachtungen bezogen sich auf den Horizont als Bezugsebene und deuteten auch die Erscheinungen der Venusbewegung in Bezug auf diese Ebene. Der nächste Schritt war die Betrachtung der Bewegungen der Planeten in Bezug auf den Sternhimmel und auf die beiden anderen Bezugsebenen, den Aequator und den Tierkreis. Diesen Schritt haben die Babylonier getan und dadurch die Möglichkeit bekommen, die Bewegungen der Planeten auf eine Weise zu untersuchen, wie es durch bloße Beobachtung in Bezug auf den Horizontkreis nie möglich gewesen wäre.

Die neue Beobachtungsweise zeigen deutlich die folgenden Berichte an den König: »*Kommt der Planet Venus an den Skorpion heran, so werden zerstörende Stürme das Land durchziehen. Adad wird seine Regengüsse, Ea seine Quellen über das Land ergießen. Wenn Spika* [Vertreterin für Venus] *den Sirius erreicht, so wird Adad überschwemmen. Mars stand über dem Himmelsfisch. Ueberschwemmung ist nicht eingetreten*« mit dem Zusatz »*Sowie Venus an die Brust des Skorpion herankam, wurde sie fortgerissen, und zwar ehe sie in denselben hineintrat. Obwohl sie herankam, so trat sie doch nicht völlig hinein*« und »*Planeten sind solche Sterne, die in ihren Pfaden übereinander hinausschreiten.*« Der andere Bericht lautet: »*An den König, meinen Herren, dein Diener Mār-Ištār. Heil dem König meinem Herrn! Nebo und Marduk mögen gnädig sein dem König, meinem Herren. Langes Leben, Wohlbefinden und Herzensfreude mögen die großen Götter dem König, meinem Herren schenken. Am 27. Tag war der Mond noch sichtbar; am 28. Tag, am 29. und am 30. Tag stellten wir eine Beobachtung betreffs einer Finsternis der Sonne an. Sie ging aber ihres Weges; eine Finsternis machte sie nicht. Am 1. Tage war der Mond sichtbar; es ist der Tag, der den betreffenden Monat bestimmt. Wegen des Jupiter berichtete ich früher dem König, meinem Herrn: er erglänzt im Wege des Anu, im Sternbild des Orion. Da er tief steht und beim Verschwinden ist, so wird er nicht wahrgenommen* [und kann infolgedessen bei der Finsternis keine Rolle spielen]. *Seine Deutung beruht auf seiner Stellung im Anuwege. Ich melde jetzt: er hat sich verspätet und ward daher noch wahrgenommen; er steht unterhalb des Wagengestirns* [Gegend bei β und ζ im Stier] *im Wege des Bel; zum Wagengestirn ist er wahrhaftig hinabgegangen. Somit war seine Deutung verfehlt. Aber die früher gemeldete Deutung bezüglich des Jupiter wäre nicht*

verfehlt gewesen, falls er im Wege des Anu stände. Der König, mein Herr, möge es wissen.« Die beiden Berichte zeigen deutlich das Erstaunen und die Ueberraschung der Sternforscher darüber, daß die Planeten im Gegensatz zu Sonne und Mond ihre anfängliche Bewegung nicht fortgesetzt und dadurch die Vorhersagungen zuschanden gemacht haben. Stillstände und Umkehren waren anscheinend noch nicht bekannt. Auch die Mondbewegung war noch wenig bekannt, sonst hätte man nicht den Neumondstag um 2 Tage zu spät gesetzt und vergeblich eine Finsternis vorhergesagt. Der zweite Bericht läßt erkennen, daß der Aufenthalt der Planeten in den verschiedenen Wegen: Anuweg=Aequator und Belweg=Enlilweg=Streifen nördlich des Aequators beachtet und gedeutet wurde. Von der Erkenntnis dieser Wege bis zu der des Tierkreises war nur noch ein kleiner Schritt.
Auch die Helligkeit der Planeten wurde beachtet, wie aus den folgenden Deutungen hervorgeht: »*Wenn Mars an Größe abnimmt, so ist das glückverheißend, wenn er aber zunimmt, so bedeutet das Unheil*« und »*Wenn ein Planet die Sterne des Himmels an Glanz übertroffen hat, so wird ein König die Länder vernichten. Der Mars ist groß geworden und hat die Sterne wirklich überstrahlt.*« Eine Berücksichtigung der Aenderung der Helligkeit des Mars zur Bestimmung seiner Entfernung scheint nicht erfolgt zu sein.
Seit dem 6. Jahrhundert gibt es Beobachtungen von Planeten mit Angabe ihrer Oerter im Vergleich zu den Anhaltsternen. Mit solchen Beobachtungen konnte man daran denken, die Eigentümlichkeiten der Bahnbewegung mit Erfolg zu erforschen und zur Vorausberechnung künftiger Ereignisse zu verwenden. Aus den Beobachtungen der Früh- und Spätaufgänge und -untergänge ließen sich die stellungsbezüglichen (synodischen) Umlaufszeiten ableiten, besonders dann, wenn sich nach einer Reihe von Umläufen die Erscheinungen der Auf- und Untergänge in genau der gleichen Reihenfolge wiederholten.
In der älteren Beobachtungszeit waren, nach den Angaben in der Tafelsammlung »Als Anu Enlil« zu schließen, nur rohe Perioden für Venus und Jupiter bekannt. Im 6. Jahrhundert war man weiter: man wußte, daß die Wiederholung der Erscheinungen für Venus nach 8 Jahren weniger 4 Tagen, für Saturn nach 59 Jahren, für Mars nach 47 Jahren und für Merkur nach 6 Jahren erfolge, während welcher Zeit Venus 5, Saturn 57 und Mars 22 Umläufe vollenden. Die Periode für Merkur war auch nicht angenähert richtig. Aus der Ortsbestim-

mung der Planeten und aus den Perioden ergab sich, daß auch diese Planeten sich mit wechselnder Geschwindigkeit in ihrer Bahn bewegten. Diese Aenderungen der Geschwindigkeit wurden bei den Vorausberechnungen für die Jahrbücher berücksichtigt. Die Oerter der Planeten wurden in den einen Jahrbüchern, die wohl älteren Ursprunges sind, in Bezug auf die Anhaltssterne angegeben, in den anderen aber bezüglich der Tierkreiszeichen, und zwar durch Angabe der Oerter sämtlicher sichtbaren Planeten für den ersten Monatstag und außerdem durch Angabe des Monatstages, an welchem ein Planet in ein anderes Zeichen hineintrat. Jahrbücher lassen sich von 425 v. Chr. an nachweisen. Als Grundlage für die Berechnung dieser Jahrbücher dienten die aus den Beobachtungen ermittelten synodischen Umlaufszeiten und die mittleren synodischen Bogen. Dazu kam die Berücksichtigung der sich ändernden Geschwindigkeit des Planeten und auch der Sonne. Die Aenderung der Geschwindigkeit suchte man zuerst durch sprunghafte Aenderungen, später durch eine gleichmäßige Zu- und Abnahme darzustellen. Die Rechnung gelang so gut, daß die Kehrpunkte des Jupiter wohl um 4 Tage zu früh gelegt waren, aber immerhin, angesichts der äußerst langsamen Bewegung beim Kehrpunkt, noch so genau, daß auch das schärfste Auge den Fehler nicht hätte entdecken können. Die zugrunde gelegten Werte für den Bogen und die Umlaufszeit sind in der folgenden Uebersicht mitgeteilt, im Vergleich zu den von Hipparch und Ptolemaios benützten Werten. Außerdem ist in der 2. Spalte noch das Jahr angegeben, für welches der betreffende Wert zum erstenmal, gemäß den vorliegenden Tafeln, vorkommt.

ÜBERSICHT 2

Der synodische Bogen

	Jahr	Babylonier	Ptolemaios	Modern
Merkur	142	114° · 210 2	114° · 213 8	114° · 209 901
Venus	76	575 · 50	575 · 55	575 · 518 229
Jupiter	122	33 · 145 8	33 · 145 4	33 · 143 760
Sturn	189	12 · 656 3	12 · 651 35	12 · 650 815
Mars	189	408 · 721 9	408 · 712 9	408 · 71 163

Die synodische Umlaufszeit

	Jahr	Babylonier	Ptolemaios	Modern
Merkur	142	115 · 877 672	115 · 878 161	115 · 877 484
Venus	76	583 · 909 7	583 · 933 3	583 · 921 4
Jupiter	122	398 · 889 62	398 · 886 42	398 · 884 07
Saturn	189	378 · 101 8	378 · 093 0	378 · 091 9
Mars	189	779 · 995 1	779 · 942 8	779 · 936 2

Wie aus der Uebersicht hervorgeht, sind die babylonischen Werte so genau wie die griechischen. Sie unterscheiden sich nur wenig von den Werten, die sich aus den jetzt vorliegenden Bahnbestimmungsstücken unter Berücksichtigung der Störungen berechnen lassen. In manchen Fällen ist es sogar nicht möglich, den wirklichen Wert für die damalige Zeit abzuleiten, da die jetzigen Bahnbestimmungsstücke (Bahnelemente) nicht genau genug sind.

Ob die Babylonier eine ausgebildete Lehre zur Erklärung der Bewegungen der Planeten besaßen? Es ist zu vermuten, wenn man aus dem wenigen Ueberlieferten Schlüsse machen darf. So hat BEROSSOS um 300 v. Chr. gelehrt, daß der Mond 3 Bewegungen habe, die tägliche mit dem Himmel, die in der Länge und die in der Breite. BEROSSOS kannte also eine gegen den Tierkreis geneigte Mondbahn. Ferner nahm BEROSSOS eine Achsendrehung des Mondes an, deren Dauer mit seinem Wechsel zusammenfalle. Die Oberfläche des Mondes sei teils dunkel, teils glühend. Bei der Zusammenkunft von Sonne und Mond werde dieser durch die Sonnenwärme glühend und kehre erst während seines Umlaufes um die Erde ihr seine leuchtende Seite zu, bis zum Vollmond, um sie dann der Sonne wieder zuzuwenden. Diese Ansicht, die im Altertum bis zur Zeit des Isidor häufig erwähnt wurde, hat den Widerspruch der Griechen hervorgerufen.

Wichtiger als die Ansichten des BEROSSOS, der mehr Geschichtsschreiber als Sternforscher war, würden die der führenden und auch bei den Griechen bekannten Sternforscher NABURI'ANNU, KIDINNU und SUDINNES, sowie des SELEUKOS aus Seleukia sein. Aber nur von SELEUKOS ist Einiges bekannt. Er habe in Babylon die Lehre vorgetragen und nachgewiesen, daß die Erde sich um die Sonne bewege und dabei sich um ihre Achse drehe, also das Gleiche was ARISTARCH von Samos etwa 100 Jahre vorher als Behauptung aufgestellt hatte, ohne damit durchzudringen. Ob SELEUKOS damit Erfolg hatte, ist unbekannt, ebensowenig, ob er nur die Ansicht des ARISTARCH wiederholt hatte. Bekannt ist auch seine Erklärung von Ebbe und Flut als verursacht durch Unruhen in der Luft, die durch den Mond hervorgerufen wurden, und seine Behauptung: Ebbe und Flut seien um so unregelmäßiger, je weiter der Mond vom Aequator abstehe. Er wies auch darauf hin, daß die Gezeiten an den Küsten des Weltmeeres nicht gleichmäßig verliefen.

Auch Kometen, Feuerkugeln und Sternschnuppen wurden beachtet und zu Deutungen verwendet. Ueber die Kometen scheinen, nach den sich widersprechenden Berichten des Epigenes und des Apollonios von Myndos, die von den Babyloniern unterrichtet wurden, zu schließen, zwei Ansichten bestanden zu haben. Gemäß Epigenes entstünden die Kometen aus Verdichtungen der Luft. Apollonios aber erklärte, daß die Kometen als Planeten betrachtet worden seien, die obwohl länglicher Gestalt, doch Himmelskörper wie Sonne und Mond seien. Sie würden erst dann sichtbar, wenn sie bei ihrer Wanderung aus den Tiefen des Weltalls in den untersten Teil ihrer Bahn kämen. Also 2 Ansichten stehen sich gegenüber: eine mehr volkstümliche, aus sehr alten Anschauungen entstandene, und eine, hervorgerufen aus der beobachtenden Vergleichung mit der Bewegung und Helligkeitsänderung der Planeten. Die volkstümliche war auch die der Griechen, zum Beispiel des Aristoteles, und herrschte bis zum 17. Jahrhundert n. Chr.; die andere fand anscheinend keine Beachtung, und erst die Beobachtungen des 17. Jahrhunderts verhalfen ihr zum Siege. Einen wertvollen Beitrag zur Raumvorstellung der Babylonier liefert das Gedicht auf Etana aus altbabylonischer und neuassyrischer Zeit. Etana sucht das Gebärkraut und läßt sich von einem Adler in das Weltall tragen, zuerst bis zur Grenze des Anu-Reiches (wohl bis zur Wolkengrenze), von da aus zum Himmel der Istar (Venus). Als sie soweit kommen, daß Etana Erde und Meer, deren immer Kleinerwerden anschaulich beschrieben wird, nicht mehr sieht, wird er schwindlig und stürzt mit dem Adler ab.

DIE STERNE

Sternbilder wurden schon in früher Zeit am Himmel unterschieden, wie die sumerischen Namen für einige Sternbilder beweisen. Im 2. Jahrtausend v. Chr. dürften die meisten babylonischen Sternbilder bekannt gewesen sein. Bis jetzt lassen sich folgende Sternbilder und Einzelsterne nachweisen, wobei außer dem babylonischen Namen die Uebersetzung und in ( ) die entsprechenden jetzigen Sternbilder angegeben sind: Agru Taglöhner (Widder); Gú. an. na Himmelstier (Stier); Zappu (Plejaden); Tu' āmū Große Zwillinge (Zwillinge Ost); Tu'āmū ṣiḫruti Kleine Zwillinge (Zwillinge West); Šittu (Krebs); Urgulū Löwe (Löwe); Šarru König (Regulus); Ab. sin Aehre? (Jungfrau Ost); Zibānītu Waage (Waage); Zuqāqipu Skorpion (Skorpion); Us. sì (Antares); Šar. ur Sar. gaz (λ und υ im Skorpion); Pa. bil. sag (Schütze); Alluttu (Steinbock West); Šimmah (Steinbock Ost); Gu. la (Wassermann); Anunītu Fisch (Fische West); Nūm (Fische Ost); Mar. gíd. da. an. na Himmelswagen

(Kleiner Bär); Sumbu Wagen (Großer Bär); Kà. a (Alkor); Iru (Haupthaar); Ḫe. gál. ai (Jagdhunde); Mu. gid. keš. da (Drache); Nimru (Schwan + Kepheus); Nīru Joch (Bootes); Sú. pa (Arktur); Bal. ur. a (Krone); Kal-bu Hund (Herkules); Uza Ziege (Leier); Lu. lim (Kassiopeia); Ka. muš. ni. kú. a (Andromeda-Nebel?); Sú. gi Greis? (Perseus); Gamlu Sühnegerät (Fuhrmann); Za. mǎ. mǎ (Schlangenträger); Kusariqqu

(JEREMIAS, Handbuch d. altorient. Geisteskultur, Tafel 1)
Bild 11. Babylonischer Sternbilderhimmel

(Schlange); Našru Adler (Adler); Jkū (Pegasus); Ipinnu Schöpfgerät (Dreieck); Ur. bar. ra (α im Dreieck); Namaššu (Südlicher Fisch); Šitaddalu = Sib. zi. an. na (Orion); Quaštu Bogen (Großer Hund Süd); Šukudu = Kak. si. di Pfeil (Sirius); Dar. lugal Hahn (Prokyon); Ṣīru Schlange (Wasserschlange); Ug. ga Rabe (Rabe); Nun. ki (Segel); Nin. mah (Schiffskiel); Ḫabaṣirānu (Zentaur); Ur. idim Wolf (Wolf); Maškakatu (Altar). (Bild 11).

In der Himmelsbeschreibung des Babyloniers Teukros sind verschiedene babylonische Sternbilder enthalten, die sich am Himmel noch nicht haben nachweisen lassen. Wie aus der Uebersicht hervorgeht, stimmen die Sternbilder vielfach mit den griechischen, sogar in den Namen überein. Unter einem Sternbild hat man sich zuerst sicherlich nur die hellsten Sterne vorgestellt.
Die Anordnung der Sternbilder ist die im Altertum beliebte im Tierkreis und nördlich und südlich davon. Darstellungen der Sternbilder haben sich erhalten. So kommen auf Grenzsteinen vom 13. Jahrhundert v. Chr. an außer Sonne, Mond und Venus einige Sternbilder des Tierkreises vor, wie Skorpion, Schütze und Steinbock. Diese Darstellungen wurden maßgebend bis ans Ende des Altertums. Ferner gibt es eine Darstellung des Sternhimmels mit den Figuren der Sternbilder auf einer runden, in Ninive gefundenen Tontafel, die sehr schlecht erhalten ist. Sie diente wohl der Sterndeutung. Aus jüngerer Zeit stammende Darstellungen sind den griechischen sehr ähnlich.
Wahrscheinlich besaßen die Babylonier Himmelskugeln; denn Himmelsbeschreibungen wie die erwähnte in Br. M. 86 378 sind sonst nicht möglich.
Auch die Farbe der Sterne beachteten die Babylonier. Sie bestimmten die Farben nach der Farbe der Planeten, von denen sie zuerst 4, später 5 mit Einschluß von Venus benützten. Wo die Farbe eines Sternes nicht völlig der eines Planeten glich, wurden die Farben mehrerer Planeten zur Kennzeichnung verwendet. Handelte es sich um Sternbilder, so war die Farbe der hellsten Sterne maßgebend. Dieses Verfahren wurde von den Griechen übernommen. Eine Vergleichung dieser antiken Sternfarben mit den gegenwärtigen ergab, daß Venus für sehr weiß gehalten wurde, dann kam Jupiter, darauf als rötlicher Stern Saturn und zuletzt Mars, im großen und ganzen in guter Uebereinstimmung mit den gegenwärtigen Bestimmungen der Farben. Für Merkur ließ sich keine eindeutige Farbe ableiten; offenbar diente er zur Kennzeichnung schwacher Sterne. Mit Sonne und Mond wurde die Farbe oder vielmehr das Aussehen von Nebelflecken und Sternhaufen bezeichnet.

STERNGLAUBE UND STERNDEUTUNG

Der Sternglaube ist der Vater der babylonischen Sternforschung. Er führte zur Sterndeutung und diese mußte die Sternforschung hervorrufen. Der Sternglaube war bedingt durch den Götterglauben. Wie Philo mitteilte, lehrten die Chalder, daß das All nicht das Werk der Gottheit sei, sondern die Gottheit umfasse und daß Gut und Böse allen Wesen durch die Bewegungen und geordneten Umläufe der Sterne zugemessen werde. Die wichtigsten Götter waren mit den Himmelserscheinungen verbunden. In der sumerischen Zeit war der höchste Gott Anu, der Herr des Himmels. In späterer Zeit wurde seine Herrschertätigkeit auf den Aequator beschränkt. Neben ihm herrschten Ea, Herr des Wassers, und Enlil, Herr der Erde, denen in späterer Zeit die nördlich und südlich vom Aequator liegenden Gegenden des Himmels zugeteilt wurden. Ein anderer bedeutender Gott war der Mondgott Sin, der infolge der Wichtigkeit des Mondes bei der Zeitteilung eine größere Rolle als die Sonne spielte. Er besaß in Harran ein uraltes Heiligtum, das mit seinen Festen noch in nachchristlicher Zeit sehr angesehen war. Als Sohn des Mondes galt Schamasch, der Sonnengott. Tagsüber wandert er am Himmel über Länder und Meere, nachts durcheilt er die Unterwelt, um am anderen Morgen wieder zu erscheinen. Auf Siegeln ist zu sehen, wie er aus der Unterwelt emporsteigt, die Himmelstür öffnet und sich auf einen Berg als seinen Thron begibt. Schon in sumerischer Zeit wird die Zunahme seiner Wirksamkeit mit dem Frühling als Jahresanfang aufgefaßt und in Gestalt großer Feste gefeiert. Seit dem 1. babylonischen Herrscherhause scheint seine Verehrung zuzunehmen (Tafel III gegenüber S. 41). Hammurabi errichtet dem Sonnengott in Sippar ein berühmtes Heiligtum, nennt sich selbst Sonnengott von Babylon und empfängt von ihm das Gesetzbuch. Es ist wohl kein Zufall, daß zur selben Zeit eine Regelung der Zeitrechnung durch Schaltmonate stattfand und die ersten Regelmäßigkeiten in den Erscheinungen von Jupiter und Venus gefunden wurden.

Mit Sonne und Mond bildet die Göttin Ischtar = Venus die große Dreiheit. Auf fast allen Grenzsteinen sind diese 3 Götter als Zeugen des Vertrages zu sehen: Die Sonne als Scheibe mit vierstrahligem Stern darin, der Mond als Sichel und Venus als achtstrahliger Stern. Lange hat es gedauert, bis die anderen 4 Planeten, die bereits in sumerischer Zeit vorkommen, ihnen gleichgestellt wurden. Sie waren wohl erst in babylonischer Zeit mit Göttern verbunden worden, deren Eigenschaften dann auf die betreffenden Planeten übergingen und teilweise bis zum Ende des Mittelalters bestimmend sein sollten, wie Mars = Nergal, der Pestgott und Urheber des Unheils, Merkur = Nabu, Gott der Schrift und der Weisheit; Saturn wurde dem Ninurtu gleichgesetzt und Jupiter dem Marduk, der als Stadtgott von Babylon besondere Bedeutung errang. Sonne und Mond sind Schicksalsgötter; beide gelten als gute Götter wie auch Ischtar, die ihre Eigenschaft als Göttin der Liebe auf Venus übertragen hatte. Neben diesen Gottheiten wurde auch der Wettergott Adad verehrt, der auch einen Einfluß auf die Geschicke haben sollte.

Eigenartig ist die Verbindung der zum Himmel in Beziehung stehenden Götter mit der Zahl 60 oder einem ihrer Bruchteile wie dies aus folgender Uebersicht hervorgeht:

ÜBERSICHT 3

Name	Herrschaft	Zahl	Name	Herrschaft	Zahl
Anu	Himmel	60	Nergal	Mars	12
Enlil	Erde	50	Marduk	Jupiter	10
Ea	Wasser	40	Adad	Wetter	6
Sin	Mond	30	Nabu	Merkur	
Schamasch	Sonne	20	Ninurtu	Saturn	
Ischtar	Venus	15			

Die Sterndeutung entsprang der Anschauung, daß die irdische Welt ein Abbild der himmlischen sei und zwischen beiden Geschehen ein Zusammenhang bestehe. Sie gehört wie Leberschau, Becherschau und Traumdeutung zu den bereits zur Zeit des 1. babylonischen Herrscherhauses ausgebildeten Verfahren, die Zukunft vorherzusehen. Ihre Anfänge reichen in die sumerische Zeit zurück. Zur Zeit Gudeas, um 2600 v. Chr., gab es eine Schicksalsgöttin Nisaba, welche die Tafel des guten Sterns trägt.

Die überlieferten Zeugnisse lassen verschiedene Stufen der Sterndeutung erkennen. Die einfachste und vermutlich älteste enthält für jeden Monat die Bedeutung des Erscheinens einer Finsternis oder bestimmter Wolken oder der jährlichen Auf- und Untergänge von Planeten für das Land und seine Nachbarn; weiterhin Deutungen der Stellung von Gestirnen im Hof oder Ring um Sonne oder Mond, zum Beispiel: »*Ist der Mond von einem Hof umgeben und steht Jupiter darin, so bedeutet das Sterben des Viehs und der Tiere auf dem Felde.*« Zu der einfachen Sterndeutung gehören Deutungen von Kometen, Feuerkugeln und Sternschnuppen nach ihrem Aussehen, ferner die durch Lufttrübungen verursachte Färbung von Sonne, Mond und Sternen. Auch die Schicksalsbedeutung des Neujahrstages für das künftige Jahr ist zu erwähnen, da sie in der Form der Wettervorhersage bis ins 15. Jahrhundert n. Chr. fortlebte. Bedeutsam war ferner die Himmelsrichtung eines Kometen oder Blitzes für das betreffende

Land. Eine Verfeinerung erhielt diese Art der Sterndeutung dadurch, daß bei Finsternissen darauf geachtet wurde, in welche Wache sie fielen und welches Viertel von Sonne oder Mond verfinstert wurde.

Die fortgeschrittenere Sterndeutung geht von der Regelmäßigkeit der Vorgänge am Himmel aus. Regelmäßige Erscheinungen bedeuten, wie auch das regelmäßige Aussehen der Leber, Günstiges, aber Unregelmäßigkeiten deuten den Unwillen der Götter an. Zu solchen unregelmäßigen Erscheinungen gehört es, wenn der Neumond sich bereits am 28. Tage des Monates ereignet oder die um Vollmond zu erwartende gleichzeitige Sichtbarkeit von Sonne und Mond am 12. oder am 20. eintritt, wenn eine Finsternis den regelmäßigen Mondumlauf stört oder wenn Venus zu kurze oder zu lange Zeit unsichtbar bleibt. Alle solche Anzeichen deuteten den Unwillen der Götter über das Land an. Darauf mußte der König als Vertreter des Landes Buße tun und den Unwillen der Götter zu beschwichtigen suchen. Gelegentlich mochte es ratsam erscheinen, noch vor dem Eintritt des himmlischen Ereignisses dem göttlichen Zorn eine andere Richtung, nämlich zum Feinde hin, zu geben. Dazu war es nötig, die in den Himmelserscheinungen steckenden Perioden zu finden, welche künftige Erscheinungen vorherzusagen gestatten. Ungenaue Kenntnis der Perioden mußte zu falschen Vorhersagen und entsprechenden unzeitgemäßen Bußübungen des Königs führen. Kann man es ihm verdenken, wenn ihm die Zeit der Buße zu lang wurde und er seinen Sternseher fragen läßt: »*Der König ist ungeduldig wegen des langen Fastens und frägt an, ob der Neumond noch nicht erschienen sei*«?

Die Rücksichtnahme auf den Willen des Königs und das Streben nach Einfluß werden für die Priesterschaft, der die Sterndeutung oblag, die Triebfedern gewesen sein, die himmlischen Vorgänge genauer zu erkunden und daraus die Grundlagen für künftige Berechnungen zu schaffen. Begünstigt wurde dieses Streben durch den Sinn für Ordnung, der sich zur Zeit des 1. babylonischen Herrscherhauses in der Gesetzgebung und Verwaltung zeigt und in der Folgezeit ein Merkmal der babylonischen Mondrechnung ist.

Die höchste Stufe der Sterndeutung ist die Vorhersage auf Grund der gegenseitigen Stellung der Planeten. Sie ist ein Erzeugnis der letzten vorchristlichen Jahrhunderte und setzt die Kenntnis des Tierkreises und der Bewegungen der Planeten voraus. Sie bedeutet einen großen Fortschritt gegenüber der früheren Sterndeutung, da die Deutung sich im Gegensatz zu früher nicht mehr nur auf das

Land und den Herrscher bezieht, sondern auch auf jeden Menschen anwendbar ist und damit erst die babylonische Weisheit zur vielbegehrten Ware machte. Nur allgemeiner Deutung unterlagen Finsternisse, Kometen und die großen Zusammenkünfte aller Planeten in einem Tierkreiszeichen. Berossos hat die Lehre von diesen Zusammenkünften den Griechen übermittelt: *Wenn alle Planeten im Krebs zusammenkommen, so würde es einen Weltbrand geben, und wenn sich dies im Steinbock ereignet, eine Sintflut.* Die zugrunde liegende Ueberlegung ist sehr einfach: Wenn schon jeder einzelne Planet einen Einfluß ausübt, so muß ihr gemeinsamer Einfluß besonders unheilvoll sein und sich in Gestalt einer großen Dürre und Hitze oder großen Ueberschwemmung äußern, je nach dem Stand der Sonne im Tierkreis. Diese Vorhersagen haben bis zum 16. Jahrhundert n. Chr. die Menschheit von Zeit zu Zeit geängstigt und zwar in der Form von Toledericfen, in denen auf Grund einer angeblichen Zusammenkunft aller Planeten in der Waage Teuerung, Unwetter, Ueberschwemmung und Krankheiten, sowie der Tod eines Kaisers vorhergesagt wurde. Ob die Babylonier schon diese Vorhersage für die Waage besessen haben, läßt sich nicht nachweisen, ist aber nicht unwahrscheinlich. Die Lehre von den Wirkungen der großen Zusammenkünfte muß sehr alt sein. Bereits in dem Gilgamesch-Gedicht, das im 3. Jahrtausend entstand, wird die Sintflut als Folge der Zusammenkunft der Sonne, des Mondes und anscheinend noch anderer Planeten dargestellt.

Wichtig für die letzte Stufe der Sterndeutung wurde die Festsetzung der Eigenschaften der Tierkreisbilder durch den Lauf der Sonne. Der Krebs gilt als schädlich, weil die Sonne in ihm das Land ausdörrt; Steinbock und Wassermann als wässerig, da es regnet, wenn die Sonne darin steht; der Widder als günstig wegen der zunehmenden Sonnenkraft, die Wage aus dem entsprechenden Grunde als ungünstig. Die günstige oder ungünstige Eigenschaft eines Zeichens übertrug sich auch auf die in ihm stehenden Planeten. Daher kommt die noch jetzt bei den Bauern herrschende Ansicht von dem schädlichen Einfluß des Mondes im Krebs. Der Skorpion gilt als schädlich weniger mit Bezug auf die Sonnenstellung, als wegen der tödlichen Folgen des Skorpionsgiftes. Im 3. Jahrhundert läßt sich die Sitte nachweisen, jedem Tierkreisbilde einen Tempel, eine Pflanze, einen Baum und einen Edelstein zuzuweisen und aus der Stellung des Mondes in den Zeichen eine günstige oder ungünstige Bedeutung für den betreffenden Tempel usw. vorherzusagen. Dies konnte wichtig sein, wenn es sich darum handelte, den Tempel einzuweihen oder die Pflanze zur Zeit ihrer größten Wirksamkeit abzuschneiden und als Arznei zu verwenden. Wichtig wurde auch die Lehre von der Erhöhung und Erniedrigung der Planeten in gewissen Tierkreiszeichen. So hat die Sonne ihre Erhöhung in dem Widder und ihre Erniedrigung in der Waage, in den Zeichen ihrer zunehmenden und abnehmenden Kraft. In ähnlicher Weise hat jeder andere Planet in einem Zeichen seine Erhöhung und im gegenüberliegenden Zeichen seine Erniedrigung. Ob die bei den Griechen übliche Zuteilung nur eine Nachahmung der babylonischen ist, läßt sich nicht nachweisen, da bisher nur die Erhöhungen Widder für die Sonne, Fuhrmann und Plejaden für den Mond und Steinbock für den Mars in den babylonischen Schriften festgestellt wurden.

Besondere Bedeutung erhielt die Sterndeutung durch die Deutung des Himmelszustandes im Augenblick der Geburt. Alte babylonische Lehre war es, daß der Mond auf das Zustandekommen der Empfängnis einen Einfluß ausübe und seine Stellung am Himmel maßgebend für die Dauer der Schwangerschaft sei. Bei den Geburtsvorhersagen lassen sich 2 Arten unterscheiden: die einfachere läßt das Schicksal des Neugeborenen als Wirkung des aufgehenden Planeten gelten, z. B.: »*Wenn ein Kind geboren wird, während der Mond aufgeht, so ist sein Leben glänzend, glücklich, richtig und lang; wenn ein Kind geboren wird, während der Mars aufgeht, wird es Schaden nehmen, krank werden und schnell sterben.*« Sind 2 Planeten bei der Geburt vorhanden, so ergibt sich Folgendes: »*Wenn ein Kind geboren wird, während der Jupiter aufgeht und die Venus untergeht, wird dieser Mensch Glück haben, aber seine Frau verlassen*« und »*Wenn ein Kind geboren wird, wenn Venus aufgeht und Jupiter untergeht, so wird die Frau dieses Mannes mächtiger sein als er.*« Hierin zeigt sich deutlich die für die Horoskope maßgebende Regel, daß das aufgehende Gestirn wirksamer als das untergehende ist und daß im Gegenschein zueinanderstehende Planeten sich schwächen, selbst dann, wenn jeder einzelne günstig ist.

In dem Horoskop (Bild S. 64), der schwierigeren Schicksalsdeutung, wurde die Wirkung der Planeten, der Tierkreiszeichen und der Lage des Tierkreises zum Horizont in Einklang gebracht. In der Bevorzugung der 4 Himmelsrichtungen zeigte sich der tägliche Sonnenlauf und in der Bewertung der Tierkreiszeichen der jährliche Sonnenlauf. Die Horoskope können als besonderes Sinnbild der babylonischen Sterndeutung gelten, da sie die Merkmale der verschiedenen Entwicklungsstufen in sich vereinigen.

Aus der Stellung der Planeten im Tierkreis zueinander und in den Stätten (die loci des Horoskopes) ließen sich Vorhersagen über das Schicksal des Kindes machen. Vieles mußte dabei bedacht werden: die Lebensumstände des Kindes, die Ermittelung der Geburts-

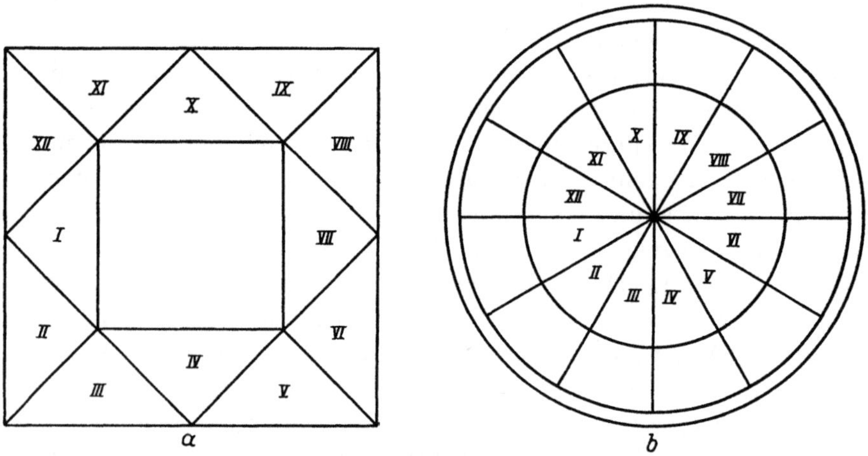

Bild 12. Gestirnung (Horoskop) Gestirnung (Horoskop)

zeit und die Entnahme der Oerter aus dem Jahrbuch. Alles dies erforderte ein gewisses Maß von Wissen und sicherte seinem Besitzer die Achtung der unwissenden Menge. So ist es verständlich, daß die babylonischen Sterndeuter, auch Chalder oder Mathematiker genannt, ein reiches Betätigungsfeld ihrer Wissenschaft im römischen Weltreich fanden und daß die babylonische Sterndeutung, sowohl die einfache wie auch die verwickelte der Horoskope, eine bis an die Grenzen von Europa und Asien verbreitete geistige Ware wurde und Jahrtausende hindurch zum geistigen Besitz der Menschheit gehörte. Die Vorhersagen der Sterndeuter haben in nicht wenigen Fällen die Entschlüsse der Fürsten und Heerführer beeinflußt.

Die Sterndeuter besaßen eine gewisse Freiheit in ihrer Deutung der Gestirnseinflüsse, weil es verschiedene Lehren über die Anordnung der Stätten gab und außerdem nach Bedarf andere Deutungsarten berücksichtigt werden konnten. Diese ganze Art der Sterndeutung wird in ihren Grundzügen auf die Babylonier zurückgehen, wenn sie auch in Aegypten in der seit dem 3. vorchristlichen Jahrhundert sich entwickelnden Mischkultur weiter gebildet wurde. Für die Altersbestimmung ist wichtiger, daß die bekanntesten Sterndeuter wie Manilius, Firmicus und Valens die Jahrespunkte auf den 8. Grad der Zeichen legten, also der Rechnung des Kidinnu gefolgt sind. Daraus würde für die Zeit der Entstehung der Lehre vom Horoskop das 3.—2. Jahrhundert v. Chr. folgen. Dieser Zeit gehören auch die bisher gefundenen babylonischen Horoskope an. Sie begnügen sich allerdings bei der Ortsangabe, außer für den Mond, mit der Angabe der Zeichen, ohne Grade, und haben die Angaben offenbar nicht der Beobachtung, sondern den Jahrbüchern entnommen, da sie die der babylonischen Rechnung eigentümlichen Fehler aufweisen. Bemerkenswert ist der Umstand, daß es bereits im 3. Jahrhundert außer dem Geburtshoroskop auch ein Empfängnishoroskop gab, ein Beweis dafür, daß die Empfängnis für so wichtig wie die Geburt für die Schicksalsdeutung angesehen wurde. Wie Vitruv berichtet, haben Achinapolos und Antipater, die Schüler babylonischen Wissens, gelehrt, daß das Lebensschicksal nicht aus dem Horoskop der Geburt, sondern der Empfängnis zu deuten sei.

Neben der aufs äußerste ausgebildeten Deutung der Stellungen blieb die der Sternbilder zurück. Ganz verschwand selbst die ursprünglichste, nämlich die Beziehung des aufgehenden Sternbildes zu den Schicksalen der Neugeborenen, nicht. Noch im 1. Jahrhundert n. Chr. hat der Babylonier Teukros die mit den Aufgängen der einzelnen Grade der Tierkreiszeichen gleichzeitig aufgehenden, untergehenden oder im Mittag stehenden Sternbilder und ihre Einwirkung auf die Menschen beschrieben.

Schon im Schöpfungsgedicht werden 36 Sternbilder erwähnt, je 3 für jeden Monat, die als beratende Götter gelten sollen. Sie sind nicht mit den ägyptischen Dekanen zu vergleichen, da von ihnen je 12 im Tierkreis, sowie nördlich und südlich davon liegen sollen. Diese je 12 Sternbilder werden aber auch den 3 Staaten Akkad, Elam und Amurru zugeteilt und alle Vorgänge in ihnen als schicksalbedeutend für diese Länder verwertet.

Die babylonische Sterndeutung hat durch die Erfindung des Horoskopes und durch die Hervorhebung der Zahlen 4, 7, 12 und 30 einen ganz besonderen Einfluß auf die Kultur des Altertums ausgeübt. Die Zahl 4 war gegeben durch die 4 Hauptpunkte des Horizonts mit den entsprechenden Jahreszeiten, Himmelsrichtungen und Windrichtungen. Als Himmelsrichtungen dienten sie zur Bezeichnung der 4 benachbarten Länder Subartu im Norden = Assyrien, Akkad im Süden = Babylon, Elam im Osten und Amurru im Westen und als die 4 Weltecken zur Kennzeichnung der Macht der Könige. Die Himmelsrichtungen werden aber auch mit den nicht zur großen Dreiheit gehörigen 4 Planeten und ihren Farben verbunden. Merkwürdigerweise gibt es Aehnliches bei den Chinesen. Auch bei den Aegyptern gab es anscheinend eine ähnliche Einteilung. Sie haben 4 Sternbilder um den Nordpol, die 4 Götter, die zugleich mit Horus, allem Anschein nach, die Farbe der anderen Sternbilder bestimmen, also farbig sein müssen. Die 4 gewann offenbar die Bedeutung des Grundlegenden: 4 Weltecken, 4 Grundstoffe, 4 Gemütsarten, 4 Evangelien.

Eine nicht minder große Rolle spielte die Zahl 7, welche ihre Bedeutung von der Zahl der Planeten erhalten hat. Allem Anschein nach ist die siebentägige Woche und die Bezeichnung der Wochentage nach den Planeten in fester Reihenfolge babylonischen Ursprunges. Nicht minder wichtig wurde der mit der 7 verbundene Begriff des Schlechten im Sinne der Bösen Sieben. Dies ist anscheinend eine Zutat der Assyrier, bei denen es die 7 bösen Geister gab.

Bedeutsamer als 4 und 7 wurde die Zahl 12. Sie ergab sich als die Zahl der auf das Jahr entfallenden Monate. Dem 13. Monat, dem Schaltmonat, kam wie den 5 ägyptischen Schalttagen eine unglückliche Bedeutung zu, die alle Jahrtausende bis zur Gegenwart überdauerte. Die Einteilung des Jahres, auf den Himmel übertragen, führte zur Zwölferteilung des Aequators und des Tierkreises. Aus der Zwölferteilung des Aequators folgte die Einteilung des Volltages in 12 Doppelstunden und die damit verbundene Zwölfgötterfolge, von denen immer einer aufgeht und einer untergeht. Auch den 12 Tierkreiszeichen entsprechen 12 Körperteile, ferner 12 Tiere, Pflanzen und Steine, welche Lehre im Mittelalter einem ALEXANDER, einem angeblichen Schüler babylonischen Wissens, zugeschrieben wurde. In allen diesen Fällen handelt es sich um verschiedene aufeinanderfolgende Zeit- oder Raumteile, die eine Runde bilden, an die sich eine neue Runde anschließt. In diesem Sinne konnte von einer Zwölferrunde gesprochen und diese selbständig verwendet werden. Die Zwölferrunde hat eine sehr große Verbreitung gefunden, besonders in Asien. Bei den Babyloniern gab es die Zwölferrunde der Jahre und Tage, unter Benützung der Namen der Zeichen. In Ostasien wurde die Zwölferrunde (Uebersicht 15, S. 204) zur Bezeichnung von 12 aufeinanderfolgenden Jahren, Monaten, Tagen, Doppelstunden und Tierkreisausschnitten verwendet.

Neben der 12 spielt die 30 nur eine kleine Rolle. Sie ist die Zahl der Tage eines vollständigen Monates, zugleich die Zahl der Teile der Doppelstunde und der Tierkreiszeichen. Ferner gab es 30 helle Sterne,

die besonders in der griechischen Wetterkunde hervortreten. Auch spielt die 30 eine Rolle in der gnostischen Lehre der Markosier.
Mit den Zahlen 4, 7, 12 und 30 hat die babylonische Sternkunde überall Fuß gefaßt. Der Einfluß dieser Zahlen, die vom Himmel offenbart zu sein schienen, kann nicht groß genug angesehen werden. Sogar die jüdisch-christlichen Kreise konnten sich ihnen nicht verschließen, wie aus der Offenbarung Johannis hervorgeht. Es gibt da: 4 Tiere, Engel, Winde, Ecken der Erde, 7 Sterne, Gemeinden, Geister, Leuchter, Fackeln, Siegel, Hörner, Augen, Posaunen, Donner, Häupter, Kronen, Plagen, Berge, Könige, Schalen; 12 Engel, Tore, Geschlechter Israëls, Apostel, Gründe, Steine, Früchte, 12×12 Ellen, $24 = 2 \times 12$ Aelteste. Die 12 scheint eine der Kirche besonders heilige Zahl zu sein. Außerdem gibt es noch merkwürdige Zeitangaben in Verbindung mit $3\frac{1}{2} = {}^7/_2$, nämlich $3\frac{1}{2}$ Tage und Zeiten, 42 Monate ($3\frac{1}{2} \times 12$) und 1260 Tage ($= 3\frac{1}{2} \times 12 \times 30$). Bemerkenswert ist die sonst nur von der Sterndeutung gebrauchte Verwendung des Rundjahres von 360 Tagen. Noch jetzt beherrscht die 60-Teilung die Zeit- und Winkelteilung. Und die früher noch mehr verbreitete 12-Teilung in Maß und Gewicht herrscht noch in England.
Der Einfluß der Sterndeutung erstreckte sich auch auf die Heilkunde. Gewisse Sternbilder sollten einen großen Einfluß auf bestimmte Körperteile, z. B. der Ziegenfisch auf den Darm ausüben. An den Unglückstagen, die, als der 7., 14., 21. und 28. jedes Monats mit dem Mondwechsel zusammenhängen, sollten Eingriffe nicht vorgenommen werden.
Somit waren alle Gebiete menschlicher Tätigkeit mit den himmlischen Vorgängen verknüpft worden.

GELEHRTE, UNTERRICHT UND GERÄTE

Die Sternkunde lag in der Hand der Priesterschaft. Auch als Abschreiber von Planetentafeln werden Priester genannt. Selbst Berossos, der Uebermittler babylonischer Geschichte und Sterndeutung an die Griechen, war Priester des Marduk in Babylon. Die Sternkunde bestand in Beobachtung, Verarbeitung der Beobachtungen und Deutung der beobachteten oder berechneten Himmelserscheinungen. Ihre Beobachtungen betrafen alle auffälligen Himmelsvorgänge. Die Babylonier müssen vorzügliche Beobachter gewesen sein. Sie konnten das

Neulicht bereits 18½ bis 52 Stunden nach dem Vollmond feststellen, während der erfahrene Beobachter J. Schmidt in Athen es erst nach 29½ bis 63 Stunden sah. Aehnlich ist es mit der ersten Sichtbarkeit des Sirius. Gemäß den gleichzeitigen ägyptischen Beobachtungen tritt sie am 20. Juli, also bei einem Sehungsbogen von 10° ein; aber gemäß den babylonischen Ansätzen vom Jahre 425 v. Chr. am 19. Juli, gemäß denen des 2. Jahrhunderts am 18. Juli und gemäß dem vom Jahre 76 v. Chr. sogar am 17. Juli, was einem Sehungsbogen von nur 7° entspricht. Auch die den Planetenrechnungen zugrunde liegenden Beobachtungen gestatten einen Rückschluß auf ihre Güte.

Ursprünglich bestand zwischen Sterndeutern und Sternforschern kein Unterschied. Später scheint eine Trennung eingetreten zu sein, da gemäß einer griechischen Mitteilung nur wenige babylonische Sternkundige sich mit der Sterndeutung befaßten. Berossos lehrte auf der Insel Kos, um 280 v. Chr., den Griechen babylonische Sternkunde einschließlich Sterndeutung. Die ersten Griechen, welche die babylonische Sternkunde lernten, waren Epigenes, Apollonios von Myndos und Artemidoros. Auch die Schule der Stoiker dürfte vieles Wissen von Babylon bezogen haben. Um Christi Geburt waren die Chalder und Mathematiker, wie die babylonischen Sterndeuter genannt wurden, im römischen Reich weit verbreitet. Sicherlich werden viele Sterndeuter, nur um bessere Geschäfte zu machen, sich als Babylonier ausgegeben haben.

Der Unterricht erfolgte wohl in den Tempelschulen. Im Altertum waren die Schulen zu Babylon, Uruk, Sippar und Borsippa bekannt, deren Tätigkeit sich in den Keilschrifttafeln noch nachweisen läßt. Die Beobachtungen wurden vermutlich auf der Spitze des mit dem Tempel verbundenen Turmes angestellt. Tempel, von denen aus die Himmelsvorgänge wohl beobachtet wurden, gab es in Akkad, Arbela, Assur, Babylon, Borsippa, Karsagkelama, Ninive, Nippur, Sippar und Uruk.

Die bekannteste Schule war die zu Babylon, die im Tempel Esagilla ihren Sitz und in dem dazugehörigen 91 m hohen Tempelturm E-temenanki ihren Beobachtungsturm hatte. Wie die Abbildung (Tafel III gegenüber S. 41) zeigt, bot er auf seinen verschiedenen Absätzen gute Gelegenheit, um nach allen Himmelsrichtungen zu beobachten. Allerdings war er nicht nach den Himmelsrichtungen aufgestellt. Bei anderen Tempeln war dieser Fehler noch größer, sodaß die babylonischen Sternforscher des Vorteils, welchen die Pyramiden mit ihren äußerst genauen Richtungen für alle Beobachtungen boten, entbehren mußten. Dafür müssen ihnen fest aufgestellte Geräte, über deren Gestalt nichts bekannt ist, zur Bestimmung der Himmelsrichtungen gedient haben. Auch von ihren anderen Geräten ist nichts überliefert. Es müssen gewesen sein: Armillarsphären, Geräte zur Messung des Durchmessers des Mondes, Wasseruhren und Sonnenuhren. Dazu kamen Tonscheiben für die Sterndeutung. Woraus die anderen Geräte bestanden und wie ihre Herstellung erfolgte, läßt sich nicht angeben. Sicherlich wurde Kupfer oder Messing dazu verwendet, wurden doch kupferne chirurgische Instrumente schon zu HAMMURABIS Zeiten erwähnt. Die Armillarsphäre muß bereits im 6. Jahrhundert so gut geteilt und aufgestellt gewesen sein, daß die damit gemachten Messungen um weniger als 1^0 falsch waren. Nicht ausgeschlossen ist es, daß die Etrusker, die Lehrmeister der Römer, ihr Sterngerät zum Abstecken der Himmelsrichtungen von den Babyloniern übernommen haben.

Sehrohre zum Ansehen der Sterne dürften an den Geräten wohl vorhanden gewesen sein, falls man sich nicht der Absehen (Visiere) bediente. Die Sehrohre besaßen keine Linsen. Es gab aber Linsen, die wohl als Lupen zum Siegelschneiden dienten. Eine aus der Zeit um 640 v. Chr. stammende plan-konvexe Linse aus Bergkristall wurde in Ninive gefunden.

Der Aequator und der Tierkreis (Ekliptik) wurden in 12 Doppelstunden = 12 Zeichen zu 30 Vierminuten = 360^0 geteilt. Der Längenkreis war geteilt in 180 Ellen zu 24 Fingern oder in 144 Ellen zu 30 Fingern, wobei ein Finger $5'$ entsprach. Der Durchmesser von Sonne und Mond wurde in 12 Zoll geteilt, außerdem für besondere Zwecke noch in kleinere Unterteile.

Für den Unterricht waren bestimmt: das sehr alte Lehrbuch »Als Anu Enlil« mit vielen Deutungen und mit Bruchstücken aus dem 3. Jahrtausend v. Chr.; das jüngere, aber wohl noch in das 2. Jahrtausend zurückreichende Lehrbuch »mul Apin«, zu dem auch die Tafel Br. M. 86 378 gehört, und das die Himmelsvorgänge, den Auf- und Untergang der Sterne, die Planeten, die Zeitmessung mittels der Schattenlängen kennen lehrt und einige Deutungen von Kometen und Sternen gibt; ferner die Mondrechnungen und die Jahrbücher. Ob auch Werke über die physikalische Erklärung der Himmelsvorgänge benutzt wurden, ist unbekannt.

DRITTER TEIL

DIE STERNKUNDE DER GRIECHEN

DIE Babylonier und Aegypter haben der Sternkunde des Altertums ihr eigentümliches Gepräge gegeben. Aegypten lieferte den 24-Stundentag, die Wasseruhr, die Jahresdauer und die Monatsnamen, Babylon hingegen die Teilung in Maß, Gewicht, Zeit und Winkel, die Unterscheidung der Sterne nach Bildern und Farben, die typische Sonnenuhr, die Abbildung der Himmelskreise auf verschiedene Flächen, die Schaltregeln und die Rechnungsverfahren, aus den Beobachtungen der Himmelsvorgänge die scheinbare Bewegung der Planeten abzuleiten und rechnerisch darzustellen, ferner höchstwahrscheinlich die Armillarsphäre und die Himmelskugel. Dazu kamen beachtenswerte Versuche sich die Bewegungen vorzustellen und die Deutung der Himmelsvorgänge in ihren verschiedenen Entwicklungsstufen bis zum Horoskop.

Was blieb den Griechen, der dritten großen Kulturmacht des Altertums, noch zu tun übrig? Gemäß ihren eigenen Berichten und gemäß den Behauptungen ihrer begeisterten Verehrer werden alle wichtigen Errungenschaften der antiken Sternkunde ihnen verdankt. Dies ist offenbar nicht richtig. In vielen Fällen wie bei den Tierkreisbildern, Sternbildern, Sonnen- und Wasseruhren läßt sich die Uebernahme fremden Geistesgutes nachweisen. In anderen Fällen wie bei den Schaltregeln, den Dauern der Umläufe der Planeten, bei den Meßgeräten ist eine Uebernahme von den Babyloniern her sehr wahrscheinlich, da sie dort früher auftreten als bei den Griechen. Es wird also notwendig sein, an den Verdiensten der Griechen um die Wissenschaft zuvor einige Abstriche zu machen, um ihre wirklichen Verdienste festzustellen und zu würdigen. Die Feststellung des Sachverhaltes wird dadurch erschwert, daß von den wissenschaftlichen Vorstellungen der Aegypter und Babylonier nur wenig überliefert ist und das Ueberlieferte nur schwer gedeutet werden kann. Hingegen sind die Gelehrten seit Jahrhunderten bemüht, die nicht geringen Reste des griechischen

Schrifttums zu sichten, zu erklären und aus jedem selbst noch so unvollständigen Satz Bedeutendes herauszulesen. Also auf der einen Seite eine ausgebildete Altertumswissenschaft mit vollständigem wissenschaftlichem Rüstzeug, auf der anderen Seite nur die Anfänge der wissenschaftlichen Erfassung der geistigen Leistungen der Aegypter und Babylonier. Unter solchen Umständen ist es nicht möglich, diese 3 Kulturen gleichmäßig zu würdigen, was sich besonders bei der Behandlung der Frage, welche Vorstellungen über die Bewegung der Planeten und über den Aufbau der Welt vorhanden waren, bemerkbar macht. Um ein Beispiel anzuführen: Als ein Merkmal des sich regenden wissenschaftlichen Denkens der Griechen werden die Erklärungen der Weltentstehung der ionischen Naturphilosophen angesehen. Diese Philosophen wie Thales und andere setzten an Stelle einer göttlichen Weltschöpfung stoffliche Vorgänge und nahmen als Grundstoff der Welt nacheinander Wasser, Luft und Feuer an. Von den Babyloniern sind solche Versuche nicht bekannt. Sollten sie aber unmöglich sein, da doch die beiden uns bekannten babylonischen Erklärungen des Mondwechsels und der Gezeiten eine rein stoffliche Ursache und nicht einen mythischen Vorgang annehmen? Wird man nicht in der Annahme eines babylonischen Einflusses durch den Umstand bestärkt, daß Thales seine Vorhersage einer Finsternis doch nur mit Hilfe der babylonischen Jahrbücher machen konnte?

DIE MATHEMATIK

Ein wichtiges Hilfsmittel der griechischen Sternkunde ist die Mathematik. Sie ermöglichte die rechnerische Behandlung und kurvenhafte Darstellung einer Reihe von Vorgängen und scheint der griechischen Sternkunde den endgültigen Erfolg verschafft zu haben. Ihre Anfänge liegen allerdings nicht in Griechenland. Bis zum 4. Jahrhundert ist ausländischer Einfluß nachweisbar. Die Hochachtung der Griechen vor der ägyptischen Mathematik und der Umstand, daß Plato und Eudoxos bei den ägyptischen Priestern Mathematik gelernt haben, lassen sich in dieser Hinsicht deuten. Auch von babylonischer Seite ist ein Einfluß, besonders bei Eudoxos, nicht zu verkennen. Die Ableitung von Perioden aus den Beobachtungen, die Darstellung sich wiederholender, aber nicht regelmäßig verlaufender Vorgänge durch das Zusammenwirken mehrerer Teilvorgänge und die Abbildung der Himmelserscheinungen auf die Ebene sind nicht ohne nachhaltigen Einfluß geblieben. Die erste Einwirkung geschah auf THALES und PYTHAGORAS. Die große Verehrung, welche diese Gelehrten noch lange nach ihrem Tode bei ihren Landsleuten genossen haben, war der Ausdruck des Dankes für die Bereicherung des griechischen Wissens durch die Einführung ausländischer Kenntnisse. Erst von ihrer Zeit an ist von einer Mathematik der Griechen zu sprechen. Damals war sie noch ein Hilfsmittel der Sternkunde; in der Folgezeit gelangte sie zu einer solchen Vervollkommnung, daß die dadurch geschaffenen Kenntnisse eine wertvolle Grundlage für den Neubau der Wissenschaft im 15.—17. Jahrhundert wurden. Für die Bedürfnisse der griechischen Sternkunde war sie mehr als ausreichend. Diese brauchte für ihre Untersuchungen die Aehnlichkeitslehre, ferner die Kenntnisse einiger Kurven, hauptsächlich des Kreises und des Aufkreises (Epizykel).

Verschiedene Arten der Abbildung waren für Sonnenuhr und Karten nötig. Die rechtwinklige Abbildung nebst Umklappung für die Sonnenuhren und die polige Abbildung für die Astrolabe wurden durch PTOLEMAIOS meisterhaft dargestellt. Zur Berechnung seiner Schattentafeln benützte er rechtwinklige Koordinaten. Die Ableitung der Perioden erfolgte nach altem Muster wie bei den Babyloniern. Die Winkelberechnung geschah mit Hilfe der Sehnen, nicht der Kreisbögen.

Maßgebend für die Entwicklung dieser Seite der Mathematik sind die Arbeiten von AUTOLYKOS, EUKLID, HIPPARCH, THEODOSIOS, MENELAOS und PTOLEMAIOS. Die Arbeiten von AUTOLYKOS bis THEODOSIOS, also vom 4.—1. Jahrhundert v. Chr., gehen im Grunde auf eine verlorene, dem EUDOXOS zugeschriebene Kugellehre zurück und suchen die durch die Drehung und Lage der Erde zum Himmel hervorgerufenen scheinbaren Vorgänge am Himmel zu erklären. Als Mittel dienten wohl Himmelskugeln, im Notfall auch Armillarsphären. Es handelt sich dabei einerseits um das Verhalten der verschiedenen auf der Kugel vorhandenen Parallelkreise des Aequators zum Horizont, bei den verschiedenen Lagen der Kugel, andererseits auch um die praktische Ausnützung der erworbenen Kenntnisse durch die nicht berechneten, sondern der Kugel zu entnehmenden Zeiten der Auf- und Untergänge und Mittagsstände der wichtigsten Sternbilder und hellsten Sterne. Gegenüber der Gepflogenheit, die Auf- und Untergänge an Hand von Himmelskugeln zu bestimmen, führte HIPPARCH eine wesentliche Verbesserung ein, indem er dies an der Hand von Kurven und anscheinend auch durch Rechnung zu finden lehrte. Für den Gebrauch entwarf er eine Sehnentafel, die für jeden Winkel die entsprechende Sehne in Teilen des Halbmessers zu entnehmen gestattete. Die Berechnung der einzelnen Seiten und Winkel im ebenen und sphärischen Dreieck beruhte auf den Arbeiten von Menelaos und Ptolemaios. Jedes Dreieck wurde in rechtwinklige Dreiecke zerlegt und mit Hilfe des Transversalensatzes des Menelaos Beziehungen zwischen den Winkeln und Seiten des Dreiecks hergestellt.

DIE ERFASSUNG DER ZEIT

DIE ZEITRECHNUNG

Die Witterung Griechenlands ist für die Beobachtung der Himmelsvorgänge nicht ganz so günstig wie die Aegyptens und des Zweistromlandes.

Das griechische Jahr begann in der ältesten Zeit mit dem Sommer, dessen Anfang durch den Frühaufgang der Plejaden angezeigt wurde. Aus der Beobachtung der Plejaden entwickelte sich nicht ein Sternjahr wie in Aegypten, sondern die Zeitrechnung wurde auf der Beobachtung des Mondes und auf den Ausgleich des Mondwechsels mit dem Sonnenjahr aufgebaut. Veranlassung dazu war wohl in erster Linie der Einfluß der babylonischen Mondrechnung, ferner der Umstand, daß die Plejaden infolge ihrer geringen Helligkeit zur Feststellung des Frühaufganges ungeeignet sind und daß seit dem 6. vorchristlichen Jahrhundert Beobachtungen der Sonnenwenden in Griechenland angestellt worden sind. Diese Beobachtungen geschahen zuerst mit Hilfe des Schattens auffallend geformter Bergspitzen wie des Ida, Lykabettos und Lepetymnos. Als Beobachter werden genannt Pherekydes, Phaeinos und Matriketas. Auch der von Anaximander um 560 v. Chr. in Sparta aufgestellte Stab soll die Zeiten der Wenden und Nachtgleichen angegeben haben. Eine große Genauigkeit kam diesen Beobachtungen nicht zu; denn sonst hätte Meton mit seinen Beobachtungen der Sonnenwenden, die er mit einer auf der Mauer des Landtagsgeländes stehenden Säule anstellte, nicht großes Aufsehen erregen können. Auch die Zeiten der Nachtgleichen müssen von Meton bestimmt worden sein, denn seit dieser Zeit ist die Dauer der Jahreszeiten bekannt, allerdings noch recht roh.

Ueber die ursprüngliche Verbindung des Mondjahres mit dem Sonnenjahr ist nichts bekannt. Eine regelmäßige Schaltung mit Achtjahrfolge wird schon in die ältesten Zeiten verlegt, besonders dem Solon zugeschrieben, der die Zeitrechnung neu geregelt und im Jahre 594 die Achtjahrfolge eingeführt haben soll. Vermutlich wurden innerhalb der 8 Jahre nach Bedarf Schaltungen eingefügt. Die wissenschaftliche Begründung erfolgte erst in den folgenden Jahrhunderten durch KLEOSTRATOS, EUDOXOS, ERATOSTHENES und DOSITHEOS. Dem Zeitraum von 8 Jahren, gleich 99 Monaten, wurden zuerst 2922 Tage, später durch den Einfluß des EUDOXOS 2923 ½ Tage, mit Auslassung von 30 Tagen alle 160 Jahre, gleichgesetzt. Aus dem späteren Ansatz ergab sich die Dauer des Jahres um 0,00775 Tage zu kurz und die Dauer des Mondwechsels um 0,000283 Tage zu lang. Um dieselbe Zeit, wo EUDOXOS seine Schaltregel bekanntgab, war in Babylon eine bessere in Gebrauch genommen, die Neunzehnjahrfolge, die auch für die Griechen maßgebend werden sollte. Diese nach METON benannte Folge ist höchstwahrscheinlich nicht von METON gefunden, sondern viel später von KALLIPPOS und PHILIPPOS, den Angehörigen der von METON und EUKTEMON eingerichteten Schule. Sie kam frühestens im Jahre 342 v. Chr. in Anwendung, also mindestens 40 Jahre nach dem Vorgehen der Babylonier. Als Jahreslänge ergibt sich bei dieser Jahresfolge $365\,^5/_{19}$ Tage, also noch größer als die von den Aegyptern als richtig angesehene Dauer von 365 ¼ Tagen. Um in Uebereinstimmung mit dieser Jahreslänge zu sein, führte KALLIPPOS eine Jahrfolge von 76 Jahren ein, die 940 Mondwechseln und 27 759 Tagen entsprach. Diese KALLIPPISCHE Schaltregel vermochte die 19jährige METONISCHE Schaltregel nicht zu verdrängen; noch weniger war es der Fall mit der von HIPPARCH ersonnenen, die in 304 Jahren 3760 Mondwechsel und 111 035 Tage vorsieht und für den mittleren Mondwechsel eine Dauer errechnen läßt, die so genau ist wie die des KIDINNU.

Die Zählung der Jahre erfolgte nach den Regierungszeiten der Könige oder nach den Amtsjahren der höchsten Beamten in Athen und Sparta. Diese Zählung geht in Athen bis ins 11. Jahrhundert zurück. Zur Gleichsetzung der infolge der staatlichen Vielgestaltigkeit Griechenlands vorhandenen gleichzeitigen Amtsjahre bediente man sich seit dem 3. Jahrhundert der Rechnung nach den olympischen Spielen, die alle 4 Jahre stattfanden und deren Sieger vom Jahre 776 v. Chr. an öffentlich aufgezeichnet sein sollen. In späterer Zeit wurden die Jahre von dem Regierungsantritt des PHILIPPOS ARRHIDAIOS, des Nachfolgers ALEXANDERS DES GROSSEN, an gezählt, beginnend mit dem 12. November 324 v. Chr. gleich dem 1. Thoth 425 der Zählung ab NABONASSAR.

Das Jahr begann mit dem Sommer, genauer mit der Sonnenwende, und wurde anscheinend schon zu HOMERS Zeiten in die 4 Jahreszeiten geteilt, wobei allerdings Sommer und Winter als die Zeiten der Ernte und der Ackerbestellung den Vorrang hatten. Der Eintritt der Jahreszeiten wurde durch die jährlichen Frühaufgänge bestimmt, wobei die Plejaden die Hauptrolle spielten.

Sirius galt als Ankünder der Fruchtlese. Wegen der Wichtigkeit der jährlichen Auf- und Untergänge enthielten die Kalender zahlreiche Angaben über solche Himmelsvorgänge und Wetteransagen. Sie wurden auch als Steckkalender auf steinernen Tafeln zur öffentlichen Kenntnis gebracht.

Die Dauer der Jahreszeiten wurde erst allmählich erkannt, wie aus der folgenden Uebersicht hervorgeht:

ÜBERSICHT 4

	Frühling	Sommer	Herbst	Winter
Euktemon	93	90	90	92
Eudoxos	91	91	92	91
Kallippos	94	92	89	90
Hipparch	94½	92½	—	—

Die Jahrespunkte liegen bei EUKTEMON, KALLIPPOS und HIPPARCH auf dem 1. Grad des Zeichens, dagegen bei EUDOXOS anders, z. B. die Winterwende auf 4^0 des Steinbocks und die Frühlingsgleiche auf 6^0 des Widders.

DIE ZEITMESSUNG

Tag und Nacht wurden in je 12 ungleichlange Stunden geteilt, doch scheint die Stundenzählung nicht immer von derselben Tageszeit ausgegangen zu sein. In der ältesten Zeit begann der Tag wohl abends, wie bei den Völkern mit Mondzeitrechnung. In späteren Zeiten kam auch Mitternacht oder Sonnenaufgang als Tagesbeginn vor. Zur Zeitteilung dienten Sonnen- und Wasseruhren.

DIE SONNENUHREN

Die grundlegende Form der Sonnenuhr, die wagerechte Sonnenuhr und die kugelförmige Hohlsonnenuhr, wurde von den Babyloniern übernommen, wohl auch die Zeitbestimmung durch den Schatten des menschlichen Körpers. Diese sehr rohe Weise hielt sich erstaunlich lange. Noch im 4. Jahrhundert pflegte man als Zeit einer Einladung den Augenblick, wo der Schatten eine bestimmte Länge hatte, zu bezeichnen. Zu genauerer Zeitangabe konnten nur die richtigen Sonnenuhren dienen. Aus den übernommenen Formen entwickelte der erfin-

derische Geist der Griechen die mannigfaltigsten und nützlichsten Geräte. Ihnen allen ist die Eigenschaft gemeinsam, daß nicht die Richtung des Schattens, sondern die Lage des Schattens der Spitze eines Schattenstabes (Gnomon) die Stunde erkennen läßt.
Aus der überlieferten Sonnenuhr mit senkrechtem Schattenstab entwickelte sich die senkrechte ebene Sonnenuhr mit wagerechtem Schattenstab, wobei die Himmelsgegend der Auffangfläche der Sonnenuhr — dem Zifferblatt — den Namen gab. Am häufigsten war die Süduhr, seltener die Ost- und die Westuhr. Am Turm der Winde, den Andronikos von Kyrrhos in Athen errichtete, sind für jede der 8 Himmelsgegenden Sonnenuhren angebracht. Eine andere überlieferte Sonnenuhr ist die kugelförmige Hohlsonnenuhr, der Berossos (siehe S. 38) eine bequeme Form gab. In dieser Form hat sie auf zahlreichen Säulen an Marktplätzen und öffentlichen Gebäuden zur Tageseinteilung im Altertum gedient. Aus der kugelförmigen Hohlsonnenuhr entwickelten sich 2 Abarten: die eine mit schattenwerfender Spitze in der Mitte zwischen Mitte und Rand der Hohlkugel und die andere unter Weglassung des Schattenstabes, aber mit einem Loch am oberen Rand der Kugel, durch welches ein Sonnenstrahl ins Innere der Hohlkugel fallen kann. Um in dem letzten Fall den Lichtstrahl möglichst fein und damit die Zeitangabe möglichst genau zu machen, wurde das Loch nicht in die steinerne Kugelschale, sondern in eine eingelegte Bronzeplatte gebohrt. Beliebter als diese beiden Formen wurde die kegelförmige Hohlsonnenuhr, als deren Erfinder Dionysodoros gilt; denn ihre Wände ließen sich leichter herstellen und der Entwurf der Kurven war besonders leicht. Da die Achse parallel zur Erdachse gelegt wurde, wurden die täglichen Schattenkurven Kreise und die Stundenlinien, welche die Punkte derselben Stunden auf den verschiedenen Schattenlinien verbanden, konnten ohne großen Fehler als Grade gezogen werden. Die Spitze des Schattenstabes lag in der Achse. Von dem Kegelmantel war nach vorn ein großer Teil weggelassen, um den Blick auf das Kurvennetz freizugeben. Diese Sonnenuhr wurde wie die Berossische sehr häufig verwendet und mit Vorliebe für die Oeffentlichkeit gestiftet. Die älteste bekannte Uhr dieser Art ist die von Apollonios, dem Sohn des Apollodoros, im 3. Jahrhundert für Herakleia auf Latmos gestiftete Sonnenuhr. Ihr Hersteller ist Themistagoras, Sohn des Meniskos aus Alexandria. Aus der kegelförmigen Sonnenuhr entwickelte sich eine sehr merkwürdige Form mit einem zum Aequator parallelen Zifferblatt, welche den Uebergang von der Tagesteilung mit ungleich-

langen Stunden in eine solche mit gleichlangen Stunden hätte herbeiführen können.

Außer diesen Sonnenuhren gab es noch die senkrechten säulenförmigen Hohlsonnenuhren mit darüberliegendem wagerechten Schattenweiser, dessen Spitze womöglich in der Mitte der Rundung liegt. Häufig kommen mehrere Sonnenuhren an einem Block vor. Besonders merkwürdig ist die in Pergamon gefundene Zwillingssonnenuhr, die in derselben halbkugeligen Höhlung 2 sich berührende Kurvennetze hat und darüber 2 wagrechte, von Norden und Süden hineinragende Schattenstäbe. Mit dieser Sonnenuhr ist der besondere Vorteil verbunden, daß sie zu ihrer Aufstellung nicht die Kenntnis der Mittagslinie voraussetzt; denn die Sonnenuhr zeigt immer dann richtig, wenn beide Schatten auf derselben Stundenlinie liegen.

Das Kurvennetz bestand ursprünglich aus den 11 Stundenlinien, von 1—11 Uhr, durchschnitten von den Schattenkurven der beiden Wenden und Nachtgleichen. Später kamen auch die Schattenkurven der Zeiten des Eintritts der Sonne in die anderen Zeichen hinzu, was dem Eudoxos und dem Aristarch zugeschrieben wird. Gelegentlich werden auch die Zeiten der jährlichen Auf- und Untergänge der Plejaden und des Sirius angemerkt. Der Entwurf der Uhr geschah durch Zeichnung. Anweisungen dazu überlieferten Vitruv und Ptolemaios. Vitruv geht von der Meridianabbildung aus, während Ptolemaios die rechtwinklige Abbildung auf die Meridian-, auf die Horizontebene und auf die Ostwest-Ebene in Betracht zieht. Durch Umklappung der verschiedenen Abbildungen auf die Meridianebene erhielt Ptolemaios die von ihm als Analemma bezeichnete Abbildung, aus welcher er mit Hilfe von Zirkel und Lineal die für seine 49 Schattentafeln nötigen Winkel entnahm.

Die aufgefundenen Sonnenuhren sind zum Teil sehr genau. So ist die Abweichung der Stundenlinien der Sonnenuhren am Turm der Winde kaum 3 Minuten, und bei der wagerechten Sonnenuhr von Aquileja beträgt der mittlere Fehler 7 mm, entsprechend 4 Minuten.

Tragbare Sonnenuhren stammen aus dem 1. nachchristlichen Jahrhundert und später. Die älteste davon, der aus Pompeji stammende sog. Schinken von Portici, eine in Bronze ausgeführte Verkleinerung eines Schinkens, enthält auf ihrer senkrecht zu haltenden Fläche das Kurvennetz, auf welches das Schwänzchen den Schatten fallen läßt. Dieses mehr wie ein Spielzeug aussehende Gerät ist recht sorgfältig hergestellt. Der Fehler der Stundenlinien beträgt weniger als 0,3 mm.

Eine andere tragbare Sonnenuhr, die aber auch nur für eine Breite gebraucht werden konnte, ist eine in Mainz aufbewahrte Elfenbeinscheibe, die senkrecht gehalten wird und bei der ein hineingesteckter Stift den Schatten auf das Kurvennetz wirft. Je nach den Monaten wird der Stift in ein anderes Loch gesteckt.
Andere tragbare Sonnenuhren, auch als senkrechte Scheiben benützt, haben ein kleines Oehr als Strahlensender oder einen Stift als Schattenwerfer. Sie gelten nur für eine Breite, falls nicht beide Flächen benützt werden, wie für Rom und Ravenna. Außerdem gab es noch eine für alle Breiten gültige Sonnenuhr, die auch aus dem 2. nachchristlichen Jahrhundert stammt und vielleicht mit der Sonnenuhr des PARMENIDES Verwandtschaft hatte. Als Schattenwerfer dient ein Aufsatz, ähnlich wie bei der ägyptischen Streiflichtsonnenuhr, bei der die Länge des Schattens ausschlaggebend ist. Dieser Aufsatz ist auf der Platte drehbar und kann auf die verschiedenen Sonnenhöhen eingestellt werden, so daß immer der Schatten an ihm entlang streift. Die Scheibe ist in einer Fassung beweglich und für die Polhöhe einstellbar, so daß sie für die Breiten von 30^{0}—60^{0} benützt werden kann. Der mittlere Fehler der Stundenlinien beträgt $\pm$ 9 Minuten.

DIE WASSERUHREN

Nicht minder wichtig als die Sonnenuhr war die Wasseruhr. Anregungen dazu boten die ägyptische Auslaufuhr und die babylonische Einlaufuhr, diese jedoch mit der ägyptischen 12-Stundenteilung. Die Nachrichten über die griechischen Wasseruhren sind mit wenigen Ausnahmen sehr oberflächlich und legen mehr Wert auf das äußere Bild als auf die Einrichtung und auf das Gehen der Uhren. Die älteste Nachricht betrifft die Weckuhr des PLATO, welche seine Schüler zur morgendlichen Arbeit wecken sollte. Da ihr derselbe Gedanke wie den Orgelpfeifen zugrunde liegen soll, so ist anzunehmen, daß das einlaufende Wasser bei einer bestimmten Höhe in ein anderes Gefäß floß, dabei den rückwärtigen Luftabfluß verstopfte, die eingeschlossene Luft durch eine Pfeife zu entweichen und dabei einen Pfiff auszustoßen zwang. Ob diese Uhr den Anforderungen genügte, läßt sich nicht nachweisen. Wichtiger als diese für die Zwecke der Sternkunde wohl kaum in Betracht kommende Uhr ist die Wasseruhr, die mit dem Namen des KTESIBIOS verknüpft ist. Der nicht sichtbare Teil der Wasseruhr bestand aus drei Teilen: aus dem Wasserschloß, aus dem Geber und dem Gefäß des Schwimmers. In das letzte läuft das Wasser hinein und hebt den Schwimmer mit dem darauf befindlichen Zeiger. Diese Hebung geschieht nur dann gleichmäßig, wenn jederzeit gleichviel Wasser aus dem Geber einläuft. Um dies zu ermöglichen, muß der Wasserstand im Geber immer gleich hoch sein. Dazu dient das Wasserschloß, aus dem das Wasser zuströmt. Die Regelung dieses Zuströmens kann durch einen Hahn geschehen, den ein dafür bestimmter Diener abstellt oder durch reichliches Einströmen, wobei das überflüssige Wasser abläuft. Bei Vorhandensein einer Wasserleitung wie beim Theater zu Priene ist das Wasserschloß entbehrlich. Um nur einen dünnen Strahl Wasser in das Gefäß des Schwimmers fließen zu lassen, ist das Abflußrohr des Gebers sehr eng und besteht aus Gold oder Achat. Nach zwölfstündigem Einlauf wird das Gefäß entleert. Der Zeiger auf dem Schwimmer zeigt an einer Säule mit dem nach den Monaten wechselnden Stundenzifferblatt die Stunden an (Bild 13). Die Säule wurde gemäß den Jahreszeiten gedreht, so daß jeden Monat ein anderes Zifferblatt zur Benützung kam. Dabei hielt die Entwicklung der Wasseruhr nicht still. Der Schwimmer wurde mit einem um die Achse geschlungenen und durch ein Gegengewicht beschwerten Seil verbunden und führte durch seine Emporbewegung eine Drehung der Achse und der darauf befestigten zum Beschauer sichtbaren Scheibe herbei. Es handelte sich hier um größere Werke, große Tischuhren und Standuhren. Bei den Tischuhren bewegte sich ein aus Drähten bestehendes scheibenförmiges Netz vor einer Scheibe, die am Rande die Monatsteilung mit 183 Löchern zum Hineinstecken des Tagesstiftes enthält. Das Netz wird gebildet aus den Bögen der Stunden und den sie schneidenden Kreisen des Aequators, der Wende- und Sichtbarkeitskreise. Aus der Lage des Stif-

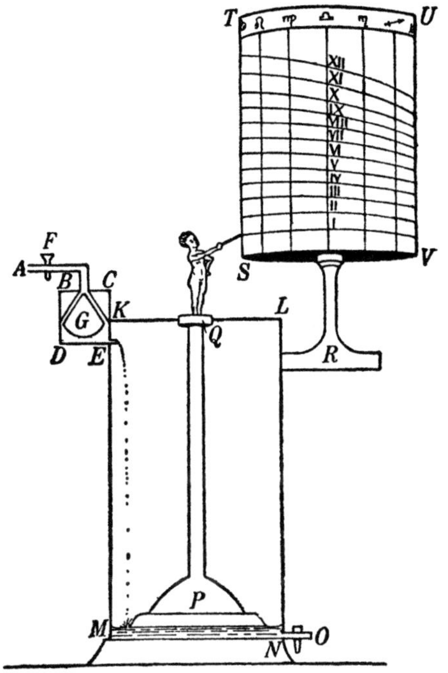

(Gemäß DIELS, Antike Technik, S. 206)

Bild 13. Einlauf-Wasseruhr nach KTESIBIOS, zur Angabe der ungleichlangen Stunden. Die Regelung des Wasserzulaufes in dem Kasten BCDE mittels des Keiles G ist bei arabischen Uhren vorhanden und war vielleicht den Griechen bekannt.

tes zu den beiden Scheiben läßt sich der Tag und die Stunde ersehen. Bei der Standuhr ist das Drahtnetz fest und dahinter bewegt sich die Scheibe mit den Tageslöchern und eine Darstellung des nördlichen Himmels. Diese Uhren ließen also außer der Zeit auch die Lage der Sternbilder zum Horizont erkennen. Von KTESIBIOS scheint eine Erweiterung der Wasseruhr herzurühren, die allmählich den Zweck der Uhren verschleiern und ihnen das für das späte Altertum bis zum 16. Jahrhundert kennzeichnende Aussehen geben sollte. Es sind dies die Zutaten in Gestalt von blasenden Männern, sich bewegenden Figuren und fallenden Kugeln, Zutaten, die diesen Spieluhren den Stempel aufdrücken sollten. In der Erfindung dieser Zutaten haben die Griechen sehr viel geleistet; die Araber und später die Germanen haben vielfach ihre Anregungen nur ausgeführt und erweitert. Als Erfinder solcher Spieluhren werden genannt KTESIBIOS, ARCHIMEDES und HERON. Der Turm der Winde enthielt im Innern eine ähnliche Standuhr. Im Jahre 507 baute BOETHIUS 2 solche Uhren im Auftrage des THEODERICH für den Burgunderkönig GUNDIBALD und zur selben Zeit ungefähr wurde auf einem Platz in Gaza eine kunstvolle Uhr aufgestellt, welche PROKOP beschrieb (Bild 14). Auch in noch späterer Zeit wurden Wasseruhren mit

(Gemäß DIELS, Antike Technik, S. 223)

Bild 14. Vorderseite der Kunstuhr von Gaza

beweglichen Figuren hergestellt. So war eine ähnliche Uhr um das Jahr 1200 an der Rennbahn in Konstantinopel zu sehen. Auch an der Apostelkirche befand sich eine Uhr.

DIE ERFASSUNG DES RAUMES

DIE ERFORSCHUNG DER ERDE

Die Vorstellung von der Erde, wie sie die griechischen Gelehrten bis zum 5. Jahrhundert v. Chr. besaßen, ist offenbar beeinflußt von den älteren ägyptischen und babylonischen Vorstellungen. Eine dem 6. Jahrhundert angehörige Lehre vergleicht die Erde mit einem Menschen, wie es die Aegypter taten, und bringt nur insofern etwas Neues, als an Stelle der ägyptischen Umgebung das Handelsgebiet Ioniens tritt. Der nächste Schritt lag in der Richtung der Ausdehnung der Erdkarte über das ganze Mittelmeer und in der Verwendung der Meilenkarte des persischen Reiches. Weitgehende Reisen, wie sie zur Erweiterung des Handels bis zur Nordsee nötig waren oder im Gefolge der Eroberungszüge Alexanders des Großen geschahen, vervollständigten das Weltbild. Die auf diesen Reisen erworbenen Kenntnisse von den Himmelsvorgängen, wie sie unter verschiedenen Breiten erscheinen, mußten auch die Vorstellung von der Erde umgestalten. Ursprünglich wurde die Erde als Scheibe aufgefaßt, als unterer Abschluß der darüber sich wölbenden Himmelshalbkugel. Der nächste Schritt war die Loslösung der Erdscheibe vom Himmel. Sie wurde freischwebend und zwar innerhalb einer Himmelskugel, gemäß der Ansicht des ANAXIMANDER, gedacht. Man unterschied auf der Erdscheibe die obere und die untere Seite. Bereits im 6. Jahrhundert wird die Verschiedenheit der Bedeutung von oben und unten, links und rechts für die Bewohner der Oberseite und der Unterseite erörtert. Soweit kam die ionische Schule. Den Pythagoräern wird seit der Zeit des Aristoteles die Lehre von der Kugelgestalt der Erde zugeschrieben. Ob PYTHAGORAS selbst bereits diese Anschauung von der Erde hatte, läßt sich nicht nachweisen. Auf den Münzen seiner Vaterstadt Samos wird er wohl mit der Erdkugel dargestellt; jedoch stammen diese Münzen erst aus der römischen Kaiserzeit und sind deshalb nicht entscheidend. Es ist nicht wahrscheinlich, daß PYTHAGORAS der Urheber dieses Gedankens ist; denn die wesentliche Voraussetzung zu dieser Lehre, die Unterscheidung der verschiedenen Wärmegürtel auf der Erde, wurde erst durch den Eleaten PARMENIDES gefunden. Die anderen Beweise für die Kugelgestalt der Erde: die Verschiedenheit der Dauer des längsten Tages und der Sichtbarkeit der Sterne gemäß der Breite, sowie das allmähliche Auftauchen entfernter sich nähernder Gegenstände und die kreisrunde Abbildung der Erde auf dem Mond bei Mondfinsternissen sind wohl erst in späterer Zeit entstanden. Die Lehre von der Kugelgestalt der Erde, auf welche die Einteilung der Himmelskugel und Kreise übertragen wurde, drang nur allmählich durch. Noch zur Zeit des ARISTOTELES vermengen die Gelehrten die Lehre von der Scheibe mit der von der Kugel. Das Volk hat wohl nie die Lehre von der Scheibe aufgegeben. Bekannt war nur ein kleiner Teil der bewohnten Erde. Bemerkenswert ist die Darstellung der Erdkugel, auf deren Nordhälfte 4 ähnliche und durch Meere voneinander getrennte Erdteile zu sehen sind, von denen der eine dem bewohnten Erdteil der Griechen entsprach.

Kennzeichnend für die Entwicklung der griechischen Erdkunde sind Windrose und Erdmessung. Die Windrose stellt in ihrer ältesten Form die 4 Himmelsrichtungen dar, deren Namen bald durch die der Winde ersetzt wurde. Aus dieser vierteiligen Windrose entsteht einerseits die symmetrische Achtteilung und andererseits eine aus der wagerechten Sonnenuhr abgeleitete Windrose, wo die den größten Morgen- und Abendweiten der Sonne entsprechenden Stellen als Nebenwindrichtungen verwendet werden. Da diese Weiten für Athen 30^0 betragen, so lag es nahe, die 4 noch übrigen je 60^0 breiten Streifen auch unterzuteilen und zur zwölfteiligen Windrose überzugehen. Begünstigt wurde dieses Vorgehen durch die Anschauung von der Verwandtschaft des Himmels und der Erde. Man verglich einerseits diese eigenartige Teilung mit der im Tierkreis sich offenbarenden Zwölfteilung; andererseits wurde sie in Verbindung mit der in der Abbildung der himmlischen Hauptkreise sich zeigenden Teilung gebracht und ihr geradezu gleichgesetzt. Dabei kämen jedoch nie 12 gleichweit voneinander abstehende Punkte heraus. Um aber das im Altertum herrschende Streben nach Symmetrie zu wahren, wurden die Abstände Aequator—Wendekreis—Sichtbarkeitskreis—Pol gleichgroß angenommen, was einer Schiefe von 19^0 und einer Polhöhe von 48^0 entspräche. Diese Windrose diente auch zur Darstellung der Nachbarländer in bezug auf den betreffenden Ort. Daß dieser Anschauung noch die Annahme, die Erde sei eine Scheibe, zugrunde liegt, versteht sich von selbst. Aber das ganze Altertum hindurch finden Verwechslungen der beiden sich ausschließenden Lehren statt.

Unter dem Horizont verstand man nicht den Gesichtskreis, sondern den dazu parallelen durch die Mitte der Erdkugel gehenden Kreis, bzw. den Kreisring, der um die Himmels- und Erdkugeln des Altertums und der Neuzeit zu sehen ist und außer dem Kalender und der Tierkreisteilung noch die Winde enthält. Ursprünglich nahm man an, daß für die bewohnte Erde der Horizont der gleiche sei. Erst im 4. Jahrhundert v. Chr. ringt sich die Erkenntnis durch, daß die Rundung der Erde für jeden Ort einen anderen Horizont verlange. Man lernte die Breitengürtel kennen, zu denen die Lehre des PARMENIDES von den heißen, gemäßigten und kalten Gürteln der Erde den Anstoß gab. Zur Bestimmung der Breite diente die Dauer des längsten Tages, die sich mit Hilfe der Wasseruhr in gleichlangen Stunden feststellen ließ. Die Längen konnten durch Entfernungsmessungen oder gemäß HIPPARCHS Vorschlag durch Beobachtungen von Mondfinsternissen mit Hilfe einer Wasseruhr bestimmt werden. Die Wasseruhr war also das alleinige Meßgerät der Erdmessung.

Zur Herstellung einer auf sternkundlichen Beobachtungen beruhenden Erdkarte waren demgemäß im 1. Jahrhundert v. Chr. die Geräte und Verfahren vorhanden. Was hat das Altertum nun in dieser Hinsicht geleistet? PTOLEMAIOS überliefert in seiner Erdkunde die Lage von Tausenden von Orten, darunter auch 300 Ortsangaben von bedeutenden Orten, denen Himmelsbeobachtungen zugrunde liegen sollen. Die Genauigkeit dieser Ortsangaben läßt sich einigermaßen bestimmen. Zieht man zuerst nur die Breiten in Betracht und zwar von 25^0—55^0 nördlicher Breite, wo nämlich genügend viele Angaben vorliegen, so ergibt sich als mittlerer Fehler einer Breite 11—12 Zeitminuten. Genau waren also die Beobachtungen nicht, selbst wenn berücksichtigt wird, daß 6 größere Fehler außer acht gelassen wurden. Noch schlimmer steht es mit der Längenbestimmung. Es ist schwer zu glauben, daß diese Längen auf Beobachtungen beruhen; denn wenn man von den wenigen Längenangaben in Aegypten und Palästina, also in der Nachbarschaft von Alexandria, absieht, so sind alle Längenangaben von Alexandria aus genommen zu groß und zwar die westlichen um $\frac{1}{3}^0$ und die östlichen um $\frac{1}{4}^0$, die Länder sind also verschoben; die sehr weit von Alexandria entfernten Gegenden sind zudem noch verzerrt, was voraussetzt, daß diese Längenangaben nicht durch Beobachtung gefunden, sondern einer Karte entnommen sind. Diese Karte kann nur die römische Straßenkarte sein, die auf den Entfernungsangaben des römischen Straßennetzes beruht und die Menge der nicht durch Himmelsbeobachtung bestimmten Orte lieferte. Anscheinend hat Ptolemaios die Angaben dieser Karte, die auf die Krümmung der Erde keine Rücksicht nahm, verwendet und die Ortsbestimmungen ihnen angepaßt. Er selbst hat wohl keine Oerter bestimmt, sondern sie älteren Werken entnommen. Dabei ging er bis zur Zeit des Eratosthenes zurück. Es handelt sich daher selbst bei den sternkundlichen Ortsbestimmungen nicht um einheitliche Beobachtungen. Bei den Orten, die gemäß den Angaben des Ptolemaios nicht auf sternkundlichen Angaben beruhen, kommen Fehler von 1^0 und mehr vor.

Auch die Höhe der Berge wurde gemessen. Noch bei Aristoteles werden unglaubliche Höhen für die Berge genannt. Messungen liegen erst seit der Zeit des Dikeiarchos vor, der nachweisen wollte, daß durch die Berge die Kugelform der Erde sich nicht wesentlich ändere. Er und Eratosthenes nahmen an, daß die höchsten Berge nicht höher als 10 Stadien = 1575 m seien, Poseidonios dagegen 15 Stadien. Messungen scheinen nur selten vorgenommen worden zu sein und widersprechen sich, wie die Angaben der Höhe des Berges Kyllene zu 11, 15 und 20 Stadien. Die Berge pflegte man nur gelegentlich zu religiösen Feiern zu besteigen. Gebirge galten im Altertum als Verkehrshindernisse oder als unwirtliche Gegenden. Bemerkenswert sind die Angaben, daß die Wolken niedriger als die höchsten Berge seien und sich auf diesen kein Wind bemerkbar mache.

Zum Anschneiden einer Richtung in der Ebene, aber auch zur Messung des Abstandes von Sternen, erfand Heron sein Meßgerät. Ob dieses Gerät jemals zu feinen Messungen benützt wurde, ist unbekannt.

Die Feststellung des Erdumfanges war nach dem Durchdringen der Lehre von der Kugelgestalt der Erde wichtig. Zahlenwerte für den Umfang der Erde sind verschiedene überliefert; ob es sich immer um beobachtete handelt, läßt sich nicht entscheiden. So geben an die Vorgänger des Archimedes 300 000 ägyptische Stadien, Eratosthenes 252 000, Hipparch 278 000, Marcianus Heracleota 259 200, Poseidonios 240 000, wie auch Marinus und Ptolemaios. Wird die ägyptische Stadie zu 157½ m angenommen, so kommen die Zahlen des Eratosthenes der Wahrheit am nächsten, nämlich 39 690 km gegenüber 40 075 km. Für die von Eratosthenes durchmessene Strecke ergibt sich der Erdgrad zu 110,25 km gegenüber 110,75 km in Wirklichkeit. Seine Messung galt im Altertum als Meisterwerk. Es handelte sich darum für eine möglichst im selben Längenkreis befindliche Strecke den Bogen auf der Erde und am Himmel zu bestimmen. In

Betracht kam die Strecke Alexandria—Syene—Meroe. Für die Bestimmung der Breite diente die kugelförmige Hohlsonnenuhr, mit deren Hilfe zur Zeit der Sonnenwenden der mittägliche Stand des Schattens beobachtet wurde. Die daraus entnommenen beobachteten Breiten sind wohl durchschnittlich um 4′ zu klein, was aber nichts ausmacht, da nur Breitenunterschiede in Betracht kommen. Die Messung der Strecke Alexandria—Syene—Meroe geschah durch die königlichen Beamten mit der Schnurung, mit dem in Aegypten seit alters angewendeten Verfahren, Strecken durch Seile auszumessen. Wie die Messung zustande kam, wie besonders die durch die Unregelmäßigkeiten des Geländes und durch die Abweichungen der gemessenen Strecke von der Nordsüdlinie verursachten Fehler beseitigt wurden, ist nicht zu ermitteln. Merkwürdig ist nur, daß bei den verwendeten wenig genauen Geräten ein so gutes Ergebnis herauskam, wie die folgende Uebersicht beweist:

ÜBERSICHT 5

	Eratosthenes	Fehler	Eratosthenes	Wirklichkeit
Alexandria-Syene	$7^1/_7{}^0$	$+1'$	5000 St. = 787,5 km	791 km
Syene-Meroe	$7^1/_7{}^0$	—1	5000 St. = 787,5 km	797 km

Die Erdmessung des Eratosthenes wurde gelegentlich beanstandet, aber nicht wiederholt oder verbessert. Hipparch, der viel an der Erdkunde des Eratosthenes auszusetzen hatte, benützte aber doch dessen aus der Erdmessung gefundenen Wert von 700 Stadien für 1 Erdgrad. Die folgende Zeit hatte für Erdmessung sowie für die genauen Grundlagen der Erdkunde kein Verständnis. Die für den praktischen Nutzen, nämlich für die römische Ausbeutung der unterworfenen Völker, nötigen Kenntnisse ließen sich mit Hilfe der römischen Straßenkarten erlernen. Wozu sich mit tiefgründigen und wegen ihres mathematischen Gewandes schwer verständlichen Lehren der Erdkunde abgeben? Vereinfachung der geistigen Arbeit war die Losung des Römertums!

DIE BEZUGSEBENEN

Alle drei Bezugsebenen kamen für die griechische Sternkunde in Betracht. Mit wachsender Erkenntnis erfolgte der Uebergang vom Horizont über den Aequator zum Tierkreis. Die einfachsten Beobachtungen, die Auf- und Untergänge der Sterne, beziehen sich auf den Horizont, desgleichen die Windrosen und die Sonnenuhren. Sternörter werden auf den Aequator bezogen, wie dies aus den Angaben des Hipparch hervorgeht. Seine Lage zum Horizont bestimmt sich aus Schattenbeobachtungen. Die Lage des Poles war schwieriger festzustellen. Eudoxos setzte den Pol mit einem hellen Stern in der Nähe gleich. Spätere wie Pytheas und Hipparch stellten fest, daß am Ort des Poles kein Stern zu sehen sei und daß der Pol mit 3 Sternen ungefähr ein Viereck bilde. Messungen der Polhöhe hat das Altertum nicht gekannt.

Der Tierkreis war den Griechen anscheinend schon im 6. Jahrhundert bekannt. Anaximander soll mit Hilfe der Länge der Mittagsschatten in den verschiedenen Jahreszeiten die Lage der Sonnenbahn gezeigt und ihre Schiefe gegen den Aequator zu 24° bestimmt haben. Die Einteilung des Tierkreises in die Zeichen kannte Kleostratos von Tenedos um 430 v. Chr. Die Teilung des Tierkreises war dieselbe wie bei den Babyloniern. Für Euktemon, Kallippos, Hipparch und Ptolemaios fallen die Jahrespunkte mit dem Beginn der Zeichen zusammen. Nur Eudoxos weicht, wie schon früher erwähnt, davon ab; gemäß seinem Kalender liegen die Jahrespunkte im 1. Drittel und gemäß seiner Himmelsbeschreibung in der Mitte der Zeichen. Es scheint sich darin ausländischer Einfluß bemerkbar zu machen. Das Zusammenlegen der Jahrespunkte mit dem Anfang der Zeichen war ein großer Fortschritt gegenüber dem babylonischen Verfahren. Die Verbindung des Nullpunktes der Zählung des Tierkreises mit den Sternen geschah vor der Zeit des Ptolemaios mit Hilfe von genau beobachteten Mondfinsternissen in der Nähe heller Sterne. Der Mondort und auch der Sonnenort im Tierkreis lag damit fest. Der Längenabstand vom Nullpunkt des Tierkreises war durch die Zahl der seit der Nachtgleiche verflossenen Tage gegeben. Ptolemaios ersetzte dieses, nur auf Mondfinsternisse anwendbare Verfahren durch die Messung des Längenabstandes Sonne — Mond bei Sonnenuntergang und durch die bald darauf erfolgende Messung des Abstandes des Mondes vom Regulus. Er hat bei der Rechnung die der Zwischenzeit entsprechende Mondbewegung und die Längenparallaxe berücksichtigt, aber nicht die durch Strahlenbrechung verursachte Hebung der Sonnenscheibe, obwohl die Wirkung der Strahlenbrechung (Refraktion) schon dem Poseidonios bekannt war.

Durch die Berechnung von Sternörtern mit Hilfe von Mondfinsternissen fand Hipparch, daß zur Zeit des Timocharis die Spika 8° von dem Punkt der Herbstgleiche abstand, zu seiner Zeit aber 6° und schloß daraus auf eine Verschiebung des Nullpunktes des Tierkreises im Raume im Betrage von mindestens 1° in 100 Jahren. Den genauen Betrag der Verschiebung konnte er nicht angeben, da ihm einerseits die Beobachtungen des TIMOCHARIS nicht genau genug erschienen und er andererseits aus der Berechnung seiner Finsternisse für den Abstand der Spika Beträge zwischen 5 ¼° und 6 ½° gefunden hatte. Wohl kaum aus Zufall kam HIPPARCH auf diese Rechnungen und damit zur Auffindung des Rückwärtsschreitens (Präzession). Vielleicht war die Kunde von den Bemühungen der Babylonier zu ihm gedrungen; denn er kannte die Lehren des SELEUKOS. Auch konnte ihm die vor seiner Zeit entstandene und von THEON von Alexandria erwähnte Lehre, daß die Jahrespunkte sich inbezug auf den Sternhimmel hin und her bewegten, nicht unbekannt sein: bis zum Jahre 158 v. Chr. sei die Bewegung rechtläufig gewesen und habe 8° der Zeichen erreicht; dann sei sie rückläufig geworden mit 1° in 80 Jahren, um nach Erreichung des Nullpunktes der Zeichen in 640 Jahren wieder rechtläufig zu werden. Die Vorstellung von dieser Bewegung als einer geradlinigen erinnert an babylonische Rechenverfahren; auch paßt 8° als Grenzwert sehr gut zu babylonischen Ansätzen. Zu beachten ist der jährliche Betrag von 45″, welcher der Wahrheit näher kommt als der HIPPARCHS. Es ist bemerkenswert, daß die Entdeckung HIPPARCHS zu seiner Zeit kein Aufsehen erregte. PLINIUS, KLEOMEDES, GEMINOS und THEON von Smyrna, wohl auch POSEIDONIOS, ADRASTOS und DERCYLLIDES erwähnen sie nicht. Erst PTOLEMAIOS gedenkt ihrer und nimmt die Untersuchung wieder auf. Er berechnete aus Sternbedeckungen, die von TIMOCHARIS in den Jahren 295, 294 und 283 v. Chr. sowie von AGRIPPA im Jahre 92 n. Chr. und von MENELAOS im Jahre 98 n. Chr. beobachtet worden waren, den betreffenden Ort der Sterne und fand daraus, sowie aus der durch HIPPARCH und ihn bestimmten Länge des Regulus das Rückwärtsschreiten zu 1° in 100 Jahren. Aus der entsprechenden Aenderung der Deklination der Sterne, gemäß den Beobachtungen des TIMOCHARIS, ARISTYLL, HIPPARCH und eigenen und aus der Unveränderlichkeit der Breite der Sterne, die bereits HIPPARCH festgestellt hatte, ergab sich das Rückwärtsschreiten in der Form eines Kreisens des Fixsternshimmels um den Pol des Tierkreises. Infolgedessen mußte der Sternhimmel von dem Himmel der täglichen Umdrehung getrennt werden, der ihn in sich schließt. Der von PTOLEMAIOS gefundene Betrag ist zu klein: 36″ jährlich gegen 50″. Der Fehler rührt hauptsächlich von den Mängeln der zugrunde gelegten Bahnberechnung der Sonne und des Mondes her, zum Teil auch von Fehlern des benützten Gerätes und von der Nichtberücksichtigung der Strahlenbrechung. Der Fehler in der Sonnenbewegung konnte bis zu 22′ erreichen und der durch die

Strahlenbrechung hervorgerufene bis zu $\frac{1}{2}^0$. Eine auffällige Häufung unglücklicher Umstände bewirkte somit, daß die von Ptolemaios errechnete Wirkung des Rückwärtsschreitens um 1^0 gegenüber der Wirklichkeit zu klein ausfiel. Merkwürdig ist es, daß Ptolemaios auch aus den Aenderungen der Deklinationen den Betrag von 36″ errechnete. Er hatte dazu von den 18 Sternen, bei denen er die Wirkung des Rückwärtsschreitens zeigen wollte, 6 Sterne ausgewählt und gezeigt, daß ihre Ortsänderung in Deklination zu dem Betrage von 36″ passe. Vergleicht man die von Ptolemaios mitgeteilten Zahlen mit den aus den modernen Werten unter Berücksichtigung der Eigenbewegung berechneten, so ergibt sich, daß die Unterschiede Beobachtung — Rechnung für die meisten Sterne innerhalb geringer Grenzen und ohne Bevorzugung eines bestimmten Vorzeichens liegen. Dagegen zeigt sich für die 6 ausgewählten Sterne ein größerer Fehler in den Deklinationen des Ptolemaios, weniger in denen des Hipparch, so daß der mittlere Fehler einer Beobachtung bei Weglassung dieser 6 Sterne kleiner wird, wie aus der folgenden Uebersicht hervorgeht.

ÜBERSICHT 6
Mittlerer Fehler eines Sternortes in Deklination

	18 Sterne	12 Sterne
Timocharis und Aristyll 290 v. Chr.	±0. 14°	±0. 15°
Hipparch 128 v. Chr.	12	10
Ptolemaios 137 n. Chr.	22	13

Berechnet man aus den 6 Deklinationen von Hipparch und Ptolemaios den Betrag des Rückwärtsschreitens, so erhält man Werte zwischen 36″ und 42″, was also zum Nachweise des Ptolemaios paßt. Aus den anderen Sternen ergeben sich aber Zahlen, die näher an dem wirklichen Wert von 50^0 liegen. Es ist ein sehr merkwürdiger Zufall, daß gerade die Oerter der 6 Sterne, welche Ptolemaios benützte, von ihm so ungenau beobachtet sind, daß daraus eine Bestätigung des hipparchischen Wertes folgen mußte.

Die von Timocharis und Aristyll ausgeführten Beobachtungen sind nicht von ihnen gemeinsam gemacht worden; sondern 5 Beobachtungen stammen von Aristyll. Aus den Mitteilungen des Ptolemaios folgt, daß ihre Beobachtungszeit um 290 v. Chr. liegt. Da sie ähnliche Fehler zeigen, so konnten die Beobachtungen als ein gemeinsames Ganzes angesehen werden. Bei der Berechnung des mittleren Fehlers von $0{,}14^0$ blieb Arktur außer Betracht, weil sein Ort um $1{,}0^0$ von dem wirklichen abweicht. Da dieser Stern auch zu den 6 Sternen gehört, so konnte er den m. F. für die 12 Sterne nicht verfälschen.

Die Messungen in den verschiedenen Bezugsebenen geschahen mit Geräten. Die Sonnenhöhe wurde mit dem senkrechten Schattenstab gemessen, in genauerer Weise mit der kugelförmigen Hohlsonnenuhr, in deren Innern sich eine Teilung befand, um für Breitenbestimmungen zu dienen. Zur Bestimmung des Bogens zwischen den Wendekreisen bediente sich Ptolemaios des Quadranten und des Mittagskreises. Der Quadrant, entsprechend dem Mittagsquerschnitt durch die Hohlsonnenuhr, bestand aus einer in der Mittagslinie senkrecht aufgestellten Platte mit Viertelkreisteilung und mit einem Stift in der Mitte, der den Schatten auf die Teilung wirft. Sollte die aus Stein oder Holz bestehende Platte nicht senkrecht stehen, so wurde die richtige Stellung durch kleine Unterlagen bewirkt. Der Mittagskreis (Bild 15) enthält auf einer Säule den im Mittag stehenden Kreis und in seinem Innern drehbar einen kleinern Kreisring, mit 2 einander gegenüberstehenden und als Absehen dienenden gleichgroßen Platten. Die Sonnenhöhe wird dadurch bestimmt, daß zur Mittagszeit der innere Ring soweit gedreht wird, bis die obere Platte die untere beschattet. Die mit den Platten verbundenen Nasen zeigen die Sonnenhöhe an. Die Zeit der Nachtgleichen wurde zu Hipparchs Zeit mit Hilfe eines in der quadratischen Halle zu Alexandria aufgestelten, genau in der Aequatorebene befindlichen Ringes bestimmt. Es wurde die Zeit beobachtet, wann die der Sonne zugekehrte Ringinnenfläche zum erstenmal von der anderen Seite belichtet wurde. Hipparch hat 9 Beobachtungen aus den Jahren 162 bis 128 v. Chr. mitgeteilt. Aus ihrer Vergleichung mit den aus modernen Beobachtungen folgenden Zeiten ergibt sich, daß der Ring nicht genau in der Aequatorebene lag, sondern einen Winkel von $^1/_8{}^0$ bildete. Zur Zeit des Ptolemaios gab es ein ähnliches Gerät in der Kampfbahn zu Alexandria. Er benützte jedoch dafür den Quadranten oder den Mittagskreis. Zur Darstellung der Himmelsvorgänge dienten wohl Armillarsphären. Pythagoras soll solche hergestellt haben. Sie konnten auch

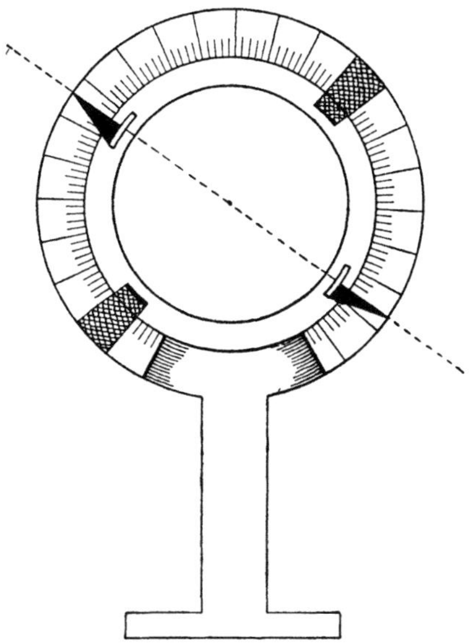

(Gemäß: PROKLUS, Hypotyposis, Ed. Manitius S. 42)

Bild 15. Mittagskreis des Ptolemaios

zur Messung von Oertern am Himmel verwendet werden. Die Messungen von TIMOCHARIS, HIPPARCH und PTOLEMAIOS, die gemäß dem Aequator und dem Tierkreise beobachteten, setzen die Möglichkeit der Beobachtungen in 2 Koordinatenpaaren voraus. Es mußte also sowohl der Aequator als auch der Tierkreis mit den dazu senkrechten Kreisen geteilt gewesen sein. Damit es möglich war, die Lage der Kreise festzulegen, mußte noch ein besonderer auf den Mond oder einen Anhaltsstern einstellbarer Kreis vorhanden sein. Die Festlegung der Blickrichtung geschah wohl durch Absehen. Das Gerät des HIPPARCH hieß Meteoroskop und bestand aus 9 Ringen. Ein solches Gerät oder eine gleichzeitige Beschreibung hat sich nicht erhalten. Aus einer viel späteren Beschreibung des THEON von Alexandria geht hervor, daß es auch zur Messung der Koordinaten des Horizontes und zum Unterricht dienen sollte. Eine Vereinfachung dieses Gerätes stellt das von PTOLEMAIOS »Astrolab« genannte Gerät dar, das den festen Fuß mit Mittagskreis des anderen Gerätes übernommen hat, sich aber völlig auf die Messung der Tierkreiskoordinaten beschränkt. Geteilt sind nur der Tierkreis und der dazu senkrechte Kreis. Um diese Kreise in jede Lage zu bringen, ist ein Zwischenring eingeschoben, der sich innerhalb des Mittagskreises um 2 Polstifte A dreht und selbst die Lager der Stifte E der Tierkreispole trägt. Innerhalb dieses Ringes, der auf die zum Anhalt dienenden Sonne, Mond oder hellen Sterne eingestellt wird, befindet sich ein auch um die Pole des Tierkreises beweglicher Kreisring, der auf den zu beobachtenden Stern eingestellt wird und am Tierkreise selbst den Längenunterschied, aber mit Hilfe seiner eigenen Kreis-

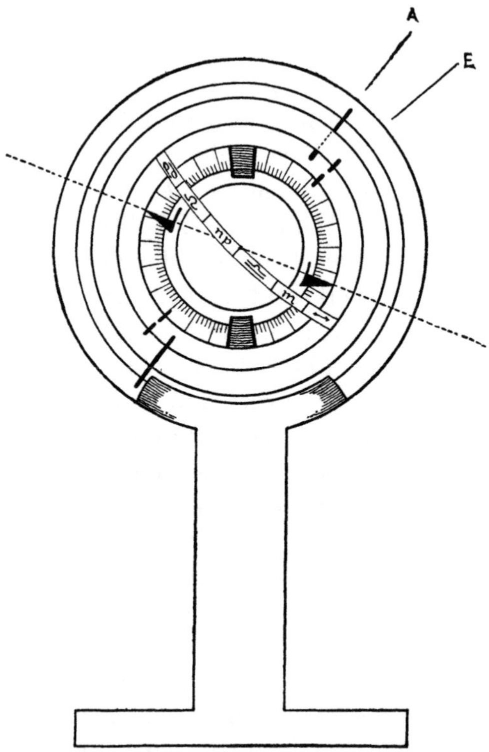

(Gemäß: PROKLUS, Hypotyposis. ED. MANITIUS, S. 200)

Bild 16. »Astrolab« des Ptolemaios

teilung und eines in seinem Innern verschiebbaren Ringes mit Lochabsehen und Nasen die Breite des Sterns mißt. Das Gerät (Bild 16) hatte durch das Weglassen einiger Ringe an Handlichkeit gewonnen, war aber andererseits durch die Beschränkung auf die Tierkreiskoordinaten und die dadurch bedingte Vermehrung um 2 verschiedene Achsendrehungen nur bei tadelloser Ausführung für genaue Beobachtungen geeignet.

Ferner gab es noch Geräte, die für den Zweck des Unterrichtes, der Beobachtung und der Sterndeutung die Himmelskreise auf einer Ebene abgebildet enthielten und durch Drehung darübergelagerter Scheiben die Himmelsvorgänge darzustellen gestatteten. Sie wurden vom Altertum an Astrolabe genannt und waren bis zum 16. Jahrhundert die wichtigsten Geräte der Sternkunde. Abbildungen des Himmels auf die Ebene waren sehr beliebt und wurden häufig versucht, um die Auf- und Untergänge der Sterne ohne Rechnung und Beobachtung zu bestimmen. Die einfachste Abbildung war die des täglichen Sonnenlaufes durch die Spitze des Schattenwerfers. Zur Abbildung der Himmelskreise auf eine Ebene dienten die rechtwinklige (orthogonale), polige (stereographische) und mittige (zentrale) Abbildung, von denen mindestens die beiden ersten den Griechen, wohl schon dem Hipparch bekannt waren. Ihm wird die Erfindung der poligen Abbildung der Wendekreise, der Sichtbarkeitskreise und der Oerter von 16 Sternen auf die Aequatorebene zugeschrieben. Diese Abbildungsart wird von Ptolemaios eingehend erklärt. Dazu kommt die Abbildung des Mittagskreises und des dazu senkrechten Ost-West-Kreises, sowie die Abbildung des ägyptischen Horizontes und der Parallelkreise dazu, alle auf die Aequatorebene. Die weitere Entwicklung erfolgte bis zum 5. Jahrhundert, bis zur Zeit des Ammonios und seiner Schüler. Aus der bloßen Zeichnung ist ein Gerät geworden, eine Scheibe, die an einem Ring senkrecht gehalten wird. Mit Hilfe eines Zeigers und einer Randteilung kann die Sonnenhöhe und mit Hilfe von Stundenlinien die Stunde bestimmt werden. Die Abbildung der Himmelskreise ist auf Einlegplatten für mehrere Breiten vorgesehen. Die Darstellung der Himmelsvorgänge, in erster Linie der Auf- und Untergänge der Hauptsterne und der Planeten und auch der gegenseitigen Stellung der letzteren geschieht durch ein Netz, nämlich eine über den Einlegscheiben drehbare und durchbrochene Platte mit der Abbildung des Tierkreises und mit einigen hellen Sternen in Gestalt von Spitzen.

DIE BEWEGUNG DER PLANETEN

Zur Kenntnis der Planeten, außer Sonne und Mond, scheinen die Griechen erst verhältnismäßig spät gekommen zu sein. Dem PARMENIDES im 5. Jahrhundert v. Chr. wird die erste Kenntnis der Gleichheit von Morgen- und Abendstern zugeschrieben. Um dieselbe Zeit stellte DEMOKRIT wie die Babylonier die Dreiheit Sonne, Mond und Venus den 4 anderen Planeten gegenüber. Die erste Benennung der Planeten war ihrem Aussehen entnommen; erst dem babylonischen Einfluß verdanken sie ihre späteren Namen, in denen sich ihre Beziehung zu den Göttern ausprägen soll.

Beobachtungen zur Erforschung ihrer Bewegungen scheinen erst spät angestellt worden zu sein. Die ältesten Beobachtungen betreffen Sonne und Mond. Von der Schule des METON und EUKTEMON wird die Beobachtung der Sonnenwende mit Hilfe des Schattenstabes im Jahre 432 v. Chr. überliefert. Aus der Schule des ARISTARCH stammt eine Beobachtung der Sonnenwende vom Jahre 280 v. Chr. Auch ARCHIMEDES und HIPPARCH machten solche Beobachtungen, bei denen HIPPARCH einen Fehler von $\frac{1}{4}$ Tag für möglich hält. Er empfiehlt daher als genauer die Beobachtung der Nachtgleichen mit dem Aequatorringe. Aus den in den Jahren 162—128 v. Chr. angestellten Beobachtungen berechnet er die Länge des Wendejahres zu $365\frac{1}{4}$ Tag weniger mindestens $^{1}/_{300}$ Tag, also höchstens 365 Tage, 5 Stunden, 55 Minuten, 12 Sekunden. PTOLEMAIOS nimmt die Rechnung wieder auf. Er findet aus dem Vergleich je zweier von HIPPARCH und ihm beobachteten Nachtgleichen (Herbstgleiche 139 und Frühlingsgleiche 140 n. Chr.) die gleiche Jahresdauer wie HIPPARCH. Dieses Ergebnis bestätigt sich ihm aus der Vergleichung der Sommerwende 432 v. Chr. mit der von ihm nicht beobachteten, sondern nur berechneten Sommerwende von 140 n. Chr. HIPPARCHS Jahresdauer unterschied sich von der wahren um 6 Minuten. Dieser Betrag war so klein, daß nur sehr sorgfältige Beobachtungen ihn hätten aus der kurzen Zeit von 19 Jahren finden lassen. Aber aus dem Zeitraum von 285 Jahren zwischen HIPPARCH und PTOLEMAIOS mußte sich der Fehler der HIPPARCHISCHEN Jahresdauer ergeben. Warum hat PTOLEMAIOS ihn nicht gefunden? Sehen wir seine Beobachtungen näher an! Die Zeiten der von ihm mit seinen Geräten »unter ganz besonderer Gewähr der Sicherheit« angestellten Beobachtungen fallen gegenüber den wirklichen Zeiten um 20 und 29 Stunden zu spät. Eine weitere im Jahre 132 n. Chr. »mit der größten Genauigkeit« beobachtete Zeit der Herbstgleiche fällt sogar

33 Stunden zu spät, ferner 31 Stunden zu spät die berechnete Sommerwende. Diese Fehler sind sehr groß. Falsche Aufstellung der Geräte kommt zu ihrer Erklärung nicht in Betracht, da alle Fehler den gleichen Sinn der Abweichung zeigen. Ein Fehler von durchschnittlich 27 Stunden war selbst für eine Sonnenuhr zur Zeit des GEMINOS, 2 Jahrhunderte früher, ausgeschlossen, geschweige denn für Geräte mit geteilten Kreisen. Nachlässigkeit im Beobachten scheidet auch aus und steht außerdem im Widerspruch zu der von PTOLEMAIOS erzielten Genauigkeit in der Ortsbestimmung der Sterne. Die gleichsinnige Abweichung der beobachteten Zeiten von den wirklichen legt die Annahme nahe, daß PTOLEMAIOS diese Beobachtungen nicht gemacht, sondern nur berechnet hat und zwar unter Zugrundelegung der HIPPARCHISCHEN Jahresdauer. Das ängstliche Anklammern an die Werte des HIPPARCH hatte ihn bereits bei der Bestimmung des Rückwärtsschreitens irregeführt. Hätte er zu deren Berechnung die wirkliche Jahresdauer gehabt, so hätte er mit Hilfe der wirklichen mittleren Sonnenbewegung das Rückwärtsschreiten in Länge genau berechnen und den Wert des HIPPARCH verbessern können und wäre auch bei den Deklinationen zu anderen Ergebnissen gekommen. So hat sein Anklammern an HIPPARCH dessen vorläufige Werte zu endgültigen gestempelt! Aehnlich steht es mit der Dauer der Jahreszeiten. HIPPARCH hatte aus der Dauer des Frühlings und des Sommers die Lage der Erdferne des exzentrischen Kreises zu $5\frac{1}{2}^0$ der Zwillinge berechnet. PTOLEMAIOS glaubte aus seinen Beobachtungen die Berechnungen HIPPARCHS bestätigen und damit beweisen zu können, daß der exzentrische Kreis der Sonne zu den Wenden und Nachtgleichenpunkten »ewig dieselbe Lage bewahrt«. Tatsächlich hatte sich die Erdferne um 5^0 in der Richtung der Zeichen seit HIPPARCHS Zeit weiterbewegt. Wie kommt PTOLEMAIOS zu seiner Behauptung? Sie ist um so erstaunlicher, als er sich kurz zuvor zu der Ansicht bekennt, »daß prahlerische Versicherungen, die »für alle Ewigkeit« gegeben werden und mit »schier unermeßlichen, die Beobachtungen umspannenden Zeiträumen« prunken, mit Forschungseifer und Wahrheitssinn nichts gemein haben«. Er muß doch wohl sehr genaue Beobachtungen zur Verfügung haben, wenn er von der ewig gleichen Lage der Sonnenbahn spricht! Was sind das für Beobachtungen? Keine anderen als die oben erwähnten, nämlich die Herbstgleichen von 132 und 139, die Frühlingsgleiche und die berechnete Sommerwende von 140 n. Chr.! Damit läßt sich die Dauer von Frühling und Sommer nicht berechnen; denn in der berechneten Zeit der

Sommerwende steckt schon eine Annahme über die Dauer der Jahreszeiten. Jedoch behauptet PTOLEMAIOS mit seinen Geräten die Wenden und Nachtgleichen »in zusammenhängender Folge« beobachtet zu haben. Warum hat er diese Beobachtungen nicht verwendet? War diese Behauptung nur eine schöne Geste wie vieles andere? — Der große Gegensatz, der zwischen der Wirklichkeit und seiner Behauptung von der Gründlichkeit seiner Berechnungen und Beobachtungen besteht, läßt sich nur aus den Zeitumständen erklären. Seit HIPPARCHS Zeit war die Sternkunde im Absteigen begriffen. Die Sorgfalt der Beobachtungen und Berechnungen ließ nach. Tönende Reden mußten die Mängel verdecken und taten es auch; denn die späteren Sternforscher wie PAPPOS, THEON von Alexandria und PROKLOS folgten blindlings dem Meister PTOLEMAIOS und wagten nicht seine Berechnungen durch neue Beobachtungen nachzuprüfen.

Die Erforschung der Sonnenbewegung geschah durch Beobachtung der Zeiten der Wenden und Nachtgleichen. Beim Mond wurden Finsternisse, Bedeckungen von hellen Sternen und Abstände von der Sonne beobachtet. Finsternisbeobachtungen werden überliefert aus den Jahren 201—174 v. Chr., ferner des HIPPARCH aus den Jahren 146—135 v. Chr. und des PTOLEMAIOS aus den Jahren 125—136 n. Chr. Von Sternbedeckungen teilte PTOLEMAIOS mit: die Beobachtungen des TIMOCHARIS in Alexandrien von 295—283 v. Chr., die des AGRIPPA in Bithynien vom Jahre 92 n. Chr. und des MENELAOS in Rom vom Jahre 98 n. Chr. Unmittelbare Messungen der Längenunterschiede zwischen Sonne und Mond sind nur von HIPPARCH für die Jahre 128—126 v. Chr. zu Rhodos und von PTOLEMAIOS für das Jahr 139 n. Chr. überliefert. Beobachtungen der anderen Planeten sind in Griechenland nur selten gemacht worden. Die Beobachtungen für die ältere Zeit lieferte, wie auch bei den Mondfinsternissen, Babylonien. PTOLEMAIOS teilte von griechischen Beobachtungen mit: Längenbestimmung der Venus in bezug auf ε in der Jungfrau durch TIMOCHARIS im Jahre 272 v. Chr., Ortsangaben des Merkur zu hellen Sternen aus den Jahren 264—257 v. Chr., Bedeckung des β im Skorpion durch Mars im Jahre 272 v. Chr., des δ im Krebs durch Jupiter im Jahre 241 v. Chr., die Stellung des Saturn zu γ Vir im Jahre 229 v. Chr., ferner die Stellungen von Merkur und Venus zu Sternen, beobachtet von THEON von Smyrna in den Jahren 127—132 n. Chr. In allen diesen Fällen wurde der Planet gemäß babylonischem Vorbild an Sterne angeschlossen. Die Unterschiedsangaben scheinen Aequatorkoordinaten vorauszusetzen, obwohl Ptolemaios sie wie Tierkreiskoordinaten behandelt. Hipparch hat anscheinend keine Beobachtungen von Planeten angestellt, sondern sich auf Sonne und Mond beschränkt. Nur von Ptolemaios sind noch Beobachtungen überliefert. Die Beobachtungen wurden in den Jahren 127—140 n. Chr. mit seinem Astrolab genannten Gerät angestellt und geben die Längenunterschiede der Planeten gegen die Fixsterne.

Zu den griechischen Leistungen, für welche es anscheinend kein ägyptisches oder babylonisches Beispiel oder Vorbild gibt, gehören außer der Messung des Erdumfanges die Messung der Abstände von Erde, Sonne und Mond und die Berechnung der Größe von Sonne und Mond. Ihre Anfänge fallen ins 4. Jahrhundert. Mit Ptolemaios hören diese Bestrebungen auf. Die Bestimmung des scheinbaren Durchmessers von Sonne und Mond ist sehr alt. Aristarch nahm 30′ als Durchmesser an. Mit Archimedes beginnen die unmittelbaren Messungen des scheinbaren Sonnendurchmessers. Er benützte eine Scheibe, mit der er — durch Heranführen oder Wegführen der Scheibe vom Auge — die Sonne verdeckte und fand als Durchmesser 27′ und 33′, im Mittel 30′. Hipparchs Meßgerät, die sogenannte Dioptra, setzt die Scheibe, welche die Sonne bedecken soll, beweglich auf ein Richtscheit von etwa 2 m Länge, das in 96 Teile geteilt wird. Eine beim Auge des Beobachters befindliche, fest mit dem Richtscheit verbundene Scheibe ist in der Mitte durchlocht, damit der Beobachter beim Durchsehen das Verdecken der Sonne feststellen kann. Das Richtscheit wurde wagerecht gelegt, da immer nur Messungen bei Sonnenaufgang oder -untergang stattfanden, aus Mangel an Blendgläsern. Mit dem Gerät konnte der wagerechte Durchmesser gemessen werden. Mit Hipparchs Namen ist auch eine Abart des Gerätes verbunden, wobei die bewegliche Scheibe 2 Absehenlöcher zur Messung des senkrechten Durchmessers enthält. Proklos hat die Beschreibung überliefert. Es ist aber fraglich, ob diese Abart von Hipparch oder einem späteren Forscher herrührt. Wie Ptolemaios berichtet, glaubte Hipparch mit dem Gerät nicht nur die Veränderlichkeit des scheinbaren Durchmessers des Mondes, was schon zur Zeit des Aristoteles bekannt war, sondern auch der Sonne nachweisen zu können. Diesen Nachweis hielt er für wichtig, weil er die Veränderlichkeit ihres Durchmessers als Hilfsmittel bei der Untersuchung ihrer nicht kreisrunden Bahn verwenden wollte. Vielleicht war ihm die ähnliche babylonische Rechnung nicht unbekannt. Im Zusammenhang damit möge erwähnt werden, daß Hipparch sich auch in Babylon aufgehalten haben soll. PTOLEMAIOS hat auch das Gerät des HIPPARCH benützt. Für die Sonne findet er keine Veränderlichkeit. Den Mond hält er für gleich groß mit der Sonne, wenn er sich in seiner größten Entfernung von der Erde befand, sonst aber für größer; er wußte also von der ringförmigen Sonnenfinsternis nichts. Die Veränderlichkeit des Mondes mit dem Gerät zu messen erscheint ihm wegen der Mühe der Meßarbeit zwecklos. Dagegen errechnet er aus den in Babylon beobachteten Finsternissen von 621 und 523 v. Chr., wo die Mondscheibe zu ¼ und ½ verdunkelt angegeben wird, den Monddurchmesser. Es ist bemerkenswert, daß er seinen und HIPPARCHS Messungen so wenig traute und dafür den doch nur rohen babylonischen Angaben solches Gewicht beilegte.

Der Abstand von Sonne und Mond im Verhältnis zum Himmel und zueinander ließ sich aus Finsternissen und Sternbedeckungen einigermaßen bestimmen. Von EUDOXOS und PHEIDIAS, dem Vater des ARCHIMEDES, liegen Schätzungen der Größe von Sonne und Mond vor. Der erste schätzte den Sonnendurchmesser zu 9 Monddurchmessern, der letzte zu 12.

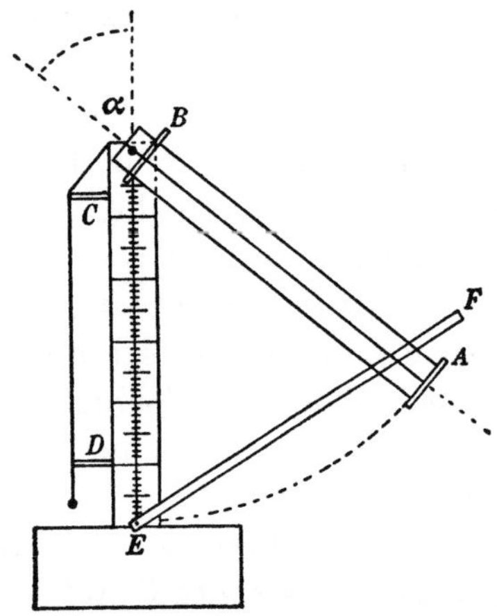

(Gemäß: PTOLEMAIOS, Handbuch I, ED. MANITIUS S. 296)
Bild 17. Dreistab des Ptolemaios (Parallaxenlineal)

Zur Bestimmung des Abstandes Sonne—Mond—Erde gab es 3 Verfahren, verknüpft mit den Namen ARISTARCH, HIPPARCH und PTOLEMAIOS. ARISTARCH berechnete das Verhältnis Sonne—Mond zu Mond—Erde aus der gegenseitigen Stellung dieser Gestirne für die Zeit des Mondviertels als 18—20 zu 1 und bei Annahme gleichgroßer scheinbarer Durchmesser ein entsprechendes Verhältnis für die Durchmesser. HIPPARCH ging von der Feststellung bei einer Sonnenfinsternis, wohl des Jahres 310 v. Chr., daß die Sonne am Hellespont völlig und in Alexandria nur nahezu $^4/_5$ verfinstert war, aus und berechnete auf Grund dieser Beobachtung und des Breitenunterschiedes den Mondabstand. Wie er den Sonnenabstand fand, ist nicht überliefert. Für die Grenzwerte des Mondabstandes erhielt er zuerst 62 und 72⅔ Erdhalbmesser. PTOLEMAIOS schlug einen anderen Weg ein. Mit einem eigenen, für diesen Zweck erfundenen Dreistab, dem Parallaxenlineal, bestehend aus einem senkrechten, festen, geteilten Lineal und 2 beweglichen Linealen, die senkrecht im Meridian aufgestellt waren (Bild 17), bestimmte er aus Messungen der größtmöglichsten Mondhöhe den Mondabstand und mit Hilfe der bereits mitgeteilten scheinbaren Durchmesser von Sonne und Mond den Sonnenabstand und den Durchmesser von Sonne und Mond. Die folgende Uebersicht 7 läßt die Ergebnisse der Berechnungen von ARISTARCH, HIPPARCH und PTOLEMAIS erkennen. Dazu sind noch die genauen Werte hinzugefügt, sowie die Werte, welche POSEIDONIOS wohl in Anlehnung an HIPPARCH fand.

ÜBERSICHT 7. Die Größe und Entfernung von Sonne und Mond, bezogen auf den Erddurchmesser als Einheit.

	Mittlere Entfernung des Mondes	Durchmesser des Mondes	Mittlere Entfernung der Sonne	Durchmesser der Sonne
Aristarchos	9½	0 · 36	180	6¾
Hipparchos	33⅔	0 · 33	1245	12⅓
Poseidonios	26½	0 · 16	6550	39¼
Ptolemaios	29½	0 · 29	605	5½
Genauer Wert	30 · 2	0 · 27	11739	109 · 1

Die griechische Sternkunde erreichte ihren Höhepunkt in der Vorstellung von dem Weltgebäude und in der rechnerischen Darstellung der Bewegungen der Planeten. Vor dem Auftreten der Schule des PYTHAGORAS lassen sich nur geringe Versuche in dieser Richtung feststellen. Die ionischen Naturphilosophen wie THALES, ANAXIMANDER und HERAKLEIDES nahmen einen Ausgangsstoff wie Wasser, Luft und Feuer an und ließen durch Verdünnung und Verdickung dieses Urstoffes alles entstehen. Diese wohl als physikalisch zu bezeichnenden Erklärungsversuche konnten zur Aufstellung eines Weltgebäudes nicht genügen. Auch die Lehre des LEUKIPP und DEMOKRIT von der Zusammensetzung aller Dinge aus den kleinsten Teilchen, den Atomen, war für die Sternkunde bedeutungslos, wie auch die Behauptung des ANAXAGORAS, die Sonne sei keine Gottheit, sondern ein glühender Stein, was ihm im Athen des PERIKLES als Gotteslästerung verdacht wurde. Aehnlich war es mit der Lehre des ANAXIMENES, der sich die Erde umgeben von der Lufthülle und diese begrenzt von einem festen Himmel dachte, auf dessen Innenfläche Sonne, Mond und Sterne wie leuchtende Räder sich bewegten.

Nur die Zurückführung der so mannigfachen Himmelsvorgänge auf gewisse einfache Vorgänge gab den Untergrund für eine erfolgreiche Darstellung der Himmelsvorgänge. Dabei beschränkte man sich auf die Bewegungen der Planeten und des Sternhimmels. Aus ihrer Betrachtung ergab sich die Vorstellung von der Kreisbewegung um eine

Achse — gegeben in der täglichen Bewegung der Sterne — und von der Zusammensetzbarkeit der scheinbaren Bewegungen der Planeten aus der mit dem Sternhimmel gemeinsamen Bewegung von Ost nach West und aus der jedem Planeten eigentümlichen entgegengesetzten Bewegung. Dazu kam die Vorstellung von der Kugelgestalt des Himmels, hervorgerufen durch die kreisförmigen Bahnen der Sterne, durch den Anblick und die daraus sich entwickelnde Vorstellung von der Kugelgestalt der Erde, die besonders geeignet war, der Lehre von der Uebereinstimmung der irdischen und himmlischen Welt Ausdruck zu verleihen. Erst mit ihrer Hilfe ließen sich Behauptungen über das Weltgebäude aufstellen. Die Voraussetzung findet sich in der Schule des Pythagoras vor. Hier traf sich mathematische Begabung mit Zahlenmystik und Verständnis für den Zusammenhang zwischen Himmel und Erde und zwischen den Bewegungen am Himmel und den Tönen der Musik. Die älteste Weltauffassung dieser Schule ging offenbar von der Lage der Erde in der Mitte der Welt aus, trennte den Himmel von der Erde durch einen großen Zwischenraum, in dem die Planeten sich in der Reihenfolge Mond, Sonne, Venus, Merkur, Mars, Jupiter und Saturn um die Erde bewegten. An der Erdkugel unterschied man die bewohnte Erde, die ihr entgegengesetzte der Gegenfüßler und in der Mitte des Erdinnern das heilige Feuer der Hestia. Aus diesen Bestandteilen schuf Philolaos ein Weltgebäude, dem die Zahl 10 als Zahl der Kugelschalen und der Bewegungen zugrunde liegt. In der Mitte der Welt ruht unbeweglich das Feuer der Hestia, umgeben von 10 Kugelschalen, welche die Gegenerde, die Erde, die 7 Wandelsterne und die Sterne tragen. Das Feuer in der Mitte hat mit der Sonne nichts zu tun. Es beleuchtet die Himmelskörper nicht. Die Gegenerde und die Erde bewegen sich mit der gleichen Geschwindigkeit in der Ebene des Aequators um das Feuer und zwar im Laufe eines Tages. Die bewohnte Gegend der Erde ist immer nach außen gekehrt. Die Gegenerde dient nicht nur dazu die Zahl 10 voll zu machen, sondern auch um die Ueberzahl der Mondfinsternisse gegenüber den Sonnenfinsternissen zu erklären. Die anderen Himmelskörper: Mond bis Saturn bewegen sich wie die Erde auch von West nach Ost um das Feuer. Für den Sternenhimmel wäre eine Bewegung nicht nötig, da durch den täglichen Umlauf der Erde um das Feuer die scheinbare Bewegung der Sterne von Ost nach West wegfällt. Um aber auch 10 Bewegungen zu erhalten, läßt Philolaos den Sternhimmel durch das Aetherfeuer, das die Welt einhüllt, von Ost nach West mitziehen, unmerklich für das menschliche Auge. Die Sonne wird als eine durchsichtige Linse, welche die Sehstrahlen auf das Aetherfeuer wirft und dadurch den Eindruck des Leuchtens hervorruft, aufgefaßt; der Mond als dunkler Körper, beleuchtet von der Sonne. Er ist von der Erde soweit entfernt, daß die Erdbewegung in den Lichtgestalten des Mondes sich nicht äußert. Das Weltgebäude des PHILOLAOS widersprach zu sehr aller Erfahrung, als daß es hätte Anerkennung finden können. Er ließ aber die Erde sich bewegen, riß sie aus der Mitte der Welt und aus ihrer Ruhe heraus und übertrug die Erfahrung von der gegenseitigen Vertauschbarkeit aller Bewegungen auf die Himmelsvorgänge. Dies geschah nur aus Vorliebe für die Annahme eines Mittelfeuers und für die Zehnzahl, nicht etwa um die Erfahrungstatsachen besser darzustellen; aber es war doch ein erster Versuch die Dinge von einer anderen Seite anzusehen. Seine Ansicht teilte der Pythagoräer HICETAS. Weiter ging EKPHANTOS, auch ein Pythagoräer, mit seiner Behauptung, daß die Erde sich um ihre Achse drehe. Dadurch erklärte er die scheinbare Bewegung des Sternhimmels und nahm dabei wohl an, daß sich die Erde in der Mitte der Welt befände. Seiner Lehre schloß sich HERAKLEIDES von Pontos, Schüler des PLATO, an. Er schrieb sehr geistreich über alle möglichen Gegenstände. Zu seinen Einfällen zählt seine Vorstellung von dem Weltgebäude, in deren Mitte er eine in einem Tag sich um ihre Achse drehende Erde setzte. Die Sonne ließ er gleichförmig um die Erde kreisen. Bei der Venus zeigte er durch Zeichnung (geometrisch), daß die Erscheinungen ihrer Sichtbarkeit, ihrer Vor- und Rückläufe sich durch eine Bewegung um die Sonne als Mittelpunkt darstellen ließen. Damit war zum erstenmal von der üblichen Annahme einer kreisförmigen Bewegung um die Weltmitte abgesehen und eine Bewegung um einen außerhalb der Weltmitte liegenden Körper als gleichberechtigt und zur Darstellung der Himmelserscheinungen geeigneter gezeigt worden. Seine Ansicht über die Bewegung der anderen Planeten ist unbekannt; vermutlich ließ er Merkur wegen der Aehnlichkeit seiner Erscheinungen mit denen der Venus auch um die Sonne kreisen. Es ist dies deshalb sehr wahrscheinlich, weil die auf römische Ueberlieferung zurückgehenden Zeichnungen in lateinischen Handschriften des 9. Jahrhunderts Venus und Merkur um die Sonne kreisen lassen. Den letzten Schritt tat ARISTARCH von Samos. Um die ruhende Sonne ließ er die Erde kreisen und zugleich sich um ihre Achse drehen. Der Sternhimmel wurde dadurch für ihn auch ruhend. Seinen Abstand von der Sonne als Mittelpunkt der Welt hielt er für so groß, daß die Erdbahn sich zu diesem Abstand, wie der Mittelpunkt der Kugel zu ihrer Oberfläche verhalte. PLINIUS berichtet, daß ARISTARCH seine Lehre von der Drehung und Bewegung der Erde nur als eine Annahme zur Erklärung der scheinbaren Bewegungen aufgestellt, SELEUKOS sie aber als wahr erwiesen habe. Anscheinend hat ARISTARCH sich nur auf die Beziehungen der Bewegung der Erde zur Sonne und zum Sternhimmel beschränkt und nicht versucht durch die Annahme der Bewegung der Erde um die Sonne die große Ungleichheit in der Bewegung der 5 Planeten zu beseitigen oder zu erklären. Die aus seiner Annahme folgende scheinbare Bewegung der Sonne und der Sterne ließ sich ohne Schwierigkeit durch Zeichnungen darlegen, besonders wenn auf die Unregelmäßigkeit in der Sonnenbewegung keine Rücksicht genommen wurde. Schwieriger wäre es gewesen, die Wirkung seiner Annahme auf die Planetenbewegungen zu zeigen. Dazu hätte er Beobachtungen von Planeten haben müssen, wie sie nur bei den Babyloniern zu finden waren. SELEUKOS, dem Babylonier, standen in seiner Heimat solche Beobachtungen zur Verfügung. Sollte im Altertum die vollständige KOPPERNIKSCHE Lehre, nämlich die Bewegung der Erde und der 5 Planeten um die Sonne, jemals aufgestellt worden sein, so könnten sich Spuren davon nur in Babylonien finden, nicht in Griechenland, wo der heftige Widerstand gegen diese Lehre, der den Zeitgenossen KLEANTHES veranlaßte den ARISTARCH der Gottlosigkeit zu zeihen, ihr ein baldiges Ende bereitete. ARISTARCH fand keine Nachfolger in Griechenland. Seine Lehre wurde gelegentlich erwähnt, aber immer verworfen. Nur SENEKA erwähnt die Erddrehung als Erklärungsmöglichkeit.

Die Griechen haben also bei ihren Versuchen, die scheinbaren Bewegungen am Himmel zu erklären, zu 3 Annahmen gegriffen: Umkreisung des Feuers durch die Erde in 1 Tage, Achsendrehung der Erde und Umkreisung der Sonne durch Venus und Merkur, Achsendrehung und Umkreisung der Sonne durch die Erde. Alle wurden, wohl an Hand von Zeichnungen, als brauchbare Erklärungen dargestellt. Eine rechnerische Prüfung oder Anwendung dieser Annahmen scheint nie erfolgt zu sein. Sie haben keine größere Rolle gespielt als Einfälle, die eine Zeitlang unterhalten, aber dann beiseite getan werden. Warum haben die Griechen von diesem Denkmittel, das bei den Germanen einen so großen Erfolg aufzuweisen hatte, keinen Gebrauch gemacht? Der Grund dazu dürfte wohl in einer gewissen Rückständigkeit der führenden Gesellschaft in Griechenland zu suchen sein, die ihren hemmenden Einfluß auch auf die Inseln und Alexandrien ausdehnte. Die Anklage gegen ANAXAGORAS wegen seiner Vergleichung der Sonne mit einem glühenden Stein und gegen ARISTARCH wegen seiner Lehre sind bezeichnend für die Geistesfreiheit in Athen. Nicht minder bezeichnend ist das Verhalten der maßgebenden Gesellschaft nach dem Peloponnesischen Kriege. Die von auswärts kommenden Anregungen der ionischen und pythagoräischen Gelehrten wurden mit Mißtrauen betrachtet und als unbrauchbar verspottet. XENOPHON und PLATON hielten es für nötig, in ihren Schriften den SOKRATES in Schutz zu nehmen. Sie betonten, er habe die Sternkunde für nützlich erklärt, soweit sie die Feldmessung und die Kenntnis der Tage und Jahreszeiten fördere, dagegen sich immer dagegen verwehrt, die Untersuchungen über die Bahnen der Himmelskörper, ihre Umlaufszeiten und Entfernungen von der Erde zu billigen. Die Gelehrten wurden zurückhaltend. Männer wie HIPPARCH beschränkten sich bezüglich der Bewegungen auf das Wohlbekannte, um durch sorgfältige Untersuchung ihrer Grundlagen einen Stützpunkt für neue Annahmen zu finden. Wohl suchte HIPPARCH durch seine Beobachtungen der Sternörter und durch Beobachtungen der Längen und Breiten der Erdörter zu neuen Beobachtungen und neuen Untersuchungen den Anstoß zu geben; jedoch war es schon zu spät. Die maßgebenden Kreise lauschten mehr den Rednern als den Gelehrten; sie verbargen nicht ihre Abneigung gegen die mathematische Behandlung des Gegenstandes und wünschten praktische Ergebnisse. Wohl war es noch nicht so weit wie zur Zeit des PTOLEMAIOS, der darüber klagte, daß alles schwer Verständliche der Menge unbrauchbar erscheine; aber es fehlte der Schwung, der den Staat zur Unterstützung der Gelehrtenarbeit und den einzelnen Gelehrten zur Vornahme langdauernder Arbeiten hätte veranlassen können. Mußte HIPPARCH nicht als ein unverbesserlicher Dummkopf gelten, weil er sich sogar mit der Messung der Sternörter abmühte, während der gewandtere Gelehrte sich durch die Sterndeutung leicht ein angenehmes Dasein verschaffte?

Die griechische Bewegungslehre, welche für die Dauer die herrschende bleiben sollte, schloß sich an die Lehren der älteren Pythagoräer an, für welche die Erde als Kugel unbewegt in der Mitte der Welt steht, umkreist von den Planeten und vom Sternhimmel. Dies ist auch die Lehre des PLATO, nur mit einer Einschränkung bezüglich des Merkur und der Venus. Von der Erde aus gesehen umkreisen sie Mond, Sonne, Venus, Merkur, Mars, Jupiter und Saturn, also geordnet nach der Dauer der Umlaufszeiten. Die Bewegung erfolgt für Mond,

Sonne, Mars, Jupiter und Saturn im Gegensatz zu der gleichzeitigen Drehung des Himmels. Bei Venus und Merkur wird zur Erklärung ihres mit der Sonne gegenseitigen Ueberholens angenommen, daß sie sich in einem Kreis mit der gleichen Geschwindigkeit, aber entgegengesetzten Richtung wie die Sonne bewegen. Dies ist offenbar der Ausgangspunkt für HERAKLEIDES. Sowohl die angenommene Bewegung von Venus und Merkur, wie auch die gleichförmige kreisende Bewegung der anderen Planeten vermochte den Himmelsbewegungen nicht gerecht zu werden. Demgegenüber stellt das Weltgebäude des EUDOXOS, eines Zeitgenossen des PLATO einen Fortschritt dar. Auch hier umkreisen die Planeten die Erde in gleichförmiger Bewegung. Jedoch wird versucht, die gegen die Tierkreisebene schiefe Bewegung und die Erscheinungen der Stillstände und Rückläufe zu berücksichtigen. Für jeden der Planeten wird ein eigenes Weltgebäude aus ineinandergelagerten Kugelschalen errichtet. Für den Mond gilt folgendes: Die äußerste Kugelschale entspricht der scheinbaren täglichen Bewegung von Ost nach West, während die beiden inneren Kugelschalen zur Darstellung des Laufes des Mondes durch den Tierkreis im Laufe eines Monates, der Bewegung in Breite und der Verschiebung der Knoten in 18½ Jahren dienen. Bei der Sonne entspricht die äußerste Kugelschale auch der täglichen Bewegung; die beiden inneren dienen zur Darstellung des jährlichen Laufes durch die Zeichen und der von EUDOXOS und seinen Vorgängern angenommenen sehr geringen Neigung der Sonnenbahn gegen die Tierkreisebene und ihrer Verlagerung im Laufe der Zeit. Diese Annahme von dem Nichtzusammenfallen der Sonnenbahn und der Tierkreisebene entstand durch die Beobachtung, daß die Sonne zur Zeit der Sonnenwenden nicht immer an derselben Stelle des Horizontes aufging und kam zugleich dem griechischen Bedürfnis nach Symmetrie entgegen, da die Bahnen der anderen Planeten mit der Tierkreisebene auch nicht zusammenfielen. Für die 5 anderen Planeten wurden je 4 Kugelschalen angenommen. Die beiden äußersten entsprachen der täglichen Bewegung und dem Umlauf, bezogen auf den Tierkreis. Die 3. und 4. Kugelschale dienten zur Darstellung der Bewegung in Breite und der scheinbaren großen Unregelmäßigkeit. Die Pole der 3. Schale liegen im Tierkreis und werden gemäß der mittleren Bewegung weitergeführt. Um die Achse durch diese Pole dreht sich die Kugelschale mit einer Periode gleich dem Umlauf des Planeten bis zur selben Stelle in bezug auf Sonne und Mond (= stellungsbezüglich oder synodisch). Die Achse der 4. Kugelschale, deren Pole fest in der 3. Schale liegen, bildet einen für jeden Planet bestimmten Winkel mit der Achse der 3. Schale. Der Planet selbst befindet sich auf dem Aequator dieser 4. Schale und wird mit einer Periode gleich der Umlaufzeit bewegt und zwar entgegengesetzt zur Bewegung der 3. Schale. Aus diesen 2 Bewegungen folgt eine Bewegung, die auf der zur Tierkreisebene senkrechten Ebene abgebildet, die Form einer ∞ hat. In Verbindung mit der Bewegung der 2. Schale bewegt sich der Planet bei einem Umlauf in einer Bahn, die viermal den Tierkreis kreuzt und wobei er sich je zweimal in der größten Breite nördlich und südlich befindet. Dadurch beschleunigt sich zeitweise seine Bewegung, zeitweise verlangsamt sie sich. Die größte Beschleunigung ist zur Zeit der Zusammenkunft mit der Sonne, die größte Verlangsamung entspricht einem Rückwärtsschreiten zur Zeit des Gegenscheines. Die für die Breitenbewegung notwendigen Winkel zwischen den Achsen der 3. und 4. Kugelschale sind nicht überliefert. Dagegen sind die für die 2. Drehung vorgesehene siderische Umlaufszeit und die für die 3. und 4. Drehung gültige synodische Umlaufszeit bekannt und, wie aus der Uebersicht 8 hervorgeht, bis

ÜBERSICHT 8

	Synodische Umlaufszeit		Siderische Umlaufszeit	
	Eudoxos	Modern	Eudoxos	Modern
Merkur	110 Tage	116 Tage	1 Jahr	1 Jahr
Venus	19 Monate	584 „	1 „	1 „
Mars	8 „ 20 Tge	780 „	2 „	1 „ 322 Tge
Jupiter	13 Monate	399 „	12 „	11 „ 315 „
Saturn	13 „	378 „	30 „	29 „ 166 „

auf Mars ziemlich genau. In dem als »Lehrbuch des Eudoxos« bekannten Papyrus aus dem Anfange des 2. Jahrhunderts v. Chr. sind für Merkur sogar 116 Tage, also ein noch genauerer Wert für die Periode angegeben.

Für Sonne und Mond konnte das Weltgebäude des Eudoxos zur Darstellung ihrer Bewegungen genügen, sofern ihre unregelmäßige Bewegung außer acht gelassen wurde. Die Bewegungen von Jupiter und Saturn ließen sich befriedigend darstellen. Dagegen gelang es bei Mars nicht das Rückwärtsschreiten zu erklären. Für Venus und Merkur, deren siderische Umlaufszeit als gleichlang mit der Sonne angenommen wurde, mußte sich eine scheinbare Bewegung um die Sonne ergeben. Ihrer scheinbaren Bewegung genügte die Achterkurve nicht völlig. Venus hätte gemäß dieser Kurve kein Rückwärtsschreiten haben können. Bei Merkur zeigte sich nur eine geringe Abweichung von seiner scheinbaren Bahn.

Die Lehre des Eudoxos wurde auch von seinem Schüler Menaechmus und von seinem Freund Polemarchos von Cyzicus vertreten, obwohl Polemarchos wußte, daß die wechselnde Helligkeit von Mars und Venus und der wechselnde scheinbare Durchmesser des Mondes dieser Lehre widersprechen. Kallippos verbesserte sie mit Hilfe des Aristoteles. Er hielt auch an der kreisförmigen Bewegung um die Erde als Mittelpunkt fest, vermehrte jedoch die Zahl der Kugelschalen und zwar um je zwei für Sonne und Mond, für die anderen, außer Jupiter und Saturn, um je eine. Dadurch wollte er bei der Sonne die in der Veränderlichkeit der Jahreszeiten sich kundgebende Unregelmäßigkeit beseitigen und bei den anderen Planeten auch eine bessere Darstellung ihres scheinbaren Laufes erzielen.

Das Weltgebäude des Eudoxos war zuerst zeichnerisch gedacht und konnte ohne Schwierigkeit durch Ringe und Kugelschalen dargestellt werden. Jedoch war es nur für jeden einzelnen Planeten ersonnen. Erst Aristoteles vereinte alle diese 7 getrennten Weltgebäude zu einem einzigen. Da jede Kugelschale mit der nächsten zusammenhing und dadurch mitverschoben wurde, so mußte zur Erzielung richtiger scheinbarer Bewegungen eine Reihe von rückwärtsrollenden Schalen eingeführt werden. Aristoteles kam dadurch auf 47 Kugelschalen. Ob ein solches Modell jemals ausgeführt worden ist, wissen wir nicht.

Auch Autolykos suchte das Weltgebäude des Eudoxos zu verbessern, gemäß Angabe des Sosigenes aber vergeblich, weil nach Sosigenes folgende Gründe gegen diese Lehre sprechen: die verschiedene Helligkeit von Mars und Venus zu verschiedenen Zeiten, und der wechselnde Monddurchmesser, der, mit demselben Gerät beobachtet, zeitweise 11, zeitweise 12 Finger betrug, wofür auch seine eigenen Beobachtungen bei völligen und ringförmigen Sonnenfinsternissen sprächen.

Das Weltgebäude des Eudoxos war schwerfällig und unübersichtlich geworden. Die einleuchtende Vorstellung einer kreisförmigen Bewegung um die Erde, so offenkundig bei der Bewegung des Sternhimmels, führte schon bei Sonne und Mond zur Annahme sehr verwickelter Bewegungen und konnte trotz aller Besserungsversuche nicht befriedigen. Die Lehre des Herakleides von der Bewegung der Venus auf Kreisen um die Sonne genügte offenbar den Beobachtungen ihres Orts- und Helligkeitswechsels besser, aber befriedigte nicht, da sie neben der Erde als Mittelpunkt aller Bewegungen noch die Sonne als 2. Mittelpunkt annahm. Es lag nahe, diesen Grundgedanken der Lehre beizubehalten, aber die Venusbahn so zu verlegen, daß die Venus rechtläufig einen Punkt umkreist, welcher sich selbst rechtläufig um die Erde bewegt. Unter diesen Umständen mußten sich die Erscheinungen der Venus wie bei der Lehre des HERAKLEIDES abspielen. Diese Lehre von dem Aufkreise (Epizykel) wurde die wichtigste Darstellungsform der späteren griechischen Sternkunde. An Brauchbarkeit sehr nahe kam ihr die Bewegung auf einem beweglichen Außermittenkreise (exzentrischen Kreis). Sie ist wahrscheinlich eine Ableitung aus einem erweiterten HERAKLEIDISCHEN Weltgebäude, wo außer Venus und Merkur auch die anderen Planeten die Sonne umkreisen. Wie bei der epizyklischen Bewegung konnte auch hier die kreisende Bewegung der Planeten nicht um die Sonne selbst, sondern um einen immer auf der Verbindungslinie Erde—Sonne gelegenen Punkt gedacht werden. Diese Lehre lieferte die gleichen scheinbaren Orte wie die epizyklische. In beiden Fällen war die Bewegung auf dem Epizykel und auf dem exzentrischen Kreise gleichgroß mit der ihres Mittelpunktes; nur erfolgte sie im Falle des exzentrischen Kreises entgegengesetzt zur anderen Bewegung. Der exzentrische Kreis war nur anwendbar auf die äußeren Planeten; für die anderen wurde er zum Epizykel. Die Lehre vom Epizykel eignete sich daher für alle Planeten und entsprach auch mehr der Anschauung; ließ sich doch die gebundene Drehung des Mondes während eines Umlaufes recht gut als Wirkung einer epizyklischen Bewegung um die Mondmitte als Mittelpunkt des Epizykel darstellen.

An diesen Untersuchungen war besonders APOLLONIOS von Perga, der sich viel mit Kegelschnitten beschäftigte und ihnen ihre noch heute gültigen Namen gab, beteiligt. Die Untersuchungen dienten in erster Linie zur Darstellung der großen Unregelmäßigkeit in der Bewegung der 5 Planeten. Ob sie schon damals auch zur Darstellung der Bewegung von Sonne und Mond angewendet wurde, ist nicht bekannt, aber unwahrscheinlich; denn erst HIPPARCH erklärte die Unregelmäßigkeiten im Sonnenlauf durch eine entsprechende Annahme, und die Darstellung des Mondlaufes mit seinen Unregelmäßigkeiten ist eine Hauptleistung des PTOLEMAIOS. Allerdings beschäftigte sich ein APOLLONIOS am Ende des 3. Jahrhunderts v. Chr. mit der Mondbewegung; ob er derselbe wie der genannte APOLLONIOS ist und was er erreicht hat, ist unbekannt.

Mit HIPPARCH beginnt die Zeit der Anwendung der in Alexandria ersonnenen Verfahren auf die Bewegung von Sonne und Mond. Bei den 5 anderen Planeten beschränkte er sich auf die übersichtliche Zusammenstellung der vorhandenen Beobachtungen und schloß aus ihrer Betrachtung, daß sich in ihrer Bewegung außer der großen Unregelmäßigkeit noch eine andere — die aus der nichtkreisförmigen Bahnform herrührt — zeige, und daß diese Unregelmäßigkeiten sich weder durch den beweglichen exzentrischen Kreis oder durch den Epizykel, noch durch eine Vereinigung beider Bahnen darstellen lasse. Wie PTOLEMAIOS überliefert, hat HIPPARCH aus den Beobachtungen die Perioden für die Umläufe von Stellung zu Stellung und von Ungleichheit zu Ungleichheit abgeleitet. Welche Beobachtungen er zugrunde legte, hat PTOLEMAIOS nicht mitgeteilt. Er erwähnt wohl, daß HIPPARCH selbst solche Beobachtungen angestellt habe, bezieht sich aber bei seinen Berechnungen auf keine einzige Beobachtung HIPPARCHS, sondern benützt ältere, von ihm als wenig brauchbar bezeichnete Beobachtungen. HIPPARCH beschäftigte sich hauptsächlich mit Sonne und Mond. Für die Sonne leitete er aus seinen Beobachtungen genauere Werte für die Jahresdauer, gerechnet von Nachtgleiche zu Nachtgleiche, und für die Dauer der Jahreszeiten (Uebersicht 4) ab. Desgleichen sind auch die von ihm abgeleiteten Perioden des Mondes (Uebersicht 1), die er wohl auf Grund eigener und älterer babylonischer Beobachtungen berechnete, genauer als die früheren griechischen, aber nicht genauer als die zeitlich vorhergehenden babylonischen. Die Schiefe der Sonnenbahn gibt er zu $23^0\ 51'\ 20''$ an, wenig abweichend von $23^0\ 51'$, dem Wert des ERATOSTHENES.

Aus der verschiedenen Dauer der Jahreszeiten schloß HIPPARCH auf eine Unregelmäßigkeit in der Sonnenbewegung. Nach alexandrischem Muster konnte er sie durch Epizykel oder durch exzentrische Kreise darstellen. Obwohl er die Epizykel bevorzugt, weil sie ihm die Symmetrie der Welt besser zum Ausdruck zu bringen scheinen, wählte er den festen exzentrischen Kreis. Zur Berechnung ihrer Bestimmungsstücke, nämlich Abstand Erdmitte bis Mitte dieses Kreises und Lage der Erdferne, benützte er die Kenntnis der Dauer des Frühlings, des Sommers und des ganzen Jahres. Daraus berechnete er die Lage der Erdferne zu $24\frac{1}{2}^0$ vor der Sommerwende, also $5^0\ 30'$ in den Zwillingen und den Abstand der Erde von dem Mittelpunkt des Sonnenkreises zu $^1/_{24}$ des Bahnhalbmessers. Angeblich hat er seine Annahme über die Lage der Sonnenbahn durch andere Beobachtungen nachgeprüft. Es liegt die Frage nahe: warum hat er nicht eine Darstellung der

Bewegung nach Art des ARISTARCH versucht? Die reine Aristarchische Lehre oder ihre Erweiterung auf die Bewegung der 5 Planeten konnte deshalb nicht in Betracht kommen, da HIPPARCH sowohl für die Sonne als auch für diese Planeten eine ihnen eigene Unregelmäßigkeit in ihrer Bewegung — außer der aristarchisch zu erklärenden großen Unregelmäßigkeit — nachgewiesen hatte. Er hätte also nur elliptische oder jedenfalls nicht kreisförmige Bewegungen um die Sonne zur Erklärung heranziehen können. HIPPARCH wäre imstande gewesen, diesen Erklärungsversuch zu wagen: die mathematischen Kenntnisse der Kegelschnitte, die Beobachtungen und die Urteilsfähigkeit standen ihm im gleichen Maße zur Verfügung. Warum machte er den Versuch nicht? Wir wissen es nicht. Vielleicht war es doch seine Vorliebe für die Kreisbewegung, die den Gedanken an eine nichtkreisförmige Bewegung ausschloß, und der Wunsch, die augenfällige Lage der Erde in der Mitte der Welt zu wahren.

Bezüglich der Mondbewegung hat HIPPARCH, gemäß Mitteilung des PTOLEMAIOS, die eine Unregelmäßigkeit in seinem Laufe gekannt und gewußt, daß die Knotenlinie der Mondbahn sich auf dem Tierkreis bewegt. Die Größe dieser Bewegung hat er berechnet. Ferner hat er den Versuch gemacht, die Mondbewegung sowohl durch Epizykel als auch durch bewegliche exzentrische Kreise darzustellen. Obwohl sich zeichnerisch dasselbe ergeben mußte, war dies bei seiner Rechnung nicht der Fall, weil, wie PTOLEMAIOS behauptet, HIPPARCH dazu nicht dieselben Ausgangsbeobachtungen verwendet und einige Fehler in der Berechnung der Beobachtungen gemacht hatte. Auch soll HIPPARCH versucht haben, die Aenderung des scheinbaren Monddurchmessers zur Bahndarstellung zu verwenden. Es ist wohl nicht ausgeschlossen, daß er dabei altem babylonischen Beispiel gefolgt ist.

In der Zeit von HIPPARCH bis PTOLEMAIOS machte die Entwicklung der Bewegungslehre nur geringe Fortschritte. Es ist nicht bekannt, ob HIPPARCH auch die Lage der Erdferne der 5 Planeten bestimmt hat. PLINIUS gibt in seiner Naturgeschichte zwei verschiedene Arten (I und II) von Bahnbestimmungsstücken, jede Apsis = Wölbung genannt, an. Von den Wölbungen I liegt die höchste für Saturn im Skorpion (23° Skorpion), für Jupiter in der Jungfrau (11° Jungfrau), für Mars im Löwen (25° 30′ Krebs), für die Sonne in den Zwillingen (5 ½° Zwillinge), für Venus im Schützen (25° Stier), für Merkur im Steinbock (10° Wage), die tiefste entsprechend gegenüber. Wie der Vergleich mit den eingeklammerten Werten der Erdferne des exzentrischen Kreises bei Ptolemaios beweist, entspricht die Wölbung I diesen Erdfernen bei Saturn, Jupiter und Sonne; bei Mars ist beinahe Uebereinstimmung vorhanden, desgleichen bei Venus, wenn nicht die Erdferne, sondern die Erdnähe in Betracht kommen soll. Nur bei Merkur lassen sich die Zahlen nicht vereinigen. Anscheinend hat Plinius unter der Wölbung I Bahnbestimmungsstücke mitteilen wollen, die infolge mangelhafter Grundlagen nicht sehr genau waren. Sie passen aber recht gut zu den überlieferten babylonischen Angaben. Ferner teilt er noch Wölbungen II mit; von ihnen liegt die höchste für Saturn bei 21° Wage, für Jupiter bei 15° Krebs, für Mars bei 28° Steinbock, für die Sonne bei 19° Widder, für Venus bei 27° Fische, für Merkur bei 15° Jungfrau und für den Mond bei 3° Stier. Entsprechende Angaben sucht man bei Ptolemaios vergebens. Dagegen sind die Zahlen in der Sterndeutung bekannt. Sie werden Erhöhung (exaltatio) genannt und die entsprechenden um 180° verschiedenen Zahlen Erniedrigung (dejectio) und sollen die Stellen der größten und kleinsten Wirkung der Planeten bezeichnen.

Wohl schon zu Hipparchs Zeit oder wenig später wurden Jahrbücher der Planetenbewegung, Tafeln für ewige Zeiten genannt, herausgegeben, wo die Oerter der Planeten unter Berücksichtigung der beiden Unregelmäßigkeiten berechnet waren, wie Ptolemaios berichtet.

In die Reihe der nicht gelungenen Ansätze über die Bewegung der Planeten gehören anscheinend die Angaben der rhodischen Weihinschrift, die ihrer Schrift nach aus der Zeit von 150—50 v. Chr. stammt und in stark beschädigtem Zustand zu Keskinto, auf dem Gebiet der alten Stadt Lindos, gefunden worden ist. Sie sollte vermutlich wie die Weihinschrift des Ptolemaios und das Weihgerät des Eratosthenes die glückliche Vollendung einer Arbeit den Göttern anzeigen und enthielt wohl für alle Planeten Angaben, die für ihre Bewegungen maßgebend sind. Erhalten sind nur die Angaben für Saturn, Jupiter und Mars zwar auch nicht vollständig, aber immerhin ergänzbar. Es sind 2 Zahlenreihen vorhanden, wobei die Zahlen der einen Reihe zehnmal so groß wie die der anderen sind. Auf sie bezieht sich auch die Unterschrift, die besagt, daß ein Kreis 360° und 9720 Teile enthält, also auf einen Grad 27 Teile kommen. Die folgende Uebersicht teilt die Reihe der größeren Zahlen, auf Grund sinngemäßer Ergänzungen, mit.

ÜBERSICHT 9

Bewegung in		Saturn	Jupiter	Mars
Länge	I	9 920	24 500	154 920
Breite	II	9 893	24 560	154 360
Tiefe	III	271 760	242 600	402 680
Gegenschein	IV	281 480	266 900	136 480

Offenbar hat der rhodische Verfasser dieser Tafel bei jedem der Wandelsterne 4 Bewegungen angenommen. Eine Unterscheidung der Bewegung in Länge und Breite ist schon bei Eudoxos gegeben und kommt sogar noch bei Theon von Smyrna vor, der beim Sonnenlauf eine Bewegung in Länge von 365¼, in Breite von 365⅛ und in Tiefe von 365½ Tagen annimmt. Ptolemaios selbst unterscheidet nicht mehr eine Bewegung in Länge und Breite. Die Uebersicht 9 gibt dafür annähernd gleichgroße Beträge. Die »Bewegung im Gegenschein« entspricht der anomalistischen Bewegung. Für diese Bewegung und für die mittlere Bewegung in Länge gilt wie bei Ptolemaios die Beziehung: mittlere Bewegung + anomalistische Bewegung = Sonnenbewegung. Aus den entsprechenden Zahlen der Uebersicht ergibt sich für die Sonnenbewegung 291 400, gleich 29 · 9794 Umläufen der Sonne zu 360°. Aus den Zahlen der Uebersicht 9 lassen sich die diesen Jahren entsprechenden Umläufe der Planeten, sowie ihr jährlicher Betrag berechnen. Wichtig sind die Zahlen für die Umläufe I und IV, da sie sich mit den Zahlen der Babylonier, deren Werte für Mars und Saturn von dem Jahr 188 v. Chr. und für Jupiter von dem Jahr 121 v. Chr. vorliegen, und des Ptolemaios vergleichen lassen, wie die Uebersicht 10 zeigt.

ÜBERSICHT 10

	Mars		Jupiter		Saturn	
	I	IV	I	IV	I	IV
Babylonier	191° · 2792	168° · 4777	30° · 3309	329° · 4260	12° · 2182	347° · 5387
Rhoder	191 · 2747	168 · 5062	30 · 2490	329 · 5320	12 · 2476	347 · 5333
Ptolemaios	191 · 2818	168 · 4751	30 · 3397	329 · 4172	12 · 2233	347 · 5335

Da die Zahlen des Ptolemaios für ein Jahr von 365 Tagen gelten, so wurden die babylonischen Zahlen dafür umgerechnet. Es ergab sich in beiden Fällen als Summe I + IV = 359°. 7569 der Sonnenbewegung. Die rhodischen Zahlen, deren Summe 359° . 7809 ergibt, gelten also entweder für ein Jahr von mehr als 365 Tagen Dauer oder es war bei der Ableitung der Beziehung zwischen den Umläufen der Planeten und der Sonnenbewegung eine andere Jahreslänge als die von Ptolemaios zugrunde gelegte von 365. 2467 benützt worden. Es ist zwecklos die Untersuchung noch weiterzutreiben, da die einzelnen Zahlen der Inschrift dafür nicht genau genug überliefert worden sind. Auch die Zahlen der Zeile II näher zu untersuchen lohnt nicht, da sie eigentlich gleich groß mit denen der Zeile I sein sollten. Was bedeuten die Zahlen der III. Zeile? Vermutlich sollen sie der 2. Unregelmäßigkeit Rechnung tragen. Es besteht nun für Saturn und Jupiter die merkwürdige Beziehung: I + III = IV + 200. Eine Erklärung dieser Gleichung ist ohne Kenntnis der zugrunde gelegten Vorstellung über die Bahnen der Planeten nicht möglich. Aus I und IV folgt als Bahn entweder eine epizyklische oder eine exzentrische, wobei über die Größe der Bahn und über die Lage der Erdferne nichts gesagt ist. Die 2. Unregelmäßigkeit kann nicht wie bei PTOLEMAIOS durch die Annahme eines Epizykel auf einer exzentrischen, festen Bahn erklärt worden sein. Vielmehr ist wohl noch eine epizyklische Bewegung auf dem 1. Epizykel angenommen worden mit einer Umlaufszeit, wie sie aus der Zeile III errechnet werden kann. Dieser 2. Epizykel kann einen im Verhältnis zum ersten Epizykel und zum Hauptkreis sehr kleinen Halbmesser haben, so daß diese 2. epizyklische Bewegung nur sehr kleine Verschiebungen des Planeten, von der Erde aus gesehen, verursacht.

Aus der Uebersicht 10 folgt, daß die rhodischen Zahlen nicht so genau wie die babylonischen oder ptolemaischen, selbst unter Berücksichtigung der etwas verschiedenen Summe, sind. Immerhin sind die Zahlen schon recht genau und müssen zu ihrem Berechner einen sehr erfahrenen Sternforscher haben. Vielleicht war es HIPPARCH selbst, der in seiner Jugend diesen Versuch zur Darstellung der Bewegungen machte und später unbefriedigt von diesem Versuch, sich nur auf die Bewegungen von Sonne und Mond beschränkte. Der für die Inschrift mögliche Zeitraum gestattet die Inschrift sowohl dem HIPPARCH wie auch einem seiner Schüler zuzuschreiben. Von einem seiner Schüler SERAPION ist bekannt, daß er die Bewegungen der Planeten für Jahrbücher berechnete. Vielleicht ist er der Urheber der Inschrift.

Außer der rechnerischen Zerlegung der Bewegungen in mehrere kreisförmige gab es auch Nachbildungen der Bewegungen, wohl in Metall ausgeführt. Das Weltgebäude des EUDOXOS setzt solche für jeden einzelnen Planeten voraus. Die Zusätze des ARISTOTELES dienten dazu, die Weltgebäude der einzelnen Planeten zu einem gemeinsamen Weltgebäude zu vereinigen. Ob diese Bewegungswerke ausgeführt worden sind, ist zu bezweifeln. Das erste ausgeführte Bewegungswerk dürfte das des ARCHIMEDES sein, von dem CICERO berichtet. Es gestattete durch einen Antrieb Sonne, Mond und die 5 Planeten um die Erde herumzuführen, — vermutlich ohne Berücksichtigung der Unregelmäßigkeiten und Bahnneigungen — und die Finsternisse darzustellen. Das Gerät wurde von dem Großvater des Konsul M. MARCELLUS als Beutestück aus Syrakus nach Rom geführt und war noch in Ordnung, als es zur Zeit seines Enkels in Betrieb gesetzt wurde. Aehnlich scheint das Bewegungswerk des POSEIDONIOS ausgesehen zu haben. POSEIDONIOS, aus Apameia gebürtig, aber wegen seines langen Aufenthaltes auf Rhodos der Rhoder genannt, dürfte vielleicht zu den Urhebern der Weihinschrift von Keskinto in Beziehung stehen. Er selbst kommt aber als ihr Urheber nicht in Betracht; denn von einer eingehenden Beschäftigung mit den Bewegungen ist nichts überliefert. Auch gestatten seine Angaben über die Größe der Erde und über den Abstand des Mondes nicht, ihm große Genauigkeit in der Untersuchung zuzuschreiben.

Zu diesen Bewegungswerken gehört auch das bei Antikythera gefundene Werk. Es war mit vielen Kunstwerken in einem dort gesunkenen Schiffe und befand sich wohl auf der Reise nach Rom. Das Werk ist nur in Bruchstücken vorhanden. Einzelne Holzteile deuten an, daß es in einem Holzkasten von der Größe einer Spieluhr eingeschlossen war. Von den bronzenen Rädern und Platten hat sich nur wenig erhalten. Das Meiste ist durch das Meerwasser zerstört, hat sich aber zum Teil auf dem umgebenden Meeresschlick abgebildet, so daß einige Inschriften zu lesen sind. Aus den Schriftzügen ergibt sich als Zeit der Herstellung die Zeit um Christi Geburt. Noch sichtbar sind die Ueberreste von 5 gezähnten Scheiben, die Zahnrädern entsprechen. Die größte Scheibe hat einen aufgenieteten Rand von 191 Zähnen; auf dieser liegt mit gleicher Achse eine kleinere Scheibe mit 54 Zähnen, deren Zähne in die einer 64 zähnigen Scheibe eingreifen, die auch auf der großen Scheibe, aber exzentrisch liegt und etwas verdrückt ist. Die Scheibe war etwa 1 mm dick. Die Zähne sind offenbar mit der Hand geschnitten. Sonst zeigt sich noch ein kleines Rädchen und der Abdruck einer runden Scheibe mit daraufsitzender Nase, die vielleicht dieselbe Bedeutung wie die entsprechende Nase bei den Mondscheiben der holländischen Uhren hatte. Gemäß der Inschrift handelt es sich um ein Bewegungswerk, um den Lauf von Sonne und Mond und vielleicht auch der 5 anderen Planeten darzustellen. Als Antrieb diente wohl Wasser. Ein aufgefundener Griff deutet an, daß die Bewegung gelegentlich durch Handbetrieb geregelt wurde.

Auch zur Zeit des Ptolemaios gab es solche Werke. Eine Vereinigung dieser Werke mit den Wasseruhren, wie sie seit dem Mittelalter häufig ist, scheint es bei den Griechen nicht gegeben zu haben. Mit der Wasseruhr wurde anscheinend nur die Bewegung der Sonne und des Himmels verbunden.

Die bisherigen Versuche dienten dazu, die scheinbaren Bewegungen der Planeten darzustellen. Sie waren gleich bedeutsam für die Sternforscher hinsichtlich der Berechnung der Bewegungen als auch für die Mathematiker hinsichtlich der Stellung neuer wichtiger Aufgaben und Untersuchungen. Sie gingen aber auch die Philosophen an, da diese den Anspruch erhoben über die Bewegungen der Himmelskörper bestimmte Aussagen machen und entscheiden zu können, welche Bewegungen zulässig seien oder nicht. Dieser Anspruch wurde erhoben von den Schulen des Aristoteles und des Plato. Gemäß Aristoteles gehört die Erklärung der Bewegungen und der Natur der Himmelskörper zur Physik. Gemäß seiner Physik sind die einzigen berechtigten Formen für die Körper die Kugel und für die Bewegungen die Kreisform, wenn von der nur für die Erde geltenden Bewegung hin und weg von der Erde abgesehen wird. Die Erde ist ein ruhender fester Körper im Mittelpunkt der Welt. Alle Bewegung hat als Kreisbewegung um sie als den Mittelpunkt stattzufinden. Jede Darstellung der scheinbaren Bewegungen durch kreisförmige Bewegungen um Mittelpunkte, die nicht mit der Erde zusammenfielen, war in den Augen der Anhänger des Aristoteles unstatthaft. Für diese Schule gab es nur Bewegungen auf Kugelschalen mit der Erde als Mittelpunkt; dabei war es gleichgültig, ob diese Bewegung teils im Sinne des täglichen Umschwunges, teils entgegengesetzt stattfanden oder nach der Annahme des Demokrit, Anaxagoras, Kleanthes († um 300 v. Chr.) und Kleomedes (1. Jahrhundert v. Chr.) nur in der Richtung von Ost nach West mit großen Verzögerungen für die Planeten, die infolgedessen scheinbar rückwärtsliefen.

Nicht minder wichtig sind die Anschauungen Platos. Er unterscheidet die den Sinnen zugänglichen scheinbaren Bahnen, die durch die mathematische Erkenntnis darstellbaren wirklichen Bahnen und die nur der Eingebung (Intuition) zugänglichen Ideen, welche diese Bahnen beherrschen. Es gibt 2 Wege der Erkenntnis der wirklichen Bahn: der eine ist der Weg des Mathematikers, der den scheinbaren Bahnen einfache Bahnen zugrunde legt und durch die Einführung in das wirkliche Geschehen den Weg zu den göttlichen Seelen, den Herrschern der Sterne, freimacht. Der andere Weg ist nur dem eingebungsfähigen Geist, worunter PLATO die Philosophen und Physiker versteht, zugänglich. Dieser tritt in Verbindung mit den göttlichen Seelen der Gestirne und lehrt die Mathematiker die Gesetze, nach denen die göttlichen Seelen die Sterne bewegt wissen wollen. Diese Gesetze betreffen die gleichförmige und kreisförmige Bewegung um die Weltmitte. Obwohl im Grunde die beiden Schulen hinsichtlich der den Sternen gemäßen Bewegung und der Notwendigkeit dem Sternforscher die richtigen Denkwege zu zeigen übereinstimmen, hat die platonische Schule doch einen größeren Einfluß auf die Entwicklung der Bewegungslehre gehabt und zwar wegen ihrer Begünstigung mathematischer Untersuchungen. Diese Untersuchungen ergaben im Laufe der Zeit, daß die scheinbaren Bewegungen der Planeten sich zeichnerisch gleich gut durch epizyklische, exzentrische und sonnenbezügliche Bewegungen darstellen lasse. Welche dieser Bewegungen als wirklich anzusehen war, das ließ sich nur nach dem Maß ihrer Uebereinstimmung mit den physikalisch berechtigten Bewegungen entscheiden oder, wie der zur Zeit des AUGUSTUS lebende DERCYLLIDES sich ausdrückt: der Mathematiker hat nur dann ein Recht Annahmen zur Darstellung der Erscheinungen aufzustellen, wenn seine Annahmen den physikalischen Voraussetzungen nicht widersprechen. Auch HIPPARCH entzog sich dem Banne dieser herrschenden Anschauung nicht, als er die epizyklische Darstellung als die entsprechende erklärte. Auch der im 1. nachchristlichen Jahrhundert lebende ADRASTOS von Aphrodisias und THEON von Smyrna hielten nur die epizyklische Bewegung für physikalisch berechtigt. Sie gingen dabei von der bereits bei DERCYLLIDES auftretenden Anschauung aus, daß die den einzelnen Planeten zugeteilten, um die Erde als Mittelpunkt gelegten Kugelschalen von einer solchen Dicke seien, daß die Epizykel darin Platz haben. Diesen Gedanken führte PTOLEMAIOS in seinem Handbuch weiter aus. Er dachte sich um die Erde als Mittelpunkt 9 Kugelschalen gelegt: die äußerste Kugelschale entspricht dem täglichen Umschwung vom Ost nach West, während die nächstinnere die Sterne enthält und von West nach Ost um den dem Rückwärtsschreiten entsprechenden Betrag sich dreht. Die aus diesen beiden Bewegungen folgende Bewegung überträgt sich auf die inneren hohlen Kugelschalen der 7 Planeten. Jeder Planet bewegt sich innerhalb seiner hohlen Kugelschale gleichförmig und kreisförmig auf epizyklischen und exzentrischen Bahnen. Noch weiter geht PTOLEMAIOS in seiner Schrift »Ueber die Bewegungsannahmen«. Hier unterscheidet er 3 äußere Kugelschalen, die des täglichen Umschwunges und des Sternhimmels und eine dritte Schale, welche die Bewegung des täglichen Umschwunges auf den bis zur Erde sich erstreckenden Aether überträgt. Der Aether führt die den einzelnen Planeten entsprechenden Bewegungsscheiben um die Erde herum. Innerhalb der hohlen Scheibe bewegt sich der Planet aus eigener Kraft wie ein Vogel und teilt seine Bewegung auch den zugehörigen Epizykeln und exzentrischen Kreisen mit, so daß innerhalb der Scheibe die im Handbuch beschriebenen Bewegungsformen herauskommen.

Die griechische Lehre von den Bewegungen erreichte ihren Höhepunkt und Abschluß in dem Handbuch des Ptolemaios. Hier werden nur die Bewegungen der Planeten behandelt. Die Kometen und die Sternschnuppen, das Aussehen der Finsternisse und die Helligkeitsänderungen der Planeten bleiben außer Betracht. Der Sternhimmel findet nur hinsichtlich des Rückwärtsschreitens und in der Form eines Sternverzeichnisses Erwähnung. Die Sternsagen bleiben weg. Von den Sternfarben werden nur wenige erwähnt. Bevor an die Besprechung dieses für die griechische Sternkunde sowohl, wie auch für die arabische und germanische bedeutungsvollen Werkes herangegangen werden soll, mögen zuvor die Stellen aus dem Werk angeführt werden, wo Ptolemaios sich über die Weise seines Vorgehens und über die Natur der Bewegungen äußert:

»Jeden der hier vorgelegten Abschnitte werden wir dem Verständnis zugänglich zu machen suchen, indem wir als Ausgangspunkte und gewissermaßen als Grundlagen für die Aufstellung der Theorien die augenfälligen Himmelserscheinungen heranziehen und ausschließlich solche Beobachtungen benützen, die mit zweifelloser Sicherheit sowohl von den Alten als auch zu unserer Zeit angestellt worden sind. Den inneren Zusammenhang der vorgelegten Beobachtungsreihen werden wir alsdann durch die auf Zeichnungen gegründeten Beweise darlegen.«

»Wenn wir uns die Aufgabe gestellt haben, auch für die 5 Planeten, wie für Sonne und Mond, den Nachweis zu führen, daß ihre scheinbaren Ungleichheiten alle vermöge gleichförmiger Bewegungen auf Kreisen zum Ausdruck gelangen, weil nur diese Bewegungen der Natur der göttlichen Wesen entsprechen, während Regellosigkeit und Ungleichförmigkeit ihnen fremd sind, so darf man wohl das glückliche Vollbringen eines solchen Vorhabens als eine Großtat bezeichnen, ja in Wahrheit als das Endziel der auf philosophischer Grundlage beruhenden mathematischen Wissenschaft.«

»Es wird sich wohl niemand in Hinblick auf die Dürftigkeit menschlicher

Machwerke Gedanken machen, daß die hier vorgetragenen Annahmen zu künstlich seien. Darf man doch Menschliches nicht mit Göttlichem vergleichen und ebensowenig die Beweisgründe für so gewaltige Vorgänge den ungleichartigsten Beispielen entnehmen. Denn was könnte es Ungleichartigeres geben als Wesen, die sich ewig gleichmäßig erhalten, gegenüber Geschöpfen, die sich niemals so verhalten, oder Ungleichartigeres als Geschöpfe, die von jeder Kleinigkeit aus ihren Gleisen gebracht werden können, gegenüber Wesen, die nicht einmal durch sich selbst Störungen erleiden? Versuchen freilich soll man, so weit es möglich ist, die einfacheren Annahmen den am Himmel verlaufenden Bewegungen anzupassen; wenn dies aber durchaus nicht gelingen will, so soll man zu den Annahmen schreiten, welche diese Möglichkeit bieten. Denn lassen sich einmal alle Himmelserscheinungen auf Grund der Annahmen genügend erklären, wie könnte dann noch jemand die Möglichkeit wunderbar erscheinen, daß den Bewegungen der himmlischen Körper ein so verworrenes Ineinandergreifen eigen sei, wo doch bei ihnen keinerlei in der Natur begründeter Zwang herrscht, sondern die angemessene Kraft obwaltet, den allen himmlischen Körpern je nach ihrer Beschaffenheit eigenen Bewegungen auszuweichen und nachzugeben, auch wenn diese Bewegungen in entgegengesetzter Richtung verlaufen. So kommen diese Wesen durch alle nur denkbaren Stürme der Materie glücklich hindurch und können sie mit ihrem Licht durchdringen, ja ein mit so wunderbarer Kraft begabtes Wesen findet seinen Weg nicht nur auf den ihm besonders vorgeschriebenen Kreisen, sondern auch um die Kugelschalen selbst und um die Achsen der Umschwünge. Gerade in dem bei der Verschiedenartigkeit der Bewegungen so überaus verworrenen Ineinandergreifen dieser Umschwünge erblicken wir bei der Herstellung der bei uns üblichen Bewegungswerke ein höchst mühsames und schwer zu überwältigendes Stück Arbeit, wenn es gilt, den ungehemmten Verlauf der Bewegungen zu erzielen, während wir am Himmel dieses Ineinandergreifen nirgends auch nur im geringsten von einer derartigen Vermischung nachteilig beeinflußt sehen. Hinzu kommt noch eine Erwägung. Die „Einfachheit" der Vorgänge am Himmel darf man nicht nach dem beurteilen, was uns Menschen als einfach gilt, zumal man auf Erden über den Begriff einfach keineswegs einig ist. Denn wenn jemand von diesem menschlichen Standpunkt aus seine Betrachtungen anstellt, dem dürfte nichts von allem, was am Himmel vor sich geht, einfach erscheinen, nicht einmal die Unveränderlichkeit des ersten Umschwunges; denn gerade dieses in alle Ewigkeit sich gleichbleibende Verhalten ist bei uns Menschen nicht nur schwer durchführbar, nein überhaupt ganz un-

möglich. Man muß vielmehr in seinem Urteil von der Unwandelbarkeit der am Himmel selbst kreisenden Geschöpfe und ihrer Bewegungen ausgehen; nur unter diesem Gesichtspunkt können sie alle „einfach" erscheinen, ja in noch höherem Grade einfach als die Dinge, welche auf Erden als einfach gelten, weil keine Mühsal, kein Zwang bei den Umläufen dieser Wesen denkbar ist.«

Unter diesen Voraussetzungen beginnt PTOLEMAIOS sein Werk. Das Mathematische daran ist zum größten Teil übernommen von seinen Vorgängern: die Sehnentafel, die Darstellung der Bewegungen durch Epizykel oder exzentrische Kreise. Auch in der Bearbeitung der Beobachtungen ist er nicht selbständig. HIPPARCH hatte mit der Berechnung des Rückwärtsschreitens und mit der Berücksichtigung der exzentrischen Lage der Bahn den Weg gezeigt.

Mit diesen Hilfsmitteln ging PTOLEMAIOS an die Darstellung der Bewegung der Planeten. Seine Voraussetzungen sind: Der Himmel bewegt sich gleichmäßig um eine Achse. Im Mittelpunkt der Welt ruht die kugelförmige Erde, die sich im Verhältnis zum Sternhimmel wie ein Punkt ausnimmt. Die scheinbare Bewegung der Planeten setzt sich aus der täglichen Bewegung des obersten Himmels und aus den ihnen eigentümlichen Bewegungen zusammen. Bei der Sonne folgt er dem Beispiele des HIPPARCH. Seine Hauptleistung ist die Darstellung der Mondbewegung. Hier häuften sich nach alter Anschauung die Schwierigkeiten, da wegen der Nähe des Mondes der Ort der Beobachtung eine Rolle spielt und die Bewegung um die Erde durch Unregelmäßigkeiten stark gestört wird, wie es sich in dem Unterschied zwischen dem Mondwechsel und der Dauer des Mondlaufes, bezogen auf die Jahrespunkte, kundtat. Der durch die Nähe verursachte Fehler, die Parallaxe des Mondes, wurde von PTOLEMAIOS durch Beobachtungen seiner Größe nach bestimmt und konnte dadurch bei den Rechnungen berücksichtigt werden. Auf diese Weise machte PTOLEMAIOS sich von der Beschränkung auf die Mondfinsternisse, bei denen dieser Umstand nicht in Betracht kommt und die deshalb zur Bestimmung des Mondlaufes besonders berücksichtigt wurden, frei und gelangte zu einer genauen Erkenntnis der Mondbewegung. Die im Mondwechsel und in der Umlaufszeit hinsichtlich der Jahrespunkte sich zeigenden Unregelmäßigkeiten konnte PTOLEMAIOS zur Darstellung bringen entweder durch eine epizyklische Bewegung mit der Periode des Mondwechsels, während der Mittelpunkt des Epizykels sich um die Erde mit einer Periode des tropischen Monates bewegt, oder durch die

Bewegung auf einem exzentrischen Kreise, dessen Mittelpunkt sich um die Erde bewegt. Damit konnte Ptolemaios die Zusammenkünfte und Gegenscheine des Mondes darstellen; jedoch genügte die Darstellung nicht für die Bewegung des Mondes zu den anderen Zeiten, besonders aber wenn der Mond sich in dem ersten oder letzten Viertel befand. Diese von Ptolemaios aufgefundene 2. Unregelmäßigkeit, die sogenannte Evektion, konnte nur durch eine besondere Bahnform dargestellt werden. Er ließ deshalb den Mond wohl den Epizykel beschreiben, dessen Mittelpunkt aber nicht die Erde umkreist, sondern einen außerhalb der Erde liegenden Punkt und zwar mit rückläufiger Bewegung. Damit ließ sich auch die Bewegung in den Vierteln darstellen. Jedoch bemerkte Ptolemaios, daß sich außerhalb der Viertel-, Voll- und Neumonde in der Bewegung noch eine Unregelmäßigkeit zeige, die allerdings nur höchstens 18′ gegenüber 79′ der 2. Unregelmäßigkeit betrage. Um auch diese zu beseitigen, machte er eine Annahme über die Lage des Punktes der Erdferne auf dem Epizykel, von dem aus die Bewegung des Mondes berechnet wurde. Eigentlich sollte dieser Punkt immer auf der Linie Mittelpunkt des Epizykels und Mittelpunkt des vom Epizykelmittelpunkt beschriebenen Kreises liegen. Um aber der erwähnten Schwierigkeit zu entgehen, griff er zu der Annahme, daß die von diesem Punkt der Erdferne aus durch den Mittelpunkt des Epizykels gezogene Gerade immer durch denselben Punkt der Verbindungsgeraden Erde-Mittelpunkt des exzentrischen Kreises geht. Damit konnte Ptolemaios den ihm vorliegenden Beobachtungen Genüge leisten; allerdings nicht der scheinbaren Aenderung des Monddurchmessers.

Wie bei der Mondbewegung, so geht Ptolemaios auch bei den Bewegungen der 5 anderen Planeten eigene Wege. Auch hier ist die Bahnform übernommen. Er verwendet sie aber in genialer Weise zur Behebung aller Unregelmäßigkeiten in der Bewegung der Planeten. Die aus der Unregelmäßigkeit in der Sonnenbewegung entspringende Unregelmäßigkeit in der Bewegung der Planeten wird wie beim Mond in Rechnung gezogen. Auch sonst geht er wie beim Mond vor. Durch die Annahme einer geeigneten Bahnform wird die mittlere Bewegung und die größte Unregelmäßigkeit beseitigt und die übrigbleibenden Unregelmäßigkeiten durch Zusatzannahmen weggebracht. Bei den 5 Planeten zeigen sich nach seiner Ansicht 2 Unregelmäßigkeiten, die große, die in Beziehung zur Sonne steht, und eine andere für jeden Planeten eigentümliche.

Die Darstellung der Bahnbewegung ist ganz ähnlich wie beim Mond. Der Planet P bewegt sich auf dem Epizykel E, dessen Mittelpunkt exzentrisch die Erde umkreist. Allerdings erfolgt diese Bewegung nicht gleichförmig im Verhältnis zur Erde C oder zu dem Mittelpunkt C′ des exzentrischen Kreises, sondern zu einem Leitpunkt, der auf der Verbindungsgeraden Erde-Mittelpunkt des exzentrischen Kreises liegt. Dieser Leitpunkt (punctum aequans) entspricht nicht dem für die epizyklische Mondbewegung maßgebenden Punkt. Dabei ist an diesem der Mondbewegung entnommenen Gedanken neu, daß die Bewegung eines Punktes auch als ungleichförmig in bezug auf den Mittelpunkt seines Kreises gedacht werden kann. Diese Bewegungsform gilt für die 5 Planeten. Allerdings erforderten die Beobachtungen des Merkur die Einführung einer weiteren Bewegung. Wie bei den anderen Planeten erfolgt seine Bewegung auf einem Epizykel, dessen Mittelpunkt exzentrisch die Erde umkreist und zwar gleichförmig in bezug auf einen Leitpunkt. Während aber der Mittelpunkt des exzentrischen Kreises sonst auf der Verbindungsgeraden Erde-Leitpunkt liegt, beschreibt sie bei Merkur in derselben Zeit, wo der Mittelpunkt des Epizykels seine Bahn durchläuft, einen Kreis um einen Punkt, der nunmehr auf der Linie Erde-Leitpunkt liegt (Bild 18).
Dies gilt für die Bewegung in Länge, bei der bezüglich der 5 Planeten noch angenommen werden mußte, daß die Ebene um die Erde als Mittelpunkt eine dem Rückwärtsschreiten entsprechende Bewegung dausführe, derart, daß sie sich in der Richtung der Zeichen dreht.
Zur Berücksichtigung der Breitenbewegung der Planeten wurde die Annahme gemacht, daß sowohl die Ebene des exzentrischen Kreises als auch die Ebene des Epizykels einen Winkel mit der Tierkreisebene bildet. Zur möglichst genauen Darstellung der scheinbaren Bewegung in Breite sah Ptolemaios sich genötigt, bei den 3 äußeren und den 2 inneren Planeten dem Winkel zwischen den Ebenen des exzentrischen Kreises und des Epizykels eine Veränderlichkeit innerhalb gewisser Grenzen zu geben, wobei die zugrunde gelegte Periode der Zeit des Umlaufes auf dem exzentrischen Kreis entspricht — der notwendige Ausgleich zur Darstellung der Bewegung um die Erde und nicht um die Sonne! Bei Venus und Merkur mußte auch die Schiefe des exzentrischen Kreises zum Tierkreise als veränderlich innerhalb geringer Grenzen angesehen werden.
Die genaue Erfassung der Bewegung in Länge wurde bevorzugt, da für die Zwecke der Vorhersage, außer bei Finsternissen, nur der Ort in

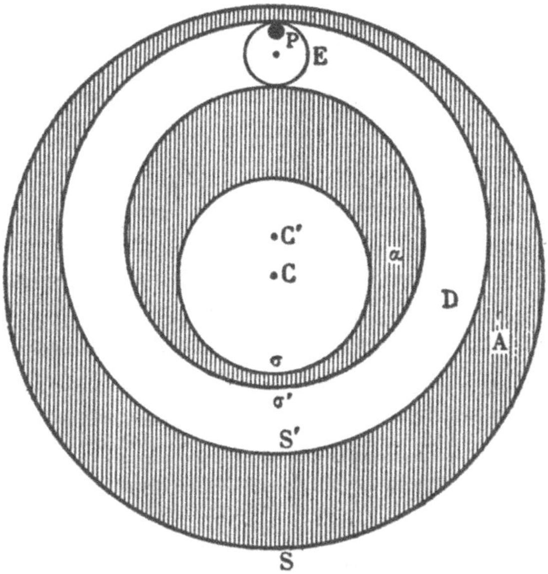

a

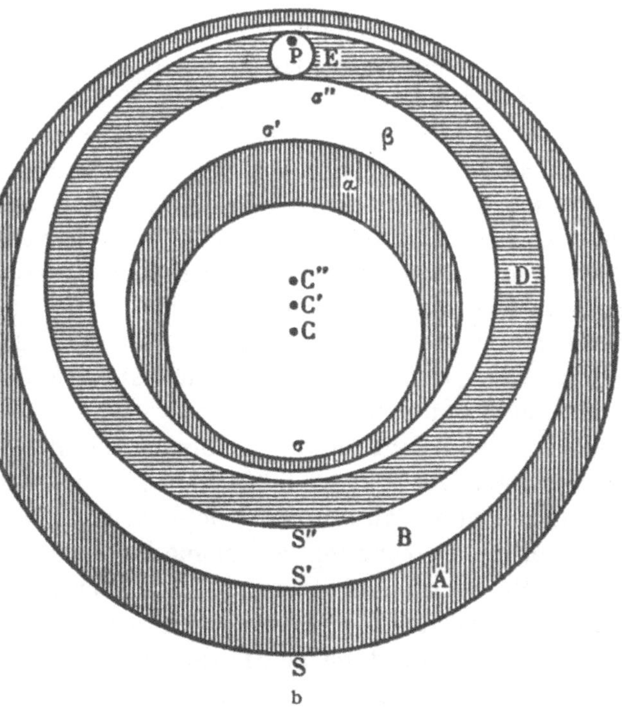

b

(Gemäß DUHEM, Systeme du Monde II, S. 91 u. 93)

Bild 18. Ptolemaische Bewegungsformen, a) für Saturn (gemäß dem »Handbuch«), b) für Merkur (gemäß den »Annahmen«)

Länge ausschlaggebend war. Mit erstaunlicher Geschicklichkeit verstand es Ptolemaios sein Rechnungsverfahren auf die Beobachtungen über den Lauf der Planeten anzuwenden und die auf jede Bahnbewegung entfallenden Rechnungsgrößen wie Umlaufszeiten, Bahnhalbmesser und Lage der Erdfernen zu berechnen. Es ist verständlich, daß er auf diese Leistung stolz war und eine Weihinschrift mit den abgeleiteten Rechnungsgrößen, vermutlich auf einer Säule eingegraben, in einem Tempel, wohl des Serapis zu Kanopus, als Weihgeschenk im Jahre 148 n. Chr. stiftete. Aber auch die Bewunderung der Nachwelt läßt sich verstehen, die ihm auf seinen schwindligen Pfaden folgte und schließlich die anscheinend so verworrenen Bewegungen der Planeten in einem geordneten Ineinander von Kreisbewegungen aufgelöst fand. Hatte er doch das von Plato für unmöglich gehaltene geleistet und die gemäß Poseidonios und Cicero wichtigste Aufgabe gelöst. Auch schuldete sie ihm nicht weniger Dank dafür, daß er in seinem Handbuch die Anleitung zur Berechnung von Finsternissen und der jährlichen Auf- und Untergänge der 5 Planeten gab und durch umfangreiche und übersichtliche Tafeln die künftige Bewegung der Planeten vorauszurechnen anleitete. Die Genauigkeit seiner Zahlenwerte erschien unübertrefflich, gab er doch die tägliche Bewegung bis auf das 6. Sechzigstel, d. h. auf den $60 \times 60 \times 60 \times 60 \times 60 \times 60$. Teil eines Grades! Und hatte er nicht verschiedentlich Beweise für seine bis aufs äußerste getriebene Berücksichtigung der Beobachtungen dadurch gegeben, daß er erst Beträge von $2'$ und von $4'$ vernachlässigen zu dürfen glaubte? Fürwahr sein Werk war der Inbegriff wissenschaftlicher Gründlichkeit! Dies war die Meinung der Nachwelt über anderthalb Jahrtausende hindurch. Erst die Germanen gaben sich die Mühe, sein Werk zu untersuchen, seine Rechnungen nachzuprüfen und seinen Behauptungen auf den Grund zu gehen.

Wie steht es mit der Genauigkeit seiner Rechnungen? Sind die Zahlen der täglichen und anderen Bewegungen bis auf den 46 656 000 000. Teil eines Grades genau? Prüfen wir einmal nach! Nehmen wir selbst den günstigsten Fall der Berechnung der anomalistischen Bewegung des Mars aus einem Beobachtungszeitraum von 400 Jahren und einen Fehler bei Ptolemaios und den Vorgängern von nur $0^0 . 15$ an! Dann ergibt sich die entsprechende tägliche Bewegung nur auf $^1/_5'''$ genau, also um 47 000mal ungenauer als die Zahlen des Ptolemaios vermuten lassen. Diese und die mittlere Bewegung sind die Ausgangspunkte seiner Rechnung. Durch ihre Anwendung kommt er dazu, die

Unterschiede: Beobachtung weniger Rechnung durch seine Zusatzbahnen zu erklären. Die dazu führenden Rechnungen halten aber einer Nachprüfung nicht stand. PTOLEMAIOS irrt sich beim Rechnen oft um mehr als um einige Minuten. Oft kann man sich beim Nachprüfen des Eindruckes nicht erwehren, den der Herausgeber MANITIUS des Handbuches in die Worte kleidet »denn Abrundungen, die ihn zu einem gewünschten Ziele führen, nimmt PTOLEMAIOS auch sonst nur zu gern vor«. Und wie steht es mit den Grundlagen seiner Beobachtungen, nämlich mit den Zahlen für die Sonnenbewegung und für das Rückwärtsschreiten, die ihm doch bei der Vergleichung der oft zeitlich sehr verschiedenen Beobachtungen als Grundgrößen seiner Rechnung dienten? Seine merkwürdige und auffällige Berechnung dieser Größen, wobei sich sein ängstliches Anklammern an HIPPARCHS Arbeiten zeigte, konnte ihm nicht genaue Werte liefern und mußte somit schon den Ausgangspunkt seiner Rechnungen verschieben. Die weitere Rechnung konnte ihn, abgesehen von den erwähnten Mängeln, auch deshalb nicht zu einer befriedigenden Darstellung führen, weil er seine Rechnungen nicht an einer großen Reihe von Beobachtungen, die einen ganzen Umlauf umfaßten, prüfte, sondern die wenigen und zeitlich unzusammenhängenden Beobachtungen nur zur Ableitung neuer Bestimmungsstücke verwendete.

Es dauerte lange Zeit, bis die Nachwelt sich zur Prüfung seiner Rechnungen entschloß. Eine Berechnung seiner Tafeln mit den auf genauen neuen Werten beruhenden ergibt für das Jahr 130 n. Chr. für Merkur einen Fehler in Länge von fast 7^0, für Venus etwas weniger. Dies beruht in erster Linie auf einem falschen Ansatz für das Rückwärtsschreiten und die Sonnenbewegung. Eine durch C. I. SCHUMACHER vorgenommene Berechnung der Merkurbewegung im Vergleich zur Sonne unter Annahme der ptolemaischen, der reinen koppernikschen und der modernen kopernikschen Bahnbewegung ergab, daß die nach den Tafeln des PTOLEMAIOS zu berechnenden Abstände von der Sonne von der nach der reinen kopernikschen Lehre berechneten bis zu $30'$ und von der modernen bis zu $2^0\,11'$ abweichen.

DIE JAHRBÜCHER (EPHEMERIDEN)

Die praktische Verwertung der Bahnbestimmung in der Form der Berechnung von Jahrbüchern mit den Oertern der Planeten beginnt in Griechenland wohl schon im 2. Jahrhundert v. Chr. Die sogenannten Tafeln für ewige Zeiten sind vielleicht auch von SERAPION, einem

Schüler des Hipparch, berechnet. Der Papyrus 8769 des Berliner Museums enthält für die 5 Planeten Merkur bis Saturn die für die Jahre 17 v. Chr. bis 10 n. Chr. vorausberechneten Ortsangaben. Es wird der Ort jedes Planeten, ausgedrückt in Graden der Zeichen, für den Beginn jedes Monates mitgeteilt. Das Handbuch des Ptolemaios enthielt die Grundlage für die spätere Berechnung der Jahrbücher. Ptolemaios gab selbst die grundlegenden Handtafeln und die Anweisungen für die Berechnung solcher Jahrbücher. Der Ausgangspunkt seiner Zahlen ist die Nachtgleiche vor dem 1. Thoth nach dem Tode Alexanders des Großen, also beim Regierungsantritt des Philippos Arrhidaios. Die Zeit wird vom Mittag zu Alexandria aus gerechnet. Bei der Ausgestaltung der Jahrbücher war Theon von Alexandria im 4. Jahrhundert auch beteiligt.

Ins Ende des 3. Jahrhunderts n. Chr. fällt der Papyrus 27 der Johns Rylands Bücherei in Manchester mit einer Anweisung zur Berechnung der Länge und Breite der Planeten für Jahrbücher. Die Ausgangszeiten der Rechnung sind anscheinend der Regierungsantritt des Philippos und das Ende der Regierung des Commodus. Diejenigen Jahrbücher, welche die Brücke vom Altertum zum germanischen Mittelalter schlagen, sind die auf Ammonios, der um 500 n. Chr. in Alexandria lehrte und beobachtete, zurückzuführenden Jahrbücher, die er angeblich auf Geheiß der Kleopatra, Tochter des Ptolemaios, hergestellt haben soll. Seine Jahrbücher sollen sich auf ägyptische Jahre bezogen haben, durch Al-Zarkali auf die Jahre ab Philippos und von Johann von Pavia später in christliche Jahre umgerechnet worden sein. Die ältesten überlieferten Jahrbücher beginnen mit September und gelten für den Mittag zu Antiochia. Sie geben für Saturn, Jupiter und Mars den Ort, in Zeichen und Grad, für den Anfang jedes Monatsdrittels, für Venus und Merkur für jedes Monatssechstel, ferner für die Sonne die auf Minuten gehenden Oerter für jedes Monatsdrittel und für den Mond die Zahlenwerte zur Berechnung des Mondlaufes für jeden Tag. Diese Jahrbücher sind bis zum 15. Jahrhundert im Gebrauch gewesen. Ammonios scheint die Handtafeln des Ptolemaios neu herausgegeben zu haben. Auch dürfte zu ihm in Beziehung stehen der Inhalt der im Vatikan befindlichen griechischen Prachthandschrift 1291, die unter dem byzantinischen Kaiser Leo V. in den Jahren 813—820 geschrieben wurde; sie enthält außer 2 Abbildungen des Sternhimmels eine Abbildung des Laufes der Sonne durch den Tierkreis, unter Angabe der Tage, Stunde und Sechstel der Stunde des Eintrittes der Sonne in jedes Zeichen. Unter Zugrundelegung der Zahlenwerte des Ptolemaios ergibt sich als das Jahr, für welches diese Zeiten berechnet worden sind, etwa 534 (Tafel IV gegenüber S. 128). Wohl auch von Ammonios rührt die in der lateinischen Handschrift Hannover IV 394 enthaltene Gebrauchsanweisung für die Handtafeln zur Berechnung von Finsternissen und Planetenörtern her, die im Jahre 535 abgefaßt ist und sich wie die erwähnte Arbeit nicht auf ägyptische, sondern auf römische Monate bezieht.

Zu einem Versuche die Bewegung der Kometen zu erklären und darzustellen, kam es anscheinend nicht. Anaxagoras und Demokritos hatten die Kometen als Folgen einer sehr nahen Zusammenkunft von Planeten erklärt. Pythagoras hielt sie für Planeten wie Merkur, die nur gelegentlich sichtbar sind. Hippokrates von Chios und sein Schüler Aeschylos schlossen sich dieser Meinung an und erklärten das Aussehen der Kometen dadurch, daß die Sehstrahlen durch den Schweif zur Sonne hingelenkt werden und dadurch der Eindruck eines Scheines entsteht. Der Schweif selbst bestehe aus der vom Kometen angezogenen Feuchtigkeit. Aristoteles bekämpfte diese Ansicht. Nach seiner Meinung entstehen Kometen wie Sternschnuppen und Feuerkugeln aus Ausdünstungen der untermondigen Welt. Diese Ausdünstungen steigen empor und werden in den obersten Gegenden durch den dort sich bemerkbar machenden täglichen Umschwung feurig, aber nicht so erhitzt wie die Feuerkugeln oder von so geringer, anhaltender Wirkung wie die Sternschnuppen. Außer diesen Kometen, die der untermondigen Welt angehören, gibt es noch andere, die dadurch entstehen, daß Sterne oder Planeten Ausdünstungen an sich heranziehen und sich davon begleiten lassen wie Sonne und Mond durch ihre Höfe und Ringe.

Epigenes von Byzanz und Apollonios von Myndos überlieferten, wohl im 2. Jahrhundert v. Chr., babylonische Vorstellungen über die Kometen. In späterer Zeit wurden die Kometen hauptsächlich wegen ihrer Bedeutung beachtet. Nur Seneka beschäftigte sich mit ihnen ausführlich; er kann nicht glauben, daß sie zu der untermondigen Welt gehören. Er hofft, daß durch eine große Anzahl von Beobachtungen, über eine lange Zeit fortgesetzt, sich ergeben würde, in welchen Himmelsgegenden sich die Kometen bewegen, warum sie sich soweit voneinander entfernen, wie groß und von welcher Beschaffenheit sie wären.

Auch die griechische Sternkunde blieb nicht ohne eine Raumfahrt.

Lukian schildert in seiner »Wahren Geschichte«, wie er mit seinen Gefährten durch einen Wirbelwind zum Mond geschleudert wird und dort, so wie auf der Venus und auf der Sonne bebaute und bewohnte Gegenden angetroffen habe. Seine dortigen Erlebnisse und die Weiterreise im Tierkreise sind rein dichterisch und erheben wohl nicht den Anspruch, der damaligen wissenschaftlichen Erkenntnis entsprechen zu wollen.

DIE STERNE

Bereits bei Homer kommen Sternbilder vor, die teils als Richtungsweiser für die Seeleute dienten, teils durch ihre Frühaufgänge die Jahreszeiten erkennen lassen oder Aenderungen des Wetters anzeigen. Auch Hesiod hält wegen dieser Eigenschaft der Sternbilder ihre Kenntnis für den Landmann für notwendig. In dieser Eigenschaft als Anzeiger der Jahreszeit werden bestimmte Sternbilder in den griechischen Kalendern aufgeführt; mit der Zeit treten an Stelle von Sternbildern helle Sterne. Solche jährlichen Auf- und Untergänge gibt Ptolemaios in seinem Kalender für 30 Sterne, von denen je 15 seiner 1. und seiner 2. Größenklasse angehören. Ptolemaios hat seine Zeiten der jährlichen Auf- und Untergänge nur zum Teil der Beobachtung entnommen, meistens aber seiner Himmelskugel, deren Ortsangaben nicht immer fehlerfrei waren. Antiochos hat um 200 n. Chr. die Angaben des Ptolemaios in seinen Kalender übernommen, allerdings häufig nach einer Prüfung und Berichtigung auf Grund von Beobachtungen oder einer verbesserten Himmelskugel.
In den bisher erwähnten Fällen handelte es sich nur um einige Sternbilder oder helle Sterne. So erwähnt Homer die Plejaden, die Bärin, auch Himmelswagen genannt, den Orion, die Hyaden. Hesiod nennt außerdem den Sirius. Im 6. Jahrhundert wird auch der Bootes genannt. Die kleine Bärin war auch bekannt, wurde aber von den Griechen das phönikische Gestirn genannt. Auch der phönikische Name Kassiopeia deutet auf phönikischen Einfluß. Mit Eudoxos beginnen die Himmelsbeschreibungen, in denen die Lage der Sternbilder zueinander und zu den Hauptkreisen am Himmel ausführlich erörtert wird. Die wichtigsten Sterne werden ihrer Lage nach erwähnt und gelegentlich wird ihre Helligkeit im Vergleich zu der ihrer Nachbarn angegeben. Aratos hat diese Himmelsbeschreibung in Verse gesetzt und Attalos das Gedicht ausgelegt. Die vielen Fehler, welche in der Arbeit des Aratos und des Attalos vorkommen, haben Hipparch zu einer Besprechung veranlaßt

und wohl den Anstoß dazu gegeben, daß HIPPARCH sich mit der Lage der Sterne eingehend beschäftigte und damit zu manchen Entdeckungen kam, die wiederum der Anlaß zu seinem Sternverzeichnis wurden. Seine Besprechung ist nicht immer gerecht. Er berücksichtigte nicht immer, daß EUDOXOS seine Jahrespunkte in die Mitte der Zeichen gelegt und seine Himmelsbeschreibung für die Breite von 41°, also für den Hellespont, verfaßt hatte. HIPPARCH fühlte sich veranlaßt an Stelle der seiner Ansicht nach mangelhaften älteren Himmelsbeschreibungen eine neue zu liefern, für 37° Breite, nämlich für Athen, und zugleich die Auf- und Untergänge der Sternbilder, beziehungsweise ihrer hellsten Sterne am Anfang und am Ende durch die Mittagsstände anderer Sterne zu kennzeichnen. Die Himmelserscheinungen sind anscheinend mit Hilfe einer Himmelskugel bestimmt, wobei der Einfluß der Strahlenbrechung nicht berücksichtigt worden ist. Auch ist eine nicht geringe Zahl von mehr oder weniger vollständigen Ortsangaben dabei überliefert worden. Die Sterne hat HIPPARCH häufig durch Angabe ihrer Helligkeit in Verhältnis zu ihren Nachbarn gekennzeichnet.

In seiner Sternliste hat HIPPARCH auch den Mittagsstand eines Sternes, der allen Umständen nach nur der Wunderstern im Walfisch sein kann, und eines anderen Sternes, des »unbenannten hellen«, der zweimal erwähnt wird und vielleicht ε Scul sein könnte, dessen Ort nur 0.8° östlich von HIPPARCHS Ort lag. Allerdings müßte ε damals viel heller gewesen sein, um HIPPARCHS Aufmerksamkeit zu erregen. HIPPARCH hatte also in seinem Verzeichnis einen bisher unbekannten hellen Stern und einen anderen Stern, dessen Veränderlichkeit ihm bald gewahr werden mußte, aufgeführt. Die Beobachtung dieser beiden Sterne paßt zu der Mitteilung des PLINIUS: »*Sogar* HIPPARCH .... *hat einen neuen Stern und einen anderen zu seiner Zeit entstandenen entdeckt und wurde durch dessen Bewegung, wodurch er zum Leuchten kam, zum Nachdenken veranlaßt, ob sich dies häufiger ereigne und ob auch die von uns für angeheftet gehaltenen Sterne sich bewegten, und deshalb begann er ein gottwidriges Werk, nämlich die Sterne für die Nachkommen zu zählen und die Sternbilder ihrem Namen nach mit erdachten Werkzeugen zur Kennzeichnung der Oerter und Größen der einzelnen Sterne aufzuzeichnen. Dies tat er, damit leicht festgestellt werden könnte, nicht nur ob sie verschwänden und entstünden, sondern auch ob sie zu- und abnähmen — vielleicht daß sich unter seinen geistigen Erben jemand befände, der ihr Wachstum feststelle.*« Diese Mitteilung des PLINIUS erhält nicht nur durch den Nachweis, daß HIPPARCH zwei entsprechende Sterne beobachtete, sondern auch durch die Tatsache des früheren Vorhandenseins einer Himmelskugel des Hipparch eine Bestätigung.

Aus der Mitteilung des Plinius geht hervor, daß Hipparch nicht nur auf die genauen Oerter der Sterne, sondern auch auf ihre Größen Wert gelegt hat. Offenbar wollte er sie so genau bestimmen, daß in späteren Zeiten eine Helligkeitsänderung, nicht nur das Aufleuchten oder Verschwinden, festzustellen wäre. Es muß sich also um bestimmte und miteinander vergleichbare Bezeichnungen der Größe handeln, nicht nur um so allgemeine und meistens nur auf bestimmte Gegenden passende wie glänzend, hell und schwach, Bezeichnungen wie sie Hipparch in seiner Besprechung der Himmelsbeschreibung gebraucht hatte. Es kann sich also nur um die im Altertum immer mit »Größen« bezeichnete Einteilung der Sterne ihrer Helligkeit nach in die Größenklassen 1—6 handeln. Eine Andeutung einer solchen Größeneinteilung findet sich bei Manilius, dem römischen Dichter zur Zeit des Augustus. Eine beinahe vollständige Anwendung fand diese Größeneinteilung in dem Sternverzeichnis des Ptolemaios, wo nur für Sterngruppen die Bezeichnung neblich und für einige Sterne die Bezeichnung schwach vorkommt, sonst immer die Größenangabe. Da Ptolemaios über die Anwendung der Größeneinteilung sehr schweigsam, im Gegensatz zu seiner sonstigen Gewohnheit, und hinsichtlich seines Sternverzeichnisses vielfach dem Beispiele Hipparchs gefolgt ist, so darf man annehmen, daß alle oder die meisten Größenangaben des Ptolemaios und sicherlich die Größeneinteilung Hipparchs Werk ist. Mit dieser Größenbezeichnung der Sterne hat Hipparch ein neues Bestimmungsstück für die Sterne hinzugefügt, das in der griechischen und arabischen Kultur wohl wenig Beachtung fand, aber bei den Germanen ein wesentliches Mittel zur Erkenntnis der Eigenschaften der Sterne wurde.

Das älteste Sternverzeichnis geht anscheinend auf Eratosthenes zurück. Jedoch sind davon nur die Namen der Sternbilder und die Zahl der in jedem Sternbild enthaltenen Sterne überliefert. Von Hipparch gibt es eine ähnliche Aufzeichnung der Sternbilder und Zahlen, wonach die Zahl seiner Sterne etwa 850 betrug. Dabei dürfte es sich um ein erstes Verzeichnis handeln. Hipparch besaß wohl sicherlich noch ein vollständigeres Verzeichnis oder hatte auf einer Himmelskugel noch mehr Sterne aufgezeichnet; denn in seiner Besprechung und in Ptolemaios' Handbuche sind von ihm beobachtete Sterne erwähnt, die einem größeren Verzeichnis angehören müssen.

Mit Eratosthenes beginnt anscheinend auch die Verbindung der Sternbilder mit den Sternsagen, eine Verbindung, die mit der Zeit die wissenschaftliche Beschäftigung mit den Sternen selbst ersticken und den Himmel nur noch zum Schauplatz von Abenteuern werden ließ.

Das Sternverzeichnis des Ptolemaios lieferte den Bestand des griechischen Wissens über die Oerter und Größen von 1022 Sternen der Nachwelt. Die Sterne wurden gemäß ihrer Lage in den Sternbildern aufgeführt. Die Farbe wird nur selten angegeben. Die Genauigkeit der Orts- und Größenangaben ist nicht beträchtlich. Der mittlere Fehler einer Angabe für die Länge beträgt $\pm$ 0.58^0, für die Breite $\pm$ 0.37^0 und die Größe $\pm$ 0.47. Die Angabe des Ptolemaios, daß er alle Sterne bis zur Größe 6 beobachtet hatte, soweit es möglich war, Sterne dieser Größe zu beobachten, hält einer Nachprüfung nicht stand. Bis zur Größe 4,50 hatte er beinahe alle ihm in Alexandria sichtbaren Sterne mitgenommen. Die ausgelassenen Sterne liegen in der störenden Nähe anderer, hellerer Sterne oder in einer von den damaligen Sternbildern freigelassenen Lücke. Von den schwächeren Sternen sind nur wenige berücksichtigt worden. Verschiedene ausgelassene Sterne erwähnt Ptolemaios als von Hipparch beobachtet, oder sie sind in Hipparchs Himmelsbeschreibung enthalten. Früher wurde angenommen, daß Ptolemaios die Sterne seines Verzeichnisses nicht selbst beobachtet, sondern nur durch Berücksichtigung des Rückwärtsschreitens aus den Hipparchischen Sternörten berechnet habe. Das ist wohl eine zu weitgehende Behauptung. Bei einigen, besonders südlichen Sternen liegt wohl eine Uebernahme der Hipparchischen Oerter vor. Bei den meisten nördlichen Sternörtern dürften eigene Beobachtungen des Ptolemaios zugrunde liegen. Nach der Aufzählung der Sternbilder folgt eine eingehende Beschreibung der Milchstraße.

Die aufgezählten Sternbilder sind: Kleiner und Großer Bär, Drache, Kepheus, Bootes, Nördliche Krone, Herkules, Leier, Schwan, Kassiopeia, Perseus, Fuhrmann, Schlangenträger, Schlange, Pfeil, Adler, Delphin, Füllen, Pferd, Andromeda, Dreieck, Widder, Stier, Zwillinge, Krebs, Löwe, Jungfrau, Wage, Skorpion, Schütze, Steinbock, Wassermann, Fische, Walfisch, Orion, Fluß, Hase, Großer und Kleiner Hund, Argo, Wasserschlange, Becher, Rabe, Zentaur, Wolf, Altar, Südliche Krone, Südlicher Fisch. Zuerst 21 Sternbilder nördlich des Tierkreises, dann die 12 Sternbilder des Tierkreises und zuletzt 15 südlich des Tierkreises. Von diesen Sternbildern erwähnt Hipparch nicht: das Füllen und die Südliche Krone. Ptolemaios hat nicht alle zu seiner Zeit bekannten Sternbilder aufgeführt oder als Sternbild behandelt.

Mehrere Gegenden am Himmel sind leer geblieben. Zu den ausgelassenen Sternbildern gehört die Locke der Berenike, von dem sternkundigen KONON und von KALLIMACHOS besungen. Es sollte die Erinnerung an die von BERENIKE geweihte Locke, die in Erfüllung eines Gelübdes nach der glücklichen Rückkehr ihres Gemahles PTOLEMAIOS im Pantheon niedergelegt worden war, wachhalten. Schon sehr bald wurde es aber, vielleicht wegen des üblen Verhältnisses der BERENIKE zu ihrem Sohn PTOLEMAIOS, die Locke der Lesbierinnen oder auch Locke der Ariadne oder Spindel genannt. PTOLEMAIOS gebrauchte den Namen Haupthaar, ohne es als eigenes Sternbild zu behandeln. Andere von ihm nicht aufgeführte Sternbilder sind: die 3 Grazien, wohl die 3 Sterne des Jakobsgürtels bezeichnend; Athena; der Himmelsschauer, vielleicht eine andere Bezeichnung für den Herkules; ferner das auf der Farnesischen Himmelskugel unter dem großen Bären sichtbare Sternbild, einen Thron darstellend, vermutlich den Thron CÄSARS und damit die Stelle anzeigend, wo nach CÄSARS Tod der Komet erschienen war, der dem Volke anzuzeigen schien, daß CÄSARS Seele unter die Götter aufgenommen worden sei.

Zur Darstellung der Lage der Sternbilder und Sterne am Himmel dienten Himmelskugeln. Angeblich soll THALES schon eine Himmelskugel hergestellt haben. Auch von ANAXIMANDER wird ähnliches berichtet. EUDOXOS und ATTALOS bedurften zu ihrer Himmelsbeschreibung einer Himmelskugel. Sie wird wahrscheinlich außer den Sternbildern nur die wichtigsten Sterne enthalten haben. Eine Himmelskugel des ARCHIMEDES wurde nach der Eroberung von Syrakus, im Jahre 212 v. Chr., von MARCELLUS mitgenommen und im Tempel der Tugend von Rom aufgestellt. Sie zeigte die Sternbilder und wurde anscheinend durch Wasserkraft bewegt. HIPPARCH hatte eine Himmelskugel hergestellt, die außer den Sternbildern auch alle von ihm beobachteten Sterne enthielt. Anscheinend war sie noch zur Zeit des PTOLEMAIOS erhalten, da dieser mit ihrer Hilfe nachweisen konnte, daß die Sterne in der Zwischenzeit ihre gegenseitige Lage nicht geändert hätten. LUKULLUS brachte aus Sinope eine Prachthimmelskugel mit, das Werk des sternkundigen BILLAROS. Aus dem 1. Jahrhundert n. Chr. stammt die Himmelskugel auf der Schulter des farnesischen Atlas. Sie enthält nur die Sternbilder mit den Hauptkreisen des Himmels, ohne Sterne. In der Lage der Sternbilder zeigen sich nicht die Fehler wie bei den nach der Himmelsbeschreibung des ARATOS hergestellten Himmelskugeln. Offenbar hat der Hersteller die Berichtigungen des HIPPARCH

Tafel IV

(Zu Seite 123)

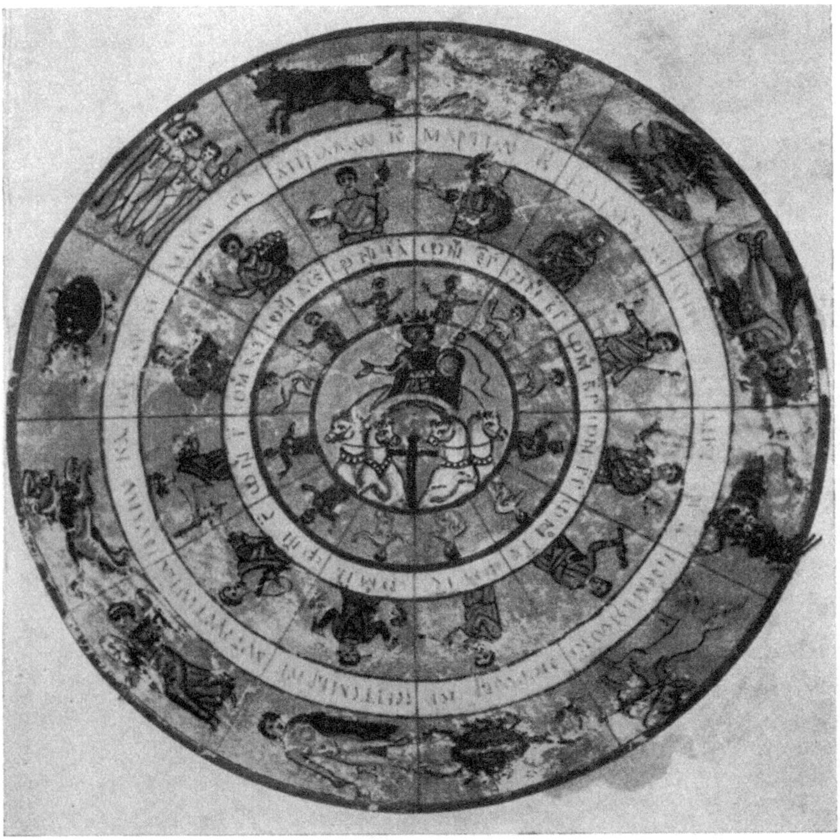

Griechische Kalendertafel
(Gemäß einer vatikanischen Handschrift)

Tafel V

(Zu Seite 129)

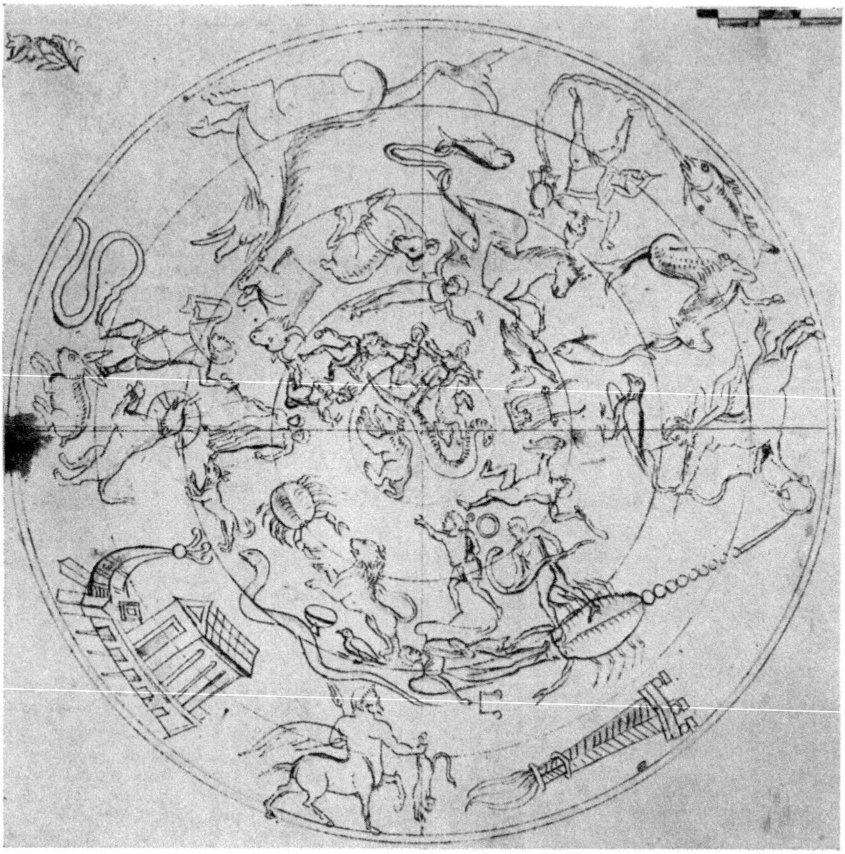

Griechischer Sternbilderhimmel
(Nach FR. BOLL, Sphaera, Leipzig 1903)

gekannt und benützt. Aus derselben Zeit ungefähr stammt das im Berliner Museum unter der Nummer 1050 A aufbewahrte Bruchstück einer Himmelskugel aus blauem Marmor. Die Sternbilder, einzelne Sterne und Kreise sind mit gelber Farbe ausgefüllte Rinnen. Das Bruchstück läßt erkennen, daß die Anordnung der Kreise auch der Kreise der Sichtbarkeit und der Sternbilder, ähnlich der auf der farnesischen Himmelskugel ist; nur sind die Hauptkreise (Koluren) um etwa ein Zeichen entgegengesetzt der Richtung der Zeichen verschoben, so daß der durch die Wendepunkte und Pole gehende Kreis den Tierkreis nicht zwischen Schützen und Steinbock, sondern im Anfange des Schützen schneidet. Diese Lage der Hauptkreise ist sehr merkwürdig. Es ist nicht anzunehmen, daß der Hersteller aus eigenem Antrieb vom Muster abgewichen und eine auch durch das Gedicht des Aratos nicht bedingte Lagenänderung der Kreise vorgenommen hat. Es ist auch in Betracht zu ziehen, daß auf der Himmelskugel Sterne um die Figuren der Sternbilder herum angegeben sind. Dies alles sind Anzeichen dafür, daß es sich hier um eine wichtigere Himmelskugel handelt. Größeren wissenschaftlichen Ansprüchen konnte die Himmelskugel des Ptolemaios genügen, zu deren Herstellung er eine ausführliche Anleitung in seinem Handbuch gibt. Auf der dunkelgefärbten Kugel werden die Sterne ihrem Ort, ihrer Größe und ihrer Farbe nach unterschieden aufgetragen. Jedes Sternbild wird durch Zeichnung des Umrisses angedeutet. Um die Kugel sind beweglich ein Breitenring, drehbar um die Pole des Tierkreises, und ein Meridianring, drehbar um die Pole des Gleichers. Dieser Meridianring sitzt auf dem Horizontring des Gestelles auf und kann je nach der Breite des Ortes verstellt werden. Die wohl sicherlich zur Ausführung gelangte Himmelskugel des Ptolemaios hat sich nicht erhalten. Es wird berichtet, daß eine aus Bronze hergestellte und von Ptolemaios herrührende Himmelskugel sich noch im Jahr 1043 in Kairo befunden hat. Abbildungen antiker Himmelskugeln aber haben sich ins Mittelalter gerettet; Handschriften des 9. Jahrhunderts in Dresden und St. Gallen enthalten solche Abbildungen. Die Himmelskugeln dienten nicht nur zum Unterricht, sondern auch zur wissenschaftlichen Forschung. Sternkarten wurden nur gelegentlich als Beigaben für Bücher hergestellt. Ueberliefert sind 2 Arten von Sternkarten: Die auf römische Ueberlieferung zurückgehenden und in verschiedenen Handschriften des 9. Jahrhunderts enthaltenen Karten des uns bekannten Himmels mit poliger Abbildung (Tafel V), ferner die durch byzantinische Ueberlieferung erhaltenen Sternkarten in verschiedenen griechischen Handschriften des 9. Jahrhunderts, welche den gesamten Himmel in 2 Karten enthalten, unter senkrechter Abbildung auf die durch die Nachtgleichen gehende Hauptebene. Jedesmal sind nur die Sternbilder, nicht die Sterne selbst aufgezeichnet. Sowohl auf den Himmelskugeln, als auch auf den Sternkarten ist die Gegend um den südlichen Pol leer. Der Sternhimmel stellt den in Aegypten sichtbaren Himmel dar, wobei die südlichen Sternbilder wegen der schwierigeren Beobachtung ungenauer sind. Die Figuren der meisten Sternbilder sind vielfach überliefert, entweder auf geschnittenen Steinen oder in farbigen Abbildungen auf Pergament, die in späterer Zeit den Inhalt von Bilderrollen ausmachten und zur Anschauung bei dem Unterricht der Gedichte des ARATOS dienten. Diese Bilder, die zudem keine Sterne enthielten, hatten mit Wissenschaft nichts mehr zu tun, sondern dienten nur noch zur Unterhaltung und kamen dem Bedürfnis der Menge nach einem Anschauungsmittel beim Lesen der wegen ihrer Sternsagen beliebten Himmelsbeschreibungen entgegen. Die Sternbilder mit ihren Sagen hatten sich somit vom Himmel und von der Wissenschaft abgelöst und führten ein eigenes Dasein, was nur bei der allein auf Unterhaltung bedachten Zeit des späten Altertums möglich war. Die Vorliebe für diesen Gegenstand wurde noch dadurch vermehrt, daß spätestens um Christi Geburt die ägyptischen und babylonischen Sternbilder den Griechen bekannt und auch zu Himmelsbeschreibungen verwendet wurden.

STERNGLAUBE UND STERNDEUTUNG

Erst durch die Sterndeutung erlangte die griechische Sternkunde ihre unvergleichliche Wirkung im Altertum, eine Wirkung, die so stark war, daß sich ihr jahrhundertelang kaum jemand entziehen konnte, und die sich in ganz Europa und bis weit nach Asien hinein erstreckte. Dabei lag den Griechen die Sterndeutung ferner als den Aegyptern und den Babyloniern. Bei diesen Völkern hatte die Gestirnsverehrung und -deutung schon im 2. Jahrtausend v. Chr. eine große Bedeutung für ihre Religion erhalten. Bei den Griechen sind wohl auch Spuren der Gestirnsverehrung zu finden; aber sie waren doch zur Zeit des PLATO sehr verblaßt und fanden nur noch beim Volk Anhänger. Das Verständnis für die Sterndeutung in ihrer höchsten Form, in dem Glauben an die Abhängigkeit alles irdischen Geschehens von den Gestirnstellungen, kam den Griechen erst durch die Berührung mit der babylonischen und ägyptischen Kultur, besonders in Alexandria, wo das Wissen der Völker zusammenströmte.

Aus der Zeit vor dem 3. Jahrhundert v. Chr. gibt es nur wenige Andeutungen griechischen Sternglaubens und Sterndeutung. Die Verehrung von Sonne und Mond als Götter ist sehr alt und wurde noch zu PLATOS Zeit vom Volke beibehalten. Ja, noch im 5. Jahrhundert n. Chr. brachte PROKLOS der Mondgöttin beim Neulicht — nach Ablegung der Sandalen — seine Huldigung öffentlich dar. Auch die Sonne wird als die Spenderin der Wärme verehrt; jedoch wird der Wechsel der Jahreszeiten nicht in Verbindung mit ihr gebracht. Beim Mond, als Göttin verehrt, wird der Gestaltenwechsel beachtet und in Beziehung zu irdischem Geschehen gesetzt. Der Einfluß des zunehmenden Mondes wird als günstig, der des abnehmenden als ungünstig angesehen, so bei den Geburten, beim Säen, beim Pflanzen, beim Haarschneiden usw. Während der Zunahme ist der Mond besonders wirksam in der Zeit bis zum 1. Viertel. Der abnehmende Mond trocknet und kühlt ab, verursacht Fallsucht, Wahnsinn und Mondsucht. Gegen ungünstigen Einfluß verwendete man halbmondförmige Anhänger. Pflicht des Arztes war es, den Einfluß des Mondes auf den Kranken sorgfältig zu beachten.

Wie bei vielen anderen Völkern wurde der Lauf von Sonne und Mond am Himmel als Liebesspiel gedeutet, das mit der Hochzeit zur Zeit des Neumondes sein Ende erreicht. Mondfinsternisse glaubt man durch Zauberinnen verursacht, welche den Mond auf die Erde herabziehen. Mit lautem Geschrei und dem Lärm eherner Geräte wird er wieder befreit. Die Vollmondnächte waren besonders geeignet für Liebeszauber und andere Zaubereien.

Aenderungen im Wetter schienen von den jährlichen Auf- und Untergängen bestimmter Sternbilder abzuhängen. Ob diese Abhängigkeit so zu verstehen ist, daß die Sternbilder die Wettervorgänge hervorrufen oder nur anzeigen, darüber bestand bei den Griechen keine Einigkeit. Sicherlich wurde die in den Jahreszeiten sich ankündende Aenderung des Wetters nicht mit dem Sonnenlauf, sondern mit dem Erscheinen der Sternbilder in Beziehung gebracht. Ein Umschwung trat erst dann ein, als seit dem 6. Jahrhundert v. Chr. die Lage der Sonnenbahn und die Wichtigkeit ihrer bevorzugten Punkte für die Sonnenwenden und Nachtgleichen erkannt worden war. Dies führte zur Verbindung der Jahreszeiten nicht mehr mit den Sternbildern, sondern mit den Stellen am Himmel, wo die Nachtgleichen und Wenden sich ereigneten. Die Hervorhebung von 4 ausgezeichneten Punkten in der Sonnenbahn gab den Anlaß auch in der Mondbahn eine Aenderung der Mondwirkung gemäß dem Mondstande in den Knoten und in dem höchsten und tiefsten Punkte zu unterscheiden. Bei Sonne und Mond ging die einmal angefangene Bewegung noch weiter. Seit dem 4. Jahrhundert wurde, wohl durch babylonischen Einfluß, die Sonnenwirkung gemäß ihrem Stande in den Tierkreiszeichen beachtet. Die Sternbilder, in welchen die Sonne im heißen Sommer weilte, galten als heiß und diejenigen, in welchen die Sonne zur Zeit des wässrigen Winters weilte, als feucht und kalt. Damit begann eine Unterscheidung der Tierkreiszeichen nach ihren Wirkungen, welche später unter Zugrundelegung der Lehre von den 4 Urstoffen noch vervollkommnet wurde und dazu diente den Einfluß der in ihnen weilenden anderen Planeten, besonders des Mondes, anders zu bewerten. Auf diese Weise entstand eine Lehre von den Mondeinflüssen, welche nur den Ort des Mondes im Tierkreis betrachtete und von den Lichtgestalten absah. Auch diese Lehre, die zum Beispiel den Bauern das Säen oder Pflanzen in dem ungünstigen Zeichen des Krebses, der durch die heiße Sommerzeit seine böse Wirkung bekommen hatte, verbietet, hatte sich sehr verbreitet und gehört wie die älteren Lehren noch jetzt zum Bauernglauben, sogar bei den germanischen Völkern.

Von den Sternen wurde besonders beachtet der Sirius, bei dessen Frühaufgang auf Keos und in Griechenland sorgfältig beobachtet wurde, ob sich aus den eintretenden Umständen Günstiges oder Ungünstiges für das kommende Jahr vorhersagen lasse. Die Sterne wurden als die Sitze der Seelen angesehen. Gemäß Plato ist jeder Seele ein Stern zugewiesen.

Bemerkenswert ist die Auffassung der Milchstraße. Sie wurde in der ältesten Zeit als Bahn der Sonne angesehen, später als Weg der Seelen der Toten zu ihrem Stern. Nachdem Demokritos die Milchstraße als Anhäufung von Sternen erklärt hatte, lag es nahe, auch sie zur Wohnstätte der Seelen zu machen.

Finsternisse und Kometen galten als verderblich.

So war in der ältesten Zeit der Sternglaube und die Sterndeutung der Griechen. Die Entwicklung ihrer Philosophie führte sie rasch der entwickelteren babylonischen Sterndeutung in die Arme. Ein hervorragender Anteil gebührt dabei der Schule des Pythagoras. Hier zeigte sich zum erstenmal das Verständnis für das Vorhandensein einer Gesetzmäßigkeit und für die Gemeinschaft aller Teile der Welt. Die Gesetzmäßigkeit bekundet sich in den Zahlen. Sie sind maßgebend für die in der Natur waltenden Gesetze. Solche Zahlen sind 4 und 7. Die 4 offenbart sich in den 4 Himmelsrichtungen, den maßgebenden Stellen der Sonnen- und Mondbahn, den Grundstoffen und den Gemütsarten. Die 7 gehört zu den seit alters bei den Griechen geheiligten Zahlen; besonders wichtig ist sie in der Heilkunde: 7 Lebensalter zu je 7 Jahren; in 7 Tagen bildet sich der menschliche Samen und die Leibesfrucht; 7 Tage waren wichtig im Heilungsverlauf und deshalb schon von dem großen Arzt HIPPOKRATES im 6. Jahrhundert geschätzt. In 7 Länder wurde die bewohnte Erde geteilt und 7 Planeten kennt man zur Zeit des PYTHAGORAS. Gleichzeitig kommt die Zahl 10 in Aufnahme und drängt die Zahl 7 zurück, besonders in den Lebensaltern. Sie gilt als der Schlüssel zu den Geheimnissen der Natur. Ihr zuliebe muß das Weltall 10 Kugelschalen mit 10 Bewegungen enthalten. Nicht minder wichtig als die Vorliebe für bestimmte Zahlen ist der Glaube an das Vorhandensein bestimmter harmonischer Verhältnisse im Weltall. Die Vergleichung der Strecken der raschesten, mittleren und langsamsten Bewegung der einzelnen Planeten mit musikalischen Zusammenklängen war wohl von den Babyloniern her bekannt. Hinzu kommt die Vergleichung der gegenseitigen Abstände der Planeten mit den 8 Tonverhältnissen zu 6 Tönen, in der von VARRO überlieferten Form: Abstand Erde-Mond 1, Mond-Merkur ½, Merkur-Venus ½, Venus-Sonne 1½, Sonne-Mars 1, Mars-Jupiter ½, Jupiter-Saturn ½, Saturn-Fixsterne ½ Ton. Auch die bereits vor der Zeit des PTOLEMAIOS angenommene Beziehung zwischen den Stillständen der Planeten und der Sonne: für Saturn 120° (trigonum), für Jupiter 120° (triquetrum), für Mars 90° (quadrangulum) und die größten Abstände von der Sonne: für Venus 46° und für Merkur 23°, alles darstellbar als einfache Brüche ⅓, ⅓, ¼, $^1/_8$, $^1/_{16}$ des Kreisumfanges — mußte den Gedanken an einen gewissen Zusammenklang der Bewegungen nahelegen.

Neben das Bestreben, die Gesetzmäßigkeiten durch Zahlen auszudrücken, trat der Wunsch, die scheinbare Unordnung in der Welt durch das Zusammenspiel der Urstoffe zu erklären. Bisher hatte die Aehnlichkeitslehre genügt. Noch von HIPPOKRATES wurden Beziehungen zwischen den Jahreszeiten und der Natur der Körper aufgestellt; aber eine Verknüpfung durch Erklärungen fehlte. Darin tritt jetzt ein Wandel ein. Die einzelnen Urstoffe und Gemütsarten werden in Beziehung zueinandergesetzt. Ihre Trennung oder Vereinigung soll das Durcheinander in der Natur erklären. Auch bei den Himmelserscheinungen verfährt die Schule des Pythagoras ähnlich. Die so verwickelten Erscheinungen werden durch gleichzeitige einfache Bewegungen, nämlich kreisförmige, ersetzt. Auch hier soll die Mischung der Bewegungen den scheinbaren Zustand herbeiführen. Die restlose Lösung dieser Aufgabe gelang nicht. Obwohl Sokrates sie als zwecklos und unnütz ansah, ließen die Schulen von dieser Arbeit nicht ab. In Alexandria wurde jedoch das Rüstzeug, von Hipparch die Beobachtungsgrundlage geschaffen, mit deren Hilfe Ptolemaios die Riesenaufgabe, alle Bewegungen der Planeten darzustellen, in vollendeter Weise löste. Die Antriebskraft zu dieser Leistung war nicht Welteroberungsdrang, wie bei den Germanen, sondern lag in der Sterndeutung und Philosophie. Nach ihrer Ansicht besteht am Himmel kein Zufall, Irrtum oder Vergehen. Alles läßt sich berechnen. Dieses mußte bewiesen werden, und Ptolemaios tat es.

Noch eine andere Lehre begünstigte den Einfluß der Sterndeutung. Dies war die Lehre von der Göttlichkeit der Gestirne. Plato stellte sich nicht nur Sonne und Mond, sondern auch die anderen Planeten und die Sterne selbst als göttlich vor. Sie bestehen aus den 4 Urstoffen, wozu noch als belebender Urstoff die göttliche Seele kommt. Auch Aristoteles spricht von der Göttlichkeit der Sterne. Gemäß den Stoikern haben die Gestirne Gefühl, Verstand und eigenen Willen; das zeigt die Regelmäßigkeit und Gleichmäßigkeit ihrer Bahnen.

Bei diesen geistigen Voraussetzungen ist das Eindringen und der spätere Siegeslauf der babylonischen Sterndeutung nicht verwunderlich. Ihre Stärke lag in der sehr großen Zahl von Beobachtungen über alle möglichen Himmelserscheinungen und in ihrer Anwendung auf alle Fragen des irdischen Geschehens. Das im 4. Jahrhundert bemerkbare Eindringen babylonischer Weisheit geschah nicht widerstandslos. Eudoxos hielt mit seiner Meinung nicht zurück, daß die Geburtsdeutung nicht im geringsten glaubwürdig sei. Der wichtigste Gegner der Sterndeutung war Karneades, Haupt der neuen Akademie im 2. Jahrhundert v. Chr. Die von ihm und seinen Anhängern geäußerten Zweifel betreffen die Grundlagen der Sterndeutung: die Unsicherheit in der Ermittelung des Zeitpunktes der Geburt und erst recht der Empfängnis, der Widerspruch in dem Lebenslauf solcher Menschen, die zur gleichen Zeit und an demselben Ort geboren worden sind. Die Bedenken gegen die Sterndeutung hielten aber Eudoxos nicht ab, die babylonischen Beobachtungen zu benützen, um den Witterungsverlauf des Jahres aus dem Tierkreiszeichen, in welchem der Mond sich am 14. Juni, dem Frühaufgange des Orion, oder am 20. Juli, dem Frühaufgange des Sirius, befand, vorherzusagen.

Die Uebermittelung der babylonischen Sterndeutung erfolgte im 3. Jahrhundert durch Berossos, der eine Zeitlang auf der Insel Kos lehrte. Auch griechische Philosophen beteiligten sich an der Einführung babylonischen Wissens. Diogenes von Babylon hat die Lehre von der Erdweisheit (Mantik) vertreten. Sein Schüler Antipater übermittelte die Lehre, daß das Lebensschicksal nicht aus der Geburt, sondern aus der Empfängnis zu weissagen sei. Ein anderer seiner Schüler gründete eine Stoikerschule in Babylon; Apollonios von Myndos, erfahren in den Geburtshoroskopen, lernte bei den Babyloniern. Auch über Alexandria drang babylonisches Wissen nach Griechenland. In dieser Großstadt rief das Zusammenströmen der verschiedensten Wissensstoffe eine große Gelehrsamkeit und Arbeiten eifriger Sammlertätigkeit hervor. Für die Sterndeutung entstand um 160 v. Chr. das Werk der »Nechepso und Petosiris«, angeblich von sehr alten Aegyptern verfaßt. Auf dieses Buch berufen sich fast alle antiken Lehrbücher der Sterndeutung. Sein Einfluß konnte sich deshalb so ausbreiten, weil im 1. Jahrhundert v. Chr. der morgenländische Geist, der in Aegypten im 2. Jahrhundert vor dem griechischen hatte zurückweichen müssen, über den griechischen den Sieg davontrug. Bezeichnend für das Verhältnis der Griechen zu den morgenländischen Bräuchen ist auch ihre Verehrung des Petosiris. Dieser Petosiris, vermutlich wesensgleich mit dem angeblichen Verfasser der Sterndeutung, war im 4. Jahrhundert v. Chr. Hoherpriester des Thoth und als ungewöhnlich weise bekannt. Schon ein Jahrhundert nach seinem Tode suchten die Griechen sein Grab auf und verehrten ihn als göttlichen Weisen.

Noch im 1. Jahrhundert n. Chr. ist eine unmittelbare Beeinflussung der griechischen Kultur durch die babylonische Sterndeutung nachweisbar. Aus dieser Zeit stammt die Himmelsbeschreibung des Babyloniers Teukros. Er beschrieb in ihr die Wirkungen der Aufgänge der Sternbilder, unter denen neben babylonischen auch griechische und ägyptische vorkommen.

Eine weitere Unterstützung kam der Sterndeutung aus den Naturwissenschaften, besonders von Poseidonios. Aristoteles unterschied eine Seelenlehre und eine Naturlehre, bei dieser die Lehre von den Veränderungen und die Lehre vom Leben (Biologie). Die Lehre von den Veränderungen umfaßte die räumlichen (Bewegung am Himmel und auf der Erde), die stofflichen (Chemie) und die Zu- und Abnahme der Lebewesen. Diese Veränderungslehre umfaßte also Sternkunde, Physik und Chemie. Im Laufe der Zeit hatte die Naturlehre einen anderen Inhalt bekommen. GEMINOS erklärt als Aufgabe der Naturlehre, auch Physik genannt, die Erforschung von Stoff, Kraft, Form, Werden und Vergehen der Himmelskörper, während die Sternkunde sich mit der Beschreibung der Ordnung, Gestalt, Größe und Entfernung der Himmelskörper und ihrer Bewegungen abzugeben habe. Gemäß STRABO erklärt die Naturlehre die Kugelgestalt der Welt und des Himmels, den Druck nach der Mitte, die Gestalt und Lage der Erde innerhalb der Welt; dies nimmt die Sternkunde als gegeben an und berechnet darnach die Umlaufszeiten, Größen und Entfernungen der Himmelskörper. Also kommt der Naturlehre die Erklärung, der Sternkunde aber die Beobachtung und Berechnung zu. Die Erklärung der Vorgänge geschieht durch die Frage nach Ursache und Wirkung und führt zu dem Begriffe der Kraft als des Urhebers der Veränderungen. Die Kraft ist die Lebenskraft und offenbart sich im Nähren und Vermehren, in der Fortpflanzung, in der Sinneswahrnehmung, in der Zeugung und im Begehren. Die Kraft, die in der Himmelswelt sich offenbart, ist die Mitleidenschaft (Sympathie), die den Zusammenhang zwischen irdischem und überirdischem Geschehen bewirkt. »*Wasser- und Landtiere in großer Zahl sind mit dem Mond zugleich in Zunahme und Abnahme begriffen; zugleich gehen und kommen in gewissen Meeresteilen die Gezeiten. Ebenso ereignen sich gleichzeitig mit dem Auf- und Untergang gewisser Sterne mannigfache Wandlungen in der Lufthülle, bald Gesundheit fördernd, bald Seuchen verbreitend.*« So hätte ein Physiker sich über die Wirkung der Mitleidenschaft äußern können. Zu den Verkündern dieser Lehre gehört POSEIDONIOS. Diese Betrachtungen sind für ihn der Anlaß, die Welt als einen geeinten Körper anzusehen, in welchem alles aufeinander abgestimmt ist. Die Gestirne werden vermenschlicht. Der Meeresschlag wird mit dem Einatmen und Ausatmen verglichen. Die Sterne werden für Lebewesen gehalten und deshalb für beseelt mit der vollkommendsten Vernunft. POSEIDONIOS vergleicht auch die Kraft von Sonne und Mond. Das Feuer der Sonne sei rein und auflösend, das des Mondes trüb, träg und schwach, dabei feuchter und deshalb fruchtbarer für Alles auf der Erde, da es nicht genügend Kraft habe, um aufzuzehren, sondern nur um zu heben und in Fluß zu bringen.

Diese Erwägungen waren ein wesentlicher Fortschritt gegenüber früheren Anschauungen. Nunmehr wirkten die Himmelskräfte nicht mehr durch zauberische Verwandtschaft auf das Irdische, sondern durch die Folge von Ursache und Wirkung. An Stelle des Sternglaubens und Suchens nach Vorzeichen aller Art trat der Begriff der Mitleidenschaft als Fernwirkung und himmlischer Zusammenhang. Diese Ergänzungen trugen viel dazu bei, den letzten Widerstand der Gelehrten gegen die Sterndeutung zu brechen.

Die besonders durch POSEIDONIOS beeinflußten neuen Anschauungen mußten auch auf die Ansichten über die Erde und die Gestirne einwirken. Die Erde wird als Himmelskörper angesehen. Sie erscheint von der Sonne aus betrachtet so klein, daß sie entweder gar nicht oder wie der kleinste Stern gesehen wird. Im Verhältnis zu ihrer Kleinheit hat sie sehr viel Kraft und ist sehr schwer, schwerer als der Himmel mitsamt den Sternen und der Luft. Ihre Ausdünstungen dienen zur Erhaltung der Gestirne, auch der Sonne; andererseits erhält die Erde einen Zustrom von der Luft und vom Himmel her. Der Mond, dem die ältere Anschauung eine dunkle Lufthülle um einen feurigen Kern zuschreibt, wird von POSEIDONIOS mit einem bestrahlten, mattglühenden Eisen verglichen. Er befindet sich an der Grenze von Luft und Aether.

Alle diese Umstände wirkten zusammen, um der Sterndeutung den Sieg in der griechischen Kultur zu verschaffen. Hinzu kam noch die Entwicklung der griechischen Kultur zur Großstadtkultur in Alexandria und die durch die Eroberung Aegyptens bewirkten nahen Beziehungen zu Rom, der Weltstadt und Mittelpunkt der Welt. Hier erst bekam die Sterndeutung ihre für die nächsten Jahrtausende gültige Form. Ihre Vertreter waren keineswegs immer Sternforscher oder auch nur der Sterne Kundige. Das war noch der Fall, als die babylonischen oder ägyptischen Priester sich mit dem Himmel beschäftigten oder griechische Schulen über die Bewegung der Gestirne grübelten. Seitdem durch babylonische und griechische Jahrbücher die Oerter der Planeten für jede Zeit leicht zu entnehmen waren, konnte jeder Wahrsager sich mit dieser Kunst Ansehen und Erwerb bei der Menge verschaffen. Man nannte sich Astrolog oder Physiker oder Mathematiker, gelegentlich auch Philosoph; wollte man bei der Menge besonderes Ansehen erwerben, so gab man sich für Chalder oder Aegypter aus, deren Jahrtausende alte Weisheit die Menge zur Ehrfurcht zwang.

Ob sich die Sterndeuter in verschiedene Berufe schieden, wie es die Aerzte taten, wo jeder Körperteil seinen Arzt hatte, ist unbekannt, aber sehr wahrscheinlich; denn die Entwicklung der beiden Wissenschaften verlief sehr ähnlich. In den Großstädten, besonders in Rom, wurde die Wissenschaft zur reinen Erwerbsquelle. Das Ansehen ihrer Vertreter stieg mit ihrem Einkommen. Der Umfang der Wissenschaft erweiterte sich riesig. Man vermied tiefsinnige Untersuchungen und beschränkte sich auf Ansammlung von Wissensstoff. Beide Wissenschaften erreichten im 2. nachchristlichen Jahrhundert ihren Höhepunkt und zugleich ihren Abschluß, die Heilkunde in Galenos und die Sternkunde in Ptolemaios. Beide Gelehrte wiesen ähnliche Züge auf: eine riesige Beherrschung des Wissenstoffes; rücksichtslose Ausnützung ihrer Vorgänger, allerdings nicht wahllos; Versuch einer Zusammenfassung ihrer Wissenschaft mit Hilfe einfacher Voraussetzungen und Formeln. Das daraus entstehende Werk wurde von der Nachwelt bewundert, ihr Schöpfer als die Verkörperung der Wissenschaft verehrt, bis die mit den Germanen anhebende neue Kultur sich zu dem Werk prüfender einstellte und im Ueberschwang seinen Schöpfer verunglimpfte wie frühere Zeiten ihn verherrlicht hatten.

Die Sterndeutung der griechischen Spätzeit umfaßte alle Arten von Sterndeutung, von der einfachsten bis zur vollkommensten. Es waren auch Deutungen von Blitz und Donner mit den Kennzeichen ihres babylonischen Ursprunges vorhanden; ferner die einfache Befragung des Schicksales in Gestalt einer viergeteilten Scheibe, die meistens als Scheibe des Pythagoras oder des Timaios bezeichnet, aber auch von Nechepso und Petosiris in ihrem Gebrauch beschrieben wurde. Die obere Hälfte der Scheibe entspricht dem Leben, die untere dem Tode. Die verschiedenen Teile sind den Zahlen 1—29 zugeordnet. Will jemand wegen des Ausganges seiner Krankheit oder wegen einer anderen Sache Bescheid wissen, so hat er die Zahl des Mondalters des betreffenden Tages mit der aus den Buchstaben seines Namens gebildeten Summe zu vereinigen, durch 29 zu teilen und den Rest mit den Zahlen der Scheibe zu vergleichen, um zu erfahren, ob der Ausgang glücklich oder unglücklich sein werde. Die Scheibe, die im Mittelalter zum Glücksrad wurde, stellt offenbar die Mondbahn dar und das ganze Verfahren die Befragung des Mondes.

Auch die Deutung der Kometen war ursprünglich und ging auf älteres Wissen zurück. Gedeutet wurde ihr Aussehen, die Richtung ihres Schweifes und ihres Laufes. Es wurden 7 oder 9 verschiedene Formen unterschieden und in Beziehung zu verschiedenen Ländern gesetzt. Der Schweif war bedeutsam für die Menschen, Tiere und Pflanzen des von Kometen bedrohten Landes.

Das Leben des Königs Mithradates Eupator, des gefährlichen Widersachers von Rom, wurde mit 2 Kometen in Beziehung gebracht. Der eine sei zur Zeit seiner Geburt — 132 v. Chr. in Sinope — und der andere zur Zeit seines Regierungsantrittes — 120 v. Chr. — erschienen. Von beiden berichtet Justinus, der Zeitgenosse Cäsars, daß sie 70 Tage lang am Himmel sichtbar waren, den 4. Teil des Himmels eingenommen und den Glanz der Sonne verdunkelt, sowie je 4 Stunden zum Aufgang und Untergang gebraucht hätten. Die siebzigtägige Sichtbarkeit wurde auf eine Lebensdauer von 70 Jahren gedeutet, die Bedeckung des 4. Teiles des Himmels als Anzeichen der Herrschaft über den 4. Teil der Welt und die Verdunkelung der Sonne auf die Schädigung des Römerreiches bezogen. Wie war der Sachverhalt? Eine Beziehung zwischen Mithradates und Kometen war nicht erst eine römische Erfindung, sondern fußte anscheinend auf alter Ueberlieferung; denn es gibt eine Kupfermünze mit Mithradates und einem Kometen, welche vermutlich von einem der von Mithradates eingesetzten Unterkönige am Kimmerischen Bosporus oder in Kolchis geprägt worden ist. Wie steht es mit den sonstigen Grundlagen der Behauptungen des Justinus? In der fraglichen Zeit sind von den Chinesen 2 seltsame Erscheinungen am Himmel beobachtet worden: im Juni 134 — nicht 132 — ein auffallender Stern im Skorpion, also vermutlich ein neuer Stern und nicht ein Komet, und im Jahre 120 ein Komet. Von Kometen mit langem Schweif ist in diesen Jahren nicht die Rede, obwohl gemäß den Angaben des Justinus auf ganz außergewöhnliche Kometen zu schließen wäre und die Chinesen bei Kometen mit langen Schweifen und langer Sichtbarkeit dies bemerkt haben wie beim Kometen vom September 135. Was nun die Lebensdauer anlangt, so wurde Mithradates 69 Jahr alt. — Offenbar wurde schon zu seinen Lebzeiten der Komet vom Jahre 120 in eine Beziehung zu ihm gebracht und die wundergläubigen Römer haben die Sache weiter aufgebauscht, um sich die Gefährlichkeit des Gegners zu erklären.

Finsternisse von Sonne und Mond fanden auch Beachtung und Deutung, aber wie die Kometen nur hinsichtlich des Schicksales der Staaten und ihrer Fürsten, nicht der gewöhnlichen Menschen. Um die einzelnen Länder zu berücksichtigen, wurden die bewohnten Länder auf die Zeichen nach verschiedenen Verfahren, von denen das des Ptolemaios das verwickelste ist, verteilt. Nur sichtbare Finsternisse waren bedeutungsvoll. Gemäß der Vorschrift des PTOLEMAIOS mußte bei Finsternissen die Sichtbarkeit, Zeit und Farbe berücksichtigt werden. Sollte ihr Einfluß auf eine Stadt untersucht werden, so war es erwünscht, die Stellung von Sonne und Mond zur Zeit ihrer Gründung oder der Geburt ihres Herrschers zu untersuchen.

Zu dieser Art von Weissagung für die Länder gehören auch die Berechnungen des Weltenbrandes und der Sintflut, Ueberlieferungen der Babylonier und Aegypter. HERAKLIT kennt als Dauer des Weltjahres, wonach sich wieder ein Weltenbrand ereignet, 10 800 000 Jahre. Andere Zeiten des Eintrittes solcher Ereignisse berechnen sich aus der Zusammenkunft der Planeten in einem Sternbilde. Eine solche Vorhersage wurde im Jahre 775 n. Chr. über den Untergang des Islams auf Grund der Zusammenkunft der Planeten im Löwen verfaßt.

Das Schicksal der gewöhnlichen Menschen wurde aus den himmlischen Umständen bei ihrer Geburt erschlossen. Die einfachste Deutung ging davon aus, welcher Planet die Geburtsstunde regiere. Da nicht zu erwarten war, daß zu jeder Stunde ein Planet aufgehe und damit seine Herrschaft antrete, erfand man das Aushilfsmittel der Benennung jeder Stunde nach den Planeten in der bestimmten Reihenfolge: Saturn, Jupiter, Mars, Sonne, Venus, Merkur, Mond. Der zur Zeit einer Geburt herrschende Planet bestimmte das Schicksal des Kindes. Diese bis zum 17. Jahrhundert maßgebende Lehre führte auch zu der Benennung der Wochentage nach den Planeten, zu einer noch heute im Abendlande gültigen Einrichtung. Wird die Stundenbenennung mit der ersten Stunde eines Tages begonnen und bis zum Schluß der 7 Tage durchgeführt, so sind die Planeten, welche die erste Stunde jedes Tages und damit den Tag selbst beherrschen: Saturn, Sonne, Mond, Mars, Merkur, Jupiter und Venus. Somit wurden aus den Tagesherrschern die Namen der Wochentage der römischen und germanischen Kultur.

Aehnlich ist die Wirkung der Dekane auf das Schicksal der Menschen, deren Schutzgeist gemäß ägyptischer Ansicht der Dekan war, der zur Zeit einer Geburt aufging. In alexandrinischer Zeit erfolgte nun eine Verbindung der Planeten mit den Dekanen, wodurch es möglich war, jedem Kind außer dem Schutzgeist auch den Schutzherren zuzuteilen.

Die wichtigsten Bestandteile der Sterndeutung sind die Tierkreiszeichen. Oft werden sie zu je 4 Einheiten zusammengefaßt und mit den auch vierweise vorhandenen Jahreszeiten usw. verglichen, wie es von Antiochos von Athen um 200 n. Chr. gelehrt wurde.

Tierkreiszeichen:	Jahreszeiten:	Lebensalter:	Urstoffe:	Windrichtungen:
Widder Stier Zwillinge	Frühling	Kindheit	Luft	Süd
Krebs Löwe Jungfrau	Sommer	Jugend	Wasser	Ost
Wage Skorp. Schütze	Herbst	Mannheit	Feuer	Nord
Steinb. Wasserm. Fische	Winter	Alter	Erde	West
Qualitäten:	**Zustände:**	**Säfte:**	**Gemütsarten:**	**Farben:**
Warm — feucht	flüssig	Blut	sanguinisch	rot
Warm — trocken	fein (gasförmig)	Galle	cholerisch	gelb
Kalt — trocken	dicht	schwarze Galle	melancholisch	schwarz
Kalt — feucht	zähe	Schleim	phlegmatisch	weiß

Die Tierkreiszeichen können auch einzeln oder im Zusammenhang mit solchen Sternbildern, die zur Zeit ihres Aufganges aufgehen, im Mittag stehen oder untergehen, zur Vorhersage des Schicksales verwendet werden. Eine andere Verwendung der Tierkreiszeichen sieht eine Einteilung jedes Zeichens in Bezirke (Termini) vor, die einem jeden der Planeten außer Sonne und Mond vorbehalten sind. Wie die Planeten sich auf jedes Zeichen verteilen, darüber gab es mehrere Anordnungen, die auf Babylonier, Aegypter und Griechen zurückgehen.

Den 12 Tierkreiszeichen waren auch je 12 Steine, 12 Pflanzen, 12 Tiere und 12 Länder zugeteilt. Für den Arzt wurde die Beziehung zwischen den Zeichen und den Körperteilen wichtig, weil sie ihn erkennen ließ, wann es günstig oder ungünstig sei an dem betreffenden Körperteil einen Eingriff, selbst einen Aderlaß vorzunehmen. Stand der Mond z. B. im Zeichen des Widders, dem der Kopf zugeteilt ist, so ist jeder Eingriff in den Kopf gefährlich für den Kranken. Die Sache wurde für den Arzt noch schwieriger, weil auch die Stellung der anderen Planeten zum Mond zu beachten war, da jedem Planeten auch ein bestimmter Körperteil zugeteilt war. Auch die Breite eines Ortes wurde berücksichtigt. Den verschiedenen Breiten schrieb man verschiedene Tiere und Pflanzen, Sitten, Begabungen und Rassen der Menschen zu. Es gab wohl keinen Arzt, der bei der Ausübung seiner Kunst die Sterne nicht berücksichtigt hätte. Galenos war vom Einfluß des Mondes überzeugt. Er schrieb: »*Wenn z. B. bei der Geburt eines Menschen die guten Gestirne im Widder, die bösen im Stier stehen, so sind für ihn Krankheiten sehr gefährlich, wenn der Mond im Stier, Löwen, Skorpion oder Wassermann steht: hingegen gar keine Gefahr, wenn der Mond durch den*

Widder, Krebs, Wage oder Steinbock geht.« Da die Stellung des Mondes zu verschiedenen anderen Planeten eine große Rolle spielte, so mußte im Notfalle die Zusammenkunft des Mondes mit einem Stern, der wegen seiner Farbe einen bestimmten Planeten vertrat, benützt werden.

Den Höhepunkt der Sterndeutung stellt das Horoskop dar, die ein getreues Abbild des Himmels und seiner Einflüsse auf die Geborenen sein will. Um die Beziehungen zwischen Planeten und Tierkreiszeichen mannigfaltiger zu gestalten, wurden die Tag- und Nachthäuser sowie die Stellen der Erhöhung und der Erniedrigung unterschieden; ferner wurden auch die Bezirke beachtet. In dem Horoskop selbst wurde dem aufsteigenden Punkt und dem Punkt im Mittag besondere Bedeutung zugeschrieben. Die Wirkung der Planeten untereinander wurde nach ihren Anblicken (Aspekten) zur Erde berücksichtigt. 2 Planeten im Gegenschein wirken meistens ungünstig; auch der Geviertschein ist ungünstig, dagegen Gedrittschein und Gesechstschein günstig. Die Lehre von den Anblicken auf die Zeichen angewendet, führte dazu, die im Gedrittschein stehenden Zeichen Widder, Löwe und Schütze als feurig, Stier, Jungfrau und Steinbock als irdisch, Zwillinge, Wage und Wassermann als luftig und Krebs, Skorpion und Fische als wässrig anzusehen und mit den Säften usw. ähnlich zu verfahren.

Eine weitere Verfeinerung erfuhr die Lehre durch die Einteilung der Planeten. Sie werden eingeteilt nach ihrer Feuchtigkeit und nach ihrem Geschlecht. An und für sich sind Mond und Venus weiblich, Merkur männlich und weiblich, die übrigen männlich. Da männlich mit trocken, weiblich mit feucht gleichgesetzt wird und der Grad der Feuchtigkeit infolge der Stellung des Planeten zur Sonne sich ändert, so wechselt auch sein Geschlecht. Diese zuerst für den Mond aufgestellte Regel wurde auf die anderen Planeten übertragen. Auch der Stand des Planeten über dem Horizont ist zu beachten. Die Planeten gelten bei tiefem Stande für feucht, sonst für trocken. Auch können sie von den einzelnen Tierkreiszeichen, die auch als feucht oder trocken angesehen werden, bezüglich ihrer Feuchtigkeit oder Trockenheit beeinflußt werden. Eine weitere Verfeinerung nahm PTOLEMAIOS vor. Er legte Wert auf die Berücksichtigung der rechtläufigen und rückläufigen Bewegungen und Stillstände und übertrug die Einteilung der Mondbahn in die 4 Teile feucht, warm, trocken und kalt auf die Epizykel. Beim Monde konnte diese Einteilung der Bahn gelten; man konnte gleichsetzen: die Zeit der Unsichtbarkeit = feucht, des zunehmenden Mondes = Erwärmung, des Vollmondes = trocken (infolge der größten Erwärmung), des abnehmenden Mondes = Abkühlung. Sie stand im Einklang mit der Lehre, die in den Lichtgestalten des Mondes eine Erwärmung und Abkühlung sah. Auch für Mars stimmte die Lehre und konnte auch auf Saturn und Jupiter angewendet werden, aber nicht auf Venus und Merkur.

Aus dem Horoskop ließ sich nicht nur über die 12 Lebensfragen: Schicksal, Erwerb, Geschwister, Eltern, Kinder, Gesundheit, Ehe, Todesart, Reisen, Ehren, Freunde und Feinde aussagen, sondern auch über die Dauer des Lebens. Eine verfeinerte Kunst ließ für jedes Lebensjahr freudige und traurige Ereignisse vorhersehen. Aber nicht nur um das Schicksal eines Menschen vorher zu wissen, wurde das Horoskop erforscht, sondern wegen jeder Sache wurden die Sterne befragt, schon wegen eines Diebstahles, wegen einer Krankheit, überhaupt wegen jeder Kleinigkeit. Dazu war es nicht immer nötig ein Horoskop zu berechnen und zu deuten. Die Bestimmung eines günstigen oder ungünstigen Augenblickes zum Handeln erfolgte gemäß der Lehre von den Auswählungen (electiones), die ursprünglich von der Tagewählerei auf Grund mythologischer Annahmen ausging und später den Mondeinfluß und zuletzt die Herrschaft der einzelnen Planeten über jeden Zeitabschnitt zur Grundlage ihrer Vorhersagen machte. Besonders bei einer bevorstehenden Geburt war es wichtig zu wissen, ob die Stunde der Geburt glücklich oder unglücklich sein werde. Würde die Geburt auf eine unglückliche Stunde fallen, so mußte sie beschleunigt oder verzögert werden. Beschleunigen konnte der Arzt, verzögern der Zauberer. So soll NEKTANEBOS die Geburt ALEXANDERS des Großen verzögert haben, bis die zur Erlangung der Weltherrschaft günstige Zusammenkunft der Planeten erfolgt war.

Die Lehre von den günstigen oder ungünstigen Gelegenheiten genügte der Menge nicht, die von den Deutern der Leber, des Vogelfluges und der Träume Auskunft über alles erhalten konnte. Diesem Verlangen entzogen sich die Sterndeuter nicht. So entstand die Lehre von den Befragungen (interrogatio). Sie stellte fest, wie für den Zeitpunkt eines Diebstahles, eines Schuldvertrages usw. die Beziehungen der Zeichen und der Planeten zu dem Ostpunkt und zu dem Westpunkt, gelegentlich auch zum Mittags- und Mitternachtpunkte, sind; z. B. wird der Gläubiger mit dem Aufgange und der Schuldner mit dem Untergange in Beziehung gebracht und untersucht, wer die besseren Aussichten hat. Wenn der damalige Sterndeuter nur die Menschenkenntnisse einer Kartenschlägerin besaß, so wird es ihm an Erfolg nicht gefehlt haben.

So wurde die vornehme Kunst der Sterndeutung, erfunden um das Schicksal der Staaten vorherzusagen, zur Beschäftigung von Kartenschlägern und Weissagern. Als Hilfsmittel dienten ihnen die Jahrbücher und die Lehrbücher der Sterndeutung, wie das Vierbuch des PTOLEMAIOS oder die Werke der FIRMICUS MATERNUS, ANTIOCHOS von Athen, VETTIUS VALENS, MANILIUS, NECHEPSO und PETOSIRIS, CLEMENS von Alexandria, VALERIUS PROBUS, RHETORIOS, HIPPOLYTOS, LYDOS, HEPHAISTION, SYROS, DOROTHEOS, PSELLOS, THEOPHILOS, JULIANOS von Leodikeia und JOHANNES KAMATEROS.

Bei der Anwendung des Horoskopes konnte man im Zweifel sein, ob man den Zeitpunkt der Geburt oder der Empfängnis berücksichtigen solle. PTOLEMAIOS zog die Empfängnis vor. Nach Ansicht der Platoniker vereinigt sich die Seele mit dem erwähnten Körper bei der Empfängnis. Die Zeit der Empfängnis ließ sich aus dem Mondstand bei der Geburt berechnen.

Von Horoskopen sind einige überliefert worden. Eine vom Jahre 138 n. Chr. gibt die Lage der aufgehenden Punkte und der 7 Planeten auf Grad und Minuten, desgleichen auch ein Horoskop für 258 und eine andere für 260 n. Chr., die von SARAPAMMON unterschrieben ist. Dagegen geben die Horoskope für die Jahre 283 und 293 nur die Zeichen als Ort der Planeten an.

Die Sterndeutung stellte die Verbindung der Religion mit der Wissenschaft dar und konnte deshalb einen großen Einfluß auf die antike und mittelalterliche Welt ausüben. Bis zum Ende durchgedacht, führte sie allerdings zu einer Anschauung, die nur noch die Notwendigkeit (Heimarmene) kennt, daß gemäß den Weltgesetzen sich alles vollenden und sogar wiederholen muß, wie alle Stellungen der Gestirne sich nach einem großen Zeitraum wiederholen. Der Mensch ist in diese Welt von himmlischen Einflüssen hineingestellt und muß sich zwangsläufig entwickeln. Es sind dies sehr alte Vorstellungen, die sich wohl mit der Vorstellung der Babylonier und Perser von dem Gotte der Zeit und des Raumes berühren. Allmählich mußte der Glaube an das unentrinnbare Schicksal die Sehnsucht nach Erlösung erwecken und anfachen. Zwei Erlösungsreligionen entstanden in dieser Zeit, das Christentum und die Mithraslehre. Beide wollten den Sternglauben überwinden, konnten aber nicht völlig auf seine Zutaten verzichten. Himmlische Zeichen erschienen zur Zeit der Geburt und des Todes von Christus und nicht umsonst war die Zahl seiner Jünger 12. Mithras trug einen Weltmantel, der innen mit goldenen Sternen bestickt war und an den Himmel erinnerte. Zum Zeichen seiner Macht umgab ihn der Tierkreis, wie die römischen Kaiser als Zeichen ihrer Macht die Figuren des Tierkreises auf ihrem Mantel hatten.

GELEHRTE UND BERUF

Die Gedichte Homers, die als Grundlage für alle Lehrfächer dienen mußten, waren für sternkundlichen Unterricht nicht geeignet. Dagegen diente die Schrift des Hesiod »Werke und Tage« zum Unterricht in der Zeitbestimmung für Seeleute und Bauern. Seine Sternkunde unterrichtete über Sternbilder und Sternsagen. Phobos von Samos verfaßte im 6. Jahrhundert eine Sternkunde für Seeleute. Hierbei handelte es sich um den Unterricht für Erwachsene. Unterricht der Jugend erfolgte erst auf Veranlassung der Pythagoräer, Sophisten und der Philosophenschulen des Plato und des Aristoteles. Dabei wurde auch Sternkunde betrieben, allerdings zuerst nur im Sinne des Hesiod. Bei den Sophisten gab es Lehrer wie Hippias und Isokrates; Lehrmittel und Geräte dienten zum Unterricht, der die verschiedensten Gebiete: Auf- und Untergänge, Bewegungen der Gestirne, Erscheinungen in der Lufthülle, Wetteranzeichen und Erdkunde umfaßte.
Auf Eudoxos geht zurück ein Lehrbuch über die Sternkunde, von dem sich ein Rest auf einem Papyrus in Aegypten gefunden hat. Es diente dort wohl zum Unterricht der Griechen. Mit diesem Lehrbuch hat ein auch in Aegypten gefundenes Lehrbuch auf einem Papyrus (Hibeh Papyrus Nr. 27) manche Berührungspunkte. Es ist von einem Aegypter in Saite nome verfaßt, der seinem Freund griechische Sternkunde übermitteln will, und behandelt einen wohl für 300 v. Chr. berechneten Kalender mit Sonnenort, Sternauf- und -untergängen, Angaben über Nilsteigen, Feste und Wettervorhersagen. Auch von Eratosthenes rührt ein Lehrbuch über Erdmessung her, in der er die Eigenschaften der Erdkugel und von den Himmelsbewegungen hauptsächlich die Finsternisse behandelt.
Mit der Himmelsbeschreibung des Eudoxos begann ein neuer Abschnitt im Unterricht. Sein Werk diente dem Aratos als Vorlage für sein Lehrgedicht, das in den Schulen besonders beliebt war. Es behandelte die Lage, Auf- und Untergänge der Sternbilder, wohl an der Hand

einer Himmelskugel, ferner die Bewegung der 5 Planeten, die Milchstraße und die Hauptkreise am Himmel. Eine Nachahmung davon war die Himmelsbeschreibung des JULIUS HYGINUS.

Im Gegensatz zu den beiden, sehr geringe Anforderungen an die Leser stellenden Werken des ARATOS und HYGINUS standen das Lehrbuch des GEMINOS über die Sternkunde und des KLEOMEDES über die Bahnbewegungen. Den Höhepunkt bildete das Handbuch des PTOLEMAIOS für die Bahnbewegungen und sein Vierbuch für die Sterndeutung.

Lehre und Forschung sind bei den Griechen nicht getrennt. Auf den Forscher beziehen sich die Worte des EURIPIDES: »*Glückseliger Mann, der des Forschens Lust selbsttätig erfuhr. Nichts zieht in das leidige Treiben des Staates ihn hinaus, nichts hin, wo das Unrecht wirkt. Nein, sinnend betrachtet er ew'ger Natur nie alternden Bau, woher er entstand und wodurch und wie. Einem solchen muß alles, was unrein heißt, fern bleiben im Tun wie im Denken.*« Die Art des Unterrichtes lassen erkennen ein geschnittener Stein und 2 Mosaike, die anscheinend auf Vorlagen des 4. Jahrhunderts v. Chr. zurückgehen und die Schule um eine Himmelskugel versammelt zeigen.

Münzen und Bildsäulen hielten das Andenken berühmter Sternkundiger aufrecht. Von EUDOXOS gibt es eine Bildsäule in Budapest aus der Zeit um 300 v. Chr., wobei allerdings der Kopf fehlt. Die Münzen zeigten erst dann berühmte Sternforscher, als die griechischen Städte zu staatlicher Ohnmacht verurteilt, sich durch ihre berühmten Bürger in Erinnerung bringen wollten. Bereits im 2. vorchristlichen Jahrhundert zeigten Münzen von Klazomenai den ANAXAGORAS mit der Kugel, spätere Münzen aus der Zeit von Trajan an den PYTHAGORAS, sitzend vor einer Säule und mit einem Stabe auf eine darauf befindliche Kugel zeigend. Aehnlich ist die Darstellung des HIPPARCH auf Münzen seiner Vaterstadt Nikaia in Bithynien, allerdings erst seit dem 2. Jahrhundert nach Christi. Anscheinend hat die wiederholte Erwähnung und Auszeichnung des HIPPARCH durch PTOLEMAIOS in seiner Vaterstadt die Erinnerung an ihren großen Sohn aufleben lassen. Aus der römischen Kaiserzeit stammt eine Büste des ARATOS. Ihn soll wohl auch

Bild 19. Aratos (?) mit Himmelskugel und Sehrohr (oder Buchrolle?) gemäß einer Glaspaste der Sammlung Warren (vergr.)

ein geschnittener Stein darstellen, wo ein bärtiger sitzender Mann nach einer auf dem Boden liegenden Kugel mit dem Stabe hindeutet und in der linken Hand einen Gegenstand hält, der vielleicht als Schriftrolle (sein Gedicht?) oder wegen seiner zugespitzten Form als ein Sehrohr anzusehen ist (Bild S. 146). Eine auf alte Vorlagen zurückgehende Miniatur in einer Madrider ARATOS-Handschrift des 9. Jahrhunderts zeigt eine ähnliche Darstellung, nur bereichert um die Muse Urania. Auch ein Mosaik in Trier scheint den ARATOS darzustellen. Bei allen diesen Darstellungen hat sich der Künstler ein Idealbild eines Sternkundigen gemacht und wohl nie eine porträtähnliche Vorlage gehabt. Deshalb sind sich die Bildnisse auf den Münzen so ähnlich, obwohl sie verschiedene Gelehrte darstellen sollen.

Als Verkörperung der Sternkunde galt die Muse Urania, die von der alexandrinischen Zeit her mit Himmelskugel und Stab dargestellt wird. Die Himmelskugel ist meistens glatt, selten mit den Hauptkreisen oder einzelnen Sternen geschmückt. Sie gehört auch zur Ausstattung des Apollo und des Atlas. Seit der Zeit des Augustus ist die Weltkugel das Merkmal der Macht der römischen Kaiser. Außer der Himmelskugel wurden auch Sonnenuhren, meistens die gewöhnlichen, an den Plätzen stehenden, von den Künstlern abgebildet, andere Geräte dagegen nur ausnahmsweise. Aber die Kunst dankt der Sterndeutung auch manche Anregungen. Davon zeugen zahlreiche, sehr schöne Siegelsteine: einzelne Sternbilder, wie die Gegend um den Nordpol werden abgebildet, häufiger die Tierkreiszeichen und zwar meistens solche, die für die Geburt des Besitzers wichtig sind. Oft wird der vollständige Tierkreis dargestellt, gelegentlich in Verbindung mit den Planeten. Bergspitzen mit einem Stern an der Spitze sind nicht selten. Hie und da kommt auch ein Stern allein vor, meist als Glücksstern gedacht, später vorwiegend als Verzierung.

GERÄTE (INSTRUMENTE) UND STERNWARTEN

An Geräten gab es für die Zeitmessung: die Wasser- und Sonnenuhren und die Steckkalender, für die Erdmessung: die Erdkugel und das Gerät des HERON, sowie die Wasser- und Sonnenuhren. Dazu gehörte wohl auch das nur auf einer Gemme abgebildete Gerät (Bild 20). Zur Kenntnis der Sterne und der Lage der Hauptkreise am Himmel dienten die Himmelskugel und die Armillarsphäre. Aus ihr entwickelte sich das

Astrolab, das auch die Sonnenuhr ersetzen und außerdem die Stellung der Planeten darstellen konnte. Daneben gab es noch eigene Geräte zur Darstellung der Bewegung der Planeten.

Zur Ortsbestimmung am Himmel wurden von HIPPARCH und PTOLEMAIOS die Geräte: Mittagskreis, Quadrant (Bild 21), Dreistab und Armillarsphäre verwendet. Auch wurden zum Messen des Durchmessers von Sonne und Mond verschiedene Geräte erfunden; Blendgläser waren dabei unbekannt. Zum Betrachten der Sterne dienten Sehrohre ohne Linsen. Die Wirkung der Linse als Brennglas und Vergrößerungsglas war bekannt, wenn auch die bekannte Erzählung von dem Anzünden der Schiffe durch ARCHIMEDES nicht verbürgt ist. Auch die Gesetze der Spiegel kannte man. Eine Nachricht besagt, daß der als Koloß von Rhodos bekannte Leuchtturm in Gestalt eines Mannes einen sehr großen Hohlspiegel auf seiner Brust hatte und es möglich war die von Aegypten herannahenden Schiffe darin schon von weitem zu sehen. Die Grundlagen und Kenntnisse für eine

Bild 20. Sternforscher mit Zirkel vor einem Gerät. (Gemäß Gemme 7697 des Berliner Museums)

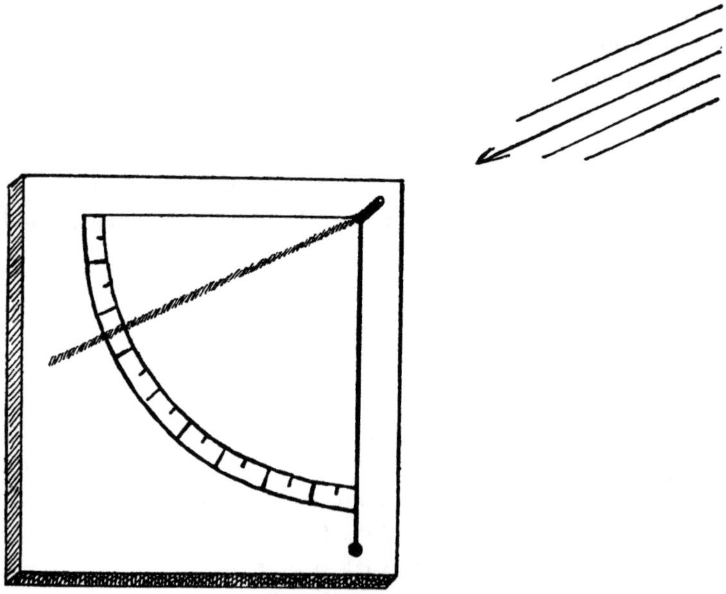

Bild 21. Viertelkreis (Quadrant) des Ptolemaios.

Verwendung von Linsen und Spiegeln für Fernrohre waren also vorhanden. Gab es in der antiken Welt keine Kinder, welche die Rolle des Zufalles spielen konnten?

Was die Herstellung der Geräte anlangt, so bestanden die Sonnenuhren aus Stein, Bein oder Messing, die Himmelskugeln aus Stein oder Holz, die Astrolabe, Wasseruhren und Bewegungswerke aus Messing. Die Ausführung der Geräte ist zum Teil gut, besonders die Teilung; allerdings gab es damals die durch das Gemmenschneiden an Feinarbeit gewöhnten Handwerker. Ueber die Kreisteilung läßt sich nur wenig berichten. Wenn PROKLOS für einen Mittagskreis von mindestens 23 cm Durchmesser, wobei auf die 5^0 Einteilung 1 cm kam, die Minutenteilung vorsieht, so dürfte zu bezweifeln sein, ob diese Teilung jemals ausgeführt worden ist; denn er unterläßt jede Angabe, wie er diese Teilung bewerkstelligen wollte. Gewiß fehlt auch bei PTOLEMAIOS die Angabe, wie er die Kreisteilung vornehmen ließ. Aber die ptolemaische Gradteilung ist den damaligen Handwerkern zuzutrauen, dagegen eine Teilung bis zu $^1/_{300}$ cm wohl kaum. Wichtige Zutaten der Geräte waren das Absehenlineal und bei HERONS Gerät die Wasserwage.

Sternwarten wie bei den Babyloniern gab es nicht oder höchstens für kurze Zeit, da die Voraussetzung dazu, der Zwang jahrhundertelang alle Himmelserscheinungen zu beobachten, bei den Griechen fehlte. Hier handelte es sich um die Tätigkeit von Einzelpersonen, die je nach ihrer Vorliebe der einen oder anderen Himmelserscheinung Beachtung schenkten. Vom EUDOXOS wird berichtet, daß er eine Sternwarte bei Heliopolis und später auf Knidos hatte, offenbar beeinflußt von den Aegyptern. Ein Aequatorring war in der quadratischen Halle in Alexandria jahrhundertelang zu sehen und diente wohl zum Unterricht; aber darunter ist noch keine Sternwarte zu verstehen. HIPPARCH konnte seine Beobachtungen mit beweglichen Geräten anstellen. Auch für die Beobachtungen des PTOLEMAIOS ist eine feste Aufstellung der Geräte und das Vorhandensein einer Sternwarte nicht anzunehmen.

Es ist beachtenswert, daß die Freigebigkeit der ptolemäischen Herrscher ihren Namen nicht mit einer Sternwarte verknüpft hat. Auch ist nicht berichtet, daß einer der vielen, sehr reichen Männer der Antike sich durch Stiftung einer Sternwarte einen Namen gemacht hat. In der Stiftung von Uhren erschöpfte sich ihre Vorliebe für die Wissenschaft.

DIE STERNKUNDE DER GRIECHISCHEN SPÄTZEIT VOM 2. JAHRHUNDERT N. CHR. AN

In der Zeit von Christi Geburt bis zum 2. Jahrhundert hatte sich die große Wandlung vollzogen vom vielstrebigen geistigen Leben zur Eintönigkeit der Theorie. Im 2. und im 1. Jahrhundert v. Chr. treten noch viele beachtenswerte Ansätze zur Erkenntnis der Natur auf: Hipparch fand das Rückwärtsschreiten und beobachtete die Oerter und Größen der Sterne. Der Gedanke der Veränderungen am Sternhimmel wird erwogen. Das Weltgebäude des Aristarchos wurde von Seleukos nachgeprüft. Der Lichtwechsel von Mond, Mars und Venus wird bei der Bahnbestimmung verwendet. Die Bewegung der Kometen will man durch lange Beobachtungsreihen ergründen. Hipparch entwirft die Grundlagen für eine sternkundliche Längenbestimmung. Zur Zeit des Ptolemaios haben diese Bestrebungen dem Plane einer Darstellung der Himmelserscheinungen durch möglichst einfache Vorstellungen weichen müssen. Gewiß ist die Durchführung des Planes ein Meisterwerk. Jedoch wurde sie erkauft mit dem Verzicht auf die Verfolgung der anderen Anregungen und durch die Vernachlässigung der Wirklichkeit. Die überlieferten Anregungen fanden zum Teil in der Sterndeutung Verwendung; aber das bot für den Verlust an Denk- und Entwicklungsmöglichkeiten keinen Ersatz.

Die in dieser Zeit eingetretene Verengung und Versteifung der Sternkunde blieb ihr Wahrzeichen für die nächsten 13 Jahrhunderte bis zum Ende der griechischen Sternkunde. Die auf Ptolemaios folgenden Sternforscher blieben in seinen Bahnen. Man legte seine Werke aus, wie es Pappos und Theon von Alexandria taten; man schuf als Einführung zu seinem Werk, das als das große Handbuch bezeichnet wurde, die kleine Sternkunde. Sie bestand aus den Werken des Theodosios und Autolykos über die mathematischen Eigentümlichkeiten der Erdkugel, aus dem Werk des Aristarch und aus der »Optik« und den »Erscheinungen« des Euklid. Diese Bücher und einige ähnliche derselben Verfasser wurden auf diese Weise erhalten und der Nachwelt überliefert. Hingegen die anderen Werke, besonders die zur Zeit des Ptolemaios noch vorhandenen Werke des Hipparch gingen verloren; denn das Werk des Ptolemaios entsprach zu sehr den geistigen Bedürfnissen seiner Zeitgenossen, als daß eine Notwendigkeit zur Erhaltung der Arbeiten seiner Vorgänger bestanden hätte. Die Tätigkeit der Ausleger der Werke des Ptolemaios beschränkte sich fast ganz auf

Alexandria. THEON und seine Tochter HYPATIA legten auch die Handtafeln aus. Ihre Arbeiten wurden aufgenommen durch PROKLOS, der in Athen lehrte und über ein kugelförmiges Astrolab und über die Bahnbewegungen schrieb, wobei er hauptsächlich dem PTOLEMAIOS folgte. Er beobachtete sogar und scheint den Anstoß zu den späteren Beobachtungen seiner Schüler AMMONIOS und HELIODOROS in Alexandria in den Jahren 498—509 gegeben zu haben. Diese beiden, die Söhne des HERMIAS, begründeten eine sehr tätige Schule in Alexandria, wo außer Beobachtungen auch die Auslegung des Handbuches sowie die Herstellung von Jahrbüchern und Schriften über Astrolabe gepflegt wurde. Als ihre Schüler werden genannt: EUTOKIOS, der eine verlorene Auslegung des Handbuches verfaßte; JOHANNES PHILOPONOS von Alexandria gab anscheinend dem Astrolab die Form, die sie bei den Arabern behielt; ferner hat SIMPLIKIOS in Alexandria den Beobachtungen beigewohnt, welche AMMONIOS mit dem von PTOLEMAIOS Astrolab genannten Gerät angestellt hatte. Er beobachtete den Arktur und fand seine Ortsänderung seit der Zeit des PTOLEMAIOS entsprechend einem Rückwärtsschreiten von 1^0 jährlich, was also einem Fehler von $1\frac{1}{2}^0$ entsprach. Zeitbestimmungen mit dem Astrolab wurden von PROKLOS, HELIODOROS und AMMONIOS gemacht. SEVERUS SABOKT, Bischof um 650 n. Chr., verfaßte — wohl in Anlehnung an HELIODOROS — eine Beschreibung und Gebrauchsanweisung für das Astrolab.
Die spätere Pflege der griechischen Wissenschaft beschränkte sich auf Konstantinopel, wo es einen Lehrstuhl für Sternkunde gab, den im 7. Jahrhundert STEPHANOS von Alexandria, der zu THEONS Auslegung der Handtafeln eine Erklärung schrieb, innehatte. Im 9. Jahrhundert wurden von den Werken des PTOLEMAIOS sehr schöne Handschriften hergestellt, die zum Teil ins Abendland gerettet sind und als Grundlage zur Herausgabe dieser Werke dienten. Eine eingehendere Beschäftigung mit dem Werke des PTOLEMAIOS gab es aber nicht mehr. Die überlieferten Kenntnisse wurden benützt, um Finsternisse und die von der Kirche geforderte Lage des Osterfestes zu berechnen. Der Kaiser HERAKLIUS im Jahre 623, MAXIMUS MARTYR um 641 und PSELLOS im Jahre 1092 behandelten die Osterrechnung. Um 1300 beschäftigte sich THEODOROS METOCHITES mit den Werken des PTOLEMAIOS, THEODOSIOS und THEON. Sein Schüler NIKEPHORAS GREGORAS hat die Schrift des JOHANNES PHILOPONOS über das Astrolab ergänzt; ferner schrieb er verschiedene Werke und legte im Jahre 1325 eine Kalenderverbesserung dem Kaiser vor. Aehnliche Vorschläge machte MATTHAIOS HIERO-

MONACHOS um 1347. Eine durchgreifende Verbesserung konnte damit nicht erzielt werden; denn offenbar kannte GREGORAS keine genauen Bestimmungsstücke der Sonnenbahn, da er für die Sonnenfinsternis vom Jahre 1330 den Eintritt der Sonne in die Zeichen um 6 Tage zu früh angab, im Gegensatz zu den abendländischen Gelehrten, die bereits über ein Jahrhundert früher den Sonnenort genauer kannten. Mit der Erläuterung des Handbuches, hauptsächlich soweit sie die Berechnung der Finsternisse betrifft, beschäftigten sich NIKOLAUS KABASILAS († 1371) und BARLAAM aus Kalabrien. Der Mönch ISAAK ARGYROS schrieb über die Osterrechnung im Jahre 1372 und das Astrolab. THEODOROS MELITENIOTES, Archidiakonos der Sophienkirche, verfaßte ein Lehrbuch unter Benützung des PTOLEMAIOS, THEON und persischer Verfasser. In diesem Jahrhundert erhält die beinahe erstorbene griechische Wissenschaft neue Belebung und zwar zuerst von der persischen Wissenschaft, die ihrerseits von der älteren griechischen ausgeht. Bereits im 11. Jahrhundert waren griechische Jahrbücher, ausgehend vom Jahre 1032 n. Chr., erschienen, welche den am Hofe des Sultans Al Mamūn gefundenen Verbesserungen der Werte des PTOLEMAIOS Rechnung tragen, wie auch ein Perser SERGIUS im Jahre 1062 ein Astrolab für die Griechen herstellte. Dieser Hinweis auf die Unzulänglichkeit der Tafeln des PTOLEMAIOS fand anscheinend keine Beachtung. Erst im 14. Jahrhundert spürten die Griechen die Ueberlegenheit der auf bessern Werten fußenden persischen Tafeln. Der Arzt GEORGIOS CHRYSOKOKKES verfaßte im Jahre 1346 eine Einführung in die persische Sternkunde und ISAAK ARGYROS eine Einführung zu den persischen Handtafeln. Wie die persischen Tafeln, so hielten auch die abendländischen ihren Einzug in Konstantinopel. DEMETRIOS CHRYSOLORAS führte im Anfange des 15. Jahrhunderts diese Tafeln ein, verfaßte dazu eine Gebrauchsanweisung und stellte einige Berechnungen für die Jahre 1404—1413 an. Damit hört die griechische Sternkunde auf; die griechische Sterndeutung lebte in einfachster Form im griechischen Volk bis zur Gegenwart weiter.

Mit der Einnahme Konstantinopels im Jahre 1453 verlor die Sternkunde auf griechischem Boden ihren letzten Halt. Zur selben Zeit führte die Kenntnis der wichtigsten Schriften des griechischen Geisteslebens zur Belebung der germanischen Wissenschaft, die sehr bald die Schwächen ihrer Vorbilder erkennend neue Wege einschlägt. Es ist bezeichnend für das Altern der griechischen Wissenschaft, daß sie in den 1300 Jahren nach PTOLEMAIOS über sein Werk nicht hinauskam und seine Grundfehler nicht erkannte.

VIERTER TEIL

DIE STERNKUNDE DER RÖMER

DAS nächste Wirkungsfeld für die griechische Kultur und Sternkunde war Italien, dessen südliches Ende altes griechisches Einwanderungsgebiet war und blühende Städte wie Syrakus aufwies. Italien hat ähnlich günstiges Wetter zum Beobachten des Himmels wie Griechenland und läßt deshalb ähnliche Leistungen erwarten. Was haben die Römer, die Machthaber Italiens, in der Sternkunde geleistet und wie verhielten sie sich zum griechischen Wissen? Die römische Sternkunde zeigt nur wenige eigene Züge und auch dabei ist es fraglich, ob diese Kenntnisse nicht auf sehr frühen Entlehnungen von den Etruskern und Babyloniern herrühren.

DIE ERFASSUNG DER ZEIT

Die Zeit wurde in Jahre eingeteilt, deren Beginn in der etruskischen Zeit in den Herbst fiel, wo am Vollmondstage des September der Fürst einen Nagel in den Tempel zur Zählung der Jahre einschlug, welche Sitte von den Römern beibehalten wurde. Bei den Römern begann das Jahr anscheinend im Frühling. In der ältesten Zeit soll das Jahr 10 Ab schnitte gehabt haben, bis der König NUMA das Jahr zu 12 Monaten und 355 Tagen einführte. Dieses Jahr war ein reines Mondjahr. Es begann mit dem März und schloß mit dem Februar. Der Monatsbeginn, die Kalenden, fiel mit dem Neumond zusammen; der Vollmondstag wurde mit Iden bezeichnet. Der Monatsbeginn war der 16. Tag nach den Iden des vorhergehenden Monates, außer im März, wo der Unterschied gegen die Iden des Februar nur 15 Tage betrug. Der 8. Tag vor den Iden hieß die None. Die einzelnen Tage wurden von den Nonen, Iden und Kalenden rückwärts gerechnet und so benannt. Aus den Zeitunterschieden von 8 Tagen entstand die achttägige Woche, die erst um Christi Geburt der siebentägigen Planetenwoche wich. Mit der Republik trat insofern ein Wechsel ein, als das Kalenderjahr wohl wie bisher mit dem März begann, das Amtsjahr aber mit dem Januar, wo der Konsul sein Amt am Neumonds- oder am Vollmondstage antrat. Wohl vom Jahre 450 v. Chr. an wurde eine vierjährige Schaltfolge eingeführt, wonach bei den 4 Jahren von 355 Tagen einmal 22 und das andere Mal 23 Tage am Ende des Jahres eingeschaltet wurden. Mit den Schalttagen war das römische Jahr im Mittel um einen Tag zu lang. Dieser Fehler mußte sich im Laufe der Zeit stark bemerkbar machen und bewirken, daß die Naturfeste nicht zu ihrer Zeit fielen. Wie die Priester die Feste gemäß ihrer Zeit festlegten, ob sie dabei noch eine 20jährige oder eine 24jährige Schaltfolge verwendeten, ist unbekannt; sicherlich ließ die römische Zeitregelung viel zu wünschen übrig, so daß sich Julius Cäsar genötigt sah, auf Grund seiner in Aegypten gewonnenen Kenntnisse und unter Beratung des Sosigenes das römische Jahr neuzuordnen. Er ließ die Jahre mit dem Januar beginnen und den ersten Jahresbeginn mit dem ersten Neulicht zusammenfallen. Um das vorhergehende Jahr anzuschließen, mußte es um 90 Tage verlängert werden. Seine Neuerung wirkte sich so aus: Das vorhergehende Amtsjahr, das Jahr 708 nach der Gründung Roms, begann mit dem 14. Oktober 47 v. Chr. und das erste Jahr der Neuerung, also das Jahr 709, mit dem 2. Januar 45 v. Chr. Die Jahre zählten nunmehr 365 Tage; in jedem 4. Jahr wurde ein Schalttag hinter den 23. Februar eingeschoben. Damit hatte die römische Zeitrechnung ihren Abschluß gefunden. Aenderungen traten nur insofern ein, als zu Ehren von Cäsar und Augustus die Monate Quintilis und Sextilis den Namen Julius und Augustus erhielten.

Die Jahre wurden benannt nach den Konsuln und später während der Kaiserzeit nach dem Regierungsantritt der Kaiser.

Cäsar legte auch die Jahreszeiten und den Sonnenlauf, sowie die jährlichen Auf- und Untergänge der Sternbilder im Kalender fest. Die Jahrespunkte wurden auf den 8. Grad der Zeichen, der Beginn der Jahreszeiten auf den ersten Grad des vorhergehenden Zeichens gelegt. Die den Nachtgleichen und Sonnenwenden entsprechenden Tage sind der 24. März, 26. Juni. 26. September, 24. Dezember, alles wenig genaue Angaben, wie auch die Zeiten der jährlichen Auf- und Untergänge, die offenbar für Aegypten Geltung hatten; denn der Frühaufgang des Sirius, der zum 19. Juli angegeben ist, konnte sich in Rom erst am 2. August ereignen. Alle diese Angaben sind wohl ägyptischem und babylonischem Wissen entnommen, ohne Anpassung an die Zeit Cäsars oder an die Lage Roms.

Der Tag wurde vom Abend, vielfach auch von Mitternacht oder von Sonnenaufgang an gerechnet. Die Einteilung des Tages war ursprünglich in je vier Tages- und Nachtwachen. Die Zwölfstundenteilung wurde mit den Sonnenuhren und Wasseruhren von den Griechen übernommen. Angeblich im Jahre 293 v. Chr. stellte der Vater des L. PAPIRIUS CURSOR eine Sonnenuhr neben dem Tempel des Quirinus auf. Auf dem Forum Romanum wurde 30 Jahre später durch den Konsul M. VALERIUS MESSALLA eine für Catania bestimmte Sonnenuhr errichtet, die, obwohl für einen um 4^0 südlicheren Ort berechnet, doch ein Jahrhundert lang den römischen Ansprüchen genügte, bis Q. MARCIUS PHILIPPUS im Jahre 164 v. Chr. eine richtig gehende Sonnenuhr daneben setzte. Später wurden an den Straßen und Tempeln, auch an den Theatern und Bädern, Sonnenuhren, meistens auf Säulen, aufgestellt. Oft waren sie Stiftungen reicher Leute, die sich dadurch Ansehen verschaffen wollten. Von Sonnenuhren gab es die verschiedensten Arten. Kaiser AUGUSTUS ließ sogar einen ägyptischen Obelisken unter Leitung des FACUNDUS NOVUS auf dem Marsfeld aufstellen und die durch seinen Fußpunkt laufende Mittagslinie zur Kennzeichnung der Jahreszeiten einteilen. Um das Schattenende besser anzuzeigen, wurde eine goldene Kugel auf die Spitze des Obelisken gesetzt.

Wichtig für Reisen waren tragbare Sonnenuhren. Von ihnen sind verschiedene Stücke, besonders aus der römischen Kaiserzeit des 2. Jahrhunderts nach Chr., gefunden. Ihre Einrichtung ist wohl kaum römische Erfindung, vielmehr griechische unter Benützung von ägyptischen Vorbildern (s. S. 78). In ihrer Ausführung sind sie nicht schlecht. Der Landmann benützte wohl keine Sonnenuhren, sondern richtete sich nach dem eigenen Schatten. PALLADIUS gibt im 4. Jahrhundert n. Chr. die Schattenlänge für die einzelnen Stunden und Monate an. Jedoch passen die Zahlen für Rom nicht, sondern nur für viel südlichere Breiten, etwa für Zypern.

Die erste Wasseruhr wurde durch CORNELIUS NASICA 159 v. Chr. in Rom aufgestellt, woraufhin Wasseruhren, besonders in Verbindung mit Spielwerken, beliebt wurden und Verbreitung fanden.

Die Stunden wurden von den Tempeln aus mit Trompetenstößen verkündet. Reiche Leute hielten sich Sklaven zur Erkundigung der Zeit bei einer öffentlichen Uhr.

DIE ERFASSUNG DES RAUMES

Die Erforschung der Erdoberfläche wurde nur aus praktischen Gesichtspunkten heraus betrieben. Zum Kriegführen waren gute Straßen und Meilenkarten wichtig. Dazu dienten die Kenntnisse der Feldmesser, ohne viele wissenschaftliche Zutaten. Die Straßen und Brücken der Römer sind recht gute Werke. Auch die römische Straßenkarte war keine schlechte Leistung, hat doch sogar Ptolemaios ihr mehr getraut als den sternkundlichen Messungen — allerdings zu seinem Schaden. Karakalla ließ ähnlich der im Kapitol aufgehängten Straßenkarte von Rom eine Straßenkarte der bewohnten Erde herstellen, in Gestalt einer Rolle, deren Abschrift als Peutingersche Karte auf unsere Zeit gekommen ist. Für die Erdmessung und für die Untersuchung der Gestalt der Erde fehlte den Römern jegliches Verständnis. Dagegen erschien ihnen eine Reichsvermessung nötig, um möglichst viele Steuern zu erpressen. Augustus ließ eine solche Messung durch 4 Griechen ausführen. Auch genaue Flurpläne wurden angelegt. Dies geschah durch Feldmesser, welche jedes Feld in Vierecke und rechtwinklige Dreiecke zerlegten und darnach den Inhalt berechneten. Zum Abstecken zweier zueinander senkrechten Richtungen diente das Sterngerät (Groma), bei dem die an den Enden des Kreuzbalkens herabhängenden Lote die Richtungen nur ungenau anzugeben vermochten.

Die Unterscheidung der 4 Himmelsrichtungen übernahmen die Römer von den Etruskern, die Kenntnis der anderen Bezugsebenen von den Griechen.

Untersuchungen über die Bewegungen der Planeten scheinen sie nicht angestellt zu haben. Allerdings wird berichtet, daß Sulpicius Gallus im Jahre 168 v. Chr. seinen Soldaten eine Mondfinsternis richtig vorhergesagt habe. Dies ist aber erst die Meinung des 1. Jahrhunderts n. Chr. Ein Jahrhundert vorher berichtet man, daß Gallus seinen über das Wunder entsetzten Soldaten den Vorgang als ganz natürlich erklärt habe. Wichtig erschien dem Volke die Finsternis, weil sie der Schlacht bei Pydna vorausging und den für die Makedonier so verhängnisvollen Ausgang der Schlacht anzudeuten schien; aber dies ist nur Volksglaube; denn offenbar fand die Finsternis einen Monat nach der Schlacht statt und konnte auf sie keinen Einfluß haben. Aehnlich steht es mit den Sonnenfinsternissen, die zur Zeit der Empfängnis und des Todes des Romulus und der Erbauung der Stadt Rom sich ereignet haben sollen. Hier handelt es sich um eine erst nach Christi Geburt erfolgte Geschichtserfindung, die jeder Glaubwürdigkeit entbehrt. Die betreffenden Finsternisse wurden wohl nach babylonischem Verfahren berechnet. Sie waren in Europa unsichtbar.

Selten waren unter den Römern Männer wie der Kaiser JULIAN, der von seiner Jugend berichtet: »*Seit meiner Kindheit hatte ich ein starkes Verlangen nach den Strahlen des Sonnengottes und seit meinem Knabenalter geriet ich dem Sonnenlicht gegenüber so ganz und gar in Verzückung, daß ich nicht nur leidenschaftlich darnach verlangte, unverwandt in dieses allein zu schauen, sondern auch wenn ich nachts einen wolkenlosen und heiteren Himmel fand, alles andere beiseite ließ und meinen Geist ganz in die himmlischen Schönheiten versenkte. Und dann hörte ich auch fast gar nichts mehr, wenn jemand etwas zu mir sagte, ja ich achtete auch selbst nicht auf das, was ich tat.*«

Von allen Seiten wurden Werke des griechischen Handwerkes, wie durch Wasserkraft bewegte Erd- und Himmelskugeln und Armillarsphären als Beutestücke nach Rom gebracht und dienten der Schaulust der Römer. Auch schmückten sich Redner wie CICERO gern mit griechischen Geistesschätzen. So läßt er in seinem Traum des SCIPIO diesen zur Milchstraße gelangen und von dort aus die Erde wie einen kleinen Stern betrachten und das aus 9 Kugelschalen bestehende Weltall beschauen.

STERNGLAUBE UND STERNDEUTUNG

Die Sternkunde diente den Römern nicht zur Stählung des Geistes und zur Befriedigung ihres Forschungsdranges, sondern nur zur Erhöhung ihrer Macht und zur Beruhigung des abergläubischen Volkes, bestenfalls zur Ausschmückung ihrer Reden und zur Unterhaltung. Bezeichnend ist der Fall mit dem Kometen, der im Jahre 44 v. Chr. erschien und als das Glücksgestirn der Julier verherrlicht wurde. Da er 6 Monate nach CÄSARS Ermordung sich zeigte, so wurde er zuerst nicht als Vorbote seiner Ermordung, sondern als Verkünder der darauffolgenden Unruhen angesehen. Die Stärkung des Kaisertums verlangte eine andere Deutung. Als im Jahre 17 v. Chr. eine helle Lichterscheinung mit langem Schweif, vermutlich eine Feuerkugel, in einer Nacht sichtbar war, wurde diese Erscheinung für eine Wiederholung des Kometen von 44 und der Komet selbst für ein Anzeichen der Aufnahme der Seele CÄSARS unter die Götter erklärt. Um diese amtliche Deutung recht zu verbreiten, prägte man Münzen mit dem Kopfe des jugend-

lichen CÄSARS auf der einen und mit einem Kometen auf der anderen Seite (Tafel 7); spätere Münzen zeigten auch den Kopf des AUGUSTUS mit dem Kometen. Andere Kaiser dagegen, wie NERO, betrachteten das Erscheinen eines Kometen nicht als Glückszeichen, sondern als Vorboten ihres Todes und suchten Rat bei ihren Sterndeutern.
Unter diesen Umständen mußte die Sterndeutung blühen und gedeihen. Ganz leicht wurde ihr das Eindringen in das Römerreich nicht gemacht. CORNELIUS HISPALUS befahl im Jahre 139 v. Chr. den Chaldern, Rom und Italien innerhalb 18 Tagen zu verlassen, angeblich weil sie durch betrügerische Befragung der Sterne das Volk ausbeuteten. Der Hauptgrund war sicherlich der Neid der einheimischen Traum- und Vorzeichendeuter, die sich der Kunst der Sterndeuter nicht gewachsen fühlten. Diese Vertreibung hat den Chaldern nicht geschadet, nur genützt. Kein hervorragender Römer wollte sich nun dem Vorwurf aussetzen, diesem modernsten Aberglauben nicht zu huldigen. In welchem Parteilager sie auch standen, alle befragten durch die Sterne ihr Schicksal und das ihrer Gegner: GRACCHUS, wie SULLA, wie CÄSAR. Gemäß den Angaben des CICERO stimmten die Deutungen nie; das hielt aber CICERO nicht ab, sich in seinen Reden der Vorhersagen zu bedienen. Der Hauptverbreiter der Sterndeutung war der als Sklave nach Rom geführte MANILIUS ANTIOCHUS. Später, als zur Zeit des Kaisers AUGUSTUS die Sterndeutung Mode wurde, trug zu ihrer Verbreitung hauptsächlich das Gedicht eines anderen MANILIUS bei. Nunmehr hielt sich jeder Kaiser seinen Sterndeuter. Ihre Tätigkeit bestand darin, alle Zwischenfälle im Leben ihres Herren vorherzusehen, besonders aber die Horoskope hervorragender Nebenbuhler zu deuten, damit diese so rasch als möglich unschädlich gemacht wurden. Zu diesen Sterndeutern gehört auch die Familie des THRASYLLOS. Dieser, ein geborener Grieche, wohl verheiratet mit einer unehelichen Tochter eines Königs von Kommagene, wurde römischer Bürger und enger Freund des Kaisers TIBERIUS. Sein Sohn war anscheinend der Sterndeuter, welcher der AGRIPPINA das künftige, glänzende Schicksal ihres Sohnes NERO weissagte und den Kaiser NERO selbst beriet. Waren einige Sterndeuter somit am Hofe gern gesehen, so wurden andere verfolgt, wenn sie es wagen sollten, das Schicksal des Kaisers aus den Sternen zu lesen. Diese Verfolgung vermehrte natürlich nur ihr Ansehen. Selbst wenn sie aus Italien vertrieben waren, so konnten sie doch ihre vornehmen und reichen Kunden schriftlich mit Weissagungen versorgen. Besonders die Frauen waren es, welche gern den Rat der Sterndeuter

verlangten. JUVENAL weiß darüber viel Anschauliches zu berichten: »*Kein Mathematiker gilt als begabt, falls er nicht vorbestraft war; wer aber knapp der Todesstrafe entrann oder von den Zykladen oder der Felseninsel Seriphus eben zurückkehren durfte, den wird deine liebe Frau wegen des zögernden Todes deiner gelbsüchtigen Mutter befragen, zuvor aber, wann die Reihe an dich kommen werde und wann an ihre Schwestern und ihre Onkel ... Hüte dich besonders jener zu begegnen, in deren Händen du ein schmutziges Jahrbuch entdeckst; die nicht mehr um Rat fragt, sondern selbst gefragt wird; die ihrem ins Feld und heimwärts ziehenden Gatten nicht folgt, weil das Losbuch des Thrasyllos ihr abrät. Wenn sie bis zum nächsten Meilenstein fahren will, so sucht sie in ihrem Buche die schicklichste Stunde dafür aus. Wenn ihr Auge juckt, so stellt sie mit Hilfe ihrer Geburtsstunde die geeignete Arznei fest. Wenn sie krank im Bette liegt, so dünkt ihr die geeignetste Stunde zum Essen die zu sein, welche Petosiris angibt.*«
Aber auch die Männer blieben nicht zurück und bald gehörte es zur guten Sitte, jede Verantwortung abzulegen und die Entscheidung den Sternen zu überlassen.

Wie die Sterndeutung, so kam auch die Kenntnis der Sternbilder von den Griechen zu den Römern. Dem Unterricht diente vorzüglich das Lehrgedicht des ARATOS, für dessen vielfache Verwendung und Beliebtheit die römischen Ausgaben von CICERO, CÄSAR GERMANICUS, AVIENUS und anderen sprechen. Eine andere Sternbeschreibung, zugleich mit vielen Sternsagen und Abbildungen, rührt von JULIUS HYGINUS her. Auch MANILIUS bringt in seinem Gedicht eine Himmelsbeschreibung und Sternsagen, deren bekannteste die Befreiung der ANDROMEDA durch PERSEUS schildert.

Vor der Bekanntschaft mit dem Gedicht des ARATOS kannten die Römer nur wenige Sternbilder. Das beliebteste Sternbild war das der Zwillinge. Die Zwillingsgötter, die Dioskuren, galten als Helfer in der Not und hatten schon um 490 v. Chr. einen Tempel in Rom. Auf Münzen von etwa 250 v. Chr. an werden sie dargestellt, entweder als 2 Reiter oder als 2 Jünglingsköpfe. Auch auf Schiffen war ihr Kennzeichen angebracht. Auf einem solchen unter dem Schutze der Zwillingsgötter stehenden Schiffe fuhr PAULUS nach Rom. Auch der Stier kommt neben den Zwillingssternen auf Münzen vor, wohl zur Erinnerung an die Gründung Roms, da die Sonne damals im Sternbilde des Stieres gestanden sein soll.

Andere Münzen, besonders des 2. und 3. Jahrhunderts n. Chr., zeigen die Mondsichel mit 1, 3, 4 oder 7 Sternen. Auf den Münzen mit kämpfenden Legionssoldaten kommt häufig der Glücksstern vor.

UNTERRICHT

Gegenwärtig gibt es von den meisten griechischen Werken lateinische Uebersetzungen. Daraus darf man nicht schließen, daß diese Uebersetzungen im Altertum gemacht worden sind, um die Römer mit dem griechischen Geistesleben bekannt zu machen. Solche Absichten lagen den Römern völlig fern. Für sie war die Wissenschaft nur insofern wertvoll, als sie unmittelbaren Nutzen versprach. Die Lehrbücher der Feldmesser, die Naturgeschichte des Plinius mit ihren Angaben über einige Ergebnisse der Sternkunde, das Werk des Vitruv über die Baukunst mit Angaben über Sonnenuhren und Wasseruhren, die Gedichte der Aratos, Hyginus und Manilius genügten ihnen völlig. Wer sich eingehender unterrichten wollte, konnte die einschlägigen Werke auf griechisch lesen. Aus diesen Gründen ist die Zahl der damals übersetzten Werke sehr gering. Erst im 4. Jahrhundert n. Chr. schuf man eine sehr freie Uebersetzung des letzten Teiles des Werkes des Euklid, das durch Boetius vollständig übersetzt wurde. Die anderen jetzt in lateinischer Sprache vorliegenden griechischen Werke sind im Mittelalter und besonders in der Neuzeit ins Lateinische übersetzt worden. Dabei hat nicht jedes Werk einen so weiten Weg vom Griechischen bis zum Lateinischen zurücklegen müssen wie die Erläuterung des Themistios zu dem Werke des Aristoteles über Himmel und Erde, das vom Griechischen ins Syrische, davon ins Arabische, davon ins Hebräische und davon ins Lateinische übersetzt worden ist. Aber viele Werke haben doch den Weg Griechisch-Syrisch-Arabisch-Lateinisch durchlaufen, bis erst die Auffindung griechischer Werke ihre unmittelbare Uebertragung ins Lateinische ermöglichte.

Im 5. und 6. Jahrhundert n. Chr. teilten Martianus Capella, Boetius und Cassiodorus in ihren Werken einiges über Sternkunde und Mathematik mit, aber so bruchstückweise und unzusammenhängend, daß daraus nichts zu lernen war. Ist es daher verwunderlich, daß der in dieser Zeit schreibende »Geograph von Ravenna« in schwierigen Fällen sich mit der Ausrede behilft: *»Nur Gott allein weiß es!«?* Somit endete die große Kulturwelle auf römischem Boden: Unwissenheit und Aberglaube auf der einen Seite, unberechtigter Stolz auf eine große Vergangenheit auf der anderen Seite.

FÜNFTER TEIL

DIE STERNKUNDE DER JUDEN

DIE Juden verwendeten wie die anderen Völker Vorderasiens den Gestaltenwechsel des Mondes zur Zeiteinteilung. Ihr Monat begann mit dem Neulicht und dauerte bis zum nächsten Neulicht. Durch Zeugen wurde die erste Sichtbarkeit der Mondsichel festgestellt und daraufhin durch den Hohen Rat der Anfang des Monates festgesetzt. In der Gefangenschaft lernten die Juden die babylonische Mondrechnung kennen und damit die Hilfsmittel den Neumond durch Rechnung im voraus zu bestimmen. Diese Mittel wurden wohl angewendet, aber die Entscheidung durch Zeugenaussagen blieb bestehen, bis zur Zeit des Rabbi JUDA I. (170—190 n. Chr.), worauf besonders infolge des Einflusses der jüdischen Gemeinden im Zweistromlande die Neumondrechnung in Anwendung kam.

Mit den Jahreszeiten und Monaten standen die wichtigsten Feste in Verbindung. Wahrscheinlich von den früheren Einwohnern Kanaans übernommen war das Massothfest, ein Frühlingsfest, sowie das Wochenfest und das Hüttenfest als Fest der Obst- und Weinernte im Herbste. Aus diesen Festen entwickelten sich die mosaischen Feste: das Passah, ursprünglich ein Sühnefest, später aber mit dem Massothfest zusammenfallend. Gemäß Vorschrift des MOSES fiel es auf den 14. Tag, den Vollmondtag, des Aehrenmonates Abīb; es dauerte 7 Tage lang, während welcher Zeit das Essen ungesäuerten Brotes vorgeschrieben war. Die anderen Feste sind das Wochenfest, 7 Wochen nach den Passah fallend und den Schluß der Frühjahrsernte anzeigend, und das Hüttenfest am 15. Tag des 7. Monates, wozu noch der 22. Tag als ein durch Verbot der Arbeit geheiligter Festtag tritt. Außerdem gab es noch einige andere Feste. Da die Feste im Zusammenhang mit den Jahreszeiten gefeiert werden mußten, so war gelegentliche Einschaltung von Monaten oder Tagen notwendig. Wie geschaltet wurde und ob es eine Regel darüber gab, ist für die Zeit vor Christi Geburt unbekannt. Vermutlich erkannten die Priester aus dem Stand der Saat und der Baumfrüchte im letzten Monat vor dem Passahfest, ob eine Schaltung notwendig war oder nicht, und schalteten so viele Tage ein, daß mit dem nächsten Neulichte das neue Jahr begonnen werden konnte.

Für die Monate gab es ursprünglich eigene Namen; seit Salomos Zeit wurden die Monate mit den Ordnungszahlen I—XII bezeichnet. Diese Sitte hielt bis weit nach der Rückkehr aus der babylonischen Gefangenschaft (583 v. Chr.) an, bis die neubabylonischen Monatsnamen die alten Bezeichnungen verdrängten.

Das Jahr war ein Mondjahr von 354 Tagen und begann in der ältesten Zeit, im 2. Jahrtausend v. Chr., anscheinend im Herbst. Zur Zeit Salomos wurde der Jahresbeginn in den Frühling gelegt und begann 14 Tage vor dem Passahfest. Das Passahfest selbst mußte nach der Frühlingsnachtgleiche fallen. Die Beachtung der Nachtgleichen und Sonnenwenden kam nicht lange vor Christi Geburt auf. Ueber die Bestimmung der Lage der Jahrespunkte ist nichts bekannt. Wahrscheinlich wurde die Lage der Frühlingsnachtgleiche einem griechischen oder babylonischen Kalender entnommen und dann ließ sich die Lage der anderen Jahrespunkte leicht berechnen, da die jüdische Lehre die Sonne von einem Punkte zum anderen in gleichlangen Zeiträumen wandern ließ.

In der Folgezeit, besonders nach der zweiten Zerstörung Jerusalems und während der Judenverfolgungen im 2. nachchristlichen Jahrhundert regte sich der Widerstand der jüdischen Gemeinden und Hochschulen im Zweistromlande gegen die veraltete Art der Neulichtbestimmung durch Zeugenaussagen, die dazu führten, daß entferntere Gemeinden wegen des langen Weges der Boten die Feste zwei Tage lang feiern mußten. Auf Grund der größeren Kenntnisse der Babylonier von der Mondbewegung hielt man sich für fähig, die Zeiten des Neumondes im voraus zu berechnen. Allerdings mußte der »Mondkundige« Mar Samuel (165—250 n. Chr.) gestehen, nicht zu wissen, wie er die Zeit zwischen Neumond und Neulicht berechne. Allmählich gab der Hohe Rat nach und gestattete die Vorausberechnung. Auch die Schaltung wurde unter Benützung der 19-Jahr-Schaltfolge vorgenommen. Die Dauer des Jahres wurde von Mar Samuel, dem Vorsteher der Schule in Nahardeah am Euphrat zu 365 ¼ Tagen, dagegen von Rabbi Addabar Ahaba, seinem Zeitgenossen und Vorsteher der Schule in Sora am Euphrat, zu 365 Tagen 5 Stunden 55 Minuten 25,44 Sekunden angesetzt. Die beiden Werte beruhen sicherlich nicht auf jüdischen Beobachtungen, sondern sind wohl von den Babyloniern übernommen.

Mit der Berechnung des Neumondes, im Gegensatz zu der kirchlichen Vorschrift, konnte sich die Sekte der Karäer nicht befreunden. Sie hielt die alten Maßnahmen: Zeugenaussagen und Entscheidung durch Richter für notwendig und nahm erst im 19. Jahrhundert die Berechnung an.

Außer den Jahren und Monaten kannten die Juden die siebentägige Woche, an deren Ende sich ihr Ruhetag, der Sabbat, befand. Diese Woche lief wie die ägyptische zehntägige Woche durch die Monate und Jahre hindurch. Sie zählte 7 Tage, weil diese aus dem Mondumlauf sich ergebende Zahl zu den heiligen Zahlen der Juden gehörte.

Die Jahreszählung richtete sich zuerst nach Naturereignissen, Kriegen und Bauten, später nach den Regierungsjahren der Könige von Israel und Juda, noch später nach der babylonischen Gefangenschaft, nach der Seleukidenregierung oder nach der Befreiung durch den Hohenpriester Simon (142 v. Chr.). Nach Christi Geburt kam die Zählung von der Weltentstehung auf, wobei der Beginn des Jahres 1 dem 6. Oktober 3761 v. Chr. 11 Uhr 11⅓ Minuten abends entspricht.

Die Einteilung des Tages geschah in 3 Tagwachen und 3 Nachtwachen. Sonnen- und Wasseruhren werden den Juden nicht unbekannt geblieben sein.

Die sternkundlichen Vorstellungen der Juden waren sehr gering. Die Vorstellung von der Erde als Scheibe mit erhöhter Mitte, die Kenntnis von Sonne, Mond und Venus, gelegentlich auch ihre Verehrung, die Deutung des Sternhimmels als eines Zeltes und die Kenntnis der Sternbilder: Orion, Aldebaran, Plejaden; »Kammer des Süden« wohl die hellen Sterne im Schiff bedeutend; »Wurfschaufel« wohl gleich dem Großen Bären; das sind ungefähr die Kenntnisse der Juden vom Himmel. Wichtig ist die Annahme der babylonischen Vorstellungen über die Himmel der Planeten. Das zur Zeit Christi erscheinende Buch Henoch beschreibt die Reise des Patriarchen durch die 7 Himmel. Jeder Himmel ist einem Planeten zugeteilt. Im siebenten obersten Himmel sitzt Gott an Stelle des Saturn. Die gefallenen Engel sind im zweiten und fünften Himmel, den Himmeln des Merkur und Mars. Das Paradies ist im dritten Himmel der Venus, welcher Ansicht sich auch PAULUS anschließt.

Vor Christi Geburt dringt die Sterndeutung zu den Juden. Wohl von der altarabischen Religion her stammen die Vorschriften für die Beachtung des Mondwechsels und für die nach den Himmelsrichtungen sich haltende Tempelanlage, deren Tore nach Süden, Osten und Norden gingen, so daß die Gemeinde nach dem Heiligtum, nach Westen, der Gegend des Erscheinens des Neumondes, blicken mußte. In dem Tempel erinnerte der siebenarmige Leuchter an den Mondlauf und die 12 Schaubrote an die 12 Monate des Jahres. Auch sonst erinnerte der im Jahre 70 n. Chr. zerstörte Tempel an den Himmel. Wie JOSEPHUS berichtet, hing vor einer Tür ein langer babylonischer Vorhang, der den Anblick des ganzen Himmels zeigte in den Farben: Hyazinth, Byssus, Scharlach und Purpur, entsprechend den Elementen Luft, Erde, Feuer und Wasser. Die Tierkreisbilder waren nicht abgebildet, da keine Bildnisse vorhanden sein durften; dagegen zeigt das kürzlich aufgedeckte Mosaik der im 6. Jahrhundert erbauten Synagoge zu Bethalfa den Sonnengott inmitten des Tierkreises und der Jahreszeiten.

Wie nahe die Juden der Gestirnsverehrung standen, beweist die Lehre der Essener, welche den Sonnengott verehrten: »*Bevor nämlich die Sonne aufgeht, sprechen sie kein unheiliges Wort, sondern richten an das Gestirn gewisse, altherkömmliche Gebete, als wollten sie seinen Aufgang erflehen.*« Es geht dies auch aus den wiederholten Verboten, sich nach den Gestirnen zu richten, hervor. So wird von dem König Josia berichtet, daß er um 621 v. Chr. alle ausrottete, »*welche dem Baal, der Sonne, dem Monde, den Mazzaloth (Abend- und Morgenstern oder die Mondhäuser) und dem ganzen Heere des Himmels*« räucherten. Trotzdem haben sich die Juden dem Einflusse der Gestirnsverehrung und der Sterndeutung ihrer Nachbarn nicht entziehen können. Der am Ende des 2. vorchristlichen Jahrhunderts lebende BAR KAPPARE soll gesagt haben: »*Wer die Himmelsrichtungen und die Mazzalōth zu berechnen versteht und tut es nicht, von dem sagt die Schrift: ‚Und auf das Wirken Gottes blicken sie nicht und seiner Hände Werke sehen sie nicht‘.*« Für den im 1. nachchristlichen Jahrhundert vorhandenen Einfluß der Sterndeutung spricht die in der Offenbarung Johannis zum Ausdruck kommende Vorliebe für die Zahlen 4,7 und 12 sowie auch die Hinweise in den Evangelien auf die himmlischen Ereignisse zur Zeit der Geburt und des Todes Christi; ferner auch die Mitteilung des JOSEPHUS über die Vorgänge vor der Einnahme Jerusalems: »*Den klaren ... die künftige Verwüstung andeutenden Vorzeichen dagegen schenkten die Unglücklichen nicht Beachtung und Glauben, sondern sie überhörten, als wären sie betäubt und hätten weder Augen noch Verstand, die laute Warnungsstimme Gottes —, so zum Beispiel als ein schwertähnliches Gestirn über der Stadt stand und ein Komet ein Jahr lang am Himmel blieb ... Die Unkundigen freilich sahen darin [in einem hellen Schein um den Tempel] ein gutes*

Vorzeichen; von den Schriftgelehrten aber wurde es sogleich für das, was nachher eintraf, gedeutet.«

Eine spätjüdische Lehre sagt: »*Langes Leben, Kinder und Nahrung hängt nicht vom Verdienst, sondern von den Gestirnen ab.*«

Erst im Mittelalter fängt die jüdische Sternkunde an eine Rolle im Geistesleben zu spielen. Bei Gelegenheit der Schilderung des germanischen Mittelalters wird darauf einzugehen sein.

Bedeutungsvoll war die Tätigkeit der Juden als Uebersetzer. Sie haben verschiedene Werke ins Arabische übersetzt und dadurch den Arabern übermittelt. Nicht minder bedeutsam war ihre Uebersetzertätigkeit vom 11.—13. Jahrhundert, wo sie verschiedene Werke den Germanen zugänglich machten.

Eine Einrichtung der jüdischen Religion sollte wohl nicht für die Juden, aber für die Mohammedaner und für die germanischen Christen von größter Bedeutung werden und ihre Geistesentwicklung erheblich beeinflussen: das ist die Anordnung der Zeit und Richtung der Gebete. Für die gewöhnlichen Gebete wurden die Zeiten morgens, mittags und abends vorgeschrieben. Während des Gebetes hatte der Betende eine bestimmte Richtung einzuhalten. Darüber besteht folgende Vorschrift: »*Außerhalb Palästinas wendet sich der Gläubige diesem Lande zu, innerhalb Palästinas nach Jerusalem, in Jerusalem nach dem Tempel, im Tempel nach dem Heiligtum.*« Dieser Vorschrift, die bereits DANIEL befolgte, liegt die Vorstellung zugrunde, daß das Heiligtum die Mitte der Welt sei. Nach der Zerstörung des Tempels wurde eine mit dem Bildnis des Sonnengottes geschmückte Säule als Mittelpunkt der Welt angesehen, da sie zur Zeit der Sommerwende keinen Schatten werfe. Die Anschauung von Jerusalem und seiner Säule als Mittelpunkt der Welt beherrschte das frühe Mittelalter. Das schöne steinerne Lehrgerät in Regensburg, in Form einer Säule, ist das letzte Aufleben dieser durch eine Abbildung in einer Prüfeninger Handschrift nach Regensburg übermittelten Anschauung.

Die Ausbreitung der aus den ägyptischen, babylonischen und griechischen Kulturen sich entwickelnden Sternkunde erfolgte nicht nur nach Westen hin. Ueber ihre Ausbreitung nach Süden ist nichts bekannt. Die südlich vom Zweistromlande wohnenden Araber werden später zu besprechen sein, ebenso die nördlich wohnenden Germanen und Slaven. Nach Osten zu erscheinen als Ausbreitungsgebiete Persien, Indien und China.

SECHSTER TEIL

DIE STERNKUNDE DER PERSER

VON der Sternkunde der Perser ist leider sehr wenig überliefert. Es ist dies um so mehr zu bedauern, da sie als Uebermittler babylonischen, griechischen und indischen Wissens eine große Rolle spielten und anscheinend manches geleistet haben, bevor die Araber mit ihrem Wissen bekannt wurden. Griechische und andere Werke wurden unter der Regierung des CHOSRU I. (herrschend von 531—579 n. Chr.) ins Persische übertragen. Zu ihnen gehörte auch das Buch des Babyloniers TEUKROS.

DIE ZEITRECHNUNG

Eine selbständige Zeitrechnung mit Einschaltung geht anscheinend auf DARIUS HYSTASPES (um 520 v. Chr.) zurück. Ob ursprünglich eine Mondrechnung bestand, ist unbekannt, wenn auch die Berücksichtigung des Mondwechsels im Monat dafür spricht. Die älteste uns bekannte Zeitrechnung teilte das Jahr in 12 Monate zu 30 Tagen und 5 Schalttagen, die zuerst hinter den 8. Monat, später hinter den 12. Monat eingeschaltet wurden. Bereits vor dem Jahre 622 n. Chr. bestand die Gewohnheit alle 120 Jahre einen Schaltmonat von 30 Tagen einzuschalten, so daß das Jahr auf 365 ¼ Tag kam. Die Regel scheint nicht immer befolgt zu sein oder der Kalender geriet auf andere Weise in Unordnung; jedenfalls fiel im 7. Jahrhundert der Jahresbeginn nicht auf die Frühlingsnachtgleiche, um den 15. März, wie in alter Zeit, sondern auf den 16. Juni.
Die Jahre waren nach der Regierungszeit der Herrscher gezählt worden. Seit der Ermordung JEZDEGERDS III., des letzten Königs, im Jahre 652 zählten die Perser von der Regierung dieses Königs weiter. Die Ausgangszeit dieser Zählung ist der Jahresbeginn seines ersten Regierungsjahres, nämlich der 16. Juni 622 n. Chr. Für die Folgezeit galt die Einschaltung von je 30 Tagen alle 120 Jahre. Der Zeitpunkt der Schaltung

wurde von einer Versammlung von Sternkundigen, Priestern und Geschichtsschreibern, die vom königlichen Hofe eingeladen waren, unter dem Vorsitz des Oberpriesters festgelegt. Wie AL-BĪRŪNĪ berichtet, kosteten diese Versammlungen und das anschließende »Fest der Einschaltung« sehr viel Geld, bisweilen mehr als eine Million Denare, da es sehr verschwenderisch dabei zuging.

Eine neue Zeitregelung fand im 11. Jahrhundert statt. Der von 1073—92 herrschende Großsultan DSCHELĀLEDDĪN MELIK SHĀH rief an die neugegründete Sternwarte in REI im Jahre 1074 den 'OMAR BEN IBRĀHĪM AL-CHAIJĀMĪ († 1123), der mit 2 anderen Gelehrten den Kalender regeln sollte. Gemäß seinem Vorschlage sollte das persische Jahr mit der Frühlingsnachtgleiche, dem 15. März 1079, beginnen und 365 Tage zählen, mit Einschaltung von 8 Schalttagen alle 33 Jahre.

Der Jahresanfang wurde durch ein Neujahrsfest gefeiert; ferner gab es in jedem Monat ein Fest, wenn der Tag der Monatsgottheit gekommen war. Der Monat wurde in 4 Abschnitte zu 7, 7, 8 und 8 Tagen geteilt. Jeder Monatstag hatte seinen Namen, zum Teil nach Göttern oder Planeten.

Ursprünglich wurden nur Winter und Sommer unterschieden, später 6 Jahreszeiten von ungleicher Länge, deren Beginn durch Feste gefeiert wurde.

Der Volltag wurde von Sonnenaufgang an gerechnet und im Sommer in fünf, im Winter in vier Abschnitte geteilt. Später scheint es eine Einteilung in 18 Abschnitte gegeben zu haben, wobei die Dauer des Sommertages zu 12 und der Sommernacht zu 6 Abschnitten gesetzt wurde. Für noch spätere Zeit wird die Bekanntschaft mit den griechischen Wasseruhren zu der 24-Stundenteilung geführt haben. Nach dem Vorbilde der griechischen Wasseruhren wurde eine Kunstuhr für den König CHOSRŪ II. († 628) hergestellt. Sie diente zur Darstellung des Laufes des Himmels und der Planeten und enthielt Bilder der Sonne und des Mondes als Götter auf einem Viergespann. Die Uhr soll durch Pferde getrieben worden sein.

DIE ERFASSUNG DES RAUMES

Wir wissen nicht, wie die persische Vorstellung von der Erde war. Offenbar wurde auf die Herstellung guter Straßenkarten, bereits zur Zeit des DARIUS, Wert gelegt.

Die persischen Vorstellungen über die Planeten und ihre Bewegungen sind auch unbekannt. Sehr beliebt waren im 9. Jahrhundert bei den Arabern persische Tafeln, ash-shāh genannt, die um 800 ins Arabische übersetzt wurden und die Bewegungen der Planeten von dem Jahre 622 an gaben. Als Beginn des Tages wurde im Gegensatz zu PTOLEMAIOS Mitternacht angesetzt.
Die Dauer des Jahres wurde von den Sternkundigen zu 365 Tagen 12 Minuten 9 Sekunden angenommen, welchen Wert sie wohl von den Babyloniern übernommen hatten, deren Dauer des Sternjahres etwas länger ist. Auch wird berichtet, daß die Perser für die Jahre 470 und 630 die Lage der Erdferne der Sonnenbahn bestimmten und zu 77° 55′ und 80° gefunden hatten.

DER STERNHIMMEL

Die Mondhäuser waren den Persern bekannt, zum mindesten den im östlichen Iran, in Sogd und Kāhrizmien lebenden Völkern.
Am Himmel wurden 5 Gegenden unterschieden: die Nordpolgegend und 4 den Jahreszeiten entsprechende Gegenden, in merkwürdiger Uebereinstimmung mit der chinesichen Sternkunde.

STERNGLAUBE UND STERNDEUTUNG

Als Hauptgötter wurden verehrt Sonne, Mond, Venus und Sirius; das Feuer wird als Vertreter der Sonne angesehen und beide zusammen als Sinnbilder der Allmacht des Gottes Ahuramazda, des Schöpfers des Guten und des Lichtes. Das heilige Feuer muß ständig unterhalten werden. Der älteste Altar für das Feuer war in Rages. Bereits zur Zeit des CYRUS gab es in Persepolis mehrere Feueraltäre. Bei den Festen wurde vor dem König ein Pferd mit einem weißen, bekränzten Wagen für die Sonne geführt und darauf das Pferd geopfert. —Von Persien aus verbreitete sich der Mithraskult. Mithras, der Bekämpfer des Schlechten und wohl der Mondgott, wird häufig mit dem Himmelsmantel und Tierkreis dargestellt. Es ist nicht ausgeschlossen, daß die zusammengehörigen Sternbilder Wasserschlange, Rabe und Becher als Sinnbilder der Mithrasverehrung anzusehen sind.
ARTAXERXES führte die Verehrung der Venus (Anāhitā) in Persien ein.

Ueber die Verehrung des Sirius unterrichtet der 8. Opfergesang der Avesta: »*Den prächtigen Tischtrya-Stern verehren wir, den weißen, der von ferne mit seinen lichten, makellosen Strahlen aufstrahlt, der in Gestalt eines glänzenden, klaräugigen Mannes im Lichtstrahl schwebt, der in Gestalt eines weißen Rosses mit goldfarbigen Ohren und goldenen Zügeln im Lichtstrahl schwebt, der bei seinem Aufgang dem Land Gutjahr sowohl als auch das Mißjahr bringt.*«
An der Weiterentwicklung der griechisch-babylonischen Sterndeutung haben sich die Perser beteiligt. Sie vertraten die Ansicht, daß für die Deutung der gegenseitigen Stellung der Planeten die betreffenden Abstände bezüglich des Aequators und nicht des Tierkreises zu verstehen sind.
In bereits vorchristlicher Zeit wurden 4 Weltalter von je 3000 Jahren Dauer unterschieden. Jedes Jahrtausend soll unter einem Tierkreiszeichen stehen. Das 3. Weltalter findet sein Ende durch eine Sintflut und das 4. Weltalter durch einen Weltbrand.
Die Zwölferrunde (Uebersicht 15) war bekannt.

SIEBENTER TEIL

DIE STERNKUNDE DER INDER

Die Inder schätzten an der Sternkunde hauptsächlich die Zeitrechnung und die Sterndeutung. Ihre große Begabung und Vorliebe für Rechnungen prägt sich in der Ausgestaltung dieser Wissenszweige aus, deren Grundlagen zum größten Teil wohl kaum indische Erzeugnisse sind. In der Entwicklung dieser Wissensgebiete, wie sie im 1. Jahrtausend n. Chr. in Indien vor sich geht, zeigt sich ein geradezu üppiges Blühen und Wuchern.

Die Träger der indischen Sternkunde waren hauptsächlich die Brahmanen, die Priesterkaste der arischen Einwanderer, die etwa im 14. Jahrhundert v. Chr. in Indien eingewandert waren und die Ureinwohner unterjochten hatten. Ihre Priester hatten für die Zeitteilung und die Festlegung der Feste, der günstigen und ungünstigen Zeiten zu sorgen. Die Sprache der Arier, das Sanskrit, vermochte sich auf die Dauer nicht zu halten und wurde allmählich zur Gelehrtensprache der Brahmanen. Ihr Verständnis bereitet große Schwierigkeiten, da selbst wissenschaftliche Angaben in Verse von sehr knapper Form gebracht wurden, die erst umfangreicher Erläuterungen bedurften, um verstanden zu werden. Wie der im 11. Jahrhundert n. Chr. lebende Araber AL-BĪRŪNĪ erzählt, haben die indischen Gelehrten die ihnen mitgeteilten Auszüge aus EUKLID und PTOLEMAIOS sofort in so schwer verständliche Verse umgewandelt, daß er das von ihm Gelehrte kaum wieder erkannte. Als Beispiel für den wissenschaftlichen Stil möge die in der 5. Nidānasūtra befindliche Erklärung des 360tägigen Jahres dienen:

»Siebenundzwanzig Wohnungen sind des Reiches König aufgebaut,
und dreizehn Tage in jedem Hause [bringt der Mond zu]
dreizehn Tage und eines Tages Drittel zu vierzigen machend bei
dreien Malen den dreimal 9 weiten Pfad, den altgewohnten,
mit vierzig Neuntagezeiten er durchmißt.«

Bei der Schwerverständlichkeit der indischen Ausdrucksform erscheint es zweckmäßig, nur die Tatsachen herauszuschälen und Deutungs- und

Erklärungsversuche wegen der Unsicherheit, mit der sie oft nur gegeben werden könnten, wegzulassen.

Bei der indischen Sternkunde lassen sich drei Entwicklungsstufen unterscheiden: die Sternkunde, wie sie zur Zeit der Veden etwa vom 12.—4. vorchristlichen Jahrhundert blühte und in den Samhitās und Brāhmanas sich zu erkennen gibt. Lehrbücher oder geschlossene Darstellungen sind noch nicht vorhanden. Dann folgt die nachvedische Zeit, etwa vom 4. vorchristlichen bis 2. nachchristlichen Jahrhundert, aus welcher Zeit Werke wie das sogenannte Jyotiṣa-Vedānga und die Sternkunde (Sūryaprajñapti) der Jaina stammen. Die darauffolgende Zeit wird als die Blütezeit der indischenSternkunde bezeichnet. Ihr gehören die wichtigen Lehrbücher wie der Sūrya-Siddhānta an. Diese drei Entwicklungsstufen lassen sich aber nicht vollständig voneinander trennen.

Bereits in der Zeit der Veden ist die Regelmäßigkeit und Gesetzmäßigkeit der Naturerscheinungen, besonders aber in den Erscheinungen von Sonne und Mond, ein Gegenstand der Bewunderung der Sänger. Von den Himmelserscheinungen finden nur Sonne und Mond Beachtung. *»Nacheinander wandeln sie; wie zwei spielende Kinder durchlaufen sie das Luftmeer; alle Wesen überschaut der eine; die Zeiten ordnend wird der andere immer neu geboren.«* Diese Ansicht ist der damaligen Zeit eigentümlich.

DIE VEDISCHE ZEIT

DIE ERFASSUNG DER ZEIT

Die Jahresdauer wird immer zu 12 Monaten und 360 Tagen angenommen. Als Monat gilt die Zeit, während welcher der Mond zu- und abnimmt. Wie die Inder das Rundjahr und die dreißigtägigen Monate mit den Jahreszeiten und dem Mondwechsel in Einklang brachten, ist unbekannt. Von einem 13. eingeschalteten Monate ist gelegentlich die Rede, ohne daß dabei eine bestimmte Schaltregel Erwähnung findet. Der Monat begann mit dem Neumonde, gelegentlich mit dem Vollmonde.

Ursprünglich kannten die einwandernden Inder nur die Jahreszeiten Sommer und Winter. Die Entwicklung des Ackerbaues führte zur Unterscheidung von 3 Jahreszeiten: warme Zeit, Regenzeit und kühle Zeit. Später kamen noch weitere Unterabteilungen hinzu, so daß zu-

letzt 6 Jahreszeiten unterschieden wurden: Frühling, heiße Zeit, Regenzeit, Herbst, Winter, kühle Zeit, deren jede 2 Monaten gleichgesetzt wurde.
Beim Tage unterschied man die Zeiträume Morgen, Mittag und Abend. Die Zeit zwischen 2 Sonnenaufgängen oder Sonnenuntergängen wurde in 30 Teile (Muhurta) geteilt.

DIE ERFASSUNG DES RAUMES

Die Bezugsebene des Horizontes ist maßgebend für die religiöse Weltauffassung. Es werden 4 Himmelsrichtungen unterschieden; gelegentlich wird auch eine fünfte, die Richtung nach oben erwähnt. Die Beachtung der Himmelsrichtung gehört zum indischen Gottesdienst. Ihre Bedeutung läßt sich gemäß den Çulvasūtras — aus der Zeit vor Christi Geburt — folgendermaßen beschreiben: »*Wenn der Altar nicht genau in der vorgeschriebenen Gestalt erbaut ist, wenn eine Kante nicht rechtwinklig zur anderen steht, wenn in der Aufstellung nach den Himmelsrichtungen ein Fehler stattfand, so nimmt die Gottheit das ihr dargebrachte Opfer nicht an, ein dem Inder schrecklicher Gedanke, da für ihn jedes Opfer ein förmlicher Vertrag mit der betreffenden Gottheit, eine Art von Tauschgeschäft ist, und er somit auf Erfüllung seines bei dem Opfer gehegten Wunsches sich nicht die geringste Rechnung machen kann, sofern seine Gabe verschmäht würde.*«
Bei der Sonnenbewegung werden 2 Gänge unterschieden, der Gang nach Süden und der Gang nach Norden, von Sonnenwende bis Sonnenwende reichend. Auch beim Lichtwechsel des Mondes unterscheidet man 2 Teile, die lichte und die schwarze Hälfte, entsprechend dem zunehmenden und dem abnehmenden Monde. Die Wanderung der Sonne unter den Sternen wird nicht beachtet. Anders beim Monde. In dem letzten Abschnitt des vedischen Zeitraumes unterscheidet man 27 oder 28 Mondhäuser (naksatra), die ursprünglich nur Sternbilder oder Schutzsternbilder bedeuteten. In der vedischen Zeit beginnt das Sternbild der Plejaden die Reihe der Mondhäuser, wie bei den Babyloniern; in der späteren Zeit das Sternbild Āsvinī ($\beta + \gamma$ im Widder). Welche Sterne in der vedischen Zeit zu den Mondhäusern gezählt worden sind, ist nicht bekannt. Anscheinend wurde bei den 27 Mondhäusern an Abschnitte gleicher Länge gedacht. Sie finden bereits in dieser Zeit Verwendung im Gottesdienst. Das erste Entzünden des heiligen Feuers, die Errichtung des Feueraltars, Hochzeiten, Totenfeiern, Namengebung der Neugeborenen, Beginn des Vedastudiums, einer Kasteiung

oder des Feldbaues ist vom Eintritte des Mondes in ein bestimmtes Mondhaus abhängig. Daraus entwickelte sich die Lehre, daß Vollmonde und Neumonde in bestimmten Mondhäusern zu Opfern und Festen besonders geeignet sind. Die 3 passenden Tage für das Opfer sind Vollmond, Neumond und der Stand des Mondes in einem günstigen Mondhause. Ein sehr Bedrängter kann es jedoch jederzeit verrichten. Das Frühlingsfest mußte nach den alten Vorschriften immer in der Vollmondnacht, wenn der Mond sich im 9. Hause befindet, gefeiert werden. Allmählich hoben sich 12 Häuser heraus. Wenn sich der Vollmond oder Neumond darin befand, so bezeichnete dies die Zeit der Opfer. Diese Art der Zeitrechnung durch Berücksichtigung des Standes des Vollmondes oder Neumondes ist jetzt noch in Indien vielfach üblich.

Sonnen- und Mondfinsternisse fanden Beachtung. Man glaubte sie hervorgerufen durch den bösen Gott Rahu. Die Zeit einer sichtbaren Finsternis mußte zu Opfern und Schenkungen verwendet werden. So heißt es in den Veden: »*Wenn Finsternis die Sonne ergreift, so opfere er* (mit den Worten): *Das himmlische Wunder, das grause, steiget empor, um den Ordner der Zeit schwirrend. Darüber weg steige die Sonne allseits.*« Eine Vorausberechnung der Finsternisse läßt sich nicht nachweisen.

Bei verschiedenen Ereignissen sind Opfer und Gebete vorgeschrieben. So hat sich der Opfernde zu wenden gegen Osten, wenn er sich ärgert; gegen Süden, wenn Krankheit ihn oder seine Angehörigen bedroht; gegen Westen, wenn sein landwirtschaftlicher Betrieb Schaden leidet; gegen Norden, wenn er sein Geld verloren oder ihn geschäftliche Verluste getroffen haben; gegen die Erde bei Erdbeben und Ueberschwemmungen; gegen die Luft bei Stürmen und auffälligen Wolken; gegen den Himmel beim Erscheinen von Sternschnuppen, Feuerkugeln oder Kometen; gegen den höchsten Himmel bei dem Sichtbarwerden von Höfen um Sonne und Mond. Diesen 8 verschiedenen Richtungen entsprechen 8 verschiedene Opfergaben.

Den Aufgang des Sonnengottes Sūrya schildern die Veden folgendermaßen:

»*Dort führen die ersten Strahlen den allwissenden Gott herauf, damit jedermann die Sonne zu sehen bekomme.*

Da schleichen sich die Sterne mit dem nächtlichen Dunkel davon wie Diebe vor dem allschauenden Sonnengott.

In jedem Haus sind die Strahlen [der Morgenröte] *als seine Vorboten erschienen sowie die brennenden Feuer.*

Du bist der pünktlich allsichtbare Hellmacher, o Sūrya, den ganzen Himmelsraum erleuchtest Du«, und
Dort steigt, o Mitra und Varuna, der wachsame Sūrya über beiden [Welten] *von der Erde auf, der Hüter alles dessen, was geht und steht, der Recht und Unrecht unter den Menschen beobachtet;*
Euer, der beiden Götter Auge, o Varuna, der Sonnengott geht lichtverbreitend auf, der auf alle Wesen herabsieht; er durchschaut auch das Herz der Menschen.«
Von dem Raum oberhalb der Erde werden drei verschiedene Himmel unterschieden: die Luft, der Himmel und der höchste Himmel, die auch als pfadloser, sicherer und oberer Himmel bezeichnet werden. Es werden oft auch 7 Weltschichten unterschieden, wie überhaupt das Eindringen der Siebenzahl sich bereits in der vedischen Zeit bemerkbar macht. Von den Sternbildern sind außer den Mondhäusern nur wenige bekannt. Das Siebengestirn (R̥iski = Großer Bär) stellt die Mitte des Himmels dar. Wenn ein Komet dieses Sternbild verdunkelt, so bedeutet das Unglück und muß durch Opfer abgewendet werden. Merkwürdigerweise haben die Aegypter denselben Glauben. Gemäß der Viṣṇu-Purāṇa hat Garga, um 548 v. Chr. lebend, von Śesha die Grundlage der Sternkunde, einschließlich Kenntnis der Planeten und Deutung der Himmelserscheinungen, gelernt. Ueber den Inhalt dieses Unterrichtes ist nichts bekannt.

DIE NACHVEDISCHE ZEIT

Für diese Zeit ist kennzeichnend die genauere Kenntnis der Dauer des Sonnen- und Mondumlaufes und die Aufstellung sehr großer Perioden. Als Jahresdauer wird die Zeit von 366 Tagen angesehen. Der Ausgleich zwischen Sonnen- und Mondumlauf geschieht in einem Yuga von 5 Jahren zu 366 Tagen gleich 1830 Tagen gleich 62 Mondwechseln gleich 67 Mondumläufen durch die Mondhäuser. Die daraus folgenden Dauern für die Monderscheinungen ergeben sich aus der Uebersicht 11. Aus dem Yuga errechneten die Inder die Jahresdauern zu 12 Sternmonaten = $327^{51}/_{67}$ Tagen und zu 12 Mondwechseln = $354^{6}/_{31}$ Tagen, zu denen die Jahre von 360 und von 366 Tagen hinzutraten. Die erste der erwähnten Jahresformen wurde zu $12 \times 27 = 324$ Tagen gekürzt und hieß das Sternjahr, zu dem es auch ein Schaltsternjahr zu 351 Tagen gab. Diese Jahresform diente nur zur Sterndeutung. Auch gab es noch das »geschweifte« Jahr von 378 Tagen.

Der kleine Fortschritt, der sich in der Verbesserung der Jahresdauer von 360 zu 366 Tagen zeigte, wurde durch den Hang der Inder, alles zu Rechenspielen umzuwandeln, verwischt. Aehnlich steht es mit der Tagesdauer und Tagesteilung. Der Ausgangspunkt für den Begriff des Tages war nicht die tägliche feststellbare Zeit zwischen den Mittagsständen oder zwischen den Auf- und Untergängen der Sonne und Sterne; sondern der Tag gilt als der 30. Teil des ursprünglich zu 30 Tagen angenommenen Monates. Als an Stelle dieses Monates die Dauer des Mondwechsels zu $29^{16}/_{31}$ Tagen trat, wurde der daraus abgeleitete Tag, ein Tithi, zu 23 Stunden 37 Minuten, also kürzer als ein gewöhnlicher Tag. Meistens fiel der Anfang und das Ende eines solchen Mondtages auf zwei verschiedene Tage. Fielen sie aber zufällig auf denselben Tag, so galt diese Ausnahme als unglücklich.

Eine gewisse Einteilung des Mondmonates zeigt folgende Vorschrift: »*Nicht erlaubt sind Salben, Fleisch und Frauen am 8. und 14. Tage, bei Neumond und Vollmond und bei Eintritt der Sonne in ein neues Zeichen.*« Als Gebetszeit galt die Dämmerung abends vor Sonnenuntergang und morgens vor dem Verschwinden der Sterne.

Das Sonnenjahr nimmt seinen Anfang, wenn die Sonne in das Mondhaus Śraviṣṭhās zur Zeit der Wintersonnenwende eintritt; gemäß der Sūryaprajñapti liegt der Zeitpunkt beim Eintritt der Sonne in das Mondhaus Abhijit. Die damalige Lage der Mondhäuser ist unbekannt, weshalb sich weitere Schlüsse erübrigen. Als Zahl der Mondhäuser wird 27 oder 28 angegeben, jedoch bisweilen anerkannt, daß 28 die genauere Zahl ist. Bei den 27 Mondhäusern wird jedem Haus die gleiche Länge gegeben oder es wurden 6 Mondhäuser zu 1 ½ Lagern, 6 zu ½ Lagern und 15 zu 1 Lager unterschieden. Bei 28 Mondhäusern erhielt das hinzugekommene Mondhaus Abhijit eine noch geringere Ausdehnung. In einigen Purānas wird der Gürtel der Mondhäuser eingeteilt in die 3 Abschnitte nördlich, südlich und Mitte, von denen jeder 3 Teile zu je 3 Mondhäusern besitzt. Der erste Teil des ersten nördlichen Abschnittes beginnt mit Asvini.

In welcher Weise Schaltungen vorgenommen wurden, ist nicht bekannt. Es gibt wohl noch eine größere Periode als der Yuga, nämlich die Periode von 60 Jahren. Aber diese scheint nicht zum Ausgleich der Sonnen- und Mondrechnung verwendet worden zu sein, sondern nur zur Jahreszählung, indem die Zählung der Jahre des fünfjährigen Yuga mit der Zählung der Jahre des zwölfjährigen Jupiterumlaufes verbunden wurde.

Besonders beachtenswert ist das Auftreten ungeheurer Perioden. Die Grundlage dafür ist das Sonnenjahr von 360 Tagen, auf Grund dessen Vielfache von 360 Jahren gebildet werden. Es werden unterschieden:

das Weltalter der Sünde	= das eiserne Zeitalter =	360 000 Jahre
das Weltalter des Zweifels	= das eherne Zeitalter =	720 000 Jahre
das Weltalter der 3 Opferfeuer	= das silberne Zeitalter =	1080 000 Jahre
das Weltalter der Wahrheit	= das goldene Zeitalter =	1440 000 Jahre

Dazu kommt bei jedem Zeitalter eine Morgen- und Abenddämmerung von je $^1/_{10}$ Dauer. Dies gibt zusammen das große Zeitalter oder Mahayugazu 4 320 000 Jahren. 1000 große Zeitalter = 4 320 000 000 Jahre bilden einen Welttag (Kalpa). Am Ende eines Kalpa, der einem Tage im Leben des Brahma entspricht, tritt ein Weltuntergang ein, in dem die Erde mit dem Himmel verbrannt wird. Darauf regnet es hunderttausend Jahre ununterbrochen, bis alles überschwemmt ist. Die Erneuerung des Lebens tritt ein, wenn Brahma sich während einer Nacht von der Dauer eines Kalpa ausgeruht hat. Brahmas Leben wird gerechnet zu 100 Jahren zu 360 Tagen zu 2 Halbtagen, also zu 311 040 000 000 000 Jahren, welcher Zeitraum ein Para genannt wird. Das große Zeitalter wurde später benützt, um die Umlaufszeiten der Planeten dadurch auszudrücken.

Der Tag wurde in 30 Muhūrta genannte Abschnitte oder in 60 Nāḍikā-Abschnitte geteilt. Die Unterteilung der Nāḍikās geschah nicht etwa gemäß der 60-Teilung, sondern um eine geradzahlige Beziehung zwischen der Länge des natürlichen Tages und dem Mondtage Tithi darzuzustellen in der Weise, daß Garga die Nāḍikās in 2 $^1/_{15}$ Lava und ein anderer Inder in 10 $^1/_{20}$ Kalā unterteilte. Gemäß der Viṣṇu-Purāṇa entspricht ein Nāḍikā 15 Kalā, ein Kalā 30 Kashṭha und 1 Kashṭha 15 Augenzwinkern. Die Einteilung des Tages geschah mit Sonnen- und Wasseruhren; dabei wurden Tag und Nacht in je 8 Teile geteilt. Der Zeitraum von 1 Nāḍikā wurde durch das Sichvollfüllen eines eingetauchten Kupferkessels, der an seinem Boden eine enge goldene Röhre besitzt, gemessen. Die Einteilung in Muhūrta bezog sich auf den Volltag. Die Dauer des Tages wird als schwankend zwischen 12 und 18 Muhūrtas angesehen, also zwischen 9,6 und 14,4 Stunden. Die Zu- und Abnahme des Tages wächst von Tag zu Tag um den gleichen Betrag.

DIE ERFASSUNG DES RAUMES

Die Erde wird als kreisrunde Scheibe gedeutet, in deren Mitte sich der Berg Meru befindet. Man kennt nur einen Aufgangsort und einen Untergangsort der Sonne. Die sichtbare tägliche Sonnenbahn entspricht immer 6 Tierkreis-Zeichen, die aber verschiedene Länge haben; gemäß Iyotiṣa-Vedānga sind die Zeichen Krebs, Jungfrau, Wage und Schütze die längsten und Wassermann, Fische und Widder die kürzesten. Die Dauer der Dämmerung ist unabhängig von der Jahreszeit. Der tägliche Lauf der Sonne mit seinen jährlichen Aenderungen wird an der Bewegung einer Töpferscheibe versinnbildet. In der Mitte sitzt der Polstern, der die Sterne und Wandelsterne durch Luftbänder in Umschwung versetzt. Die Sonne befindet sich tagsüber im Winter am Rande der Scheibe und im Sommer in der Nähe der Mitte; nachts ist es umgekehrt. Da sie im Winter wie im Sommer täglich während ihrer Sichtbarkeit ein gleichgroßes Stück am Himmel zurücklegt, nämlich 13 ½ Mondhäuser, und zu ihrem Tageslauf im Winter 12 und im Sommer 18 Muhurtas Zeit braucht, so bewegt sie sich tagsüber im Winter rascher als im Sommer, was sich durch die größere Entfernung vom Mittelpunkt der Töpferscheibe erklären läßt. Dieser Vergleich mit der Töpferscheibe, der mit der obigen Auffassung von der verschiebenen Länge der Zeichen im Widerspruch steht, ist wichtig; denn er dient zur Erklärung ähnlicher Vorstellungen bei den Chinesen (S. 221). Auch die Aegypter setzten im 2. Jahrtausend v. Chr. die Sonne mit einer Töpferscheibe in Verbindung.

Die Nachtgleichen werden in der Viṣṇu-Purāṇa mit dem ersten Grade des Widders und der Wage verbunden.

Wie die Sonne, so bewegen sich die anderen Himmelskörper in parallelen Kreisen zur Erdscheibe und werden unsichtbar, wenn der Berg Meru sie den Blicken entzieht.

Die Jainas lassen je 2 Sonnen und je 2 Monde in 180° Abstand die Erde umkreisen.

Die fünf anderen Planeten waren auch bekannt; von Saturn, Jupiter und Mars wußte man roh ihre Umlaufszeiten. Es verdient Beachtung, daß der Saturn Sohn der Sonne (Sūrya) genannt wurde, wie bei den Babyloniern.

Ueber die Abstände der verschiedenen Himmel berichtet der Viṣṇu-Purāṇa: Erde—Sonne 100 000, Sonne—Mond 100 000, Mond—Merkur 200 000, desgleichen Merkur—Venus, Venus—Mars und Mars—Jupiter; Jupiter—Saturn 250 000, Saturn—Großer Bär (Verkörperung des

Sternhimmels) 100 000, Großer Bär—Polstern 100 000, Polstern—Himmel der Heiligen 10 Millionen, Himmel der Heiligen—Himmel der Söhne Brahmas 10 Millionen, Himmel der Söhne Brahmas—Himmel der unverbrennbaren Götter 20 Millionen, Himmel der unverbrennbaren Götter—Himmel der Unsterblichen 80 Millionen Meilen (Yojana). Als Bahn der Planeten kam zuerst die Reihe der Mondhäuser in Betracht. Jedoch scheint aus der Einteilung des Jahres in 12 Teile eine entsprechende Teilung der Sonnenbahn aufgekommen zu sein. Man pflegt seit dieser Zeit auch die Eintritte der Sonne in diese Abschnitte zu beachten.

Bedeutungsvoll ist die in dieser Zeit auftretende, aus den 4 Himmelsrichtungen sich entwickelnde Raumsymmetrie. Man unterscheidet in Indien 16 große Königreiche mit 84 000 mauerumwehrten Städten. Ferner werden 8 Könige und 4 Söhne des Himmels aufgezählt. Die als Söhne des Himmels bezeichneten großen Herrscher sind die Fürsten von China (im Osten), Indien (im Süden), Oestliches Mittelmeer (im Westen) und Skythen (im Norden).

Wohl aus dieser Zeit stammen die Vorschriften für die sternkundliche Ausbildung eines buddhistischen Mönches: Ein Mönch hat zu lernen die Lage der Mondhäuser und die Hauptpunkte der Sonnenbahn, die Länge der Jahreszeiten und die Teilung des Tages, die Bestimmung der Tageszeit durch Messung des Schattens, ferner daß die Erde eine flache Scheibe mit dem Berg Meru in der Mitte ist und daß der Durchmesser des Mondes 49 Yojanas und der Sonne 50 Yojanas betrage.

Von den Sternbildern waren bekannt der Polstern, der Große Bär, Kanopus und die Mondhäuser.

Gemäß dem Viṣṇu-Purāṇa gilt die Zeit, wenn die Sonne in 1° Krittikā und der Mond in 4° Visākhā oder wenn die Sonne in 3° Visākhā oder der Mond in 1° Krittikā steht, als die heilige oder große Nachtgleiche, günstig für Geschenke. Es ist sehr wahrscheinlich, daß die Inder diese Ansicht von anderen Völkern übernommen haben, da im Zusammenhang damit Stunden, Minuten und Sekunden erwähnt werden. Die Vāyu—Purāṇa und Linga—Purāṇa geben für diese Zeit als Ort der Wandelsterne an: Sonne in Visākhā, Mond in Krittikā, Venus in Pushya, Jupiter in Pūrva-phālgunī, Mars in Shāḍhās, Budha in Damistha?, Sani in Revatī, Ketu in Āśleshā und Rahu in Dsharani. Die beiden zuletzt erwähnten sind die Mondknoten; sie wurden als Planeten angesehen. Die Festlegung dieser großen Nachtgleiche durch die Angabe des Standes aller Planeten erinnert an ähnliche babylonische Verfahren.

DIE BLÜTEZEIT DER INDISCHEN STERNKUNDE

Die Zeit vom 3. Jahrhundert n. Chr. an bezeichnen die Inder als die Blütezeit ihrer Sternkunde. Ihre Hauptwerke sind die schon im 6. Jahrhundert n. Chr. als maßgebend angesehenen Lehrbücher: Pauliśa-Siddhānta, Romaka-Siddhānta und Sūrya-Siddhānta, von denen das letzte Lehrbuch sich bis zur Gegenwart behauptet hat. Die in diesen Lehrbüchern niedergelegten Lehren unterscheiden sich sehr von denen der vorhergegangenen Zeit; sie ähneln in den Umlaufszeiten der Planeten und in der Darstellung ihrer scheinbaren Bewegungen, sowie in den Ansichten über die Erde sehr den um Christi Geburt in Griechenland üblichen Lehren; ferner enthalten sie manche griechischen Wörter und gelten zudem als offenbart, so daß die darauf sich aufbauende Sternkunde nur zum geringen Teil als indisches Eigentum anzusehen ist. Den Hauptanteil verdanken die Inder ausländischem Einfluß, vermutlich dem der griechisch-römischen Kultur, die ihre Ausläufer bis weit nach Asien erstreckte. Durch den Handel war ein Austausch der Kulturgüter möglich. Hinzu kam noch die unmittelbare Berührung zwischen Griechen und Indern infolge der Feldzüge Alexanders des Großen nach Indien und durch die Errichtung griechisch-indischer Fürstentümer. Die übermittelte Kultursaat mußte auf fruchtbaren Boden fallen, wenn ein Volk wie die Inder im Zustande des Ausbaues seiner Sternkunde war. Wie im folgenden zu zeigen ist, hat das nach Indien eingeführte ausländische Wissen nicht zu einer selbständigen indischen Sternkunde und zu einer Bereicherung der Wissenschaft geführt, aber doch das Denken der Inder sehr angeregt.

Wann die Uebermittelung des ausländischen Wissens erfolgte, ist unbekannt. Jedenfalls muß sie geraume Zeit vor dem 6. Jahrhundert erfolgt sein. Für ein frühes Eindringen spricht auch der Umstand, daß das Werk des Ptolemaios von den Indern nicht berücksichtigt worden ist.

Es ist sehr wahrscheinlich, daß die Umwandlung der indischen Sternkunde allmählich vor sich ging. Von den 5 dem Varāha-Mihira als grundlegend bekannten Lehrbüchern gehört der Paitāmaha-Siddhānta, der sich auf den Lehren eines Paitāmaha aufbaut, wohl noch der nachvedischen Zeit an, während der Vāsiṣṭha-Siddhānta den Uebergang zu der durch die oben genannten 3 Lehrbücher gekennzeichneten Blütezeit darstellt. Wie die Umwandlung vor sich ging, läßt sich im einzelnen nicht nachweisen, da von 4 Lehrbüchern nur Bruchstücke bekannt sind und der Sūrya-Siddhānta wohl vollständig überliefert ist, aber in einer überarbeiteten Form, so daß sich sein ursprünglicher Inhalt nicht mehr genau feststellen läßt.

DIE ERFASSUNG DER ZEIT

Die Zeitteilung gab den Indern besonderen Anlaß zur Betätigung ihrer Rechenkunst. Der Sūrya-Siddhānta berichtet von neun verschiedenen Teilungsarten: »*Der Arten der Zeitmessung sind neun, nämlich jene des Brahma, der Götter, der Väter, der Patriarchen, des Jupiter und der Sonne, die bürgerliche, die Mond- und die Sternzeit. Vier, nämlich die Sonnen-, Mond-, Sternzeit und bürgerliche Zeit wird von den Leuten benützt; jene des Jupiter ist durch das Jahr der Sechzigjahrfolge bestimmt; von den übrigen wird kein Gebrauch mehr gemacht.*« Davon waren die wichtigsten das Sonnenjahr und das Mondjahr. Das Sonnenjahr beginnt mit dem Eintritt der Sonne in das Zeichen des Widders. Als Jahreslänge wird fast durchgängig die durch den Eintritt der Sonne in die Zeichen bestimmte Zeit angenommen; die durch den Romaka-Siddhānta vermittelte Länge des Wendejahres fand wenig Anklang. Erst später wurden die Unterschiede zwischen den beiden Jahreslängen erkannt und berücksichtigt, unter der Annahme des Betrages des Rückwärtsschreitens zu 54″ jährlich. Als Monat galt die Zeit, welche die Sonne braucht um 30^0 zurückzulegen, wobei die Unregelmäßigkeit in der Sonnenbewegung berücksichtigt wurde.

Wichtiger als die Zeitrechnung nach der Sonne, die hauptsächlich in der Wissenschaft gebräuchlich war, ist die nach dem Monde, wobei ein Mondjahr von 354 Tagen genauer von 354,3670 Tagen mit Schaltung Verwendung fand und als Beginn des Monates die Zeit des Neumondes oder des Vollmondes, meistens aber des Neumondes, galt. Gezählt wurden die Monate vom Frühling an. Die Rechnung nach dem Monde war die für die Kirchen fast immer gültige, wie bereits in der Sūrya-Siddhānta zu lesen ist: »*Der Mondtag, der halbe Mondtag, die allgemeinen Gebräuche, Heirat, Scheren des Bartes, die Ausführung von Gelübden, Fasten, Pilgerschaften werden nach der Mondzeit bestimmt*«. Die Länge des Mondtages, entsprechend einem Mondlauf von 12^0 von der Sonne weg, mußte unter Berücksichtigung der unregelmäßigen Bewegungen von Sonne und Mond berechnet werden, was bei der indischen Neigung, alle Bewegungen in Bruchteilen ihrer großen Zeiträume auszudrücken und als Ausgangspunkt der Berechnung den Beginn eines der großen Zeiträume zu wählen, keine geringe Arbeit bedeutete.

Der bürgerliche Tag beginnt mit dem Sonnenaufgang. Der Tag von 24 Stunden wird in 60 Teile, in 60 × 60 Unterteile und so weiter geteilt. Es kamen auch andere Teilungen vor, wobei Tag und Nacht gesondert betrachtet und in je 5 oder 8 Teile oder auch in je 15 Teile (Muhurta), deren jeder seinen eigenen Herrscher hat, zerlegt werden.

Von den 3 indischen Neujahrsfesten bezeichnet das eine, »Uebergang« genannt, den Zeitpunkt des Eintrittes der Sonne in das Zeichen des Steinbockes und fällt ungefähr auf den 12. Januar. Es ist ein großes Fest der Freude über das Aufhören der unter bösen Geistern stehenden zweiten Jahreshälfte, deren letzter Monat nur Unglückstage zählt. Der erste Festtag gilt dem Sūrya, dem Sonnengott, und beginnt mit einem großen aufflammenden Feuer bei Sonnenaufgang; während der zweite Festtag den Göttern zukommt. Das zweite Neujahrsfest wird bei Frühlingsanfang, dem Eintritt der Sonne in den Widder, im April gefeiert. Am Abend zuvor wird von einem Brahmanen der Kalender des neuen Jahres vorgelesen und erläutert. Die Feier beginnt morgens zwischen 4 und 5 Uhr. Zu dieser Neujahrsfeier gehört auch die Frühlingsfeier, die zur Vollmondzeit im März stattfindet. Außerdem gibt es noch eine dritte Neujahrsfeier, nämlich im Oktober, entsprechend der Herbstgleiche. Dieses Fest, das Lampenfest, bedeutet den Beginn des Rechnungsjahres der Kaufleute. Es wird überall gefeiert; man belustigt sich am Glückspiel, läßt sich neue Guthaben anlegen oder sich von seinen Verwandten Geldgeschenke machen.

Die Einteilung des Tages geschah mit Sonnen- und Wasseruhren. Ueber ihre Herstellung und Einteilung berichtet der Sūrya-Siddhānta fast nichts. Er zählt nur auf als Sonnenuhren: den Schattenstab, den Stab, den Bogen, das Rad, ferner als Wasseruhren: den Kessel, außerdem den Pfauhahn, den Mann, den Mönch und die Sanduhr. Als Bestandteile werden Quecksilber, Wasser, Sand, Gefäße und Stricke genannt. Mit diesen Angaben ist fast nichts anzufangen, noch weniger mit den Angaben anderer Bücher dieses Zeitraumes. Ueber den Schattenstab unterrichtet ein anderer Abschnitt der Sūrya-Siddhānta. Es werden hier Anweisungen gegeben über die Verwendung des senkrecht aufgestellten Schattenstabes (S. 37) von 12 Finger Länge, um die Himmelsrichtungen festzulegen, ferner über die geometrischen Beziehungen zwischen Sonnenhöhe und Breite des Ortes. Aus der gemessenen Sonnenhöhe und aus dem der Deklination der Sonne entsprechenden Kreise wird die seit Sonnenaufgang verflossene Zeit in $^1/_{60}$ des Tages ausgedrückt entnommen. Die Abbildung der Deklinationskreise auf die Aequatorebene wird dabei als bekannt vorausgesetzt. Offenbar handelt es sich nur um die Nachahmung von eingeführten ausländischen Verfahren, da das Verfahren der Abbildung selbst erst im 14. Jahrhundert durch MAHENDRASURI gelehrt wurde.

Bei dem Stab handelt es sich um dasselbe Verfahren, mit dem Unterschiede, daß der Stab zur Sonne hingerichtet wird. Das Rad und der Bogen sind nur verschiedene Bezeichnungen für die Bestimmung der Sonnenhöhe mittels eines senkrecht gehaltenen Rades mit Kreisteilung und herausragendem Stift in der Mitte zur Entwerfung des Schattens. Der halbkugelförmige Kessel, mit einem Loch in der Mitte, wird auf eine Wasserfläche aufgesetzt. Sein Untersinken soll $^1/_{60}$ des Tages entsprechen. Es würde sich also um eine Wasseruhr zur Angabe der gleichbleibenden Zeit handeln. Wie diese Kessel geprüft worden sind, wird nicht berichtet. Das Zeitmaß von $^1/_{60}$ des Tages fand auch sonst Anwendung. Es soll 180 Atemzügen eines Menschen entsprechen. Varāha-Mihira setzt an Stelle dieser Zeiteinheit das sechzigmalige Vorlesen eines Satzes von 60 Silben.

Zu erwähnen ist das Verfahren des Vāsiṣtha-Siddhānta, die Länge des Tages und des Schatten zu berechnen. Die Dauer des Tages, ausgehend von der Wintersonnenwende, berechnet sich aus der Formel: $1591 + 3 \times$ (Zahl der seitdem verflossenen Tage). Ferner besteht zwischen der Sonnenlänge und der Schattenlänge eines Stabes von 12 Finger Länge die Beziehung: 2 (Sonnenlänge—Länge des Beginnes des Krebses) = Mittagsschattenlänge.

Die indischen Zeitmessungsgeräte sind selbst in der besten Zeit der indischen Sternkunde recht roh. Eine genauere Zeiteinteilung fehlte offenbar. Zu erwähnen ist die Tatsache, daß die für bestimmte Opfer vorgeschriebene Zeit in $^1/_5$ des Tages gegeben wurde und daß für Finsternisse auch keine genaueren Zeitangaben für nötig erachtet wurden.

Auch in der Jahreszählung zeigt sich die indische Vorliebe für Mannigfaltigkeit. Nicht nur die von auswärts hineingetragenen Jahreszählungen wie die der Hidschra, der seleukischen und der parthischen, fanden Anwendung; rein indisch sind mehr als 20 Jahreszählungen, die zum Teil nebeneinander bestanden haben.

Die großen Zeiträume der Yuga und Kalpa werden besonders verwendet, um die Bewegungen der Planeten durch die Zahl der in diesen

Zeiträumen erfolgten Umläufe zu kennzeichnen, wobei immer ganze Zahlen angegeben werden. Am Anfange jedes der großen Zeiträume hat eine Zusammenkunft sämtlicher Planeten im Anfange des Mondhauses Āśvinī (bei ζ in den Fischen) stattgefunden und wiederholt sich alle 1 080 000 Jahre. Die letzte Zusammenkunft, die das eiserne Zeitalter begann, fand statt zu Mitternacht des Neumondtages am 17. Februar 3102 v. Chr. oder bei Sonnenaufgang des folgenden Tages, für den Meridian von Ujjain. Es handelt sich dabei um eine mit rohen Bahnelementen unternommene Berechnung. Eine Nachrechnung der Oerter von Mond, Merkur, Venus, Mars, Jupiter und Saturn ergibt nur für Venus und Jupiter eine Annäherung auf 4 Mondbreiten; die anderen Planeten standen weit davon ab.

DIE ERFASSUNG DES RAUMES

In diesem Zeitraum wird die Erde als eine im Raum schwebende Kugel aufgefaßt. Der Berg Meru ist an den Nordpol versetzt als goldener Berg, auf dem die Götter wohnen. Seine Fortsetzung nach unten ragt durch die Erde hindurch und kommt am Südpol zum Vorschein. Ueber jedem Pol steht ein Polstern. Der Unterschied von Tag und Nacht gemäß den Jahreszeiten und Gürteln der Erde ist bekannt. Auf dem Aequator werden 4 Orte von je 90° Längenunterschied angenommen: Lankā, entsprechend Ceylon, Romaka (Rom), Siddhapura und Yamakoti. Diese bereits in der Viṣṇu-Purāna vorkommende Einteilung in 4 gleichweit voneinander abstehende bewohnte Gegenden erinnert sehr an die griechische Anschauung von 4 gleichweit voneinander abstehenden bewohnten Festländern, die allerdings auf die nördliche Erdhälfte verlegt wurden. Der durch Lankā gelegte Meridian wird gleichgesetzt dem von Ujjain, früher Avantī genannt, einer altberühmten Stätte indischer Wissenschaft und Kunst. Tatsächlich liegen die beiden Meridiane 5° voneinander entfernt. Gelegentlich wird auch der Meridian von Rameswaram, einer kleinen Insel am Eingange der Palkstraße, der Sitz alter Tempel und einer Sternwarte, genannt.

Als Bezugsebenen sind bekannt der Horizont, der Aequator, der Tierkreis und der Mondkreis. Die Einteilung des Tierkreises ist die griechische. Die Mondhäuser des Mondkreises werden bezogen auf den Tierkreis, aber merkwürdigerweise nicht gemäß Länge und Breite, sondern gemäß einer Abbildung des Sternortes auf den Tierkreis vom Pole des Aequators aus. Dies deutet daraufhin, daß die Mondhäuser ursprünglich auf den Aequator bezogen worden sind. Die spätere Einführung des

Tierkreises als Hauptbezugsebene — allerdings unter Verwendung der ihm zukommenden Koordinaten — ist auch bei den Babyloniern und Griechen feststellbar. Der Nullpunkt der Zählung des Tierkreises liegt bei ζ in den Fischen oder 10′ westlich davon. Das Rückwärtsschreiten ist bekannt, vielleicht schon vor dem 6. Jahrhundert. Es wurde gemäß dem Sūrya-Siddhānta eine pendelnde Bewegung bis zu 27⁰ östlich und westlich vom Nullpunkte angenommen mit einem jährlichen Betrag 54″. Infolge griechischen Einflusses nahm man später den Betrag von 36″ an, aber gemäß Āryabhata 24⁰ mit 45″ 52‴ jährlich und gemäß dem Pārāçarī-Samhitā mit 46″ 32‴ jährlich.
Zur Darstellung der Himmelskreise gab es eine Armillarsphäre, von der der Sūrya-Siddhānta eine schwer verständliche Beschreibung liefert. In der Mitte befindet sich die Erdkugel aus Holz, mit durchgehender Polachse, um die Erdkugel der Aequator und die beiden Kolurringe, alle in Grade geteilt, parallel zum Aequator die beiden Wendekreise, sowie der Kreis der Sichtbarkeit und der Unsichtbarkeit der Sterne, ferner der Tierkreis mit Teilung. Das Ganze steckt in einer Halbkugel, so daß nur die obere Hälfte sichtbar ist und wird durch Wasserkraft bewegt. Auf Quecksilber als Bewegungsmittel wird hingewiesen.
Die sieben Planeten sind bekannt. Ihre mittleren und scheinbaren Bewegungen werden unterschieden, wobei in jedem Fall nur eine Unregelmäßigkeit als wirksam angenommen wird. Diese Unregelmäßigkeit wird in dem Vāsiṣṭha-Siddhānta und vielleicht auch in dem Pauliśa-Siddhānta durch eine tägliche um den gleichen Betrag wachsende oder abnehmende Bewegung erklärt, in dem Sūrya-Siddhānta durch eine epizyklische Bewegung, auch für die Sonne, wobei allerdings die Größe dieses Epizykels als ständig veränderlich angesehen wird, bis später noch der exzentrische Kreis zur Erklärung dieser ständigen Veränderlichkeit eingeführt wird. Beim Mond und entsprechend bei den anderen Planeten wird eine Bewegung des Punktes der Erdferne angenommen, wie auch bei den Knoten der Planeten. Auch für sie werden Umlaufszeiten angegeben. Bedeutet die Berücksichtigung dieser beiden Arten von Umlaufszeiten eine erhebliche Erschwerung der Vorausberechnung von Oertern, so geschieht dies noch mehr durch das Ausgehen von einer weit zurückliegenden Zusammenkunft aller Planeten und durch eine besondere Umständlichkeit des Verfahrens, welche die Zahlen der seitdem verflossenen natürlichen Tage nicht unmittelbar zu entnehmen gestattet, sondern diese Zahl erst aus der Zahl der verflossenen Mondtage berechnen läßt.

ÜBERSICHT 11

Umlaufszeiten der Planeten gemäß den indischen Lehren

Lehrbuch	Zeit	Jahres-dauer	Mond-wechsel	Siderischer Monat	Umlaufszeiten				
					Merkur	Venus	Mars	Jupiter	Saturn
Vedische Zeit	1200 bis 400 v. Chr.	360 Tage	30	—					
Nachvedische Zeit	400 v. Chr. bis 200 n. Chr.	366	29 · 52	27 · 31					
Blütezeit	ab 200 n. Chr.								
Paulisa-Siddh. Sūrya-Siddh. I	400—500	365 · 258 75	29 · 530 587	27 · 321 673	87 · 970 00	224 · 698 14	687 · 000 0	4332 · 321 0	10 766 · 067
Romaka-Siddh.	400—500	365 · 246 6	29 · 520 37	27 · 321 601					
Āryabhata I	498	365 · 258 68	29 · 530 582	27 · 321 668		224 · 698 14	687 · 000 0	4332 · 271	10 766 · 067
Brāhma-Siddh. des Brahmagupta	628	365 · 258 437	29 · 530 582	27 · 321 667				4332 · 240 09	
Sūrya-Siddh. II		365 · 258 756	29 · 530 588	27 · 321 674	87 · 969 70	224 · 698 56	686 · 997 6	4332 · 321 0	10 765 · 772
Āryabhata II		365 · 258 69	29 · 530 585	27 · 321 718					
Siddh.-Siromani des Bhāskara	1150	365 · 258 438			87 · 969 925	224 · 697 939	686 · 997 939	4332 · 240 09	10 765 · 815 24
Babylonier			29 · 530 590	27 · 321 690					
Ptolemaios		365 · 256 813	29 · 530 595		87 · 969 940	224 · 702 741	686 · 980 510	4332 · 756 371	10 758 · 741 839
Genauer Wert		365 · 256 375	29 · 530 588	27 · 321 661	87 · 969 259	224 · 700 787	686 · 979 646	4332 · 584 822	10 759 · 219 817

ÜBERSICHT 12

Scheinbare Durchmesser, Erdfernen und Knoten der Wandelsterne gemäß den indischen Lehren

	Sonne	Mond	Merkur	Venus	Mars	Jupiter	Saturn
	Scheinbare Durchmesser						
Sūrya-Siddhānta I	32′ 5″	30′ 54″	—	—	—	—	—
Sūrya-Siddhānta II	32′ 3·6″	32′	3′	4′	2′	3′ 30″	2′ 30″
Tycho Brahe			2′ 10″	3′ 15″	1′ 40″	2′ 45″	1′ 50″
Genau			—	—	15″	39″	18″
	Erdfernen						
Sūrya-Siddhānta I	80						
Sūrya-Siddhānta II	77° 15′		220° 26′	79° 49′	130° 1′	171° 16′	236° 38
Ptolemaios	65° 30′		190° 0′	55° 0′	115° 30′	161° 0′	233° 0′
Varāha-Mihira			220°	80°	110°	160°	240°
	Knoten						
Sūrya-Siddhānta II			20° 44′	59° 45′	40° 4′	79° 41′	100° 25′
Ptolemaios			10° 0′	55° 0′	23° 30′	51° 0′	183° 0′

Die Uebersichten 11 und 12 lassen erkennen, daß die indische Sternkunde Werte für die Bewegungen und scheinbaren Durchmesser besitzt, welche den bei den Griechen bekannten sehr nahekommen, sie gelegentlich an Genauigkeit übertreffen. Es fällt auf, daß die in dem Handbuch des Ptolemaios mitgeteilten Werte sich bei den Indern nicht finden, was wohl so zu deuten ist, daß dieses Werk bei den Indern keinen großen Einfluß ausgeübt hat. Vielmehr ist wohl anzunehmen, daß diese indische Sternkunde sich auf ältere griechische Sternkunden oder auf babylonische Forschungen stützt. Ein babylonischer Einfluß ist nicht unwahrscheinlich, zumal die von den Indern angenommene Dauer des längsten Tages zu 14,4 Stunden, das Rechnungsverfahren zur Berücksichtigung der Unregelmäßigkeiten in der Mondbewegung, vielleicht auch der Wert von 54″ für das Rückwärtsschreiten wohl kaum griechischen, eher babylonischen Ursprunges sind. Auch ist es merkwürdig, daß der Nullpunkt des Tierkreises nicht auf den Anfang des Widders, sondern neben ξ in den Fischen gelegt wird, also etwa 7° westlich gegenüber dem griechischen Nullpunkt, ähnlich wie es bei den Babyloniern der Fall war. Die Lage der Erdferne der Sonne wird, im Gegensatz zu Hipparch und Ptolemaios, in der Sūrya Siddhānta I zu 80° (also 73° griechischer Zählung) angesetzt. Nicht ausgeschlossen ist eine Beeinflussung von seiten der persischen Sternkunde, deren Ergebnisse anscheinend in Indien bekannt waren. Die Kenntnis griechischer Werke in Indien ist selbstverständlich. Dafür sprechen nicht nur die griechischen Fremdwörter, sondern auch die besonders in den Werken des VARĀHA zutage tretenden Uebernahmen der griechischen Sterndeutung. Höchstwahrscheinlich hat VARĀHA griechische Bücher benützt. An der Ausgestaltung der Sternkunde dieser Zeit waren aber die Inder nicht unbeteiligt. Dies beweist nicht nur die Umrechnung in die langen Perioden und in die Mondtage; auch der sonst nirgends nachweisbare Einfall, die Entfernungen der Planeten aus ihren scheinbaren Geschwindigkeiten unter Annahme gleicher wahrer Bahnbewegung zu berechnen und der Versuch, die Bewegung von Merkur und Venus um die Sonne darzustellen, sowie Unregelmäßigkeiten in den Bewegungen der anderen Planeten durch die Einwirkung von Unholden an den Stellen der Erdfernen und Erdnähen und auch an den Knoten der Bahnen zu erklären, spricht für eine eingehende Beschäftigung der Inder mit dem überlieferten, ausländischen Wissen. Dagegen sind die in der Uebersicht 11 sich zeigenden Unterschiede in den mittleren Bewegungen nicht Verbesserungen auf Grund eigener Beobachtungen. Von solchen Verbesserungen ist erst die Rede im 16. Jahrhundert und auch da ist es zweifelhaft, ob diese Verbesserungen nicht nur den verbesserten Elementen der Araber entstammen. Für die frühere Zeit, besonders aber für die Zeit vor dem 6. Jahrhundert, sind indische Beobachtungen zum Zwecke der Verbesserungen der Planetenbahnen nicht anzunehmen; denn von solchen Beobachtungen ist nie die Rede, und die Geräte, deren Beschreibung überliefert ist, waren für genaue Messungen ungeeignet. Die sich in den indischen Zahlenwerten des 3.—13. Jahrhunderts zeigenden Unterschiede in den Umlaufszeiten werden zum Teil der Ungleichartigkeit der eingeführten ausländischen Zahlen ihren Ursprung verdanken, zum Teil aber auch durch indische Gelehrte selbst infolge verschiedener Verbindungen der überlieferten Beobachtungen errechnet worden sein.

Die Berechnung der Oerter von Sonne und Mond, z. B., für eine Finsternis, ist sehr umständlich und nicht so übersichtlich und geordnet, daß falsche Ansätze ausgeschlossen sind. Als einziger Vorzug der indischen Tafelwerke gegenüber dem Tafelwerk des PTOLEMAIOS ist die Sinustafel zu nennen. Für π wird 3,1416 gesetzt. Im Sūrya-Siddhānta II ist der Halbmesser in 3438′ geteilt gedacht, in dem Pāncasiddhāntikā des VARĀHA aber in 120′ zu je 60″, in Annäherung an die griechische Teilung des Halbmessers in 60 Teile zu je 60 Unterteilen.

In der Vorstellung von Unholden und ihrem Einfluß an den Bahnknoten zeigt sich die Weiterbildung der Vorstellung von dem Geist Rahu, der die Finsternisse herbeiführt. Da das Eintreten von Finsternissen mit dem Stande des Mondes in der Nähe des Knotens zusammenhängt, so lag es nahe aus dem Rahu 2 Geister zu machen, die auch als Kopf und Schwanz des Drachen aufgefaßt und gelegentlich als Planeten gezählt wurden, sodaß deren Zahl zu 9 angegeben wurde.
Die indischen Umlaufszeiten und Angaben über die Größen von Aufkreisen und ähnlichem sind wenig genau und ließen zu keiner Zeit den Ort der Planeten richtig berechnen. Aber auch bei Sonne und Mond, die zu den bevorzugten Planeten gehörten, konnte der errechnete Wert zu Berechnungen für lange Zeiträume nicht genügen. Dies läßt sich an Hand der überlieferten Angaben über Schenkungen zur Zeit von Finsternissen nachprüfen. Eine solche Schenkung konnte nur dann »endloses Verdienst« zur Folge haben, wenn sie zur Zeit einer sichtbaren Finsternis stattfand. Zu ihrer Vorbereitung mußte die Zeit der Finsternis vorher berechnet werden. Es handelt sich daher bei den Angaben über Schenkungen im wesentlichen um vorausberechnete Finsternisse. Die untersuchten Finsternisse fallen in die Zeit von 612 bis 1861. Von den 51 Sonnenfinsternissen waren nur 29 in Indien sichtbar, einige allerdings so gering, daß sie wohl kaum beachtet worden wären; von 60 Mondfinsternissen waren 46 in Indien sichtbar. Aehnlich steht es mit den Eintrittszeiten der Sonne in die Zeichen und zwar betreffen 84 den Eintritt in den Steinbock, 12 den Eintritt in den Krebs, 16 den Eintritt in den Widder oder in die Wage, 10mal in die anderen Zeichen. Von den 122 Angaben waren nur 46 richtig.

DIE STERNE

Die Kenntnis des Sternhimmels ist in diesem Zeitraum nicht größer geworden. Es werden nach wie vor dieselben Sternbilder erwähnt, namentlich die Mondhäuser und das Siebengestirn (Großer Bär). Die Lage der einzelnen Häuser wird angegeben, so daß sich die wenigen Sterne, welche ein Mondhaus bilden, bestimmen lassen. Jedoch ist es möglich, daß die Gleichsetzung nicht in allen Fällen gelungen ist, da die betreffenden Stellen in den indischen Lehrbüchern so kurz gefaßt sind und vieles als bekannt vorausgesetzt wird, daß zum Beispiel der Herausgeber des Sūrya-Siddhānta es für nötig hielt, dem betreffenden Siddhāntatext von 2 Seiten Länge eine 44 Seiten lange Erklärung beizugeben, um die unverständlichen Verse dem Verständnis der Europäer

nahezubringen. Die Bemühungen, die zu den einzelnen Mondhäusern gehörigen Sterne durch die indischen Gelehrten selbst kennenzulernen, schlugen fehl. Bereits der Araber AL-BĪRŪNĪ im 11. Jahrhundert berichtet, daß die Inder die Sterne nicht kannten und niemand fähig war die Sterne der Mondhäuser mit den Fingern zu zeigen. Aehnlich verliefen mehrere Versuche im 19. Jahrhundert.
Die Einteilung des Mondkreises in die 28 Mondhäuser geschah in gleichen oder ungleichen Zwischenräumen. Die Einteilung in ungleiche Zwischenräume ist wohl älter; sie wurde von BRAHMAGUPTA und anderen unter Zugrundelegung einer täglichen Mondbewegung von $13^{0}\ 10'\ 35''$ wieder aufgenommen, konnte sich aber gegenüber der Einteilung in gleiche Teile nicht halten.
Ueber die Namen und Sterne der Mondhäuser unterrichtet die folgende Uebersicht 13, in der zum Vergleich auch die arabischen und chinesischen Mondhäuser aufgeführt sind.

ÜBERSICHT 13

MANZIL	NAKSHATRA	SIN
1. asch-scharathāni. β und γ Arietis.	27. āśvini »Rosseschirrerin«. β γ Arietis.	16. leu »Schnitterin«. α, β, γ Arietis.
2. al-buthain »Bäuchlein (des Widders)«. a, b, c Muscae.	28. bharaṇī »die Fortführenden«. a, b, c Muscae.	17. wei »Kornbehälter« (Bauch, Magen). a, b, c Muscae.
3. at-turaijā (Plejaden). η Tauri.	1. kṛittikā (Plejaden) »die Verflochtenen«. η Tauri.	18. mao »untergehende Sonne (auch Himmelsweg)«. η Tauri.
4. al-dabarān α, ϑ, γ, δ, ε Tauri.	2. rohiṇī »die rote, aufsteigende«. α ϑ γ δ ε Tauri.	19. pi »Jagdnetz«. α ϑ γ δ ε Tauri.
5. al-haḳ'a. λ φ_1 φ_2 Orionis.	3. mrigaśiras »Haupt des Rehs (Antilope)«. λ φ_1 φ_2 Orionis.	20. tsuĭ »Mund (oder Kopf) des Kriegers«. λ φ_1 φ_2 Orionis.
6. al-han'a. η μ ν γ ξ Gemin.	4. ārdrā »die Feuchte (Arm, Vorderbein des Rehs)«. α Orionis.	21. tsan »der Erhabene«. α β γ δ ε ξ η κ Orionis.
7. ad-dirā'u. α β Gemin.	5. punarvasu »die wieder gut (machende)«. α β Gemin.	22. tsing »Brunnen«. μ ν γ ξ λ ζ ε Gemin.
8. an-nathra γ δ ε Cancri.	6. pushya »das nährende Gestirn (Heilgestirn)«. γ δ ϑ Cancri.	23. kui »die Manen (Gespenster)«. γ δ η ϑ Cancri.
9 ath-tharf »Auge (des Löwen)«. ξ Cancri, λ Leonis.	7. āśleshā »die Umschlingenden«. ε δ σ η ρ Hydrae	24. lieu »Weide« oder »Bambus«. δ ε ζ ϑ ρ σ ω Hydrae.
10. al-gabha »Stirn (des Löwen)«. α η γ ζ Leonis.	8. maghā »die mächtige (Herrschaft)«. α η γ ζ μ ε Leonis.	25. sing »Stern«. α τ Hydrae.

11. az-zubra »Mähne«.
δ ϑ Leonis.

12. aṣ-ṣarfa »Wende«.
β Leonis.

13. al'awwā »die kläffende (Hündin)«.
β η γ δ ε Virginis.

14. as-ṣimāk »Höhe des Himmels«.
α Virginis.

15. al-ghafr »Decke«.
ι κ λ Virginis.

16. az-zubānay (Scheren des Skorpions).
α β Librae.

17. al-iklīl »Krone«.
δ π β Scorpii.

18. al-ḳalb »Herz (des Skorpions)«.
α Scorpii.

19. asch-shaula »Schwanz (des Skorpions)«.
λ υ Scorpii.

20. an na'ājim »die Strauße«.
γ δ ε η φ τ ζ Sagittarii.

21. al-baldāh »Land, Gegend« (Sternenleere Stelle bei π Sagitt.)

22. sa'd ad-dâbih »Glücksstern d. Schafschlächters«.
α β Capric.

23. sa'd bula' »Glücksstern des Verschlingers«.
ε μ ν Aquarii.

24. sa'd as-su'ūd »Glücksstern der Glückssterne«
β ξ Aquarii.

25. sa'd al-aḫbija »Glücksstern der Zelte (verborgenen Orte)«.
α γ ζ η Aquarii.

26. al-fargh al-awwal »erster Henkel (des Schöpfeimers)«.
α β Pegasi.

27. al-fargh-altānī »zweiter Henkel«.
γ Pegas, α Androm.

28. bathu al-hūt »Bauch des Fisches«.
β Androm.

9. pūrva-phālgunī »die erste Schimmernde«.
δ ϑ Leonis.

10. uttara-phālgunī »die zweite Schimmernde«.
93, β Leonis.

11. hastā »Hand«.
δ γ ε α β Corvi.

12. chitrā »die Wunderbare, Glänzende«.
α Virginis.

13. svāti »das Schwert, die Verbannte«.
α Bootis.

14. viśākhā »die Zweizinkige, Gabelförmige«.
ι γ α β Librae.

15. anurādhā »die Heilbringende, Günstige«.
δ π β Scorpii.

16. jyeshṭā »die Aelteste«.
α σ τ Scorpii.

17. mūlam »Wurzel, Ursprung«.
ε λ μ η ϑ ι κ υ Scorpii.

18. pūrva-shāḍhās die »erste Unterjochte«.
δ ε Sagittarii.

19. uttara-shādhās »die zweite Unterjochte«.
σ ζ Sagittarii.

20. abhijit »der Erobernde.
α ε ζ Lyrae.

21. śravaṇa »das Gehör, Ohr«.
α β γ Aquilae.

22. śravishṭhā »die Berühmte«.
β α γ δ Delphini.

23. śatabhishaj (?) »hundert Aerzte«.
λ Aquarii.

24. pūrva-bhādra-padās. »erster Glücksschritt«.
α β Pegasi.

25. uttara-bhādra-padās »zweiter Glücksschritt«.
γ Pegas, α Androm.

26. revatī »die Reiche«.
ξ Piscium.

26. tschang »Fangnetz«.
υ ν φ μ λ κ Hydrae.

27. yi »Flügel«.
α Crater (und 21 Sterne des Bechers und der Wasserschlange).

28. tschin »Wagen«.
γ ε δ β η Corvi.

1. kio »Horn« (des blauen Drachen).
α Virginis.

2. kang »Hals« (des Drachen).
ι κ λ μ Virginis.

3. ti »Grund« (Brust des blauen Drachen).
α β γ ν Librae.

4. fang »Haus«.
δ π β ϱ Scorpii.

5. sin »Herz« (des blauen Drachen).
α σ τ Scorpii.

6. wi »Schwanz« (des blauen Drachens).
ε λ μ η ϑ ι κ υ Scorpii.

7. ki »Mistgefäß.
γ δ ε Sagitt. β Telesc.

8. teu »Scheffel«.
μ λ φ τ σ ζ Sagittarii.

9. niu »Ochs (Ochsenschlächter)«.
α β ξ Capric.

10. nü »Jungfrau (Hochzeit)«.
ε μ ν Aquarii.

11. hiu »Grabhügel«.
β Aquar. α Equulei.

12. weï »Giebel«.
α Aquar. ε ϑ Pegasi.

13. tschi »Feueraltar«.
α β Pegasi.

14. pi »Mauer«.
γ Pegas. α Androm.

15. kui »Sandale« (tien-tschi Himmelsschwein).
η ξ ι ε δ π ν μ β Androm.
σ τ υ φ χ ψ Piscium.

Kometen, Feuerkugeln und Sternschnuppen fanden als Anzeichen künftigen Unheiles Beachtung.

DIE ENTWICKLUNG DER STERNKUNDE

Die indische Sternkunde beschränkte sich in ihrer besten Zeit auf die Erkenntnis und Darstellung der Bewegungen der Planeten und ähnelte darin der Sternkunde der Babylonier und Griechen, allerdings mit dem wesentlichen Unterschied, daß ihre Zahlenangaben beinahe ausnahmslos ungenauer als die babylonischen und griechischen waren und daß in der Darstellung der Bewegungen die Vorbilder nicht erreicht wurden. In der Verwendung der Zahlen offenbarte sich die indische Vorliebe für umständliches, die Geschicklichkeit des Rechners zeigendes Rechnen.

Die Verfasser der 5 genannten Lehrbücher (Siddhānta) sind nicht bekannt. Bei dem Romaka-Siddhānta ist die Benützung einer griechischen Vorlage schon aus dem Namen zu erschließen, ganz abgesehen von der Jahreslänge, in anderen Fällen aus dem Inhalt. Varāha-Mihira, der ein Lehrbuch (Pañcasiddhāntikā) verfaßte und als Ausgangsjahr seiner Rechnungen das Jahr 505 n. Chr. nahm, benützte griechische Textbücher. Varāha gab als seine Vorgänger an: Garga, Satyacharyar, Yavanesvara, Manittha, Mandavya, Maya, Yavanecharyar, Parāśara (dem 2. Zeitraum angehörend), Visnugupta, Dewaswani, Siddhasena, Saravali, Jeevarsarma. Sein Sohn Prithuyasas war Sterndeuter. Etwa gleichzeitig mit Varāha lebte Āryabhaṭa; er gab um 498 ein Lehrbuch heraus, das von Lalla erläutert wurde. Dieses Lehrbuch war insofern bedeutsam, als es außer dem berechnenden Teil Abschnitte über Mathematik und sphärische Sternkunde enthielt und dadurch die folgenden Lehrbücher beeinflußte. Inhaltlich steht es anscheinend auf dem Boden des Sūrya-Siddhānta, lehrt aber die Veränderlichkeit der Durchmesser der Epizykeln und außerdem die Drehung der Erde um ihre Achse. Diese Lehre fand in Indien wenig Anklang; Lalla hatte darin keine Nachfolger. Die darauffolgende Zeit zeichnete sich durch Umarbeiten der Lehrbücher aus. So bearbeitete Śriṣena den Romaka-Siddhānta und Viṣṇucandra den Vāsiṣṭha-Siddhānta. Dieser Zeit gehören wohl an Lāta, Berechner der mittleren Bewegungen der Planeten, und Vijayanadin.

Brahmagupta, der im Alter von 30 Jahren im Jahre 628 ein Lehrbuch Brāhma Sphuṭa-Siddhānta verfaßte, ist der bedeutendste Sternkundige Indiens. Sein Werk ist besonders wichtig wegen der ausführ-

lichen und planmäßigen Auseinandersetzung der mathematischen und sternkundlichen Lehren. Es diente den Arabern als Leitfaden bei der Erlernung der indischen Sternkunde und wurde im 11. Jahrhundert von Caturvedācārya Pṛthūdakasvāmin erläutert. Ein anderes Werk von ihm ist eine Anleitung zum Gebrauch von Tafeln mit dem Jahre 665 als Ausgangsjahr seiner Rechnungen. Brahmagupta schloß sich meistens dem Sūrya-Siddhānta an, unterschied sich aber dadurch von seinen Nachfolgern und vielleicht auch von seinen Vorgängern, daß er das Vorhandensein des Rückwärtsschreitens leugnet.
In der Zeit vom 7. bis 12. Jahrhundert sind zu erwähnen Lalla, Āryabhata II., Bhojarāja, Brahmadeva, Satānanda, ferner Muñjāla, der eine zweite Gleichung zur Berechnung der wahren Mondörter lehrte und in seinem nicht unmittelbar von ausländischem Wissen beeinflußten Lehrbuch das Vorhandensein des Rückwärtsschreitens anerkannte. Eine Zusammenfassung des indischen Wissens unternahm Bhāskara, der im Jahre 1114 geboren, sein Werk Siddhānta-Śiromani im Jahre 1150 verfaßte und im Jahre 1183 eine Anleitung zum Gebrauch von Tafeln gab. Bhāskara lehnte sich an Brahmaguptas Werte und dadurch inhaltlich an den Sūrya-Siddhānta an. Der große Vorzug seines Werkes, das ihm bis zur Gegenwart das größte Ansehen in Indien sicherte, ist die Klarheit im Ausdruck und die von ihm selbst verfaßte Erklärung zu der in Versen geschriebenen Sternkunde.
Bei der wissenschaftlichen Literatur dieser Zeit sind folgende Gruppen zu unterscheiden: die Lehrbücher (Siddhāntas) mit dazugehörigen oft recht ausführlichen Erläuterungen, die Anleitungen (Karaṇas) zur Ausführung der wichtigsten Berechnungen mit Angabe der mittleren Oerter für die Zeit der Abfassung dieser Anleitungen, die Tafelwerke selbst und die damit berechneten Kalender und Jahrbücher.
Die später einsetzende Eroberung eines Teiles von Indien durch die Mohammedaner führte arabisch-persisches Wissen in das Land ein. Eine wesentliche Beeinflussung wurde nicht mehr erzielt, falls man diesen Einfluß nicht in dem von Mahendrasūri im Jahre 1370 verfaßten Werk erkennen will, wo etwas für indisches Denken ganz Neues, nämlich die Abbildung der Hauptkreise auf die Aequatorebene von einem der Pole aus und die Einrichtung des Astrolabs gelehrt wird. Die späteren Werke von Maharanda im Jahre 1478, von Jñānarāja im Jahre 1503, von Gaṇeśa im Jahre 1520, von Nityānanda im Jahre 1639, von Munīśvara im Jahre 1646 und von Kamalākara im Jahre

1658 beziehen sich immer auf ältere Werke oder bringen neue Vorschriften zur Benützung von Tafelwerken.

Eine neue Zeit der Sternkunde begann mit dem Fürsten Sawāī Jai Singh II., der von 1686—1743 lebte und die Sternkunde sehr förderte. Durch Jagannātha ließ er die arabische Uebersetzung des Handbuches des Ptolemaios ins Indische übertragen. Er besaß die Tafeln des La Hire und das Sternverzeichnis des Flamsteed, sah aber von ihrer Uebersetzung ab. In Jaipur, Delhi, Benares, Ujjain und Mathurā ließ er Sternwarten errichten. Die Breite und Länge der Sternwarten von Jaipur und Delhi gegenüber Paris wurde zu seinen Lebzeiten durch die Jesuiten Boudier und Andreas Strobel bestimmt. Der sternkundige Don Pedro de Sylva war zu Jaipur sein Berater. Also stand dem Fürsten sowohl die arabische als auch die europäische Sternkunde zur Verfügung. Seine Neigung ließ ihn die arabische Sternkunde bevorzugen. Zuerst ließ er große messingene Astrolabe nach arabischem Vorbilde bauen. Da ihm diese wegen ihrer Aufhängung und ungenauen Teilung nicht genau genug zu sein schienen, so ging er zum Bau von sehr großen Bauwerken aus Kalk und Marmor über, mit denen er sehr genaue Beobachtungen zu machen hoffte. Wie er selbst angibt, sind 3 Geräte, nämlich Samrāt, Jai Prakāś und Rām Yantra von ihm selbst erfunden worden. Samrat ist eine Sonnenuhr mit Zifferblatt im Aequator, deren Einrichtung den Griechen, Arabern und Germanen ganz geläufig war. Jai Prakāś ist eine nach oben offene Halbkugel mit Einschnitten mit darüber gespanntem Fadenkreuz zur Ortsbestimmung der Gestirne. Ihre Bauart war den Arabern bekannt, ebenso wie das Rām Yantra genannte Gerät. Es ist daher sehr wahrscheinlich, daß der Anteil Jai Singhs nur darin besteht, diese in ihrer Einrichtung schon bekannten Geräte in großem Maßstabe ausführen zu lassen. Außerdem gab es auf den Sternwarten noch andere Geräte, darunter einige, welche Jai Singhs Sohn Madhu Singh errichten ließ. Der gegenwärtige Zustand der Geräte ist derart, daß sich die durch mangelhafte Anlage oder Ausführung der Bauwerke entstandenen Fehler nicht mehr bestimmen lassen; denn die ursprünglichen Teilungen fehlen zum größten Teil, die Bauwerke haben sich teilweise gesenkt und die seit der Mitte des 19. Jahrhunderts einsetzenden Wiederherstellungen haben den alten Zustand der Bauwerke zum Teil stark geändert, ohne daß vorher eine genaue Bestandsaufnahme erfolgt war.

Die älteste Sternwarte ist die zu Delhi errichtete um 1724; beobachtet wurde dort im Jahre 1729. Die Sternwarte in Jaipur wurde um 1734 erbaut. Ihr früherer Zustand wurde später durch Zubauten und Wiederherstellungen sehr geändert. Die Sternwarte von Ujjain stammt wohl aus den Jahren 1728—34. Aus früherer Zeit, als Ujjain Ausgangspunkt der indischen Rechnungen war und als altes Heiligtum großes Ansehen besaß, sind weder Geräte noch Nachrichten darüber vorhanden. Vermutlich ist auch auf der von Jai Singh errichteten Sternwarte nicht beobachtet worden, ebensowenig wie auf der um 1737 erbauten Sternwarte zu Benares. Die anscheinend rohen Bauwerke wurden wiederholt ausgebessert. Die Sternwarte zu Mathurā wurde nie vollendet und noch im 18. Jahrhundert abgebrochen.

Jai Singh beabsichtigte mit der Errichtung der Sternwarten jedermann Gelegenheit zu geben, die Lage der Sterne zu ihren Nachbarsternen festzustellen. Zugleich sollten mit Hilfe der Geräte die Oerter der Planeten festgelegt werden, um daraufhin ein Tafelwerk zu berechnen und herauszugeben. Die von Jai Singh um 1728 hergestellten und Zīj Muhammad Shāhī, zu Ehren des Kaisers Muhammad Shah, genannten Tafeln enthalten anscheinend Tafeln zur Berechnung der Zeit gemäß den verschiedenen Zeitrechnungen und zur Bestimmung des aufgehenden Grades des Tierkreises, sowie ein Sternverzeichnis, alles im engsten Anschluß an die Tafeln des Ulugh Beg. Das Sternverzeichnis ist sogar das des Ulugh Beg unter Berücksichtigung des Rückwärtsschreitens. Die in der Vorrede angekündigten Tafeln zur Berechnung des Laufes der Planeten und der Zeiten des Neulichtes, der Finsternisse und der Zusammenkünfte fehlen. Dies ist um so auffallender, als Jai Singh in der allerdings später verfaßten Vorrede von siebenjährigen Beobachtungen und von der Feststellung, daß die Tafeln La Hires bezüglich des Mondortes um $\frac{1}{2}^0$ und bezüglich der Zeiten der Finsternisse um 6 Minuten von der Wirklichkeit gemäß seinen Beobachtungen abwichen, spricht und hinzufügt, daß er durch seine Werte für die mittleren Bewegungen und die Gleichungen die beobachteten Oerter vollständig darstellen konnte. Das Fehlen der Tafeln darf wohl dahin zu deuten sein, daß diese Tafeln mehr beabsichtigt als ausgeführt worden sind. Als Beispiel für die erzielte Genauigkeit der Beobachtungen ist zu erwähnen, daß Jagannāth neben den ausländischen Werten der Schiefe, die bis auf die Bogensekunde angegeben werden, als den in Jahre 1729 zu Delhi gefundenen Wert nur 23^0 anführt.

Kennzeichnend für Jai Singh ist die Einleitung zum Tafelwerk, dessen wichtigster Teil im folgenden mitgeteilt werden möge:

»Gelobt sei Gott! Wenn die tiefsinnigsten Mathematiker, deren Geist die

allerfeinsten Unterscheidungen trifft, versuchen das kleinste Teilchen des Ihm würdigen Lobes zu stammeln, so ist das Oeffnen ihres Mundes ein Bekenntnis ihrer Unfähigkeit. Und solche Anbetung sei Ihm, daß die Sternforscher, welche die Himmel messen, trotz ihres Fleißes und ihrer Genauigkeit ihre Verwunderung und gänzliche Unzulänglichkeit bekennen müssen, sobald sie auch nur den ersten Schritt tun, ihrer Anbetung Ausdruck zu verleihen.

Wir wollen uns opfern am Altar des Königs der Könige — geheiligt werde sein Name — uns einzeichnen in das Buch des Mächtigen, für den die erhabenen Himmelskörper nur einige Blätter sind; und die Sterne und der himmlische Renner, die Sonne, eine kleine Münze in der Schatzkammer des Reichs des Allerhöchsten.

Wenn Er nicht die Erdkarte mit den Linien der Flüsse, mit den verschiedenen Arten von Gräsern und Bäumen geschmückt hätte, kein Rechner hätte das Buch ersinnen können, das alle die vielfältigen Arten von Samen und Früchten enthält. Und wenn Er nicht die dunklen Pfade der Elemente mit den Fackeln der Sterne, der Planeten und der beiden Strahlenden, der Sonne und des Mondes erleuchtet hätte, wie wäre es dann für uns möglich ans Ziel unserer Wünsche zu gelangen oder den Irrwegen und Abgründen der Unwissenheit zu entrinnen?

HIPPARCH *ist ein unwissender Hanswurst, der die Hände aus Kummer ringt, aus Unfähigkeit die allumfassenden Wohltaten der göttlichen Macht zu verstehen. Und bei der Betrachtung Gottes erhabener Majestät gleicht* PTOLEMAIOS *einer Fledermaus, die niemals bei der Sonne der Wahrheit ankommen kann: die Beweisführungen des* EUKLID *sind eine unvollkommene Gestaltung seiner scharfsinnigen Einfälle, und Tausende von* JAMĪSHD-AL-KĀSHĪ *oder* NAṢĪR AL-DIN AL-ṬŪSĪ *würden bei diesem Versuch vergeblich arbeiten.*

Aber seitdem der wohlwollende Freund der Werke der Schöpfung und der bewundernde Betrachter des Schauspieles unendlicher Weisheit und Vorsehung SAWĀĪ JAI SINGH, *seit dem ersten Aufdämmern seiner Vernunft und während seines Fortschreitens zur vollen Reife, völlig dem Studium der mathematischen Wissenschaften ergeben und sein Geist beständig auf die Lösung ihrer schwierigsten Probleme gerichtet war: durch die Hilfe des Allerhöchsten Schöpfers erhielt er eine gründliche Kenntnis ihrer Gesetze und Regeln.*

Er fand, daß die Berechnung der Sternörter, wie sie sich ergeben aus den gewöhnlich im Gebrauch befindlichen Tafeln, als da sind die neuen Tafeln von Sa'īd Gurgānī und al-Khāqānī und der Tasahlāt-Mula Chand

Akbar Shātū und die indischen Bücher und die europäischen Tafeln, in vielen Fällen weit abwichen von denen, die durch Beobachtung bestimmt werden: besonders beim Erscheinen des neuen Mondes stimmt die Rechnung nicht mit der Beobachtung überein.

Angesichts dessen, daß sehr wichtige Angelegenheiten sowohl der Religion als der Verwaltung des Reiches von diesen abhängen; und daß zur Zeit des Auf- und Niederganges der Planeten und der Zeiten der Verfinsterungen von Sonne und Mond, viele beträchtliche Nichtübereinstimmungen ähnlicher Art gefunden wurden — übergab er sie (die Tafeln) *seiner kaiserlichen Majestät, dem Herrscher voll Kraft und Würde, der Sonne am Himmel des Glücks und der Macht, dem Glanz an der Stirne kaiserlicher Herrlichkeit, der Perle ohne Gleichen aus dem Meere der höchsten Herrschaft, dem unvergleichlich hellsten Stern am Himmel des Kaiserreichs, dessen Fahne die Sonne, dessen Gefolge der Mond, dessen Lanze der Mars ist und dessen Feder wie Merkur, mit Dienerinnen wie die Venus, dessen Schwelle der Himmel ist, dessen Siegel Jupiter, dessen Schildwache Saturn — dem Kaiser, Abkömmling einer langen Reihe von Königen, ein Alexander an Würde, ein Schatten Gottes, der siegreiche Kaiser,* Muhammād Shāh*: möge er immer siegreich sein in der Schlacht.*

Es gefiel ihm zu antworten: Da du, bewandert in den Geheimnissen der Wissenschaft, ein vollkommenes Wissen dieses Gegenstandes besitzest und nachdem du versammelt hast die Sternforscher und Mathematiker des islamischen Glaubens, die Brahmanen und Panditen, und die Sternforscher Europas, und nachdem du die ganzen Hilfsmittel und Ausrüstungen für eine Sternwarte vorbereitet hast, so arbeite nun, um die fragliche Sache festzustellen, damit die Nichtübereinstimmung zwischen den berechneten Zeiten dieser Erscheinungen und den Zeiten, zu denen ihr Eintreffen beobachtet wird, verbessert werden kann.

Dies war jedoch eine gewaltige Aufgabe, die während einer langen Zeitdauer keiner der mächtigen Rajas aufgenommen hatte; noch hat je irgendeiner der Könige, begabt mit Macht und Würde, seit der Zeit des Märtyrerprinzen Mirza Ulugh Beg — dessen Sünden vergeben sind — bis auf den heutigen Tag, was eine Zeit von mehr als 300 Jahren umfaßt, seine Aufmerksamkeit diesem Gegenstand zugewendet. Um jedoch den erhabenen Befehl, den er erhalten hat, zu vollenden, band er die Lenden seiner Seele mit dem Gürtel des Entschlusses und erbaute hier mehrere Geräte einer Sternwarte, wie sie auch errichtet worden waren in Samarkand, gemäß den muselmännischen Büchern.«

Die Werke Jai Singhs beweisen, daß die Neigung für die Sternkunde bei den Gelehrten noch nicht völlig erloschen war. Aber auch bei dem Volke waren solche Neigungen noch vorhanden. So wurden kürzlich von einem Einwohner von Delhi 3 Astrolabe und 1 Himmelskugel für das Museum in Delhi erworben. Dessen Ururgroßvater beschäftigte sich sehr mit der Sternkunde und hatte im 18. Jahrhundert Astrolabe mit einer großen Sammlung von sternkundlichen Büchern gesammelt.

DIE STERNDEUTUNG

Neben der Zeitrechnung fesselte die Sterndeutung am meisten die Aufmerksamkeit der Inder. Die Wurzeln der indischen Sterndeutung sind teils einheimische, teils ausländische. Einheimisch ist die Deutung von Vorzeichen aller Art, die Feststellung günstiger Zeitpunkte, die Berücksichtigung sowohl der Himmelsrichtungen bei der Anlage von Altären oder bei Opfern, als auch des Standes des Mondes in den Mondhäusern. Indischen Ursprunges ist auch die Beachtung wichtiger Ereignisse, wie Finsternisse, beim Darbringen von Spenden. Alle diese Arten der Sterndeutung beziehen sich entweder auf die Horizontebene, auf den Mondkreis, der aber nie als Grenze einer bestimmten Ebene angesehen wurde, oder auf die Zeitrechnung. Sie haben an Beliebtheit beim Volke nicht eingebüßt, obwohl ihnen durch die Tierkreiszeichen und ihre Ausdeutung im Sinne der griechischen Sterndeutung ein gewaltiger Wettbewerb entstand. Daß diese Sterndeutung nicht einheimischen Ursprunges ist, beweisen die Verwendung griechischer Fremdwörter und auch Hinweise älterer indischer Sterndeuter. Zur Einteilung und Deutung der Tierkreiszeichen und zur Auslegung der Horoskope scheinen die Inder nichts Eigenes hinzugetan zu haben. Etwas anderes ist es mit der Ausgestaltung der als Dekane bekannten Unterteile der Zeichen, wo eine gewisse indische Umwandlung nicht zu verkennen ist. Dabei handelt es sich nicht um eine andere Abgrenzung oder Deutung bestimmter Sterngruppen am Himmel, sondern nur um eine dichterische Ausschmückung des überlieferten Tierkreises. Vom 16. Jahrhundert an beginnt sich der Einfluß der arabischen Sterndeutung bemerkbar zu machen. Da diese aber nur eine abgeänderte griechische ist, so änderte sich dadurch das Wesen der indischen Sterndeutung nicht. Ueber die Sterndeuter vor Varāha-Mihira ist wenig bekannt. Garga und Jaimini wurden erwähnt. Varāha war der bedeutendste Sterndeuter, der einen Ueberblick über die gesamte Sterndeutung seiner Zeit in dem Werk Bṛihat-Samhitā gab und auf Grund überlieferten griechischen Wissens die Sterndeutung ausbaute. Spätere bekannte Sterndeuter sind: Ballālasena im 12. Jahrhundert und Maulānā Chānd, der im 16. Jahrhundert die Geburt von Fürsten genau zu beobachten und daraufhin Geburtshoroskope zu berechnen hatte.

Ueber die Stellung der Sterndeuter der ersten Jahrhunderte der christlichen Zeitrechnung mögen die folgenden Stellen Auskunft geben: »*Ausgerüstet mit der Kenntnis des Atharva-Veda, durch den er alle Dinge erlangen kann, soll der sorgfältig ausgewählte Atharva-Priester, der auch körperlich und moralisch hohen Ansprüchen genügen und am besten aus der Schule der Paippaladas oder Śaunakins, jedenfalls aber aus einer Atharva-Schule herrühren muß, alles was im Himmel, Luftraum oder auf der Erde vorgeht, sowie den Schrei von Tieren und Vögeln beobachten. In seiner Machtstellung als Hauspriester und Berater des Königs hat er auf die Wahrzeichen der bösen Träume zu achten; er begleitet als Augur den König in den Krieg. In späterer, vielleicht schon in früherer Zeit, wird er nur für ein Jahr gewählt, muß aber gleich dem König, der also auch in Indien für das gesamte Schicksal des Landes verantwortlich gemacht wurde, abdanken, wenn Ueberschwemmungen, Hungersnot oder Seuchen eintreten.*«

Und Varāha-Mihira schreibt: »*Ein Sterndeuter muß von guter Herkunft sein, ein angenehmes, freundliches Aussehen, einen ebenmäßigen Körper, edlen Wuchs und wohlgeformte Gliedmaßen haben, er darf nicht durch einen Körperfehler verunziert und seine Hände, Füße, Nägel, Augen, Zähne, Ohren, Augenbrauen, Stirne und Kinn müssen wohlgestaltet und schön geartet sein, überhaupt muß er eine gute Figur und eine helle, klare, wohlklingende Stimme besitzen, kurz ein stattlicher Mann sein; denn in der Regel besteht ein Zusammenhang zwischen den guten und schlechten moralischen Eigenschaften eines Menschen und seinem Aussehen. Weiter wird von ihm Sittenstrenge, Wahrhaftigkeit, Edelmut, Schlagfertigkeit, Scharfsinn, Wissen, Milde und Güte verlangt; er darf weder aufgeregt noch boshaft sein und muß durch sein Wissen seine Studiengenossen überragen, damit er durch seine erfolgreiche Tätigkeit den Ruhm der Wissenschaften vermehrt. Er muß nicht allein befähigt; sondern auch frei von Lastern sein, die Sühneopfer kennen, Heilkunde und die weiße Zauberei beherrschen, fromm und gottesfürchtig leben, fasten und sich Bußübungen auferlegen. Er muß einen hervorragenden Geist besitzen, um in hinreichender Weise jede Frage beantworten zu können, ausgenommen in solchen Fällen, wo seinen Kenntnissen durch übernatürliche Einflüsse Grenzen gesetzt sind. Schließlich muß er sehr erfahren in Sternkunde, Horoskopen und Zeichendeutung sein.*«

ACHTER TEIL

DIE STERNKUNDE DER CHINESEN

AUCH die Chinesen schreiben sich wie die Aegypter, Babylonier und Inder die Erfindung einer selbständigen, vom Ausland nicht beeinflußten Sternkunde zu, deren Hauptentwicklung in diesem Falle vor der im 3. Jahrhundert v. Chr. eingetretenen Bücherverbrennung erfolgt sein soll. Europäische Forscher des 19. Jahrhunderts haben im Vertrauen auf die chinesischen Angaben ein sehr hohes Alter der chinesischen Sternkunde angenommen und aus der Stellung chinesischer Sternbilder zu den Jahrespunkten und aus der Berücksichtigung ihrer Verschiebung infolge des Rückwärtsschreitens auf das 2. vorchristliche Jahrzehntausend als die Zeit der Erfindung der Sternbilder und der Einteilung des Jahres geschlossen. Sie haben dadurch die Chinesen weit übertroffen, die für diesen Zeitpunkt das 3. vorchristliche Jahrtausend annahmen.

Angesichts der bestimmten Behauptungen der chinesischen Geschichtsschreiber erscheint es notwendig, die chinesischen Angaben zusammenzustellen, die von offenbarer Uebernahme ausländischen Wissens reden. Später möge noch auf die Teile der chinesischen Sternkunde hingewiesen werden, wo Uebernahme ausländischer Sternkunde aus Form und Inhalt anzunehmen ist. Die betreffenden Stellen lauten:

Im Jahre 164 n. Chr. kamen Leute aus Ta-tsin (Syrien, Aegypten und Zweistromland entsprechend) nach China. Ihre Sternkunde soll viele Beziehungen zur chinesischen zeigen. Im gleichen Jahre stellte DSCHANG-HENG *viele Geräte her.* HO TSCHĔNG TIĂN, *um 440 n. Chr., lernte viel sternkundliches Wissen, auch über die Finsternisse, von dem indischen Priester* HUI-YÖN. *Aus der Regierungszeit der Tang, von 624—906 n. Chr., ist von mehreren nach China eingeführten Lehrbüchern die Rede. Im Jahre 719 übersandte der Fürst von Samarkand ein Lehrbuch der Sternkunde dem Kaiser* HÜAN-DSUNG. *Ferner wird die indische Sternkunde des* TE-ME-LO, *in welcher die Einteilung des Tierkreises in 12 Zeichen gelehrt wird, genannt. Eine große Bedeutung erlangte das von den Leuten aus dem Lande Yu-sse erworbene Lehrbuch Giu-dschi-li, das im Jahre 718 durch den Ausländer und Sternkundigen des Kaisers,* KÜ-TAN SI-DA (= GOTAMSIDA, der Inder) *in das Chinesische übersetzt wurde. Gemäß diesem und einem anderen, offenbar auch indischen Lehrbuche genannt »Gedanken und Unterhaltungen über die Weisheit« wurde die Teilung des Kreises in 360° zu 60′ und des Tierkreises in 12 Zeichen zu 30° gelehrt. Auch unterschied man 4 Monate von verschiedener Dauer und gab die Dauer des Mondwechsels zu 29.483 870 Tagen und des Drachenmonates zu 27.313 432 Tagen an. Ferner wurde die Bedeutung der Knoten und Neigung der Mondbahn gelehrt. Auch über die Länge des Jahres und des Tages finden sich Angaben, sowie ein Beispiel für das Jahr 714. Jedoch halfen diese ausländischen Lehrbücher nicht viel. Schwierigeren Aufgaben stand der chinesische Sternkundige nach wie vor hilflos gegenüber. So erklärte der im 12. Jahrhundert lebende Ts'ai yuan-ting, da sich die Finsternisse zu anderen Zeiten als vorhergesagt ereigneten: »Der Himmel, der belebt und frei ist, zappelt und streckt sich, wie es ihm gefällt. Die Sternkunde muß diese Bewegungen feststellen, aber darf sie nicht vorhersagen wollen. Man wird niemals einen genauen Kalender vorausberechnen können. Der Kalender ist gut, den man herstellt, wenn das Jahr vorüber ist«.*

Im 13. Jahrhundert ist von verschiedenen geistigen Anleihen Chinas die Rede. Als der mongolische Fürst Yä-lü-tschu-tsai feststellte, daß eine von ihm für das Jahr 1220 angesagte Mondfinsternis um einige Stunden später eingetroffen war, holte er sich Rat bei westlichen Sternkundigen und schrieb darauf ein Lehrbuch und einen neuen Kalender. Um das Jahr 1250 verfaßte der aus dem Westen stammende DSCHA-MA-LU-DING (DSCHEMĀL AL-DĪN?) ein Lehrbuch für die Chinesen und stellte zu Peking Geräte auf, die von denen des SCHU-GING verschieden waren. Der im Jahre 1294 gestorbene mongolische Kaiser HUBILAI KHAN ließ ein Lehrbuch zur Berechnung der Finsternis verfassen, in dem sich der Einfluß der persischen Rechenverfahren auf die chinesischen Verfahren deutlich zeigt, und durch vom Westen her eingewanderte Arbeiter Geräte bauen. Am Ende des 14. Jahrhunderts wurden arabische Verfahren eingeführt und angewendet. Die Chinesen kannten sich aber damit nicht aus, was mit der Zeit immer schlimmer wurde, so daß ihr Kalender völlig in Unordnung geriet. Daher wurde die Berechnung des Kalenders und die Leitung der Sternwarte in Peking den Jesuiten übergeben, von denen Mitglieder bereits im 16. Jahrhundert nach Peking gekommen waren. Damit hörte die chinesische Sternkunde auf. Die Jesuiten berechneten nach europäischen Verfahren den Kalender, stellten auf der Sternwarte europäische Geräte auf und beobachteten nach europäischer Art; sie verfaßten Lehrbücher für die Chinesen und sicherten sich ein Verdienst durch das Sammeln aller Nachrichten über chinesische Sternkunde und Sternbilder. Eine Neubelebung der chinesischen Sternkunde fand nicht statt. Vielmehr verblaßte infolge der Uebernahme des Kalenders durch die Jesuiten die Erinnerung an die chinesische Sternkunde noch rascher als es sonst der Fall gewesen wäre.

Nach chinesischer Ansicht ist die im Jahre 213 v. Chr. vom Kaiser Tsin-schï-huang-di (246—209 v. Chr.) angeordnete Verbrennung der vor seiner Regierungszeit erschienenen Bücher daran schuld, daß es nur wenige schriftliche Zeugnisse über die ältere chinesische Sternkunde gibt. Diese Ansicht ist nur zum Teil richtig; denn die Bücherverbrennung betraf hauptsächlich die Werke des Konfuzius und daneben noch einige Werke geringerer Bedeutung und verfehlte sicherlich ihr Ziel insofern, als die Bücherverbrennung und andere Neuerungen zum baldigen Sturze des Herrscherhauses führten und eine weitgehende Sammlung der früheren Schriften veranlaßte. Auf die Hauptwerke der Sternkunde und anderer Wissensgebiete erstreckte sich die Verbrennung nicht. Lästig ist das chinesische Bestreben ihre älteren Werke durch Zusätze und Umwandlungen an die jeweilige Gegenwart anzupassen, ein Verfahren, was anscheinend schon von Konfuzius geübt worden ist und die Verwendung der alten Mitteilungen zu geschichtlichen Untersuchungen sehr erschwert und zum Teil unmöglich macht.

Trotz der wenigen und stellenweise schwer deutbaren chinesischen Schriften, denen Angaben über die frühere chinesische Sternkunde zu entnehmen sind, lassen sich die Hauptzüge dieser altertümlichen Sternkunde darstellen, besser jedenfalls als die der ägyptischen oder babylonischen Sternkunde. Allerdings tritt sie uns schon in einer gewissen Abgeschlossenheit entgegen.

Die chinesische Sternkunde, wie sie sich in der vorchristlichen Zeit ausgebildet hatte, hat durch vier Jahrtausende hindurch Geltung besessen. Sie stellte die vollständigste Verbindung zwischen den himmlischen und irdischen Erscheinungen her und konnte als wichtigster Bestandteil der chinesischen Staatsreligion einen weitgehenden Einfluß auf Chinesen und Nachbarvölker ausüben. Dieser Staatsreligion liegt die Anschauung zugrunde, daß zwischen irdischem und himmlischem Geschehen, räumlich und zeitlich betrachtet, vollständige

Uebereinstimmung bestehe. Dem Himmel wird die Erde gegenübergestellt, wobei China als Mitte der Erdscheibe gilt. Lenker des Himmels ist der Polarstern, eigentlich der am Himmelspol herrschende Gott Schang-di, dem auf Erden der chinesische Kaiser gleichgestellt ist, der mit dem Namen »Sohn des Himmels« ausgezeichnet wird. Den vier Himmelsrichtungen und den ihnen gleichgesetzten Jahreszeiten entsprechen am Himmel die vier Teile des Aequators.
Die Gleichsetzung zwischen Himmel, Erde und Raum ist sehr weitgehend, wie die folgende Uebersicht 14 zeigt.

ÜBERSICHT 14

Gleichsetzung der Himmelsrichtungen mit den Jahreszeiten, Elementen, Eigenschaften und Kaisern der Sage

Himmels-richtung	Jahres-zeit	Tages-zeit	Element	Eigenschaften		Einge-weide	Kaiser d. Sage		Planet
Mitte	—	—	Erde	Nässe	Süß	Milz	Gelber Kaiser	Gedanke	Saturn
Ost	Frühling	Morgen	Holz	Wind	Sauer	Leber	Blauer „	Zorn	Jupiter
Süd	Sommer	Mittag	Feuer	Wärme	Bitter	Herz	Roter „	Freude	Mars
West	Herbst	Abend	Metall	Trocken-heit	Scharf	Lunge	Weißer „	Sorge	Venus
Nord	Winter	Nacht	Wasser	Kälte	Salzig	Niere	Schwarzer „	Furcht	Merkur

Gleichsetzung am Himmel

Himmels-richtung	Himmelsgegend (Schloß)	Leitstern
Mitte	Nordpol	
Ost	Blauer Drache = Jungfrau, Skorpion, Waage, Schütze	Niau = α Wasserschlange
Süd	Roter Vogel = Schütze, Steinbock, Wassermann, Pegasus	Huo = β δ π ϱ Skorpion
West	Weißer Tiger = Andromeda, Fische, Widder, Stier, Orion, Zwillinge, Krebs	Hü = β Wassermannn
Nord	Schwarze Schildkröte = Wasserschlange, Becher, Rabe	Mau = Plejaden

Die Gleichsetzungen, zu denen noch die der Töne und Gewächse kommt, stammen aus der vorchristlichen Zeit. Am ältesten sind die der Himmelsrichtungen, Himmelsgegenden, Jahreszeiten, Elemente und Leitsterne. Sie stammen noch aus der jüngeren Steinzeit, also dem 3. Jahrtausend. Aus der folgenden Bronzezeit, welche bis zur Mitte des 1. Jahrtausends anzusetzen ist, stammen die anderen Gleichsetzungen, von denen die meisten im Lehrbuche Hung-fan vorkommen.

Viele der Gleichsetzungen sind leicht verständlich wie Süd = Sommer, Feuer, Wärme, Rot, Mars und entsprechende für den Winter. Die Gleichsetzung der Himmelsrichtungen und Jahreszeiten entspricht nicht dem Laufe der Sonne, da die Frühjahrssonne z. B. nicht links, sondern rechts von der Sommersonne steht. Um diesen Schwierigkeiten zu entgehen, ließen die Chinesen die Sommer- und Winterzeit durch die Beobachtung der Sonne, die Frühjahrs- und Herbstzeit durch Beobachtung des Mondes in den Mondhäusern feststellen und, beim Vergleich der Himmelsrichtungen mit den Monaten und den Namen der Zwölferrunde, die dem Sommer und Winter entsprechenden Namen der Zwölferrunde miteinander vertauschen.

Die Leitsterne sollen gemäß den Festsetzungen des Kaisers Jau die Zeiten der Sonnenwenden und Nachtgleichen bezeichnen. Gemäß Ansicht der um Christi Geburt lebenden chinesischen Sternkundigen standen damals die entsprechenden Sterne bei Sonnenuntergang im Süden.

Bezeichnend ist die Fünfzahl der Elemente. Sie bildet zusammen mit der aus den Mondumläufen sich ergebenden Zwölfzahl die Grundlage des chinesischen Rechnens und Zählens.

In den Uebersichten sind Sonne und Mond als die grundlegenden Gestirne für alles himmlische Geschehen nicht erwähnt. Sie werden mit dem männlichen Prinzip Yang und mit dem weiblichen Prinzip Yin gleichgesetzt. Aus dem Ineinanderspielen dieser beiden Prinzipe ergeben sich nicht nur die Jahreszeiten, wo der Sommer der größten Wirkung von Yang, der Winter der größten Wirkung von Yin und die anderen Jahreszeiten ihrem Ausgleich entsprechen, vielmehr alles Naturgeschehen, das auch als Naturordnung Tao bezeichnet wird und deren Erkenntnis das Ziel chinesischen Strebens darstellt.

Bei jedem Element wird der natürliche und der durch den Menschen umgebildete Zustand (Baumholz und Bauholz) unterschieden und damit eine Zehnerfolge gebildet, die durch Zusammenstellung mit den einzelnen Gliedern der Zwölferrunde eine Folge von 60 Wörtern ergibt, die eine weitgehende Verwendung bei den Chinesen gefunden hat. Die Zwölferrunde, die sich ursprünglich von den 12 Monaten ableitete, ist in ganz Asien gebräuchlich. Ihre Abteilungen führen Namen von Tieren, die für die einzelnen Länder eigentümlich sind, aber in ihrer Aufeinanderfolge einen gemeinsamen Ursprung erkennen lassen. Die Namen der Abschnitte der bedeutendsten Zwölferrunden im Vergleich mit der ägyptischen Zwölferrunde und dem Tierkreise enthält die Uebersicht 15.

ÜBERSICHT 15

Die bedeutendsten asiatischen Zwölferrunden im Vergleich mit der ägyptischen Zwölferrunde und dem Tierkreise.

Chinesisch	Siamesisch	Persisch	Aegyptisch	Tierkreis
1. Ratte	Ratte	Maus	Ibis	Wassermann
2. Stier	Kuh	Ochse	Affe	Steinbock
3. Tiger	Tiger	Tiger	Sperber	Schütze
4. Hase	Kaninchen	Hase	Stier	Skorpion
5. Drache	Großer Drache	Krokodil	Bock	Waage
6. Schlange	Kleiner Drache	Schlange	Löwe	Jungfrau
7. Pferd	Pferd	Pferd	Esel	Löwe
8. Schaf	Ziege	Schaf	Käfer	Krebs
9. Affe	Affe	Affe	Schlange	Zwillinge
10. Hahn	Hahn	Henne	Hund	Stier
11. Hund	Hund	Hund	Kater	Widder
12. Schwein	Schwein	Schwein	Krokodil	Fische

Zu erwähnen ist, daß die chinesische Zwölferrunde im Jahre 586 den östlichen Türken von den Chinesen aufgedrungen wurde.

Die Zwölferrunde wurde wie die Zwölferrunde der griechischen Tierkreiszeichen zur Bezeichnung von Jahren, Monaten, Tagen, Stunden, aber auch von Richtungen der Windrose benützt, besonders von den Sterndeutern. Bereits im 3. Jahrhundert v. Chr. ist eine Bevorzugung der 12 gegenüber der 9 in der Erdkunde feststellbar. Man unterscheidet nicht mehr 9 Provinzen mit 9 Fürsten, sondern 12 Provinzen mit 12 Fürsten. Bei Sï-ma Tsiän im 2. Jahrhundert v. Chr. ist die Bevorzugung der 12 nicht zu verkennen.

Die Begründung der älteren chinesischen Sternkunde fällt in das 3. Jahrtausend und wird mit dem Kaiser Jau in Beziehung gebracht. Damals wurde das Wissen von den 5 Himmelsgegenden, deren Kenntnis kaum bis zum 27. vorchristlichen Jahrhundert zurückreicht, sowie von den Jahreszeiten und den Mondhäusern mit der Erkenntnis der Sonnenwenden und Nachtgleichen durch Beobachtung der Schattenlänge verknüpft und entsprechende Leitsterne am Himmel festgelegt. Diese Kenntnisse mit ihrer Ausdeutung bildeten den Inhalt der chinesischen Sternkunde, während der nächsten zwei Jahrtausende. Eine Erweiterung erfuhr sie nur in der Einteilung des Himmels in Sternbilder und in der Berücksichtigung der 5 kleineren Planeten. Infolge Gleichgültigkeit und Unkenntnis geriet die Sternkunde in Verfall. Das Herrscherhaus der Han (202 v. Chr. bis 220 n. Chr.) erachtete es für seine Pflicht, die alten Kenntnisse wieder aufzufrischen. Die folgenden Jahrtausende brachten Anregungen vom Auslande, mit denen gleichzeitige Neuerungen der chinesischen Sternkunde wohl in ursächlichem

Zusammenhange stehen. Die Entwicklung der chinesischen Sternkunde in ihren einzelnen Zweigen bildet den Inhalt der folgenden Abschnitte.

DIE ERFASSUNG DER ZEIT

DIE ZEITRECHNUNG

Die älteste Jahresform ist nicht bekannt, vermutlich war es ein Rundjahr von 360 Tagen; sicherlich hat sie sich nach den Erscheinungen der Jahreszeiten und des Mondes gerichtet. Wie der Ausgleich der Monate mit dem Jahre sich gestaltete, ist auch unbekannt. Unter dem Kaiser Jau zeigen sich die ersten Erkenntnisse von dem Einfluß der Sonne auf die Jahreszeiten und von der Feststellung der Jahreszeiten durch Beobachtung der Länge des Tages und durch die Verbindung mit dem Erscheinen bestimmter Sternbilder. Die Jahresdauer wird zu 366 Tagen angegeben. Seit dem Jahre 2145 v. Chr. galt diese Jahresdauer als maßgebend, bis allmählich die Anpassung an die Wirklichkeit erfolgte, wie aus der Uebersicht 16 hervorgeht.

ÜBERSICHT 16

Dauer des Jahres, des Mondwechsels und des Drachenmonates, sowie jährlicher Betrag des Rückwärtsschreitens.

		Jahr	Mondwechsel	Drachenmonat	Rückwärtsschreiten
»Chuan yü li«	350 v.Chr.	365 · 25 t	29 · 530 85 t		
»T'ai-ch'u-li«	104 v.Chr.	365 · 250 2	29 · 530 85		
Liŭ Hin	66 v. Chr.	365 · 25	29 · 530 864	27 · 3 200	
Li Fan	85 n. Chr.	365 · 25	29 · 530 851	27 · 3 218	
Liu Hung + Tsai	206 n.Chr.	365 · 246 180	29 · 530 540	27 · 321 564	
— [Yung	237	365 · 246 880	29 · 530 598	27 · 321 617	
Liŭ-dschü	274	—	—	—	12″
Yü-hi	um 320	—	—	—	72
Giang Gi	384	365 · 246 838	29 · 530 595	27 · 321 613	
Ho Tschëng Tiän	443				
DsŭTschŭng-dschü	463	365 · 242 814	29 · 530 591	27 · 212 203	45 · 7
Yu-ko	540	—	—	—	20
Liŭ-Dschoŭ	608	365 · 244 611	29 · 530 601	27 · 212 305	48
J Hang	724	365 · 244 407	29 · 530 592	27 · 212 210	44
Schu-Ging	1280	365 · 242 500	29 . 530 593	27 · 212 224	54
Ptolemaios		365 · 246 667	29 · 530 595	—	36
Genauer Wert		365 · 242 200	29 · 530 588	27 · 321 661	50

Die älteste Einteilung des Jahres scheint in 2 Jahreszeiten, Winter und Sommer, gewesen zu sein, an welche noch das Fest des Hineintragens des Feuers im Herbst, zum Jahresbeginn, und des Hinaustragens des Feuers im Frühling erinnern. Die Einteilung in 4 Jahreszeiten geht ins 3. vorchristliche Jahrtausend zurück. Seit der Zeit des JAU entspricht die Mitte jeder Jahreszeit der Zeit der Sonnenwenden oder Nachtgleichen. Der Beginn jeder Jahreszeit wird vom Hofsternkundigen dem Kaiser mitgeteilt, damit dieser zur rechten Zeit die Opfer der Jahreszeiten verrichten kann. Jede Jahreszeit wird in 3 Monate geteilt. Für jeden Monat ist die Tätigkeit streng vorgeschrieben, wobei besonders auf die Folgen hingewiesen wird, welche ein unzeitgemäßes Tun mit sich führt. Als Beispiel dieser Vorschriften möge die wohl aus dem 3. Jahrtausend stammende Vorschrift für den ersten Monat des Frühjahres mitgeteilt werden: »*Der erste Frühlingsmonat. Sein göttlicher Herrscher ist Tai Hau, sein Schutzgeist ist Keu-mang. Sein Opfer gilt den Türgeistern. Unter den Opfergaben steht die Milz obenan. In diesem Monat begeht man den Eintritt des Frühlings. Drei Tage vor dem Frühlingsanfang setzt der Großsternkundige den Himmelssohn davon in Kenntnis mit den Worten: ‚An dem und dem Tage ist Frühlingsanfang. Seine* (des Frühlings) *eigentliche Wirksamkeit liegt im Holze‘. Alsdann fastet der Himmelssohn. Am Tage des Frühlingsanfanges begibt sich der Himmelssohn in eigner Person an der Spitze der 3 höchsten Würdenträger, der neun Minister, der Lehnsfürsten und der Großwürdenträger zur Einholung des Frühlings nach der östlichen Vorstadt. Heimgekehrt verteilt er Belohnungen an die drei höchsten Würdenträger, die Minister, die Lehnsfürsten und die Großwürdenträger. In diesem Monat betet der Himmelssohn am ersten Tage zum Schang-di um eine gute Ernte. Sobald alsdann ein glücklicher Tag gewählt ist, legt der Himmelssohn persönlich eine Pflugschar auf den dreisitzigen Wagen zwischen die beiden gepanzerten Wagenlenker und pflügt an der Spitze der drei höchsten Würdenträger, der neun Minister, der Lehnsfürsten und der Großwürdenträger den dem Schang-di geweihten Acker. Der Himmelssohn zieht drei Furchen, die drei höchsten Würdenträger ziehen je fünf, die Minister und Lehnsfürsten je neun Furchen. Heimgekehrt, ergreift er* (der Himmelssohn) *im seinem Hauptgemach einen Becher und spricht, während die 3 höchsten Würdenträger, die neun Minister, die Lehnsfürsten und die Großwürdenträger sämtlich zugegen sind: ‚(Dies ist) der Wein für (eure) Mühewaltung.‘ In diesem Monat darf man keinen Krieg unternehmen; wenn man einen Krieg unternimmt, erfolgt unfehlbar eine Strafe des Himmels. Solange die Waffen nicht erhoben sind, darf nicht von uns aus der Anfang dazu gemacht werden. Wollte man im ersten Frühlingsmonat die für den Sommer gültigen Vorschriften befolgen, so würde der Regen nicht zur rechten Zeit eintreten, Kräuter und Bäume würden vor der Zeit welken, und die Staaten würden in steter Furcht sein. Wollte man die für den Herbst gültigen Vorschriften befolgen, so würde das Volk von großen Seuchen heimgesucht werden, rasende Stürme und heftige Regenfälle würden erfolgen und Nieswurz, Borstengras, Lolch und Beifuß gleichmäßig wuchern. Wollte man die für den Winter gültigen Vorschriften befolgen, so würden Verheerungen durch Ueberschwemmung stattfinden, Schnee und Reif würden großen Schaden anrichten, und die erste Aussaat würde nicht in die Erde dringen«.*

Wie die um 1050 v. Chr. entstandene Große Regel (Hung Fan) lehrte, hat der König das Jahr des Jupiters zu beobachten, seine Räte den Mondwechsel und die Führer der Menge den Tag der Sonne. »Die Volksmengen sind die Sterne. Unter den Sternen gibt es solche, die lieben den Wind, solche, die lieben den Regen; durch den Lauf der Sonne und des Mondcs gibt es Winter und Sommer; durch das Wandern des Mondes unter den Sternen gibt es Wind und Regen.«

Die Chinesen benützten den Mondwechsel zur Einteilung der Zeit nach Monaten, deren Beginn durch den Neumond angezeigt wurde. Die Uebereinstimmung zwischen dem Beginn der Jahreszeiten und der Mondwechsel wurde durch Schaltungen erzielt. Dabei wurde der Schaltmonat nicht besonders, sondern wie bei den Babyloniern durch den vorhergehenden Monat, bezeichnet. Ueber die älteren Schaltungsarten ist nichts bekannt. Im 2. vorchristlichen Jahrhundert wurde die Regel befolgt, daß in 19 Jahren 7 Monate eingeschaltet wurden und zwar im 3., 6., 9., 11., 14., 17. und 19. Jahre. Im ersten nachchristlichen Jahrhundert stellte Li Fan eine Schaltfolge von 76 Jahren auf. Dsŭ-Tschŭng-dschü benützte um 460 n. Chr das Verhältnis 144 Schaltmonate in 391 Jahren. Meistens wird der Schaltmonat nach dem 8. Monate eingeschaltet. Sehr alt ist die Anschauung, daß der Jahresbeginn durch das Aufgehen der Spika in der Morgendämmerung bezeichnet wird. Sobald man anfing auf die Stellung des Vollmondes unter den Sternen zu achten, stellte man die Regel auf, daß der Vollmond rechts von der Spika der letzte des vorhergehenden Jahres und der Vollmond links von der Spika der erste des neuen Jahres sei, daß also der dazwischenliegende Neumond den Jahresanfang darstellte.

Der Jahresanfang sollte in den jetzigen 12. Monat fallen, wie es noch während des Kaiserhauses Schang (1558—1051 v. Chr.) der Fall war; er wurde aber während der folgenden Herrscherhäuser Dschoŭ (1050 bis 256 v. Chr.) und Tsin (256—202 v. Chr.) willkürlich verlegt, worauf man auf Rat des Dschang Schou-Wang (um 80 v. Chr.) wieder zur

ursprünglichen Anordnung zurückkehrte, aber ohne bleibenden Erfolg. Die durch die Jesuiten eingeführte Kalenderverbesserung legte das Neujahr auf den wahren Neumond des Monates, in welchem die Sonne in das Zeichen der Fische gelangte.
Außer diesem Jahresanfang kennt die chinesische Sternkunde noch einen anderen wichtigen Zeitpunkt, das ist die Zeit der Winterwende, wo die Sonne ihren »Nullpunkt« erreicht zu haben scheint. Besonders wichtig ist die Winterwende, zu der um Mitternacht alle Planeten sich im Norden befanden. In dem Lehrbuch »San-tung-li« des Liŭ Hin, um 66 v. Chr., wird als die Zeit des Zusammentreffens sämtlicher Planeten und der Stellung des Mondes im Knoten, die Winterwende angegeben, die 143 127 Sonnenjahre vor der Winterwende des Jahres 104 v. Chr. lag. Aus der Bezugnahme auf das Jahr 104 v. Chr. geht hervor, daß Liŭ Hin diese Angabe dem Lehrbuche, welches Sĭ-ma Tsiän mit Hilfe von Lo-hia Hung im Jahre 104 v. Chr. zusammenstellte, entnommen hatte. Der Schang Yüan genannte Zeitraum von 143 127 Jahren entspricht 31 Yüan zu 4617 Jahren. In diesen 4617 Jahren steckt die Neunzehnjahrfolge, da 4617 aus 19 × 81 × 3 gebildet worden ist. Das Jahr 143 231 v. Chr. wurde als Ausgangspunkt für die Berechnung der Planeten bis zum Jahr 1280 n. Chr. verwendet. In der Zwischenzeit stellten andere Sternkundige noch andere Ausgangszeiten auf, die bis zu 200—300 Millionen Sonnenjahre zurückliegen. Sie fanden aber zum Glück für die Kalendermacher keinen Anklang.
Das Yüan von 4617 Jahren stellt die Zeit dar, die von einer Zusammenkunft der Wandelsterne bis zur nächsten Zusammenkunft am selben Himmelsort und zur selben Jahreszeit verfließt. Li Fan berechnete den Zeitraum zu 4560 Jahren. Das Lehrbuch Dschoŭ-be-suan-ging gibt dafür den siebenfachen Zeitraum, von 31 920 Jahren an und läßt jede Zusammenkunft eine Welterneuerung zur Folge haben.
Die Jahre wurden ursprünglich nach Regierungsjahren der Kaiser gezählt. Um Christi Geburt kam die Zählung nach der 60-Jahrfolge auf, deren Beginn auf das Jahr 2637 v. Chr. gesetzt wurde. Die 60-Jahrfolge ist entstanden aus der 12-Jahrfolge, die auch als Jupiterperiode bezeichnet und bereits im 2. Jahrtausend verwendet wurde.
Eine Unterteilung der Monate in Wochen war nicht bekannt.

DIE ZEITMESSUNG

Der Volltag wurde in 12 Doppelstunden geteilt, wobei der Beginn des Tages auf Mitternacht gelegt wurde, die der Mitte der ersten Doppelstunde entsprach. Die Doppelstunde selbst wurde in 2 Teile und 8 Unterteile zerlegt. Zur Zeitmessung dienten anscheinend nur Wasseruhren — Einlauf- und Auslaufwasseruhren. Die Einlaufwasseruhr, angeblich eine Erfindung des sagenhaften Kaisers Hoang-ti, teilte zur Zeit der Schang den Volltag in 32 und zur Zeit der Dschou in 100 Unterteile »ke«. Han Wĕn-Di (159—147 v. Chr.) setzte die Zahl auf 120 fest und Liang Wŭ-di im Jahre 544 n. Chr. auf 180. Das Herrscherhaus der Tang (619—908) kehrte zur 100 Teilung zurück. Damals bestand die Wasseruhr aus 4 stufenförmig angeordneten Wasserbehältern, welche

(Gemäß: SCHLEGEL, Uranographie chinoise, S. 190)

Bild 22. Chinesische Wasseruhr bis zur Tang-Zeit

von dem zu oberst eingegossenen Wasser durchflossen wurden. Sobald sich der unterste Behälter mit Wasser füllte, stieg der in einem Nachbargefäß befindliche Schwimmer, der eine Lanze mit Kerben trug. Die Lanze f, die von einem Lanzenträger gehalten wurde, zeigte durch ihr Emporsteigen die Zeit an (Bild 22). Zur Zeit des Sung-Herrscherhauses (960—1280) kam eine neue Wasseruhr auf, die 2 Behälter weniger enthielt, aber in dem Gefäß des Schwimmers anscheinend ein Sieb zum Regeln des Wasserlaufes. Auf dem Schwimmer saß ein Schaft mit 750 Kerben für 7 ½ Tage reichend. War ein Schaft emporgehoben, so wurde ein neuer eingesetzt und der alte in ein Gestell gelegt, das 6 oder 12 Schäfte aufnehmen konnte und zur Zeitzählung diente.

Um Christi Geburt gab es auch Auslaufwasseruhren, für Amtsgeschäfte verwendet und wohl nur kurze Zeit anhaltend. Seit dem 8. Jahrhundert wurden auch Auslaufwasseruhren mit beweglichen Figuren hergestellt. Die von J Hang um 724 hergestellte Wasseruhr ließ außer der Bewegung der 7 Planeten und des Sternhimmels auch die Unterteile des Tages erkennen. 2 Zeiger gaben die Stunde und die Hundertstel des Tages an. Wenn der Zeiger auf der Stunde stand, so erschien eine hölzerne Figur, schlug auf eine Glocke und verschwand. Eine andere hölzerne Figur erschien beim Stande des Zeigers auf jedem Hundertstel, schlug ebenfalls auf eine Trommel und verschwand. Im Jahre 979 n. Chr. verfertigte Tchang-sse-kiun eine Quecksilberuhr mit beweglichen Figuren.

Der bereits bis ins 3. vorchristliche Jahrtausend zurückreichende Schattenstab, ein senkrechter, acht Fuß hoher Bambusstab, diente ursprünglich zur Festlegung der Mittagslinie nach dem Verfahren des indischen Kreises. Dieses Verfahren schreiben die Chinesen dem Dschoŭ Gung zu, der im 12. vorchristlichen Jahrhundert gelebt und es Leuten aus Cochinchina gelehrt haben soll. Für diese Zeit wird berichtet: »*Der Schattenstab (Erdszepter) war es, womit der 2. Minister die Tiefe der Erde mißt, den Sonnenschatten und die Mittagslinie regelt.*« Damals galten Schattenstab und Erdscheibe als Abzeichen kaiserlicher Macht, wie im Westen später Szepter und Weltkugel. Der zum Gebrauch verwendete Schattenstab wurde deshalb Erdszepter genannt. Dieser Schattenstab, in der Hanzeit an dem oberen Ende mit einem Loch zur besseren Kenntlichmachung des Schattens versehen, diente besonders zur Bestimmung der Zeit der Sonnenwenden, wofür die Schattenlänge aus früheren Beobachtungen bekannt war. Ho Tschĕng Tiän wies im Jahre 443 n. Chr. darauf hin, daß um die Zeit der Sonnenwenden sich die mittägliche Schattenlänge sehr wenig ändere und es deshalb zur genauen Bestimmung des Tages der Wenden mehrtägiger Beobachtungen bedürfe.

Der Jesuit Ricci führte die europäischen Uhren ein und richtete sie für gleichlange und ungleichlange Stunden her.

Zeitangaben außer Jahr, Monat und Tag kommen bei Angaben über Finsternisse erst vom Jahre 584 n. Chr. vor und auch dann nur gelegentlich. Die Angaben beziehen sich bei der Vorausberechnung auf Doppelstunden, bei der Beobachtung ebenfalls, gelegentlich aber noch auf Hundertstel des Tages, vielfach auf Wachen.

Bis zur Ankunft der Jesuiten teilten die Chinesen die Nacht vom Ende der Dämmerung bis zum Anfang der Dämmerung in 5 Wachen zu je 5 Unterabschnitten.

Von den seit der Hanzeit häufigen Kalenderverbesserungen mögen nur einige erwähnt werden. Da der auf Grund der Lehren des Lo-hia Hung und des Liŭ Hin für das Jahr 85 n. Chr. berechnete Kalender die Voll- und Neumonde um 1 Tag und die Wintersonnenwende sogar um 5° falsch angab, so mußte Li Fan einen neuen Kalender herstellen. Tou-yu prüfte um 280 n. Chr. die 6 Kalender der Han. Ho Tschĕng Tiän schlug im Jahre 443 eine Kalenderverbesserung vor. Li Tschun-fĕng veröffentlichte im Jahre 664 einen auf alter Grundlage berechneten Kalender. Hing Yün-lu verfaßte um 1613 eine Geschichte des Kalenderwesens, Li Tschun-fĕng um 646 und Song-lien 1370 eine Geschichte der chinesischen Sternkunde.

Die Festlegung der Sonnenwenden mit Hilfe des Schattenstabes spielt in der chinesischen Sternkunde eine große Rolle. Derartige Beobachtungen werden erwähnt für die Jahre 66 v. Chr. und 85, 442, 460—461, um 584, 727, 980, 1179, 1198, 1280 n. Chr.

DIE ERFASSUNG DES RAUMES

DIE BEZUGSEBENEN

Horizont- und Aequatorebene haben bei den Chinesen eine ausschlaggebende Rolle gespielt. Der Tierkreis war vor Christi Geburt nicht bekannt. Später lernten die Chinesen ihn kennen; jedoch wurden bis zur Jesuitenzeit alle Beobachtungen auf den Aequator bezogen und in der Sterndeutung hat der Tierkreis keine Rolle gespielt.

Bei der Horizontebene ist das Wichtigste die Bestimmung der Himmelsrichtungen. Darüber gibt es sehr alte Vorschriften. Mit einer Wasserwaage muß die Ebene genau waagerecht gemacht werden, auf welcher mit Hilfe des indischen Kreises die Mittagslinie und dann die Himmelsrichtungen festgelegt werden. Von den Himmelsrichtungen sind Nord und Süd die wichtigsten. Wie der Nordpolstern von Norden aus den Himmel lenkt, so muß der Kaiser, der Himmelssohn, als sein irdischer Vertreter beim Regieren nach Süden schauen. Daraus konnte sich die Regel bilden, daß der Herr, der Befehlende, immer nach Süden und der Untergebene, der Empfangende, immer nach Norden schaut. Infolgedessen muß die Hauptseite des kaiserlichen Schlosses und der Amtsgebäude immer nach Süden gerichtet sein. Deshalb werden genaue Vorschriften für die Anlage der Gebäude, Schlösser und Tempel erlassen. Dasselbe gilt für die Anlage von Straßen und Städten. Auch in den Privathäusern muß der Sitz des Hausherren nach Süden sehen wie der Thron des Kaisers. Die besonders peinliche Beachtung der Himmelsrichtungen, wie sie bei den Chinesen üblich war, führte zu einer sehr ausgedehnten Deutung der Richtungen auf der Erde, von der noch die Rede sein wird. Aus der Vierteilung des Horizontes entstand die Achtteilung, die bei der Gleichsetzung mit den Jahreszeiten den Grenzen und Mitten der Jahreszeiten entsprechen konnten. Da der Kaiser sich als Vertreter des Polsternes, der Mitte des Himmels fühlte, so lag die Anschauung, daß China die Mitte der Erde sei, nahe. Die Länder seines Einflusses und seines Handels werden in den 8 Himmelsrichtungen liegend gedacht. Eine daraus sich ableitende Vorstellung ist die der 9 gleichgroßen Rechtecke 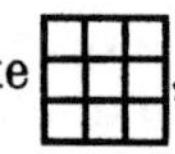, welche China und seine Nachbarländer darstellen sollten, aber auch zur Darstellung der Provinzen, der Stadtteile und der Straßen verwendet wurde.

Eine weitere Einteilung des Horizontes, die im 7. nachchristlichen Jahrhundert auftritt, ist die gemäß den 12 oder 28 Teilen der Mondhäuser, wobei die Gleichsetzung der 4 Himmelsrichtungen mit den 4 Himmelsgegenden den Ausgangspunkt bildet.

Bis zur Jesuitenzeit haben die Chinesen alle Kreise in $365\,\frac{1}{4}^{0}$ geteilt, damit jeder ihrer Grade dem täglichen Laufe der Sonne entspräche.

Die Entdeckung der Eigenschaft des Magneten fällt bereits in die vorchristliche Zeit. Seit dem 7. nachchristlichen Jahrhundert scheint die Magnetnadel als Richtungsweiser und zwar der Südrichtung benützt zu sein. Genauere Mitteilungen liegen erst seit dem 11. Jahrhundert vor. Die Magnetnadel wurde nicht »trocken« auf der Spitze eines Halters verwendet, sondern nur »naß« schwimmend auf einer Wasseroberfläche und vor jedem Gebrauch neu magnetisiert. Sie fand bei der Schiffahrt Anwendung, aber nur wenn Beobachtung der Sonne oder der Sterne nicht möglich war. Im 11. und 12. Jahrhundert war sie im Indischen Meer sehr verbreitet und kam dabei zur Kenntnis der Araber und damit der Germanen. Bereits im 15. Jahrhundert aber ist ihre Verwendung in diesem Meer unbekannt. Um so nachhaltiger wirkte die chinesische Erfindung bei den Germanen, bei denen sie schon im 13. Jahrhundert beachtenswerte, wenn auch nicht zu verwirklichende Einfälle hervorrief.

Die Erde wurde aufgefaßt als eine viereckige Scheibe, über welcher sich die Halbkugel des Himmels wölbt. Die Mitte der Erde ist erhöht; die vier Ecken, die man sich gelegentlich durch Berge gekennzeichnet

dachte, entsprechen den Himmelsrichtungen. Die Erdscheibe ist von Abgründen begrenzt, die mit Flüssigkeit (Meere?) angefüllt sind. Eine vielleicht eingeschobene Stelle in dem alten Lehrbuch Dschoŭ-be-suan-ging besagt, daß die Erde ein Rechteck von 28000 li ostwestlicher und 26000 li nordsüdlicher Ausdehnung sei, umgeben von 4 Meeren.
Aus gleichzeitigen Beobachtungen der Schattenlänge an Sonnenwenden oder des Polsternes wurde die Breite verschiedener Orte bestimmt. Solche Messungen werden berichtet von Ho Tschĕng Tiän um 443 und von J Hang um 724. Ferner ließ der mongolische Kaiser Hubilai Khan im 13. Jahrhundert solche Messungen ausführen.

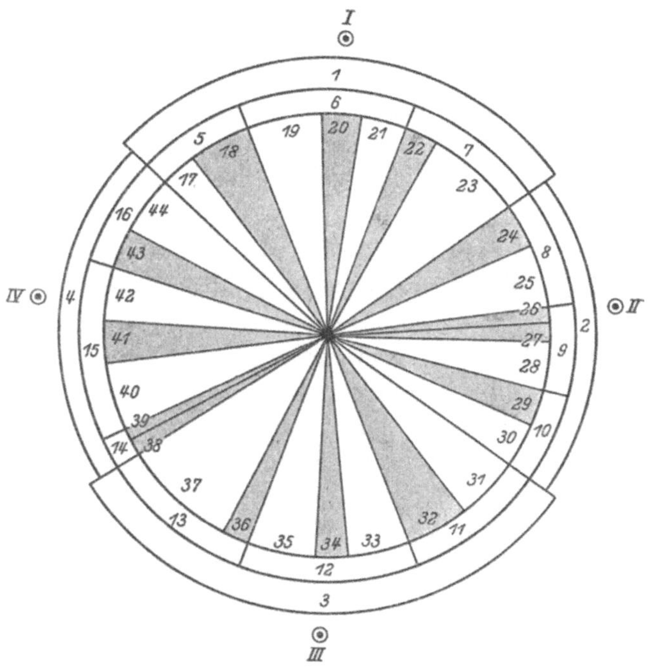

I ⊙ = Winterwende
II ⊙ = Herbstnachtgleiche
III ⊙ = Sommerwende
IV ⊙ = Frühlingsnachtgleiche

1 = Schloß des Winters
2 = Schloß des Frühlings
3 = Schloß des Sommers
4 = Schloß des Herbstes

Die 12 Teile des Mondhäuserkreises:
5 = Tsiu-Tsen
6 = Hinan-Hiao
7 = Sing-Ki
8 = Si-Mou
9 = Ta-Ho
10 = Cheou-Sing
11 = Chouen-Wei
12 = Chouen-Ho
13 = Chouen-Cheou
14 = Che-Tch'en
15 = Ta Leang
16 = Hiang-Leou

Die Zahlen 17—44 entprechen den Mondhäusern der Uebersicht 13, S. 189, von Nr. 14 rückwärtszählend bis Nr. 15.

Bild 23. Chinesischer Mondhäuserkreis im 3. Jahrtausend v. Chr. (Umzeichnung gemäß L. DE SAUSSURE)

Zum Zurechtfinden am Himmel benützten die Chinesen ausschließlich den Aequator, der nicht als kreisförmige Begrenzung der Aequatorebene, sondern als breiter Gürtel der Mondhäuser aufgefaßt wird. Voran ging die Einteilung des Himmels in das Schloß der Mitte um den Nordpol und in die 4 Schlösser der 4 Jahreszeiten, welche die Mondhäuser umfassen. Auf diese 4 Schlösser verteilen sich die 12 ungleichlangen Abschnitte der Zwölferrunde, die auch zur Kennzeichnung der

Stellung des Vollmondes dienen. Das Bild (S. 213) läßt erkennen, daß um das 24. Jahrhundert v. Chr., als durch den Kaiser JAU die Sternkunde neu geregelt wurde, die Mondhäuser vom Nordpol aus gesehen sich gegenüberstanden. In 2 Fällen entspricht ein Mondhaus nicht einem, sondern 2 allerdings sehr kleinen Mondhäusern. Diese Eigenschaft der Mondhäuser ließ aus der Stellung des Vollmondes am Himmel sofort die entgegengesetzte Stellung der Sonne im entgegengesetzten Mondhaus erkennen. Wie aus der Uebersicht 13 hervorgeht, bezeichnen die chinesischen Mondhäuser nur ungefähr die Sonnen- oder Mondbahn. Die Angabe, daß der Mond sich in einem Mondhaus befand, besagt daher nicht, daß der Mond darin stand, sondern daß er mit den Sternen des Mondhauses, gleichzeitig durch den Mittag ging. Als Einteilung der Sonnen- oder Mondbahn konnte der Mondkreis nicht aufgefaßt werden, da die Mondhäuser vom Pole des Tierkreises aus gesehen, sich nicht gegenüberliegen und deshalb zur Deutung des Sonnenortes im Tierkreis aus dem Orte des Vollmondes nicht geeignet sind. Dagegen macht die Beobachtung der Mittagsdurchgänge eines Planeten mit einem der Mondhäuser bei der genauen Richtung der Wände der wichtigsten Gebäude keine Schwierigkeit. Die Sterne, welche die Mondbahn bildeten, gehörten nicht immer zu den hellsten. Gelegentlich waren sogar recht schwache Sterne, bis zur 5. Größe, verwendet, obwohl hellere in nicht zu großer Entfernung zu finden waren. Dieser Umstand läßt sich wohl so deuten, daß bei der Anordnung der Mondhäuser im dritten vorchristlichen Jahrtausend auf die Symmetrie großer Wert gelegt und deshalb sogar zu schwachen Sternen gegriffen wurde. Da die gegenüberliegenden Mondhäuser nicht gleichzeitig sichtbar sind, so benützte man außerdem wahrscheinlich nicht untergehende Sterne, die durch ihren höchsten und tiefsten Stand die Auswahl geeigneter, gleichzeitig durch den Mittag gehender Sterne begünstigten.

Es gibt 3 Folgen von Mondhäusern, die chinesische, indische und arabische (Bild S. 215). Die arabische, die vielleicht auf ältere Vorbilder zurückgeht, tritt erst in der nachchristlichen Zeit auf und bleibt daher hier außer Betracht. Die chinesischen und indischen Mondhäuser zeigen deutlich eine Anordnung als Stundenangeber, beziehen sich also auf den Aequator, nicht auf die Sonnenbahn, und zeigen ein Gegenüberstehen der entsprechenden Mondhäuser für die Mitte des 3. vorchristlichen Jahrtausends. In beiden Fällen ist die Verwendung der Mondhäuser zur Bestimmung des Vollmondortes bekannt. Sieben Mondhäuser sind beiden Reihen gemeinsam. Es liegt daher sehr nahe, einen gemeinsamen Ursprung der Lehre von den Mondhäusern anzunehmen. Indischer Ursprung ist wenig wahrscheinlich; denn die indischen Mondhäuser sind weniger genau bestimmt und liegen sich auch

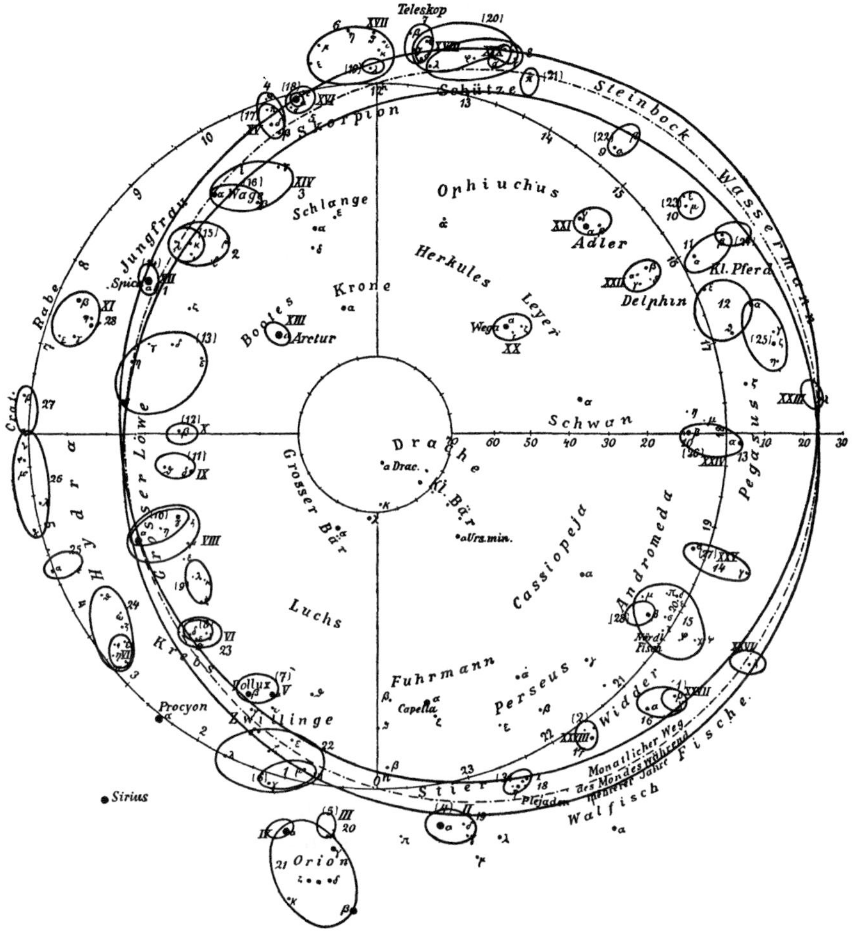

(Gemäß GINZEL, Handbuch d. Math. u. Techn. Chronologie I, Tafel)
Bild 24. Lage der chinesischen, indischen und arabischen Mondhäuser am Himmel

nicht so genau gegenüber wie die chinesischen. Auch läßt der Umstand, daß das der Wega entsprechende Mondhaus Abhijit in der vorchristlichen Zeit bald als Mondhaus gezählt, bald weggelassen wurde, erkennen, daß die ursprüngliche Zugehörigkeit dieses Sternes, der wegen seines großen Abstandes vom Aequator sich zu den anderen Mondhäusern im Laufe der Zeit sehr verschiebt, nicht eine indische Erfindung ist. Die sorgsame Aufstellung der Mondhäuser und ihre frühe

Erwähnung spricht für den chinesischen Ursprung dieser Einteilung des Himmels. Fraglich könnte es sein, ob die ursprüngliche Einteilung des Himmels in einige wenige sich gegenüberstehende Sternbilder schon von den Chinesen erfunden worden ist oder nicht von Völkern stammt, bei denen die Sternkunde schon länger in Blüte war als bei den Chinesen. Als solche Völker kämen in Betracht die Aegypter und die Babylonier. Bei beiden Völkern ist die Sitte, den Ort eines Planeten durch seinen Aufenthalt in einem Sternbild oder gleichzeitigen Mittagsdurchgang mit einem Stern einer bestimmten Reihe festzulegen, von alters her bekannt. Für die Aegypter läßt sich die Verwendung des Gürtels der Dekane bis zum 3. Jahrtausend zurück nachweisen. Für die Babylonier ist ein ähnlicher Gebrauch für das 2. Jahrtausend sehr wahrscheinlich. Jedoch ist es nicht möglich, diese Kenntnis für die Babylonier für das 3. Jahrtausend nachzuweisen.

Die Verwendung des Aequators selbst zur Ortsbestimmung und seine Darstellung durch Kreise kam erst um Christi Geburt auf. Man teilte den Kreis des Aequators in $365\frac{1}{4}^{0}$, gelegentlich auch in die 28 Mondhäuser oder in die 12 ungleichlangen Zusammenfassungen dieser Mondhäuser, öfters auch in die 12 gleichlangen Abschnitte, die ihren Namen »kung« von der Zwölferrunde haben oder in die daraus abgeleiteten 24 gleichlangen »tsieki«. Das erste Gerät für Messungen baute anscheinend Lo-hia Hung um 104 v. Chr. Es war aus Messing und enthielt einen Mittagskreis und im Innern davon mehrere Kreise. Lo-hia Hung bestimmte als erster die Grenzen der Mondhäuser, wohl durch Beobachtung der Mittagsdurchgänge mit Hilfe einer Wasseruhr, gemäß Graden des Aequators. Trotzdem wurde das Verfahren die Oerter der Planeten nach ihrer Lage im Mondhauskreise anzugeben, noch jahrhundertelang beibehalten. Auch als der Tierkreis den Mondhäuserkreis verdrängt hatte, behielt man ihn in der Sterndeutung bei.

Besondere Beachtung fand der Polarstern als Vertreter des Nordpoles, der Mitte des Himmels und der Ordnung. Für jede Hauptstadt mußte die Lage des Poles festgelegt werden. Dabei bestimmte man auch den Ort des ihm nächsten Sternes. Lag ein Stern nicht unmittelbar am Pol, so wurde die Lage des benachbarten Polsternes für die Mitternacht der 4 Jahrespunkte festgestellt. Wie das Lehrbuch Dschoŭ-be suan-ging (Tcheou-pei) angibt, bestimmte man dabei den Abstand Ost-West durch Beobachten mit dem senkrechten Schattenstab und der Wasseruhr.

Da der Pol infolge der Lagenänderung der Sterne zum Aequator nicht

immer mit demselben Stern verbunden ist, so änderte der Pol des chinesischen Sternhimmels im Laufe der Jahrhunderte seine Stelle. Aus dem überlieferten Namen der polnahen Sterne und infolge der Ortsbestimmung der chinesischen Sterne durch die Jesuiten ist es möglich, die Sterne, welche gemäß chinesischer Ansicht den Pol einnahmen, ausfindig zu machen. Es sind die folgenden Sterne: Tiän-i = 1 im Drachen; Tai-i = 42 im Drachen; β im Kl. Bär; Tiän-dschŭ = 32 Hev. im Kamelopardalis; α im Kleinen Bär. Die entsprechenden Zeiten, wo diese Sterne als Polsterne vermutlich in Gebrauch waren, sind 27., 23. und 12. vorchristliches und 2. und 13. nachchristliches Jahrhundert. Also auch aus dieser Betrachtung folgt das bis ins 3. Jahrtausend zurückreichende hohe Alter der ursprünglichen chinesischen Sternkunde.
Der Tierkreis als Bezugsebene kam erst in der nachchristlichen Zeit in Anwendung. Die ältesten überlieferten Messungen mit Bezug auf den Tierkreis sind vom Jahre 103 n. Chr., von welcher Zeit ein Verzeichnis der Mondhäuser gemäß Aequator und Tierkreis vorhanden ist. Allerdings handelt es sich dabei nicht um Längenunterschiede, sondern um die Abschnitte im Tierkreis, die durch den Schnitt des Deklinationskreises mit dem Tierkreise entstehen. Also auch hier polare Längen wie bei den Indern, zugleich ein Beweis für die nachträglich erhaltene Kenntnis von dem Tierkreis.
Ueber die Lage der Schnittlinie des Aequators mit dem Tierkreise erfährt man erst seit dem 6. Jahrhundert. Um 590 legten Liŭ Dschoŭ, Dschoŭ Hüan und Hiao-tsun den Beginn des Tierkreises auf den 1. Grad des Mondhauses Siŭ, im Jahre 619 Fou-yin-kun auf den 6. Grad und im Jahre 762 Ko-hieu auf den 4. Grad dieses Sternbildes, welche Zahl die späteren Beobachtungen von 784, 892 und 1024 bestätigten. Ueber das Rückwärtsschreiten gibt es Untersuchungen seit dem Ende des 3. Jahrhunderts, wie die Uebersicht 16 lehrt. Die Größe des Rückwärtsschreitens wurde anscheinend aus der Lage der Sonnenwenden im Mondhäuserkreise bestimmt.
Vor Schu Ging verstanden die Chinesen nicht die Umrechnung vom Aequator auf den Tierkreis und umgekehrt. Ihre mathematischen Kenntnisse beschränkten sich hauptsächlich auf die Berechnung der Sonnenhöhe aus der Schattenlänge.

DIE BEWEGUNG DER HIMMELSKÖRPER

Gemäß der chinesischen Staatsreligion besteht völlige Uebereinstimmung zwischen himmlischem und irdischem Geschehen. Ereignet sich am Himmel etwas Ungehöriges, so kann dies nur durch ungesetzliches, schlechtes Verhalten des Kaisers oder seiner Minister verursacht sein. Daraufhin hat der Kaiser Buße zu tun und die Ordnung auf der Erde wieder herzustellen. Als ungewöhnliche Himmelserscheinungen kommen in erster Linie in Betracht: Finsternisse und Kometen, aber auch alle von der Regel abweichenden Erscheinungen wie Feuerkugeln, Ringe um Sonne und Mond, Nordlichter, sowie scheinbare Unregelmäßigkeiten in der Bewegung der Planeten. Die vom Kaiser mit der Herstellung des Kalenders betrauten Sternkundigen hatten nach solchen Erscheinungen zu sehen und dem Kaiser von jedem unzeitlichen Geschehen zu unterrichten, damit er die nötigen Maßregeln ergreife. Die Betrauung der Hofsternkundigen mit dieser Aufgabe geht bereits ins 3. Jahrtausend zurück, wie ein Bericht aus dem Geschichtswerke Yü-king, welches das chinesische Leben vom Ende des 3. Jahrtausends schildert, erkennen läßt. Dort wird berichtet, daß die Sternkundigen mit dem Tode bestraft wurden, weil sie dem Wein gehuldigt und darüber unterlassen hatten, den Kaiser von der stattfindenden Sonnenfinsternis in Kenntnis zu setzen. Das Todesurteil lautete: »*Der blinde (Musiker) hat getrommelt, die Mandarine sind zu Pferd gestiegen, das Volk ist herbeigelaufen. Zu dieser Zeit haben* Hi *und* Ho, *Holzfiguren vergleichbar, nichts gesehen und nichts gehört und durch ihre Vernachlässigung der Berechnung und Beobachtung der Bewegungen der Gestirne die Todesstrafe verwirkt.*« Man unterschied die Finsternisse nach der Jahreszeit und schrieb für jede Jahreszeit besondere Gebräuche vor. Eine solche Regel ist uns durch Dso Kiu-ming, den Schüler des Geschichtsschreibers Kung-tse (Konfuzius) überliefert, weil sein Meister darin eine Rolle spielt. Es handelt sich um die Finsternis vom 14. August 524 v. Chr. »*Im Sommer, im 6. Monat, am Tage Gia-sï, am ersten Tage des Monates, war eine Sonnenfinsternis. Der Priester und Geschichtsschreiber verlangte nach den für das Opfer benötigten Seidenstücken.* Tschao-tse *sagte: ‚Wenn eine Sonnenfinsternis stattfindet, nimmt der Kaiser keine vollständige Mahlzeit ein und läßt die Trommeln am Landesaltar schlagen, während die Lehnsfürsten Seidenstücke auf dem Altar opfern und die Trommeln an ihren Höfen schlagen lassen. So lautet die Vorschrift.‘* Ping-tse *widersprach dem und sagte: ‚Höre auf! Es ist nur im ersten Monat, ehe die bösen Einflüsse sich geltend machen und dann eine Sonnenfinsternis eintritt, daß es Vorschrift ist, die Trommeln zu rühren und Seidenstücke zu opfern. Fürs Übrige nicht.‘ Der große Geschichtsschreiber sagte darauf: ‚Das ist gerade der Fall in diesem Monat.*

Nachdem die Sonne die Frühlingsgleiche durchschritten hat, und bevor sie die Sommerwende erreicht, wenn dann einiges Unheil der Sonne, dem Mond oder den drei Himmelskörpern zustößt, so legen alle Beamten ihre feine Kleidung ab, so nimmt der Fürst keine vollständige Mahlzeit ein und zieht sich aus seinen Prunkgemächern zurück, bis der Zeitpunkt der Finsternis vorüber ist. Die Musiker schlagen die Trommeln, der Priester opfert Seidenstücke und der Geschichtsschreiber hält eine Rede.'«

Als vorbildlich für alle Zeiten wurde das Verhalten des Kaisers GUANG-WU-DI bei der Sonnenfinsternis vom 10. Mai 31 n. Chr. angesehen. Es wird darüber berichtet: »*Nach der Finsternis zog sich der Kaiser 5 Tage zurück, um nur über seine Regierung nachzudenken, worauf er folgenden Erlaß herausgab: ,Der Anblick der Sonne und des Mondes veranlaßt uns an uns zu denken. Es ist notwendig seine Fehler zu verbessern und dadurch dem Unheil, mit dem uns der Himmel bedroht, zuvorzukommen. Ich für meinen Teil kann kaum sprechen; ich zittere angesichts meiner Vergehen. Ich will, daß die Großen meines Hofes mir offen ihre Meinung in geheimen Schreiben mitteilen; ich will nicht, daß man mir den Titel Ching gebe*'. DSCHĔNG HING *schrieb in seinem Geheimschreiben folgendes: ,Gemäß den Regeln der Sternkunde dürfen die Sonnenfinsternisse nur am ersten Tage des Monates stattfinden. Indessen sieht man seit einigen Jahren mehrere am letzten Tage des Monates. Dies kommt daher, daß der Mond seine Bewegung beschleunigt hat und deshalb die Finsternis eher eintritt. Die Sonne ist das Abbild des Kaisers. Der Mond ist das Abbild der Untertanen. Die Fehler der Untertanen haben gewöhnlich ihren Ursprung in denen der Kaiser.*'«

Diese wenigen Beispiele mögen genügen um zu zeigen, wie innig die Sternkunde mit dem Staate verknüpft war und weshalb auf die Beobachtung der Finsternisse so großer Wert gelegt wurde.

Die überlieferten Finsternisse betreffen den Zeitraum von 709 v. Chr. bis 1601 n. Chr. Für die vorchristliche Zeit ist die Ueberlieferung sehr lückenhaft. Die ältesten Finsternisse von 709—481 v. Chr. sind von KONFUZIUS mitgeteilt worden. Dann klafft eine Lücke bis 249 v. Chr., in welcher nur 3 Finsternisse erwähnt werden, gemäß chinesischer Ansicht infolge der geringen Sorgfalt, die man auf die Beobachtung der Himmelserscheinungen legte. Die Angaben über die Finsternisse enthielten meistens nur den Tag; von 585 n. Chr. an werden gelegentlich auch die Stunden oder Hundertstel des Tages angegeben. Nur selten wird seit dem 6. nachchristlichen Jahrhundert der Umfang der Finsternis in Fingern angegeben. Nie wird die Lage des verdunkelten

Teiles der Scheibe mitgeteilt, was um so merkwürdiger ist, da die Chinesen für das Inbeziehungsetzen der Erde mit den Himmelskörpern unter Benützung der Vierteilung große Vorliebe hatten. Anscheinend war diese Art der Deutung der Finsternisse auf verschiedene Länder den Chinesen unbekannt.

Beobachtungen der Sonne zur Festlegung ihrer Bahn am Himmel kamen erst in der nachchristlichen Zeit auf. Man beobachtete wohl die Schattenlänge und den Polabstand der Sonne zu verschiedenen Zeiten, aber eine Verschmelzung der Beobachtungen zur Ableitung der Sonnenbahn fand nicht statt. Vor dem Jahre 440 gab es keine genauen Beobachtungen des Sonnenortes in Bezug auf die Jahrespunkte oder auf die Hauptsterne der Mondhäuser. Erst vom Beginn des 6. Jahrhunderts an wurde durch Dschang Dsï-sin die verschiedene Länge der Jahreszeiten bekannt und die Zeitgleichung berücksichtigt.

Die Erkenntnis der Mondbewegung erfolgte auch erst in der nachchristlichen Zeit. Liu Hung und Tsai Yung waren die ersten, welche im Jahre 206 n. Chr. die Unregelmäßigkeiten in seiner Bewegung durch eine Gleichung berücksichtigten, wobei es noch fraglich ist, in wieweit ausländischer Einfluß mitwirkte. Die Breite des Mondes wurde erst durch Dschang Dsï-sin um 550 n. Chr. berücksichtigt.

Andere Beobachtungen, allerdings erst in nachchristlicher Zeit, aus den Jahren 73—1367, betreffen die Annäherungen oder Verdeckungen der Planeten gegeneinander oder gegenüber Sternen. Es wird bei diesen Beobachtungen immer die Stunde angegeben, sehr selten bei Annäherungen der Abstand. Auf eine genaue Ermittelung der Bahnen wurde anscheinend kein großes Gewicht gelegt. Noch J Hang, der sich besonders mit Jupiter beschäftigte, begnügte sich im Jahre 724 damit, den Lauf des Jupiter in ganzen Umläufen und Zwölftel des Tierkreises anzugeben. Auch die Beobachtungen der Sterne lassen erkennen, daß die Chinesen auf die Erlangung genauer Ortsangaben keine Zeit verwendet haben. Die Sichtbarkeit von Venus und Jupiter am Tage fand Erwähnung.

Sehr beachtet wurden die Kometen, unter denen man allerdings auch neue Sterne und Feuerkugeln verstand. Es ist aber oft nicht möglich, aus den kurzen Angaben auf die Art des Himmelskörpers zu schließen. Nur wenn von einer mehrtägigen Sichtbarkeit und von einer Bewegung am Himmel die Rede ist, hat man es mit einem Kometen zu tun. Die überlieferten Beobachtungen betreffen die Jahre 611 v. Chr. bis 1640 n. Chr. Die Zeitangaben enthalten zuerst nur die Jahre, von 240 v. Chr. an die Monate und von 73 n. Chr. an auch die Tage.

Was die anderen Angaben über die Kometen anlangt, so ließen die Mitteilungen des KONFUZIUS auch die Sternbilder erkennen; später begnügte man sich mit der Angabe der Himmelsrichtung. Seit dem 2. vorchristlichen Jahrhundert wird meistens das Sternbild des Erscheinens, die Richtung und Dauer der Bewegung, gelegentlich auch die Farbe und Ausdehnung erwähnt. Auch über Nordlichter, Ringe und Höfe um Sonne und Mond sind Aufzeichnungen vorhanden. Zu den auffälligen Erscheinungen gehörten auch die auf der Sonne gesehenen Flecken, die meistens mit einer Pflaume oder Dattel verglichen werden. Die 45 Angaben umfassen die Jahre 301—1205 n. Chr. In einigen Fällen wird angegeben, daß die Flecken mehrere Tage, bis zu 19 Tagen, lang sichtbar waren. Es ist nicht ausgeschlossen, daß einige dieser Beobachtungen sich nicht auf Sonnenflecken, sondern auf Wolken oder andere Gegenstände vor der Sonnenscheibe beziehen.

Die Erforschung des Laufes der Planeten spielte bei den Chinesen nicht die Rolle wie bei den Babyloniern und Griechen. Bezeichnend sind die um 1000 v. Chr. herrschenden Vorstellungen über die Sonnenbahn, wie sie in dem Lehrbuch Dschoŭ-be niedergelegt sind. Die tägliche Sonnenbewegung wird als kreisförmig angenommen, wobei die den verschiedenen Tageslängen entsprechenden Kreise als parallel zur Erdscheibe angesehen werden. Der Durchmesser des Sonnenkreises zur Zeit der Sonnenwende wird zu 238 000 li angesetzt, der Kreis zur Zeit der Nachtgleichen zu 357 000 li und zur Zeit der Winterwende zu 476 000 li. Noch größer ist der Kreis der 4 Himmelsrichtungen, nämlich 810 000 li. Die den einzelnen Monaten entsprechenden Sonnenkreise werden mit gleichem gegenseitigen Abstand zwischen den Wendekreisen liegend gedacht. Offenbar liegt auch hier der Vergleich mit der Bewegung auf einer Töpferscheibe zugrunde. Erst in der nachchristlichen Zeit wird die Bewegung der Sonne mehr beachtet, sowie die Ungleichheit der Jahreszeiten und die Zeitgleichung berücksichtigt. Die Ansätze über die Länge des als Wendejahr gedachten Jahres werden immer genauer, wie die Uebersicht 16 erkennen läßt. Die im 3. Jahrhundert gebrauchten Werte ähneln denen des PTOLEMAIOS, während die späteren den jetzigen genauen Werten sich nähern.

Aehnlich steht es mit der Erforschung der Mondbewegung. Genauere Werte bringt erst das 3. Jahrhundert, wie die Uebersicht 16 zeigt. Die Werte für den Mondwechsel liegen den jetzigen genauen Werten zum Teil näher als die Werte des PTOLEMAIOS. Bei den Zahlen für den Drachenmonat zeigt sich die Merkwürdigkeit, daß die Zahlen des

3. Jahrhunderts den modernen Werten nahe kommen, wenn auch nicht so nahe wie die wenig späteren indischen Werte; dagegen weichen die chinesischen Zahlen des 5.—13. Jahrhunderts beträchtlich davon ab. Seit dem Jahre 204 v. Chr. liegen Berechnungen von Finsternissen vor, die in 39 Fällen aber nicht eintrafen. Die Berechnungen gelten für die kaiserliche Hauptstadt. In dem Zeitraum von 181 v. Chr. bis 1292 n. Chr. wurden 86 Sonnenfinsternisse beobachtet. In vielen Fällen hinderte aber die Bewölkung des Himmels die Nachprüfung. Gelegentlich wurde festgestellt, daß eine Finsternis nicht am Ort des Kaisersitzes, sondern für andere Gegenden Chinas eingetroffen war. Die Vorausberechnung gibt nur selten die Doppelstunden oder Hundertstel des Tages. Erwähnung verdient der Umstand, daß für die Jahre 204 bis 177 v. Chr. auch der Ort der Sonne in Graden der Mondhäuser angegeben ist, eine Sitte, die in den späteren Jahrhunderten nur ganz vereinzelt auftritt. Vom 14.—16. Jahrhundert wurde die Berechnung der Finsternisse vernachlässigt. Erst durch die Bemühungen des Fürsten Tching und des Sternkundigen Hing Yün-lŭ gelang es, die Berechnung der Finsternisse wieder einzuführen. Man benützte dabei wohl neue, ausländische Rechnungsverfahren; denn die 16 überlieferten, berechneten Sonnen- und Mondfinsternisse der Jahre 1572—1631, die nunmehr die Zeit des Anfanges, der Mitte und des Endes der Finsternis auf Stunde, Minute und Sekunde sowie die Größe der Bedeckung angeben, stimmen mit den Beobachtungen der Chinesen und Jesuiten nicht schlecht überein. Nichteintreffen erfolgte fünfmal. Abweichungen von mehr als einer Stunde finden nur einmal statt. Auch die Größe der Bedeckung ist gut getroffen. Offenbar hatte sich die chinesische Sternkunde verbessert, da für den Zeitraum von 200 v. Chr. bis 1300 n. Chr. durchschnittlich 64 Fehlanzeigen auf 100 angesagte Finsternisse kamen.

Das Nichteintreffen einer Finsternis war für den Sternkundigen ohne schlimme Folgen. Der Kaiser wurde wegen des Nichteintreffens beglückwünscht und hatte keinen Anlaß deshalb seinem Sternkundigen zu grollen. Glückwünsche erfolgten auch dann, wenn die Finsternis kleiner als vorhergesagt ausfiel.

Mit der Bewegung von Sonne und Mond und mit der Beobachtung und Berechnung von Finsternissen haben sich beschäftigt: Liu Hung 206 v. Chr., Giang Gi um 384 n. Chr., Ho Tschĕng Tiăn 443, Dsŭ Tschŭng-dschï 451, Dschang Dsï-sin um 576, Dschang Bin 584, Liu-Dschou um 600, Fou-yin-kun 620, Li Tchun-fĕng 721, J Hang 724,

Kohieu 762, Yä-lü-tschŭ-tsai 1220, Schu-Ging um 1280, Hing Yün-lŭ 1613 n. Chr. Dazu kommen noch die auf S. 199 erwähnten ausländischen Beeinflussungen, die sich hauptsächlich auf die Sonnen- und Mondbewegung beziehen.

Neben Sonne und Mond wurden die anderen Planeten weniger beachtet. In der Zeit vor dem 2. Jahrhundert v. Chr. wurde nur das Rückwärtsgehen des Mars beobachtet, seitdem aber das Rückwärtsgehen sämtlicher Planeten. Aus den vielen Beobachtungen über ihre Bewegung, wurde die Dauer ihrer Sichtbarkeit und Unsichtbarkeit und ihres Umlaufes abgeleitet. Der zwölfjährige Umlauf des Jupiter und der 28jährige Umlauf des Saturn waren vor Christi Geburt bekannt. Man wußte, daß die Bahn der Planeten nicht mit dem Tierkreise zusammenfalle, konnte aber ihre Lage aus den zahlreichen Beobachtungen nicht berechnen. Die Unregelmäßigkeit der Bahnbewegungen der 5 Planeten in der Form einer Gleichung wurde zuerst von Dschang Dsï-sin um 550 n. Chr. berücksichtigt.

In welcher Weise die Chinesen sich die Bahnen der Planeten im Raume liegend dachten, ist unbekannt. Die noch im Dschoŭ-be-suan-ging vertretene Lehre über die Lage der Sonnenbahn mußte sich allmählich als haltlos erweisen. Auch mußte die Einführung der Gleichungen der Planeten, die wohl auf ausländischen Einfluß zurückging, eine Umbildung der Darstellung über die Lage ihrer Bahnen herbeiführen. Ferner darf die durch eingeführte Uhren erfolgte Beeinflussung der Gedankenwelt nicht vernachlässigt werden. Von eingeführten Geräten ist allerdings in den Geschichtsbüchern nicht die Rede, sondern nur von Geräten, die von westlichen Arbeitern hergestellt wurden; aber man darf wohl bei verschiedenen Geräten wie bei den Wasseruhren mit beweglichen Figuren an griechische Vorbilder denken. Eine solche Wasseruhr war die von J Hang um 724 n. Chr. hergestellte. Aehnlich stand es wohl mit den von Tsch'ao-tsch'oung 398 und Ts'ien tao-tschen 436 gebauten Bewegungswerken.

DIE STERNE

Der chinesische Sternhimmel zeigt mit dem griechischen und modernen Sternhimmel keine Uebereinstimmung. So auffällige Sternbilder wie Orion, Plejaden und Großer Bär werden auch von den Chinesen als einheitliche Sternbilder aufgefaßt. Aber sowohl in dem Namen als auch in der Abgrenzung der Sternbilder zeigen sich große Unterschiede. Der chinesische Sternhimmel kennt keine Gestalten der Sage wie Kepheus, Perseus, Herkules und andere; sondern die chinesischen Sternbilder sind entweder dem landwirtschaftlichen Leben entnommen wie: Fisch, Spreu, Stampfe, Hund, Schildkröte, Rind, Deichnetz, Kanäle, Kürbis, Schlüssel, Vorlegschloß, Geldstrafe, Schnitterin, Mühle, Heu, Vieh, Peitsche, Sandale oder stellen Aemter des kaiserlichen Hofes dar. Als solche liegen sie in der Nähe des Nordpoles des Himmels und bilden die drei großen Umwallungen, die aus 39, 20 und 19 Sternbildern bestehen. Einzelne Sternbilder werden wieder in kleinere zerlegt, zum Beispiel der Große Bär, dessen 7 Hauptsterne Pe-teou heißen, davon wird das Viereck mit Koui und die Deichsel mit Pei bezeichnet. Außerdem hat jeder Stern noch seine eigene Bezeichnung. Auf diese Weise zählt der chinesische Sternhimmel sehr viele Sternbilder und Namen.

Seit dem 3. nachchristlichen Jahrhundert werden immer 283 Sternbilder genannt. Der sternkundliche Teil der Geschichte der Han gibt 118 Sternbilder mit 783 Sternen an. In frühester Zeit wird die Zahl der Sternbilder sich auf die Mondhäuser beschränkt haben. Um 350 v. Chr. oder 200 n. Chr. hat Shih-Shēn, gemäß J. Ueta, die genäherten Oerter von 114 Sternbildern bestimmt. Wenn die Mitteilung über die Sternkunde der Han-Zeit richtig ist, so dürfte dieser Zeit die Erfindung neuer Sternbilder mit vorher noch nicht bekannten Sternen zuzuschreiben sein. Denn bereits um 237 n. Chr. soll Tschēn Dscho 283 Sternbilder mit 1464 Sternen auf eine Himmelskugel aufgetragen haben. Tan Yuen-tse schrieb um 600 ein Gedicht »Pou-t'ien-ko« über die Sternbilder, wo die gleichen Zahlen angegeben werden. Auf dieses Gedicht gehen alle späteren Beschreibungen des Sternhimmels zurück. Die Zahl der Sterne änderte sich auch nicht, als J Hang um 700 durch Beobachter in der Hauptstadt von Cochinchina solche Sterne feststellen ließ, die für die chinesische Hauptstadt Si-an-fu nicht mehr sichtbar waren, und dadurch den chinesischen Sternhimmel, der früher nur für 34⁰ nördliche Breite galt, nach Süden ausdehnte, so daß Sterne wie Kanopus aufgenommen wurden. Um 1600 wurden durch den Jesuiten Ricci 23 Sternbilder am südlichen Pol mit 129 Sternen eingeführt. Im 17. und 18. Jahrhundert bemühten sich die Jesuiten, besonders Kögler, die Sterne der chinesischen Sternbilder ihrer Lage nach zu bestimmen und in Sternkarten einzuzeichnen. Bis dahin gab es keine chinesischen Verzeichnisse mit Koordinaten für die Sterne. Als die Jesuiten mit Unterstützung der Chinesen diese Sterne aufnahmen, zeigte es sich, daß 6 Sternbilder und 145 Sterne am Himmel nicht festzulegen waren. Von den bestimmbaren Sternen sind mindestens 11 schwächer als $6 \cdot 5^m$, alo schon schwierig beobachtbar.

Was die Darstellung des Sternhimmels in der Form von Himmelskugeln oder Sternkarten anlangt, so soll DSCHANG-HENG um 164 n. Chr. eine Himmelskugel hergestellt haben, desgleichen HO TSCHĔNG TIÄN um 443. Aus späterer Zeit gibt es verschiedene Drucke, wo aber nicht der ganze Himmel, sondern nur einzelne Sternbilder und höchstens die

(Umzeichnung gemäß Monthly Notices 69, pl. 18)
Bild 25. Chinesischer Sternbilderhimmel

Nachbarsternbilder abgebildet sind. Immer sind die Abbildungen so ungenau, daß man den Ort eines Sternes zu seinen Nachbarn nicht entnehmen kann. Häufig kommt es vor, daß dasselbe Sternbild auf verschiedenen Blättern desselben Buches anders abgebildet ist, sowohl bezüglich der Zahl als auch der gegenseitigen Lage der Sterne. Aus dem

Jahre 1247 stammt eine Himmelskarte, die auf einen Stein im Tempel des KONFUZIUS in der Stadt Su-dschou eingegraben wurde zum Andenken an den sternkundlichen Unterricht, den der Kaiser NING DSUNG im Jahre 1193 n. Chr. empfangen hatte. Den alten chinesischen Sternhimmel zeigt auch eine Messingschale, die anscheinend aus dem 19. Jahrhundert stammt, aber den von den Jesuiten noch nicht beeinflußten chinesischen Sternhimmel zeigt. An Kreisen enthält sie den Kreis der ständigen Sichtbarkeit, davon strahlenförmig ausgehend die Felder der 28 Mondhäuser, durchschnitten vom Aequator und Tierkreis und von der Milchstraße. (Bild S. 225.)

Die Chinesen unterscheiden die Sterne nicht nach der Größe, was das Bestimmen der Sterne sehr erschwert. Um so erstaunlicher ist es, daß ein aus dem Jahre 147 etwa stammendes Steinbild, das den Großen Bären mit den Reiterlein zeigt, die Lichtschwäche des Reiterlein durch eine kleinere Scheibe anzeigt. Da dieses Bild, wie andere dieser Zeit, deutlich griechischen Einfluß verrät, so ist die den Chinesen ganz ungewohnte Unterscheidung der Größen wohl auch griechischer Einfluß gewesen. Dies läßt sich auch deshalb annehmen, da die Chinesen das Reiterlein sonst gar nicht kennen. — Bei jedem Sternbild wird die Farbe angemerkt: rot, schwarz, weiß, gelb und düster. Offenbar sollen auch hier die Farben die Planeten bezeichnen, welche das Sternbild vertreten und ihm ihre Eigenschaften verleihen können.

STERNGLAUBE UND STERNDEUTUNG

Die Verehrung des Himmels und der Erde, sowie der Sonne und des Mondes ist bei den Chinesen sehr alt. Die durch den Kaiser dargebrachte Verehrung vollzieht sich auf dem großen Opfergelände (Bild S. 227) bei Peking und zwar auf dem Runden Hügel. Hier befindet sich ein kreisrunder Tempel, Kaiserliches Gewölbe genannt, genau in der Hauptachse des Geländes. Das kreisrunde, kuppelförmige Dach wird von 8 den Himmelsrichtungen entsprechenden Pfeilern getragen. Dieses Gewölbe, die Versinnbildlichung des über der Erde ruhenden Himmels, diente zur Aufbewahrung der Seelentafel des Himmels in einem drachenbesetzten Schrein an der Nordseite, an der vornehmsten Stelle. Zu beiden Seiten dieser Seelentafel, genannt Kaiserlicher Himmel, Oberster Kaiser, befinden sich die Seelentafeln der verstorbenen Kaiser. Die Verehrung des Himmels findet durch das allervornehmste

Opfer in der Nacht der Winterwende seinen Ausdruck. Der Kaiser selbst nimmt das Opfer vor. Oestlich des Kaiserlichen Gewölbes be-

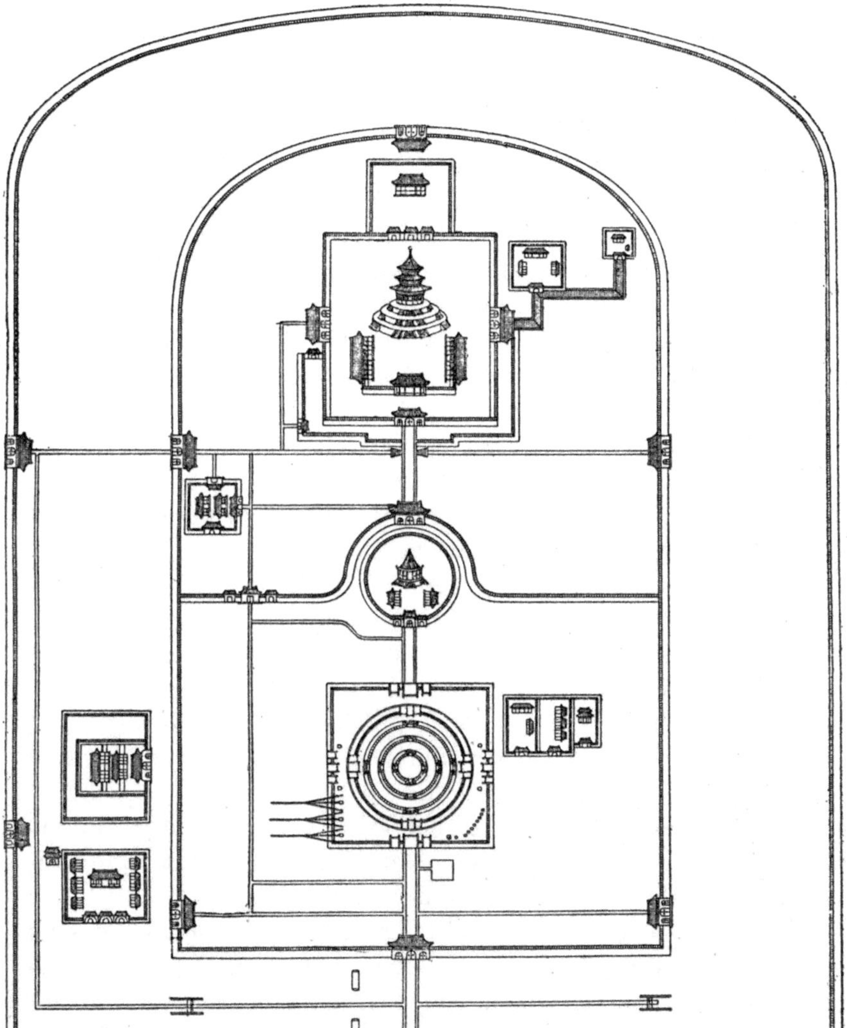

(Gemäß: DE GROOT, Universismus, Bild II)
Bild 26. Grundriß des Opfergeländes des Himmels zu Peking

findet sich der viereckige Nebentempel für die Tafeln der Sonne, des Großen Bären, der 5 Planeten, der 28 Mondhäuser und der Sterne und Sternbilder des Himmels; im gleichgroßen westlichen Nebentempel die Tafeln des Mondes und der göttlichen Verwalter der Wolken, des Regens, des Windes und des Donners. Zu ganz bestimmter Zeit wird den Tafeln Verehrung dargebracht. Sonne und Mond haben ihre eigenen Altäre. Der Sonnenaltar ist im Osten, östlich der östlichen Mauer Pekings. Der Altar ist genau rechteckig und den Himmelsrichtungen entsprechend angelegt. Hier findet bei Sonnenaufgang am Tage der Frühlingsnachtgleiche das Opfer statt. Der Mondaltar liegt im Westen, westlich der westlichen Mauer Pekings. Auch er ist rechteckig. Das Opfer findet zur Herbstnachtgleiche bei Sonnenuntergang und Mondaufgang statt und gilt außer dem Monde auch den Tafeln der 4 Gefolgschaftsgötter: Großer Bär, 5 Planeten, 28 Mondhäuser und die Sterne des Himmels. Das Opfer für Sonne und Mond wird abwechselnd vom Kaiser oder einem kaiserlichen Prinzen dargebracht. Auch Jupiter genießt Verehrung, nicht als Planet, sondern als Herr der Folge von 12 Jahren, von denen jedes Jahr besondere Wirkungen auf die Saaten ausübt. Der Kaiser opfert dem Jupiter an demselben Tage wie dem Gott des Ackerbaues, nämlich im 2. oder 3. Monate des Frühlings an einem glücklichen Tage. Bei großer Dürre empfängt Jupiter auch außer der Reihe Opfer wie andere Götter.

Eine viel größere Rolle als die Verehrung der Gestirne spielt im chinesischen Volke die Deutung der Richtungen auf der Erde und der Vorgänge am Himmel. Die Beachtung der himmlischen Vorgänge war Pflicht des Kaisers, besagt doch der dem Konfuzius zugeschriebene Anhang zu dem Werke Ji' »*Der Himmel läßt seine Bilder herabhängen, die Glück und Unheil offenbaren; die Heiligen (die Herrscher) nehmen sie als Vorbild*«.

Seit alter Zeit lassen sich drei Arten chinesischer Sterndeutung unterscheiden: Deutung der Richtungen, Deutung der Glücks- und Unglückszeiten und Deutung der himmlischen Vorgänge.

Die Richtungsdeutung spielt in der Religion und im Staatsleben eine große Rolle. Die Altäre, Wege und Treppen in dem Altargelände müssen genau den Himmelsrichtungen entsprechen. Ebenso ist es mit der Anlage der kaiserlichen Schlösser und der Staatsgebäude. Auch bei Straßen und ganzen Städten wie Peking ist die genaue Anordnung der Straßen nach den Himmelsrichtungen vorgeschrieben und aus den Erscheinungen des Himmels abgeleitet. Ihr liegt die Anschauung zugrunde, daß der Mensch sich dem Himmel so anzupassen hat, daß die günstigen Einflüsse der Weltordnung (Tao) möglichst wirksam sind. Der Mensch hat aber auch die Altäre der Götter und die Gräber seiner

Ahnen so günstig als möglich zu legen; andernfalls »weigern sich die Götter und die Geister der Toten darin zu verweilen oder fühlen sich daselbst so unbehaglich, daß sie in ihrem Aerger den sorglosen Menschen Strafe statt Segen senden«. Die richtige Lage der Gräber der Verstorbenen ist aber auch sonst Pflicht jedes Menschen; denn nur Tote, die sich im Grab behaglich fühlen, können ihre Nachkommenschaft glücklich machen und ihnen gute Staatsstellen verschaffen. Damit eröffnet sich den Sterndeutern, die wegen der Lage der Gräber befragt werden, ein reiches und erträgliches Feld der Betätigung. Sie bestimmen den Ort, wo der Tote liegen soll und berücksichtigen die räumlichen Umstände, wie sie durch die Einteilung des Horizontes, entsprechend den 12 Abschnitten und den 28 Mondhäusern, gegeben sind, und die Einflüsse der Gestaltung der Umgebung und der Bodenbeschaffenheit auf das Grab. Besonders wichtig ist es, daß die Ruhe des Toten nicht durch Aenderungen in der Umgebung oder durch die Anlage eines anderen Grabes gestört werde. Darüber zu wachen ist auch Sache des Sterndeuters. Wie er schon bei der Auswahl des Grabes reichliche Gelegenheit zum Geldverdienen hatte, so ist dies noch vielmehr bei den nunmehr anhebenden Streitigkeiten der Fall. Immer gibt er den Ausschlag und die Erben müssen zahlen.

Nicht minder wichtig ist der Sterndeuter bei der Bestimmung der glücklichen und unglücklichen Zeiten. Er entnimmt dem Kalender mit Hilfe der Deutungsscheibe die günstigen Zeiten für Opfer und Begräbnisse, aber auch für Erdarbeiten, Unternehmungen, Baumfällen, Wohnungkehren, Jagen, Baden, Vereinbarungen aller Art, desgleichen auch die Zeiten, welche für gewisse Dinge ungünstig sind. Die richtige Deutung der angegebenen Zeiten ist Sache des Sterndeuters, der nicht unterläßt hinzuzufügen, daß das Geschick nach seinem Willen mehr oder weniger senden werde, als er berechnet habe. Der Glaube der Chinesen an diese Deutungen war zu allen Zeiten groß. Es wird keinem Kaufmann einfallen an einem Unglückstage Geschäfte abzuschließen. Da niemand die Probe macht, so wird der Glaube nicht erschüttert.

Die Deutung der Himmelsvorgänge kam in erster Linie für den Staat und das Staatsoberhaupt in Betracht. Die Sonne gilt als Vertreter des Kaisers. Sonnenfinsternisse deuten in erster Linie eine schlechte Regierung des Kaisers an und müssen ihn zur Buße veranlassen. Der Mond beaufsichtigt die Minister und zeigt deren eigenmächtiges oder nachlässiges Wesen durch seine Fehler wie Mondfinsternisse, Bedeckungen der Planeten, Eintritt der Planeten in den Mondhof, Mondschein am hellen Tage oder Umwandlung des Mondes in einen Kometen an. Die 5 Planeten haben ihre besondere Bedeutung. Während einer vollkommenen Regierung verfolgt jeder Planet seinen Weg ganz regelmäßig. Aber wenn der Fürst in die Rechte der Untertanen eingreift oder diese sich seine Macht anmaßen, so wird die Ordnung im Staate gestört und damit ein schlechter Einfluß auf die Planeten ausgeübt, die nunmehr ihre Bahn verlassen und an ungewohnten Stellen erscheinen, auch am Tage sichtbar werden oder sich in einen Kometen verwandeln. Die 12 räumlichen und zeitlichen Abschnitte entsprechen den 12 Königreichen und 12 Provinzen; daher hat jede Finsternis und jede Aenderung der Sterne und Planeten Bedeutung für die betreffenden Provinzen oder Königreiche. Diese eben angeführten Ansichten entstammen einem Buche des 2. vorchristlichen Jahrhunderts. Sie wurden aber auch später geteilt. Für jeden der 5 Planeten gilt noch folgende Regel: Sein Einfluß ist um so größer, je heller er ist. Wenn er rückwärts geht, so wechselt er seine Farbe und ändert seine Wirkung ins Gegenteil. Ungünstig ist nur der Mars, der Krankheiten und Krieg bringt. Die anderen Planeten sind vorwiegend günstig. Die gegenseitige Beziehung zweier Planeten wird auf Freund und Feind gedeutet. Die Zusammenkunft von Jupiter und Saturn bedeutet Unruhen und Hungersnot, von Mars und Saturn Trockenheit, die Zusammenkunft von 3 Planeten bedeutet Krieg und Trauer und in erhöhtem Maße die von 4 Planeten. Die Zusammenkunft von 5 Planeten deutet auf einen neuen Weltherrscher. Der Farbenwechsel der Planeten wird gedeutet, ebenso Unregelmäßigkeiten in der Bahnbewegung; so wurde aus dem unregelmäßigen Verweilen Jupiters im Zeichen Hinauhiao auf eine Hungersnot für das Jahr 532 v. Chr. geschlossen. Bei Sonne und Mond wird das Vorhandensein von Ringen und Höfen gedeutet, ferner das Herannahen der anderen Planeten an den Mond. Auch Kometen, Sternschnuppen und Feuerkugeln werden gedeutet.

Eine Sterndeutung in der Form des Horoskopes scheint es nie gegeben zu haben. Die gegenteiligen Behauptungen des Marco Polo, der in den Jahren 1271—95 China bereiste, können nicht als maßgebend angesehen werden, da Polo bei der späteren Niederschrift seiner Erlebnisse sich offenbar durch die Erinnerung an seine heimatliche Sterndeutung leiten ließ und die Grundzüge der chinesischen Sterndeutung nicht richtig erkannt hatte.

GELEHRTE UND UNTERRICHT

Der Himmel zeigt durch die Stellungen seiner einzelnen Teile die Jahreszeiten und die damit notwendigen Arbeiten und durch ungewöhnliche Erscheinungen wie Finsternisse und Kometen die schlechte Regierung des Kaisers oder seiner Minister an. Die Herstellung eines richtigen Kalenders und die Ueberwachung des Himmels auf auffällige Erscheinungen hin war deshalb eine Staatsnotwendigkeit. Es gehörte zu den Pflichten des Kaisers für die Herstellung eines richtigen Kalenders und für die Ueberwachung des Himmels zu sorgen. Diese beiden Tätigkeiten wurden hohen Beamten übertragen, die für die Einhaltung der Vorschriften und Ueberwachung verantwortlich gemacht und, wie ein Beispiel aus sehr alter Zeit lehrt, wegen Vernachlässigung ihrer Pflicht mit dem Tode bestraft wurden. Diese Beamten befanden sich am Hofe des Kaisers und hatten dort ihre Sternwarte. Die Chinesen schreiben dem sagenhaften Kaiser JAU (2356—2254 v. Chr.) die Einrichtung des Amtes zu. Wie SĬ-MA TSIÄN berichtet, errichtete JAU das Amt der HI und HO, damit nach ihren genauen Berechnungen das Yin und das Yang zur klaren Bestimmung der Zeitabschnitte harmonisch zusammenwirken sollen, auf daß dadurch Wind und Regen in den richtigen Zeitabschnitten, die ein üppiges Wachstum herbeiführen, eintreten und weder Hungerplagen noch Seuchen unter dem Volk vorkommen. Die Tätigkeit dieser Beamten im Zeitalter der Dschou̇ (1050—256 v. Chr.) wird folgendermaßen beschrieben: »*Sie bestimmen pünktlich das Sonnenjahr und das Mondjahr, um dadurch die Beschäftigungen in der richtigen Ordnung zu halten. Sie lassen diese ihre Bestimmungen den Amtsgebäuden und den Hauptstädten der fürstlichen Länder zugehen; auch stellen sie ihre Weisungen über den Anfang der Monate den Lehnsreichen zu.*« Neben diesen hohen Beamten gab es noch untere Beamte für die Geschichtsschreibung des Reiches und der Länder der vier Himmelsrichtungen und Beamte des auswärtigen Dienstes. Während der letzten zwei Kaiserhäuser führte das Amt den Titel »Amt für die gehorsame Uebereinstimmung mit dem Himmel«. Seine Tätigkeit war gemäß einer Vorschrift vom Jahre 1899 n. Chr.: »*Es besorgt die Ausführung der Regierungsverordnungen betreffs der Berechnung des Laufes des Himmels mittels tiefgründiger Wahrnehmungen, zur Förderung der Uebereinstimmung mit den himmlischen Zeitteilen, und um dadurch die Zeitteile für das menschliche Leben anzugeben. Es beschäftigt sich mit allem, was die Beobachtung der Bilder am Himmel, die Deutung der Zeichen, das Wählen (geeigneter Zeitpunkte) und das Wahrnehmen von geeigneten Stunden betrifft.*« Das Amt bestand aus den beiden Hauptabteilungen: Abteilung der Weisungen für die Zeiten und Abteilung für die Deutungen am Himmel. Die erste Abteilung hatte den Kalender, genannt das »Buch der Weisungen für die Zeiten«, anzufertigen und bestand aus 5 Vorstehern, 1 Archivverwalter, 23 chinesischen, mandschurischen und mongolischen Gelehrten und 63 chinesischen, mandschurischen und mongolischen Sternkundigen. Da das Wählen geeigneter Zeitpunkte und das Wahrnehmen geeigneter Stunden, besonders für die Staatsopfer, Eheschließungen und Totenbräuche in der kaiserlichen Familie, wie auch das Deuten der Vorzeichen zur Tätigkeit dieser Abteilung gehört, so hatte sie noch einen zweiten Kalender herauszugeben, der das »Buch der Weisungen für die Zeiten nach den 7 Herrschern«, nämlich den 7 Planeten, genannt wurde. Die Herausgabe des Kalenders war Pflicht und Vorrecht des Kaisers. Der Kalender wurde auf chinesisch, mandschurisch und mongolisch verfaßt und nicht nur für die einzelnen Teile Chinas, sondern auch für die Nachbarländer Korea, Annam und Liu-kiu berechnet und dorthin gesandt. Am 1. Tage des 2. Monates des laufenden Jahres mußte der für das kommende Jahr geltende Kalender dem Kaiser vorgelegt werden, damit dieser die Erlaubnis zum Druck geben konnte. Die Uebergabe und Empfangnahme des gedruckten Kalenders war eine hochwichtige Angelegenheit, die am 1. Tage des 10. Monates im kaiserlichen Palast und in den 18 Provinzhauptstädten stattzufinden hatte. Der Kaiser empfing dabei je einen handschriftlichen chinesisch und mandschurisch abgefaßten Kalender und drei gedruckte Kalender in mandschurischer, chinesischer und mongolischer Sprache, sowie je ein mandschurisches und chinesisches Stück des Planetenkalenders. Jedes Buch war in gelbe Seide gebunden und mit goldenen Inschriften geschmückt. Die Beamten hatten das ihnen bestimmte Stück ehrerbietig entgegenzunehmen. Dieser bis in die jüngste Zeit bestehende Brauch hatte offenbar immer gegolten.

Die Beobachtungen der Himmelserscheinungen geschahen auf dem kleinen Turm, der aus der Sternwarte herausragte. Jeder der 5 Beobachter hatte in seiner Himmelsgegend Wind, Regen, Luftzustand, Finsternisse, Zusammenkünfte und Gegenscheine der Planeten, Kometen, Sternschnuppen und Nordlichter zu beobachten. Ueber ihre Beobachtungen statteten sie am nächsten Morgen einen Bericht dem Vorsitzenden des Amtes ab, worauf dieser Bericht in die Jahrbücher

des Amtes aufgenommen wurde. Der Brauch hielt sich noch, als die Jesuiten die Berechnung des Kalenders übernommen und ihre Geräte auf der Plattform des Turmes zu Peking aufgestellt hatten. Noch die Dienstvorschrift vom Jahre 1899 für das Amt sah vor: »*Klares Wetter und Regen, Wind und Donner, Wolken und Regenbogen, Höfe und neblige Anhänge zur Sonne und zum Mond, Kometen und außerordentliche Sterne — das alles untersucht es und bucht es. Die Windrichtung und Bewölkung jedes Tages, Höfe und Anhänge, einzeln oder paarweis vorkommend, sowie das Erscheinen und Verschwinden von Sternschnuppen, ferner Kometen und außerordentliche Sterne jeder Art, worüber dem Thron zu berichten ist, gibt es dem Amte Kin-tiän-giän bekannt, das sie daraufhin ausdeutet und dem Throne das Ergebnis mitteilt. Solche Erscheinungen, über welche dem Throne nicht berichtet zu werden braucht, werden mit Erläuterungen in die Bücher eingetragen.*«
Ueber den Unterricht in der Sternkunde ist nichts bekannt. Die Erlangung einer Stelle bei dem Amte war ohne Ablegung einer Prüfung nicht möglich. Da es außerhalb des Staatsdienstes am kaiserlichen Hofe keine Sternkundigen gab, so wird sich die Ausbildung nur auf einen kleinen Kreis beschränkt haben. Eine Ausbildung des Volkes in der Sternkunde ist nicht anzunehmen; was es zu beachten hatte, wurde ihm durch die Sterndeuter beigebracht, die sich mit der Auslegung des Kalenders und der Deutung der Richtungen und Himmelsvorgänge befaßten. Diese Sterndeuter, deren es sehr viele gab — Polo spricht von 5000 Sterndeutern allein in Peking — waren Geschäftsleute, wie die Aerzte.

GERÄTE UND STERNWARTEN

Geräte aus vorchristlicher Zeit sind nur wenige bekannt. Der Kaiser Schun soll um 2050 v. Chr. zur Darstellung des Himmels mit den Planeten, Fixsternen und der Erde ein Gerät haben herstellen lassen, bei dem durch Edelsteine der Pol und die Planeten und durch Perlen die Sterne dargestellt wurden. Diese aus sehr später Zeit stammende Nachricht ist unglaubwürdig.
Sehr alt sind der achtfüßige Bambusstab als Schattenstab und die Wasserwage. Lo-hia Hung entwarf um 104 v. Chr. eine Armillarsphäre mit Aequator- und Meridiankreisen, die Keng cheou-tch'ang 59 v. Chr. aus Bronze herstellte. Das erste mit einem Tierkreisring versehene Ge-

rät stellte Gia Kui im Jahre 103 n. Chr. her. Im Jahre 164 baute Dschang-heng Himmelskugeln und eine anscheinend durch Wasser getriebene Armillarsphäre mit Kreisen für Horizont, Meridian, Aequator und Tierkreis und mit einem Sehrohr zum Beobachten der Sterne. Wang-fan erbaute um 240 eine Armillarsphäre mit Aequator und Tierkreis und mit der Erde in der Mitte, gemäß den Angaben des Liu Hung, und Ho Tschēng Tiän um 443 eine ähnliche, sehr große Armillarsphäre und eine Himmelskugel.

Dschang Dsï-sin, um 550, war anscheinend der erste, der mit einem Astrolab beobachtete. Während der Herrschaft der Sui (591—620) wird von der Herstellung großer messingener Quadranten, Himmelskugeln und Armillarsphären berichtet. Li Tschun-fēng verfertigte um 665 eine große Armillarsphäre. J Hang ließ um 724 Schattenstäbe, Astrolabe, Armillarsphären und Quadranten bauen und durch Leang-ling-tsan eine Wasseruhr mit beweglichen Figuren und Scheiben, zur Darstellung der Himmelsvorgänge. herstellen. Die daraufhin durch Han-hien-fou 1010, Chenn-k'ouo 1074, Sou-song und Han koung-lien 1092 und Wang-fou 1124 erbauten Geräte wurden im Jahre 1126 nach Peking geführt, wo sie bei der Zerstörung der Sternwarte im Jahre 1195 vernichtet wurden. Dagegen sind von den Geräten, welche Schu-Ging (1231—1316) für die Pekinger Sternwarte hergestellt hatte, noch einige vorhanden. Schu-Ging, der bedeutendste chinesische Sternkundige, besaß große mathematische Begabung, gab eine Tafel der wahren Sonnenörter und der wahren Mondbewegung heraus, Tafeln, die bis zur Jesuitenzeit nicht übertroffen wurden, stellte neue Geräte, zum Teil eigener Erfindung, her und machte mit ihnen genauere Beobachtungen, als vor seiner Zeit gemacht worden waren. Als Beispiel der Genauigkeit, die er glaubte erzielen zu können, möge genannt werden die Bestimmung der Winterwende zu Peking für den 14. Dezember 1280 zu 1 h 26 m 24 s nach Mitternacht, erschlossen aus einer Reihe von mittäglichen Schattenbeobachtungen vor und nach der Winterwende; ferner fand er für die Schiefe des Tierkreises $23{,}9030^0$ ($= 23^0\,33'\,40''$ europäisch, um $1'\,35''$ zu groß) und für die Breite von Peking 40^0, um $0{,}1^0$ zu groß. Er ließ wie J Hang an verschiedenen Orten von China und Korea die Polhöhe durch Beobachtungen des Schattens bestimmen, gelegentlich bis zu $^1/_{10}{}^0$. Er war auch mit der Berichtigung des Kalenders betraut und wies dem Kaiser nach, daß die vorhandenen Geräte unbrauchbar zu genauen Beobachtungen seien, da zum Beispiel das noch im Gebrauch befindliche Himmelsgerüst vom Jahre 1050 stamme. Daraufhin wurde im Jahre 1279 auf der Südostecke der tartarischen Stadtmauer von Peking eine Sternwarte errichtet in Gestalt eines niedrigen Turmes, auf welchem SCHU-GING siebzehn neue von ihm erbaute Geräte aufstellte. Die Geräte standen dort bis zum Jahre 1673, als der Jesuit VERBIEST dem Kaiser und den Mandarinen des Sternkundeamtes durch 3 Versuche nachwies, daß sich genaue Beobachtungen damit nicht mehr machen ließen. Er bekam die Erlaubnis sie abzunehmen und an ihre Stelle neue Geräte aufzustellen, welche nach dem Vorbilde der Geräte BRAHES hergestellt wurden und zusammen mit einem erst später hinzugekommenen Quadranten bis zur Gegenwart den Bestand der Pekinger Sternwarte bildeten. Von den Geräten des SCHU GING wurden folgende Geräte als abgenommen erwähnt: Armillarsphäre, Keen-e, Himmelskugel und Bogen. Die bronzene Himmelskugel wurde in einen entlegenen Hof geworfen, die drei anderen Geräte in einem verschlossenen Saal unterhalb der Sternwarte aufgestellt. In der Beschreibung Pekings von 1788 werden vier von SCHU-GING herrührende Geräte erwähnt. Die alten Geräte wurden später im Freien aufgestellt. Von Europäern wurden Aufnahmen von ihnen gemacht und einige Beschreibungen verfaßt. Darnach sind noch vorhanden: das Keen-e genannte Gerät, BRAHES Armillae maximae entsprechend (Tafel VI gegenüber S. 240), das einen um 2 Polzapfen beweglichen Deklinationskreis mit Richtscheit und Lochabsehen und einen über einen festen Stundenkreis beweglichen Aequatorkreis mit Grad- und Mondhäusereinteilung und beweglichem Richtscheit mit Absehen aufweist. Der zum Nordpol weisende Polzapfen ist hohl. Ueber die Oeffnung, wie über eine Queröffnung, waren Fäden gespannt. Andere Fäden liefen nach der Nase und dem Richtscheit am Deklinationskreise, dessen Grade und Minuten durch erhabene, im Dunkeln leicht fühlbare eiserne Marken angedeutet sind. Die Fäden sollten wohl zum Teil zum genauen Einstellen der Geräte dienen. Eigentümlich sind die im Fußgestell befindlichen Wasserrinnen zum waagerechten Einstellen und der zur größeren Standfestigkeit aus einem Doppelkreis bestehende Deklinationskreis. Ein kleineres Gerät ist der senkrechte Kreis (Leih-yun e) (Tafel VI), der wohl auf einer Säule stand und dieselben Wasserrinnen und Doppelkreise aufweist. Ein anderes, noch erhaltenes Gerät ist die Armillarsphäre, mit verschiedenen in $365\frac{1}{4}^0$ geteilten Doppelkreisen und mit einem beweglichen Sehrohr in der Mitte. Auch ein Polbestimmungskreis, bestehend aus einem 6^0 langen Bogen, mit dem SCHU-GING den Abstand des Polsternes vom Pole zu etwas mehr als 3 chinesischen Graden beobachtete, wird erwähnt. Ob die Himmelskugel mit Aequator- und Tierkreisring, eingebaut in einen viereckigen Kasten und durch ein Räderwerk drehbar, noch vorhanden ist, war nicht zu ermitteln. Die am Ende des 17. Jahrhunderts von Lecomte gesehene bronzene Himmelskugel hatte etwa 3 Fuß Durchmesser. Die Teilungen waren wenig genau und die Arbeit nicht fein. Ein anderes damals vorhandenes altes Gerät war eine Lochsonnenuhr in einem niedrigen Saal. Das Loch wurde gebildet durch 2 in etwa 8 Fuß Höhe befindliche und zueinander bewegliche Kupferplatten, wodurch ein immer gleichartiger Lichtstrahl auf die darunter befindliche Bronzetafel mit Mittagslinie von 15 Fuß Länge fiel. Um die Tafel befanden sich kleine Rinnen für das Wasser. Vermutlich stammte dieses Gerät auch von Schu-Ging, wie auch die durchlochte Metallscheibe an der Spitze der von ihm verwendeten vierzigfüßigen Schattenstäbe. Andere von ihm herrührende Geräte dienten der Beobachtung der Bewegungen von Sonne und Mond, der Finsternisse und des Mondschattens. Auch eine Sternuhr ist zu erwähnen.

Um 1267 n. Chr. stellte ein Einwanderer aus dem Westen Dscha-ma-lu-ding in Peking mehrere Geräte aus Messing her, die von denen des Schu-Ging verschieden waren. Gemäß den sehr verworrenen chinesischen Angaben handelte es sich um eine Armillarsphäre, um einen geteilten Kreis, um ein Gerät zur Beobachtung der Nachtgleichen, um ein Gerät zur Beobachtung der Sonnenwenden, Himmelskugel, Erdkugel und Wasseruhr. Im Anfange des 18. Jahrhunderts sollen einige dieser Geräte noch vorhanden, aber für die Jesuiten nicht zugänglich gewesen sein.

Erhalten haben sich außer den in Peking befindlichen nur einige kleinere Geräte: kleine Kompasse in der Gestalt kleiner viereckiger Büchsen mit freischwebender Nadel, ferner die bereits erwähnte Metallschale mit dem Sternhimmel, in Verbindung mit 2 kleinen Kompassen der Schiffahrt dienend, sowie Deutungsscheiben mit Kompaß in der Mitte.

An dem Sitze des kaiserlichen Hofes mußte es immer eine Sternwarte geben. Vor der Erhebung Pekings zur Hauptstadt im 12. Jahrhundert waren kaiserliche Hauptstadt Kai-feng-fu, Si-an-fu im 7. Jahrhundert und um Christi Geburt, Nanking von 313—559 und Lo-Yang. Ueber die vorchristliche Zeit ist nichts bekannt. Ueber Sternwarten in diesen früheren Hauptstädten berichten die Jesuiten nichts, außer von einer Sternwarte auf einem hohen Berg bei Nanking, wo Ricci im Jahre 1599 Geräte und Häuser vorfand. Die Geräte waren aus Messing und standen in der Ausführung hinter den europäischen nicht zurück. Es werden folgende Geräte aufgeführt: Ein 4—5 Klafter hoher, auf einem steinernen Tisch in der Mittagslinie aufgestellter Quadrant zur Beobachtung der Sonnenhöhe. Gradteilung sowie Wasserrinnen für die waagerechte Aufstellung der Tischplatte waren angebracht. Ferner eine große Armillarsphäre mit mehreren Kreisen, an denen zur Ablesung im Dunkeln die Teilstriche durch Kügelchen gekennzeichnet waren. Eine große mit Parallel- und Mittagskreisen versehene Kugel für den Unterricht, aber ohne Länder und Sterne darauf, stehend auf einem messingenen Würfel, in dem sich ein Mann befand und sie in jede Lage drehen konnte. Ferner eine Armillarsphäre von 2 Klafter Breite mit Doppelkreisen und 365 ¼°-Teilung. Ob diese Geräte, von denen einige die für die alten Pekinger Geräte eigentümlichen Einrichtungen, wie Wasserrinnen und Doppelkreise zeigten, aus der Zeit des früheren kaiserlichen Wohnsitzes in Nanking stammten? In der Stadt Dëng-Fëng in der Provinz Honau fanden die Jesuiten auch eine alte Sternwarte mit einer Sonnenuhr, angeblich von Dschoŭ Gung stammend. — In den Jahren 1132—62 errichteten Liki-tsoung und Chao-neue eine Sternwarte südlich des Blauen Flußes.

Nach den vorliegenden Beschreibungen zu urteilen, waren die Sternwarten auf einem Turm oder hohen Berg gelegen und enthielten offene Standplätze für die Geräte, ferner einen Aufenthaltsort für die Beobachter und einen über der Plattform sich erhebenden kleinen Turm, auf dem sich die Beobachter befanden, um die Himmelserscheinungen festzustellen. In einem Loch in der Mitte konnte im Winter ein Kohlenfeuer unterhalten werden. In jeder Nacht waren auf dem Turm 5 Beobachter, von denen je einer nach den 4 Himmelsrichtungen und zum Zenit schaute und alle auffälligen Himmelserscheinungen beobachtete. Dieser Brauch hielt sich nicht nur wegen der chinesischen Vorliebe für alte Gebräuche, sondern auch deshalb, weil die Jesuiten nur die Herausgabe des Kalenders übernommen, dagegen die Ausdeutung der Himmelserscheinungen den chinesischen Beamten überlassen hatten. Die Uebernahme des Kalenders war schon ein großer Erfolg des Jesuiten Verbiest im Jahre 1668. Bereits seit dem Ende des 16. Jahrhunderts hatten die Jesuiten öfters Gelegenheit gehabt, die Ueberlegenheit europäischer Sternkunde zu zeigen. Um die Mitte des 17. Jahrhunderts war Schall Vorstand des Amtes und der Sternwarte. Als er jedoch sein Amt an Verbiest übertragen wollte, brachen christenfeindliche Unruhen aus. Vorstand des Amtes wurde nun der Mohammedaner

YANG GUANG-SIÄN, der sein möglichstes tat, den Jesuiten zu schaden. SCHALL († 1666) und VERBIEST wurden ins Gefängnis geworfen und im Jahre 1665 zum Tode verurteilt. Infolge zweier aufeinanderfolgenden Erdbeben fand die Hinrichtung nicht statt; VERBIEST blieb aber gefangen. Im Jahre 1668 hatte YANG GUANG-SIÄN Gelegenheit mit seinem Gehilfen, dem in der arabischen Sternkunde unterrichteten UMIG-HUEN seine Kenntnisse zu zeigen. Es handelte sich darum, ob in dem Jahre 1669 ein Schaltmonat eingeschoben werden sollte oder nicht. YANG-GUANG-SIÄN hielt auf Grund seiner fehlerhaften Sonnenrechnung die Einschaltung für nötig. Der Kaiser KANG-HI fragte VERBIEST um Rat, der sie für unnötig erklärte und sich erbot den Beweis zu bringen. Er schlug vor, für einen bestimmten Mittag die Schattenlänge vorauszuberechnen. Aus der Schattenlänge könne man leicht den Sonnenort berechnen und nachprüfen, ob der chinesische Kalender stimme. Seine Gegner gingen auf diesen Vorschlag nicht ein; UMIG-HUEN erklärte offen die Schattenlänge nicht berechnen zu können. VERBIEST führte an 3 Mittagen um die Winterwende den Versuch aus. Zweimal benützte er den vorhandenen, auf der Sternwarte befindlichen gelochten Schattenstab auf einer Marmorbank, indem er den Schattenstab durch Aufsetzen einer Platte noch verlängerte, beim 3. Male einen in dem Gange des Kaiserschlosses aufgestellten niederen Schattenstab. In allen 3 Fällen fiel der Schatten genau auf die vorher angemerkte Stelle. Bei dem niedrigen Sonnenstande war die Schattenlänge sehr groß, 16, 15 und 4 Fuß. Kleine Ungenauigkeiten in der Aufstellung der Geräte konnten einen Mißerfolg herbeiführen. VERBIEST verhehlte sich die Möglichkeit eines Mißerfolges nicht, wie aus der Mitteilung hervorgeht: »*Er hatte mehrmals ähnliche Versuche gemacht. Selten, selbst mit den kürzesten Stäben, hatte die Schattenlänge zu der Rechnung gestimmt. Beinahe ständig gab es eine Abweichung.*« Aehnlich günstig für VERBIEST verliefen andere im Frühjahr 1669 unternommene Versuche, wo er durch die vorherige Einstellung der Absehen seines Quadranten und seines Sextanten die Uebereinstimmung des wahren Sonnenortes mit seinem Kalenderort und durch vorherige Einstellung der Absehen der Armillarsphäre der Sternwarte auf Mond, Jupiter und Mars die Richtigkeit seines Kalenders gegenüber den Angaben des UMIG-HUEN schlagend nachweisen konnte. Daraufhin wurde die Leitung des Amtes und der Sternwarte den Jesuiten wieder übergeben. Diese beschränkten sich auf die Herstellung des Kalenders und wandelten die Sternwarte nach ihrem Geschmack um (Bild S. 239). Ganz unbrauchbar können die von VERBIEST vorgefundenen und beiseite gestellten alten chinesischen Geräte nicht gewesen sein, da es ihm doch mit der Armillarsphäre

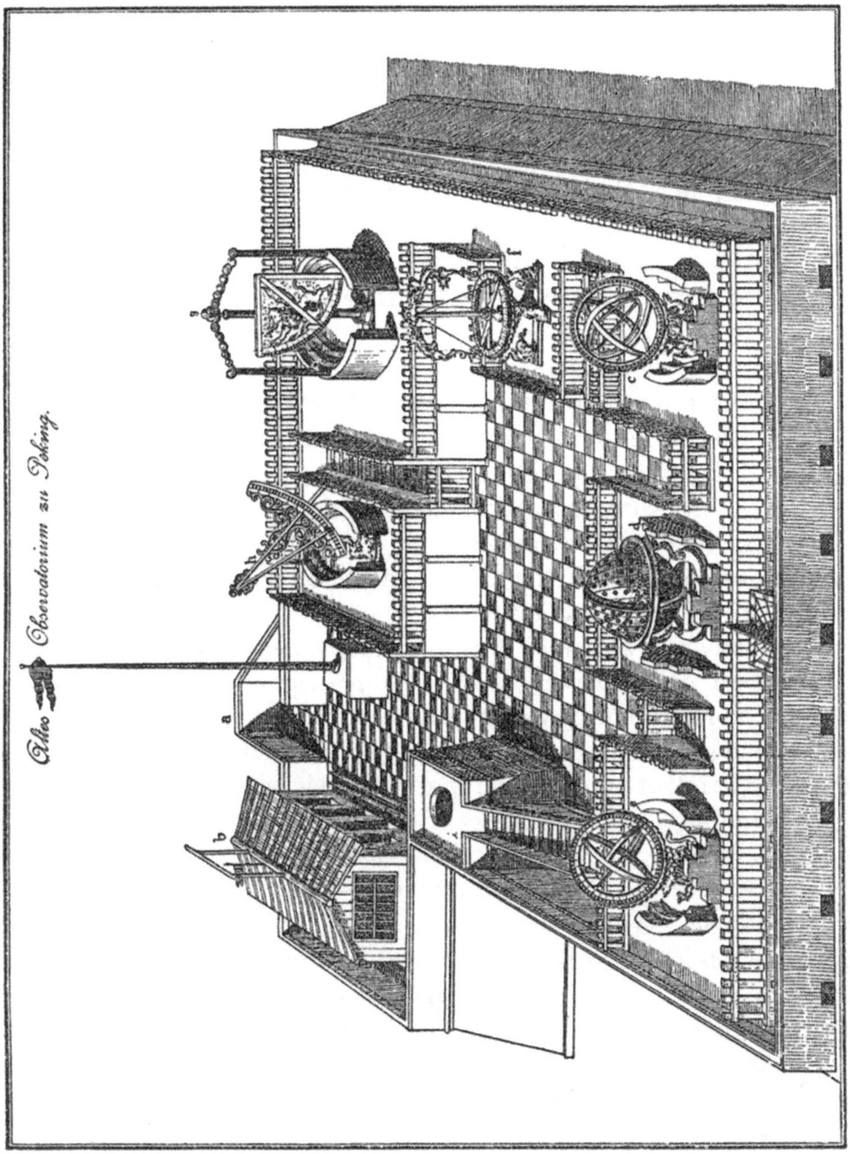

Bild 27. Die im XIII. Jahrhundert zu Peking errichtete Sternwarte mit den Geräten der Jesuiten: a Treppe, b Aufenthaltshalle, c Armillarsphäre, d Himmelskugel, e Tierkreisgerüst, f Azimutgerät, g Quadrant, h Sextant, i Beobachtungsturm der chinesischen Sternforscher mit Wärmeloch.
(Gemäß DEICHMÜLLER, Die astron. Instrumente von Peking Tafel 1)

und mit der Lochsonnenuhr gelang, die Richtigkeit seines Kalenders genau zu beweisen. Offenbar war es nur die andere Teilung und das

Fehlen einer geeigneten Unterteilung wie des Vernier oder der Schrägteilung, welche ihre Ersetzung durch neue Geräte erwünscht machte. VERBIEST ließ nunmehr Geräte nach BRAHES Vorbild bauen. Beachtenswert ist es, daß die Jesuiten weder im 17., noch im 18. Jahrhundert Fernrohre zum Beobachten benützt haben.

Die chinesische Sternkunde und besonders die Sterndeutung zeigt ein besonders altertümliches Gepräge. Die Erkenntnis einer sich außerhalb des menschlichen Machtbereiches offenbarenden Ordnung und der Notwendigkeit, sich dieser Ordnung anzupassen, durchzieht die ganze chinesische Religion. Nachdem einmal diese Erkenntnis sich durchgesetzt hatte, wurde die Folgerung daraus gezogen und das menschliche Verhalten durch strenge Vorschriften auf die Anpassung an die Weltordnung (Tao) eingestellt. Diese Vorschriften, zur Zeit ihrer Entstehung dem damaligen Zustand des menschlichen Denkens entsprechend, mußten im Laufe der mindestens 4 Jahrtausende gegenüber der durch griechische und germanische Arbeit herbeigeführten Aenderung der Weltanschauung als rückständig und unverständlich erscheinen. Den Schritt von der Naturbeobachtung zur Erkenntnis der Naturgesetze, wie er den Babyloniern und Griechen gelungen ist, scheinen die chinesischen Gelehrten nicht gemacht zu haben. Wenn es sich herausstellte, daß die Himmelsvorgänge nach einer bestimmten Regel nicht zu berechnen waren, so griff man nach einer anderen, meistens vom Ausland eingeführten, blieb aber geistig doch auf dem Boden der alten Vorstellung. Nur so konnte es kommen, daß aus den zahlreichen Beobachtungen nur Unvollständiges abgeleitet und daß die große Handfertigkeit und Erfindungsgabe, wie sie sich in der chinesischen Erfindung des Kompasses, Schießpulvers, Papiers und Buchdruckes offenbarte, nur vorübergehend das chinesische Geistesleben befruchtete, während diese Erfindungen bei den Germanen sofort neue Erfindungen hervorriefen.

Obwohl die Chinesen ihre Sternkunde für uralt und unbeeinflußt vom Auslande halten, nehmen europäische Gelehrte jetzt eher an, daß die chinesische Sternkunde nicht selbständig, sondern selbst in ihrem ältesten Teil von der babylonischen Sternkunde beeinflußt sei. Dieser Ansicht hat sich auch der Erforscher der chinesischen Sternkunde L. DE SAUSSURE angeschlossen. Maßgebend war für ihn die Behauptung der Erforscher der babylonischen Kultur, daß sich in den babylonischen Sternlisten eine Liste der Mondhäuser nachweisen lasse und daß bei den Babyloniern die Beobachtung der Himmelsvorgänge älter als bei

a b

Mittelalterliche chinesische Geräte neben der Sternwarte zu Peking

a Keen-e. b Leih-yun e

Tafel VII

(Zu Seite 264)

Mexikanischer Kalenderstein

einem anderen Volke sei. Die bisherige Untersuchung hat ergeben, daß der Ruhm, die ältesten genauen Beobachtungen gemacht zu haben, den Aegyptern gebührt. Sicherlich haben die Babylonier im 2. vorchristlichen Jahrtausend beobachtet und im 1. Jahrtausend durch die Genauigkeit und Berechnung ihrer Beobachtungen die Chinesen übertroffen. Aber die Leistungen der Babylonier im 1. Jahrtausend v. Chr. lassen noch keinen Schluß auf ihre Leistungen im 3. Jahrtausend zu. Es fehlt jeder Anhaltspunkt für die Behauptung, daß die Babylonier bereits im 3. vorchristlichen Jahrtausend die Lage des Nordpoles bestimmt und am Himmel Bezirke für Mittagsdurchgänge festgelegt haben. Es ist nicht zweifelhaft, daß die chinesische Sternkunde bezüglich der Mondhäuser viele Aehnlichkeit mit der indischen und arabischen Sternkunde und bezüglich der Deutung der Himmelsvorgänge mit der babylonischen Sterndeutung aufweist. Aber es gibt doch auch beträchtliche Unterschiede. So läßt sich die bei den Babyloniern im 3. und 2. Jahrtausend v. Chr. hervortretende Bevorzugung der Venus in der chinesischen Sternkunde nicht nachweisen. Als besonderer Beweis für die Abhängigkeit der anderen Sternkunden von der babylonischen wird angeführt, daß die zu 14 st 24 m angegebene Dauer des längsten Tages auch bei den Indern und Chinesen zu finden sei, obwohl die Inder südlicher und die Chinesen nördlicher als die Babylonier wohnten und deshalb zu einer anderen Dauer durch Beobachtung hätten kommen müssen. Da dieser Beweis als ausschlaggebend angesehen wird, verlohnt es sich ihn näher anzusehen. Die folgende Uebersicht 17 gibt die nötigen Unterlagen zur Beantwortung der Frage. Für jede Kultur ist neben der Zeit, für welche die Angabe gilt, die überlieferte Dauer des längsten Tages, die daraus berechnete Breite und der Beobachtungsort mit seiner Breite, ferner bei der Dauer die aus der Zeiteinheit entspringende Unsicherheit ausgedrückt durch die verwendete halbe Zeiteinheit und bei der Breite der entsprechende Betrag der Unsicherheit angegeben.

ÜBERSICHT 17

	Jahr	Dauer	Berechnete Breite	Beobachtungsort und Breite
Babylonier	250 v. Chr.	14 st 24 m ± 8 m	35,1° ± 1,4°	Babylon 32,5°
Inder	400 v. Chr. bis 200 n. Chr.	14 st 24 m ± 24 m	35,1° ± 4,3°	Ujjain 23
Chinesen	85 n. Chr.	14 st 11 m ± 7 m	32,8° ± 1,3°	Loyang 34,8

Der chinesische Wert kommt mit seiner Unsicherheit schon nahe an die Breite des Beobachtungsortes heran. Das Ergebnis ist befriedigend, wenn berücksichtigt wird, daß die zugrunde liegenden Beobachtungen damals als ungenau angesehen wurden. Ganz anders steht es mit dem babylonischen Wert, der wohl um drei Jahrhunderte älter ist, jedoch für Babylon nicht gelten kann, aber eine Bestätigung in der ptolemäischen Angabe der Dauer zu 14st 25m für Babylon findet. Selbst der aus der Unsicherheit errechenbare niedrigste Wert weicht um 1.2° von der Breite Babylons ab. Falls nicht besondere Beobachtungsumstände vorliegen, dürfte es sich bei dem babylonischen Werte um eine Vergrößerung der Dauer durch Einbeziehung der Dämmerung handeln. Der von den Indern angenommene Wert weicht stark von dem für Ujjain geltenden ab. Allerdings ist für Indien der Beobachtungsort nicht bekannt; es wurde nur Ujjain als die Stätte indischer Wissenschaft angenommen. Für Nordindien aber könnte der indische Wert der Dauer gelten. Soviel läßt die Uebersicht erkennen, daß der babylonische Wert wohl auf die Inder übertragen sein kann, sicherlich nicht auf die Chinesen, bei denen vom Jahre 85 an Beobachtungen vorliegen, die deshalb den babylonischen Werten ähnlich sein müssen, da die Beobachtungsorte ähnliche Breiten haben. Der chinesische Wert vom Jahre 85 wurde noch im Jahre 237 den Rechnungen zugrunde gelegt. Im 7. und 11. Jahrhundert wurden aber 14,4 Stunden (= 35,1°) angegeben.

Gewiß bestehen zwischen der babylonischen und chinesischen Sternkunde große Aehnlichkeiten bezüglich des Horizontes und Aequators als Bezugsebenen und ihrer Ausdeutung, sowie bezüglich der Zwölferrunde, der Deutung der Himmelsvorgänge und Mondhäuser. Aber alles dies dürfte das Kennzeichen einer allasiatischen ursprünglichen Sternkunde sein, von welcher die babylonische und chinesische selbständige Weiterbildungen sind. Die chinesische Sternkunde ist bald stehen geblieben und bietet daher größere Aussicht für die Erkenntnis der ursprünglichen Sternkunde, zudem diese alte Sternkunde den Zusammenhang mit dem chinesischen Volke nie gelöst hat oder zum mindesten bis zum Ende des 19. Jahrhunderts noch lebendig war.

NEUNTER TEIL

DIE STERNKUNDE IN OSTASIEN AUSSERHALB CHINAS

CHINESISCHER EINFLUSS AUF DIE NACHBARLÄNDER KOREA UND JAPAN

KOREA war sehr lange China untertan. Es ist daher verständlich, daß es sich dem chinesischen Einfluß nicht entziehen konnte und daß der chinesische Kalender auch für Korea berechnet wurde. Im Jahre 647 wurde in Silla eine Sternwarte errichtet.

Japan gehörte nicht zu den Provinzen Chinas, wurde aber in seiner Kultur weitgehend von China beeinflußt. Dieser Einfluß erfolgte wie bei Korea im 7. Jahrhundert. Im Jahre 602 wurde der chinesische Kalender durch den buddhistischen Priester KWANLIU aus Korea in Japan eingeführt und damit wurden bis zum Jahre 690 die 12-Teilung des Jahres, die Monate zu 29 und 30 Tagen, die 19jährige Schaltfolge und die 4 Jahreszeiten Allgemeingut des Volkes. Vorher hatten die Japaner keine richtige Zeiteinteilung. Die Jahre wurden nach der Regierung der Kaiser benannt. An eine frühere Zwanzigjahrfolge erinnert der jetzt noch übliche Gebrauch, den Tempel des höchsten japanischen Heiligtums, den der Sonnengöttin Yamada in Ise alle 20 Jahre neu zu errichten. Der Neubau dauert 10 Jahre. Der letzte Neubau wurde im Jahre 1921 begonnen. Die Abzeichen der Sonnengöttin sollen im Jahre 5 v. Chr. nach Ise gebracht worden sein.

Ein sehr altes Fest, das am 7. Tage des 7. Monates stattfindende Wega (Tanabata)-Fest dient der Verherrlichung des Himmelsereignisses, daß Kanopus und Wega gleichzeitig, am Horizont sich gegenüberstehend und durch die Milchstraße verbunden, sichtbar sind und somit einmal jährlich ihre Hochzeit feiern.

Der Kaiser TENTSI verfertigte im Jahre 660 unter Anleitung buddhistischer Lehrer eine Wasseruhr, ferner stellte er im Jahre 671 eine solche Wasseruhr in dem Neuen Pavillon auf und ließ auf einer daneben aufgehängten Glocke die Stunden danach schlagen. Im Laufe der Zeit wurden alle buddhistischen Klöster mit Glocken zur Angabe der Stunden ausgestattet.

Eine alte anscheinend japanische Einrichtung ist die Feueruhr. Pulver aus der Rinde des Illicium religiosum wurde in verschiedene Aschenfurchen gefüllt und angezündet. Das Pulver befand sich in einem mit wenigen Löchern versehenen Kasten und glomm so langsam und ruhig weiter, daß die Wächter aus seinem Glimmen die Stunde der Nacht bestimmen konnten.

Die japanischen Räderuhren, nach europäischen Vorbilde gebaut, gaben die ungleichlangen Stunden an.

Im Jahre 675 wurde die erste Sternwarte in Japan errichtet. Die japanischen Himmelsbeobachtungen, die sich, wie die chinesischen, auf Finsternisse, Bedeckungen, Zusammenkünfte, Kometen, Feuerkugeln und Nordlichter beziehen, beginnen mit dem Jahre 620 n. Chr.

Die Japaner kennen, wie die Chinesen, die Sterndeutung und befolgen genau ihre Regeln. Auch ganz ursprüngliche Meinungsäußerungen wie das Schreien in den Tempeln und Straßen bei Finsternissen, um die bösen Geister zu vertreiben, vermag die allmählich eindringende germanische Kultur nur langsam zurückzudrängen.

Seit dem Ende des 19. Jahrhunderts wird die Sternkunde nach germanischem Vorbilde erfolgreich betrieben.

DIE STERNKUNDE IN TIBET

Ueber die Sternkunde der Tibetaner ist sehr wenig bekannt. Die Zeitrechnung weist Beziehungen zu den Zeitrechnungen der beiden benachbarten Völker, der Inder und der Chinesen, auf. Das Jahr ist ein Rundjahr von 360 Tagen zu 12 Monaten von je 30 Tagen, wobei der Monat, wie bei den Indern, eine helle und eine dunkle Hälfte hat. Bei diesen Monaten wird gelegentlich ein Tag unterdrückt, so daß eine Uebereinstimmung zwischen den Monatsanfängen und den Neumonden hergestellt wird. Der Ausgleich zwischen dem Mondjahr und den Jahreszeiten findet durch Einschaltung von 7 Schaltmonaten in 19 Jahren statt. Das bürgerliche Jahr beginnt mit dem Neumond im Februar; das Jahr der Sterndeuter fängt mit der Frühlingsnachtgleiche an.

Die Woche wird in 7 Tage, der Tag in 24 Stunden zu je 60 Minuten geteilt.
Zur Jahreszählung wurde früher eine Periode von 252 Jahren benützt, ferner eine Periode von 403 Jahren, die mit dem Jahre 622 n. Chr. begann. Jetzt wird nur die Zählung nach 12 Jahren, eine volkstümliche Zählung, und nach 60 Jahren benützt. Das Ausgangsjahr dieser Zählung ist das Jahr 1026 n. Chr., das zugleich für die Inder der Beginn einer neuen Zählung ist. Die Namen der 12 Jahre sind die der asiatischen Zwölferrunde.
Die Sterndeutung ist sehr beliebt. Jedes Kloster besitzt einen in der Sterndeutung bewanderten Priester.

DIE STERNKUNDE IN SIAM UND KAMBODJA

Die Sternkunde in beiden Ländern zeigt deutlich den indischen Einfluß. Das Jahr ist ein Mondjahr von 354 Tagen mit gelegentlicher Einschaltung eines Schaltmonates und beginnt mit dem Frühling. Die Zählung der Jahre geschieht nach indischem Vorbilde, früher gemäß der Śaka-Zählung, ausgehend vom Frühjahr des Jahres 78 n. Chr., oder nach der buddhistischen Zählung, die von dem Jahre 543 v. Chr., dem angeblichen Auflösungsjahre des Buddha, ausgeht, später gemäß der burmesischen Zählung, die ihren Anfang von dem 21. März 638 n. Chr., dem Tage einer ringförmigen Sonnenfinsternis, nimmt. Die burmesische Zählung verwendet auch die 60-Jahrfolge unter Benützung der Namen der asiatischen Zwölferrunde.
Das Jahr wird in 3 Jahreszeiten geteilt, die Woche in 7 Tage, die Nacht in 4 Nachtwachen. Die indische Trennung des Monates in die helle und dunkle Hälfte ist üblich.
In Kambodja ist die Teilung des Tierkreises in 12 Teile bekannt.

DIE STERNKUNDE AUF DEN OSTINDISCHEN INSELN

Die Sternkunde der Bewohner dieser Inseln zeigt alle Uebergänge von der einfachsten Zeiteinteilung bis zur sorgfältigen Beachtung des Sonnen- und Mondjahres.
Die Bewohner der Nikobaren kennen nur eine Zeitteilung innerhalb des Jahres und zwar gemäß den herrschenden Monsumwinden in das

Halbjahr des Südwest-Monsums vom Mai bis Oktober und in das Halbjahr des Nordostmonsums vom November bis April. Jedes dieser Halbjahre wird gemäß den Neumonden in mehrere Abschnitte geteilt, deren Zahl je nach der Dauer des Monsums 5—7 beträgt. Außerdem wird das Jahr roh in 6 Jahreszeiten und der Volltag in 10 Abschnitte geteilt.

Auch die Bewohner der Südwestinseln haben nur eine Teilung des Jahres. Ihr Jahr beginnt mit dem Eintritte der Regenzeit und wird gemäß dem Lichtwechsel des Mondes eingeteilt. Die Tagesteilung ist auch nur roh.

Bemerkenswert ist die Zeitteilung der Bewohner von Sumatra. Auf dieser Insel gibt es neben sehr ursprünglichen Verfahren sehr fortgeschrittene. Bei den Battas ist die Jahreszählung sehr roh. Ein Ausgangsjahr gibt es nicht. Der Jahresanfang ist unbestimmt. Das Jahr ist ein Naturjahr und wird gemäß Aussaat und Ernte in 2 Abschnitte von 8 und 4 Monaten geteilt. Die Monate richten sich nach dem Neumonde und werden durch Ordnungszahlen benannt; die Monatstage sind Ableitungen der indischen siebentägigen Woche. Die landwirtschaftlichen Arbeiten werden durch den Stand des Orion und der Plejaden angezeigt. Auf höherer Stufe steht die Zeitteilung der Lampongen. Ihr Jahr ist das reine Mondjahr von 354 Tagen, mit 12 Monaten. Schaltungen finden nur im Notfalle statt. Der Monat besteht aus 6 Wochen zu je 5 Tagen. Am entwickeltsten ist die Zeitrechnung der Atchinesen auf Sumatra. Ihr Mondjahr zählt 354 Tage. Um in Uebereinstimmung mit den Lichterscheinungen des Mondes zu bleiben, wird nach arabischem Vorbilde während 8 Jahren dreimal je 1 Tag eingeschaltet. Die Neumonde zählen vom Neumonde an. Für die Landarbeiten richtet man sich nach dem Stande des Orion, der Venus, der Plejaden und des Skorpions. Die Stellung des Mondes zum Skorpion, besonders das Alter des Mondes beim Eintritt in das Mondhaus Skorpion, dient zur Bestimmung der Jahreszeit. Die Zählung der Jahre geht von dem indischen Nulljahr 78 n. Chr. oder von der Hidschra aus. Der Tag wird bei allen 3 Völkern schätzungsweise roh geteilt.

Die Zeitrechnung der Javaner ist teils einheimischen, teils fremden Ursprunges. Der älteste Bestandteil, der in der Sterndeutung eine große Rolle spielt, ist eine Folge von 210 Tagen, bestehend aus 30 Wochen, deren jede unter dem Schutze einer Gottheit steht. Aus den 210 Tagen wurden aber auch andere Gruppen gebildet, von denen die viertägige, die sechstägige und die achttägige die wichtigsten sind.

Ferner gibt es auch fünftägige Wochen, die besonders für das Marktleben von Bedeutung waren. Das sogenannte Jahr der Sterndeuter zählt 420 Tage. Für Landarbeiten wurde das Jahr in 12 ungleichlange Abschnitte geteilt, deren Anfang aus der mittäglichen Länge eines senkrechten Schattenstabes bestimmt wurde. Die Priester bestimmten die Länge des Mittagsschattens zur Zeit der Sonnenwenden und teilten die zwischen beiden Punkten liegende Strecke in 6 Teile. Wenn der Schatten einen neuen Punkt erreichte, begann ein neuer Jahresabschnitt. Die Einteilung des Tages ist nur roh.

Durch die Brahmanen fand die mit dem Jahre 78 n. Chr. beginnende Jahreszählung Anwendung.

Der Buddhismus brachte nach Java die Bauform der Stupa für die Heiligtümer. Von diesen Heiligtümern ist das im 9. Jahrhundert errichtete und Barabudur genannte Heiligtum in Kedoe besonders wichtig, weil es bei rechtwinkligem Grundriß eine von ähnlichen Heiligtümern abweichende Form, nämlich die eines flachen Berges mit steilen Abhängen, und auf dem Gipfel eine Anordnung von Türmchen aufweist, die an alte indische und chinesische Vorstellungen der Sonnenbewegung erinnert. Es sind nämlich um den am höchsten stehenden Mittelturm in 3 gleichmittigen Ringen je 16, 24 und 32 Türmchen angeordnet, deren Anordnung durch die nach den 4 Himmelsrichtungen ziehenden Treppen durchbrochen wird. Diese die Kuppe einnehmende Anordnung erinnert an die indische und chinesische Vorstellung der Sonnenbewegung in Kreisen um den Berg Meru. Die Anordnung der Türmchen, die je eine Bildsäule des Buddha enthalten, steht im größten Gegensatz zu dem überladenen und aufdringlichen Schmuck der die Bergabhänge darstellenden Stufenpyramide und wird von den Besuchern als »harmonische Abgeklärtheit« empfunden, wie der Gegensatz der Ruhe des Himmels zu dem unruhigen Treiben der Welt.

Bedeutsam wurde der Einfluß des Islams. Mit dem Jahre 1633 n. Chr. begann die Rechnung nach reinen Mondjahren zu 354 Tagen, die durch die beiden arabischen Schaltfolgen zu 8 und zu 30 Jahren in Uebereinstimmung mit dem Mondwechsel gebracht wurde. Die Jahreszählung erfolgte nach wie vor vom Jahre 78 an, nur in einigen Küstengegenden nach der Hidschra.

ZEHNTER TEIL

DIE STERNKUNDE DER NATURVÖLKER

EINE Geschichte der Sternkunde der Naturvölker: der Bewohner Australiens, der Südseeinseln, des größten Teiles von Afrika, Sibiriens, der Polgegenden und der Indianer Amerikas zu schreiben, ist unmöglich. Da bei ihnen Aufzeichnungen über den Werdegang ihres Denkens oder auch diesbezügliche Denkmäler fehlen, so ist der Geschichtsschreiber auf die Angaben von Reisenden angewiesen. Diese Angaben sind zum Teil recht zuverlässig und umfassen alle Wissensgebiete. Zum Teil beruhen die Angaben aber nur auf flüchtigen Beobachtungen, wobei es dem Reisenden an Zeit oder Neigung gefehlt hat der Sache nachzugehen und möglichst viel Stoff zu sammeln. Sehr wertvoll wäre es für die Geschichtsschreibung, wenn die Berichte der Reisenden des 16.—18. Jahrhunderts immer brauchbar wären, da aus der Gegenüberstellung der älteren und neueren Berichte sich manche Hinweise auf Entwicklungen in den Anschauungen der Naturvölker ergeben könnten. Leider sind gerade viele der älteren Berichte unbrauchbar. Die Berichte der Jesuiten zeichnen sich häufig durch ihre geschichtlichen Untersuchungen aus. Die zahlreichen Märchen, die sich angeblich auf Sternbilder oder Himmelsvorgänge beziehen, wurden nicht berücksichtigt, da ihre Deutung oft zweifelhaft ist.

Es ist nicht möglich und auch nicht zweckmäßig, jedes Naturvolk für sich zu betrachten. Gruppenweise Zusammenfassung läßt sich nicht vermeiden. Merkliche Abweichungen sind indessen angegeben.

DIE BEWOHNER DER SÜDSEEINSELN

Die Sternkunde befindet sich auf den verschiedenen Inseln in einem verschiedenen Grade der Ausbildung. Von einer Zeitteilung, die nur dazu dient, die Zeitdauer von der Aussaat bis zur Ernte in Monaten roh auszudrücken, bis zu einer richtigen Zeitrechnung mit Jahren und

Monaten und zu einer Benützung der Sterne zur Bestimmung der Zeit und des Ortes gibt es alle Zwischenstufen.

DIE ZEITRECHNUNG

Für die Bewohner der Inseln kennzeichnet sich der Ablauf eines Jahres durch das Wachsen derselben Pflanzen, durch das Wehen derselben Winde, durch das Erscheinen derselben Sternbilder.
Auf einigen Inseln: Salomoinseln, St. Cruz, Bankinseln, Neue Hebriden und Neukaledonien ist das Jahr als festumgrenzter Zeitraum unbekannt. Die Zeit zwischen der Aussaat und Ernte der wichtigsten Pflanzen wird durch die Beobachtung des Mondwechsels roh geteilt, um zukünftige Ernten vorauszuberechnen. Eine Einteilung des Jahres nach Jahreszeiten gibt es auf den Trukinseln, Fidschi-, Neuguinea-, Samoa-Inseln und Neuseeland meistens in 2 Jahreszeiten, die durch die herrschenden Monsume gekennzeichnet werden. Der Jahresbeginn wird auf den Samoainseln durch das Erscheinen des Palolowurmes mit Eintritt des letzten Mondviertels bei Beginn des Sommers oder des Herbstes angezeigt. Auf der Insel Upolu soll das Erscheinen dieses Meertieres regelmäßig erfolgen. Bei den Bewohnern der meisten anderen Inseln bestimmt das Erscheinen der Plejaden den Beginn des Jahres. Auch verschiedene andere Sterne dienen zur Kennzeichnung der Jahreszeiten: der Orion, der Skorpion, der Große Hund, die Nördliche Krone. In der Torresstraße verwendet man Wega, Atair, die Sterngegend mit Skorpion, Schütze und Zentauer, sowie den Kek genannten Achernar. Ueber die Beobachtung dieses Sternes Kek auf der Insel Mabuiag wird folgendes berichtet: »*Wenn das Aufgehen eines Sternes erwartet wird, ist es die Pflicht eines alten Mannes zu wachen; er steht auf, wenn die Vögel zu rufen beginnen, und wacht bis zu Tagesanbruch. Wie bei Kek, so ist wahrscheinlich auch bei anderen wichtigen Sternen und Sternbildern das Erscheinen von anderen gewissen Sternen ein Zeichen, daß der Erwartete bald erscheinen wird. In dem Falle des Kek sind es die 2 Sterne, genannt keakentonar, welche zu dieser Bestimmung dienen, und wenn sie am Horizont bei Tagesanbruch erscheinen, weiß man, daß in wenigen Tagen Kek erscheinen wird, und das Beobachten wird besonders eifrig. Der Untergang eines Sternes wird auf dieselbe Weise beobachtet.*«
Es handelt sich hier um die jährlichen Auf- und Untergänge der Sterne, aus denen das Auftreten und Nachlassen bestimmter Winde auf den Mortlock- und Marshallinseln vorhergesagt wird. Außer der Jahresteilung in Jahreszeiten ist die Einteilung in 12 oder 13 Monate auf den

meisten Inseln üblich oder ihr früherer Gebrauch läßt sich aus manchen Umständen erschließen. Auch die meistens übliche Zählung der Tage nach Nächten deutet auf die Mondrechnung hin. Die Zählung der Tage erfolgte durch Knoten auf den westlichen Karolinen und durch Kerben in einem Baum in Neuguinea. Zur Einteilung des Tages wird der Stand der Sonne benützt. Die Küstenbewohner von Neupommern verstehen es aus dem Sonnenstande, die Zeit zu bestimmen, um zum Beispiel pünktlich zum morgendlichen Gottesdienste um 8 Uhr einzutreffen. Wenn allerdings die Sonne durch Wolken bedeckt ist, »*so finden die Kanaken sich nicht mehr zurecht und kommen manchmal mit 1—2 Stunden Verspätung an*«.

Auf Neuseeland, der Trukinsel und den Mortlockinseln werden die Monate nach den jeweilig aufgehenden Sternbildern genannt. Die Reihenfolge der Monate heißt auf den Mortlockinseln: Löwe, Rabe, Arktur, Antares, *νξο* im Herkules, Atair, Füllen + Delphin + Schwan, Pferd, Widder, Plejaden, Aldebaran + Orion, Sirius.

DIE RAUMERFASSUNG

Die Schiffahrt treibenden Eingeborenen, besonders der Karolinen- und Marshallinseln, kennen sich in der Inselwelt gut aus und wissen aus dem Kopf einen Lageplan der vielen kleinen Inseln zu zeichnen. Die herrschenden Winde und Meeresströmungen sind ihnen bekannt und werden zur Schiffahrt verwendet.

Die Himmelsrichtungen Ost und West sind durch den Aufgang und Untergang der Sonne gegeben. Die Richtungen Süd und Nord werden durch die vorherrschenden Winde bestimmt. Die Festlegung der Mittagslinie durch den indischen Kreis scheint nicht bekannt zu sein. Dagegen verstehen die Bewohner der Karolinen und Marshallinseln um die Mittagszeit durch die Verwendung des Mastes und der 4 unter 90° voneinander abstehenden Haltetaue die Himmelsrichtungen festzulegen. Die Horizontebene wird immer als Rechteck aufgefaßt. Deshalb begehen die Eingeborenen leicht Fehler, wenn sie — unter Zugrundlegung des rechtwinkligen Horizontes und einer bestimmten Fahrtgeschwindigkeit — mit Hilfe einer zur Richtungsfestlegung benützten 3. Insel von einer Insel zur anderen segeln wollen.

Tagsüber finden sich die Eingeborenen dieser Inseln mit Hilfe der Sonne oder von Inseln zurecht, nachts nur bei klarem Himmel. Sie haben sich mit Hilfe der beinahe senkrecht zum Horizont stehenden Bahnen der Sterne eine Strichrose (Bild S. 251) in Gestalt des viereckigen

Horizontes ausgedacht, wo die sich gegenüberstehenden Orte des Auf- und des Unterganges bestimmter Sternbilder 28—38 Richtungen darstellen sollen. Norden wird durch den Polarstern und Süden durch den senkrechten Stand des südlichen Kreuzes gekennzeichnet, auf den Marshallinseln im Sommer durch den »Schrägbalken des Himmels« (σ Schütze und β Wage). Ganz genau stimmen die Richtungen nicht. Die Ostwestlinie liegt etwa $8\frac{1}{2}^0$ nach Norden. Die durchschnittliche Abweichung eines Normalpunktes beträgt 5^0. Diese Strichrose, die ohne Benützung eines Kompasses oder einer Ausgangsrichtung durch das Gedächtnis festgehalten wird, dient zur Bestimmung der Fahrtrichtung, da die Schiffsführer gedächtnismäßig die Lage der Verbindungslinien der Inseln zu den Richtungen der Strichrosen wissen. Bei Fahrten in der Mitte der Karolinen handelt es sich um Hundert solcher gedächtnismäßig angewendeten Richtungen. Bisweilen ist die Reise sehr lang, bis zu 1000 km. Dann wird von Insel zu Insel weitergefahren. Auch der Mond und helle Planeten werden gelegentlich als Richtungsweiser benützt. Die Sterne werden aus der Rückenlage beobachtet.

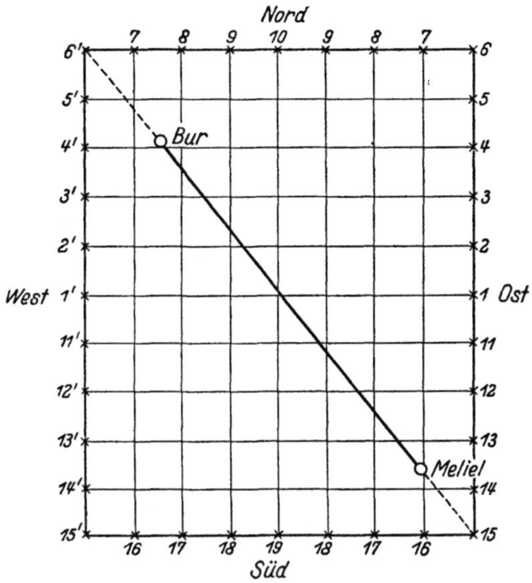

(Umzeichnung nach SARFERT, Zur Kenntnis der Schiffahrtskunde der Karoliner)

Bild 28. Strichrose von Songosor

Sonne und Mond werden am meisten von den Planeten beachtet und anscheinend auch verehrt. An den Neumond- und Vollmondtagen finden Feiern statt. Die Bewegung von Sonne und Mond unter den Sternbildern wird nicht beachtet. Der Himmel gilt als fest mit der Erdscheibe verbunden. Die Gestirne bewegen sich nach ihrem Laufe am Himmel entweder unter der Erde oder hinter der Erde zu ihrem Aufgangsort zurück. Die Planeten werden wegen ihrer Helligkeit und Eigenbewegung von den Sternen unterschieden. Am bekanntesten ist die Venus, für die es überall 3 Namen, für sie selbst und als Abendstern und Morgenstern gibt; dann folgt der vielfach bekannte und wegen seiner roten Farbe unterschiedene Mars. Nur an 3 Stellen bekannt ist Jupiter, während den Saturn nur die Bewohner von Tahiti kennen. Eine Kenntnis ihrer Bewegung oder auch Deutung ihrer Erscheinungen fehlt. Die Flecken auf dem Monde sind bekannt und werden überall verschieden gedeutet. Nur bei den Maoris findet sich die Vorstellung, daß die Himmelskörper verschieden weit von der Erde entfernt sind. Sie unterscheiden 10 Schichten am Himmel und versetzen den Mond in die 3. und die Sonne in die 5. Schicht, da sie alles verbrennen würde, wenn sie der Erde näher wäre.

Die Finsternisse werden als Tat eines Zauberers oder als Kampf oder Umarmung der beiden Himmelskörper angesehen. Man fürchtet sich bei einer Finsternis, besonders der Sonne, und sucht das Unheil durch Beschwörungsformeln, durch Beten oder Opfern abzuwenden oder den Zauberer durch Lärm zu vertreiben.

Von den Sternen sind den Eingeborenen sowohl einzelne Sterne als auch ganze Sternbilder bekannt. Als einzelne Sterne unterscheiden und benennen sie: Sirius, Achernar, Atair, Prokyon, Aldebaran, Antares, Arktur, Spika, α Andromeda, α im Füllen, Rigel, Kanopus. Auch ist ihnen der Polarstern bekannt. Seine Kenntnis ist für die Bewohner der Marshallinseln und der Karolinen wohl auffällig, aber doch noch möglich, da sie ihn in 10° Höhe noch sehen können. Dagegen muß die Sage über den immer scheinenden Polarstern, die sich bei den Maori auf Neuseeland vorfindet, entweder aus nördlicheren Gegenden dorthin gekommen sein oder sich auf einen südlichen Polarstern beziehen, da die Maori bei 40° südlicher Breite den nördlichen Polstern nicht sehen können. Von Sternbildern sind in der Südsee bekannt: Orion, Plejaden, Wega mit Nachbarn, die Sterne α, β und γ im Adler, Südliches Kreuz, α und β der Zwillinge, Skorpion, Großer Hund, Südliche Krone, Südliches Dreieck, Delphin, Widder, Nördliche Krone, Großer Bär, ferner ein großes Togai genanntes Sternbild, das den Skorpion, Schützen, Zentaur, Raben und Kreuz umfaßt. Die Bewohner der Karolinen kennen noch 10 kleinere Sternbilder, von denen nur die Sterne α und β im Zentaur südlicher liegen, außerdem die Bewohner der Marshallinseln α im Pfau und den Kranich. Eine Betrachtung der den Inselbewohnern bekannten einzelnen Sterne und der Sternbilder lehrt, daß die Inselbewohner trotz ihrer südlichen Lage und der Gelegenheit den südlichen Sternhimmel so leicht wie den nördlichen mit Sternbildern zu schmücken, nicht mehr Sterne und Sternbilder kannten als beträchtlich nördlicher wohnende Völker, zum Beispiel die

Araber. Einzig das südliche Dreieck haben sie hinzugenommen, dagegen die Gegend um den südlichen Pol nicht beachtet.

Die Eingeborenen schenken den Sternschnuppen, Feuerkugeln und Kometen große Aufmerksamkeit; denn Sternschnuppen und Feuerkugeln werden als Boten der Sterne oder als Feuerscheite angesehen; immer bedeuten sie den Tod. Ihre Richtung zeigt den Ort des Toten oder den heranrückenden Feind an. Kometen gelten als Bringer von Tod und Unglück. Gegen sie gilt es die größten Beschwörungen vorzubringen, sie durch Lärm zu vertreiben oder schlimmstenfalls zu fliehen.

UNTERRICHT UND STERNKUNDIGE

Einen besonderen Stand der Sternkundigen gab es auf Tahiti, Marshallinseln, Mortlock, Neuseeland und Hawaii. Auf Tahiti befanden sich die Adligen und die Priester im Besitz der sternkundlichen Kenntnisse, die sie wegen des damit verbundenen Ansehens, Einflusses und Nutzens vor Unberufenen eifersüchtig geheimhielten. Jeder Stamm hat seinen eigenen Sternkundigen, um von den Nachbarstämmen unabhängig zu sein. Die Kunde wird gewöhnlich dem Sohn oder einem besonders fähigen und in der Kunst des Schifführens unterrichteten Verwandten mündlich beigebracht. Auf Mortlock ist es ähnlich, nur mit dem Unterschiede, daß die Sternkundigen einen eigenen Stand bilden. Auf Neuseeland gab es besondere Schulen, die von den Priestern und Häuptlingen besucht wurden, welche dann 3—5 Monate lang in der Zeitrechnung und damit zusammenhängenden Fragen unterrichtet wurden. Auf den Palaoinseln im 18. Jahrhundert und auf den Marianen im 19. Jahrhundert gab es Schulen mit öffentlichem Unterricht der Kinder, wobei die Lage der Sternbilder und die für die verschiedenen Reisen maßgebenden Windrichtungen durch Auslegung von Steinen oder Zweigen gezeigt wurden. Auf Hawaii gab es Sternkundige, die besonders die Himmelserscheinungen zu deuten hatten und ihr Wissen vom Vater auf den Sohn vererbten. Gelegentlich befinden sich auch Frauen im Besitz dieser Kenntnisse.

Als J. Kubary im Jahre 1877 die Mortlockinseln Tä, Uoytä und Aliar besuchte, konnten die Eingeborenen das Sternbild Pešéylam nicht mehr zeigen. Ebenso kannten sie die Seewege ihrer Vorfahren nach Osten und Süden nicht mehr.

DIE AUSTRALIER

Die Sternkunde der Australier ist unbedeutender als die der Bewohner der Südseeinseln.

Die meisten Stämme pflegen das Jahr in die trockene und feuchte Jahreszeit und die Jahreszeiten selbst durch Monate roh zu teilen. Namen für die Monate gibt es nicht. Die Tage werden nach den Nächten gezählt. Die Plejaden, Wega und Arktur dienen ihnen zur Vornahme bestimmter landwirtschaftlicher Arbeiten. Die Tageszeit wird nach dem Stande der Sonne bestimmt.

DIE RAUMERFASSUNG

Die Ost- und Westrichtung ist durch den Sonnenaufgang bekannt. Der Himmel wird als fest verbunden mit der Ebene der Erde angesehen; eine Drehung des Himmels ist unbekannt. Das Beibehalten des gleichen Abstandes der Sterne wird als gegenseitiges Verfolgen der Sterne oder als geschlossenes Wandern von Gruppen von Sternen gedeutet. Die Planeten werden nur wegen ihrer Helligkeit, nicht wegen ihrer andersartigen Bewegung von den Sternen unterschieden. Die zeitweise Unsichtbarkeit der Himmelskörper wird bei Sonne und Mond durch das Wandern unter der Erde und bei den Sternen durch das Wandern auf der Erde nach Osten zurück erklärt, wobei die Sterne wegen ihrer geringen Helligkeit auf der Erde nicht gesehen werden. Die Sonne gilt meistens als ein feuriger, der Mond als ein erloschener Himmelskörper. Gelegentlich ist noch die Ansicht vorhanden, daß die Sonne nur leuchtet, nicht wärmt. Die Zunahme der Wärme wird dem Erscheinen der Plejaden zugeschrieben. Es besteht auch die Ansicht, daß es mehrere Sonnen von verschiedener Wärme gäbe. Eine Verknüpfung der Sonnenstellung mit dem Wechsel der Sonnenwärme gibt es offenbar noch nicht.

Zur Zeit der Neu- und Vollmonde finden Feiern statt. Die Eingeborenen kennen den Mann im Mond, von den andern Planeten Venus und Mars, gelegentlich auch Jupiter und Saturn. Von den Sternen und Sternbildern kennen sie die folgenden, wobei sie andere Bezeichnungen als die europäisch-asiatischen benützen und die Sternbilder auch anders abgrenzen: Achernar, Atair, α im Steinbock, Aldebaran, Kapella, Sirius, Kanopus, Arktur, α im Pfau, Fomalhaut und die Sternbilder Plejaden, Hyaden, Orion, Großer Hund, α und β der Zwillinge, Großer Bär, Südliches Kreuz, α und β Zentaur, Skorpion,

Schlangenträger, Krone + Leier + Adler, Südliche Krone, Delphin, ferner die nur den Bewohnern Viktorias bekannten Sternbilder Hauptbaar, Jungfrau und Rabe. Die Einwohner Viktorias und besonders eine Familie des Boorungstammes nahe dem See Tyrrell rühmen sich ihrer besonderen Sternkenntnisse. Die meisten der angeführten Sterne und Sternbilder sind ihnen bekannt. Die Milchstraße gilt gelegentlich als Regenbringer. Ein Stamm kennt die Magellanischen Wolken.
Finsternisse, Sternschnuppen, Feuerkugeln und Kometen erwecken Furcht. Man sucht sie durch Beschwörungen oder durch Lärm zu vertreiben.

DIE BEWOHNER VON AFRIKA

Von den Bewohnern von Afrika sollen nicht behandelt werden die weißen oder gelben Einwanderer aus Europa oder Asien mit ihren Nachkommen, auch nicht diejenigen Völker, die in neuerer Zeit mit der christlichen oder islamischen Religion sich die Zeitrechnung und sonstigen Kenntnisse, die mit diesen Religionen verbunden sind, angeeignet haben. Vielmehr kommen nur die Völker in Betracht, wo sich noch die Reste einer ursprünglichen Sternkunde und Religion nachweisen lassen. Es handelt sich dabei hauptsächlich um die Neger und die weißfarbigen Bewohner des Südens.

DIE ZEITRECHNUNG

Die Grundlage der Zeitrechnung ist die Rechnung nach dem Monde und nach Monaten, deren Beginn durch das Neulicht, selten durch den Vollmond angezeigt wird. Nur bei den Masai und Wadschagga ist es anders. Bei ihnen heißt der Tag des Neulichtes der 4. Tag des Monates. Der Monat zählt gewöhnlich 28—30 Tage, in Ausnahmefällen 31 und 32 Tage. Er zerfällt in Wochen, die 4—7 Tage zählen. Die Zählung der Monatstage geschieht durch Kerben, Knoten oder Holzstücke. 12—13, in Benin sogar 14 Monate bilden ein Mondjahr. Bei den Bafioten wird jedes 3. Jahr ein Schaltmonat eingeschoben. Das Ende des Jahres wurde gewöhnlich angezeigt durch Naturereignisse, wie die Wiederkehr der Regenzeit und der Trockenzeit und der dadurch bewirkten Änderungen in der Tier- und Pflanzenwelt. Nur gelegentlich trat an Stelle dieser rohen Abschätzungen die Beobachtung der Sternaufgänge. Dazu dienten die Frühaufgänge des Sirius und der Plejaden. Der Sirius wird in Ägypten und an der tropischen Westküste Afrikas benützt, die Plejaden dagegen an der Ostküste Südafrikas. Durch ihre Beobachtung wird eine Verbindung zwischen der Rechnung nach dem Monde und nach der Sonne hergestellt.

Der Jahresanfang liegt bei den Wadschagga im März, bei den Wagogo am 1. Dezember, bei den Basa im November. Eine Zählung der Jahre findet nicht statt. Jahre mit besonderen Ereignissen wie Kometen, Dürre, Krieg, Hungersnot prägen sich dem Gedächtnisse ein und werden nach diesen Ereignissen benannt. In manchen Fällen, wo das Jahr in 2 ähnliche Jahreszeiten zerfällt, wird jede Jahreszeit als Jahr gerechnet.

Die Vornahme bestimmter Arbeiten und das Eintreten bestimmter Vorgänge, wie des Regens, wird aus dem Erscheinen der Sterne vorausgesagt. So wird aus dem Frühaufgang der Plejaden auf das Eintreten der Regenzeit oder, im Hochlande, des Reifes geschlossen. Beim Frühaufgange der Plejaden wird an der Goldküste und bei den Hottentotten ein Fest gefeiert. In Togo gibt es im Juli und November Feste von 3 Wochen Dauer, entsprechend dem Frühaufgange der Plejaden und ihrem Mittagstande um Mitternacht. Auch das Erscheinen des Orion dient zur Zeitteilung und zwar bei den Ewe, wie der folgende Bericht erkennen läßt: »*Das Sternbild stirbt nur einmal im Jahre und zwar genau nach der Jamssaat. Es geht auf im Osten und stirbt im Westen. Wenn es seinen höchsten Stand hat, so pflanzt jedermann Jams. Hat es aber seinen Tiefstand erreicht, so darf niemand mehr wagen, Jams zu pflanzen. Zuweilen geschieht es, daß das Sternbild verschwindet. Dann regnet es und Gewächse gedeihen. Man sagt dann: ‚Dzeretsia hat seinen Fuß ins Wasser getaucht.‘ Zuweilen aber wird es sehr trocken und dann sagt man: ‚Dzeretsia hält seinen Fuß ins Feuer.‘ Wird Dzeretsia bei seinem Erscheinen zuerst von den Schlangen erblickt, so kommen in jenem Jahre viele Krankheiten auf die Erde, woran die Menschen sterben. Wird dagegen der aufgehende Dzeretsia zuerst von Affen gesehen, so haben die Menschen in jenem Jahre Frieden, das heißt sie sind gesund.*« Auch der Hase, Kanopus und die Kapwolken dienen bei manchen Völkern als Anzeichen bestimmter Tätigkeiten oder Jahreszeiten.

Eine Einteilung der Nacht mit Hilfe der Sterne ist unbekannt. Nur das Erscheinen der Venus und bei den Hottentotten des Merkur kündet das Ende der Nacht an. Die meisten Eingeborenen können die Tageszeit aus dem Stande der Sonne bestimmen. Gelegentlich sind sie sehr sicher und genau in ihren Angaben. So kamen die Wajao aus Deutsch-

Ostafrika recht pünktlich, mit einer Abweichung von selten mehr als einer Viertelstunde zu ihrer Arbeit. Bei einigen Stämmen wird die Tageszeit aus der Länge des Schattens eines Stabes oder des Menschen oder des Daumens ersehen. Der alle 3 Stunden erfolgende Ruf des Stundenvogels gibt den Bakwiri die Stunde an. Die Kroßflußneger in Kamerun richten sich nach dem Sichöffnen und Schließen einer Blume, das dem Sonnenstande entsprechend erfolgt.

DIE RAUMERFASSUNG

Die Himmelsrichtungen Ost und West sind durch den Aufgang und Untergang der Sonne gegeben. Die meisten Völker beachten nicht, daß die entsprechenden Punkte sich im Laufe des Jahres verschieben. Einige Stämme von Britisch-Mittelafrika wissen wohl von dieser Verschiebung, legen jedoch auf die Festlegung der Grenzen keinen Wert. Nur die Basutos kennen die Orte der Sonnenwenden und nennen sie Sommerhaus und Winterhaus. Die Richtungen Nord und Süd sind weniger bekannt und anscheinend auch weniger genau bestimmt. Den Mittagstand der Sonne pflegen die Eingeborenen im allgemeinen genau anzugeben.

Die Eingeborenen denken sich den Himmel wie einen festen Deckel über die Erde gestülpt. Die Himmelskörper kehren nach ihrem sichtbaren Laufe unter der Erde oder hinter der Erde zu ihrem Ausgangsorte zurück. Sonne und Sterne gelten ihnen als feurig. Ueber den Mond und seine Flecken besteht beinahe bei jedem Volke eine andere Ansicht.

(Umzeichnung nach DAHSE, Ein Goldland Salomos)

Bild 29. Neger-Kalebasse mit Sternbildern

Außer dem einen Himmel, auf dessen der Erde abgewandten Rückseite sich die Verstorbenen, die auf der Milchstraße zum Himmel gewandert sind, befinden, wird gelegentlich von 2 oder 7 Himmeln gesprochen. Von den Planeten sind Venus, als Hund oder Braut des Mondes, und Jupiter allgemein bekannt. Von Merkur wissen nur die Hottentotten und die Bawenda.

Von einzelnen Sternen kennen die Eingeborenen Achernar, Aldebaran, Kanopus, Sirius, Prokyon. Die Baule und Aschanti in 7° nördlicher Breite nennen den Polstern Wegweiser und benützen ihn zur Bestimmung der Nordrichtung. Von den Sternbildern kennen sie die folgenden: Plejaden, Hyaden, Orion, Hase, α und β in den Zwillingen, Großer Bär, α und β im Zentaur, Skorpion, Südliche Krone; das Kreuz ist nur wenig bekannt. Die Milchstraße wird überall beachtet. Die Magellanischen Wolken sind verschiedenen Stämmen bekannt, dagegen die beiden Kohlensäcke in der Milchstraße nur den Masai.
Von der Westküste Afrikas und von Rhodesia stammen einige Gefäße, welche offenbar Gestirne: Sonne, Mond und einige Sternbilder, von denen einige eine gewisse Aehnlichkeit mit Tierkreisbildern zeigen, eingeritzt enthalten. Die Gefäße von der Westküste zeigen in der Mitte 2 gekreuzte Eidechsen, wohl als Sinnbild der Himmelsrichtungen (Bild S. 257).

STERNGLAUBE UND STERNDEUTUNG

Der Himmel wird von vielen Völkern als mächtigste Gottheit verehrt. Auch die Sonne wird unter die Götter gerechnet. Spuren einer früheren Sonnenverehrung finden sich beinahe überall. Sie scheint darin bestanden zu haben, daß man jeden Morgen auf dem Götterberg die aufgehende Sonne erwartete und ihr auf den Bergen Opfer darbrachte. Auch wurden ihr zu Ehren ständig Feuer unterhalten und bei manchen Stämmen große Feste gefeiert. Die Sonne gilt als wohltätige oder schädliche Gottheit, je nachdem die Eingeborenen ihre Wärme als wohltuend, wie auf den Hochebenen, oder als lästig, wie im Flachlande, empfinden. Bei den Hottentotten und Buschmännern werden die Toten mit Gesicht und Füßen nach Osten zu beerdigt. Viel allgemeiner als die Verehrung der Sonne ist die des Mondes. Beinahe überall finden zur Zeit des Neulichtes und des Vollmondes Feiern mit Tanz und Gesang statt. Die Zeit des zunehmenden Mondes gilt als günstig, die des abnehmenden Mondes als ungünstig; der Vollmond selbst übt eine schädigende Wirkung aus. Eine Verehrung einzelner Sterne ist nur gelegentlich anzutreffen. Die Buschmänner richten Gebete an Sirius und Kanopus. Die beim Erscheinen der Plejaden beginnenden Feste sind mehr Jahresfeste, mit Neujahr vergleichbar, als Feste zu Ehren dieses Sternbildes.
Finsternisse, Sternschnuppen, Feuerkugeln und Kometen gelten als Anzeichen von Tod und Unglück. Gelegentlich versucht man das dro-

hende Unheil durch Lärm und Opfer abzuwenden. Sehr merkwürdig sind die Versuche, Finsternisse als die Folge von Gesetzesübertretungen oder von Streit der Könige aufzufassen. Diese bei den Ewe und bei den Bewohnern der Loangoküste auftretenden Ansichten zeigen eine merkwürdige Verwandtschaft mit den viel älteren Ansichten der Babylonier und der Chinesen.

STERNKUNDIGE UND UNTERRICHT

Es ist nicht bekannt, ob es unter den Eingeborenen einen Stand der Sternkundigen gibt oder ob die Sternkunde nur bestimmten Personen, Priestern oder Häuptlingen, vorbehalten ist. Die meisten Stämme scheinen auf die Beobachtung des Himmels Wert zu legen. Nur die Mandingos halten die Sternkunde für unnötig. Die Kaffern sind der Ansicht, daß es verboten sei, die Gedanken bis zu den Sternen zu richten. Deshalb gehören sie auch zu den wenigen Stämmen, bei denen Sonne und Mond keine Verehrung genießen.

DIE INDIANER VON NORD- UND SÜDAMERIKA

DIE ZEITRECHNUNG

Bei den Indianern Nordamerikas trifft man sowohl die Zeitrechnung nach der Sonne wie die nach dem Monde. Das Jahr beginnt mit dem Herbst oder Winter, je nachdem man von dem Ende der Ernte oder von dem ersten Schneefall oder von der Wintersonnenwende ausgeht. Bei den Hopi und Zuni kennen die Priester die Stellen des Sonnenaufganges zur Zeit der Wenden und können mit ihrer Hilfe diese Zeiten auf einige Tage genau angeben, damit dann die Feste mit Opfern gefeiert werden. Das Jahr wird geteilt in 12—14 Monate, deren Dauer sich nach dem Mondeswechsel richtet. Ueber die Schaltungen bestehen bei den Indianern meistens Meinungsverschiedenheiten.

Die Jahre werden nach den auffallendsten Ereignissen wie Sternschnuppenfall, Kometen, Dürre bezeichnet und bei einigen Stämmen mit ihren Sinnbildern in spiraliger Anordnung auf Büffelhäuten aufgezeichnet.

Es ist nicht bekannt, ob die nordamerikanischen Indianer sich der Sternaufgänge zur Jahresteilung bedienen. Dagegen ist dies bei den südamerikanischen Indianern der Fall. Für Venezuela und Nordbrasilien gilt die Regel für die Reihenfolge des Verschwindens der Sternbilder am Abendhimmel: Krebs; Großer Löwe; »Chamäleon«; »Schwälbchen«, bringt leichten Regen und Blumen; Skorpion, stärkerer Regen; Plejaden, starke Regen; Aldebaran; Bein des Orion; »Schildkröteneier«; Sirius und für die Reihenfolge des Frühaufganges: Plejaden, Fluß voll, Aufhören des dichten Regens; Krebs, leichte kurze Regen; Löwe, Gewitter mit Sturm. Als »Herr der Blitzstrahlen« gilt der Löwe »Tauna«, ein sehr böser Mann.

Die Tageszeit wird aus der Sonnenhöhe erschlossen.

Sonne und Mond werden von südamerikanischen Indianern für Federbälle gehalten, eine wohl erst später entstandene Anschauung, welche die ältere Ansicht von der Feuernatur dieser Himmelskörper verdrängt hat. Venus und Jupiter sind ihnen wohl bekannt.

Ueber die Kenntnis des Sternhimmels wird von den nordamerikanischen Indianern nichts berichtet. Ueber die südamerikanischen Indianer zwischen 10^0 nördlicher und 10^0 südlicher Breite liegen Berichte vor, denen folgendes zu entnehmen ist:

Als einzelne Sterne werden beachtet Sirius und Regulus, als Sternbilder Orion, Plejaden, Perseus, Skorpion, Herkules, Bootes, Nördliche Krone, Löwe, Rabe, Eridanus, Taube, Walfisch, Hyaden, Krebs, Steinbock, Südlicher Fisch, Großer Bär, α und β im Zentaur, Kreuz, Kranich, ferner die Milchstraße und die Magellanischen Wolken. Diese Sternbilder stimmen bezüglich Namen und Grenzen nicht mit den griechischen oder chinesischen überein. Einzelne Sternsagen können übernommen und auf bestimmte Sterne übertragen sein.

Für die Bewohner um das Caribische Meer ist der Große Bär, von ihnen Einbein genannt, bedeutungsvoll, weil seine Unsichtbarkeit mit den Orkanen Westindiens zusammenfällt.

Sonne und Mond werden von den Pueblo-Indianern verehrt, desgleichen die Sonne von den Chiriguanos in Bolivien. Die Azteken und Quiche-Indianer setzen Sternbilder zu Körperteilen in Beziehung und berücksichtigen dies in ihrer Heilkunde.

Die Bororó-Indianer pflegen auffällige Feuerkugeln durch Tänze um nächtliche Feuer zu beschwören.

DIE BEWOHNER DER NORDPOLGEGENDEN

Die Nachrichten über Sternkunde bei den Eskimos, Lappen und den Bewohnern des nördlichen Sibiriens sind äußerst dürftig.

DIE ZEITRECHNUNG

Die Zeitrechnung der Eskimos ähnelt sehr der Zeitrechnung der nordamerikanischen Indianer. Das Jahr beginnt mit dem Herbste oder mit dem Winter, bei den ostgrönländischen Eskimos mit dem Frühaufgange des Atair. Die Labrador-Eskimos bestimmen die Zeiten der Sonnenwenden mit Hilfe fester Landmarken und beginnen ihr Jahr mit der Wintersonnenwende. Das Jahr zerfällt in 12—13 Monate, die mit dem Neulichte anheben. Gelegentlich findet eine Schaltung statt.

Auch unterscheidet man Sommer und Winter. Die Monatsnamen beziehen sich auf Sternaufgänge oder auf Vorgänge in der Natur oder in ihrem Leben. Als Beispiele mögen einige Monatsnamen angeführt werden. Bei den Konjagen auf der Insel Kadjak heißen sie: Plejadenaufgang, Orionaufgang, Reifmonat, Erster Schnee, Frostmonat, Der 6. Monat, Getrocknete Fische, Eisbruch, Rabeneier, Vogeleier, Seerobben, Seeschweine und bei den Bewohnern der Aleüten: Man nagt noch Riemen; Man nagt zum letztenmal Riemen; Blümchenmonat; Tierjunge; Fette Tierjunge; Warmer Monat; Federn und Behaarung der Tiere; Jagdzeit; Nach der Jagdzeit; Seelöwen; Langer Monat; Seerobbenmonat.

Aehnlich einfach ist die Zeitrechnung der Völker des nördlichen Sibiriens und der Lappen. Monate sind gebräuchlich und werden benannt. Das Jahr bestehend aus Sommer und Winter zählt bei den einen Völkern 12 Monate, bei den anderen 13 Monate.

Allen Völkern sind bekannt die Plejaden, Orion und Großer Bär. Für Nordamerika kommen noch hinzu Atair und Wega, während die Lappen auch den Polarstern, Kassiopeia, α und β der Zwillinge und Arktur kennen.

Ob Sonne und Mond verehrt wurden, ist unbekannt. Bei den unter 80^0 nördlicher Breite lebenden Eskimos scheint es keine Verehrung des Mondes zu geben. Venus als Morgenstern ist den Lappen bekannt.

ELFTER TEIL

DIE STERNKUNDE DER MAYA

BEI den Völkern Mittelamerikas, bei den Mexikanern und bei den Völkern im Norden von Südamerika, fanden die eindringenden Spanier im 16. Jahrhundert eine hohe Kultur mit einheitlicher Rechnung und Sternkunde vor. Die Grundlage dieser Rechnung bildete die Zwanzigerzählung, deren Zahlen einen besonderen Namen, meistens eines Tieres, tragen. Diese Namen sind für die verschiedenen Völker nicht gleich, ähneln aber einander derart, daß ein gemeinsamer Ursprung, der vielleicht bei den Maja oder Tolteken zu suchen ist, sich nicht von der Hand weisen läßt. Von 20 als der kleinsten Einheit ausgehend, werden größere Einheiten wie 20×20, 20×400, 20×8000 usw. gebildet. Bei Benützung dieser Zahlreihen zur Zählung der Tage werden die 20 Namen mit den Zahlen 1—13 so verbunden, daß eine Reihe von 260 Zahlausdrücken, ein Tonalamatl, gebildet wird. Diese Reihe von 260 Tagen ist die Grundlage der Tageszählung. Nach 260 Tagen wiederholt sich die Reihe der Zahlausdrücke. Um bei der Zählung von Tagen auch größere Einheiten benützen zu können, wurden Einheiten $20 \times 18 = 360$, 20×360, $20 \times 20 \times 360$ usw. gebildet. Dabei stellt die Einheit 360 offenbar das Rundjahr dar. Jeder der 18 Jahresabschnitte zu 20 Tagen wird durch ein Fest gefeiert und hat seinen eigenen Namen, welcher der landwirtschaftlichen Beschäftigung oder dem Wetter oder den Festen entnommen wird. Außer dem Rundjahr von 360 Tagen war das Jahr von 365 Tagen bekannt. Die fünf Tage am Ende des Jahres hießen die »überschüssigen« Tage; sie wurden gelegentlich mitgezählt und galten als unheilvoll. Zwischen diesem Jahr und dem Tonalamatl besteht der Ausgleich $52 \times 365 = 73 \times 260$. Dieser Zeitraum von 18 980 Tagen, Xiuhmolpilli genannt, gemäß welchem die Jahresanfänge mit denselben Zahlausdrücken des Tonalamatl sich wiederholen, spielte in der Zeitrechnung eine Rolle.

Schaltungen, um das Jahr von 365 Tagen mit den Jahreszeiten in Einklang zu bringen, mögen gelegentlich nach Bedarf ausgeführt worden sein. Gemäß den vorliegenden Nachrichten war jedoch der Kalender der Mayas in Mittelamerika und der Mexikaner bei Ankunft der Spanier nicht sehr in Ordnung. Um das Jahr 1600 lag der Jahresbeginn der Mexikaner etwa am 2. Februar und der Mayas im Januar. Der mangelhaften Uebereinstimmung zwischen den Kalendern und den Jahreszeiten scheinen die Funde in Copan zu widersprechen. Hier befinden sich 2 liegende Säulen mit 8 km Abstand, östlich und westlich von Copan. Der neben der östlichen Säule stehende Beobachter würde den Sonnenuntergang bei der westlichen Säule, die sich gut vom Himmel abhebt, am 9. April und am 2. September beobachten können. Die auf den beiden Säulen verzeichneten Daten betreffen die Tage 11/1 388, 6/9 392 und 15/12 392 n. Chr. und lassen keinen Schluß auf die Benützung der Säulen für den vorgenannten Zweck zu. Auch die anderen auf den benachbarten Altären und Säulen verzeichneten Tage 5/4 471, 9/4 480 und 481, 2/9 503, 6/9 480, 4/2 471, 22/10 471, 16/12 411, 28/11 483, 1/9 412 lassen wohl erkennen, daß diese Bauwerke in der Zeit von 388 bis 503 errichtet sind oder Geschehnisse aus dieser Zeit festhalten sollen. Jedoch ist es nicht notwendig, daß sie zur Festlegung bestimmter Jahreszeiten dienen sollten. Auch ist es zweifelhaft, ob die von Seler in einer mexikanischen Handschrift aufgefundene Periode von 59 Tagen in Verbindung mit dem Tonalamatl zur Schaltung von 10 Tagen nach 42 Jahren dienen sollte.

Eine Rechnung nach dem Mond war wahrscheinlich nicht vorhanden. Trotzdem war der Mondumlauf recht genau bekannt, wie aus den Tafeln in der Dresdener Maya-Handschrift zu ersehen ist, die anscheinend dazu dienten, Sonnenfinsternisse im Voraus zu berechnen. Diese Tafeln enthalten für einen 11 958 Tage umspannenden Zeitraum Tagesangaben, deren gegenseitiger Unterschied 148 und 177, bzw. 178 Tage beträgt, wobei sich nach 3986 Tagen dieselben Zahlen wiederholen. Die Zahlen haben eine gewisse Aehnlichkeit mit den für Sonnenfinsternisse geltenden Zahlen. Es ist aber nicht gelungen, für die Zeit von 12 v. Chr. bis 1520 n. Chr., die diesen Tafeln entsprechenden und in Yucatan sichtbaren Sonnenfinsternisse nachzuweisen. Vermutlich wird es sich bei den Tafeln um eine versuchte, aber mit der Natur nicht übereinstimmende Vorausberechnung handeln.

In den Mayahandschriften kommt als Ausgangspunkt für Berechnungen die Angabe 4 Ahau 8 Kumhu vor, die dem 29. August 3512 v. Chr. entspricht. Von ihm aus wurden die Tage mit Hilfe des Tonalamatl weitergezählt. Dieser Zeitpunkt ist irgendwie errechnet worden. Er steht anscheinend in keiner Beziehung zu den 4 vergangenen Weltaltern, welche nacheinander Jaguarsonne, Windsonne, Feuersonne und Wassersonne genannt werden und denen bestimmte Getreidearten, Himmelsrichtungen und Tage des Tonalamatl entsprechen. Jedes Weltalter endet mit einer Vernichtung, deren Urheber dem Zeitalter den Namen gibt, und mit dem Einsturz des Himmels, um die Zeit des Aussaatfestes im Frühling. Daraufhin beginnt die Wiederaufrichtung des Himmels über der Erde, die Erschaffung der Menschen unter Beteiligung von Götterpaaren und dann die Erschaffung des Feuers. Darauf werden Sonne und Mond erschaffen. Auf die 4 früheren Weltalter folgt das noch bestehende, das Erdbebensonne heißt, weil es durch ein Erdbeben sein Ende finden wird, und gemäß mexikanischer Ansicht mit dem Jahre 726 n. Chr. begann. 25 Jahre später wurde die Sonne erschaffen. Wie die Mexikaner annahmen, wurde das 1. Weltalter 2028 Jahre vorher begonnen.

Die Zeitrechnung findet sich in verschiedenen mexikanischen Handschriften und auf dem wohl im Jahre 1479 hergestellten Kalenderstein im Museum zu Mexiko in Beziehung zu den Himmelsrichtungen gesetzt. Im Innern sind die 5 Himmelsrichtungen mit den Weltaltern zu sehen, außen herum der Kreis der 20 Tageszeichen und auf dem Kalenderstein (Tafel VII gegenüber S. 241) um diesen Kreis herum eine symmetrisch geteilte Verzierung, die allerdings schon zur Zeit der spanischen Eroberung nicht gedeutet werden konnte. Wir haben es hier mit Darstellungen der Zeitrechnung zu tun, die wie die Scheiben der chinesischen Kalendererklärung vorwiegend den Zwecken der Sterndeutung dienten.

Der Tag wurde in 13 und die Nacht in 9 Abschnitte geteilt, ob mit Hilfe von Sonnen- oder Wasseruhren ist nicht bekannt.

DIE ERFASSUNG DES RAUMES

Grundlegend ist die Einteilung der Ebene der Erde in die 5 Richtungen Nord, Ost, Süd, West und Mitte. Diese Himmelsrichtungen wurden mit den Farben, Weltaltern (die unsern Elementen entsprechen), den Namen und der Beschaffenheit der Jahre in folgende Beziehung gesetzt:

ÜBERSICHT 18

Richtung	Farbe	Weltalter		Name und Beschaffenheit des Jahres	
Nord	Weiß	Jaguarsonne	(= Erde)	Tecpatl	Dürr
Ost	Rot	Windsonne	(= Luft)	Acatl	Fruchtbar
Süd	Gelb	Feuersonne	(= Feuer)	Tochtli	Gewöhnlich unglücklich
West	Schwarz	Wassersonne	(= Wasser)	Calli	Naß
Mitte	—	Erdbebensonne		—	—

Die Beziehung ähnelt der in Asien üblichen.
Der Himmel wird von 4 Himmelsträgern gehalten, die wahrscheinlich in den 4 Himmelsrichtungen stehend gedacht sind. Zu erwähnen sind die neben den Tempeln gelegenen Ballspielplätze, deren Seiten genau den Himmelsrichtungen entsprechen. Ob sie als Sinnbild des am Himmel sich vollziehenden Kampfes des Sonnengottes mit der Mondgöttin, die beide von einigen Indianerstämmen für Federbälle gehalten werden, gelten sollten, ist unbekannt.
Am Himmel unterschied man 13 übereinanderliegende Schichten, desgleichen 9 verschiedene Unterwelten, wobei jede dieser Schichten einem Gott unterstellt ist. Zwischen diesen 13 + 9 Schichten und den 13 + 9 Stunden des Volltages bestehen enge Beziehungen, indem jede Stunde den entsprechenden Gott zum Herrn hat.
Es ist nicht bekannt, ob die Planeten und die Sterne auf die verschiedenen Himmel verteilt wurden. Von den Planeten wurden besonders beachtet und verehrt Sonne und Venus. Die Dresdner Handschrift enthält Berechnungen über den Lauf der Venus, deren synodischer Umlauf zu 584 Tagen angesetzt wird. Dabei wird diese Zahl in 90, 250, 8 und 236 Tage geteilt, damit die Eigentümlichkeiten der Sichtbarkeit der Venus anzeigend. Den Mayas war die Beziehung zwischen Venusumlauf und Sonnenjahr in der Form $5 \times 584 = 8 \times 365 = 2920$ nicht unbekannt. Für den Mondumlauf benützten sie anscheinend den Wert 29,526 Tage, wie er sich aus ihren Rechnungen ergibt. Sowohl bei Venus als auch bei Sonne und Mond läßt sich eine Kenntnis der Unregelmäßigkeiten der Bewegung nicht nachweisen. Das doppelte Tzolkin (Tonalamatl) von 520 Tagen diente, gemäß LUDENDORFF, zur rohen Vorausberechnung von Finsternissen.
In der Dresdener Handschrift gibt es Tafeln mit dem Vielfachen von 78 und 780. Ob die Zahl 780 auf den synodischen Umlauf des Mars gedeutet werden kann, erscheint zweifelhaft. Es ist nicht bekannt, ob Mars, Jupiter, Saturn und Merkur von den Priestern der Mayas beobachtet worden sind. Jedenfalls wurden sie nicht als Götter angesehen oder verehrt. Es lag deshalb kein Grund für die Priester vor, ihr Erscheinen vorauszuberechnen und vorherzuverkünden.

DER STERNHIMMEL

Wir wissen nicht, ob die Maya die tägliche und jährliche Bewegung der Sterne darzustellen versuchten. Die in den Handschriften dargestellte Bewegung ist die im Gottesdienst übliche, die wohl kaum eine genaue Darstellung des Sachverhaltes geben will. In den Handschriften werden als Wanderer am Himmel genannt Sonne, Mond, der Morgen- und Abendstern, die Sterne des Norden, die Sterne des Süden, die Milchstraße. Es ist nicht ausgeschlossen, daß einige auffällige Sternbilder wie Plejaden und Skorpion bekannt waren, obwohl sich kein eindeutiger Beweis dafür bringen läßt. Auch ist nicht bekannt, ob es einen den Mondhäusern oder dem Tierkreis entsprechenden Gürtel am Himmel bei den Mittelamerikanern gab.

STERNGLAUBE UND STERNDEUTUNG

Als Götter wurden verehrt Sonne und Venus. In Mexiko wurde die Venus jeden Tag bei ihrem Aufgange von den Priestern mit Räuche-

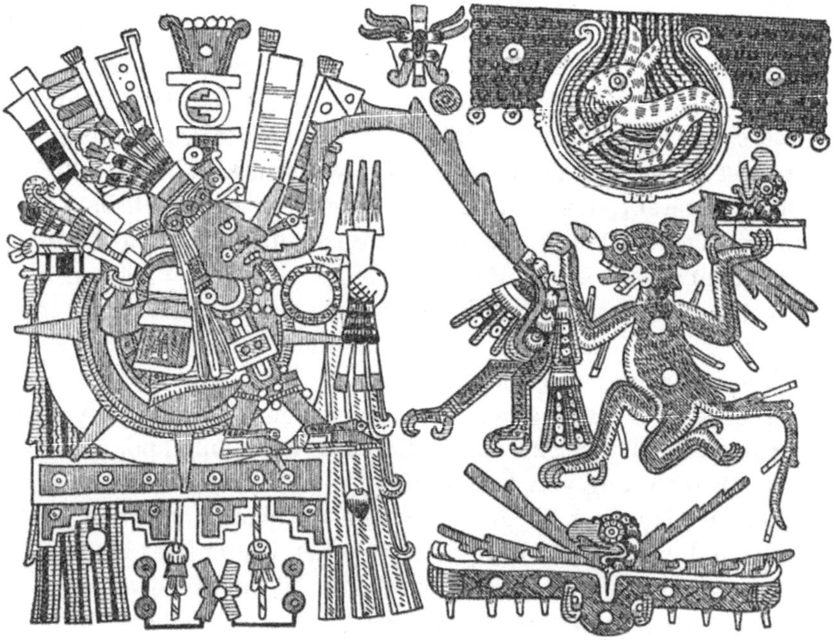

(Gemäß DANZEL, Mexiko, Tafel I)

Bild 30. Mexikanischer Sonnengott (links) mit Mond (Kaninchen) und Venus (rechts)

rungen und Blutabzapfungen begrüßt; bei ihrem Frühaufgange wurde ein Mensch geopfert. Der Mond, meistens mit dem Kaninchen im Mond dargestellt (Bild 30), wurde ursprünglich auch als Gott verehrt, verlor aber allmählich seine Bedeutung gegenüber der Venus. Für den Sonnendienst gab es überall Tempel, von denen noch einige Reste

erhalten sind. In den noch vorhandenen Tempeln zu Pisac gibt es auf geebneten Flächen abgesetzte Stufen mit senkrechten kegelförmigen Zapfen. Sie dienten nicht zum Beobachten, wie gelegentlich angenommen wurde, sondern als Altar. Der prächtigste Sonnentempel war der Tempel Coriconche (Goldhof) zu Cuzce, in dem die Mumien der verstorbenen Herrscher um das Bild der Sonne vereinigt waren. 12 Stadtteile sollen von ihm strahlenförmig ausgegangen sein.
Mit dem Titicaca-See in Bolivien verbinden sich mehrere Sonnensagen. Nach der letzten Sintflut soll die Sonne in dem See geschaffen worden sein und darauf erst die Menschen. Gemäß der Inka-Sage wurden die Ureltern der Inkas, 7 Männer und Frauen, nach der Sintflut als Kinder der Sonne geboren. Deshalb nahm der Sonnengott bei ihnen die höchste Stelle ein. Hatun Raini war das Fest, bei dem die aufgehende Sonne feierlich begrüßt wurde. Schon vor dem Einbruch der Inkas in Bolivien im 15. Jahrhundert wurde die Sonne in Tiahuanaco unweit des Titicaca-Sees verehrt. Die dortige, riesige, aber nicht genau nach den Himmelsrichtungen erbaute Opferstätte Ak-kapana enthält ein gegen 10 000 kg schweres und aus sehr hartem Lavastein herausgeschnittenes Tor, das dem Weltschöpfer Viracocha geweiht war und einige Darstellungen des Sonnengottes aufweist.
Die Sterndeutung betraf die richtige Auslegung des Kalenders, in dem die Unterteilungen des Tonalamatl in 13×20 oder in 52×5 Abschnitten zu Deutungen über günstige und ungünstige Tage genügend Anlaß boten. Den Deutungen lagen nicht Vorgänge am Himmel, sondern aus der Göttersage zugrunde. Aehnlich war es mit der Deutung der Tagesstunde gemäß dem Einflusse der Stunde der Gottheit. Der landwirtschaftliche Ertrag des künftigen Jahres wurde aus dem Tageszeichen des Neujahres ersehen. Es gab auch eine Beziehung zwischen den Körperteilen und den Tageszeichen, welche dem Arzte gestattete, aus dem Tageszeichen auf den Verlauf der Krankheit zu schließen.
Sonnenfinsternisse wurden beachtet. Es sind einige Angaben über Sonnenfinsternisse in mexikanischen Aufzeichnungen erhalten. Ueber die Deutung der Finsternisse ist nichts bekannt.

STERNKUNDIGE UND UNTERRICHT

Die Sternkunde lag in der Hand der Priester. Sie besorgten die Auslegung des Kalenders und die Beobachtung der Himmelserscheinungen. Die von ihnen in Mexiko herausgegebenen Bilderhandschriften zerfielen in 5 Gruppen; die erste behandelte geschichtliche Ereignisse und die

Zeitrechnung, die zweite die Feste und die übrigen die Sterndeutung. Diese Handschriften werden wohl auch zum Unterricht gedient haben, zumal die überlieferten Handschriften viele Tafeln zur Erleichterung der Rechnung enthielten. Ueber die Art des Unterrichtes ist nichts bekannt.

GERÄTE UND STERNWARTEN

Einige wenige Abbildungen in den Bilderhandschriften beziehen sich auf Beobachter und Geräte. In dem einen Bilde ist ein beobachtender

a b c

Bild 31. Mexikanischer Beobachter und Beobachtungsgeräte

sitzender Priester zu sehen (Bild 31 a), der ohne Gerät die Sterne beobachtet. Als Beobachtungsgerät wird häufig abgebildet ein aus 2 gekreuzten Stäben bestehendes Gerät (Bild 31 b) und einmal ein der ägyptischen Palmrippe ähnliches Gerät (Bild 31 c). Gefunden wurden solche noch nicht.

Die Beobachtungen werden meistens vom Tempel aus gemacht worden sein. In Chichenitza in Yucatan soll ein als Schnecke bekannter runder Turm als Sternwarte gedient haben.

ZWÖLFTER TEIL

DIE STERNKUNDE DER ARABER

DIE arabische Kultur stellt die Brücke zwischen Altertum und Neuzeit dar. Allerdings liegt ihre Blüte vor dem 13. Jahrhundert; aber in diese Zeit fällt ihre Vermittlung des Wissens des Altertums an die damals besonders lernbegierigen und aufnahmefähigen Germanen, und dadurch hat die arabische Kultur eine größere Bedeutung erlangt, als es sonst wohl geschehen wäre.

Die arabische Kultur beginnt mit der arabischen Eroberung großer Teile der Länder um das Mittelmeer, eine Folge der Gründung des Islams durch MUHAMMED. Der Islam breitete sich auch nach Indien, China und Persien aus und zog damit Völker in seinen Bereich, die eine eigene Kultur besaßen. In diesen Ländern begann mit dem islamischen Glauben auch arabisches Wissen und Kunst einzuströmen und einen Einfluß auf das einheimische Wissen und Kunst auszuüben. In China ist eine solche arabische Beeinflussung gelegentlich nachweisbar; jedoch ist nur bezüglich der Bahnberechnung ein Dauererfolg festzustellen. Eine Weiterbildung der neuen Gedanken durch die Chinesen fand nicht statt. Von Indien her war die arabische Kultur weitgehend beeinflußt worden. Es dauerte daher lange, bis arabischer Einfluß sich wiederum in Indien geltend machen konnte. Er zeigte sich besonders in der seit dem 16. Jahrhundert erfolgenden Nachahmung arabischer Geräte durch die Inder. Die Perser konnten sich bei der Nähe ihres Landes — Bagdad war die Hauptstadt des arabischen Reiches — dem arabischen Einfluß am wenigsten entziehen und nahmen in vollem Maße an der arabischen Kultur teil. Aus Persien stammten viele Gelehrte, die besonders auf dem Gebiete der Sternkunde Hervorragendes leisteten. Es ist nicht zu viel gesagt mit der Behauptung, daß die Sternkunde mehr von den Persern als von den Arabern gefördert worden sei. Neben den Persern sind auch die Juden zu erwähnen, die am Ausbau des arabischen Wissens erfolgreich mitarbeiteten, wobei einzelne Juden wie MĀ-ŠĀ-ALLĀH zum Islam übertraten; ferner auch christliche Syrer, die besonders als Aerzte und Uebersetzer sich Verdienste erwarben. Seit dem 15. Jahrhundert erlangten die Türken die Oberhand in der islamischen Welt. Ihre Tätigkeit, so wichtig sie auf dem Gebiete der Kriegführung und der Kunst war, bedeutete keine Erneuerung des arabischen Wissens.

Die arabische Wissenschaft ist nicht von Grund auf ein einheimisches Erzeugnis; vielmehr verdankt besonders die arabische Sternkunde die wichtigsten Kenntnisse und Anregungen der griechisch-babylonischen und indischen Sternkunde. Die Uebermittlung des fremden Wissens fällt, wenn von der viel früheren Aneignung der Mondhäuser und anderer Eigentümlichkeiten einer früheren asiatischen Sternkunde abgesehen wird, in das 8. und 9. Jahrhundert. Das Wissen der Griechen, besonders aber die Werke des ARISTOTELES und des PTOLEMAIOS, wurde nicht unmittelbar von griechischen Gelehrten in Alexandria oder Byzanz übernommen, sondern durch syrische Aerzte und durch syrische Uebersetzungen erlangt. Jm 9. Jahrhundert gab es auch arabische Gelehrte, die nicht nur Syrisch, sondern auch Griechisch kannten und aus dem Griechischen übersetzen konnten. Als Uebersetzer bedeutender griechischer Werke der Sternkunde sind zu nennen: THĀBIT BEN KORRAH (836—901) und der gleichzeitige ḲUSTA IBN LŪKĀ († um 912). Die Uebersetzung griechischen Wissens wurde besonders gefördert durch die Kalifen AL-MANSŪR und AL-MĀMŪM. Zu derselben Zeit erfolgte auch eine starke Beeinflussung durch indische Werke. Die erste Kunde von der indischen Sternkunde kam nach Bagdad im Jahre 771 durch eine gelehrte indische Gesandtschaft, welche BRAHMAGUPTAS Werk Brāhmasphutasiddhānta mitbrachte. Auf Grund dieses Werkes, das von den Arabern Sind-Hind genannt wurde, schuf IBRĀHĪM IBN HABIB AL-FĀZĀRI Tafeln mit Erklärungen, die an die islamische Zeitrechnung angepaßt waren. Beinahe gleichzeitig verfaßte YA'QŪB IBN TĀRĪG sein Werk über die Herstellung von Armillarsphären, auf Grund der Lehren des indischen Werkes und der Mitteilungen von indischen Gelehrten, die mit einer anderen Gesandtschaft im Jahre 777 nach Bagdad gekommen waren. Beinahe gleichzeitig wurde ein anderes Werk des BRAHMAGUPTA, das im Jahre 665 verfaßte Khandakhādyaka eingeführt. ABŪ'L-HASAN AL-AHWĀZI führte zu dieser Zeit die Lehre der Planetenbewegungen gemäß den Lehren des ĀRYABHATA ein. Die indischen Lehren und Rechnungsverfahren wurden bis zum 11. Jahrhundert vielfach nachgeahmt. Indisches Wissen kam auch durch persische Uebersetzungen zu den Arabern. Zum Teil handelte es sich auch um von Persern verfaßte Abhandlungen. Von den Handschriften, die sich aus der arabischen Kultur erhalten haben, sind eine nicht geringe Zahl persisch geschrieben.

Die arabische Kultur hatte ihren Mittelpunkt in Bagdad, im Zweistromlande nicht weit von Babylon gelegen. Haben nicht auch Werke der babylonischen Sternkunde auf die arabische Sternkunde eingewirkt? Daß babylonische Gedanken auf dem Umwege über griechische Schriftsteller zu den Arabern gelangt sind, ist nicht zu bezweifeln. Das Werk des Babyloniers TEUKROS, von den Arabern TINKELOS genannt, der im 1. Jahrhundert n. Chr. über die Deutung der Anfänge der Zeichen schrieb, ist über die Perser in Bruchstücken zu den Arabern gelangt. Ferner hatten die Araber von der wohl babylonischen Darstellung des Rückwärtsschreitens und von der babylonischen Deutung der Zusammenkunft aller Planeten Kunde. Haben sie auch babylonische Werke, ohne Vermittlung der Griechen, gekannt? Diese Frage muß wohl bejaht werden, da es zum mindesten ein den Arabern bekanntes Werk, nämlich die Sterndeutung des Babyloniers BETHEN gibt, von dem bisher eine griechische Uebersetzung nicht nachweisbar ist.

Im Zweistromlande fanden die Araber noch an verschiedenen Stellen Glauben an die Sterngötter vor. Sonne und Mond wurden im Tempel zu Armavir, der bis 300 n. Chr vorhanden war, verehrt. Sonnenanbeter, die Schemsiā, gab es mindestens bis zum Ende des 18. Jahrhunderts. Beim Beten wandten sie sich der Sonne zu; ihre vornehmste Tür war nach Süden gerichtet. Uralt war die Mondverehrung der Harranier zu Harran. Es gab den schon von den Römern bewunderten und auf Münzen aus der Zeit des Kaisers SEPTIMIUS SEVERUS abgebildeten Tempel im Westen der Stadt und einen anderen Tempel, wo am 27. Tage jeden Monats ein Fest gefeiert wurde, östlich der Stadt. Die Sekte der Harranier erlosch anscheinend im 11. Jahrhundert. Ihr Festkalender enthielt Feste für Mond, Sonne, Mars, Venus, Saturn und die 7 Planeten. Ihre regelmäßigen Gebete fanden vor Sonnenaufgang, gleich nach dem Mittage und vor Sonnenuntergang statt, mit dem Gesicht zur Sonne gekehrt. Es gab bei ihnen eine Gleichsetzung der 7 Planeten mit den Farben, Vielecken, Wochentagen, Stufenzahl des Thronsessels und dem Rohstoff des Standbildes des Gottes. Mit dem 9. Jahrhundert fand die Uebersetzertätigkeit und die Aufnahme ausländischen Wissens ein Ende. Die Wissenschaft war bereits in dieser Zeit so gefördert worden, daß eine selbständige Weiterbildung gesichert war. In der nun folgenden Blütezeit der arabischen Kultur, bis zum Ende des 13. Jahrhunderts, war es besonders an den Fürstenhöfen zu Bagdad, Samarkand und Kairo, wo die Wissenschaft und zumal die Sternkunde gepflegt wurde. Jedoch gab es auch Gelehrte, die ohne fürstliche Unterstützung sich der Wissenschaft widmeten. Mit dem 14. Jahrhundert beginnt die Zeit des Niederganges. Das Schrifttum schwillt an, neue Gedanken kommen kaum mehr auf; vielmehr handelt es sich mehr um neue Auslegungen bekannter Werke. Alles wird spielerischer. Die Titel der Werke werden dichterisch. Uhren mit beweglichen Figuren sind bevorzugt. Die Sorgfalt der Arbeit läßt nach. Wie es sich bei den literarischen Erzeugnissen mehr um die Abwandlung gegebener Stoffe handelt, so auch bei den Geräten, wo immer neue Abarten, besonders des Astrolabes, erfunden werden, wobei eine Ausführung oder Erprobung dieser Geräte kaum in Frage kam.

Die arabische Vorstellung von der Sternkunde lassen die folgenden Aeußerungen zweier bekannter arabischer Gelehrten erkennen:

AL-BĀTTĀNĪ im 10. Jahrhundert n. Chr. sagt: »*Unter den edelsten, vorzüglichsten und ältesten Wissenschaften, unter denen, welche ganz besonders das Herz erfreuen, den Geist schmücken, den Verstand und das Betrachtungsvermögen schärfen, der Einsicht als Brennstoff und dem Scharfsinn zur Uebung dienen, kommt nach den Dingen, welche jeder Mensch von den Gesetzen und Einrichtungen der Religion kennen muß, die Wissenschaft von den Sternen. Dies ist der Fall wegen des höchsten Ergötzens und der hervorragenden Nützlichkeit, die da bieten die Kenntnis der Länge der Jahre und der Monate, die Kunst des Messens der Stunde, die Teile der Zeiten, die Zu- und Abnahme von Tag und Nacht, die Oerter und Verfinsterungen von Sonne und Mond, das Vorrücken und Zurückgehen der Gestirne, die mit dem verwandt sind, zu denen der Mensch bei fleißiger Betrachtung dieser Dinge und täglicher eifriger Erwägung gelangt ist, nämlich zu dem Beweise der Einheit Gottes und der Erkenntnis der ungeheuren Größe, der höchsten Weisheit, der größten Macht, der Vollendung seiner Tat.*«

Und gemäß AL-SACHĀWĪ im 16. Jahrhundert lebend: *Notwendig ist das Studium der Sternkunde wegen der Kenntnisse der Zeiten der Gottesdienste, anempfohlen wegen der Erlangung der Beweise für das Vorhandensein, für die Allmacht und Allwissenheit Gottes, erlaubt wegen des Einflusses der Gestirne auf Grund ihres Laufes und nicht auf Grund ihrer Natur; gemißbilligt ist der Glaube an einen Einfluß der Gestirne wegen ihrer Natur, verboten der Glaube an die unabhängige Wirkung der Sterne und ihre Anbetung.* Die bei diesen beiden Schriftstellern sich zeigende Erwähnung und Verehrung Gottes ist allen arabischen Schriftstellern eigentümlich. Fast jedes Werk beginnt mit einer Anrufung Gottes.

DIE MATHEMATIK

Eine Schilderung der arabischen Mathematik kommt hier nicht in Betracht. Vielmehr soll hier nur insoweit davon die Rede sein, als die arabische Mathematik zur Entwicklung der Sternkunde bei den Arabern oder bei den Germanen beigetragen hat.
Ihren Ausgang nimmt die arabische Wissenschaft bei der indischen und besonders bei der griechischen Mathematik. Von Indien kommt der Gebrauch der sogenannten arabischen Zahlen und die Bedeutung der Stellung der Zahlen, desgleichen auch die Sinustafel. Von den Griechen werden die Kegelschnitte und die Auflösungen von Gleichungen übernommen. Die Verdienste der Araber liegen, abgesehen von ihren Leistungen in der Zahlenlehre und in der Behandlung der Gleichungen, vorzüglich in der Behandlung der Kegelschnitte, in der ebenen und sphärischen Dreieckslehre und in der Herstellung von Sinus- und Tangententafeln. Die Kegelschnitte wurden besonders von AL-BĪRŪNĪ behandelt. Bei der Entwicklung der wichtigen sphärischen Dreieckslehre sind besonders AL-BATTĀNĪ, ABŪ'L-WAFĀ, DSCHĀBIR IBN AFLAḤ und NAṢĪR AL-DĪN AL-ṬŪSĪ beteiligt. AL-BATTĀNĪ kennt schon eine Beziehung zwischen 3 Seiten und 1 Winkel, wenn ihm auch die Gleichung selbst noch unbekannt bleibt; dem ABŪ'L WAFĀ wird der Sinussatz zugeschrieben. DSCHĀBIR wagt andere Wege als PTOLEMAIOS einzuschlagen und stellt den Cosinussatz für das rechtwinklige Dreieck auf. NAṢĪR AL-DĪN endlich kennt die 6 Hauptformeln im rechtwinkligen sphärischen Dreieck und versteht im schiefwinkligen Dreieck Beziehungen zwischen den Seiten und Winkeln, wenn auch in umständlicher Form, aufzustellen. Er beherrscht zugleich die ebene Dreieckslehre, auf welchem Gebiete er einen Vorgänger in ABŪ'L-WAFĀ hatte, der bereits Formeln zur Berechnung der Summe und Differenz zweier Winkel aus den Winkeln selbst aufgestellt hatte.
Mit der Einführung von Tafeln der Sinus und Tangens, die ursprünglich zur Berechnung des Schattens eines senkrechten Schattenstabes auf einer wagrechten oder auf einer senkrechten nach Süd gewandten Ebene dienten, aber bald für alle Dreiecksrechnungen Verwendung

fanden, und mit der Erfindung von Rechnungsverfahren zur raschen und genauen Berechnung der Tafeln beschäftigten sich außer AL-BATTĀNĪ und ABŪ'L-WAFĀ verschiedene Gelehrte. Das Tafelwerk des um 840 gestorbenen MUHAMMED IBN MŪSĀ AL-KCHWĀRIZMĪ enthielt Sinustafeln, über deren Form nichts bekannt ist. Die in den Tafelwerken des HABAŠ AL-ḤĀSIB († um 864) und des AL-BATTĀNĪ sind nach dem Vorbilde der Sehnentafel des PTOLEMAIOS hergestellt und nicht genauer als diese. ABŪ'L-WAFĀ entwickelte dafür ein neues Rechnungsverfahren und berechnete Sinustafeln für je 15'; IBN-JŪNIS gab sogar Zahlen für die Bogenminute. AL-BIRŪNĪ gab die Sinus nur für je 15', aber er lehrte als erster die Benützung des 2. Unterschiedes zur Bildung der Sinus für die Zwischenwerte. Die Sinustafel in dem Tafelwerke des ULUGH BEG enthält den Sinus für jede Bogenminute. Die Genauigkeit der Tafeln steigerte sich im Laufe der Zeit. Die Zahlen von ABŪ'L-WAFĀ sind auf 4 Stellen der 7. Dezimale genau, während IBN-JŪNIS bereits 1 Stelle der 7. Dezimale und ULUGH BEG 3 Stellen der 10. Dezimale erreichte. Aehnlich verlief die Entwicklung der Tangententafeln.

Den Arabern eigentümlich ist die mit der Zeit zunehmende Verwendung von Schaubildern (Nomogrammen), die auf den Astrolaben und Quadranten angebracht und zur Lösung der verschiedenartigsten Aufgaben benützt wurden.

DIE ERFASSUNG DER ZEIT

DIE ZEITRECHNUNG

Die arabische Zeitrechnung vor MUHAMMEDS Auftreten richtete sich nach dem Mondwechsel. Man unterschied 12 Monate, von denen je 2 zusammengehörten. Der Beginn des Monates war durch das Erscheinen des neuen Mondes gegeben, der mit Jauchzen begrüßt wurde. Große Feste gab es beim Jahresbeginn im Herbst und im Frühling. Ferner fand in den beiden letzten Monaten, die am Ende des Jahres um die Sommerwende lagen, die althergebrachte Pilgerfahrt nach Mekka statt. Um die Pilgerfahrt zur richtigen Jahreszeit zu halten, wurde gelegentlich, wie AL-BĪRŪNĪ angibt, alle 2—3 Jahre ein Monat eingeschaltet. Man benützte dazu den jährlichen Auf- und Untergang der von ihnen menazil genannten Mondhäuser. Die arabischen Mondhäuser stimmen, wie die Uebersicht 13 und das Bild S. 215 lehren, größtenteils mit den indischen, weniger mit den chinesischen überein. Allerdings stammen die der Uebersicht zugrunde gelegten Mondhäuser aus der Zeit nach dem Eindringen indischen Wissens. Die ursprünglichen arabischen Mondhäuser können gewisse Abweichungen von den späteren der Uebersicht gezeigt haben. Die Schaltung wurde durch die Priester besorgt. Der mit der Regelung beauftragte Priester hieß anscheinend der Monatsmacher.

Die siebentägige Woche war bekannt, vielleicht ursprünglich nicht als durchgehende Tageszählung, sondern nur zur Unterteilung eines Doppelmonates, bei dem drei Tage am Anfange und am Ende, während der Unsichtbarkeit des Mondes, nicht berücksichtigt wurden. Der Tag wurde vom Abend an gerechnet. Tag und Nacht wurden roh eingeteilt, anscheinend ohne Geräte.

Die Zeitrechnung wurde durch MUHAMMED neugeordnet. Seine Auffassung über die Zeitrechnung enthält die Sure 5 des Koran: »*Er (Allah) ist es, der die Sonne eingesetzt, um bei Tage zu scheinen, und den Mond, bei Nacht zu leuchten, und seine Stellungen so bestimmt hat, daß ihr dadurch die Zahl der Jahre und die Berechnung der Zeit wissen könnt.*« MUHAMMED verwarf die Schaltungen vollständig und führte das reine Mondjahr von 354 Tagen ein. Jeder 2. Monat erhielt 30 Tage. Um jedoch eine Uebereinstimmung zwischen dem reinen Mondjahr und dem Mondjahr von 354 Tagen 8,8 Stunden zu erzielen, wurde die Schaltregel aufgestellt, wonach innerhalb 30 Jahren 11mal je 1 Tag eingelegt wurde. Eine andere bei den Türken beliebte und wohl von DAVENDELI MEHMED EFFENDI aufgestellte Schaltregel schaltete in 8 Jahren 3 Tage ein. Sie war etwas ungenauer, nämlich um 1 Tag in 126 Jahren, hatte aber den Vorteil der Eignung für einen immerwährenden Kalender, da der Zeitraum volle 405 Wochen umfaßt. Mit Hilfe dieser beiden Schaltregeln konnten in den Kalendern für bestimmte Jahre und auch in den immerwährenden Kalendern die Zeit des Neumondes und des Neulichtes im voraus angegeben werden. Trotzdem richtete sich das Volk immer nach der ersten Sichtbarkeit der Neumondsichel, welche Zeit infolge der Stellung des Mondes zum Horizonte und der Luftverhältnisse 1—2 Tage von der Rechnung abweichen konnte.

Die Jahreszählung erfolgte von der Flucht (Hidschra) MUHAMMEDS nach Medina an, welche Zeit im Gegensatz zu der Geburt MUHAMMEDS und zu seiner Erleuchtung am besten überliefert war. Sie wurde auf den 8. Rebī I, entsprechend dem 15. Juli 622 n. Chr., festgesetzt. Neben dieser Jahreszählung wurde gelegentlich auch die Jahreszählung nach

Jahren der Seleukiden und des DIOKLETIAN, unter Benützung der julianischen Jahresdauer, verwendet.

DIE ZEITMESSUNG

Die Einteilung von Tag und Nacht in je 12 Stunden, deren Dauer im Laufe des Jahres veränderlich war und zwar für jede Breite innerhalb bestimmter Grenzen, wurde von den Griechen übernommen. Sie geschah mit Hilfe von Sonnen- und Wasseruhren. Bei den Sonnenuhren handelte es sich in erster Linie um solche mit senkrechtem Schattenstab. Gelegentlich kommen senkrechte Sonnenuhren gegen Süd gewandt vor, noch seltener solche mit dem Zifferblatt gegen andere Richtungen. Zur Berechnung der Sonnenuhren gingen die arabischen Gelehrten von den Verfahren der Griechen, hauptsächlich des PTOLEMAIOS, aus, und führten allmählich einige Verbesserungen, besonders mit Hilfe ihrer besseren sphärischen Dreieckslehre ein. Als neu kommt hinzu die noch zu erwähnende Sitte der Gebetsrichtung und der Gebetszeiten.
Auf die richtige Herstellung der Sonnenuhren wurde großer Wert gelegt. Der Schattenstab wurde gewöhnlich zu 12 Finger (= ½ Elle = 25 cm) Länge angenommen und der Schatten in 12 oder 60 Teile zerlegt. Zur Berechnung der Schattenlänge bei gegebener Sonnenhöhe wurden Tafeln entworfen, die sich im Laufe der Zeit verfeinerten. Die Tafel des AL-KCHWĀRIZMĪ und des AL-BATTĀNĪ († 929) war für je 1° Sonnenhöhe berechnet, die des ABŪ'L-WAFĀ († 998) für je 15′, des IBN JŪNIS († 1009) und des ULUGH BEG zu je 1′. IBN JŪNIS wußte auch, daß zwischen den beobachteten und den Tafelwerten Unterschiede bestünden, weil die Höhe des oberen Sonnenrandes, nicht der Sonnenmitte beobachtet wurde.
Bei IBN JŪNIS findet sich eine Regel zum Entwerfen von beliebig gerichteten, senkrechten Sonnenuhren. Sie wurden sehr ausführlich von ABŪ'L HASAN ʿALI BEN ʿOMAR AL-MARRĀKUSĪ († um 1262) behandelt. Dieser Marokkaner hat die Lehre von den Sonnenuhren besonders gefördert. Er lieferte auch den Entwurf für eine kreisförmige Sonnenuhr, bei der man für jede gegebene Sonnenlänge aus der Länge des Schattens die Stunde ersehen konnte, eine letzte Erinnerung an die ägyptischen Streiflichtsonnenuhren und an die römische Reisesonnenuhr, aber bedeutend verfeinert. Ferner entwarf er Zifferblätter für Sonnenuhren, deren Auffangfläche beliebig gelagert war, wenn nur der Schattenstab senkrecht zum Zifferblatt oder waagerecht stand. Er kam dabei

auch auf die zur Aequatorebene parallele Zifferblattebene zu sprechen, wobei der Schattenstab mit der Weltachse zusammenfällt. Ein ähnlicher Entwurf war auch in Griechenland bekannt. Wie die Griechen, so wies auch er daraufhin, daß die Lage der Schattenspitze zur Zeit der Nachtgleichen unbestimmt ist. Auch war er sich so wenig wie die Griechen der Eignung dieser Sonnenuhr zur Verwendung der Lage des Schattens, statt der Schattenspitze, und zur Teilung des Tages in 12 gleichlange Stunden bewußt. Dagegen ist im 15. Jahrhundert die Verwendung des Polstabes neben dem senkrechten Schattenstabe bekannt. Der Polstab wurde von der Mauer und einem Ring am Ende des senkrechten Stabes gehalten. Er diente nur dazu, durch seinen Schatten innerhalb der Stundenlinien die Stunde ungefähr anzudeuten, wenn der Schatten des senkrechten Stabes zu lang wurde, so daß die Schattenspitze außerhalb des Zifferblattes zu fallen drohte. Sein Schatten ließ auf dem Zifferblatt, das die Linien der um je 5^0 abstehenden Stundenwinkel aufwies, den Stundenwinkel erkennen. Solche Sonnenuhren wurden für waagerechte und senkrechte Wände, besonders solche nach Mekka zeigende entworfen. Vorschriften gaben Saʿ īd ben Chafīf Ibn al-maĝdi (1359—1447) und die in Aegypten lebenden Sibt al Māridīnī (1423—1494) und Muhammed ben Abī'l Fath aṣ-Ṣūfī († 1494—95). Von einer Verwendung dieser Sonnenuhren zu einer allgemeinen Teilung des Tages in gleichlange Stunden ist keine Rede. Die Linien der Stundenwinkel werden nicht mit Stundenzahlen bezeichnet. Anscheinend handelt es sich dabei mehr um mathematische Entwürfe als um Aufgaben für das tägliche Leben.
Der Vorteil der Verwendung einer lochförmigen Oeffnung an der Spitze des Schattenstabes scheint den Arabern nicht unbekannt gewesen zu sein, wie Aeußerungen von Naṣīr al-Dīn und Sibṭ al-Māridīnī beweisen. Allgemein üblich war diese Einrichtung aber nicht.
Andere Sonnenuhren wurden von al-Marrākusī beschrieben, so die kugelförmige Hohlsonnenuhr und die Säulchensonnenuhr, deren Entwurf aber dem der Griechen entspricht. Zu erwähnen ist eine kegelförmige Sonnenuhr mit waagerechtem Stift, welche Abū Muhammed ʿAbd Allāh Ibn Qasīm Ibn ʿAbd Allāh Jahjā al Ṣigilī im 13. Jahrhundert erfand. Sie diente als Reiseuhr, für welche Zwecke die Länge des Stiftes der Breite des Ortes entsprechend geändert wurde.
Zur Zeitbestimmung mit Sonne und Stern dienten auch die Quadranten und Astrolabe. Diese wurden verwendet, um mit Hilfe von Loch-

blenden und der Kreisteilung, die meistens jeden 6. Grad, gelegentlich auch andere Teilungen bis zu 1° gibt, die Höhe der Sonne zu messen und mit Tafeln oder Kurvennetzen für jede Breite und für jeden Sonnenort die entsprechende Stunde zu bestimmen. Bei den Astrolaben konnte mit Hilfe des Netzes sofort die Stunde bestimmt werden, falls die Sonnenlänge bekannt war. Aehnlich wurde es mit hellen Sternen gemacht. Die Einrichtung der Astrolabe und Quadranten blieb im allgemeinen so, wie sie von den Griechen übernommen worden waren. Die Rückseite der Astrolabe war von den Griechen freigelassen worden. Sie wurde von den Arabern für ihre Rechnungen verwendet. Zur Zeit des AL-KCHWĀRIZMI besaß die Rückseite nur am Rande den Höhenkreis und das bewegliche Richtscheit mit den Lochabsehen. Das Schattenquadrat zur Berechnung von Winkeln konnte nach Bedarf auf die freie Fläche der Rückseite gezeichnet werden. Bei AL-BĪRŪNĪ gehörte das Schattenquadrat bereits zur Einrichtung der Rückseite. Die späteren Astrolabe enthielten die Kurvenschar der ungleichlangen Stunden und ein Kurvennetz für die Entnahme der Sinus. Auch die Scheibe (zafea) des AL-ZARKĀLI diente zur Zeitbestimmung mit Hilfe der Sterne.

Neben der Sonnenuhr spielte die Wasseruhr eine große Rolle. Auch hier folgten die Araber dem griechischen Vorbilde. Vermittler werden die Syrer gewesen sein. Es ist gewiß kein Zufall, daß in der arabischen Beschreibung des wichtigen Auslaufreglers die dabei erwähnte Scheibe syrische Monatsnamen hat. Auch ein HORMUZ, wohl ein Perser, wird von den Arabern als Verbesserer der Wasseruhr genannt.

Die Einrichtung der Wasseruhr mit ihren beweglichen Scheiben, ungleichlangen Stunden und beweglichen Figuren, die durch den Schwimmer in Tätigkeit versetzt werden, entsprach den griechischen Auslaufwasseruhren. Als Fortschritt ist zu erwähnen das gegenüber der archimedischen Uhr verbesserte Mündungsstück, wodurch der Auslauf gemäß den Jahreszeiten geregelt und damit die richtige Angabe der ungleich langen Stunden besser erzielt werden konnte. Mit solchen Uhren haben sich beschäftigt die BENŪ MŪSĀ (um 850), AL CHĀZINĪ (1121/22), SADĪD AL DĪN IBN RAQĪQA (1168—1237), RIḌWĀN IBN MUHAMMED AL CHURASĀNĪ RIḌWĀN IBN MUHAMMED IBN ʿALĪ AL CHURASĀNĪ (1203), AL-GAZĀRI (1206) und ABŪ'L HASAN ʿALĪ IBN AHMAD (1358). RIḌWĀN und GAZĀRI haben das Mündungsstück des ARCHIMEDES verbessert. Auch im Aufbau der Uhr scheinen Aenderungen eingetreten zu sein, soweit sich aus den oft unvollständigen Nachrichten schließen läßt. Fast immer haben bewegliche Figuren und fallende Kugeln zur Angabe der Stunde eine große Rolle gespielt. Aus den vorliegenden Nachrichten läßt sich folgendes über ausgeführte Uhren entnehmen: *Im Jahre 807 erhielt Karl der Große von Untertanen des Kalifen Hārūn al Raschid eine aus Messing hergestellte Wasseruhr, bei welcher die in einen Becher hinabfallenden Kugeln und die aus 12 Fenstern herauskommenden 12 Reiter den Haupteindruck machten. Um die Jahrtausendwende befand sich in Antiochia über dem Tor einer Kirche eine Wasseruhr, die Tag und Nacht hindurch je 12 Stunden in Betrieb war; auf sie bezieht sich wohl die chinesische Nachricht, daß die Wasseruhr 12 goldene Kugeln besaß, von denen bei jeder Stunde eine auf eine goldene menschliche Figur falle. Für einen König von Malta, wohl Roger II (1101—1154), hatte ein Malteser Handwerker eine Wasseruhr mit der Figur eines Mädchens, das stündlich eine Kugel auf eine Zymbel warf, hergestellt. Am Ende des 12. Jahrhunderts bekam die große Moschee in Damaskus eine Wasseruhr; sie wurde über dem östlichen Tor Bāb Gairūn angebracht. Ihr Hersteller und Verbesserer war der Vater des Riḍwān. Später, im Jahre 1203 hat Riḍwān selbst die Uhr wieder in Stand gebracht und verbessert. Die Uhr zeigte 2 Falken, die stündlich je eine Kugel in ein Metallbecken fallen ließen, während gleichzeitig eine Mondsichel an einem der 12 Tore vorüberzog und ein Oeffnen und Schließen des Tores bewirkte. Nachts erleuchteten sich nach einander die in einem Halbkreise befestigten 12 runden Gläser. Darüber befand sich eine mit dem Schwimmer verbundene bewegliche Scheibe, die den Tierkreis zeigte und die Sonne, die alle 10 Tage weitergestellt wurde. Wie bei den griechischen Uhren war der zur Zeit nicht sichtbare Teil des Tierkreises verdeckt. Aehnlich war die wenig später vollendete Uhr des Gazāri, der im Dienste der Urtuquiden zu Amid am Tigris stand. Allerdings war sie wohl genauer und zweckmäßiger hergestellt, wie auch die Beschreibung Gazāris sich durch die Klarheit des Ausdruckes und durch die Beschränkung auf das Wesentliche, sowie durch die Genauigkeit der Zeichnungen vor der Beschreibung Ridwāns auszeichnet. Auch bei dieser Uhr waren die 2 Falken mit den hinabfallenden Kugeln, auch hier die sich öffnenden und schließenden 12 Türen und die 12 aufleuchtenden Glasscheiben, desgleichen die an den Türen entlang wandernde Mondsichel. Als neu kam hinzu, daß in jeder Tür eine Figur sichtbar wurde, daß die fallenden Kugeln eine Zymbel in den Bechern ertönen ließen und das zur 6., 9. und 12. Stunde mehrere Figuren trommelten, trompeteten und die Zymbel schlugen. Ueber der Türreihe war der halbe Tierkreis sichtbar, an dem Sonne und Mond ihren Lauf vollendeten und der*

Mond seinen Gestaltenwechsel zeigte, was alles durch den Wärter besorgt wurde. Die Uhr ging wie alle diese Wasseruhren nur 12 Stunden; dann hatte der Wärter die Gefäße neu zu füllen, die Kugeln zurückzulegen, die Figuren in Ordnung zu bringen, das Mündungsstück zu berichtigen, den Tierkreis Sonne und Mond weiterzustellen und den Ring für den Mondwechsel weiterzudrehen.

Eine um das Jahr 1200 an einem Turm der Rennbahn zu Konstantinopel sichtbare Wasseruhr zeigte auch 12 sich öffnende und schließende Türen mit Figuren darin, ferner die um das Jahr 1250 an der Säulenhalle bei der Akademie zu Bagdad aufgestellte Wasseruhr die 2 kugelwerfenden Falken, die 12 Türen, die 12 Gläser, sowie Sonne und Mond sich am Tierkreis bewegend. Nicht unähnlich war die von IBN AL FAḤHĀM für den Palast zu Tlemcen in Algier gebaute Wasseruhr, bei der als neue Zutat ein Vogel mit 2 Jungen, die stündlich von einer Schlange angegriffen werden, zu erwähnen ist. Die Uhr wurde im Jahre 1358/59 aufgestellt und war noch im Jahre 1411 im Gebrauch.

Außerdem gab es noch einige andere Arten durch Wasser getriebener Uhren, über deren Einrichtung wenig bekannt ist. Die Christen fanden bei der Eroberung Toledos im Jahre 1133 eine Monatsuhr mit 2 sich von Neumond zu Neumond füllenden und leerenden Becken vor. Für gleichlange Stunden waren eingerichtet die Wasseruhr des Elefanten mit Zeitangabe für halbe Stunden, die Pfauenuhr, die Becheruhr, die Kahnuhr. Die Becheruhr ähnelte der ägyptischen Auslaufuhr. Alle diese Uhren, außer der Monatsuhr, wurden von GAZĀRI beschrieben, ebenso wie die Wasseruhr des Trommlers für ungleichlange Stunden und die Kerzenuhren, wie die Kerzenuhr des Schwertträgers, des Schreibers, des Affen und die mit Türen. Diese Kerzenuhren wurden durch den Gewichtsverlust beim Abbrennen der Kerze in Bewegung gesetzt und zeigten gleichlange Stunden an.

Gelegentlich bestimmte man die Tageszeit nach dem Schatten von Berggipfeln oder nach der Blüte der Blumen, wie von Gärtnern berichtet wird.

In der Türkei und in früher türkischen Gebieten sind Uhrtürme anzutreffen, die, auf Anhöhen in den Städten gelegen, Uhren mit weithin sichtbaren Zifferblättern tragen und die Stunde, gelegentlich auch die $\frac{1}{2}$ und $\frac{1}{4}$ Stunden durch, Glockenschlag ankündigen. Solche Uhrtürme sind noch zu sehen in Philippopel, Adrianopel und Wratza. Diese Einrichtung dürfte wohl von den Deutschen übernommen sein; denn in Deutschland gibt es nicht nur ganz ähnliche Türme in Graz und

Bruck an der Mur, sondern es bestand bereits am Ende des Mittelalters die Gewohnheit in größeren Städten an hohen Türmen Sonnenuhren und Räderuhren anzubringen.

GEBETSZEITEN UND GEBETSRICHTUNGEN

Wichtig für die Entwicklung der arabischen Wissenschaft wurde die Festsetzung bestimmter Zeiten und Richtungen für die täglichen Gebete. Die Einrichtung selbst hatte MUHAMMED von den Juden übernommen. Zuerst wandte er sich selbst beim Gebet nach Jerusalem; auch wurde die älteste Moschee in Medina nach Jerusalem gerichtet. Aber im Jahre 624 erfolgte der Bruch mit dem Judentum. MUHAMMED ordnete an, daß der Gläubige nunmehr sein Gesicht nach dem Heiligtum der Kaaba in Mekka zu wenden habe, welche Vorschrift in den Koran hineingenommen wurde. In der Umfassungsmauer jeder Moschee mußte sich die nach Mekka gelegene Gebetsnische befinden, nach welcher beim Gebet die Gläubigen schauen mußten. Auch auf Reisen und im Hause war die Einhaltung der Richtung verlangt. Diese Vorschrift hat äußerst anregend auf die arabische Sternkunde gewirkt. Beinahe alle bedeutenden Gelehrten haben Formeln zur Festlegung der Richtung beigesteuert. Manche Formeln, wie eine des AL-BATTĀNĪ, waren nur für Baumeister bestimmt und konnten nur bis zu einem geringen Abstand von Mekka genügen. Andere Formeln gestatteten selbst für Orte an der Grenze des arabischen Reiches die Richtung festzulegen. Voraussetzung war die Kenntnis von Länge und Breite des Ortes und Mekkas. Deshalb entstanden bereits im 9. Jahrhundert Verzeichnisse der Orte mit ihrer Länge und Breite, wozu im 14. Jahrhundert auch die Gebetsrichtung kam. Die Gebetsrichtung wurde in die waagerechten Sonnenuhren eingezeichnet, besonders in die Sonnenuhren, die sich auf den Moscheetürmen befanden, von denen aus der Gebetsverkünder die Zeit des Gebets ansagte. Von Zeit zu Zeit hatte dieser Beamte in dem Augenblick, in dem die Sonne sich in der Gebetsrichtung befand, dies laut zu verkünden, damit jeder sich in seinem Hause die Richtung einzeichnen konnte.

Auch bezüglich der Gebetszeiten hatte MUHAMMED sich an die jüdischen Vorschriften gehalten und die täglichen Gebete für den Morgen, Mittag und Abend vorgeschrieben. Dazu kam noch im Laufe des nächsten Jahrhunderts das Nachmittagsgebet und das Nachtgebet. Das Morgengebet und das Abendgebet sollten nicht bei Sonnenaufgang und bei Sonnenuntergang stattfinden, damit der Islame sich nicht mit den heidnischen Sonnenanbetern auf eine Stufe stelle, sondern in der Dämmerung. Der Beginn der Gebetszeit wurde in den nächsten Jahrhunderten nach MUHAMMEDS Tode sehr genau festgelegt, damit das Gebet alle Gläubigen zusammen mit den Engeln zu einer Gemeinschaft vereinige. Die den Gebetszeiten entsprechenden Kurven wurden in die Sonnenuhren und Astrolabe eingezeichnet, ebenso entsprechende Marken in das Zifferblatt der Wasseruhren, falls die Gebetszeiten nicht durch besondere Musik angekündigt wurden, wie bei der Wasseruhr des GAZĀRI. Für Orte mit Moscheen wurde die Gebetszeit von dem Moscheeturm aus durch die Gebetsverkünder angesagt. Auch wurden senkrechte Sonnenuhren, gewendet gegen Mekka, entworfen.

Gemäß den Vorschriften muß das Morgengebet mit dem Erscheinen der 2. Dämmerung beginnen und bei Sonnenaufgang beendet sein; das Abendgebet hat mit dem Erscheinen der 1. Dämmerung zu beginnen und mit dem Abklingen des 1. Purpurlichtes zu enden. Mit dem Ende des 1. Purpurlichtes beginnt die Zeit des Nachtgebetes und findet ihr Ende mit dem Beginn der Morgendämmerung. Die Vorschriften über diese Gebetszeiten haben Beobachtungen der Dämmerungserscheinungen und Untersuchungen über ihren Zusammenhang mit dem Sonnenstande veranlaßt. Sehr beliebt waren auch Erwägungen, wie die Dämmerung in polnahen Gegenden verläuft. Merkwürdigerweise werden die arabischen Dämmerungsbeobachtungen den tatsächlichen Erscheinungen nicht gerecht.

Waren diese drei Gebetszeiten ohne Geräte festzustellen, so erforderte die Festlegung des Mittagsgebetes und des Nachmittagsgebetes Sonnenuhren oder zum mindesten einen Schattenstab von 12 Finger Länge. Damit das Mittagsgebet nicht etwa an die heidnische Sonnenanbetung erinnere, mußte es nach dem Mittagsdurchgange der Sonne stattfinden und beginnen, wenn die Sonne sich um mindestens $\frac{1}{4}^0$ von der Mittagslinie weiterbewegt hatte oder wenn die Schattenlänge den Mittagsschatten um 3 Finger übertraf, was etwa 1—2 Stunden nach Mittag eintrifft. Für das Nachmittagsgebet galt die Vorschrift: es soll gemäß der im 8. Jahrhundert aufgestellten und für den größten Teil des arabischen Reiches geltenden Regel beginnen, wenn der Schatten den Mittagsschatten um die Länge des Schattenstabes übertrifft. Dagegen lehrte der im 8. Jahrhundert lebende ABŪ HANĪFA, das Gebet solle beginnen, wenn der Schatten den Mittagschatten um die doppelte Länge des Schattenstabes übertreffe.

DIE ERFASSUNG DES RAUMES

DIE ERDKUNDE

Die Erde wurde als Kugel angesehen. Dies gilt allerdings nur für die Zeit der arabischen Kultur. Welche Ansicht früher bestand, ist unbekannt. Als Bezugsebenen wurden benützt die Horizontebene und die Tierkreisebene. Die Horizontebene kam in Betracht für die Festlegung der wichtigsten Himmelsrichtungen, für die Beobachtung der Aufgänge, der Untergänge und der Mittagstände von Sonne, Mond und hellsten Sternen, auch der Mondhäuser. Von den Griechen wurde der Tierkreis mit seiner Einteilung übernommen und an dieser Bezugsebene wegen ihrer Bedeutung für die Bewegung der Planeten und auch für die Sterndeutung festgehalten. Beziehungen der Sterne auf den Aequator waren selten. Infolge indischen Einflusses kamen gelegentlich polare Koordinaten vor. Die Umwandlung der verschiedenen Koordinaten ineinander, sowie das Abbilden der Oerter und Bewegungen auf die verschiedenen Ebenen: Horizont-, Aequator- und Tierkreisebene, gehörte zu den Lieblingsbeschäftigungen der arabischen Gelehrten. Auch die Verfahren zur Erdmessung und Feldmessung wurden von den Griechen übernommen. Neu war die aus den gottesdienstlichen Vorschriften entspringende Forderung die Gebetsrichtung festzulegen und zu diesem Zwecke möglichst umfassende Ortsverzeichnisse mit Längen und Breiten der Orte herzustellen. Man ging dabei von den Ortsangaben des Ptolemaios aus und suchte durch eigene Beobachtungen das Netz zu erweitern. Zur Bestimmung der Breite eines Ortes gab es verschiedene Verfahren, die mehr oder weniger auf griechische Vorbilder zurückgingen. Das roheste war die Breitenbestimmung durch die Beobachtung der Dauer des längsten Tages in gleichlangen Stunden. Viel angewendet wurde das auch anderswo beliebte Verfahren, die Mittagshöhe der Sonne zu messen und aus der Höhe bei Kenntnis der Sonnendeklination auf die Breite des Ortes zu schließen. Die Schiefe der Sonnenbahn wurde häufig beobachtet. Eine andere Art der Breitenbestimmung war die Beobachtung des oberen und unteren Meridiandurchganges eines polnahen Sternes, was bereits al-Battānī kannte. Auch das Verfahren, aus der Morgenweite eines Sternes die Breite zu bestimmen, wurde mathematisch behandelt. Aehnlich stand es mit dem Verfahren mit Hilfe senkrechter, nicht nach Süden schauender Sonnenuhren die Breite zu bestimmen. Es handelt sich in diesen Fällen weniger um Beobachtungsverfahren als um die Gelegenheit mathematische Kenntnisse zu zeigen, wie auch in dem Falle der wagerechten Sonnenuhr, wo die Aufgabe gestellt ist, aus den Kurven die Breite eines Ortes und die Länge des als verloren angenommenen Schattenstabes zu errechnen. Ein besonderes Verfahren der Breitenbestimmung stammte von ĀL-ḤASAN BEN AL-ḤUSAIN IBN AL-HAITHAM (965—1039). Wegen der Strahlenbrechung, deren Wirkung ihm durch PTOLEMAIOS bekannt war, bevorzugte er die Beobachtung eines zenitnahen Sternes. Sein Verfahren verlangte die Beobachtung der Höhe des Sternes in der Mittagslinie sowie kurz vorher und nachher in gleicher Höhe. Die Zeit von der ersten Höhenbeobachtung bis zur letzten wurde mit der Wasseruhr gemessen. Die Höhenmessung erfolgte mit dem Astrolab. Der Ort des Sternes wurde als bekannt angenommen. Zur Ausführung der Beobachtung waren 4 Personen vorgesehen; einer beobachtete die Wasseruhr, ein anderer den Stern durch die Absehen, während der dritte die Höhe ablas. Der vierte »endlich hat auf alles Acht, damit das Verfahren restlos verwirklicht wird«. Ob es jemals zur Ausführung kam, darüber wird nichts berichtet.

Nur wenige Gelehrte wie AL-BATTĀNĪ bestimmten die Breite mit festaufgestellten und geteilten Geräten. Welche Genauigkeit bei den Breitenmessungen erzielt wurde, ergibt die folgende Uebersicht, welche die Ergebnisse bedeutender Sternforscher im Vergleich mit den im 19. Jahrhundert erzielten Messungen enthält. Die eingeklammerten Breiten sind dem Handatlas von Stieler entnommen. Die Geräte waren ortsfest, das zu ar-Raqqa benützte war ein Mauerquadrant, die von Rei und Samarkand große Bauwerke. Die Teilung betrug 1° in ar-Raqqa, 10″ in Rei und 1′ in Ghasni.

ÜBERSICHT 19

Arabische Breitenbestimmungen

Beobachter	Jahr	Gerät	Ort	Breite	Breite des 19. Jahrh.	Beobachter
al-Battānī	882±	2 m Quadrant	ar-Raqqa	36° 1′	35° 55′ 36″	Chesney
al-Ṣūfī	965	5 m Mittagskreis	Schīrāz	29° 36′	(29° 36′)	
Abū'l-Wafā	987	Mittagskreis	Bagdad	33° 25′	33° 20′ 0″	Jones
al-Chojendī	994	40 m Sextant	Rei	35°34′38,75″	(35° 33,78′)	
al-Bīrūnī	1012	Oktant	Ghasni	33° 35′	(33° 33′)	
Ibn Abī Schukr	1264	6½ m Quadr.	Marāga	37° 20′ 30″	(37° 24′)	
Naṣīr al-Dīn	1269	6½ m Quadr.	Marāga	37° 20′ 4″	(37° 24′)	
al-Marrākusī	1275±	Sextant	Kairo	29° 55′	29° 54,6′	Berl. Jahrb.
al-Marrākusī	1275±	Sextant	Alexandria	31° 00′	(31° 13′)	
Ulugh Beg	1437±	40 m Quadr.	Samarkand	39° 37′ 23″	39° 38′ 50″	STRUVE

Bei der Vergleichung der arabischen und modernen Werte ist zu berücksichtigen, daß der genaue Aufstellungsort der arabischen Geräte nicht bekannt ist.

Zur Bestimmung der Länge kannte AL-BĪRŪNĪ zwei Verfahren: Beobachtung von Finsternissen, was ihm aber nicht tauglich erschien, da Anfang und Ende der Finsternis sich nur schwer feststellen lasse, und Berechnung des Längenunterschiedes zweier Orte aus ihren Breitenunterschieden und aus der Wegstrecke, von der er $^1/_5$ bis $^1/_{10}$ ihres Betrages zur Berücksichtigung der Krümmung und Unebenheit des Weges abzieht. Die Länge wird von dem Gestade des Weltmeeres aus gezählt, wobei die arabischen Gelehrten die Länge von Bagdad zu 70° 0′ annahmen.

Der Kalif AL-MĀMŪN, von 813—833 herrschend, ließ eine Gradmessung vornehmen. Sie wurde ausgeführt von CHĀLID BEN ʿABD AL-MALIK (AL-MARWARRŪDI), von SIND IBN ʿALĪ und anderen Gelehrten bei Tadmor im Zweistromlande. Leider widersprechen sich die aus viel späterer Zeit stammenden Berichte und gestatten auch keinen Schluß auf das Messungsverfahren. Anscheinend begaben sich je 2 Beobachter nach Norden und Süden je 1° weit und bestimmten sowohl die Länge ihres Weges als auch den Breitenunterschied. Auch betreffs des Ergebnisses weichen die Mitteilungen voneinander ab. Für den Gradbogen wurden angegeben 56, 56¼, 56⅔ und 57 Meilen. Die Araber nahmen an, daß 1° 56⅔ Meilen zu 4000 schwarzen Ellen entspreche. Unter der schwarzen Elle war die Länge des Unterarmes einer schwarzen Sklavin des Kalifen verstanden. Die schwarze Elle läßt sich zu rund 50 cm annehmen; daraus folgt für die arabische Meile 2000 m und für den Gradbogen 113 300 m, um 2362 m größer als der wahre Wert, der den Gradbogen zu 55½ Meilen hätte ergeben müssen. Eine andere Art der Gradmessung rührte von AL-BĪRŪNĪ her. Er maß in Indien von der Spitze eines aus einer ganz flachen Ebene aufragenden Berges aus den Durchmesser der unter ihm liegenden Fläche und bestimmte außerdem durch 2 Höhenmessungen in der Ebene die Höhe des Berges. Aus beiden Werten erhielt er für den Gradbogen 56,014 arabische Meilen, was ihm als Bestätigung des bekannten arabischen Wertes genügte. Spätere Gradmessungen scheint es bei den Arabern nicht gegeben zu haben.

DIE BEWEGUNG DER PLANETEN

Bezüglich der Planeten und ihrer Bewegungen hielten sich die Araber an die Kenntnisse der Griechen. Insbesondere bildete das Handbuch des PTOLEMAIOS für sie die Grundlage ihrer Beobachtungen und Berechnungen. Auch in der Herstellung der Geräte war für sie das griechische Vorbild maßgebend. Erst vom 12. Jahrhundert an kamen

Geräte in Verwendung, die den Griechen nicht bekannt waren. Aehnlich steht es mit den Tafelwerken zur Berechnung der Bewegung der Planeten; auch hier ist das griechische Vorbild maßgebend, wenn auch auf dem Umwege über Inder und Perser.

Es ist nicht bekannt, aus welchem Grunde die Araber sich veranlaßt fühlten, die von Ptolemaios überlieferten Elemente der Bahnen nachzuprüfen und zu diesem Zwecke Beobachtungen anzustellen. Vielleicht gaben die persischen Beobachtungen aus den Jahren 470 und 630 n. Chr., aus denen andere Werte als die Ptolemaischen für den Ort der Sonnenferne hervorgingen, den Anstoß. Solche Nachprüfungen fanden statt seit dem 9. Jahrhundert und führten wiederholt zur Herstellung von Tafelwerken. Gefördert wurden solche Bestrebungen durch verschiedene Fürsten, zu deren Ehre die neu geschaffenen Tafeln benannt wurden. Der Hauptförderer war der Kalif al-Māmun. Er versammelte um sich einen Kreis von Gelehrten zur Ausführung von Beobachtungen. Die Beobachtungen fanden im Jahre 829 neben dem Tor Šamāsīje in Bagdad statt, unter der Beteiligung des Persers Jaḥjā ben Abī Manṣūr al-ʿAbbās ben Saʿīd el-Ǧauharī, des Juden Sind ben ʿAlī und anderer Gelehrten. Einige Jahre später, im Jahre 832, wurde die Sonne zu Damaskus beobachtet durch Chalid al Marwarrudi, Sind ben ʿAlī und ʿAlī ben ʿĪsā. Das Ergebnis ihrer Beobachtungen wurde in den Mamunischen Tafeln verwertet. Die darauffolgenden Beobachtungen der Benu Mūsā zu Bagdad, des Mā-hāni zu Bagdad und des al-Battānī zu Raqqa wurden anscheinend ohne fürstliche Unterstützung gemacht. Neue Beobachtungen zu Bagdad wurden im Jahre 988 angestellt und zwar auf der vom Sultan Scharaf al-Daula in seinem Garten errichteten Sternwarte. Ungefähr um dieselbe Zeit stellte Ibn Jūnis mit Unterstützung der Sultane el-ʿAzīz und el-Ḥākim Beobachtungen zu Kairo an und berechnete daraufhin die Hakimitischen Tafeln. Beobachtungsort war wohl die Kuppel einer später Sternwart-Moschee genannten Moschee in Karafa bei Kairo.

Im Jahre 1259 ließ der mongolische Fürst Hōlāgū in Marāga eine Sternwarte für den Perser Naṣīr al-Dīn el Ṭūsī errichten, um durch Beobachtungen eine Grundlage für die zu berechnenden Ilchanischen Tafeln zu schaffen. Obwohl Naṣīr al-Dīn eine Beobachtungszeit von mindestens 30 Jahren als notwendig erachtete, ließ Hōlāgū sie nur 12 Jahre fortführen. Ob und wieviele Beobachtungen zu den Ilchanischen Tafeln verwendet wurden, ist nicht bekannt. Ueberliefert sind nur die Beobachtungsergebnisse bezüglich der Breite von Marāga, der Schiefe und des Betrages des Rückwärtsschreitens zu 1° in 70 Jahren. Ebensowenig läßt sich über das Ergebnis der Beobachtungen an der Sternwarte zu Samarkand sagen, die der mongolische Fürst ULUGH BEG (1393—1449) hatte errichten lassen. Die ULUGH-BEGSCHEN Tafeln, die sich angeblich auf Beobachtungen stützen und die unzuverlässigen älteren Tafeln durch neuere ersetzen sollten, beruhten anscheinend auf noch weniger eigenen Beobachtungen als die Ilchanischen Tafeln. Nur die Ortsbestimmung der meisten Sterne des Verzeichnisses des PTOLEMAIOS und die Bestimmung der Breite von Samarkand sind als Beobachtungen zu bezeichnen. Solche Nachprüfungen dieses Sternverzeichnisses kamen bei den Arabern gelegentlich vor.

Die unter dem Kalifen AL-MĀMŪN in Bagdad und Damaskus angestellten Beobachtungen betrafen einige Nachtgleichen von 830—32, die Sommerwende von 832 und 2 Finsternisse von 829. Die anderen Planeten wurden nicht beobachtet. AHMED BEN ʿABDALLĀH ḤABASCH AL-ḤĀSIB war, wie er sich rühmte, um diese Zeit der Erste, der auch die 5 anderen Planeten beobachtete. IBN JŪNIS hat uns einige seiner Beobachtungen aus den Jahren 831—64 zu Bagdad überliefert. Etwa gleichzeitig beobachteten die Brüder BENŪ MŪSĀ zu Bagdad in den Jahren 840—850, hauptsächlich die Lage des Regulus. Bald nach BENU MŪSĀ beobachtete MUHAMMED BEN ʿISĀ ABŪ ʿABDALLĀH EL-MĀHĀNI zu Bagdad in den Jahren 854—866 Finsternisse, die Länge des Regulus, Zusammenkünfte der kleineren Planeten und ihre Vorübergänge an hellen Fixsternen. Zahlreich sind ähnliche Beobachtungen, welche ʿABDALLĀH BEN AMĀJŪR ABŪ'L-QĀSIM zusammen mit seinem Sohne ABŪ' L-HASAN ʿALĪ BEN AMĀJŪR und seinem Diener MUFLIH in den Jahren 885—933, teils zu Schiras und Bagdad anstellte. AL-BATTĀNĪ scheint in ar-Raqqa viele Beobachtungen gemacht zu haben. In seinem Werke teilt er allerdings nur einige aus den Jahren 879—901 mit, nämlich einige Finsternisse, eine Nachtgleiche von 882 und die Bestimmung der Länge von β im Skorpion, Regulus und Sirius im Jahre 879. Von den Beobachtungen der Planeten, auf Grund deren er die Bahnelemente verbessert hat, ist nichts überliefert. Dagegen sind die Beobachtungen, welche IBN JŪNIS von 977—1007 in Kairo machte, auf uns gekommen. Es handelt sich um Finsternisse und Zusammenkünfte der Planeten. Mit dieser Zeit hören anscheinend die großen Beobachtungsreihen auf. Aus den folgenden Jahrhunderten werden nur einzelne Beobachtungen überliefert, die Finsternisse, Zusammenkünfte oder Vorübergänge, die Schiefe, die Breite des Beobachtungsortes betreffen.

Bei den Beobachtungen wird meistens die Zeit angegeben, gelegentlich nur in Stunden, selten in Minuten. Diese Angaben wurden meistens aus der gemessenen Höhe eines hellen Sternes oder der Sonne abgeleitet. Für die Jahre 830—844 kommen auch Zeitangaben in $^1/_{60}$ und $^1/_{60} \times {}_{60}$ des Tages vor, die offenbar an die indische Einteilung erinnern. Die zur Zeitbestimmung dienenden Höhenangaben lauteten auf volle Grade, nur selten auf $^1/_6$. Bei Zusammenkünften oder Annäherungen eines Planeten an helle Sterne wurde der Abstand nur gelegentlich angegeben, meistens schätzungsweise, als Bruchteile in Graden, bis zu 5′. Zu erwähnen ist, daß ʿABDALLĀH BEN AMĀJŪR bei Gelegenheit der Sonnenfinsternis vom Jahre 928 die Höhe der Sonne durch Spiegelung im Wasser maß.

Auf Grund der Beobachtung berechneten die Araber, unter Anwendung der Verfahren des PTOLEMAIOS, die Elemente der Bahnen. Die Uebersichten 20 und 21 lassen erkennen, inwieweit es den Arabern gelungen ist, die Elemente genauer als PTOLEMAIOS festzulegen.

ÜBERSICHT 20

Beobachter	Ort	Jahr	Schiefe	R	Größte Gleichung	Erdferne	Bewegung in 365,0 Tagen	Regulus Ort
			23°	23°			359°	
Ptolemaios	Alexandria	134	51′ 20″	41 · 2′	2° 23′	65° 30′	45′ 24,756″	122° 30′
Beobachter des	Bagdad	829	33′	35 · 7′	1° 59′	82° 39′	44,24″	133° 9′
Al-Māmūm	Damaskus	832	33′ 52″	35 · 7′	1° 59′ 51″	82° 1′ 37″	46,564″	133° 15′
Benū Mūsā	Bagdad	840·50	35′	35 · 4′	2° 0′ 50″	80° 44′ 19″	39,967″	133° 50′
Al-Battānī	Raqqa	879	35′	35 · 3′	1° 59′ 10″	82° 14′	46,427″	134° 0′
Abd. b. Amājūr		918±	35′	35 · 0′	2° 0′ 50″	83° 35′	39,75″	134° 32′
al-Sūfī	Schīrāz	965	33′ 45″	34 · 6′	—	—	—	—
Al-Chojendī	Rei	994	32′ 21″	34 · 4′	—	—	—	—
Ibn Jūnis	Kairo	1003	35′	34 · 3′	2° 0′ 30″	86° 10′	40,062″	—
Al-Bīrūnī	Ghasni	1019	35′	34 · 3′	—	—	—	—
Al-Zarkālī	Toledo	1061	33′ 30″	33 · 8′	—	—	—	136° 33′ (1080)
Al-Marrākusī		1240±	33′ 45″	32 · 3′	—	—	—	— —
Ibn al Schāṭir	Damaskus	1363	31′	31 · 4′	—	—	—	—
Ulugh Beg	Samarkand	1436	30′ 17″	30 · 8′	—	—	—	142° 13′
Modern					1° 55′ 18″		40,523″	

ÜBERSICHT 21

Mittlere Bewegung der Planeten in 20 julianischen Jahren, sowie die Erdferne

	Mars		Jupiter		Saturn	
	Mittlere Bewegung	Erdferne	Mittlere Bewegung	Erdferne	Mittlere Bewegung	Erdferne
Ptolemaios	228° 15′ 22″	106° 40′	247° 12′ 34″	152° 9′	244° 38′ 2″	224° 10′
Mam. Tafeln	23′ 2″	124° 33′	17′ 40″	172° 32′	43′ 14″	242° 50′
Al-Battānī	22′ 11″	125° 58′	17′ 34″	164° 28′	42′ 44″	244° 28′
Ibn Jūnis	20′ 29″	125° 36′	16′ 0″	173° 35′	42′ 17″	250° 0′
Modern	20′ 14″	153° 18′	15′ 31″	191° 55′	42′ 5″	270° 7′

In der Uebersicht 20 sind nicht alle überlieferten Zahlen mitgeteilt, sondern nur die der bedeutendsten Forscher. Neben der Schiefe ist der durch die Besselsche Formel errechenbare und für die betreffende Zeit geltende Wert R geschrieben. Der Ort des Regulus wurde mit Hilfe des Mondes und vermutlich wie bei Ptolemaios durch eine Armillarsphäre an die Sonne angeschlossen und diente zur Feststellung des Rückwärtsschreitens. Für diese Größe errechneten die Araber meistens 1° in 66 Jahren, selten 1° in 70 Jahren.
Die Uebersicht 21 will für die drei äußeren Planeten ihre mittlere Bewegung und die Erdferne des exzentrischen Kreises geben. Hier ist ein Fortschritt gegenüber Ptolemaios unverkennbar. Für die Elemente des Mondes, Venus und Merkur, wurden meistens auch andere Werte als die des Ptolemaios gefunden, aber nicht immer zu Recht. Nicht unwichtig mag die folgende Uebersicht 22 erscheinen, welche die Bemühungen der Araber in der Bestimmung des scheinbaren Durchmessers von Sonne und Mond erkennen läßt.

ÜBERSICHT 22

Scheinbarer Durchmesser mit seinen Mittel- und Grenzwerten

		Sonne			Mond	
Ptolemaios		31′ 20″		31′ 20″	33′ 20″	35′ 20″
Al-Battānī	31′ 20″	32′ 30″	33′ 40″	29′ 30″	32′ 25″	35′ 20″
Modern	31′ 32″	32′ 4″	32′ 36″	29′ 26″	31′ 8″	33′ 34″

Also auch hier ein Fortschritt bei den Arabern. Für die kleineren Planeten sind Messungen nicht überliefert. Dagegen wurde von verschiedenen Gelehrten ein Verfahren angegeben, um die Entfernung der Planeten und ihre Größe im Vergleich zur Erde zu berechnen. Das in dem Lehrbuch des al-Battānī angegebene Verfahren stammte aus der griechischen Zeit des 3.—6. Jahrhunderts. Es betrachtete die Bahn der Planeten nicht als eine mathematische Linie, sondern als liegend in einer Kugelschale, deren innere Wölbung bis zu der Erdferne des inneren benachbarten Planeten und dessen äußere Wölbung bis zur Erdnähe des äußeren benachbarten Planeten reichte. Die äußere Wölbung der Saturnkugelschale reicht bis zum Sternenhimmel und die innere des Mondes bis zum Abstand von 33,55 Erdhalbmessern, dort wo der Bereich der Erde mit den 4 Elementen aufhört und der Bereich des 5. Elementes, des Aethers, beginnt. Die Entfernung der Sterne wird zu 20 000 Erdhalbmessern berechnet.
Neben diesen Unternehmungen durch Beobachtung die Elemente des Ptolemaios zu bestätigen oder zu verbessern und daraufhin neue

verbesserte Tafeln zur Berechnung von Kalendern und Jahrbüchern herzustellen, lief die geistige Aneignung des griechischen Weltbildes. Wie bei den Griechen, so lebte auch bei den Arabern, desgleichen auch bei den Juden und bei den Christen, der Kampf zwischen den Anschauungen des ARISTOTELES und des PTOLEMAIOS wieder auf. Die Vorwürfe gegen das Weltgebäude des PTOLEMAIOS wurden von den Arabern aufgenommen und noch einmal durchgedacht. Dies vollzog sich im 12. Jahrhundert. Anhänger des ARISTOTELES waren IBN BĀJJE, IBN TOFEIL (Abubacer), MUHAMMED BEN ROSCHD (Averroes) und MOSES BEN MEIMŪN (Meimonides). Sie gaben der Ansicht des ARISTOTELES über die ungleichmäßigen Bewegungen die folgende Gestalt: »*Es gibt nur eine Bewegung weg vom Mittelpunkt, hin zum Mittelpunkt und rund um den Mittelpunkt. Bei einer Bewegung um den Mittelpunkt muß der Mittelpunkt ein ruhender Körper sein und zwar bei den Himmelskörpern die ruhende Erde. Deshalb ist eine Bewegung wie die epizyklische oder exzentrische, die nicht um die Erde als Mittelpunkt erfolgt, unmöglich.*« IBN TOFEIL und MUHAMMED BEN ROSCHD verhielten sich völlig ablehnend gegen die Lehre des PTOLEMAIOS. Bei MEIMONIDES findet sich hingegen ein kluges Abwägen und Gegenüberstellen der beiden Anschauungen. Er findet den folgenden Ausweg, der auch bei den Germanen Anklang fand: »*Die Erkenntnis der Himmelskörper, ihres Stoffes und ihrer wahren Natur übersteigt die Kräfte der Menschen; nur die untermondigen Dinge sind seinem schwachen Verstande zugänglich.*« Für diese Gegend unterhalb des Mondes, also für den Bereich der 4 Elemente, gelten die Gesetze der Physik, wie sie ARISTOTELES aufgestellt hatte. Es ist zwecklos und nutzlos über die Dinge des Himmels nachzudenken. Einer der Anhänger des ARISTOTELES, der um 1200 lebende NŪR AL-DĪN AL-BEṬRŪJĪ (ALPETRAGIUS) machte den Versuch, die Bewegung der Planeten gemäß den Gesetzen der ARISTOTELISCHEN Physik folgendermaßen zu erklären: Um die Erde befinden sich 9 ineinandersteckende und sich berührende Kugelschalen. Die äußerste Schale ist ohne Sterne und bewegt sich im Laufe eines Sterntages von Ost nach West um die ruhende Erde. Die inneren Kugelschalen wünschen die vollkommen gleichmäßige Bewegung der höchsten Schale nachzuahmen; sie nehmen an ihrer Bewegung teil; sie bewegen sich auch von Ost nach West, aber bleiben dabei etwas zurück und zwar um so mehr, je größer ihr Abstand von der obersten Schale ist. Bei der nächstinneren Schale des Sternhimmels ist die Verzögerung nur so gering, daß im Laufe eines Jahres ihr Unterschied gegen die vollkommene Bewegung den Betrag des Rückwärtsschreitens ausmacht. Diese Verzögerung äußert sich in einer Bewegung, die aber nicht um den Pol der täglichen Bewegung erfolgt, sondern um den Pol des Tierkreises. Aehnlich ist es mit der Bewegung der Planeten, deren jeder eine Kugelschale besitzt, die aber nicht nur um die Pole des Aequators und des Tierkreises, sondern auch um andere Pole kreisen muß, um den besonderen Bewegungen der Planeten Genüge zu leisten. AL-BEṬRŪJĪ machte keinen Versuch, sein Weltgebäude zur Berechnung der Bewegungen zu verwenden. Der dem Entwurf des BEṬRŪJĪ zugrunde liegende Gedanke, nämlich die Rückwärtsbewegung der Planeten nur als scheinbar, als Folge einer zurückbleibenden vorwärtsschreitenden darzustellen, war den Griechen nicht unbekannt; er wurde bereits zur Zeit des PTOLEMAIOS erwogen und die dabei sich ergebende scheinbare Bewegung durch Kurven dargestellt. Ebenso steht es mit der Antriebskraft, deren Wirkung immer schwächer wird, je weiter der empfangende Körper sich befindet. Diese Antriebskraft der äußersten Kugelschale, des höchsten Wesens, wie AL-BEṬRŪJĪ sie nennt, ist verwandt mit der Weltseele der Neuplatoniker. Das Nachlassen der Kraft wurde verglichen mit der Höhe des Tones, den die Himmelskörper durch ihre Bewegung hervorrufen, und der um so tiefer wird, je weiter der Himmelskörper von der Mitte entfernt ist, wo der höchste Ton herrscht.

Die Angriffe gegen die Lehre des PTOLEMAIOS konnten eigentlich nur auf Philosophen Eindruck machen. Für die Sternkundigen bedeutete sie die einzige Möglichkeit die nötigen Vorausberechnungen für die Kalender und Jahrbücher zu machen. Allerdings ergaben die fortgesetzten Beobachtungen, daß die Lehre in einigen Punkten zu verbessern sei. Der eine Punkt betraf die Lage der Erdferne der Sonnenbahn. Bereits die Inder hatten ihr eine Bewegung gegeben Die ältesten persischen und arabischen Beobachtungen ließen auch erkennen, daß die Angaben des PTOLEMAIOS nicht richtig seien. AḤMED BEN MUHAMMED BEN KETHIR AL-FARGĀNĪ war anscheinend der erste Araber, welcher annahm, daß die Sonnenbahn nicht fest im Raume liege, sondern sich, wie die der anderen Planeten und der Sternhimmel selbst, im Laufe der Zeit nach rückwärts bewege und zwar entsprechend der Größe des Rückwärtschreitens. Die späteren arabischen Gelehrten stimmten ihm zu. Erst AL-ZARKĀLĪ wies nach, daß die Erdferne der Sonne sich in der Richtung der Zeichen bewege mit jährlich 12,04″, während der genaue Wert 11,8″ beträgt.

Eine andere Frage betraf die Größe des Rückwärtsschreitens. Die arabischen Beobachtungen ergaben einen genauen Wert und ließen zudem erkennen, daß die Schiefe des Tierkreises gegen den Aequator sich im Laufe der Zeit ändert. Allerdings war die Aenderung nicht groß und konnte auf Beobachtungsfehler geschoben werden, wie es z. B. hinsichtlich des stark abweichenden Wertes von CHOJENDĪ geschah. Deshalb war die Ansicht der arabischen Gelehrten über die Wirklichkeit dieser Aenderung geteilt. ABŪ MAḤMUD AL CHOJENDĪ gab wohl als erster der Meinung Ausdruck, daß sich in den verschiedenen Bestimmungen der Schiefe eine allmähliche Abnahme bemerkbar mache, die nicht durch Fehler der Geräte verursacht sei. Allerdings mußte die Gegenüberstellung der Zahlen: Inder 24⁰, PTOLEMAIOS 23⁰ 51′, Beobachter zu Bagdad 23⁰ 35′, CHOJENDĪ selbst 23⁰ 32′ 21″ einen solchen Schluß nahe legen, zumal CHOJENDĪ behauptete, mit seinem Gerät Winkel bis auf die Sekunde bestimmen zu können. Tatsächlich war seine Messung um beinahe 2′ falsch und die angebliche Beobachtung der Inder ist nichts weiter als die indische Wiedergabe einer Stelle bei EUKLID, daß die Sterndeuter die Schiefe zu $^1/_{15}$ Kreisumfang angenommen hätten. CHOJENDĪ hatte zudem die vielen in der Zeit von 828—994 angestellten Messungen ausgelassen, welche dem Bagdader Wert nahe lagen und ihn zur Vorsicht hätten veranlassen können. Jedenfalls standen andere Gelehrte wie IBN SĪNĀ (Avicenna, 980—1037) sowohl der Abnahme der Schiefe als auch ihrer Erklärung mißtrauisch gegenüber. Bei dieser Erklärung wurde von dem Rückwärtsschreiten des Sternhimmels gegen den Himmel der täglichen Bewegung ausgegangen. Für das Rückwärtsschreiten hatten die Alten 2 Erklärungen überliefert, die des PTOLEMAIOS, daß der Sternhimmel sich um den Pol des Tierkreises mit einer Periode von 36 000 Jahren drehe, und die durch THEON von Alexandria überlieferte Ansicht älterer Sternkundiger, daß es sich um ein Vor- und Rückwärtsschreiten innerhalb 8⁰ östlich und westlich des Knotens der Sonnenbahn mit dem Tierkreis mit einer Periode von 2560 Jahren, wobei 1⁰ in 80 Jahren zurückgelegt werde, handele. Von den Indern wurde besonders die 2. Erklärung ergänzt. Die indischen Zahlen waren den Arabern bekannt, als sie anfingen, sich mit der Deutung des Rückwärtsschreitens und der Verkleinerung der Schiefe zu beschäftigen. THABIT BEN KORRAH (836—901) versuchte anscheinend als erster beide Vorgänge durch eine Bewegung zu erklären. Er bediente sich dabei ähnlicher Bewegungsvorgänge, wie sie PTOLEMAIOS zur Erklärung der sehr veränderlichen Breite von Venus und Merkur ersinnen mußte. Wie das Bild 32 zeigt, wird die Aequatorebene EE′ von dem festen Tierkreise εε′ in der Linie α β geschnitten. Um α und β ist je ein Kreis von 8° 37′ 26″ Durchmesser gelegt, der von einer Ebene abcd geschnitten wird, die durch den Mittelpunkt C geht. Der Kreis abcd, der bewegliche Tierkreis genannt, ist fest mit den Sternbildern verbunden. Die Punkte abcd entsprechen den Jahrespunkten; a und b bewegen sich gleichmäßig auf ihrem Kreise; infolgedessen muß sich sowohl die Schiefe in gewissen Grenzen als auch die Lage der beweglichen Nachtgleichenpunkte A und B zu den festen Punkten α und β ändern, indem die Punkte A und B auf dem Aequator hin und herwandern, allerdings nicht gleichförmig, wie es die von THEON erwähnte alte Anschauung verlangt. Die Bewegung von a und b in ihrem Kreise erfolgt gemäß THABIT in 4171 ½ Jahren. Als Neigung des festen Tierkreises wird 23° 30′ angenommen; eine Verbindung dieser Zahlen mit einem bestimmten Ausgangszeitpunkt fehlt. Der Aequator und der feste Tierkreis gehören dem obersten sternlosen Himmel der täglichen Bewegung an; der bewegliche Tierkreis ist aber mit dem 8. Himmel der Sterne verbunden. Die anderen innerhalb liegenden Kugelschalen müssen demgemäß an der Bewegung der 8. Schale teilnehmen. Angewandt wurde die Lehre von dem Vor- und Rückwärtsschreiten in den TOLEDISCHEN Tafeln, zu denen AL-ZARKĀLI, der auch als Urheber der dem THABIT zugeschriebenen Erklärung gilt, eine Erklärung schrieb. Im 13. Jahrhundert berechnete AL-MARRĀKUSĪ Tafeln zur Berücksichtigung des Vor- und Rückwärtsschreitens, indem er als Periode 3793 ½ Jahre und als Grenzen der Schiefe 23° 33′ und 23° 53′ annahm.

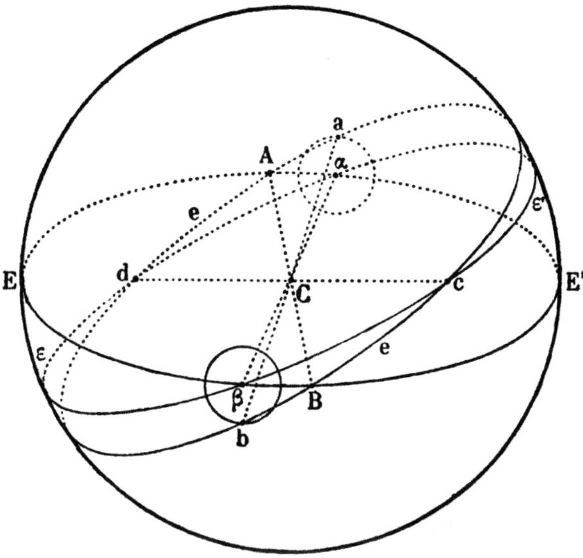

(Gemäß: DUHEM, Systeme du monde II, S. 241)

Bild 32. Thabits Erklärung des Rückwärtsschreitens

Dschābir b. Aflah (Geber) gab im 12. Jahrhundert ein Werk heraus, das sehr starke griechische Einflüsse zeigt und neben dem Hinweis auf verschiedene kleine Unstimmigkeiten in dem Handbuche des Ptolemaios die Behauptung aufstellt, daß die Venus weiter von der Erde entfernt sei als die Sonne, also die Reihenfolge Mond, Merkur, Sonne, Venus, Mars, Jupiter und Saturn bestehe. Das ist der einzige Versuch, die überlieferte Reihenfolge der Planeten zu ändern.

Gemäß Ptolemaios erfolgt die Bewegung der Planeten auf körperlosen Bahnen. Diese Anschauung befriedigte die Araber nicht. Bereits im 9. Jahrhundert versuchte man als Träger der Bewegung feste Körper anzusehen. Von Thabit b. Korrah wird berichtet, daß er jedem Planeten eine Kugelschale von bestimmter Dicke, exzentrisch zur Erde gelegen, annahm. Der Raum zwischen den Kugelschalen je zweier benachbarten Planeten wird durch einen zusammendrückbaren Stoff ausgefüllt. Eine Erweiterung dieses Gedankens stellte die Lehre des Ibn al-Haitham (Alhazen des Mittelalters) dar. Er nahm an, daß die feste Erde von der Kugelschale des Wassers, diese von den Kugelschalen der Luft und des Feuers eingehüllt wird; um diese Kugelschalen lagern die 9 Kugelschalen der weder leichten noch schweren Himmelskörper. Diese verschiedenen Kugelschalen berühren sich und werden von der 9. höchsten Kugelschale umschlossen, welche sternleer ist und die inneren Schalen in Bewegung versetzt. In der Kugelschale jedes Planeten liegen nur so viele Kugelschalen eingebettet, als zur Darstellung ihrer Bewegung gemäß Ptolemaios notwendig ist. Die eingebetteten Kugelschalen bewegen sich mit verschiedener Geschwindigkeit und um verschiedene Pole, so wie es die Lehre verlangt. Als Beispiel einer solchen Kugelschale mit den in ihr eingebetteten, exzentrischen Kugelschalen stellt das Bild 33 die Kugelschale des Merkur dar. Ibn al-Haitham kam bei seinem Weltgebäude zu 47 Bewegungen: die tägliche Umdrehung, das Rückwärtsschreiten, je 6 Bewegungen des Mondes, Jupiter, Saturn und Mars, 8 Bewegungen der Venus, 9 Bewegungen des Merkur, 2 Be-

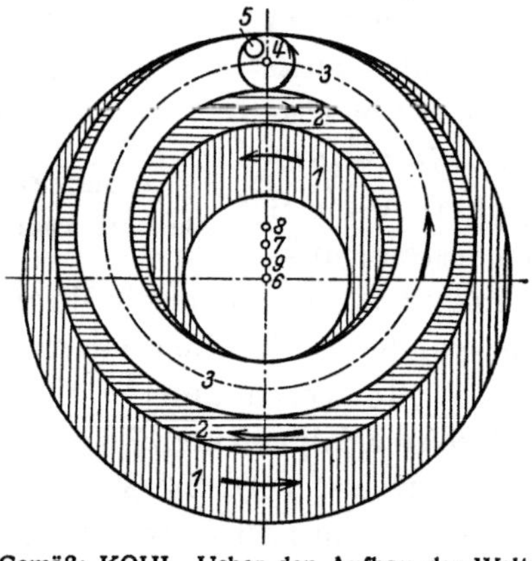

(Gemäß: KOHL, Ueber den Aufbau der Welt S. 164)

Bild 33. Bewegung des Merkur gemäß Ibn al Haitham

wegungen der Sonne, 2 untermondige Bewegungen, nämlich die Bewegung des Leichten und des Schweren. Diese Lehre übte einen großen Einfluß auf die arabische Sternkunde aus. Auch bei den Juden und bei den Germanen wurde sie sehr beachtet, wie die verschiedenen Uebersetzungen ins Jüdische und ins Lateinische beweisen.

Sehr bemerkenswert sind die Untersuchungen des Ibn al-Haitham über das Licht der Sterne und des Mondes. Alle Himmelskörper einschließlich der Sterne, aber mit Ausnahme des Mondes, sind Selbstleuchter, weil sie nie eine sichelförmige Figur zeigen, wie es ein kugelförmiger Körper, der dunkel ist und erleuchtet wird, zeigen muß. Der Mond, eine Kugel, hat von sich aus ein dunkles Licht. Die Strahlen der Sonne wirft er nicht wie ein Spiegel zurück, sondern er wird durch die Bestrahlung zum Leuchten angeregt. Seine Flecken sind Stellen größerer Dichte, wo das Sonnenlicht weniger aufgenommen wird und deshalb auch weniger zum Leuchten anregen kann. Hinsichtlich der Strahlenbrechung und der Optik, zum Beispiel der Wirkung einer Brennkugel, führte Ibn al-Haitham die Gedanken des Ptolemaios weiter. Allerdings handelte es sich bei ihm um Lichtstrahlen, während der Grieche nur Sehstrahlen meinte. Eigenartig war sein Beweisverfahren bezüglich des Lichtes des Mondes. Es wurde nachgewiesen, daß verschiedene Annahmen nicht zutreffen, bis nur noch eine denkbare Annahme als zutreffend übrig blieb.

Die arabischen Beiträge zur Erkenntnis der Bewegung der Planeten sind nur gering und beschränken sich auf die Verbesserung einiger Elemente und auf die Anwendung einer Ptolemaischen Bewegungsform zur Darstellung des Vor- und Rückwärtsschreitens und der Aenderung der Schiefe. Aehnlich steht es mit der Erforschung der Sternenwelt.

DIE STERNE

Bereits vor dem Eindringen der griechischen Kenntnisse hatten die Araber einzelne Sternbilder am Himmel unterschieden, die sowohl nach ihrem Namen, als auch nach ihrer Abgrenzung nichts Gemeinsames mit den griechischen Sternbildern hatten. Die arabischen Sternbilder, wie sie im 10. Jahrhundert bestanden, hat der Perser al-Sūfī in seinem Sternverzeichnis überliefert. Unter den Sternbildern spielten die 28 Mondhäuser eine besondere Rolle. Als Wetterankünder und auch für andere sterndeutige Zwecke wurden sie viel benützt, so daß sich in den meisten Tafelwerken ein Verzeichnis der Mondhäuser befand und die meisten Gelehrten Schriften über die jährlichen Erscheinungen oder über die Bedeutung der Mondhäuser verfaßten. Zu diesen Gelehrten gehören: AL-FARGĀNĪ, AL-SŪFĪ, THABIT BEN KORRAH, ABŪ HANĪFA. Zur Feststellung des jährlichen Aufganges der Mondhäuser diente die Regel: das 8. Haus östlich des in der Morgendämmerung im Meridian befindlichen Hauses gilt als aufgehend und das 10. Haus als Ort der Sonne.

Ueber den Umfang der Häuser gab es verschiedene Lehren. Die eine Lehre gab jedem die gleiche Ausdehnung und teilte je 2⅓ Mondhäuser einem Tierkreiszeichen zu; die andere von FAḌL B. SAHL († 818) vertretene und vielleicht von den Indern übernommene Lehre verteilt die Mondhäuser folgendermaßen auf die Tierkreiszeichen: I 1—3, II 4—6, III 7—8, IV 9—10, V 11—12, VI 13—15, VII 16—17, VIII 18—20, IX 21, X 22—24, XI 25—26, XII 27.

Nachdem mit dem Handbuch des PTOLEMAIOS auch sein Sternverzeichnis zu den Arabern gekommen war, wurde es zum Vorbild für die arabische Sternbeschreibung. Manche von den Arabern herausgegebenen Sternverzeichnisse wie die des AL-BATTĀNĪ waren nur eine Wiederholung des PTOLEMAISCHEN Sternverzeichnisses, unter Berücksichtigung des Rückwärtsschreitens; andere wie die des AL-SŪFĪ oder des ULUGH BEG enthielten Neubestimmungen bezüglich der Größen oder der Oerter der Sterne. AL-SŪFĪS Sternverzeichnis war das wichtigste. Er teilte darin die Namen und Grenzen der arabischen Sternbilder mit, wies auf Fehler des PTOLEMAISCHEN Verzeichnisses hinsichtlich der Größen und Oerter hin und zählte eine große Zahl ausgelassener Sterne auf. Auf Grund seiner Ausführungen lassen sich manche von PTOLEMAIOS ungenau angegebenen Sterne feststellen. Besonders wertvoll ist seine Nachprüfung der Größenangaben, nicht nur weil die von PTOLEMAIOS eingeführte Unterteilung der Größenklassen weitgehend benützt und erweitert, sondern auch die Helligkeit der Sterne durch Vergleichung der Sterne mit anderen Sternen genauer als durch Größenangaben festgelegt wurde. Auch gab er die Größen in Zahlen und in Worten an, sodaß die aus Schreibfehlern herrührende Unsicherheit hier ausgeschaltet wurde. Aus diesen Gründen und wegen SŪFĪS Sorgfalt im Bestimmen der Größe wurde sein Sternverzeichnis für die Frage nach langsamen Helligkeitsänderungen so wertvoll wie das des PTOLEMAIOS. Das einzige auf Ortsbestimmungen beruhende Verzeichnis ist das des ULUGH BEG, der auf seiner Sternwarte bei Samarkand die meisten Sterne des PTOLEMAIOS in den Jahren 1420—37 neu beobachten ließ.

Vermutlich wurden Azimut und Höhe der Sterne beobachtet und daraus gemäß einem nicht bekannten Verfahren Länge und Breite berechnet. Die Genauigkeit der Ortsangaben ist gemäß den Untersuchungen KNOBELS vergleichbar mit der des PTOLEMAISCHEN Verzeichnisses. Die Größen der Sterne wurden dem Verzeichnis AL-SŪFĪs entnommen.

Neben den Sternverzeichnissen dienten auch Himmelskugeln zur Erlernung der Sternbilder, ferner zur Feststellung der Lage einzelner Sterne und, in beschränktem Maße, auch zur Ortsbestimmung am Himmel und zur Lösung einiger Aufgaben. Die früheste Himmelskugel scheint die von ṢUFĪ erwähnte des ALI-BIN-ISSA AL-HERRANI (wohl ʿALĪ B. ĪSĀ AL-AṢṬORLĀBĪ um 830 lebend) zu sein. AL-BATTĀNĪ beschrieb die Herstellung einer kupfernen Himmelskugel, die mit Reifen und Absehen zum Beobachten der Sterne versehen war. AL-SŪFĪ hat anscheinend selbst eine silberne Himmelskugel hergestellt; eine solche gab es noch im Jahre 1043 in Kairo. Die auf die Gegenwart gekommenen 8 arabischen Himmelskugeln stammen aus den Jahren 1080—1701 und zeigen die Sterne des AL-SŪFĪ. Es sind kupferne Kugeln mit eingehämmerten silbernen Kreisen und Stiften für die Sterne. Die Stifte haben verschiedene Durchmesser gemäß den Größen der Sterne, sind jedoch nicht genau genug gearbeitet, um die Größe daraus bestimmen zu können.

Die Sterne wurden als selbstleuchtend angesehen. Bezüglich der Milchstraße gab es 2 Ansichten: entweder stellt die Milchstraße eine Anhäufung vieler kleiner Sterne dar oder sie ist eine besonders dichte Stelle in der Kugelschale des Sternhimmels, wo das Licht der Sonne besonders gut zurückgestrahlt wird. Auch über die Maße (moles) der Sterne wurden Betrachtungen angestellt. Wie IBN HIBINTĀ berichtete, soll PTOLEMAIOS die Masse der Sterne der 1. Größe gleich der 96fachen der Erde gesetzt haben und die Masse der kleineren Sterne gleichmäßig abnehmend bis zur 6. Größe, als deren Vertreter das eben sichtbare Reiterlein eine 16fache Erdmasse besitze. AL-BATTĀNĪ nahm als entsprechende Zahlen 108 mit gleichmäßiger Abnahme bis 18 an. Immer liegt die Annahme zugrunde, daß gemäß der Größeneinteilung der Sterne ein Stern erster Größe gleich 6 Sternen sechster Größe sei.

Tafelwerke zur Berechnung der Oerter der Planeten wurden häufig berechnet. Teils war der Ehrgeiz der Fürsten ihren Namen durch ein Tafelwerk verewigt zu wissen, teils die Feststellung von PTOLEMAIOS abweichender Elemente der Anlaß zu ihrer Entstehung. Die wichtigsten Tafelwerke sind die Mamunischen Tafeln, die des AL-KHWĀRIZMĪ,

die Tafeln des AL-BATTĀNĪ, ferner aus dem 11. Jahrhundert die HAKIMITISCHEN Tafeln des IBN JŪNIS und die TOLEDISCHEN Tafeln, die besonders in der Sternkunde des Abendlandes eine große Rolle spielten, aus dem 13. Jahrhundert die ILCHANISCHEN Tafeln des NAṢĪR AL-DĪN und aus dem 15. Jahrhundert die Tafeln des ULUGH BEG. Auch sind hier zu nennen die ALFONSISCHEN Tafeln, die im 13. Jahrhundert unter Benützung der TOLEDISCHEN Tafeln entstanden. Die ältesten arabischen Tafeln waren eine Nachahmung der indischen Tafeln und in gewisser Weise auch der griechischen Tafeln des PTOLEMAIOS. Kennzeichnend für die arabischen Tafeln sind die umfangreichen Tafeln zur Berechnung der Finsternisse. Auf die Berechnung der Finsternisse wurde ein großer Wert gelegt, weil der Islam öffentliche Gebete zur Zeit einer Sonnenfinsternis und häusliche Gebete zur Zeit einer Mondfinsternis vorschrieb. Der Gläubige hatte die Pflicht, sich auf das Gebet vorzubereiten und brauchte dazu genaue Kalender. Auf Grund der Tafelwerke wurden Jahrbücher und Kalender berechnet. Von den Jahrbüchern ist außer dem auf AMMONIOS zurückgehenden und angeblich von AL-ZARKĀLĪ umgerechneten keins überliefert.
Zur Darstellung der Bewegung diente außer dem Astrolab eine von AL-BĪRŪNĪ erfundene Mondbüchse mit 8 Zahnrädern, zur Darstellung der Bewegung von Sonne und Mond.

STERNGLAUBE UND STERNDEUTUNG

Die bei den Arabern ursprüngliche Verehrung der drei Himmelsgötter: Mond, Sonne und Venus wurde durch MUHAMMED verboten, der sorgfältig bemüht war, selbst in den Gebetszeiten jede Erinnerung an eine Sternverehrung zu vermeiden. Deshalb konnte die im Harran noch lebendige Mondverehrung und die in Persien noch übliche Sonnenverehrung keine weitere Verbreitung finden. Wie die Gestirnverehrung, so war auch die Sterndeutung vom Islam verboten. Das Verbot erstreckte sich nicht auf die Vorhersagen des künftigen Wetters auf Grund der jährlichen Auf- und Untergänge und der Stellungen der Gestirne. Daher war es möglich, die althergebrachten Mondhäuser, die hauptsächlich zur Deutung des Wetters benützt wurden, beizubehalten. Es lassen sich Schriften über die Deutung der Mondhäuser, besonders ihrer jährlichen Untergänge, von den ersten Zeiten an bis ins 18. Jahrhundert nachweisen.

Mit der griechischen und indischen Sternkunde kam die antike Sterndeutung zu den Arabern. Ihrem großen Einfluß konnten sie sich trotz der religiösen Verbote nicht entziehen. Allerdings hat die Sterndeutung nie alle Sternkundigen zu ihren Anhängern gezählt. Es gab Gelehrte wie AL-ZARKĀLĪ und IBN SĪNĀ, welche sich nicht daran beteiligten oder sogar die Sterndeuter bekämpften. Teils taten sie es aus religiösen Gründen, aus der MUHAMMEDANISCHEN Ansicht, daß keiner die Zukunft kenne außer Gott, teils hatten sie Veranlassung, das Verfahren der Sterndeuter als unwissenschaftlich anzusehen. Sogar gegen den bekanntesten Sterndeuter, den GAʿFAR ABŪ MAʿSCHAR (ALBUMASAR † 886), richtete sich die Kritik. So wendet sich AL-BĪRŪNĪ gegen sein unwissenschaftliches Verfahren und die dadurch der Wissenschaft angetane Schädigung mit folgenden Worten: »*Der Unterschied in den Perioden und nicht derjenige in den Beobachtungen ist ein genügender Grund und eine kräftige Hilfe, um die von Abū Maʿschar begangenen Torheiten zu widerlegen. . . . Es sind die nämlichen Leute, die gegen die Sternkundigen und die Mathematiker Verdacht erregen und sie in Mißkredit bringen, indem sie sich zu ihnen rechnen, obwohl sie auch nicht den geringsten Eindruck auf jemand machen können, der nur eine Spur wissenschaftlicher Schulung hat.*« Den Unterschied zwischen der Sternkunde und der Sterndeutung weiß der um die Jahrtausendwende lebende ABU ḤAJJĀN AL TAUḤĪDĪ folgendermaßen gemäß der Übersetzung zu beschreiben: »*Wer sich mit den Gestirnen befaßt, verfolgt bei seinen Betrachtungen zwei Zwecke: Einmal will der Betreffende das Verhalten der Sterne ermitteln bei den verschiedenen Arten ihrer Bewegung, ihrem Stehenbleiben, ihrem Auf- und Untergang, ihrer Zusammenkunft und den davon abweichenden Stellungen. Die Untersuchung dieser Gegenstände entspricht dem eines Hausbesitzers bezüglich der Winkel seines Hauses, der Mannigfaltigkeit seines Hausrates und seiner sonstigen Habe, der Zahl seiner Bewohner, seiner Nachbarschaft. Bei dieser Betrachtung wird er von einer Bewunderung ergriffen, die sein Herz eröffnet, seine Brust erschließt, seinen Glauben an die Einheit Gottes stärkt, seine Belehrungen reich gestaltet und seine Seele mit Sehnsucht erfüllt. In dem anderen Falle will der betreffende Forscher sich über die Anzeichen auf die zukünftigen Dinge unterrichten; dies ist sehr wertvoll, so wenn man sich mit den Bildern der Sterne abgibt, mit der Feinheit der Wirkung der Gestirne, den wechselnden Gestalten des Himmels, ferner mit dem Austauscherhalten der Geheimnisse des Geschickes, und mit dem Fernsein des Willens des Geschickes und mit dem Zwang, der in der Welt vorhanden ist. Wer dies Ziel erstrebt, muß viele Mühe anwenden; er hat aber nur einen kleinen Erfolg; der Fehlschluß ist häufiger als der richtige Treffer. Trifft man das Richtige, so ist das schlimmer, als wenn man nichts davon weiß. Der Erste, der aus seiner Bewunderung Nutzen zieht und viel für die Belehrung gewinnt, der hat wenig Sorge, hat die bessere Wahl getroffen und ist seinem rechten Weg näher gekommen als dieser Zweite.*« Wandten sich diese beiden Gelehrten gegen Sterndeuter, die wie ABŪ MAʿSCHAR MĀ-ŠĀ-ALLAH (MASSAHALLAH), AL-KINDĪ, ʿABDELʿAZIZ und ʿALĪ B. ALĪʾL-RIGĀL sich durch Werke über die Sterndeutung bekannt gemacht hatten, so begegnet man sehr häufig in den arabischen Schriften der Abneigung und dem Spott über die Sterndeuter der Straße und ihre sich widersprechenden Weissagungen. Besonders hielt man nicht mit dem Spott zurück, als von den Sterndeutern auf Grund einer angeblichen Zusammenkunft aller Planeten in der Wage im Jahre 1186 schweres Unheil und Stürme geweissagt worden war und nichts daraufhin eintrat.

Die einfachste Art der Sterndeutung weissagte auf Grund der Scheibe des PYTHAGORAS oder der Untergänge der Mondhäuser oder aus einem der vielen Losbücher, wo für jedes Tierkreiszeichen 12 Fragen zu stellen sind. Von ABŪ MAʿSCHAR und anderen wurde die Lehre von der schlimmen Wirkung von Finsternissen und von der Zusammenkunft gewisser Planeten, wie Jupiter und Saturn oder Jupiter und Mars oder aller Planeten ausgebildet. Auf Grund der vom Altertum übernommenen Verteilung der Zeichen und damit auch der Planeten, die in dem betreffenden Zeichen ihre Erhöhung haben, konnten künftige Ereignisse wie Aufstand, Tod des Königs oder Krieg für bestimmte Länder vorhergesagt werden. Solche Vorhersagen sind überliefert für die Jahre 1134, 1165, 1183, 1186. Besonders beliebt war die Vorhersage auf Grund der Kenntnisse des aufgehenden Tierkreiszeichens, ferner das Horoskop und die Berechnung der Lebensdauer. Ihnen haben die Araber viele Schriften gewidmet, die für jeden Fall Vorschriften enthalten. Allerdings sind darin keine Untersuchungen über das Eintreffen oder Nichteintreffen der Vorhersagen zu finden. Ebenso steht es mit den Wettervorhersagen auf Grund der Stellungen der Gestirne. Die Horoskope betrafen nicht nur das Schicksal der Menschen; es wurde vielmehr seit dem 9. Jahrhundert auch bei der Grundsteinlegung einer Moschee oder einer Stadtmauer das Horoskop des Augenblickes beachtet.

GELEHRTE UND UNTERRICHT

Die arabischen Sternkundigen waren nur in den seltensten Fällen an Sternwarten beschäftigt, und auch da handelte es sich nur um eine vorübergehende Tätigkeit, da die meisten Sternwarten anscheinend nur für vorübergehende Arbeiten eingerichtet worden waren. Häufiger wird in den Lebensbeschreibungen erwähnt, daß der betreffende Gelehrte an einer Moschee angestellt war. Seine Tätigkeit bestand in dem Ansagen der Zeiten der Gebete, wohl auch in der Herausgabe der Kalender und der Ankündigung der Zeiten der Finsternisse, deren Beachtung kirchlich vorgeschrieben war. Dies Amt scheint sich gelegentlich vererbt zu haben, ebenso wie das Herstellen von Astrolaben und Uhren, wodurch Gelehrte sich anscheinend auch ihren Unterhalt verdient haben. Gerade dieser Beruf wurde in bestimmten Gegenden, zum Beispiel im Harran, besonders oft ausgeübt. Selten dagegen war der Beruf des Lehrers der Rechenkunst an einer der wenigen Hochschulen. Häufiger kamen in den großen Städten Gelehrte vor, die ohne feste Anstellung Unterricht in der Sternkunde erteilten.

Der Unterricht umfaßte die Rechenkunst, das Feldmessen, die Grundlagen der Sternkunde einschließlich Sterndeutung, vermutlich auch die Kenntnis des Kalenders und den Gebrauch der Tafelwerke, die Benützung der Astrolabe und Quadranten zur Zeitbestimmung, die Festlegung der Gebetsrichtung und der Gebetszeiten. Zum Unterricht dienten außer Astrolab und Quadrant die erwähnten Geräte (S. 310). Die zum Unterricht dienenden Schriften blieben sich seit dem 14. Jahrhundert gleich. Eine Einwirkung der europäischen Wissenschaft des 17. und 18. Jahrhunderts auf den Unterricht läßt sich nicht nachweisen. Offenbar verhielt sich die arabische Wissenschaft bis zum 19. Jahrhundert gegenüber allen von außen kommenden Einflüssen ablehnend. Als bezeichnend für den Geist der arabischen Kultur am Ende des 19. Jahrhunderts möge folgende Erzählung dienen: *Als ein bulgarischer Lehrer um 1880 in Saloniki von dem türkischen Prüfungsausschuß aus Konstantinopel in der Erdkunde geprüft wurde und erklärte, wie Tag und Nacht entstehe, wie die Erde sich bewege und die Sonne umkreise, da riefen alle Türken: »Gelogen, gelogen, gelogen; schreibt ihm eine V an!«* Nicht minder bezeichnend ist die am Anfang des 20. Jahrhunderts gegebene Antwort eines türkischen Richters auf die Bitte um einige Aufklärungen: »*Mein Freund, was Du von mir verlangst, ist zugleich unnütz und schädlich. Obgleich ich alle meine Tage in diesem*

Lande zugebracht habe, ist es mir doch noch niemals in den Sinn gekommen, die Häuser am Ort zu zählen, noch mich um die Zahl der Bewohner zu kümmern. Wieviel Waren der eine auf sein Maultier packt, der andere in seiner Barke unterbringt, das alles sind Gegenstände, die mich nichts angehen. Was nun die Vorgeschichte dieser Stadt betrifft, Allah allein weiß es; er allein könnte sagen, mit wievielen Irrtümern die Einwohner vor der Annahme des Islams vollgepfropft waren. Für uns wäre es gefährlich, sie kennen lernen zu wollen. Mein Freund, suche nicht das zu wissen, was dich nichts angeht!«

GERÄTE UND STERNWARTEN

Auch in dem Gerätebau gingen die Araber von den griechischen Geräten aus. Solche Geräte konnten ihnen in den weiten Gebieten um das östliche Mittelmeer noch wohlerhalten in die Hände fallen, wie manche Sonnenuhren und Wasseruhren, wie die im Jahre 1043 in Kairo gezeigte Himmelskugel des Ptolemaios oder wie manches Astrolab. Auch gehörte ihrem Gebiet das Volk der Harraner an, Hüter alten Wissens und bereits im 8. und 9. Jahrhundert als geschickte Hersteller von Wagen und Astrolaben sehr geschätzt und weit berühmt. Außer diesen als Vorbildern dienenden Resten alter Kultur kamen ihnen die meisten Kenntnisse aus den überlieferten Büchern, hauptsächlich des Ptolemaios und des Proklos über Sonnen- und Wasseruhren, aber auch des Vitruv, des Heron und des Archimedes oder eines unter seinem Namen schreibenden Verfassers eines Buches über Wasseruhren.

Der arabische Gerätebau geht aus von den bereits dem Ptolemaios bekannten Geräten: Mittagskreis, Quadrant, Armillarsphäre, Dreistab, wozu noch das Astrolab und die Sonnen- und Wasseruhren traten. Diese Ausgangsformen wurden bereits im 10. Jahrhundert zum Teil wesentlich geändert, so daß neue brauchbare Geräte entstanden, die ihrerseits befruchtend auf den germanischen Gerätebau einwirkten, bis dieser sich im 17. Jahrhundert von aller Ueberlieferung befreite und ganz neue Wege einschlug.

Von der Beschreibung der Hilfsgeräte: Lineal, Setzwage und Zirkel möge hier abgesehen werden. Soviel sei nur erwähnt, daß die Araber auf ihre sorgfältige Ausführung Wert legten und Verfahren ersannen, um sich von ihrer Genauigkeit zu überzeugen.

Die eigentlichen Geräte dienten teils dem Unterricht, teils der Beobachtung, teils zur Erleichterung der Rechnung oder der Sterndeutung.
Das älteste und beliebteste Gerät war das Astrolab. In seiner Herstellung zeichneten sich zuerst die Harraner aus, weshalb verschiedene dieser Hersteller den Ehrennamen »Astrolabmacher« erhielten. Das Astrolab mußte zuerst für alle möglichen Zwecke, für Zeitbestimmung bei Tag und Nacht, für die Verfolgung des Laufes der Planeten, für die Zwecke der Feldmessung und der Sterndeutung dienen. Bereits von dem im 8. Jahrhundert lebenden Dschabīr ben Haijān al Ṣūfī wird berichtet, daß er in einem Buche gegen 1000 Gebrauchsanweisungen des Astrolabes gelehrt habe. Um diese Zeit begann das Astrolab sich zu entwickeln. Die Rückseite enthielt ursprünglich nur eine Höhenteilung von 180° am oberen Rand oder von 90° am Rande des linken oberen Viertels, dazu einen um den Mittelpunkt drehbaren Zeiger mit Absehen zur Beobachtung der Höhe der Sonne und der Sterne. Wie bereits al-Khwārizmī berichtet, war es zu seiner Zeit üblich auf der Rückseite gegenüber der Höhenteilung ein Schattenquadrat einzuzeichnen, um die gemessene Höhe sowohl in Grad als auch in Sehnen zu haben. Die Einrichtung des Schattenquadrates wurde daraufhin üblich. Hinzu kam später in dem rechten oberen Viertel eine Kurvenschar zur Entnahme der Stunden, ferner gelegentlich rechts unten eine Verteilung der Mondhäuser auf die Tierkreiszeichen und links unten das Schattenquadrat. Gelegentlich enthielt ein Viertel ein Sinusnetz, zu dessen Benützung der eine Arm des Zeigers eine besondere Einteilung haben mußte, wie sie al-Bīrūnī lehrte. Seit dem 13. Jahrhundert findet sich bei den maurischen Astrolaben eine weitere Einrichtung, welche die Entnahme der Sonnenlänge aus einer Tafel vermeidet. Innerhalb des Jahreskreises wird eine Teilung in die 12 Zeichen zu je 30° und darin die Jahresteilung mit den Monaten und Tagen des Julischen Jahres angebracht. Dieser Jahreskreis liegt exzentrisch zu dem Umkreise. Wenn nun das Astrolab die genauen Sonnenörter angeben sollte, so mußte der Jahreskreis richtig zum Umkreis liegen. Es ist dies ein wichtiges Merkmal zur Bestimmung der Herstellungszeit des Astrolabes. Die auf dem Zeiger vorhandenen Absehen wurden mit je 2 Löchern versehen, mit einem kleineren unteren zur Beobachtung der Sonne und einem größeren oberen zur Beobachtung der Sterne. Der Zeiger wurde so geformt, daß die Blickrichtung durch die Absehen über die Mitte der Drehachse ging. Zur leichteren Beobachtung der Sterne schlug al-Bīrūnī ein die Absehenlöcher ver-

bindendes Sehrohr vor. Ein Einlegscheibchen bewirkte eine leichtere Zeigerdrehung.

Das Spinnennetz auf der Vorderseite und besonders die Scheiben dazu wurden von AL-BĪRŪNĪ als ausbildungsfähig erkannt. Das gewöhnliche Netz war für die nördliche Erdhälfte entworfen, weshalb das Astrolab das nördliche hieß. Ebenso ließ sich auch ein südliches Astrolab entwerfen, bei dem sich die südlich des Tierkreises gelegenen Sterne innerhalb des Tierkreises befanden. Auch zeigte die zugehörige Scheibe einen anderen Verlauf der Kurven. Aus diesen beiden Formen entwickelten sich Mischformen, die sowohl für die nördliche als auch für die südliche Erdhälfte galten. Bei ihnen ist das Netz symmetrisch. Je nach ihrer Gestalt nennt man sie quitten- oder myrtenförmig. Die Benützung besonderer Eigentümlichkeiten der Abbildung (Projektion) führten von diesen Ausgangsformen zu anderen Formen wie dem melonenförmigen Astrolab, das bereits dem ABŪ ISḤĀQ AL-FAZĀRĪ († um 777) bekannt war, und noch verschiedenen Astrolaben, mit denen sich besonders AL-BĪRŪNĪ beschäftigte. Ob diese Astrolabe jemals ausgeführt und zur Beobachtung benützt worden sind, ist nicht bekannt. Die noch jetzt erhaltenen Astrolabe sind nördliche.

Die Kunst Astrolabe herzustellen wurde zuerst in Harran gepflegt. Hier bestanden Werkstätten, in denen die Herstellung der Astrolabe Schülern oder Söhnen gelehrt wurde. Später kamen neben Arabern auch Perser in Betracht. Im 13. Jahrhundert sind besonders die Mauren als Hersteller berühmt. Im 16. und 17. Jahrhundert gab es in Indien eine tüchtige Handwerkerfamilie ALLĀHDĀH, von der einige besonders gut ausgeführte Astrolabe stammen. Ihrem Namen nach handelt es sich um Perser.

In die Einlegscheiben wurden die Stunden der Gebetszeiten eingezeichnet. Zu diesen Scheiben, welche zur Bestimmung der Stunden und der Darstellung des Laufes der Planeten und der hellsten Sterne am Himmel dienten, wurden einige andere Scheiben hinzu erfunden, an deren Entwurf hauptsächlich AL-FARGĀNĪ und AL-BĪRŪNĪ beteiligt waren. Es handelt sich um die Scheiben der Stätten, der Horizonte und der Hinführung. Die Scheibe der Horizonte diente zur Ermittlung des Ortes des aufgehenden Zeichens, wenn für die Breite des betreffenden Beobachtungsortes keine besondere Scheibe vorgesehen war. Die Lebenscheibe oder Scheibe der Hinführung diente zur Bestimmung des Aequatorbogens, welchem der zwischen dem Lebensbeherrscher und dem Lebenszerstörer bestehende Tierkreisbogen entspricht, und dient damit zur Bestimmung der Lebensjahre. Die auf der Scheibe dargestellten Kreise gehen durch den Nord- und Südpunkt und schneiden auf dem Aequator gleiche Bogen ab, im Gegensatz zu den Kreisen der Stätten des Horoskops, die auf dem Ost-West-Azimutalkreise gleiche Bogen abschneiden. Diese Art der Abgrenzung der Stätten gemäß AL-BĪRŪNĪ fand aber nicht auf den Scheiben der Astrolabe Verwendung, sondern eine andere Art, die von PTOLEMAIOS herrühren soll und von MĀ-ŠĀ-ALLĀH, AL-BĪRŪNĪ und anderen benützt wurde. Hier wurden die Häuser durch Deklinationskreise begrenzt. Der halbe Tag- und der halbe Nachtbogen der aufgehenden Stelle des Tierkreises wurde in je 3 gleiche Teile zerlegt. Solche Scheiben, die natürlich nur für eine Breite gelten, wurden seit dem 10. Jahrhundert für das Astrolab entworfen. In späterer Zeit aber wurden diese Scheiben als besondere Geräte mit eigenem Zeiger angefertigt. Sie haben ihren Zusammenhang mit dem Astrolab gelöst. Dies traf ungefähr im 13. Jahrhundert ein, als die Herstellung der Astrolabe ihren Höhepunkt erreichte, wie aus den Zahlen der zur Zeit nachweisbaren arabischen Astrolabe hervorgeht. Es gehören an dem X. Jahrhundert 3, XI. 3, XII. 1, XIII. 14, XIV. 3, XV. 3, XVI. 0, XVII. 7, XVIII. 2, XIX. 2.

Eine ähnliche vielseitige Entwicklung nahm der Quadrant bei den Arabern. Ueberliefert war die von PTOLEMAIOS beschriebene Form, bestehend aus einer in der Mittagslinie senkrecht aufgestellten, hölzernen oder steinernen Platte mit Viertelkreis, auf den ein in der Kreismitte befindlicher Stift den Schatten der Sonne wirft (Bild S. 148). Aus diesem sehr einfachen Gerät entwickelten die Araber den Mauer-, den Azimutal- und den tragbaren Quadranten. Die Entwicklung setzte später als bei dem Astrolab ein. Der tragbare Quadrant scheint erst im 13. Jahrhundert aufgekommen zu sein. Er besteht aus einer hölzernen oder messingenen Scheibe in Gestalt eines Quadranten, auf dessen Vorderseite der Viertelkreis gezeichnet ist. Auf dem oberen Rande befinden sich 2 Lochblenden zur Beobachtung der Sonne und der Sterne; während der Beobachtung spielt ein aus dem Kreismittelpunkt herabhängendes Lot über der Kreisteilung und zeigt die Höhe des Gegenstandes an. Zur Entnahme der Stunde gab es ein Kurvennetz der Stundenlinien. Bei der Benützung verschob man auf dem Senkel eine Perle, die gemäß der Sonnendeklination eingestellt wurde und dann die Stunden in dem Kurvennetz anzeigte. Auf manchen Viertelkreisen enthielt die Rückseite ein Sinusnetz, mit entsprechend eingeteiltem Zeiger (Dasturquadrant). Eine bereits im Jahre 1333 hergestellte, aber noch im XV. Jahrhundert beliebte Quadrantenart zeigt auf der Vorderseite den Höhenkreis und auf der Rückseite das Kurvennetz zur Ermittlung der Zeit aus der Höhe beobachteter Sterne, deren α und δ auf der Scheibe angegeben ist. Durch solche Zutaten wurde die Zahl der Arten der tragbaren Quadranten sehr vermehrt, so daß sich mindestens 18 Arten nachweisen lassen.

Der tragbare Quadrant war, wie das Astrolab, für genauere Beobachtungen nicht verwendbar. Diese Geräte durften eine gewisse Größe nicht überschreiten, falls sie noch mit der Hand gehalten werden sollten; infolgedessen konnte ihre Einteilung höchstens auf 1° erstreckt werden. Zugleich ließen die mit der Hand gehaltenen Geräte selbst bei der größten Uebung keine genauen Messungen zu, da infolge Unruhe der Hand das Gerät leicht ins Schwanken kam. Die Entwicklung drängte daher zu den beiden möglichen Formen, dem ortsfesten Mauerquadranten und dem festaufgestellten, aber in der Waagerechten leicht bewegbaren Azimutalquadranten. Der Quadrant in der von Ptolemaios angegebenen Form wurde im 8. und 9. Jahrhundert benützt. Für die durch al-Māmūn befohlenen Messungen wurde ein Quadrant verwendet, der durch ʿAlī ben ʿĪsā al-Asṭorlābī auf 10′ geteilt war. Mit ihm beobachtete Jaḥjā ben Abī Manṣūr. Nach seinem Tode wurde das Gerät auf dem Markte der Papierhändler zu Bagdad zum Verkauf ausgeboten. Auch der von al-Battānī benützte Quadrant entsprach den Vorschriften des Ptolemaios, wich aber insofern davon ab, als nicht die Lage des Schattens auf der Teilung zur Höhenablesung benützt wurde, sondern seine Lage auf einem an die Teilung gehaltenen, der Rundung angepaßtem Anlegestück bestimmt wurde und damit Unterteile der Teilung festgestellt werden konnten. Der Bau von ortsfesten Geräten in Gestalt von Bauwerken taucht im 10. Jahrhundert auf. Abū Mahmūd al-Chojendī benützte zur Bestimmung der Breite von Rei im Jahre 994 einen festen Sextanten von 40 m Durchmesser. Das Bauwerk bestand aus 2 parallelen hohen Wänden zu beiden Seiten der Mittagslinie mit dazwischen liegenden Kreis-

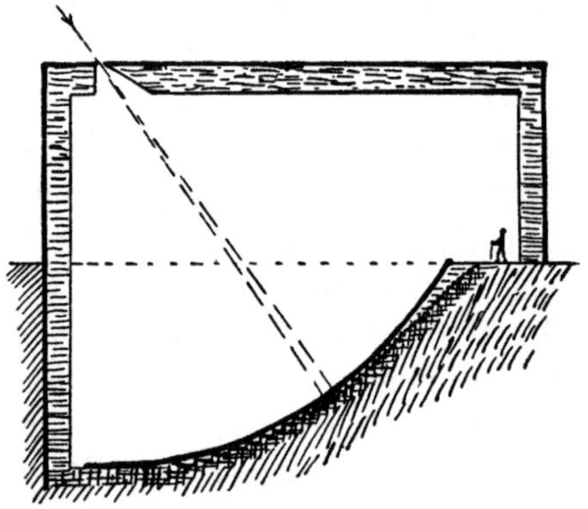

Bild 34. Sextant des al-Chogendī

bogen (Bild 34). Das Licht der Sonne oder Sterne fiel durch eine 20 m darüber befindliche Oeffnung und wurde wohl am Rande des Kreises aufgefangen, worauf die Höhenablesung stattfand. Wie die Teilung, die auf 10″ ging, und die Einstellung des Lichtstrahles beschaffen war, ist nicht bekannt. AL-CHOJENDĪ glaubte mit dem Gerät auf 1″ genau beobachten zu können; jedoch weicht seine Bestimmung der Schiefe und der Breite vom Jahre 994 um 1 ½′ von der Wahrheit ab. Der um die gleiche Zeit lebende AL-BĪRŪNĪ soll einen Mauerquadranten von 7 ½ m Durchmesser benützt haben. Die um 1260 zu Marāga errichtete Sternwarte besaß einen Mauerquadranten von 6 ½ m Durchmesser. Er wurde wie die anderen Geräte dieser Sternwarte von MU'JID AL-DĪN AL ʿURḌĪ hergestellt und beschrieben. An einer Ziegelmauer war der aus hartem Holz hergestellte Quadrant aufgehängt. Die Teilung befand sich auf einem aufgelegten Kupferstreifen. Beobachtet wurde mit einem Zeiger mit Lochabsehen, der durch einen kleinen Flaschenzug bewegt wurde. Die Sternwarte auf dem Schaar-Schaary-Hügel nordöstlich von Samarkand, eine Schöpfung des ULUGH BEG, besaß ein großes Bauwerk, das dem Bauwerk des AL-CHOJENDĪ wohl ähnlich sah. Zwischen 2 hohen, der Mittagslinie parallelen Mauern lag der Kreisbogen von 40 m Durchmesser, auf dessen Teilung (Gradteilung auf Marmor) der durch eine Oeffnung fallende Lichtstrahl auffiel. Wie er aufgefangen wurde, ist nicht bekannt. Noch sichtbar sind 2 an der Teilung entlang laufende Rinnen mit rechteckigen Querlöchern bei jedem Grad, wohl zum Einstellen und Festhalten der Auffangvorrichtung, mit der zugleich die Grade untergeteilt werden konnten. Ob das Bauwerk einen Sextanten oder einen Quadranten enthielt, das lassen die Reste nicht erkennen.

Wichtig wurde die 3. Entwicklung des Quadranten, nämlich die des Azimutalquadranten. Ihn finden wir nur auf der Sternwarte zu Marāga vertreten. Sein Erfinder war wohl AL ʿURḌĪ. Das Gerät bestand aus einem großen waagerecht gelagerten Azimutalkreis mit Gradteilung, über dem sich 2 senkrechte Quadranten mit Lochabsehen bewegten. Die Quadranten drehten sich um dieselbe Achse, die unten in der Mitte des Kreises aufsaß und oben von einem Querbalken gehalten wurde. Der Azimutalkreis befand sich anscheinend auf einem hohlen Unterbau, so daß die beiden Beobachter sich innerhalb des Kreises frei bewegen konnten. Die Teilung des Azimutalkreises dürfte 1° betragen haben. Eine Zeichnung in einer persischen Handschrift des 17. Jahrhunderts läßt erkennen, daß man die Kreisablesung mit Hilfe eines an

den Kreis gehaltenen und mit Schrägteilung (Transversalteilung) versehenen Anlegestückes leicht auf $^1/_{10}{}^0$ und weniger bringen konnte.
Was die Mittagskreise anlangt, so wurde ein großer Mittagskreis von 1′ Teilung zum Beobachten der Herbstgleiche des Jahres 851 in der Stadt Nisabur in Gegenwart des Thaher ibn Abdallah benutzt. Al-Battānī verwendete einen, gemäß den Vorschriften des Ptolemaios hergestellten Mittagskreis. Später wurde der Mittagskreis insofern umgewandelt, als der die Ablesungsnasen tragende innere Kreis, der nach arabischer Ansicht nie so passend gemacht werden konnte, daß er beim Gleiten in dem größeren Ringe weder sich festklemmte noch schlotterte, durch einen Zeiger, der dem Durchmesser entsprach und 2 Absehen mit Löchern besaß, ersetzt wurde. Dieser Zeiger wurde von einer Säule getragen und der Mittagskreis selbst von einer anderen Säule. Im 9. Jahrhundert wurden schon recht große Mittagskreise verwendet, so von al-Ṣūfī mit einem Durchmesser von 5 m und von al-Chāzīnī mit 1,5 m. Der ägyptische Wesir al-Afḍal (herrschend von 1094—1121) ließ einen Mittagskreis von 5 m Durchmesser herstellen und auf der Sternwartmoschee in Kairo aufstellen. Der Zeiger sollte ursprünglich aus Kupfer bestehen; da er indessen zu schwer ausfiel, so machte man ihn aus Holz und beschlug die Spitzen und Achse mit Kupfer. Der von al ʿUrḍī für die Sternwarte zu Marāga hergestellte Mittagskreis hatte einen Durchmesser von 2,6 m. Er war in Grade und vielleicht noch in $^1/_{60}$ oder $^1/_{30}{}^0$ geteilt. Die Angaben darüber sind so ungewiß wie meistens bei den Arabern; denn es heißt nur, daß man den Zwischenraum von 1° leicht in 30 oder 60 Teile teilen könne, nicht aber, daß die Teilung ausgeführt und wie sie gemacht wurde.
Auch das Hipparchische Gerät zur Messung des Durchmessers von Sonne und Mond wurde benützt. Es diente zur Messung der waagerechten Durchmesser. Zur Messung war es an einer senkrechten Säule befestigt und konnte waagerecht gedreht werden.
Eine wichtige Entwicklung machte der Dreistab des Ptolemaios durch. Al-Battānī verwendete einen nach den Angaben des Ptolemaios hergestellten Dreistab zur Beobachtung der Schiefe und der Breite von Raqqa. Sein Gerät war so groß, daß der von ihm bestrichene Kreis 5 m Durchmesser hatte. Ein noch größeres Gerät wurde für die Sternwarte von Marāga hergestellt, desgleichen ein etwas kleineres von 5,3 m Durchmesser, das aber die wesentliche Neuerung aufwies, daß es mit einem waagerechten Kreis verbunden und somit zu Messungen in Höhe und Azimut verwendbar war (Bild 35). Eine Abänderung stell-

ten 2 auch von AL ʿURḌĪ erfundene und für die Sternwarte in Marāga hergestellte Geräte dar, bei denen der senkrechte Stab zugleich die Achse des Azimutalkreises und im Gegensatz zu dem Dreistabe des PTOLEMAIOS der untere Sehnenarm nicht beweglich war, sondern als Lineal immer waagerecht lag, während nur die mit 2 Absehen versehene andere Sehne mit ihren Enden am senkrechten und waagrechten Arm hin und her bewegt wurde.

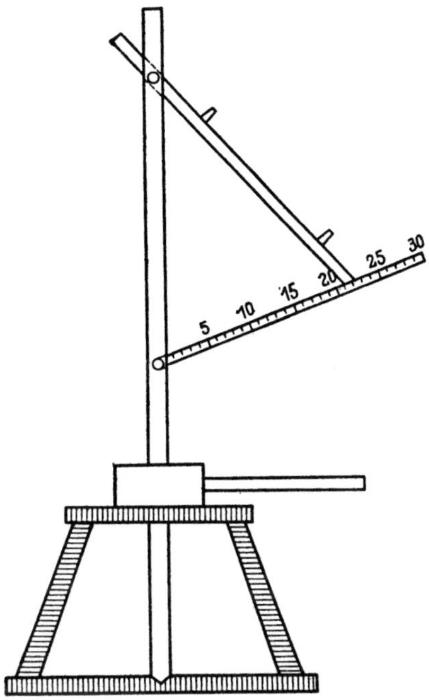

Bild 35. Arabischer Dreistab von der Sternwarte zu Marāga

Um die Genauigkeit der Ablesung zu steigern, vergrößerten die Araber den Umfang der Teilung oder benützten eine Unterteilung nach Art der Schrägteilung. Ein drittes Verfahren schlug AL-BĪRŪNĪ vor, nämlich die Messung eines Zusatzwinkels für einen roh eingestellten Winkel. Der dazugehörige Kreis ist in Grade und Minuten geteilt. Ob das Gerät jemals ausgeführt wurde, ist nicht bekannt, auch nicht ob die Araber seine großen Mängel erkannt haben. Vermutlich gehörte das Gerät zu den vielen Entwürfen von Geräten, die der mathematischen Einbildungskraft der Araber ihr Entstehen verdankten.

Für die Zukunft bedeutungsvoll wurde das von DSCHĀBIR IBN AFLAḤ erfundene Gerät zur Messung von Sternörtern in allen 3 Koordinaten, unter Benützung einer parallaktischen Aufstellung.

Als weitere Beobachtungsgeräte sind zu erwähnen der von AL-KINDĪ benützte Zirkel für Winkelmessungen und der von LEVI BEN GERSON erfundene Jakobstab, ferner auch die Zarkalische Scheibe. Sie enthält auf der Vorderseite ein doppeltes Netz von Polarkoordinaten in poliger Abbildung zur Entnahme der Länge und Breite, α und δ der Sterne und auf der Rückseite am Rande oben den Höhenhalbkreis und unten Tangententafel, nach innen zu die Teilung in die 12 Zeichen zu 30^0, sowie die julischen Monate mit Tagen, dann rechts unten das Sinusnetz und in dem übrigen Teil die Kurven der rechtwinkligen Abbildung des Aequators mit Parallel- und Stundenkreisen auf der Meridianebene. Der Drehpunkt des entsprechend eingeteilten Zeigers liegt außerhalb der Scheibenmitte. Das Gerät diente außer zu Höhenmessungen zur Entnahme des Tagbogens, der Zirkumpolarsterne, des Azimutes der Schnittlinie des Horizontes mit den Stunden und Parallelkreisen für eine gegebene Breite und enthielt auch eine Vorrichtung zur Entnahme der Deklination der Sonne.

Die Sonnen- und Wasseruhren sind bereits erwähnt. Sie zeigten für den Gebrauch die ungleichlangen Stunden. Nur für sternkundliche Zwecke gab es Uhren mit gleichlangen Stunden.

Neben diesen zur Beobachtung dienenden gab es verschiedene andere Geräte für den Unterricht. Dazu gehörte die von den Griechen übernommene Armillarsphäre, das bereits von DSCHĀBIR BEN SĪNĀN AL HARRĀNĪ in der Abänderung benützt wurde, daß sich im Innern eine Erdkugel befindet mit den aufgezeichneten wichtigsten Kreisen, umgeben von mehreren Ringen zur Darstellung des Horizontes und des Meridians, um die sich ein Azimutkreis bewegt. AL-BATTĀNĪ fügte auf dem beweglichen Halbkreis einen radial gestellten Zeiger mit 2 Absehen zur Einzeichnung des Laufes von Sonne und Mond und der hellsten Sterne hinzu. War dieses Gerät schon sehr geeignet dem Bedürfnis nach Anschauung zu genügen, so geschah es noch mehr durch das Kugelastrolab, das genau wie ein Astrolab den täglichen Lauf der Gestirne darzustellen gestattet, dabei aber infolge seiner Anpassung an eine Kugel anschaulicher wirkt. Es handelt sich um die Kappe einer Hohlkugel, die auf eine Kugel aufgesetzt für jede Breite die Erscheinungen der Sternauf- und -untergänge sowie die Bewegung der Wandelsterne darstellen sollte. Genau wie beim Astrolab war die Kappe durchbrochen und ließ außer einigen Kreisen auch Dorne zur Lagebezeichnung der hellsten Sterne erkennen. Ein auf den Tierkreis beweglich aufgesetzter Stachel diente zum Entwurf des Sonnenschattens. Diese sehr beliebten Geräte wurden eingehend beschrieben von KUSTA IBN LŪKĀ, AL-NAIRĪZĪ († um 922), AL-BIRŪNĪ und AL-MARRĀKUSĪ. Auf Grund des arabischen Vorbildes stellte ISAAK IBN SID, im Dienste ALFONS X. von

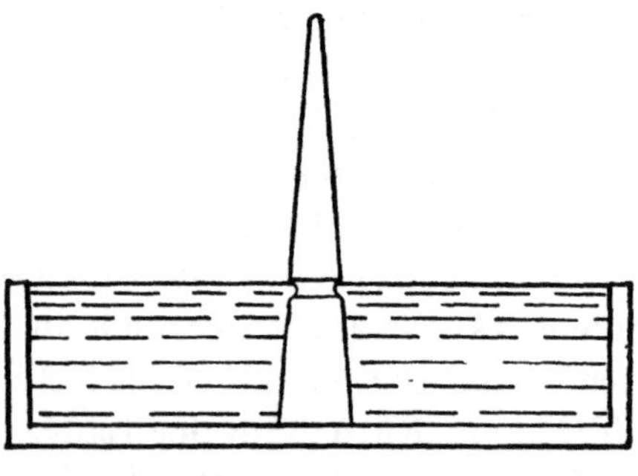

Bild 36. IBN SINAS Gerät mit senkr. Schattenstab zur Feststellung der Mittagslinie

Kastilien, ein Kugelastrolab her, das noch 2 Absehen zu Höhenmessungen und einem ewigen Kalender enthielt. Eine Abart des kugelförmigen Astrolabs ist das Umfassende Gerät (al āla al schāmila), das von AL-CHOJENDI erfunden, von HIBAT ALLĀH BEN AL ḤUSAIN AL BADĪ' ABŪ'L QĀSĪM AL AṢṬORLĀBĪ († 1139) verbessert und für jede Breite brauchbar gemacht wurde. Auch dem Unterricht diente der von IBN SĪNĀ beschriebene Schattenstab im Wasserbecken (Bild 36) zur Bestimmung der Mittagslinie und das von einem CHĀZINĪ erfundene Gerät mit dem Dreieck, ferner die Himmelskugel.

HERSTELLUNG DER GERÄTE

Die Geräte wurden aus sehr hartem Holz (Ebenholz) oder Kupfer, beziehungsweise Messing, gelegentlich wie die Himmelskugel des AL-ṢŪFĪ, aus Silber hergestellt. Für Sonnenuhren wurden vielfach Steinplatten, oft Mauern verwendet, desgleichen auch für die Bauwerke des großen Mauerquadranten, wo höchstens der Teilkreis aus Kupfer bestand. Die kleineren Geräte wie Astrolabe wurden auf einer Art von Drehbank bearbeitet. Große Kreise, wie der in Kairo aufgestellte Kreis von 100 Zentnern Gewicht, wurden gegossen, dann die Unebenheiten zuerst mit dem Hammer abgeschlagen, zuletzt mit der Feile geglättet. Mit Hilfe einer Wasserwage wurde die wagerechte Stellung des Azimutkreises bewirkt. Ueber die Kreisteilung, ihre Herstellung und Berichtigung ist nichts überliefert.

STERNWARTEN

Sternwarten im modernen Sinne gab es bis zum 10. Jahrhundert nicht. Wohl waren bei den früheren Beobachtungen gelegentlich mehrere Beobachter beteiligt und es gab größere Geräte, aber von einer Sternwarte mit ortsfest aufgestellten Geräten und angestellten Sternforschern ist nicht die Rede. Auch die Tätigkeit der AL-BATTĀNI, AL-ṢŪFI und IBN JŪNIS kann nicht mit einer bestimmten Sternwarte verbunden gedacht werden. Sie waren Gelehrte, die gelegentlich ihren Wohnsitz wechselten, bald hier, dald dort Beobachtungen anstellten und Tafeln berechneten, gelegentlich sich einer fürstlichen Gunst dabei erfreuend. Erst der Fürst SCHARAF AL-DAULA († 989) ließ in seinem Garten zu Bagdad eine Sternwarte mit festen Grundmauern errichten und durch Abū Waigan mit Geräten eigener Erfindung versehen. Unter Waigans Leitung nahmen verschiedene Gelehrte wie Abū'l-Wafā, Ahmed ben Muhammed al-Ṣāgānī, Abū Isḥāq Ibrāhīm ben Hilāl, Abū 'l-Ḥasan Muhammed al-Sāmirī teil. Ihre Beobachtungen, die in die Jahre 987 bis 988 fielen, erstreckten sich auf die Bestimmung der Schiefe und Breite sowie auf die Zeit der Jahrespunkte. Die Beobachtungen jedes Beobachters wurden schriftlich niedergelegt und von den Beobachtern unterzeichnet. Ob die der Sternwarte aufgelegte Bedingung, den Lauf sämtlicher Planeten zu beobachten, erfüllt wurde oder ob infolge des Todes des fürstlichen Gönners die Sternwarte bald aufgelöst wurde, ist nicht bekannt. Auch die sternkundlichen Bestrebungen, die im 12. Jahrhundert zur Aufstellung eines großen Mittagskreises und wohl auch eines kleineren Kreises auf der Kuppel der Sternwart-Moschee in Kairo führten, fand infolge des Todes der Fürsten, auf deren Betreiben die Geräte hergestellt worden waren, nach wenigen Jahren ihren Abschluß. Sternwarten von größerer Bedeutung und längerer Dauer waren die von Marāga und Samarkand. Die Sternwarte von Marāga wurde im Jahre 1259 auf einem Hügel westlich der Stadt errichtet. Die Geräte wurden von al'Urḍī hergestellt. Die Sternwarte enthielt angeblich 400 000 Handschriften, die aus Bagdad, Syrien und dem Zweistromlande stammten. Auf den Rat des ersten Leiters der Sternwarte Naṣir al-Dīn al-Ṭhūsī, des Finanzministers und Wezirs des Mongolenherrschers Hōlāgū, wurde die Sternwarte reich ausgestattet, so daß Sternkundige gegen hohe Besoldung und Ruhegehalt als Mitarbeiter gewonnen werden konnten. Nach Naṣirs Tode (1274) wurde sein Sohn Ṣadr al-Dīn 'Alī ben al-Chōgā Naṣīr al-Dīn Leiter der Sternwarte. Die Sternwarte konnte ihrer Aufgabe, nach nur zwölfjähriger Beobachtungstätigkeit die von Hōlāgū gewünschten Tafeln herauszugeben, nachkommen. Von späteren Leistungen ist nichts bekannt. In ihren Geräten war die Sternwarte zu Marāga sehr fortschrittlich und gut eingerichtet. Aehnlich bedeutend war die Sternwarte, die Ulugh Beg auf dem Schaar-Schaary-Hügel nordöstlich von Samarkand bauen ließ. An den großen Mittagskreis schloß sich ein großer Turm an, der in einzelnen Abteilungen Unterkunft und Kochgelegenheit bot. Zu der Einrichtung gehörten sicherlich noch die anderen Geräte, welche der erste Leiter Dschemschīd ben Mes'ūd ben Mahmūd († vor 1436) beschrieb. Sein Nachfolger war Qāḍi-zādeh al-Rūmi, dem als dritter Leiter 'Alī ben Muhammed 'Ala al-dīn al-Qūschdschī folgte. Er vollendete die Tafeln des ULUGH BEG und trat nach dessen Tode (1449) in den Dienst des Sultan MUHAMMED II. Damit scheint die Sternwarte ihr Ende erreicht zu haben. Wichtig war ihr Einfluß auf andere Sternwarten. Als TAQĪ AL-DĪN (1525—1585) die neue Sternwarte DĀR AL RASAD einrichtete, nahm er sich die Einrichtung der Sternwarte zu Samarkand zum Muster und ließ darnach die Geräte herstellen, zu denen er 2 neue Geräte hinzu erfand. Auch bei den auf Befehl des JAI SINGH im 18. Jahrhundert in Indien errichteten Sternwarten dienten Einrichtungen der Samarkander Sternwarte als Vorbild.

Bemerkenswert ist die kurze Lebensdauer der arabischen Sternwarten. Länger als 2 Jahrzehnte war anscheinend keine tätig. Immer war sie nur ein Werkzeug ihres fürstlichen Gönners.

DREIZEHNTER TEIL

DIE STERNKUNDE DER GERMANEN

NACH dem Untergang des römischen Reiches dauerte es viele Jahrhunderte, ehe sich in den von den Römern beherrschten europäischen Ländern eine neue wichtige Kultur herausbildete. Es geschah dies hauptsächlich dort, wo die Germanen nach der Völkerwanderung einen großen oder den Hauptteil der Bevölkerung ausmachen. Diese Kultur zeigt in ihrem Forschungsdrang und Willen zur geistigen Eroberung der Welt sowohl wie in ihren Ergebnissen ganz andere Züge als die übrigen Kulturen.

Gemäß den Untersuchungen SCHUCHHARDTS (1928) ist der Sitz des indogermanischen Urvolkes in Thüringen zu suchen, dessen Bevölkerung in der jüngeren Steinzeit sich sehr ausdehnte und zur Entstehung des Keltentums in Süddeutschland und des Germanentums in Norddeutschland durch die Vermischung mit der ansässigen Bevölkerung führte; ferner waren die Thüringer hervorragend beteiligt an dem Völkerzug, aus dem die Illyrier, die Griechen und zuletzt die Sanskrit-Inder hervorgingen. Diese Lehre ist sehr geeignet, mehrere bei diesen Völkern vorkommenden Uebereinstimmungen in ihrer Sternkunde zu erklären, so die Vorstellung, daß die Sonnenscheibe durch ein Tier über den Horizont gezogen wird und zwar durch ein Pferd bei den bronzezeitlichen Germanen des 2. vorchristlichen Jahrtausends und bei den Persern, durch einen Delphin bei den Griechen des 1. Jahrtausends, durch einen Schwan bei den Germanen der Bronzezeit. Der Schwan als Motiv wurde auch in Verbindung mit merkwürdigen Fundstücken aus der germanischen und keltischen Bronzezeit des 2. vorchristlichen Jahrtausends verwendet, nämlich auf Scheiben, die um einen Mittelpunkt 3 Ringe aufweisen, die anscheinend auf die Sonnenbewegung Bezug hatten, gleichsam als ob der jährliche Sonnenlauf in konzentrischen Kreisen dargestellt werden solle. Auch andere mit der Sonnenverehrung in Verbindung stehende Gegenstände zeigten mehrere konzentrische Kreise, so eine aus der Zeit von 1800 v. Chr.

stammende germanische Altarbekrönung. Die Verbindung der Vorstellung von konzentrischen Kreisen mit dem Sonnenlauf muß als eine sehr alte und ursprüngliche Bewegungsdarstellung angesehen werden. Bei den Indern und Chinesen war sie vorhanden und wurde in Beziehung zur Töpferscheibe gebracht. Bei den Germanen kommen die konzentrischen Kreise auch in nachchristlicher Zeit vor, so auf englischen Steindenkmälern und auf einer Steinplatte zu Tübingen um die Jahrtausendwende. Damit dürften zusammenhängen die wohl von vorgeschichtlicher Zeit bis zur Gegenwart gefeierten Jahresspiele in den Wandelbahnen, Trojaburgen oder Sonnenfallen genannten Irrgärten aus konzentrischen Kreisen.

Bei der germanischen Sternkunde lassen sich 3 Zeiträume unterscheiden: die ursprüngliche Sternkunde, die Zeit der Aufnahme der antiken und arabischen Sternkunde und die etwa mit dem 15. Jahrhundert anhebende eigene Sternforschung. Eine strenge zeitliche Gleichsetzung ist nicht möglich, da der Beginn der Aneignung bei den verschiedenen Völkern verschieden anzusetzen ist. Dort, wo durch die ständige Berührung mit den Römern und Griechen wie in Frankreich, Süddeutschland und auf dem Balkan und in Italien oder durch den Handel eine Vermittlung antiken Wissens unvermeidlich war, erfolgte die Aneignung schon vorher, vom 3. Jahrhundert an, während bei den abgelegeneren Völkern sich dies erst im 10. Jahrhundert ereignete. Ausschlaggebend für die Aneignung war das Wirken der christlichen Kirche. Die christliche Zeitrechnung und Vorstellung von dem Himmel fußten auf nichtgermanischen Anschauungen des Altertums.

Auch die andere Zeitgrenze, der Abschluß der Aneignung und Verarbeitung fremden Wissens und der Beginn der germanischen Sternforschung läßt sich nicht mit einem bestimmten Jahrzehnt gleichsetzen. Vielmehr fällt die Zeitgrenze in das 15. bis 18. Jahrhundert je nach den Gebieten, denen sich die Germanen zuwandten.

I. DIE URSPRÜNGLICHE STERNKUNDE DER GERMANEN

Das Wetter an den ursprünglichen Wohnsitzen der Germanen, in Norddeutschland, Dänemark und Südschweden wird in der Bronzezeit, in der Eisenzeit und später kaum anders als jetzt gewesen sein. Meistens bedeckter Himmel und häufige Niederschläge gestatten nur ausnahmsweise den Himmel mit seinen Erscheinungen von Nacht zu Nacht zu beobachten und Aenderungen festzustellen, außer bei einem so hellen und auffälligen Himmelskörper wie dem Monde. Die Beobachtungsbedingungen waren also wesentlich ungünstiger für die Germanen als für die anderen Kulturvölker, mit Ausnahme der Chinesen.

Ueber die ursprüngliche Sternkunde sind uns keine ausführlichen Quellen, seien es Lehrbücher oder nur Regeln, überliefert. Vielmehr ist das Wenige, daß sich darüber aussagen läßt, den spärlichen Angaben in den Sagen, Rechtsaltertümern und Geschichtserzählungen sowie Bodenfunden entnommen. Als die Erinnerungen an die Gebräuche der heidnischen Vorfahren zum erstenmal aufgezeichnet wurden, in England im 8. Jahrhundert und in Norwegen im 12. und 13. Jahrhundert war die Erinnerung an die früher bestandene Zeitrechnung und andere Arten der Sternkunde so verblaßt, daß selbst sorgfältige Gelehrte wie Beda kein vollständiges Bild mehr entwerfen konnten.

Ueber die Sternkunde der Ostgermanen ist nichts bekannt. Die Sternkunde der Westgermanen und Nordgermanen zeigte viele Uebereinstimmung. Abweichungen treten anscheinend als Folge abweichender Witterungsverhältnisse in Norwegen und Island auf.

DIE ERFASSUNG DER ZEIT

Wenn auch Sommer und Winter gelegentlich als selbständige Zeiteinheiten aufgefaßt werden, so werden die Jahre doch nach Wintern gezählt, wobei der Beginn des Winters den Beginn des Jahres bedeutet. Im Laufe des Jahres wurden regelmäßig 3 Feste gefeiert, zu Beginn des Winters das Erntedankfest, zu Mittwinter wohl das Totenfest und zu Beginn des Sommers das Fruchtbarkeitsfest. Volksversammlungen fanden bei Winter- und Sommeranfang zur Zeit des Vollmondes oder des Neumondes statt, wie Tacitus berichtet. Er fügt hinzu, daß infolge der Saumseligkeit der Teilnehmer die Versammlung nicht zur angegebenen Zeit eröffnet werden konnte, sondern erst nach 2 oder 3 Tagen. Diese sogenannten Tiden waren bei den Goten immer bei Neumond und bei den Sachsen bei Vollmond. Auch die Ziehtage der Dienstboten fallen, wie jetzt noch häufig auf dem Lande, in diese Zeit, nämlich auf Anfang November und Anfang Mai.

Die Festsetzung der Versammlungen auf die Neu- oder Vollmonde setzt bei der Jahresteilung eine Berücksichtigung des Mondwechsels voraus. Zu einer ausgebildeten Mondrechnung scheint es nicht gekommen zu sein. Die Zeit eines Mondwechsels wurde wohl in 3 Abschnitte zu je 9 Tagen und in einige Zusatztage geteilt. Die Scheibe einer bronzenen Gewandnadel zeigt um die in der Mitte liegende Spirale ein Strahlenkreuz mit 27 Zacken und eine Vierteilung der Scheibe, als Verbindung der Sonnen- und Mondrechnung. Eine andere Bronzescheibe, aus der Zeit um die vorchristliche Jahrtausendwende, zeigt um ein viergeteiltes Rad in der Mitte eine Neunteilung der Scheibe. Die Zahl 9 spielte in der Zeitrechnung eine gewisse Rolle: 9 Nächte lang hing Odin am Weltenbaum, alle 9 Jahre wurde das Fest des Freyr, des nordischen Fruchtbarkeits- und Himmelsgottes, im Tempel zu Upsala gefeiert, desgleichen ein Fest zu Hleidr in Dänemark. Die 9 gehört zu den bevorzugten Zahlen wie 3 und 7. Drei Tage im Jahr, entsprechend dem 27. Januar, 30. Januar und 13. Februar, waren bedeutsam. Wer an diesen Tagen geboren wurde, galt als unsterblich.

Anscheinend mit dem Sonnenjahr in Verbindung steht das Anzünden von Feuer an den folgenden Zeiten: Sonntagabend nach Fastnacht, auch Funkensonntag genannt, Anzünden von Feuern in der Rhön oder das als Scheibenwerfen bezeichnete Werfen von dünnen brennenden Holzscheiben. In der Nacht vor Ostern Scheibenwerfen in Schwaben und Tirol, Feuer im Harz, Hinabrollen von großen mit Werg und Reisig überzogenen und angezündeten Rädern bei Pyrmont. Die christliche Kirche hat dafür das Anzünden der Osterkerze und des Hausbrandes am Morgen gesetzt. Am Vorabend des Johannitages, am 23. Juni, Anzünden der Sonnwendfeuer auf den Bergen in ganz Westeuropa, Scheibenschlagen in Bayern und Tirol, Hinabrollen von Feuerrädern am Rhein. Vielfach wird durch das Feuer gesprungen, auch Vieh hindurchgetrieben, wodurch sich das Feuer als Mittel zur Reinigung und Entseuchung kundtut. Gelegentlich wurden auch am Vorabend vom 1. Mai Feuer angezündet oder in der Eifel am Michaelistage, 29. September, zur Erinnerung an das frühere Wodanfest.

Von den Römern lernten die Germanen den Gebrauch der Monate und der siebentägigen Woche. Für die Monate wurden eigene Bezeichnungen geschaffen, die den Eigentümlichkeiten der Jahreszeiten entsprechen. Unerschöpflich waren die Germanen im Erfinden geeigneter Monatsnamen. Allein die ältesten Handschriften von Sankt Gallen weisen für den Dezember folgende Namen auf: Windmonat, Härtemonat, Wolfmonat, Schlachtmonat, Speckmonat. Mit dem Christentum drangen die farblosen, noch jetzt gebräuchlichen Namen ein. Aehnlich verlief es bei den Bezeichnungen der Wochentage. Von den Römern wurden die lateinischen Namen der Planeten übernommen. Diese Namen wurden soweit als möglich umgewandelt. Die beiden ersten Tage wurden nach Sonne und Mond genannt. Dem Mars wurde der Tius, dem Jupiter der Donar, der Venus die Freia gleichgesetzt. Für Saturn kannten die Germanen keinen gleichartigen Gott. Sie behielten den Namen bei (Samstag, saturday) oder schufen dafür den Sonnabend oder den Waschtag im Skandinavien. Der vierte Wochentag, dem Merkur geweiht, erhielt seinen Namen entweder von Wodan (englisch, skandinavisch und westdeutsch) oder farbloser von seiner Stellung in der Woche: Mittwoch. In Island und Norwegen führte die christliche Kirche die Namen: Tag des Herren, 2., 3. Tag, Mittwoch, 5. Tag und Festtag ein und behielt nur den Waschtag bei. Die Anwendung der Woche erfolgte im allgemeinen nach den Vorschriften der christlichen Kirche; nur in Island und wohl auch in Norwegen baute sich darauf eine etwas andere Zeitrechnung auf, die wohl von der christlichen Zeitrechnung ausgeht und deshalb erst im nächsten Abschnitt zu besprechen ist.

Tag und Nacht wurden unterschieden. Der Beginn des Volltages wurde von Sonnenaufgang an gerechnet. Die Zählung der Tage erfolgte nach den Nächten. Eine Einteilung in Stunden wurde erst durch das Christentum eingeführt.

Eine Einteilung des Jahres durch Beachtung der jährlichen Auf- und Untergänge der Sterne ist nicht nachweisbar.

DIE ERFASSUNG DES RAUMES

Die Maßangaben Finger, Spanne, Elle, Klafter und die Entfernungsangaben Hammerwurf, Pfeilschuß, Vogelflug entbehrten einer genauen Festlegung.

Die vier Himmelsrichtungen sind bekannt. Noch der Zeit vor der Berührung mit dem Römertum gehört die Sitte an, daß jeder, der sich von seiner Sippe lossagen will, 4 Erlenstäbe, als Sinnbilder der durch die Urgroßeltern gebildeten Viertel der Sippe, zerbricht und die Stücke nach den 4 Himmelsrichtungen wirft.

Wie die seefahrenden Germanen sich auf dem Meer zurechtfanden und regelmäßige Fahrten zwischen Norwegen, Island, England und Grönland durchführen konnten, läßt sich nicht angeben. Gemäß den Heldenliedern und den Geschichtserzählungen trugen günstige Winde und die Kenntnis der rechten Wasserstraßen, also wohl der Meeresströmungen, zum Gelingen der Fahrten bei.

Bemerkenswert ist die Bevorzugung bestimmter Richtungen bei den Bestattungen. Von 26 norddeutschen Bestattungen aus der Steinzeit und Bronzezeit ist in 23 Fällen der Tote von Osten nach Westen bestattet, so daß der Tote nach Westen sah. Dies würde für eine frühe Beachtung des Mondes als maßgebendes Gestirn oder auch vielleicht als Führer der Seelen sprechen. Dagegen ist die Bestattungsrichtung bei den alemannischen Gräbern aus der Völkerwanderungszeit entgegengesetzt. Der Tote liegt in der Richtung West-Ost und blickt nach Osten, also zur aufgehenden Sonne.

Nicht unerwähnt darf bleiben, daß sich unter den vielen Fundstücken der germanischen Bronzezeit manche Stücke finden, die als Gürtelplatten oder Schwertriemenbuckelchen gebraucht worden waren, aber zugleich wegen ihrer Form geeignet gewesen wären, als Windrose oder als Versinnbildlichung des viergeteilten halbkugeligen Himmelsgewölbes über der runden Erdscheibe zu dienen.

Von germanischen Vorstellungen über die Bewegungen der Planeten ist nichts bekannt. Die in der Mitte des 2. vorchristlichen Jahrhunderts vorhandene Verehrung der Sonne mit festlichen Umzügen zu jährlich wiederkehrenden Zeiten läßt erkennen, daß man sich damals der Regelmäßigkeit in ihren Erscheinungen bewußt war. Finsternisse wurden als eine Bedrohung von Sonne oder Mond durch Werwölfe oder andere Unholde aufgefaßt. Es war Sitte durch Lärm und Zurufe die Unholde zu verscheuchen.

Von den anderen Planeten ist nur der Morgen- und Abendstern bekannt.

Nur wenige Sternbilder lassen sich nachweisen: der große Bär, wohl der Orion und die Gluckhenne (Plejaden). Die Milchstraße wurde in der Zeit vom 6.—10. Jahrhundert Iringstraße genannt, zur Erinnerung an einen Helden Iring. Die Sterne spielten in den germanischen Sagen eine große Rolle.

Darstellungen des Sternhimmels haben sich nicht gefunden. Die auf den schwedischen Felszeichnungen der Bronzezeit sichtbaren halbkugeligen Vertiefungen stellen Opfernäpfe dar und sind auch anderswo häufig anzutreffen.

STERNGLAUBE UND STERNDEUTUNG

Neben der Erdgöttin gab es den Himmelsgott Tius, als dessen Verkörperung die Sonne galt. Sie wurde als gevierteilte Scheibe, als Radkreuz, als Hakenkreuz, als achtstrahliger Stern, besonders als Scheibe, mit Gold belegt und mit Kreisen oder Spiralen verziert, dargestellt. Bei den Festen zu Ehren des Himmelsgottes wurde auf einem Wagen eine senkrecht stehende große Sonnenscheibe von einem Pferd gezogen, wie eine aus der Bronzezeit, aus der Mitte des 2. vorchristlichen Jahrtausends stammende und auf Seeland gefundene Figur (Tafel VIII) zeigt. Auch auf den gleichzeitigen schwedischen Felsbildern befinden sich ähnliche Darstellungen. Später wurde Tius zum Kriegsgott und seine Stelle als Himmels- und Sonnengott nahmen Wodan (Odin) und Freyr ein. Die Verehrung von Sonne und Mond, von der bereits Cäsar berichtet, hielt lange an. Noch im 19. Jahrhundert bezeugten in Deutschland die Landleute beim Aufgang von Sonne und Mond durch Hutabnehmen ihren Gruß.

Am Ostermorgen wurde der Sonnenaufgang von einem Hügel aus beobachtet. Auch wurde vor Sonnenaufgang, unter strengstem Schweigen, Wasser geschöpft. Gegen Fieber wurde die Sonne bei ihrem Aufgang dreimal angerufen.

Der Mondwechsel galt als bedeutungsvoll. Neu- und Vollmonde waren für Versammlungen günstig, ferner das Anrufen des Neu- oder Vollmondes bei Zahnschmerzen. Der zunehmende Mond ist günstig beim Säen und Pflanzen und macht die Menschen fruchtbar; der abnehmende Mond trocknet aus und kühlt ab, verursacht Fallsucht und Mondsucht, weshalb in Deutschland gegen die Mondsucht halbmondförmige Hufeisen vor die Tür genagelt wurden.

Die Sitte, den Wochentagen eine günstige oder ungünstige Bedeutung gemäß dem Gotte des Tages zu geben, dürfte von den Römern übernommen sein. Der Freitag galt als günstig, bis ihn das Christentum zu einem Unheiltage machte. Von den Monatstagen galt der 7., 17. und 27. Tag als unglücklich.

Die Vorstellung eines Weltunterganges war den Germanen nicht unbekannt. Jedoch wurde er nie als Folge der Zusammenkünfte von Planeten, sondern immer als Schicksalsfügung angesehen.

Sonnenscheibe und Pferd auf dem Götterwagen
(aus der Bronzezeit)
Nach G. KOSSINNA, Die deutsche Vorgeschichte, Würzburg 1912)

Tafel IX

(Zu Seite 334)

Titelblatt zur Sternkunde des JOHANN MÜLLER von Königsberg
(Epitome almagesti Regiomanti)

II. DIE ZEIT DER ANEIGNUNG FREMDEN WISSENS

In dieser Zeit, gewöhnlich Mittelalter genannt, erhielten die germanischen Völker ihre Wissenschaft zuerst von den Griechen und Römern, hauptsächlich durch die Vermittlung der christlichen Kirche, später von den Arabern durch die Berührung mit den Völkern in Spanien, Süditalien und während der Kreuzzüge im Morgenlande, teilweise auch durch den Handel, den besonders Genua und Venedig mit den Mittelmeerländern unterhielten. Die Leistungen des Christentums bestanden in der Ausbildung einer eigenen Zeitrechnung, sowie in der Uebermittlung des überlieferten römischen Wissens an ihre Priester durch kirchliche Schulen.

DIE CHRISTLICHE STERNKUNDE

Das Christentum hatte von sich aus keine Berührung mit der Wissenschaft. Es bestand auch nicht die Notwendigkeit, daß seine Priester gewisse Wissenschaften wie die Sternkunde und Heilkunde beherrschten und ausübten. Daher hat es nicht an Priestern, selbst Kirchenlehrern gefehlt, welche jede wissenschaftliche Betätigung verwarfen und sich lieber mit der Ausrede des Geographen von Ravenna: »Nur Gott allein weiß es« beruhigten, als selbst nach den Zusammenhängen der Dinge zu forschen.
In den ersten Jahrhunderten seines Bestehens ist eine Ablehnung der Wissenschaft noch nicht vorhanden. Kirchenväter wie ORIGINES, zu Alexandria zu Lebzeiten des PTOLEMAIOS geboren, nehmen an den Bestrebungen der Wissenschaft teil und suchen ihre Kenntnisse bei der Auslegung der Schöpfungsgeschichte vorzubringen. Auch später noch haben sich die mit den Gelehrtenschulen in Verbindung stehenden Christen eine Teilnahme an den Fragen der Wissenschaft gewahrt. Dagegen haben die Christen des 3. und 4. Jahrhunderts sich um die Wissenschaft nicht sehr gekümmert; ja ihre Kirchenväter haben häufig ihre Verachtung und Gleichgültigkeit gegen die Wissenschaft offen zur Schau getragen. Allerdings war, was sich damals Wissenschaft nannte, meistens nicht viel mehr als spielerisches Ergötzen an merkwürdigen Naturereignissen und an den Sinnbildern des Himmels und der feste Glaube an die Vorhersagen der Sterndeutung. Von dieser Wissenschaft fanden nur die Ansichten PLATOS vor den gestrengen

Kirchenvätern Gnade. Man beschäftigte sich also mit PLATO, legte seine Werke aus und auf diese Weise fanden doch einige Kenntnisse Eingang in die Schriften der Kirchenväter. Der hl. AUGUSTINUS lenkte die Aufmerksamkeit der Christen auf PLATO, PLOTINUS, JAMBLICHUS und PORPHYRIUS; CHALCIDIUS schrieb eine sehr bekannte Auslegung des TIMAIOS des PLATO. ARISTOTELES, der Gegenpol der griechischen Philosophie zu PLATO, wird eingeführt und damit pflanzt sich der Kampf zwischen der Lehre des ARISTOTELES und PLATO auf die christlichen Schulen fort. Auf diese Weise geraten Bruchstücke des antiken Wissens in die Schriften der Kirchenväter. Auch mit der Sterndeutung beschäftigte man sich. Bezüglich der Menschen erkennt man den Gestirnen einen Einfluß nicht zu. Die Auffassung des AUGUSTINUS: »*Die Sterne vermögen gegen die Allmacht Gottes und den freien Willen der Menschen nichts*«, wurde Lehrmeinung der Kirche. Wie weit man sonst den Gestirnen einen Einfluß zuteilen sollte, darüber konnte man im Zweifel sein. Gemäß AUGUSTINUS ist ein Einfluß der Gestirne auf die untermondige Welt, der Sonne auf die Jahreszeiten und des Mondes auf die Gezeiten und auf das Wachsen gewisser Tiere anzunehmen. THEODORET ging noch weiter und gab zu, daß man aus dem Stande der Sternbilder auf die Zeit zum Säen und Pflanzen, Arzneieinnehmen, Baumfällen, Auftreten von Winden und aus dem Erscheinen eines Kometen auf einen feindlichen Einfall oder auf große Sterblichkeit schließen könne. Diese Zugeständnisse hatten zur Folge, daß auch die Sterndeutung in den christlichen Schriften häufig erwähnt wurde und die Zeit des Eintrittes der Sonne in die Zeichen sowie die Früh- und Spätaufgänge einiger Sternbilder in den christlichen Kalender aufgenommen wurden. Allein diese Beschäftigung mit dem Wissen der Römer und Griechen war nicht einem geistigen Streben entsprungen. Es war doch nur mehr oder weniger ein Zeigen von Kenntnissen oder eine Lust am Disputieren. Im Innern stand die christliche Kirche der Wissenschaft fremd gegenüber. Diesen Standpunkt haben die oströmische und die armenische Kirche beibehalten.

Wenn auch ein Einfluß der Sterne auf das Schicksal des einzelnen Christen nicht anerkannt wurde, so hat das Christentum doch eine Verknüpfung seines Stifters mit den Himmelserscheinungen nicht abgelehnt. Die bereits den Juden heiligen Zahlen 4, 7, 12 und 30 spielten in den christlichen Schriften eine Rolle, besonders in der Offenbarung Johannes. Außergewöhnliche Himmelserscheinungen: das Erscheinen des neuen Sternes den drei Weisen aus dem Morgenlande und die gleichzeitige Sonnen- und Mondfinsternis bei Christi Tode, einen Tag vor dem Vollmonde, künden seine Geburt und seinen Tod an. Das Erscheinen von Kometen und das Eintreten von Finsternissen wurde als Warnung Gottes angesehen; seine Wirkung suchte man durch Gottesdienste und Gebete abzuschwächen. Ebenso verfuhr man bei den Zusammenkünften mehrerer Planeten in einem Sternbilde. Auch im Kirchenjahr suchte man der für die Sterndeutung so wichtigen Zeit des Eintrittes der Sonne in die vier Jahrespunkte einen Platz einzuräumen.

Die christliche Kirche hatte von den Römern das Julische Jahr übernommen. Das römische Neujahrsfest mit seinen ausschweifenden Belustigungen war ihm anstößig. Deshalb wurden wichtige Ereignisse aus dem Leben des Stifters mit dem Julischen Jahre verbunden. Christi Geburtstag war unbekannt, seinen Todestag setzte man auf den 18., 20. oder 23. März oder gemäß der Ansicht hervorragender Kirchenlehrer auf den 25. März. Da seine Lehrtätigkeit zu 15 oder 17 Monaten angenommen wurde, so kam man auf den 6. Januar oder 8. November als den Tauftag und gleichzeitig auch Geburtstag, wenn die Taufe als der Beginn des geistigen Menschen Christi angesehen wurde. Bereits am Ende des zweiten Jahrhunderts wurde neben dem 6. auch der 10. Januar als Tag der Taufe genannt, da dieser Tag, nach jüdischem Kalender ein Vollmondstag und zugleich der Tag der Wintersonnenwende sei, von wo an die Sonne an Macht zunehme. Dieser Vergleich der Sonne mit Christus hatte zuerst nur einen vorübergehenden Erfolg. Von Dauer war erst die im 4. Jahrhundert erfolgende Gleichsetzung des Lebens von Christus und Johannes dem Täufer mit dem Jahreslauf. Das Christentum paßte sich damit der im Altertum üblichen Berücksichtigung des Sonnenlaufes im Kalender an und erhielt dadurch ein Mittel in die Hand, auf die Ackerbau treibende Bevölkerung, deren Tätigkeit mit dem Sonnenlauf zusammenhängt, nachdrücklich einzuwirken. Das Kirchenjahr berücksichtigte weitgehend die landwirtschaftliche Tätigkeit unter Einfügung der germanischen Bittgänge um Fruchtbarkeit und Regen. Die Aufnahme des Jahres mit seinen Ereignissen in den christlichen Gottesdienst erfolgte im 4. Jahrhundert. Bereits in der Mitte des 2. Jahrhunderts waren Christus nebst seinen 12 Jüngern mit der Sonne und den 12 Monaten verglichen und ihm Johannes als Mond gegenübergestellt worden, der $29\frac{1}{2}$ Jünger zugeteilt erhielt, nämlich 29 Männer und 1 Frau. Die im 4. Jahrhundert vor sich gehende Verknüpfung des Sonnenlaufes mit dem Gottesdienste ging von dem Worte des Johannes »er muß wachsen, ich aber muß abnehmen« aus und verglich Christus mit der an Wirkung zunehmenden Sonne und Johannes den Täufer mit der Sonne von abnehmender Wirkung. Da auch ihre 9 Monate früher erfolgte Empfängnis berücksichtigt werden mußte, so kam man zu folgenden Gedenktagen: Geburt Christi am 25. Dezember zur Wintersonnenwende, Empfängnis Christi = Mariä Verkündigung am 25. März = Frühlingsnachtgleiche, Geburt des Johannes am 24. Juni zur Sommersonnenwende und Empfängnis des Johannes am 24. September = Herbstnachtgleiche. Man behielt die Jahrespunkte des Julischen Kalenders bei, obwohl die Kirchenlehrer bereits vom 3. Jahrhundert an, dem Beispiele der alexandrinischen Gelehrten folgend, die Jahrespunkte 4 Tage eher angesetzt hatten. Das Kirchenjahr begann mit dem Geburtstage Christi, der seit dem Jahre 354 am 25. Dezember gefeiert und wie bei den Heiden der Tag der unbesiegten Sonne genannt wurde. Diese Sitte trat zuerst in Rom auf und verbreitete sich rasch. Seit Beginn des 4. Jahrhunderts feierte auch die oströmische Kirche den Geburtstag am 25. Dezember, während nur die Armenische Kirche beim 6. Januar stehen blieb. Die Zeit vom 25. Dezember bis zum 6. Januar, dem Tage der Taufe, wurde als Festzeit angesehen und durch Belustigungen aller Art, teilweise in Anknüpfung an heidnische Gebräuche, gefeiert. Auch bei der Feier der Geburt des Johannes des Täufers erhielten sich die bereits in heidnischer Zeit mit der Sonnenwende fest verbundenen Gebräuche.

Das Kirchenjahr begann mit dem 25. Dezember, später mit dem 1. Advent. Der Jahresanfang war zuerst auch mit dem 25. Dezember verbunden, später infolge der aufkommenden Marienverehrung mit Maria Verkündigung am 25. März, gelegentlich auch mit dem Osterfest oder wie in der Merowinger Zeit am 1. März. Der jetzige Jahresbeginn am 1. Januar wurde erst im 16. Jahrhundert allgemein üblich. Die Schaltung wurde wie bei den Römern ausgeführt.

Die Jahre wurden zuerst nach dem Regierungsantritt der Konsuln oder der Kaiser gezählt, seit 781 auch vom Regierungsantritt der Päpste an. Die christliche Jahreszählung wurde vom Abte Dyonisius dem Kleinen im Jahre 525 aufgestellt. Er ging von der Annahme, daß die Weltschöpfung, die Geburt Christi, sein Todestag und seine Auferstehung auf den 25. März falle und daß der Todestag etwa 500 Jahre vor dem Jahre 532 liege, aus. Mit Hilfe der 532jährigen Osterfolge rechnete er vom Jahre 563, wo Ostern auf den 25. März fiel, rückwärts und gelangte auf den 25. März 31 als den Tag des Todes und der Auferstehung und auf den 25. März des Jahres 1 als Geburtstag, bei Annahme einer Lebensdauer von 30 Jahren. Diese christliche Jahreszählung fand erst seit dem 9. Jahrhundert allgemeine Anwendung. Vom 18. Jahrhundert an wird sie auch zur Jahreszählung in vorchristlicher Zeit gebraucht. Da die Geschichtsschreiber ein Jahr 0 nicht anerkennen, so schließen sie das Jahr 1 v. Chr. unmittelbar an das Jahr 1 n. Chr. Es besteht daher ein Unterschied zwischen der Jahreszählung der Geschichtsschreiber und der Sternforscher, die sich darin äußert, daß das Jahr 1 v. Ch. = 0 der Sternforscher, 2 v. Chr. = —1 der Sternforscher ist. Neben der Jahreszahl wurde auch die Römerzahl (indictio) zur Kennzeichnung der Jahre gebraucht. Sie bezeichnete die Ordnungsnummer eines Jahres in einer 15-Jahrfolge, deren Anfang auf das Jahr 3 v. Chr. gesetzt wurde und die seit dem 4. Jahrhundert gebräuchlich war. In Byzanz änderte sich die Römerzahl mit dem Jahresanfang am 1. September. Dieser Gebrauch bestand auch in Westeuropa lange neben dem von Beda († um 735) erwähnten Brauch, die Zahl am 24. Dezember zu ändern. Vom 14. Jahrhundert an verband sich mit dem Jahresbeginn am 1. Januar die Gewohnheit, auch die Römerzahl zu wechseln. Außer diesen Jahreskennzeichen gab es noch verschiedene andere, welche die Schaltungen und die Lage der Wochentage und des Osterfestes im Jahre kennzeichnen sollten. Der Sonnenzirkel, von 1—28 gehend, ließ die Wochentage des Jahresanfanges erkennen und rechnete mit einer Folge von 28 Jahren, worauf der Jahresanfang wieder auf denselben Wochentag fiel. Der Sonntagsbuchstabe gab an, welchen Buchstaben der 1. Sonntag im Jahre hat, wenn alle Tage des Jahres vom 1. Januar an abwechselnd mit A—G bezeichnet werden. Aus dem Sonnenzirkel und Sonntagsbuchstaben zusammen ließ sich der Wochentag eines beliebigen Festes im Jahre bestimmen. Die Konkurrenten, Zahlen von 1—7, dienen zur Angabe des Wochentages des 24. März und hingen von den Sonntagsbuchstaben des Jahres ab.

Außer diesen Jahreskennzeichen benötigte die christliche Kirche noch Kennzeichen zur Berechnung des Osterfestes. Das Osterfest, das wichtigste christliche Fest, wurde zum Andenken an die Auferstehung Christi 2 Tage nach seiner Kreuzigung gefeiert. Der Todestag wurde gelegentlich fest mit dem Sonnenjahr verbunden und zwar mit dem 25. März oder mit dem 6. April und auch gefeiert. Jedoch konnte sich dieser Brauch gegenüber der Ueberlieferung der altchristlichen Gemeinde ihn an demselben Wochentage und nach jüdischer Jahresrechnung zu feiern nicht durchsetzen. Der Tod erfolgte am Freitag abend vor dem Passahfeste, das mit dem 1. Vollmond nach Frühlingsanfang zusammenfiel. Die Auferstehung erfolgte am Morgen des übernächsten Tages. Ursprünglich wurde das Osterfest nach jüdischer Berechnung gefeiert. Später als die Juden zu einer Neuberechnung ihrer Monatsanfänge ohne Rücksicht auf die Lage der Jahrespunkte übergingen, stellte die christliche Kirche eigene Regeln zur Berechnung des Osterfestes auf. Dabei zeigten sich Unterschiede zwischen der weströmischen und der oströmischen Berechnung, da die oströmische Kirche infolge genauerer Grundlagen eher zu einer einigermaßen genauen Berechnung des Osterfestes kam als die weströmische. Gefordert wurde, daß das Osterfest erst nach dem Vollmond, also dem 14. Tage nach der Zusammenkunft von Sonne und Mond, nach Frühlingsanfang stattfinde und zwar nach Ansicht der oströmischen Kirche 1—7 Tage und der weströmischen Kirche 2—8 Tage nach dem berechneten Tage des Vollmondes. Da die oströmische Kirche den Frühlingsanfang gemäß den alexandrinischen Berechnungen auf den 21. März setzte, so waren die Grenzen für das Eintreffen des Vollmondes 21. März und 18. April, also die des Osterfestes selbst 22. März und 25. April gemäß oströmischer Ansicht, und 22. März bis 24. April gemäß Ansicht der Weströmer, welche die Frühlingsnachtgleiche auf den 20. März ansetzten. Ergaben sich schon aus diesen Bestimmungen Unterschiede zwischen der oströmischen und weströmischen Festansetzung, so erst recht auf Grund der zur Ausgleichung des Mondjahres mit dem Sonnenjahr angenommenen Regeln.

Die Regeln der oströmischen Kirche wurden aufgestellt von dem alexandrinischen Bischof Dyonisius († 264) unter Benützung der 8jährigen Schaltfolge, von dem Alexandriner Anatolios († nach 282) unter Benützung der 19jährigen Schaltregel, von Theophilos Patriarch von Alexandria (385—412), von dessen Nachfolger Kyrillos (412—444) und von dem ägyptischen Mönch Anianos des 5. Jahrhunderts, der die 19jährige Schaltregel mit dem 28jährigen Sonnenzirkel zu der 532jährigen Periode verband, nach deren Ablauf sich die Osterfeste auf demselben Tage wiederholten. Abgesehen von dem Ansatz des Dyonisius ließen sich mit den anderen Regeln bereits vom 3. Jahrhundert an brauchbare Ostertafeln berechnen. Sie wurden von dem betreffenden Geistlichen gewöhnlich für 100 Jahre berechnet; nur Anianos gab eine Tafel für 532 Jahre heraus.

Bei der weströmischen Kirche dauerte es länger. Auch hier wurde mit einer 8jährigen Schaltregel begonnen. Der Bischof HIPPOLYTOS berechnete eine Ostertafel mit einer 16jährigen Schaltfolge, beginnend mit dem Jahre 222. Darauf folgte eine 84jährige Schaltregel. Sie wurde erläutert oder angewendet von AUGUSTALIS im 3. Jahrhundert, von dem Zeitrechner vom Jahre 354, vom Bischof HILARIUS und AGRIUSTUS um 400, von PASCHASINUS um 444 und von einem karthagischen Zeitrechner um 455. Die häufigen Abweichungen der mit Hilfe dieser Regeln gerechneten Ostertage von den entsprechenden Angaben der oströmischen Kirche veranlaßten den Archidiakonus HILARIUS (Papst von 461—468) im Jahre 457 durch VIKTORIUS die Unterschiede der beiden Berechnungsarten auseinandersetzen zu lassen. VIKTORIUS arbeitete noch in demselben Jahre eine Schaltfolge von 532 Jahren aus, die vielfach der alexandrinischen Folge ähnelte, und berechnete unter Berücksichtigung der weströmischen Vorschriften damit eine Ostertafel für die Jahre 28—560 n. Chr. Da immer noch Unterschiede gegenüber der oströmischen Ostertafel auftraten, so berechnete DYONISIUS der Kleine im Jahre 525 eine neue Ostertafel, die sich völlig, selbst bezüglich der Lage des Osteransatzes, an das oströmische Beispiel anschloß und vom Jahre 532 aus geht. Seine bis 626 berechnete Tafel wurde von FELIX CYRILLITANUS bis zum Jahre 721 fortgeführt. BEDA gab in seinem Werk über die Zeitrechnung die Ostertafel für die Jahre 532—1063 und schuf damit die Grundlage für zahlreiche mittelalterliche Fortsetzungen. Bei der 19jährigen Mondfolge wurde siebenmal ein 30tägiger Monat eingeschaltet und zwar gemäß der Anordnung III, VI, VIII, XI, XIV, XVII, XIX. Die Stellung eines Jahres innerhalb dieser Folge ergab die goldene Zahl. Gemäß dieser Schaltung war die 19-Jahrfolge um 1 Tag zu lang gegenüber den 19 Julischen Jahren. Es mußte deshalb einmal 1 Tag ausgelassen werden, der sogenannte Mondsprung, der verschieden angesetzt wurde.

Als Ausgangstag der Mondrechnung nahm die oströmische Kirche den Neumond vom 29. August 284 an, dagegen die weströmische Kirche den ersten Neumond, der auf den 24. Dezember fällt. Aehnlich war es mit der Regel, das Mondalter für jeden Jahrestag anzugeben, wobei die oströmische Kirche das Mondalter (Epakte) für den 1. September, die weströmische Kirche aber für den 22. März angab.

Die christliche Zeitrechnung war durch die Einführung des beweglichen Osterfestes mitsamt dem Pfingstfeste in die starre, dem Sonnenjahr angepaßte Festfolge sehr umständlich geworden. Zudem bot die

Verbindung des Osterfestes mit dem Vollmonde viel mehr Gelegenheit, die Grundlagen der kirchlichen Rechnung nachzuprüfen, als eine Verbindung der Geburtsfeste von Christus und Johannes mit den Sonnenwenden, deren Zeitpunkte schwerer festzustellen waren als die Zeit des Vollmondes. Bei nachdenklichen Völkern wie bei den Germanen mußte gerade eine solche Verknüpfung zur Nachprüfung und Berücksichtigung führen. Aehnlich war es mit den Gebetszeiten, wo die Kirche jüdischem Beispiele folgte und durch die Festsetzung und Einhaltung bestimmter Gebetszeiten Anregungen zur genauen Zeitteilung gab. In der Beachtung bestimmter Himmelsrichtungen schloß sich die christliche Kirche der herrschenden Meinung an. Die Ostrichtung war bevorzugt. Die Toten wurden in der Richtung West-Ost mit dem Blick nach Osten bestattet. Beim Bau von Kirchen wurde soweit als möglich die Hauptrichtung, der Blick zum Heiligtum, nach Osten gelegt. Die Grabeskirche zu Jerusalem besaß den Eingang im Osten, je eine Nische im Norden, Westen und Süden.

DIE ANEIGNUNG FREMDEN WISSENS

Die Aufnahme und Verarbeitung fremden Wissens kennzeichnet das germanische Mittelalter. Die christlichen Priester, welche sich der Bekehrung der heidnischen Germanen widmeten, übermittelten außer der christlichen Lehre auch Wissen, wie z. B. die christliche Zeitrechnung. Kleine Werke über die Zeitrechnung dienten zum Unterricht. Die Ostertafeln und Kalender wurden häufig benützt, um wichtige Ereignisse der Natur und des Staatslebens einzutragen, die ersten Anfänge der mittelalterlichen Aufzeichnung von Beobachtungen. Besonders die irisch-schottischen Mönche keltischen Blutes, haben auf diese Weise Wissen in Frankreich und Deutschland verbreitet. In Italien und Spanien war es mehr die Sammlung und Verarbeitung der Ueberreste römischen Wissens, womit sich die Priester, besonders die Benediktinermönche, befaßten. Diese gesammelten und verarbeiteten Werke sind es, welche dem Schulbetrieb des 8.—10. Jahrhunderts dienen sollten. Worin bestand dieses überlieferte Wissen? Es war ungefähr dasselbe, wie es in der Zeit vom 3.—5. Jahrhundert zum Unterricht der Römer gedient hatte. Von sternkundlichen Werken waren es: die Himmelsbeschreibung des Aratos in der Ausgabe des Germanicus und in der Ueberarbeitung des Hyginus, das Werk des

Martianus Capella und die Auslegung des Macrobius zum Traume des Scipio, beide mit Ausführungen über das Weltgebäude, ferner das Werk des Vitruv über die Baukunst mit Angaben über Sonnen- und Wasseruhren. Dazu kamen Sammelschriften, welche Auszüge aus der Naturgeschichte des Plinius sowie aus Werken über Feldmessung und über Maß- und Zeiteinheiten enthalten; ferner noch einzelne Abbildungen von Figuren der Sterne, selten des ganzen Sternhimmels, oder auch Darstellungen der Bewegungen der Planeten, gelegentlich mit der Abänderung, daß Venus und Merkur die Sonne umkreisen, wobei hie und da die Bewegungen dieser 3 Himmelskörper auf ein rechtwinkliges Liniennetz bezogen waren. Auch ist zu erwähnen, daß in Süddeutschland, Frankreich, Italien und Spanien noch vielfache Zeugen der römischen Tagesteilung in Gestalt von ortsfesten oder tragbaren Sonnenuhren vorhanden waren, vielleicht auch Wasseruhren, wie sie seit dem 5. Jahrhundert gelegentlich hergestellt wurden. Dies waren die Ueberreste des Wissens des Altertums, sehr unvollständig und völlig ungenügend einem jugendlichen, lernbegierigen Volk die Grundlagen zur Erfassung des Wissens und zur eigenen Betätigung zu geben. Nicht nur fehlten leicht faßliche einführende Schriften, sondern sogar die Schriften des römischen Schulunterrichtes konnten wegen ihrer Bevorzugung der mit den Sternbildern verknüpften Sternsagen, die den Germanen fremd waren und fernstanden, nicht zu eigenem Wissen, höchstens zum Prunken mit unverstandenem Wissen führen. Auch bei den Geräten, die den Wirklichkeitssinn der Germanen eher hätten befriedigen können, war es nicht anders. Auch hier Steine statt Brot. Selbst dort, wo wie bei Vitruv die Anleitung zur Entwerfung von Uhren mitgeteilt wurde, konnte sie dem Unwissenden nichts geben, setzte vielmehr die Kenntnis der Uhren voraus. Folglich mußten die vorhandenen Sonnen- und Wasseruhren daran glauben. Die Monatsuhr von Toledo, welche im 11. Jahrhundert die Christen erbeuteten, wird nicht die einzige Uhr gewesen sein, welche der Neugierde der Wißbegierigen zum Opfer fiel. Wie viel leichter hatten es die Araber! Hier noch die lebendige Ueberlieferung von Wissen und Handwerk bei den Harranern, dazu kundige Nachbarn wie die Perser, Syrer und Inder, außerdem die Nähe Ostroms, das erst kürzlich seine wissenschaftliche Ueberlegenheit über Westrom gezeigt hatte und dabei die Schätze griechischen Geisteslebens besaß. Zieht man noch in Betracht, daß sich in Arabien rascher Reichtümer ansammelten gegenüber dem Landbesitz bei den Germanen, so ist die viel raschere Entwicklung der Araber zu wissenschaftlichen Leistungen nicht zu verwundern.

Das überlieferte römische Wissen wurde entweder unmittelbar gelehrt oder in den Zusammenfassungen, wie sie ISIDOR von Sevilla, BEDA († 735) und die Verfasser von Werken über Zeitrechnung schufen, in denen neben dem römischen Wissen auch die Grundlagen der christlichen Zeitrechnung gelehrt wurden.

Vom 10. Jahrhundert an machte sich der Einfluß der arabischen Wissenschaft bemerkbar. GERBERT bat um die Jahrtausendwende einen LUPITUS von Barcelona um dessen Uebersetzung einer Sternkunde. Um die gleiche Zeit müssen die Schriften über die Herstellung und den Gebrauch eines Astrolabs übersetzt worden sein, welche dem GERBERT und dem HERMANN DEM LAHMEN als Grundlage für ihre Schriften dienten. Die Uebersetzungen sind wohl in Spanien erfolgt. Hier setzte in der Mitte des 12. Jahrhunderts eine lebhafte Uebersetzertätigkeit ein. Besonders von JOHANNES IBN DAVID, einem zum Christentum übergetretenen Juden, PLATO von Tivoli (TIBURTINUS), GHERARDO DA CREMONA (1114—87), ATELHART VON BATH, HERMANN VON DALMATA und ROBERT VON CHESTER rührten wichtige Uebersetzungen von arabischen sternkundlichen und sterndeutenden Schriften, aber auch der Werke des PTOLEMAIOS, THEODOSIOS, EUKLID und MENELAOS her. Auch in späterer Zeit fanden noch Uebersetzungen statt, so von AEGIDIUS DE TEBALDIS und PETRUS DE REGIO um 1256, MICHAEL VON SCHOTTLAND um 1217, SALIO um 1228, alle in Süditalien; dazu kommen noch die Werke, die auf Befehl ALFONS X. von Kastilien aus dem Arabischen in das Kastilische und dann erst ins Lateinische übersetzt wurden. Diese Uebersetzungen fanden unter dem Vorsitz des Juden ISAAK IBN SID, genannt HASSAN, statt. Hauptsächlich handelte es sich um die Uebersetzung arabischer Schriften, wie des Sternverzeichnisses des AL-ṢŪFĪ, der Schriften des AL-ZARKĀLI und der Umgestaltung der Toledischen Tafeln. Bei dieser Uebersetzung, wie auch bei anderen Uebersetzungen und bei der Uebermittlung des arabischen Wissens waren Juden sehr beteiligt. Gelegentlich erfolgte die Uebersetzung nicht unmittelbar aus dem Arabischen, sondern auf dem Umwege über das Hebräische. Diese mittelalterliche Uebersetzertätigkeit hat doch nur einen Teil des arabischen Wissens übermittelt und nicht immer den wertvollsten. Auffälligerweise sind ABŪ'L WĀFĀ, AL-BATTĀNĪ, AL-ʿURDĪ, AL-BĪRŪNĪ, NAṢIR AL-DĪN gar nicht oder nur mit einigen Schriften vertreten. Eine umfassendere Uebersetzertätigkeit, die Wert darauf legte, die Kennt-

nisse der Araber zu ergründen, setzte erst mit dem 17., besonders aber mit dem 20. Jahrhundert ein.
Etwa gleichzeitig mit den Uebersetzungen aus dem Arabischen erfolgten solche aus dem Griechischen. Einzelne griechische Alphabete und Wörterübersetzungen sind in den Handschriften des 9. und 10. Jahrhunderts anzutreffen. Jedoch erst das 12. Jahrhundert brachte die Uebersetzung wissenschaftlicher Werke. So wurde das Handbuch des Ptolemaios im Jahre 1160 übersetzt, wohl in Süditalien. Etwas später um 1175 erfolgte die Uebersetzung dieses Handbuches aus dem Arabischen ins Lateinische durch Gherardo da Cremona. Merkwürdigerweise hat diese Uebersetzung im Verein mit den übersetzten Erläuterungen von al-Fargāni, al-Battānī und Dschābir ibn Aflah dem germanischen Mittelalter als Grundlage des Wissens gedient, z. B. auch der Sternkunde des John Holywood, nicht aber die aus dem Griechischen erfolgte Uebersetzung. Vermutlich war es die von Spanien über Paris sich ausbreitende Kulturwelle, welche den Uebersetzungen aus dem Arabischen diese Bevorzugung gab. Als Uebersetzer aus dem Griechischen ist Wilhelm von Moerbeke († nach 1281) zu nennen. Eine rege Uebersetzertätigkeit setzte erst im 15. Jahrhundert ein, als infolge der Einnahme Konstantinopels durch die Türken griechische Gelehrte und griechische Handschriften nach Europa kamen und damit die Germanen die Gelegenheit erhielten, die Ueberlegenheit des griechischen Wissens über das arabische kennenzulernen. Seit dieser Zeit bis zum Ende des 16. Jahrhunderts wurden, besonders infolge des Einflusses des Johannes Müller von Königsberg (Regiomontanus), viele griechische Werke übersetzt und durch den Druck vervielfältigt. Sie bildeten bis zum 19. Jahrhundert die Grundlage unserer Kenntnisse. Seit der Mitte des 19. Jahrhunderts wurden neue Ausgaben der griechischen Texte mit Uebersetzungen, unter sorgfältiger Berücksichtigung der Abweichungen in den verschiedenen Handschriften und mit zahlreichen Anmerkungen, herausgegeben.

DIE MATHEMATIK

Die Mathematik zeigt dieselben Züge der Entwicklung wie die anderen Wissenschaften, nämlich Aneignung und schließlich Meisterung des fremden Wissens.
Die Mathematik des beginnenden Mittelalters war sehr einfach und be-

schränkte sich bei BEDA auf das Fingerrechnen, Rechnen mit Gewichten und auf die Zeitrechnung, d. h. auf die Entnahme der nötigen Jahreskennzeichen und der Lage der Festtage aus den Tafeln. Eine größere Anregung der Verstandestätigkeit machte sich am Ende des 8. Jahrhunderts merkbar, besonders durch den Einfluß des ALKUIN. Einfache Rechenaufgaben mit Gleichungen ersten Grades, wie sie von den Römern überliefert waren, wurden gestellt, oft in der Form von Rätseln, zur Schärfung des Verstandes. Daneben wurden Angaben aus der Bibel zur Zahlenmystik verwendet. Das Rechnen umfaßte die vier einfachen Rechnungsarten, fast immer in ganzen Zahlen, und etwas Feldmessung nach römischem Muster. Diese Kenntnisse wurden in den Klosterschulen gelehrt. Dazu kam noch die Kenntnis des arithmetischen und des geometrischen Mittels. Neue Anregung erfolgte durch die Ausnützung einer im Kloster Bobbio aufbewahrten Schrift über die römische Feldmessung durch GERBERT und durch seinen Gedankenaustausch im wissenschaftlichen Briefwechsel mit REMIGIUS von Tours, KONSTANTINUS, ADALBERO von Reims und ADELBOLDUS von Utrecht. Im 11. Jahrhundert trat das Bruchrechnen auf; zugleich machte sich durch die Uebersetzung des Rechenbuches des MUHAMMED BEN MUSA AL-KHWĀRIZMI der arabische Einfluß bemerkbar. An Stelle der umständlichen römischen Zahlen traten die arabischen Zahlen, einschließlich der Null, unter Anwendung des Stellenwertes. Das Eindringen dieser sehr wichtigen Neuerung dauerte Jahrhunderte lang. In den blühenden italienischen Handelsstädten entwickelte sich das kaufmännische Rechnen. LEONARDO VON PISA (um 1200) behandelte dieses Rechnungsverfahren in seinem Werke, worin er auch das Wurzelziehen und die Behandlung von Gleichungen zweiten und dritten Grades lehrte. JORDAN VON SACHSEN († 1237 als Dominikanergeneral) war wie LEONARDO Uebermittler alten Wissens, aber doch mit eigener Umarbeitung. Wichtig sind seine Auseinandersetzungen über die Dreiecke und über gekrümmte Oberflächen. In dasselbe Jahrhundert fiel die Uebersetzung und Herausgabe der Elemente des EUKLID durch CAMPANUS DA NOVARRA, ebenso die Beschäftigung mit den Sechzigerbrüchen (minutiae physicae), angeregt durch die in demselben Jahrhundert bekannt werdenden Toledischen Tafeln mit der Sechzigerteilung von Grad und Stunde. Mit diesen Brüchen beschäftigten sich JORDAN VON SACHSEN und PETRUS VON DÄNEMARK. Tafeln zur leichten Umrechnung wurden entworfen. Auf JEAN DE LIGNIÈRES geht wohl die Anwendung der Sechzigerteilung in den sogenannten Alfonsischen Tafeln zurück.

Hier wird nicht nur der Grad, sondern auch der Tag in 60 Teile zu 60 Unterteilen geteilt und andererseits 60 Tage und 60 Jahre zu höheren Einheiten zusammengefaßt. Mit den arabischen Tafelwerken wurden auch die Sinustafeln bekannt. Sie wurden vervollkommnet durch Georg Peuerbach (1423—1461), der Tafeln um je 10′ fortschreitend gab und als Einheit des Halbmessers 600 000 wählte. Hier ist bereits die Abkehr von der bei der Pariser Schule beliebten Sechzigerteilung bemerkbar, indem die 600 000 eine Kreuzung der Zehnteilung mit der Sechzigteilung darstellt; Peuerbach schlug auch eine Zehnteilung des Winkelgrades vor. Sein Schüler Johannes Müller von Königsberg ging noch weiter. Er berechnete eine Sinustafel, um je 1′ fortschreitend, mit den Halbmessern 600 000 und 10 000 000 als Einheit, ferner eine Tangententafel mit 100 000 als Einheit.

Seit dem 13. Jahrhundert wurde die mathematische Lehre vom Sehen hauptsächlich auf Grund arabischer Arbeiten vorgetragen und verschwand seitdem nicht mehr aus dem Lehrplan der Hochschulen. Im 13. Jahrhundert wurde auch die Feldmessung wieder aufgenommen. Robert von England erörterte in seiner Gebrauchsanweisung für den Quadranten die verschiedenen Höhenmessungen mit Quadrat und Quadrant, sowie die Schattenmessung. Im 14. Jahrhundert gaben Dominicus de Clavasio und Konrad von Jungingen Vorschriften für Flächenmessungen heraus.

Dem 14. Jahrhundert gehörten die Arbeiten der beiden bedeutenden Mathematiker, des Engländers Bradwardin und des Franzosen Oresme an. Bradwardin wurde bekannt durch Untersuchungen über Sternvielecke, über Körperlehre und über die Stetigkeit und Unendlichkeit. Oresme führt das rechtwinklige Koordinatennetz (longitudo, latitudo) zum zeichnerischen Nachweise der Veränderung von Figuren ein, was später zur Darstellung des Verlaufes von Naturerscheinungen wertvolle Dienste leisten sollte.

Den größten Fortschritt erfuhr die Mathematik durch Johannes Müller von Königsberg. Seine Arbeiten betrafen die Herstellung einer Tafel mit doppeltem Eingang (Tabula primi mobilis) zur Entnahme der Seite a in einem rechtwinkligen sphärischen Dreiecke auf Grund der Gleichung $\sin a = \sin c \sin \alpha$, wobei die Seite c und der Winkel α die Eingänge bilden. Sehr wichtig waren seine Untersuchungen über die Dreiecke, die Berechnung des Schwerpunktes eines Sehnenviereckes und die erste Stellung einer Maximalaufgabe. Bezüglich der Dreieckslehre war er nur mit Naṣir al-Dīn zu vergleichen. Während dieser gemäß

Braunmühls Untersuchungen ein Lehrbuch schuf, das alle für den Gebrauch nötigen Kenntnisse gab und damit »den Abschluß einer bereits fertigen Entwicklungsstufe« darstellte, lieferte Müller die Bausteine für eine Dreieckslehre, welche »nach den verschiedensten Richtungen einer Ausbildung und Vervollständigung fähig« war und bis zum 18. Jahrhundert nicht wesentlich geändert wurde. In der Algebra kannte Müller bestimmte und unbestimmte Aufgaben und verstand sich auf die Lösung von Aufgaben, die jetzt noch manchem Zahlentheoretiker schwer fallen würden. Solche Aufgaben stellte er mit Vorliebe in seinem wissenschaftlichen Briefwechsel mit Johannes Bianchini, Jakob von Speier und Christian Roder und setzte darin, wohl als erster, einen Preis auf die Lösung einer Aufgabe aus. Mit diesen Arbeiten, die zum Teil wie die Dreieckslehre nicht zum Abschluß kamen, da der Vierzigjährige plötzlich in Rom starb, erschöpfte sich aber seine Leistung für die Mathematik keineswegs. Nicht minder bedeutsam war seine Tätigkeit als Uebersetzer und Herausgeber. Er entdeckte in Italien griechische Handschriften, schrieb andere ab und übersetzte sie und bereitete griechische und lateinische Handschriften zur Veröffentlichung durch den Druck vor, zu welcher Arbeit er dank seiner Kenntnis der griechischen und lateinischen Sprache und der in den Handschriften benützten Schreibweise besonders befähigt war. Auch richtete er sich in Nürnberg eine Druckerei ein, die als erste mathematische und sternkundliche Bücher, sogar mit Holzschnitten herausbrachte. Die Drucklettern zeichnen sich durch besondere Lesbarkeit und Schönheit aus. In ähnlicher Weise sind die seinen Gönnern überreichten handschriftlichen Tafelwerke Meisterwerke ihrer Art (Tafel IX gegenüber S. 321). Er war in dieser Beziehung bahnbrechend, wie er auch als erster in einer Vorlesung einen geschichtlichen Ueberblick über Mathematik und Sternkunde gab. Aehnlich stand es mit seinen Arbeiten auf dem Gebiete der Sternkunde.

Seit dem 14. Jahrhundert wurden die Gesetze der Mathematik auch auf die Vorgänge auf der Erde angewendet. William Heythesbury kannte um 1330 den Begriff der gleichförmig beschleunigten Bewegung und Oresme († 1382) die Darstellung der Geschwindigkeit durch Vierecke. Der etwa gleichzeitig lebende Swineshead zu Oxford stellte Betrachtungen über die Geschwindigkeit und ihre Veränderung an. Dies waren jedoch nur Beispiele für logische Untersuchungen. »Keinem fällt es ein, etwa eine Anwendung auf wirkliche Bewegungen zu machen oder von Naturerscheinungen auszugehen.« Nur Albert von Rickmers-

DORF hatte im Jahre 1368 zur Erklärung des Falles eines schweren Körpers das Wachsen seiner Geschwindigkeit mit dem durchlaufenen Raume oder mit der abgelaufenen Zeit in Verbindung gebracht. Ueber die Veränderung der Form (Geschwindigkeit) wurden in Wien, Köln und Ingolstadt Vorlesungen gehalten.

Wie in der Mathematik, so nahm auch in der Physik NIKOLAUS KREBS eine besondere Stellung ein. Gewiß kann ihm nicht eine Erklärung der Sonnenflecken zugeschrieben werden, wie es früher in Unkenntnis der Wissenschaft des 15. Jahrhunderts geschah; aber seine Vorschläge, die Luftfeuchtigkeit oder das Gewicht der Luft zu bestimmen, ebenso wie seine Ausführungen über die Bewegung der Kugel und des Kreises stellten ihn außerhalb der Gelehrtenzunft und mußten einen großen Einfluß auf die folgenden Geschlechter ausüben. Aehnlich war es mit seinen Anschauungen über die Bewegung und den Aufbau der Himmelskörper. Er machte dabei keine Feststellungen oder suchte durch Beobachtungen neue Grundlagen zu schaffen, sondern er erwog nur den Fall, wenn die Bewegungen sich nicht um eine gleichbleibende Achse vollzögen, sondern um eine Achse, deren Pole sich ständig ändern. Dabei wird in Erwägung gezogen, daß die Erde sich wie ein Stern bewege. Jedoch ist von einer Anwendung auf das Weltgebäude des PTOLEMAIOS keine Rede. Aehnlich wie der Erde eine Bewegung wie den Sternen zugeteilt werden kann, können auch die Himmelskörper mit der Erde verglichen werden und wie diese nach mittelalterlicher Ansicht aus dem festen Erdkern, umgeben von der Hülle aus Luft und Feuer, so lassen sich auch Sonne und Mond aus festem Kern und feuriger Hülle bestehend denken. Beim Mond kann die feurige Hülle von der Erde aus nicht wahrgenommen werden, da er zu nahe stehe. Die Erde gleiche von weitem gesehen den Sternen. Sie sei feurig wie die Sonne und übe auch einen Einfluß aus.

DIE ERFASSUNG DER ZEIT

DIE ZEITRECHNUNG

Die christliche Zeitrechnung wurde den Germanen durch die christlichen Priester überliefert. Als Grundlagen des Unterrichtes dienten die Lehrbücher von BEDA, RHABANUS MAURUS des 9. Jahrhunderts, HEIRICUS (HELPERICUS geb. 841) Mönch zu Auxerre und Grandval, HERMANN DEN LAHMEN, († 1054), Mönch zu Reichenau, und GERLAND (etwa 1060—1132), Mönch zu Besançon. Außerdem wurden in dieser Zeit noch verschiedene andere Lehrbücher über die Zeitrechnung verfaßt, so in den Jahren 689, 728, 737, 757, 777, 793, 805, 809 und 816, von denen besonders das Sammelwerk von 805 zu erwähnen ist. Sie sind zugleich ein Beweis für die große Aufmerksamkeit, die man damals dieser Wissenschaft entgegenbrachte. Im 9. Jahrhundert hatte die Zeitrechnung ihre für die nächsten Jahrhunderte gültige Form erhalten. Zur Anwendung der Zeitrechnung dienten die Kalendertafeln, teils zur Entnahme der Jahreskennzeichen, besonders aber die Ostertafeln und andere Tafeln zur leichteren Bestimmung des Osterfestes, wie sie besonders von Gerland verfaßt worden waren. Daneben gab es noch die Kalender. Sie gingen von den römischen Kalendern aus und enthielten, neben den Monatstagen in römischer Bezeichnung, Angaben über den Eintritt der Sonne in die Tierkreiszeichen, jährliche Auf- und Untergänge einiger Sterne, monatliche Angabe über die Zahl der Tage und die Dauer von Tag und Nacht, sowie die seltenen Feiertage. Erst allmählich bürgerte sich die Sitte ein, das Andenken der Heiligen mit bestimmten Tagen zu verbinden. Schließlich, als jeder Tag durch ein kirchliches Ereignis gekennzeichnet war, bildete sich die Sitte aus, die einzelnen Tage des Jahres mit den Heiligennamen zu bezeichnen und aus den ersten Silben dieser Namen sinnlose Merkverse zur Festlegung der Tage und Jahre zu bilden (Cisiojanus).

Dieser Kalender wurde vom 9. Jahrhundert an vermehrt um die Spalte der goldenen Zahl und die Spalte der Wochentage, bezeichnet mit A—G, gelegentlich um die Spalte der Mondbuchstaben zur Kennzeichnung des Mondalters und um eine besondere Tafel des Mondlaufes durch die Tierkreiszeichen, wichtig wegen der Deutung dieses Laufes für alle möglichen Verrichtungen. Im 13. Jahrhundert erfuhr der Kalender eine durchgreifende Neuerung. Neben der goldenen Zahl, die nicht mehr die Zeit der Neumonde anzugeben vermochte, wurde eine neue goldene Zahl aufgeführt. Oder die goldene Zahl wurde auf Grund der Erfahrung, daß sie nicht die richtigen Tage des Neumondes angebe, verschoben im Kalender des Grosseteste um 2 Tage und im Kalender des Petrus von Dänemark um 3 Tage; ferner wurden die Stunden, von Petrus von Dänemark sogar die Viertelstunden, der Neumondzeit angegeben. Diese Neumondzeiten waren noch gemäß der Metonschen Folge für 4 Folgen von je 19 Jahren berechnet. Ferner wurde die Dauer des Tages und die Sonnenhöhe mitgeteilt, für jeden Tag, berechnet für Paris. Diese von 1292—1365 geltenden Tafeln waren das Vorbild für die folgenden Kalender, die erst im 15. Jahrhundert ihre endgültige Gestalt erreichen sollten und zwar in den Kalendern des JOHANN VON GMUNDEN und des JOHANN MÜLLER von Königsberg. Beide Kalender haben noch die Geltung für das Vielfache von 19 Jahren beibehalten, der des Gmunden von 1439—1514 und der des KÖNIGSBERG von 1475—1531. Beide lieferten die Zeit des Neu- und Vollmondes auf Stunden und Minuten. GMUNDEN gab die mittleren Zeiten berechnet mit einem genauen Wert des Mondwechsels, KÖNIGSBERG aber die wahren Zeiten mit Hilfe der damals besten Elemente berechnet, sowie die Zeiten der Finsternisse. Beide Kalender enthielten ausführliche Erklärungen, ferner der des GMUNDEN die Deutung des Mondlaufes durch die Zeichen; dieser berührte sich mit den damals entstehenden Volkskalendern. Der Kalender des KÖNIGSBERG enthielt Figuren mit beweglichen Auflegescheiben zur Darstellung von Sonnenuhren oder für mathematische Zwecke. Seine volkstümliche Erweiterung wies auch viele Vorschriften über die Anwendung der Sterndeutung auf und war wohl das Vorbild für die bekannten »Planetenbücher« des 16. und 17. Jahrhunderts.

Durch den Buchdruck fanden die Kalender weite Verbreitung. Der älteste gedruckte Kalender war der des JOHANN VON GMUNDEN für die Jahresfolge 1458—1476. Er wurde um 1460 durch Blockdruck vervielfältigt. Der Kalender des Gmunden galt für Wien, der des KÖNIGSBERG für Nürnberg. Aus der Frühzeit des Buchdruckes sind sonst noch bekannt: Kalender für Wien ab 1462, für Nürnberg ab 1473, für Erfurt ab 1474, für Straßburg ab 1476, für Mainz und Bamberg ab 1483, für Köln, Leipzig und Würzburg ab 1485, für München ab 1491, für Augsburg ab 1492, für Passau ab 1494, für Breslau und Heidelberg ab 1495, für Regensburg ab 1498. Diese Kalender waren zur Zeit der sich ausbreitenden Buchdruckerkunst das Vorbild für die außerhalb Deutschlands entstehenden Kalender. So enthält der von LAET DE BORCHLOEN für Schottland für das Jahr 1491 herausgegebene Kalender unverändert die für Nürnberg geltenden Zahlen der Bewegung von Sonne und Mond und auch der Finsternisse. Ein Jahrhundert früher war es umgekehrt, als die in dem Kalender des NIKOLAUS OF LYNN enthaltenen und für Oxford berechneten Finsternisse für die Jahre 1386—1462 vielfach in deutsche Kalender ohne Umrechnung übertragen wurden.

In der Entwicklung des Kalenders kam der allgemeine Wunsch nach Verbesserungen zum Ausdruck. Die Grundlage der alten Mondberechnung, wie sie in der Berechnung der Osterfeste Verwendung fand, bildete die Regel: 19 Jahre zu 365 ¼ Tagen = 235 Mondwechsel. Sowohl die angenommene Jahreslänge als auch die Dauer des Mondwechsels waren nicht richtig. Die Neumonde mußten eher eintreten als nach der Rechnung zulässig, und dieser Fehler, der in ungefähr 310 Jahren einen Tag ausmachte, mußte mit der Zeit anwachsen, bis er am Ende des 16. Jahrhunderts 4 Tage betrug. Außerdem mußte infolge der zu lang angenommenen Jahresdauer die Zeit des Frühlingsanfanges sich im Kalender rückwärts verschieben, in 128 Jahren je einen Tag, also bis zum 16. Jahrhundert etwa 10 Tage. Die falsche Angabe der Zeit des Neumondes und damit des Vollmondes fiel bereits in der Zeit vor der Jahrtausendwende auf. Beda kannte sie; Alkuin mußte diesbezügliche Bedenken Karls des Grossen zerstreuen. Aber erst der Magister Kunrad machte in seiner Zeitrechnung vom Jahre 1200 auf die beiden Fehlerquellen aufmerksam. Er nahm als Verschiebung des Neumondes 2—3 Tage und als Verschiebung der Jahrespunkte seit der Zeit Christi 10 Tage an. Aehnliche Angaben befinden sich in einer anderen Zeitrechnung vom Jahre 1223. John Holywood errechnete im Jahre 1232 den Fehler auf Grund der Werte des Ptolemaios und Campanus da Novarra um 1260 auf Grund der arabischen Zahlen. Auch Robert Grosseteste, Johann von Braunschweig um 1289, Gordianus und Roger Bacon gingen von diesen Zahlen aus und verlangten eine Verbesserung der Grundlagen des Kalenders. Das 14. Jahrhundert sah Vorschläge zur Kalenderverbesserung sowohl bei der oströmischen als auch bei der weströmischen Kirche, aber in beiden Fällen ohne Erfolg. Papst Clemens VI. hatte im Jahr 1345 von Jean de Murs und Firmin de Beauvais Vorschläge zur Kalenderverbesserung verlangt. Dieser Vorschlag wurde gemacht, ebenso ein anderer Vorschlag des Johann de Termis vom Jahre 1354. Die Kirchenversammlungen der nächsten Jahrhunderte sahen weitere Vorschläge. Pierre d'Ailly (Petrus Alliacus) brachte seine Vorschläge zu Rom 1412 und zu Konstanz 1415 zur Kenntnis. Die Versammlung zu Basel lernte die Vorschläge des Nikolaus Krebs von Kues und des Hermann Zoest, Mönches zu Münster, kennen und erließ eine Bestimmung, die aber nicht zur Ausführung kam. Als Johann Müller von Königsberg nachgewiesen hatte, daß die kirchliche Osterrechnung gegenüber der genauen Rechnung 30 Fehler für die nächsten 56 Jahre aufwies, wurde er durch Papst Sixtus IV. nach Rom berufen und mit Vorschlägen zur Kalenderverbesserung beauftragt. Infolge seines baldigen Todes im Jahre 1476 geriet die Angelegenheit ins Stocken. Auch der Vorschlag des Bischofs Paul von

MIDDELBURG, der von TANSTETTER und STÖFFLER begutachtet wurde, und die Vorschläge des G. FRACASTORO und CALIGARIUS (von 1548), des JOHN SALON von 1564 und CAR. OCT. LAURUS von 1576 fanden keine Anerkennung. Erst der Vorschlag des L. LILIO fand die Beachtung des Papstes GREGOR XIII., der durch einen Ausschuß den Vorschlag begutachten und als Grundlage für eine Kalenderverbesserung ausarbeiten ließ. Die Begründung dieser Neuerung gab CLAVIUS im Jahre 1603. Bei der Kalenderverbesserung wurden nicht die Vorschläge derer angenommen, die eine Berechnung des Kalenders auf Grund von genauen Tafeln wünschten oder wie PAUL GOLDSCHMIDT (FABRICIUS) und THOMAS HORTENSIUS die Meinung äußerten, daß der Kalender durch eine Sternwarte berechnet und in Ordnung gehalten werde. Die Kirche wollte auf das eingebürgerte Verfahren der Berechnung durch Jahresfolgen nicht verzichten und dabei möglichst den Anschluß an die Zustände vor der Kalenderverschlechterung erzielen; deshalb wurde der Frühlingspunkt durch die Auslassung von 10 Tagen wieder auf den 21. März gebracht. Die Dauer des Jahres wurde zu 365 Tagen 5 Stunden 49 Minuten 12 Sekunden, also etwas kürzer als früher angenommen, indem in 400 Jahren 3 Schaltungen weniger ausgeführt wurden. Was die Mondrechnung anlangte, so wurde die Zeit des Neumondes um 3 Tage verschoben. An Stelle der goldenen Zahl traten die etwas geänderten LILIANISCHEN Epakten, die auch der geänderten Schaltung und der Neuerung, daß die Dauer des mittleren Mondwechsels gemäß den Preußischen Tafeln des REINHOLD zu 29 Tagen 12 Stunden 44 Minuten 18,3 Sekunden angenommen wurde, Rechnung trug. Auf diese Art erhielt man durch den GREGORISCHEN Kalender eine Berücksichtigung des Sonnen- und Mondlaufes, die nur selten einen Unterschied von 1 Tag gegenüber der Beobachtung zeigte. Dieser neue Kalender wurde noch im 16. Jahrhundert von Italien, Spanien, Portugal, Frankreich, Ungarn und Niederlande angenonmen, in Deutschland aber nur in den katholischen Staaten. Die protestantischen Staaten wollten aus kirchlichen Gründen von der Neuerung nichts wissen, die zudem von MAESTLIN als ungeeignet hingestellt worden war, während KEPLER und BRAHE sich für ihre Einführung ausgesprochen hatten. Infolgedessen gab es mehr als 100 Jahre hindurch 2 Kalender mit einem Datumsunterschied von 10 Tagen, bezeichnet durch den alten und neuen Stil. Erst WEIGEL gelang es einen »verbesserten« Kalender durchzusetzen, der vom Jahre 1700 an gelten sollte, 11 Tage ausließ und die GREGORISCHE Schaltung benützte, aber die Osterfeste auf Grund der KEPLERSCHEN Tafeln für Uranienborg berechnen sollte. Diesen Kalender nahmen die protestantischen Staaten Deutschlands, die Schweiz und die Niederlande, ferner auch Dänemark an. Wegen der bei der Osterberechnung auftretenden Abweichung gegenüber der katholischen Rechnung verzichteten die Protestanten noch im 18. Jahrhundert auf die genaue Berechnung des Osterfestes und nahmen auch die GREGORISCHE Rechnung an, was in demselben Jahrhundert auch England und Schweden taten. Die Kolonien folgten dem Beispiele ihrer Mutterländer. Japan nahm im Jahre 1873 den GREGORISCHEN Kalender an, Rußland und die Balkanstaaten erst im Anfange des 20. Jahrhunderts.

Das Jahr wurde geteilt entweder in die zwei Hälften Sommer und Winter, wobei Ostern und Michaelis als Grenzen galten, oder in die vier Jahreszeiten Frühling, Sommer, Herbst und Winter, deren Mitte durch die vier Jahrespunkte gekennzeichnet waren, und deren Beginn gemäß der VARRONISCHEN Vorschrift auf die Tage fiel, wo die Sonne 45^0 von der Mitte abstand; 7. Februar, 9. Mai, 11. August, 10. November. Gewöhnlich wurden sie auf die Tage Lichtmeß = 2. Februar, Walburgis = 1. Mai, Laurentius = 10. August und Martini = 11. November gesetzt und vielfach als Ziehtage für Dienstboten verwendet.

Im Norden gab es einige Abweichungen, die teils infolge der hohen nördlichen Breite entstanden sein, teils auf vorchristliche Gewohnheiten zurückgehen dürften. In Norwegen und Island galt im Sommer der Tag von Sonnenaufgang bis Sonnenuntergang, im Winter aber von Anbruch bis zum Ende der Helligkeit. Auf Island und wohl auch in Norwegen traten die Monate als Zeiteinheit gegenüber den Wochen zurück. Man teilte das Jahr in Winter und Sommer und unterschied bei jedem 2 Hälften. Die Länge der Jahreszeiten war im Sommer 94+90 und im Winter 90 + 90 Tage. Der Jahresbeginn lag um den 14. April. »Mittsommer« entsprach in Island und Norwegen dem 14. Juli, »Mittwinter« in Island dem 12. Januar, in Norwegen dem 12. oder 13. Januar. Diese beiden der Mitte des Sommers und der Mitte des Winters entsprechenden Zeiten sind offenbar nicht aus der Beobachtung des Sonnenstandes, sondern aus der Beobachtung der Eigentümlichkeiten der Jahreszeiten bestimmt worden. Die Isländer rechneten mit einem Jahr von 364 Tagen zu 52 Wochen und schalteten alle 7 bzw. 6 Jahre eine ganze Woche ein, offenbar auf Veranlassung des THORSTEIN SURT vom Jahre 960. Infolgedessen schwankte der Anfang der Jahreszeiten vom 9.—15. April und vom 11.—18. Oktober.

Die Art der Schaltung wurde ein Jahr zuvor von dem Gesetzessprecher am Althing der Menge verkündet und beim folgenden Herbstthing von dem Vorsteher noch einmal wiederholt. In Island und Norwegen gab es Runenstäbe, welche für jede Jahreshälfte die Stellung der Woche zu den Monaten erkennen ließen. Gelegentlich begannen sie das Jahr mit dem 25. Dezember oder mit dem 1. Januar. Auch viereckige Runen-Brettchen waren beliebt. Aehnliche Brettchen wurden auch in Deutschland benützt. Die Tage sind hier meistens durch die Heiligen gekennzeichnet worden, die Tageszahl oft nach altem Brauch durch einen halben, die Zahl 10 durch einen ganzen Querstrich.

Die Wochen wurden in der ersten Hälfte jeder Jahreszeit vorwärts, in der zweiten Hälfte rückwärts gezählt. In Norwegen gab es feste Anfänge der Jahreszeiten, wenn auch die Wochen und die Zählung der Wochen bei ihnen üblich sind.

Die isländische Schaltung nach Wochen hatte den Vorteil, daß das Schwanken des Osterfestes verringert wurde und sich leicht berechnen ließ. Der norwegische König Hakon der Gute ließ um das Jahr 960 das Mittwinterfest (Julfest) mit dem christlichen Weihnachtsfest zusammenfallen. Erst im 13. Jahrhundert paßten sich die Isländer dieser Sitte an. In England und Deutschland lassen sich Feste Mitte Juli und Mitte Januar nicht nachweisen. Bereits die heidnischen Angeln legten ihre Mutternacht auf die Nacht vor dem 25. Dezember, wie Beda berichtet. Gefeiert wurde das Weihnachtsfest, Julfest im Norden genannt, in sämtlichen germanischen Ländern; die 12 darauf folgenden Tage, besonders die Nächte, die sogenannten rauhen Nächte, werden in manchen Gegenden bis auf den heutigen Tag sehr beachtet.

In Upsala gab es einen sehr alten Wintermerktag, den Disting, womit der Vollmond bezeichnet wurde, dessen vorhergehender Neumond nach der Mitte der Nacht vom 6. zum 7. Januar eintrat. Gemäß Magnus Celsius bestand die Regel: der Distingmondwechsel folgt dem Julmondwechsel. Im 19. Jahrhundert wurde der Disting ohne Rücksicht auf den Vollmond auf Anfang Februar verlegt. Dies dürfte auf ein altes heidnisches Fest und auf eine vorchristliche Mondrechnung hinweisen.

DIE ZEITMESSUNG

Das Christentum brachte an Stelle der allgemein gehaltenen Tageseinteilung die nach Stunden und zwar nach ungleichen Stunden. Von diesen Stunden hob es einige als wichtig heraus für die Gebetszeiten. Auch bei den Germanen führte die von den Christen übernommene Sitte der jüdischen Gebetszeiten zu einer festen Tageseinteilung und im Gegensatz zu den Arabern zu neuen wichtigen Erfindungen. Die ursprüngliche Gebetsordnung verlangte morgens, mittags und abends je ein Hauptgebet und 18 Segen. Außerdem je 7 Segen am Sabbath, an den Festtagen und zur Neumondfeier. Die Kirchenväter TERTULLIAN, CYPRIAN und CLEMENS von Alexandria kannten die drei Gebetszeiten um 3, 6 und 9 Uhr, wobei die Stundenzählung mit Sonnenaufgang begann. ORIGINES und HIERONYMUS kannten außerdem das Nachmittagsgebet, HIERONYMUS noch das Gebet bei Morgendämmerung. Die Regel des Benediktinerordens führte auf: Morgengebet, 1, 3, 6 und 9 Uhr des Tages, ferner Nachmittagsgebet (Vesper) und Abendgebet bei Sonnenuntergang (completorium). Damit hatte die Entwicklung ihren Abschluß erreicht.

Die strenge Einhaltung der Gebetszeiten in den Klöstern verlangte einen geordneten Tageslauf und Uhren zur Einhaltung der Stunden, besonders des Frühaufstehens; deshalb waren die ältesten Sonnenuhren und später auch Gewichtuhren in Kirchen und Klöstern aufgestellt. Die Benediktiner mußten um 8 Uhr nachts, ungefähr um 2 Uhr, aufstehen. Sie wurden durch eine Glocke geweckt, welche ein Mönch in Tätigkeit setzte. Dieser Mönch hatte die Nachtwache und ersah die Zeit der Nacht aus dem Aufgehen von Sternen, worauf er anscheinend eine bestimmte Zahl von Psalmen sang, bis er das Zeichen zum Aufstehen gab. GREGOR von Tours im 6. Jahrhundert teilte die Zahl der Psalmen für die verschiedenen Monate mit, woraus sich für die Zeit des Absingens eines Psalmes 4—5 Minuten ergibt. Einige Jahrhunderte später scheint der mit dem Anschlagen der Glocke beauftragte Mönch durch eine Uhr (horologio excitanto) geweckt worden zu sein. Uhren, welche jederzeit die 12 ungleichlangen Stunden angeben, haben BERNARDUS CASSINENSIS und später HILDEMAR, um 841, im Sinn, als sie die Benediktinerregeln auslegten. Aehnlich lagen die Verhältnisse bei dem später gegründeten Zisterzienserorden und bei dem Prämonstratenserorden, wo ein Mönch mit der Ueberwachung der Uhren beauftragt war. Vermutlich handelte es sich um Wasseruhren. Solche Wasseruhren waren seit dem Ende des Altertums öfter zu den Germanen gekommen und konnten als Vorbild für die Klosteruhren dienen. CASSIODOR ließ im Jahre 507 eine Sonnenuhr und eine Wasseruhr durch BOETIUS für den Burgunderkönig GUNDIBALD im Auftrag des Theoderich herstellen. Papst Paul I. schickte Pippin dem Kleinen eine Uhr um 760. Eine arabische Gesandtschaft überbrachte im Jahre 807 Karl dem Grossen eine messingene Wasseruhr, bei welcher eherne Kugeln in ein Becken fielen und die Stunden angaben, während gleichzeitig Reiter aus 12 Türen heraussprengten. Die Uhr wurde im Kaiserschloß zu Aachen aufgestellt. Im Jahre 1232 erhielt Kaiser Friedrich II. aus Bagdad eine große Wasseruhr mit Bewegung der Gestirne. Vom Jahre 1235 an ist in Köln eine Urlougingasse nachweisbar, in welcher hauptsächlich die Kleinschmiede wohnten. Sie mögen Wasseruhren hergestellt haben, wie sie später Gewichtsuhren herstellten. Der im Jahre 1248 gestorbene Erzbischof von Paris Guillaume d'Auvergne benützte noch Wasseruhren. Um 1275 beschrieb Albrecht, der Verfasser des jüngeren Titurel, eine Kunstuhr mit Bewegung der Sonne und Mond im Gralstempel. Es läßt sich nicht ermitteln, welche Kunstuhr dem Dichter zum Vorbilde diente und ob sie durch Wasser oder Gewichte betrieben wurde. Aus dieser Zeit stammt eine auf Befehl des Königs Alfons X. von Kastilien entstandene Beschreibung einer Uhr, die durch ein Gewicht betrieben wurde und im Innern des Rades Quecksilber, das infolge der Umdrehung von einer Kammer in die andere floß, als Hemmung aufwies. Mit dem Rade war eine Scheibe zur Darstellung der Bewegung des Himmels verbunden. Ob dieses Gerät, das kein arabisches Vorbild hatte, ausgeführt worden ist, darüber wird nicht berichtet.

RÄDERUHREN

Die erste öffentliche Uhr soll in England am alten Palasthof zu Westminster im Jahre 1288 errichtet sein. Die beiden Stellen in Dantes Göttlicher Komödie: Paradies 10, 142: *Ein Uhrenrad das andere treibt und zieht*« und Paradies 24, 13: »*Wie, wohlgefügt, der Uhren Räder tun*« lassen nicht erkennen, um welche Uhren es sich handelt. Auch bei den Wasseruhren und bei den Quecksilberuhren lassen sich Räder, die ineinandergreifen und mit verschiedener Geschwindigkeit sich drehen, denken. Es ist aber nicht ausgeschlossen, daß Dante bei seiner Schilderung, die um 1300 erfolgte, Gewichtsuhren im Sinne hatte. Um dieselbe Zeit baute Pierre Pipelart die erste öffentliche Uhr in Paris. Richard of Wallingford stellte im Jahre 1320 eine Räderuhr für St. Alban in Oxford her. Sie zeigte die Bewegung von Sonne, Mond und Sternen und die Gezeiten an. Der Mönch Peter Lightfort erbaute im Jahre 1325 eine Uhr für den Dom zu Wells. Bald darauf kamen die ersten Uhren in Italien auf. Sie schlugen die gleichlangen Stunden. Die erste ist 1336 in Mailand nachweisbar. Darauf verbreiteten sich die öffentlichen Räderuhren mit Gewichtsaufzug rasch. Solche Uhren wurden aufgestellt 1344 in Padua durch Jacopo Dondis, 1348 in London, um 1350 im Dom zu Roeskilde, 1354 im Münster zu Straßburg, 1356—61 an der Frauenkirche zu Nürnberg, 1364 in Augsburg, 1368 in Breslau und in der Peterskirche zu Zürich, 1370 in Paris durch Heinrich von Wyk, vor 1371 in München, 1375—80 in Courtrai, vor 1377 in Auxerre, 1377 in Sens, 1380 in Montargis durch Jean Jouvence, 1389 in Rouen, 1394 in Stralsund durch Lilienfeld, außerdem im 14. Jahrhundert noch in Doberan, Chartres und Lund; 1401 in Villingen, 1405 in der Marienkirche zu Lübeck, 1408 im Dom zu Münster, 1419 am Altstädter Rathaus zu Prag und 1420 am Rathaus zu Olmütz, beide durch den Sachsen Anton Pohl, 1425 in Bourges, 1441 im Kloster Ettal, 1461 am Turm von St. Peter zu München, 1464—70 in der Marienkirche zu Danzig durch Hans Düringer, 1473 am Zwölferturm zu Augsburg, 1496 im Münster zu Konstanz durch Johann Stöffler, 1496—99 in Venedig.

Diese Uhren waren meistens mehr als einfache Turmuhren mit Stundenschlag und Stundenzifferblatt. Sie wollten auch den Lauf von Sonne und Mond zeigen, dazu den Wechsel des Mondes, womöglich auch die Bewegung des Sternhimmels, den Kalender und die Heiligentage. Dazu sollte eine Glocke stündlich durch eine Figur angeschlagen werden und andere Figuren sollten stündlich erscheinen und nach einem Umgange, oft um die Muttergottes, wieder verschwinden. Meistens läßt sich eine Dreiteilung der Uhr erkennen: unten eine Scheibe mit Monatsdaten, Wochentagen, Festtagen, die sich jährlich um eine Achse dreht. In der Mitte das Zifferblatt für die Stunden, die Bewegung von Sonne und Mond durch den Tierkreis, der Wechsel des Mondes, womöglich auch die Bewegung des Sternhimmels, dessen Netzwerk die Vergleichung der gleichlangen mit den ungleichlangen Stunden gestattete. Oben die Figur für den Stundenschlag, sowie die sich bewegenden Figuren. Die Uhr selbst bestand aus dem Räderwerk, das durch Gewichte betrieben wurde. Zur Einhaltung des Ganges war eine Hemmung und ein Gangregler in Gestalt der Waag vorhanden. Um 1400 erfolgt die Erfindung der Federzuguhren. Die zwischen 1429 und 1439 entstandene Standuhr Philipps des Guten von Burgund enthält außer dem Federzug noch die Spindelhemmung und Radunruhen, anstatt des Windfanges, also Neuerungen, die erst im folgenden Jahrhundert zur richtigen Auswertung kamen. Andere Hausuhren wie die Wanduhren und Kastenuhren, hatten Gewichtsaufzug. Tragbare Uhren, auch Taschenuhren, wurden erst um 1511 von Peter Henlein erfunden. Für Beobachtungen wurden Räderuhren zuerst von Bernhard Walther in Nürnberg im Jahre 1484 verwendet, anscheinend aber nur für kürzere Zeitabschnitte, nicht zum dauernden Gang. Seine Uhr hatte keinen Minutenzeiger; vielmehr wurde die Minute aus der Stellung des Zahnes errechnet. Minutenangaben kamen aber schon früher vor, so von Toscanelli 1456 beim Beobachten des Kometen, in einem Bericht über eine Finsternis von 1406 und in zwei Berichten über die Sonnenfinsternis von 1433. Es ist unwahrscheinlich, daß diese Minutenangabe vor Walthers Zeit auf Ablesung einer Uhr beruhte. Die Angaben bei den Finsternissen können einem Kalender entnommen sein. Toscanelli kann seine wenigen Minutenangaben aus Höhenmessungen von Sternen errechnet haben. Johann von Königseerg nämlich bestimmte von 1457—75 die Zeit immer aus Höhenmessungen, wenn er die Minute brauchte. Bei roheren Zeitangaben teilte er die nächtliche gleichlange Stunde mit, vermutlich nach dem Schlage der Turmuhren.

EINTEILUNG DES TAGES MIT HILFE DER SONNE

Die Einteilung des Tages nach dem Stande der Sonne war bei den Germanen häufig. Henderson fand auf einer Reise durch Island in den Jahren 1813—14, daß die wenigsten Isländer eine Uhr kannten, sondern daß sie sich den Tag gemäß dem Gesichtskreise einteilten, der durch Hügel oder künstliche Steinsetzung in 8 Teile geteilt wurde. Arentz stellte um 1801 in Norwegen fest, daß die Einwohner den Volltag in 8 Abschnitte teilten und zwar mit Hilfe von Hügeln und Tälern so genau, daß die Angabe des Mittags selten um mehr als 1 Stunde falsch war. In England, bei Castleberg in Yorkshire, gab es am Ende des 18. Jahrhunderts eine Sonnenuhr, bei der eine Felsenkuppel einen Schatten auf einen Nordhang warf und dort durch Steinhaufen die Stunden 9—12 Uhr angezeigt wurden. Aehnlich war es in den bayerischen Alpen, wo verschiedene Bergspitzen zur Zeitangabe dienten.
Bei den Mönchen war auch das uralte Verfahren, die Tageszeit durch die Länge des menschlichen Schatten zu bestimmen, bekannt. Die Zahlentafel des Palladius wurde häufig abgeschrieben, gelegentlich mit einigen Aenderungen in den Zahlen.

SONNENUHREN

Die ältesten Sonnenuhren finden sich in England und zwar vom Jahre 675 an. Eine Beeinflussung durch die Iren ist wohl nicht anzunehmen, da die wenigen in Irland vorhandenen Sonnenuhren aus dieser Zeit oder später stammen. Die frühen englischen Sonnenuhren sind steinerne Scheiben, senkrecht auf Säulen aufgestellt oder in der Südwand einer Kirche eingemauert. Oft enthalten sie nur einen gevierteilten Kreis mit einem Loch in der Mitte, ohne weitere Einteilung und ohne Bezifferung. Sie sind so merkwürdig, daß ihnen jede Beziehung zur Tagesteilung abgesprochen wurde. Vermutlich handelt es sich dabei um Denkmale für den Sonnengott. Einige Scheiben wurden später in die Kirchenmauern eingemauert, zur Abwehr eines schädlichen Einflusses des Gottes, ähnlich wie auch die Darstellung des Sonnengottes an der Spitalkirche zu Tübingen. Die Sitte, dem Sonnengott ein Denkmal in Gestalt einer auf einer Säule senkrechten Scheibe mit seinem Abbild aufzustellen, wurde vielleicht vom Mittelmeergebiet eingeführt. In Jerusalem stand eine steinerne Säule mit senkrechter Scheibe, dic auf der einen Seite das Bild des Sonnengottes trug, wovon eine Abbildung in einer Handschrift, die im Jahre 1165 in Prüfening oder in Regensburg angefertigt wurde, eine Vorstellung geben will. Vielleicht gab diese Abbildung die Anregung zu dem schönen Regensburger Lehrgerät. Jedenfalls ist es nicht ausgeschlossen, daß die Ehrung des Sonnengottes durch Säule und Scheibe entsprechende Denkmäler in germanischen Ländern hervorgerufen hat. Neben der Vierteilung des Kreises gibt es auch die Achtteilung und die Sechzehnteilung. Die achtgeteilte Scheibe von Aldborough weist durch das danebenstehende Hakenkreuz auf die Sonnenverehrung hin; die von St. Cuthbert in Darlington mit ihren sechs gleichmittigen Kreisen weckt die Erinnerung an ähnliche bronzezeitliche Darstellungen, an Gegenstände des Sonnendienstes. Im übrigen erinnert die Achtteilung an die entsprechende Teilung des Horizontes.

Neben diesen Sonnenuhren, die nicht in erster Linie als Sonnenuhren gedacht waren und höchstens die Mittagszeit angeben konnten, sind in England auch die Sonnenuhren mit der Einteilung des Tages in zwölf ungleichlange Stunden vertreten. Bereits die älteste zu Bewcastle vom Jahre 675 teilt den Tag, d. h. hauptsächlich den Gang der Sonne vom Oststande bis zum Weststande, in zwölf Teile, wobei die Stundenstriche für 3, 6 und 9 Uhr, also für die Gebetszeiten, verstärkt und besonders gekennzeichnet sind. Der Schattenstab steckte senkrecht in der Südwand. Die Einrichtung der Sonnenuhr war genau wie bei den senkrechten ortsfesten und hängenden ägyptischen Sonnenuhren und konnte in England keine genaue Zeit liefern. Ihr Vorbild waren wohl römische Fundstücke. Die Kennzeichnung der Gebetsstunden, bekundet ihre kirchliche Eigenart. Auch gab es Sonnenuhren, bei denen nur diese Gebetszeiten angemerkt sind. Die in England nachweisbaren Sonnenuhren stammen aus dem 7.—14. Jahrhundert. Seit dem 13. Jahrhundert gab es ähnliche Sonnenuhren an den Kirchen des Festlandes. Von der um 995 durch GERBERT in Magdeburg mit Hilfe des Polsternes aufgestellten Sonnenuhr lassen sich keine Reste nachweisen. Häufig wird die halbkreisförmige Scheibe mit dem Schattenstab von einer Figur getragen, so in Straßburg, Freiburg i. B., Laon, Chartres und Genua. Andere Sonnenuhren des 13.—14. Jahrhunderts sind zu sehen an der Zisterzienserkirche zu Otterberg, an der Martinskirche zu Kolmar, an der Marienkirche von Gelnhausen, am Dom zu Würzburg, an der Oberen Pfarrkirche zu Bamberg, an der Peterskirche bei Erfurt.

Neben diesen ortsfesten gab es auch tragbare Sonnenuhren. Eine Nachahmung der senkrechten tragbaren ägyptischen Sonnenuhr aus Kalkstein befindet sich in Cleobury Mortimer in England. Säulchensonnenuhren wurden von BERENGAR und anderen entworfen. Die älteste erhaltene stammt aus dem Jahre 1455.

Sehr beliebt war seit dem 10. Jahrhundert das Astrolab zur Bestimmung der Zeit, ferner auch der Quadrant, besonders in der Form des Sonnenquadranten, auf dessen Vorderseite die Kurven der Stunden sowie eine verschiebbare Skala für die Monate zur Entnahme der Zeit mittels eines Lotes und einer Perle daran sich befanden.

Außerdem gab es Ringsonnenuhren, bei denen der durch ein Oehr fallende Sonnenstrahl auf einer im Innern des Ringes befindlichen und nach den Monaten verschiebbaren Skala die Stunden anzeigt. Sie wurden seit dem 15. Jahrhundert hergestellt. Die älteste erhaltene ist die im Britischen Museum zu London befindliche englische Sonnenuhr von 1400. Wegen ihres einfachen Gebrauches und leichten Unterbringung waren sie bei den Bauern in den Alpen bis zum Ende des 19. Jahrhunderts sehr beliebt. Vom Ende des 15. Jahrhunderts hat sich eine süddeutsche, sehr gut gearbeitete Ringsonnenuhr erhalten, bei der das Oehr durch einen Schlitz am Rande ersetzt ist. Die zwei einzigen erhaltenen Venediger Sonnenuhren in Gestalt eines Schiffes aus dem 15. Jahrhundert sind auch deutsche Arbeit. Bei ihnen zeigt ein vom Mast herabfallendes Lot mit Perle — bei Einstellung der Schiffsseiten auf die Sonne — die Stunde an. Das Lot läßt sich von 40°—60° Breite verstellen. Sie ist vielleicht die Nachahmung eines arabischen Reisegerätes.

Nicht selten sind vom 15. Jahrhundert an Vorschriften, um aus dem Schatten, welchen der senkrecht gehaltene Daumen auf die wagrechte Handfläche wirft, die Tageszeit zu bestimmen.

Seit dem 14. Jahrhundert gab es Sternuhren, welche aus der Stellung des Polsternes zu der Verbindungslinie der beiden hinteren Wagensterne die Nachtstunde erkennen ließen. Auch aus der Stellung des Mondes wollte man sie bestimmen. Geräte dafür wurden im 15. Jahrhundert in Süddeutschland hergestellt.

Seit dem 15. Jahrhundert lassen sich im germanischen Gebiet Sonnenuhren mit gleichlangen Stunden und mit Polstab nachweisen. Die Einführung der gleichlangen Stunden ist wohl auf den Einfluß der Räderuhren zurückzuführen, welche die gleichlangen Stunden zeigten, beginnend mit Sonnenaufgang (sog. babylonische Stunden) oder mit Sonnenuntergang (sog. italienische Stunden) und 24 Stunden durchzählten. Die Einführung der gleichlangen Stunden war ein bedeutsamer Bruch mit der Vergangenheit, da die ungleichlangen Stunden sozusagen den Tierkreis gegenüber dem Aequator vertraten und der Tierkreis in der Sterndeutung und Sternforschung noch seine bevorzugte Stellung gegenüber dem Aequator behauptete. Was den Polstab anlangte, so war den arabischen Gelehrten, besonders in Aegypten, seine Ueberlegenheit in der Bestimmung der gleichlangen Stunden bekannt. Es ist aber fraglich, ob diese Kenntnis jemals zur Herstellung einer derartigen Sonnenuhr geführt hat. Dagegen sind seit dem Jahre 1451 Sonnenuhren mit dem Polstab in Oesterreich nachweisbar. Die älteste derartige Sonnenuhr war eine buchsbaumene Klappsonnenuhr, welche um 1540 Herzog Ottheinrich an Georg Hartmann geschickt hatte. Wie Hartmann in einem Briefe an den Herzog Albrecht von Preußen angab, sah diese Sonnenuhr wie der elfenbeinerne Kompaß aus, den Hartmann für den Herzog Albrecht hergestellt hatte. Nur hatte die von 1417 kein Kreuz, sondern »zwei Hörnlin an beiden Seiten«. Demgemäß war das wesentlichste Merkmal der »Kompaß« genannten Klappsonnenuhr: wagrechte Sonnenuhr, Kompaß, ein Faden an Stelle des Polstabes und die zwei zusammenklappbaren Platten zum Ausspannen des Fadens vorhanden. Diese Sonnenuhr von 1417 hat sich nicht erhalten, dagegen sieben Sonnenuhren aus dem Jahre 1451 in Innsbruck, 1455 in Graz, 1456 in München, 1463 in Wien, 1464—71 in Nürnberg, ferner von 1473 und 1476. Sie ähneln sich sehr in der Form und stammen vermutlich aus derselben Werkstatt. Die älteste zeigt den Reichsadler und gehörte vermutlich Kaiser FRIEDRICH III. Mehrere andere zeigen das österreichische Bindenschild als Wappen, die von Nürnberg das Bildnis des Papstes PAUL II. (1464—71). Vermutlich ist GEORG PEUERBACH ihr Erfinder, denn seit seiner Zeit gibt es Vorlesungen über Sonnenuhren mit dem Polstab; er selbst schrieb eine Schrift über den Kompaß, d. h. über die Kompaßsonnenuhren, von denen im Jahre 1454 JOHANN NIHIL bei ihm mehrere bestellte. In den aufklappbaren Sonnenuhren ist das Zifferblatt um den Kompaß angeordnet. Der Polstab wird durch eine Schnur dargestellt, die aus einer dünngedrehten Seidenkordel besteht. Der Pfeil der Kompaßnadel zeigte nach Süden. Eine östliche Abweichung ist auf dem Grunde des Gehäuses eingeritzt. Diese Sonnenuhren galten nur für eine Breite, die sich nicht mehr bestimmen läßt, da die Seidenkordeln jetzt morsch sind und sich beliebig dehnen lassen. PEUERBACH hat auch Sonnenuhren für mehrere Breiten beschrieben, die sich anscheinend nicht erhalten haben. Aus dem Jahre 1479 stammt eine von einem Deutschen N. A. hergestellte Büchsensonnenuhr in Gestalt einer kleinen viereckigen Büchse, die außer einem Kompaß und einer Monduhr, zur Bestimmung des Alters und des Laufes des Mondes durch den Tierkreis, ein auf den Aequator einzustellendes Zifferblatt für die gleichlangen Stunden enthält. Eine eingeritzte Breitentafel gestattete die Höhe des Aequators für die wichtigsten Städte zu entnehmen und damit die Scheibe des Aequators einzustellen. Diese Sonnenuhr war für die nördlichen Breiten zwischen 30° und 90° bestimmt.

Außer diesen tragbaren Sonnenuhren gab es auch ortsfeste Sonnenuhren mit Polstab. In den Wiener Vorlesungsheften wurde der Entwurf von Sonnenuhren für die wagerechte Ebene, wie auch für die senkrechte Ebene in allen Winkeln der Mittagsebene gelehrt, zum erstenmal im Jahre 1447, desgleichen der Entwurf von Sonnenuhren auf die verschiedenen Flächen eines Blockes. Die älteste senkrechte Sonnenuhr mit Polstab dürfte die Sonnenuhr von St. Stefan in Wien sein. Darauf folgten Sonnenuhren an den Domen zu Regensburg, Passau und Straßburg.

DIE ERFASSUNG DES RAUMES

DIE ERDKUNDE

Eine Gebetsrichtung wie bei den Juden und Muhammedanern war den Christen nicht vorgeschrieben. In den Kirchen pflegte der Altar so zu stehen, daß die Gemeinde nach Osten, nach der aufgehenden Sonne, sah. Bei vielen alten Kirchen, die auf früheren heidnischen Tempeln oder Markthallen stehen, ist der ursprüngliche Grundriß eingehalten worden; deshalb ist bei diesen Kirchen von einer durchgängigen Beachtung der Ostrichtung nicht zu reden. Aber auch bei den im Mittelalter neu errichteten Kirchen wurde die Richtung Westost für die Längsachse nicht streng eingehalten. Offenbar nahm man auf das Gelände Rücksicht und wich bis zu 45° von der Richtung ab. Die Annahme, daß die verschiedene Richtung der Achsen der Kirchen durch die Berücksichtigung des Aufgangs bestimmter Sterne verursacht sei, läßt sich nicht aufrecht erhalten.

Als Bezugsebenen galten im Mittelalter der Horizont, der Aequator und der Tierkreis, von denen nur der Horizont mit seiner Vier- oder Achtteilung den Germanen schon vorher bekannt war. Karl der Grosse bevorzugte die Zwölfteilung des Horizontes. Der Aequator kam nur wegen des täglichen Umschwunges in Betracht. Die Hauptbezugsebene für die Bewegung der Planeten, für die Lage der Sterne und für alle Deutungen war der Tierkreis.

Welche Vorstellungen über die Erde als Weltkörper früher bestanden, ist nicht bekannt. Durch die römische Literatur kam die Kenntnis von der Kugelgestalt der Erde, die allerdings erst allmählich Eingang fand, und von den 4 Erdteilen.

Messungen über die Größe der Erde wurden im Mittelalter nicht angestellt. Sehr selten sind Bestimmungen der Breite. So wird überliefert eine Bestimmung der Breite von Paris durch Guillaume de St. Cloud, der um 1290 die größte und kleinste Sonnenhöhe maß und daraus die Breite von Paris zu 48° 50′ ableitete. Magister Johannes de Luna bestimmte in den Jahren 1304—06 mit einem großen Quadranten die Breite von Bologna zu 44° 25′ und von Montpellier zu 43° 30′ aus Sonnenbeobachtungen. Alard von Dist gab die Breite von Dist zu 50° 38′ an, wohl auf Grund eigener Beobachtungen um 1300. William of Rede (1325—85) fand für die Breite von Oxford 51° 50′.

Erst im 15. Jahrhundert finden sich wieder Breitenbestimmungen; jedoch beruhen sie nur gelegentlich auf Beobachtungen. Oefters sind sie aus der Breite eines Nachbarortes und der bekannten Entfernung in Meilen berechnet. Aehnlich schlecht steht es mit der Längenbestimmung. Es gibt wohl bereits im 12. und 13. Jahrhundert Angaben über den Längenabstand von London und anderen Orten gegenüber dem Bezugsorte eines Tafelwerkes, z. B. gegenüber Toledo. Aber diese Angaben beruhen wohl kaum auf sternkundlichen Beobachtungen. Vermutlich wurden die Längen einer Karte entnommen, die, nach dem Muster der römischen Meilenkarte hergestellt, die wichtigsten arabischen und christlichen Städte berücksichtigte. In den Toledischen Tafeln, welche in Toledo im 11. Jahrhundert berechnet worden waren und bei den Germanen weite Verbreitung fanden, gab es ein Ortsverzeichnis, das ursprünglich außer vielen arabischen Orten nur wenige andere Orte wie Rom, Jerusalem und Paris enthielt, später aber doch einige italienische und spanische sowie französische und englische Orte aufnahm. Die ALFONSISCHEN Tafeln und die sich von diesen herleitenden Tafeln hingegen enthielten Ortsverzeichnisse, die fast gar keine arabischen Städte, dafür aber viele Städte Italiens, Frankreichs, Englands und Deutschlands und einige Städte der nordischen Staaten enthielten. Als Bezugsort für die Längen dienten Arim oder die Säulen des Herkules im äußersten Westen, seit dem 15. Jahrhundert auch andere Orte wie Nürnberg.

Zum Beobachten dienten das Astrolab, der Quadrant und im 15. Jahrhundert ein großer Quadrant. Auf dem Meere hatte die Verwendung des Kompasses, der seit dem 12. Jahrhundert von den asiatischen Völkern übernommen war, im Verein mit der Messung der Fahrstrecke zu recht genauen Seekarten der Mittelmeerküsten um das Jahr 1300 geführt. Gegen Ende des 15. Jahrhunderts wurden bei Durchquerungen des Atlantischen Ozean für die Breitenbestimmung Astrolab und Quadrant benützt, die zur Messung der Mittagssonnenhöhe dienten und mit Hilfe der Sonnentafel des ZAKUTO die Breite des Ortes ergaben. Später kam der Jakobsstab zum Beobachten hinzu. Die Richtung nach Norden wurde durch Polstern und Kompaß bestimmt, eine Längenbestimmung fehlte. Von JOHANN VON GMUNDEN stammte anscheinend eine Vorschrift das Türkengerät zur Längenbestimmung zu verwenden. Ob sie jemals zur Anwendung kam, ist nicht bekannt.

Das Feldmessen wurde nach den Vorschriften der römischen Feldmessung gelehrt. Zum Beobachten dienten eine Stange, Astrolab und Quadrant; ferner wurde von GERBERT das Quadrat benützt, ein Stabviereck mit Teilung, das im 14. Jahrhundert durch DOMINICUS DE

Clavasio durch eine viereckige Messingscheibe mit Richtscheit ersetzt wurde. Das Feldmessen gewann eine größere Bedeutung, als die Erfindung der Geschütze die Bestimmung des Abstandes und der Höhe nicht erreichbarer Mauern verlangte.

DIE BEOBACHTUNG

Die Beobachtung des Lichtwechsels des Mondes, wohl auch des jährlichen Ganges der Sonne, war bei den Germanen immer üblich, allerdings ohne Geräte. Ob auffällige Himmelserscheinungen wie Finsternisse, Kometen, Ringe um Sonne und Mond, die sicherlich beachtet wurden, aufgezeichnet wurden, um vielleicht als Kennzeichnung der Jahre zu dienen, ist nicht bekannt. Aufzeichnungen dieser Art kommen erst nach dem Bekanntwerden mit dem römischen Wissen vor und zwar sind ihre Aufzeichner zuerst Geistliche. Sie merkten in ihren Geschichtserzählungen auch Himmelserscheinungen an. Solche Beobachtungen sind überliefert für die Jahre 563—590 von Gregor von Tours, der sich hauptsächlich in Frankreich aufhielt, für die Jahre 594—684 von Paulus, dem Geschichtsschreiber der Langobarden, für die Jahre 664—729 von Beda, der in Yarrow in Northumbria lebte, für die Jahre 760—784 wohl von Dungalus. Mit dem Ende des 8. Jahrhunderts beginnen die geschichtlichen Aufzeichnungen der Klöster, teilweise beeinflußt durch die Geschichtsschreibung des merowingischen Hofes, wo die Aufzeichnung der Jahre mit den wichtigsten Ereignissen üblich war, teilweise eine Folge der von der Kirche in die Hand genommenen Zeitordnung, welche die Kennzeichnung eines Jahres durch die Aufzeichnung des Regierungsantrittes oder Todes eines Königs oder von Himmelserscheinungen nahe legte. Die kirchliche Geschichtsschreibung hat scheinbar sehr bald angefangen; wenigstens berichten die angelsächsische Chronik und eine Metzer Handschrift von Sonnenfinsternissen der Jahre 538 und 540. Ueber die Finsternis von 540 geben beide Quellen übereinstimmend an, daß die Finsternis so bedeutend war, daß die Sterne sichtbar waren. Es handelt sich also um eine völlige Finsternis; aber gemäß Oppolzers Kanon der Finsternisse war die Finsternis nur in Italien vollständig. In Lothringen war sie noch auffällig, aber in Südengland nicht einmal das. Es ist daher anzunehmen, daß die Nachricht über diese beiden Finsternisse, deren erste nur in Griechenland und am Balkan auffällig sein konnte, nicht Beobachtungen in Lothringen und England entnommen sind. Da zudem sich in der angelsächsischen Chronik sofort die Beobachtungen Bedas vom

Jahre 664 anschließen, so dürfte die Aufnahme dieser beiden Finsternisse auf Veranlassung BEDAS erfolgt sein und zwar zu dem Zwecke, um bereits die ersten Jahre in seiner mit 532 beginnenden Ostertafel durch Ereignisse zu kennzeichnen. Die Sitte, in die Klostergeschichten fremde Nachrichten aufzunehmen, ist auch später gelegentlich festzustellen. Dabei ist von den Fällen abzusehen, wo ein Kloster als Gründung eines älteren Klosters auch die Geschichte seines Mutterklosters sich zu eigen gemacht hat. Wichtiger ist der Fall der Xantener Annalen, welche Nachrichten über Himmelserscheinungen aus den Jahren 654 und 764 aus dem Geschichtswerke eines Griechen THEOPHANES, auf dem Wege über ein Geschichtswerk des ANASTASIUS, entnahmen. Diese Uebernahme von Beobachtungen aus Berichten, die an anderen Orten entstanden sind, ist bei einer Verwertung dieser Beobachtungen zu beachten. Auch späterhin kommen Angaben, die eine Beobachtung annehmen lassen, vor. So zeichnete ein Mönch des Benediktinerklosters St. Peter zu Erfurt für das Jahr 1491 auf: »*8. Id. des Mai, was damals auf den Sonntag Rogationis fiel, 3 Uhr 22 Min. nachmittags war (facta est eclipsis) eine Sonnenfinsternis, deren Beginn 2 Uhr 17 Min. und deren Ende 4 Uhr 27 Min. stattfand. Auf diese Himmelserscheinung ist am Tage des Cyriacus und an den folgenden Tagen eine solche Ueberschwemmung gefolgt, welche die vom Jahre 1485 vollständig übertraf.*« Aus den bestimmten Angaben über die Finsternis und aus der Mitteilung des darauf eingetretenen Ereignisses mußte auf eine zugrunde liegende Beobachtung geschlossen werden. Stutzig macht die bestimmte Zeitangabe auf die Minute, da der Beginn und das Ende einer Finsternis ohne Fernrohr nur ungenau festzustellen sind und Uhren mit Minutenangaben damals höchstens in Nürnberg anzutreffen waren. Da nun der für Erfurt und das Jahr 1491 vorausgerechnete Kalender genau die gleichen auf die Minuten lautenden Zeitangaben enthält, andererseits diese angeblich beobachteten Zeiten um mehr als eine Stunde von den mit Hilfe der SCHRÖTERSCHEN Finsternistafeln errechenbaren Zeiten der tatsächlichen Finsternisse abweichen, so liegt der Schluß nahe, daß selbst diese so genauen Angaben nicht auf Beobachtungen beruhen, sondern dem Kalender entnommen sind.

Die klösterliche Geschichtsschreibung geht auf BEDA zurück. Von England aus verbreiteten angelsächsische Mönche diese Geschichtsschreibung in den von ihnen auf dem Festlande errichteten Klöstern. So erhielt das Kloster Fulda um 770 die Ostertafel des BEDA mit Aufzeichnungen und setzte sie unter seinem deutschen Abt STURM fort. Aehnlich steht es mit St. Gallen, Reichenau, Corvey u. a. Seit dem 13. Jahrhundert wurden geschichtliche Ereignisse und auch Mitteilungen über Himmelserscheinungen in den Geschichtsbüchern der Städte, besonders in Italien und Deutschland, aufgezeichnet. Diese Geschichtsbücher zusammen mit den Geschichtsbüchern der Klöster sind die wichtigsten Quellen für die mittelalterlichen Beobachtungen. Außer diesen Quellen gibt es noch die Geschichten der einzelnen Länder wie Deutschlands, Englands, Italiens, Spaniens, Dänemarks, die häufig Angaben über sehr auffällige Himmelserscheinungen enthalten. Was für Himmelserscheinungen sind das? In erster Linie Sonnen- und Mondfinsternisse, sobald sie auffällig waren, ferner Ringe und Höfe um Sonne und Mond, Nordlichter, Sternschnuppenschwärme, helle Feuerkugeln und Kometen, gelegentliche Wettermeldungen. Meistens läßt sich den Berichten leicht entnehmen, um was es sich handelt. Nur selten bleibt ein Zweifel übrig, ob die durch den Himmel schießenden Strahlen ein Nordlicht oder Sternschnuppen sein sollten. Meistens wird der Tag der Beobachtung angegeben. Nähere Zeitangaben sind erst vom 12. Jahrhundert an häufig und beziehen sich zunächst nicht auf die Stunden, sondern auf die Gebetszeiten. Die Dauer einer Erscheinung wird roh in Stunden angegeben. Nur gelegentlich sind die Angaben genauer und lassen eine gewisse Vorliebe für die Himmelserscheinungen erkennen. Eine derartige Vorliebe bestand zur Zeit KARLS DES GROSSEN und dürfte durch ihn, der noch im höheren Lebensalter sich Kenntnisse in der Sternkunde aneignete und für Verbreitung des Wissens an seinem Hofe und in den Schulen sorgte, gefördert sein. Sehr merkwürdig und eine gewisse Kenntnis der Bewegung der Planeten voraussetzend ist die Mitteilung EINHARDS vom Jahre 807: »*Am 4. Non. Sept. (2. September) des vorigen Jahres war eine Mondfinsternis; damals stand die Sonne im 16. Grad der Jungfrau, der Mond aber im 16. Grad der Fische. Aber in diesem Jahre am Tage vor den Kalenden des Februar war der Mond 17 Tage alt, als Jupiter ihn geradezu zu durchschreiten schien, und an dem 3. Iden des Februar Mittags war eine Sonnenfinsternis, als beide Gestirne im 25. Grad des Wassermannes waren. Wiederum an den 4. Kalenden des März (am 26. Februar) war eine Mondfinsternis und Sternschnuppen von wunderbarer Größe erschienen; die Sonne stand im 11. Grad der Fische und der Mond im 11. Grad der Jungfrau. Denn auch der Merkur ist am 16. Kalenden des April in der Sonne wie ein schwarzer Flecken gesehen worden, etwas oberhalb der Mitte und zwar acht Tage lang sichtbar. Aber wann er eintrat oder austrat, konnten wir wegen Bewölkung keineswegs erkennen. Wiederum im Monat August, am 11. Kalenden des September war eine Mondfinsternis, in der 3. Stunde des Nachts, während die Sonne sich im 5. Grad der Jungfrau und der Mond im 5. Grad der Fische befand. Und so hat sich vom September des vorigen Jahres bis zum September des gegenwärtigen Jahres der Mond dreimal verfinstert, die Sonne aber einmal.«* Außer der Erwähnung eines Sonnenfleckes ist in dieser Mitteilung die Angabe der Stunde und des Ortes von Sonne und Mond auf den Grad auffällig. Wir gehen wohl nicht fehl in der Annahme, daß diese genauen Angaben der Kunstuhr entnommen waren, welche in demselben Jahre 807 von HARUN AL RASCHID oder seinen Untertanen an KARL DEN GROSSEN geschickt worden war und außer den zwölf tönenden Becken und den zwölf Fenstern mit den erscheinenden Reitern »auch noch vieles anderes, dessen Aufzählung zu lang ist« enthielt. Sehr wahrscheinlich gehörte zu dem nicht von EINHARD Aufgezählten — wohl weil die Beschreibung zu schwierig war — die Scheibe zur Darstellung der Sonnen- und Mondbewegung, wie sie im Altertum üblich war und bei den arabischen Uhren des 12. Jahrhunderts sich wiederfindet. Die Marken für Sonne und Mond mußten jeden Tag verstellt werden und konnten sehr gut zum Unterrichte dienen. Es ist nicht ausgeschlossen, daß die Oerter von Sonne und Mond nicht der Uhr selbst entnommen, sondern von dem Aufsteller der Uhr mitgeteilt sind. Sicherlich befand sich am Hofe Karls niemand, der eine solche Kunstuhr richtig aufstellen und in Gang setzen konnte. Das Aufstellen der Uhr dürfte ein Mitglied der Gesandtschaft besorgt haben. Vermutlich ist er nicht am Hofe geblieben, sondern mit zurückgereist. Damit dürfte auch das richtige Einstellen von Sonne und Mond auf der Scheibe ein Ende gefunden haben; denn bei den Mitteilungen über die Finsternisse von 810 an wird der Ort von Sonne und Mond nicht mehr erwähnt, wie es auch vor 807 nicht geschehen war. Die Uhr selbst wurde dem Münster zu Aachen überwiesen und war, ohne die richtige Pflege, dazu ausersehen die Reihe der vielen in den Kirchen aufgestellten und nicht gehenden Prachtuhren zu eröffnen.

Angaben der Stunde kommen noch hie und da bis zum Jahre 882 vor und lassen erkennen, daß es noch Wasseruhren gab. Vom Jahre 817 an wird bei bestimmten Kometen gelegentlich auch das Sternbild, so im Jahre 817 der Widder, ferner in den Jahren 837—41 in den Aufzeichnungen des Klosters Fulda einige Sternbilder, für das Jahr 837 die Waage angegeben. Für das Jahr 838 hat ein Beobachter in seiner Beschreibung des Lebens des Kaiser LUDWIGS DES FROMMEN berichtet, daß der Komet in der Jungfrau erschien und durch die Sternbilder des Löwen, Krebs und Zwilling zum Kopfe des Stieres lief. Die ausführliche Beschreibung läßt erkennen, daß dem Beobachter eine römische Himmelskugel oder Himmelskarte vorlag, mit deren Hilfe er sich am Himmel zurecht fand. Da die Erwähnung von Sternbildern mit dem Jahre 841 aufhört, so könnte als Sternfinder der sehr schöne und große silberne Tisch (disco etiam mirae magnitudinis ac pulchritudinis argenteo), den Kaiser LUDWIG von KARL DEM GROSSEN geerbt und hochgeschätzt hatte und den sein Sohn LOTHAR beim Erscheinen seiner feindlichen Brüder (im Jahre 842) nach Lyon mitgenommen hatte, in Betracht kommen. Der Tisch war dreiteilig und bestand aus drei miteinander verbundenen Scheiben (clippei), auf denen der ganze Erdkreis mit Sternen und Tierkreis abgebildet war.

Aus den späteren Jahrhunderten kommen genaue Angaben in den Geschichtsbüchern fast nicht vor. Zu erwähnen ist nur die in Cesena während der völligen Sonnenfinsternis am 3. Juni 1239 gemachte Beobachtung, daß in dem unteren Teile des verfinsterten Sonnenrandes ein feuriges Loch zu sehen war, also offenbar die erste Erwähnung einer Sonnenprotuperanz, welche über den Mondrand hinausragte.

Die Aufzeichnung ungewöhnlicher Himmelserscheinungen konnte auch noch deshalb erfolgen, weil es nicht nur römische, sondern auch christliche Meinung war, daß große Ereignisse im Leben der Staaten und der Religionen dadurch angekündigt würden. Die Aufzeichnung war also erwünscht, um Schlüsse auf künftige politische Vorgänge machen zu können. Oefters haben die Geschichtsschreiber eine Himmelserscheinung mit einem irdischen Vorgang verbunden und dabei zur Bestätigung ihrer vorgefaßten Ansicht den Zusammenhang anders dargestellt als er tatsächlich war. Gewöhnlich wurde bei dem himmlischen oder bei dem irdischen Vorgange der Zeitpunkt anders angegeben. Da dieser Umstand bei manchen Beobachtungen in Betracht kommen kann und deshalb bei einer Verwendung der Beobachtungen zu beachten ist, mögen nur einige Fälle angeführt werden. EINHARD gibt an, daß verschiedene Vorzeichen auf das Herannahen des Todes KARLS DES GROSSEN (814 gest.) hingewiesen hatten, so daß nicht nur andere, sondern auch er selbst ihn kommen fühlte. »In den letzten drei Jahren seines Lebens gab es sehr viele Sonnen- und Mondfinsternisse und an der Sonne bemerkte man sieben Tages lang einen schwarzen Flecken.« Tatsächlich wissen EINHARD und andere aus den Jahren 811—13 nur

eine Finsternis zu berichten. Jedoch waren die Finsternisse häufig in den Jahren 806—807, wo auch der Sonnenfleck sichtbar war. Aber das lag über sechs Jahre zurück!
Für den 13. Oktober 902 wird ein großer Sternschnuppenfall und gleichzeitiger Tod des in Italien eingedrungenen Königs ABRAHAM berichtet, obwohl der König erst 14 Tage später starb. Aehnlich steht es mit der Schlacht von Stiklestad vom 29. Juli 1030, wo König OLAF DER HEILIGE fiel. Auf diesen Tag wurde auch die erst am 31. August stattfindende Sonnenfinsternis gelegt und diese gleichzeitigen Ereignisse mit den ähnlichen Vorgängen bei Christi Tode verglichen. Ebenso wurde der Tod von Päpsten mit Sonnenfinsternissen in Beziehung gebracht.
Auch die seit dem 12. Jahrhundert häufigen Tolederbriefe mit ihrer Ankündigung schlimmen Unheiles auf Grund der Zusammenkunft sämtlicher Planeten in der Waage haben zum Beobachten angeregt.
Wurden außer diesen mehr zufälligen Beobachtungen auch planmäßige Beobachtungen zur Vermehrung der Kenntnisse oder zur Gewinnung der Grundlagen des Wissens angestrebt? Ueber solche Beobachtungen ist nur sehr wenig überliefert. Sie sind bis zum 14. Jahrhundert sehr selten. ABBO VON FLEURY war um die Jahrtausendwende anscheinend der erste, der das durch ein Loch in der Wand einer Zelle auf die gegenüberliegende Wand auffallende Sonnenlicht benützte, um aus dem von Tag zu Tag verschiedenen Stande des Sonnenbildes die Zeit der Sonnenwende abzuleiten. Er setzte diese Zeiten zu 12. Kalenden des Januar und Juli, d. h. zum 20. Juni und zum 21. Dezember an. In dieselbe Zeit gehört auch die auf dem Fußboden der Kirche St. Giovanni in Florenz gezogene Linie zur Markierung des Mittagsstandes der Sonne. Einige Jahrzehnte später verwendete WILHELM VON HIRSCHAU dieses Verfahren, wohl in Regensburg. Er benützte den Mittagsstand der Sonne und schlug vor, die Zeit der Sonnenwende aus den Zeiten der gleichen Sonnenhöhe vor und nach der Sonnenwende zu berechnen. Dieses waren jedoch nur Anfänge, die wohl ohne Nachfolge blieben. Erst das 13. Jahrhundert lieferte neue Beobachtungen. Allerdings behauptet der Verfasser der Marseiller Tafeln am 27. Oktober 1139 17 Uhr nach Mitternacht die Zusammenkunft von Sonne und Mars bei der Länge: 7 Zeichen $2^0\,21'$ beobachtet zu haben. Aber die Unmöglichkeit einer solchen Beobachtung für einen damaligen Sternforscher und andere Angaben in seinem Berichte lassen deutlich erkennen, daß hier keine Beobachtung, sondern nur eine Berechnung mit Hilfe von Tafeln vorliegt, deren Ueberlegenheit über eine andere Tafel er hervorheben will.

Von den Beobachtungen des 13. Jahrhunderts sind besonders die in Spanien angestellten zu erwähnen. ALFONS X. von Kastilien wollte die unzulänglichen Toledischen Tafeln, die im 11. Jahrhundert wohl von AL-ZARKĀLI berechnet worden waren, verbessern. Die Beobachtungen ließ er durch die Juden JEHUDA BEN MOSE und ISAAK IBN SID ausführen. Sie beobachteten im Jahre 1260 die Oerter von 14 Sternen und berechneten damit die Größe des Rückwärtsschreitens. Zur Verbesserung der Tafeln für Sonne und Mond wurde die Sonne ein Jahr lang beobachtet, besonders die Zeiten der Sonnenwenden und Nachtgleichen, ferner auch die Finsternisse von 1263—66. Außerdem wurden die Zusammenkünfte der anderen Planeten unter sich und mit den Fixsternen beobachtet, um auch die Tafeln dieser Planeten verbessern zu können. Auf Grund dieser Beobachtungen wurden die Toledischen Tafeln verbessert, welche Arbeit in Jahre 1272 beendet war, und Tafeln aufgestellt, die die Grundlage für die erst um 1300 entstehenden ALFONSISCHEN Tafeln bilden. Ueber das Beobachtungsverfahren ist nichts bekannt. Vermutlich erfolgte die Beobachtung und Verarbeitung nach arabischem Vorbilde, dessen Einfluß sich auch bei den anderen auf ALFONS Befehl hergestellten Arbeiten deutlich zeigte.

Auf Beobachtungen der Sonnenhöhe zur Ableitung einer Tafel der täglichen Mittagshöhe der Sonne und der Dauer von Tag und Nacht für Roeskilde deutet eine im Jahre 1274 vollendete Tafel hin, die sich in einem Kalender des Domes zu Roeskilde befand und mitsamt dem Kalender im Jahre 1728 verbrannte. Die Beobachtungen wurden mit dem Astrolab angestellt. Beobachter war höchstwahrscheinlich der Däne PETRUS, der später in Paris einen mit 1292 beginnenden Kalender verfaßte, dessen Eigentümlichkeit die beigefügten Tafeln der Sonnenhöhe und der Tagesdauer zu Paris bildet. Um einen ähnlichen Kalender herzustellen, beobachtete GUILLAUME DE ST. CLOUD vor dem Jahre 1290 die Sonnenhöhe zur Zeit der Sonnenwende, leitete daraus die Breite von Paris und die Schiefe zu 23° 34′ (statt 32,5′) ab und bestimmte die Zeit der Frühlingsnachtgleiche im Jahre 1290 zum 12. März 16 Stunden nachmittags (= 13. März 4 Uhr früh). Seine Tafel der mittäglichen Sonnenhöhe weicht sehr wenig von der des PETRUS ab. Außerdem beobachtete er im Jahre 1284 die Zusammenkunft von Saturn und Jupiter, die mehr als 15 Tage gegenüber den Tafeln von Tolosa und noch mehr gegenüber den Toledischen Tafeln zu spät eintraf. Auch die von ihm aufgefundene Beobachtung einer Zusammenkunft dieser beiden Planeten am 4. März 1226 ergab eine Verspätung gegenüber der Tafel von Tolosa. Ebenso folgte aus den Beobachtungen des Mars vom 3. März 1290 ein Fehler dieser Tafel. Auf Grund dieser Beobachtungen verbesserte GUILLAUME die Länge dieser drei Planeten, um sie in Uebereinstimmung mit der Beobachtung zu bringen. Die Beobachtungen des GUILLAUME wurden in Paris so hoch geschätzt, daß man sich nicht bemüßigt fühlte, neue Beobachtungen anzustellen. Aus der Folgezeit bis zur Mitte des 15. Jahrhunderts wird nur eine Beobachtung der Frühlingsnachtgleiche 1346 mit einem Gerät, aber ohne weitere Angaben, erwähnt, sonst bezieht man sich immer auf die Beobachtungen vom Jahre 1290. Aus dem 14. Jahrhundert sind zu nennen Beobachtungen der Höhe der Sonne und der Spika zu Bologna und Montpellier mit einem großen Quadranten in den Jahren 1304 bis 1306, und Beobachtung der Sonnenhöhe zu Syberg, ferner Beobachtungen des PETRUS GILEBERTH um 1360 mit 13 Geräten, darunter Armillarsphären von 16 Ellen Durchmesser, um eine Grundlage für die von PETER IV. von Arragon gewünschten Tafeln der wahren Oerter von Planeten zu erhalten.

Regelrechte und planmäßige Beobachtungen kommen erst im 15. Jahrhundert vor. Sie scheinen zuerst in Italien aufzutreten und sich von dort nach Deutschland auszubreiten. Von den zwei Ortsangaben der Kometen von 1402 und 1433, welche JOHANN SCHINDEL wohl mit Hilfe einer Himmelskugel gemacht hat, kann dabei abgesehen werden. Zusammenhängende Beobachtungen stammen erst von PAOLO DA POZZO TOSCANELLI zu Florenz und betreffen die Kometen der Jahre 1433, 1449, 1456, 1457 und 1472. Für die Jahre 1433, 1449 und 1457 liegen keine Ortsangaben vor, sondern nur Einzeichnungen der Kometen in Sternkarten, die dennoch eine nachträgliche Berechnung der Bahnen gestatten. Beim Kometen von 1449 ist einmal neben seinem eingezeichneten Ort die Höhe des Kometen und an Stelle der fehlenden Zeitangabe die Höhe von Antares angegeben. Am genauesten wurde der HALLEYSCHE Komet von 1456 beobachtet. TOSCANELLI hat davon Karten mit dem Lauf des Kometen angefertigt, und seinen Ort sowohl in Höhe und Azimut als auch in Länge und Breite bestimmt. Länge und Breite wurden mittels eines Gradnetzes, in das helle Sterne eingezeichnet waren, bestimmt und zwar auf $^1/_6{}^0$, selten auf $^1/_{12}{}^0$. Höhe und Azimut wurden auf $^1/_6{}^0$ angegeben ohne Hinweis, mit welchem Gerät die Messungen gemacht wurden. Außer den Tagesangaben sind Zeitangaben selten und betreffen ganze Stunden, mitunter auch Minuten. Eine Bestimmung der Bahn des Kometen unter alleiniger Benützung der 24 Längen und Breiten ergab Fehler, die nur selten 1^0 übersteigen. Auch der Komet vom Jahre 1472 wurde beobachtet. Jedoch liegen nur zehn Beobachtungen vor, welche sich mit den Beobachtungen von 1456 nicht vergleichen lassen. Nur einmal wird die Länge des Kometen und zwar auf Grade angegeben, sonst sind es mehr oder weniger genaue Angaben des Ortes in bezug auf einzelne Sterne oder ganze Sternbilder. Ortskarten sind nicht vorhanden. Außer mit den Kometen hat Toscanelli sich sehr mit Sonnenbeobachtungen abgegeben. Er brachte in der Kuppel des Domes Santa Maria del Fiore in Florenz ein Loch an, durch das die Sonnenstrahlen auf dem Fußboden des Domes den täglichen Mittagsstand der Sonne und seinen Wechsel im Laufe der Jahre anzeigten. Aus diesen Beobachtungen, die Toscanelli mit Baptista de Alberthis vor 1464 anstellte, ermittelte er für die Schiefe einen Winkel, der nicht mehr als $23^0\,30'$ betrug. Toscanelli scheint im Jahre 1433 den Jakobsstab zum Beobachten benützt zu haben.

In Deutschland wurden auch die Kometen beobachtet, allerdings weniger um ihren Lauf zu erkunden, sondern mehr um aus der Richtung ihrer Bewegung und aus ihrem Aussehen auf die Wirkungen der Kometen zu schließen. Genaue Ortsangaben kommen fast nicht vor. Nur der Komet vom Jahre 1456 veranlaßte auch in Wien genaue Ortsbestimmungen, die sich in dem einen Falle auf Angabe des Ortes im Verhältnis zu Nachbarsternen, im anderen Falle in der Angabe der Länge und Breite, auf ganze Grade, beschränkt. Länge und Breite wurden wohl einer Sternkarte entnommen, da ein Beobachtungsgerät nicht angegeben ist. Diese Beobachtungen, die sowohl bei diesem Kometen als auch bei späteren Kometen eine Ausnahme bilden, sind vermutlich von Georg von Peuerbach angestellt oder veranlaßt worden, der in den Jahren 1451—54 eine Reise durch Deutschland, Frankreich und Italien machte, Rom und Ferrara besuchte und wohl von den Beobachtungen Toscanellis erfahren haben kann. Peuerbach beobachtete mehrere Mondfinsternisse von 1457—60 und um 1460 die Sonnenhöhe, woraus sich die Schiefe zu knapp $23^0\,28'$ ergab, im Gegensatz zu der Lehre des Thābit. Johannes Müller führte die Beobachtungen nach dem Tode Peuerbachs fort, sowohl in Italien von 1461—66, als auch in Ungarn und später in Nürnberg von 1471—75. Er benützte zum Höhenbeobachten den Dreistab ab 1472 und zum Messen von Abständen den Jakobstab seit Herbst 1471. Auf seinen Einfluß gehen wohl auch die Beobachtungen des Bernhard Walther zurück, der nach Müllers Abreise nach Rom im Juli 1475 anfing, mit Müllers Geräten die mittägliche Sonnenhöhe möglichst häufig zu messen, ebenso die Lage der Planeten zueinander und zu den Fixsternen. Seine zahlreichen Beobachtungen, über 1200, von 1475—1504 waren nicht wesentlich von denen MÜLLERS verschieden. Zu Höhenmessungen diente der Dreistab, zu Abstandsmessungen der Jakobstab. Neu kam hinzu seit 1488 die Armillarsphäre mit 2 drehbaren Längenkreisen, um gemäß der Vorschrift des PTOLEMAIOS den Ort von Sonne, Mond oder anderen Wandelsternen, zu bestimmen. Zuerst wurde die Einstellung des Mittagskreises gemäß Rechnung erhalten, seit 1489 aber mit Hilfe eines Sternes, dessen Ort einem Verzeichnis entnommen war. Bemerkenswert ist der Umstand, daß WALTHER von 1484—87 eine Uhr für Zeitangaben benützte und dabei die Minute aus der Stellung eines Zahnrades berechnete. Fügen wir noch hinzu, daß WALTHER nicht unterläßt, bei den nächtlichen Beobachtungen die Zeit anzugeben, ferner bei den mittäglichen Sonnenhöhen-Beobachtungen auch Angaben über den Luftzustand und die Güte der Beobachtungen zu machen, so darf man ihn wohl als den ersten beharrlichen und umsichtigen Beobachter bezeichnen. Für seinen Beobachtungsdrang ist kennzeichnend sein Eintrag zum 5. September 1477 bei dem bevorstehenden Vorübergange des Mars vor Saturn: »*O, mit welcher Begeisterung hätte ich die Zusammenkunft betrachtet, weil wahrscheinlich einer den anderen verfinstert hat; ein sehr seltenes Ereignis!*« Er dürfte der erste Beobachter gewesen sein, der in Europa den Merkur sah. Auch entdeckte er, ohne Kenntnis der Lehre des IBN AL-HAITHAM und des WITELO, die Strahlenbrechung und berücksichtigte, ohne Rechnung, nur durch eine Hilfsvorrichtung am Gerät ihre Wirkung auf Länge und Breite des im Horizonte stehenden Gestirnes, was selbst einem KEPLER Bewunderung abnötigte.

Die seit dem 14. Jahrhundert vorhandene Wettervorhersage auf Grund der Stellung der Planeten, führte noch in demselben Jahrhundert zu den ersten regelmäßigen Wetterbeobachtungen, zu den Beobachtungen des WILL DE MERLE von 1337—44 zu Oxford. Es handelte sich dabei um Angaben über Wind, Regen und Wärme, ohne Verwendung von Geräten. Offenbar lag diesen Beobachtungen die Absicht zugrunde, die Wettervorhersagen auf ihre Richtigkeit zu prüfen. Mit dem Ende des 15. Jahrhunderts wurden solche Beobachtungen häufiger. Die gedruckten Jahrbücher des STÖFFLER, welche die für die Wettervorhersagen wichtigen Stellungen der Planeten für eine große Reihe von Jahren enthielten, eigneten sich besonders für solche Aufzeichnungen.

Alle Anzeichen deuten darauf hin, daß Johann Müller von Königsberg fähig und willens war, die Beobachtungen zu vervollkommnen und ihnen die Genauigkeit zu geben, damit dadurch die Erforschung der Bahnbewegung neu begonnen werden konnte. Mit der größeren Bedeutung der Beobachtungen mußte ihre Wertschätzung steigen, war es doch Müller, der den Satz prägte: »*Es ist meiner Meinung nach mehr zu bedauern als anzuklagen, daß Sternforscher heute allgemein hochgeschätzt werden, wenn sie auch nur die Berechnung der himmlischen Bewegungen gelernt haben, an Stelle eines Mannes, der gewohnt ist, die Sternkunde am Himmel auszuüben.*«

DIE BEWEGUNGEN DER HIMMELSKÖRPER

DIE LEHRE

Die höchste Leistung des Altertums bestand in der Darstellung der Bewegungen der Planeten. Das Christentum übernahm von dieser Lehre nur die Aufeinanderfolge der einzelnen Kugelschalen. Dem Inhalte der Lehre schenkte es keine Aufmerksamkeit, wie es auch die Beobachtung der Naturvorgänge vernachlässigte.

Anders wurde es, als das Christentum aus dem Umkreise einer greisenhaften Kultur mit den Alterszügen der Sterndeutung, der Wahrsagerei und des Protzens mit Kenntnissen zu den geistig noch jungen, neugierigen Germanen kam. Gleich beim ersten Schriftsteller, der sich mit dem Wissen des Altertums beschäftigte, bei Isidor von Sevilla, zeigt sich an Stelle des bloßen Vorweisens von Kenntnissen die Neugierde, zu wissen wie es mit den Dingen steht. Die Beschäftigung mit der Umwelt erscheint als selbstverständlich. Das ist eine wesentlich andere Anschauung als die bisher übliche. Allerdings ließen die übermittelten Kenntnisse sich nur wenig auf die Umwelt anwenden. Es war nur ein Sammelsurium, das durch die Uebertragung von einem Gelehrten zum andern, von einem Kirchenvater zum anderen, nicht an Klarheit gewonnen hatte. Die Vorstellung vom Weltgebäude zumal zeigte die Spuren einer heidnisch-christlichen Zusammenarbeit. Heidnisch war die Umhüllung der Erde mit den 8 Himmeln der Wandel- und der Fixsterne, wobei über die Lage des Himmels der Sterne zu dem der Planeten vom Altertum her noch Zweifel bestanden; heidnisch ist vielleicht auch der zwischen der Erde und dem Himmel des Mondes eingeschobene Himmel der Urstoffe, christlich aber der über dem Sternenhimmel gedachte Himmel der himmlischen Gewässer und darüber der Himmel der Seligen. Die Vorstellung von dem

Himmel der himmlischen Gewässer, der seine Erfindung der biblischen Schöpfungsgeschichte verdankt, hielt sich nur die nächsten Jahrhunderte. Etwas anderes war es mit dem obersten Himmel der Seligen, der als unbewegt galt und den neuplatonischen Vorstellungen von dem obersten Himmel, — der unbewegt ist, das ewige Gute enthält und die unteren Himmel in Bewegung setzt, — sein Dasein verdankte. Diese Vorstellung hielt sich bis zum Ende des Mittelalters, wenn sich auch die rein sternkundliche Anschauung, daß der Himmel der täglichen Bewegung den Raum abschließe, schon bald durchsetzte. Die Verbreitung der griechischen Vorstellung, die erst zu einer wirklichen Anschauung von dem Weltgebäude führen konnte, erfolgte allmählich.

Isidor bezog sein Wissen aus den Schriften der Kirchenväter. Beda kannte Auszüge aus der Naturgeschichte des Plinius. Hyginus und Macrobius gehörten zu den Lieblingsschriftstellern der karolingischen Schulen im 9. und 10. Jahrhundert. Die dadurch übermittelten Kenntnisse waren nur gering. Erst die vom 11.—13. Jahrhundert erfolgten Uebersetzungen der Werke des Aristoteles, des Ptolemaios, besonders aber der arabischen und jüdischen Erklärungen zu diesen Werken und die Uebersetzungen der Werke der al-Betrūǵī und Ibn al-Haitham gaben eine genügende Grundlage zum Nachdenken über das Weltgebäude. Waren die ersten Bearbeitungen antiken Wissens in der Form der Werke des Isidorus, Beda, Honorius, Guillaume de Conches, Scotus Erigena und Arnold mehr oder weniger Zusammenstellungen der überlieferten Ansichten, so erfolgte von der Mitte des 13. Jahrhunderts an eine selbständige Verarbeitung dieses Wissens. Zunächst war es eine Aufnahme der kurz zuvor im islamischen und im jüdischen Lager auftretenden Geisteskämpfe. Auch hier erscholl der Kampfruf: Hie Aristoteles, hie Ptolemaios! Sollte die Bewegung der Planeten nur kreisförmig um die Erde als Mittelpunkt oder exzentrisch und aufkreisend um mathematische Punkte erfolgen? Sollte es nur eine Bewegung geben, die von außen einwirkend nach innen zu mehr und mehr ihre Kraft verliert? Oder sollte jeder Planet mit eigener Bewegung, selbst im Widersinn zur Bewegung des Sternhimmels, begabt sein? Sollten die Himmel der Planeten sich gegenseitig berühren oder sollten sie einen Zwischenraum freilassen? Und wie viele Himmel über dem Sternhimmel sollte man annehmen? Konnte der unbewegliche Himmel der Seligen und der Kristallhimmel, der an Stelle des Himmels der himmlischen Gewässer getreten war und die tägliche Umdrehung darstellte, noch beibehalten werden, wie es Thomas von

Aquino verlangte? Dieses waren die Gedanken, welche die Gelehrten, besonders zu Paris im 13. und 14. Jahrhundert, immer wieder erörterten. Es würde zu weit führen, jede der Erörterungen des GUILLAUME D'AUVERGNE, ALBERT DES GROSSEN, THOMAS von Aquino, BERNARD von Trille, ROBERT GROSSETESTE, ROGER BACON, DIETRICH von Freiberg, JEAN DE JANDUN, BERNARD von Verdun, ORESME, JEAN BURIDAN, ALBERT VON RICKMERSDORF, ALBERT VON HELMSTEDT, MARSILIUS INGHAEM, PIERRE D'AILLY anzuführen; denn sie geben eigentlich nur das wieder, was Griechen, Araber und Juden vorher erörtert hatten. Je nach der persönlichen Stellungnahme des einzelnen Gelehrten wird die eine oder andere Anschauung mehr bevorzugt; gelegentlich enthält man sich eines Urteiles, gelegentlich wird von demselben Gelehrten bald der einen Anschauung, bald der anderen recht gegeben. Ein ähnlich abwägendes Verhalten haben wir bereits bei den jüdischen Gelehrten festgestellt. Die Entwicklung dieses Gedankenkampfes glich völlig der entsprechenden Entwicklung bei den Griechen. Die aristotelische Vorstellung der um die Erde kreisenden Kugelschalen war zuerst vorherrschend. Aber allmählich und zwar vom Ende des 13. Jahrhunderts an drang das Weltgebäude des PTOLEMAIOS siegreich vor und herrschte bis zur letzten, bedeutenden Darstellung des Weltgebäudes, nämlich der des PEUERBACH von 1460, allerdings in der Abänderung, wie sie IBN AL-HAITHAM auf Grund der »Annahmen« des PTOLEMAIOS aufgestellt hatte, welche für jeden Planeten eine Kugelschale von bestimmter Stärke vorsah. In dieser Kugelschale befand sich exzentrisch die ringförmige Bahn seiner exzentrischen Bewegung und darin die Scheibe des Aufkreises. Auch die zweite von PTOLEMAIOS erdachte Form des Weltgebäudes, wonach der Sternhimmel gefüllt mit Aether vorgestellt wird, in welchem die Ringe der exzentrischen Bahnen mit den Scheiben der Epizykeln in ihrem Innern schwimmen, fand Erwähnung, allerdings nur einmal und zwar von GILLES DE ROM († 1316). Gegen die epizyklische Bewegung hatten ROGER BACON, BERNARD DE VERDUN, RICHARD DE MIDDLETON, ALBERT VON HELMSTEDT und JEAN BURIDAN den Anblick des Mondes geltend gemacht. BURIDAN verlangte zur Darstellung der sich gleich bleibenden Mondoberfläche eine gleichzeitige Drehung des Mondes um seine Achse.

Bei allen diesen Erörterungen ist als Neuerung nur zu erwähnen die seit dem Ende des 13. Jahrhunderts, besonders aber von DIETRICH von Freiberg vertretene Ansicht, daß man gegenüber allen philosophischen Lehrmeinungen auf die Beobachtung zurückgreifen müsse.

Aehnliche Anschauungen, wenn auch nicht so bestimmt, vertraten auch ROGER BACON und BERNARD DE VERDUN. Seit dem 14. Jahrhundert sollte der Ruf: »Zurück zu den Beobachtungen« nicht mehr verstummen. Und dieser Umstand diente besonders dazu, das Ansehen der Sternkunde zu erhöhen, da sie als einzige Wissenschaft zu den Beobachtungen zurückgehen konnte.

Auf welche Beobachtungen griff man zurück und inwieweit verwertete man sie? Betrachten wir zur Beantwortung dieser Fragen das geistige Leben in Paris vom Ende des 13. bis zum Ende des 14. Jahrhunderts, so müssen wir die Feststellung machen, daß man trotz der wiederholten Hinweise auf die Bedeutung der Beobachtung doch nicht auf diese zurückgriff, um die Richtigkeit einer Behauptung nachzuprüfen. Von planmäßigen Beobachtungen der Bewegung der Planeten entlang ihrer ganzen Bahn ist keine Rede. Nur die Beobachtung der Frühlingsnachtgleiche des GUILLAUME DE ST. CLOUD von 1290 wird verschiedene Male, aber nur um die Richtigkeit der ALFONSISCHEN Tafel zu prüfen, und dabei jedesmal unrichtig erwähnt. Mit diesen unrichtigen Angaben war es leicht die Unrichtigkeit der ALFONSISCHEN Tafeln zu erweisen. Sonst findet sich nur die Beobachtung der Frühlingsgleiche von 1346. Berichtigungen der Tafeln wurden daraufhin nicht unternommen. In Paris bedeutete anscheinend das Zurückgreifen auf die Beobachtungen so viel als die Bevorzugung solcher Lehren wie des PTOLEMAIOS, der Vorschriften zur Berechnung der Bewegungen gab, während solche bei den Lehren des AL-BETRŪGĪ und des HERAKLEIDES fehlten.

Ein Zurückgehen auf die Beobachtungen fand allerdings statt, aber außerhalb Frankreichs, so in Spanien im 13. und 14. Jahrhundert und in Deutschland im 15. Jahrhundert durch PEUERBACH und JOHANNES MÜLLER von Königsberg, womit die große Beobachtungstätigkeit begann, die zur vollständigen Erneuerung der Sternkunde durch KOPPERNIK und KEPLER führen sollte und bis jetzt noch nicht aufgehört hat, immer wieder neue Erkenntnisse zu liefern.

Bei den Erörterungen über das Weltgebäude wurde auf zwei Punkte besonderer Wert gelegt: auf die Zahl der Himmel über dem Saturn und auf die bewegende Kraft.

Im 13. Jahrhundert stellte ALBERT DER GROSSE in seiner Erklärung der Metaphysik des ARISTOTELES die Behauptung auf, daß der Sternhimmel nur die Bewegung des Vor- und Rückwärtsschreitens gemäß THĀBIT ausführe, daß der nächste, der 9. Himmel, sich um die Pole des Tierkreises mit einer Geschwindigkeit von einem Jahr in 100 Jahren, wie PTOLEMAIOS lehrte, dreht und der äußerste, der 10. Himmel, täglich einen Umschwung um die Pole des Aequators ausführt. Diese Vorstellung verdankt er dem fälschlich ARISTOTELES zugeschriebenen Buch »De causis elementorum proprietatum«. Vermutlich durch dasselbe Buch veranlaßt, wurden in den 1272 vollendeten Tafeln des ALFONS dem Sternenhimmel auch zwei langsame Bewegungen gegeben. DIETRICH von Freiberg verwarf um 1300 das Nebeneinanderbestehen dieser zwei Bewegungen des Sternhimmels. JEAN DE LIGNIÈRES sprach sich wie vorher JEAN DE SIZILIA gegen THĀBITS Annahme aus, da die von THĀBIT errechnete Grenze des Rückwärtsschreitens bereits um 3⁰ überschritten sei; trotzdem betrachtete er im Jahre 1335 die in den ALFONSISCHEN Tafeln versuchte Verbindung der beiden langsamen Bewegungen als die beste Lösung.

Gelegentlich wurde zwischen Mond und Erde noch ein Himmel der Urstoffe angenommen, so von ROBERT GROSSETESTE und DIETRICH von Freiberg.

Was die bewegende Kraft anlangte, so herrschte die neuplatonische Ansicht der Ableitung der Bewegung aus dem unbewegten Guten im umfassenden Himmel vor. ROBERT GROSSETESTE verglich die vom höchsten Wesen ausgehende Güte mit dem Lichte und ließ dieses den äußersten Himmel, dann die 9 inneren Himmel, zuletzt den Himmel der 4 Urstoffe bilden. Die Bewegungsübermittlung erfolgte wie bei den Neuplatonikern.

Auch die Vorstellung des HERAKLEIDES von der Bewegung von Merkur und Venus fand im Mittelalter Beachtung und häufige Erwähnung. Wissenschaftlich gewürdigt wurde sie allerdings nicht und ist eher den Marskanälen zu vergleichen, sowohl in dem Interesse, das sie erwecken, als auch in der Anregung, die sie hervorrufen. CHALCIDIUS, MACROBIUS und CAPELLA überlieferten Nachrichten von dieser Lehre; sie wurde von JOHANN SCOTUS ERIGENA im 9., BARTHOLOMÄUS von England im 13., ORESME im 14. und PICO DELLA MIRANDOLA im 15. Jahrhundert erwähnt. Gelegentlich kommen in den Handschriften Figuren vor, welche die Bewegung von Venus und Merkur um die Sonne, sei es als Bahnbewegung, sei es als Schaubild, darstellten. Eine im 14. Jahrhundert in Paris entstandene Zeichnung zeigt das Bild S. 367.

Besonders die Stelle des MACROBIUS, wo er die Sonne als Reglerin bezeichnet, weil sie den um sie wandelnden Venus und Merkur nur eine Bewegung bis zu einem bestimmten Abstand gestattet, dürfte MARSI-

LIUS FICINUS veranlaßt haben, in seinem 1493 gedruckten Werke über die Sonne nicht nur die Bewegung von Venus und Merkur als eine Ehrenbezeugung gegenüber der Sonne, ihrer Herrin, anzusehen, sondern auch

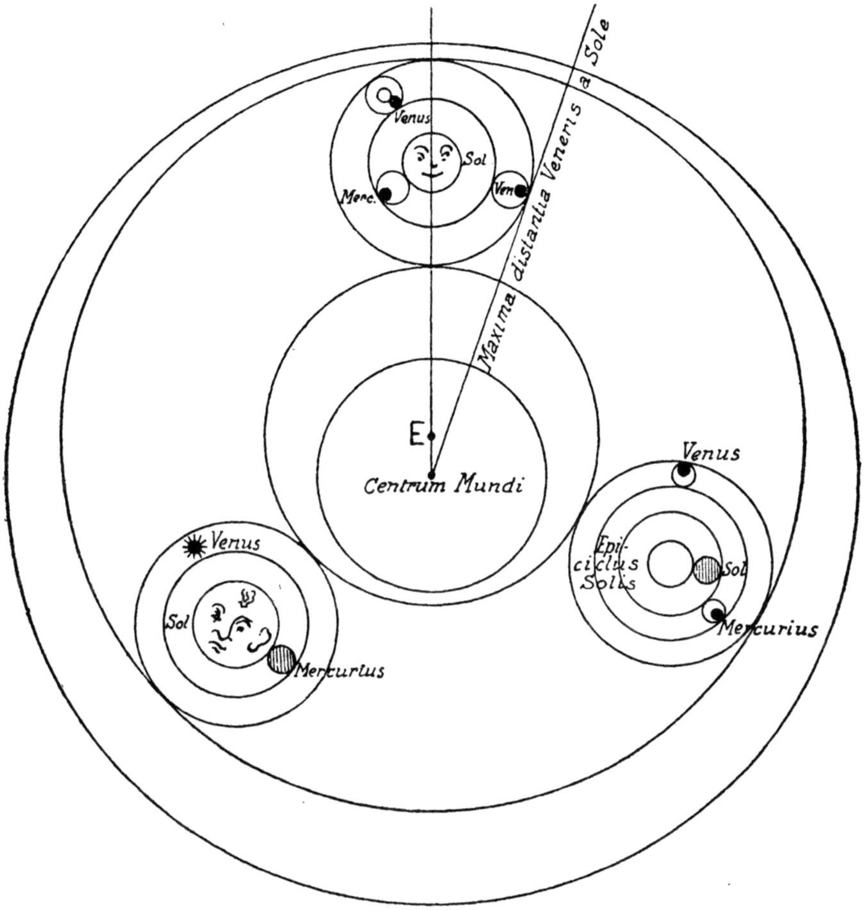

(Nach DUHEM, Système du monde III, 155)

Bild 37. Mittelalterliche Darstellung der Bahnbewegung von Venus und Merkur um Sonne und Erde

bei den 3 oberen Planeten und beim Monde hinzuweisen, daß alle entscheidenden Aenderungen ihrer Bewegungen in Beziehung zur Sonne stehen, welcher die Planeten als ihrer Königin ihre Verehrung bezeigen. Müssen solche ungewöhnlichen Gedanken nicht auch beigetragen haben, in einem Sternforscher wie KOPPERNIK den Plan eines anderen Weltgebäudes entstehen zu lassen?

TAFELN DER BEWEGUNGEN DER PLANETEN

Tafeln zur Darstellung der Bewegung wurden mit dem Christentum eingeführt. Der römische Kalender von 354 gab für jeden Monat den Tag des Eintrittes der Sonne in die Zeichen an. Die Kennzeichnung des Laufes des Mondes durch die Zeichen, wegen der Sterndeutung erwünscht, wurde einige Jahrhunderte später aufgenommen. Tafeln zur Berechnung des Laufes der Planeten scheint es vor dem 11. Jahrhundert nicht gegeben zu haben. In diesem Jahrhundert werden verschiedene Tafeln im Abendlande bekannt: die von ATELHART of BATH aus dem Arabischen übersetzten Tafeln des MUHAMMED IBN MŪSĀ AL-KHWĀRIZMĪ, ferner die wohl von AMMONIOS um 535 verfaßten Tafeln von Alexandria zur Berechnung von Finsternissen, sowie andere aus dem Griechischen übersetzte Tafeln. Aber sie haben keine Verbreitung gefunden, wie auch verschiedene um die Jahrtausendwende nach Italien gebrachte griechische Tafeln, besonders des PTOLEMAIOS. Erst die angeblich von AL-ZARKĀLI um 1070 in Toledo hergestellten und erläuterten Toledischen Tafeln fanden weite Verbreitung und, was noch wichtiger ist, veranlaßten zahlreiche Umänderungen, um die Tafeln Orten anderer Länge anzupassen. Die ursprünglichen Toledischen Tafeln umfaßten Tafeln zur Umrechnung der verschiedenen Jahreszählungen, Tafeln der Himmelsvorgänge, Tafeln der mittleren Bewegung und der Gleichung der Planeten, mit Berücksichtigung der Breitenänderung, Finsternistafeln, ein Sternverzeichnis und ein Ortsverzeichnis. Die Tafeln waren auf Toledo bezogen, dem eine Länge von $28\frac{1}{2}^0$ östlich der Säulen des HERKULES und $4^1/_{10}$ Stunden westlich von Arim gegeben wurde. Je 30 arabische Jahre sollten zu einer Einheit zusammengefaßt werden. Die Tafeln wurden von GHERARDO DA CREMONA († 1187) übersetzt, der wahrscheinlich einige für CREMONA berechnete Tafeln und gemäß einer Wiener Handschrift Berechnungen von je zwei Sonnen- und Mondfinsternissen für die Jahre 1185 und 1187 hinzufügte. Auch an verschiedene andere Orte wurden die Toledischen Tafeln angepaßt. Aus ihnen wurden wiederum andere Tafeln hergestellt, die um die Einheit von 20 julischen Jahren fortschreiten und für bestimmte Orte berechnet sind, so für Pisa geltend ab 1149, daraus umgerechnet für Anjou. Unter Beibehaltung der Einheit von 30 Mondjahren wurden Tafeln für Genua abgeleitet. 28 Jahre als Einheit weisen auf die Tafeln für London, beginnend mit dem 1. März 1149 mittags, ferner die Tafeln für Marseille, beginnend mit dem 1. Januar 1120 mitternachts, verfaßt im Jahre 1111, wohl auf Grund einer anderen Uebersetzung als der des GHERARDO. 24 Jahre als Einheit zeigen die Tafeln für Tolosa, beginnend mit dem 1. März 600, aber auch im 12. Jahrhundert verfaßt. Die von ROGER von Hereford im Jahre 1178 berechneten Tafeln für Hereford beginnen mit Mitternacht. Andere Tafeln sollen mit dem Mittag des vorhergehenden Tages anfangen. CAMPANUS von Novarra berechnete Tafeln der Neu- und Vollmonde für die Jahre 1248—79 und andere ab 1232 geltende Tafeln für Novarra mit Hilfe der Toledischen Tafeln. Außer diesen Tafeln beweisen die zahlreich vorhandenen Abschriften der Toledischen Tafeln ihre Beliebtheit bis zum Ende des 13. Jahrhunderts. Zweifel an ihrer Richtigkeit tauchten nur selten auf. GUILLAUME DE SAINT CLOUD glaubte auf Grund eigener Beobachtungen von 1284—90 die Tafel von Tolosa um $-1^0\,15'$ im mittleren Ort des Saturn, um $+1^0$ im mittleren Ort des Jupiter und um -3^0 im mittleren Ort des Mars verbessern zu müssen, um daraufhin mit ihnen sein Jahrbuch berechnen zu können. In Spanien müssen die Fehler der Toledischen Tafeln schon eher bemerkt worden sein, weshalb ALFONS X. durch die Juden JEHUDA BEN MOSE und ISAAC BEN SID die Planeten beobachten und neue Tafeln berechnen ließ. Diese Tafeln unterschieden sich insofern von den Toledischen, als sie dem Fixsternhimmel außer dem Vor- und Rückwärtsschreiten gemäß THĀBIT auch noch das Rückwärtsschreiten des PTOLEMAIOS geben, ferner die Bewegungen für die Sonnenjahre statt Mondjahre und zwar immer für 20 Jahre, ausgehend vom Mittage des 1. Januar 1252, dem ersten Regierungsjahre des ALFONS, angeben. Unverkennbar ist in der Art der Herstellung der Tafeln, in ihrer Datierung und auch Benennung das arabische Vorbild. Diese Tafeln des ALFONS, die sich gemäß der in Madrid befindlichen Erklärung ziemlich eng an die Toledischen Tafeln angeschlossen zu haben scheinen, sind uns in ihrer Urform anscheinend nicht erhalten. Sie müssen ziemlich unbekannt geblieben sein, da GUILLAUME DE SAINT CLOUD um 1296 und PIETRO DE ABANO um 1310 sie nicht kennen. Dagegen tauchen um 1320 in Paris Tafeln, genannt ALFONSIsche Tafeln auf, die gemäß der kurzen Erklärung des JEAN DE LIGNIÈRES und der ausführlichen und sehr beliebten Erklärung des JOHANN DANK auf Befehl des Königs ALFONS hergestellt sein sollen, aber sich doch wesentlich von den ursprünglichen Tafeln unterscheiden; denn sie kennen nur die Sechzigteilung. Je zwei Tierkreiszeichen werden zu Einheiten (signa physica) von 60^0 zusammengefaßt, ferner je 60 Tage, sowie die Tage in 60 Teile zu 60 Unterteile usw. geteilt. Diese wohl in Paris zwischen 1300 und 1320 entstandenen ALFONSIschen Tafeln zeigen nur für die Umrechnungen der Zeitrechnungen die alte Zusammenfassung nach 20 Jahren. Bei der Tafel der mittleren Bewegungen gilt der Tag als Einheit. Die Tafeln enthalten die Werte für 1—60 Tage. Die Ausgangswinkel der mittleren Bewegung sind für Christi Geburt und das Jahr 1252, wie auch für Paris gegeben. In späteren Zeiten kamen noch die Ausgangswinkel für verschiedene deutsche, englische, spanische und italienische Orte hinzu, um die Tafeln für diese Orte verwenden zu können. Die Tafeln enthielten nur die Tafeln zur Umrechnung der Zeitrechnung, die Tafeln der mittleren Bewegungen und der Gleichung der Planeten. In dieser Form zusammen mit der Erklärung des JOHANN DANK haben sich diese Tafeln über das ganze germanische Europa verbreitet und sogar in Spanien die ursprünglichen ALFONSIschen Tafeln verdrängt. Hunderte von solchen Tafeln sind handschriftlich vorhanden. Gedruckt wurden sie in 10 Auflagen 1483—1649, deren letzte Auflage in Madrid erschien. Sie waren unstreitig die verbreitetsten und bekanntesten Tafeln, obwohl sich bereits im 14. Jahrhundert schwere Bedenken gegen sie erhoben, weil die Umrechnung aller Zeiträume von der bisher üblichen Tageseinteilung in die Sechzigerrechnung sehr lästig war, während andererseits die ausschließliche Verwendung der Sechzigerrechnung beim Uebergang von einer Einheit zur anderen bequem war, zumal die Bewegungen in den Tafeln bis auf den $60 \times 60 \times 60 \times 60 \times 60$. Teil einer Bogensekunde ausgerechnet waren. Auch wurden Einwände gegen die Richtigkeit der Tafeln erhoben. So bemängelte ein Gelehrter des 14. Jahrhunderts, daß die Tafeln die von PTOLEMAIOS angegebenen Sonnenwenden um $1\frac{1}{3}$ Tag falsch, dagegen die von AL-BATTĀNĪ angegebenen Zeiten richtig ansetzen und bewies damit, daß man im 14. Jahrhundert an der Richtigkeit der Rechnung des PTOLEMAIOS noch keinen Zweifel hegte. Aehnlich unbegründet war die Bemängelung der Tafeln durch einen anderen Gelehrten, der die Frühlingsnachtgleiche von 1290 und eine andere von 1346 zum Beweise der Unrichtigkeit der ALFONSIschen Tafeln anführte. Da er sich aber über die Beobachtungszeiten nicht im klaren war, so braucht seinen Ausführungen kein Gewicht beigelegt zu werden. Erst JOHANN MÜLLER prüfte die Tafeln durch Beobachtungen; er fand häufig Abweichungen von den Beobachtungen und wurde nur durch seinen frühen Tod an einer Verbesserung der Tafeln gehindert. Auch tadelte er den ALFONS, weil er es unternommen habe, das Rückwärtsschreiten anders als PTOLEMAIOS zu berechnen. Der Einfluß der

Pariser Schule hatte dieser Tafel die große Verbreitung und das Fehlen einer Nachprüfung gesichert, konnte aber nicht hindern, daß neben den ALFONSISCHEN Tafeln andere entstanden, welche mehr Beachtung finden und sie im 15. Jahrhundert allmählich verdrängen sollten. JEAN DE LIGNIÈRES gab Tafeln der Himmelsvorgänge als eine Ergänzung der Alfonsischen Tafeln und andere Tafeln der mittleren Bewegung der Planeten für die Jahre 1—2000, beide ohne die Sechzigerteilung, heraus. Das erste Tafelwerk ähnelte seiner Anlage nach den entsprechenden Toledischen Tafeln, nur auf nördlichere Gegenden angepaßt. In Paris gab es auch Tafeln der Bewegungen mit der gewöhnlichen Teilung, wobei die mittleren Bewegungen für die Jahre 1300, 1320, 1340 . . . angegeben waren. Solche Tafeln, welche den ursprünglichen ALFONSISCHEN Tafeln nahestanden, gab es in England auch von 1320 an. Aehnlich sind die Tafeln, die für Oxford verfaßt wurden und die Bewegungen der Planeten von 1348 an für je 20 Jahre mit Unterteilungen angaben. Sie verbreiteten sich sehr und führten zu ähnlichen Tafeln auf dem Festlande, welche auch die Zeiteinteilung von 20 Jahren beibehielten, und aufgelöste Tafeln (tabulae resolutae) im Gegensatz zu den ALFONSISCHEN Tafeln genannt wurden. Solche Tafeln lassen sich nachweisen für Salamanca ab 1348, für Leipzig ab 1408, Prag und Krakau ab 1428, für Ferrara durch JOHANN BIANCHINI ab 1428. Noch andere Tafeln wurden auf Grund der Tafeln des ALFONS berechnet: Tafeln zur Berechnung der Finsternisse durch NIKOLAUS HEYBECK von Erfurt, Tafeln der Finsternisse der Jahre 1339—86 durch WALTER VON ELVEDEN, Tafeln zur Berechnung der wahren Neu- und Vollmonde und der Finsternisse für die Jahre ab 1400 durch GEORG PEUERBACH, Tafeln für die Bewegung der Planeten mit den Ausgangsjahren 28, 56 bis 1456 für Padua durch JACOBO DE DONDIS, Tafeln für die Bewegung der Planeten ab 1300 mit 60 Jahren als Zeiteinheit durch HERMANN STILUS DE NORTHEM, Tafeln zur Berechnung der Neu- und Vollmonde für die Jahre 40, 80 bis 2000 durch BIANCHINI, Tafeln, welche für jeden Planeten seine Bewegung für jeden Tag seines Umlaufes um die Erde ergeben, von LIGNIÈRES für Paris und von BIANCHINI für Ferrara.

Im Gegensatz zu diesen Tafeln, welche die ALFONSISCHEN Tafeln ohne Aenderung als Grundlage annehmen, stehen die von LEVI BEN GERSON und von DALMATIUS PLANCS. LEVI BEN GERSON stellte durch Beobachtung von Sonnen- und Mondfinsternissen und des Monddurchmessers die Ungenauigkeit der bestehenden Tafeln fest und entwarf neue zur

Berechnung der wahren Neu- und Vollmonde und der Finsternisse, geltend ab 1320 und für die Stadt Ysob. Andererseits berechnete Plancs auf Grund der Beobachtungen seines Lehrers Gileberth Tafeln der wahren Neu- und Vollmonde und Oerter der Planeten für die Jahre 1360—1433 und für Barchinon, allerdings nur bis auf die Bogenminute.

JAHRBÜCHER (EPHEMERIDEN)

Aus den Tafeln ließ sich der Ort des Planeten nur durch Umrechnung entnehmen. Da im Mittelalter weniger die Bahn der Planeten, als ihre gegenseitige Stellung von Wichtigkeit war, so bestand vom 12. Jahrhundert an eine Nachfrage nach Jahrbüchern. Der Uebersetzer Plato von Tivoli gab 1116 die Zeit des Abschlusses seiner Uebersetzung durch Angabe des Ortes aller Planeten auf Grad und Minuten an. Auch die seit dem 12. Jahrhundert auftretenden Tolederbriefe erheischten die Kenntnis der Oerter der Planeten. Aehnlich steht es mit den Horoskopen, die mit dem Jahre 1186 beginnen.

Ueberliefert war das Jahrbuch des Ammonios, das von Johann von Pavia auf christliche Jahre umgerechnet war, mit dem 1. September begann und für Antiochia galt. Es gibt die Oerter auf Grade, selten auf Minuten an, und zwar für bestimmte Vielfache der Umläufe, die zwischen 4 Jahren für die Sonne und 83 Jahre für Jupiter liegen. Genauer waren die Jahrbücher des Guillaume de Saint Cloud und des Jakob ben Machir. Guillaume gab ein Jahrbuch mit 1296 beginnend heraus, auf Grund verbesserter Tafeln für Tolosa. Jakob ben Machir berechnete auf Grund Toledischer Tafeln ein Jahrbuch, das dem des Ammonios ähnlich war und für bestimmte Zeiträume zwischen 4 und 83 Jahren die Oerter bis auf Bogenminuten gab und zwar bei den äußeren Planeten für jeden 10. Tag, bei der Sonne für jeden Tag, beginnend mit dem März 1300 und gültig für Montpellier. Auf Grund der Alfonsischen Tafeln berechnete Johann Dank ein Jahrbuch, für Paris geltend und für die Jahre 1336—80 die wahren Oerter der Planeten bis auf die Bogenminute enthaltend.

In der Folgezeit traten nur Jahrbücher von kurzer Dauer und geringer Bedeutung auf: des Martin von Sevilla von 1391, des Johann von Sondershausen für Erfurt um 1434, des Albert von Brudzewo für 1482 und Krakau, des Stanislaus von Krakau für 1492 und Krakau, bis endlich die sehr genauen und großen Zeiträume umspannenden Jahrbücher des Königsberg und Stöffler den Beginn der neuen Zeit einleiten, von wo an die Reihe der Jahrbücher nicht mehr abbricht, bis an ihre Stelle die noch jetzt bestehenden Jahrbücher treten. JOHANNES MÜLLER von Königsberg hatte zwei Jahrbücher berechnet: für die Jahre 1448—63 und später die bekannten Jahrbücher von 1475—1505 für Nürnberg. JOHANN STÖFFLERS Jahrbücher galten von 1499—1552.

DIE DARSTELLUNG DER BEWEGUNGEN DER PLANETEN

Die Tafeln der Bewegungen und die Jahrbücher konnten über den Lauf der Planeten keine hinreichende Vorstellung geben, besonders den Gelehrten, denen mehr an der Art der Bewegung als an der Feststellung der Oerter lag. Zeichnerische Darstellungen der Bewegung waren vom Altertum her überliefert in den beiden Formen: in Polarkoordinaten und in rechtwinkeligen Koordinaten, welche Darstellung allmählich verschwand, da sie wohl leichter zu zeichnen, aber doch zu unübersichtlich war. Diese Zeichnungen, welche die Bewegungen sowohl nach der Ansicht des PTOLEMAIOS als auch nach der des ARISTOTELES und HERAKLEIDES zur Darstellung brachten, wurden im Mittelalter häufig wiederholt oder nach eigenen Entwürfen hergestellt. Sie stellten die Bewegung für einen bestimmten Augenblick dar, nicht die Aufeinanderfolge von Bewegungen. Um dieses darzustellen, mußten besondere Geräte ersonnen werden. Auf den kunstvollen Wasseruhren, wie sie als arabische Geschenke nach Europa kamen, war die Bewegung von Sonne und Mond dargestellt, allerdings nur ihre mittlere Bewegung, von Tag zu Tag neu eingestellt. Vielleicht war das vom Sultan von Aegypten an den Kaiser FRIEDRICH II. übersandte Gerät zur Darstellung der Bewegung von Sonne und Mond eine solche Wasseruhr, da es zugleich den Auf- und Untergang dieser Himmelskörper zeigte. Gemäß einer anderen Beschreibung zeigte es einen goldenen mit geschnittenen Steinen als Sternen geschmückten Himmel mit der Bewegung der Planeten, also vielleicht doch eine besonders prächtige Kunstuhr. CAMPANUS von Novarra gab in seinem in den Jahren 1261—65 verfaßten Lehrbuch der Bewegungen (Theoria planetarum) die Anleitung zur Darstellung der Bewegung jedes einzelnen Planeten nach der Lehre des PTOLEMAIOS. Diese Bewegungsdarstellung konnte auch aus Papier oder Pergament mit Hilfe von beweglichen Scheiben, die auf der Grundfläche aufgeheftet waren, und von Schnüren zur Bezeichnung des Ortes des Planeten in dem Epizykel hergestellt werden. Solche Geräte, auch Theorica Campani genannt, wurden häufig hergestellt und bildeten besonders im 15. Jahrhundert die Grundlage für den Unterricht. Es gab verschiedene Formen der Darstellung der Bewegungen durch Epizykeln und exzentrische Kreise in der Art des Ptolemaios oder durch die Berücksichtigung der Tafelwerte der Bewegungsgleichung. Diese Bewegungsformen sind aus Papier hergestellt oder auch aus Metall. Ein großer eichener Tisch im Stift Stams bei Innsbruck zeigt auf seinen 3 Platten eingeschnitten die Bewegung von 6 Planeten nach der Lehre des Ibn al-Haitham. Dieser Tisch wurde 1428 durch Rudolf Arzt (Medici), Erzpriester zu Augsburg († 1430) hergestellt. Sehr beliebt waren Geräte (aequatorium) aus Papier oder Messing zur Darstellung der gleichzeitigen Bewegung von Sonne und Mond und der Mondphasen. Ein größeres Gerät dieser Art stellte Engelhard († 1435), Abt von Reichenbach, her. Ein Gerät zur Darstellung der Bewegung sämtlicher Planeten auf einer Scheibe beschrieb Richard of Wallingford in seiner 1327 verfaßten Schrift über das Albion genannte Gerät.

Armillarsphären mit eingebauter Sonnen- und Mondbahn scheint es nur wenig gegeben zu haben. Erhalten ist ein aus dem 15. Jahrhundert stammendes Gerät.

KOMETEN UND STERNSCHNUPPEN

Das Erscheinen dieser Himmelskörper wurde beachtet und gedeutet. So finden sich Angaben über die Farbe und das Aussehen der Kometen vor, unter Vergleichung mit den neun von Ptolemaios aufgestellten Gattungen. Eine nähere Beschäftigung mit diesen Himmelskörpern fehlte aber. Nur Toscanelli hat den Kometen große Aufmerksamkeit geschenkt und ihre Bahnen am Himmel festzulegen versucht, was ihm besonders für den Halleyschen Kometen gelungen ist. Die besonders genaue Ortsbestimmung für diesen Kometen ist vielleicht auf eine vorherige Besprechung mit Peuerbach zurückzuführen, da merkwürdigerweise gleichzeitig in Wien die Bahn des Kometen und zwar nur dieses Kometen und nur in Wien durch genaue Ortsangaben festgelegt ist, wenn auch nicht so ausführlich wie Toscanelli es tat. Die Beobachtungen Toscanellis scheinen damals keine Beachtung gefunden zu haben.

DIE STERNE

Vom Altertum wurden überliefert die Himmelsbeschreibungen des Aratos und des Hyginus mit den griechischen Sternsagen und die typischen Abbildungen der einzelnen Sternbilder, die durch die Handschriften des 9. und 10. Jahrhunderts sich erhalten haben. Sternverzeichnisse kommen zuerst nur als Verzeichnisse der Astrolabsterne seit dem 11. Jahrhundert oder als Verzeichnisse des PTOLEMAIOS seit dem 12. Jahrhundert vor. Gelegentlich ist das Verzeichnis des AL-ṢŪFĪ anzutreffen. Bildliche Darstellungen der Sternbilder und des Sternhimmels sind nicht selten. Seit dem Ende des 14. Jahrhunderts kommen Darstellungen der einzelnen Sternbilder vor, die offenbar nach arabischen Vorbildern gemacht sind. Die schönsten dieser Bilder befinden sich in einer um 1392 für König Wenzel hergestellten Prachthandschrift mit Einzeichnung der Sterne, allerdings nur in der von PTOLEMAIOS herrührenden Beschreibung ihrer Lage zur Figur. Auch Darstellungen des gesamten Himmels gibt es, wenn auch sehr selten. So hat KONRAD von Dyffenbach um 1426 eine Karte des Himmels nördlich des Tierkreises und eine Karte des Tierkreises mit einem Fünfgradnetz entworfen. TOSCANELLI stellte für seine Beobachtungen der Kometen ähnliche Karten mit Gradnetz her.

Himmelskugeln wurden gelegentlich erwähnt. BURKARD II., Abt von St. Gallen, ließ eine Himmelskugel herstellen, die wohl nur die Tierkreisbilder enthielt und den auf römische Vorbilder zurückgehenden Zeichnungen in den damaligen Handschriften wohl entsprach. Aus den folgenden Jahrhunderten sind Vorschriften zur Herstellung von Himmelskugeln bekannt, so die des GERBERT, die des ROBERT GROSSETESTE des 13. Jahrhunderts, die übersetzten Vorschriften des ḲUSTĀ BEN LŪKĀ, desgleichen in den auf Befehl ALFONS gesammelten und übersetzten arabischen Schriften. Hergestellt wurden Himmelskugeln für den wissenschaftlichen Gebrauch anscheinend erst im 14. Jahrhundert. Unter den von Kardinal NIKOLAUS KREBS (Cusanus 1401—1464) dem Hospital in Cues hinterlassenen Gegenständen befindet sich eine große hölzerne Himmelskugel, die wohl im Jahre 1444 in Nürnberg gekauft worden war, und eine kleine kupferne Himmelskugel. Die hölzerne Himmelskugel enthält nicht nur die Figuren der Sterne, sondern auch die Sterne selbst ihrem Ort und ihrer Größe nach gemäß den Angaben des PTOLEMAIOS. Die Plejaden zeigen 7 Sterne und sind ziemlich wirklichkeitsgetreu aufgetragen, während PTOLEMAIOS nur 4 Sterne in ganz unwahrscheinlichen Stellungen aufführte. Die Figuren der Sternbilder deuten mehr auf griechische als auf arabische Vorbilder. Die Himmelskugel war sowohl um die Pole des Tierkreises als auch um die Himmelspole der Zeit des ALFONS zu bewegen. Die kleine kupferne Himmelskugel ist bezüglich der Kreisteilung unvollendet und enthält nur 44 Sterne ohne Berücksichtigung der Größe. Sie gehört wohl der ersten Hälfte des 15. Jahrhunderts an. Aus den nächsten Jahrzehnten wird berichtet, daß in Regensburg im Jahre 1441 mit Hilfe einer Himmelskugel die Höhe der Sonne bestimmt wurde und daß Andreas Röst im Jahre 1479 mit Erlaubnis des Priors von St. Emmeram in Regensburg eine Himmelskugel herstellte. Am Ende des Jahrhunderts verfertigte Johann Stöffler mehrere Himmelskugeln, von denen sich nur die im Jahre 1493 für den Bischof Daniel hergestellte erhalten hat. Die Figuren der Sternbilder sind recht gut gemalt, die Sterne alle gleich groß.

Zu den vom Altertum übernommenen und auch durch die Araber überlieferten 48 Sternbildern traten im Mittelalter noch 4 weitere, die von Michael von Schottland (etwa 1175—1234) eingeführt wurden und wohl zum Teil eigene, zum Teil arabische Erfindung sind. Es sind die Sternbilder des Lautenspielers, etwa zwischen Fluß und Orion, der Schildkröte neben dem Schiff, des Bohrers und der Fahne neben dem Schützen. Eine genaue Festlegung dieser Sternbilder ist nie erfolgt, da sie wissenschaftlich nicht verwendet wurden. Um so häufiger werden sie in den volkstümlichen Himmelskunden bis zum Ende des 16. Jahrhunderts erwähnt.

In den Anfang des Mittelalters fallen Versuche, die Sternbilder anders als mit den anstößigen römischen Namen zu benennen. So berichtet Gregor von Tours im 6. Jahrhundert von Sternbildern, welche die christlichen Bauern als Zeichen Christi, großes Kreuz (Schwan), rötlicher Stern (Arktur), Masse (Plejaden) und Trio (Adler), bezeichneten. Einige Jahrhunderte später begannen Versuche, die Tierkreisbilder christlich zu deuten und sie den zwölf Jüngern gleichzusetzen. Alle diese Versuche hatten keinen Bestand.

DIE STERNDEUTUNG

Die Sterndeutung wurde vom 11. Jahrhundert an so herrschend, daß es kaum einen Gelehrten gab, der nicht zu ihr Stellung nahm. Fast ausschließlich für die Zwecke der Sterndeutung wurden die Jahrbücher, Kalender und Tafelwerke berechnet. Ihretwegen wurden das Wetter und auch die Planeten regelmäßig beobachtet.

Von einer ausgebildeten Sterndeutung war bei den Germanen nicht die Rede. Dem Monde, besonders dem Voll- und Neumonde, wurde eine gewisse Bedeutung zugeschrieben. Auch dürfte es Wettervorhersagen aus dem Jahresanfange schon vor der Einführung des Christentums gegeben haben. Ganz anders wurde es später. Die christliche Kirche hatte bereits vor der Bekehrung der Germanen schwere Kämpfe mit der Sterndeutung hinter sich. Die Kämpfe waren deshalb so schwierig, weil die Kirchenväter nicht imstande waren, die Voraussetzung der Sterndeutung, nämlich die Richtigkeit der Rechnungen und der benützten Tafeln nachzuprüfen und weil die heiligen Schriften des Christentums selbst nicht frei von Sterndeutung waren. Besonders die Geburt und der Tod des Religionsstifters wurde mit Himmelserscheinungen in Verbindung gebracht, gleichsam als ob er ein irdischer Herrscher wie Mithradates, Cäsar oder ein römischer Kaiser gewesen wäre. Die heiligen Zahlen 7, 12 und 30 wie auch die Offenbarung Johannes, welche ohne Kenntnis der Sterndeutung nicht zu verstehen ist, konnten doch nicht anders als ein Einfluß der Sterndeutung aufgefaßt werden. Dazu kam noch die seit dem 4. Jahrhundert eintretende Anpassung des Kirchenjahres an das Naturjahr und die Gleichsetzung von Jesus mit der Sonne und Johannes mit dem Monde oder auch mit der zunehmenden und der abnehmenden Sonne. Auch die Bibelstelle aus der Schöpfungsgeschichte, daß die Gestirne als Zeichen hingestellt seien, verlangte Beachtung. Aus diesem Grunde war die Stellung der Kirchenväter zur Sterndeutung nicht einheitlich. Die einen ließen einen Zusammenhang zwischen Himmelserscheinungen und irdischen Vorgängen nur für die Zeit bis zu Christi Geburt zu und verboten für die spätere Zeit selbst die Annahme eines solchen Zusammenhanges. Andere wie Augustinus leugneten einen Einfluß der Sonne auf das Wachstum der Pflanzen, wie es sich in den Jahreszeiten äußert, und einen Einfluß des Mondes auf Ebbe und Flut, sowie auf das Wachsen bestimmter Pflanzen und Tiere nicht, lehnten aber jeglichen Einfluß der Sterne auf die Menschen ab und ließen in dieser Beziehung nur die Allmacht Gottes und den freien Willen des Menschen gelten. Andere gingen noch weiter: sie verwarfen wohl das Geburtshoroskop, aber ließen doch zu, daß die Sterne die Zeit des Säens und Pflanzens, des Auftretens von Winden und des Arzneinehmens anzeigen und daß ein Komet einen feindlichen Einfall oder große Sterblichkeit bedeutet. Diese Ansichten herrschten das Mittelalter hindurch. Kometen und Finsternisse wurden als Anzeichen künftigen Unheiles für ein Land oder als Vorboten des Todes eines Königs angesehen. Gregor von

Tours berichtet ohne Scheu, daß ein Komet den Tod des Königs SIGIBERTUS und ein anderer die Niederlage bei Averna, daß eine Himmelserscheinung den Tod des Königs CHLOTHOCHORUS angekündigt habe. In einer aus Italien stammenden Bamberger Handschrift wird die Nachricht von dem Sternschnuppenfall am 13. Oktober mit der Nachricht von dem Tode des in Italien eingedrungenen Königs ABRAHAM vom 27. Oktober verschmolzen und daraus die Neuigkeit, daß der König durch ein himmlisches Schwert getötet worden sei, gemacht. So verhielt es sich das ganze Mittelalter hindurch. Der Glaube an den Zusammenhang bestand und ließ sich selbst durch den Nachweis eines Nichtzusammenhanges nicht erschüttern. Das beste Beispiel für diesen blinden Glauben bieten die Tolederbriefe. Seit dem Jahre 1179 wurden die germanischen Länder durch Briefe in Schrecken gesetzt, die angeblich von einem Weisen JOHANN von Toledo, an dessen Stelle in späterer Zeit die Sternkundigen von Paris und anderen Hochschulen traten, herrührten und auf Grund einer Zusammenkunft aller Planeten in der Wage, also in einem windigen Zeichen, starke Stürme und Erdbeben vorhersagten. Der erste Tolederbrief, der 7 Jahre vor dem Unheilsjahr 1186 ausging, brachte im Gegensatz zu den meisten späteren Briefen die Ortsangabe der Planeten, bis auf die Minuten, und dürfte diese nicht schlecht stimmenden Zahlen dem verbesserten Jahrbuche des AMMONIOS entnommen haben. Die Vorhersage fand weite Verbreitung. Ueberall bestand große Furcht. Der Erzbischof von Canterbury ordnete ein dreitägiges Fasten an. Die Marbacher Geschichtsbücher berichten, daß man unterirdische Keller grub. Aehnliches geschah im byzantinischen Reich, wo selbst der Kaiser Höhlen einrichten und aus Angst vor den Winden die Fenster am Schlosse abnehmen ließ. Ganz ähnlich war es in Persien und im Zweistromlande, wo ANWARI AL-HAKEN und ABŪ'L FADHL AL-CHĀZINĪ große Stürme und Erdbeben vorhersagten. Als der September 1186 vorüberging und es mit Ausnahme von Nordfrankreich in der ganzen Zeit keinen Wind gegeben hatte, jedenfalls die vorhergesagten Unglücksfälle nicht eingetroffen waren, konnte man sich des Spottes nicht enthalten. Trotzdem wurde mit dieser Zusammenkunft die Geburt von 1162 und die Thronbesteigung von 1175 des DCHINGIS KHAN TEMUDSCHIND in Verbindung gebracht und als im Jahre 1230 eine Vorhersage ähnlicher Art für das Jahr 1236 ausging, erwartete man wieder mit Zagen dieses Jahr. War es im Jahre 1186 wirklich das zeitlich nahe Zusammentreffen der Planeten, welche in so weitem Maße die Aufmerksamkeit aller Sterndeuter der Länder des Mittelmeeres fesseln mußte, so fand im Jahre 1229 und in den Jahren der später angekündigten Zusammenkünfte 1329, 1371, 1395, 1422, 1432, 1451, 1460, 1461 und 1487 eine Zusammenkunft aller Planeten gar nicht statt. Allmählich bewirkte die Erinnerung an die Erfahrung mit früheren Toledertbriefen,

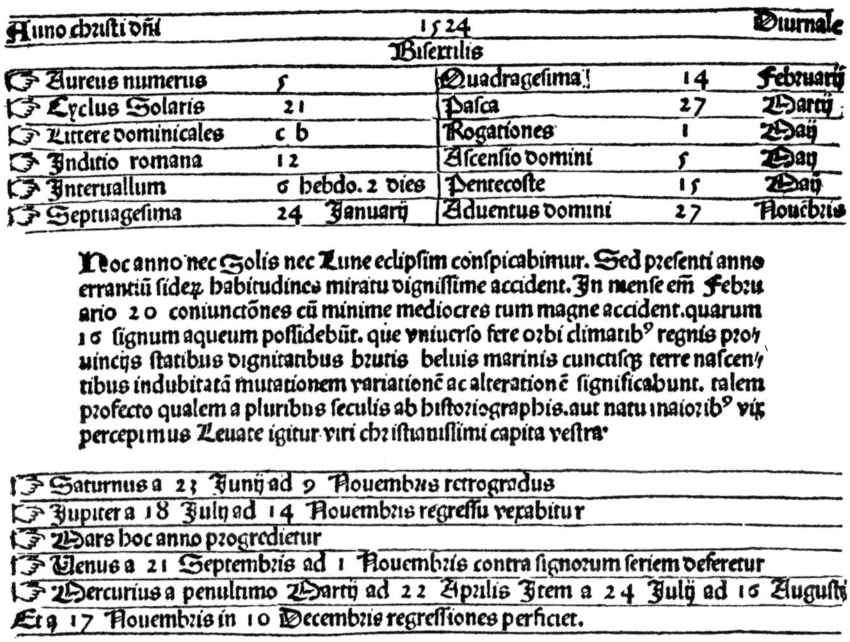

Anno christi dñi 1524 Diurnale

Bisextilis

☞ Aureus numerus	5		Quadragesima	14	Februarij
☞ Cyclus Solaris	21		Pasca	27	Martij
☞ Littere dominicales	c b		Rogationes	1	Maij
☞ Inditio romana	12		Ascensio domini	5	Maij
☞ Interuallum	6 hebdo. 2 dies		Pentecoste	15	Maij
☞ Septuagesima	24	Januarij	Aduentus domini	27	Nouebris

Hoc anno nec Solis nec Lune eclipsim conspicabimur. Sed presenti anno errantiũ sideꝝ habitudines miratu dignissime accident. In mense em̃ Febru ario 20 coniunctõnes cũ minime mediocres tum magne accident. quarum 16 signum aqueum possidebũt. que vniuerso fere orbi climatib⁹ regnis pro uincijs statibus dignitatibus brutis beluis marinis cunctisq; terre nascen tibus indubitatã mutationem variationẽ ac alterationẽ significabunt. talem profecto qualem a pluribus seculis ab historiographis. aut natu maiorib⁹ vix percepimus Leuate igitur viri christianissimi capita vestra.

☞ Saturnus a 23 Junij ad 9 Nouembris retrogradus
☞ Jupiter a 18 Julij ad 14 Nouembris regressu vexabitur
☞ Mars hoc anno progredietur
☞ Venus a 21 Septembris ad 1 Nouembris contra signorum seriem deferetur
☞ Mercurius a penultimo Martij ad 22 Aprilis Item a 24 Julij ad 16 Augusti
Et a 17 Nouembris in 10 Decembris regressiones perficiet.

(Aus STÖFFLERS Ephemeriden)

Bild 38. Stöfflers Ankündigung der Sintflut für 1524

daß man die Grundlagen der Vorhersagen in Zweifel zog und seine Zweifel bestätigt fand. So wird mitgeteilt, daß der Pfarrer Johann von Wasia die Berechnung für 1371, daß der Reichenbacher Mönch Johann von Meissen die Berechnung für 1422, Johann von Gmunden die Berechnung für 1432 und Mathias von Kemnat die Berechnung für 1460 für falsch erklärten.

Die Toledertbriefe hatten zuerst nur Stürme und Erdbeben vorhergesagt, später ließen sie diese Beschränkung fallen und kündeten auch den Tod eines Kaisers, Kriege und Ueberschwemmungen an. Neben diesen Vorhersagen auf Grund der angeblichen Zusammenkünfte sämtlicher Planeten gab es Vorhersagen auf Grund der Zusammenkunft zweier oder dreier oberen Planeten, von denen Mars und Saturn wie bei den Griechen als ungünstig angesehen wurden. Diese Lehre fußte auf den Vorschriften des Abū-Maʿschar und wurde besonders in Italien gepflegt. Sie fand besondere Beachtung im 14. Jahrhundert, wo schlimme Seuchen und große Ueberschwemmungen in einen zeitlichen Zusammenhang mit der Zusammenkunft von Jupiter und Saturn im Jahre 1345 und mit anderen Himmelserscheinungen gebracht werden konnte. Es ist wohl kein Zufall, daß um dieselbe Zeit regelmäßige Wetterbeobachtungen beginnen und die Geschichtsschreiber dem Aufzählen von Himmelserscheinungen und ihren irdischen Folgen mehr Wert beilegen. Eine Untersuchung dieser Mitteilungen lehrt allerdings, daß von einer richtigen Vergleichung der Himmelserscheinungen und irdischen Ereignisse auf Ursache und Folge keine Rede ist. Gelegentlich geht sogar das irdische Ereignis der Himmelserscheinung voraus. Allmählich schwand der Glaube an diese Art der Vorhersagung und lebte erst von neuem wieder auf, als der Verfasser weitverbreiteter Jahrbücher, Johannes Stöffler, für den Februar 1524 (Bild S. 379) auf Grund der vielen Zusammenkünfte der Planeten eine große Ueberschwemmung vorhersagte. Diese Vorhersage erschien in seinem 1499 gedruckten Jahrbuch und fand eine riesige Verbreitung und Beachtung. Verschiedene Schriften erschienen dagegen, so des Albert Pighius von 1518, Augustus Niphus von 1519 und 1521, Scheubel und Tanstetter von 1523, die auf Grund der bisherigen Erfahrungen und der christlichen Einwände die Vorhersage bekämpften. Da sich aber in der Rechnung Stöfflers kein Fehler nachweisen ließ, so machte sein Hinweis, daß das Jahr 1524 sich durch viele, teils mittlere, teils wahre Zusammenkünfte auszeichnen, von denen 16 in wässrige Zeichen fallen, doch viele Leute stutzig und veranlaßte sie sich vorzusehen. Man bestürmte den Kaiser Karl V. in den Ländern durch Beamte solche Orte zu bezeichnen, wohin sich die Leute flüchten könnten. Die Bevölkerung an den Meeren wurde besonders ängstlich, verkaufte ihre Häuser und Möbel, um sich auf Schiffe zu retten. Auch auf dem Lande war die Angst nicht weniger groß. In Frankreich wurden einige Leute närrisch vor Angst. In Brandenburg versammelte sich der Markgraf mit seinem Hofe auf dem Kreuzberge bei Berlin, um den Unglückstag dort zuzubringen. Im ganzen westlichen Europa erwartete man mit Angst und Ungeduld den Monat. Und was geschah? Nicht ein Tropfen fiel. Vielmehr war der Februar außergewöhnlich trocken. Jedoch auch diesen Schlag konnte die Sterndeutung bald überwinden. Bereits nach wenigen Jahrzehnten bezeichnete Schwarzerd (Melanchthon) diese Stöfflersche Vorhersage als eingetroffen.

Neben diesen Vorhersagen gab es die Deutungen aus den Finsternissen, die gewöhnlich als Anzeichen des Todes eines Herrschers aufgefaßt wurden, und aus den Kometen, die in Anlehnung an eine dem Ptolemaios zugeschriebene Lehre nach ihrer Farbe und Aussehen in neun Gruppen geteilt und sowohl nach diesen Gesichtspunkten als auch nach der Richtung des Schweifes und ihrer Bewegung gedeutet wurden. Außer diesen einfachen Vorhersagen gab es auch solche auf Grund des Horoskops. Die Horoskope kamen erst mit dem anderen Wissen des Altertums im 11. und 12. Jahrhundert zur Kenntnis der Germanen. Bis dahin hatten sich ihre sterndeutigen Kenntnisse auf die Auslegung der Kometen und Finsternisse, auf die Kennzeichnung gewisser Tage des Jahres oder des Mondalters als günstig oder ungünstig unter Uebertragung ägyptischen und babylonischen Wissens, auf die Erforschung des Ausganges einer Krankheit mittels des »Scheibe des Pythagoras« genannten, gevierteilten Kreises beschränkt. Ueber volkstümliche Ansichten des Einflusses der Gestirne auf das Wetter und auf den menschlichen Körper wird noch zu reden sein. Zu erwähnen ist, daß sich aus der Scheibe des Pythagoras im Mittelalter das Glücksrad entwickelte. Die hohe Kunst der Sterndeutung, wie sie die Griechen und Araber betrieben hatten, kam erst im 11. und 12. Jahrhundert durch die Uebersetzungen aus dem Arabischen zur allgemeinen Kenntnis. Besondere Verbreitung fand die Einführung in die Sterndeutung des Abū-Maʿschar, die Einführung in die Sterndeutung des ʿAbdelʿazīz, die Schriften des Mā-šā-allāh über die Bedeutung der Finsternisse und der Zusammenkünfte, über die Befragungen, über die Bedeutung der Planeten, über die Lebensalter, ferner die Schrift des al-Kindī über die Wettervorhersage, ähnliche Schriften des Dorotheos, das Vierbuch des Ptolemaios, die dem Ptolemaios und dem Bethen zugeschriebenen hundert Sprüche, das Werk des Firmicus Maternus über die Gestirne, zu denen später ähnliche Werke des Vettius Valens und des Manilius traten. Die Fülle dieser Schriften im Verein mit der unbegrenzten Hochachtung, die man damals dem übernommenen Wissen entgegenbrachte, und der Umstand, daß die Anhänger des Augustinus außerstande waren, die Richtigkeit der Berechnungen oder Tafeln zu prüfen, bewirkten eine Wendung der Gelehrten zur Sterndeutung. Allerdings nur allmählich drang die neue Stellungnahme gegenüber der Sterndeutung durch. Noch im Jahre 1108 wurde dem Erzbischof Gerard von York von seinen Domherren das Begräbnis verweigert, weil man nach seinem Tode unter seinem Kopfkissen das Buch des

Firmicus gefunden hatte. Aber bereits im folgenden Jahre verstand Atelhart of Bath unter der Sternkunde die Wissenschaft, welche auf Grund ihrer Kenntnisse des Himmels ihren Jüngern die Kenntnis der Vergangenheit, Gegenwart und Zukunft auf der Erde verleiht, weil die Vorgänge am Himmel die Ursache der Vorgänge auf der Erde seien. Mit dieser Anschauung, die mehr oder weniger angefochten das Mittelalter hindurch vorherrschen sollte, mußte sich das Verhältnis der Sternkunde zur Sterndeutung von Grund auf ändern. Im frühen Mittelalter galt die Ansicht des Isidorus, daß die Sternkunde die Bewegung des Himmels und die Auf- und Untergänge, die natürliche Sterndeutung die Bewegung von Sonne und Mond und die Zeitrechnung umfaßt, dagegen aber die abergläubische Sterndeutung sich mit der Deutung der Bewegungen abgebe. Jetzt aber galt die Sternkunde nur noch als Dienerin der Sterndeutung. Der Sternforscher (astromonus) hatte die Bewegung der Gestirne zu erforschen, sowie Tafeln und Jahrbücher zu berechnen, damit der Sterndeuter (astrologus, häufig auch mathematicus genannt) auf Grund dieser Berechnungen den Zusammenhang zwischen Himmelserscheinungen und irdischen Geschehnissen untersucht und Künftiges vorhersagt. Dieses Verhältnis zwischen Sternkunde und Sterndeutung bestand bis zum 16. Jahrhundert. Als in der Mitte des 15. Jahrhunderts Peuerbach und Johann Müller durch Beobachtungen feststellten, daß die Oerter der Sterne nicht mit der Rechnung übereinstimmten, unterließen sie nicht zu betonen, daß Vorhersagen, die auf Grund unrichtiger Tafeln berechnet worden seien, unrichtig sein müßten. In Italien besonders errang die Sterndeutung ein großes Ansehen. Sie dürfte ihren Ausgang genommen haben von dem geistreichen Leben am Hofe Friedrich II., wo sich neben Christen auch Juden und Mohammedaner befanden und neben der Sterndeutung Zauberei und Erddeutung eine große Rolle spielten. Kennzeichnend für die italienische Sterndeutung war immer ihre enge Verbindung mit der Zauberei und mit der Erddeutung, die in den so sehr beliebten und noch jetzt gebräuchlichen Losbüchern ihren Ausdruck gefunden hat. In Italien war es, wo man sich nicht damit begnügte, die in der Bibel angedeuteten Zusammenhänge zwischen Geburt und Tod Christi und den Himmelserscheinungen als Bestätigungen der Sterndeutung anzusehen, sondern dazu überging, Geburt, Wirken und Tod Christi als Wirkung der Sterne darzustellen und der christlichen Kirche das Horoskop zu stellen. Damit mußte der Widerstand der Kirche herausgefordert werden; denn die Kirche hatte nichts dagegen, daß das

Leben MUHAMMEDS sterndeuterisch untersucht und daß dem Islam das Horoskop gestellt wurde. Aber dasselbe Tun auf den Gründer der christlichen Lehre und auf die Kirche selbst zuzulassen, hieß die von AUGUSTINUS aufgestellte und seitdem kirchlich befolgte Ansicht von der Allmacht Gottes umzustoßen. CECCO D'ASCOLI, der erste Vertreter dieser Lehre, wurde vor ein geistliches Gericht gefordert, für schuldig erklärt und im Jahre 1327 zu Florenz verbrannt. Trotzdem tauchten später ähnliche Berechnungen wieder auf, so durch LIGNANO († 1383). Die Anmaßung, mit der die Sterndeuter in Italien auftraten, sowie die Schriften ihrer Hauptvertreter PIETRO DE ABANO, GUIDO BONATTI und CECCO D'ASCOLI mußten ihre kirchlich gesinnten Gegner auf den Plan rufen, so daß man besonders in Italien von einer Bekämpfung der Sterndeutung sprechen kann. So versetzte DANTE den MICHAEL von Schottland und den GUIDO BONATTI in die tiefste Hölle, zu den Betrügern. PETRACA wandte dieselben Gründe gegen die Sterndeuter, wie sie bereits AUGUSTINUS gefunden hatte, daß durch die Sterndeutung die Allmacht Gottes in Zweifel gezogen werde, an und fuhr fort: »*Warum erniedrigt Ihr Himmel und Erde und narret vergeblich die Menschenkinder? Warum belastet Ihr die leuchtenden Sterne mit Euren nichtigen Gesetzen? Warum macht Ihr uns, die Freigeborenen, zu Sklaven der gefühllosen Sternenhimmel?*« Andere Gegner der Sterndeutung machten einen Unterschied zwischen begründeter und unbegründeter Vorhersage. Aber da die Kenntnisse fehlten, um die Sterndeutung wirklich bekämpfen zu können, so fand diese Unterscheidung höchstens in kirchlichen Kreisen Aufnahme. Andere machten es wie BENVENUTO DA IMOLA und erklärten: »*Gewiß gestehe ich, daß die Sterne nicht lügen; aber die Sterndeuter lügen gewiß hinsichtlich der Sterne.*« So dachte wohl auch DANTE, wenn er die Sterndeuter in die Hölle setzte, selbst aber den Einfluß der Sterne beachtete.

Ganz anders ging HEINRICH von LANGENSTEIN († 1397) vor. Er wandte sich gegen die Beunruhigung, welche die Deutungen des Kometen von 1368 und einer Zusammenkunft von 1374 hervorgerufen hatten. Er bestritt den Einfluß des Kometen, da es sich hier nur um einen von der Erde aufsteigenden Dunst handle, der nicht mehr zur Erde zurückkehre und wandte gegen die Deutung der Zusammenkunft ein: »*Man könne alles vorausberechnen. Es sei ein Zufall, wenn die Vorhersage eintreffe.*«

Ein besonders eifriger Gegner der Sterndeuter war PICO DELLA MIRANDOLA, gestorben am 17. November 1494 zu Florenz. Er führte gegen die Sterndeutung neben den kirchlichen Bedenken den Nachweis des Nichteintreffens der Vorhersagen ins Feld. So gibt er an, daß seinem Schwager Pino Ordelapho noch kurz vor seinem Tode von dem bekannten Sterndeuter Geronimo Manfredo ein langes Leben geweissagt worden sei. Die Wettervorhersagen hat Pico besonders beachtet und nachgeprüft. So berichtete er: »*Einen Winter lang beobachtete ich in meinem Landhause, in dem ich dieses Werk verfaßt habe, genau das Wetter der einzelnen Tage und hatte dabei die Angaben der Sterndeuter vor mir liegen. Möge das Schicksal mich strafen, wenn ich nicht die Wahrheit spreche: an mehr als 130 Tagen stellte ich meine Beobachtungen an und nicht mehr als 6 oder 7 Tage zeigten wirklich das Wetter, das ich in den sterndeutenden Büchern gefunden hatte. Ich glaube, mein Freund Pandolfo Collenucio .... wird sich wohl noch erinnern, wie wir zusammen in Bologna über die Vorhersage eines Sterndeuters gelacht haben, der uns gesagt hatte, wir hätten an einem bestimmten Tage einen ungemein starken Regen zu erwarten, während die Sonne ununterbrochen vom wolkenlosen Himmel niederstrahlte.*« Die Gewitter erklärte er nicht als Folge des Eintrittes der Sonne in den Widder, sondern als Wirkung des Zusammenprallens der von der Sonne zum Aufsteigen gebrachten winterlichen Feuchtigkeit mit der von der Sonne herabsinkenden warmen Luftmasse. Eine Einwirkung der Gestirne lehnte er auch deshalb ab, weil die Bewegungen der Planeten in so unermeßlichen Fernen vor sich gingen, daß sich daraus die Zukunft auf Erden nicht ableiten lasse.

Außerhalb Italiens fand die Sterndeutung keinen so günstigen Boden. Die Fürsten hielten sich wohl ihren Hofsterndeuter, um über das Schicksal ihrer Gegner, besonders aber ihrer Söhne und nächsten Verwandten unterrichtet zu sein und im Notfalle dem Schicksal helfen zu können; die Gelehrten stritten sich, inwieweit die Sterndeutung berechtigt sei oder nicht; das Volk hatte sich die uralten Regeln aus dem Neujahr das künftige Wetter zu bestimmen und den Mondeinfluß zu berücksichtigen angeeignet; die sterndeutenden Schriften waren sehr verbreitet; aber eine große Teilnahme an der Sterndeutung außer bezüglich der Wetterdeutung bestand nicht. In Paris war anscheinend Johann Dank der erste, welcher die Sterndeutung einführte und deshalb ein mit dem Jahre 1336 beginnendes Jahrbuch herausgab. Jean de Murs berechnete die Wirkung der Zusammenkunft von 1345. In Oxford war die Sterndeutung auf die Deutung der Zusammenkünfte und auf Wettervorhersagen gerichtet und spielte neben der Beschäftigung mit der Herstellung von Geräten und Tafeln anscheinend keine große Rolle. An den deutschen Universitäten sind Vorlesungen über die Sterndeutung nicht nachzuweisen; dagegen war die Krakauer Universität wegen ihrer vielen Vorlesungen über Sterndeutungen bekannt und aufgesucht. Noch mehr wurde die Sterndeutung an den italienischen Hochschulen gelehrt.

Die von Mirandola mitgeteilte Nachprüfung der Wettervorhersagen beweist, daß auch in Italien auf solche Wetterbeobachtungen Wert gelegt wurde. Die Wettervorhersagen haben bei den Germanen eine besonders große Rolle gespielt. Bereits eine englische Handschrift des 11. Jahrhunderts enthält lateinische Wetterregeln mit altenglischer Uebersetzung. Gleiche oder ähnliche Regeln in deutscher Uebersetzung lassen sich seit dem 14. Jahrhundert nachweisen: sie wurden im 16. Jahrhundert gedruckt, im 17. Jahrhundert ins Schwedische übersetzt und waren bis vor kurzem in Schweden, Deutschland und England noch in Geltung. Die Zahl der Auflagen der englischen und deutschen Ausgaben ist nicht nachweisbar; allein ein Sonnenscheinbuch erlebte in Schweden 42 Auflagen von 1662—1892. Die Wetterregeln betreffen die Vorhersage des Wetters des künftigen Jahres aus dem Wochentage des Jahresanfanges — Weihnachten oder Neujahr — und die Vorhersage der Gewitter aus der Tag- oder Nachtstunde des ersten Donners im Jahre oder auch im Monat — worüber 74 schwedische Auflagen in den Jahren 1738—1893 erschienen — oder in der Woche. Gelegentlich wurde auch Anderes als nur Gewitter und das Wetter aus dem ersten Donner geweissagt, wie auch in den Windbüchern und in den Sonnenscheinbüchern, welche aus dem Wehen und der Richtung des Windes und aus dem Sonnenschein an den 12 Tagen zwischen Weihnachten und Heiligen 3 Könige das Wetter, aber gelegentlich auch Anderes für die entsprechenden 12 Monate vorhersagen. All diese Regeln sind römisch-griechischen und selbst babylonischen Regeln sehr ähnlich.

Besondere Bedeutung erlangte die Regel von dem Einfluß des Mondes in den Zeichen. Noch jetzt ist bei den Bauern der Glaube weitverbreitet, daß man nicht säen oder ernten dürfe, wenn der Mond im Krebs stehe. Ebenso wird der zunehmende Mond für günstig erachtet, der abnehmende aber für ungünstig. Und über den Einfluß des Vollmondes als Wetteränderer sind sich doch alle Menschen bis weit in die Kreise der Gebildeten einig! Alle diese noch jetzt geltenden Regeln wurden im Mittelalter übernommen oder erhielten damals ihre jetzige Form.

Seit dem 13. Jahrhundert tritt die Beachtung des Wetters durch die Gelehrten auf. ROBERT GROSSETESTE (1175—1253) beachtet die Wettervorhersage. Im Jahre 1271 erwähnt ROBERT VON ENGLAND als Erfahrungstatsache, daß Mondfinsternisse einen schlimmen Einfluß auf die Saat ausüben. Am Ende des Jahrhunderts berücksichtigt LEOPOLD VON OESTERREICH, der auf Grund der Einführung des ABŪ-MAʿSCHAR ein Lehrbuch über die Sterndeutung verfaßte, besonders die Wetterdeutung. Im 14. Jahrhundert erfolgen bereits die Aufzeichnungen des Wetters für 1337—44 durch WILL DE MERLE zu Oxford. Aehnliche Beobachtungen, aber für längere Zeiträume treten erst ein Jahrhundert später auf, und zwar, wenn von der kurzen Beobachtungsreihe des MIRANDOLA abgesehen wird, anscheinend nur in Deutschland, wo die breitrandigen Jahrbücher des STÖFFLER bequemen Platz für Bemerkungen boten. Solche Beobachtungen sind noch vorhanden von KILIAN LEIB zu Rebdorf von 1513—31, von TURMAIR (AVENTINUS) von 1510—31, von dem Geistlichen PETER KRAFT zu Regensburg von 1503—29 und von einem Mainzer Beobachter von 1513—26. Die Aufzeichnungen des LEIB sind besonders wertvoll, weil er sorgfältig nachprüfte, ob die alten Bauernregeln und die Wettervorhersagen der Sterndeuter eingetroffen waren oder nicht, und aus der Sichtigkeit der Alpen eine Regel für das Eintreffen eines Wetterumschlages aufzustellen versuchte.

Außer dem Wetter wurden Ringe und Höfe um Sonne und Mond und Regenbogen beachtet und zu erklären versucht. DIETRICH von Freiberg gab zwischen 1304 und 1311 eine Erklärung des Regenbogens. ORESME erwähnte im 14. Jahrhundert die Nebensonne.

Eine andere zur Sterndeutung gehörende Angelegenheit beschäftigte auch die Gelehrten und führte zu eigenen Nachforschungen, nämlich die Lehre von Ebbe und Flut, die durch den Mond verursacht sein sollten und als augenfälliger Beweis für den Einfluß des Mondes auf das Wasser galt. Bereits BEDA zog bei den Seeleuten Erkundigungen ein. Heftig wurde im Mittelalter der Streit darüber, ob Ebbe und Flut durch die Anziehung des Mondes oder durch den Zusammenprall der Meeresströmungen, die um die Festländer herumlaufen und sich treffen, entstehen. Zahlen und neuere Beobachtungen wurden dabei aber nicht angeführt.

Sehr beliebt waren die volkstümlichen Verse, um den Einfluß der Planeten und der Zeichen auf den menschlichen Körper und auf das neugeborene Kind zu beschreiben. Dabei wurde den überlieferten Regeln gefolgt und jedem Planeten wie jedem Zeichen ein bestimmtes Glied zugeteilt, z. B. dem Widder der Kopf, um aus dem Stande der Planeten in den Zeichen die richtige Zeit zu Eingriffen und zur Behandlung abzuleiten. Die Vorhersage des Schicksals des Neugeborenen aus seiner Geburtsstunde war sehr häufig. Aus den häufig vorkommenden Merkversen konnte leicht jeder sein Schicksal aus seiner Geburtsstunde bestimmen. Nicht selten sind die Handschriften mit Abbildungen der Planeten und der zu ihrer Stunde Geborenen, sog. Planetenkinder, mit ihrem Berufe und Lebenslauf. Wußte jemand seine Geburtsstunde nicht, so ließ sich auch da Rat finden: die Buchstaben seines Namens wurden nach einer bestimmten Liste in Zahlen umgewandelt und die Summe der Zahlen durch eine bestimmte Zahl geteilt. Der Rest ergab den Stundenherrscher oder das aufgehende Tierkreiszeichen.

Gestirnungen selbst wurden wohl für Fürsten, aber nur selten für gewöhnliche Sterbliche berechnet. Sie erforderten doch den Gebrauch der Tafeln und eine nicht geringe Mühe. Das älteste Horoskop betrifft das Jahr 1186. Bis zum 14. Jahrhundert sind Horoskope sehr selten. Erst vom 15. Jahrhundert an werden sie häufig. Mit Rücksicht auf den großen Wert, welchen die alte Sterndeutung auf die Zeit der Empfängnis für die Geburtsdeutung legte, wurde die Zeit der Empfängnis mit Hilfe des Mondstandes zur Zeit der Geburt berechnet und berücksichtigt. Auch die bereits bei den Römern und Arabern vorkommende Aufstellung von Horoskopen für Städte oder Reiche lebte wieder auf. Seit dem 14. Jahrhundert lassen sich solche Horoskope für einige Städte nachweisen. Auch bei der Grundlegung von Mauern oder Kirchen wurden Horoskope berechnet. So ist noch an dem Kirchturm von Niederalteich eine große rote Marmortafel zu sehen, auf welcher das Horoskop zur Zeit der Grundsteinlegung des Turmes am 24. Juli 1514 verzeichnet ist.

Seit dem 14. Jahrhundert tritt in Italien die Sitte auf, aus dem Horoskop des Jahresanfanges die Ereignisse des künftigen Jahres vorauszuberechnen.

Auch die Herrscher konnten die Zutaten der Sterndeutung nicht entbehren. Der Reichsapfel der Kaiser verkörperte den Erdball. Der Krönungsmantel enthielt, wie früher der Mantel der karthagischen Herrscher des 6. Jahrhunderts v. Chr., der Nachfolger ALEXANDERS, der byzantinischen und römischen Kaiser, den Tierkreis oder wie der noch im Bamberger Dom aufbewahrte Krönungsmantel des Kaisers HEINRICH II., den ganzen Sternhimmel mit Sonne und Mond.

DIE GERÄTE

Die Geräte dienten zur Tageseinteilung für kirchliche, später auch für bürgerliche Zwecke, zum Unterricht und zur Beobachtung.
Ueber die Wasseruhren und ihre Hersteller ist nichts berichtet. Das Vorhandensein einer Urlogingazze in Köln beweist, daß Uhren, damals wohl Wasseruhren, vielleicht aber auch Gewichtsuhren, bereits handwerklich hergestellt wurden und zwar von mehr als einem Meister. Eine gewisse Nachfrage nach solchen Uhren mußte von seiten der Kirchen und Klöster bestehen, da die strenge Einhaltung der Gebetszeiten Pflicht war. Die Herstellung der Gewichtsuhren im 14. und 15. Jahrhundert geschah durch Kleinschlosser, von denen sich später die Uhrmacher absonderten. Diese Uhren als Standuhren für den Hausgebrauch oder in den Kirchen wurden aus Eisen hergestellt. Ihre Einteilung wurde bereits besprochen (S. 343—345). Die um 1430 für Philipp den Guten hergestellte Uhr, aus vergoldeter Bronze, zeigt verschiedene auffällige Verbesserungen, wie sie sonst erst 100 Jahre später auftreten. Sonnenuhren (siehe auch S. 345—349) wurden fast zuerst nur an Kirchen angebracht, und zwar nur senkrechte. Diese Sonnenuhren wurden fast immer auf Stein hergestellt, gelegentlich wurde eine Glättung der Fläche durch Mörtelüberzug vorgesehen. Der Schattenstab ist aus Eisen. Wagerechte, mehrflächige und ausgehöhlte Sonnenuhren gibt es erst seit dem 15. Jahrhundert. Sie bestehen aus Stein, Metall oder Holz. Besonders in Deutschland erreichte die Herstellung solcher Sonnenuhren eine solche Höhe, so daß sich diese Kunst und ihre Erzeugnisse von Deutschland aus allmählich verbreiteten wie gleichzeitig der Buchdruck. So war der aus Deutschland eingewanderte Arzt Reinhold in Frankreich wegen der Herstellung von Sonnenuhren berühmt. Desgleichen übertrug der Münchener Nikolaus Kratzer seine Kenntnisse nach Oxford, wo er um 1520 Professor der Astronomie war, und damit der Begründer der in England sehr beliebten Kunst, Sonnenuhren auf allen möglichen Flächen anzubringen, wurde. Tragbare Sonnenuhren (Horologium viatorum) sowie Säulchensonnenuhren herzustellen, wurde bereits im 11. Jahrhundert gelehrt. Auch mochten manche aufgefundenen römischen Reisesonnenuhren im Mittelalter noch benützt und nachgeahmt worden sein. Seit dem 15. Jahrhundert kommen Reisesonnenuhren als Klappsonnenuhren mit Kompaß und Polstab in der Form einer Seidenkordel vor. Die Sonnenuhren bestehen seit 1451 aus versilbertem Messing. Die ältesten Säulchensonnenuhren

wurden aus Holz mit Papierbezug oder aus Elfenbein mit eingeritzten Linien hergestellt. Die älteste erhaltene Sonnenuhr aus Elfenbein stammt vom Jahre 1455. Aus demselben Jahrhundert stammt die älteste erhaltene Ringsonnenuhr und die älteste Büchsensonnenuhr mit Kompaß, Sonnenuhr und Monduhr. Damit war die Grundlage gegeben für das im 16. Jahrhundert aufblühende Gewerbe der Sonnenuhrmacher, deren Erzeugnisse sich ihrer Art nach von den Vorbildern des 15. Jahrhunderts nicht entfernen, auch in der Ausführung nur selten, und zwar nur bei Meistern wie SCHISSLER und HABERMEL, die Vorbilder übertreffen. Als Mittelpunkt der Herstellung solcher Geräte darf Nürnberg angesehen werden, wo es bereits im 13. Jahrhundert zahlreiche Messingschmiede gab, von denen sich um 1442 das Gewerbe der Zirkelmacher abtrennte. Auf Nürnberg als Herstellungsort ist auch deshalb zu schließen, weil der Kardinal NIKOLAUS KREBS dort im Jahre 1444 Geräte kaufte, von denen zum mindesten das Türkengerät in Nürnberg hergestellt worden ist, ferner weil JOHANNES MÜLLER von Königsberg im Jahre 1471 die dort hergestellten Geräte, besonders die sternkundlichen, wegen ihrer Bequemlichkeit lobt und bereits um 1500 die Kompaßsonnenuhren von dort aus ganz Europa überschwemmen. Neben Nürnberg dürften auch andere Städte wie Wien und Bamberg in Betracht kommen, da über dort hergestellte Geräte berichtet wurde. Dagegen ist von französischen und englischen Orten nicht die Rede.

Zur Zeiteinteilung dienten auch Sternuhren, aus Pappe, Holz oder Metall hergestellt. In Deutschland gibt es viele Vorschriften zu ihrer Herstellung und Gebrauch seit dem 15. Jahrhundert. Außerhalb Deutschlands scheinen sie erst im 16. Jahrhundert bekannt geworden zu sein, so in England durch die Schriften des SEBASTIAN MÜNSTER von 1533 und durch das Gerät des Kölner VOLPEL von 1543.

Dem Unterrichte dienten außer den Abbildungen der Sternbilder, des Sternenhimmels und der Bahnen in den Büchern Geräte wie Himmelskugeln (S. 375) mit und ohne Sterne, aber mit den aufgetragenen Himmelskreisen, ferner Armillarsphären und die Bewegungsgeräte (S. 373). Die noch erhaltenen Himmelskugeln, aus dem Besitze des Kardinals KREBS sind sorgfältig ausgeführt und übertreffen weit die gleichzeitigen arabischen Himmelskugeln. Die große hölzerne Himmelskugel mit Gips- und Leinwandüberzug enthält die Sternbilder und Sterne aufgemalt, wobei die Sterne ihrer Größe nach unterschieden sind. Anscheinend wurde diese Himmelskugel nach der Vorschrift des PTOLEMAIOS hergestellt. Die kupferne Himmelskugel zeigt die Kreise und die Bezifferung eingeritzt und die Sterne eingebohrt. Ihre beiden Hälften sind »in einer erstaunlich feinen Naht verlötet«. »Die Lötfuge erreicht nur streckenweise die Breite von $^1/_{10}$ Millimeter, ist aber im übrigen viel schmäler und zuweilen kaum noch mit der Lupe aufzufinden.« Dieser hervorragend feinen Arbeit entspricht auch die Genauigkeit der Auftragung der wenigen Sterne, deren mittlerer Fehler für eine Breitenauftragung weniger als 0,75 mm beträgt, wobei in dieser Zahl noch der Fehler der Ablesung steckt.

Armillarsphären (vgl. S. 374) für den Unterricht kamen bereits im 11. Jahrhundert vor. Es gibt eine, wohl von WILHELM VON HIRSCHAU bearbeitete oder verfaßte Vorschrift zur Verwendung eines solchen Gerätes, auch zur Messung der Höhe der Sonne und der Sterne. Erhalten hat sich anscheinend nur die Armillarsphäre mit der Darstellung des Vor- und Rückwärtsschreitens nach THĀBIT und mit der Bewegung von Sonne und Mond. Es ist eine Arbeit des 15. Jahrhunderts, vermutlich süddeutsch. Dem Ende des 15. Jahrhunderts entstammt ein kleinee Messinggerät zur Darstellung der Bewegungen der Planeten innerhalb des Tierkreises, im Schloßmuseum zu Berlin, offenbar auch deutsche Arbeit. Aus der Himmelskugel mit den aufgetragenen 5 Hauptkreisen leiten sich Geräte ab, die ähnlich wie die Armillarsphäre zur Erlernung der Lage der Hauptkreise und der Pole am Himmel dienten. GERBERT stellte im 10. Jahrhundert für Lehrzwecke eine Halbkugel her, an deren Rande ein eiserner Halbkreis befestigt war, von dem aus Röhren zum Mittelpunkt gehen, um die Richtung zu den Polen und zu den 5 Hauptkreisen in der Mittagsebene anzugeben. Dieses Gerät wurde nach dem Bericht des RICHERUS in Reims benutzt. Die im Mittelpunkt zusammenstoßenden Röhren waren wohl kaum geeignet, die Lage der Kreise darzustellen. Deshalb entsprach höchst wahrscheinlich ein von WILHELM VON HIRSCHAU entworfenes und in einer späteren Ausführung auf uns gekommenes Regensburger Lehrgerät dem Lehrzweck mehr, indem es auf einer in der Meridianebene stehenden Scheibe die Abbildung der Hauptkreise auf die Ebene zeigte und durch Stifte, die im Mittelpunkt, im Nordpol und in den Endpunkten der 4 sichtbaren Hauptkreise angebracht waren, leicht die Lage der Hauptkreise und des Nordpunktes am Himmel erkennen ließ. Die aus dem 13. Jahrhundert stammende Nachbildung des wohl hölzernen Vorbildes, dessen Zeichnung aber aus dem Ende des 12. Jahrhunderts stammt, ist ein hervorragendes Kunstwerk und vergleichbar mit den sehr schön geschriebenen sternkundlichen Schriften und Tafeln der

Regensburger Schule und der Pariser Schule des 13. Jahrhunderts, den Schriften der Oxforder Schule des 14. Jahrhunderts, den Schriften und Sterntafeln des Johann von Gmunden, Peuerbach und Johann Müller des 15. Jahrhunderts.

Astrolabe und tragbare Quadranten dienten sowohl zur Zeitbestimmung, als auch zur einfachen sternkundlichen Beobachtung und zum Feldmessen. Diese Geräte wurden hauptsächlich nach arabischem Vorbilde hergestellt. Die ältesten Astrolabe waren arabisch; verschiedene der noch jetzt vorhandenen Astrolabe dürften schon im Mittelalter eingeführt worden sein. Auch gibt es Astrolabe, welche neben der arabischen eine lateinische Aufschrift zeigen, offenbar arabische Ausfuhrware. Auf diese Ausfuhrware bezieht sich wohl die Angabe eines in Cremona lebenden Gelehrten des 12. Jahrhunderts (Gherardo da Cremona?), daß die arabischen Astrolabe die Teilung der Zeichen in 3 Teilen zu 10°, die lateinischen aber in 6 Teilen zu 5° aufweisen. Obwohl es Vorschriften für die Herstellung von Astrolaben seit dem 11. Jahrhundert von der Hand des Hermann des Lahmen gab und die Lehrbücher des Hermann, Mā-šā-allāh, John Holywood, Johann von Gmunden und Christian Prachatitz sehr beliebt waren und im Unterricht viel benützt wurden, wie die zahlreichen Anmerkungen beweisen, so scheinen Astrolabe doch erst seit dem 14. Jahrhundert hergestellt worden zu sein. Die ältesten Astrolabe sind: vom Anfange des 14. Jahrhunderts in London, von 1342 von Mayer hergestellt in London, 3 vom 14. Jahrhundert in Oxford. Astrolabe des 15. Jahrhunderts sind nicht selten. Einige sind hergestellt von Hans Baumann aus Schmalkalden aus den Jahren 1484—87, dem wohl auch die mit h. b. bezeichneten Astrolabe von 1490 und 1491 zugeschrieben werden können, eines von Henricus von Holland; verschiedene sehr sorgfältig hergestellte Astrolabe scheinen aus Paris zu stammen, wenn die Aufschrift auf einer Einlegescheibe »48 Parisius« auf Paris als Herstellungsort zu deuten ist. Die Astrolabe gleichen meistens den üblichen arabischen. Gelegentlich gelten sie nur für einen Ort und besitzen keine Einlegscheibe. Die Rückseite enthält gelegentlich den Sinusviertelkreis oder andere auf den arabischen Astrolaben vorkommende Kurvennetze.

Quadranten sind auch seit dem 11. Jahrhundert, durch Hermanns Schrift, bekannt. In ihrer ältesten Form mit den Schattenkurven und mit dem beweglichen Läufer (cursor), der die Deklination der Sonne sofort zu entnehmen gestattet, waren sie dem Astrolab überlegen, bei dem man einer Tafel bedurfte. Ueber diese Quadranten schrieben John

Holywood und Robert (Johann) von England, dessen Beschreibung besonders verbreitet war. Im Gegensatz zu diesem Quadranten, welcher der alte Quadrant genannt wurde, stand der von Jakob ben Machir im Jahre 1288 beschriebene Quadrant, der nach arabischem Vorbilde die Zeit auch mit Hilfe der Sterne bestimmte. In den späteren Jahrhunderten schrieben über den Quadranten Johann von Gmunden, Peuerbach und Johann Müller von Königsberg.

Von beiden Arten von Quadranten sind einige Stücke aus dem 14. und 15. Jahrhundert auf die Gegenwart gekommen. So enthält das Mertoncollege in Oxford einen nach Machirs Vorschrift angefertigten Quadranten des 14. Jahrhunderts, ferner einige gewöhnliche Quadranten vom Jahre 1399 und vom 15. Jahrhundert; auch das Museum in Wien hat zwei gewöhnliche Quadranten des 15. Jahrhunderts sowie einen dem Kaiser Friedrich III. gehörigen Quadranten aus Elfenbein vom Jahre 1438. Seit dem Jahre 1231 ist durch die Uebersetzung des Wilhelm von England auch die Scheibe des al-Zarkālī zur Zeitbestimmung mit Hilfe von Sternen bekannt.

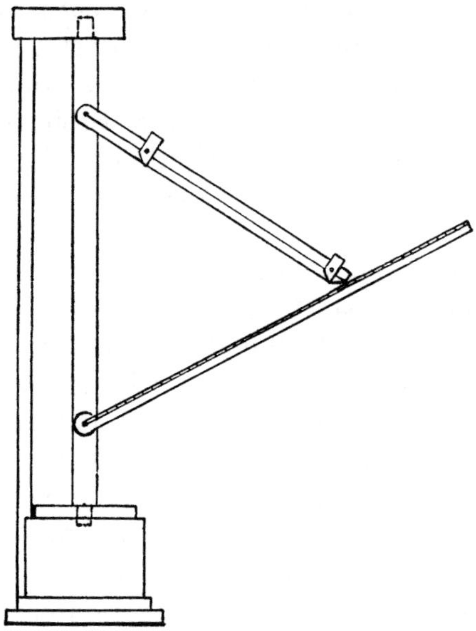

Bild 39. Dreistab (Regula Ptolemaei) des Joh. Müller von Königsberg

Diese Geräte wurden wohl auch zu Höhenbestimmungen, wie auch der selten erwähnte Halbkreis mit Lot und Lochblenden (Semissa), und zur Sternbeobachtung verwendet; aber genauere Beobachtungen ließen sich damit nicht machen. Dazu bedurfte es aufgestellter Geräte wie der ortsfesten Quadranten. Solche, von denen sich kein Stück erhalten hat, muß es seit dem 14. Jahrhundert gegeben haben. In Prag wurde im Jahre 1416 die Mittagshöhe von Aldebaran mit einem vierfüßigen, eisernen Quadranten, mit messingener Alhidade und Minuteneinteilung, zu 63° 26′ gefunden. Johannes Müller erwähnt unter den notwendigen Geräten ortsfeste Quadranten, nach der Vorschrift des Ptolemaios hergestellt. In Padua benützte er einen großen Quadranten, der waagerecht beweglich war, zur Höhenmessung von Sternen bis auf $\frac{1}{4}^0$ und $\frac{1}{2}^0$. In Nürnberg besaß er außer einem Astrolab einen selbstgefertigten, messingenen Dreistab (Bild S. 392) von 4 Ellen Länge und einen Jakobstab, dessen Länge wohl 6 Ellen betragen haben dürfte. Einen neuen Dreistab erhielt er 1472 aus Italien. Dreistab und Quadrat waren mit linearer Teilung versehen und gestatteten mit Hilfe der Tangententafeln eine Höhenmessung bis zu 1′. Ein Lot sorgte für die senkrechte Aufstellung. Mit solchen Geräten beobachtete BERNHARD WALTHER durch Jahrzehnte hindurch die Mittagshöhe und die tägliche Sonnenhöhe. Das Quadrat, das besonders durch PEUERBACH seine endgültige Gestalt erhielt, ist vor seiner Zeit erfunden worden. Bereits eine Handschrift des 11. Jahrhunderts enthält die Beschreibung eines solchen Gerätes.

(Aus einer Oxforder Hs. des XII. Jahrh.)

Bild 40. Mittelalterlicher Beobachter

Ein zirkelartiges Gerät mit verlängertem Griff zur Feststellung des Durchmessers der Sonnenscheibe zeigt eine Oxforder Handschrift des 12. Jahrhunderts (Bild 40).

LEVI BEN GERSON (1288—1344) erfand den Jakobstab zur Bestimmung des Durchmessers von Sonne und Mond, wohl nach Vorbild eines ähnlichen Gerätes des HIPPARCH. Auf einem geteilten Lineal waren zwei senkrechte Stäbchen mit Ansätzen verschiebbar, von denen das dem Auge nähere kleiner ist. Durch die Verschiebung des einen Stäbchens wird der Durchmesser und Höhe von Sonne und Mond sowie die Breite eines Sternes gemessen und damit die Stunde des Tages und der Nacht bestimmt. Eine Unterteilung der Teilung war bei dem Jakobstab des GERSON, wie auch bei dem von MÜLLER benützten nicht vorhanden. Erst in späterer Zeit wurde die Schrägteilung angebracht. Diese Feinteilung soll aber PEUERBACH und MÜLLER bereits bekannt gewesen sein. MÜLLER hat für den damals allgemein bekannten Jakobstab eine Tangententafel berechnet und dadurch den Gebrauch dieses Stabes sehr erleichtert.

Dreistab, Jakobstab und Quadrat waren Geräte, bei denen der Winkel nicht aus einer Kreisteilung abgelesen, sondern aus einem Dreieck mit Hilfe zweier Seiten berechnet wurde. Diese Geräte wurden gewöhnlich aus Holz hergestellt. PEUERBACH zog für das Quadrat eine Metallplatte vor. Der Dreistab war mit einer senkrechten Achse versehen und waagerecht drehbar gemacht, aber wohl ohne Kreisteilung und ähnelte dem

Gerät von Marāga, was wohl auch für den Quadranten in Padua galt. Bei den Geräten mit linearer Teilung war die Bezifferung der Teilung so eingerichtet, daß die geschätzte Ablesung ganze Zahlen ergab. Deshalb entsprachen die kleinsten, durch Striche dargestellten Einheiten beim Dreistab 100, beim Quadrat 20 und beim Jakobstab 50 Teilen. Beim Dreistab wurden diese Einheiten von WALTHER schätzungsweise bis zu $^1/_{10}$ untergeteilt.

Anscheinend nur von WALTHER benützt und angewendet wurde die ortsfeste Armillarsphäre mit 2 beweglichen Längenkreisen, zum Beobachten nach der Vorschrift des PTOLEMAIOS. WALTHER hatte das Gerät nicht aus MÜLLERS Nachlaß gekauft, sondern für sich herstellen lassen, wohl 1488 oder vorher.

Wenig gebraucht waren das Türkengerät und das Gerät des WALLINGFORD. Das Türkengerät (turketum) wurde von einem Magister FRANCO DE POLONIA, worunter ein Magister FRANK aus der in Schlesien und Polen eingewanderten deutschen Bevölkerung zu verstehen ist, im Jahre 1284 erfunden, vermutlich in Paris. Wie schon sein Name besagt, hat ein türkisches, also arabisches Gerät als Vorbild gedient, wohl das von DSCHĀBIR um 1100 erfundene, aber nicht benannte Gerät, von dem es sich aber in folgenden Stücken unterschied: Es besaß nicht Achsendrehung, sondern Kantendrehung; ferner verwendete es Kreisbogen und nicht den Dreistab, außerdem sind die von den Bezugsebenen gebildeten Winkel unveränderlich. Auf einer äquatorwärts gestellten Platte bewegt sich ein Block, der die in der Tierkreisebene liegende Scheibe trägt, auf welcher Scheibe ein Ständer mit Höhenkreis und Breitenkreis steht. Ein solches Gerät hatte der Kardinal KREBS im Jahre 1444 in Nürnberg gekauft, wo es um 1430 aus Messing hergestellt worden war. Verschraubungen kommen nicht vor, sondern nur Verlötungen und Vernietungen bei dauernder Verbindung und Befestigung durch Lochzapfen mit Vorsteckkeilen bei beweglicher Verbindung. Die Gradteilung der verschiedenen Scheiben ist recht genau. Von dieser Zeit an erfreute sich das Türkengerät einer großen Beliebtheit, wie aus den zahlreichen Schriften der MÜLLER, BIENEWITZ, SCHÖNER und anderer Forscher des 15. und 16. Jahrhunderts hervorgeht. Im Jahre 1499 stellte GEORG NABBURG, Mönch des Benediktinerklosters Reichenbach solche Geräte her. Ihre Nachteile: Kantendrehung statt Achsendrehung, und leichtes Kippen des oberen Teiles führten dazu, daß sie auf BRAHES Einfluß hin aus der Reihe der Beobachtungsgeräte verschwanden. Dafür waren sie noch einige Jahrzehnte im Unterricht beliebt. Als besonders schöne Geräte dieser Art sind die des Erasmus Habermel, um 1600, zu nennen.

Richard von Wallingford erfand im Jahre 1326 ein von ihm Rectangulum genanntes Gerät für Höhenmessungen am Himmel, das aber außerhalb Oxfords nicht bekannt geworden zu sein scheint.

Als Maßeinheiten am Himmel galten außer Stunde und Grad mit ihren Unterteilen bei kleinen Abständen der Finger (digitus), etwa gleich $3\frac{1}{3}'$ und 1 Handbreit (palmus) etwa $13\frac{1}{3}'$, ferner die Angaben nach Zoll (digitus), von denen 12 einer Mondbreite entsprechen, bei Finsternissen.

Die Sonne wurde anscheinend ohne Rauchglas beobachtet und zwar, um eine Schädigung des Auges zu vermeiden, durch ein Loch. Diese Lochbeobachtungen waren im 10. und 11. Jahrhundert bekannt. Um das Jahr 1170 empfahl Roger of Hereford die Beobachtung nicht der Sonne selbst, sondern ihres Lochbildes bei Sonnenfinsternissen und im Jahre 1285 tat Guillaume de St. Cloud das Gleiche. Levi ben Gerson erfand die Dunkelkammer zur Beobachtung von Sonne und Mond bei Finsternissen und zur Messung ihrer Durchmesser.

Fernrohre gab es im Mittelalter nicht, dagegen einfache und zusammenschiebbare Sehrohre, wie die vom Jahre 900 und 1241 und das von Gerbert um 996 benützte Rohr. Linsen wurden nur für Brillen verwendet. Bacon entwarf den Strahlengang für eine kugelige Linse. Seit dem 15. Jahrhundert wurden Uhren, wie S. 361 schon erwähnt, zum Beobachten benützt.

Im 11.—12. Jahrhundert hatten die Germanen die Magnetnadel kennen gelernt, die bei ihnen zu einem brauchbaren Werkzeug wurde. Man ging von der nassen Aufhängung zur trocknen auf einer Nadelspitze über und machte sie dauernd magnetisch. Durch den Einbau der Nadelbüchse in ein Gefäß mit Kreisteilung wurde sie als Kompaß ein unentbehrliches Hilfsmittel für die Schiffahrt. Während sie in Asien an Bedeutung verlor und bald in Vergessenheit geriet, benutzten die Germanen sie zur Herstellung ihrer Seekarten. Im 15. Jahrhundert ist die Mißweisung der Magnetennadel bekannt und wird in den Kompassen berücksichtigt. Damit kann die Magnetnadel bei den sternkundlichen Geräten die zeitraubende Festlegung der Mittagslinie ersparen. Bemerkenswert ist die Schrift des Pierre de Maricourt vom Jahre 1269 über den Magneten, wo er außer einer Beschreibung des Magneten den Vorschlag macht, seine Kraft als perpetuum mobile zu verwenden.

Die geistige Aneignung der übernommenen und die Erfindung neuer Geräte scheint nicht dauernd, sondern sprungweise vor sich gegangen zu sein. So erfolgte im 11. Jahrhundert die Bekanntschaft mit dem Astrolab, Quadrant, Himmelskugel, Armillarsphäre, Säulchensonnenuhr, ferner die Erfindung des Lehrgerätes. Das 13. Jahrhundert zeichnet sich durch besondere Erfindungen aus: Gewichtsuhr, Brille, Türkengerät, Verwendung des Magneten als Kraftmaschine, Neuer Quadrant des Jakob ben Machir. Im 15. Jahrhundert ist es die Erfindung der Ringsonnenuhr und des Polstabes, welcher in Verbindung mit dem Kompaß der Sonnenuhr die für die Folgezeit maßgebende Form geben soll; ferner die umwälzende Erfindung des Buchdruckes.

Gab es im Mittelalter Sternwarten? Diese Frage ist zu verneinen, wenn man unter Sternwarten Gebäude versteht, die einzig und allein für die Beobachtung von Sternen bestimmt sind und die außer tragbaren Geräten auch ortsfeste enthalten. Solche Sternwarten kennt das Mittelalter nicht. Es wird vielmehr so gewesen sein, daß die Sternforscher die Erlaubnis hatten, ihre Beobachtungen auf Türmen anzustellen, damit sie ungestört vom Rauch und Lärm der engen Straßen arbeiten konnten. In Oxford war es wahrscheinlich ein Brückentor, von dem aus Bacon die Sterne beobachtet hat; in Wien wird der Turm des herzoglichen Kollegiengebäudes, am Orte der jetzigen Jesuitenkirche, den Peuerbach und Müller zur Beobachtung gedient haben, wie einige Jahrzehnte später den Stab und Tanstetter. In Kloster Reichenbach wird der Mathematische Turm den Sternforschern unter den Klosterbrüdern die Beobachtungsstätte gewesen sein. Von einer Sternwarte des Johannes Müller und Bernhard Walter in Nürnberg ist nichts bekannt.

GELEHRTE UND UNTERRICHT

Das mittelalterliche Geistesleben, besonders in den Wissenschaften, kennzeichnet sich durch die Uebernahme und Aneigung fremden Wissens. Deshalb spielt der Unterricht die Hauptrolle. Von selbstschaffenden Gelehrten und von Arbeitsstätten für Forschungen ist im Mittelalter kaum die Rede. Als Übermittler des römischen Wissens, das vor dem arabischen und griechischen Wissen an die Germanen herangebracht wurde, kam nur die christliche Kirche in Betracht. Bereits in den ersten Jahrhunderten der Bekehrung der Germanen sind Klöster als Unterrichtstätten eingerichtet worden. Der Unterricht war zunächst nur für die Insassen der Klöster bestimmt. KARL der Große sah in seinem Erlaß vom Jahre 789 Stiftsschulen, Klosterschulen und Pfarrschulen als allgemeine Volksschulen, ohne Schulgeld, vor. Jedoch ist dieser Plan wohl nicht zur Ausführung gekommen. Dagegen ist die Gründung wichtiger Klosterschulen wie die von Mainz, Tours und Reims mehr oder weniger eine Folge des kaiserlichen Erlasses gewesen. Die älteste Klosterschule dürfte die im 7. Jahrhundert in Canterbury errichtete sein; dann folgte die Schule von York, deren Vorsteher ALKWIN (ALKUIN, ALBINUS, 735—804) war. Wegen seiner großen Gelehrsamkeit wurde er von KARL dem Großen in Erziehungssachen oft befragt und wohl seinem Einflusse sind die Bildungsbestrebungen am kaiserlichen Hofe zuzuschreiben. ALKUIN leitete von 796 als Abt von Tours die dortige Klosterschule von St. Martin. In dem nächsten Jahrhundert sind hohe geistliche Würdenträger als Vorsteher von Schulen anzutreffen. So war Bischof THEODOLF Leiter der Domschule zu Mainz im Jahre 799, REMIGIUS von Auxerre war im Jahre 875 Leiter der nichtklösterlichen Schule von Paris, aus der später die Universität hervorging; GERBERT, später Papst SYLVESTER II., † 1003, war ein berühmter Stiftslehrer zu Reims.

Außer den bereits genannten Schulen spielten auch die folgenden Schulen eine Rolle in der Geschichte der Wissenschaft, besonders der Sternkunde: die Klosterschule zu St. Gallen und ihre Tochtergründung in Speyer, die Klosterschulen St. Emmeram in Regensburg, St. Peter in Salzburg, auf der Insel Reichenau und in Chartres.

Der Unterricht in den Klosterschulen war in erster Linie zur Erziehung von jungen Geistlichen bestimmt. Deshalb war die Gottesgelehrsamkeit das Hauptziel der Schule, zu der die Kenntnis der anderen Wissenschaften nur den Unterbau abgeben sollten. Die anderen Wissenschaften, 7 an der Zahl, wurden in zwei Gruppen unterschieden: in das Trivium: Grammatik, Rhetorik und Dialektik und in das Quadrivium: Arithmetik, Geometrie, Sternkunde und Musik. Von diesen Wissenschaften wurde die Sternkunde bald die wichtigste, wegen ihrer überragenden Stellung in dem Geistesleben des Altertums.

Zum Unterricht in der Sternkunde dienten die Lehrbücher des ISIDORUS, ferner die Schriften BEDAS über Zeitrechnung und Naturgeschichte, die verschiedenen vom Jahre 737 bis zum 10. Jahrhundert erscheinenden Lehrbücher der Zeitrechnung, ferner ein Lehrbuch, das im 8. Jahrhundert wohl von AELBERT, Leiter der Yorker Schule und

Lehrer des ALKUIN, verfaßt und im Jahre 810 in Salzburg umgearbeitet wurde. Dieses Lehrbuch enthält in seinem ersten Teil Auszüge aus BEDAS Schriften, in seinem zweiten Teil aber Auszüge aus römischen Schriftstellern wie PLINIUS und GERMANICUS und brachte dadurch unmittelbar römisches Wissen zur Kenntnis der Schüler. Der Unterricht in der Sternkunde betraf in York im 8. Jahrhundert die kirchliche Osterrechnung, die Lage der Hauptkreise am Himmel, Auf- und Untergang der Sterne, die Bewegung von Sonne und Mond, die Kenntnis der anderen Planeten, die Bewegung der Luft, des Meeres und der Erde (Erdbeben). Ganz ähnlich war der Unterricht im 10. Jahrhundert in Speier und in Reims. Hier brachte GERBERT die Neuerung, daß er zur leichteren Erlernung der Hauptkreise am Himmel sein schon erwähntes Gerät mit den Röhren und zur Erlernung der Lage der Planeten zu den Sternen eine Armillarsphäre mit einem beweglichen Tierkreis herstellte. Welchen Wert man in Reims damals auf die Sternkunde legte, geht daraus hervor, daß RICHERUS, Schüler des GERBERT, in seinem Bericht über den Schulbetrieb allein der Sternkunde 47 Zeilen, dagegen allen anderen Wissenschaften nur 33 Zeilen widmet. In der Herstellung von Geräten hatte GERBERT einen Vorgänger in dem Abte BURKARD II. von St. Gallen.

Die Art des Unterrichtes geht hervor aus den vielen noch erhaltenen Merkversen, teils um die Zeitrechnung zu erlernen, teils um die Lage der Sternbilder, der Zeichen oder der Planeten kennenzulernen, Versen wie sie aus spätrömischer Zeit überliefert sind, und aus den Schriften, die nur aus den Fragen des Lehrers und den Antworten des Schülers bestehen. Richtige Lehrbücher waren wohl nur den Fortgeschrittenen vorbehalten. Die Lehrer selbst unterrichteten und halfen sich im wissenschaftlichen Briefwechsel gegenseitig und legten sich Fragen vor. Bekannt ist der wissenschaftliche Briefwechsel GERBERTS mit KONSTANTINUS, ADELBOLDUS von Utrecht, REMIGIUS von Reims. Daran schließt sich zeitlich der Briefwechsel des RADOLF von Lüttich mit REGIMBOLD von Köln, sowie des MEINZO von Konstanz mit HERMANN DEM LAHMEN.

Seit dem 9. Jahrhundert wurden auch römische Schriftsteller in dem Unterricht gelesen, so HYGINUS, MACROBIUS und CAPELLA. Große Beachtung fanden die lateinischen Uebersetzungen aus dem Arabischen, zuerst die Schriften über die Geräte, wie Astrolab, Quadrant und Himmelskugel. Sie dienten als Vorlagen zu Schriften von HERMANN DEM LAHMEN und WILHELM von Hirschau, die deutlich für den Unterricht bestimmt sind. Die vielen Anmerkungen, die sich in den von St. Emmeram und St. Peter stammenden Abschriften befinden, deuten auf die Beliebtheit dieser Schriften hin. Seit dem 12. Jahrhundert kommt eine Fülle von Schriften in die Schulen: Schriften über die Sterndeutung, Tafeln, Uebersetzungen und Auslegungen der Schriften des ARISTOTELES und PTOLEMAIOS. Dieses reiche Wissen zu verarbeiten, waren die meisten Klöster außerstande, zumal kriegerische Unruhen schon vorher in manchen Stiften wie St. Gallen das wissenschaftliche Streben unterdrückt hatten. Nur wenige Klöster blieben auf der Höhe und bewiesen durch Arbeiten ihrer Lehrer oder durch zahlreiche Anmerkungen in den eingeführten Handschriften ihre geistige Mitarbeit. Zu diesen Klöstern gehörten Chartres und Regensburg.

In den Klosterschulen entstanden Werke wie das Abbild der Welt von HONORIUS und die beiden Werke über die Sternkunde des GUILLAUME DE CONCHES (1080—1150). Aehnlich in der Verarbeitung des überkommenen Wissens ist die Enzyklopädie des Sachsen ARNOLD, die zwischen 1220 und 1230 abgefaßt wurde. Sie enthält zahlreiche Aeußerungen antiker Schriftsteller aneinandergereiht, aber nicht gegenübergestellt. Die Klosterschulen konnten den Wettbewerb mit den nunmehr auftretenden Hochschulen nicht aufrechterhalten. Solche Hochschulen, die nur zum Teil auf örtliche Schulen zurückgehen, zum Teil Neuschöpfungen waren, sind die Schulen von Salerno, von Montpellier, von Paris, die im Jahre 1226 von FRIEDRICH II. gegründete Schule zu Neapel, von Oxford 1247, von Prag 1348, von Wien 1365, von Heidelberg 1386, von Köln 1388 und von Erfurt 1392, um nur die vor dem 15. Jahrhundert gegründeten zu nennen. Ihr Zweck war, wie bei den Klosterschulen, in erster Linie die Vorbereitung zum Gottesgelehrten, weshalb die Beschäftigung mit den allgemeinen Wissenschaften nur als Vorstufe galt. Demgemäß mußte die philosophische Fakultät (Fakultät der freien Künste) jeder durchlaufen, der später in die Theologische Fakultät eintreten und dort den Doktortitel erwerben wollte. Das Studium in der Philosophischen Fakultät mußte gemäß den Pariser Vorschriften mindestens acht Jahre dauern und wurde mit dem Titel Magister artium beendet, der nicht vor dem 35. Lebensjahr erworben werden konnte. Daran schloß sich ein theologisches Studium an. Später wurde die Bestimmung erleichtert; so konnte JOHANN VON KÖNIGSBERG bereits mit 20 Jahren Magister werden. Zu diesen beiden Titeln kamen noch die Titel Baccalaureus und Lizenziat hinzu. Diese Grade, die auch auf die beiden außerhalb stehenden

Fakultäten des Rechts und der Heilkunde übernommen wurden, haben sich noch bis zur Gegenwart erhalten. Die angelsächsischen Länder haben noch die Grade Baccalaureus, Magister und Doktor, die je nach 4, 1 und 2 Jahren erreicht werden. Die nordischen Länder haben den Kandidaten, Magister, Lizenziaten und Doktor, wobei der Doktor nur nach langjährigem Studium erreicht wird und zugleich das Recht zum Abhalten von Vorlesungen in sich schließt. In Deutschland ist nur der Doktor übrig geblieben. Dafür wird eine besondere Prüfung für das Recht zum Abhalten von Vorlesungen verlangt.

Im Mittelalter gab es innerhalb der artistischen Fakultät keine Trennung nach Fächern. Es konnte also derselbe Lehrer sowohl über Logik, als auch über römische Dichter und Sternkunde vortragen. Die Vorlesungen fanden in bestimmten Gebäuden statt. Nur ausnahmsweise durfte ein Lehrer in seiner Wohnung vortragen.

Lehrstühle für Sternkunde gab es nicht, falls sie nicht auf besonderer Stiftung beruhten, wie der nach dem früheren Professor Stobner benannte Lehrstuhl der Sternkunde (Astrologie) an der Universität in Krakau oder wie einige Lehrstühle der Sterndeutung an italienischen Universitäten, deren älteste Lehrstühle die in Bologna von 1125 und in Padua vom 13. Jahrhundert sein sollen. In Bologna befahl die Verordnung vom Jahre 1404 dem Vertreter der Sterndeutung jedem Studenten innerhalb eines Monates auf Wunsch ein Horoskop zu stellen und eine Vorhersage für das Jahr öffentlich niederzulegen. Nichtbefolgen des Befehles wurde mit Geld bestraft. Diese Vorschrift wurde über ein Jahrhundert befolgt. Von Dominicus Maria de Novarra, dem Lehrer des Koppernik, haben sich solche Jahresvorhersagen noch erhalten.

Der Unterricht an den Hochschulen bestand in der Durchnahme eines Lehrbuches durch den Magister zusammen mit seinen Schülern (Bild 41). Nur gelegentliche Anmerkungen des Lehrers oder Schülers in den überlieferten Handschriften, gelegentliche Einfügung eines Abschnittes oder eines Beispieles, wodurch der Lehrstoff an die Gegenwart oder an den Ort der Hochschule angepaßt wurde, beweisen, daß es sich dabei nicht nur um das Vorlesen des betreffenden Werkes handelte. Zu bedeutenden Werken, denen eine besondere Vorlesung gewidmet war, wie der Schrift des Aristoteles über Himmel und Erde, der Sternkunde des Holywood, der Lehre von der Planetenbewegung des Gherardo da Sabbionetta, wurden vollständige Erklärungen verfaßt und auch diese wieder ausgelegt. Als grundlegendes Lehrbuch der

Sternkunde galt das im Jahre 1244 verfaßte Werk (sphaera) des John Holywood, das die 9 Himmel, die Erdkugel und die 4 Urstoffe, sowie die Hauptkreise am Himmel, die Bahn der Sonne, die Wärmegürtel

(Holzschnitt aus Libro di abaco 1525)

Bild 41. Mittelalterlicher Unterricht

und die Finsternisse beschreibt und durch Figuren erklärt. Es hat eine außerordentliche Verbreitung gefunden und wurde noch im Mittelalter ins Deutsche, Englische, Französische, Italienische, Spanische und Hebräische übersetzt. Viele Hunderte von Handschriften sind noch vorhanden. Gedruckt erlebte das Buch mit samt seinen Erläuterungen 144 Auflagen. Es wurde als Lehrbuch in Deutschland,

Holland und England noch im 17. Jahrhundert verwendet und vermochte einem FLAMSTEED eine solche Begeisterung für die Sternkunde einzuflößen, daß er sich entschloß, sich dieser Wissenschaft zu widmen. Es gab mehr als 50 Auslegungen: die des ROBERT von England aus dem 13., HEINRICH von Simburg, KONRAD von Megenberg und CECCO D'ASCOLI aus dem 14., MARTINUS DE LANCICIA und PROSDOCIMO DE BELDOMANDI († 1428) aus dem 15., CORNELIUS ADRIANSENS, HARTMANN BEIER, M. MARTINUS, CHR. MEIER, PETER ROST und CHR. SILBERHORN aus dem 16. Jahrhundert. Neben dieser Sternkunde sind die ähnlichen Werke des ROBERT GROSSETESTE, des CAMPANUS von Novarra, des BARTHOLOMÄUS DA PARMA (1297), des ANDALÒ DI NEGRO zu nennen. Außer der Sternkunde, der Lehre von den Bewegungen und der Zeitrechnung, wurden auch besonderen Geräten, wie Astrolaben und Quadranten, sowie den Tafeln Vorlesungen gewidmet.

Im 14. Jahrhundert herrschte reiches geistiges Leben an den Hochschulen zu Paris und Oxford. Aber bereits am Ende des Jahrhunderts läßt die geistige Spannkraft nach. Im folgenden Jahrhundert ist von irgendwelchen Leistungen in Paris und Oxford nicht die Rede, dagegen gilt Wien als der Mittelpunkt der Sternkunde und auch manche italienischen Hochschulen haben einen guten Ruf. Zum größten Teil dürfte diese Veränderung durch die Art des Unterrichtes und der Anforderungen, welche man bei Erteilung der Titel stellte, verursacht sein. In Paris verlangte man für den Lizentiaten nur den Nachweis, daß der Baccalaureus einige mathematische Vorlesungen gehört habe; man begnügte sich mit dem Eide. In Wien dagegen, das bald die bedeutendste deutsche Hochschule werden sollte, mußte das Hören bestimmter Vorlesungen sowohl beim Baccalaureat als auch beim Lizentiat nachgewiesen werden. So wurden für das Baccalaureat die Vorlesungen über die Sternkunde (Sphaera) und einige mathematische Vorlesungen, für das Lizentiat die Bewegungslehre, Euklid und noch Bücher über Musik und Arithmetik verlangt. Aehnlich war es an anderen deutschen Universitäten. Man forderte, daß der Student bestimmte Vorlesungen vollständig gehört hat und begnügte sich nicht mit einem Eide. Von den Wiener Hochschullehrern sind besonders zu nennen JOHANN von Gmunden, PEUERBACH und KÖNIGSBERG. JOHANN von Gmunden, 1442 als Domherr zu Wien gestorben, war offenbar der Vertreter der alten Schule, ein Fortführer des Wissens des 14. Jahrhunderts und in seinem Kalender für die Jahresfolge 1439—1515 das Vorbild für künftige Kalender schaffend, dabei für Geräte interessiert und seine Schüler, wie GEORG PRUNER, zum Beobachten und Herstellen von Geräten anregend. PEUERBACH und MÜLLER waren Vertreter der neuen Geistesrichtung, die sich durch das Wiederaufleben des Altertums kennzeichnete. PEUERBACH will das Altertum wieder erwecken und hält mehr Vorlesungen über Horaz und Ovid als über seine Fachgegenstände. Dabei kommt zu seiner Zeit die Sonnenuhr mit Polstab und Kompaß auf, desgleichen auch der Umschwung im Beobachten. Beim HALLEYschen Kometen von 1456 wird der Ort genau bestimmt und ebenso tritt an Stelle eines mehr zufälligen Beobachtens die planmäßige Beobachtung zur Nachprüfung der Tafeln, zugleich auch der Versuch, das Handbuch des PTOLEMAIOS aus dem Griechischen zu übersetzen und in einem Auszuge herauszugeben. Vollenden sollte dies sein Schüler JOHANN MÜLLER von Königsberg, der nur kurze Zeit in Wien lehrte, mehrere Jahre in Italien zubrachte, dann nach Ungarn und später nach Nürnberg zog, wohl weil er bei der damaligen Spaltung des Lehrkörpers der Wiener Universität in Junge und Alte nicht hoffen konnte, mit seinen Ansichten durchzudringen. Nach dem Tode PEUERBACHS und dem Wegzuge KÖNIGSBERGERS behielt die Wiener Universität ihre führende Stellung nicht bei; immerhin hatte sie noch einen Ruf in der Herstellung von Geräten und war neben Tübingen die einzige deutsche Universität mit tüchtigen Vertretern. Um diese Zeit hatte Krakau großen Ruf als mathematische Universität. Viele junge Leute gingen dorthin, auch aus nicht polnischen Ländern, wie NIKOLAUS KOPPERNIK, JAKOB KÖBEL, JAKOB von Würzburg, JOHANN VOLLMAR († 1536) aus Villingen, später Professor in Wittenberg, und MARKUS SCHINAGEL, später Geistlicher in Landsberg. Die noch vorhandenen Vorlesungshefte zeigen gegenüber den Vorlesungsheften von Tübingen und Wien ein ganz besonderes Ueberwiegen der Sterndeutung und erklären damit die Bezeichnung der Krakauer Universität als »mathematischer Universität«. Die zahlreichen Vorlesungen über die Sterndeutung, die von 1480—1510 etwa gehalten wurden, hauptsächlich von JOHANN von Glogau, zeichnen sich durch eine Eigentümlichkeit vor ähnlichen Vorlesungen aus; sie sind nichts anderes als eine Anhäufung von Auszügen aus allen möglichen Schriften über Sterndeutung und zeigen eine ganz merkwürdige Einteilung, wobei die Ausdrücke für Abschnitte, Unterabschnitte usw. andauernd wechseln. Da diese Eigentümlichkeiten in den Vorlesungsheften verschiedener Jahrzehnte vorkommen, so können sie nicht dem Nachschreiber zur Last gelegt werden, sondern müssen eine Eigenart der Krakauer Schule gewesen sein. Neben der

Sterndeutung traten die anderen Gegenstände der Vorlesung wie Geräte, Bewegungslehre, die aus den Oxforder Tafeln umgerechneten Krakauer Tafeln und die Kalender zurück. ALBERT DE BRUDZEWO († 1495), der bedeutendste Gelehrte, scheint sich seit 1487 nicht mehr mit der Sternkunde abgegeben zu haben. Er schuf eine sehr freie Auslegung zu PEUERBACHS Bewegungslehre. Seine sonstigen Schriften betreffen die Sterndeutung und Tafeln dafür.

In Italien nahmen die Hochschulen wohl nicht so sehr an dem Kampfe zwischen dem aristotelischen und ptolemäischen Weltgebäude, wie er in Paris entbrannt war, teil. Im 14. Jahrhundert waren es die Zusammenkünfte und die Deutung ihrer Folgen, welche die Geister bewegte. Dabei beteiligten sich JOHANNES DE GENUA, BARTHOLOMÄUS DE PARMA, PIETRO D'ABANO († 1316) und BIAGIO PELACANI († 1416). Im 15. Jahrhundert hielt die Begeisterung für die Sterndeutung an. Daneben beschäftigte man sich mit der Aufstellung geeigneter Tafeln, von denen besonders die des JOHANNES BIANCHINI zu nennen sind. TOSCANELLI hat, obwohl Sterndeuter und anscheinend nicht zu einer Hochschule gehörig, als erster brauchbare Beobachtungen von Kometen geliefert. Auch wurde in Bologna und Padua beobachtet.

Der Unterricht wurde gefördert durch die Geschenke ehemaliger Lehrer an die Bibliothek der Fakultät. So vermachte JOHANN von Gmunden der Wiener Fakultät seine eigenen Werke, seine Bücher und seine Geräte wie Himmelskugel, hölzernes Astrolab, zwei Quadranten und Armillarsphäre. Durch sorgfältige Vorschriften über die Ausleihung suchte er die Gegenstände möglichst lange zu erhalten und bei sterndeutigen Büchern ihre Benützung durch Unkundige zu verhindern. Noch wertvoller war das Geschenk, welches AMPLONIUS RATYNCK von Berka der Hochschule zu Erfurt durch Stiftung seiner Büchersammlung machte. Diese Büchersammlung war von ihm planmäßig durch Ankäufe von Büchern, z. B. des JOHANNES VON WASIA, zusammengebracht worden und enthielt die wichtigsten sternkundlichen Bücher und Tafeln des 13. und 14. Jahrhunderts. Noch jetzt ist sie eine der wichtigsten Handschriftensammlungen. Von dem Geschenk des GMUNDEN hat sich nicht viel erhalten, von den Geräten gar nichts; ähnlich steht es mit den Büchern, welche SIMON BREDON († 1368) und WILLIAM REDE († 1385) den Hochschulen in Oxford vermacht hatten. Von 223 Büchern REDES haben sich nur 50 erhalten. Die von ihm vermachten Geräte waren im Jahre 1615 noch zu sehen und dürften vielleicht noch erhalten sein. Auch in anderen Ländern dürften durch Vermächtnisse Bücher und Geräte zum Unterricht für die ärmeren Studenten bereitgestellt worden sein. Reiche Studenten ließen sich durch Schönschreiber Abschriften der bekanntesten Lehrbücher des Holywood, der Kalender und andere Schriften herstellen. Solche Abschriften wurden anscheinend besonders schön in Paris und Oxford angefertigt und bilden noch jetzt eine Zierde der Büchereien wie die in Basel befindliche Abschrift O II 7 der meisten in Paris 1292 beliebten Lehrbücher. Auch in den späteren Jahrhunderten wollte man eine sorgfältige und schöne Ausführung einer Handschrift nicht vermissen. Die Kalender und Schriften des Johann von Gmunden sind teilweise von ihm selbst geschrieben und musterhaft in ihrer Ausführung. Noch schöner sind die von Johannes Müller von Königsberg veranlaßten Prachtausgaben verschiedener Tafelwerke, sehr schön auf Pergament geschrieben und mit prächtigen Malereien geschmückt. Auch die in seiner eigenen Druckerei herausgegebenen Druckschriften zeichnen sich durch guten Druck aus.

Im allgemeinen blieben die Studenten an derselben Universität, bis sie die nötigen Grade erreicht hatten. Seit dem 15. Jahrhundert scheint in Deutschland die Sitte aufgekommen zu sein, mehrere Hochschulen darunter auch ausländische aufzusuchen. So studierte Johannes Sack die Sternkunde von 1423 an in Erfurt und wandte sich im Jahre 1431 nach Wien statt nach Paris. Koppernik studierte in Krakau, dann in Bologna, Ferrara und Padua.

Die Wiederbelebung des Altertums, wie sie durch Peuerbach und Königsberger eingeleitet wurde und bald weite Kreise ergreifen sollte, führte zu einem geschraubten Stil voll lächerlicher Uebertreibung. Man lernte damals nicht die Leistungen der griechischen besten Zeit, also des Hipparch, kennen, sondern die Schriften der römischen Kaiserzeit, wo gegenseitiges Beloben und tönendes Gerede die Mängel des eigenen Wissens verdecken sollte. Diese Züge einer greisenhaften Kultur auf noch jugendliche Völker übertragen mußten ungesunde Eitelkeit zur Folge haben. Bei Peuerbach und Königsberger waren es noch Stilübungen. Bei den späteren wird die Ueberschwänglichkeit zur Gewöhnung und hat die unangenehme Folge für die Geschichtsschreibung, daß die wahre Entwicklung der Wissenschaft durch Lobhudelei verdeckt und deshalb schwer nachzuweisen ist.

Gleichzeitig trat mit der neuerwachten Begeisterung für das Altertum ein solches Gefühl der geistigen Unterlegenheit auf, daß es für die nächsten Jahrhunderte als Anzeichen wissenschaftlicher Arbeit galt, möglichst viele Stellen aus römischen und griechischen Schriftstellern aufzuzählen, oft ohne den Versuch, diese Stellen kritisch anzuschauen, und noch mehr ohne den Versuch, durch neuere Beobachtungen den Wert der überlieferten Beobachtungen oder Behauptungen nachzuprüfen. Diese blinde Anhänglichkeit an das überlieferte Wissen zusammen mit einem hohlen Dünkel und mit der Erstickung des in den germanischen Völkern sich zeigenden eigenen geistigen Lebens durch die Neueinführung der lateinischen Sprache verursachten es, daß die Hochschulen bis zum Ende des 18. Jahrhunderts keine bedeutende Rolle in der Sternforschung spielten. Die Fortschritte erfolgten außerhalb der Hochschule.

Sternforscher von Beruf gab es nicht. Bei den Hochschulen gab es, abgesehen von einigen Ausnahmen, keine Lehrstellen für Sternkunde, vielmehr wurden die freien Wissenschaften nur als Durchgangszustand zu den kirchlichen Würden angesehen. Als kirchliche Würdenträger haben Männer wie die Bischöfe ROBERT VON GROSSETESTE und PAULUS VON MIDDELBURG, wie der Kardinal NIKOLAUS KREBS und andere außerhalb der Universitäten Stehende, sich mit der Sternforschung abgegeben und dabei Bedeutendes geleistet. Im Dienste von Fürsten werden nur Wenige erwähnt. Sieht man von den Gelehrten ab, die für ALFONS X. von Kastilien und für PETER IV. von Arragon Tafeln herstellten und nicht viel länger als ein Jahrzehnt hindurch beschäftigt waren, so handelt es sich hauptsächlich um Sterndeuter im fürstlichen Dienst. Alle italienischen Fürsten dürften ihre Sterndeuter gehabt haben, nach dem Beispiele des Kaisers FRIEDRICH II., der einen THEODORUS und MICHAEL von Schottland an seinem Hofe hielt, bis zum Ende des Mittelalters, wo sogar Päpste Sterndeuter um Rat fragten, wann sie Versammlungen abhalten sollten. Von bekannten Sternforschern befanden sich als Sterndeuter im Dienste von Fürsten: PEUERBACH bei LADISLAUS VON BÖHMEN, NIHIL und JOHANNES LICHTENBERGER († 1510) bei FRIEDRICH III., PAUL VON MIDDELBURG († 1534 als Bischof von Fossombrone) bei FEDERICO DA MONTEFELTRO, BONATTI bei GUIDO DA MONTEFELTRO, JAKOB von Speier bei FEDERICO DA URBINO, Magister KONRAD um 1310 beim Landgrafen FRIEDRICH DEN FREIDIGEN, HERMANN 1346 beim Kaiser LUDWIG dem Bayern, THOMAS DE BOULOGNE bei KARL V. von Frankreich.

Bei manchen wie BONATTI mag es die Lust an der Sterndeutung sein, die ihn eine Stellung als Sterndeuter annehmen ließ, bei anderen, die wie PEUERBACH sich sonst nicht mit der Sterndeutung abgaben, war es die Not. Aus seinem Briefwechsel mit NIHIL geht hervor, mit welcher Not er zu kämpfen hatte, trotzdem er ein bekannter Lehrer der Wiener Hochschule war und seine Vorlesungen über die römischen Dichter sehr modern waren und sicherlich Zulauf hatten. Erst vom Ende des 15. Jahrhunderts wurde durch MAXIMILIAN I. ein Lehrstuhl für Sternkunde an der Wiener Universität eingerichtet. Auch hatte dieser Kaiser an seinem Hofe einen sternkundigen Gelehrten, der wie JOHANNES STAB († 1522) zugleich Geschichtsschreiber und Hersteller von Landkarten oder wie GEORG TANSTETTER († 1535) Leibarzt war. Mit dem Ende des 15. Jahrhunderts wurde auch an anderen Universitäten eine Stelle eines Mathematikers eingerichtet. Der Inhaber des Lehrstuhles hatte mathematische und sternkundliche Vorlesungen zu halten. Er wurde nunmehr Professor und nicht mehr Magister genannt.

Außer den Lehrern an den Hochschulen, einzelnen geistlichen Würdenträgern und den angestellten Sterndeutern gab es noch einen Beruf, der sich viel mit der Sternkunde abgab. Das waren die Aerzte. Für sie war die Feststellung des richtigen Augenblickes für die Behandlung des Kranken sehr wichtig. Wollten sie sich nicht nach den im Kalender verzeichneten Glücks- und Unglückstagen oder nach dem Stande des Mondes in den Tierkreisen richten, so mußten sie eine Befragung anstellen und aus dem eben aufgehenden und untergehenden Planeten im Tierkreiszeichen die Zeit der Behandlung feststellen. Deshalb waren die Aerzte mit den Regeln der Sterndeutung und der Zeitbestimmung vertraut. Und so begegnet man in einer Erfurter Handschrift dem Eintrag: Die Magd des Kranken kommt mit dem Uringlas. Der beobachtete Stern hat die Höhe und daraus wird der Zeitpunkt der Befragung festgelegt. — Nicht wenige Aerzte haben einen Beitrag zur Sternkunde geliefert in Abfassung von Werken oder durch Anstellungen von Beobachtungen. So sind zu nennen WILHELM von England im 13. Jahrhundert, JOHANNES HARTLIEB, KONRAD HEIMGARTNER, HARTMANN SCHEDEL, JOHANNES SCHINDEL und JOHANNES ETZLAUB im 15. Jahrhundert. Ueber Kometen schrieben im Jahre 1402 JAKOB ENGELHARD, Leibarzt des Herzogs LEOPOLD von Oesterreich, und 1472 EBERHARD SCHLEUSINGER. Seit dem Ende des 15. Jahrhunderts beschäftigten sich die Aerzte viel mit der Berechnung von Kalendern.

Neben den christlichen Gelehrten sind auch jüdische zu nennen, die teils als Uebersetzer, teils als Beobachter, teils als Verfasser von sternkundlichen Schriften der Wissenschaft wesentliche Dienste geleistet haben.

Im Gegensatz zu den Arabern haben bei den Germanen nicht die Fürsten, sondern die Gelehrten durch Stiftung von Büchern und Geräten und unterstützt durch das Ansehen, das sie genossen, ein Gelehrtentum geschaffen, das die Wissenschaft befestigt und sie von den Zufälligkeiten des Lebens der Einzelpersonen befreit. Es darf allerdings nicht übersehen werden, daß am Ende des Mittelalters einerseits die Klöster als Träger der Wissenschaft fast ganz ausgeschieden waren und andererseits sich aus den Hochschulen noch nicht selbständige Forschungsanstalten zur Durchführung jahrzehntelanger Arbeiten herausgebildet hatten; aber die Wissenschaft war doch als eine geistige Macht anerkannt worden, deren Einfluß sich viele Fürsten durch Gründung neuer Hochschulen zu sichern suchten.

III. DIE NEUE ZEIT

Das Denken des Mittelalters hatte keine neue Lösung für die Bahnbewegung gefunden. Endlos wurden alle überkommenen Vorschläge hin und her erwogen; aber schließlich hatte man sich dem Ansehen des Ptolemaios gebeugt und sich seine Lehre, nach geringen Aenderungen, zu eigen gemacht; wohl erscholl von Zeit zu Zeit der Ruf: Zurück zu der Beobachtung! Aber neue Beobachtungen anzustellen und neue Grundlagen zur Nachprüfung des überkommenen Wissens zu schaffen, das ging über die Kraft der Gelehrten. Nur die Wiener Schule brachte Männer hervor, welche Geräte schufen, ihre Mängel verbesserten und sich nicht scheuten, selbst zu nachtschlafender Zeit, dem Himmel seine Geheimnisse zu entreißen. Mit Johann von Königsberg beginnen größere Beobachtungsreihen. Walther widmete dieser Tätigkeit 3 Jahrzehnte seines Lebens bis zu seinem Tode, die gleiche Zeit Koppernik, ebenso mehrere Jahrzehnte der Landgraf Wilhelm von Hessen und Brahe. Damit wurden die Grundlagen geschaffen, die Bahnen der Planeten durch möglichst viele Beobachtungen festzulegen und durch geeignete Bahnformen darzustellen, zunächst unter Anschluß an das Sternverzeichnis des Ptolemaios, später seit der Neubeobachtung der Oerter der Sterne durch Brahe an ein neues Sternverzeichnis. Keplers gründliche Verarbeitung der Braheschen Beobachtungen führte zu einer selbst die kühnsten Gedankengänge des Altertums übertreffenden Darstellung der Bahnbewegungen, welche durch Newtons Entdeckung der im ganzen Sonnenall wirkenden Anziehungskraft ihren Ausdruck und zugleich auch die Grundlage zur rechnerischen Berücksichtigung der gegenseitigen Anziehungen und Störungen der Bewegungen erhielt. Das 18. und das beginnende 19. Jahrhundert schuf das rechnerische Rüstzeug zur Darstellung der Bewegungen im Sonnenall. Diese Entwicklung fand in der Entdeckung des Neptun ihren Höhepunkt. Wenn auch spätere Erfolge nicht ausblieben, so

(Holzschnitt des 16. Jahrh. Aus: VALIER, Der Sterne Bahn und Wesen)
Bild 42. Weltbild des XVI. Jahrhunderts

mußte die Bewegungslehre doch seit dem Ende des 19. Jahrhunderts ihren Vorrang an die Erforschung der Sternenwelt abtreten. Wie diese Entwicklung vor sich gegangen ist, wie aus den Bestrebungen einzelner Gelehrten sich ein Weltbild zu gestalten, die geistige Eroberung des Sonnenalls und der Sternenwelt wurde, dieses in groben Zügen zu zeigen, soll in den folgenden Abschnitten versucht werden.

DIE MATHEMATIK

Die Mathematik des Mittelalters hatte große Hoffnungen erweckt. In JOHANN MÜLLER von Königsberg waren Gedanken lebendig geworden, die eine neue Zeit ankündigten und äußerst fruchtbar hätten werden können, wenn ihnen eine rechtzeitige Veröffentlichung entsprechende Wirkung bereitet hätte. Seit dieser Zeit entwickelte sich die Mathematik in allen ihren Zweigen zu einer selbständigen Wissenschaft, allerdings nicht ohne besondere Mitarbeit der Sternforscher, von denen wir nur Namen wie Koppernik, Kepler, Bürgi, Laplace und Gauss nennen wollen. Es war oft ein Hand in Hand arbeiten der beiden Wissenschaften: die Mathematik brauchte die Himmelsvorgänge, um ein Anwendungsgebiet zu haben; war doch die Sternkunde bis zum 18. Jahrhundert die einzige Wissenschaft, welche genaue Grundlagen für mathematische Ueberlegungen liefern konnte; die Sternforschung aber trug zur Weiterbildung der Mathematik bei, um mit ihrer Hilfe die fortgeschrittenste Wissenschaft zu bleiben. Hier möge ein flüchtiger Ueberblick über die Fortschritte der Mathematik, die für die Sternkunde in Betracht kommen, genügen.

Die Grundlage für die sternforschlichen Betrachtungen der Himmelsvorgänge: die Dreieckslehre erfuhr eine Weiterbildung durch die Aufstellung neuer Formeln zwischen den Seiten und Winkeln des Dreiecks und durch die Erfindung von Verfahren zur raschen Berechnung der verlangten Stücke. In erster Linie sind zu nennen die Formel von Napier und die von Mollweide und Delambre im Jahre 1808 herausgegebenen sogenannten Gaussschen Formeln, ferner die von Encke eingeführte Bezeichnung der Seiten und Winkel und die Neuordnung der Formeln. Die Berechnung der Formeln wurde vor Erfindung der Logarithmen durch das Verfahren, ein Produkt in eine Summe oder Differenz überzuführen (Prostaphäresis) ausgehend von $2 \cos \alpha \cos \beta = \cos \alpha + \cos \beta$ erleichtert. Dieses Verfahren wurde zuerst von Johann Werner vor 1513 erfunden, später wieder erfunden von Wittich und verbessert von Jost Bürgi durch Einführung eines Hilfswinkels. Eine wesentliche Vereinfachung der Rechnung brachte die Erfindung der Logarithmen durch die Verbindung einer arithmetischen mit einer geometrischen Reihe. Die Versuche mit Hilfe dieser Verbindung brauchbare Tafeln zu berechnen, fallen in das Ende des 16. und in den Anfang des 17. Jahrhunderts. Gerhard Kremer zeichnete bereits 1569 die erste Tafel zur Entnahme von Logarithmen; Edward Wright veröffentlichte 1594 eine für die Schiffahrt bestimmte, nicht sehr genaue Tafel. Jost Bürgi berechnete zwischen 1603 und 1611 eine Antilogarithmentafel mit der Basis e wie bei den natürlichen Logarithmen, konnte sich aber zu ihrer baldigen Veröffentlichung nicht entschließen.

In den Jahren 1614 und 1619 veröffentlichte NAPIER eine Tafel, welche eine Verbindung einer steigenden arithmetischen mit einer fallenden geometrischen Reihe darstellt und als Basis $^1/_e$ enthält. BRIGGS Tafeln, die 1617 und 1624 erschienen, beruhen auf der Verbindung der wachsenden arithmetischen mit einer wachsenden geometrischen Reihe, auf der Grundlage 10, aber mit Zehnteilung des Grades, während die von E. GUNTER 1620 herausgegebenen Tafeln diese letzte, damals unbequeme Neuerung nicht aufwiesen, sonst aber wie die des BRIGG berechnet waren. Damit war die Grundform der Logarithmen gegeben, die als 5stellige oder für genauere Rechnungen als 7stellige Logarithmen der Sternforschung die größten Dienste leisten sollten. Für sehr genaue Rechnungen wurden benützt: die Tafeln des VEGA und die Tafeln der 10stelligen Logarithmen der Zahlen 1—100 000 von J. PETERS vom Jahre 1922. Bei den Logarithmen der Winkel hatte die Zehnteilung des Winkelgrades durch BRIGG keine gute Aufnahme gefunden, auch nicht die durch BREMIKER versuchte Einführung der Hundertteilung des Grades. In der neueren Zeit sind diese Versuche wieder aufgenommen worden. Die von der preußischen Landesaufnahme von J. PETERS herausgegebenen 6-, 7- und 10-stelligen Tafeln für jeden $^1/_{100}{}^0$ deuten die Richtung an.

Neben den Tafelwerken dienten Geräte als Rechenhilfen. Von ihnen sind zu nennen: die Scheibe des JOHANN WERNER (Meteoroscopium) zur Vereinfachung der Rechnung mit rechtwinkligen sphärischen Dreiecken, die Rechenzirkel, auch Proportionalzirkel genannt, mit eingeritzten Linien und Kurven, die zum Gebrauch noch einen gewöhnlichen Zirkel verlangen und als Vorläufer der Rechenschieber anzusehen sind, hergestellt von GALILEI wohl vor 1601, von E. HABERMEL und CHR. TRECHSLER um 1600, später verbessert von GEORG BRENDEL 1615 und E. GUNTER 1624; ferner die Doppelzirkel mit beweglichem Kopf von CHR. SCHISSLER 1565, GUIDO UBALDO 1586, DANIEL SPECKLE 1589 und J. BÜRGI vor 1603 beschrieben oder hergestellt. Einen Doppelzirkel, aber anscheinend ohne beweglichen Kopf hatte LEONARDO DA VINCI bereits gezeichnet. Zur Rechenerleichterung dienten auch die Rechenschienen des CHR. TRECHSLER 1609 oder 1619 mit Mikrometerablesung und der Rechenstab des NAPIER von 1617. Diese Rechenstäbe wurden zu einer Walze vereinigt von SCHOTT im 17. Jahrhundert. Im Jahre 1652 erfand PASCAL die Rechenmaschine zu 6 Stellen für das Zusammenzählen und Abziehen und G. W. LEIBNIZ 1671—94 eine Maschine für das Malnehmen. Auch die kleine kreisförmige Rechenmaschine des

P. M. HAHN von 1770 ist zu erwähnen. Alle diese Maschinen haben keine Verbreitung und wenig Anwendung gefunden. Erst durch die von H. CH. THOMAS 1818 erfundene Rechenmaschine wurde eine auch für wissenschaftliche Zwecke brauchbare Rechenhilfe geschaffen. Sie gestattet Rechnungen bis zu 16 Stellen. Noch weiter bis zu 20 Stellen geht die Rechenmaschine BRUNSWIGA.

Wichtig für die Sternkunde wurden die Untersuchungen über Kurven aller Art, besonders über die Kegelschnitte, worüber bereits KEPLER, GALILEI und GULDIN gearbeitet hatten. Vorteilhaft war die Anwendung der bereits dem Mittelalter bekannten rechtwinkligen Koordinaten zur Darstellung der Kurven durch DESCARTES und FERMAT, sowie auf Raumkörper durch A. PARENT um 1700. Etwas vorher hatte JAKOB BERNOULLI Polarkoordinaten eingeführt. Die rechtwinklige Netztafel fand Verwendung zur Entnahme von Werten für bestimmte Ausgangswerte, wie sie im 16. Jahrhundert beliebt waren und eine gewisse Berechtigung hatten, wenn sie, wie die des CHR. SCHISSLER sorgfältig auf Metallplatten aufgetragen waren, dagegen als gedruckte Figuren KEPLERS Kritik hervorriefen. Einen besonderen Wert erhielt die Netztafel, abgesehen als Sternkarte, zur Darstellung von Bewegungen oder anderen Veränderungen am Himmel, von Beziehungen zwischen den zeitlichen Aenderungen, Verteilung, Helligkeiten oder Durchmesser der Himmelskörper. Die rechtwinkligen Netztafeln fanden daher die größte Anwendung und dienten auch zur Darstellung von 3 oder mehr Veränderlichen. Gelegentlich wurden bei 3 Veränderlichen, wenn z. B. auch die Häufigkeit in Betracht gezogen werden sollte, zur Darstellung dieser Häufigkeit Berge und Täler unterschieden und das Gefälle dabei durch Höhenkurven gekennzeichnet. Seit mehreren Jahrzehnten sind Netzpapiere in den Handel gekommen, welche für bestimmte Rechnungen, wo der Logarithmus oder eine Winkelfunktion eines Veränderlichen in Betracht kommt, diese besonderen Verhältnisse berücksichtigen und eine von der gewöhnlichen abweichende Einteilung zeigen.

Das 17. Jahrhundert brachte die Erfindung der Differenzialrechnung durch NEWTON und LEIBNIZ, welche aber erst im folgenden Jahrhundert zur Darstellung von Bewegungen führen sollte, in EULERS Mechanik von 1736 und DANIEL BERNOULLIS Hydrodynamik von 1738. Die Bewegungen wurden in Differenzialgleichungen dargestellt, deren direkte Integrierung nur in einigen Fällen gelang, während man sich sonst mit einer Annäherung in Form von Reihenentwicklung oder Quadraturen begnügen mußte. Auf die Tauglichkeit der Reihen für solche Zwecke wurde erst vom 19. Jahrhundert an mehr Wert gelegt, nachdem durch die Untersuchungen von NIKOLAUS I. BERNOULLI von 1712 und später von L. EULER die Divergenz oder Konvergenz der Reihen erkannt worden war. Wichtig wurde im 19. Jahrhundert die Verwendung von Reihen zur Darstellung periodischer Vorgänge. BESSEL wandte im Jahre 1814 eine solche Reihe zur Darstellung eines Naturvorganges in Form von zusammengesetzten Schwingungen an, wobei die vorkommenden Perioden Bruchteile einer Periode sind. Das zuerst von BESSEL 1815 veröffentlichte Verfahren, die Werte der einzelnen Glieder der Reihen zu bestimmen, wurde bereits 1805 von GAUSS und vor 1807 von FOURIER ähnlich verwendet, aber von ihnen erst später veröffentlicht. Im Jahre 1868 machte W. THOMPSON ein Verfahren bekannt, daß von einem englischen Ausschuß zur Berechnung der Perioden in den Gezeiten ersonnen worden war und harmonische Analyse genannt worden ist. Es dient zur Trennung von Perioden und wurde von BÖRGEN 1894 verbessert.

Allen diesen Betrachtungen lag die Ueberzeugung zugrunde, daß alle Naturvorgänge sich mathematisch darstellen lassen. Wenn sich in einem Vorgang Ursachen verschiedener Stärken und Perioden annehmen lassen, so wurde eine Zerlegung der beobachteten Werte durch die Annahme einer Ueberlagerung von Perioden mit Erfolg versucht und durchgeführt. Zur Untersuchung, ob zwischen 2 durch Reihen darstellbaren Naturvorgängen eine lineare Abhängigkeit besteht, wurde von KARL PEARSON im Jahre 1900 ein Verfahren ersonnen. Dieses Verfahren fand allerdings mehr Anwendung in der Wetterkunde als in der Sternforschung. Jedoch wurden von seiten der Wetterforscher große Bedenken gegen die Berechtigung des Verfahrens geäußert, die darin gipfelten, daß der Beziehungswert (Korrelationsfaktor) abhängig von den zugrunde gelegten Beobachtungsabschnitten ist und daß das Ergebnis der Berechnung nur »ein sehr verschwommenes Bild der wirklich bestehenden Anordnungen und Abhängigkeiten« der Wettervorgänge liefert. Auch wurde von L. EGERSDÖRFER 1926 nachgewiesen, daß sich sogar für einige lineare, aber nicht abhängige Funktionen ein sehr großer Beziehungswert errechnen lasse, der den mittleren Fehler um das Zehnfache an Stelle des von PEARSON verlangten Sechsfachen übertreffe.

Bei der Benützung von Rechentafeln und von Jahrbüchern ist die Entnahme von Zwischenwerten häufig nötig. Zu diesem Zwecke be-

diente man sich der Interpolationsformeln, die von NEWTON, STIRLING 1730 und LAGRANGE aufgestellt wurden. Das Verfahren wurde von ENCKE 1828 eingehend behandelt. Auch von NEWTON stammte 1669 ein Näherungsverfahren, um Gleichungen aufzulösen.
Die oft wichtige Herstellung von Kegelschnitten wurde gefördert durch den Kegelschnittzirkel von BAROZZI und durch eine ähnliche Einrichtung von CHR. SCHEINER von 1614. TSCHIRNHAUSEN lehrte 1686 die Erzeugung von Kurven aus Brennpunkten. Das 19. Jahrhundert brachte die Erfindung von Geräten zur Bestimmung des Flächeninhaltes durch Planimeter. Als Erfinder sind zu nennen J. M. HERRMANN 1814, T. GONELLA 1824, JOH. OPPIKOFER 1826, J. AMSLER 1855, K. WELTLI 1847, G. CORADI 1881.

WAHRSCHEINLICHKEITSRECHNUNG

Die größte Bedeutung für die Sternforschung sollte die Wahrscheinlichkeitsrechnung erhalten. Sie verdankt ihre Entstehung dem menschlichen Streben, durch Spielgewinne oder durch Rentenzahlung das Leben sorgenlos zu gestalten. Die Vorliebe für das Glückspiel war es, die zuerst in Italien bei CARDANO und später in Frankreich bei DESCARTES und bei anderen die Frage nach den Spielaussichten eines Spielers stellen ließ. Der Wunsch, einem arbeitsreichen Leben durch die Aussicht auf eine Rente eine Bekrönung zu geben, ließ wenig später, in der 2. Hälfte des 17. Jahrhunderts in Holland und bald darauf in England Untersuchungen über die Rentenversicherung entstehen. Aus dem Glückspiel erhob sich die mathematische Betrachtung der Möglichkeit eines günstigen Eintreffens z. B. des Werfens der Zahl 6 mit einem Würfel, dessen Seiten die Zahlen 1—6 zeigen. Diese mathematischen Erwägungen wurden auch auf die Sterblichkeit und die Rentenrechnung angewendet. So glaubte LEIBNIZ die voraussichtliche Lebensdauer des Rentennehmers nach Gutdünken und ohne Untersuchung der tatsächlichen Sterblichkeit annehmen zu können. Dagegen war HALLEY der erste, welcher im Jahre 1693 die Sterblichkeit einer bestimmten Bevölkerung auf Grund der Toten- und Geburtslisten untersuchte. Im Jahre 1703 arbeitete JAKOB BERNOULLI an der Anwendung der Wahrscheinlichkeitsrechnung auf bürgerliche, sittliche und wirtschaftliche Gegenstände und glaubte den Satz beweisen zu können, daß man durch Mehrung der Beobachtungen der Wahrheit näher käme. LEIBNIZ dagegen hielt von der Erfahrungswahrscheinlichkeit nicht viel und erklärte es nur für eine nützliche und des Mathematikers nicht unwürdige Aufgabe, die Wahrscheinlichkeit in verschiedenen Spielen zu behandeln. JAKOB BERNOULLI führte seine Untersuchungen fort und kam zu der Erkenntnis des Gesetzes der großen Zahlen, wonach das durch die Erfahrung gelehrte Verhältnis zwischen der Häufigkeit des wirklichen Eintreffens und der Anzahl der gemachten Versuche bereits verhältnismäßig rasch sich der mathematischen Wahrscheinlichkeit nähere, so daß abweichende Fälle sehr selten sind und nach beiden Seiten vom Mittel liegen. Dieses durch das Würfelspiel erhaltene Gesetz wurde durch RUDOLF WOLF auf Grund von über 100 000 Würfen zuerst mit 2, später mit 4 Würfeln in den Jahren 1851—1892 nachgeprüft. Es ergab sich, daß bereits bei 1000 Würfen die mathematische Wahrscheinlichkeit sehr nahe und bei 5000 Würfen völlig erreicht ist. Allerdings traten für die einzelnen Zahlen des Würfels Verschiedenheiten auf, die von der nicht völlig genauen Form des Würfels herrührten.

Eine Anwendung der Wahrscheinlichkeitsbetrachtungen auf Gegenstände der Sternforschung machte DANIEL BERNOULLI 1734, indem er für die verschiedene Lage der Planetenbahnen gegen den Tierkreis durch Wahrscheinlichkeitsbetrachtungen eine Ursache zu finden suchte. Aehnliche Betrachtungen stellte MICHELL 1767 an. Wichtiger als diese Erwägungen waren die Versuche, zusammengehörige Beobachtungen zur Ableitung eines genauen Wertes zu benützen und die Genauigkeit einer Beobachtung selbst zu bestimmen. BRAHE, HEWELKE und FLAMSTEED hatten zusammengehörige Beobachtungen nicht zu Mitteln vereinigt, sondern aus ihnen die anscheinend beste ausgewählt und verwendet, die anderen Beobachtungen aber ausgelassen. HUYGENS schlug die Mittelbildung vor und PICARD war wohl der erste, welcher um 1670 an Stelle einzelner Beobachtungen das Mittel verwandte. ROGER COTES (1682—1716) ging noch weiter. Er betrachtete Fehler bei der Beobachtung als unvermeidlich, suchte aber ihre Wirkungen auf die Berechnungen zu berücksichtigen, z. B. den Einfluß eines Fehlers in der Beobachtung eines Dreieckstückes auf die Berechnung der anderen Stücke. Ferner sprach er von Gewichten, welche er den Beobachtungen gab und die im umgekehrten Verhältnis zu den Abweichungen der Beobachtungen von dem wahren Werte standen. Eine Anwendung auf Beobachtungen scheint er nicht gemacht zu haben. JEAN PHILIPPE LOYS wandte in der Bearbeitung des Kometen von 1743—44 das Verfahren an, einzelne stark herausfallende Beobachtungen wegzulassen und aus den anderen Beobachtungen das Mittel zu

bilden. Die Mittelbildung war damals noch sehr selten. Viele Beobachter verließen sich lieber auf einzelne, sorgfältig ausgeführte Beobachtungen. Demgegenüber betonte 1755 THOMAS SIMPSON die Notwendigkeit zahlreiche Beobachtungen zur Verfügung zu haben und zu Mitteln zu vereinigen, da das Mittel aus zahlreichen Beobachtungen der Wahrheit näher komme als eine einzelne Beobachtung. Auch untersuchte er die Wahrscheinlichkeit des Vorkommens von Beobachtungsfehlern. Diese Untersuchungen nahmen LAGRGANGE 1770—73, LAPLACE 1774—78 und DANIEL BERNOULLI 1777 wieder auf und behandelten auch die Frage nach der Zuverlässigkeit des arithmetischen Mittels der Beobachtungen, besonders in den Fällen, wo stark abweichende Beobachtungen weggelassen wurden oder wo es sich um Beobachtungen mehrerer Personen handelte. LAMBERT betrachtete in seinen Untersuchungen von 1765—72 die Verteilung der Fehler gemäß ihrer Größe und riet für den Fall, daß die Fehler ungünstig liegen, lieber die Beobachtungen fortzusetzen als stark herausfallende Beobachtungen wegzulassen. Für ihn rührten die Fehler von der Schärfe des Auges und von der Größe und Güte der Geräte her; dagegen kamen für ihn Fehler als Versehen oder aus Sorglosigkeit anscheinend nicht in Betracht.
Wichtig wurde die Anwendung dieser Erwägungen auf die Beobachtungen. Das Vorhandensein von mehr Beobachtungen als nötig sind, um die allen Beobachtungen gemeinsamen unbekannten Größen zu berechnen, hatte EULER dazu geführt, noch im Jahre 1744 die überflüssigen Beobachtungen wegzulassen; jedoch im Jahre 1748 verwendete er alle aus den Beobachtungen abzuleitenden Gleichungen, verband sie aber zu so vielen Normalgleichungen als Unbekannte vorhanden und zu ermitteln waren. BOSCOVICH versuchte 1770 aus verschiedenen Gradmessungen den besten Wert des Grades zu erhalten. Er ging von der Behauptung aus, daß der Wert so zu wählen sei, daß die Summe der positiven und negativen Abweichungen möglichst klein werde und löste seine Aufgabe geometrisch. LAPLACE veröffentlichte von 1774 bis 1819 über die Wahrscheinlichkeitsrechnung mehrere bedeutende Arbeiten, die wegen ihrer Schwerverständlichkeit durch POISSON 1824 erläutert wurden. Erst durch die Veröffentlichungen von LEGENDRE von 1805 und von GAUSS 1809, der allerdings sein Verfahren bereits 1801 anwendete, wurde ein Verfahren bekannt, um aus Gleichungen, die zahlreicher waren als die Unbekannten, diese Unbekannten mit Berücksichtigung der Fehler zu berechnen. Es handelte sich darum, die Summe der Quadrate der Fehler so klein wie möglich zu machen. Nach einem

leichten Rechenverfahren wurden aus den Beobachtungsgleichungen so viele Normalgleichungen gebildet als Unbekannte vorhanden waren und daraus die Unbekannten mit ihrem Fehler abgeleitet. Bei einer Unbekannten wurde von GAUSS und seinen Nachfolgern meistens das arithmetische Mittel als der wahrscheinlichste Wert angesehen und die Fehler berechnet aus dem Quadrate der Abweichung der einzelnen Beobachtungen von diesem Mittelwert. BESSEL stellte 1816 den Begriff des wahrscheinlichen Fehlers auf, der in der Reihe der nach ihrer Größe geordneten absoluten Fehler die Mitte darstellt. Ferner wurde der Begriff des mittleren Fehlers einer Beobachtung eingeführt und die Fehlerkurve (Bild 43) bestimmt.

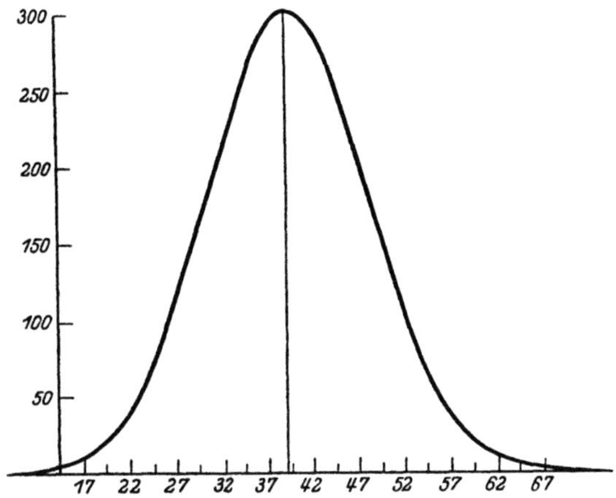

Bild 43. Fehlerkurve

ADRAIN 1808 und GAUSS 1809 teilten für die Fehlerverteilung, gemäß der Kurve, eine Formel mit, deren Gültigkeit für die Beobachtungen durch BESSEL 1818 nachgewiesen wurde. Später (1838) wies BESSEL nach, daß bei dem Zusammenwirken mehrerer Ursachen von Fehlern, von denen keiner die übrigen bedeutend übertreffe, die obige Form des Fehlergesetzes genähert bestehe. Die Fehlerursache wurde sowohl beim Beobachter als auch bei seinen Geräten gesucht. Nach Möglichkeit sollten die Fehlerquellen beseitigt oder berücksichtigt werden, damit es sich bei den Fehlern, die in den Bedingungsgleichungen zu berechnen sind, nur noch um zufällige Fehler handle. Wichtige Erweiterungen erfuhr diese Lehre durch G. H. L. HAGEN 1834, GLAISHER 1872 und CHARLIER. Für sternforschliche Berechnungen wurden von GAUSS 1823 und von ENCKE 1834—1836 die nötigen Rechenvorschriften gegeben. Besonders für die Berechnungen der Erdmessung dienten die Werke von GERLING 1843 und von HELMERT 1872.

Mit dem neuen Rechnungsverfahren, Methode der kleinsten Quadrate oder Wahrscheinlichkeitsrechnung genannt, war jedem die genaue Ableitung der Werte von Unbekannten aus Beobachtungen möglich und die früheren Verfahren des Verwerfens von Beobachtungen und der Beschränkung auf die besten Beobachtungen, was immer eine gewisse Erfahrung und gelegentlich auch Willkür voraussetzte, ausgeschlossen. Besondere Kontrollformeln gestatteten jederzeit die vorausgegangene Rechnung nachzuprüfen. Nur langsam fand das neue Verfahren Anwendung, hauptsächlich in Deutschland und durch die deutsche Schule.

DIE ERFASSUNG DER ZEIT

DIE ZEITRECHNUNG

Durch die unter GREGOR XIII. durchgeführte Verbesserung des Kalenders war eine hinreichende Uebereinstimmung der Jahreszeiten des Kalenders mit den wirklichen Jahreszeiten hergestellt. Die zugrunde gelegte Jahresdauer unterschied sich von der wirklichen nur wenig, im 16. Jahrhundert nur um 40^s, später mehr, was im Laufe von 36 000 Jahren einen Fehler von 1 Tag ausmachen wird. Dieser Kalender setzte sich allmählich auf der ganzen Erde durch. In Frankreich wurde er nur für kurze Zeit außer Kraft gesetzt, als die Revolution zum Zeichen des Beginnes einer neuen Zeit einen neuen Kalender schaffen wollte und dabei eine im Jahre 1787 angeregte Kalenderregelung von S. MARÉCHAL zur Grundlage ihrer Pläne machte. Durch Beschluß von 1793 wurde ein neuer Kalender eingeführt, dessen 1. Jahr mit dem 22. September 1792 begann, das 12 nach Wetter und Ackerbau benannte Monate zu je 30 Tagen und 5 Zusatztage enthielt und außerdem einen Schalttag, der aber nicht regelmäßig, sondern jeweils nach Eintreffen der wahren Herbstnachtgleiche für die Mittagslinie von Paris eingeschaltet wurde. An Stelle der 7tägigen Woche wurde eine 10tägige eingeführt; desgleichen wurde die Zehnteilung auf die Tagesteilung angewendet. Dieser Kalender, obwohl im amtlichen Gebrauch, hat besonders auf dem Lande und in den eroberten Rheinländern wenig Gegenliebe gefunden und wurde von 1806 an nicht mehr verwendet. Besonders unbeliebt war die 10tägige Woche und die neue Tagesteilung.

Seit dem Ende des 19. Jahrhunderts griff der Gregorische Kalender auch auf die nicht protestantischen und katholischen Staaten über. Am Anfang des 20. Jahrhunderts nahmen die Länder der oströmischen Kirche die neue Zeitrechnung an. Nur die Klöster auf dem Berge Athos wollten von der Neuerung nichts wissen und rechneten sogar ihren Tagesanfang nach wie vor von Sonnenuntergang an.

Seit dem Ende des 19. Jahrhunderts wurden zahlreiche Vorschläge zur Behebung der ungleichen Monatslängen und zur Verlegung des Schalttages vom Ende Februar gemacht. Die meisten Vorschläge, als deren Vertreter zu nennen sind: G. ARMELIN 1887, L. A. GROSCLAUDE 1900, C. FLAMMARION 1901, RESE 1916, R. BLOCHMANN 1926 befürworten ein Jahr von 4 Jahresvierteln zu 2 Monaten von 30 und zu 1 Monat von 31 Tagen; der 365. Tag soll entweder Ende Juni oder Ende Dezember gelegt und nicht als Wochentag benannt werden, desgleichen nicht der ans Ende des Jahres zu legende Schalttag. Demgemäß behalten die Tage des Jahres immer den gleichen Wochentag. Beginnt der 1. Januar mit dem Sonntag, so fällt Weihnachten auch auf einen Sonntag, der Mittjahrstag fällt zwischen Samstag und Sonntag, desgleichen auch der Schalttag am Ende des Jahres. Dieser Vorschlag, der in seiner Hervorhebung der Wochentage und in ihrer Festlegung zu den Jahrestagen an die isländische Zeitrechnung erinnert, sucht zugleich auch dem Osterfeste eine feste Stellung zu geben, um die großen Nachteile, welche das bewegliche Osterfest im geschäftlichen und im Schulbetrieb mit sich führt, zu beseitigen. Demnach soll Ostern auf Sonntag, den 8. April und Pfingsten auf Sonntag, den 26. Mai unveränderlich fallen. Der 8. April als Ostertag und der 6. April als Karfreitag liegen am nächsten den von den Geschichtsforschern in Betracht gezogenen Tagen für den Tod Christi = Freitag den 14. Nisan, nämlich dem 7. April 30 oder dem 3. April 33 n. Chr. Die Festlegung des Osterfestes auf einen bestimmten Jahrestag wurde schon in früheren Jahrhunderten erörtert, aber im Mittelalter als unausführbar betrachtet, da die jüdische Berechnung den Sieg vor der in einigen Ländern üblichen Festlegung errungen hatte. Schon während der Verhandlungen zur Kalenderverbesserung wurden Vorschläge zur Festlegung des Osterfestes gemacht, die den 1. Sonntag nach dem 25. März oder, seit dem 18. Jahrhundert, auch den 1. Sonntag im April in Aussicht nahmen. Bei diesen Vorschlägen hätte das Osterfest innerhalb 7 Tagen geschwankt, also ähnlich wie bei der isländischen Zeitrechnung. Befürworter eines festen Osterfestes waren LUTHER, SP. SPERONI, FR. FL. CANDALLA und MAESTLIN des 16. Jahrhunderts, englische Gelehrte von 1701, L. ZUMBACH 1723, J. B. WIEDEBURG und JAKOB BERNOULLI 1724, DELAMBRE 1814, MÄDLER 1863 und W. FÖRSTER 1895. Zu erwähnen sind mehrere französische und englische Vorschläge, welche 13 Monate zu 28 Tagen mit einem Zusatztag vorsehen, oder ein englischer Vorschlag von 1909, wonach das Jahr 73 fünftägige Wochen enthalten, oder der Vorschlag von W. Ostwald, nach dem die Wochen wegfallen und jeder Tag nur als Jahrestag bezeichnet werden soll. Alle diese Vorschläge haben keine weitere Beachtung gefunden. Dagegen verwendet die Sternforschung die julischen Tage zur Festlegung von Tagen, besonders dann, wenn die Zwischenzeit zwischen 2 weit voneinander entfernten Tage zu berechnen ist und man die lästige Berücksichtigung der Schalttage und der verschiedenen Längen der Monate vermeiden will. Diese Tageszählung geht zurück auf einen Vorschlag des J. J. Scaliger (1540—1609), eine Periode von 15 × 19 × 28 = 7980 julischen Jahren zu bilden und ihren Anfang auf das Jahr 4713 vor Chr., also noch voı den Beginn der geschichtlichen Ereignisse, zu legen und von da an die Jahre innerhalb dieser von ihm julischen genannten Periode zu zählen. Gemäß dem Vorschlage von John Herschel vom Jahre 1849 wird die julische Ausgangszeit benützt, um von da an die Tage durchgehend zu zählen. Es entspricht: 0 julisch = 1. Januar des Jahres (— 4712) = 1. Januar 4713 v. Chr. Bei der Verwendung dieser Tageszählung pflegen die Sternforscher auch die Tageszeit in Bruchteilen des Tages auszudrücken. Bereits vorher wurde gelegentlich dem gewöhnlichen Datum die Tageszeit auf 1 Tausendstel umgerechnet beigefügt, so von E. C. Pickering im Jahre 1882. Diese Tagesteilung wurde in der Allgemeinheit oder bei Uhren nicht angewendet, wenn von der kurzen Geltung der französischen Regelung abgesehen wird. Es ist wohl nicht zweifelhaft, daß die neuere, viel einfachere Tagesteilung durch den Verkehr eingeführt werden wird, wie auch die Weltzeit und die Zonenzeit.

Der julische und der gregorische Kalender bezogen sich auf einen mittel- oder westeuropäischen Ort und konnten für die anderen Orte nur geringe Abweichungen zeigen, sei es daß man den Tag bürgerlich mit Mitternacht oder sternforschlich mit der Mitte des Tages selbst begann. Als Elcano nach seiner Weltumsegelung am 7. September 1522 nach Spanien zurückkehrte, war er sehr überrascht, festzustellen, daß der Tag seiner Ankunft nach spanischer Rechnung um einen Tag dem seines Tagebuches voraus sei, daß er also bei seiner Fahrt immer nach Westen einen Tag verloren habe. Seit dieser Zeit bildete sich die Gewohnheit aus, eine Datumsgrenze einzuführen. Dabei wurde der Ort der Besitzergreifung maßgebend. Die Philippinen, die zuerst von den von Osten kommenden Spaniern entdeckt wurden, zählten daher dasselbe Datum wie Amerika, dagegen die benachbarten Sunda-Inseln wie auch Asien ein um 1 Tag späteres Datum. Erst Ende 1844 wurde

auf den Philippinen 1 Tag ausgelassen. Seit dieser Zeit läuft die Datumsgrenze von der Behringstraße nach Süden.
Als die gleichlangen Stunden eingeführt wurden, richtete man sich zuerst nach der wahren Zeit des Ortes, da die Zeitbestimmung mit Hilfe der Sonne leichter als die mit Hilfe der Sterne war. Man mußte sich infolgedessen des Vorteiles, der in den gleichlangen Stunden der Räderuhr lag, entäußern und die Räderuhr jeden Tag gemäß dem Durchgange der Sonne durch die Mittagslinie einstellen. Bei den Sternwarten sah man bereits im 17. Jahrhundert von der jedesmaligen Aenderung des Standes der Uhr ab und benützte den Mittagsdurchgang der Sonne nur zur Prüfung des Ganges der Uhren, die nunmehr die mittlere Zeit des betreffenden Ortes der Sternwarte angaben. Die allgemeine Einführung der mittleren Zeit erfolgte erst vom Ende des 18. Jahrhunderts an. Genf ging im Jahre 1790 dazu über; die anderen großen Städte folgten allmählich nach. In dieser Zeit hatte jeder Ort seine eigene Ortszeit. Für die Kalender galt die Zeit der betreffenden Sternwarte, die meistens in der Landeshauptstadt lag, so in Paris, London, Washington, München, Wien und in anderen Orten. Die Verschiedenheit der mittleren Zeit von Ort zu Ort machte nicht viel aus, solange der Verkehr nur langsam vor sich ging und deshalb auf einer Reise nur Orte mit wenig voneinander abweichenden Ortszeiten täglich berührt wurden. Der Eisenbahnverkehr, der in kurzer Zeit sehr große Strecken bewältigte, verlangte die Einführung von Einheitszeiten, um die rechtzeitige Abwicklung des Verkehres zu ermöglichen. Da jede Eisenbahngesellschaft ihre eigene Bahnzeit hatte, so gab es bald ein lästiges Nebeneinander von Bahnzeiten, besonders dort, wo sich die Züge von verschiedenen Gegenden trafen. So gab es am Bodensee 5 Bahnzeiten; die Vereinigten Staaten von Amerika besaßen 71 Bahnzeiten. Deshalb schlug SANDFORD FLEMING 1874 die Aufstellung von 24 Zonenzeiten, die mit je einer Stunde Unterschied die Erde umspannen sollten, und die Zugrundelegung des Meridians von Greenwich als Ausgangspunkt vor. Die in Rom 1883 tagende Versammlung der europäischen Gradmessung empfahl die Annahme dieses Vorschlages, aber mit dem Beginn der Datumszählung in der Mitte des Tages. Auch eine allgemeine wissenschaftliche Versammlung in Washington im Jahre 1884 empfahl die Zonenzeit, sowie die Stundenzählung von Mitternacht an, konnte sich aber nicht entschließen, sie für den gesamten Verkehr zu beantragen. Inzwischen waren Ende 1883 die wichtigsten Eisenbahnnetze der Vereinigten Staaten zur Ein-

führung der 5 in Betracht kommenden Zonenzeiten übergegangen. Allmählich folgten die anderen Staaten: Japan 1888, Oesterreich 1891, Holland und Belgien 1892, Deutschland und Italien 1893, Dänemark, Norwegen und Schweiz 1894; Frankreich nahm 1891 als Einheitszeit die von Paris an und ging erst 1911 zur Zeit von Greenwich über. Holland war 1908 zur Amsterdamer Zeit zurückgekehrt, entschloß sich aber später doch wieder zur Annahme der Zonenzeit. Die Zonenzeit wirkte sich so aus, daß Westeuropa die mittlere Greenwicher Zeit, Mitteleuropa die um 1 Stunde verschiedene mitteleuropäische Zeit, Osteuropa, die um 2 Stunden verschiedene osteuropäische Zeit erhielt. Die Stunden wurden in Zonenzeit von 1—12 gezählt, beginnend mit Mitternacht. Der Flemingsche Vorschlag der Durchzählung der 24 Stunden wurde nur allmählich angenommen, zuerst von Italien im Jahre 1893. Die Sternwarten behielten ihre eigene mittlere Zeit. Seit Einführung der Zonenzeit paßten sie sich bei der Abgabe von Zeit der Zonenzeit an, jedoch bei der Berechnung ihrer Beobachtungen gingen sie allmählich dazu über, die Zeit in mittlerer Greenwicher Zeit auszudrücken und zwar ausgehend vom mittleren Mittag zu Greenwich. Mit dem 1. Januar 1919 haben die führenden Jahrbücher auch den Beginn des Tages auf Mitternacht gelegt und geben die Oerter der Planeten in Weltzeit, d. h. in mittlerer Greenwicher Zeit. Daneben blieb aber der Brauch, die Beobachtungszeiten vom mittleren Greenwicher Mittag ab zu zählen.

Zur Bekanntgabe der Lage der Feste und der Wochentage im Jahre dienten die Kalender. Sie wurden in allen möglichen Größen, oft in sehr gewöhnlicher, oft in hervorragender Ausführung verbreitet. Ihre Herstellung wurde seit dem 17. Jahrhundert in manchen Ländern zum Vorrecht des Staates erklärt, der damit seine Sternwarten beauftragte und aus dem Verkauf der Kalender nicht geringe Einnahmen erzielte. So wurde im 18. Jahrhundert die Berliner Akademie der Wissenschaften durch den vom »Astronomen der Akademie« berechneten Kalender erhalten und die Aufregung der Akademie war verständlich, als infolge schlechter Berechnung des Kalenders die Einnahmen aus dem Verkauf nachließen und die beiden als Astronomen der Akademie angestellten Gelehrten Castillon und Joh. Bernoulli III. darauf »verzichteten eine so unangenehme Sache« wie die Kalenderrechnung zu übernehmen. Endlich nach langem Harren, währenddessen der Berliner Kalender, ohne wissenschaftliche Grundlage, häufig nur durch Abschreiben der italienischen oder französischen Kalender am Leben erhalten werden konnte, fand sich ein Gelehrter, Bode, bereit, den Kalender zu berechnen und ihn auf dieselbe Höhe wie die wissenschaftlichen Jahrbücher der anderen Länder zu bringen.

Außer den Kalendern dienten zur Erlernung der Zeitrechnung Münzen, von denen die bekanntesten die Kalendertaler des Wermut vom Jahre 1696 sind, sowie auch die ewigen Kalender in Form von großen Papptafeln oder, im 16. Jahrhundert, auch auf große Solnhofer Platten geätzt, welche Kunst der Rechenmeister Plininger am besten verstand.

DIE ZEITMESSUNG

SONNENUHREN

Zur Zeitteilung wurden benützt die Sonnenuhren und die Räderuhren. Zu erwähnen ist der gelegentliche Gebrauch von Oeluhren, Wasseruhren und Sanduhren. Die Sanduhren wurden zur Messung von kleinen Zeitspannen bis zu 3 Stunden verwendet. Wollte man Zeitspannen von verschiedenen, nicht zu großen Zeitdauern messen, so benützte man verschiedene Gläser. Es gab solche zu ¼, ½, 1 und 3 Stunden. Sie waren besonders beliebt als Kanzeluhren und werden noch jetzt als Eier- und Pulsuhren verwendet. Rudolf Wolf hat eine Halbstundensanduhr auf ihre Genauigkeit untersucht. Die Ablaufzeit betrug 28 Min. 29,95 Sek. ± 5,7 Sek.; der mittlere Fehler eines Ablaufes betrug ± 43,9 Sek. Kleine Zeitspannen wurden gelegentlich nach alter Art durch die Dauer eines Gebetes gemessen; so gab W. Schickard im 17. Jahrhundert als Dauer der Sichtbarkeit einer Feuerkugel die Zeit eines Vaterunsers, entsprechend etwa 15 Sek., oder der 3—4fachen Dauer des Niederfallens eines dürren Blattes, an.

Bezüglich der Sonnenuhren übernahm das 16. Jahrhundert die im 15. Jahrhundert aufgekommenen Formen und entwickelte sie weiter unter Bevorzugung des Polstabes und unter Beschränkung auf die gleichlangen Stunden. Säulchen-Sonnenuhren mit wagerechtem Schattenstab wurden als Reiseuhren noch verwendet, hergestellt meistens aus Holz, gelegentlich mit Papierbezug, auf welchem die Stundenlinien aufgezeichnet oder aufgedruckt waren. Solche Sonnenuhren wurden besonders von Behringer in Nürnberg im 18. Jahrhundert in den Handel gebracht. Sehr beliebt als Reiseuhren waren die Klappuhren, Kompaßuhren genannt, da sich in ihrer unteren Platte ein Kompaß befand, inmitten der wagerechten Sonnenuhr mit umlegbarem Poldreieck oder mit dem gespannten Polfaden. Diese Klappsonnenuhren wurden besonders im 16. und 17. Jahrhundert hergestellt, meistens aus Bein. Ihre Hersteller waren LEONH. MILLER in Augsburg, PAULUS REIMANN in Nürnberg, THOMAS TUCHER in Augsburg. Gelegentlich zeigten sie noch besondere Zifferblätter für die Stunden seit Sonnenaufgang oder -untergang, auch eine senkrechte Sonnenuhr zur Erkenntnis des Eintrittes der Sonne in die Zeichen, ferner eine Tafel der Breiten und eine Monduhr. Zum Teil noch inhaltsreicher waren die Büchsensonnenuhren, in Gestalt einer messingenen oder vergoldeten Büchse mit verschiedenen aufklappbaren Scheiben, welche gelegentlich außer einer wagerechten Sonnenuhr und Monduhr eine Breitentafel, eine Abbildung Europas, eine Windrose oder einen Höhenkreis mit beweglichem Zeiger enthielten. Solche oft schön verzierten und sauber gearbeiteten Geräte stellten CHRISTOF SCHISSLER in Augsburg, ULRICH SCHNIEP in München her. Die Säulchen-, Klapp- und Büchsensonnenuhren erreichten im 16. Jahrhundert ihre reichste und prächtigste Ausbildung, machten aber darauf handlicheren Sonnenuhren Platz, nämlich den im 17. Jahrhundert auftretenden Reisesonnenuhren mit äquatorwärts einstellbarem Zifferblatt und umlegbarem Poldreieck, die besonders von Augsburg aus Europa im 17. und 18. Jahrhundert überschwemmen sollten. Diese Sonnenuhren zeigten nur die Stundenteilung. CLAUDE DUNOD in Düsseldorf brachte im Jahre 1711 noch die Minutenteilung an, indem er mit dem zur Sonne gerichteten Zeiger, dessen Ende den aufrechten Schattenstab trägt, noch ein Minutenzifferblatt mit Uebertragung, wie bei den Räderuhren verband. Die weitere Entwicklung führte zu den seit der Mitte des 18. Jahrhunderts hergestellten Zimmersonnenuhren des LUBACH und WELTIN, die zur ständigen Aufstellung auf einen Tisch bestimmt waren. Von der Grundplatte wird ein äquatorwärts gerichtetes Zifferblatt getragen, auf dem sich ein zur Sonne hinliegender und auf die Sonne einstellbarer Zeiger mit Lochblenden an den Enden befindet. Die Ablesung geht auf 20 Minuten oder mit Hilfe von Schrägstrichen auf 2 Minuten.

Für die Reise waren die Ringsonnenuhren sehr beliebt. In der einfachsten Form mit verschiebbarem Oehr und Zifferblatt im Innern der Rundung hielten sie sich bei den Bauern bis zum Ende des 19. Jahrhunderts. Eine bessere Form für genauere Zeitteilung erhielt der Ring erst im 17. Jahrhundert, als dieses Oehr verstellbar nach den Monaten auf einem geraden Steg angebracht wurde, der gleichzeitig die Achse für einen Aequatorring bildete und mit ihm zusammen auf einen Höhenkreis für jede Polhöhe einstellbar war. Von E. CULPEPER rühren besonders

sorgfältig gearbeitete Uhren dieser Art her. Das Zifferblatt ist auf 2 Minuten geteilt, der Höhenkreis auf $\frac{1}{4}^0$ und die Scheibe läßt sich für jeden Tag einstellen. Noch genauer sind die größeren Ringsonnenuhren des Rowley in London von 1721, welche die Minuten angeben, und die von M. Hahn am Ende des 18. Jahrhunderts hergestellten Oehrsonnenuhren in einem aufgehängten Ring, auch mit Minutenangabe, wobei eine Zeittafel die mittlere Ortszeit sogleich errechnen läßt.
Neben diesen Sonnenuhren sind zu erwähnen die kugelförmigen und die becherförmigen, beide im 16. Jahrhundert hergestellt, die meistens achteckigen waagerechten französischen Taschenuhren mit Zifferblatt für mehrere Breiten, ferner die vielflächigen Sonnenuhren, deren Entwurf besonders im 16. und 17. Jahrhundert zum Unterricht in der Sternkunde gehörte, darunter Uhren der verschiedensten Formen, auch als Würfelsonnenuhren noch am Ende des 18. Jahrhunderts verwendet. Auch die im 18. Jahrhundert hergestellte kompaßlose Sonnenuhr, bei welcher ein feststehender Polstab und ein gemäß den Jahreszeiten beweglicher senkrechter Schattenstab durch den Schattenwurf auf die gleiche Stunde ihrer Zifferblätter die richtige Zeit und richtige Einstellung der Uhr ergeben, muß hier erwähnt werden.
Außerdem gab es waagerechte Sonnenuhren auf Tischplatten, häufig in Gärten, ferner die senkrechten Sonnenuhren, besonders die nach Süden gewandten an den Häusern und Kirchen, vielfach in Bayern und Tirol als eine Zierde der Häuser anzutreffen. Sonnenuhren an den Mauern waren so häufig, daß im 17. und 18. Jahrhundert in Städten wie Nürnberg wohl kaum eine größere Straße ohne Sonnenuhr war.
Zur Zeitteilung mit Hilfe der Sonne dienten im 16. Jahrhundert auch die Sonnenquadranten und Astrolabe, ferner zur Zeitbestimmung in der Nacht die Sternuhren, die in England und Deutschland bis zum 18. Jahrhundert hergestellt wurden. Auch die auf Toscanelli zurückgehende Bestimmung des Mittagsdurchganges der Sonne durch eine Oehrsonnenuhr in Verbindung mit einem Marmorstreifen auf dem Fußboden der Kirche wurden fortgeführt. In Lothringen (Lunéville, Metz und Nancy) und Dalmatien wurde diese »Méridienne« genannte Art der Sonnenuhr an der Südwand von Häusern im 18. Jahrhundert gelegentlich angebracht.

RÄDERUHREN

Die Räderuhren mit Gewicht oder Federzug entwickelten sich von der im 15. Jahrhundert vorhandenen Grundlage aus. Es bildeten sich sehr viele Arten aus, nicht nur nach ihrem Aussehen und der Einteilung des Zifferblattes, sondern auch nach der Art ihrer Hemmung und ihrer Unruhe. Bezüglich der Einrichtung der Uhren sei auf die Bücher von BASSERMANN-JORDAN und auf die darin angeführten Schriften verwiesen und die Art der Hemmung und Unruhen gemäß seiner Einteilung kurz aufgeführt. Die Hemmung greift am Steigrad ein und soll das rasche Ablaufen des Werkes verhindern. Die Entwicklung der Hemmungen führte von den rückfallenden Hemmungen zu den ruhenden und von da zu den freien Hemmungen. Bei den rückfallenden Hemmungen wie bei dem Spindelgang, der bereits bei den ältesten Uhren auftritt und bei dem Hakengang, der von HOOKE um 1676 erfunden wurde, wird das Steigrad bei jedem Eingreifen der Hemmung nicht nur angehalten, sondern etwas zurückgeführt; bei der ruhenden Hemmung verharrt das Steigrad nach jedem Vorwärtsgehen ein wenig in Ruhe. Von diesen Hemmungen sind zu nennen, der ruhende Ankergang, von GEORGE GRAHAM um 1715 erfunden, der ruhende Stiftegang von AMANT 1741, der Zylindergang von THOMAS TOMPION (1638 bis 1713) erfunden und von GRAHAM verbessert, der Kronengang von J. A. LÉPINE (1720—1814) und der Duplexgang 1724 von DUTERTRE erfunden. Der genaueste Gang ließ sich erzielen mit den freien Hemmungen, von welchen der freie Ankergang und der freie Chronometergang bereits bei älteren Uhren vorkamen. Während andere Hemmungen mit dem Werk so verbunden sind, so daß sie von dort aus ihre Kraft erhalten und bei jedem Zahn eingreifen müssen, hat die freie Hemmung ihre eigene Kraft und greift nur gelegentlich für kurze Zeit in das Werk ein.

Nicht minder wichtig als die Entwicklung der Hemmung ist die der Gangregler. Uebernommen war die Waag (Foliot) für stehende und tragbare Uhren. Im 17. Jahrhundert kam die Unruhe für tragbare und feststehende Uhren auf. Im gleichen Jahrhundert wurde das Pendel als wichtigster und heute noch bedeutendster Regler für feststehende Uhren eingeführt. Ueber die Anwendung des Pendels ist folgendes bekannt: LEONARDO DA VINCI gab bereits um 1493 Pendel als Gangregler bei Maschinen an; desgleichen kamen sie bei J. BESSON um 1565 als Gangregler bei Pumpen, Schleifwerken und Blasbalgantrieben vor. KOPPERNIK benützte vor 1530 die Pendelbewegung zur Darstellung von Bewegungen. JOST BODEKER baute in der von 1578—87 errichteten Uhr im Münster zu Osnabrück an Stelle der Waag oder neben ihr ein Zentrifugalpendel zur Regelung des Ganges ein. CHRI-

STOF ROTHMANN, der Gehilfe des Landgrafen von Hessen, teilte in seiner von 1580—90 verfaßten Beschreibung der Kasseler Beobachtungsgeräte mit, daß eine der drei Beobachtungsuhren einen Sekundenzeiger und eigenes Zifferblatt habe und daß die Unruhe durch eine neue Erfindung so gestaltet sei, daß jede ihrer Bewegungen einer einzelnen Sekunde entspreche. Es ist möglich, daß diese neue Unruhe ein Pendel, und ihr Erfinder JOST BÜRGI, damals Uhrmacher des Landgrafen, war. Ihm wurde die Erfindung des Sekundenpendels zugeschrieben. Vermutlich rührt von ihm eine in Prag um 1612 hergestellte Pendeluhr her, die sich jetzt in Wien befindet und gemäß der Untersuchung BASSERMANN-JORDANS alle Anzeichen einer Ersterfindung trägt. Auch dürfte die Mitteilung des Rabbi DAVID GANS, daß er um 1600 bei Brahe zu Benatek einen Zeitmesser von wunderbarem neuem Bau zum Beobachten der Mittagsdurchgänge der Sterne gesehen habe, in diesem Zusammenhange von Wert sein. BÜRGI erfand auch einen neuen Hakengang. Von 1615—16 stellte ein deutscher Uhrmacher zu Angoulesme für die Königin MARIA von Medici, die sich zwischen 1614 und 1617 dort aufhielt, eine Uhr mit Pendel her, die nach Angabe eines Herren DE BOISMORAUD der Uhr des HUYGENS ähnelte. Im Jahre 1638 erhielt in München der Kleinuhrmacher HANS LANGENPUCHER von Augsburg 18 Gulden, weil er »seinem Bruder CHRISTOPH LANGENPUCHER bei der Machung des künstlich hängenden Pendels geholfen«. Ein gewisser TREFFLER, Hofuhrmacher des Großherzogs von Toskana, baute in Florenz auf Befehl seines Herren und unter Anleitung von GALILEI eine Pendeluhr. Eine Nachahmung davon wurde nach Holland gesandt. Im Jahre 1641 ließ GALILEI durch VIVIANI und seinen Sohn V. GALILEI eine Zeichnung einer Uhr anfertigen, wobei als Gangregler das Pendel und als Hemmung ein freier Gang angegeben waren. Im Jahre 1654 benützte HEWELKE ein Pendel zur Beobachtung der Sonnenfinsternis. Im Jahre 1656 verwendete CHRISTIAN HUYGENS das Pendel, nach dem Vorbilde GALILEIS, zur Gangregelung einer Uhr mit Spindelhemmung.

Anscheinend wurde das Pendel zuerst in Deutschland als Gangregler bei Uhren verwendet. Deutsche Uhrmacher, zu denen wohl auch TREFFLER gehörte, brachten die Erfindung ins Ausland; aber erst HUYGENS gab der Pendeluhr die brauchbare Form und die wissenschaftliche Begründung.

Diese Standuhren zeigten meistens außer dem Stundenzifferblatt noch ein Minutenzifferblatt und gelegentlich, wie eine Uhr des Landgrafen von Hessen und die Uhr des Brahe, ein Sekundenzifferblatt. Vom Ende des 17. Jahrhunderts an wurde das Stunden- und das Minutenzifferblatt vereinigt.

Die von Huygens vorgeschlagene Form der Pendeluhr mit Vorrichtungen, um die gleiche Dauer der Pendelschwingungen auch bei ungleicher Größe der Ablenkung zu ermöglichen, führte erst zu brauchbaren Pendeluhren, die bald genug bei der Erforschung der Erde wichtige Dienste leisten sollten. Richer stellte auf seiner Reise nach Cajenne im Jahre 1671 fest, daß seine in Paris genau gehende Pendeluhr dort täglich 2 Minuten zurückblieb und daher das Pendel verkürzt werden mußte. Mit der verschiebbaren Pendellinse, die bereits bei der Wiener Uhr vorhanden ist, ließ sich der Gang leicht regeln. Dies diente auch zur jeweiligen Regelung des Ganges, wenn dieser sich infolge der Wärme geändert hatte, was um dieselbe Zeit entdeckt wurde, wohl bereits durch Picard. Graham erfand vor 1726 eine dauernde Berichtigung dieser Gangänderung durch Füllung von Quecksilber in das untere Ende der Pendelstange unter Benützung der raschen Ausdehnung des Quecksilbers bei Erwärmung. Harrison nahm einen von Graham geäußerten Gedanken der Herstellung eines Rostpendels auf und verfertigte von 1725 an Rostpendel mit einem Rost von Stangen, von denen nur die mittelste, aus Stahl bestehende Stange den Pendelkörper trägt, während die anderen Stangen aus einem sich mit der Wärme rasch ausdehnenden Metall bestehen und durch ihre Ausdehnung die Verschiebung des Gleichgewichtes ausgleichen. Diese Rostpendel wurden erst am Ende des 19. Jahrhunderts durch Pendel mit Nickelstahlstangen ersetzt. Das Nickelstahl dehnt sich bei Erwärmung sehr wenig aus, etwa $^1/_{50}$ der Ausdehnung des Messing. Der Einfluß der in den Uhrkasten oft vorhandenen Wärmeschichtung wurde durch Riefler in seinem Schichtungspendel beseitigt. Dadurch wurde der mittlere Fehler des Ganges von + 0,0136 Sek. bei früheren Nickelstahlpendeln auf + 0,0108 Sek. beim Schichtungspendel herabgedrückt. Für Sternwarten ersann man noch besondere Vorsichtsmaßnahmen. Es wurden besondere Uhrenkammern gebaut mit festen Wänden zur erschütterungsfreien Aufhängung der Uhren und mit Doppeltüren zur Abhaltung der von außen eindringenden Wärme und Kälte. In diesen Kammern macht sich der tägliche Wärmegang nicht sehr geltend; dagegen kommt bei den meistens unterirdischen Kammern der jährliche Wärmegang in Betracht. Er betrug in dem 1 Meter unter dem Erdboden befindlichen mittleren Uhrenkeller der Bamberger Sternwarte gegen 12° und in dem 4 Meter tiefer liegenden Uhrenkeller 7° jährlich im Durchschnitt. Zugleich macht sich mit dem jährlichen Wärmegang auch die große Feuchtigkeit störend geltend. Da der jährliche Wärmegang kaum völlig zu beseitigen ist, so ging man an einigen Sternwarten zur Heizung der Uhrenkammern über.

Auch die Aenderung des Luftdruckes wurde im 19. Jahrhundert als schädlich für den Gang der Uhren erkannt. Zuerst machte BAILY im Jahre 1822 auf diesen Einfluß aufmerksam und schlug seine Berücksichtigung durch die Anhängung eines Quecksilbergefäßes an der Pendelstange vor. WOLFER fand im Jahre 1879 den Einfluß von Wärme und Luftdruck auf den täglichen Gang einer Mairetuhr zu 0,0925 Sek. für 1° Wärmeänderung und 0,0155 Sek. für 1 mm Luftdruckänderung.

Der Einfluß des Luftdruckes wurde durch luftdichten Abschluß der Uhr oder durch Herstellung eines luftverdünnten Raumes oder durch Befestigung einer Vorrichtung, wie sie BAILY vorschlug, verringert. Bei den Pendeluhren, besonders bei den luftdicht verschlossenen, wurde das Gewicht entweder mit der Hand aufgezogen oder durch einen kleinen elektromagnetischen Motor. Den ersten elektrischen Aufzug von Uhren scheint H. FÖRSTER 1864 bekannt gemacht zu haben. Auch wurde versucht, elektrische Uhren ohne Gewichtskraft zu bauen. Sie kommen für Sternwarten wenig in Betracht, umsomehr die Weitergabe der durch die Schwingung des Pendels herbeigeführten Oeffnung und Schließung eines elektrischen Stromes, wodurch einerseits auf einen Zeitschreiber (Chronographen) Zeitzeichen übertragen werden können oder auch mit der Hauptuhr mehrere Nebenuhren zu gleichzeitigem Gehen veranlaßt werden können.

Die Pendeluhren entwickelten sich zu den genauesten Werkzeugen der Sternwarten und konnten außer zur Feststellung der Zeit und zu ihrer Weitergabe an die Allgemeinheit auch bei der Bestimmung der Gestalt und der Schwere der Erde große Hilfe leisten. Taschenuhren konnten mit ihnen nicht wetteifern, wenn sie auch als Hilfsuhren bei Beobachtungen oder als Stoppuhren Verwendung fanden. Neben ihnen entstanden im 18. Jahrhundert tragbare Uhren, Chronometer, welche für die Schiffahrt besondere Bedeutung bekommen sollten, da bei ihr Pendeluhren nicht Verwendung finden können. Auf HUYGENS geht die Einführung der Spiralfeder in die Taschenuhr zurück. HARRISON berücksichtigte den Einfluß der Wärme, indem er die Unruhe aus Metallstücken verschiedener Ausdehnung zusammensetzte. Nicht minder wichtig waren die im 18. Jahrhundert eingeführten Verbesserungen in den Hemmungen, welche die Schiffschronometer zu brauchbaren Uhren für die Schiffahrt machten. Zu ihrer Vervollkommnung trug wesentlich der Preis der englischen Admiralität in der Höhe von 20 000 £ für die Verbesserung der Längenbestimmung bei. Von den wichtigsten Chronometern sind zu nennen die von JOHANN JACOB HUBER erfundene und 1755 durch MUDGE in London ausgeführte Uhr mit freier Hemmung, das Chronometer von HARRISON von 1764, ferner im 19. Jahrhundert die Uhren von KESSELS, KRILLE und HOHWÜ.

Außer den Pendeluhren und Chronometern kamen Taschenuhren mit geprüftem Gang für manche Beobachtungen in neuerer Zeit in Betracht, für besondere Zwecke Stoppuhren mit $^1/_5$ oder $^1/_{10}{}^s$ Einteilung und mit einem oder zwei springenden Zeigern zur Beobachtung von Feuerkugeln oder anderen kurzen Himmelsvorgängen, ferner die Uhr für die vereinigte Sternzeit und mittlere Zeit von STRÖMGREN und OLSEN vom Jahre 1917 zur angenäherten Längenbestimmung durch Benützung der Zeitzeichen des Rundfunks und die auf meine Veranlassung von A. ZIEGLER hergestellte Taschenuhr, welche ohne Umrechnung die Beobachtungszeit auf $^1/_{200}$ Tag in Weltzeit gibt.

ZEITDIENST

Von einem Zeitdienst auf den Sternwarten ist erst seit dem 18. Jahrhundert die Rede. Bei WALTHER wurde die Uhr anscheinend nur für die Beobachtung selbst in Gang gesetzt. Beim Landgrafen WILHELM von Hessen gab es verschiedene Uhren, anscheinend für dauernden Gang. Ihr Stand wurde nur für die Zeit der Beobachtungen ermittelt. Die in der 2. Hälfte des 17. Jahrhunderts erfolgte Einführung von Pendeluhren gab zuverlässigere Hilfsmittel für die Beobachtung. RÖMERS Mittagskreis von 1689 war bereits zur Prüfung von Uhrgängen durch Beobachtung von Sterndurchgängen geeignet. Verwendung fand jedoch im 17. und 18. Jahrhundert in erster Linie die Sonnenuhr und zwar besonders die Oehrsonnenuhr, bei welcher der Mittagsdurchgang der Sonne auf einer eingeritzten Linie auf dem Fußboden gekennzeichnet war. Sehr bekannt wurde die in der Kirche St. Petronio zu Bologna angelegte Oehrsonnenuhr, mit welcher G. D. CASSINI die Zeit auf die Sekunde bestimmte. CASSINI hat eine ähnliche Oehrsonnenuhr im Jahre 1682 im großen Saale der neuerbauten Sternwarte zu Paris angelegt. Die zugehörige Mittagslinie wurde durch Beobachtung der Sonne vor und nach dem Mittagsdurchgange festgelegt. Gemäß einem Vorschlag Römers wurden in das Loch Linsen von verschiedener Brennweite gesetzt, welche für jede Jahreszeit einen scharfen

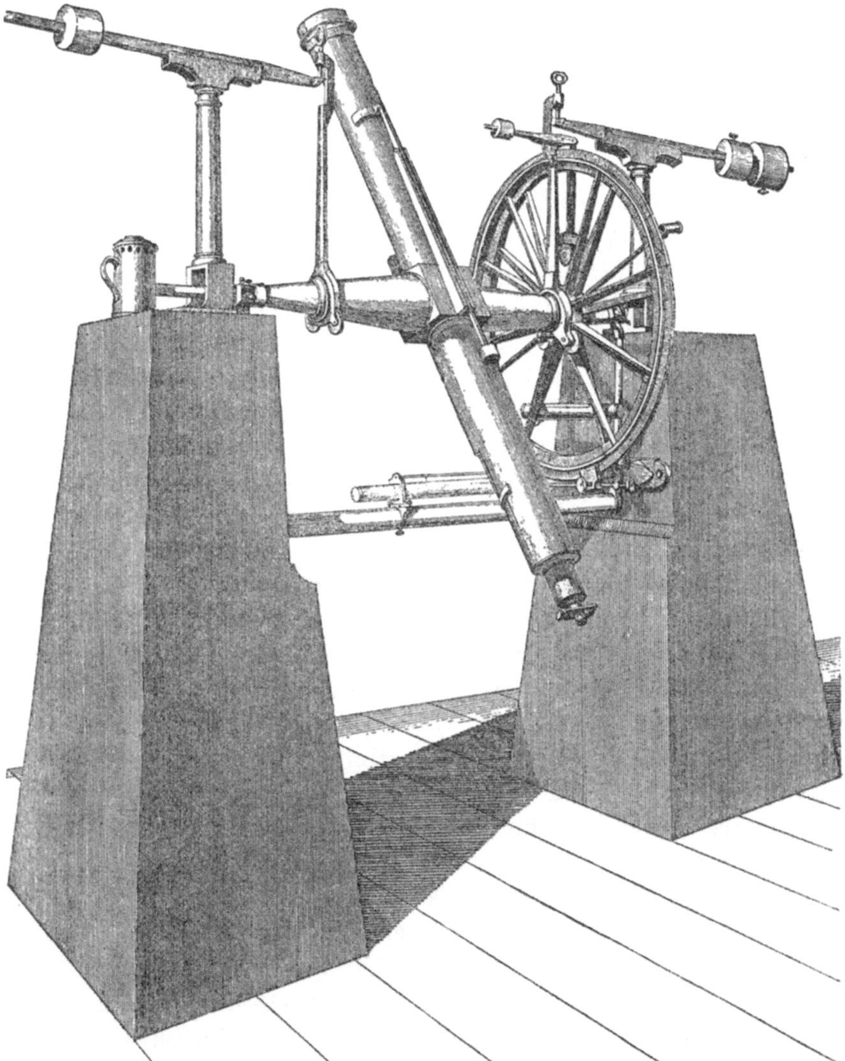

(Aus: REPSOLD, Geschichte der astron. Meßwerkzeuge I Fig. 146)
Bild 44. Mittagskreis

Brennpunkt auf die Mittagslinie entwarfen und damit die wahre Ortszeit des Mittagsdurchganges anzeigten. Der Sohn Jacques Cassini benützte dasselbe Loch, veränderte es jedoch durch eine angebrachte waagrechte

Kupferplatte, um immer ein rundes Sonnenbild auf der Mittagslinie zu entwerfen. Ferner bekam die Mittagslinie auf dem Marmor eine Teilung nach der Länge und nach dem Zenitabstand der Sonne. Außerdem wurde in den Saal eine von Fieffé im Jahre 1730 hergestellte Uhr mit Sekundenzeiger und Schlag gestellt, die man täglich nach dem Mittagsdurchgang der Sonne richtete. Damit wird zum ersten Male von regelmäßigem Zeitdienst berichtet. Die Zeitbestimmung mit Hilfe der Sonne, sei es durch ein Loch oder durch Vorübergang an einem aufgehängten Faden, nach Vorschlag des de l'Isle von 1719, blieb bis zum Anfang des 19. Jahrhunderts üblich. Olbers veröffentlichte im Jahre 1801 ein Verfahren, ohne Mittagsrohr oder feststehendes Fernrohr die Zeit durch Beobachten des Verschwindens von Sternen hinter einer Wand hinreichend genau zu bestimmen. Mit diesem Verfahren ließ sich nur der Gang ableiten, nicht der Stand der Uhr, der einmal auf eine andere Weise festgestellt werden mußte. Auch die am Ende des 18. Jahrhunderts auftauchenden Verfahren, die Zeit aus der Beobachtung von Sternhöhen zu berechnen, konnten zur Ableitung des Standes der Uhr dienen.

Alle diese Verfahren lieferten den Stand nicht viel genauer als auf eine Sekunde, konnten daher nicht mehr zur Prüfung der Uhrgänge in Betracht kommen als es gelungen war, handliche Durchgangsrohre herzustellen. Die Verwendung von Durchgangsbeobachtungen von Sternen zur Zeitbestimmung war im 18. Jahrhundert wohlbekannt; man benützte jedoch die in der Mittagslinie fest aufgestellten Mittagskreise (Bild S. 431) und Quadranten mehr zur Ortsbestimmung der Sterne als zur Zeitbestimmung, da die Berücksichtigung der bei diesen Geräten bestehenden Fehler zu lästig erschien. Bereits Olaf Römer hatte um 1700 die 3 hauptsächlichsten Fehler der Mittagskreise erkannt: die nicht waagerechte Lage der Drehachse, das Nichtsenkrechtstehen der Drehachse zur optischen Achse und die Abweichung der optischen Achse von der Mittagslinie, und Tobias Mayer 1756 dies in Formeln gefaßt. Erst die seit 1838 von Ertel und Sohn in München hergestellten Durchgangsrohre mit gebrochenem Fernrohr (Bild 45) gestatteten Zeitbestimmungen ohne großen Zeitaufwand anzustellen und zu berechnen. Bei diesen Fernrohren wurde der Durchgang eines Sternes nur an 5 Fäden des Fadennetzes beobachtet, darauf das Fernrohr rasch umgedreht und dann der Durchgang des Sternes durch dieselben nunmehr hinter der Mittagslinie befindlichen Fäden beobachtet. Auf diese Weise ließ sich der 2. Fehler zum größten Teil beseitigen. Mit Hilfe einer angehängten Wasserwaage wurde die Neigung der Drehachse berücksichtigt und die rechnerische Berücksichtigung des 3. Fehlers erfolgte dadurch, daß außer einigen Zenitsternen auch ein polnaher Stern und ein äquatornaher Stern beobachtet wurde. Eine Zeitbestimmung von mehreren Sternen lieferte für den gewöhnlichen Zeitdienst hinreichend genau

(Aus: MELDE, Astr. Zeitbestimmung S. 276)
Bild 45. Gebrochenes Durchgangsrohr (Passageinstrument)

den Uhrstand. Voraussetzung war eine erschütterungsfreie Aufstellung der Geräte und Pendeluhren. In dieser Beziehung sind seit dem Anfang des 19. Jahrhunderts bei allen Sternwarten Vorsorgen getroffen worden durch starke Pfeiler, die womöglich ohne Berührung mit dem Fußboden von dem Untergrund heraufragen und durch feste Wände oder Pfeiler, an welchen die Uhren hängen.

Wichtig war die Vergleichung des Durchganges der Sterne mit der Uhr. Zuerst beobachtete man nach Aug und Ohr; man zählte beim

Beobachten die gehörten Sekundenschläge mit und schätzte die Zeit des Durchganges auf $^1/_{10}$ Sekunde. Um 1844 wurde zur Uhrvergleichung bei Längenbestimmungen die telegraphische Uebertragung mit Stromöffnung und Stromschluß auf einen Morsestreifen benützt. Zeitschreiber zur Aufnahme der Zeitmarken des Beobachters und der Uhren auf einem sich abrollenden Papierstreifen kamen in Anwendung. Der Beobachter gab die Zeitmarke durch einen Taster; die Zeitmarke der Uhr wurde durch einen mit der Pendelstange verbundenen Hebel, später durch ein besonderes Rad hervorgerufen. An Stelle der zuerst vorhandenen Quecksilberapparate zur Erzeugung der Stromschlüsse beim Zeitschreiber traten später Relais von SIEMENS UND HALSKE und anderen Firmen. Eine weitere Verbesserung der Zeitbestimmung erfolgte durch die Verwendung des unpersönlichen Mikrometers vom Jahre 1890 an. Vorschläge dazu wurden gemacht von WHEATSTONE vor 1864 und von C. BRAUN 1861; aber A. REPSOLD und Söhne schufen die erste brauchbare Ausführung, wobei vom Beobachter ein Faden auf dem Stern gehalten und bei seinem Gang durch das Gesichtsfeld 20 Stromschlüsse, welche sich selbsttätig auf dem Zeitschreiber aufschreiben, bewirkt werden. Auf diese Weise stieg die Genauigkeit der Beobachtung, wie sich aus der Abnahme des mittleren Fehlers des arithmetischen Mittels von je einer Beobachtung Ost und West von 0,078 Sek. beim Beobachten mit Auge und Ohr zu 0,062 Sek. beim Taster auf 0,048 Sek. beim unpersönlichen Mikrometer zeigt. Durch Benützung von mehreren Fäden und mehreren Sternen wurde somit eine sehr genaue Bestimmung des Uhrenstandes der Uhren erzielt, bedeutend genauer als früher, wo HEWELKE 1672 die Zeit durch die Beobachtung einer Sternhöhe auf etwa 6 Sek. genau feststellen konnte und wo sich BESSEL um 1820 mit der Ableitung des Uhrstandes auf $^1/_{10}$ Sek. zufrieden gab. Die persönliche Gleichung, die bisher bei 4 Beobachtern des Geodätischen Institutes in Potsdam bis zu 0,314 Sek. betragen hatte, verringerte sich durch die Anwendung des Mikrometers auf den 10. Teil und erreichte als größten Wert nur — 0,035 Sek. Bei einigen Mikrometern wurde in späterer Zeit an Mittagskreisen, aber nicht bei Durchgangsrohren, ein Uhrwerk angebracht, um den beweglichen Faden selbsttätig auf dem Stern zu halten.

Um das Auge als Beobachter der Sterne völlig auszuschalten, wurde von J. G. HAGEN die photographische Aufnahme des Sterndurchganges und durch BENGT STRÖMGREN die Feststellung der Durchgangszeiten mit Hilfe der lichtelektrischen Zelle eingeführt, wobei der Durchgang eines Sternes durch eine Lamelle mit einem mittleren Fehler von 0,014 Sek. festgestellt werden konnte.

Seit dem Anfange des 19. Jahrhunderts bürgerte sich die Sitte ein, täglich eine Vergleichung der Uhren mit einer als Hauptuhr verwendeten Uhr zu machen und aus dem Stande der Hauptuhr den Stand der anderen Uhren zu bestimmen. Unter diesen Uhren befand sich mindestens eine Uhr, die nach mitteleuropäischer Zeit ging, während die anderen Uhren wegen der Zeitbestimmung mit Hilfe der Sterne und wegen der Einteilung der Geräte nach Sternzeit gingen. Diese nach bürgerlicher Zeit gehende Uhr diente auch zur Abgabe der Zeit entweder durch Fernsprecher an die Uhrmacher und Behörden oder durch elektrische Verbindung mit einer städtischen Uhranlage, wo von einer Hauptuhr aus eine Anzahl Nebenuhren elektrisch betrieben wurde, oder durch Auslösung einer Zeitmarke mit der Hand zu einer bestimmten Zeit, um der Post und Eisenbahn die genaue Zeit auf die Sekunde zu geben. Von Sternwarten in der Nähe von Häfen werden die Zeitbälle ausgelöst, gelegentlich wie in Hamburg auch Lichtblitz-Zeichen.

Im Jahre 1913 wurde die drahtlose Abgabe von Zeitzeichen beschlossen. Die großen Funksender, wie Nauen und der Eiffelturm zu Paris, geben zu bestimmten Zeiten für die Schiffahrt Zeitzeichen, die 3 Minuten anhalten und deren letztes Zeichen genau mit dem Ende einer Stunde übereinstimmt; ferner Zeitzeichen von 5 Minuten Dauer für wissenschaftliche Uhrvergleichungen. Für Handel und Verkehr geben die Rundfunksender mehrmals am Tage die Zeit auf die Sekunde an, angesagt zuerst mit Hilfe einer Taschenuhr, seit 1923 aber mit Hilfe einer Pendeluhr, die von einer Uhr auf einer Sternwarte geregelt wird. Außerdem pflegen die großen Sender für besondere wissenschaftliche Zwecke, wie Längenbestimmung und Schweremessung, Zeitzeichen zu bestimmten Nachtstunden zu geben. Die Regelmäßigkeit der Abgabe der Zeitzeichen und die Leichtigkeit des Empfanges, die abgehört und durch Taster weitergegeben oder durch verstärkte Empfänger und Relais auf die Zeitschreiber geleitet werden können, hat die meisten Sternwarten zur Aufnahme der Zeitzeichen veranlaßt, zumal in manchen Wintern eine Zeitbestimmung für längere Zeit nicht möglich ist.

Die Abgabe der Zeit erfolgt gewöhnlich auf die Sekunde, mit Hilfe des Senders etwa auf $^1/_{10}$ Sek. genau. Diese Genauigkeit genügt für die meisten Gewerbe, selbst für solche, welche Uhren und Zählwerke herstellen und die Zeit bis auf $^1/_{10}$ Sek. teilen wollen. Manche Uhrmacherbetriebe verlangen eine noch genauere Zeit. Sie stehen gewöhnlich mit Sternwarten in telegraphischer Verbindung und erhalten nebst dem genauen Stand auf $^1/_{10}$ Sek. noch die aus der Zeitbestimmung sich ergebende Verbesserung für den letzten Stand.

Zum Zeitdienst gehörte auf manchen Sternwarten auch die Prüfung von Taschenuhren und Chronometern. Die Sternwarten zu Genf und Leipzig sowie die Deutsche Seewarte zu Hamburg haben diese Aufgabe ständig übernommen. Die Uhren werden in den Lagen: Hängen, Liegen und Tragen mehrere Tage lang auf ihren Gang geprüft, auch in einem heizbaren Raum auf ihre Beeinflussung durch Wärme. Eine fortschreitende Verbesserung der Taschenuhren ließ sich feststellen: während noch 1843 als Grenze des zulässigen Unterschiedes zwischen dem Wochenmittel und den täglichen Gängen 8 Sek. zugelassen war, wurde diese später auf 6 Sek. und seit 1904 auf 4 Sek. herabgesetzt.

DIE ERFASSUNG DES RAUMES

DIE ERFORSCHUNG DER ERDE

Mit den portugiesischen und spanischen Entdeckungsfahrten am Ende des 15. Jahrhunderts beginnt die Zeit der Erweiterung der Vorstellung von der Erde. Bisher unbekannte Erdteile von riesiger Größe wurden entdeckt; bei den bereits bekannten Erdteilen Afrika und Asien wurde der Küstenumriß festgelegt, worauf allmählich die Erforschung des Innern begann. Die Erforschung, die ursprünglich neben der Eroberung zurücktrat, nahm einen neuen Aufschwung seit dem 19. Jahrhundert und erstreckte sich auch auf solche Gegenden, die früher nicht erobernswert erschienen und wegen ihrer Unwirtlichkeit gemieden waren. Der germanische Wagemut schreckte nicht vor der Kälte der Pole oder der höchsten Berggipfel zurück; ebenso boten die Trockenheit der Steppen und der Wüsten in Asien und Afrika und die Undurchdringlichkeit der Urwälder dem Forscherdrang kein ernsthaftes Hindernis. Es wurden nun alle Länder der Erde hinsichtlich ihrer Gestaltung, Pflanzen-, Tier- und Menschenwelt erforscht und auch die Weltmeere, deren Strömungen, Gezeiten und Winde bereits im Mittelalter Beachtung gefunden hatten, wurden hinsichtlich ihrer Tiefen, Tierwelt, Strömungen und Winde eingehend untersucht. Alle diese Untersuchungen führten zu einer Ablösung der Erdkunde von der Sternkunde im Anfang des 17. Jahrhunderts. Seit dieser Zeit beginnt auch die Erforschung der Luft, die im 19. Jahrhundert zur Trennung der Wetterkunde von der Sternkunde führen sollte, wobei allerdings ein Zusammenarbeiten insofern gewahrt wurde, als viele Sternwarten wegen ihrer oft günstigen Lage und der Aufmerksamkeit, welche der Beobachter an und für sich dem Wetter schenkt, zugleich Wetterwarten sind oder zum mindesten einige Merkmale des Wetters regelmäßig beobachten. Die Erforschung des Wetters ging aus von den mehr oder weniger regelmäßigen Wetteraufzeichnungen, welche um 1500 begannen und besonders in den sorgfältigen und langen Beobachtungsreihen des BRAHE von 1582—97 ihren Höhepunkt gefunden haben — Beobachtungen, die ihre Entstehung dem Verlangen, die sterndeutigen Wettervorhersagen und Bauernregeln nachzuprüfen und wenn möglich zu verbessern, verdanken und bereits bei KILIAN LEIB zum Versuch einer neuen Wetterregel geführt hatten. Das nächste Jahrhundert brachte die Erfindung des Quecksilberbarometers und des Thermometers, welche nunmehr die Hauptmeßgeräte sein sollten. Regelmäßige Beobachtungen, wenn auch nicht dauernd durchgeführt, begannen in Frankreich 1649, in Italien 1654, in England 1659 und in Deutschland 1691. Das 18. Jahrhundert aber brachte gleichzeitig und regelmäßig an mehreren Orten durchgeführte Wetterbeobachtungen. Das 19. Jahrhundert sah Beobachtungsnetze über ganze Länder entstehen, mit telegraphischer Mitteilung der Beobachtungsergebnisse ständiger Landeswetterwarten und mit Einschluß von Meldungen der Schiffe an gewisse Hauptwetterwarten, welche Wetterkarten auf Grund der eingelaufenen Meldungen entwerfen, eine Wettervorhersage abgeben und die Beobachtungen der Wetterwarten zu Jahrbüchern des Wetterverlaufes bearbeiten. Die Wettervorhersage, die zuerst auf Grund der Lage und der Wanderung der Hochs und Tiefs des Luftdruckes gemacht worden war, vertiefte sich durch Berücksichtigung der Vorgänge in den höheren Luftschichten — auf Grund von Drachen- und Windmeß-Ballonaufstiegen — und erreichte eine Trefferzahl von 80—90% und mehr.

Berücksichtigung des Mondlaufes kam dabei nicht mehr in Betracht, obwohl noch TOALDO (1719—97) dem Monde einen großen Einfluß auf das Wetter zugeschrieben und FALB (1838—1903) auf Grund einer angeblichen Gezeitenbildung in der Lufthülle Vorhersagen für Mitteleuropa herausgegeben hatte, die aber nur 63% Treffer aufwiesen. Ein bedeutender Einfluß des Mondes auf das Wetter wurde von den Wetter-

forschern bestritten. Neuere Untersuchungen von J. Barthels an der Hand von 150 000 Beobachtungen von Potsdam und Hamburg ergaben eine mondentägige Luftdruckwelle von nur 0,02 mm, 1000mal geringer als die Luftdruckänderung, die durch den Wetterwechsel verursacht wird. Außer der täglichen Periode und der jährlichen Periode, die von der Sonne herrühren und für die ganze Lufthülle gelten, wurde vom Jahre 1873 an das Vorhandensein anderer Wellen nachgewiesen, so für den Luftdruck Perioden von 2—3, 5—6, 8—9, 10—12, 20—24 und von etwa 30 Tagen, sowie die längeren von 3 ½, 11, 16 und etwa 35 Jahren Dauer. Näher untersucht wurden die Luftdruckwellen, die wie die 24tägige um die Pole erfolgt und zu Schwingungen und Kälteausbrüchen in Richtung der Meridiane führt oder wie die 36tägige dem Unterschiede von Meer und Land seinen Ursprung verdankt. Ein Einfluß der anderen Planeten, außer Sonne und Mond, auf die Lufthülle ließ sich nicht nachweisen, trotz vieler Bemühungen.
Andere Luftänderungen, wie die Winde, wurden im 19. Jahrhundert eingehend untersucht und ihre Ursache als Luftaustausch infolge verschiedener Erwärmung der Erdoberfläche erkannt, so beim Berg- und Talwind, Land- und Seewind, bei den Monsunwinden und Passaten. Die Messungen der Luftwärme und der Winde in großer Höhe ließen erkennen, daß über dem Bereich der Witterungserscheinungen, wie Wolken, Gewitter und Regen, sich eine Lufthülle mit wesentlich einfacheren Zügen aufbaue, deren untere Grenze 10—15 000 m über der Erdoberfläche liege und deren obere Grenze 400 Kilometer oder höher; so hoch müsse man die höchsten noch zur Lufthülle gehörigen Himmelserscheinungen wie leuchtende Nachtwolken, Nordlichter und Aufleuchten von Sternschnuppen setzen.
Die Erforschung der Lufthülle suchte sich mehr und mehr von der Beschränkung auf die bodennahen Luftschichten zu befreien. Ballonaufstiege und Flugaufstiege führten bis zu 10 km Höhe und bemannte Registrierballons bis zur dreifachen Höhe. Ueber die Verhältnisse in den höheren Luftschichten suchte man durch die Beobachtung von Nordlichtern, Feuerkugeln und Sternschnuppen, aber auch durch die Reichweite der Hörbarkeit von starken Explosionen Aufschluß zu gewinnen. Auch die Messungen der Himmelshelligkeit dienten diesem Zwecke.
Auf Grund sorgfältiger Untersuchungen des Wetters konnte weder für die Mittelmeergebiete für die letzten 2 Jahrtausende, noch für Nordeuropa für das letzte Jahrtausend eine Zu- oder Abnahme der Wärme festgestellt werden. Dagegen ließ sich sowohl aus den Bodenfunden als

auch aus den Resten früherer Vergletscherungen entnehmen, daß im letzten Jahrzehntausend vor Christi Geburt zum mindesten in Europa die letzte Eiszeit zu Ende ging und daß ihr andere Eiszeiten und Zeiten größerer Wärme und anderer Gestaltung der Erdoberfläche vorausgingen.

Aehnlich wie die Wetterforschung stand die Erforschung der Erdkräfte (Geophysik) in engem Zusammenhange mit der Sternforschung. Noch jetzt sind ihre Arbeitsstätten mit Sternwarten vielfach verbunden und ihre Ergebnisse stehen mit der Sternforschung in vielfacher Berührung. Die Magnetnadel und ihre Abweichung von der Nordrichtung war im 15. Jahrhundert bekannt. COLUMBUS um 1492 und SEB. CAPOT 1497 wiesen die örtliche Verschiedenheit der Abweichung nach, GEORG HARTMANN fand vor 1544 die Neigung (Inklination) der Magnetnadel gegen die waagerechte Ebene. GRAHAM maß 1722 die Stärke des Erdmagnetismus. Auch stellte er tägliche Schwankungen in der Abweichung der Magnetnadel fest, welche als abhängig von dem Stundenwinkel und von der Deklination der Sonne erkannt wurden. Auch wurden im 18. Jahrhundert Störungen in der Lage der Magnetnadel entdeckt und von CELSIUS, HJORTER und GRAHAM durch Beobachtung festgestellt, daß Störungen in England und Schweden gleichzeitig auftraten und oft von einem Nordlicht gefolgt waren. Das 19. Jahrhundert brachte die Entdeckung einer mehr als zehnjährigen Periode in der Abweichung durch LAMONT 1852 und der Gleichartigkeit dieser Periode mit der Sonnenfleckenperiode durch SABINE, A. GAUTIER und R. WOLF 1852, ferner den Nachweis, daß dieselbe Abhängigkeit auch bezüglich der Neigung der Nadel und der Häufigkeit der Nordlichter bestehe. Außer dieser Aenderung wurde auch eine allmähliche vor sich gehende Aenderung der Abweichung festgestellt. Auch die Beobachtung der Luftelektrizität, besonders im Hinblick auf die Vorgänge auf der Sonne, und der Erdbeben gehörte zur Wissenschaft von der Erforschung der Erdkräfte.

Die Erforschung der Erdbeben, welche aus den Laufzeiten der Erdbeben Schlüsse auf den Zustand des Erdinnern machen ließen, berührt sich mit der Erforschung der Gesteine der Erde. Diese Wissenschaft hat den Aufbau der Erdrinde untersucht und abwechselnd Zeiten des Aufbaues von Gesteinsschichten infolge von Ablagerung oder durch Ergüsse und Zeiten der Abtragung dieser Schichten durch Wasser oder Wind erkennen lassen. Ueber den Urzustand der Erde konnte sie noch keine Auskunft geben. Dagegen sind die Versuche dieser Wissenschaft und später auch der Physik das Alter der Erde zu bestimmen, lehrreich. Lord Kelvin errechnete aus der Wärmeabgabe der Erde vom flüssigen Zustand bis zur Gegenwart 20—40 Millionen Jahre. Eine neue Berechnung durch Ingersoll und Zobel 1911 bei Annahme von 1000° ursprünglicher Oberflächenwärme der Erde erhielt dafür 22 Millionen Jahre, aber 1600 Millionen Jahre, wenn radioaktive Stoffe als vorhanden angenommen werden. Die Zeit vom Beginn der Meeresniederschläge und der Zufuhr von Kochsalz in die Meere wurde zu 70—150 Millionen Jahre berechnet. O. Schmidel schloß aus der Wärmeabnahme unter Berücksichtigung der Zusammenziehung der Erde 1800 Millionen, davon als Mindestzeit der Meeresbildung 300 Millionen und der Rindenbildung 800—1000 Millionen. Aus dem Heliumgehalt der Steine errechnete O. Hahn 1926 als Alter der ältesten aus den Meeresablagerungen entstandenen Gesteine mehr als 570 Millionen und aus dem Bleigehalt der Erde mehr als 1600 Millionen Jahre für die Zeit der ältesten Meeresablagerungen. Alle diese Berechnungen gründen sich auf eine nur sehr kurze Beobachtungszeit der Steine. Auch kommen bei Berücksichtigung derselben Steine große Unterschiede vor. So erhielt Brevig aus den Thormineralien des Mitteldevon als Alter der Erde 10—300 Millionen und Joly aus den Höfen derselben Glimmerschiefer 20—400 Millionen Jahre. Nur mit der Altersbestimmung der Eiszeit befaßten sich einige Untersuchungen, wobei sich für die Dauer der Gesamteiszeit, die in Norddeutschland aus 3 Eiszeiten und 2 Zwischeneiszeiten bestand, 100 000 Jahre, für die Dauer der letzten Eiszeit 11—12 000 Jahre ergab und für die Zeitspanne zwischen der letzten Eiszeit und der Gegenwart auch etwa 12 000 Jahre.

Bedeutsam an diesen Untersuchungen scheint nur zu sein, daß je jünger eine Rechnung ist, um so größer das Alter der Erdrinde oder der ältesten Meeresablagerungen herauskommt und mit dem Wachsen der Erkenntnis die Dauer der ältesten Schicht immer größer angenommen werden muß, sowie der Umstand, daß die neuesten Betrachtungen nicht mehr eine Schrumpfung der Erde oder Uebergang von flüssiger Oberfläche zur Rindenbildung, sondern nur noch rythmische Bewegung der Erdrinde über dem Basaltuntergrunde zugrunde legen.

In den letzten Jahrzehnten häufen sich die Arbeiten, worin die Vorgänge auf der Erde als Ganzes betrachtet werden, sei es, daß der Einfluß des Wetters und der Landschaft auf das Seelenleben betrachtet wird, wie es Hellpach in seinem Buche »Die geopsychischen Erscheinungen« 1909 tat; sei es, daß über das Atmen der Lufthülle von Myr-

BACH, über den Wärmehaushalt der Erde von HAHN 1926, über den Stoffwechsel der Erde von V. M. GOLDSCHMIDT 1922, über die produktive Kraft der Erde von PENCK 1927 gearbeitet wird oder E. W. BROWN 1927 zur Erklärung der Unregelmäßigkeiten in der Erddrehung von einem Atmen der Erde spricht. Zu diesen geistigen Beschäftigungen kommt noch das durch Bergsteigen, Forschungsreisen und Fliegen verursachte körperliche und geistige Bekanntwerden mit der Erde, was eine ganz andere Stellung des Menschen zur Erde bedingt als bei den Griechen.

Im Gegensatz zu den Untersuchungen des Wetters und der Erdkräfte blieben Erdmessung, Schweremessung und Landesaufnahme in Zusammenarbeit mit der Sternforschung.

DIE BREITENBESTIMMUNG

Für eine große Reihe von Orten wurden die Längen und Breiten vom Mittelalter übernommen. Diese Zahlen stimmten aber vielfach untereinander nicht überein, da sie hauptsächlich Schätzungen über die Lage und nur gelegentlich sternforschlichen Beobachtungen ihr Dasein verdankten. So wurde für Basel im 16. Jahrhundert folgende Breite angegeben 47° 30′, 38′, 40′ und 45′, in den RUDOLFischen Tafeln sogar 54′, von denen der erste von SEB. MÜNSTER 1544 angegebene und vielleicht beobachtete Wert am besten zu der tatsächlichen Breite von 47° 33′ paßt. Einer Breitenbestimmung begegnet man im 16. Jahrhundert nur selten. Gewöhnlich wurde sie vorgenommen, um die Höhe der Sterne auf den Aequator oder Tierkreis umzurechnen. KOPPERNIK bestimmte die Breite von Frauenburg durch Beobachtung der Sonnenhöhe zur Zeit der Sonnenwenden. Der Landgraf WILHELM von Hessen bestimmte 1562 die Breite eines Ortes durch die Beobachtung eines polnahen Sternes im oberen und unteren Meridiandurchgange, welches Verfahren später auch von MAUROLICO 1574, CHR. ROTHMANN 1585 und BRAHE angewendet wurde. Im Anfang des 17. Jahrhunderts gab es so wenige gute Ortsbestimmungen, daß die damals entstehenden ersten genaueren Landkarten sich nur auf Dreiecksmessungen, nicht auf Bestimmung von Längen und Breiten aufbauten. Die Breitenbestimmung des 16. Jahrhunderts war mit Dreistab oder Quadrat erfolgt. PICARD benützte dazu 1669 einen Sektor von 18° Bogen und von 10 Fuß Halbmesser mit Fernrohr. Einen wesentlichen Fortschritt bedeutete der Vorschlag RÖMERS: 2 Sterne, die fast gleichweit vom Zenit nach Norden und Süden stehen, bei dem Meridiandurchgange zu beobachten und ihren Höhenunterschied mit dem Fadennetz zu messen. Dieses Verfahren, das an Stelle der Kreisablesung die Ablesung des Fadennetzes setzte und statt der Höhen die Unterschiede der Höhen berücksichtigte, wurde durch seinen Schüler HORREBOW 1730 veröffentlicht und wurde infolge der Anwendung von Durchgangsrohren mit sehr empfindlichen Wasserwagen zur erfolgreichsten Art der Breitenbestimmung. Daneben kamen die anderen Verfahren: das bereits von RÖMER ausgedachte Verfahren der Beobachtung eines Polsternes und eines gleichzeitig im Süden in gleicher Höhe durchgehenden Sternes, welches Verfahren im 19. Jahrhundert manche Anwendung erfuhr, oder die Beobachtung im ersten Vertikal, d. h. im Ost-West-Höhenkreis weniger in Betracht. Zur See wurde am Ende des Mittelalters die Polhöhe aus der Höhe des Polsternes mit Anbringung einer kleinen Verbesserung bestimmt, später auf Vorschlag des PETER BIENEWITZ aus einer Sonnenhöhe und der wahren Zeit der Beobachtung. Am wichtigsten wurde das »Aufgabe des Douwes († 1773)« genannte Verfahren, das bereits NUNEZ bekannt war und aus 2 Zenitabständen und der Zwischenzeit die Polhöhe zu bestimmen gestattet, wobei der Ortsänderung des Schiffes Rechnung zu tragen war.

DIE LÄNGENBESTIMMUNG

Längenbestimmung vor der Erfindung brauchbarer Uhren war nur durch Beobachtung von Mondfinsternissen mit gleichzeitiger Zeitbestimmung möglich. So bestimmte KOPPERNIK durch gleichzeitige Beobachtungen zu Frauenburg mit solchen zu Krakau die Länge von Frauenburg gegen Krakau zu 0 Minuten, nur um eine Minute falsch. Die Längenbestimmung zwischen Toledo und Puebla in Mexiko in den Jahren 1577—78 mit Hilfe von Mondfinsternissen ergab einen Längenunterschied von 6 Uhr 34 und 36 statt 6 Uhr 17. Erst die Benützung des Fernrohres zum Beobachten des Beginnes und des Endes der Finsternis ließ RICHER im Jahre 1672 die Länge von Cajenne auf 28^s genau finden. Eine durch ZACH und MÉCHAIN 1790 beobachtete Finsternis lieferte den Längenunterschied auf 8^s genau. Die Seltenheit einer Mondfinsternis war für Längenbestimmungen, besonders zur See, wenig geeignet. Wichtiger waren rasch vorsichgehende und weithin auffällige Himmelserscheinungen. W. SCHICKARD († 1634) schlug die gleichzeitige Beobachtung von Sternschnuppen vor, welcher Vorschlag später von HALLEY 1717, LYONS 1727 und BENZENBERG 1802 wiederholt wurde. Aussichtsreicher war GALILEIS Vorschlag, die Verfinsterung der Jupitersmonde zur Längenbestimmung zu verwenden, allerdings damals noch nicht zu verwirklichen, da es noch keine genauen Schiffsuhren gab und die damaligen Fernrohre für solche Beobachtungen auf den Schiffen ungeeignet waren. Auch war GALILEIS Tafel für die Bewegung der Monde nicht genau genug. Erst die besseren Tafeln, wie sie von G. D. CASSINI 1668, WARGENTIN 1741 und DAMOISEAU 1836 gegeben wurden, machten dieses Verfahren bei Verwendung guter Uhren anwendbar.

Bereits frühzeitig war auf die Verwendung der raschen Bewegung des Mondes aufmerksam gemacht worden. So bestimmte AMERIGO VESPUCCI (1451—1512) die Länge von Venezuela aus dem Vergleich der Stellung des Mondes zum Mars, in bezug auf seine Beobachtung und die Ortsangabe in MÜLLERS Jahrbuch. ANTONIO PIGAFETTA (1491—1534) und JOHANNES WERNER (1514) arbeiteten ein Verfahren aus zur Berechnung der Länge aus der Beobachtung des Mondabstandes von gewissen Sternen. Andererseits wurde in demselben Jahrhundert durch FINAEUS 1544 und CHR. PUEHLER 1563 auf die Beobachtung des Mittagdurchganges des Mondes aufmerksam gemacht. Beide Verfahren setzten aber das Vorhandensein genauer Mondtafeln voraus.

Auch die Längenbestimmung durch tragbare Uhren fällt in das 16. Jahrhundert. REINER GEMMA machte 1530 den damals nicht zu verwirklichenden Vorschlag, durch tragbare Uhren unmittelbare Längenbestimmungen anzustellen.

Alle diese Verfahren waren im 17. und 18. Jahrhundert rechnerisch gelöst, aber praktisch unverwendbar, da es an brauchbaren Mondtafeln und Schiffsuhren fehlte. Um diese für die Schiffahrt sehr wichtige Angelegenheit zum Abschluß zu bringen, wurde auf den Vorschlag NEWTONS von der englischen Admiralität 1714 ein Preis von 20 000 Pfund Sterling für ein bis auf einen $\frac{1}{2}^0$ genaues Verfahren der Längenbestimmung zwischen England und Amerika ausgesetzt. Die Aussicht auf den außerordentlich hohen Preis führte zu neuen Bemühungen, der Schwierigkeiten Herr zu werden. Die Herstellung von tragbaren, gegen Wärmeeinflüsse ausgeglichenen Uhren mit Spiralfedern, in kardanischer Aufhängung gelang HARRISON 1735, so daß er den Preis erhielt. Andererseits wurde die Mondrechnung durch TOBIAS MAYER so gefördert, daß er Tafeln berechnen konnte, welche auf Forschungsreisen sehr nützlich waren, und dadurch einen Anspruch auf den Preis erwarb. Auch dienten seine Tafeln zur Berechnung von Mondörtern in dem jährlich erscheinenden Nautical Almanac. Die erste größere

Längenbestimmung mit Schiffsuhren war die von Altona—Kopenhagen 1821, Altona—Greenwich 1823 und Pulkowo—Altona—Greenwich 1844/46. Andere Vorschläge zur Bestimmung der Längen sahen die Benützung von Feuerzeichen oder Kanonenschüssen zur Uhrvergleichung vor. PICARD bestimmte bereits im 17. Jahrhundert mit Feuerzeichen die Entfernung Kopenhagen—Insel Hven. Im Anfange des 19. Jahrhunderts wurden sie im großen Maßstab angewendet, als der Längenunterschied Wien—München—Straßburg—Paris bestimmt werden sollte. Die Ausführung ergab jedoch, daß dieses Verfahren wegen der Abhängigkeit vom Wetter und von der Bedienung ungeeignet sei.

Der Erfindung der Zeichenübertragung durch den elektrischen Strom folgte die telegraphische Uhrvergleichung, die 1844 durch WILKES zuerst angewendet wurde. Seitdem wurden Längenbestimmungen mit Hilfe von Zeitschreibern, elektrischen Strömen und Durchgangsrohren überall üblich. Die Einführung des Funkverkehrs und die seit 1919 regelmäßige Abgabe von Zeitzeichen für die Schiffahrt, sowie die Abgabe bestimmter Zeitzeichen zur Längenbestimmung, zusammen mit dem selbsttätigen Empfang der Funkzeichen auf dem Zeitschreiber, führte zur Aufgabe der drahtlichen Uhrvergleichung, die wegen der Beschränkung auf die öffentlichen Leitungen nicht immer einwandfrei gearbeitet hatte, zudem ALBRECHT 1906 durch Versuche nachwies, daß die drahtlose Uhrvergleichung der drahtlichen gleichwertig sei. Die Einführung der Funkzeichen erleichterte auch wesentlich die Längenbestimmung zur See. Dazu hat sich durch die Kursschreiber die Ortung auf der See vereinfacht. Für die Luftfahrt kommt außer der Längenbestimmung durch Funkzeichen, außer der magnetischen Ortung durch Magnetkompaß und der Breitenbestimmung durch Höhenmessung noch der Kreiselkompaß als Richtungsweiser und der Sonnenkompaß, bei dem ein Uhrwerk die Erddrehung aufhebt, in Betracht.

Die Länge wurde im 16. und 17. Jahrhundert entweder von dem Ort aus gerechnet, für welchen wichtige Tafeln vorlagen, wie Nürnberg, Krakau, Uraniborg oder von einem willkürlich angenommenen Ausgangsmeridian, der — in Anlehnung an den vom Altertum übernommenen Ausgangsmeridian durch die Glücklichen Inseln (Kanarische Inseln) — zuerst durch den Pic von Teneriffa und 1630 durch die Westspitze der westlichsten Insel Ferro gelegt wurde. Da sich keine Sternwarte auf dieser Spitze befand, so wurde dieser Meridian bei den

Sternforschern nicht beliebt. Sie hielten an dem Meridian ihrer Tafeln und später nach dem Aufkommen der Jahrbücher bei deren Meridian fest, also bei Paris, Greenwich, Berlin, Rom usw. In der Erdbeschreibung fand aber ein Meridian von Ferro, der genau 20° westlich von Paris liegen sollte, Anwendung, bis der Meridian von Greenwich vom Ende des 19. Jahrhunderts an als maßgebender Meridian für die Erdkarte und später auch für die Jahrbücher angenommen wurde.

GRADMESSUNG UND ERDGESTALT

Das 16. Jahrhundert sah die Anfänge der Landesmessung. Seit der 2. Hälfte des 16. Jahrhunderts häuften sich die Messungen, die allerdings in vielen Fällen nur in Winkelmessungen von Türmen aus und im Abmessen von Wegstrecken mit Hilfe von Wegmessern mit selbsttätiger Aufzeichnung bestanden, aber gelegentlich bei kleinen Gebieten zu beachtenswerten Landkarten führten. Eine Verbindung der Landkarten untereinander fand nicht statt, auch nicht in Verbindung mit Ortsbestimmungen. Die ersten Versuche in dieser Hinsicht machte WILLEBRORD SNELLIUS von 1614 an. Er führte die Dreiecksseite Leiden—Haag, die aus der gemessenen Basis Leiden—Soeterwonde berechnet worden war, ein und berechnete durch Winkelmessungen auf Grund dieser Basis die Entfernung der einzelnen Orte des Dreiecknetzes, das er dadurch an den Himmel anschloß, daß er die Polhöhe von Leiden und des nördlichsten und südlichsten Ortes maß. Dadurch erhielt er als Wert für 1 Grad = 55 100 toises, welcher Wert nur wenig abweicht vom genauen Werte 57 033, den MUSCHENBROEK auf Grund der späteren Dreiecksmessung des SNELLIUS und auf Grund besserer Polhöhen errechnete. Schon ein Jahrhundert vor SNELLIUS hatte der französische Arzt JEAN FERNEL die Länge des Gradbogens zwischen Paris und einem 1° nördlicheren Orte bestimmt, indem er an beiden Orten mit einem Dreistab die Polhöhe beobachtete und die Strecke durch Zählung der Radumdrehungen seines Wagens maß. Sein 1528 veröffentlichtes Ergebnis lautet, in der Neuberechnung durch LALANDE, 1° = 57 070, ein Ergebnis, das bei der Ungenauigkeit des Beobachtungsverfahrens nur überraschen kann. Wesentlich sorgfältiger war die Gradmessung von PICARD von 1669—70. In der Erkenntnis, daß die zu kleine Basislinie die Mängel der SNELLIUSschen Messung verschuldet habe, nahm er als Basis eine 30mal längere Strecke, nämlich eine schnurgerade, beinahe waagerechte Straße, deren Länge er durch 2 hölzerne, aneinandergelegte und mit Hilfe einer Schnur gerichteten Meßlatten maß und zu 5662,5 und 5663,1 Toisen fand. Mit Hilfe dieser Basis bestimmte er durch Messung mit einem Quadranten ein Dreiecksnetz und damit den Abstand des nördlichsten und südlichsten Ortes, deren Gradabstand er durch Messung mit einem Zenitsektor, der 20″ abzulesen und 3″ zu schätzen gestattete, festlegte. Er fand $1^0 = 57\,065$ und aus der Verlängerung seines Dreiecksnetzes bis Amiens 57 057. Die Länge der benutzten Toise legte er zugleich durch die Vergleichung mit einem Sekundenpendel fest und schlug vor, die Länge des Sekundenpendels eines bestimmten Ortes als Einheitsmaß anzusehen.

Im Jahre 1669 hatte HUYGENS der Pariser Akademie eine Arbeit vorgelegt, in welcher er auf die Wirkung der Zentrifugalkraft der sich drehenden Erde hinwies, welche eine Abnahme der Länge des Sekundenpendels mit der Breite zur Folge habe. Die nötige Verkürzung des Pendels auf äquatorwärts gerichteten Orten, welche RICHER zu Cajenne 1671 und HALLEY auf St. Helena 1676 festgestellt hatte, schien eine Bestätigung dieser Ansicht zu sein. NEWTON und HUYGENS konnten sogar eine Abplattung der Erde an den Polen im Betrage von 1:230 bis 1 : 578 errechnen. Trotz dieser praktischen und mathematischen Vorbereitung zu einer richtigen Bestimmung der Erdgestalt dauerte es über ein halbes Jahrhundert, bis durch Gradmessungen am Aequator und in großen nördlichen Breiten die Gestalt der Erde einigermaßen erkannt wurde. Die Verzögerung trat dadurch ein, daß eine Zusammenstellung von J. C. EISENSCHMIDT der bisherigen Werte des Grades von ERATOSTHENES bis PICARD, woraus eine eiförmige Gestalt der Erde zu folgen schien, im Einklang mit den Gradmessungen der beiden Cassini stand. Da G. D. CASSINI und sein Sohn JAQUES CASSINI ihre Ansicht hartnäckig verfochten und JOH. BERNOULLI in einer 1735 von der Pariser Akademie gekrönten Abhandlung die Berechtigung der Eigestalt mathematisch nachwies, so konnte nur gegen große Widerstände eine Prüfung des Gradbogens an geeigneten Stellen unternommen werden. Die Prüfung fand statt in Peru in der Nähe von Quito durch BOUGUER und LACONDAMINE in den Jahren 1736—43 und in Lappland durch MAUPERTUIS in den Jahren 1736—37. Die Gradmessung in Peru ergab für den Grad 56 750 gemäß LACONDAMINE, 56 753 gemäß BOUGUER und 56 734 gemäß DELAMBRES Neurechnung, gültig für 1^0 südlicher Breite; MAUPERTUIS dagegen fand für 66^0 nördlicher Breite zuerst 57 466,8, später 57 437,9. Beide Messungen ließen deutlich eine Abplattung der Erde an den Polen erkennen, die perusche Messung im Betrag von 1 : 279 und die lappländische Messung im Betrag von 1 : 114, welcher Betrag sich auf

1 : 323 änderte, als J. SVANBERG 1801—03 die Messungen wiederholt hatte. Die starke Abweichung der Messung von MAUPERTUIS dürfte weniger dem Verfahren und den Geräten, sondern dem Umstande, daß MAUPERTUIS die Kollimation seines Zenitsektors für unveränderlich gehalten und deshalb eine Nachprüfung durch Umlegung unterlassen hatte, zu erklären sein. Zu beiden Messungen wurden Zenitsektoren benützt, die mit einem Mikrometer die Sekunden abzulesen gestatten; ferner wurde die Basis mit Meßlatten ausgemessen.

Das 19. Jahrhundert brachte viele neue Gradmessungen, besonders aber neuere Berechnungen des Gradbogens unter Berücksichtigung der einzelnen Messungen, sowie der Beobachtungs- und Gerätefehler. Von den vielen Angaben sind folgende, in der Uebersicht vereinigte hervorzuheben, da sie auf besonders genauen Untersuchungen beruhten und als Grundlagen für Tafelwerke gedient haben.

		Abplattung	Großer Halbmesser der Erde
BESSEL	1841	1/299 · 152813	6 377 397,15 m
CLARK	1880	1/293 · 4663	6 356 514,99
HELMERT	1907	1/298 · 3	6 378 200,00

Die Unterschiede zwischen den Werten rühren zum Teil davon her, daß die zugrunde liegenden Gradmessungen über andere Teile der Erdoberfläche führten und deshalb von den Unregelmäßigkeiten der Erdoberfläche beeinflußt wurden. Es ergab sich nämlich seit dem Anfange des 19. Jahrhunderts, daß zwischen den Längen und Breiten, die auf Beobachtung der Sterne beruhen und den auf Grund der Dreiecksmessungen berechneten Längen und Breiten gewisse Unterschiede bestehen, die Lotablenkungen genannt werden und daher rühren, daß an den Beobachtungsorten infolge von Schwerestörungen im Untergrund oder wegen der Nähe störender Bergmassen die Lotlinie nicht mit der Senkrechten zusammenfällt.

Die Berücksichtigung der Lotablenkungen führte zu einer Unterscheidung zwischen einem Erdellipsoid, das als Ausgangspunkt aller Berechnung anzusehen ist, und einem der Erdgestalt mehr angepaßten Körper, dem Geoid, dessen Oberfläche senkrecht zu allen Lotlinien steht. BESSEL hatte bereits 1838 auf die Unterschiede zwischen den beiden Körpern hingewiesen, LISTING 1873 den von ihm Geoid genannten Körper näher bestimmt.

Zugleich mit der Ortsbestimmung mit Hilfe der Sterne vervollkommnete sich die Landesmessung, die seit dem 19. Jahrhundert in den Kulturstaaten eingerichtet worden war. Maßgebend für die Landesmessung war die Wahl eines geeigneten, unveränderlichen Längenmaßes und geeigneter Beobachtungsgeräte und Verfahren. Als Längenmaß galt neben anderen Maßen die französische Toise (1,949 036 310 7 m). Im Jahre 1668 war in einer Treppenstufe des Chatelet zu Paris 1 Toise zur allgemeinen Benützung eingelassen worden; von ihr wurden 2 eiserne Abbilder hergestellt und im Jahre 1735 den nach Lappland und Peru reisenden Gelehrten mitgegeben. Die lappländische Toise wurde bei einem Schiffbruch beschädigt. Die andere, welche in Peru bei 13° Wärme verwendet worden war, wurde zum französischen Normalmaß erhoben. Im Jahre 1791 jedoch wurde zur Einheit des französischen Maßes das Meter als der 40millionste Teil des Erdumfanges bestimmt. Als Urmaß galt ein Platinmetermaß von 0° Wärme. Von diesen Urmaßen wurden für andere Länder Urmaße hergestellt, aber, wie W. Förster 1873 berichtete, so wenig sorgfältig, daß die verschiedenen Maßstäbe nicht übereinstimmten und auch ihre Veränderung durch die Wärme nicht festgelegt war. Dagegen war das preußische Urmaß, bestehend aus Gußstahl mit goldgebetteten Safiren als Enden, von Bessel gemäß seiner Länge und seiner Ausdehnung wesentlich genauer bestimmt worden. Infolge dieser Mißstände wurde im Jahre 1875 von den meisten europäischen Staaten vereinbart, 30 neue Stäbe von bestimmtem Querschnitt herstellen zu lassen, welche bezüglich ihrer Länge und ihrer Ausdehnung sorgfältig verglichen sind und von denen ein Urmaß in Paris aufbewahrt wird.

Mit Hilfe der Urmaße wurden Meßlatten geeicht, welche zur Messung der Basisstrecke dienen sollten. Diese Meßlatten waren im 17. und 18. Jahrhundert aus Holz, mit Oelfarbanstrich gegen Feuchtigkeit geschützt. An Stelle der Latten traten später eiserne Ketten oder Stangen, auf Bessels Vorschlag Stangen aus Eisen und Zink mit sorgfältiger Berücksichtigung der Erwärmung, seit 1880 etwa Stahlbänder und Metalldrähte, die möglichst keinen Wärmeeinfluß zeigen. Die Verbesserung der Geräte führte zu zunehmend besseren Messungen, wie es sich darin zeigt, daß der mittlere unregelmäßige Fehler bei der Messung einer Strecke von 1 Kilometer Länge von 16 cm bei der Perumessung auf weniger als 1,0 cm seit 1858 herabsank, wobei der systematische Fehler bei neuen Messungen etwa 1 mm beträgt. Wie die Genauigkeit der Basismessung, so steigerte sich auch die Genauigkeit der Messungen der Winkel des Dreiecks infolge besserer Geräte und besserer Einrichtung. So betrug der mittlere Fehler bei der Gradmessung zu Peru

± 3,65" bei den Gradmessungen von STRUVE 1821—31 ± 0,57" und bei der Gradmessung von BESSEL und BAEYER 1838 ± 0,68".
Im 18. und in der ersten Hälfte des 19. Jahrhunderts stand die Landesmessung unter der Leitung von Sternforschern, von denen CASSINI, GAUSS, BESSEL, SCHWERD, SOLDNER, DELAMBRE und BOHNENBERGER zu nennen sind. Verschiedene Sternwarten wurden für die Zwecke der Landes- und Erdmessung gegründet: die Sternwarten in München, Pulkowo, Gotha und Altona oder arbeiteten damals sehr viel auf diesem Gebiete, wie die Sternwarten zu Göttingen, Leipzig, Königsberg, Paris, Greenwich und Wien. Seitdem trennte sich die Landesmessung von der Sternkunde und wurde wegen ihrer Wichtigkeit für die Landwirtschaft und Steuererhebung zu einer selbständigen Verwaltungsstelle. Ausgangspunkte der Vermessung blieben aber oft die Sternwarten, wie sie auch die Ausgangspunkte für Längen- und Breitenmessung sind; häufig pflegt auch ein hoher Turm — in Bayern der nördliche Frauenturm in München — als Ausgangspunkt zu dienen.

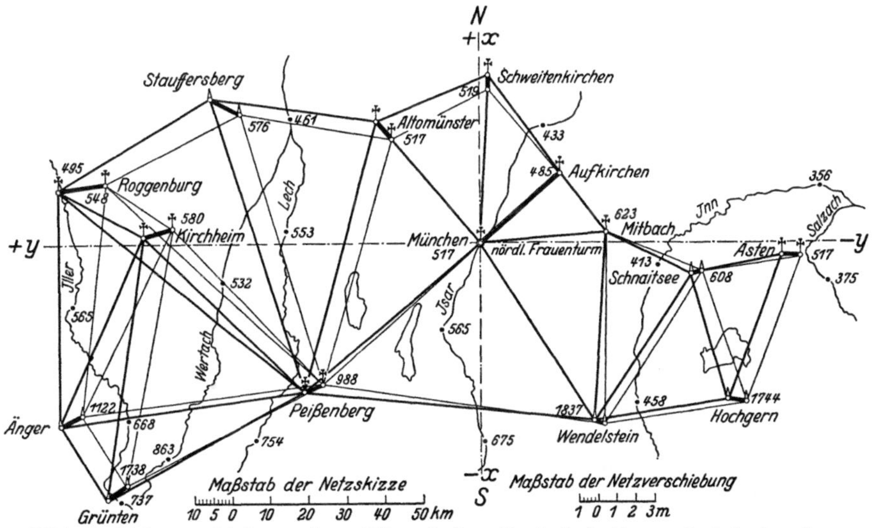

Bild 46. Netzverschiebung der südbayrischen Dreieckskette westwärts in einem halben Jahrhundert gemäß M. SCHMIDT

Bei der Bestimmung der Gestalt der Erde hatte das Uhrpendel eine wesentliche Rolle gespielt. BESSEL bestimmte mit einem Pendel die Schwerkraft zu Königsberg. Mit Messingpendeln, in neuerer Zeit mit Nickelstahlpendeln, wurde die Schwere an einzelnen Orten wie Wien, Paris, Potsdam und Padua für sich bestimmt und mit Halbsekundenpendel Anschlußmessungen im Lande gemacht. Diese Anschlußmessungen wurden früher an das Geodätische Institut der einzelnen Länder, seit 1906 aber über diese an Potsdam angeschlossen. Durch Jahrzehnte hindurch geführte Messungen scheinen zu ergeben, daß sich für manche Orte die Anziehungskraft allmählich ändert. Auch andere Aenderungen in der Erdoberfläche haben sorgfältige Beobach-

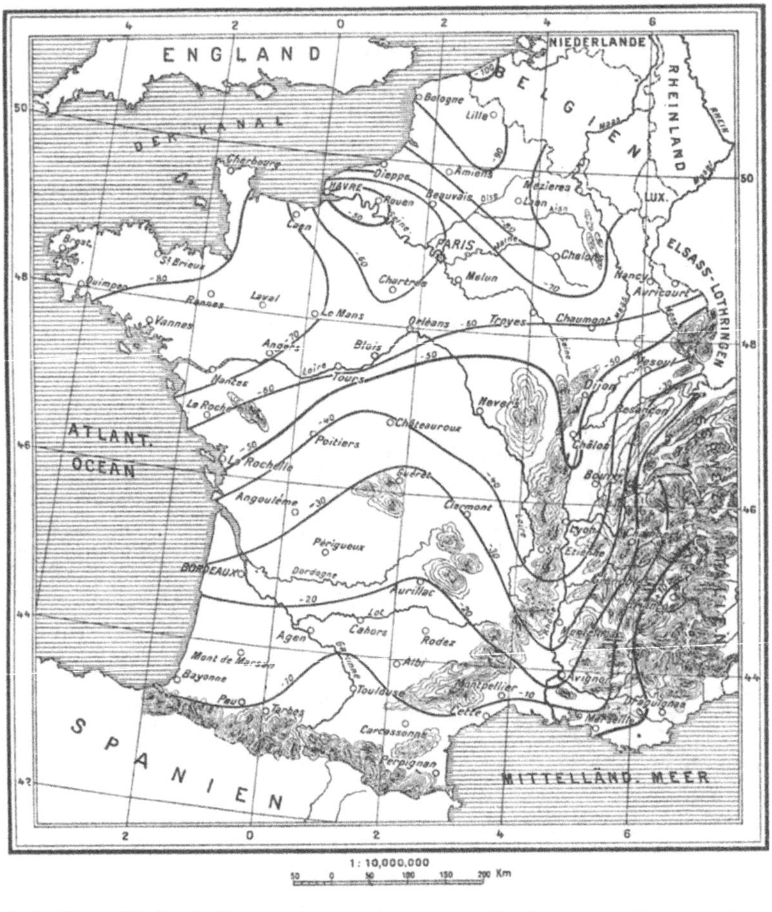

Bild 47. Neuzeitliche Erdkrustenbewegungen, nach M. SCHMIDT. Bodensenkungen in Frankreich in etwa 25 Jahren, angegeben in Zentimeter

tungen und neuere Berechnungen erkennen lassen, so in Bayern eine Westverschiebung, besonders der westlichen Landesteile (Bild S. 449) und eine allmähliche Bodensenkung in Frankreich. Auch in anderen Ländern sind allmähliche Aenderungen festgestellt worden, so daß der Sternforscher sich an den Gedanken gewöhnt, daß selbst die Grundlage seiner Messungen, sein Standort auf der Erde, nicht unverrückbar ist. A. WEGENER hatte die Ansicht ausgesprochen, daß die Festländer der Erde sich gegeneinander verschieben und zwar weniger in der Breite als in der Länge. Seine Hauptstütze, die dänischen Messungen auf Grönland, wurde nicht als beweiskräftig angesehen. Aus neueren Längenbestimmungen mit Hilfe der Funkzeichen scheint sich aber eine geringe Verschiebung der Festländer um 1 m jährlich zu ergeben.

Wichtiger ist die Polverschiebung. Bereits BESSEL äußerte 1844 den Verdacht einer Veränderlichkeit der Polhöhe, da sich die Polhöhe von Königsberg innerhalb der letzten 2 Jahre um 0,3″ verkleinert habe, obwohl Beobachtungsfehler ausgeschlossen seien und die Beobachtungen untereinander stimmten, und fährt fort: »*Ich denke dabei an innere Veränderungen des Erdkörpers, welche Einfluß auf die Richtung der Schwere erlangen.*« G. H. DARWIN 1877 und SCHIAPARELLI 1889 wiesen nach, daß gewisse Verschiebungen in der Erde eine Verlagerung des Poles zur Folge haben können. Inzwischen hatten Polhöhenbestimmungen an verschiedenen Sternwarten ergeben, daß eine gewisse Lageveränderung des Poles wahrscheinlich sei, selbst wenn man persönlichen Einstellfehlern Rechnung trage. KÜSTNER konnte 1888 auf Grund eigener mehrjähriger Beobachtung eine Polschwankung nachweisen, deren Eigenart erkannt wurde, als Beobachtungen zu Honolulu entgegengesetzte Schwankungen zeigten. Seit 1889 wurde an mehreren, möglichst gleichmäßig verteilten und unter 39° 8′ nördlicher Breite liegenden Orten die Polschwankung dauernd verfolgt. Die seitdem festgestellten Polschwankungen ergaben eine Bahn des Nordpoles innerhalb eines Kreises von 0,7″ = 20 m. In der Bahn konnte CHANDLER eine Periode von 14 Monaten und eine von 12 Monaten feststellen. Die Jahresperiode läßt sich erklären durch die Vorgänge in der Lufthülle, durch Schneeablagerung und ähnliches. Wegen der 14monatlichen Periode wies NEWCOMB auf die Behauptung EULERS hin, wonach beim Vorhandensein einer Bewegung der Erdachse innerhalb der Erde diese Bewegung eine Periode von 10 Monaten haben müsse. EULERS Rechnung bezog sich auf eine starre Erde. Bei Annahme einer nicht ganz starren Erde konnte NEWCOMB die 14 monatliche Periode als verlängerte EULERsche Periode nachweisen. Der damit berechnete Starrheitswert der Erde stimmt ganz gut zu einem von SCHWEYDAR aus den Lotablenkungen durch Sonne und Mond gefundenen Werte.

Auf die Erdgestalt üben Sonne und Mond ihren Einfluß aus. G. H. DARWIN konnte berechnen, daß die Erdoberfläche ohne diesen Einfluß am Aequator 14 cm tiefer und an den Polen 28 cm höher liege. Mit Hilfe des Horizontalpendels, das von ZÖLLNER 1873 erfunden und von REBEUR-PASCHWITZ verbessert und um 1889 zum Nachweise der Einwirkung von Sonne und Mond auf den Erdkörper verwendet worden war, ließ sich nachweisen, daß Sonne und Mond ähnlich auf die feste Erde einwirken wie auf das Wasser, nur mit dem Unterschied, daß die Wirkung infolge der Starrheit der Erde geringer ist.

Ebbe und Flut hatten seit dem Mittelalter die Aufmerksamkeit der Sternforscher auf sich bezogen, nicht nur weil nach allgemeiner Ansicht der Einfluß des Mondes sich darin besonders zeige, sondern auch wegen der Notwendigkeit, für die Schiffahrt den Eintritt von Ebbe und Flut vorauszuberechnen und in den Kalendern anzugeben. KEPLER versuchte die Gezeiten mathematisch zu behandeln. NEWTON setzte in seinem Hauptwerk 1687 die Theorie der Gezeiten auseinander. LAPLACE zeigte 1774, daß die Erddrehung dabei eine wesentliche Rolle spiele. J. LUBBOCK und WHEWELL gaben einen Ueberblick über die Erscheinung der Gezeiten an den verschiedenen Stellen der Erde und Tafeln der Gezeiten. KELVIN wendete die harmonische Analyse zur Darstellung der Gezeiten an. G. H. DARWIN hat, ausgehend von den mathematischen Untersuchungen NEWTONS und LAPLACES, die Gezeiten am genauesten untersucht und dargestellt. Gemäß seinen Untersuchungen sind in den Gezeiten über 20 wellenförmige Bewegungen zu unterscheiden, deren Periode hauptsächlich halb- oder ganztägig ist, die alle merkbar sind, aber in verschiedenem Maße, je nachdem, ob es sich um das offene Meer oder um Küsten handelt und wie die Stellung von Sonne und Mond, der Erreger der Flut, ist. Auch ist nach seiner Rechnung der Einfluß des Mondes auf die Wassermenge doppelt so groß als der Einfluß der Sonne.

Bereits NEWTON hatte auf die Möglichkeit des Nachweises der Erddrehung durch Fallversuche hingewiesen. Die daraufhin durch R. HOOKE 1679 ausgeführten Versuche mißlangen, weil die Fallhöhe zu gering war. GUGLIELMINI gelang es 1791 durch ähnliche, aber größer angelegte Versuche zu Bologna die Erddrehung wahrscheinlich zu machen; aber erst die Versuche von BENZENBERG 1802 und 1804 und die von REICH 1831 ergaben eine befriedigende Uebereinstimmung zwischen Beobachtung und Vorausberechnung. Augenfälliger waren die Versuche FOUCAULTS von 1851 durch ein schwingendes Pendel die tägliche Drehung der Mittagsebene gegen die im Raume unveränderliche Schwingungsebene öffentlich zu zeigen. Diese Versuche wurden daraufhin an

vielen Orten wiederholt, auch in Rom, wo Secchi 1852 auf diese Art die Erddrehung nachwies und später Hagen umfangreiche Versuche zum Nachweise der Erddrehung anstellte.
Die Dichte der Erde, die für das Newtonsche Gesetz die Ausgangsgröße sein sollte, von Newton selbst zu 5—6 geschätzt, wurde vom 18. Jahrhundert an zu bestimmen versucht, und zwar erhielten N. Maskelyne und Ch. Hutton 1774 auf Grund von Lotablenkungen 4,48—5,32, Cavendish mit einem von J. Michell erdachten Horizontalpendel 1798 5,48, welche Versuche später durch Reich, Cornu, Jolly und Sterneck wiederholt wurden.

DIE BEZUGSEBENEN

Als Bezugsebene kam selbst für die Sternörter nur der Tierkreis in Betracht in Fortführung der Ueberlieferung. Vom Ende des 17. Jahrhunderts an tritt der Aequator in den Vordergrund, der sich bis ins 20. Jahrhundert als Bezugsebene hielt, obwohl die ständige Aenderung der Koordinaten infolge des Rückwärtsschreitens sich immer mehr störend bemerkbar machte, je mehr Sterne beachtet und je genauer ihre Oerter bestimmt wurden. Seit dem Ende des 19. Jahrhunderts kam auch die Milchstraße als Bezugsebene in Betracht, zuerst bei den Untersuchungen Seeligers über den Aufbau der Sternenwelt, später auch zur Feststellung der Verteilung der veränderlichen Sterne.

STRAHLENBRECHUNG UND LICHTAUSLÖSCHUNG

Die störenden Einflüsse der Lufthülle der Erde verlangten eine rechnerische Berücksichtigung. Walther hatte bereits den Einfluß der Strahlenbrechung in Betracht gezogen. Brahe versuchte die Größe der Strahlenbrechung zu bestimmen, deren Ursache er nicht in der Lufthülle, sondern in den Sternen suchte. Picard erkannte 1669 die Abhängigkeit der Strahlenbrechung von Luftdruck und Luftwärme. G. D. Cassini berechnete eine Tafel der Strahlenbrechung unter Annahme einer gleichmäßig dichten Lufthülle. Außer ihm beschäftigten sich mit dieser Angelegenheit Newton, Lemonnier 1741, Th. Simpson 1743, Bradley, Lacaille, T. Mayer 1770, Kramp 1798, Laplace und Bessel. Verwandt mit der Strahlenbrechung ist die Lichtauslöschung, welche auch durch die Lufthülle verursacht wird, allerdings erst später Beachtung fand. Das 18. Jahrhundert brachte die Berechnung der Lichtauslöschung durch Lambert, Bouguer und Laplace, zu denen im 19. Jahrhundert Maurer trat. Aus den Beobachtungen selbst haben

L. SEIDEL für München, G. MÜLLER für Potsdam und Säntis Tafeln der Lichtauslöschung abgeleitet.

DIE ERFORSCHUNG DES SONNENALLS

DIE BAHNBEWEGUNG

Bis zum Ende des Mittelalters hatte die Lehre des PTOLEMAIOS geherrscht; nur in einigen Punkten wie dem Rückwärtsschreiten und der Aenderung der Schiefe war die Erklärung des THĀBIT als gleichberechtigt angenommen worden. Die neue Zeit kündete sich durch den Versuch des KOPPERNIK (Bild 48), die scheinbare Bewegung durch eine andere Wahl des Bewegungsmittelpunktes zu erklären, an. Woher hat KOPPERNIK die Anregung zu seinem Versuche erhalten? Offenbar nicht von den Hochschulen. In Krakau, wohin er 1491 zum Studium kam, hatte ALBERT DE BRUDZEWO einige Jahre zuvor eine Vorlesung über das Lehrbuch des PEUERBACH gehalten, worin er eine mehr philosophische als sternkundliche Auslegung gibt und als Ansicht einiger Gelehrten anführt, daß der Sternhimmel die Erde bewege. Auch von DOMINICUS MARIA DI NOVARRA, dem KOPPERNIK während seines Aufenthaltes in Bologna beim Beobachten half, können Anregungen nicht gekommen sein, da gerade dieser Lehrer so sehr der Lehre des PTOLEMAIOS anhing, daß er aus dem Unterschied zwischen den PTOLEMAIschen und neueren Angaben der Länge und Breite mancher spanischer Orte auf eine Verschiebung Spaniens schloß. In Padua, wo KOPPERNIK von 1501—03 seine Rechtsstudien fortsetzte, lehrte GIROLAMO FRACASTARO von 1501—08 die Logik. Er versuchte gemeinsam mit G.B.DELLATORRE eine Darstellung der Bewegungen durch eine kreisförmige Bewegung um die Erde als Mittelpunkt und kam zur Annahme von nicht weniger als 79 Kugelschalen. Während dieses Werk 1539 in Venedig erschien, wurde 2 Jahre zuvor auch in Venedig ein Buch des G. B. AMICI veröffentlicht, wo der Versuch gemacht wurde, die epizyklische Bewegung durch die Bewegung von 4 Kugelschalen zu ersetzen. Um dieselbe Zeit äußerte CELIO CALCAGNINI (1479—1571) die Ansicht, daß die Erde sich um eine Achse drehe, welche im Laufe des Jahres einen Kegel beschreibe. Ob er diese vor 1525 aufgestellte Ansicht selbst erfunden oder nur auf seinen Reisen durch Deutschland, Polen und Ungarn erkundet hatte, ist nicht festzustellen; jedenfalls machte er keinen Versuch, die Tatsache der Sternzeit und der Sonnenzeit zu vereinigen und blieb nur an der Oberfläche, wenn er sich auch mit den Grundformen der Bahnbewegung mehr vertraut zeigte als BRUDZEWO. Fügen wir noch hinzu, daß der bedeutendste italienische Sternforscher des 16. Jahrhunderts, Fr. Maurolico (1494—1575), in seiner Weltbeschreibung 1543 die

Bild 48. Zeitgenössisches Bild Koppernikss

Erddrehung als unsinnig hinstellte, so können wir wohl behaupten, daß es in Italien niemanden gab, von dem ein Koppernik tiefgehende Anregungen zu seinen Untersuchungen erhalten konnte. In Deutschland war es nur Johann Angelus († 1512), welcher behauptete, daß die Bewegungslehre die Oerter der Planeten nicht richtig darstelle, und deshalb von den Krakauer Sternkundigen getadelt wurde. Koppernik selbst nennt Philolaos, Hiketas, Ekphantos und Herakleides als die Vertreter einer anderen Bewegungslehre in seiner Widmung an Papst Paul III. Auch Aristarch war ihm als Vertreter ähnlicher Ansichten bekannt. Ferner erwähnte er die Anschauung, wonach die Sonne als Chorführer, als Beherrscher und König der Natur aufgefaßt wurde. Alles dieses sind die Anregungen gewesen, welche ihn 3 Jahrzehnte hindurch, seit 1506 etwa, eine andere Darstellung der Bewegungen ersinnen ließ, wobei die Sonne zum Mittelpunkt der Welt und die Erde zu ihrem Begleiter gemacht wurde.

Kopperniks Arbeit betrifft nicht nur die Ersetzung der Ptolemaischen Bewegungsformen durch andere, sondern auch die Ableitung der Bahnbewegungen auf Grund neuer Beobachtungen, da die von Ptolemaios angegebenen Werte, wenigstens bezüglich des Rückwärtsschreitens wie der Schiefe und Erdferne der Sonnenbahn, mit späteren genauen Beobachtungen im Widerspruch standen. Hinsichtlich seiner Stellung zu der Beobachtungsgrundlage des Ptolemaios zeigt sich bei Koppernik ein zunehmendes Sichbefreien von dem Druck des überlieferten Wissens. Bei Novarra hatte er noch den Glauben an die Richtigkeit der Ptolemaischen Beobachtungen gefunden. Noch 1524 bestreitet er gegenüber Werner, daß die Griechen sich in der Ortsbestimmung der Sterne um $\frac{1}{4}$, $^1/_5$ oder auch $^1/_6{}^0$ hätten irren können. Die in den nächsten Jahren erfolgende Ausarbeitung seiner Bewegungslehre und die vielfachen Vergleiche der späteren Beobachtungen mit denen des Ptolemaios mochten ihn wohl stutzig gemacht haben, weshalb er in seinem Werk die Beobachtungen des al-Battānī neben die des Ptolemaios stellte und auch aus eigenen Beobachtungen die Bahnbestimmungsstücke berechnete. Seinem jungen Freunde Joachim gegenüber äußerte er sich um 1540 bezüglich der griechischen Beobachtungen, daß sie nicht echt (sinceres), sondern an ihre Bewegungslehre angepaßt seien. Als Urheber dieser Anpassung kann er wohl niemand anderen als Ptolemaios gemeint haben, da er hinzufügt, daß er sehr bedaure, nicht wie Ptolemaios einen Hipparch, Timocharis und Menelaos als frühere Beobachter zu haben. Hierin und gleichzeitig in dem dringenden Rat die Oerter der Sterne, besonders des Tierkreises, neu zu bestimmen, kündet sich die neue Zeit an, die sich nicht begnügt, die alten Beobachtungen durch neue Bahnen darzustellen, sondern an diese Beobachtungen kritisch herangeht und eine neue Grundlage für künftige Gedankenbauten schaffen will.

KOPPERNIK verwendete in seinem Werk eigene Beobachtungen, besonders aus den Jahren 1510—30, während die späteren Beobachtungen anscheinend keine Verwendung mehr fanden. Die Beobachtungen bestehen aus der Angabe der Zeit von Finsternissen oder Zusammenkünften und aus Abständen der Planeten von Fixsternen, aus Zenitabständen des Mondes und aus der Bestimmung der Länge einzelner Planeten. Als Beobachtungsgerät ist nur bekannt der von ihm selbst hergestellte 7½füßige Dreistab aus Fichtenholz mit Einteilung durch Tintenstriche, drehbar um einen Zapfen. Mit Hilfe seiner Beobachtungen ging KOPPERNIK an die Aufstellung einer neuen Bewegungslehre. Er benützte dabei das Handbuch des PTOLEMAIOS weitgehend als Vorbild, so wie er auch von den Beobachtungen des PTOLEMAIOS reichlichen Gebrauch machte und seine eigenen nur insoweit verwendete, als sie zur Klärung strittiger Punkte dienen sollten. Das Verfahren des PTOLEMAIOS, bei einer exzentrischen Bahn aus 3 Beobachtungen die Lage der Erdferne und den Abstand Erde—Mittelpunkt des Kreises zu bestimmen, ist auch für ihn maßgebend. Aber dies ist doch nur die Form, in welcher sich die beiden Werke ähneln. Im Inhalt besteht ein wesentlicher Unterschied. »*In der Weltmitte ruht die Sonne. Wer nämlich würde in diesem prächtigsten Tempel die Lampe an einen anderen oder besseren Ort stellen, von wo aus sie alles zugleich erleuchten könnte? Sintemal einige sie nicht ungeschickt die Leuchte, andere den Geist und noch andere den Lenker der Welt nennen. Trismegistos nennt sie den sichtbaren Gott, die Elektra des Sophokles den Allsehenden. So beherrscht die Sonne wie von einem Königsthron aus die umkreisende Familie der Gestirne.*« Mit diesen Worten weist KOPPERNIK der Sonne die Rolle zu, die ihr bereits nach dem damaligen Wissen von ihrem Einfluß auf die Erde, von ihrer Größe und Lichtaussendung zukam. Der Erde teilt er nur den Mond zu. Als Himmelskörper haben Erde und Mond kreisförmige Bewegung, die als natürlich angesehen wird im Gegensatz zu der geradlinigen Bewegung aufwärts, wie bei dem Feuer und in der Luft, oder abwärts, wie bei der Erde und dem Wasser, wie sie die Urstoffe der Erde haben, wenn sie sich nicht an ihrem natürlichen Platz befinden. Den Himmelskörpern kommt nur die kreisförmige Bewegung zu. Die Bewegung muß gleichmäßig sein, da eine wirklich ungleichmäßige Bewegung nur durch eine Aenderung in der treibenden Kraft oder in dem bewegten Körper verursacht sein kann, was unsinnig ist. Die Schwerkraft ist das natürliche Streben aller Körper sich in einer Kugel zu vereinen. Dasselbe Streben kommt auch den Himmelskörpern zu und erhält ihre Kugelgestalt während ihrer Bewegung. Die Welt wird von dem ruhenden Sternhimmel umschlossen, dessen Entfernung im Verhältnis zum Abstand Erde—Sonne unermeßlich ist. Um die Sonne kreisen Merkur, Venus, die Erde mit Lufthülle und Mond, Mars, Jupiter und Saturn. Die Verlegung des Mittelpunktes von der Erde zur Sonne entfernt aus der Planetenbewegung die große Unregelmäßigkeit, die sich in den Stillständen und Rückläufen äußert. Die Erde bewegt sich um die Sonne in einem exzentrischen Kreise. Zugleich dreht sie sich im Laufe von 24 Stunden um ihre Achse. Die ständig gleiche Lage der Erddrehungsachse erfordert eine besondere Erklärung, da nach Ansicht der Ptolemaischen Schule die Achse immer nach einem Punkte innerhalb der Sonnenbahn zielen mußte. Deshalb sah Koppernik sich genötigt, die Erdachse im Laufe eines Jahres die Oberfläche eines Kegels beschreiben zu lassen und zwar von Ost nach West. Indem die Bewegung nun nicht in einem Jahre zu demselben Punkte zurückkehrte, sondern etwas zurückblieb, konnte damit auch das Rückwärtsschreiten erklärt werden. Dieser große Vorteil wurde dadurch vermindert, daß Koppernik durch allzugroßes Vertrauen in die Richtigkeit der griechischen und arabischen Beobachtungen dem Rückwärtsschreiten und der damit verbundenen Aenderung der Schiefe eine sprungweise veränderliche Geschwindigkeit glaubte zuschreiben zu müssen. Um diese Veränderung zu erklären, mußte er 2 senkrecht zueinander, pendelartig wirkende Bewegungen, deshalb Librationen genannt, einführen. Somit erhielt er für die Erde 3 Haupt- und 2 Nebenbewegungen, sicherlich ein Nachteil in den Augen seiner Gegner. Schwierig war auch die Festlegung der Grenze der täglichen Umdrehung der Erde. Koppernik glaubte sie so festlegen zu können, daß die Erde mit der nächsten Umgebung, nämlich dem Wolken- und Windgürtel, an der Umdrehung teilnahm, daß aber der entferntere, mehr zum Monde hingelegene Teil, der Schauplatz der Kometen, bereits ruhe.

Auch bei der Darstellung der Erdbewegung um die Sonne zwang das zu große Vertrauen in die Güte der alten Beobachtungen zur unnötigen Verwicklung der Bewegung. Um die Sonne als Mittelpunkt bewegt sich in 53 000 Jahren, entsprechend der Bewegung der Erdferne, der Mittelpunkt eines Kreises, auf dem sich die Mitte des Erdbahnkreises in entgegengesetzter Richtung in 3434 Jahren bewegt (Bild S. 459). Alle

Bewegungen werden von KOPPERNIK nicht auf die Sonne, sondern auf die Mitte des Erdbahnkreises bezogen.
Die Mondbewegung gestaltete KOPPERNIK einfacher als PTOLEMAIOS, indem er eine doppelte epizyklische Bewegung annahm und dadurch

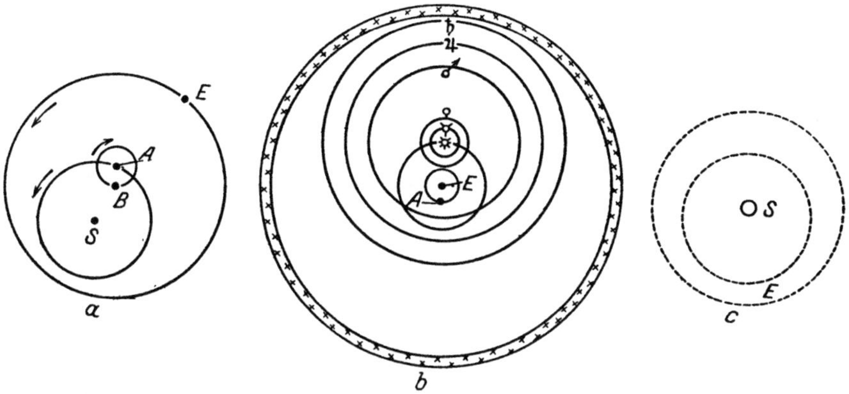

Bild 49. Die Bewegung von Sonne und Erde (nach DREYERS Planetary Systems)
a) Gemäß KOPPERNIK: Dauer des Umlaufs der Erde E um B 1 Jahr, von B um A 3434 Jahre, und von A um die Sonne S gegen 53 000 Jahre.
b) Gemäß BRAHE: Sonne und Mond umkreisen die Erde; Merkur, Venus, Mars, Jupiter und Saturn umkreisen die Sonne.
c) Gemäß KEPLER: Die Erde E bewegt sich innerhalb des Sternhimmels um die Sonne S in einer Ellipse.

den Mondabstand von der Erde nur zwischen $1\frac{1}{3}$ und 1 sich ändern ließ, während diese Aenderung gemäß der Lehre des PTOLEMAIOS 2 : 1 betragen sollte. Bei der Darstellung der Bahnen der andern Planeten konnte von ihren großen Unregelmäßigkeiten abgesehen werden. Andere Unregelmäßigkeiten wurden ähnlich wie von PTOLEMAIOS dargestellt. Dabei stellte KOPPERNIK fest, daß die Erdferne (nicht die Sonnenferne) sich aus dem Vergleich der Lage der Erdferne zur Zeit des PTOLEMAIOS und des KOPPERNIK bei den 3 äußeren Planeten mehr bewegt habe als gemäß dem Rückwärtsschreiten möglich gewesen wäre. Bei der Behandlung der Bewegung in Breite schloß KOPPERNIK sich sehr dem PTOLEMAIOS an, zumal ihm eigene Beobachtungen fehlten. Der wesentliche Unterschied in der Darstellung besteht darin, daß bei PTOLEMAIOS die Knotenlinie durch die Erdmitte gelegt wurde, während bei KOPPERNIK die Lage der Knotenlinie durch die Erdmitte bereits eine Annäherung an die Wirklichkeit war. Wie KOPPERNIK sich in einem Vorbericht (Commentariolus) rühmte, »genügen überhaupt 34 Kreise, um den ganzen Bau der Welt, den ganzen Reigentanz der Gestirne, zu erklären!« Er zählt im einzelnen auf für Merkur 7, Venus 5,

Erde 3, Mond 4, Mars, Jupiter und Saturn je 5 Kreise zur Darstellung ihrer Bewegung.

Mit seinem Weltgebäude hatte KOPPERNIK als erster nach PTOLEMAIOS eine neue Darstellung der Bewegung der Planeten gegeben und zwar mit weniger Bewegungen, als PTOLEMAIOS nötig hatte. Als Veranlassung zu seinem Werke gibt er an: »*Allein diese mehr göttliche als menschliche Wissenschaft, welche über die erhabensten Gegenstände Untersuchungen anstellt, ist nicht frei von Schwierigkeiten, vorzugsweise deshalb, weil bekanntlich die meisten von denen, die sie zu behandeln unternommen haben, über ihre Grundgesetze und Annahmen, welche die Griechen Hypothesen nennen, nicht einig sind und demzufolge sich auch nicht auf dieselben Berechnungen stützen; so dann auch weil man den Lauf der Planeten und den Umschwung der Gestirne nicht sicher zu berechnen und genau zu erkennen vermochte anders als mit der Zeit und nach vielen voraufgegangenen Beobachtungen, durch welche sozusagen von Hand zu Hand jene Kenntnis der Nachwelt überliefert wurde; denn obwohl Claudius Ptolemaios der Alexandriner, der durch bewundernswürdige Umsicht und Sorgfalt die übrigen weit überragt, mit Hilfe von mehr als vierhundertjährigen Beobachtungen diese Wissenschaft fast ganz zu ihrer Vollendung geführt hat, sodaß nichts übrig zu sein schien, das er nicht untersucht hätte, so sehen wir doch vieles nicht übereinstimmen mit dem, was nach seiner Lehre hätte eintreten müssen, da gewisse andere Bewegungen später entdeckt wurden, die ihm noch nicht bekannt waren. Deshalb sagt auch Plutarch, wo er von dem Wendejahre spricht: ‚Bis jetzt siegt die Bewegung der Gestirne über die Einsicht der Mathematiker‘; denn, um bei dem Jahre selbst als Beispiel zu bleiben, es ist wohl, wie ich meine, allbekannt, wie verschiedene Meinungen über dasselbe aufgestellt sind, so daß viele daran verzweifelt haben, dasselbe genau berechnen zu können; ebenso in Betreff anderer Gestirne.*«

KOPPERNIK war sich bewußt, mit seinen neuen Anschauungen, die gegen den Sinnenschein und gegen manche Stellen der Bibel verstießen, Anstoß zu erregen. Deshalb wies er in seiner Widmung an Papst PAUL III. ausdrücklich darauf hin, daß Mathematik für die Mathematiker geschrieben werde. Um so bedauerlicher war es, daß in der 1. Veröffentlichung, zu welcher KOPPERNIK sich nach langem Zögern entschlossen hatte, der protestantische Geistliche OSIANDER ohne Wissen des Verfassers eine Vorrede einschob, in welcher die KOPPERNIKsche Bewegungsdarstellung, insbesondere die Voraussetzung einer ruhenden Sonne und einer beweglichen Erde, nur als Annahme zur Darstellung der Bewegung und die göttliche Offenbarung als einziger Weg zur Ermittelung der Wahrheit bezeichnet wird, und die dadurch dem Werke nicht nur einen Teil seiner Stoßkraft nahm, sondern zugleich den Gegnern Waffen lieferte.

Mehr als 3 Jahrzehnte hatte KOPPERNIK diesem Werke gewidmet. Um 1506 erdachte er die Bewegungsgrundlage, die anscheinend zuerst nur die Darstellung der Bewegungen von Erde, Venus und Merkur um die Sonne betraf und allmählich auf die anderen Planeten ausgedehnt wurde, als die große Helligkeitsänderung des Mars in seiner Bahnbewegung eine andere Beziehung dieser Bewegung nahegelegt hatte. Um 1525 begann er mit der Ausarbeitung seines Weltgebäudes, das nach einer anfänglichen Fassung in 8, später in 7 Büchern, um 1530 in 6 Büchern fertig vorlag. Auf Grund dieser, erst im Jahre 1873 veröffentlichten Fassung schrieb er auf Drängen seiner Freunde einen nur an Bekannte versandten Vorbericht, der großes Aufsehen erregt. Gemäß diesem Vorberichte trug J. A. WIDMANSTEDTER dem Papste CLEMENS VII. (1523—34) die neue Lehre vor, woraufhin er zum Dank eine griechische Handschrift erhielt. KOPPERNIK aber zögerte mit der Veröffentlichung seines Werkes. Andauernd arbeitete er daran, vervollständigte seine Dreieckslehre auf Grund der inzwischen erschienenen Dreieckslehre des JOHANN MÜLLER von Königsberg und vereinfachte sein Werk durch Weglassung überflüssiger und nicht ganz berechtigter Sätze. In dieser Weglassung offenbart sich das allem Ungewissen abholde Wesen des großen Sternforschers. So läßt er die Stelle, daß die Erdferne der exzentrischen Bahn der Venus sich seit der Zeit des PTOLEMAIOS noch nicht geändert habe, weg, weil neuere Beobachtungen einen um 10′ größeren Wert ihm ergeben hatten. Da er aber nicht glaubte, der Wahrheit auf mehr als 10′ nahezukommen, wie G. JOACHIM berichtete, so schien es ihm bedenklich, auf diesen Unterschied von 10′ weitgehende Entschlüsse aufzubauen. Ebenso wurde ausgelassen die Bemerkung: »*Ganz kurz muß hier noch bei Gelegenheit angeführt werden, daß, wenn die beiden Kreise ungleichmäßige Durchmesser haben, die Bewegung nicht in einer geraden Linie, sondern in einem Kegel- oder Zylinderschnitte vor sich gehen wird, welche die Mathematiker Ellipse nennen. Hierüber will ich aber bei einer anderen Gelegenheit ausführlich handeln.*« Ferner enthält sein Werk nicht eine Erwähnung der Bedenken gegen die Beobachtungen des PTOLEMAIOS und der Notwendigkeit durch neue Beobachtung der Oerter der Fixsterne den Untersuchungen eine neue Grundlage zu geben. Somit wurde im Jahre 1543, wenige

Wochen vor dem Tode seines Schöpfers, ein Werk der Oeffentlichkeit übergeben, das in gewissem Sinne nur als eine Umgestaltung griechischer Gedankengänge angesehen werden konnte, aber doch in einem Geiste geschrieben war, der deutlich den Beginn einer neuen Zeit erkennen ließ, die sich nicht mit einer schülerhaften Anwendung übernommenen Wissens auf die Natur begnügen würde, sondern fähig und willens war mit eigenem Sinnen und Denken an die Natur heranzugehen.

Das Weltgebäude des KOPPERNIK mußte in der Zeit der hochgehenden religiösen Leidenschaft auf Widerspruch stoßen, da die Annahme der Erdbewegung manchen Stellen der Bibel widersprach. Daher konnte es nicht ausbleiben, daß die 3 Einwürfe: die neue Lehre verstieße gegen den Sinnenschein, gegen die Heilige Schrift und gegen die zweitausendjährige Ansicht der Sternforscher auch manche Sternforscher ungünstig gegen KOPPERNIK beeinflussen konnten. Hinzu kam, daß die praktische Ausnützung der neuen Lehre durch die Preußischen Tafeln des E. REINHOLD († 1553), der auf Grund der Beobachtungen des HIPPARCH, PTOLEMAIOS und KOPPERNIK neue Tafeln, aber unter Beibehaltung der alten Formen berechnet hatte, keine besseren Grundlagen für die Berechnung von Kalendern und Jahrbüchern lieferte; vielmehr ergab die Vergleichung der Beobachtungen mit den Berechnungen auf Grund der ALFONSischen und Preußischen Tafeln und der Tafeln des BRAHE, daß die Preußischen Tafeln nicht so genau wie die Tafeln des BRAHE, ja auch gelegentlich wie die völlig veralteten ALFONSischen Tafeln waren, wie LEOWITZ 1568 und TOST (ORIGANUS) 1609 feststellten. Dies galt nicht nur für die Bewegung von Sonne und Mond. Auch für die Darstellung der Marsbewegungen waren die Preußischen Tafeln ungeeignet, wie KEPLER nachwies, indem er zeigte, daß sie im Jahre 1625 um 4—5° von der Wahrheit abwichen. REINHOLDS Tafeln erschienen 1551 und wurden in England durch JOHN FIELD bereits für Vorausberechnungen von 1557 an verwendet. Für das Jahr 1551 hatte GEORG JOACHIM ein Jahrbuch auf der Grundlage der KOPPERNIKschen Tafeln berechnet. Sieht man von GEORG JOACHIM, einem begeisterten Anhänger des KOPPERNIK ab, so zählte die neue Lehre während der nächsten Jahrzehnte unter den Sternforschern keine Anhänger. Wohl wurde sie in Vorträgen und Lehrbüchern als Ansicht eines hervorragenden Sternforschers erwähnt; jedoch blieb die Lehre des PTOLEMAIOS nach wie vor herrschend. Manche Gelehrte wie SCHWARZERD (MELANCHTHON) 1549, R. GEMMA 1555 und JOHANN HOMMEL 1562, Lehrer des BART. SCHULZ und damit des BRAHE, hielten mit den Gründen ihrer Gegnerschaft nicht zurück. Andererseits gab es auch verschiedene Forscher, wie den Jesuiten ARBORETUS, der um 1575 den KOPPERNIKschen Wert des Rückwärtsschreitens benützte, oder WILLIAM GILBERT, der seiner Erklärung der Natur des Magneten die tägliche Umdrehung der Erde zugrunde legte, aber sich weder für das KOPPERNIKsche noch für das BRAHEsche Weltgebäude entscheiden wollte. In ähnlicher Hinsicht scheinen ROBERT RECORD 1551, THOMAS DIGGES 1592, G. B. BENEDETTI (1530—90), FR. PATRIZIO (1530—97) und GIORDANO BRUNO die eine oder andere Ansicht des KOPPERNIK sich zu eigen gemacht zu haben. Gelehrt wurden die neuen Ansichten am Ende des Jahrhunderts durch JOHANN RICHTER (PRAETORIUS) ab 1588 in Altdorf, durch CHR. WURSTEISEN (1544—88) in Italien und anscheinend durch MICHAEL MAESTLIN, den Lehrer des KEPLER, in Tübingen. Die größte Förderung erhielt die neue Lehre nicht durch Gedankenaustausch, sondern durch die Tat, nämlich durch die Bestrebungen WILHELMS von Hessen und TYCHO BRAHES eine neue Grundlage der Ortsbestimmungen der Planeten und der Fixsterne zu schaffen und damit den Herzenswunsch des greisen KOPPERNIK zu erfüllen.

Der Landgraf WILHELM von Hessen hatte durch eigene Beobachtungen die Unzulänglichkeit der Jahrbücher festgestellt und beabsichtigte deshalb durch Beobachtungen die Grundlage für eine neue Berechnung von Tafeln zu schaffen. Die Beobachtungen, an denen sich der Landgraf, CHR. ROTHMANN und BÜRGI beteiligten, betrafen die mittägige Sonnenhöhe, die Oerter der hellsten Sterne und die Abstände der Planeten von Fixsternen, sind aber zum größten Teil nicht abgeschlossen und fanden deshalb wenig Verwendung. Somit ist der Ertrag der langjährigen Bemühungen WILHELMS nicht allzuhoch anzusetzen, was zum Teil darin seine Erklärung findet, daß der Landgraf sich mit einer Genauigkeit bis zu 6′ begnügte und eine Uebereinstimmung von 3′ für zu weitgehend hielt. Ganz anders stand es mit den Bestrebungen des TYCHO BRAHE (1546—1601). Er begann bereits im Jahre 1563 zu beobachten und konnte 1569 in Augsburg bei den Brüdern HAINZEL seine Geschicklichkeit in der Herstellung von Geräten zeigen. Später bestimmte er mit einem eigenen Sextanten den Ort des neuen Sternes von 1572 und bewies bei diesem Himmelskörper wie bei anderen später erscheinenden Kometen, daß sie der übermondigen Welt angehören. Mit dem Jahre 1576, als er sich 2 Sternwarten auf der Insel Hven einrichten konnte, beginnt die Zeit seiner großen Beobachtungsreihen und der Verbesserung der Geräte zu einer bis dahin nicht erreichten Genauigkeit. Die richtige Ausnützung dieser gut gearbeiteten Geräte verlangte sorgfältige Beobachtungen und eine sehr gute Aufstellung. Die meisten Beobachtungen machte BRAHE selbst, meistens mit Unterstützung seiner Gehilfen. Bei einigen Geräten waren 2 Beobachter mit dem Einstellen auf die Sterne und mit dem Ablesen der Winkel beschäftigt. Bei der Armillarsphäre war die gute Aufstellung des Gerätes die Voraussetzung zur richtigen Beobachtung. Eine Untersuchung der Beobachtungen des Kometen von 1585 durch C. A. F. PETERS ließ erkennen, daß die Polachse um 65″ ± 49″ (m. F.) von der richtigen Breite und um 36″ ± 19″ von der Mittagslinie abwich. Der mittlere Fehler einer Beobachtung in α war ± 120″ und in δ ± 73″. Die Beobachtungen mit dem Sextanten ergaben einen mittleren Fehler eines beobachteten Abstandes von ± 67″. Auf Uhren gab BRAHE nicht viel. Er benützte sie nie als Hilfsmittel bei der Beobachtung, sondern nur zur Zeitangabe und berichtigte sie durch Beobachtung von Stundenwinkeln der Sterne. Die Nachrechnung ergab eine mittlere Verbesserung der von BRAHE angegebenen Beobachtungszeiten um + 22,5″ ± 55″ (m. F.), also weniger als eine Minute, der Einheit die BRAHEschen Zeitangaben.

BRAHES Beobachtungen beziehen sich auf die Höhe und Deklination der Sonne, auf die Abstände der Planeten von den Sternen und auf die Oerter der Fixsterne. Von 1576 an maß er regelmäßig die Mittagshöhe der Sonne, hauptsächlich mit dem großen Mauerquadranten (Bild 50), die Deklination aber mit der Armillarsphäre. Ferner wurden die Zeiten des Sonnenstandes in den Knoten sowie in der Mitte des Stiers und des Löwen häufig beobachtet. Damit bestimmte BRAHE die Bahnlage sowie die jährliche Bewegung der Erdferne zu 45″ (KOPPERNIK 24″, tatsächlich 61″). Aus seinen und WALTHERS Beobachtungen leitete er die Dauer des Jahres zu 365 Tagen 5 Stunden, 48 Min. 45 Sek. ab. Mit Hilfe der neuen Elemente konnte er die Beobachtungen KÖNIGSBERGERS, WALTHERS, WILHELMS und HAINZELS auf Bruchteile der Minuten darstellen, während die Tafeln des ALFONS und des KOPPERNIK oft bis zu 15—20′ fehlerhaft waren. Die aus der Sonnenhöhe bestimmte Breite wich von der Breite, wie sie aus der Beobachtung des Polsternes bestimmt worden war, bis zu 4′ ab, was BRAHE durch die Wirkung der Strahlenbrechung erklärte. Schon früher hatten WALTHER und WILHELM diese Wirkung bei ihren Beobachtungen festgestellt. BRAHE aber war der erste, der die Größe der Strahlenbrechung zu bestimmen und

QVADRANS MVRALIS SIVE
TICHONICVS.

(Gemäß T. BRAHE, Astronomiae instauratae mechanica, 1598)
Bild 50. TYCHO BRAHE mit seinem großen Mauerquadranten

durch Tafeln darzustellen versuchte. Allerdings konnte seine Tafel nur als vorläufiger Versuch angesehen werden, wegen der darin enthaltenen Voraussetzung, daß die Strahlenbrechung oberhalb 45° unmerklich werde, und weil die für die Beobachtung der Strahlenbrechung zu berücksichtigende Sonnenparallaxe von ihm wie von seinen Vorgängern zu 3′ angenommen wurde.

Wie die Sonne, so wurde auch der Mond und zwar seit 1582 regelmäßig beobachtet, nicht nur bei den Mondfinsternissen und ausgezeichneten Punkten seiner Bahn, sondern bei jeder Gelegenheit, und zwar wurden die Abstände von Fixsternen, die Höhe, Deklination und Rektaszension in bezug auf die Fixsterne gemessen. Mit Hilfe seiner zahlreichen Beobachtungen fand BRAHE die 3. Ungleichheit in der Längenbewegung, die bei 45°, 135°, 225° und 315° Abstand von der Sonne auftritt. Wie bereits KOPPERNIK, so sah auch BRAHE sich genötigt, zur Erklärung des Mondumlaufes eine andere Bewegung als PTOLEMAIOS anzunehmen. Um diese Zeit 1598 entdeckte BRAHE noch eine 4. Ungleichheit, die eine Periode mit der Sonne hatte, im Betrage von 4,5′ (statt 11′). Um seine Mondbahn nicht unübersichtlich zu machen, trug er dieser Ungleichheit in Form einer Zeitgleichung Rechnung. Zu derselben Zeit fand auch KEPLER diese Ungleichheit und erklärte sie 1599 als eine Verzögerung in der Bewegung des Mondes infolge des Einflusses der im Winter näheren Sonne oder als eine Unregelmäßigkeit in der Achsendrehung der Erde. Auch bezüglich der Breite des Mondes kam BRAHE zu neuen Feststellungen. Aus seinen Beobachtungen folgerte er eine Schwankung der Breite zwischen 4° 58′ 30″ und 5° 17′ 30″ und eine Ungleichheit der rückläufigen Bewegung des Mondes. Die anderen Planeten vernachlässigte er dabei keineswegs, wenn es ihm auch nicht gelang, aus den betreffenden Beobachtungen so viele neue Erkenntnisse abzuleiten, wie aus den Beobachtungen von Sonne und Mond. Seine Beobachtungen begannen 1563, waren zuerst Abstandsbestimmungen, zuerst mit einem Fixstern, seit 1569 immer mit 2 Fixsternen, später auch Mittagshöhen und Messungen mit der Armillarsphäre. Merkur wurde seit 1574 mitbeobachtet. Nur die Marsbewegung versuchte BRAHE eingehend zu bearbeiten und zu einer Darstellung der Längen bis auf 2′ zu bringen, während die Darstellung der Breite zu schwierig war. Bei der Bearbeitung machte er die beiden auffälligen Bemerkungen, daß die von KOPPERNIK und ihm gemachte Annahme der Sonnenbahn als eines exzentrischen Kreises mit gleichmäßiger Bewegung der Sonne nicht ausreiche und daß der Epizykel des Mars

— im Sinne des Ptolemaios — sich in bezug auf den exzentrischen Kreis ändere.

Als Bezugsort der Bewegungen der Planeten konnten nur die Fixsterne gelten und deshalb hatte Koppernik die Ortsbestimmung der Fixsterne seinen Jüngern so sehr ans Herz gelegt. Fixsternörter waren in Nürnberg bereits durch Walther beobachtet worden und zwar im Gegensatz zu Hipparch nicht mit Benützung des Mondes, sondern der Venus als Anschluß zur Sonne. In Kassel waren die Fixsternbeobachtungen wieder aufgenommen worden, aber unter Benützung von Uhren, was Brahe als zu wenig genau verwarf. Er schloß wie Walther die Sterne mit Hilfe der Venus an die Sonne an, benützte dazu den Frühling 1582, wo Venus 6 Wochen hindurch deutlich am hellen Tage und sogar noch vor dem Mittagsdurchgange am Himmel zu sehen war und somit ohne Besorgnis vor der schädigenden Wirkung der Strahlenbrechung die Venus an die Sonne und die hellen Sterne des Tierkreises an die Venus angeschlossen werden konnten. Die Abstände wurden mit dem Sextanten gemessen, gleichzeitig aber auch die Mittagshöhen. Alle an die Venus angeschlossenen Sterne wurden auch an den Stern α im Widder angeschlossen. Brahe wählte darauf aus den Beobachtungen 12 Gruppen zu je 2 Beobachtungen aus, die bezüglich Venus und Sonne möglichst ähnliche Verhältnisse aufwiesen. Dadurch erhielt er für die Rektaszension von diesem Stern aus gut übereinstimmende Werte. Der mittlere Fehler des Mittels beträgt nur $\pm 6'$, aber die Einzelwerte weichen bis zu $16\frac{1}{2}'$ voneinander ab und zeigen dadurch an, daß die Auswahl der Beobachtungen recht willkürlich erfolgt ist. An α im Widder wurden nun die anderen Sterne angeschlossen durch die Messung der Abstände und des Deklinationsunterschiedes, woraus die Rektaszensionsunterschiede errechnet wurden. Da die Summen der Rektaszensionsunterschiede von je 4, je 6 und je 8 Hauptsternen um den ganzen Himmel herum in jedem Fall nur wenige Sekunden von 360 abwichen, glaubte Brahe sich berechtigt, auf eine außerordentliche Genauigkeit seiner Oerter schließen zu dürfen. Eine Vergleichung seiner genauesten Oerter mit den auf Bradleys Beobachtungen beruhenden neueren Werten ergibt als mittleren Fehler $\pm 35{,}8''$ in α und $\pm 38{,}4''$ in δ. Für die anderen Sterne ist die Genauigkeit geringer, da sie auf wenigen Beobachtungen beruhen. Bis 1592 waren die Oerter von 770 Sternen bestimmt. Um die Zahl auf 1000 zu bringen, wurden von 1595 an bis 1597, bis zur Abreise von der Insel Hven, noch rasch einige Beobachtungen, meistens nur eine Deklination und ein Abstand von 1 oder

2 Sternen, gemacht. Diesen Beobachtungen kommt natürlich nur eine geringe Genauigkeit zu. Aber auch bei anderen Ortsbestimmungen zeigte sich, daß Brahe ihnen nicht die gleiche Sorgfalt wie den Ortsbestimmungen der Planeten gewidmet hat. Insbesondere tritt dies bei seinen Angaben über die Größe der Sterne zutage, wo er auch ⅓ Größenklasse unterscheidet, aber größere Fehler, z. B. die 2. Größe für den Stern δ im großen Bären, nicht selten sind.

Aus seinen Ortsbestimmungen von Spika und Regulus im Vergleich zu denen des Hipparch, al-Battānī und Koppernik fand er 51″ als Betrag des Rückwärtsschreitens. Wohl weicht dieser Betrag ab von dem aus den Beobachtungen des Timocharis und des Ptolemaios zu ermittelnden Beträgen; aber Brahe konnte nachweisen, daß diese Oerter erheblich fehlerhaft seien, und damit fiel die Stütze für die Lehre vom Vor- und Rückwärtsschreiten.

Sehr wichtig wurden im Streite der Meinungen seine Untersuchungen über die Entfernung des neuen Sternes von 1572 und des Kometen von 1585. Bisher hatte für die untermondige Welt die Lehre des Aristoteles gegolten, wonach zu dieser Welt die Kometen, Sternschnuppen und Feuerkugeln als Ausdünstungen der Erde gehören. Koppernik sah sich allerdings zu einer Trennung der Welt mit den Wolken von der oberen Welt mit den Kometen genötigt. Trotzdem herrschte gerade hierin die Lehre des Aristoteles nach wie vor. Bei dem Sterne von 1572 konnte Brahe durch sorgfältige Verarbeitung eigener und fremder Beobachtungen nachweisen, daß es sich bei diesem Himmelskörper, der im November 1572 aufleuchtete und an Helligkeit allmählich abnehmend im Februar 1574 dem Anblick entschwand, nicht um einen Kometen, sondern um einen Stern, handle. In ähnlicher Weise konnte er bei dem Kometen von 1577 feststellen, daß der Komet sich in einem gewissen Kreise mit langsam abnehmender Geschwindigkeit, aber ganz unähnlich den Sternschnuppen bewegt habe. Seine Entfernung sei größer als die des Mondes. Damit war zum erstenmal der Nachweis erbracht, daß in der übermondigen Welt Veränderungen vor sich gingen, Veränderungen, die im Falle des neuen Sternes ganz ungewöhnlich und regelwidrig verliefen, und damit wurde gegen den alten Glauben, daß in dieser Welt nur Ordnung herrsche und nur die Fixsterne und die Planeten vorhanden seien, Sturm gelaufen.

Brahe war kein Anhänger der Koppernikschen Lehre, so sehr auch seine ganze Tätigkeit nur als Ausdruck der durch Koppernik eingeleiteten Umwälzung der Weltvorstellung zu verstehen ist. Seine

Lehrer HOMMEL in Leipzig und PEUCER in Wittenberg standen der neuen Lehre ablehnend gegenüber. Auch machten die aus der Bibel entnommenen Einwände tiefen Eindruck auf ihn. Dazu kamen physikalische Behauptungen, wie die von der Abweichung einer fallenden Kugel von der Lotrichtung oder von der Abweichung einer Kanonenkugel je nach der Richtung des Schusses, Abweichungen, wie sie auf Grund der Drehung und Bewegung der Erde entstehen sollten, aber nicht durch Versuch nachgewiesen worden waren. Auch die aus der verschwindend geringen Parallaxe der Sterne und aus ihrem scheinbaren Durchmesser, den BRAHE zu 120, 90, 65, 45, 30 und 20″ für die Sterne 1.—6. Größe annahm, folgende ungeheure Größe der Sterne schien ihm gegen die Lehre des KOPPERNIK zu sprechen. Aber auch die Lehre des PTOLEMAIOS befriedigte ihn nicht. Deshalb erdachte er sich um 1583 ein anderes Weltgebäude (Bild S. 459), das eine vermittelnde Stelle zwischen PTOLEMAIOS und KOPPERNIK einnimmt. Die Erde ruht in der Mitte der Sternenwelt, die täglich um sie kreist. Um die Erde bewegen sich Mond und Sonne, die wiederum von Merkur, Venus, Mars, Jupiter und Saturn umkreist wird. Als Bahnformen dienen ihm exzentrische und epizyklische Bewegungen. Ein ähnliches Weltgebäude, aber mit täglich sich drehender Erde, stellte NIKOLAUS REYMERS (URSINUS) um 1586 auf. BRAHE glaubte einen Gegenbeweis sowohl gegen das PTOLEMAIsche als auch das KOPPERNIKsche Weltgebäude auf Grund seiner Morgen- und Abendbeobachtungen des Mars während seiner Erdnähe vom November 1582 bis April 1583 gefunden zu haben. Da er daraufhin sein Weltgebäude ersann, so scheint es unerläßlich auf diese Beobachtungen einzugehen. Im Jahre 1584 erklärte er auf Grund von Beobachtungen gefunden zu haben, daß Mars weiter als die Sonne von der Erde abstehe und deutete dies als einen Beweis gegen KOPPERNIK. Aber einige Jahre später, in den Jahren 1587—89, schloß er aus denselben Beobachtungen, daß Mars damals der Erde näher als die Sonne war, was gegen die Lehre des PTOLEMAIOS spräche. KEPLER konnte später aus denselben Beobachtungen keinen Abstand errechnen, fand aber zu seinem Erstaunen unter BRAHES Handschriften die Berechnung eines Schülers, der auf Grund der KOPPERNIKschen Bahnelemente für Mars einen kleineren Abstand als für die Sonne, für die Zeit der Beobachtungen, errechnet hatte!

BRAHE vermochte nicht alle seine Beobachtungen der Planeten zu verarbeiten, um eine neue Darstellung der Bewegungen der einzelnen Planeten zu geben. Diese Arbeit übernahm und führte KEPLER durch, der bereits im Jahre 1600 von BRAHE um Uebernahme dieser Arbeit gebeten worden war. Ihm gelang es auf Grund der für die damalige Zeit hervorragenden Beobachtungen, die Lehre des KOPPERNIK so zu erweitern, daß für die Darstellung der Bewegungen ein anderes Weltgebäude nicht mehr in Betracht kommen konnte.

In den protestantischen Ländern hatte die KOPPERNIKsche Lehre neben den Aeußerungen des Beifalls oder der Ablehnung zu einer Prüfung an Hand von Beobachtungen und damit zu ihrer weiteren Ausgestaltung geführt. Von seiten der evangelischen Kirche, deren Führer zuerst mit ihrem Widerspruch nicht zurückgehalten hatten, erfolgte vom Ende des 16. Jahrhunderts an keine öffentliche Stellungnahme zum Weltgebäude. Anders war es bei der katholischen Kirche. Hier hatte die Lehre des KOPPERNIK bei ihren Häuptern zuerst keinen Widerspruch erfahren. Papst CLEMENS VII. ließ sich darüber Vortrag halten und hatte seinem Dank darüber Ausdruck gegeben. Der Kardinal NIKOLAUS von SCHÖNBERG hatte KOPPERNIK gebeten, mit der Herausgabe seines Werkes nicht zu zögern, und der Bischof TIEDEMANN GIESE gab seiner Empörung beredten Ausdruck, als er die von OSIANDER eingeschmuggelte, irreführende Vorrede zu Gesicht bekam. Doch diese geistige Strömung hielt nicht lange an. Die Reformationsbewegung hatte in der katholischen Kirche das Verlangen nach einer Sicherung ihres Bestandes durch die Festlegung auf die Bibel und die Kirchenväter in religiöser und auf ARISTOTELES und PTOLEMAIOS in naturwissenschaftlicher und philosophischer Richtung erweckt und zu entsprechenden Gegenmaßregeln geführt. Bezüglich des Weltgebäudes erschien es wünschenswert, die Lehre des KOPPERNIK als eine Annahme zur besseren Darstellung der Bewegungen, nicht als Wahrheit hinzustellen. Zu den eifrigsten Verteidigern der katholischen Kirche wuchs sich der Jesuitenorden aus. Er wurde dadurch besonders wichtig, als es ihm gelang im 16. Jahrhundert zahlreiche Lehrstühle für Philosophie und Mathematik in seine Hand zu bekommen, nicht nur an den von Jesuiten neu gegründeten, sondern auch an älteren Hochschulen.

Die Festlegung der Lehre durch die Kirche mußte zu Zusammenstößen führen. Die Verurteilung und Verbrennung GIORDANO BRUNOS im Jahre 1600 kann in diesem Zusammenhange nicht erwähnt werden, da seine für die damalige Zeit überraschenden und nicht nachprüfbaren Behauptungen, daß die Welt unendlich sei, daß es mehrere Sonnenalle gäbe, daß die Sonne sich um ihre Achse drehe, kaum zu seiner Verurteilung beigetragen haben. Dagegen ist die Verurteilung GALILEIS zu erwähnen. GALILEO GALILEI (1564—1642) war Lehrer an den Hochschulen zuerst zu Pisa, später zu Padua und von 1610 an Hofmathematiker des Großherzogs von Toskana zu Florenz. Als Hochschullehrer las er in herkömmlicher Weise über die Sternkunde des HOLYWOOD, das Handbuch des PTOLEMAIOS, EUKLID und die Bewegungslehre, ohne dabei eine abweichende Meinung zu äußern, obwohl er sich bereits 1597 KEPLER gegenüber als Anhänger des KOPPERNIK bekannt hatte. Im Jahre 1610 wurde er der Oeffentlichkeit bekannt durch seine Entdeckungen am Himmel, die er mit dem angeblich von ihm erfundenen Fernrohre gemacht hatte. Seine Entdeckungen: Gestaltenwechsel der Venus und des Merkur bei ihrem Umlauf um die Sonne, die 4 um den Jupiter sich bewegenden Monde, die 2 ständig links und rechts von Saturn stehenden Monde, die Aehnlichkeit des Mondes mit der Erde, weil er Berge und eine Lufthülle aufweise, die Auflösung der Milchstraße in Sterne, alles dieses betrachtete er als Beweise für die KOPPERNIKsche Lehre und vertrat diese Ansicht in einem Brief 1615 an CHRISTINE von Lothringen und andere Leute. Im Jahre 1616 wurde er nach Rom entboten; jedoch, entgegen seiner Hoffnung den Papst zur Anerkennung der KOPPERNIKschen Lehre zu bewegen, endete seine Reise mit der ihm am 26. Februar 1616 durch den Kardinal BELLARMIN amtlich mitgeteilten Erklärung: »*daß die dem Koppernik zugeschriebene Lehre der Heiligen Schrift zuwider sei und darum nicht verteidigt oder für wahr gehalten werden dürfe.*« Am 5. März 1616 wurden die Bücher KOPPERNIKS und seines Anhängers STUNICA für schriftwidrig erklärt, bis sie verbessert seien, nach KEPLERS Meinung: »*weil es durch die Schroffheit einiger Leute, welche Fragen der Sternforschung an unrechter Stelle und in unpassender Weise behandeln, dahin gekommen ist, daß das Lesen des Werkes des Koppernik's, das fast 80 Jahre ganz unbehelligt blieb, schließlich untersagt wurde, bis das Werk verbessert sei.*«

GALILEI veröffentlichte in der Folgezeit bis 1632 mehrere Schriften, in denen er in nicht glücklicher Weise die Lehre des KOPPERNIK zu verteidigen suchte und offenbar von dem besten Beweismittel, nämlich von der durch KEPLER festgestellten elliptischen Bewegung um die Sonne als Brennpunkt, nichts wußte, obwohl KEPLER ihm sein Werk zugesandt hatte. Auch war ihm offenbar nicht in Erinnerung, daß bereits BRAHE die Kometen als Himmelskörper außerhalb der Mondbahn nachgewiesen hatte. Ebenso glaubte er den Einfluß des Mondes auf Ebbe und Flut bestreiten zu müssen. Gerade seine wichtigste Schrift »Das Zwiegespräch über das Weltgebäude« von 1632, welche alle Beweisgründe für die KOPPERNIKsche Lehre in überzeugender Weise darlegen sollte, ließ die Berücksichtigung der durch KEPLER gewonnenen Erkenntnisse vermissen. Da sie zudem, wie auch frühere Schriften GALILEIS nicht lateinisch, sondern italienisch, also allgemein verständlich geschrieben war und den Anhänger der als veraltet dargestellten ARISTOTELIschen und PTOLEMAIschen Ansicht als gutmütigen Dummkopf dem allgemeinen Gelächter preisgab, so war ein Einschreiten des geistlichen Gerichtes gegen GALILEI zu erwarten. GALILEI wurde nach Rom befohlen. Im Gegensatz zu der Behandlung, welche man den der Ketzerei verdächtigten Bischöfen angedeihen ließ, gestattete man ihm im toskanischen Gesandtschaftspalast zu wohnen; für 3 Wochen mußte er in das Gerichtsgebäude übersiedeln, wo er ein Zimmer mit eigenem Diener erhielt. Im Laufe der Verhandlungen, wobei es nicht zur Anwendung, vielleicht auch nicht zur Vorzeigung der Folterwerkzeuge kam, bekannte GALILEI sich schuldig, in seinem Zwiegespräch die Lehre des KOPPERNIK verteidigt zu haben, und mußte am 22. Juni 1633 schwören, »weder mündlich noch schriftlich etwas zu sagen oder zu behaupten, wegen dessen ein ähnlicher Verdacht gegen mich entstehen könnte«. Die angebliche Erklärung »und sie bewegt sich doch« ist eine spätere Sage. Darauf wurde GALILEI zuerst Siena und später Arcetri bei Florenz als Wohnort angewiesen. Er durfte Besuche von Freunden und Gelehrten, mit Ausnahme einiger als Ketzer verdächtigten Geistlichen, empfangen und seine Werke ausarbeiten.

Wie steht es mit GALILEIS Verdiensten auf dem Gebiete der Sternkunde? Seine Anschauungen waren, wie erwähnt, in wichtigen Punkten rückständig. Und seine Beobachtungen? Gerade seine ersten Beobachtungen waren es doch, welche ihn berühmt machten und bewirkten, daß neben ihm die anderen nicht minder fleißigen Beobachter und Entdecker weniger Beachtung fanden! Sehen wir uns einige seiner Beobachtungen näher an: In seinem Sternboten von 1610 gibt er eine Abbildung des Mondes (Tafel X oben), welche in ihren Hauptzügen sowohl bezüglich der im nördlichen Teil sichtbaren Gebirge mit weit ins Dunkle greifenden Armen als auch bezüglich der etwas unter der Mitte befindlichen kreisrunden Vertiefung keine Aehnlichkeit mit dem Monde aufweist. Auf diese mittlere kreisrunde Vertiefung macht aber GALILEI ausdrücklich aufmerksam und vergleicht sie mit dem von Bergen eingeschlossenen Böhmen. Merkwürdigerweise aber lassen seine erhaltenen Zeichnungen (Tafel X unten), welche als Vorlage für die Holzschnitte dienten, nicht die Spur einer solchen kreisrunden Vertiefung erkennen.

Tafel X

(Zu Seite 472)

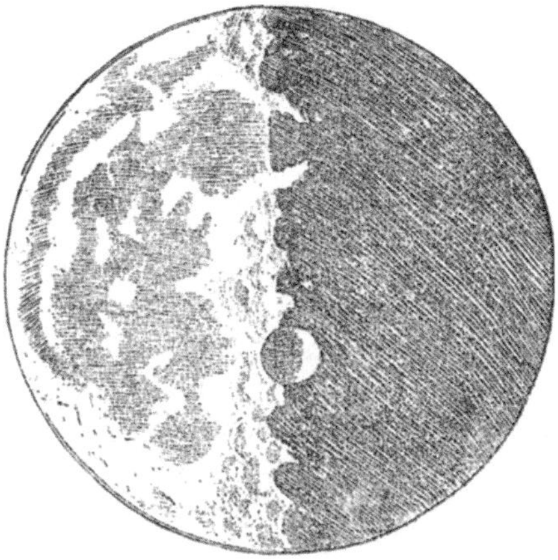

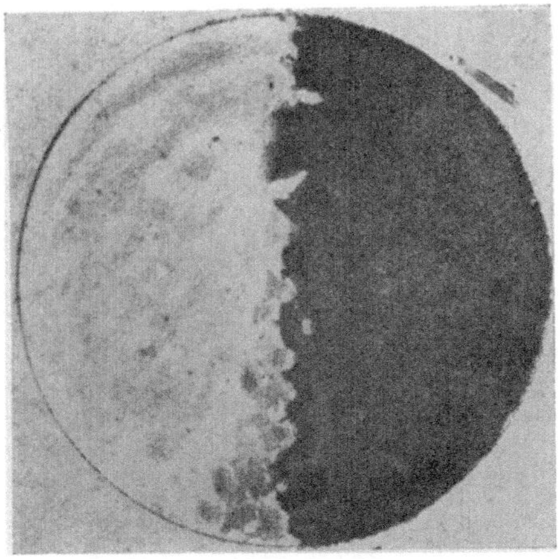

Die Mondlandschaft gemäß der Zeichnung
GALILEIS und gemäß dem Holzschnitt in
seinem Sternboten
(Sidereus Nuncius 1610)

Tafel XI

(Zu Seite 491)

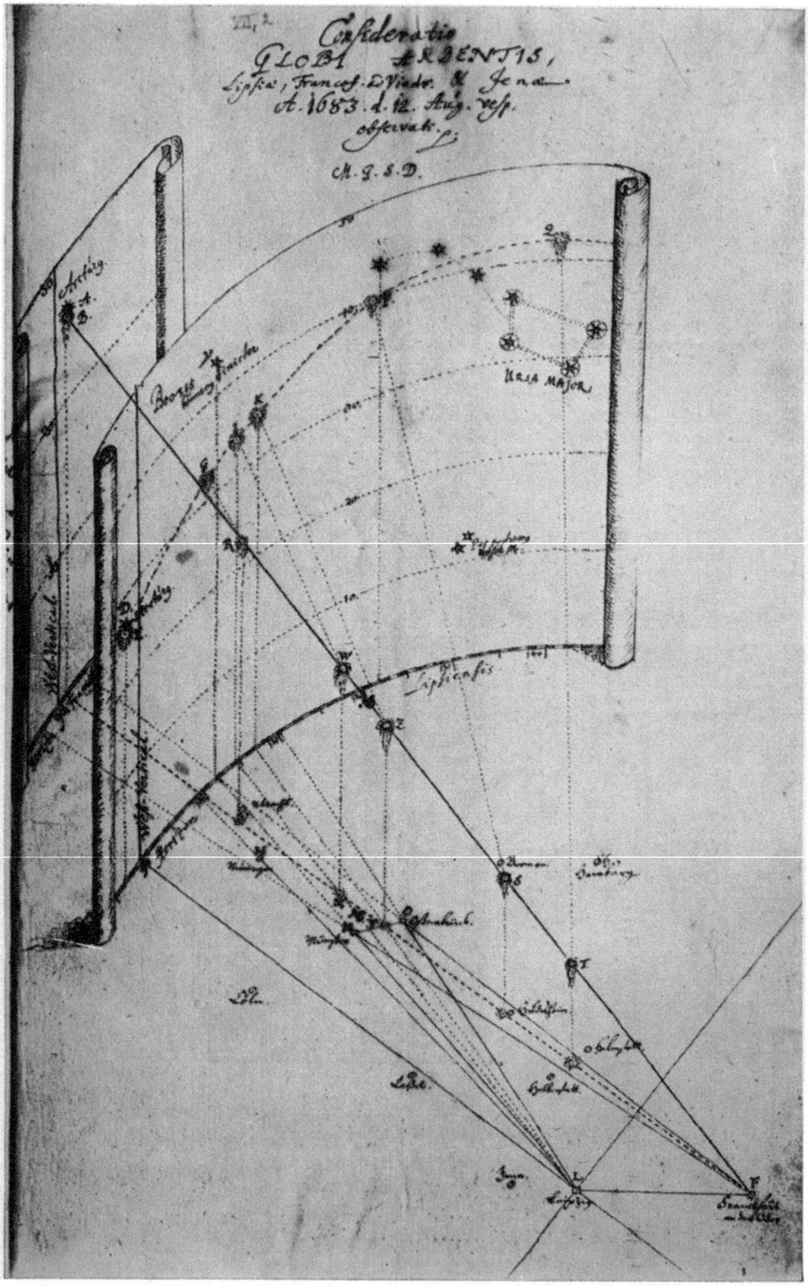

Darstellung der Bahn einer Feuerkugel durch DOERFFEL
(Aus der Handschrift Ms. 0333m der Universitäts-Bibliothek in Leipzig)

Auffällig ist seine Entdeckung des Gestaltenwechsels der Venus. GALILEI teilte am 11. Dezember 1610 seine Entdeckung in einem Rätsel und am 30. Dezember 1610 und am 1. Januar 1611 ausführlich mit. Darnach hatte er Anfang Oktober die Venus zu beobachten angefangen, um auch mit den Sinnen wahrzunehmen, was sein Geist nie bezweifelt hätte, nämlich den durch die Bewegung der Venus um die Sonne sich zeigenden Gestaltenwechsel. Zuerst erschien Venus völlig kreisrund mit scharfem Rand. Diese Figur behielt sie bei, bis sie sich dem größten scheinbaren Abstand von der Sonne zu nähern begann, und dehnte sich inzwischen gleichmäßig aus. Dann begann sie von der östlichen, der Sonne abgekehrten Seite zu schwinden und zog sich innerhalb einiger Tage zu dem vollkommensten Halbkreis zusammen; in dieser Gestalt verharrte sie ohne die geringste Aenderung, bis sie anfing, sich der Sonne scheinbar zu nähern. Von da an hat sie mehr und mehr ihre Figur verkleinert. Nun folgt die Beschreibung des Gestaltenwechsels, der sich noch ereignen wird. Die Beobachtungen, wie sie GALILEI schildert, zeigen das typische Bild der Beobachtungen eines Anfängers: anstatt eines allmählichen Verlaufes des Gestaltenwechsels ein sprunghafter: zuerst eine Zeitlang kreisrund, dann in wenigen Tagen Uebergang zum Halbkreise, dann Verharren usw. Merkwürdigerweise kann GALILEI dies in 3 Monaten nicht beobachtet haben. In der Zeit von Anfang Oktober bis Dezember konnte er nur so viel vom Gestaltenwechsel wahrnehmen, wie der Mond etwa in der Zeit vom 4. bis 8. Tag nach Vollmond bietet. Er hat somit die Venus als kreisrunde Scheibe nicht sehen können. Sollte dabei, wie bei den Mondbergen, der Wunsch der Vater der Beobachtung gewesen sein? Auch seine Angabe, daß der Durchmesser der Venus während seiner Beobachtungszeit auf das Fünffache gestiegen sei, kann nicht auf Beobachtung beruhen; denn die Vergrößerung des Durchmessers kann höchstens das $1^1/_2$fache betragen haben. Im Gegensatz zu der überschwenglichen Schilderung GALILEIS steht die Mitteilung der römischen Jesuiten vom Jahre 1611. Die Jesuiten hatten im November 1610, ohne Kenntnis von GALILEIS Beobachtungen, bei der Venus eine ähnliche Gestalt wie bei dem abnehmenden Mond festgestellt, sich überzeugt, daß kein Fehler des Fernrohres vorliege, und dann die Venus weiter beobachtet, bis sie abnehmend zur schmalen Sichel vor der Sonne verschwand und dann am Morgenhimmel als umgekehrte Sichel wieder erschien. Damit war ein besserer Beweis für den Gestaltenwechsel der Venus erbracht. Bei Merkur hatte GALILEI 1610 behauptet, daß auch er einen

Gestaltenwechsel zeige, konnte es jedoch, trotz Aufforderung durch die Jesuiten, nicht nachweisen. Auch den Jesuiten und Simon Mair gelang es nicht den Gestaltenwechsel festzustellen; jedoch schloß Mair aus dem beträchtlichen Größenunterschied des Merkur bei seiner Stellung hinter und vor der Sonne, daß in dem einen Falle Merkur die vollerleuchtete Scheibe der Erde zukehre, im anderen Falle nur eine schmale Sichel.

Vor 1570 waren Entdeckungen am Himmel selten. Kometen und Feuerkugeln wurden wohl beobachtet. Der Eifer der Sternforscher galt aber, von wenigen Ausnahmen abgesehen, mehr ihren Rechnungen und Kalendern als dem Himmel. Nunmehr wurde es anders. Die Lehre des Koppernik hatte die Menschen veranlaßt, dem Himmel mehr Beachtung zu schenken. Die Folge war eine rasche Aufeinanderfolge von Entdeckungen, zuerst unter Beschränkung auf auffällig helle Himmelserscheinungen wie den neuen Stern von 1572, die Kometen von 1577, 1585 usw. Als der Eifer wach geworden war, wurden auch weniger auffällige Veränderungen am Himmel beachtet. So entdeckte David Goldschmidt (Fabricius) im Jahre 1596 und wieder im Jahre 1609 die Lichtänderung des Wunderbaren Sternes im Walfisch, W. Janszoon Blaeu im Jahre 1600 den neuen Stern im Schwan, Il. Altobelli und ein Arzt zu Coszensa im Jahre 1604 den neuen Stern im Schlangenträger. Mit der Erfindung des Fernrohres häuften sich die Entdeckungen, da die Fernrohre das Blickfeld erweiterten und jeder wünschte mit dem Fernrohr soviel wie möglich auf der Erde und am Himmel zu entdecken. Somit kann die folgende Zusammenstellung der Entdeckungen keinen Anspruch auf Vollständigkeit machen, da mancher Nichtgenannte sein Fernrohr zum Mond oder zur Venus gerichtet und dort Auffälliges gesehen haben mag, ohne davon großes Wesen zu machen. Sorgfältige Beobachter wie Mair, Scheiner, Clavius trugen wegen der mangelhaften Leistungen ihrer Fernrohre Bedenken, sogleich mit ihrer Entdeckung an die Oeffentlichkeit zu treten und warteten lieber eine Wiederholung der Beobachtungen ab. Bei Galilei fielen diese Hemmungen fort. Die folgende Zusammenstellung versucht die Entdeckungen nach ihrer Reihenfolge aufzuführen, wobei die Angaben der Entdecker, bezüglich der Entdeckungszeit, bei Umwandlung in gregorischen Stil, zugrunde gelegt und die Frage unberührt bleiben soll, ob die Entdeckungen unabhängig von einander erfolgt sind: Jupitersmonde durch Galilei 1610 Januar 7, Mair 1610 Januar 8, Thomas Harriot 1610 Januar 16, Jos. Gaultier 1610 Oktober 24. Phase der

Venus durch Galilei und Clavius 1610 November, Mair Ende 1610. Saturn als eirund, bei stärkerer Vergrößerung als drei deutliche Sterne durch Galilei 1610 November 13, als eirund durch Clavius 1610 November. Andromedanebel 1612 durch Mair, Orionnebel 1619 durch Cysatus. Flecken auf der Sonne Ende 1610 durch Johann Goldschmidt und Th. Harriot, 1611 durch Galilei, Scheiner und Mair. Die Entdeckungen führten im Falle der Jupitersmonde und der Sonnenflecken zu eingehenden Untersuchungen der Bewegungen der Monde und der Flecken und zur Darstellung dieser Bewegungen.

Galileis Kampf hatte mit einer Niederlage geendet. Dies war ohne Folgen für die Entwicklung der Wissenschaft in den protestantischen Ländern, um so mehr aber in den katholischen Ländern, wo nunmehr die geistlichen Gerichte und die Jesuiten auf dem Festhalten an dem Ptolemaischen Weltgebäude bestanden. Nicht nur in Italien, auch in Frankreich, trug das kirchliche Machtgebot zur Aufrechterhaltung einer veralteten Lehre bei. So hat die Sorbonne noch am Anfang des 18. Jahrhunderts die Lehre des Koppernik als eine bequeme, aber falsche Annahme erklärt. G. D. Cassini († 1712) und G. F. Maraldi († 1729) hielten bis zu ihrem Lebensende an der Lehre des Ptolemaios fest. Andere fortschrittlichere Gelehrte trugen Bedenken ihre Meinung öffentlich bekanntzugeben. Auch die jesuitischen Universitäten spürten die Folgen der nun einsetzenden Abschnürung vom geistigen Leben der Gegenwart. Die Forschung, wie sie noch in Ingolstadt und Rom gepflegt worden war, verkümmerte. Es blieb nur noch die Lehre übrig, wo die Bewegung der Planeten, die Herstellung von Sonnenuhren, Erd- und Himmelskunde und Mathematik nach altem Muster behandelt wurden. Auf diese Weise wurde der Unterschied in der Wissenschaft zwischen den protestantischen und katholischen Ländern immer größer. Die durch neue Beweise gesicherte Lehre des Koppernik konnte aber nicht dauernd abgelehnt werden. Deshalb wurden von 1835 an die früher verbotenen Werke von Koppernik, Galilei und Kepler nicht mehr in der Liste der verbotenen Bücher aufgeführt.

Brahes zahlreiche genauere Beobachtungen hatten gezeigt, daß die von Koppernik übernommene Bahnform nicht der Wirklichkeit genügte. Die von Brahe vorgeschlagene Abänderung der Bahnen durch Hinzunahme von Kreisbahnen und einer Zeitgleichung hatte die Darstellung nur unübersichtlicher gemacht. Es war eine große Unsicherheit eingetreten, die Maestlin im Jahre 1599 treffend damit bezeichnete, daß nur das eine als sicher festzustellen sei, daß wir von der Sternkunde nichts wüßten. Um diese Zeit hatte KEPLER begonnen, sich mit der Bahnbewegung zu beschäftigen.

Es gibt keinen größeren Unterschied zwischen 2 Gelehrten als den zwischen KOPPERNIK und KEPLER, zwischen dem Urheber und dem Vollender des neuen Weltgebäudes. KOPPERNIK, ein Sprosse des norddeutschen Kaufmannstandes, ganz auf das Sachliche eingestellt, in seinen Schriften wortkarg, jederzeit bereit Unsicheres wegzulassen, gleicht der Marienburg, dem maßgebenden Bau seiner Heimat, in dem der »Geist strenger Ordnung, klaren Verstandes, herrschte, ganz im Gegensatz zu den auf malerische Wirkung eingestellten Bauten Süddeutschlands«. Diesen malerischen Bauten ist der Süddeutsche KEPLER vergleichbar. Die Gabe zu erzählen, ist bei ihm sehr ausgebildet. Abschweifungen sind beliebt. Es ist deshalb oft sehr mühevoll und schwierig, seinem Gedankengang zu folgen. Hinzu kommt noch seine Vorliebe für die Sterndeutung nach Art des Altertums, wo zur Sterndeutung nicht nur die Deutung der Geburten und der Himmelserscheinungen, sondern auch Zahlenmystik und Zusammenklang der Himmel gerechnet wurden.

Bereits in seiner Jugendarbeit über die Himmelsgeheimnisse 1596, in welchem er die Vorzüge der KOPPERNIKschen Lehre auseinandersetzte, kündigte sich sein Lebenswerk an: die Beziehungen zwischen den Körpern des Sonnenalles aufzudecken. Er teilte darin seine im Jahre 1595 gemachte Entdeckung mit, daß die Bahnen der Planeten sich so verhalten, daß zwischen die Kugelschalen je zweier aufeinanderfolgender Planeten ein Vieleck gelegt werden kann. Es folgen aufeinander Saturn, Würfel, Jupiter, gleichseitige Pyramide, Mars, Zwölfflächer, Erde, Zwanzigflächer, Venus, Achtflächer, Merkur. Auch bezüglich der Bewegung glaubte KEPLER eine Beziehung gefunden zu haben. Von den beiden Annahmen, daß jeder Planet eine eigene Antriebkraft (anima motrix) besitze, die aber mit den Abständen von der Sonne schwächer werde, oder daß es nur eine Antriebskraft, nämlich in der Sonne gäbe, welche auf die fernen Begleiter weniger als auf die nahen wirke, bevorzugte er die letzte und nahm an, daß die Abnahme der Kraft mit der Entfernung wachse. Unter dieser Annahme stellte er zwischen den Umlaufszeiten und den Abständen eine Beziehung auf, die durch die von KOPPERNIK gelieferten Zahlen annähernd erfüllt wurde. Er war sich zugleich bewußt, daß diese Zahlen wegen der mangelhaften Grundlagen nicht genau seien, und suchte neue Grundlagen für seine Berechnungen abzuleiten. Deshalb kam ihm die

Aufforderung Brahes, sich an der Berechnung der Braheschen Beobachtungen zu beteiligen, nicht unerwünscht. Er wurde im Jahre 1600 zur Bearbeitung von Brahe gewonnen und setzte nach Brahes Tod die Berechnungen als kaiserlicher Mathematiker fort, bis er seine Arbeit durch die Herausgabe der Rudolfischen Tafeln krönen konnte. Bald nach seiner Ankunft stellte er 2 wichtige Fehler in der bisherigen Berechnung fest. Brahe bezog wie Koppernik die Bewegung auf den mittleren Ort der Sonne und nicht auf den wahren Ort. Ebenso wurde bei der Berechnung der beobachteten Erdnähen die Erdnähe von dem mittleren Ort der Sonne, nicht von dem wahren Ort aus gerechnet und auf diese Weise der Vorteil der Erdnähe nicht ausgenützt. Die Feststellung Brahes, daß aus den Beobachtungen eine Größenänderung der Bahn der Erde bezüglich der Sonne folge, konnte Kepler nach der Art des Ptolemaios erklären, indem er einen außerhalb der Sonne gelegenen Punkt annahm, von dem der Fahrstrahl der Erde ausgehe. An der Marsbahn zeigte Kepler seine Fähigkeit. Die Marsbahn war es, welche bereits den griechischen Sternforschern große Schwierigkeiten bereitet hatte, so daß Plinius den Mars den Widerspenstigen (inobservabile sidus) nannte, und deren Darstellung auch Brahe nicht gelang; diese Bahn nahm Kepler sich vor. Er benützte dazu die zahlreichen und sorgfältigen Beobachtungen Brahes. In seinem Verfahren schloß er sich insofern seinem Vorgänger an, als er von einer kreisförmigen Bewegung, wobei allerdings die Sonne nicht den Ausgangspunkt des Fahrstrahles bildete, ausging; aber in der Berechnung der Bahnelemente schlug er doch andere Wege ein. Bisher war jedes Element für sich berechnet worden, unter Zugrundelegung von möglichst wenigen Beobachtungen. Kepler handelte anders; teils benützte er viel mehr Beobachtungen, so 6 Beobachtungen zur Ermittlung der Länge des aufsteigenden Knotens; teils verwendete er mehrere Verfahren zur Bestimmung ein und desselben Bahnelementes, so bei der Berechnung der Neigung; teils suchte er durch wiederholten Versuch der Wahrheit näherzukommen; so benötigte er 70 Versuche, um die Länge der Sonnenferne und die Abstände Sonne — Mitte des exzentrischen Kreises — Fahrpunkt zu ermitteln. Gerade diese vielen Versuche führten ihn zu der Erkenntnis, daß die Annahme des Ptolemaios, bezüglich der Gleichheit dieser Strecken, nur dann berechtigt sei, wenn, wie bei den Beobachtungen des Ptolemaios, 10′ die Grenze der Genauigkeit darstelle, da dadurch Fehler bis zu 8′ entstünden. Mit den berechneten ungleichen Abständen vermochte Kepler die Länge der 12 beobachteten

Erdnähen aber bis auf 2′ 12″ darzustellen. Jedoch genügte diese Hilfsannahme ihm noch nicht, da die beobachteten Längen außerhalb der Erdnähe schlecht dargestellt wurden. Eine neue Berechnung auf ganz anderer Grundlage erschien deshalb notwendig. Zuvor wies KEPLER nach, daß für die Erdbahn das Gleiche wie für den Mars gelte, daß die Sonne sich nicht im Fahrpunkt befinde. Ferner führte er seine Gedanken über die wirkende Kraft weiter aus. Er nahm an, daß die Kraft der Sonne nur in der Ebene der Bahn wirke und mit der Entfernung abnehme. Dementsprechend mußte auch die Geschwindigkeit in der Bahn mit dem Abstande von der Sonne abnehmen, woraus folgte, daß für ein kurzes Bahnstück die Geschwindigkeit dem Fahrstrahl proportional ist. Dies wies KEPLER für die Nachbarschaft der Erdferne und Erdnähe in dem exzentrischen Kreise des Mars nach und nahm an, daß es auch für die anderen Bahnstücke gelte. Somit gelangte er zu dem Gesetz, daß die Zeit zum Durchschreiten eines Bahnstückes proportional der gleichzeitig von dem Fahrstrahl durchlaufenen Fläche sei, welches Gesetz aber von ihm weder auf die anderen Bahnstücke des exzentrischen Kreises noch für die elliptische Bahn nachgewiesen wurde. Bei der erneuten Berechnung der Marsbahn ergaben sich in den Stellungen bei 45°, 135°, 225° und 315° Abstand von der Sonne Fehler bis zu 8′, woraus KEPLER schloß, daß die Bahn nicht kreisförmig sein könne. Die gemäß der Kreisbahn berechneten Abstände der Marsbahn von der Sonne zeigten deutliche Unterschiede gegenüber den Beobachtungen in dem Sinne, daß die Bahn eiförmig sein müsse. Die daraufhin unter der Annahme einer Hilfsellipse berechnete Bahn gab Abweichungen bis zu 7′, aber mit entgegengesetztem Zeichen. Offenbar lag die wahre Bahnform zwischen dem exzentrischen Kreise und der Eiform. Ueber die Gleichung $r = a + a\,e \cos E$, mit welcher Gleichung die wahre Anomalie bis auf 5′ dargestellt werden konnte, gelangte KEPLER dann zu der endgültigen Gleichung: $r \cos v = ae + a \cos E$ und konnte damit zeigen, daß die Marsbahn eine Ellipse sei, in deren einem Brennpunkte die Sonne stehe. Mit dieser Ellipse wurden die Beobachtungen mit einer bei diesem schwierigen Planeten noch nicht gekannten Genauigkeit dargestellt. Der mittlere Fehler einer Darstellung von 28 Längen beträgt ± 2,7′ und von 12 Breiten ± 4,6′.

Seine Untersuchungen über die Marsbahn brachte KEPLER in seiner 1609 erschienenen Neuen Sternkunde an die Oeffentlichkeit. Seine beiden ersten Gesetze wandte er in seinem Auszuge (Epitome) der Lehre des KOPPERNIK auf die anderen Planeten an. Allerdings gelang ihm keine befriedigende Darstellung der Mondbahn. Sein 3. Gesetz fand er erst später, als er die in den Weltgeheimnissen begonnenen Untersuchungen fortsetzte. Immer noch schwebte ihm der Gedanke vor, daß die Elemente der Bahnbewegung durch die Harmonie der Welt »mit Notwendigkeit bestimmt seien«. Mit Hilfe genauer Werte der Winkelgeschwindigkeiten in der Sonnenferne und Sonnenhöhe gelang es ihm nachzuweisen, daß zwischen den Geschwindigkeiten und den Tönen gewisse Beziehungen bestünden, wobei er keineswegs den Bewegungen der Planeten Töne zuschrieb. Zugleich fand er im Jahre 1618 das berühmte Gesetz, wonach die Quadrate der Umlaufszeiten zweier Planeten sich wie die Kuben der mittleren Abstände von der Sonne verhalten. Diese 3 Gesetze zugleich mit dem Nachweis, daß die Bahnebenen der Planeten durch die Sonne gehen, gaben der Bewegungslehre ein ganz anderes Aussehen.

Sehr beachtenswert sind KEPLERS Vorstellungen von der Kraft, welche die Bewegungen hervorruft. Die in der Sonne wohnende Antriebskraft wirkt in der Weise, daß, während die Sonne sich in etwa 3 Tagen um ihre Achse dreht, sich die Angriffspunkte ihrer Kraft von West nach Ost bewegen und zugleich die mit ihr verbundenen Planeten. Die Kräfte gehen von den Kugelzonen aus, welche mit dem Tierkreis zusammenfallen sollen, eine Ansicht, die, wie auch die der 3tägigen Umdrehungszeit, KEPLER später aufgab. Die Planeten würden ohne die Antriebskraft der Sonne wegen der Trägheit (inertia) ihres Stoffes ohne Bewegung sein. Damit ihre Bahn elliptisch wird, muß der Magnetismus, der wie der Erde so auch der Sonne und den anderen Planeten zugeschrieben wird, aushelfen. Die magnetische Achse soll wie die Umlaufsachse im Raum parallel bleiben. Deshalb wird in der einen Hälfte des Umlaufes der der Sonne zugekehrte gleichsinnige Magnetismus eine Annäherung und Beschleunigung herbeiführen und in der anderen Hälfte der Bahn der entgegengesetzte Magnetismus seine abstoßende Kraft äußern. Wie bei der Sonne, so ist bei der Erde die Umdrehung die Ursache der Bewegung des Mondes. Ebenso ist aus der Bewegung der Monde des Jupiters und Saturn auf deren Umdrehung zu schließen. Die in den sich umdrehenden Körpern vorhandene Kraft gilt nach KEPLER nicht als Anziehungskraft, sondern als Antriebskraft. Anziehung besteht nur zwischen verwandten Körpern, wie zwischen Erde und Mond, die sich einander und zwar im Verhältnis ihrer anziehenden Massen nähern würden, falls nicht die Antriebskräfte vorhanden wären. Eine Anziehung läßt KEPLER auch gelten im Falle von

Ebbe und Flut, wo Sonne und Mond das Wasser mit einer Kraft ähnlich der Magnetkraft anziehen. Weiter verfolgte KEPLER diesen zwischen 1620 und 1630 geäußerten Gedanken nicht.

Im Sonnenall hatte KEPLER die Sonne als Sitz der Wärme und des Lichts bezeichnet. Ihren Begleitern wird kein eigenes Licht zugesprochen. Die Fixsterne werden als selbstleuchtend angesehen, allerdings nicht als Sonnen mit Begleitern; denn unsere Sonne sei viel größer als die Sterne. Der Sternhimmel ist doppelt so weit von der Sonne als Saturn entfernt und nicht dick, so daß die Sterne beinahe gleichweit von der Sonne abstehen. Zwischen dem Sternenhimmel und der Sonne befindet sich der Aether, in welchem sich die Kometen bilden, die durch die Sonnenstrahlen eine geradlinige ungleichförmige Bewegung erhalten.

Neben KEPLER beschäftigte sich auch DAVID GOLDSCHMIDT mit der Darstellung der Marsbahn. Er kam wohl zu einer Formel für die Darstellung der Abstände. Da er sich aber von der Vorstellung der gleichförmigen Kreisbewegung nicht zu trennen vermochte, so gelang ihm eine befriedigende Darstellung nicht.

KEPLERS elliptische Darstellung der Bahnbewegung wurde zuerst von HORROX († 1641) auf die Mondbahn angewendet.

Die nächsten Jahrzehnte nach KEPLERS Tode waren der Vervollständigung der physikalischen Gesetze und ihrer Anwendung auf die Tatsachen der Sternkunde gewidmet. HUYGENS wandte 1673 diese Gesetze auf die Bewegung eines im Kreise schwingenden Körpers an und untersuchte zusammengesetzte und gleichförmig beschleunigte Bewegungen. Untersuchungen über die Masse und Kraft geschahen gleichzeitig. DESCARTES hatte 1644 als das Maß der Kraft mv bezeichnet. LEIBNIZ setzte 1686 dafür mv^2 und stellte 1695 den Satz auf, daß $\Sigma m \, . \, v^2$ in der Welt konstant sei. D'ALEMBERT verbesserte 1743 diesen Ansatz in $\frac{m \, . \, v^2}{2}$. Auch bezüglich der Wirkungen der Kraft im Sonnenall wurden Betrachtungen angestellt. BOULLIAU nahm 1645 an, daß die von der Sonne ausgehende Kraft mit dem Quadrat der Entfernung abnehme; BORELLI glaubte 1666 dadurch die elliptische Bewegung erklären zu können.

Die völlige Uebereinstimmung der auf der Erde wirkenden Schwerkraft und der im Sonnenall wirkenden Kraft nachzuweisen, gelang NEWTON. In seinem Hauptwerke, den 1687 erschienenen Mathematischen Prinzipien der natürlichen Philosophie, vermochte er zu zeigen, daß sich durch die bereits früher bekannten Begriffe der Trägheit und der Beschleunigung und durch das Keplersche Flächengesetz die Bewegung eines Körpers in Kegelschnitten darstellen lasse. Dabei wird zuerst die Anziehung eines Körpers angenommen und dann die Bewegung bei Anziehung zweier Körper in Betracht gezogen. Ebenso wird auf den Fall eingegangen, wenn die Kräfte und die Bahnelemente als veränderlich anzusehen sind. Auch die Form des anziehenden Körpers wird berücksichtigt, und besonders der Fall untersucht, wo es sich um die Anziehung einer Kugel auf einem Punkt im Innern oder außerhalb handelt.

Diese Untersuchung hatte ihm große Mühe bereitet, so daß er nicht bereits im Jahre 1665, wo er zum ersten Male sein Anziehungsgesetz auf die Beziehung Erde—Mond anwendete, zur Veröffentlichung seiner Theorie kam, sondern zu ihrer Vollendung noch 20 Jahre brauchte; erst dann konnte er die Frage beantworten, ob die Anziehung einer Kugel auf einen außerhalb befindlichen Körper sich so ereigne, als ob ihre Masse in ihrem Mittelpunkt vereinigt sei. Dagegen war er bereits 1665 in der Lage nachzuweisen, daß die Anziehungskraft der Erde, wie sie sich an ihrer Oberfläche äußere, genüge, um den Mond in seiner Bahn zu halten.

Besonders wichtig war der Teil seiner Untersuchung, der sich mit der Gestalt der Erde beschäftigte. Aus seinem Anziehungsgesetze mußte für die sich drehende Erde eine Abplattung von $^{1}/_{230}$, wenn die Masse in ihrem Innern gleichmäßig geschichtet sei, sonst eine größere Abplattung folgen. Durch die Abplattung der Erde konnte aber zugleich das Rückwärtsschreiten als Wirkung der vereinigten Anziehung von Sonne und Mond erklärt werden. Aehnlich war die Erklärung der Gezeiten durch die Anziehung von Sonne und Mond.

Als Ergebnis seiner Untersuchungen stellte Newton sein Anziehungsgesetz auf: Die Sonne zieht jeden Planeten und jeder Planet seinen Mond mit einer Kraft an, die der Masse der anziehenden Körper proportional und dem Quadrate der Entfernung umgekehrt proportional ist. Mit Hilfe dieses Satzes konnte Newton für die Erde und für Jupiter ihre Masse im Verhältnis zur Sonne bestimmen. Grundlegend war Newtons Aufstellung des Begriffes der Masse, der eine Beziehung zwischen Gewicht und Trägheit eines Körpers herstellt und zugleich die anziehende und beschleunigende Wirkung eines Massenkörpers auf andere mit Masse behaftete Körper zum Ausdruck bringt.

Erst im 18. Jahrhundert erfolgte der Ausbau der Bewegungslehre. Von Lagrange (1776) rührt ein Verfahren her, die Bewegung jedes

Planeten in den drei rechtwinkligen Koordinaten als Folge der Anziehung der Sonne und der anderen Planeten darzustellen. Aus den Bewegungsgleichungen ließ sich näherungsweise das erste und zweite KEPLERsche Gesetz ableiten.

Bereits KEPLER hatte den Einfall gehabt, eine Unregelmäßigkeit in der Mondbewegung durch den störenden Einfluß der Sonne zu erklären. NEWTON versuchte durch sein Anziehungsgesetz die Erscheinung des Rückwärtsschreitens als Einfluß von Sonne und Mond auf den abgeplatteten Erdkörper nachzuweisen. HALLEY machte auf die allmähliche Beschleunigung der mittleren Bewegung von Mond und Jupiter und auf die Verzögerung bei Saturn aufmerksam und suchte sie als Folge des störenden Einflusses anderer Himmelskörper hinzustellen. Besonders EULER stellte die Störungen 1748—56 durch das Verfahren zur Berechnung der Aenderungen der Konstanten der Bahnbewegung dar. D'ALEMBERT gab 1749 die mathematische Darstellung des Rückwärtsschreitens und des Schwankens der Erdachse.

BRADLEY hatte 1747 entdeckt, daß sich in dem Rückwärtsschreiten eine periodische Störung von 18″ Ausschlag und 18,6 Jahren Periode, offenbar herrührend vom Monde, zeige. Aus den Beobachtungen BRADLEYS von 1750—61 und aus PIAZZIS Sternverzeichnis für 1800 berechnete BESSEL die Größe des Rückwärtsschreitens und gab 1815 und 1840 dafür Formeln an. Da der Zeitunterschied der beiden Sternverzeichnisse nur 45 Jahre betrug, so blieben neue Berechnungen nicht aus. Von ihnen sind zu nennen die Arbeiten von WILHELM und OTTO STRUVE, C. A. F. PETERS, LEVERRIER, OPPOLZER, LUDWIG STRUVE und DREYER. Ihre Werte für die allgemeine Größe des Rückwärtsschreitens für 1850 liegen zwischen 50,2478 und 50,2346″. NEWCOMB veröffentlichte 1897 eine ausführliche Untersuchung, welche aus den Vergleichungen einer Reihe von wichtigen Sternverzeichnissen den Wert 50,2453 ergab.

Die Darstellung der Mondbewegung war bereits den Griechen nur durch besondere Annahmen möglich gewesen. Durch BRAHE waren noch 2 Unregelmäßigkeiten entdeckt worden. LAGRANGE machte im Jahre 1786 darauf aufmerksam, daß ein dreiachsiger Mond infolge der Störung um seine zur Erde gerichtete Achse pendeln müsse, in welchem Falle es außer der scheinbaren Schwankung der Mondkugel, welche ein scheinbares Hin- und Herschwanken des Mondes in bezug auf die Erde hervorruft und optische Libration genannt wird, auch eine physische Libration gäbe. Diese Schwankungen wurden erst durch die

Heliometermessungen von SCHLÜTER, WICHMANN und HARTWIG nachgewiesen. Bereits ohne diese Schwankung bot die Mondbewegung solche Schwierigkeiten, daß sich im 18. Jahrhundert sämtliche bedeutenden Mathematiker daran versuchten. Wir begegnen Namen wie: CLAIRAUT, der 1752 die Mondbahn vom Gesichtspunkte einer Schwingung darstellte, EULER, LAGRANGE und LAMBERT. Später erfuhr die Mondbewegung eingehende Untersuchungen durch PLANA 1832, HANSEN 1838 und DELAUNAY 1860—67. Von HANSEN wurden 1857 Tafeln der Mondbewegung herausgegeben, welche NEWCOMB 1878 verbesserte. Eine eingehende Verbesserung wurde in neuerer Zeit von E. W. BROWN vorgenommen. Seine Mondtafeln erschienen 1909 und bilden die Grundlage der Berechnung der Mondbahn für die Jahrbücher.

Die Untersuchungen des 18. Jahrhunderts brachte LAPLACE in seinem Hauptwerk Mécanique céleste (1799—1825) zum Abschluß. Hier untersuchte er den Einfluß der Störung auf die Bahnbewegung und konnte zeigen, daß die Veränderung in der Umlaufzeit des Jupiter und Saturn periodisch und nicht fortlaufend sei. Auch behandelte er die Form der Himmelskörper und den Einfluß von Sonne und Mond auf die Lufthülle und Meere. Seine Untersuchungen wurden von LEVERRIER an Hand von neueren Beobachtungen fortgeführt. LEVERRIER erhielt dadurch Ausdrücke für die Bahnelemente der Planeten welche Jahrzehnte lang allen Berechnungen zugrunde gelegt wurden. Eine neue Bearbeitung der Planeten wurde von NEWCOMB und HILL aufgenommen. NEWCOMB teilte im Jahre 1897 die Ergebnisse seiner Berechnungen der 4 Planeten Merkur, Venus, Erde und Mars, auf Grund der Beobachtungen vom Jahre 1750—1890 mit. Es wurden für diesen Zeitraum 62 030 Beobachtungen verwendet, um die von LEVERRIER berechneten Bahnelemente zu verbessern. Dementsprechend war die Zahl der Bedingungsgleichungen sehr groß; allein für die Sonne lagen 11 676 Gleichungen vor. Die Bewegung von Jupiter und Saturn wurde durch HILL und die von Uranus und Neptun von NEWCOMB in gleicher Weise untersucht und 1898 veröffentlicht. Die von NEWCOMB und HILL auf Grund ihrer verbesserten Bahnelemente hergestellten verbesserten Tafeln dienen als Grundlage für die Berechnung der gegenwärtigen Jahrbücher. Diese neuen Elemente stellen die neueren Beobachtungen etwas besser dar als die Elemente LEVERRIERS, wie die folgenden aus den Nizzaer Marsbeobachtungen von 1907 und 1909 abgeleiteten Fehler der Tafeln beweisen. In Rektaszension betrug der Fehler für LEVERRIER 1907 $-0{,}04^s$ und 1909 $-0{,}44^s$ und für NEWCOMB

—0,30^s und +0,26^s und in Deklination für LEVERRIER —1,9″ und —1,3″ und für NEWCOMB —0,2″ und +1,6″.

Die Störungsrechnung feierte ihren größten Erfolg in der Entdeckung des Neptun. Bereits im Jahre 1781 hatte WILH. HERSCHEL zu den bekannten Planeten einen bisher unbekannten Planeten hinzuentdeckt, der Uranus genannt wurde. Nachdem man sich überzeugt hatte, daß es sich nicht um einen Kometen, wofür man zuerst den Stern ansah, handle, sondern um einen Planeten, fanden sich bald unter den früheren Sternbeobachtungen Beobachtungen, welche auf Uranus paßten und gestatteten seine Bahn von 1690 an zu berechnen. A. BOUVARD stieß bei der Berechnung der Bahn auf die Schwierigkeit, daß sich die älteren Beobachtungen bis etwa 1790 gut durch eine Ellipse darstellen ließen, aber die neueren Beobachtungen nicht zu dieser Ellipse paßten. Er sah dies als die Folge einer von außen kommenden Störung an. Um für seine 1821 erschienenen Tafeln des Uranus eine zur Vorausberechnung geeignete Bahn zu erhalten, ließ er die ältesten Beobachtungen unberücksichtigt. Sein Neffe E. BOUVARD setzte die Berechnungen fort und lieferte 1845 Tafeln, welche auf die neuesten Beobachtungen gegründet waren und aus dem Vergleich mit früheren Beobachtungen erkennen ließen, daß die Unterschiede nur durch eine störende Ursache zu erklären seien, aber um 1822 das Vorzeichen gewechselt hatten. Im Jahre 1833 hatte VALZ an die von CLAIRAUT bei der Bahnberechnung des HALLEYschen Kometen von 1759 gemachten Entdeckung einer Störung sich erinnert, aber keinen Gebrauch davon gemacht. Dagegen begann ADAMS im Jahre 1843 die Störung des Uranus durch einen außerhalb stehenden Planeten zu erklären und dessen Bahn zu bestimmen. Aus dem Gesetze des TITIUS entnahm er einen Näherungswert für den Abstand der Sonne von dem gesuchten Planeten, dessen Bahn er zunächst als kreisförmig ansah. Aus den Störungen des Uranus konnte er eine Verbesserung des Abstands berechnen und außerdem die Kreisbahn durch eine Ellipse ersetzen. Durch allmähliche Näherungen kam er zu einer Bahn, welche ihm genügend dünkte, um die zukünftige Bewegung des Planeten vorauszuberechnen und CHALLIS zu bitten, an dem angegebenen Orte nach dem Planeten auszuschauen. CHALLIS begann am 29. Juli 1846 mit der Anlegung von Ortskarten, in welche er am 4. und 12. August den Neptun einzeichnete, ohne sein Wesen zu erkennen. Inzwischen hatte LEVERRIER durch ARAGO veranlaßt sich seit 1845 mit der Berechnung der störenden Ursache befaßt. Im Gegensatz zu ADAMS ging er nicht näherungsweise vor, sondern suchte auf einmal die Bahn des Störers als auch die Wirkung auf Uranus zu ermitteln. Nach sehr mühseligen Versuchen kam er zu einer Bahn für den gesuchten Planeten, welche ihm gestattete, seine Bewegung und auch den scheinbaren Durchmesser vorauszuberechnen. Er teilte am 18. September 1846 seine Angabe der Berliner Sternwarte mit und bat um Unterstützung beim Suchen. Dort war die von Bremiker beobachtete und hergestellte Akademische Sternkarte vor kurzem angekommen. Mit ihrer Hilfe entdeckte Galle gleich nach Empfang des Briefes den fraglichen Stern, dessen Ort nur 57′ von Leverriers Ort entfernt war und dessen Durchmesser der Angabe des Leverrier entsprach. Es konnte dies als ein glänzender Erfolg der Störungsrechnung und der damit verbundenen Ausgleichungsrechnung angesehen werden, wenn auch nicht verhehlt werden soll, daß die fortgesetzten Beobachtungen eine nicht unerheblich andere Bahn für Neptun ergaben, sodaß Goulds Ansicht: »*Obwohl die Uebereinstimmung des Ortes des Neptun zur Zeit der Entdeckung mit dem des gesuchten Planeten nur zufällig war, scheint es beinahe, daß der Himmel sich gnädig zeigen wollte*« nicht unrichtig ist. In ähnlicher Weise berechneten Lowell (1915) und W. H. Pickering (1919) die Bahn eines außerhalb der Neptunbahn befindlichen Planeten, worauf ein planmäßiges Suchen auf der Lowell-Sternwarte begann: dies führte im Jahre 1930 zu der Entdeckung eines entsprechenden, sehr lichtschwachen Planeten durch C. W. Tombaugh, mit Hilfe des Stereokomparators. Der Planet Pluto stand 5^0 entfernt von dem Ort, der aus den Rechnungen von Lowell und Pickering folgt. Merkwürdigerweise ergeben ihre sonst sehr verschiedenen Bahnelemente für diesen Zeitpunkt beinahe denselben Ort.

Bereits Kepler war die Lücke zwischen Mars und Jupiter beim Vergleich der Bewegungen und der Abstände mit den Tönen aufgefallen. Er bezeichnete das Vorhandensein eines Planeten in dieser Lücke als wahrscheinlich. Titius wies im Jahre 1766 auf eine merkwürdige Beziehung zwischen den mittleren Abständen der Planeten von der Sonne hin, die sich in der Form: $0{,}4 + 0{,}3\,n$ schreiben läßt, wo n die Werte 0, 1, 2, 4, 16 und 32 für die Planeten Merkur bis Saturn annimmt. Auch hier zeigt sich ein Fehlen der Zahl $n = 8$, was der Lücke zwischen Mars und Jupiter entsprach. Da der hinzu entdeckte Uranus mit seinem Abstand gut in die Reihe paßte, so gründete Zach im Jahre 1800 eine Gesellschaft zum Nachsuchen nach dem in der Lücke fehlenden Planeten. Die Mitglieder der Gesellschaft sollten zuvor eine genaue Karte der Sterne des Tierkreises herstellen, um das Auffinden dieses Planeten zu erleichtern. Am folgenden Neujahr entdeckte PIAZZI einen Stern 8. Größe, der am darauffolgenden Tage seinen Ort am Himmel änderte und dadurch sich als Komet oder noch eher als Planet auswies. Bevor diese Entdeckung überall bekannt wurde, wies der Philosoph HEGEL nach, daß sich aus philosophischen Gründen kein Planet in der Lücke befinden könne. PIAZZIS Beobachtungen ließen sich durch eine Parabel nicht, durch eine Kreisbahn jedoch angenähert darstellen. Der Beobachtungszeitraum war aber nicht lang genug, um die Bahn genau festzulegen. Es war deshalb ein großer Fortschritt, als es GAUSS gelang, durch ein neues Verfahren aus den Beobachtungen PIAZZIS eine Bahn zu berechnen, mit deren Hilfe ZACH und OLBERS den Ceres genannten Planeten beim Wiedererscheinen sogleich auffinden konnten. Zur allgemeinen Ueberraschung betrug der mittlere Abstand der Ceres 2,767, während die Regel des TITIUS 2,8 verlangt hatte. In den nächsten Jahren glückte noch die Entdeckung mehrerer ähnlicher kleiner Planeten: Pallas 1802, Juno 1804, Vesta 1807. Dann war mehrere Jahrzehnte hindurch Pause, bis mit der Entdeckung der Astrea 1845 und der Hebe 1847 die Reihe der zahlreichen Entdeckungen beginnt, die jetzt noch nicht ihren Abschluß erreicht hat. Zuerst wurden die Planeten am Fernrohr entdeckt; seit 1891 ist durch MAX WOLF die Entdeckung mit Hilfe der photographischen Platte getreten, welche bei Daueraufnahmen noch sehr lichtschwache Gegenstände aufzuzeichnen gestattet und den Planeten als kleinen Strich abbildet. Erleichtert wird das Auffinden solcher Striche und auch anderer Veränderungen am Himmel durch den Stereokomparator, mit dem 2 Platten derselben Himmelsgegend verglichen werden, wobei eine Nichtübereinstimmung der beiden Platten sofort auffällt.

Die Zahl der Entdeckungen nahm gewaltig zu und stieg auf das 20fache im Laufe eines Jahrhunderts. Als erfolgreichste Entdecker sind zu nennen: GOLDSCHMIDT, R. LUTHER, C. H. F. PETERS, PALISA, WATSON und CHARLOIS, besonders aber MAX WOLF und seine Mitarbeiter an der Heidelberger Sternwarte. Die zuerst entdeckten Planeten waren verhältnismäßig hell, etwa 8. Größe; bald waren die hellen Sterne erschöpft und die durchschnittliche Größe sank auf 12. Größe und schwächer.

Bei den meisten Beobachtungen dieser kleinen Planeten ergab sich eine Bahn zwischen Mars und Jupiter. Bei einigen erst in den letzten Jahrzehnten gefundenen Planeten zeigten sich merkwürdige Bahnverhältnisse. Der 1898 von WITT gefundene Eros bewegte sich zum größten Teil innerhalb der Marsbahn. Seine Bahn ist so gestreckt, daß er der Erde sehr nahe kommt und deshalb zur Bestimmung der Sonnenentfernung sehr geeignet ist. Noch gestreckter ist die Bahn der seit 1911 entdeckten Albert, Alinde und Hidalgo. Diese Planeten bewegen sich in einer Bahn, die sich beinahe von der Jupiterbahn bis über die Marsbahn hinaus erstreckt und der Erde gelegentlich sehr nahe kommt. Für die Bahnuntersuchungen wurden außerdem sehr wichtig verschiedene Planeten, wie Achilles, die eine ähnliche Bahn wie Jupiter beschreiben und infolge der Anziehung von Sonne und Jupiter sich immer in einer besonderen Stellung zu Sonne und Jupiter befinden müssen. Da ihre Bahn nicht völlig mit der Jupiters übereinstimmt, so führen sie Schwankungen um ihre zu Sonne und Jupiter immer gleichen Stellungen aus.

Als Uranus entdeckt worden war, stellte sich die Notwendigkeit heraus, aus wenigen Beobachtungen eine Bahn zu bestimmen. Früher lag ein solcher Zwang für die altbekannten Planeten nicht vor, nur für die Kometen, wo aber besondere Verhältnisse bestanden. Die für die Berechnung vorläufiger Bahnen einfachste Bahnform war die Kreisbahn, wo sich aus 2 Beobachtungen Umlaufszeit und Halbmesser errechnen ließen, allerdings unter Annahme des Nichtvorhandenseins einer Bahnneigung. S. KLÜGEL veröffentlichte 1782 ein Verfahren zur Berechnung der Kreisbahn. Nach Entdeckung der Ceres zeigte sich weder die Kreisbahn noch die gewöhnlich übliche Berechnung einer elliptischen Bahn unter Annahme einer sehr kleinen Neigung und Gestrecktheit geeignet zur befriedigenden Darstellung der Beobachtungen PIAZZIS. GAUSS fand ein Verfahren, die 6 Bestimmungsstücke einer elliptischen Bahn: halbe große Achse, Gestrecktheit, Lage des aufsteigenden Knotens und der Sonnennähe, Neigung und Umlaufszeit aus wenigen Beobachtungen abzuleiten und vermochte damit die Beobachtungen bis auf wenige Sekunden darzustellen, so daß auf Grund seiner Rechnung der Planet wieder gefunden werden konnte.

Nicht minder wichtig als die Bahnbestimmung der Planeten war die der Kometen. KEPLER sah noch die Kometenbahn als eine gerade Linie an, welche der Komet mit veränderlicher Geschwindigkeit durcheile. S. WARD suchte die Bewegung des 1653 erschienenen Kometen durch die Bewegung auf einem Kreise oder auf einer Ellipse darzustellen. HEWELKE ging 1668 bei seinen Betrachtungen der Kometenbahnen von Keplers Annahme aus, fand aber immer Abweichungen und glaubte die Kometenbahn mit der Bahn eines geworfenen Körpers vergleichen zu können, der ohne die Schwerkraft der Erde geradlinig fliegen würde, aber infolge der Anziehung eine Parabel beschreibe. Deshalb hielt er eine Parabel oder auch Hyperbel zur Darstellung der Kometenbahnen für geeignet, sagte aber nicht ausdrücklich, daß sich die Sonne im Brennpunkt der Parabel befände. Dies wies G. S. Dörffel 1680—81 an Hand von Beobachtungen des Kometen von 1680 nach. Die Erscheinung dieses Kometen veranlaßte Newton ein Verfahren zu ersinnen, um aus 3 Beobachtungen des Ortes des Kometen seine parabolische Bahn um die Sonne zu bestimmen. Halley führte die Berechnung von 24 Bahnen von Kometen durch und konnte 1706 zeigen, daß nur 3 von diesen Kometen sich in derselben Bahn mit annähernd gleicher Umlaufszeit bewegt hätten, die Kometen von 1531, 1607 und 1682. Er sagte deshalb für das Jahr 1758 eine Wiederkehr des nach ihm benannten Kometen voraus. Clairaut berechnete seine Bahn und konnte die Zeit seiner Sonnennähe auf einen Monat genau vorausrechnen. Bei der Erscheinung von 1758—59 wurden die sichtbare Bahn des Kometen so gut festgelegt, daß mit ihrer Hilfe Damoiseau, Pontécoulant und Rosenberger unter Berücksichtigung der Störungen das Erscheinen des Kometen für 1835 so genau vorausberechneten, daß die beobachtete Sonnennähe am 16. November 1835 nur 3 Tage von der Berechnung des Pontécoulant, 5 Tage von der des Rosenberger und 12 Tage von der des Damoiseau abwich. Für die letzte Erscheinung unternahmen Cowell und Crommelin die Berechnung. Sie gingen aus von der Bahnbestimmung, die Westphalen auf Grund der Beobachtungen von 1835 berechnet hatte, und berücksichtigten die Störungen der großen Planeten von Neptun bis Venus. Ihre Vorausberechnung der Sonnennähe von 1910 wich um 3 Tage von der beobachteten ab. Am 11. September 1909 wurde der Komet von M. Wolf auf einer Platte an einem Ort entdeckt, der nur um 24^s und $4'$ von dem vorausberechneten Ort abwich.

Die Bahn eines Kometen läßt sich aus den Beobachtungen nur durch wiederholte Annäherung ermitteln. Gewöhnlich muß irgendeine Annahme z. B. über den Abstand Erde—Komet bei einer der 3 Beobachtungen gemacht und durch Errechnen besserer Werte eine möglichst gute Darstellung der Beobachtungen erzielt werden. Diese Versuche, parabolische oder auch elliptische Bahnen zu berechnen, haben vom Ende des 17. Jahrhunderts an alle Mathematiker sehr gefesselt. Kaum einer der großen Mathematiker hat sich von solchen Untersuchungen ausgeschlossen. Die wichtigsten Mitarbeiter sind außer Newton und Halley, Wren, Bouguer 1723, Euler 1743, Loys 1744, Lacaille 1746, Lambert 1773, Lagrange 1778—83, Duséjour 1779 und Olbers 1797. Die Verfolgung eines Kometen über mehrere seiner Wiederkehren und die Berechnung seiner vollständigen Bahn ließ erkennen, daß die

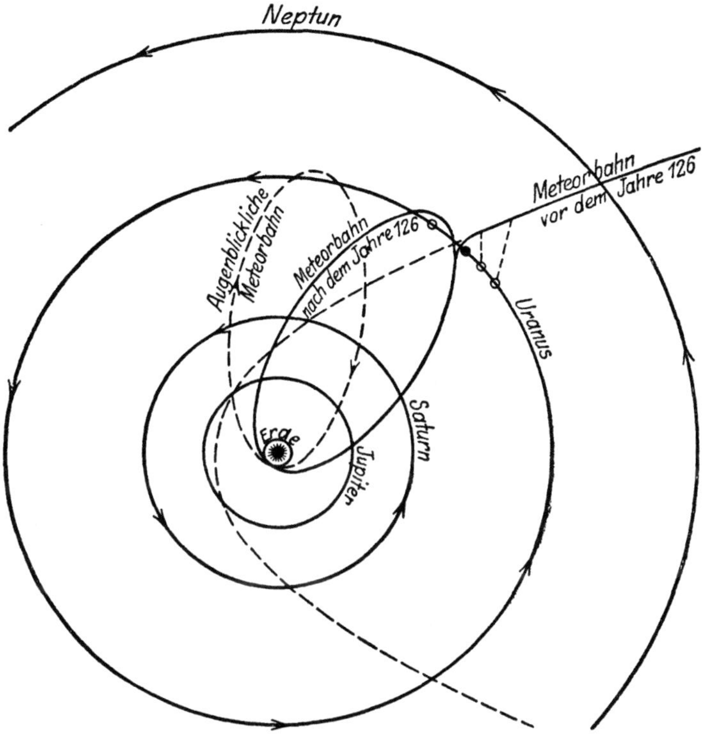

(Aus: STROEMGREN, Astr. Miniaturen, S. 19)

Bild 51. Die Veränderungen einer Kometenbahn auf Grund von Störungen

Bahnform der Kometen so veränderlich ist, so daß die genaue Berechnung seiner Wiederkehr zu den Ausnahmen gehört. Die Kometen werden bei ihren Vorübergängen an größeren Planeten so aus ihrer Bahn geworfen, daß der Vergleich nahe liegt: Sie bewegen sich wie die hinabfallenden Blätter. Jeder Windstoß, in diesem Falle die Anziehung eines Planeten, treibt sie in eine andere Richtung (Bild 51). Zu dieser Erkenntnis kam noch die Bereicherung des Wissens durch die unablässige Beobachtung des Aussehens der Kometen. Es ergab sich nicht nur, daß manche Kometen plötzliche Aenderungen ihres Aussehens zeigten, gleichwie der Komet Pons-Brooks, der während seiner Erscheinung von 1883—84 innerhalb weniger Stunden aus einem schwachen verwaschenen Nebel zu einem viel helleren Stern sich auswuchs, um nach kurzer Zeit wieder in den alten Zustand zurückzukehren, sondern auch Aenderungen von anhaltender Wirkung wurden festgestellt, wie die Zerteilung des Bielaschen Kometen von 1845. Die Auflösung in mehrere kleine Teile, die wie beim Bielaschen Kometen später als Sternschnuppen sichtbar wurden, mußte auch bei anderen Kometen angenommen werden, die nicht wiedererschienen, obwohl ihrer elliptischen Bahn nach mit ihrem Wiedererscheinen zu rechnen war.

Dank der sorgfältigen Ueberwachung, die seit 100 Jahren den Kometen zuteil wurde, wuchs nicht nur die Anzahl der jährlich entdeckten Kometen: während bis zum Jahre 1800 etwa alle 4 Jahre ein Komet entdeckt wurde, sind es jetzt besonders unter Zuhilfenahme der photographischen Platte 8—10 jährlich entdeckte, allerdings meistens schwache, nicht dem bloßen Auge sichtbar werdende Kometen. Zugleich wurden die Bahnformen so genau untersucht, daß man der Frage, ob die Kometen dem Sonnenall angehören oder von weiter weg stammen, näher treten konnte. Im Gegensatz zu der früheren Ansicht, welche die Kometen von außerhalb der Sonne herkommend ansah, konnte von E. Strömgren auf Grund der Bahnen gezeigt werden, daß die meisten Kometen dem Sonnenall angehören und deshalb in Ellipsen sich bewegen müßten, wenn ihre Bahnen nicht infolge des störenden Einflusses der äußeren Planeten in Parabeln oder auch in Hyperbeln umgewandelt würden. Auch wurde nachgewiesen, daß sich in den Richtungen, aus welchen die Kometen erscheinen, nicht die infolge der Bewegung der Sonne im Raum notwendige Bevorzugung einer bestimmten Richtung zeige.

Wie die Kometen, so haben auch die Feuerkugeln und Sternschnuppen die Aufmerksamkeit gefesselt. Der am 7. November 1492 nachts bei Ensisheim donnernd niederstürzende Stein bedeutete den Beginn der Beobachtung solcher Erscheinungen und ihrer Bekanntgabe in Form von Flugblättern. Auch in den nächsten Jahrhunderten wurde neben der Lichterscheinung dieser Himmelskörper der Fall von Steinen beobachtet. Trotzdem bestritt die Pariser Akademie der Wissenschaft die Möglichkeit des Falles eines Steines aus dem Himmel und, obwohl in dem Fall bei Juillac 1790 gegen 300 Zeugnisse für das Fallen von Steinen abgegeben wurden, erklärte der Berichterstatter der Akademie Bertholon ein solches Vorkommnis für physikalisch unmöglich. Erst der Steinfall vom 26. April 1803 bei L'Aigle vermochte die Akademie umzustimmen. Inzwischen hatte CHLADNI 1794 durch eine sorgfältige Zusammenstellung aller Mitteilungen über solche gefallenen Steine den Beweis geführt, daß die Steine nicht irdischen, sondern himmlischen Ursprungs waren. Von dieser Anerkennung einer Tatsache bis zur Vorausberechnung des Ortes eines Steines aus der Bahn seiner Feuerkugel war noch ein weiter Weg. Den ersten Versuch, aus den gleichzeitigen Beobachtungen einer Feuerkugel an verschiedenen Orten die Bahn der Feuerkugel zu ermitteln, machte W. SCHICKARD 1624. Im gleichen Jahrhundert folgten die Versuche von MONTANARI 1676, S. DÖRFFEL (Tafel XI gegenüber Seite 473) und HALLEY 1682. Trotz dieser Versuche, die Bahn zu berechnen und einige Angaben über die Länge der Bahn und die Höhe der Feuerkugel daraufhin zu machen, galt die Beschäftigung mit Feuerkugeln und Sternschnuppen bis zum Anfang des 19. Jahrhunderts als unwürdig eines Sternforschers, zumal sich aus der Bahnbestimmung der Feuerkugel eine Höhe des Endpunktes ergab, welche die damals angenommene Höhe der Lufthülle der Erde übertraf. Das Gleiche folgte aus gleichzeitigen Beobachtungen von Sternschnuppen, welche BENZENBERG und BRANDES 1798 anstellten. Allerdings ließ die Raschheit der Sternschnuppen eine Bestimmung ihrer Bahn nicht zu. Deshalb wurde zur Kenntnis dieser Himmelskörper ein Verfahren herausgebildet, das seit dem großen Sternschnuppenfall in der Nacht vom 12.—13. November 1833 Anwendung fand, nämlich die Bestimmung der Himmelsgegend, aus welcher die Sternschnuppen wie ein Schwarm auszustrahlen scheinen. Die Beobachtungen der nächsten Jahrzehnte ließen eine große Zahl solcher Stellen, von welchen in einer Nacht oder in mehreren aufeinanderfolgenden Nächten Sternschnuppen auszustrahlen schienen, erkennen. So zählte HEIS 1867 84 Strahlungspunkte auf, SCHIAPARELLI 1871 189, DENNING 1899 4367 aus 120000 Beobachtungen, von denen er 14 000 Beobachtungen in den Jahren 1866—99 selbst angestellt hatte. Gegen die meisten der DENNINGschen Punkte wurden später Zweifel erhoben, da sie zu wenig gesichert seien. Deshalb fanden die 1200 von OLIVIER auf Grund von 31 000 Beobachtungen der letzten Jahrzehnte abgeleiteten Punkte mehr Vertrauen. Beobachtungen von Sternschnuppen wurden seit 1900 besonders von den Angelsachsen ausgeführt. Ihre Liebhaberverbände bildeten besondere Abteilungen für diese Aufgabe aus und haben mit Hilfe geeigneter Vorschriften und Karten eine sehr große Anzahl von Beobachtungen in kurzer Zeit zusammengebracht.

Bereits das erste Jahrzehnt der Beobachtung der Sternschnuppen ließ eine Anhäufung der Sternschnuppen in bestimmten Stunden und Monaten erkennen. Beim Erscheinen von Schwärmen wuchs die Zahl der sichtbaren Sternschnuppen seh· stark; so wurden 1872 zu Moncalieri in 6½ Stunden 33 400 Sternschnuppen gezählt und bei dem Novemberschwarm von 1885 die stündliche Zahl der Sternschnuppen auf 75 000 geschätzt. Von den Sternschnuppenerscheinungen zogen die Schwärme die besondere Aufmerksamkeit seit Jahrhunderten aut sich und pflegten deshalb frühzeitig in mittelalterlichen Geschichtsbüchern aufgezeichnet zu sein. Es waren außer den mittelalterlichen Quellen auch chinesische und arabische, welche zur Verfügung standen, als infolge des großen Sternschnuppenfalles von 1833 die Erklärung dieser Erscheinung durch Vergleichung mit ähnlichen Erscheinungen versucht wurde. BOGUSLAWSKI und ERMAN veröffentlichten 1839 und J. C. WALKER 1841 ein Verfahren zur Bahnbestimmung dieser Sternschnuppenschwärme, das aber dann erst eine größere Sicherheit erhielt, als man bei dem Novemberschwarm, der nach seiner Strahlungsstelle im Löwen auch der Löwenschwarm genannt wird, aus früheren Beobachtungen eine Umlaufszeit von 33 Jahren festgestellt hatte. Daraufhin ließ sich die Wiederholung des Schwarmes für 1866 vorhersagen. Die Vorhersage traf ein. SCHIAPARELLI berechnete für den Schwarm eine elliptische Bahn, die mit der Bahn des Kometen von 1866 I auffällig übereinstimmte. Im Jahre zuvor hatte SCHIAPARELLI die Aehnlichkeit der Bahn des Kometen 1862 III mit dem Augustschwarm, auch Perseusschwarm genannt, festgestellt. Eine ähnliche Beziehung ließ sich auch für den BIELAschen Kometen und für den Ende November auftretenden Andromedaschwarm feststellen. Ende 1845 hatte der BIELAsche Komet sich nämlich in 2 Teile geteilt, die bei der nächsten Wiederholung noch sichtbar waren, dann aber ausblieben. Die Annahme, daß vom Kometen nur noch ein Sternschnuppenschwarm übrig sei, lag nahe, zumal die Schwärme aus der Andromeda mit einer Zwischenzeit, ähnlich der Umlaufszeit des Kometen, erschienen waren. Deshalb sagte WEISS für den 28. November 1872 oder 1879 das Erscheinen des Schwarmes voraus, der dann in Amerika am 24. November und in Europa am 27. November 1872 gesehen wurde. Für andere Schwärme wurde eine Beziehung zu Kometen nicht eindeutig festgestellt. Trotzdem konnte die Ansicht herrschend werden, daß die Sternschnuppen durch die Auflösung von Kometen entstanden sind und wie diese dem Sonnenall angehören. Für die Feuerkugeln ergaben sich andere Verhältnisse.

Infolge ihrer langsamen Bewegung ließ sich ihre sichtbare Bahn nach Lage und Zeit festlegen; ferner gestatteten die gefallenen Steine Schlüsse auf ihr Wesen. Die Bahnbestimmung konnte auf sie in strengerer Form angewendet werden als auf die Sternschnuppen. Die wichtigsten Verfahren zur Bahnbestimmung rühren her von GALLE 1868, SCHIAPARELLI 1871, LEHMANN-FILHÉS 1883, NISSL ab 1880. Die Bestimmung der sichtbaren Bahn wurde so vervollständigt, daß beim Vorliegen von zahlreichen und genauen Beobachtungen an verschiedenen Orten, wofür die Zeitungsaufrufe sorgten, sich nicht nur der Ort des Zerspringens, sondern auch der Ort des Niederfallens des Steines berechnen ließ. So wurde der bei Treysa niedergefallene Stein nur 800 Meter von dem durch A. WEGENER berechneten Ort gefunden. Aus der sichtbaren Bahn ließen sich auch Schlüsse auf seine Bahn am Himmel vor dem Eintritt in die Lufthülle machen. Für diese Bahnen ergab sich, nach Berücksichtigung des Einflusses der Erdanziehung, eine hyperbolische Geschwindigkeit, so daß die Feuerkugeln nur als Gäste des Sonnenalles anzusehen sind, wofür auch der Umstand spricht, daß es Feuerkugelschwärme von sehr großer Breite gibt, deren Glieder durch mehrere Monate hindurch von der Erde getroffen werden. Andererseits ließ sich aus den sichtbaren Bahnen die Höhe und Erstreckung der Lufthülle berechnen.

Die Steine der Feuerkugeln fanden von ältester Zeit an Beachtung. Bereits Kaiser MAXIMILIAN ließ sich von dem Stein von Ensisheim 2 Stücke abschlagen. Seit dem 18. Jahrhundert legten auch die naturkundlichen Sammlungen Wert auf den Besitz solcher Stücke.

Bis zur Mitte des 19. Jahrhunderts hatte das Problem der Bahnbewegung in der Darstellung der Bewegung eines Planeten um die Sonne, unter Berücksichtigung der Störungen durch die anderen Planeten, bestanden. Wie nah man auf diese Weise an die Wirklichkeit herankam, das beweisen die Entdeckungen des Neptun und die Vorhersage der Wiederkehr des HALLEYschen Kometen. Dabei lag die Annahme zugrunde, daß die Bewegung um die Sonne durch die Anziehung der anderen Planeten in so geringem Maße gestört wurde, daß man diese Störungen durch Näherungsrechnungen berücksichtigen könne. GYLDEN (1881) und TISSERAND führten die Untersuchungen über die Bewegung eines Planeten, zum Teil unter Annahme einer Zwischenbahn fort.

Bei den Verhältnissen im Sonnenall, wo der Körper in der Mitte eine sehr große Masse gegenüber seinen Begleitern hat, konnte die Bahn der

Planeten unter Zugrundelegung einer elliptischen Bewegung und unter Berücksichtigung von Störungen mit Erfolg dargestellt werden. Dieses Verfahren versagte, wenn wie bei den Monden der viel nähere Planeten mit seiner Anziehung neben der weit entfernten Sonne in Betracht kommt. Eine Zweikörperbewegung ließ sich also nicht mehr zugrunde legen; vielmehr mußte der Fall vom Gesichtspunkt einer Dreikörperbewegung betrachtet werden, was bereits im 18. Jahrhundert geschah. Damals stellte man fest, daß dieses Problem allgemein nicht lösbar sei. LAGRANGE machte 1772 auf 5 Sonderfälle aufmerksam, wo sich eine periodische Bewegung ergibt und die 3 Körper nach einer bestimmten Frist in dieselbe gegenseitige Lage zurückkehren und dieselbe Geschwindigkeit haben: Es sind dies die Fälle, wo der 3. Körper ein gleichseitiges Dreieck mit den beiden anderen Körpern bildet, wie es angenähert bei den Planeten der Achillesgruppe im Verhältnis zur Sonne und Jupiter der Fall ist, oder sich in der Nähe von 3 bestimmten Punkten auf der Verbindungslinie der beiden anderen Körper befindet.

Seit der Mitte des 19. Jahrhunderts liegen eingehende Untersuchungen über die Dreikörperbewegung vor. Teils behandeln sie die Unmöglichkeit einer Integration der Gleichungen durch algebraische oder eindeutige Integrale, teils die Darstellung der Integrale durch Reihen und den Nachweis der Brauchbarkeit dieses Verfahrens für begrenzte Zeiträume. Von diesen Untersuchungen sind zu nennen die Arbeiten von BRUNS 1887, GYLDEN, POINCARÉ 1888, PAINLEVÉ, JACOBI, DELAUNAY und NEWCOMB. Ferner wurden die periodischen Bahnen von HILL 1878, T. N. THIELE, BURRAU, GYLDEN 1884, G. H. DARWIN 1897, C. V. L. CHARLIER, A. WILKENS, KLOSE, E. STRÖMGREN ab 1900 und F. R. MOULTON 1920 untersucht und die dabei in Betracht kommenden Bahnen berechnet.

Die Gesetze von KEPLER und NEWTON ermöglichten die Massen und Abstände zu berechnen und mit Hilfe der scheinbaren Durchmesser oder auch der Helligkeit die Größe der Körper des Sonnenalles zu bestimmen. Ausgangswerte waren dabei die Größe und Dichte der Erde, ferner der mittlere Abstand Erde—Sonne. Die Bestimmung des Abstandes der Sonne von der Erde, bzw. des Entfernungswinkels der Erde, auch Sonnenparallaxe genannt, wurde im 17. Jahrhundert aufgenommen, nachdem man früher den PTOLEMAIschen Wert von 3′ angenommen hatte, den KEPLER für mindestens 3mal zu groß hielt. G. D. CASSINI und RICHER beobachteten 1672 gleichzeitig die Mittagshöhe des

Mars und der Nachbarsterne, Cassini in Paris und Richer in Cajenne. Aus der Verbindung der besten Beobachtungen, durch Umrechnung der Entfernungswinkel des Mars und der Sonne wurden für die Sonnenparallaxe 9 ½″ gefunden, allerdings viele stark abweichende Werte ausgelassen. Ebenso versuchte Cassini aus den Beobachtungen des Mars an demselben Erdort, aber in gleichem Stundenwinkel vor und nach dem Mittagsdurchgange die Entfernung des Mars und damit der Sonne zu bestimmen und schloß aus der Uebereinstimmung der nach beiden Verfahren erhaltenen Werte auf die Zuverlässigkeit seines Verfahrens. Eine wesentlich größere Grundlage hatte die Parallaxenbestimmung von Lacaille im Jahre 1751. Bevor er nach dem Kap reiste, um dort seine Beobachtungen anzustellen, veranlaßte er durch ein Sendschreiben verschiedene Sternforscher zu gleichzeitigen Beobachtungen, die daraufhin in Lyon, Greenwich, Paris, Toulouse, Berlin, Stockholm, Bologna und auf der Insel Oesel stattfanden. Lacaille erhielt aus eigenen und aus einigen der anderen Beobachtungen: 10,20″ auf Grund der Beobachtungen des Mars, 10,38″ auf Grund der Beobachtungen der Venus und 9,94″ auf Grund der Vergleichung der Sonne mit Arktur. Das in diesen Versuchen angewandte Verfahren, den Entfernungswinkel der Sonne nicht unmittelbar, sondern mittelbar durch die Bestimmung des Abstandes eines näherstehenden Planeten und darauf mit Hilfe des Keplerschen Gesetzes den Abstand der Sonne zu bestimmen, wurde auch späterhin benützt. Verwendung fanden Beobachtungen der Venus, beim Venusvorübergang 1761, 1769, 1874 und 1882, des Mars bei seiner größten Erdnähe, in neuerer Zeit aber die Beobachtungen einiger kleiner Planeten und besonders des Eros, welcher der Erde noch näher kommt als Mars. Geschichtlich wichtig sind die Ergebnisse der Venusdurchgänge, weil sich die geschicktesten Sternforscher mit guten Geräten zur Beobachtung dieser Durchgänge vereinigten. Der Venusdurchgang von 1761 befriedigte gar nicht, obwohl 72 Beobachtungsstellen in Europa, Afrika und Asien vorhanden waren. Die gefundenen Werte lagen zwischen 0″ und 30″. Der 2. Venusdurchgang wurde in Europa und Amerika vielfach beobachtet. Aus der Berechnung der acht besten Beobachtungen ergab sich $\pi = 8{,}681 \pm 0{,}052''$. Bei diesen Durchgängen wurde die Zeit des Durchganges und die innere und äußere Berührung der Venus beim Eintritt und Austritt aus der Sonnenscheibe beobachtet. Es hatten sich dabei verschiedene Schwierigkeiten ergeben, weshalb man bei den Durchgängen von 1874 und 1882 auf die Messung der Venus zum Sonnenrande zu verschiedenen Zeiten ihres Vorüberganges und zwar mit Heliometer und auf Platten großen Wert legte. Für die Beobachtung dieser beiden Durchgänge von 1874 und 1882 wurden ganz besondere Vorbereitungen getroffen. Jahrelang zuvor wurden die Beobachter eingeübt und die Geräte geprüft. Viele Forschungsreisen wurden ausgerüstet, von Deutschland allein im Jahre 1874 6 nach der Südsee, Asien und Afrika und 4 nach Amerika. Die Bearbeitung der Beobachtungen dauerte entsprechend lange. Die Ergebnisse befriedigten nicht sehr und standen in keinem Verhältnis zu den sehr großen Unkosten, besonders wenn in Betracht gezogen wird, daß gut übereinstimmende Ergebnisse durch die Beobachtung der Erdnähe kleiner Planeten an den Sternwarten selbst gefunden wurden und daß die Eros-Beobachtungen mit viel weniger Kosten erheblich bessere Werte erzielten. Aus den deutschen Beobachtungen von 1874 und 1882 leitete AUWERS durch eine einheitliche und sorgfältige Bearbeitung folgende Werte für den Entfernungswinkel ab: für 1874 aus den photographischen Aufnahmen 8,810″ ± 0,120 und aus den Heliometer-Beobachtungen 8,8758″ ± 0,0620, dagegen für 1882 8,8790″ ± 0,0374.

Aus den während der Erdnähe des Eros 1900—1901 angestellten Beobachtungen errechnete HINKS 1909 $\pi = 8{,}807''$ ± 0,0027 aus den photographischen Aufnahmen und 8,806″ ± 0,004 aus den mikrometrischen Messungen. Aehnliche Werte, die um 8,80 liegen, ergaben sich aus den Unregelmäßigkeiten in der Bewegung des Mondes und der Venus.

Eine andere wichtige Größe ist die Geschwindigkeit des Lichtes. GALILEIS Versuche, durch das Abdecken eines Lichtes bei gegenseitiger Beobachtung die Geschwindigkeit des Lichtes zu bestimmen, waren nicht erfolgreich. OLAF RÖMER gelang es 1675 nachzuweisen, daß die Verzögerungen und Beschleunigungen in der Verfinsterung der Jupitersmonde sich durch die verschiedene Entfernung Erde—Jupiter und durch die deshalb verschieden lange Zeit, welche das Licht zum Durchlaufen der verschieden großen Strecken benötigte, erklären lasse. Er errechnet 660^s als Laufzeit des Lichtes, entlang dem Halbmesser der Erdbahn. RÖMERS Behauptung wurde durch HUYGENS und NEWTON unterstützt, dagegen von CASSINI und MARALDI bekämpft. Die von BRADLEY entdeckte Ablenkung (Aberration) des Lichtes ließ sich nur durch die Annahme, daß das Licht Zeit brauche, erklären. Allerdings wollte die aus der Aberration berechenbare Lichtgeschwindigkeit nicht zu dem Werte RÖMERS passen. Erst durch DELAMBRES Nachweis, daß die Zahl RÖMERS von 660^s in $493{,}2^s$ umzuwandeln sei, ergab sich die Uebereinstimmung der nach den beiden Verfahren errechneten Größen. Die erste Bestimmung der Lichtgeschwindigkeit auf der Erde machte FIZEAU 1849. Er beobachtete zu diesem Zweck das Verschwinden eines zu einem Spiegel hingesandten und zurückgeworfenen Lichtstrahles bei der Abdeckung durch die Zähne eines beliebig rasch drehbaren Rades und erhielt für die sekundliche Geschwindigkeit 312 275 km. Seit dieser Zeit wurde die Lichtgeschwindigkeit wiederholt bestimmt. Die besten Werte sind die folgenden: CORNU 1874,8 299 990 ± 300, MICHELSON 1879,5 299 910 ± 50, NEWCOMB 1882,7 299 860 ± 30, MICHELSON 1882,8 299 853 ± 60, PERROTIN 1901,4 299 880 ± 50, MICHELSON 1924,6 299 802 ± 30, MICHELSON 1926,0 299 796 ± 4. Aus der Zahlenzusammenstellung folgt eine immer größer werdende Genauigkeit, gleichgültig ob das Zahnrad oder der drehende Spiegel angewendet wurde. GHEURY DE BRAY schloß 1927 aus der Zusammenstellung auf eine Abnahme der Lichtgeschwindigkeit, die sich sowohl in den Messungen mit kleiner Grundlinie (Nr. 2—4), als auch mit einer Grundlinie von 22—46 km zeige.

Die Geschwindigkeit des Lichtes war bedeutsam für die Relativitätslehre EINSTEINS. Diese Lehre, sowie einige andere aus physikalischen Anschauungen hervorgegangenen Sätze, spielen seit mehreren Jahrzehnten eine große Rolle in der Sternkunde, weshalb es angebracht erscheint, die Entwicklung der Physik kurz zu besprechen, soweit sie für die Sternkunde von Wichtigkeit war. Die durch GALILEI und HUYGENS entwickelten physikalischen Anschauungen über die Bewegungen hatten, übertragen auf die Bewegungen am Himmel, wesentlich dazu beigetragen, daß die Lehre von den Bewegungen der Himmelskörper im 18. Jahrhundert eine solche Ausbildung erfuhr und deshalb als modernste Wissenschaft gelten konnte. Bereits in der 2. Hälfte des 18. Jahrhunderts machte sich hingegen ein Einfluß der Sternkunde auf die Physik geltend. So versuchte LAPLACE die NEWTONschen Bewegungsgesetze auf physikalische Vorgänge zu übertragen. Im 19. Jahrhundert wurden die Vorgänge der Optik und der Elektrizität, besonders aber der Wärme, durch Bewegungen kleinster Teilchen erklärt und ähnliche Bewegungsgleichungen wie für die Himmelskörper aufgestellt. Am Ende des Jahrhunderts regte sich der Zweifel, ob sich wirklich alle physikalischen Vorgänge durch die Bewegungsgesetze erklären lassen. Die fortschreitende Erkenntnis auf dem Gebiete des Lichtes und der Elektrizität führte zum Begriffe des Feldes, zum Fallenlassen der Vorstellung von Fernkräften, zu der besonderen Relativitätslehre Einsteins von 1905 und zu seiner allgemeinen Relativitätslehre von 1915. Mit der allgemeinen Relativitätslehre wuchs auch wieder das Interesse der Physiker an den Vorgängen am Himmel. Andererseits hatte die von den Himmelsbewegungen übernommene Bewegungsvorstellung noch nicht ganz ausgespielt. Bohr benützte die Vorstellung von dem Sonnenall zur Darstellung eines Atommodells, wo um den positiv geladenen Kern die negativ geladenen Elektronen kreisen, aber erst dann strahlen, wenn sie aus ihrer Bahn in eine andere Bahn, deren Abstand von dem Kern auch vorgeschrieben ist, geschleudert werden. Obwohl sich zu diesem Modell kein Vorbild am Himmel vorfand, hielt sich diese Anschauung einige Jahre; dann wurde sie durch andere Anschauungen verdrängt, die entweder eine zusammenhängende Wolke negativer Elektrizität um den Kern kreisen lassen oder unter Verzicht auf jede Anschaulichkeit eine Verknüpfung der Vorgänge auf andere Weise als vermittels Raum und Zeit versuchen. Auch wurde dabei erwogen, ob es nicht notwendig sei, das Grundgesetz von Ursache und Wirkung aufzugeben oder den ersten Hauptsatz der Wärmelehre für das unendlich Kleine preiszugeben.

Von den Gesetzen der Physik wurden die Hauptsätze der Wärmelehre und die Relativitätslehre Einsteins auf den Himmel angewendet. Die beiden Hauptsätze der mechanischen Wärmelehre, wie sie von Clausius 1865 aufgestellt wurden, besagten: 1. Die Energie der Welt ist unveränderlich, 2. Die Entropie der Welt strebt einem Maximum zu, oder mit anderen Worten: durch die fortschreitende Umwandlung der Wärme in Bewegung muß ein Wärmetod eintreten. Die Anwendbarkeit des 1. Hauptsatzes auf das Weltall wurde von Seeliger 1909 bestritten. Der 2. Hauptsatz wurde von Boltzmann so ausgelegt, daß er nur eine Regel der Wahrscheinlichkeit darstelle und Naturvorgänge, die ihm widersprechen, zulasse. Vielen Sternforschern erschien die Anwendung dieses 2. Hauptsatzes, da nur für einen räumlich und zeitlich kleinen Bereich erprobt, auf das Weltall unstatthaft. Auch die Physiker wurden stutzig; Nernst fand 1921 einen Ausweg, indem er das Erscheinen von neuen Sternen als Vorgänge deutete, wo durch Ansammlung von Stoff Wärme entstehe und dadurch der Wärmetod verzögert werde.

Bedeutungsvoll für die Sternforschung wurde die Einsteinsche Relativitätslehre, insofern sie eine Erweiterung des Newtonschen Bewegungsgesetzes anstrebt. Dieses Gesetz hatte die Bewegungen der

Himmelskörper um die Sonne bis auf sehr kleine Reste völlig dargestellt. Es setzte allerdings eine augenblicklich wirkende Fernkraft, sowie absolute Zeit und Raum voraus. Diese Voraussetzungen hatten die Sternforscher wenig beunruhigt. Man sah Zeit und Raum als die Grundbegriffe an, ohne welche die Bewegungen nicht darzustellen waren. Erst das 19. Jahrhundert brachte Erörterungen über die Form des NEWTONschen Begriffes des Raumes und der Zeit sowie über die Lage seines Bewegungssystems, das früher als nach den Sternen gerichtet angesehen wurde. L. LANGE und später H. SEELIGER schlugen ein sogenanntes Inertialsystem vor, das nur physikalisch seiend gedacht, aber nicht mit irgendwelchen Körpern außerhalb des Sonnenalls in Verbindung gebracht ist. SEELIGER suchte auch eine Erklärung der aus dem NEWTONschen Bewegungsgesetze nicht erklärbaren fortlaufenden Aenderungen der Bahnelemente einiger Planeten zu geben. Bereits LEVERRIER hatte festgestellt, daß der Ort der Sonnennähe des Merkur sich rascher vorwärtsbewege als gemäß dem NEWTONschen Bewegungsgesetz zu erwarten war, und versuchte die Abweichung durch den störenden Einfluß eines Planeten, der sich zwischen Sonne und Merkur bewege, zu erklären. Nach LEVERRIER hat NEWCOMB bei den 4 inneren Planeten nach Abweichungen ihrer Bewegungen von der Bewegung, die sie gemäß dem NEWTONschen Gesetze haben sollen, gesucht und die Größe der Abweichung gegenüber der sorgfältig berechneten Bahnbewegung festgestellt (1895). Später hat DOOLITTLE die durch die Störungen verursachten fortlaufenden Aenderungen in den Planetenbahnen von neuem berechnet und 1912 veröffentlicht. Gemäß den Untersuchungen von NEWCOMB und DOOLITTLE ergaben sich für die Bewegung der Sonnennähe des Merkur, für die Bewegung des Knotens der Venusbahn und für die Bewegung der Sonnennähe des Mars Abweichungen, welche die Fehler um mehr als das Doppelte übertreffen. Von diesen Abweichungen ist die des Merkur am größten. Dies suchte NEWCOMB durch Annahme eines um die Sonne liegenden Ringes, HARZER 1891 durch die Annahme einer von der Kugel abweichenden Gestalt der Sonne, wobei der Polardurchmesser um 1″ kleiner als der äquatoriale sein müßte, SEELIGER 1906 durch die Annahme einer um die Sonne gelagerten und über die Erdbahn hinausreichenden Wolke kleiner Körper, die von der Sonne beleuchtet die Erscheinung des Tierkreislichtes hervorrufen, zu erklären. Unter der Annahme einer geeigneten Dichte dieser Wolke, von der Form eines Ellipsoides, und unter der Annahme einer Drehung des Bezugsystems um eine Achse

senkrecht zur Tierkreisebene vermochte SEELIGER alle Abweichungen befriedigend darzustellen, so daß unter diesen Annahmen die Bewegungen durch das NEWTONsche Gesetz vollständig darstellbar waren. Das Tierkreislicht wurde zuerst von CHR. ROTHMANN beobachtet und von J. CHILDRY 1661 beschrieben. Aber erst NIC. FATIO konnte auf Grund seiner Beobachtungen von 1683—86 nachweisen, daß es sich um eine regelmäßig sichtbare Lichterscheinung handle, deren Sichtbarkeit von dem Sonnenstande abhänge. Er erklärte diese Erscheinung durch die Zurückstrahlung des Sonnenlichtes durch Körperchen, welche sich im Aether befinden und um die Sonne eine Art festen Tierkreis, begrenzt von 2 gekrümmten und wogenden Flächen, bilden. PECENAS entdeckte 1730 den Gegenschein, das unter günstigen Verhältnissen sichtbare Gegenstück zum Tierkreislicht. Regelmäßige Beobachtungen wurden erst im 19. Jahrhundert wieder aufgenommen. Das 20. Jahrhundert brachte außer der SEELIGERschen Erklärung des Tierkreislichtes noch mehrere andere, wie die von K. BIRKELAND 1912, wonach die Erde von einem magnetischen Felde umgeben sei, und die von F. SCHMID auf Grund eigener, durch 23 Jahre durchgeführter Beobachtungen, wonach es sich beim Tierkreislichte um die Zurückstrahlung des Sonnenlichtes von einer sehr hohen Grenzschicht der Lufthülle, beim Gegenschein aber um zurückgestrahltes Mondlicht und bei der die beiden Lichterscheinungen verbindenden Lichtbrücke um das vereinigte Licht handle, und die Erklärung von MOULTON, wonach der Erde eine Meteorwolke folge und das Sonnenlicht zurückstrahle. Gemäß der spektroskopischen Untersuchung von FATH handelt es sich bei dem Tierkreislicht und Gegenschein um zurückgestrahltes Sonnenlicht.
Die von NEWCOMB festgestellten Abweichungen suchte auch die Relativitätslehre EINSTEINS zu erklären. EINSTEIN hatte 1905 eine besondere und 10 Jahre später eine allgemeine Relativitätslehre veröffentlicht, von der die erste sich auf die Erde, die andere auf das Weltall erstreckt. Die Voraussetzung seiner Betrachtung war das Aufgeben nicht nur des absoluten Raumes und der absoluten Zeit, wie sie NEWTONS Anziehungsgesetz zugrunde liegt, sondern auch des einheitlichen Raumes und der einheitlichen Zeit, wie sie die Sternforscher als Grundlage ihrer Betrachtungen ansahen, und die Ersetzung dieser aufgegebenen Anschauungen durch eine Zeit- und Raumvorstellung, wonach Zeit und Raum für sich nichts sind, sondern ihre Form nur aus den Naturvorgängen erhalten. So ist der Raum gekrümmt und seine Krümmung ist abhängig von der Masse der Körper. Maßgebend für

diese Anschauungen waren die MICHELSONschen Untersuchungen über die Lichtgeschwindigkeit, die keine Abhängigkeit der Lichtgeschwindigkeit von der Erdbewegung zeigten. Die Lichtgeschwindigkeit im luftleeren Raum gilt deshalb als die einzige unveränderliche Größe, die gemäß EINSTEIN zugleich eine Beziehung zwischen Masse und Energie darstellt. Als weitere Folgerungen aus Einsteins Lehre ergeben sich: Jeder Körper verliert durch Ausstrahlung und Abkühlung an Masse, besitzt aber ein Schwerefeld. NEWTONS Bewegungsgesetz wird nur als ein für kleine Geschwindigkeiten gültiges Grenzgesetz aufgefaßt und durch ein Bewegungsgesetz ersetzt, bei dem die Lichtgeschwindigkeit im luftleeren Raum als Grenzgeschwindigkeit auftritt. Die Vorstellung vom Aether wird aufgegeben.

Die durch EINSTEIN vorgeschlagene Aenderung des Bewegungsgesetzes mußte zu einer anderen Darstellung der Bewegungen der Planeten führen. So ergab sich nach seinem Gesetz bereits bei einer Zweikörperbewegung eine Verschiebung der Sonnennähe, und zwar errechnete EINSTEIN für den Merkur mit Hilfe seiner Formel, die von der Umlaufszeit, großen Achse und Gestrecktheit der Merkurbahn und von der Lichtgeschwindigkeit ausgeht, eine Verschiebung von 43″ im Jahrhundert, während die durch das NEWTONsche Gesetz nicht darstellbare Abweichung gemäß den Untersuchungen von NEWCOMB und DOOLITTLE 42″ oder 45″ betrug. Diese Uebereinstimmung war so aufsehenerregend, daß darauf sowohl die von NEWCOMB ermittelten, aus den Beobachtungen folgenden fortlaufenden Aenderungen durch GROSSMANN als auch die aus dem NEWTONschen Bewegungsgesetz folgenden Aenderungen durch KIENLE nachgeprüft worden sind. GROSSMANNS Untersuchung zeigte, daß NEWCOMBS Werte für den Merkur nicht völlig einwandfrei abgeleitet wurden und daß die nicht erklärbaren Abweichungen kleiner als 43″ sind. KIENLES Untersuchungen ergaben im Mittel für die nicht erklärbaren Reste in der Bewegung des Merkur + 7,40″ ± 0,50″ der Venus — 0,08″ ± 0,26″, der Erde + 0,21″ ± 0,13″ und des Mars + 0,87″ ± 0,36″ an Stelle der von EINSTEINS Lehre geforderten Zahlen + 8,82″ + 0,06, + 0,06 und + 0,13. Beim Merkur scheint die Bewegung der Sonnennähe kleiner, nämlich 35″, als die von EINSTEIN geforderte zu sein, Venus und Erde sind unentschieden, Mars spricht gegen EINSTEINS Lehre. Durch SEELIGERS Erklärung (S. 499) wurde Mars gut erklärt, während bei Merkur derselbe Unterschied wie bei EINSTEIN vorhanden ist. Venus und Erde bleiben wegen der kleinen Beträge unentschieden. Zu erwähnen ist noch der Umstand, daß die

Zweikörperbewegung im EINSTEINschen Sinne vollständig noch nicht gelöst ist, demgemäß EINSTEINS Formeln zur Berechnung der Beschleunigung nur einen Ansatz bedeuten.

EINSTEINS Lehre verlangte auch, daß infolge des Schwerefeldes der Sonne Lichtstrahlen, die von einem Stern zur Erde gelangen, eine Ablenkung von ihrer geraden Bahn erfahren müssen, wenn sie in der nächsten Nähe der Sonne vorbeigehen und daß die Linien des Spektrums eine Verschiebung nach Rot zeigen müssen. PRIESTLEY und J. MICHELL hatten im 18. Jahrhundert die Geschwindigkeit des Lichtes als veränderlich infolge der Anziehung der Sonne angesehen. LAPLACE behauptete 1796, daß von einem Körper mit Erddichte und mit einem Durchmesser, 250mal größer als der Durchmesser der Sonne, infolge der Anziehung kein Licht zu uns komme und der Körper deshalb unsichtbar sein könne. J. SOLDNER hatte 1801 die Ansicht ausgesprochen, daß bei Annahme der Lichtstrahlen als materieller Körper die Sonne die vorübergehenden Strahlen zu sich ablenken müsse. Aus seinen Annahmen läßt sich die Ablenkung der Lichtstrahlen am Sonnenrande zu 0,85″ errechnen. EINSTEIN ging von anderen Gesichtspunkten aus und errechnete für die Ablenkung 1,75″, während die besondere Relativitätslehre ihm nur den halben Wert ergeben hatte. Der Nachweis dieser Ablenkung wurde durch Aufnahmen der Sonnengegend bei den Sonnenfinsternissen vom 29. Mai 1919 und 21. September 1922 versucht. Es wurden von der Gegend sowohl vor der Finsternis als auch während der völligen Verfinsterung der Sonne Aufnahmen gemacht und die Ablenkung gemessen. Beide Male gelang es nur Sterne bis zu $\frac{1}{2}^0$ vom Sonnenrande zu benützen. Bei der ersten Finsternis ergaben die Aufnahmen von Sobral für die Ablenkung 1,98″ $\pm$ 0,12 und die Aufnahmen von Principe 1,61″ $\pm$ 0,30. Allerdings wurden die Beträge der Ablenkung nur erschlossen durch geradlinige Verlängerung der durch die Beobachtungen gelegten Geraden. Die 2. Sonnenfinsternis wurde von der Lick-Sternwarte und von kanadischen Forschern beobachtet. Eine Ablenkung der Lichtstrahlen ließ sich deutlich erkennen. Die von der Lick-Sternwarte entworfene Kurve der beobachteten Abweichungen schließt sich der gemäß EINSTEINS Lehre berechneten Kurve gut an. Allerdings würde die durch die Beobachtungen gelegte Gerade zu einem wesentlich geringeren Wert der Lichtablenkung führen.

Die Rotverschiebung der Spektrallinien wurde von CH. E. ST. JOHN mit Hilfe der Aufnahmen der Mount Wilson-Sternwarte eingehend untersucht. Er stellte 1926 eine Rotverschiebung fest. Jedoch ist die Verschiebung der harten Linien um 50% größer und die der weichen Linien um 30% kleiner als sie nach EINSTEINS Lehre sein sollte, weshalb JOHN zur Erklärung der Rotverschiebung auch den DOPPLER-Effekt hinzunehmen mußte.

Bei allen Untersuchungen war die Zeiteinheit, nämlich die tägliche Drehung der Erde um ihre Achse, als unveränderlich angesehen worden. Im Jahre 1870 glaubte NEWCOMB aus Unregelmäßigkeiten in der Mondbewegung auf eine Veränderlichkeit der Erddrehung schließen zu müssen. Jedoch wurde dieser Gedanke damals nicht weiter verfolgt. INNES machte 1925 darauf aufmerksam, daß aus den Merkurdurchgängen seit 1677, aus den Schwankungen in der Mondbewegung und aus den Verfinsterungen der Jupitersmonde eine Veränderlichkeit der Erddrehung folge, wobei die Kurve eine Periode von 200 Jahren anzeigt. Auch die Beobachtungen des Sonnenortes von 1901—21 sprechen für eine jährliche Veränderung von $\pm$ 2,1″. Auch JONES fand aus den meistens in Greenwich beobachteten Längen von Sonne, Merkur, Venus und Mars aus den Jahren 1836—1924 Störungen, die sich nur durch Aenderung in der Erddrehung erklären lassen. E. W. BROWN und W. MEYERMANN nahmen 1926 eine Bewegung der Erdachse als Ursache der Unregelmäßigkeit an. DE SITTER hat 1927 aus den Beobachtungen von Sonne, Mond, Venus und Merkur Veränderungen der Erddrehung abgeleitet, die sich durch plötzliche Aenderungen des Trägheitsmomentes der Erde, vielleicht durch Massenverlagerungen infolge von Erdbeben und durch Veränderungen infolge Flutreibung, erklären lassen, ihrem Betrage nach aber noch nicht erforscht sind. Gemäß seinen Untersuchungen ging die Erde, als Uhr betrachtet, gegenüber einer richtig gehenden Uhr 1650 etwa 37^s vor, 1730 etwa richtig, 1800 30^s nach, 1863 wieder richtig, 1927 28^s vor.

Somit hat die Bewegungslehre, begründet durch die von KEPLER der Harmonie des Himmels entnommenen Gesetze, nicht nur zu einer befriedigenden Darstellung der Bewegungen der Himmelskörper im Sonnenall geführt, sondern darüber hinaus Untersuchungen und Nachforschungen veranlaßt, ob die Voraussetzung aller sternforschlichen Betrachtungen: einerseits die Einheitlichkeit von Zeit und Raum und die Unveränderlichkeit der Masse, andererseits die Unveränderlichkeit der Erddrehung, der Lage der Erdpole und der Festländer der Erde noch aufrechterhalten werden können. Die KOPPERNIKsche Verweisung der Erde aus ihrer Ruhe hat — anscheinend zwangsläufig — zum Aufgeben jedes Haltes für die Beobachtungen und jedes Maßstabes geführt.

JAHRBÜCHER UND KALENDER

Die bedeutendsten Jahrbücher des ausgehenden Mittelalters, der Kalender des JOHANN VON KÖNIGSBERG und das Jahrbuch von JOHANN STÖFFLER fanden wegen ihrer Wichtigkeit für die Sternkunde, Schifffahrt und Sterndeutung Fortsetzungen zuerst durch einzelne Gelehrte, später durch wissenschaftliche Anstalten, die eigens für die Berechnung der Jahrbücher geschaffen wurden. Von den Jahrbüchern mögen nur die erwähnt werden, die eine gewisse Bedeutung hatten und für eine längere Zeit galten, nebst dem Verfasser, dem Jahre und dem Ort der Geltung und womöglichst mit Angabe der zugrunde gelegten Tafeln: L. GAURICO 1503—52 für Venedig auf Grund der ALFONSischen Tafeln; G. MARTINO 1528—70 für Brabant; P. PITATI 1552—64 für Venedig auf Grund der ALFONSischen Tafeln; N. SIMI 1554—69 für Bologna auf Grund der ALFONSischen Tafeln; J. STADE 1554—1606 für Antwerpen auf Grund der Preußischen Tafeln; LEOWITZ 1556—1606; M. MAESTLIN 1577—90 für Tübingen auf Grund der Preußischen Tafeln; G. A. MAGINI 1581—1630 für Venedig auf Grund der Preußischen Tafeln; D. TOST (ORIGANUS) 1595—1630 für Frankfurt (Oder) auf Grund der Preußischen Tafeln, für Sonne und Mond auch der Tafeln BRAHES; KEPLER jährlich 1598—1630 auf Grund der RUDOLFischen Tafeln; A. ARGOLI 1630—1700 auf Grund von BRAHES Tafeln; O. MONTANARI 1633—71; M. LANSBERG, der nicht der Verfasser ist, sondern dessen Name vom Herausgeber als Aushängeschild verwendet wurde, 1636—1830; L. EICHSTADT 1636—65; V. WING 1652—1700; R. VAN NIROP 1655—1700 für Amsterdam; J. HECKER 1666—80 für Uraniborg auf Grund der RUDOLFischen Tafeln; J. GADBURY 1672—1740; die französische Akademie der Wissenschaften, von 1796 an das Bureau de Longitude zu Paris, seit 1679 für Paris; G. KIRCH 1681—1702 für Leipzig auf Grund der RUDOLFischen Tafeln, sonst 1685—1741; die Preußische Akademie der Wissenschaften zu Berlin 1702—44, 47—57 und von 1776 an, welches Jahrbuch durch BODE zum Berliner Astronomischen Jahrbuch ausgebildet und später vom Berliner Recheninstitut berechnet wurde. S. DE BEAULIEU 1701—1800 für Paris; E. MANFREDI 1715—50 für Bologna; C. KIRCH 1728—56; E. ZANOTTI 1751—86 für Bologna; M. HELL 1757—1806 für Wien; Nautical Almanac seit 1767 für Greenwich, seit 1830 vom Board of Longitude zu London herausgegeben; G. A. DE CESARIS 1775—1874 für Mailand, welches Jahrbuch später als Effemeridi astronomiche de Milano bezeichnet wurde; Sternwarte zu Santiago: Almanaquo Nautico seit 1792; Sternwarte zu Brüssel: Annuaire seit 1834; Kriegsministerium zu Washington: American Ephemeris and Nautical Almanac seit 1855 für Washington; Sternwarte zu Torino: Effemeridi seit 1873; Sternwarte zu Madrid: Anuario seit 1860; Nautisches Jahrbuch seit 1880; Sternwarte zu Wien: Kalender seit 1881; Sternwarte zu Rio de Janeiro: Anuario seit 1885.

Die jährlich erscheinenden Jahrbücher pflegten in der ersten Zeit außer dem Ort der Planeten auch die Stellung der Planeten zu einander und die daraus zu ziehenden Folgerungen für die Landwirtschaft, Wetter und sonstigen Ereignisse des künftigen Jahres zu bringen. Zugleich wurden sie auch zu Mitteilungen über Beobachtungen benützt. Zur Vereinfachung der für die Herstellung der Jahrbücher nötigen Rechenarbeit wurde auf einer Tagung zu Paris 1911 beschlossen, für alle Jahrbücher einen Einheitsmeridian, den von Greenwich zu wählen, dieselben grundlegenden Rechengrößen zu benützen und die Arbeit der Berechnung des Laufes der großen und kleinen Planeten, des Mondes, der Oerter der Sterne und der Finsternisse auf die verschiedenen Anstalten zu verteilen, so daß dieselbe Arbeit nicht mehr doppelt gemacht wird. Die von den einzelnen Anstalten ausgeführten Rechnungen werden untereinander ausgetauscht, und zwar so rechtzeitig, daß jedes Jahrbuch 2 Jahre, bevor es fällig ist, gedruckt vorliegen kann.

BEWEGUNGSWERKE (PLANETARIEN)

Auch die mit dem 16. Jahrhundert anhebende neue Zeit brauchte körperliche Vorstellungen der Planetenbahnen. Die aus Pappe hergestellten Scheibengeräte des Peter Bienewitz konnten trotz sorgfältiger Ausführung nicht genügen. Deshalb ließ sich Wilhelm von Hessen die Braheschen Bewegungen in Kupferblech ausführen. Auch aus Brahes Besitz selbst gibt es noch ähnliche Darstellungen, allerdings nur je einen Planeten betreffend. Aus dem 17. Jahrhundert haben sich nur noch das große von Andres Busch 1657 sorgfältig hergestellte Bewegungsgerüst und das Uhrwerk zur Bewegungsdarstellung, das Huygens 1682 durch Joh. van Ceulen herstellen ließ, erhalten, dagegen nicht die von Olaf Römer hergestellten Geräte zur Darstellung der Bewegung des Mondes, der Monde des Jupiter und der Monde des Saturn von 1677 und der Bewegungen der Planeten von 1680. Im Anfange des 18. Jahrhunderts sind es hauptsächlich englische Geräte von ROWLEY um 1700, die meistens noch in einer Armillarsphäre stecken, ferner die nach Art eines Tischspieles gebauten von G. GRAHAM vor 1705, TH. WRIGHT 1733, B. COLE, HEATH und WING; ferner die deutschen Arbeiten von NESTFELL 1753 und 1760, von FELLWÖCK 1772, von PH. M. HAHN 1769—79 in Verbindung mit einer Uhr.

Wie bei den Babyloniern und den Griechen, so kam es auch bei den Germanen zu erdichteten Reisen in das Sonnenall, teils zur Belehrung wie bei KEPLER, teils zur Unterhaltung wie bei VERNE und LASSWITZ. KEPLER beschränkte sich auf eine Reise auf den Mond, auf dem er den Vorgang der Himmelserscheinungen und seine Oberfläche beschreibt, auf welchem er hohe Berge und tiefe Täler — vor der Anzeige GALILEIS! — vorhanden sein läßt. Der Mond besitze eine Lufthülle. In einem späteren Anhang läßt er die kreisrunden Krater durch die Tätigkeit der Mondbewohner entstanden sein, welche sich einen befestigten Platz mit hohen Schutzwänden zum Schutz gegen die Feinde, hauptsächlich aber zum Schutz gegen die Sonnenstrahlen und zur Ablenkung der sumpfigen Feuchtigkeit in den Graben vor dem Walle anlegen. Auch FRANCIS GODWIN 1638 und GRIMMELSHAUSEN 1659 beschrieben eine Reise zum Mond, desgleichen CYRANO DE BERGERAC (1620—55), der auch eine Reise zur Sonne beschrieb. Seine Berichte sind reine Romane und gehen im Gegensatz zu KEPLERS Beschreibung nicht auf die beobachteten Tatsachen ein. Weniger romanhaft ist die 1656 veröffentlichte Reise des Jesuiten A. KIRCHER. Auf dem Monde erblickte er Täler, Berge und Meere; den Mars hält er wegen seiner roten Farbe für einen Körper mit glühendem Innern, von dem aus Lavamassen mit Schwefel durch hohle Gänge (canales) im Innern und durch Krater ausgeworfen werden. Auch der Saturn wird besucht.

Bei diesen dichterischen Versuchen, in das Weltall vorzudringen, sind besonders die Fortbewegungsmittel zu erwähnen. KEPLER läßt seinen Reisenden durch ein überirdisches Wesen heben, GODWIN durch 10 Vögel, KIRCHER durch einen Engel. BERGERAC denkt sich ein Fahrzeug, das teilweise aus gekrümmten Glasscheiben besteht, welche die Sonnenstrahlen so sehr in Innern vereinigen, daß dort ein luftverdünnter Raum entsteht, worauf die Außenluft hineinstürzt und das Flugzeug wegtreibt. VOLTAIRE bedient sich eines Kometen, VERNE einer aus einer Kanone geschleuderten Kugel und LASSWITZ eines von Marsbewohnern erdachten und erbauten Flugzeuges. In neuerer Zeit sind eingehendere Pläne zur Herstellung eines Raumschiffes, das seinen

Antrieb nach Raketenart durch Verbrennung fester oder flüssiger Stoffe erhält, von R. H. GODDARD und H. OBERTH ausgearbeitet worden.

DIE ERFORSCHUNG DER SONNE UND IHRER BEGLEITER

Die Erfindung des Fernrohres führte bald zur Entdeckung von Flecken auf der Sonne. Sie wurden durch CHR. SCHEINER sorgfältig beobachtet und ihre Eigentümlichkeit 1630 beschrieben. Aus ihrer scheinbaren Bewegung schloß er auf eine Achsendrehung der Sonne in 27 Tagen bis zur selben Stelle zur Erde. Der Aequator der Sonne bilde einen Winkel von 7° mit dem Tierkreise. Die Pole der Sonne liegen ungefähr am 1. Dezember in dem Kreisumfange der scheinbaren Sonnenscheibe. Außer der durch die Sonnendrehung hervorgerufenen scheinbaren Bewegung hätten die Flecken auch eine besondere Bewegung, weshalb nur aus langjährigen Beobachtungen ihre gemeinsame scheinbare Bewegung zu bestimmen sei. Die Flecken, die SCHEINER ursprünglich außerhalb der Sonne gelegt hatte, wurden von ihm, wie von GALILEI, in die Sonnenoberfläche versetzt. Ihr wechselndes Aussehen gestatte keinen Schluß, ob sie tiefer als ihre Umgebung lägen. Rasche Aenderungen im Aussehen wurden festgestellt und dabei 2 Arten einer Aenderung unterschieden: das allmähliche Verschwinden eines Fleckens und das Ueberflutetwerden durch einbrechende helle Massen. Wie GALILEI, so nahm auch SCHEINER einen in der Mitte der Sonne liegenden Gürtel, innerhalb dessen die Flecken erscheinen, an und wies nach, daß Flecken älter als eine Umdrehung werden können. Ebenso wie die Auflösung, wird auch die Entstehung von Flecken untersucht. Außer den Flecken beobachtete SCHEINER auch die Fackeln, oft in Verbindung mit Flecken, gelegentlich auch ohne Verbindung mit Flecken und ohne Begrenzung auf den Fleckengürtel. Ferner erschien ihm die Sonnenoberfläche, außer aus Flecken und Fackeln, aus Schatten und Lichtpunkten zusammengesetzt und in dauernder Aenderung. Die Schatten, wohl den von TROUVELOT 1875 erkannten Schleierflecken entsprechend, seien am Pol äußerst selten, in den Fleckengegenden schwach und verwaschen, in den Zwischenräumen deutlich und häufig, aber nur kurzlebig, gelegentlich nur eine Stunde lang sichtbar. Diese Feststellungen beruhten auf Beobachtungen, die auf Grund des Sonnenbildes gemacht wurden, das mit Hilfe eines parallaktisch (erdachsengleich) aufgestellten KEPLERschen Fernrohres auf einer Papierfläche entworfen wurde, und fanden erst 2 Jahrhunderte später eine Bestätigung. Solange dauerte es, bis man sich wieder eingehender mit den Erscheinungen auf der

Sonne abgab. Gewiß wurde die Sonne in der Zwischenzeit nicht völlig vernachlässigt; es fehlte nicht an Beobachtern, welche die Sonne sogar jahrzehntelang nachsahen und sehr sorgfältige Zeichnungen von den Flecken anfertigten. Auch wurde nach Erklärungen der Sonnenflecken gesucht. So hatte Mair darin Schlacken, Galilei Wolken, Chr. Scheiner Verdickungen in der feurigflüssigen Oberfläche der Sonne sehen wollen. G. D. Cassini glaubte, die Flecken durch eine Gezeitenbewegung in der Leuchthülle der Sonne zu erklären, wodurch bei Ebbe der dunkle Sonnenberg sichtbar würde. L. Rost ließ durch die von den Sonnenvulkanen aufsteigenden Dämpfe die Leuchthülle zerreißen und damit die dunkle Sonnenoberfläche sichtbar werden. Als Chr. Schülen 1771 und Alex. Wilson 1774 auf das Aussehen der Sonnenflecken hinwiesen, welches nur auf eine grubenförmige Form der Flecken deutete, welche Beobachtung auch im folgenden Jahrhundert für die meisten Sonnenflecken bestätigt wurde, fand die Erklärung W. Herschels allgemeine Zustimmung, daß die Sonne aus einem dunklen Kern bestehe, dessen Oberfläche nur beim Zerreißen seiner leuchtenden Hülle sichtbar werde. Aber dies alles waren doch nur unbedeutende Zutaten zu den Erkenntnissen der 1. Hälfte des 17. Jahrhunderts und standen auch in keinem Verhältnis zu der seitdem eingetretenen Verbesserung der Fernrohre. Offenbar schreckte die Unregelmäßigkeit in der Zahl und in dem Auftreten der Sonnenflecken vor näherer Beschäftigung mit diesem Gegenstand ab. Da zudem damals alle Bemühungen der Vervollkommnung der Lehre von den Bahnbewegungen galt, so war die Warnung des einflußreichen Lalande vor der Beschäftigung mit den Sonnenflecken, da es sich hier um eine unregelmäßige Erscheinung handle, verständlich. Eine Aenderung trat erst ein, als Heinrich Schwabe auf Grund seiner langjährigen Beobachtungen im Jahre 1843 eine Periode von etwa 10 Jahren nachwies, deren Dauer R. Wolf 1852 zu 11,111 Jahren feststellte, worauf in demselben Jahre Sabine, Gautier und Wolf zeigten, daß die Häufigkeit der Sonnenflecken mit den Störungen in der Abweichung der Magnetnadel parallel geht. Hansteen und Ellis konnten ein ähnliches Verhalten für die Aenderungen in dem sonstigen Verhalten der Magnetnadel, sowie Fritz für die Nordlichter aufweisen. Diese zuerst für einige Jahrzehnte sich offenbarende Spiegelung der Fleckenhäufigkeit in den Vorgängen auf der Erde wurde durch Wolf auch für die früheren Jahrhunderte nachgewiesen, wobei er zur Kennzeichnung der Fleckenhäufigkeit die Relativzahl einführte, die auf die Zahl der gleichzeitig sichtbaren Gruppen und

Flecken sowie auf das benützte Fernrohr und auf seine Vergrößerung Rücksicht nahm. Bis 1890 gelang es ihm die noch vorhandenen, meistens nur handschriftlichen Beobachtungsreihen durch Aufrufe und reges Nachsuchen zum größten Teil zu ermitteln und auszuwerten, so daß seine Relativzahlen bis 1750 zurück recht genau sind. Zugleich wies er aus den Nachrichten über frühere erdmagnetische Beobachtungen die Uebereinstimmung der Sonnenfleckenkurve und der erdmagnetischen Störungskurve für frühere Jahrhunderte nach, wie es ihm auch gelang die Beziehung zwischen den beiden Vorgängen so genau festzulegen, daß er aus den Sonnenfleckenzahlen die Größe der erdmagnetischen Störungen richtig errechnen konnte. Seit Wolfs Zeit wird auf der Züricher Sternwarte die Sonne täglich auf Flecken hin nachgesehen und beim Vorhandensein von Flecken abgezeichnet. Eine große Zahl auswärtiger Mitarbeiter und Sternwarten, welche die Sonne teils mit dem Fernrohr teils mit der Platte unter Beobachtung halten, teilen ihre Ergebnisse jährlich dieser Sternwarte mit, so daß diese in der Lage ist, beinahe für jeden Tag die Fleckenzahl und damit die jährliche Relativzahl berechnen zu können.

Groß waren die Bemühungen, die Häufigkeit der Sonnenflecken durch eine Formel darzustellen. Da die Periode zwischen 8 und 17 Jahren schwankt, so lag es nahe zur Darstellung dieser Unregelmäßigkeit noch mehrere andere periodische Vorgänge als gleichzeitig wirkend mit dem Hauptvorgang anzunehmen. R. Wolf fand 1883 neben der Hauptperiode von 11⅓ Jahren noch 3 Perioden von 8⅓, 10 und 81 Jahren, A. Schuster 1906 4 Nebenperioden, S. Hirayama 1906 5 Nebenperioden und Kimura 1913 sogar 28 Nebenperioden. Mit dieser großen Zahl von Perioden, die beinahe so groß ist wie die Zahl der berücksichtigten Zeiten des Fleckenreichtums und der Fleckenarmut gelang wohl eine befriedigende Darstellung der Sonnenfleckenkurven, jedoch machten sich Bedenken geltend, ob die von Kimura gefundenen Perioden wirklich Vorgängen auf der Sonne entsprächen und nicht am Ende nur das Ergebnis einer weit geführten Rechnung darstellten. Man versuchte daher durch die Annahme sprunghafter Aenderung der Hauptperiode weiterzukommen. A. A. Michelson 1913, A. E. Douglas 1914 und H. Turner 1915 konnten solche Sprünge nachweisen. Andererseits zeigte Oppenheim 1928, daß Kimuras Nebenperioden offenbar nur bedeuteten, daß die Hauptperiode von 11,25 Jahren mit einer Periode von 180 Jahren veränderlich sei.

Nach Scheiners Ableitung der Bestimmungsstücke der Sonnendrehung wurden von G. D. CASSINI 1675 und FLAMSTEED 1680 zahlreiche Verfahren zur Berechnung dieser Bestimmungsstücke angegeben. Wichtiger sind die durch neuere, genauere Beobachtungen gefundenen Werte. CARRINGTON leitete 1857 aus seinen langjährigen Beobachtungen die Regel ab, daß die für die Umdrehung der Sonne gefundenen Werte um so größer werden, je weiter die zugrunde gelegten Sonnenflecken vom Aequator abstehen und daß zur Zeit der geringsten Fleckenhäufigkeit Flecken, die nahe dem Aequator liegen, sofort durch Flecken in höherer Breite abgelöst werden. Diese beiden Regeln wurden durch die Beobachtungen SPÖRERS bestätigt, was neben der Feststellung der Periode der Fleckenhäufigkeit einen weiteren Fortschritt seit der Zeit SCHEINERS bedeutete. Durch die Anwendung der photographischen Platte zur Untersuchung der Sonnenflecken zuerst durch WARREN DELARUE seit 1857, später durch JANSSEN und andere, wurde die Untersuchung der Sonnenoberfläche erleichtert; es ließen sich viele kleinste Einzelheiten feststellen; allerdings war auf manchen Platten eine Art Netzwerk zu sehen, das nicht der Sonne, sondern der Luftunruhe in dem Fernrohr seine Entstehung verdankt. Besonders wichtig wurden die Aufnahmen mit Hilfe von Spektrallinien aus verschiedenen Höhenlagen der Sonnenoberfläche, weil dadurch die Besonderheiten der Flecken besser zutage traten. Zugleich zeigte sich um die Flecken, gelegentlich aber auch außerhalb der Flecken, eine Wirbelbildung. HALE gelang der Nachweis, daß diese Wirbel magnetischer Natur sind, indem das von dem Wirbel kommende Licht, beim Blick in die Wirbelachse, bei einigen Eisen- und Titanlinien eine Verdoppelung und beim Blick senkrecht auf die Wirbelachse — wenn der Flecken am Rande der Sonne stand — eine Dreiteilung zeigte, wie es 1896 ZEEMAN für die Zerspaltung der Linien infolge Einwirkung eines Magnetfeldes bei irdischen Lichtquellen gezeigt hat. Damit war das Vorhandensein elektrisch geladener Wirbel, die ein Magnetfeld erzeugen, für die Sonne nachgewiesen. Die Sonne wurde, wie die Erde, als eine Magnetkugel aufgefaßt, deren Achse aber nicht mit der Drehungsachse zusammenfällt.

Das Erscheinen eines leuchtenden Scheines um den verfinsternden Mond bei Sonnenfinsternissen war in früheren Jahrhunderten gelegentlich bemerkt, aber immer wieder vergessen worden. KEPLER 1598, SCHEUCHZER 1706 und G. F. MARALDI 1724 schrieben diese Erscheinung der Sonne zu, andere aber der Lufthülle des Mondes. Erst 1860 wies BRUHNS nach, daß dieser helle Schein, die Korona, der Sonne angehöre, wie auch die aus dem Sonnenrande emporschießenden Strahlen, Protuberanzen, die bereits im 18. Jahrhundert bemerkt, aber erst 1842 eingehend beobachtet worden waren. Spätere Beobachtungen der Protuberanzen ergaben einen Zusammenhang zwischen ihrem Aussehen und der Sonnenfleckenhäufigkeit. Während die Korona nur bei völliger Verfinsterung der Sonne zu beobachten ist, gelang es 1868 JANSSEN und LOCKYER die Protuberanzen mit Hilfe eines Spektroskopes jederzeit sichtbar zu machen. Seitdem hat man die Erscheinungen, welche der über der leuchtenden Hülle und unter der Korona befindlichen Schicht, der Chromosphäre der Sonne, angehören, eingehend untersucht, sie als glühende Gasmassen festgestellt und bei ihnen ruhende, meistens aus Wasserstoff, und strahlenförmige aus Metalldämpfen bestehende Formen unterschieden. Auch bei den Protuberanzen wurde eine Beziehung zur Sonnenfleckenhäufigkeit festgestellt.

Als wichtiges Hilfsmittel zur Beobachtung der Vorgänge auf der Sonne wurde die Spektralanalyse benützt. WOLLASTON 1802 und FRAUNHOFER 1814—15 hatten im Spektrum des Sonnenlichtes eine große Zahl von dunklen Linien bemerkt, wobei FRAUNHOFER nachweisen konnte, daß eine von ihm mit D bezeichnete Doppellinie mit der im Spektrum eines gewöhnlichen Flecken sichtbaren hellen Doppellinie übereinstimme. STOKES wies diese Linie dem Natrium zu. KIRCHHOFF und BUNSEN konnten zeigen, daß jedem glühenden Gase bestimmte helle Linien zukämen und daß diese Linien aber dunkel aussehen, wenn hinter der Flamme eine viel heißere Lichtquelle aufgestellt würde, welche ein zusammenhängendes Spektrum aussendet, indem nun durch die von der Flamme ausgehenden Strahlen die zugehörigen Linien verdunkelt würden. Seitdem unterschied man das zusammenhängende Spektrum, das Linienspektrum und das zusammenhängende Spektrum mit dunklen Linien, wie es die Sonne zeigt. Die Zahl der Linien wuchs mit der größer werdenden Zahl der Hilfsmittel; so beschrieb FRAUNHOFER 600 Linien zwischen den Wellenlängen 790 und 360 $\mu\mu$, entsprechend den Linien A—H, THOLLON 2300 zwischen A und E, ROWLAND 1896 20 000. THOLLON konnte in dem Sonnenspektrum eine große Zahl von Linien nachweisen, die nur dem Durchgang des Lichtes durch unsere Lufthülle zuzuschreiben sind.

Von der Spektralanalyse wurde besonders wichtig in der Sternforschung die Deutung der Verschiebung der Linien, sowie die Ermittlung der physikalischen und chemischen Beschaffenheit des lichtaussendenden Körpers. Die Verschiebung der Linien im Spektrum wurde sowohl als Folge von Druckänderungen als auch als Folge von Abstandsänderungen des lichtaussendenden Körpers gedeutet. Die zweite Deutung wurde, gemäß der von Doppler für die Aenderung der Tonhöhe einer zum Beobachter sich nähernden oder entfernenden Tonquelle aufgestellten Regel, auch auf das Licht angewendet und die Berechtigung zu dieser Deutung dadurch erbracht, daß sich aus der Linienverschiebung im Spektrum von Monden und Planeten dieselben Geschwindigkeiten ergaben, wie die aus ihrer Bewegung errechneten. Die wichtigsten Anwendungen der Linienverschiebung waren der Nachweis der Periode der Sonnendrehung durch Duner 1887—1901 und andere Forscher, die Bestimmung der Aberrationsgröße durch Küstner 1904 und Halm, die Bestimmung der Größe und Richtung der Sonnenbewegung durch Campbell 1901—1911 und Andere, die Feststellung einer periodischen Verschiebung der Linien eines Sternes mit zeitweiliger Verdoppelung durch E. C. Pickering 1889 und der Nachweis einer mit der Lichtänderung des Algol gleichgehenden periodischen Linienverschiebung durch H. C. Vogel 1889. Die Ermittlung der Beschaffenheit des lichtaussendenden Körpers war nach dem Vorgang von Bunsen und Kirchhoff zuerst nur auf die Feststellung der auf dem Körper vorhandenen lichtaussendenden und lichtverschluckenden Elemente gerichtet. Eine Aenderung trat ein, als man erkannte, daß sich aus den Linien ein Schluß auf den Zustand des lichtaussendenden Elementes machen lasse. Die Lehre wurde aufgestellt, daß die Zahl, die Wellenlänge und das Aussehen der Linien von der Anzahl und dem Zustande der in jedem Atom um einen positiv geladenen Kern kreisenden negativ geladenen Elektronen abhänge. Gemäß Bohr bewegen sich diese Elektronen unter dem Einfluß der elektrischen Anziehung in Keplerschen Bahnen um den Kern, allerdings mit dem wesentlichen Unterschiede, daß die Elektronen durch äußere Anregung von einer kernnahen Bahn in eine kernferne Bahn geworfen und später in ihre ursprüngliche Bahn zurückkehren können, wobei Energie frei wird und der um das Atom ruhende Aether in Schwingungen versetzt wird, so daß der Eindruck des Leuchtens entsteht. Schrödinger gab die Vorstellung der in Keplerschen Bahnen sich bewegenden Elektronen auf gegen die Vorstellung einer um den Kern sich bewegenden Wolke negativer Elektrizität. Beiden Vorstellungen liegt die Anschauung zugrunde, daß sich der Erregungszustand eines Atoms aus der Zahl und dem Aussehen der zugehörigen Spektrallinien ersehen lasse.

Mit Hilfe der Spektralanalyse ließ sich die Zusammensetzung der

Höhenschichten der Sonne nachweisen. Als Aussender des zusammenhängenden Spektrums wurde die Leuchthülle (Photosphäre), deren Licht durch das Licht der kühleren Chromosphäre als umkehrenden Schicht an den dunklen Stellen ausgelöscht wird, erkannt. Bei Finsternissen gelang es diese dunklen Linien als helle Linien zu beobachten, außerdem auch das Licht der obersten Chromosphärenteile, ferner das Licht der Korona, das hauptsächlich aus zurückgestrahltem Sonnenlicht besteht. Auch das Spektrum der Flecken, sowohl des Kernes als auch des Halbschattens, wurde beobachtet und dabei festgestellt, daß die den Kern bildenden Schichten kühler als ihre Umgebung sein müssen. Zugleich konnten aus merkwürdigen Krümmungen in manchen Linien auf lebhafte Bewegungen auf der Sonnenoberfläche geschlossen werden.

DIE GESTALT DER SONNE

Infolge ihrer Drehung mußte der Sonne eine Abplattung zukommen. Andererseits erschien es wahrscheinlich, daß mit den lebhaften Umwandlungen, wie sie durch die Fleckenbildungen angezeigt wurden, eine Aenderung der Gestalt der Sonne einhergeht. B. von Lindenau glaubte aus seinen Messungen eine Veränderlichkeit des Sonnendurchmessers nachweisen zu können. Auwers hat jedoch auf Grund einer Untersuchung von 30 000 Beobachtungen diese Behauptung nicht bestätigen können, ebensowenig wie auf Grund der späteren zahlreichen Heliometermessungen aus Anlaß des Venusdurchganges von 1874 und 1882. Während die älteren Beobachtungsreihen keine Andeutung einer Abplattung ergaben, dagegen die Heliometerbeobachtungen von 1874 und 1882 eine sehr kleine Abplattung anzudeuten schienen, ließ sich aus den von Schur und Ambronn von 1892—1902 mit einem Umkehrprisma angestellten Heliometermessungen keine Abplattung nachweisen; zu demselben Ergebnis kam Hayn 1924 auf Grund von Sonnenaufnahmen.

DIE STRAHLUNG DER SONNE

Mit dem 17. Jahrhundert begannen die Versuche, die Helligkeit der Sonne zu bestimmen, zuerst aber die Helligkeit des an die Erdoberfläche gelangenden Lichtes mit einer künstlichen oder natürlichen Lichtquelle zu vergleichen. Bouguer 1725 und Wollaston 1799 verglichen das Sonnenlicht mit Kerzenlicht, welche Versuche im 19. Jahrhundert mit den Normalkerzen und mit anderem künstlichen Lichte fortgesetzt wurden. Huygens war der erste, welcher die Sonne mit einem Himmelskörper verglich, nämlich mit Sirius. Dann folgten Vergleichungen der Sonne mit dem Monde und mit Fixsternen durch Bouguer und Wollaston, später genauer durch Zöllner. Geeigneter waren die Vergleiche der Sterne mit der Sonne mittelbar durch Anschlußmessungen über den Mond.

Ueber die Verteilung der Helligkeit auf der scheinbaren Sonnenoberfläche bestand lange Zeit keine Einigkeit. Galilei, Huygens und Lambert nahmen an, daß die Sonnenscheibe bis zum Rande gleich hell sei. Dagegen hatte bereits Chr. Scheiner und später Bouguer eine Abnahme der Helligkeit zum Rande hin festgestellt, welches Ergebnis im 19. Jahrhundert durch Chacornac, Liais, Pickering und Strange für das weiße Licht der Sonne, durch H. C. Vogel aber für die einzelnen Wellenbereiche bestätigt wurde. Auf Grund dieser Beobachtungen haben Laplace, Vogel und Seeliger diese Helligkeitsabnahme als Wirkung einer Lufthülle der Sonne erklärt und das Durchlässigkeitsvermögen dieser Hülle zu berechnen versucht.

Bedeutsamer als diese Beobachtungen wurden die Messungen der von der Sonne zur Erde gesandten Wärmemenge, wofür als Maßeinheit die Solarkonstante zur Bezeichnung der Wärmemenge, welche in einer Minute auf 1 qcm Erdoberfläche beim Fehlen einer irdischen Lufthülle und bei senkrechter Bestrahlung von der Sonne eingestrahlt wird, eingeführt wurde. Die ersten Versuche, diese Sonnenstrahlung zu messen, machte Pouillet 1837. Während aus seinen Messungen 1,8 folgte, ergab sich aus den Messungen von Langley 1884 3,1. Ein genaueres Verfahren, unter Anwendung von Pyrheliometern wurde durch Langley 1902 eingeführt und von Abbot und Fowle auf dem Mount Wilson und auf anderen günstig gelegenen Orten wie Bassour in Algier, Arequipa in Peru, Montezuma in Chile und Mount Harqua Hala in Arizona seit 1905 angewendet. Abbot glaubte aus gleichzeitigen Messungen in Amerika und Afrika auf eine Veränderlichkeit der zu 1,94 errechneten Solarkonstante im Betrage von 12% und zwar auf eine der Häufigkeit der Flecken entsprechende Zunahme und Abnahme der Solarkonstante schließen zu können. Aus Müllers Beobachtungen der Helligkeit der Planeten schien eine Bestätigung dieser Behauptung zu folgen. Jedoch widersprachen die von Guthnick und Prager von 1914—21 mit der lichtelektrischen Zelle gemachten, an Genauigkeit den Müllerschen Messungen überlegenen Bestimmungen der Helligkeit von Jupiter und Saturn dieser Annahme. Auch wurde, zuerst von Müller und Kron auf Grund ihrer Beobachtungen auf Teneriffa, nachgewiesen, daß sich infolge der Sonnenstrahlung das Durchlässigkeitsvermögen der Lufthülle ändert, und dies von anderen Beobachtern bestätigt. Es ist noch nicht gelungen die Aenderung des Durchlässigkeitsvermögens völlig in Rechnung zu stellen und da zudem die letzten amerikanischen Messungen nur eine geringe Aenderung der Solarkonstante anzeigten, so findet Abbots Behauptung wenig Anerkennung.

Sehr eingehende Messungen der Sonnen- und Himmelsstrahlung hat Dorno in Davos und anderen Schweizer Orten gemacht. Im 17. und 19. Jahrhundert kommen Versuche, die Sonnenwärme durch Vereinigung der Wärmestrahlen auszunützen, vor. Erst vom Ende des 19. Jahrhunderts an zeigen sich gewisse Erfolge. Es gelang eine geeignete Form, eine kugel- oder parabelförmige Gestalt des die Sonnenstrahlen sammelnden Körpers mit einem mit Wasser oder Oel gefüllten, geschwärzten Kupferrohr im Brennpunkt, dafür zu finden und mit diesen Sonnenkochern stundenlang Wasser für Maschinenbetrieb in Aegypten oder für Badezwecke in Kalifornien zu erhitzen oder Oel auf eine sehr hohe Wärme zu bringen, so daß es das Innere eines Kochofens auf über 100° erhitzen konnte, wie es auf dem Mount Wilson geschah. Durch geeigneten Wärmeschutz war es möglich, einen großen Teil der Sonnenwärme im Ofen bis zum nächsten Tage aufzuspeichern. Jedoch erschien selbst bei dem günstigsten Wetter diese Ausnützung der Sonnenwärme noch nicht zweckmäßig. Die Bestrebungen gehen dahin, die Sonnenwärme unmittelbar in elektrische Kraft umzuwandeln.

Sobald die Sonne als ein glühender Körper erkannt worden war, kam der Gedanke auf, daß sie allmählich ihre Wärme verstrahle und dadurch sich abkühlen müßte. Jedoch ergaben eingehende Untersuchungen aller Umstände, welche auf Erden eine Abnahme der Sonnenwärme anzeigen können, daß sich eine solche Abnahme nicht nachweisen lasse. Somit mußte dieses Nichtabkühlen der Sonne erklärt werden. Zuerst tauchte im 19. Jahrhundert die Annahme auf, daß durch aufstürzende Sternschnuppenschwärme oder kleine Planeten, die durch den Widerstand des Aethers der Sonne genähert werden, der Wärmeverlust ausgeglichen werden könne. Jedoch ergab die Rechnung, daß die durch den Aufsturz erzeugte Wärme nicht genügen könne. Helmholtz nahm als Ursache der Wärmeerhaltung an, daß eine fortdauernde Zusammenziehung der Sonne Wärme erzeuge und den Strahlungsverlust ausgleiche, und berechnete als Dauer einer gleichmäßigen Zusammenziehung aus dem Urnebel bis zum gegenwärtigen Zustande der Sonne 22 Millionen Jahre und bis zu einer Dichte der Sonne gleich der Erddichte noch weitere 17 Millionen Jahre. Da diese Zahlen auch nicht genügend erschienen, wurde von den Physikern das Vorhandensein von radioaktiven Stoffen auf der Sonne angenommen, deren Zerfall den Strahlungsverlust ausgleiche. Aber auch hier ergab die Annahme normaler Mengen keine befriedigende Lösung.

Die richtige Grundlage zur Erforschung des Aussehens des Mondes und der Planeten gab erst die Erfindung des Fernrohres. GALILEIS Zeichnung der Mondoberfläche entsprach allerdings so gut wie gar nicht der Wirklichkeit. Erheblich besser waren die von MELLON 1635 und besonders die von HEWELKE in seiner 1647 erschienenen Mondbeschreibung veröffentlichten Zeichnungen. Von den späteren Mondkarten sind zu nennen die von TOBIAS MAYER um 1760, von W. G. LOHRMANN 1820—24, von W. BEHR und JOH. HEINR. MÄDLER 1830—37 und von JULIUS F. J. SCHMIDT 1840—74 entworfenen Karten. Schöne Mondkarten auf Grund von photographischen Aufnahmen gaben heraus LÖWY und PUISEUX 1896—99 und W. H. PICKERING 1903. Erst die Mondkarte gab eine Grundlage zur Erforschung der Mondoberfläche. Man glaubte zuerst Gebirge und Meere zu unterscheiden, stellte die Meere aber später als Tiefländer fest. W. HERSCHEL bestimmte die Höhe von Bergen über ihrer Umgebung. Je feiner die Karten wurden, um so mehr Krater, Berge und Rinnen wurden entdeckt. Größere Veränderungen in diesen Gebilden wurden trotz vieler Bemühungen nicht einwandfrei festgestellt. Die Oberflächenteile wurden von HEWELKE 1647 nach irdischen Bergen und von RICCIOLI 1651 nach Sternforschern benannt. Ueber die Zusammensetzung der Oberfläche wurden eingehende Untersuchungen angestellt. Man glaubte aus dem Rückstrahlungsvermögen der Mondoberfläche Schlüsse zu ziehen, mußte jedoch feststellen, daß die ungemein abwechslungsreiche Oberfläche des Mondes der Deutung der Rückstrahlung große Schwierigkeiten bereitet. WOOD und später MIETHE machten Aufnahmen des Mondes unter Verwendung verschiedenfarbiger Lichtfilter und stellten große Verschiedenheiten je nach der Art des Lichtfilters fest. WILSING und SCHEINER verglichen 1907—08 das Rückstrahlungsvermögen verschiedener irdischer Gesteine mit denen von 2 Mondgegenden und zwar in verschiedenen Wellenbereichen und fanden aus ihren Messungen, daß der Grund der Meere das Sonnenlicht wie die Lava und die Abhänge der Krater wie Asche zurückstrahlen.

Die Entstehung der ringförmigen Krater wurde erklärt durch das Aufstürzen großer Feuerkugeln oder gemäß LOEWY und PUISEUX durch den Einsturz der kugelförmig emporgetriebenen Rinde oder gemäß H. EBERT und ZEHNDER durch das Sichabsetzen von Magma, das zur Zeit einer rascheren Achsendrehung infolge der Gezeiten durch Risse in die Oberfläche emporgetrieben wurde. Die Erklärung durch Aufsturz einer großen Feuerkugel wurde gestützt durch das Auffinden eines großen, anscheinend durch den Aufsturz einer großen Feuerkugel entstandenen Kraters in Arizona.

Die vom Monde ausgesandte Wärme ließ sich mit den gewöhnlichen Wärmemessern nicht bestimmen. Erst MELLONI und später LORD ROSSE vermochten mit Hilfe der thermometrischen Säule eine Wärmewirkung nachzuweisen, was von VERY und HUTCHINS bestätigt wurde.

Die Bewegungslehre hielt noch bis zum 19. Jahrhundert alle Geister so sehr in ihrem Bann, daß die Beobachtung der Oberflächen der Sonnenbegleiter und ihrer Monde wenig Förderung erfuhr, obwohl bereits im 17. Jahrhundert merkwürdige dunkle Stellen auf Mars und Jupiter sowie ein Helligkeitswechsel der Jupitersmonde entdeckt worden war. Auch das Rückstrahlungsvermögen der Planeten, das einen gewissen Rückschluß auf ihre Oberfläche gestattet, wurde nicht näher untersucht.

KEPLER wußte bereits um eine auffällige Helligkeitszunahme der Venus, wenn sie sich von ihrem größten scheinbaren Abstande der Sonne nähert, legte aber infolge GALILEIS Entdeckung des Gestaltenwechsels der Venus keinen Wert mehr auf die Verfolgung dieser Angelegenheit. Das nächste Jahrhundert brachte die Bemühungen, die Beleuchtungsverhältnisse auf selbstleuchtenden und auf beleuchteten Körpern zu berechnen; zuerst BOUGUER, dann LAMBERT und EULER, noch später LOMMEL und SEELIGER haben Formeln für die Berechnung der Phase und des Rückstrahlungsvermögens (Albedo) aufgestellt. Spätere Vergleichungen der Beobachtungen mit der Rechnung ließen erkennen, daß die aufgestellten Formeln meistens nur als Näherungsformeln anzusehen sind, die nur in dem Fall eines Körpers mit dichter, gleichmäßiger Lufthülle der Wirklichkeit entsprechen. Beim Saturnring, der nach der Annahme von HIRN und MAXWELL nicht aus einem flüssigen Ringe, sondern aus einer großen Anzahl ringförmig angeordneter, getrennter Teilchen bestand, vermochte 1893 SEELIGER das Vorhandensein solcher kleinen Teilchen aus ihren Beleuchtungsverhältnissen nachzuweisen.

Die Beobachtung der Aenderung der Phase der Sonnenbegleiter, sowie ihres Aussehens im Fernrohr, ließ beim Mond und Merkur das Fehlen einer Lufthülle, bei Mars eine meistens durchsichtige, selten durch Wolkenbildung getrübte und bei Venus, Jupiter und Saturn eine sehr dichte Lufthülle vermuten. Bei Merkur und Venus glaubte man häufig Flecken zu sehen, die aber nicht überzeugend nachzuweisen waren. Bei Saturn gelang die Erkennung der Ringform durch Chr. Wren 1655 und Huygens, der deutlichen Trennungslinie im Ring durch W. Ball 1665 und G. D. Cassini 1675, später einer anderen Trennungslinie durch Encke 1838, ferner das Auffinden eines dunklen Ringes durch Galle 1838, G. P. Bond und Dawes 1850. Flecken, besonders in streifenartiger Anordnung parallel zum Aequator, wurden wiederholt beobachtet und bereits durch W. Herschel zur Bestimmung der Umdrehungszeit verwendet. Aehnlich steht es mit den Jupitersflecken, von denen der im Jahre 1878 aufgefundene, aber bereits seit 1831 beobachtete rote Flecken wegen seiner auffälligen Erscheinung die Aufmerksamkeit auf sich zog. Die seitdem häufigen Beobachtungen ließen erkennen, daß er seine Lage auf der Jupitersoberfläche dauernd und nicht gleichförmig ändere. Bei Uranus und Neptun ließen sich Einzelheiten auf der Oberfläche nicht sicher feststellen, wenn auch bei Uranus eine mit seiner Achsendrehung übereinstimmende regelmäßige Lichtänderung auf ein ungleichmäßiges Aussehen der Oberfläche deutet.

Der beliebteste Gegenstand der Beobachtung und zugleich der Einbildung wurde der Mars, auf dem Fontana bereits 1636 einen Flecken entdeckt hatte. Huygens 1672 und G. F. Maraldi sahen auch weißliche Flecken gegen die Pole hin, deren mit den Marsjahreszeiten wechselndes Aussehen erst W. Herschel 1777—83 nachwies. Seit dieser Zeit wurden die Lage und das Aussehen der Flecken bei jeder günstigen Gelegenheit beobachtet, so von H. Schröter 1785—1803, Mädler und Behr 1828—30, F. Kaiser 1862—64, R. Proctor, Schiaparelli 1878—1888, O. Lohse, Keeler, Antoniadi, Denning, Lowell und Barnard. Während die älteren Beobachtungen fast immer ergaben, daß die meisten Flecken immer dieselbe Lage auf dem Mars zeigten, aber ihr Aussehen veränderten, glaubte Schiaparelli aus seinen mit einem kleinen Fernrohr angestellten Beobachtungen schließen zu können, daß die dunklen Stellen durch gerade Linien verbunden sind, die ihm bei späteren Beobachtungen sogar doppelt zu sein schienen. Diese als Kanäle bezeichneten feinen Linien regten die menschliche Einbildungskraft sehr an; man glaubte hierin einen Beweis für das Vorhandensein vernunftbegabter Wesen zu sehen, deren Gestalt wegen der Aehnlichkeit des Mars mit der Erde auch menschenähnlich angenommen wurde. Die feinen Linien wurden bei den späteren Beobachtungen, die mit größeren Fernrohren und in gleich günstiger Lage angestellt wurden, nicht wiedergefunden. Selbst die größten Fernrohre zeigten nur einzelne dunkle, oft nicht einmal in einer geraden Linie liegende Stellen. Die Marsaufnahmen konnten keine Entscheidung bringen. Der Glaube an die Marskanäle schwand und machte der Annahme Platz, daß die von SCHIAPARELLI gesehenen Gebilde, weil an der Grenze der Wahrnehmbarkeit befindlich, nur der Erinnerung an gerade Linien ihr Dasein verdanken, wie sich in den Zeichnungen anderer Marsbeobachter Kreise, das andere Grundelement des mathematischen Unterrichtes, bemerkbar machen. Allerdings glaubte TRÜMPLER den Aufnahmen von 1924 ein Netz von geraden Linien, vergleichbar dem Netze von SCHIAPARELLI, entnehmen zu können, im Gegensatz zu den Beobachtungen GRAFFS am Fernrohr. Die Aufnahmen der Licksternwarte 1924 durch W. H. WRIGHT im violetten und roten Licht ließen erkennen, daß die Oberfläche des Mars rotes Licht aussende, während von der Lufthülle, die sich bis zu 80 km hoch erstreckt, hauptsächlich violettes Licht ausgesandt wird.

Die Erforschung der Sonnenbegleiter beschränkte sich nicht auf die Beschreibung der Oberfläche. Messungen der scheinbaren Größe und der Abplattung, Bestimmung der Umdrehungen durch Beobachtung von Flecken oder in neuerer Zeit durch Beobachtung der Linienverschiebung des vom Ost- und Westrande des Planeten herkommenden Lichtes, die Bestimmung der Bahnen des Mondes fesselten die Forscher nicht weniger. GALILEI hatte die 4 hellsten Jupitersmonde zuerst entdeckt, HUYGENS fand 1655 einen Mond, den Titan, des Saturn, zu dem CASSINI von 1671—84 noch 4 Monde hinzuentdeckte (Japhet, Rhea, Dione, Thetys), ferner W. HERSCHEL 1798 Mimas und Enceladus, BOND und LASSELL 1848 Hyperion, W. H. PICKERING 1898 und 1905 Phöbe und Themis. Bei Jupiter brachte erst das 19. Jahrhundert eine Vermehrung seiner Begleiterzahl: BARNAD entdeckte 1892 den 5., PERRINE 1904 und 1905 den 6. und 7., MELOTTE 1908 den 8. und NICHELSON 1914 den 9. Die letzten Monde wurden nur photographisch entdeckt; sie sind äußerst lichtschwach, der 9. Jupitersmond nur 19. Größe. Be-

Merkur und Venus gelang es nicht einen Mond zu finden. Beim Mars entdeckte HALL 1877 2 Monde. Bei URANUS wollte W. HERSCHEL außer Titania und Oberon noch 4 weitere Monde gefunden haben. Jedoch dürfte dies wohl ein Irrtum sein. Dagegen fand LASSELL 1851 Ariel und Umbriel und 1846 auch einen Mond bei Neptun.
Die Bewegung der Monde, besonders der helleren Monde des Jupiter und Saturn, wurde vielfach beobachtet und zur Bahnbestimmung verwendet, weil sie sowohl als Sonderfälle der Dreikörperbewegung als auch wegen der Möglichkeit, die Massen ihres Hauptsternes zu berechnen, Beachtung heischten.

DIE ERFORSCHUNG DER STERNENWELT
DIE ERGEBNISSE DER BEOBACHTUNGEN

Die Sterne hatten in der Bewegungslehre keine große Rolle gespielt. Nach der gewöhnlichen Ansicht derselben Himmelsschale angehörig und gleichweit von der Erde entfernt, erschienen sie nur dafür geschaffen, um den sichtbaren Abschluß des Weltgebäudes zu bilden. Die Kenntnis der Oerter der Sterne schien nur insofern von Wert zu sein, als mit ihrer Hilfe der Ort des Mondes und der anderen Planeten festgelegt oder die Zeit bestimmt wurde. KOPPERNIK kam zur Erkenntnis, daß eine Vervollständigung seiner Bewegungslehre eine neue Bestimmung der Sternörter, zum mindesten des Tierkreises, zur Voraussetzung habe. Seinen durch JOACHIM überlieferten Wunsch versuchte zunächst BRAHE zu erfüllen. Er beobachtete von 1578—97 die Oerter von 1000 Sternen, deren Deklination er mit Hilfe des Mauerquadranten oder der Armillarsphäre bestimmte, während der Abstand des Sternes von einem vorausgehenden und von einem nachfolgenden Stern mit dem Sextanten gemessen wurde, welche beiden Sterne durch andere Messungen an α im Widder, den Ausgangsstern, angeschlossen waren. BRAHE verwendete auf die Bestimmung der Sternörter nicht die gleiche Sorgfalt wie auf die Bestimmung der Oerter der Planeten. Auch die Größe der Sterne wurde beobachtet, und zum Teil auf ein Drittel Größenklasse angegeben, jedoch war auch hierbei die Sorgfalt nur gering. Größer als dieses Sternverzeichnis war das des HEWELKE, das 1564 Sterne enthält. Obwohl bei der Beobachtung der Sterne kein Fernrohr verwendet worden war, so war doch die Genauigkeit der Messungen nicht geringer als die der gleichzeitigen Messungen mit Fernrohr. Auch konnte HEWELKE mit seinem vorzüglichen Auge noch Sterne bis beinahe 7. Größe beobachten. Das erste

Verzeichnis von südlichen Sternen gab HALLEY, der 1676—78 auf der Insel St. Helena mit einem Mauerquadranten und mit einem mit Fernrohr ausgerüsteten Sextanten die Oerter der Sterne beobachtete. Darauf folgte die große Durchmusterung des in Greenwich sichtbaren Himmels durch FLAMSTEED, 1725 als Historia Coelestis Britannica erschienen, welche Sterne bis zur 7. Größe enthielt. Die Beobachtungen wurden von 1675 an mit Sextanten und von 1684 an mit Hilfe eines festen Mauerquadranten mit Fernrohr und mit einer Uhr gemacht, wodurch Rektaszension und Deklination bestimmt wurden. Die Ableitung der Oerter folgte wie bei BRAHE, HEWELKE und den anderen Beobachtern nicht auf Grund sämtlicher Ortsbestimmungen, sondern unter Zugrundelegung der anscheinend besten Beobachtung. Als Grundlage diente ein Netz von 36 Sternen, deren Oerter im Jahre 1690 in bezug auf die Sonne festgelegt worden waren. FLAMSTEED war der 1. Direktor der Greenwicher Sternwarte; sein 2. Nachfolger BRADLEY stellte von 1750—61 mit dem von GRAHAM verfertigten eisernen Quadranten, mit dem von BIRD hergestellten achtfüßigen Mauerquadranten und mit dem Durchgangsrohr sehr genaue Beobachtungen an, welche zusammen mit früheren mit dem GRAHAMschen Zenitsektor angestellten Beobachtungen, wegen der Berücksichtigung der Fehler der Geräte und wegen der bei den Beobachtungen angewandten Sorgfalt die Grundlage für Untersuchungen des 19. Jahrhunderts bilden sollten. Es wurden sowohl die Meridiandurchgänge der Sterne als auch der Planeten beobachtet. Die Beobachtungen mit dem Zenitsektor dienten zur Entscheidung, ob sich in dem Ort der Sterne der jährliche Umlauf der Erde um die Sonne bemerkbar mache. HOOKE glaubte nämlich um 1674 aus seinen Beobachtungen die Ortsänderung eines Sternes und daraus seine Parallaxe feststellen zu können. Andere deuteten seine Beobachtung im anderen Sinne. PICARD und FLAMSTEED glaubten auch beim Polstern eine jährliche Aenderung seines Ortes feststellen zu können, die allerdings nicht als Spiegelbild der Erdbewegung zu deuten war, zumal auch andere Beobachtungen widersprachen. Deshalb beobachtete BRADLEY zuerst unter Leitung von MOLYNEUX (1689—1728), später selbständig anhaltend den Zenitabstand zuerst von γ im Drachen, später auch von anderen Sternen und konnte 1728 mitteilen, daß die Oerter der Sterne eine jährliche Bewegung erkennen lassen, die aber nicht als Spiegelbild der Erdbewegung zu deuten, sondern eine Folge der endlichen Geschwindigkeit des Lichtes sei und demgemäß von der Richtung der Erdbewegung und

von der Blickrichtung abhänge, so daß durch die scheinbare Bewegung des Sternes, verursacht durch diese Aberration des Lichtes, die jährliche Erdbewegung bewiesen werde. Bradleys Beobachtungen wurden von Bessel zur genauen Ableitung der Aberration, der Art und Größe der Strahlenbrechung, sowie der Eigenbewegung der Sterne benützt. Seine Ortsbestimmungen der Sterne wurden von A. Auwers von 1865—83 neu bearbeitet und im Verein mit den tauglichsten, bis dahin veröffentlichten neueren Beobachtungen zur Ableitung von Eigenbewegungen verwendet. Als Genauigkeit der Beobachtungen Bradleys ergab sich der wahrscheinliche Fehler einer Beobachtung eines Fadens in α: $\pm$ 0,143^s und in δ: $\pm$ 0,95″. Diese Genauigkeit und zugleich das hohe Alter der Bradleyschen Beobachtungen bewirkte, daß die Beobachtungen bei der Ableitung von Eigenbewegungen selbst durch genauere neuere Beobachtungen nicht verdrängt werden konnten.
Etwa gleichzeitig mit Bradley beobachtete Lacaille von 1751—52 am Kap die Meridiandurchgänge der Sterne im Durchgangsrohr und ihre Deklination mit einem Mauerquadranten und stellte ein Verzeichnis von 9766 südlichen Sternen her, das nunmehr als eine wesentliche Ergänzung der durch Flamsteeds und Bradleys Bemühungen für den nördlichen Himmel geschaffenen Bestandaufnahme der für die damaligen Fernrohre sichtbaren Sterne bis zur 8. Größe gelten konnte. Am Ende des 18. Jahrhunderts beobachtete Piazzi von 1792—1813 in Palermo mit einem Altazimut von Ramsden die Oerter von 7646 Sternen unter Benützung eines Netzes von 120 Anhaltsternen. Von 1778—1803 machten unter Lalandes Leitung sein Neffe M. L. Lalande und d'Agelet Beobachtungen von allen Sternen bis zur 9. Größe, die nacheinander durch das Gesichtsfeld ihrer Fernrohre, eines Durchgangsrohres und eines Mauerquadranten von Bird, kamen. Da Lalande nur einen Teil dieser Beobachtungen und zwar unbearbeitet in seiner Histoire Céleste française veröffentlichte, so bearbeitete Fr. Baily auf Kosten der englischen Vereinigung (British Association) sämtliche Beobachtungen und veröffentlichte das daraufhin zusammengestellte Verzeichnis der Oerter von 47 390 Sternen im Jahre 1837. Alle diese Beobachtungen wurden wie üblich an 2 getrennten Geräten gemacht. Erst von Bessel rühren Zonenbeobachtungen her, die mit demselben Durchgangsrohr mit Teilkreis angestellt worden sind, wobei der Beobachter den Durchgang der Sterne durch verschiedene Fäden beobachtete und zugleich den Stern auf einen wagerechten Mittelfaden einstellte, dessen entsprechende Stellung am geteilten Kreise der Ge-

hilfe ablas, wobei er auch die ihm zugerufenen Durchgangszeiten aufzuschreiben hatte. BESSELS 75 000 Beobachtungen von 31 895 Sternen in den Jahren 1821—33 bildeten zusammen mit ähnlichen Beobachtungen von ARGELANDER, LAMONT, GROOMBRIDGE und CARRINGTON für den nördlichen Himmel und von GOULD für den südlichen Himmel die Grundlage der neueren Ortsbestimmung. Von 1869—1905 wurden von 16 in der Astronomischen Gesellschaft vertretenen Sternwarten eine Ortsbestimmung der Sterne bis zur Größe 9,0 mit Hilfe von Meridiankreisen durchgeführt. Mit dem Jahre 1927 begann eine neue Wiederholung derselben Arbeit, um eine Grundlage für die Bestimmung von Eigenbewegungen zu erhalten. LEWIS BOSS veröffentlichte 1910 ein nur als vorläufig geltendes, umfassendes Ortsverzeichnis mit den bis dahin genauesten Oertern und Eigenbewegungen der Sterne.

DIE STERNBILDER

Namen und Einteilung der Sternbilder waren vom Mittelalter übernommen. Die Bezeichnung eines Sternes erfolgte im 16. und 17. Jahrhundert meistens nach der bereits von PTOLEMAIOS eingeführten Beschreibung seiner Lage im Sternbilde, gelegentlich auch unter Angabe seiner von PTOLEMAIOS gegebenen Nummer. Von A. PICCOLOMINI wurde um 1550 die Benennung der Sterne mit Buchstaben angewendet, was aber keinen Anklang fand. Erst die in den Sternkarten des JOHANN BAYER von 1602 an verwendete Bezeichnung der Sterne jedes Sternbildes mit den Buchstaben des griechischen Alphabetes und nach dessen Erschöpfung mit den großen Buchstaben des lateinischen Alphabetes kam vom Ende des 17. Jahrhunderts an in Anwendung. Das bald darauf erscheinende Verzeichnis des FLAMSTEED wurde wegen seiner Vollständigkeit für die dem bloßen Auge und in Europa sichtbaren Sterne so allgemein benützt, daß sich als Bezeichnung von Sternen die FLAMSTEEDsche Nummer mit Sternbild einbürgerte. Im 19. Jahrhundert bildete sich der Brauch aus, bei den schwächeren Sternen von dem Sternbild abzusehen und nur ihre Nummer in einem der Sternverzeichnisse anzugeben. Dagegen ist für die veränderlichen Sterne die Bezeichnung nach Sternbildern, deren lateinischer Name häufig abgekürzt wird, nach wie vor üblich.

Zu den von alters her üblichen Sternbildern führte zuerst die 1601 erschienene Himmelskugel des HONDIUS 12 neue Sternbilder ein, welche KEYZER zusammen mit 124 südpolnahen Sternen der Wissenschaft bekannt gemacht hatte. Diese 12 Sternbilder sind zum Teil nach südlichen Tieren benannt; sonst kommt noch der Indianer, das südliche Dreieck und das südliche Kreuz vor. Um dieselbe Zeit wurden auch der nördliche Himmel durch neue Sternbilder bereichert, so durch das Einhorn, die Giraffe und die Taube; diese neuen Sternbilder fanden zusammen mit den neuen südlichen Sternbildern in BAYERS Sternkarten Aufnahme und daher Verbreitung. Die von JULIUS SCHILLER besorgte Erweiterung der BAYERschen Sternkarten, die 1627 erschien, führte außer vielen schwachen Sternen christliche Sternbilder ein, die nach der Ansicht ihrer Urheber SCHILLER und SCHICKARD die heidnischen Sternbilder ersetzen sollten. Jedoch fand dieser Vorschlag wenig Anklang, ebenso andere von HARSDÖRFER 1651 vorgeschlagene christliche Sternbilder oder die von E. WEIGEL 1688 vorgeschlagene Ersetzung der alten Sternbilder durch die Wappen von Fürsten, Ländern und Städten. Dagegen wurden einige durch HEWELKES Sternkarten 1690 und durch LACAILLE 1752 eingeführte Sternbilder dauernd aufgenommen, so HEWELKES Eidechse, Luchs und Sextant und LACAILLES Pendeluhr, Fadennetz, Chemischer Ofen und andere. Keinen Anklang fand LALANDES Versuch seine Katze und seinen Mauerquadranten und BODES Vorschlag die Friedrichsehre und den Luftballon zu verewigen. Der durch die vielen neuen Sternbilder entstandene Wirrwar wurde für die nördlichen Sternbilder durch ARGELANDER in seinen Sternkarten von 1843 und für die südlichen Sternbilder durch GOULD in seiner Uranometria Argentina von 1877 beendet. Seitdem gelten nur die darin angegebenen Sternbilder mit ihren Grenzen.

HIMMELSKUGELN UND STERNKARTEN

Die Himmelskugeln des STÖFFLER fanden manche Nachfolger, von denen zu erwähnen sind die des KREMER (Merkator) von 1551, des WILHELM von Hessen, die 1728 zerstörte Himmelskugel des TYCHO BRAHE, besonders aber die Himmelskugeln des WILLEM JANSZOON BLAEU, die seit 1602 erscheinend dadurch einen besonderen Wert erhielten, weil sie nicht nur die Sterne des Sternverzeichnisses des BRAHE und die am Südpol beobachteten Sterne und Sternbilder enthielten, sondern auch weil diese Himmelskugel von ihrem Hersteller mit dem Himmel verglichen worden war, was zur Entdeckung des für neu angesehenen Sternes P im Schwan führte. Außer den Himmelskugeln des BLAEU, die bis 1640 wiederholt herauskamen, sind zu erwähnen die des G. HONDIUS von 1600, des P. VINCENZO CORONELLI von 1688 an und die des GERHARD und LEONHARD VALK von 1715, die wegen ihrer schönen Ausführung häufig als Schmuckstücke Verwendung fanden, ferner die mehr zum Unterricht dienenden nürnberger Himmelskugeln des M. SEUTTER seit 1710, des J. G. DOPPELMAYR und des JOHANN PUSCHNER seit 1728. Manche waren mit einer Einrichtung zur Auffindung der Sternbilder am Himmel versehen und dienten auch in dieser Weise wie die Sternkegel des ZIMMERMANN des 17. Jahrhunderts und die Sternzeiger des 19. Jahrhunderts dem Unterricht.

Bei den Himmelskugeln ging die Entwicklung von dem Hilfsgerät der Forscher zum Lehrgerät der Schulen und schließlich zum Schmuckgegenstand. Auch bei den Sternkarten verleugnete sich bis zum Ende des 18. Jahrhunderts der Drang zum Schmuckstück nicht. Nicht nur die mit DÜRERS Figuren der Sternbilder verzierten Sternkarten des HEINFOGEL von 1515, auch die Sternkarten des BAYER von 1602, der christliche Sternhimmel des SCHILLER von 1627, die Sternkarten des HEWELKE von 1690 und des BODE von 1801 zeichnen sich durch eine sorgfältige, teilweise künstlerische Gestaltung der Figuren der Sterne aus. Dies tritt mit dem Anfang des 19. Jahrhunderts hinter der Forderung des Beobachters, sofort einen Ueberblick über den Sternbestand der von ihm ins Auge gefaßten Himmelsgegend zu erhalten, zurück. Die Figuren der Sternbilder, in ARGELANDERS Sternkarten nur noch durch Umrißzeichnung angedeutet, verschwinden selbst in den neueren, mehr für den Liebhaber bestimmten Sternkarten. Das Gradnetz und die saubere Eintragung der Sterne unter Berücksichtigung ihrer Größe wird maßgebend. Hatten in den früheren Jahrhunderten die Sternkarten des BAYER, des HEWELKE, des FLAMSTEED und des PARDIES eine Rolle gespielt, so sind es im 19. Jahrhundert zuerst die Sternkarten des BODE und des HARDING, darauf die von der Berliner Akademie herausgegebenen und durch die Zusammenarbeit mehrerer jüngerer Forscher unter der Leitung ENCKES hergestellten Akademischen Sternkarten, welche auf die Umgebung des Tierkreises sich beschränken, aber alle bis zur 9. Größe sichtbaren Sterne enthalten sollten. Diese Karten wurden völlig verdrängt durch die zur Bonner Durchmusterung gehörigen Sternkarten. ARGELANDER ließ in den Jahren 1852—59 in Bonn durch seine Mitarbeiter, hauptsächlich KRÜGER und SCHÖNFELD, mit einem Kometensucher von 76 mm Oeffnung sämtliche darin sichtbaren Sterne ihrem Ort und Größe nach beobachten. Diese Arbeit, deren Ergebnis die Bonner Durchmusterung ist, umfaßte die Gegend vom Nordpol bis 2° südlicher Breite mit 324 198 Sternen. Sie wurde fortgesetzt durch SCHÖNFELD in Bonn bis 23° südlicher Breite mit

133 659 Sternen und durch THOME zu Cordoba bis zu 61° südlicher Breite mit 580 000 Sternen.

Von den seit 1880 entstandenen photographischen Sternkarten sind als die wichtigsten zu nennen die von PALISA auf Grund von WOLFschen Aufnahmen hergestellten PALISA-WOLF-Karten, die nicht den ganzen Himmel umfassen, aber die Sterne bis zur 15. Größe und mehr zeigen. Ferner die auf der Kapsternwarte hergestellte photographische Durchmusterung des südlichen Himmels und die auf Anregung der französischen Regierung unternommene Photographische Himmelskarte. Zu diesem Unternehmen hatten sich 16 Sternwarten zusammengeschlossen, um mit Fernrohren gleicher Größe und Brennweite Aufnahmen der ihnen zugeteilten Himmelsgegend zu machen. Eine Aufnahme von kurzer Belichtung sollte Sterne bis zur 11. Größe enthalten und zur Ortsbestimmung dieser Sterne dienen. Eine andere Aufnahme von 40 Min. Dauer sollte zur Herstellung von Karten dienen. Obwohl an dem Werk bereits über 4 Jahrzehnte gearbeitet wird, ist ein Ende nicht abzusehen. Wichtiger war das Unternehmen eines englischen Liebhabers FRANKLIN-ADAMS mit demselben Fernrohr zu Greenwich und am Kap den ganzen Himmel in kurzer Zeit aufzunehmen. Er führte dieses Vorhaben trotz schwerer Erkrankung durch. Von seinen Aufnahmen wurden sehr wenige Bromsilberabzüge — die FRANKLIN-ADAMS-Karten — hergestellt.

Außer diesen Sternkarten entstanden für einzelne Sternhaufen und Nebel, sowie für die Milchstraße besondere Karten.

DIE ENTFERNUNG DER STERNE

Die Ortsbestimmung der Sterne wurde in der Hoffnung unternommen, die Widerspiegelung der Erdbewegung in dem Ort der nächstenSterne zu finden. BRADLEY entdeckte auf der Suche nach dieser scheinbaren Bewegung der Sterne die Aberration des Lichtes. Auch spätere Bemühungen von PIAZZI, CALANDRELLI und POND führten zu keinem Erfolge, höchstens zur Feststellung, daß die Parallaxe kleiner als eine Sekunde sein müsse. BESSEL konnte als erster im Jahre 1838 eine Parallaxe nachweisen und zwar bei dem Stern 61 im Schwan im Umfange von mindestens 0,37″ (jetzige Annahme 0,32″). Etwa gleichzeitig fand STRUVE eine Parallaxe der Wega zu 0,26″, wofür CALANDRELLI 3,9″ errechnet hatte und jetzt 0,12″ als bester Wert angesehen wird, und HENDERSON für α im Centaur 0,92″ (jetzt 0,76″ angenommen) nud Sirius 0,31″ (jetzt 0,37″ angenommen). Bei allen diesen Bestimmungen wurde die jährliche Ortsänderung gegenüber benachbarten schwachen Sternen in Betracht gezogen und diese schwachen Nachbarn als unendlich weit entfernt, folglich ohne parallaktische Verschiebung, angenommen. Bessel maß mit einem Heliometer die Abstände seiner Sterne, Struve mit einem Fadenmikrometer an seinem Fernrohre und Henderson bestimmte die Meridianzenitabstände. Seit dieser Zeit wurde zuerst hauptsächlich mit Heliometern und Fadenmikrometern, später mit den Mittagskreisen, zuletzt fast ausschließlich mit Hilfe der photographischen Platte die Parallaxen zu bestimmen gesucht. Bei dem photographischen Verfahren wurde ein Vorschlag Kapteyns in Anwendung gebracht, auf derselben Platte den Stern mit seiner Umgebung mehrmals zu den Zeiten seiner größten Parallaxe aufzunehmen und dann erst zu entwickeln. Von den früheren Verfahren war die Anwendung des Heliometers die genaueste, weil sie auf einer Abstandsmessung, also nicht in 2 Koordinaten beruhte. Die Anwendung der Photographie vereinigte den Vorzug dieses Verfahrens mit dem Vorteile, den zu messenden Stern nicht nur an einige, sondern an beliebig viele schwache Sterne anzuschließen und damit die Parallaxe so genau wie möglich zu bestimmen. Zugleich hatte die Verwendung der photographischen Platte auch eine bedeutende Verkleinerung der Arbeit zur Folge, so daß sich nunmehr die Zahl der bestimmten Parallaxen sehr vermehrte, besonders durch die Bemühungen Schlesingers, der eine Anzahl hauptsächlich amerikanischer Sternwarten zu gemeinsamer Arbeit zu vereinigen wußte. Der mittlere Fehler einer Einzelparallaxe, der beim Mittagskreise noch 0,040″—0,060″ und beim Heliometer 0,025″—0,040″ betrug, verkleinerte sich auf weniger als 0,017″. Zu diesem Verfahren sind andere Verfahren getreten, die von der Messung der jährlichen Verschiebung gänzlich absehen und die Entfernung eines Sternes aus seiner scheinbaren Helligkeit und aus seiner Zugehörigkeit zu einer Gruppe von Sternen, die bezüglich ihrer absoluten Helligkeit und ihrer Spektren übereinstimmen, erschließen. Solche Verfahren, die für eine Anzahl von Sternen die Entfernungen als bekannt voraussetzen, wurden von Kohlschütter, Adams, Joy, Charlier und Lindblad ausgearbeitet und darnach viele Parallaxen abgeleitet, die teilweise gut mit den gemessenen übereinstimmen, teilweise auch sehr abweichen. Andere Verfahren zur Entfernungsbestimmung, die besonders bei Sternhaufen Anwendung finden, beruhen auf der Annahme, daß für alle Blinksterne die Regel bezüglich der Größe und der Periode gelte, welche Leavitt für die Sterne der kleinen Maghellanwolke festgestellt hatte und deshalb aus der scheinbaren Größe und Periode eines Blinksternes sofort auf seine Entfernung zu schließen sei oder auf der Annahme LUNDMARKS, daß alle neuen Sterne die gleiche absolute Helligkeit erreichen.

DER DURCHMESSER DER STERNE

Mit der Bestimmung der Entfernung eines Sternes ist eng verbunden die Bestimmung seiner Größe. Vom Mittelalter waren übernommen die Zahlen für den Durchmesser der Sterne, welche BRAHE verbesserte zu 2′ für einen Stern 1. Größe, 1½′ für 2. Größe, $1^1/_{12}$′ für 3. Größe, ¾′ für 4. Größe, ½′ für 5. Größe und ⅓′ für 6. Größe. HORROX schloß aus der am 19. März 1637 beobachteten, augenblicklichen Bedeckung der Plejadensterne durch den Mond, daß der scheinbare Durchmesser der Sterne äußerst klein sein müsse. HEWELKE stellte fest, daß durch Verkleinerung der Oeffnung eines Fernrohres das Bild der Sterne zu einer runden Scheibe werde, und fand aus der Vergleichung dieser Scheibe mit Merkur den scheinbaren Durchmesser des Sirius zu 6,25″, was G. CASSINI 1700 zu 5″ verbesserte. HALLEY hielt dies allerdings für eine optische Täuschung und äußerte sich ähnlich wie HORROX. Darauf beherrschte die Ansicht von der Unmeßbarkeit des Sterndurchmessers das 18. und 19. Jahrhundert. Erst MICHELSON erfand 1890 ein Verfahren um den Abstand sehr enger Doppelsterne und den Durchmesser naher großer Sterne zu messen. Mit Hilfe seines Gerätes, das am großen Spiegel der Mount Wilson Sonnenwarte angebracht war, wurden von 1920 an die Durchmesser der Sterne Beteigeuze, Antares und Arktur gemessen und zu 0,047, 0,040 und 0,022″ gefunden. Außer der Messung des Durchmessers wurde von WILSING ein Verfahren zur Berechnung der Durchmesser aufgestellt, welches von der absoluten Wärme und der Entfernung des Sternes ausging.

DIE EIGENBEWEGUNG DER STERNE

HALLEY machte 1718 auf den Umstand aufmerksam, daß die Sterne Sirius, Arktur und Aldebaran gegenüber den anderen Sternen eine eigene Bewegung zeigten. Aber erst TOBIAS MAYER wies 1760 die eigene Bewegung einzelner Sterne bestimmt nach. Sein Versuch, in diesen Bewegungen die Bewegung der Sonne im Raum wiedergespiegelt zu finden, mißlang. Erst WILHELM HERSCHEL kam zum Ziel. Er konnte 1783 nachweisen, daß sich bereits in den Eigenbewegungen einiger weniger, aber sorgfältig beobachteter Sterne eine Bewegung der Sonne, die nach einem Ort etwas nördlich von λ im Herkules gerichtet sei, zeige. Dieses Ergebnis wurde durch spätere Untersuchungen an Hand zahlreicher Eigenbewegungen bestätigt. Allerdings wichen die gefundenen Bewegungsrichtungen nicht unerheblich voneinander ab. Auch schien die Bewegungsrichtung sich anders zu ergeben, je nachdem man Sterne der verschiedenen Spektralklassen benützte. Die Größe der Sonnenbewegung wurde durch die Untersuchung der Linienverschiebung in den Spektren ermittelt, zuerst von Campbell 1901 und 1911. Eigenbewegungen wurden abgeleitet, außer von Mayer, besonders von Argelander, Mädler, Auwers, Küstner, Porter und L. Boss. Die Entdeckung von Eigenbewegungen wurde sehr gefördert durch die stereoskopische Vergleichung von Aufnahmen, die einen möglichst großen Zeitraum umspannen und deshalb große Eigenbewegungen sofort erkennen lassen. Auf diese Weise gelang es M. Wolf verschiedene sehr rasch bewegte Sterne zu entdecken.

Monck konnte 1892 feststellen, daß zwischen den Eigenbewegungen und dem Spektraltypus im allgemeinen eine solche Beziehung bestehe, daß die Eigenbewegungen für die Klasse B am kleinsten sind, dann zunehmend bis zur Klasse F größer werden und darauf bis zur Klasse M wieder abnehmend kleiner werden, ohne die Werte der B-Sterne zu erreichen. Dies wurde durch die Untersuchungen von Kapteyn, Hertzsprung, Pannekoek und Boss bestätigt. Bei den Geschwindigkeiten in der Gesichtslinie konnte Campbell nachweisen, daß diese Geschwindigkeiten von den B-Sternen bis zu den K-Sternen wachsen.

Nachdem eine Bewegung der Sterne festgestellt worden war, lag es nahe, entsprechend den Verhältnissen im Sonnenall, auch im Sternenall nach einem Mittelpunkt zu suchen, um den sich die Sonne und die Sterne bewegten. Der Arzt Biedenburg sprach 1730 die Ansicht aus, daß die Sonne sich in 25 000 Jahren um einen Körper in der Mitte der Welt bewege. Mädler glaubte 1846 aus den Eigenbewegungen schließen zu dürfen, daß die Plejaden, denen die geringsten Eigenbewegungen zukamen, die Mitte des Sternenalls, welchem die Sonne angehöre, bilden.

Den Untersuchungen über die Abbildung der Sonnenbewegungen in der Sternbewegung lag die Annahme zugrunde, daß die Bewegungen der Sterne regellos seien. Daß diese Annahme nicht stimme, wurde durch Kobold 1897 nachgewiesen. Kapteyn fand auf Grund der Untersuchungen der Bewegungen der Bradleyschen Sterne, daß es 2 Sterntriften am Himmel gäbe, denen die meisten Sterne angehören und sich darin bewegen, vergleichbar einem Schwarm Fische, der durch eine Strömung fortgeführt wird, wobei aber jeder einzelne Fisch seine eigene Bewegung besitzt. Dies wurde durch EDDINGTON, DYSON und HALM bestätigt. Es gelang KAPTEYN auch zu zeigen, daß die Zielpunkte der beiden Sterntriften, wenn auf den Einfluß der Sonnenbewegung Rücksicht genommen wird, einander entgegengesetzt, nämlich in der Nähe des Sternes ξ im Orion und im Schild liegen, daß also die beiden Sterntriften parallel zur Milchstraßenebene liegen und sich durchdringen.

Diese merkwürdigen Sternbewegungen mußten den Gedanken an eine allgemeine Sternbewegung in langgestreckten Bahnen um einen Mittelpunkt wieder zum Leben erwecken. TURNER und OPPENHEIM haben darüber Untersuchungen angestellt. TURNER kam zu einer Umlaufszeit um die Mitte zu in 400 Millionen Jahren, während früher 18 200 000 Jahre von MÄDLER 1846 und 25 000 Jahre von BIEDENBURG 1730 angenommen worden waren.

DIE VERTEILUNG DER STERNE

Erst mit Hilfe des Fernrohres ließ sich die früher gelegentlich geäußerte Meinung, daß die Milchstraße aus Sternen und nicht aus nebelartigen Massen bestehe, nachweisen. Eine Verbindung zwischen der Milchstraße und den gewöhnlichen Sternen herzustellen gelang erst dem 19. Jahrhundert, nachdem W. HERSCHEL und sein Sohn JOHN HERSCHEL, um die Verteilung der Sterne kennen zu lernen, an bestimmten über den ganzen Himmel planmäßig verteilten Stellen sämtliche im Gesichtsfelde ihres Fernrohres sichtbaren Sterne gezählt hatten.

TH. WRIGHT hatte im Jahre 1750 als erster Ansichten über die Verteilung der Sterne geäußert. Die Milchstraße erschien ihm als eine Sternansammlung in vollkommener Ringform. Die anderen sonst noch sichtbaren Sterne müßten, wegen der Harmonie, welche alle Anordnungen der Natur aufwiesen, sich der Form der Milchstraße anpassen. Nur die Lage der Erde hindere dieses zu bemerken, genau wie das Sonnenall von der Sonne aus betrachtet symmetrisch erscheine. Außer der Milchstraße gäbe es andere Milchstraßen, deren Vorhandensein auf Grund der im Fernrohr nicht auflösbaren Nebel zu erschließen sei. Diese ihrer Zeit weit vorauseilenden Gedanken fanden bei den Sternforschern wenig Anklang. Nur KANT 1755 und LAMBERT 1761 wurden dadurch beeinflußt und zu neuen Gedanken angeregt. KANT verglich die Milchstraße mit einer flachen Linse und deshalb auch mit dem

Sonnenall, wo die Bahn der Sonnenbegleiter nur einen kleinen Winkel mit der Tierkreisebene bildeten. Wie die Sonnenbegleiter um die Sonne, so bewegen sich auch die Sterne um einen gemeinsamen Mittelpunkt. Hiermit wird zum erstenmal auf die Milchstraßenebene als Bezugsebene hingewiesen und die Anordnung des Sonnenalls auf das Milchstraßenall angewendet. LAMBERT führte dies im einzelnen aus, indem er ausgehend von dem Sonnenall auch den Sternen Begleiter zulegte und die Sterne zu höheren Einheiten, zu Sternhaufen, die um ihren Hauptkörper kreisen und die Sternhaufen wiederum zur Milchstraße, in der auch die Gesetze der Anziehung gelten und die Bewegung um einen allerdings dunklen Hauptkörper erfolge, zusammenfaßte.
W. HERSCHEL hat als erster diese Behauptungen nachgeprüft, indem er von 1784 an 3400 über den ganzen Himmel verteilte Stellen eichte, dadurch daß er alle im Gesichtsfeld von 15′ Durchmesser seines 20füßigen Spiegels von 47 cm Oeffnung sichtbaren Sterne zählte. Die Sternzahl schwankte zwischen 1 und 588 in einem Eichfelde. Deutlich nahm die Zahl der Sterne zur Milchstraße hin stark zu. Dies konnte sein Sohn JOHN HERSCHEL durch 2299 ähnliche Eichungen vom Südpol bis zu 60° nördlicher Breite bestätigen. Unter der Annahme, daß die Sterne gleichmäßig im Raum verteilt seien, so daß aus ihrer Anzahl in einem bestimmten Raum auf ihre Verteilung geschlossen werden könne, kam W. HERSCHEL zu einer Verteilung der Sterne der Milchstraße in Gestalt einer flachen Linse von 155 Einheiten Dicke und 850 Einheiten Ausdehnung, wobei als Einheit die durchschnittliche Entfernung eines Sternes 1. Größe zu verstehen ist. Später ging er von den Helligkeiten der Sterne aus und untersuchte, ob der Verteilung der Sterne nach ihrer Größe die Annahme gleicher Leuchtkraft aller Sterne entspräche. Jedoch schienen die aus BODES Sternverzeichnis entnommenen Größen dieser Annahme nicht zu entsprechen. Seine Untersuchungen führte W. STRUVE auf Grund von BESSELS Zonen und HERSCHELS Eichungen fort. Indem er auch von der Annahme der gleichen Leuchtkraft der Sterne ausging, kam er zur Feststellung von Sternschichten verschiedener Dicke parallel zur Milchstraßenebene. Die Sterne stehen am dichtesten in der Milchstraße, ihre Zahl nimmt senkrecht zur Ebene rasch ab. C. A. F. PETERS versuchte auf Grund der STRUVEschen Betrachtungen die Entfernungen der Sterne zu bestimmen; ausgehend von der Annahme einer Parallaxe von 0,116″ (= 28 Lichtjahren) für einen Stern 2. Größe, fand er für einen Stern 6. Größe 138 Lichtjahre und für einen Stern an der Grenze der Sichtbarkeit in HERSCHELS

20füßigem Spiegel (also 17. Größe) 3541 Lichtjahre. Struve hatte bereits festgestellt, daß die Zahl der schwächeren Sterne nicht so rasch wachse wie die der helleren Sterne. Um dies zu erklären, mußte er zur Annahme einer beträchtlichen Lichtauslöschung im Raume greifen. Neuere Untersuchungen von Seeliger, Kapteyn, Schwarzschild und Charlier ließen erkennen, daß die Abnahme der Zahl der schwächsten Sterne bezeichnend für das Milchstraßenall ist. Diese Untersuchungen ließen die Annahme einer Auslöschung des Lichtes oder einer gleichen Verteilung der Sterne im Raum oder einer Gleichheit der Leuchtkraft der Sterne fallen und suchten nur aus der Art, wie die Sterne der Bonner Durchmusterung und anderer Sternverzeichnisse sich zur Milchstraße hinsichtlich ihrer Zahl und Helligkeit verhalten, Schlüsse über die Verteilung der Sterne zu ziehen. Seeliger und Kapteyn fanden für die Milchstraße die Form einer flachen Linse, deren Ausdehnung etwa 5mal so groß wie ihre Dicke ist. Die größte Ausdehnung ist nach Seeliger und Kapteyn etwa 5000 Sternweiten = 16 300 Lichtjahren. Die Zahl der Sterne beträgt nach Kapteyn 1,2 Milliarden, nach Seeliger 12 Milliarden und nach Schwarzschild 14 000 Billionen. Nach den Verteilungsgesetzen, welche nur ein Durchschnittsbild geben wollen, nimmt die Zahl der Sterne zur Milchstraße hin zuerst rasch zu, dann allmählich wieder ab, während in der Richtung senkrecht zur Milchstraße sich die Zahl der Sterne rasch verkleinert.

Im Gegensatz zu Seeliger und Kapteyn, die ein Bild der durchschnittlichen Verteilung der Sterne im Milchstraßenall geben wollten, versuchte Easton aus der sichtbaren Verteilung der Sterne in der Milchstraße die Form des Milchstraßenalles abzuleiten. Er kam zu einem Gebilde, dessen Sterne in Spiralzweigen angeordnet sind und das von weitem gesehen wie ein Spiralnebel aussieht.

Um einen Ueberblick über die durchschnittlichen Verhältnisse zu bekommen, schlug Kapteyn vor, an 200 über den ganzen Himmel gleichmäßig verteilten Stellen Stichproben zu machen: die Helligkeit aller Sterne durch Beobachtung mit dem Auge, mit gewöhnlichen und farbenempfindlichen Platten zu bestimmen, die Eigenbewegungen und Entfernungen, die Geschwindigkeit im Gesichtsfelde und das Spektrum aller Sterne festzustellen. An diesem Unternehmen der Stichproben beteiligen sich mehrere Sternwarten.

Die Frage der Zugehörigkeit der Sternhaufen und Nebel zum Milchstraßenall wurde hauptsächlich durch Shapley untersucht. Nach seinen Untersuchungen gehören die offenen Sternhaufen und die unregelmäßigen und planetarischen Nebel zum Milchstraßenall. Dagegen sind die kugelförmigen Sternhaufen vergleichbar mit der Milchstraße; ihre Form ähnelt der einer Linse, die allerdings nicht so flach wie die Milchstraße ist. Die kugelförmigen Sternhaufen bilden zusammen mit der Milchstraße ein größeres Milchstraßenall, deren Hauptebene mit der Hauptebene unserer Milchstraße zusammenfällt und deren Mitte im Schützen liegt. Dieses größere Milchstraßenall, dessen Durchmesser mindestens 100000 Sternweiten beträgt, weist die Merkwürdigkeit auf, daß der obere und untere Teil der Linse mit kugelförmigen Sternhaufen erfüllt ist, während der mittlere Teil, von 3000—4000 Sternweiten Dicke, nur Sterne enthält.

DIE STERNHAUFEN

Von den Sternhaufen hatten die Plejaden am meisten die Aufmerksamkeit gefesselt. Scharfäugige Beobachter konnten in den Plejaden mehr als 6 oder 7 Sterne sehen; GALILEI zählte als erster 38 Sterne im Fernrohr auf. Allerdings entspricht seine Karte wenig der Wirklichkeit, während erst CASSINI und MARALDI 1708 eine einigermaßen gute Karte lieferten und seit 1841 in BESSELS Sternverzeichnis und Karte eine brauchbare Grundlage für die Untersuchungen der Verteilung und Eigenbewegung der Sterne vorlag. Die erste brauchbare Photographie stellte RUTHERFURD 1865 her. Andere Sternhaufen wie die im Perseus, im Schild, Herkules, im Krebs und großen Hund wurden seit dem 19. Jahrhundert photographisch oder am Fernrohr untersucht. MELOTTE fand auf den Franklin-Adams-Karten 162 offene Sternhaufen, von mehr als einer 1′ Durchmesser. Bei den offenen Sternhaufen ermöglicht erst die photographische Platte eine sorgfältige Untersuchung. Erst recht gilt dies für die kugelförmigen Sternhaufen, die im Gegensatz zu den offenen eine kreisrunde Gestalt und eine Anhäufung der Sterne nach der Mitte zu zeigen. Die beiden HERSCHEL kannten 12 solcher Gebilde. Seitdem wurden noch 83 hinzugefunden. Soweit die Untersuchung der hellsten Sterne der Sternhaufen, deren schwächste Sterne selbst mit den größten Spiegeln nicht erreicht werden können, erkennen ließ, ist die Gestalt der Sternhaufen gleich der Gestalt einer abgeplatteten Kugel und es gelten in allen Haufen die gleichen Gesetze der Verteilung der Sterne. Eingehende Untersuchungen über die Verteilung der Sterne in den Sternhaufen stellten besonders SHAPLEY und P. TEN BRUGGENCATE (1927) an.

DIE NEBEL

Bei der Erforschung der Nebel am Himmel zeigte sich dasselbe Verhalten wie bei der Erforschung der Sternhaufen am Himmel. Erst das Fernrohr lenkt die Aufmerksamkeit auf diese Gebilde: die Entdeckung des Andromedanebels durch S. Mair 1612, des Orionnebels durch Cysatus spätestens 1619, des Nebels im Schützen durch A. Ihle 1665. Das 18. Jahrhundert brachte die ersten Verzeichnisse: Halley 1714 6 Nebel, Lacaille 1755 42, Messier 1771 45 und 1784 103 Nebel. Man begann mit planvollem Suchen, so daß durch die Bemühungen der beiden Herschel die Zahl der von ihnen entdeckten Sternhaufen und Nebel auf 1000 im Jahre 1786, 2306 im Jahre 1833 und 4021 im Jahre 1847 stieg. W. Herschel gelangte im Jahre 1802 zu einer Einteilung der Himmelskörper in Einzelsterne, Doppelsterne, mehrfache Sterne, Sternballen und Milchstraße, Sterngruppen, Sternhaufen, Nebel, nebelartige Sternhaufen, neblige Gebilde der Milchstraße, nebelartige Sterne, planetarische Nebel und planetarische Nebel mit Mittelpunkt. Zur Erkenntnis der Nebelform, besonders der planetarischen Nebel und der Spiralnebel trugen die Beobachtungen des Lord Rosse, die von 1851 an mit Spiegeln von 1 und 2 Meter Durchmesser gemacht worden waren, erheblich bei, wie auch die Untersuchung des Spektrums. Infolge des Vorgehens der beiden Herschel hielt das Suchen nach neuen Nebeln an. Das letzte von John Herschel 1864 veröffentlichte Verzeichnis enthielt 6245 Nebel und kugelförmige Sternhaufen. Das von Dreyer herausgegebene Verzeichnis von 1890 zählt 7840 Himmelskörper auf, zu denen aus den Jahren 1884—94 noch 1529 und aus den Jahren 1895—1907 noch 5366 kamen. Diese letzten Zugänge enthalten auch die photographisch entdeckten Himmelskörper. Wie bei den Sternhaufen sollte auch bei den Nebeln die photographische Platte zu neuen Erkenntnissen führen. Sie ließ die Form auch selbst längstbekannter und häufig beobachteter Nebel, wie des Orionnebel schärfer und genauer erkennen; sie zeigte die Plejadensterne in einem Nebel eingebettet; sie ließ erst die richtige Form der Spiralnebel und der planetarischen Nebel erkennen und ahnen, daß die Zahl der auffindbaren Spiralnebel eine Million übersteigt. Zugleich führten die photographischen Aufnahmen van Maanen zu der Feststellung, daß die Spiralnebel eine Bewegung ihrer nebligen Teile nach auswärts an den Spiralzweigen entlang aufweisen.

Besonders in der Milchstraße wurden viele Nebel entdeckt, hauptsächlich durch die Aufnahmen von M. Wolf und Barnad. Manche Nebel

— Gasnebel — stehen mit Sternleeren in der Milchstraße in Verbindung, was bereits W. HERSCHEL auffiel, aber erst durch M. WOLF und andere an Hand von Aufnahmen nachgewiesen wurde. Aufsehen erregte die Sternhöhle bei π_2 im Schwan und in anderen Gegenden, wo ein Nebel am Ende eines sternarmen Ganges steht, gleichsam als ob er sich in der Sternmenge einen Weg gebahnt hätte. Andererseits stellte HAGEN fest, daß sich in bestimmten Gegenden dunkle Nebel befänden, welche das Licht der Sterne abschwächen. Eine solche sehr auffällige Stelle zeigte sich auf den Aufnahmen der Nebelmassen bei ξ im Orion. Im Gegensatz dazu konnte SHAPLEY auf Grund seiner Untersuchungen über Sternhaufen eine allgemeine im Weltenraum vorhandene Abschwächung des Lichtes nicht feststellen.

DIE DOPPELSTERNE

Das 17. Jahrhundert schenkte auch den nahe beieinander stehenden Sternen Aufmerksamkeit. RICCIOLI bemerkte 1650 die Doppelheit von ζ im großen Bären, HEWELKE um 1659 die von α im Steinbock und 61 im Schwan, worauf im nächsten Jahrhundert noch mehrere solcher Entdeckungen folgten, zugleich auch Messungen des Abstandes der beiden Sterne. Man sah in ihnen nur ein scheinbares Nahesein von Sternen, bedingt durch unseren Standpunkt, und lachte deshalb den Jesuiten CHRIST. MAYER aus, als er planmäßig nach Sternen in der Nähe hellerer Sterne suchte und sie 1777 als Begleiter dieser Sterne hinzustellen suchte. Dieser Spott schreckte W. HERSCHEL nicht ab, die gegenseitige Lage von Doppelsterne durch Messung ihres Abstandes und des Winkels ihrer Verbindungslinie mit der Nordrichtung zu messen und 1782 ein Verzeichnis von 269 Doppelsternen zu veröffentlichen. Durch fortgesetzte Messungen gelang ihm 1803 der Nachweis, daß bei 50 Doppelsternen eine gegenseitige Bewegung im Sinne einer Bahnbewegung vorliege, daß es sich also hier um zusammengehörige Sterne handle. Seine Arbeiten, die zur Feststellung von 846 Doppelsternen führten, setzten sein Sohn JOHN HERSCHEL und JAMES SOUTH fort. Andererseits nahm W. STRUVE die Untersuchung der Doppelsterne auf und gelangte 1843 zur Aufzählung von 2640 doppelten und mehrfachen Sternen. Seine Arbeiten führte sein Sohn OTTO STRUVE weiter. Außer diesen Beobachtern sind zu nennen A. SECCHI, S. W. BURNHAM, E. DEMBOWSKI, AITKEN, INNES, DOOLITTLE und JONCKHERE, von denen besonders BURNHAM durch die Entdeckung von 1300 und AITKEN durch die Entdeckung von 3000 neuen Doppelsternen das

Gebiet beträchtlich erweiterten. Auf diese Weise stieg die Zahl der Doppelsterne rasch. Sie betrug 1777 89, 1843 2640, 1874 10 500, von denen allerdings nur etwa 6000 als enge Doppelsterne in Betracht kamen, 1906 13 665, 1915 etwa 18 000. Burnham hat 1906 ein sehr ausführliches Verzeichnis der Doppelsterne zusammen mit den vorliegenden Messungen und der Darstellung der Bewegung veröffentlicht. Er konnte bei 300 Doppelsternen eine Bahnbewegung und bei 600 Doppelsternen eine gemeinsame Bewegung im Raum feststellen.

Bessel schloß 1844 aus Unregelmäßigkeiten in den Eigenbewegungen einiger Sterne wie Sirius und Prokyon auf eine Bahnbewegung, welche die Sterne zusammen mit einem vielleicht dunklen Begleiter ausführen. C. A. Peters konnte 1851 nachweisen, daß die gestörte Eigenbewegung des Sirius sich nur erklären lasse durch die Bewegung des Sirius und seines dunklen Begleiters um einen gemeinsamen Schwerpunkt in 50 Jahren in einer sehr gestreckten Bahn. Im Jahre 1862 entdeckte A. Clark Sirius als doppelt und zwar den Begleiter dort, wo er nach der Rechnung von Peters stehen sollte. Auch der von Auwers von 1862—68 für Prokyon aus den Störungen in der Eigenbewegung berechnete Begleiter mit 40jähriger Umlaufszeit wurde durch Schaeberle 1896 entdeckt.

Eine andere Möglichkeit der Entdeckung von Doppelsternen bot die Untersuchung von Spektren. Wie E. C. Pickering 1890 mitteilte, zeigt das Spektrum des helleren Teilsternes von ζ im großen Bären gelegentlich die Linien einfach, gelegentlich verdoppelt und deutet damit an, daß dieser Stern aus 2 leuchtenden Sternen besteht, die sich um ihren gemeinsamen Schwerpunkt in einer Ebene bewegen, von welcher die Blickrichtung wenig abweicht. Bald darauf konnte Vogel nachweisen, daß die Linien im Spektrum des Algol sich entsprechend seiner Lichtänderung verschieben, gleichsam als ob Algol und sein unsichtbarer Begleiter sich um einen gemeinsamen Schwerpunkt bewegen, aber in einer mit der Blickrichtung zusammenfallenden Ebene, so daß eine zeitweilige Verdunkelung des Algol durch den Vorübergang des Begleiters eintritt.

Die Abstandsmessung sehr enger Doppelsterne gelang erst mit Michelsons Gerät (Interferometer). Anderson und Merrill bestimmten 1920 damit den Abstand der beiden Komponenten von Kapella, welche Campbell und Newall 1899 auf Grund des Spektrums entdeckt hatten, zu 0'',05.

DIE HELLIGKEITSÄNDERUNG DER STERNE

Die Neuschöpfung der Bewegungslehre hat kein Gebiet der Sternforschung so sehr beeinträchtigt als das Gebiet der veränderlichen Sterne. An der Beobachtung der Oberfläche der Sonne und der Planeten ließ sich bei den Beobachtungen ihrer Bewegungen nicht leicht vorübergehen. Die Feststellung von Doppelsternen, Sternhaufen und Nebel ergab sich als Erweiterung der Festlegung des Sternbestandes. Dagegen blieben die Helligkeitsänderungen, die Farben und die Helligkeiten der Sterne bis zum Ende des 18. Jahrhunderts beinahe unbeachtet, galten wohl auch als schwer feststellbar, und dabei hätte doch schon im 17. Jahrhundert eine sorgfältige Feststellung der Zeitpunkte der Verfinsterungen des Algols einen Beweis für die Erdbewegung erbringen können.

Wohl haben sich Brahe und Kepler mit den neuen Sternen von 1572 und 1604 eingehend beschäftigt und auf Grund eigener und fremder Beobachtungen ihren Ort und die Aenderung ihrer Helligkeit und sogar ihrer Farbe ausführlich beschrieben; wohl hat der Himmel durch das Erscheinen des neuen Sternes von 1600 und durch das Aufleuchten des Wundersternes im Walfisch in den Jahren 1596 und 1609 die Aufmerksamkeit der Sternforscher auf diese Vorgänge am Himmel lenken wollen; es sollte aber noch 2 Jahrhunderte dauern, bis ihnen die gebührende Achtung zuteil wurde. Inzwischen entdeckte Holwarda den Wunderstern 1638 von neuem und konnte 1639 sein Wiederaufleuchten beobachten und dadurch feststellen, daß es sich hier im Gegensatz zu den neuen Sternen um wiederkehrende Vorgänge handle. In demselben Jahrhundert gelang die Feststellung der Veränderlichkeit des Sternes Algol 1667 durch Montanari, des Sternes χ im Schwan 1686 durch G. Kirch und bald darauf 1706 des Sternes R in der Wasserschlange durch Maraldi. Während bei den beiden letztgenannten Sternen die Art der Veränderlichkeit bald erkannt wurde und sie in dieselbe Klasse wie der Wunderstern sowohl nach Umfang und Dauer ihres Lichtwechsels zu gehören schienen, blieb die Art des Lichtwechsels des Algol unbekannt, bis mit der am Ende des 18. Jahrhunderts anhebenden neuen Beobachtungslust sowohl der Lichtwechsel Algols als auch verschiedener anderer damals als veränderlich entdeckten Sterne erkannt wurde. Es waren dies neben Algol besonders β in der Leier und δ im Kepheus, η im Adler, R in der Krone und R im Schild, die teils von Goodricke, teils von Pigott entdeckt worden waren. Damit eröffnete sich ein neuer Ausblick auf das Wesen der Veränderlichkeit der Sterne. Waren bisher nur Sterne abnehmender Helligkeit oder mit langen Perioden bekannt; so kam man am Ende des 18. Jahrhunderts zur Erkenntnis, daß es Sterne von kurzem Lichtwechsel, von der Dauer einiger Tage gebe, wobei der Lichtwechsel symmetrisch zu ein oder zwei Punkten der Lichtkurve oder unsymmetrisch, aber immerhin regelmäßig verläuft. Andrerseits brachte der Lichtwechsel der Sterne R in der Krone und R im Schild mit ihren großen Unregelmäßigkeiten neue Rätsel. Bevor ein weiterer Fortschritt in der Erkenntnis zu erzielen war, mußte das bisherige Beobachtungsverfahren aufgegeben werden. Seit den ersten Schätzungen der Helligkeit in Größenklassen war man besonders durch das Beispiel HEWELKES dazu übergegangen, die Helligkeit der Sterne durch Vergleich mit anderen nahezu gleichhellen Sternen festzulegen. Dies geschah bis zum Ende des 18. Jahrhunderts durch Worte wie hell, gleichhell, heller, viel heller. Um diese Zeit führte W. HERSCHEL an Stelle der Worte Unterscheidungsmerkmale in Gestalt der Satztrennungszeichen ein, welche WESTPHAL in die Zeichen ' bis '''' umwandelte. Einen festen Sinn gab erst ARGELANDER diesem Verfahren dadurch, daß er die Stufen 0 bis 4 einführte und ihnen einen im Wesen der Beobachtung liegenden eindeutigen Sinn gab. Dieses Verfahren, das allerdings eine gewisse Uebung voraussetzt, hat sich so sehr bewährt, daß es noch jetzt vielfach mit Erfolg angewendet wird, sowohl bei der Beobachtung am Fernrohr als auch bei der Bearbeitung von Aufnahmen. Mit diesem Verfahren, das die Helligkeit eines Sternes auf mindestens $^1/_{10}$ Größenklasse bestimmen läßt, gelang es ARGELANDER den Lichtwechsel der Sterne genauer als bisher festzulegen, besonders in dem Lichtwechsel kurzperiodischer Sterne Unregelmäßigkeiten in der Lichtkurve festzustellen. Mit dem Jahre 1840 beginnt die Zeit der langjährigen Beobachter wie ARGELANDER, J. SCHMIDT, SCHÖNFELD, POGSON, KNOTT und HARTWIG. Zugleich untersuchte ARGELANDER den Lichtwechsel der Sterne unter Mitnahme der älteren, oft nur handschriftlich vorhandenen oder schwer auffindbaren Beobachtungen und unter sorgfältiger Berücksichtigung der Eigentümlichkeit jedes Beobachters und konnte nachweisen, daß bei manchen sehr lange beobachteten Sternen sich in der Periode des Lichtwechsels Unregelmäßigkeiten zeigen in Form einer periodischen Nebenschwingung oder einer anhaltenden Verkürzung der Periode, was sich durch Sinusglieder oder durch quadratische und kubische Glieder rechnerisch darstellen ließ. Die späteren Beobachtungen haben seine Feststellungen bestätigt und zu der neuen Erkenntnis geführt, daß je größer die zur

Verfügung stehende Beobachtungszeit ist, sich immer neue Unregelmäßigkeiten herausstellen, deren rechnerische Darstellung durch Hinzunahme von Sinusgliedern wohl möglich ist, daß aber diese oft recht langen Formeln für den Lichtwechsel nicht genügen, den Lichtwechsel für Jahrzehnte vorherzusagen. Man sah sich daher genötigt, von der Verwendung dieser Formeln zur Vorhersage abzusehen und dafür einfache Formeln, welche auf Grund der letzten Beobachtungen der Wirklichkeit möglichst angepaßt sind, zu verwenden. Die Erkenntnis der Unregelmäßigkeiten betraf außer der Zeiten der größten und kleinsten Helligkeit auch den Umfang und die Form des Lichtwechsels selbst, besonders bei langperiodischen Sternen, wie die Untersuchungen von GUTHNICK, ROSENBERG und LUDENDORFF bei besonders eingehend beobachteten Sternen zeigten. Bei dem Stern Algol und ähnlichen Sternen, bei denen die Lichtkurve und die Geschwindigkeitskurve eine jeweilige Verfinsterung durch Vorübergang eines Begleiters wahrscheinlich machten, ließen die fortgesetzten Beobachtungen und Untersuchungen des Lichtwechsels eine solche Unregelmäßigkeit nur in der Periode zu. Anders bei den ihnen verwandten Sternen, wo sich zum Teil ein recht regelmäßiger Lichtwechsel zeigte, wo aber bei anderen Sternen wie β in der Leier sowohl in der Periode als auch in der Lichtkurve Unregelmäßigkeiten auftraten und bei noch anderen Sternen sich ein Uebergang von zeitweiser Regelmäßigkeit bis zur zeitweisen Unregelmäßigkeit zu erkennen gab.

Aehnliche Verhältnisse ergaben auch die Untersuchungen der sogenannten Blinksterne, deren Vertreter der Stern δ im Kepheus ist; ihr Lichtwechsel zeigt alle Uebergänge von einer völlig symmetrischen Lichtkurve wie bei ζ in den Zwillingen bis zu einem Lichtwechsel mit raschem Aufstieg und sehr langsamen Abstieg der Helligkeit. Bereits ARGELANDERS Beobachtungen von δ im Kepheus ergaben, daß die Lichtkurve nicht immer sich gleich bleibt, besonders daß im Abstieg Einbuchtungen auftreten, die ihre Lage im Laufe der Zeit zu ändern schienen. Aehnliches wurde auf Grund späterer Beobachtungen festgestellt. Als nun bei den Verfinsterungssternen auf Grund der Licht- und Geschwindigkeitskurve die Annahme der Bewegung zweier Körper um einander gesichert erschien; als ferner 1895 BELOPOLSKY eine Geschwindigkeitskurve bei δ im Kepheus entdeckte, die ein Spiegelbild der Lichtkurve darstellte, und als dies auch bei anderen Veränderlichen festgestellt wurde, drängte sich die Erklärung des Lichtwechsels dieser Sterne durch eine Bahnbewegung geradezu auf. LUIZET nahm die Beobachtungen von δ im Kepheus vor und suchte 1912 durch die Ableitung von Lichtkurven auf Grund sämtlicher Beobachtungen eines Beobachters nachzuweisen, daß die Lichtkurve regelmäßig sei und sich durch eine Bahnbewegung darstellen lasse. Während nun einerseits versucht wurde, die Regelmäßigkeit der Erscheinung zu retten, wurde andererseits von Anderen, besonders von LUDENDORFF und SHAPLEY auf die offenbaren Unregelmäßigkeiten im Lichtwechsel und in der Linienverschiebung hingewiesen, so daß man den Gedanken an eine Bahnbewegung als Ursache des Lichtwechsels allmählich aufgab. Dazu kam auch die Entdeckung, daß sich das Spektrum dieser Veränderlichen während eines Lichtwechsels in dem Sinne ändere, daß der Stern in seiner größten Helligkeit blauer und in seiner kleinsten Helligkeit röter aussieht, was zugleich auch die von SCHWARZSCHILD und anderen festgestellte Tatsache, daß der Umfang des Lichtwechsels photographisch größer ist als für das Auge, erklärte. Diese Eigentümlichkeit des Wechsels des Spektrums wurde auch für die rasch wechselnden Blinksterne, die wegen ihrer kleinen Periode von weniger als einem Tag von den anderen Blinksternen mit Perioden von 1—40 Tagen unterschieden zu werden pflegen, festgestellt, deren erster Vertreter Y in der Leier 1900 von ST. WILLIAMS entdeckt wurde — Sterne, die auch sonst in der Uebereinstimmung ihrer Licht- und Geschwindigkeitskurve und in den gelegentlich vorhandenen Unregelmäßigkeiten den anderen Blinksternen ähnelten. J. S. BAILEY entdeckte, daß die rasch wechselnden Blinksterne in einigen Sternhaufen besonders im ω im Zentaur sehr häufig sind. Auf Grund der Untersuchungen der veränderlichen Sterne in einem anderen Sternhaufen, der kleinen Magelhanischen Wolke, stellte LEAVITT 1907 fest, daß von 969 Veränderlichen 16 Sterne — die Weiterführung der Untersuchung ergab 1925 107 Sterne — eine Periode zwischen 1 und 128 Tage haben und daß die mittlere Helligkeit dieser Sterne in einer solchen Beziehung zur Periode steht, daß der Logarithmus der Periode sich wie die mittlere Helligkeit verhält. SHAPLEY hat von 1918 an diese für 1 Sternhaufen aufgestellte Regel zu einem für alle Sternhaufen und auch für die Milchstraße gültigen Gesetz weiterzubilden und unter Bezugnahme auf die absolute Helligkeit zu einer brauchbaren Beziehung zwischen absoluter Helligkeit und Periode zu erweitern versucht. Dieses Gesetz über Helligkeiten und Perioden spielte darauf bei der Ermittelung der Entfernung von Sternhaufen eine große Rolle, da es aus der Kenntnis der Periode eines Blinksternes seines absolute Helligkeit und damit die

Entfernung des Sternhaufens zu berechnen gestattet. SHAPLEY ging einerseits von der LEAVITTschen Regel aus und zeigte, daß die Blinksterne in anderen Sternhaufen sich ähnlich verhielten und daß die steil abfallende Kurve für die Blinksterne mit Periode kleiner als 1 Tag sich verflacht und zuletzt völlig wagerecht verläuft. Andererseits erfolgte der Anschluß an die Sterne unseres Milchstraßenalles und damit an die absoluten Größen in Anwendung eines Verfahrens von HERTZSPUNG 1913, der für einige Blinksterne nicht auf Grund von beobachteten Parallaxen, sondern auf Grund von Eigenbewegungen ihre Entfernung und namentlich ihre absolute Größe errechnet hatte. SHAPLEY konnte für 11 Blinksterne mit Perioden von 1—10 Tagen auf Grund ihrer Eigenbewegungen zeigen, daß ihre absoluten Helligkeiten zu den Perioden in demselben Verhältnis wie in der Magelhanischen Wolke stehen.

Auch die Gruppe der am längsten bekannten Veränderlichen, der langperiodisch Veränderlichen, erfuhr seit der Mitte des 19. Jahrhunderts große Beachtung. Für sie eignete sich das ARGELANDERsche Verfahren am besten, weil bei ihren meist großen Helligkeitsänderungen bis zu 10 Größenklassen dieses Verfahren immer noch die besten Werte lieferte. Neben den einzelnen Beobachtern bildeten sich gerade für diese Sterne Beobachtergruppen von Liebhabern heraus, die besonders in England und in den Vereinigten Staaten sich fleißig an den Beobachtungen beteiligten. Wie bei den anderen Sternen, so ergab sich auch hier eine Veränderung des Spektrums im Laufe des Lichtwechsels, allerdings nicht so ausgesprochen wie bei den Blinksternen, aber mit gelegentlichem Auftreten von hellen Linien zur Zeit der größten Helligkeit. Unregelmäßigkeiten im Lichtwechsel dieser Sterne wurden sehr häufig festgestellt. Außer diesen Gattungen von Veränderlichen wurden auch noch bedeutsame Gattungen entdeckt: so fand HIND 1855 einen Stern U in den Zwillingen, der meistens lichtschwach ist, aber gelegentlich in Zwischenzeiten von 62—152 Tagen sehr rasch um mehrere Größenklassen an Helligkeit zunimmt, einige Tage in der größten Helligkeit verharrt und rasch bis zur früheren Lichtschwäche hinabsinkt. Sterne dieser Art wurden noch mehrere entdeckt, ferner andere Sterne von nur geringem Lichtwechsel bis zu 2 Größenklassen, aber von so unregelmäßiger Lichtänderung, daß gelegentlich die eine Lichthelle oder die andere Lichtschwäche ausbleibt. Mit Hilfe der lichtelektrischen Zelle konnten GUTHNICK und PRAGER bei verschiedenen Sternen einen sehr geringen Lichtwechsel entdecken, der bei einigen Sternen ziemlich regelmäßig ist, aber bei anderen so unregelmäßig, daß nur die Annahme starker Nebenschwingungen die Ableitung einer Periode gestattet.

Zu den veränderlichen Sternen, welche die Aufmerksamkeit immer fesselten und immer neue Rätsel stellten, gehörten die neuen Sterne. Der neue Stern in der Krone von 1866 ließ zuerst im Spektrum eines neuen Sternes helle und dunkle Linien feststellen; der neue Stern von 1876 zeigte den Uebergang vom zusammenhängenden Spektrum zu einem Spektrum mit Gaslinien, die zu den Nebellinien und später wieder zu einem zusammenhängenden Spektrum gehörten. Der neue Stern im Fuhrmann von 1891 brachte nicht nur eine plötzliche starke Lichtabnahme vom März bis Mai 1892 und darauf folgende Lichtzunahme, sondern ließ den Uebergang von einem Stern zum Nebel und daraufhin wieder zu einem Stern nicht nur im Spektrum, sondern auch im Anblick erkennen. Zugleich forderte die beobachtete starke Linienverschiebung im Spektrum, welche auf Geschwindigkeit von 1000 km in der Sekunde schließen ließ, zu Erklärungsversuchen heraus. Der nächste auffällige neue Stern, im Perseus von 1901, brachte einerseits eine Bestätigung der früheren Feststellungen, nämlich des allmählichen Ueberganges von einem Stern mit zusammenhängendem Spektrum mit hellen Linien in einen Nebel mit den Nebellinien und darauf in einen Stern mit hellen Linien, wie bei den Wolf-Rayet-Sternen; andererseits führte die sorgfältige und mit den verschiedensten Fernrohren gemachte Beobachtung zu neuen Entdeckungen. Der günstige Umstand, daß der Stern vor der Erreichung der größten Helligkeit entdeckt worden war, ermöglichte sein Spektrum während seines Aufstieges als das eines Sternes wie β im Orion mit zusammenhängendem Spektrum mit dunklen Linien zu bestimmen, welches Spektrum sich nach Erreichung der größten Helligkeit, dem 2. Zustand, in ein Spektrum mit hellen Linien umwandelte, wobei auch hier die Linienverschiebung zur Annahme überaus großer Geschwindigkeiten führte. Ferner ergaben die Beobachtungen, daß der Uebergang des Sternes in den 3. Zustand in die Zeit der raschen Lichtabnahme fällt und daß der Uebergang nicht auf einmal, sondern im Verlaufe eines mehrere Monate dauernden Wechsels zwischen dem zusammenhängenden Spektrum mit hellen Linien und dem Gas-Spektrum mit Nebellinien erfolgte, wobei mit dem abwechselnden Erscheinen des einen oder anderen Spektrums auch die Helligkeit des Sternes entsprechend zu- und abnimmt. Dieser Lichtwechsel, der sich über die andauernde

Lichtabnahme legt, wurde auch bei anderen neuen Sternen bei Uebergang vom 2. zum 3. Zustand festgestellt. Der Lichtwechsel ist eine Zeitlang ziemlich regelmäßig, wobei die Regel »Je größer die Periode, desto kleiner der Umfang« zu bestehen scheint. Nach 4 Jahren war der Uebergang in den 4. Zustand, den eines Wolf-Rayet-Sternes erreicht, zugleich auch die Helligkeit wie vor dem Aufleuchten. Die weiteren Beobachtungen ergaben nunmehr einen unregelmäßigen Lichtwechsel innerhalb 2 Größenklassen, ähnlich wie vor dem Aufleuchten. Außer dem Durchlaufen dieser 4 Zustände zeigte der Stern noch feine, von M. Wolf entdeckte Nebel, die sich anscheinend vom Stern fortbewegten, aber nach den Untersuchungen Kopffs nicht gleichmäßig, so daß die zuerst aufgestellten Erklärungen dieser Erscheinungen durch die Annahme einer vom Stern ausgeschleuderten Masse oder durch die Annahme des Widerscheines des Aufleuchtens an einer ruhenden Nebelmasse nicht mehr angängig erschienen.

Die Zahl der veränderlichen Sterne stieg andauernd. Im Jahre 1786 waren bekannt 12 veränderliche Sterne, 1844 18, 1856 53, 1875 143, 1888 225, 1896 393, 1903 718 und 509 in Sternhaufen, 1907 884 und 2864 in Sternhaufen, 1927 3000 benannte Sterne, wozu noch 2000 unbenannte Sterne und mindestens 3000 Veränderliche in Sternhaufen kommen.

Diese Zahlen beziehen sich auf Sterne mit auffälliger Helligkeitsänderung von einer halben Größenklasse und mehr. Die Untersuchungen der Helligkeit der Sterne durch Selen-Zellen und lichtelektrische Zellen ergaben bei verschiedenen, bisher als unveränderlich angesehenen Sternen eine ständige Lichtänderung, so daß die meisten Sterne als veränderlich anzusehen sind. Für die Feststellung des Lichtwechsels von veränderlichen Sternen wurden wichtig die umfangreiche Plattensammlung der Harvard-Sternwarte zu Cambridge und die Plattensammlung der Heidelberger Sternwarte, das Werk von Max Wolf. Die von den Sternwarten in Bamberg, Berlin und Sonneberg begonnene photographische Ueberwachung des Himmels soll die Mehrzahl der Sterne bis zur 12. Größe dauernd unter Beobachtung halten.

Um die Bearbeitung des Lichtwechsels der Sterne haben sich außer Argelander und Schönfeld, hauptsächlich Chandler, Hartwig und Müller bemüht. Ludendorff hat besonders bei den langperiodischen Sternen Beziehungen zwischen Lichtwechsel und Spektrum aufgedeckt und Beziehungen dieser Sterne zu Sternen anderen Lichtwechsels festgestellt.

MESSUNG DER HELLIGKEIT DER STERNE

Das überlieferte Sternverzeichnis des Ptolemaios wies nicht nur bezüglich der Oerter, sondern auch bezüglich der Helligkeit der Sterne Fehler auf. Man wußte dies wohl, sah sich aber in den ersten Jahrhunderten unseres Zeitraumes außerstande, diesen Uebelstand grundlegend zu verbessern. Brahe versuchte bei seinen Größenschätzungen Unterscheidungen der Größenklassen zu machen. Sein Versuch mißlang. Seine Größenangaben sind zum Teil ungenauer als die des Ptolemaios und in vielen Fällen nur eine Anpassung an die des Ptolemaios. Auch Hewelke konnte sich von der Größenordnung des Ptolemaios nicht freimachen. Bei den lichtschwächeren Sternen, von denen er eine nicht geringe Zahl einführte, wandte er mit Erfolg die überlieferte Größenordnung an und ist darin sorgfältiger als sein Vorgänger. Auch erweiterte er die überlieferte Größenordnung durch Einführung der 7. Größenklasse. Aber auch er hielt eine genaue Bestimmung der Helligkeit für unmöglich. Das 18. Jahrhundert brachte in der Schule des Celsius den ersten Versuch, die Helligkeit der Sterne durch Abschwächen mit vorgesetzten Gläsern zu messen, und führte zu der ersten Bestimmung der Helligkeit der Sterne durch W. Herschel: zuerst durch Reihung benachbarter Sterne, dann durch Angabe der Helligkeit im Vergleich zu benachbarten, etwa gleichhellen Sterne vermittels seiner Unterscheidungsmerkmale. Dieses Verfahren, meistens mit unbewaffnetem Auge angewendet, ergab die Helligkeit auf $^1/_{10}$ Größe genau. Sein Sohn John Herschel setzte die in England angestellten Vergleiche am Südhimmel fort durch bloße Reihung der Sterne und maß als erster die Helligkeit der Sterne durch Vergleichung mit dem Mondlicht, das durch Verschieben einer Linse dem mit bloßem Auge angesehenen Stern gleichhell gemacht werden konnte. Zugleich begannen Untersuchungen darüber, wie sich die gemessene Lichtstärke der Sterne zu den geschätzten Größenklassen verhalte, Untersuchungen, welche von Steinheil, Arago, J. Herschel, Fechner und Pogson angestellt wurden und schließlich zur Aufstellung eines Gesetzes führten, das als Weber-Fechnersches Gesetz nicht nur für die Gesichtsempfindungen, sondern auch für die anderen Sinnesempfindungen galt. Trotz der Messungen Herschels waren die Größenschätzungen noch nicht aufgegeben worden. Von 1838—43 schätzte Argelander in Bonn die

Größe aller dem Auge sichtbaren Sterne auf $1/3$ Größenklasse, welche Arbeit von 1845—72 durch HEIS von neuem durchgeführt wurde, während für die Bonner Durchmusterung die Helligkeit der Sterne auf $1/10$ Größenklasse geschätzt wurde. Für den südlichen Himmel ließ GOULD durch seine Mitarbeiter von 1871—73 die Größe der Sterne schätzen. Inzwischen wurde eine größere Messung der hellsten Sterne des Nordhimmels durch LUDWIG SEIDEL 1852—60 nach dem STEINHEILschen Verfahren der Vergleichung flächenhafter Bilder durchgeführt. Auch die Abschwächung und Auslöschung des Sternlichtes durch einen geschwärzten Glaskeil kam auf und wurde von PRITCHARD zur Messung der meisten helleren Sterne des Nordhimmels verwendet, während später der Glaskeil nicht mehr zur Abschwächung des natürlichen Sternes, sondern eines künstlichen Vergleichsternes diente. Am wichtigsten wurde die Abschwächung des Lichtes durch Nikol und doppelbrechende Prismen, sei es, daß mit dem zu messenden Stern gleichhell gemacht wurde ein künstlicher Stern, wie es von MÜLLER und KEMPF nach dem ZÖLLNERschen Verfahren angewendet wurde, oder ein natürlicher Stern, welches Verfahren von PICKERING und BAILEY verwendet worden ist. Die größten Helligkeitsmessungen sind die von PICKERING und BAILEY von 1879—1906 durchgeführten Messungen, welche die helleren Sterne des ganzen Himmels umfaßten, und die von MÜLLER und KEMPF von 1886—1905 unternommene Helligkeitsmessung aller nördlichen Sterne bis zur Größe 7,5, die bezüglich Genauigkeit und Sorgfalt der Anlage noch nicht übertroffen worden ist. Wurden diese Helligkeitsmessungen an Fernrohren angestellt, so wurde auch der Versuch gemacht, die Helligkeit der Sterne auf Platten zu messen. In dieser Richtung ist zu nennen das Unternehmen der Photographischen Himmelskarte, welche die Größe aller Sterne bis zur 11. Größe geben soll und die von K. SCHWARZSCHILD und von J. A. PARKHURST unternommene Helligkeitsbestimmung der Sterne einiger Gegenden des Himmels. Die Verwendung farbenempfindlicher und nichtfarbenempfindlicher Platten gestattete mit der Helligkeit auch den Einfluß der Sternfarbe zu bestimmen und damit einen Hinweis auf die Farbe des Sternes und das Spektrum zu erhalten, was besonders von PARKHURST und SHAPLEY angewendet worden ist.

Bei allen Helligkeitsbestimmungen hatte es sich ergeben, daß die Bestimmung der Helligkeit der schwächsten Sterne mit Schwierigkeiten verbunden war, ganz gleichgültig, welches Verfahren angewendet wurde. Um nun ständig die Möglichkeit zur Eichung der Fernrohre und der Platten zu haben, machte E. C. Pickering den Vorschlag, in der Gegend am Nordpol und am Südpol und außerdem in mehreren ausgewählten Gegenden die Helligkeit und Farbe von Sternen bis zur 20. Größe nach möglichst vielen Verfahren zu bestimmen und führte diese Absicht mit den Hilfsmitteln der Harvard-Sternwarte und der Mount Wilson-Sternwarte durch.

Die Messung der Helligkeit beschränkte sich nicht nur auf das Gebiet der dem Auge oder der photographischen Platte erreichbaren Strahlen, auch die Wärmestrahlung der Sterne wurde gemessen. Außer diesen Licht- und Wärmestrahlen wurde auch eine elektrische Strahlung, vergleichbar der γ-Strahlung radioaktiver Körper, aber 10mal stärker, festgestellt und beobachtet. Da diese Strahlung einen täglichen Gang zeigte, so wurde als ihre Quelle die Sonne von O. W. Richardson 1906 angesehen. Beim Vorübergang des Halleyschen Kometen vor der Erde 1910 wurde eine beträchtliche Verstärkung der durchdringenden Strahlung festgestellt. Spätere Untersuchungen Kohlhörsters 1914 im Ballon bis 9300 m Höhe und Millikans 1923 mit Registrierballons bis 15 000 m Höhe ergaben eine Zunahme der Strahlung mit der Höhe, weshalb sie Höhenstrahlung genannt wurde. Nernst nahm 1921 als ihre Quelle bevorzugte Gebiete des Himmels an. Die Messungen von W. Kohlhörster 1923 auf dem Jungfraujoch sprachen für diese Annahme. Jedoch gestatten die Untersuchungen von Hoffmann und Lindholm 1928 noch keine endgültigen Schlüsse über die Herkunft dieser Strahlen.

DIE ERKLÄRUNG DER VORGÄNGE AM STERNENHIMMEL

Die neue Bewegungslehre hatte zu einer so befriedigenden Darstellung der Bewegung der Planeten geführt und darüber hinaus die Errechnung des Ortes des Neptun, der Wiederkehr mancher Sternschnuppenschwärme und des Aufsturzortes einer Feuerkugel auf Grund ihrer Leuchtbahn ermöglicht, so daß die Anwendung dieser Gesetze auf die Vorgänge am Sternhimmel selbstverständlich erschien. Mit dem Ende des 18. Jahrhunderts beginnen nun die Versuche, bei den Sternen die beobachteten Vorgänge durch Bahnbewegungen darzustellen.

Die Erklärung der Doppelsternbahn als einer Bewegung gemäß den Keplerschen Gesetzen war gegeben, sobald sich die Bewegungsverhältnisse eines Doppelsternes aus den Beobachtungen darstellen ließen. Dies gilt allerdings nur für etwa 300 Sterne; für noch weniger Sterne, nicht viel mehr als 100 Sterne ist die Bahn bereits vollständig durch Beobachtungen darstellbar. In solchen Fällen ergab sich meistens eine Bewegung der beiden Sterne in langgestreckten Ellipsen. Für die Berechnung der Bahnen gab SAVARY 1827, ENCKE 1830 und J. HERSCHEL 1832 Verfahren an, welchen die Gültigkeit des NEWTONschen Anziehungsgesetzes als Annahme zugrunde liegt. TISSERAND konnte sogar nachweisen, daß für die näher untersuchten Doppelsternbahnen nur ein Anziehungsgesetz in der Form des NEWTONschen zur Darstellung der Beobachtungen in Betracht kommt. Wichtig wurde der Fall der mehrfachen Sterne, weil er ein Beispiel für die Dreikörperbewegung zu bilden schien. Gemäß den Untersuchungen AITKENS sind mehrfache Sterne nicht selten. Bei den dreifachen Sternen ergab sich, daß sich meistens ein dritter Stern in verhältnismäßig großem Abstand um den gemeinsamen Schwerpunkt der vielfach helleren anderen Sterne bewege und anscheinend keine großen Störungen in deren Bewegung hervorrufe. Bedeutsam wurde in dieser Hinsicht der mehrfache Stern ξ im Krebs, bei welchem bereits O. STRUVE festgestellt hatte, daß der 3. Teilstern bei seiner sehr langsamen Bewegung um den gemeinsamen Schwerpunkt Störungen von 17 Jahren Periode erfahre, die auf die Anwesenheit eines unsichtbaren störenden Begleiters schließen lassen. Vorher hatte WINLOCK 1867 diesen Stern C zweimal doppelt gesehen, was später trotz vielen Suchens nicht mehr gelang. Die Bewegung wurde von SEELIGER 1881 und von G. SCHNAUDER 1921 untersucht. Die Bewegung der beiden Hauptsterne erfolgt nach den KEPLERschen Gesetzen um einen gemeinsamen Mittelpunkt, wobei auf diese Bewegung von dem 3. Stern eine Störung ausgeübt wird. C bewegt sich in 17 Jahren anscheinend um einen Punkt, der gleichzeitig um den Schwerpunkt der beiden helleren Sterne kreist. Die Darstellung der Bewegung von C um einen gemeinsamen Schwerpunkt mit dem vorausgesetzten 4. Stern gelang nicht völlig.

Auch bei spektroskopischen Doppelsternen wurde aus der Linienverschiebung die Bahn des als Aussender des Spektrums angenommenen Körper berechnet. R. LEHMANN-FILHÈS gab 1894 ein Verfahren zur Berechnung dieser Doppelsternbahn an. Bei Doppelsternen mit bekannter Linienverschiebung gelang die Berechnung der Größe der Bahn nicht nur im Bogenmaß, sondern auch in Kilometern, wie es für α im Zentaur geschah.

Besonders wichtig wurde die Erklärung des Lichtwechsels der Verfinsterungsveränderlichen. Bereits GOODRICKE schloß aus der regelmäßigen Form der Lichtkurve Algols auf eine zeitweise Verdunkelung durch einen Begleiter. DANIEL HUBER behandelte 1787 den Lichtwechsel des Sternes eingehend: Die früheren Erklärungen des Lichtwechsels veränderlicher Sterne: wie Achsendrehung eines mit Flecken bedeckten Körpers oder MAUPERTUIS' Annahme der Achsendrehung eines stark abgeplatteten Körpers kämen zur Erklärung nicht in Betracht, sondern nur die Verfinsterung durch einen dunklen Körper, für dessen Bahnbewegung auf Grund der Lichtkurve die Kreisform mit der Neigung 0^0 angenommen werden könne. Dann folge für den Durchmesser des Begleiters 0,71 und für seinen Abstand 5,635, bezogen auf den Hauptkörper als Einheit, und für die Dichte Algols 0,292. Ein Jahrhundert später wurde die Erklärung des Lichtwechsels wieder aufgenommen. E. C. PICKERING berechnete 1880 auf Grund neuer Beobachtungen die Bahnverhältnisse, für welche er als Durchmesser des hellen Sternes 1,00, des dunklen Begleiters 0,76, für die halbe große Achse 3,55 und Exzentrizität 0,50 erhielt. Etwas später, 1881, untersuchte H. BRUNS, inwieweit eine Achsendrehung eines verschieden hell und dunkel gefärbten Sternes zur Erklärung des Lichtwechsels veränderlicher Sterne, auch des Algol, in Betracht komme, und kam zur Feststellung: »*Es ist immer und zwar auf unendlich viele Weisen möglich, die Bestimmungsstücke so zu wählen, daß die resultierende Helligkeitskurve sich innerhalb vorgeschriebener beliebig enger Grenzen einer beobachteten, stetigen und periodischen Lichtkurve anschließt.*« Die VOGELsche Entdeckung der Verschiebung der Spektrallinien ließ aber die Verfinsterung durch einen dunklen Begleiter als einzige in Betracht kommende Erklärung erscheinen und gab die Möglichkeit, die Bahnbewegung in Kilometer zu berechnen. Die genaue Festlegung der Lichtkurve, besonders STEBBINS' Entdeckung der Nebeneinbuchtung der Lichtkurve mit Hilfe der Selenzelle 1910 gab die Möglichkeit, die Bahnbewegung besser festzulegen. H. N. RUSSELL entwickelte 1912 ein neues Verfahren, die Bahnen zu berechnen unter Berücksichtigung des Vorhandenseins oder Fehlens einer lichtauslöschenden Gashülle um den Hauptstern und unter Berücksichtigung der gegenseitigen Erwärmung der Körper. Mit Hilfe dieses Verfahrens konnte SHAPLEY 1913 bei 87 Verfinsterungssternen außer ihren Bahnverhältnissen auch ihre Dichte ableiten und dadurch die LOCKYERsche Annahme des Vorhandenseins sehr dichter und sehr dünner farbiger Sterne bestätigen. Bei Algol selbst ergab die Bearbeitung der Verschiebung der Spektrallinien die Entdeckung einer Störung von 1,899 Jahre durch R. H. CURTISS und die Entdeckung von Schwankungen in der Geschwindigkeitskurve während der Verfinsterung durch R. A. Rossiter 1922, welche Schwankungen als Folge der gleichzeitigen Drehung des Hauptsternes gedeutet wurden. Die von Chandler 1888 aufgestellte Formel für den Lichtwechsel mit 3 Zusatzgliedern, die bereits nach wenigen Jahrzehnten den Erscheinungen nicht genügten, wurde dabei nicht berücksichtigt. Im Zusammenhang mit der bekannten Entfernung und der Geschwindigkeitskurve ließen sich aus der Helligkeit der Sterne Schlüsse über die absoluten Helligkeiten machen.

Die großen Erfolge bei der Erforschung der Verfinsterungssterne mußten dazu führen, auch den Lichtwechsel der Blinksterne durch eine Bahnbewegung zu erklären, zumal sich auch hier ein dem Lichtwechsel entsprechender Geschwindigkeitswechsel ergab, wobei allerdings die Geschwindigkeitskurve ein Spiegelbild der Helligkeit darstellt. Die auf Grund der Lichtkurve berechneten Bahnen mußten jedoch zum größten Teil innerhalb des leuchtenden Körpers liegen. Um dies zu erklären, wurde die Bewegung eines Meteorschwarmes um einen festen Körper oder eines leuchtenden Körpers um eine nichtleuchtende Gasmasse, welche den größten Teil der Bahn ausfüllt, angenommen, alles unter der Voraussetzung, daß die Licht- und Geschwindigkeitskurve glatt verläuft, was man auf Grund von Luizets Untersuchungen der Lichtkurven noch 1912 glaubte annehmen zu können. Bald erhob sich Widerspruch gegen eine solche Annahme. Shapley und andere zeigten für die Lichtkurve, Campbell und Ludendorff für die Geschwindigkeitskurve solche Störungen an, welche sich durch den störenden Einfluß eines 3. Körpers auf die Bahnbewegung nicht darstellen ließen, weshalb Plummer 1913 zur Erklärung dieser Schwankungen in der Geschwindigkeitskurve eine Aenderung des Durchmessers des leuchtenden Sternes in Betracht zog. Eddington führte diesen Gedanken der Gestaltsänderung des hellen Sternes weiter aus und glaubte sowohl die Lichtänderung als auch die Geschwindigkeitskurve durch eine periodische Gestaltsänderung erklären zu können. Wenn dieses Sichausweiten durch einen äußeren Anstoß, durch den nahen Vorübergang eines Sternes erfolge, so müsse die Periode innerhalb 8000 Jahren zum Stillstand kommen. Versuche Eddingtons, durch Vorgänge im Innern des Sternes ein solches Sichausweiten zu erklären, führten 1926 zu keinem Ziel.

Wie bei den Blinksternen, so wurde auch bei den neuen Sternen aus der beobachteten Verschiebung der Linien, gelegentlich verdoppelten Linien, vergeblich auf eine Bewegung geschlossen. Aber auch die bisher noch auf eine Bahnbewegung gedeuteten Vorgänge des Lichtwechsels der Sterne wie Algol und β Leier und die Linienverschiebung der spektroskopischen Doppelsterne, ohne gleichzeitige Helligkeitsänderung, glaubte PERRINE 1927 durch die Annahme von Vorgängen in der Hülle dieser Sterne, die nicht Doppelsterne sondern einfache Sterne seien, erklären zu können. Damit schien der Gedanke der Bahnbewegung, nach Art des Sonnenalles, aufgegeben. Aber auch der Glaube an eine Regelmäßigkeit aller Naturvorgänge fing zu schwinden an. Dieser Glaube war den Menschen durch die augenfälligen Himmelsvorgänge so eingehämmert worden und hatte durch die Erfolge der Bewegungslehre offenbar eine solche Bestätigung erfahren, daß es selbstverständlich erschien, den nicht regelmäßigen Vorgängen am Himmel weniger Beachtung zu schenken und die Beschäftigung damit als unnütz anzusehen. Diese Anschauung hatte zur Folge, daß veränderliche Sterne mit anscheinend unregelmäßigem Lichtwechsel vernachlässigt wurden und daß bei Blinksternen mit unregelmäßiger Lichtkurve das Bestreben dahin ging, durch die Ausgleichung möglichst vieler Beobachtungen diese Unregelmäßigkeiten zum Verschwinden zu bringen. Bei diesen Blinksternen wurde aber zuerst das Vorhandensein von Unregelmäßigkeiten festgestellt und gegen eine Erklärung im Sinne der Bahnbewegung ausgelegt. Daneben wurde auch beachtet, daß es alle Uebergänge gibt, von den Sternen mit dem gleichmäßigsten Lichtwechsel, wie bei den Algol-Sternen, bis zu den Sternen mit ganz unregelmäßigem Lichtwechsel, und daß sich bei manchen neuen Sternen während der Lichtabnahme ein Lichtwechsel ähnlich dem eines Blinksternes herausbildet und wieder verschwindet. Auch fand der Umstand Beachtung, daß selbst die formelmäßige Darstellung der Häufigkeit der Sonnenflecken und des Lichtwechsels vieler Sterne ungeahnte Schwierigkeiten bot und immer neue Versuche dieser Schwierigkeiten Herr zu werden veranlaßte.

DIE NATUR DER STERNE

Neben den Versuch, durch Bewegungen die Vorgänge am Sternhimmel zu erklären, trat seit dem 19. Jahrhundert auch die Anwendung der physikalischen Gesetze auf die Sterne selbst, wobei sich besonders ZÖLLNER, LOCKYER, HUGGINS, ARRHENIUS, NERNST, JEANS und EDDINGTON beteiligten. Die Farbe der Sterne hatte den Sterndeutern als Merkmal ihrer Natur gegolten. Mit dem Absterben der Sterndeutung ging die Kenntnis der Sternfarben verloren. Erst das 19. Jahrhundert brachte sie wieder zu

Ehren, als sich sowohl eine Beziehung der Farben zu den verschiedenen Arten von Veränderlichen als auch zu ihrem Spektrum herausstellte. SMYTH 1864 und KLEIN 1868 stellten eine Reihenfolge und Bezifferung von Sternfarben, beginnend mit weiß und endigend mit tiefrot auf, die später von J. SCHMIDT und OSTHOFF ergänzt wurde. SMYTH 1864, später ESPIN 1886, FRANCKS 1887 und andere suchten auch die Sättigung der Farben durch Zahlen auszudrücken. Die vom menschlichen Auge abweichende Farbempfindlichkeit der photographischen Platte lieferte ein bequemes Mittel, für die Farbenwirkung einen leicht festzustellenden Ausdruck zu finden, der Farbenindex, welcher angibt um wieviel ein farbiger Stern schwächer erscheint auf einer gewöhnlichen empfindlichen Platte gegenüber einer farbempfindlichen Platte, wobei sich der Stern durch Verwendung von Filtern auf der Platte so abbildet, wie er dem menschlichen Auge erscheint. Wichtiger war die Untersuchung des Spektrums. Sie ließ nicht nur sofort erkennen, ob der betreffende Himmelskörper von sternartiger oder nebelartiger Natur sei, sondern ergab für die Sterne verschiedener Farben deutlich unterschiedene Spektren, ausgehend von einem zusammenhängenden Spektrum mit feinen dunklen Linien, gelegentlich auch mit hellen Linien für einen weißen Stern, bis zu den Spektren mit breiten dunklen Bändern für die roten Sterne. Auf Grund des Aussehens wurden verschiedene Einteilungen des Spektrums versucht. Die älteste Einteilung rührt von SECCHI her und sieht 4 Abteilungen vor, ausgehend von den weißen Sternen bis zu den roten Sternen. H. C. VOGEL hat diese SECCHIsche Einteilung um 1895 erweitert, in dem Bestreben, in ihr den Entwicklungsgang eines Sternes von dem heißesten weißen Stern bis zum kühlsten roten Stern darzustellen. Grundlegend für seine Einteilung war das Aussehen der Wasserstofflinien, die vielfach im Gegensatz zu den Metallinien behandelt wurden. E. C. PICKERING erweiterte zuerst die SECCHIsche Ordnung durch Einführung einer neuen Klasse mit hauptsächlich hellen Linien. Auf Grund der photographischen Aufnahmen der Spektren stellte er aber 1890 eine neue Ordnung auf, unter Verwendung der Buchstaben A—Q, wobei die Abteilungen A—N den SECCHIschen Klassen I—IV entsprechen. Jede dieser Abteilungen wurde nach dem Aussehen der Linien noch in Unterabteilungen geteilt. Diese Einteilung wurde durch CANNON erweitert und in der Reihenfolge P, O, B, A, F, G, K, M, R, N, Q zur Kennzeichnung der Spektren von mehr als 200 000 Sternen des DRAPERschen Sternverzeichnisses benützt. Eine andere Einteilung in 22 Gruppen wurde von Maury versucht; bei ihr ist die von Pickering mit 0 bezeichnete Gruppe mit hellen Linien an die Spitze gestellt; dann folgen die Spektren mit dem Uebergang zur Secchi-Klasse I, ferner die den Klassen I—IV entsprechenden Gruppen 7—22. Das Aussehen der Linien wurde durch Anhängung eines Buchstabens gekennzeichnet. Diese Maurysche Einteilung bürgerte sich gegenüber der Pickeringschen Einteilung nur allmählich ein.

Von wesentlich anderen Gesichtspunkten ging Norman Lockyer bei der Einteilung der Spektren aus. Bereits 1873 betrachtete er die Spektren unter dem Gesichtspunkte, daß die Wärme der Sterne sich darin ausdrücken müsse, und gab 1902 eine Einteilung der Spektren auf Grund der Wärme der Sterne. Er unterschied den Ast der zunehmenden Wärme und den Ast der abnehmenden Wärme, wobei jeder Ast 10 Gruppen enthält, von denen Gruppe 9 und 10 gemeinsam sind. Der eine Ast beginnt mit Antares und führt über Aldebaran, Polstern, Deneb, Rigel, ξ im Stier, α im Kreuz zu den heißesten Sternen ε im Orion und γ im Schiff. Der andere Ast beginnt auch bei den kältesten Sternen, bei 19 in den Fischen, und führt über Arktur, Prokyon, Sirius, α im Pegasus, Algol, Acharnar auch zu den Sternen ε im Orion und γ im Schiff, wobei Aldebaran und Arktur, Polarstern und Prokyon vergleichbare Spektren zeigen. Diese Aeste, die auf Grund der Vergleichung von Sternspektren und künstlich hergestellten Spektren ersonnen worden waren, benützte Lockyer zur Darstellung der Entwicklung der Sterne, die nach ihm aus planetarischen Nebeln entstehen und infolge der Zusammenziehung aus Sternen geringer Dichte und Wärme wie Antares zu Sternen von sehr großer Wärme und größerer Dichte, entsprechend den weißen Sternen, werden. Nach der Erreichung der größten Wärme erfolgt eine größere Wärmeausstrahlung, als der Wärmegewinn durch Zusammenziehung beträgt; der Stern wird dichter, aber auch zugleich kühler, und wird zu einem Stern ähnlich 19 in den Fischen.

Dieser Entwicklungsgang und diese Einteilung der Spektren der Sterne stand wohl im Gegensatz zu den bisherigen Einteilungen, fand aber durch verschiedene Entdeckungen im allgemeinen eine Bestätigung, wenn auch mehrere Einzelheiten wie die Stellung der planetarischen Nebel und die Einordnung mancher Sterne sich nicht halten ließen. Ferner ließ die Berechnung von 87 Verfinsterungssternen Shapley 1913 zu der Erkenntnis kommen, daß für die weißen Sterne mit dem Spektrum B und A die Dichten innerhalb enger Grenzen um einen

Mittelwert liegen, daß aber für die gelben Sterne die Dichte mehr bei großen oder kleinen Werten zu liegen scheinen, unter Ausschluß der Werte einer mittleren Dichte. Die Untersuchungen von RUSSELL, HERTZSPRUNG und KAPTEYN ergaben zudem, daß bei den farbigen Sternen zwischen Riesen und Zwergen zu unterscheiden sei, wobei der Riesenstern sich von dem Zwergstern desselben Spektrums durch ein anderes Aussehen der Linien unterscheidet. Auf Grund der bis 1913 bekannten, gemessenen Entfernungen der Sterne erhielt RUSSELL für die Verteilung der Sterne gemäß Spektrum und absoluter Größe ein Schaubild, nach welchem die Mehrzahl der Sterne innerhalb eines schmalen Streifens liegt, der von der Größe — 2 beim Spektrum B anfangend bis zur Größe + 9 für das Spektrum M führt und offenbar dem absteigenden Zweig der LOCKYERschen Einteilung entspricht, während die wenigen dem aufsteigenden Zweig entsprechenden Sterne mit den Spektren M—B etwa die Größe 0 aufweisen. Unter Verwendung der Feststellung LUDENDORFFS, daß bei spektroskopischen Doppelsternen die mittlere Masse der B-Sterne 3mal größer ist als die der anderen Spektralklassen, und des Ergebnisses von SHAPLEY über die Verteilung der Dichten der Verfinsterungssterne kam RUSSELL zu einer Bestätigung der LOCKYERschen Ansichten im allgemeinen.

Auf Grund der Untersuchungen über Gaskugeln von LANE, RITTER, EMDEN und SCHWARZSCHILD glaubte er folgende Ansicht über die Entwicklung eines Sternes aussprechen zu können. Die Gasmasse, aus welcher der Stern besteht, verliert allmählich an Energie und zieht sich zusammen, worauf ihre wirksame Wärme steigt, ihr Licht weißer wird und die Oberflächenhelligkeit zunimmt, mit gleichzeitigen Aenderungen in dem Aussehen der Spektrallinien. Zugleich nimmt ihr Durchmesser und ihre Oberfläche ab. Dies dauert so lange, bis die Dichte so groß wird, daß eine Zunahme der Wärme nicht mehr erfolgt. Eine weitere Zusammenziehung ist dann nur möglich, wenn sie von einer ständigen Abnahme der Wärme begleitet ist. Der Durchmesser und die Oberflächenhelligkeit der Sterne nimmt ab, zugleich sehr rasch die Leuchtkraft, während der Stern röter wird. Der Stern wird flüssig, dann fest, schließlich kalt und dunkel. Dieser Entwicklungsgang gilt nur für Sterne von großer Masse. Sterne von mittlerer Masse erreichen die zum A-Spektrum gehörige Wärme und von noch kleinerer Masse die zum F-Spektrum gehörige Wärme usw. Sterne mit weniger als $^1/_{10}$ Sonnenmasse können nicht so warm werden, um als Sterne sichtbar zu werden. Diese von RUSSELL 1914 veröffentlichten Anschauungen erfuhren im nächsten Jahrzehnt durchgreifende Aenderungen. Zunächst erhielt sein Schaubild der Verteilung der Sterne, gemäß Spektrum und Leuchtkraft, dadurch ein anderes Aussehen, daß auch weiße Sterne von geringer Leuchtkraft aufgefunden wurden, ferner Sterne mit dem Spektrum G als besonders leuchtkräftig sich erwiesen sowie eine Fortsetzung der Ansammlung der B-Sterne zu den leuchtkräftigen O-Sternen führte. Nicht minder wichtig wurden auch die Aenderungen, welche der Entwicklungsgang infolge der Bemühungen EDDINGTONS, JEANS und RUSSELLS erfuhr. Man gelangte zu verschiedenen Entwicklungsgängen der Sterne gleichen Spektrums und gleicher Leuchtkraft, wobei die Leuchtkraft durch die absolute Größe dargestellt wird. Somit zeigt sich auch hierin dasselbe wie in der Palaeontologie, wo man den Gedanken DARWINS von einer Entwicklung in Gestalt eines Stammbaumes zugunsten eines Stammstrauches aufgeben zu müssen glaubte. Andererseits stellte EDDINGTON eine Beziehung zwischen Masse und Leuchtkraft eines Sternes auf und glaubte RUSSELS absteigenden Ast der Sternentwicklung aufgeben zu müssen. RUSSEL wiederum sah sich genötigt, sein Schaubild zu erweitern durch Berücksichtigung der Mittelpunktswärmen und durch die Kurven der Massen der Sterne, die aus der Zustandsgleichung von EDDINGTON errechnet worden waren. Die Entwicklung eines Riesensternes geht demgemäß so vor sich, daß ein Riesenstern bei einer Mittelpunktswärme von 30 000 000° infolge von Ausstrahlung Masse verliert, wobei er auf dem Zwergaste vom B-Spektrum bis zum M-Spektrum entlang wandert. Allerdings mußte noch die Annahme gemacht werden, daß die Sternmasse gelegentlich besonders fähig zur Energieentwicklung sei. Mit Anwendung der Gasgesetze, unter der Annahme der Wirksamkeit der Anziehung und des Strahlungsdruckes und mit Berücksichtigung aller Erkenntnisse über die Entstehung des Spektrums versuchte EDDINGTON 1926 den Aufbau der Sterne darzustellen. Wie er sich die Vorgänge im Innern eines Sternes vorstellt, das mögen seine eigenen Worte lehren, wie sie in seinem 1927 erschienenen Werk über Sterne und Atome stehen: »*Wir können uns jetzt ungefähr ein Bild vom Inneren eines Sternes machen — ein Durcheinander von Atomen, Elektronen und Aetherwellen. Losgelöste Atome stürzen dahin mit 100 Seemeilen in der Sekunde — losgerissen ist ihre zugehörige Hülle von Elektronen! Die verlorenen Elektronen rasen 100mal schneller zu neuen Ruheplätzen. Laßt uns der Fahrt eines solchen folgen: Da gibt es beinahe einen Zusammenstoß, wenn ein Elektron einem Atomkern be-*

gegnet; aber es sputet sich und schießt in einer scharfen Kurve herum; zuweilen gibt es ein Ausgleiten in den Kurven; aber das Elektron geht weiter mit gesteigerter oder verminderter Energie; nach 1000fachem knappem Entrinnen, alles innerhalb des 1000 Millionsten Teiles einer Sekunde endigt diese fieberhafte Laufbahn durch ein schlimmeres Ausgleiten als gewöhnlich. Das Elektron wird ganz gefangen und an ein Atom gefesselt. Aber kaum hat es seinen Platz eingenommen, so bricht ein X-Strahl in das Atom ein. Das Elektron saugt die Energie des Strahls auf und schießt wieder davon zu seinem nächsten Abenteuer.

Ich befürchte, daß die Komödie des Herumpuffens in der modernen Atomphysik unseren ästhetischen Idealen nicht gerade sehr zart entgegen kommt. Das feierliche Drama der Sternentwicklung scheint mehr dem haarscharfen Entrinnen im Film zu ähneln; die Sphärenmusik hat beinahe einen Anklang von — Jazz. Und was ist der Erfolg alles dieses Tosens? Sehr wenig. Die Atome und Elektrone gelangen trotz ihrer Eile nirgends hin, sie wechseln nur Platz.«

In diesem Werk verwendet EDDINGTON die Lehre von der Entwicklung der Sterne und von ihren Massenverlusten durch Strahlung zur Berechnung des Zustandes und der Wärme der Sterne; er errechnet bei der Sonne die Beschaffenheit der verschiedenen Gashüllen, aber läßt die Erscheinungen der Flecken und Fackeln unberücksichtigt. Zur Erklärung der Nichtabnahme der Sonnenwärme macht er die Annahme, daß die Sonne vollständig aus Uran im Gleichgewicht mit seinen Zerfallstoffen bestehe. Bei den veränderlichen Sternen wird zur Erklärung des Lichtwechsels der Blinksterne ein Sichausdehnen angenommen und bei den Flutsternen für wahrscheinlich gehalten, dagegen von einer Erklärung der Eigentümlichkeiten des Lichtwechsels hinsichtlich Regelmäßigkeit und Unregelmäßigkeit, Häufigkeit und Umfang abgesehen. Für den Sirius-Begleiter wird 1 000 000 000° Wärme im Mittelpunkt und eine Dichte 2000mal größer als die des Platins errechnet.

Die Anwendung der Bewegungsgesetze und der physikalischen Gesetze auf die Vorgänge am Sternhimmel bedeutete eine Uebertragung der auf der Erde und in der Bewegung der Sonnenbegleiter gemachten Erfahrungen auf eine ganz andere Welt. Von den für die Lebewesen der Erde festgestellten Gesetzmäßigkeiten wurde nur der DARWINsche Entwicklungsgedanke auf die Sternenwelt angewendet, wobei allerdings die einzigen Fälle von beobachteter Entwicklung der Sterne, nämlich der neuen Sterne, außer acht gelassen wurden. Die anderen Erkenntnisse über die Wachstumsteigerungen und über die Fähigkeit der Selbstregulierung der Lebensgemeinschaften, sowie über das Entstehen und Vergehen einer Regelmäßigkeit fanden keine Anwendung auf die Sternenwelt.

Alle diese Versuche, die bekannten Naturgesetze auf die Sterne anzuwenden, spielten sich hauptsächlich in den Jahrzehnten seit 1900 ab. Die einen Gelehrten sind voller Zuversicht, daß die Lösung aller Rätsel mit Hilfe der physikalischen Gesetze nahe bevorstehe, die anderen verhehlen sich nicht die Schwierigkeiten und sind eher geneigt PRINGSHEIM beizustimmen, wenn er in seiner Physik der Sonne schreibt: »*Im ganzen sehen wir auch hier, was uns bei unseren Betrachtungen schon mehrfach begegnet ist, daß die Beobachtungsresultate sich durch verschiedene Theorien gleich gut erklären lassen, eine Erscheinung, die in der Naturwissenschaft überall wiederkehrt. Was feststeht und die Veränderung der Zeiten überdauert, das sind gut beobachtete Erfahrungstatsachen; die Theorien entstehen und vergehen wie die Blätter der Bäume und die Geschlechter der Menschen.*«

Den früheren Versuchen, die Weltentwicklung zu zeigen, diente das Sonnenall als Grundlage der Betrachtung. KANT war der erste, der 1755 versuchte, die Entstehung der Welt nach den Naturgesetzen und nicht als Ausfluß eines göttlichen Willens zu erklären. Er nahm den ganzen Raum zuerst als erfüllt mit kleinsten Teilchen an, für welche die Anziehungs- und Abstoßungsgesetze gelten. Infolge der Anziehung entstehen Körper im Mittelpunkt der Anziehung; die freien Teilchen werden zu einer Bahnbewegung um diesen Mittelpunkt gezwungen; ihre Bewegungen gleichen sich so aus, daß nur noch Kreisbahnen übrig bleiben, in denen die Bewegung in gleicher Richtung erfolgt und die sehr nahe dem Plan »der Beziehung« liegen. Innerhalb der scheibenförmig ausgedehnten Masse bilden sich neue Anziehungspunkte und damit neue Körper, die späteren Planeten, welche die benachbarten Teilchen teils in sich aufnehmen, teils wieder zur Bahnbewegung veranlassen, worauf sich auch Monde bilden können. Offenbar beschränkt sich KANT nur auf die Bildung des Sonnenalls. LAPLACE wiederum nahm an, daß die Hülle der Sonne ursprünglich über die Grenzen des Sonnenalls ausgedehnt gewesen sei, infolge der Abkühlung sich auf ihren jetzigen Umfang verkleinert habe, zugleich mit Vergrößerung der Umdrehungsgeschwindigkeit. Von Zeit zu Zeit löste sich ein Ring von der Lufthülle der Sonne ab. Aus diesen Ringen bilden sich die Planeten, abgeplattet und noch mit einer Umdrehung im Sinne ihrer Bewegung; ebenso bilden sich die Monde und der Saturnring. Die Unhaltbarkeit dieser beiden Versuche, wie auch der Ergänzungen von Fr. Weiss von 1860 und Zehnder 1897 wurden durch Moulton und Chamberlin 1905 und Fr. Nölke 1908 nachgewiesen.

Poincaré konnte 1902 zeigen, daß eine sich zusammenziehende und gleichmäßig zusammengesetzte Flüssigkeit bei langsamer Drehung die Form eines Rotationsellipsoides hat, sich bei zunehmender Dichte mehr abplattet bis zu einem dreiachsigen Ellipsoid, das in der weiteren Entwicklung zu einer birnförmigen Figur wird, welche nur dann Bestand hat, wenn die Verteilung der Massen in ihr nicht gleichmäßig ist, während bei gleichmäßiger Verteilung ein Zerfall des Körpers in 2 sich umkreisende Körper eintreten müsse. Diese Poincarésche Erklärung bekam Bedeutung für die Erklärung der Entwicklung der Sterne, während sie nach Nölkes Untersuchung zur Erklärung der Entstehung der Planeten und Monde nicht herangezogen werden kann. Moulton und Chamberlin ließen 1905 in ihrer Weltentwicklung das Sonnenall durch den nahen Vorübergang einer Sonne an einer anderen Sonne entstehen, wodurch aus der Sonne infolge Flutwirkung ein Spiralnebel sich bilde, der auch die der Sonne eigene Umdrehung zeige. Aus den ungleichmäßigen Verdichtungen in den Armen entstehen die Planeten, welche die gleiche Bewegungsrichtung wie die ursprüngliche Sonne und die später sich wieder zusammenballende Mittelmasse habe. Die Entstehung eines Spiralnebels erklärte S. Arrhenius 1903 durch die Annahme eines sich drehenden unförmigen Nebels wie des Orionnebels und durch die allmähliche Ausbildung von Massenanhäufungen, die bei der Umbildung der Nebelkugel zu einer Scheibe Bahnen um den Mittelpunkt beschreiben. Auch Nölke ging 1908 von einem linsenförmigen Spiralnebel als der Urform des Sonnenalles aus. Dieser Spiralnebel ist gasförmig und elliptisch; seine Nebelmassen streben in spiraligen Bahnen dem Mittelpunkt zu. Im Innern der Masse herrscht ein Gesetz ähnlich dem Gesetz der molekularischen Anziehung, während die Anziehungskräfte »erst durch die Verdichtung der Nebelmassen allmählich zur Ausbildung gelangen«. Zur Beantwortung der bei den meisten Erklärungsversuchen unbeantwortet gebliebenen Fragen nach der Entstehung der widersinnigen Umdrehungsrichtung des Uranus und der Rückläufigkeit seiner Monde wird ein widerstrebendes Mittel in Gestalt des Weltäthers und der zwischen den Windungen des Nebels zerstreuten feinen Massen angenommen.

Einen ganz anderen Standpunkt bezüglich des Zustandes der Welt nimmt HÖRBIGERS Welteislehre von 1913 ein. HÖRBIGER glaubte viele Vorgänge in dem Wetter und in der Sonne, wie das Aussehen des Mondes und der Milchstraße durch die Annahme von Feineis, seltener Grobeisbrocken im Weltraum erklären zu können. A. PREY 1922, FR. NÖLKE, K. HOFFMEISTER, K. HUMMEL und W. KÜHL haben 1925 die Folgerungen der Welteislehre auf die Weltentstehung, die Sternschnuppen und Feuerkugeln, die Gesteinsschichtung und das Wetter der Erde untersucht und sind zur völligen Ablehnung dieser Lehre gekommen.

DIE STERNDEUTUNG

Während des Mittelalters war die Sterndeutung immer einflußreicher geworden. Kleine Mißerfolge, wie die in Betrug ausartenden Toleder-briefe und das Nichteintreffen von Vorhersagen vermochten ihr nicht ernstlich zu schaden. Vielmehr wuchs ihr Einfluß mit dem Anfange der neuen Zeit, als zahllose Kalender mit ihren Glücks- und Unglückstagen, ihren Aderlaß- und Tierkreismännern, ihren Vorhersagen über allgemeine Staatsangelegenheiten und über das Wetter, ins Volk drangen; als Holzschnitte und Wandteppiche mit den Planetenherrschern und Planetenkindern jedermann leicht aus dem Wochentag seiner Geburt sein Schicksal ersehen ließen, als zahlreiche Flugblätter die Kunde von dem Erscheinen eines Kometen oder eines anderen erschrecklichen Himmelsvorganges und von seinen voraussichtlichen Wirkungen ins Volk trugen. War es da verwunderlich, daß angesichts dieser Massenbeeinflussung und der Ueberschätzung des Wissens des Altertums jedes kirchliche und wissenschaftliche Bedenken gegen diese neue Lehre schwand, und hohe weltliche und geistliche Würdenträger voller Vertrauen auf die Richtigkeit dieser tausendjährigen Lehre sich Sterndeuter hielten und ihre Entschlüsse von den Himmelsereignissen abhängig machten? Zudem erhob sich im 16. Jahrhundert kaum ein ernstlicher Widerspruch gegen die Sterndeutung, die vielmehr bis zum Ende dieses Jahrhunderts an den Hochschulen gelehrt und von Forschern, wie KOPPERNIK, BRAHE und KEPLER beachtet wurde. Von KOPPERNIK ist allerdings nur seine Deutung des Kreises, in dem sich der Mittelpunkt der Erdbahn um die Sonne in mehreren Jahrtausenden bewegt, als eines für die Weltgeschichte wichtigen Kreises bekannt. Dagegen ist BRAHES ursprüngiiche Stellung zur Sterndeutung nicht nur durch seine

Horoskope für die dänischen Prinzen, durch seine Auslegung der Wirkungen des neuen Sternes von 1572 und der Kometen, sondern auch durch seine Rede von 1574 bekannt, wo er sich über die Sterndeutung so äußert: »*Die Kräfte und den Einfluß der Gestirne zu leugnen, das heißt die göttliche Weisheit und Klugheit erniedrigen und der offenbaren Erfahrung widersprechen. Was könnte Ungeeignetes und Abgeschmackteres über Gott gedacht werden, als daß er dieses großartige und bewundernswerte Schauspiel aller Himmel und so vieler leuchtender Sterne vergeblich und für keinen Gebrauch hergestellt habe? Da jeder Mensch selbst das geringste Werk für einen bestimmten Zweck herstellt.*« Und doch hat derselbe Brahe ein Wetterwahrsagebuch herausgeben lassen, das völlig von den üblichen Regeln der Sterndeutung absah, und wurde mit der Zeit immer ablehnender gegen die Sterndeutung. Am bedeutsamsten wurde die Auseinandersetzung Keplers mit der Sterndeutung, nicht nur weil Kepler erst die durch Koppernik herbeigeführte Verweisung der Erde aus ihrer Stellung in der Mitte der Welt bestätigte und bekräftigte, sondern auch weil er durch die Anwendung einer mit der Sterndeutung verwandten Betrachtungsweise eine Gesetzmäßigkeit im Sonnenall entdeckt hatte. Seine Stellung zur Sterndeutung umschrieb er 1610 folgendermaßen: »*Alles nun was in der Astrologia einer Erfahrung gleichsihet und sich nicht offenbarlich auff kindische fundamenta zeucht, Dass halte ich für würdig, dass man darauff achtung gebe, ob es sich gewöhnlich also verhalte und zutrage: und wann es dann sich fast zu einer Beständigkeit anlässet, so halte ichs nun ferner für würdig, dass ich der Ursache nachtrachte, verwirf es auch nicht gleich gantz und gar, wann ich schon die Ursach nicht völlig erkennen kann.*«

Dabei war sich Kepler der Schwierigkeit der Stellung der Sterndeutung bewußt. Sein Lehrer Maestlin erklärte öffentlich und privat, daß er kein Sterndeuter sei, und lehnte es ab, Horoskope für Personen zu stellen. Dagegen sah er die Berechnung des Horoskopes der Geburt von Romulus und Remus, der Gründer Roms, für nicht unwissenschaftlich an. Ebenso war es auch mit der Vorhersage des Wetters auf Grund der Gestirnstellungen. Diese wurden nicht nur von Kepler, sondern auch von andern für durchaus zulässig angesehen. Allerdings nahm Kepler dabei insofern eine Ausnahmestellung ein, daß er, obwohl verschiedene seiner Wettervorhersagen gut eingetroffen waren, doch nicht unterließ, seine Vorhersagen mit den Tatsachen zu vergleichen und dadurch seine Erfahrung zu vermehren. Aehnlich verfuhr er mit den Horoskopen der Menschen! Auch hier sehen wir ihn die Ergebnisse mit den Vorhersagen vergleichen, um eine möglichste Anpassung an die Tatsachen zu erzielen. Am deutlichsten zeigt sich dies bei dem Horoskope WALLENSTEINS, das von KEPLER 1608 aufgestellt worden war und 1625 auf Grund von WALLENSTEINS eigenen Mitteilungen zu den einzelnen Jahren der Vorhersage berichtigt wurde. Aehnlich machte er es mit seinem eigenen Leben, für dessen einzelne Lebensjahre von 1595 an er die Vorhersage aufstellte und zum Vergleich die einzelnen Lebensumstände neben die Rechnung eintrug. Seinem prüfenden Geist entging es nicht, daß die Uebereinstimmung des Horoskopes der Geburt seiner Mutter und seiner eigenen Geburt, ein im Sinne der Sterndeutung günstiges Vorzeichen, nicht einer Uebereinstimmung ihrer Lebensumstände entspreche, daß vielmehr seine eigenen Erfolge durch sein Horoskop keineswegs angedeutet wurden. Alle diese Ueberlegungen mußten ihm eine überlegene Stellung gegenüber der Sterndeutung verschaffen, so daß er sich nicht scheute, den Bestellern von Horoskopen zu raten, sich nicht allzu sehr auf die Vorhersagen zu verlassen, und bei der Deutung der Erscheinung des neuen Sternes von 1604 neben der gewöhnlichen Deutung für die Völker und Länder seiner Meinung Ausdruck zu geben, daß die folgende Deutung des neuen Sternes sicherlich richtig sei: Er habe durch sein Erscheinen vielen Leuten Anlaß zum Schriftstellern und den Buchdruckern Arbeit gegeben und ihn selbst veranlaßt, sich diese Sterngegend näher anzusehen. Aehnlich war es mit den Untersuchungen der Wirkung der Finsternisse. Auch hier ergab ihm eine Vergleichung der Finsternisse der letzten 80 Jahre mit den Geschehnissen, daß sich diese genau so auch ohne die Finsternisse ereignet haben würden. Aber diese Erkenntnisse hielten ihn nicht ab, die Sterndeutung gegen übertriebene Vorwürfe ihrer Gegner zu verteidigen, allerdings nicht die Machwerke der gewöhnlichen Sterndeuter, die als richtige Betrüger auf die Dummheit der Leute bauten und sich damit bereicherten, sondern nur den unleugbaren Einfluß der Gestirne wie der Sonne auf das Wetter und des Mondes auf die Gezeiten. Die Gedankenwelt der Sterndeutung schien ihm noch viel zu wenig geklärt zu sein, als daß nicht doch das eine oder andere Goldkörnchen in dem überlieferten Wirrwarr zu finden wäre. Hatte nicht die sterndeutige Auffassung der Sonne als Lenkerin in dem KOPPERNIKschen Weltgebäude eine glänzende Auferstehung gefunden? Und doch gab es verschiedene schwer zu beantwortende Fragen! Wie erfolgte der Einfluß der Gestirne auf die Erde, die als ein Lebewesen angesehen wird, und auf die Vorgänge auf der Erde? Diese Frage hat ihn sehr beschäftigt. Er glaubte sie dadurch zu lösen, daß er die Erde mitsamt der untermondigen Welt als empfänglich für bestimmte Stellungen zu den Planeten ansah; dadurch behob er wohl die Schwierigkeit, die durch die Bewegung der Erde entstand, blieb aber doch in den überkommenen Anschauungen befangen, daß die Wirkung eines Gestirnes sich nicht gemäß seiner ganzen Bahn, sondern nur in den Stellungen (Zusammenkunft, Gegenschein, Geviertschein, Gedrittschein und Gesechstschein) äußere. Die Veranlassung lag dazu in seinem Glauben, daß im Sonnenall als einer göttlichen Schöpfung, nicht nur die Planeten in ihren Bewegungen und ihren Abständen, sondern auch in ihrer Stellung zur Erde eine Bedeutung haben.

Nicht alle Anhänger der Sterndeutung waren so kritisch wie KEPLER und suchten durch Vergleichung der Tatsachen mit den Vorhersagen zu einer Vervollkommnung der Sterndeutung zu gelangen. Vielmehr blühte im 17. Jahrhundert die Wahrsagerei mehr als gewöhnlich, zum Teil durch die kriegerischen Unruhen befördert. Eine besondere Art der Sterndeutung betrieb ANDREAS GOLDMAYER, indem er die Zeit der Gründung von Städten aus den Sternen berechnete z. B. von Nürnberg zum 9. April 14 v. Chr., 8 Uhr vormittags, oder von Würzburg zum 25. Februar 3 v. Chr. 11 Uhr 33 Min. vormittags und sich für diese Berechnung eine Spende der betreffenden Stadt erhoffte. Eine große Rolle spielte die Deutung der auffälligen Himmelserscheinungen: Kometen wurden allgemein als Zuchtrute Gottes aufgefaßt und aus der Stellung ihres Schweifes oder aus der Richtung ihres Laufes das von Gottes Zorn bedrohte Land ermittelt. Dieser Glaube war nicht auszurotten, mochte auch dichterische Laune sie verspotten, wie CHARLES DE COSTER in seiner »Untertänigen Bittschrift an den Kometen« oder MARK TWAIN in seiner Schrift: »Eine seltsame Vergnügungsreise« taten. Immer blieb der Komet ein Schreckgespenst. Noch im 20. Jahrhundert hat der HALLEYsche Komet große Furcht erweckt und der Komet Delawan wurde im Herbst 1914 allgemein als Kriegskomet angesehen.

Nicht minder gefährlich schien die Wirkung der Finsternisse zu sein. Behördlicherseits wurde die Bevölkerung angehalten, Vorsichtsmaßregeln gegen die schlimmen Wirkungen der durch die Verfinsterung hervorgerufenen Verpestung der Luft zu treffen, wie der folgende Erlaß des Landgrafen FRIEDRICH II. von Homburg vom Jahre 1699 lehrt:

»Demnach Sr. Hochfürstlichen Durchlaucht berichtet worden, daß am negstkünftigen Mittwochen wird sein 13./23. September Umb 10 Uhr eine gahr gefährliche finsternuß sein soll, alß haben Sr. Hochf. Dl. alß ein rechter Landesvatter auch für ihre Unterthanen hierin sorgen und ihnen andeuten laßen wollen, daß Sie ihr Vieh den tag zu Vor, und etliche tage hernach zu Hause halten, vnd deßfalls das nöthig Futter anschaffen, und der ställen thür und fenster wohl schließen, die brunnen wohl bedecken, die Keller und Kornböden wohl versorgen sollen, darmit umb die Zeit die böse Lufft nicht einlogiere und eine böse inffection anhaffte, weil solch große finsternuß und aspecten stichhusten, schweren flüßen, schlag, jähenfällen, graßirende giftige Fieber, ja pestilentzische Seuchen vnd gantz unbekannte Krankheiten vnd der gleichen troht, wohrnach sich denn ein jeder wird zu riechten wissen und hat.

Homburg, d. 7. September 1699.«

Auch das 18. Jahrhundert sah noch solche Erlasse.

Das 17. Jahrhundert war der Sterndeutung immerhin nicht mehr so günstig wie frühere Zeiten. Die mit dem Fernrohr gemachten Entdeckungen am Himmel teilten den Himmelskörpern doch eine ganz andere Natur zu, als sie nach den überkommenen Ansichten haben sollten. Saturnsring und Saturnsmonde ließen sich mit der Natur des Saturn als dem Sinnbild der Hinfälligkeit nicht vereinen. Der Gestaltenwechsel von Venus und Merkur machte diese Himmelskörper zu Spiegeln der Sonne. Die Flecken auf der Sonne und die daraus zu schließenden gewaltigen Vorgänge auf ihr mußten, wie bereits Chr. Scheiner bemerkte, die Sterndeutung zu anderen Schlüssen veranlassen. Nicht minder war die Auffindung des Anziehungsgesetzes und die daraufhin mögliche Berechnung des Einflusses der Planeten aufeinander der Sterndeutung abträglich. Andererseits wurde man gegenüber ihren Behauptungen kritischer. Es war nicht mehr möglich, wie im 16. Jahrhundert die Geburtszeit eines bedeutenden Mannes bis zu einem geeigneten Zeitpunkt zu verlegen, wie man es mit Luther durch die Verlegung seiner Geburtszeit vom 10. November 1483 auf den 22. Oktober 1484 gemacht hatte, wo die zur Hervorbringung eines solchen Umgestalters notwendige Zusammenkunft der Planeten stattfand. Die Ansicht der nachdenklichen Menschen gab T. Beutel 1668 wieder, wenn er schreibt, daß erfahrungsgemäß die Auslegung der Horoskope durch hervorragende Sterndeuter eingetroffen seien, daß aber die Zahl der eingetroffenen Fälle zu den nicht eingetroffenen Fällen sich wie 10 : 100 verhalte. Angesichts dieses Umschwunges der

Meinungen ist es nicht verwunderlich, daß FLAMSTEED, als er bei der Grundsteinlegung der Sternwarte zu Greenwich das Horoskop des Augenblicks der Grundsteinlegung aufstellte, dazu bemerkte, »Lacht nicht Freunde«. Welcher Umschwung seit 1576, als am 8. August morgens bei Sonnenaufgang ein BRAHE unter sorgfältiger Beachtung der Stellung der Gestirne — die Sonne neben Jupiter beim Regulus stehend und der Mond sich im absteigenden Knoten im Wassermann befindend! — den Grundstein zu seiner Sternwarte legte! Die mehr und mehr ablehnende Stellung der Gelehrten, welche die Gebildeten sich allmählich zum Vorbild nahmen, beeinflußte allerdings das Volk wenig. Nach wie vor ließ es sich von dem Kalender beraten, wann es gut sei zu säen, zu pflanzen, zur Ader zu lassen und setzte einer Aenderung seines geliebten Kalenders heftigsten Widerstand entgegen, so um 1780, als FRIEDRICH der Große und 1826, als der Herausgeber des schweizerischen Hinkenden Boten die sterndeutigen Angaben weglassen wollten und durch die Volksstimmung rasch gezwungen wurden, den früheren Zustand wiederherzustellen. Nach wie vor verzeichnete mancher sorgsame Familienvater bei der Geburt jedes Kindes die Stunde des Planeten und ließ sich von der Hebamme aus abgenützten Heften das Schicksal seines Kindes vorhersagen. Und so verharrte die Sterndeutung auch im 19. Jahrhundert. Wohl wiesen die fortschrittlicheren Kalender seit dem Anfang des 19. Jahrhunderts keine Beziehung zur Sterndeutung mehr auf, aber die beim Volke beliebten Kalender hielten am alten Brauche fest; so war es in Bayern, Oesterreich und auch anderwärts. Am Anfang des 20. Jahrhunderts erlebte die für tot erachtete Sterndeutung eine plötzliche Auferstehung. Allerorten tauchten Sterndeuter auf und hatten großen Zulauf. Unterricht in der Stellung von Horoskopen wurde gewünscht und auch geboten. Auch in den Kreisen der sogenannten Gebildeten fand die Sterndeutung Anhänger. Besonders während des Weltkrieges nahm der Glaube an die Sterne sonderbare Formen an, wie die folgende Meldung der Saturday Review vom 4. Mai 1918 erkennen läßt: »*Die Deutschen kämpfen nicht bloß mit den furchtbarsten Kriegsmaschinen; Natur- und Geheimwissenschaften helfen ihnen; sie haben die Ordnung der Planeten erforscht und berechnet und setzen ihre Schlachten so an, daß sie unter dem besten Einfluß der Gestirne stehen*«.

Sind es neue Tatsachen oder Erfolge, welche der Sterndeutung eine solche Bedeutung verleihen? Davon kann wohl keine Rede sein. Die Trefferzahl der Gestirnungen beträgt kaum 35 %, gegen beinahe 100 %

der sternforschlichen Vorhersagen für die Bewegung derselben Planeten! Auch hat die Sterndeutung nicht versucht, die in den letzten 3 Jahrhunderten vermehrte Kenntnis des Sonnenalles sich zunutze zu machen. Nur Uranus und Neptun wurden hinzugezogen, obwohl Neptun nur eine sehr geringe scheinbare Bewegung hat und schon eher den Sternen gleicht, so daß jedenfalls das Spiel der Bewegung, der jedem Horoskop zugrunde liegende Gedanke, bei ihm kaum in Betracht kommt. Dagegen wurde ein 1924 gemachter Vorschlag, die vielen kleinen Planeten und die Sternschnuppenschwärme bei den Deutungen auch zu berücksichtigen, da gemäß den Grundannahmen der Sterndeutung nicht die Größe und scheinbare Helligkeit eines Körpers des Sonnenalles, dagegen nur seine Stellung zur Erde eine Rolle spielt, nicht befolgt. Desgleichen blieben unbeachtet die Erkenntnisse über das Wesen der Sonne und ihrer Begleiter.
Die noch im 16. Jahrhundert zur Sterndeutung gehörenden Aufgaben: Die Wirkung von Sonne und Mond auf die Erde und ihre Verknüpfung mit den Gezeiten wurden von der Wetterkunde und Sternforschung weiter verfolgt, der Grundgedanke des Gegenspieles von günstigen und ungünstigen Wirkungen durch den neuen Grundgedanken von Anziehung und Strahlungsdruck abgelöst und damit die Tatsachen weit besser in Rechnung gezogen, zumal an Stelle der sprunghaften Wirkungen die allmählich sich ändernden Wirkungen traten. Somit blieb nur noch der Glaube an die Richtigkeit der alten Lehren übrig. Gelegentlich äußerten Sterndeuter Zweifel, ob die alten Lehren noch lebensfähig seien. Vielen Sterndeutern hingegen kam es nur auf die Ausmünzung an. Sie verbreiteten dabei oft unwahre Behauptungen über die Richtigkeit ihrer eigenen und früherer Vorhersagen; denn sie rechneten mit der Unfähigkeit der Menge, einer Sache auf den Grund zu gehen.

DIE GERÄTE (INSTRUMENTE)

Die Entwicklung der Geräte seit dem Mittelalter läßt den Einfluß, welche die Ortsbestimmung zu Land und zur See ausübte, deutlich erkennen. Bei den Geräten zur Ortsbestimmung der Sterne und Planeten erfolgte sehr bald die Abkehr von der als Bezugsebene ungeeigneten Tierkreisebene, als Parallelvorgang zu der Verdrängung der ungleichlangen Stunden durch die gleichlangen. Die Erfindung des

Fernrohres erweiterte das Blickfeld und führte zu einer Erhöhung der Genauigkeit der Geräte. Die Anwendung der Photographie suchte durch Aufnahmen und nachträgliche Untersuchung der Aufnahmen die unmittelbare Beobachtung zu ersetzen. Demselben Zweck, der Verdrängung des Beobachters vom Fernrohr diente die lichtelektrische Zelle.

Das Mittelalter hatte eine neue brauchbare Sonnenuhr herausgebracht, ferner die Räderuhr bei den Beobachtungen eingeführt. Allerdings dauerte es noch bis zum Ende des 17. Jahrhunderts, bis die Räderuhr genau genug geworden war, um die Zeit auf die Sekunde feststellen zu lassen und beim Durchgang von Sternen geradezu als Werkzeug zur Ortsbestimmung zu dienen. Die zur Zeitbestimmung und Erdmessung dienenden Astrolabe und Quadranten wurden in die Neuzeit übernommen, hielten sich aber nicht lange, da sie, von der Hand gehalten, keine genauen Ergebnisse lieferten. Aehnlich erging es dem Türkengerät, das, als einziges Gerät mit Kantendrehung statt Achsendrehung bedeutsam, wegen seines mangelhaften Baues keine genauen Messungen liefern konnte und in der Hand der HABERMEL u. A. zum Zierstück für Sammlungen wurde. Aus dem Astrolab entstand ein brauchbares Gerät für die Erdmessung, Theodolit genannt und erfunden vor 1571 von LEONHARD DIGGES. Die nur mit Kreisteilung und Schattenteilung versehene Scheibe oder Halbscheibe ruhte auf einem Gestell und trug ein Lineal mit Absehen und darüber einen Ständer mit senkrechtem Halbkreise mit dem Absehenlineal; 1607 kam ein Kompaß hinzu, später trat ein Fernrohr an Stelle des Absehlineals. RAMSDENS Theodolit von 1790 zeigte außer der Benützung von Libellen noch keinen wesentlichen Fortschritt, während in REICHENBACHS Theodoliten von 1812, Stutzschwanz von ihm genannt, die endgültige Form mit gebrochenem Fernrohr vorliegt.

Für die See konnte ein in der Hand gehaltenes Gerät nicht entbehrt werden. An Stelle des Jakobstabes, des Seeastrolabes und Seequadranten traten die Erfindungen des DAVIS: der Hinterstab und der Quadrant, bei dem die Höhe der Sonne ohne unmittelbares Einstellen auf die Sonne gemessen wird. Dieser Quadrant des DAVIS war in England mit einigen Verbesserungen bis zum 18. Jahrhundert üblich. Einen großen Fortschritt bedeutete die Erfindung HOOKES von 1680 mit Hilfe von 2 Spiegeln die Bilder von 2 Gegenständen: Horizont und Sonne oder Stern nebeneinander in dem Gesichtsfeld des Fernrohres sichtbar zu machen, welches Verfahren zu dem Spiegeloktanten NEW-

TONS von 1725 und von HADLEY von 1731, zum Sextanten von G. ADAMS 1790 und zum Spiegelkreis von TOBIAS MAYER von 1750 und von BORDA 1775 führte, von denen der Spiegelsextant und der Spiegelkreis noch jetzt brauchbare Geräte sind.

In der Erdmessung vielfach angewendet wurde das Wiederholungsverfahren, das von T. MAYER 1752 ersonnen, nach dem Vorschlage von BORDA vielfach benützt wurde und durch die wiederholte Einstellung zweier Absehlineale oder Fernrohre nacheinander auf 2 Gegenstände den zu messenden Winkel genauer als durch eine Einzelmessung zu messen gestattete. Allerdings wurde häufig über die schlechte Teilung der Borda-Kreise geklagt, so daß der Vorteil des Verfahrens zunichte wurde und die Geräte nach dem Aufkommen der vollkommeneren REICHENBACHschen Geräte nicht mehr Verwendung fanden.

Die Erfindung des Fernrohres bedeutete einen großen Umschwung in der Erforschung der Himmelskörper. Die Benützung von Linsen war im Mittelalter bekannt. ROGER BACON († um 1294) kannte die Eigenschaft der Linse Gegenstände heranzuziehen und zu vergrößern oder wegzustoßen und zu verkleinern. Die Vereinigung mehrerer Linsen verschiedener Schleifart, um andere Bilder zu erzielen, besonders für Kranke, war im 16. Jahrhundert bekannt. Mit solchen Gläsern mochte man den Mond betrachtet haben und darauf mögen sich entsprechende Bemerkungen bei LEONARDO DA VINCI um 1500, H. FRACASTARO 1538 und JOH. BAPT. PORTA 1589 beziehen. Andererseits scheint L. DIGGES zu Oxford 1570, vielleicht veranlaßt durch die Schrift des BACON, ein Fernrohr aus konkaven und konvexen Linsen hergestellt und die Beschäftigung seiner 7 Meilen entfernten Freunde damit beobachtet zu haben. Auch die Verwendung von Spiegeln scheint er gekannt zu haben. Es ist nicht ausgeschlossen, daß auch anderwärts durch das Zusammenhalten verschiedener Linsen entfernte Gegenstände herangezogen worden sind. Jedoch kann es sich dabei immer nur um Versuche gehandelt haben, die nicht entscheidend genug erschienen, um aus Linsen Fernrohre für dauernden Gebrauch herzustellen. Daß eine wirklich brauchbare Erfindung vor 1608 nicht vorlag, läßt auch der Umstand ersehen, daß sich erst nach dem Bekanntwerden der Erfindung die Fernrohre überall hin verbreiteten und allerorten Erfinder auftauchten. Die Erfindung ist vermutlich durch einen Zufall herbeigeführt worden; angeblich sollen spielende Kinder die Erfinder gewesen sein. Jedenfalls bat 1608 der aus dem deutschen Wesel gebürtige

HANS LIPPERHEY, Brillenmacher zu Middelburg, die niederländischen Generalstaaten um ein 30jähriges Patent oder um ein Jahresgehalt für ein Gerät zum Sehen in der Ferne. Da seine Erfindung geprüft und für geeignet erklärt wurde, erhielt er eine Belohnung von 900 Gulden für 3 Doppelfernrohre, aber kein Patent, da inzwischen andere Leute — vermutlich ADRIAAN ADRIAANSZOON (METIUS) — von der Erfindung Kenntnis erhalten hätten. Sehr rasch verbreitete sich dieses holländische Fernrohr. Bereits 1609 war es in Frankreich, Deutschland und Italien zu haben. In den Jahren 1609—10 wird es von vielen Gelehrten zur Betrachtung der Himmelskörper verwendet, allerdings nicht immer mit gleichem Erfolg, was wesentlich von der Güte des Fernrohres abhing. Nur wenige in Holland hergestellte Fernrohre leisteten wirklich gute Dienste, was auch für die von GALILEI aus venedischen Linsen hergestellten Fernrohre galt. Diese Fernrohre bestanden aus einer Zerstreuungs- und einer Sammellinse und waren bei ihrem kleinen Gesichtsfelde von weniger als 10′ und bei ihrer großen Farbenzerstreuung zu genauen Beobachtungen nicht sehr geeignet. Einen wesentlichen Fortschritt stellte das von KEPLER 1611 erdachte und anscheinend 1613 zum erstenmal hergestellte Fernrohr mit 2 Sammellinsen dar, weil es auch gestattete, im Brennpunkt eine Vorrichtung zum Ausmessen des Bildes anzubringen und damit erst zur Anbringung eines Mikrometers geeignet war. KEPLER 1604 und 1611, später W. SNELLIUS, DESCARTES, NEWTON, BOSCOVICH, FRAUNHOFER, ABBE und ROHR schufen die Grundlage der Lehre vom Sehen. CHR. SCHEINER benützte etwa von 1613 an das KEPLERsche Fernrohr zum Entwerfen des Bildes der Sonne, wofür GRIENBERGER ein Gestell mit Stundenachse geschaffen hatte. Blendgläser kamen auf, zuerst von P. BIENEWITZ 1540 benutzt und von SCHEINER am Fernrohr angebracht. Die Erkenntnis, daß die störende Wirkung der Farbenzerstreuung die gleiche blieb, ob die Brennweite des Objektives groß oder klein war, führte zum Bau sehr langbrennweitiger Fernrohre, um dadurch die Vergrößerung zu steigern. DIVINI und TORRICELLI stellten 1660 Linsen von 34 Fuß Brennweite her, noch größere bis zu 136 Fuß Brennweite CAMPANI. Diese Linsen wurden mit den zugehörigen Okularen in Röhren gehalten, die bei zunehmender Brennweite so schwerfällig wurden, daß man nach dem Vorschlage von HUYGENS und anderen zum Bau von Luftfernrohren überging, wobei das Rohr wegfiel und die beiden Linsen auf einem gemeinsamen Brett befestigt oder jedes für sich an einem eigenen Ständer befestigt wurden. Auf diese Weise konnten Fernrohre bis zu 300 Fuß Brennweite hergestellt werden. Diese langbrennweitigen Fernrohre waren den kurzen holländischen Fernrohren überlegen, wie die Entdeckung des Saturnringes mit seiner Trennungslinie und der Saturnmonde beweist. Andererseits waren diese Fernrohre sehr schwerfällig und hatten bei ihrer kleinen Oeffnung nur ein sehr kleines Gesichtsfeld. Eine weitere Entwicklung war in der Richtung nicht möglich.

Die beiden Hauptfehler, die Farbenzerstreuung und der Einfluß der kugelförmigen Gestalt der Linse, waren im 17. Jahrhundert bekannt. Kepler schlug hyperbolische Linsen vor, Descartes führte die Anregung weiter aus. Der Gedanke war undurchführbar. Newton wies nach, daß der durch die Kugelgestalt bewirkte Fehler bedeutend geringer als der Fehler durch die Farbenzerstreuung ist. Diesen galt es zu beseitigen! Newton und Euler bemühten sich vergeblich auf rechnerischem Wege ein Mittel zu seiner Beseitigung zu finden. Dagegen gelang es Ch. Moor Hall 1733 und J. Dollond 1756 durch die Herstellung einer zusammengesetzten Linse aus Crown- und Flintglas, mit sorgfältig geschliffenen Flächen, ein fünffüßiges Fernrohr zu bauen, das den damaligen 15—20füßigen Fernrohren überlegen war. Nunmehr herrschten bis zum Ende des 18. Jahrhunderts die Dollondschen Fernrohre, vielfach mit einem einfachen Gestell für senkrechte und waagrechte Bewegung, vor. Dollond kam zu seinen Linsen nur durch Versuche. Die Bemühungen Eulers, Lamberts und Klügels die bestwirksamste Linse zu berechnen mißlangen. Wer sich nach diesen oft recht eleganten Formeln richtete, mußte wie J. G. Repsold die Erfahrung machen, daß sie trotz ihrer Eleganz wegen der Vernachlässigung der Dicke der Linsen und der kugelhaften Abweichung unbrauchbar waren, und durch Versuche hinter die Geheimnisse der englischen Linsen zu kommen suchen. Da es der Theorie nicht gelang, richtige Formeln aufzustellen und auch die Aussetzung großer Preise durch die französische und englische Gesellschaft der Wissenschaften zu keinem Ziele führte, so hing die Herstellung tauglicher großer Linsen von der Geschicklichkeit und Erfindungsgabe einzelner Meister ab und wurde als ein Geschäftsgeheimnis sorgfältig gehütet. Guinand, ein Uhrmacher von Neuenburg, kannte das Geheimnis und machte mit Fraunhofer eine Werkstätte in Benediktbeuren auf, wo ihnen die Herstellung von neunzölligen Linsen bald gelang. Von seinen beiden Söhnen gründete einer eine Werkstätte bei Neuenburg, der andere vereinigte sich mit Bontemps und Thibeaudeau zur Herstellung von großen fehlerfreien Linsen. Ihnen gelang 1828 die Herstellung von

12—14 Zoll großen Linsen. BONTEMPS stellte später mit den Brüdern CHANCE in Birmingham Linsen bis zu 26 Zoll Durchmesser her. Etwas größere Linsen gelangen FEIL in Paris. Die späteren Linsen wurden in französischen Werkstätten oder bei SCHOTT in Jena hergestellt. Die sphärische Abweichung wurde bereits bei den Linsen FRAUNHOFERS durch besonderen Schliff soweit als möglich verkleinert. Die gewöhnlichen Linsen wurden für das Sehen mit dem Auge berechnet. Nach dem Aufkommen der Photographie wurden Linsen zur Berücksichtigung der photographisch wirksamen Strahlen hergestellt.

Neben diesen Arten von Linsenfernrohren kamen im 19. Jahrhundert noch andere Arten auf, wobei man durch eine andere Zusammensetzung des Flintglases und durch Verrückung der einen Linse nach der Mitte, wie es von PLÖSSL in Wien gemacht wurde, oder durch mit Flüssigkeit gefüllten Linsen oder durch einen anderen Strahlengang, wie bei SCHUPMANNS Medialfernrohr eine Verkürzung und Verbilligung des Fernrohres herbeizuführen strebte. Obwohl dies Ziel erreicht wurde, konnten sich diese Arten neben den gewöhnlichen Fernrohren nicht durchsetzen.

Im 17. Jahrhundert entstanden auch die Spiegelfernrohre. Nach vergeblichen Versuchen von ZUCCHI 1616, MERSENNE 1639 und GREGORY 1661 mit parabolischen Spiegeln gelang es erst NEWTON 1668—75 mit einem kugelförmigen Spiegel gute Bilder zu erzielen. Er ließ durch ein in den Strahlengang gesetztes Prisma die Strahlen mit 90° Drehung zur Augenlinse führen. GREGORY fing durch einen kleinen Hohlspiegel, die vom großen Spiegel kommenden Strahlen auf und vereinigte sie hinter dem durchbrochenen großen Spiegel. CASSEGRAIN verwendete zur Verkürzung des Fernrohres einen konvexen Spiegel. Obwohl bei den Spiegeln die Farbenzerstreuung wegfiel, kamen sie nur wenig in Anwendung, bis W. HERSCHEL Spiegel jeder Größe bis zu mehr als 1 m Oeffnung herstellte und durch seine Beobachtungen bewies, wieviel man mit diesen Fernrohren erreichen könne. Allerdings gehörten so vorzügliche Beobachter wie W. HERSCHEL und sein Sohn J. HERSCHEL dazu, um mit den schwerfälligen, nur in Höhe und Azimut beweglichen Fernrohren nicht nur so viele Nebel aufzufinden und ihren Ort zu bestimmen, sondern sogar auch die Lage von Doppelsternen genau zu messen. Andere Beobachter zogen daher die Linsenfernrohre vor, deren parallaktische Aufstellung das Auffinden eines Gegenstandes und sein Festhalten vermittels eines Uhrwerkes leicht gestattete. In England gab man die Spiegelfernrohre nicht auf. LORD ROSSE ließ zuerst einen Spiegel von 3 Fuß Oeffnung und 1845 einen von 6 Fuß Oeffnung bauen. Dieser große Spiegel war in der Mittagslinie aufgestellt, in der Höhe verstellbar und etwas außerhalb der Mittagslinie beweglich. Dagegen sind der von LASSELL 1861 erbaute Spiegel von 4 Fuß Oeffnung und der von COMMON 1879 gebaute und 1895 von CROSSLEY der Licksternwarte geschenkte Spiegel von 3 Fuß Oeffnung parallaktisch beweglich und zeichnen sich durch ein Gitterrohr an Stelle eines geschlossenen Rohres aus.

Seit dem Ende des 19. Jahrhunderts wurden die Spiegelfernrohre beliebter. Es entstanden Spiegel sehr großer Oeffnung, wie die Spiegel von 2,52 und 1,50 m Oeffnung der Mount-Wilson-Sternwarte, hauptsächlich deshalb, weil eine Vergrößerung der Oeffnung der Linsenfernrohre über 80 cm hinaus, wegen des zunehmenden Lichtverlustes durch die immer dicker werdenden Linsen nicht ratsam erschien und weil das Fehlen der Farbenabweichung in den Spiegeln diese für Beobachtungen und Aufnahmen gleich brauchbar macht.

Die Entwicklung der Leistungsfähigkeit der Fernrohre läßt sich durch folgende Zahlen dartun: GALILEIS Fernrohr von 1,245 cm Länge mit 53,5 mm und 20,5 mm wirksamer Oeffnung und mit 30facher Vergrößerung ließ etwa die Sterne 8. Größe noch erkennen. Um 1820 galt ein FRAUNHOFERsches Fernrohr mit 25 cm Oeffnung als ein Riesenfernrohr und zeigte noch die Sterne 16. Größe etwa. Von 1850 an wuchs die Größe der Linsenfernrohre rasch. 1897 wurde das größte jetzt noch vorhandene Fernrohr von 102 cm Oeffnung durch WARNER und SWASEY für die Yerkes Sternwarte gebaut. Die Entwicklung der Spiegelfernrohre ging von 10 cm Oeffnung des 18. Jahrhunderts sehr rasch zu den großen Fernrohren von HERSCHEL und LORD ROSSE; dann ging man wieder zu kleinen Spiegeln über und steigerte sich nach 1900 sehr rasch bis zu Spiegeln von 2,52 m Oeffnung. Mit den größten Fernrohren und Spiegeln lassen sich die Sterne 21. Größe noch eben sehen und abbilden. Jedoch wurden zwischen den einzelnen Linsenfernrohren, noch mehr aber zwischen den einzelnen Spiegeln, große Unterschiede in der Leistungsfähigkeit festgestellt.

Die Linsen- und Spiegelfernrohre dienten in erster Linie der Erweiterung des Blickfeldes des Beobachters, der Beobachtung des Aussehens der nächsten Himmelskörper, der Auffindung von Nebeln, Sternhaufen und Kometen, der Bestimmung der Helligkeit und Helligkeitsänderung der Sterne. Zur Ortsbestimmung kamen sie seit dem Ende des 18. Jahrhunderts in Betracht und dabei nur zu Anschlußmessungen an bekannte Sterne oder zur Messung der Lage von Doppelsternen. Die reine Ortsbestimmung blieb anderen Meßwerkzeugen vorbehalten. Im Anfang des 16. Jahrhunderts wurde für diese Zwecke der um eine senkrechte Achse drehbare Dreistab und die Armillarsphäre verwendet. Der Landgraf WILHELM IV. von Hessen führte an Stelle dieser wenig genauen Geräte einen Azimutquadranten als festes Gerät mit Teilung, aber ohne Hilfsteilung ein. Auch scheint in Kassel zuerst die Uhr als Mittel zur Bestimmung von Durchgangsunterschieden verwendet worden zu sein. Bedeutsamer als die Versuche des Landgrafen waren die Bemühungen BRAHES um die Verbesserung der Geräte, welche infolge der großen Handfertigkeit BRAHES zu einem großen Erfolge führten. Bei ihnen besteht allerdings noch die Trennung der Deklinations- und Höhenbeobachtung von den Rektaszensionsbeobachtungen. Jedoch wird zur Bestimmung der Deklination neben der Armillarsphäre und dem Azimutalquadranten bereits häufig ein fester Mauerquadrant benützt. Die Rektaszensionen wurden berechnet aus den mit einem Sechstelkreis gemessenen Abständen der Sterne. BRAHES Geräte zeichneten sich durch festen Bau und durch die Anwendung verbesserter Absehen und verbesserter Hilfsteilung aus, während die Kreisteilung womöglich bis auf 10′ ging. Eines dieser Geräte, eine Abart der Armillarsphäre, aber nur aus einem Deklinationskreis und einem halben Stundenkreis bestehend, zeigt eine merkwürdige Aufstellung, das Urbild der später besonders in England beliebten Aufstellung, wobei die Stundenachse an beiden Enden in Lagern ruht. Bei einigen Geräten des BRAHE machte sich der Trieb seiner Zeit, alles zu verzieren, schon recht bemerkbar. Noch mehr ist dies bei den Geräten des HEWELKE der Fall, die von 1641—1659 eine zunehmende Ausschmückung der Geräte zeigen.

Die Beobachtungsgeräte des HEWELKE, obwohl sorgfältig gebaut und mit mancher Neuerung bezüglich Hilfsteilung und Absehen versehen, bedeuteten keine Abkehr von den Gedankengängen BRAHES. 1667 brachte PICARD ein Fernrohr mit einem Schraubenmikrometer an den Meßwerkzeugen an und konnte dadurch eine Verbesserung der Meßgenauigkeit herbeiführen, wenn auch diese Verbesserung zuerst nur als eine bequemere Art des Beobachtens, nicht als eine genauere Beobachtungsweise zu bezeichnen war, wie aus dem Zwist zwischen HOOKE und HEWELKE hervorging. HOOKE hatte die Benützung der Absehen durch HEWELKE getadelt und behauptet, daß HEWELKE seine Beobachtungen mit dem von ihm beschriebenen Gerät nicht gemacht haben könne. HALLEY, der auf Wunsch der englischen Gesellschaft der Wissenschaften nach Danzig reiste und dort mit seinem fernrohrbewaffneten Sextanten die Beobachtungen HEWELKES nachprüfte, stellte fest, daß die Beobachtungen HEWELKES nur mit Absehen, aber ohne Fernrohr, seinen eigenen gleichwertig seien. Trotzdem verdrängte das Fernrohr nunmehr die Absehen. Es wurde außer bei den Quadranten auch bei dem Zenitsektor benützt, der neben den Quadranten bei den nunmehr anhebenden Messungen des Erdumfanges fast ausschließlich gebraucht wurde und besonders zur Beobachtung zenitnaher Sterne diente.

Um diese Zeit, am Ende des 17. Jahrhunderts, erfand RÖMER mehrere Geräte, welche eine völlige Neuerung bedeuteten, wenn auch bei seinem parallaktisch aufgestellten Gerät von 1690 und bei dem Azimutalkreis Anregungen von früher her vorlagen. Neu war aber die sehr sichere und ausgeglichene Aufstellung, die Verwendung von Vollkreisen statt der Kreisausschnitte und die Drehung der zentrisch gebauten Geräte um eine gut gelagerte Achse. Seine wichtigsten Erfindungen waren das Durchgangsrohr zum Beobachten der Durchgänge der Sterne und der Mittagskreis. In seiner einfachen Form von 1689, wobei nur ein Einstellungskreis vorhanden war, diente es zur Zeitbestimmung und Bestimmung der Rektaszensionsunterschiede. In seiner vollkommeneren Form von 1704 besaß es einen feingeteilten Kreis und wurde damit das Vorbild der Mittagskreise. Diese beiden Durchgangsrohre zeichneten sich durch eine Fadenbeleuchtung und durch sorgfältige Herstellung aus. Auch zog RÖMER bereits die Fehler solcher Geräte in Betracht und suchte sie teils zu beseitigen, teils ihren Einfluß rechnerisch zu ermitteln. In dieser Beziehung wurde er bahnbrechend. Leider wurden seine Geräte wenig beachtet. Daher dauerte es noch ein Jahrhundert, bis sowohl die Herstellung von Geräten als auch die Beobachtungskunst seine Gedanken wieder aufnehmen und lebendig machen konnten. Das Durchgangsrohr wurde in England weiter ausgebildet, besonders durch GRAHAM 1730 und BIRD 1748, auch mit einer Hängewasserwaage (Libelle) versehen; die geschlossene Röhrenwasserwaage war 1661 durch THÉVENOT erfunden worden.

Die gebräuchlichsten Meßgeräte des 18. Jahrhunderts waren der Mauerquadrant und der waagrecht bewegliche Quadrant an einem Gestell, daneben auch Sextanten. Auch Sektoren kamen vor, so noch von RAMSDEN 1802 und TROUGHTON 1802. Die wichtigsten Geräte für die Ortsbestimmung der Sterne wurden die Mittagskreise und Durchgangsrohre, während das Durchgangsrohr mit gebrochenem Fernrohr der Zeitbestimmung diente. Solche Durchgangsrohre und Mittagskreise fertigten an RAMSDEN, CARY 1800, J. G. REPSOLD seit 1802, REICHENBACH seit 1810, von denen besonders die REPSOLDschen Mittagskreise bis zum Ende des 19. Jahrhunderts führend blieben, hauptsächlich wegen ihrer vorzüglichen Teilung und wegen des Mikrometers, das später zum unpersönlichen Mikrometer verbessert wurde. W. STRUVE führte in Pulkovo das Verfahren ein, den Durchgang und die Deklination getrennt an 2 Fernrohren zu beobachten; für den Durchgang wurden Durchgangsrohre benützt, für die Deklination ein Vertikalkreis von ERTEL 1834. Am Ende des Jahrhunderts wurde dieses Verfahren wieder aufgenommen, wofür verschiedene große Geräte von REPSOLD geliefert wurden.

Seit dem Ende des 18. Jahrhunderts entwickelten sich auch geeignete Gestelle für die Fernrohre, die als Linsen- oder Spiegelfernrohre nicht in erster Linie zur Ortsbestimmung gebaut waren, sondern zur raschen Beobachtung von Kometen oder anderen Himmelserscheinungen dienen sollten. Abgesehen von dem großen Spiegel der HERSCHEL und ROSSE bekamen sie einen parallaktischen Aufbau mit Klemmungen und Kreisen für Stundenwinkel und Deklination. In England wurde diese Art von Fernrohren besonders ausgebildet. Es entstanden 2 Arten, die wenig fest gebaute Art der SHORT 1749, NAIRNE 1771, TROUGHTON 1785 und die wohl auch leicht gebaute, aber für die englische Aufstellung bezeichnende Art von SISSON 1760 und RAMSDEN 1791, wobei die Stundenachse an beiden Enden gestützt ist und etwa in der Mitte das Fernrohr trägt. In Deutschland entstand von 1815 an aus den Heliometern und Linsenfernrohren FRAUNHOFERS die für die deutsche Aufstellung maßgebende Form, bei der am Ende der Stundenachse das Fernrohr befestigt ist.

Die Gestelle und Rohre waren zuerst aus Holz, seit der Mitte des 19. Jahrhunderts aus Stahlblech, später aus Aluminium. Bei den Spiegelfernrohren trat an Stelle des Rohres gelegentlich ein Gitterwerk. Triebwerke zum Mitführen des Fernrohres wurden seit 1824 eingeführt, wobei das von FRAUNHOFER hergestellte Fernrohr ein Uhrwerk von LIEBHERR erhielt. Diese Triebwerke wurden für photographische Aufnahmen mit einer elektrischen Ausgleichung versehen, welche durch die Verbindung mit einer nach Sternzeit gehenden Uhr bewirkt, daß der Gang dieses Triebwerkes nach dem Gange der Uhr geregelt wird. Diese Einrichtung, zu der GILL eine Anregung gegeben hatte, wurde zuerst durch GRUBB 1888 eingeführt.

Eine große Rolle bei den Meßgeräten spielt die Teilung. Diese verfeinerte sich von 1° am Ende des Mittelalters bis auf 2′. Durch eine Hilfsteilung wurde eine Unterteilung vorgenommen. Die Hilfsteilung mit Schräglinien war am Ende des Mittelalters bekannt und wurde sowohl zur Unterteilung von Strecken als auch von Bögen bis zum Ende des 17. Jahrhunderts verwendet, so noch bei FLAMSTEEDS Mauerquadranten von 1689 mit Teilung auf 5′ und Schrägteilung auf 10″. Im Jahre 1542 machte PEDRO NUNEZ den Vorschlag, konzentrisch zu dem in 90 Teile geteilten Viertelkreis 46 Kreise zu ziehen und sie in 89,88 bis 46 Teile zu teilen. Diese mühselige und wenig brauchbare Teilung wurde kaum angewendet. Wichtiger wurde eine andere Teilung, die irrtümlich mit Nonius bezeichnet wird, aber von VERNIER 1631 vorgeschlagen wurde. Er verlegte die Hilfsteilung auf einen beweglichen, an die Hauptteilung anlegbaren Hilfsbogen und sah dort eine Teilung 10 : 11, 60 : 61 oder 59 : 60 vor. HEDRAEUS schlug 1643 zwei bewegliche Ablesevorrichtungen mit 180° Abstand vor, wobei der bewegliche Bogen zugleich zur Prüfung der Grundteilung des festen Kreises diente. Beachtenswert war die Doppelteilung, welche GRAHAM an HALLEYS Mauerquadranten von 1725 ausführte: der innere Kreis zeigt die gewöhnliche Gradteilung bis auf 5′ Unterteilung, die mit Hilfe eines Vernier auf 30″ geteilt wurde, während der äußere Viertelkreisbogen 96 Teile mit je 16 Unterteilen, welche durch einen Vernier auf 13″ geteilt werden konnten, aufwies. Wie die Schrägteilung durch den Vernier, so wurde diese Teilung durch das Schraubenmikrometer verdrängt. Das älteste Schraubenmikrometer von CHR. TRECHSLER und L. BRUNN von 1609 oder 1619 diente zum Unterteilen von Schräglinien. Es besitzt keine Klemmung und gleitet auf Reibung. Bei einem Erdmeßgerät des M. HEINTZ von 1631 ist eine Schraubenfeinstellung mit Trommelablesung vorhanden. Aus diesen bildete sich im 19. Jahrhundert die Unterteilung mit Hilfe eines beweglichen Fadens mit Trommelablesung heraus, welche mit Hilfe von Lupen 1″ abzulesen und 0,1″ zu schätzen gestattet. Das 18. Jahrhundert zeigte den Uebergang zu dieser Einteilung; so BIRDS Viertelkreis von 1750 mit Teilung auf 5′, Vernier-Teilung auf 30′ und diese wieder mit der Mikrometerschraube auf eine Sekunde geteilt. Die folgende Uebersicht 23 läßt die Verfeinerung der Teilung und der Ablesungen erkennen.

ÜBERSICHT 23

Die Teilung und Hilfsteilung und die schätzungsweisen Ablesungen an den Geräten.

Beobachter oder Hersteller		Grobteilung	Feinteilung	Schätzungsweise Ablesung bis
PTOLEMAIOS	137	1^0		$^1/_6{}^0$
BRAHE	um 1580	10′	Schrägteilung 1′	10″
HEWELKE	1644	5′	Schrägteilung 10″	
FLAMSTEED	1689	5′	Schrägteilung 10″	
BIRD	1750	5′	Vernier 30″ und dazu Schraubenmikrometer 1″	
REPSOLD	1890	2′	Schraubenmikrom. 1″	$^1/_{10}$″

Neben der Feinteilung durch Hilfsteilung bildeten sich im 17. Jahrhundert verschiedene Verfahren heraus, um kleine Abstände am Himmel zu messen. Wir können dabei von dem Verfahren von GALILEI und MAIR 1610 Abstände durch Beziehung auf den Durchmesser des Bildfeldes oder von J. CHRISTMANN 1610 durch Vergleich mit einem irdischen Maßstab zu messen absehen, da nur die Benützung des KEPLERschen Fernrohres zum Ziel führen konnte. GASCOIGNE scheint 1640 der erste gewesen zu sein, der in die gemeinsame Brennebene von Objektiv und Okular 2 durch ein Schraubenmikrometer und doppelten Gang gegeneinander bewegliche Zeiger brachte und dadurch die Möglichkeit schuf, das Fernrohr zum Einstellen auf einen Gegenstand zu verwenden und andererseits im Fernrohr kleine Abstände zu messen. Unabhängig von GASCOIGNE haben AUZOUT 1666 und PICARD 1669 das Schraubenmikrometer beim Fernrohr eingeführt und zwar ihm die noch jetzt gebräuchliche Form gegeben, daß über einem Rahmen mit festen Fäden ein anderer Rahmen mit beweglichen Fäden gleitet, wozu RÖMER noch die Gegenfeder zur Vermeidung eines toten Ganges einführte. Aus dem Mikrometer, das in erster Linie Unterschiede in Rektaszension und Deklination messen sollte, schuf nach einem mißglückten Versuch des NAIRNE von 1779 FRAUNHOFER 1820 durch Verbindung mit einem geteilten Kreis das um die optische Achse drehbare Positionsmikrometer, welches im 19. Jahrhundert zur Messung von Doppelsternen und Parallaxen große Dienste leisten sollte. Das gewöhnliche Fadenmikrometer sollte in der Form des unpersönlichen Mikrometers, mit und ohne selbsttätige Bewegung des Fadens, die vollkommenste Form finden. Eine andere Messung von kleinen Gegenständen geschah durch das Heliometer, dessen Grundgedanke, durch Verschiebung zweier nebeneinander gesetzter Objektive den Durchmesser der Sonne zu messen, von RÖMER 1675 und dessen erste Herstellung von BOU-

GUER 1748 herrührte, während DOLLOND durch die Verwendung zweier nebeneinander gleitender Halblinsen 1755 das erste brauchbare Gerät dieser Art lieferte, das in Gestalt der vollkommensten Geräte von FRAUNHOFER und REPSOLD im 19. Jahrhundert die Möglichkeit zu sehr genauen Abstandsmessungen bot.

Welche Anforderungen an den Bau und die Prüfung eines Gerätes im Anfange des 19. Jahrhunderts gestellt wurden, läßt folgende Stelle aus einem Briefe STEINHEILS an BESSEL 1838 erkennen: »*Der Beobachter wird, wie Sie gelehrt haben, jedes Instrument durch Prüfung umgestalten können zum vollkommenen Guten, sobald es nur in seinen Teilen gehörig fest und unveränderlich ist. Letzteres wird er natürlich zuerst zu untersuchen haben. Erst wenn die nötige Unveränderlichkeit erlangt ist, wird er die Abweichungen desselben von seiner mathematischen Idee ermitteln und im Resultat berücksichtigen.*« Dazu verlangte STEINHEIL als weitere Voraussetzung für die Brauchbarkeit der Geräte eine zum Beobachten bequeme Form.

Die Einführung der Photographie in die Sternkunde bedeutete eine Umwälzung in dem Beobachtungsverfahren und zum Teil auch in dem Bau der Geräte. Durch die Aufnahmen der Himmelsvorgänge konnte man bei den lichtschwachen Himmelskörpern, wie bei den Sternen, an die Stelle einer ununterbrochenen Beobachtung verschiedener Sterne nacheinander die Daueraufnahme mit gleichzeitiger Abbildung sehr vieler Sterne setzen. Nachdem es gelungen war, an Stelle der nur kurze Zeit empfindlichen Kupferplatte mit dünnen Jod- oder Bromsilberüberzug, wie bei dem DAGUERRE-Verfahren üblich, seit 1851 die nassen Kolloidinplatten und seit 1871 die trockenen Bromsilber- oder Gelatineplatten einzuführen, konnte man an die Anwendung der Photographie im weitesten Maße denken, da zugleich die Empfindlichkeit der Platte so wuchs, daß noch 1851 für die Aufnahme des Vollmondes mit einem Fernrohr von 38 cm Oeffnung 8 Minuten benötigt wurden, während 70 Jahre später Linsen von 3 cm Oeffnung auf hochempfindlicher Platte in weniger als einer Sekunde ein gutes Vollmondbild lieferten. Die erste Mondaufnahme wurde 1841 durch JOHN W. DRAYER auf Daguerreplatten gemacht. Von da an war der Mond einer der beliebtesten Gegenstände zum Photographieren, wobei sich WARREN DELARUE 1852, H. DRAPER 1863, RUTHERFURD 1864, BURNHAM, SCHÄBERLE und CAMPBELL, W. H. PICKERING 1889, LOEWY und PUISEUX 1893 beteiligten. Wichtiger wurde die Photographie für das Auffinden von Veränderungen am Himmel, sei es das Erscheinen von Kometen oder kleinen Planeten oder von neuen Sternen. Seit 1890 wurden die meisten kleinen Planeten mit Hilfe von Platten entdeckt, auf denen sich die Sterne punktförmig, die Planeten aber strichförmig abbilden. Das Nachsuchen nach solchen Strichen erfuhr eine Erleichterung durch den von PULFRICH erfundenen Stereokomparator, wo die stereoskopische Betrachtung zweier zu verschiedenen Zeiten aufgenommenen Platten derselben Himmelsgegend sofort das Vorhandensein oder Fehlen von Planeten, Kometen oder neuen Sternen auf einer der beiden Platten anzeigte, aber auch die Ortsänderung rasch bewegter Sterne erkennen ließ. Später wurde bei dem Gerät das Blinkverfahren eingeführt, um durch rasches, abwechselndes Betrachten der Platten Unterschiede besonders in der Helligkeit der Sterne festzustellen. Außer diesem Zweck, der dauernden Ueberwachung des Himmels, wurde die Photographie auch zur Untersuchung der Verteilung der Sterne in den Sternhaufen und sonst am Himmel benützt und konnte dabei wesentlich mehr als die Beobachtung am Fernrohr leisten. Ferner wurde dazu übergegangen, auch die Oerter der Sterne, bezogen auf gewisse Vergleichsterne, die Entfernung der Sterne, den Durchmesser von Sonne und Mond, die Lage von Doppelsternen zu bestimmen; mit welchem Erfolg ist daraus zu ersehen, daß noch 1874 der Fehler einer photographischen Bestimmung beinahe doppelt so groß wie der einer Heliometer-Bestimmung war, dagegen 1924 nur noch die Hälfte der Heliometer-Bestimmung betrug. Ihre größten Erfolge sollte die photographische Platte bei der Erforschung der Nebel zeigen; sie boten wegen ihrer unbestimmten Form und verwickelten Helligkeitsverteilung der zeichnerischen Darstellung durch Beobachtung am Fernrohr sehr große Schwierigkeiten, wie die Bilder im Vergleich zu den photographischen Aufnahmen beweisen. Allerdings läßt die photographische Platte auch Dinge erkennen, welche dem Auge unsichtbar sind und stellt die Sterne, besonders die farbigen Sterne, anders dar als das menschliche Auge. Diese Eigenschaft der photographischen Platte suchte man insoferne auszunützen, als man die Sterne sowohl auf gewöhnlichen hochempfindlichen Platten als auch auf Platten, welche farbenempfindlich waren und durch Anwendung eines Filters dieselbe Farbenempfindlichkeit wie das menschliche Auge erhielten, aufnahm und aus dem Helligkeitsunterschied jedes Sternes auf den Platten auf seine Farbe schloß. Allerdings ließen Untersuchungen von KÖNIG und ROSS erkennen, daß dieser Helligkeitsunterschied von der Lichtstärke des Sternes abhängt. Auch andere Schwierigkeiten ergaben sich, welche die um

1880 gehegte Hoffnung, mit den Platten alle Himmelsvorgänge leicht und einwandfrei feststellen zu können, stark einschränkten. So ließ sich kein einfaches Verhältnis zwischen der Belichtungsdauer und dem Silberniederschlag finden; es wurde festgestellt, daß der Gewinn durch verlängerte Aufnahmedauer nur gering ist und sich deshalb Daueraufnahmen über eine bestimmte Zeit hinaus wenig lohnen. Auch wurde festgestellt, daß eine Platte erst bei 1—2 Stunden Belichtung das zu zeigen vermag, was das an die vollkommene Dunkelheit angepaßte Auge mit gleichgroßem Fernrohr sofort erkennt. Besonders unangenehm war die Erkenntnis, daß die Plattenart, die Dauer der Entwicklung und der Fixierung einen großen Einfluß auf die Abbildung der Sterne ausüben, so daß Platten verschiedener Sorten kaum zu vergleichen sind.

Noch auf einem anderen Gebiet hat die Photographie umstürzend gewirkt, nämlich auf die Untersuchung der Spektren der Sterne, deren Tausende von Linien erst mit Hilfe der Platten einwandfrei festgelegt werden konnten. Das erste Spektrum eines Sternes erhielt H. DRAPER 1872.

Die Anwendung der Photographie bedingte zunächst noch keine Aenderung im Bau der Geräte, höchstens daß die Linsen der Empfindlichkeit der Platten angepaßt und die Triebwerke mit elektrischer Gangregelung versehen werden mußten. Erst die Aufnahmen der Sonne führte zu neuen Konstruktionen, bei denen wegen der augenblicklichen Wirksamkeit des Sonnenlichtes von einer parallaktischen Aufstellung abgesehen und die Fernrohre waagerecht oder senkrecht gestellt werden konnten in Verbindung mit einem Spiegelgerät, welches immer das Licht der Sonne in das Fernrohr warf. Man konnte in diesem Falle auch zu sehr langbrennweitigen und deshalb stark vergrößernden Fernrohren übergehen. Als eines der größten waagerechten Fernrohre dieser Art wurde das Snow-Fernrohr auf dem Mount Wilson errichtet. Das Spiegelgerät wirft das Sonnenlicht waagerecht 100 Fuß weit auf einen Hohlspiegel, von wo es 60 Fuß weiter auf einen Spektrographen fällt. Die starke Erwärmung des Spiegels durch die Sonnenwärme veranlaßte HALE Turmfernrohre zu bauen, wo auf der Plattform eines Gerüstes, das im ersten Fall 60 und im zweiten Fall 150 Fuß über dem Erdboden steht, sich ein Hohlspiegel zum Auffangen und Weiterleiten des Sonnenbildes auf eine langbrennweitige Linse befindet, von der aus die Strahlen senkrecht nach unten zum Spektrographen, der im Erdboden eingebaut ist, geführt werden. Im Jahre 1923 wurde in

Potsdam ein ähnliches Turmfernrohr allerdings von kleinerem Maßstabe, der Einstein-Turm gebaut, der auch zur Untersuchung der Spektren dient.

Neben die Photographie, die allmählich immer mehr Gebiete der beobachtenden Sternforschung an sich riß, traten 2 Geräte, welche auch den Menschen als Beobachter vom Fernrohr verdrängten und ihm dafür die Wartung und Ablesung der selbsttätig arbeitenden Geräte überließen. STEBBINS verwendete 1910 eine Selenzelle, die infolge Belichtung ihren Widerstand gegen den elektrischen Strom verringerte, zur Messung von Helligkeitsänderungen und vermochte einen Lichtwechsel von nur 0,08 Größenklassen festzustellen. Damit war die Möglichkeit der Entdeckung von Helligkeitsänderungen, die weniger als ein Drittel Größenklasse betrugen, wesentlich vergrößert worden. Da die Selenzelle aber wenig lichtempfindlich war, zum Schutz gegen den störenden Einfluß der Wärme immer eisgekühlt gehalten werden mußte und erst allmählich ihre größte Empfindlichkeit wiedererlangte, so wurde sie durch die lichtelektrische Zelle, mit welcher GUTHNICK und ROSENBERG 1913 ihre Versuche begannen, verdrängt. Mit der lichtelektrischen Zelle vermochten GUTHNICK und PRAGER den Lichtwechsel von Sternen bis zu 0,02 Größenklassen festzustellen. Allerdings waren sehr große Schwierigkeiten zu überwinden, bis die Zelle befriedigend arbeitete. Auch wurde festgestellt, daß der Anwendungsbereich der Zelle nicht groß ist, daß die Sterne bezüglich ihrer Helligkeit nicht mehr als 1 Größenklasse Unterschied haben sollen und daß wegen des störenden Einflusses der Schlierenbildung in der Luft nur benachbarte Sterne beobachtet werden dürfen. Auf diese Weise gelang es, nicht nur das Auge auszuschalten, sondern auch die Empfindlichkeit und Genauigkeit der Beobachtung zu steigern, wie es sich in der Abnahme des mittleren Fehlers einer Beobachtung von $0{,}5^{m}$ bei Größenschätzungen auf $0{,}09^{m}$ bei Stufenschätzungen, von 0,22—0,09 bei Helligkeitsmessungen und von 0,10—0,07 bei Aufnahmen auf 0,017 bei Selenzellen und 0,007 bei der lichtelektrischen Zelle zeigt. Vergleichbar dieser Zunahme an Empfindlichkeit und Genauigkeit der Beobachtung ist auch die Vermehrung der Auflösungskraft, welche durch die Anwendung lichtstärkerer und anderer Geräte gewonnen worden ist, wie die folgenden Zahlen lehren: Das Auflösungsvermögen des unbewaffneten Auges beträgt etwa 0,5′ das sich durch Benützung eines Fernrohres von etwa 3 cm bis 150 cm Oeffnung von 2″ bis auf 0,1″ steigert, während MICHELSONS Gerät noch 0,01″ zu trennen gestattet.

Auch von den Durchgangsrohren will die lichtelektrische Zelle den Menschen verdrängen.
Der Gerätebau zeigt den Uebergang von Holz zu Messing. Eisen wird hauptsächlich für die Rohre und Gestelle verwendet. Bein und Stein kamen nur für Sonnenuhren in Betracht und verschwinden allmählich als Rohstoffe. Die feine Teilung wird seit dem 19. Jahrhundert auf Kreisbögen von Silber angebracht. Seit dem Ende des 19. Jahrhunderts dienen, wie erwähnt, noch empfindlichere Stoffe: hochempfindliche Platten, Selenzellen und lichtelektrische Zellen zur Verfeinerung der Geräte.

DIE STERNWARTEN

Das Mittelalter hatte Sternwarten, wissenschaftliche Anstalten für dauernde Forschung, nicht gekannt. Das 16. Jahrhundert sah das Entstehen von Sternwarten als Ausfluß eines fürstlichen Forschungsdranges und als fürstliche Unterstützung eines Sternforschers wie Brahe. In Kassel ließ der Landgraf Wilhelm von Hessen Werkzeuge wie Quadranten, Uhren, besonders aber kunstvolle Uhren mit sich bewegender Himmelskugel herstellen, teils für den eigenen Gebrauch, teils als wertvolle und geschätzte Geschenke an andere Fürsten. Eine eigentliche Sternwarte war nicht vorhanden, sondern die Geräte wurden auf den Altanen des Schlosses zum Beobachten aufgestellt.
Wichtig für die Wissenschaft wurden die Sternwarten, die Brahe mit freigebiger Unterstützung des dänischen Königs auf der Insel Hven errichtete: die große Uraniborg und die kleine Stjärneborg. Die Uraniborg von 1576—80 erbaut, ist ein streng nach dem Himmel gerichteter symmetrischer Bau in einem ebenso symmetrischen Garten gelegen, mit abgetrennter Buchdruckerei, Dienerwohnung und Werkstatt. Der Bau, dessen Kellergeschosse für chemische Untersuchungen benützt wurden, enthielt mehrere Geräte, die sich auf hölzernen Altanen mit Schutzdächern befanden — außer dem Mauerquadranten, der in Augsburg hergestellten großen Himmelskugel und verschiedenen, kleinen tragbaren Geräten —, war aber wegen der allzugroßen Rücksichtnahme auf das künstlerische Bestreben des Baumeisters wenig geeignet als Beobachtungsstätte, weshalb Brahe 1584 die Stjärneborg als reine Beobachtungsstätte aufführen ließ. Der Bau war hauptsächlich unterirdisch, wobei die Dächer über den Erdboden hinausragten, und enthielt 5

für je ein Gerät bestimmte Kuppeln, in denen rundum aufsteigende Treppen die Beobachtungsleitern ersetzten, eine Wärmestube mit Schreibtisch und daneben Ruhezimmer für BRAHE und seinen Gehilfen. Diese Sternwarten blieben nur bis 1597 in Benützung und verfielen daraufhin sehr rasch.

Eine andere Sternwarte, die ihren Schöpfer nicht überlebte, wurde von HEWELKE in Danzig auf den Dächern seiner Häuser errichtet. Sie bestand aus einer großen Plattform, auf welcher die sonst in Hütten untergebrachten Geräte, mit Ausnahme des seitlich stehenden Azimutalquadranten in eigener Hütte, aufgestellt werden konnten. Auf dieser Sternwarte, die von 1650—79 bestand, hat HEWELKE seine zahlreichen Ortsbestimmungen von Kometen und Planeten und seine Beobachtungen des Mondes gemacht.

Um dieselbe Zeit entstanden die ersten Sternwarten, die sich bis jetzt noch erhalten haben: in Paris und in Greenwich bei London. Die Pariser Sternwarte wurde von COLBERT zu dem Zwecke errichtet, den Mitgliedern der 1666 gegründeten Gesellschaft der Wissenschaften nicht nur als Ort zum Beobachten, sondern auch als Versammlungsort und als Aufbewahrungsort ihrer naturwissenschaftlichen Sammlungen zu dienen. Da der Zweck der Gesellschaft darin bestand, zum Ruhme LUDWIGS XIV. eine große Anzahl berühmter Männer, darunter Ausländer wie HUYGENS, RÖMER, TSCHIRNHAUSEN, HEWELKE, HARTSÖKER, LEIBNIZ, NEWTON und CASSINI in Paris zu versammeln und sie dort durch Gewährung von Gehältern zu halten, so hatte der Bau der Sternwarte weniger Rücksicht auf die Eignung zur Beobachtung zu nehmen, als vielmehr zur Abhaltung glänzender Versammlungen zu dienen. Der Bau, der 1667 begann, wurde 1672 vollendet. Seine ursprüngliche Verwendung fand er nicht, da die zu große Entlegenheit von der Stadt ihn als Versammlungsort der Gesellschaft und als naturwissenschaftliche Sammlung bald ungeeignet erscheinen ließ. Und wie stand es mit seiner Verwendung für die Sternforschung? Was sagt CASSINI I., der wohl nicht als Leiter der Sternwarte, sondern als Mitglied der Gesellschaft nach Paris berufen war und die neue Sternwarte zum Beobachten benutzen durfte, darüber? Sogleich als er 1668 den Plan des Baumeisters PERRAULT sah, erklärte er: es scheint mir, daß man mindestens soviel Rücksicht auf die Bequemlichkeit der Beobachtungen als auf die Pracht nehmen solle. Er vertrat auch diesen Standpunkt vor dem König, wurde aber durch den Baumeister so eingeschüchtert, daß er schwieg und der verfehlte Plan zustande kam. Somit hatte wieder einmal der Baumeister über den Sternforscher gesiegt, allerdings mit dem Unterschiede, daß Cassini im Gegensatz zu Brahe sich keine neue Sternwarte baute, sondern genötigt war, seine Geräte neben der Sternwarte auf dem freien Felde aufzustellen (Bild 52). Auch war die

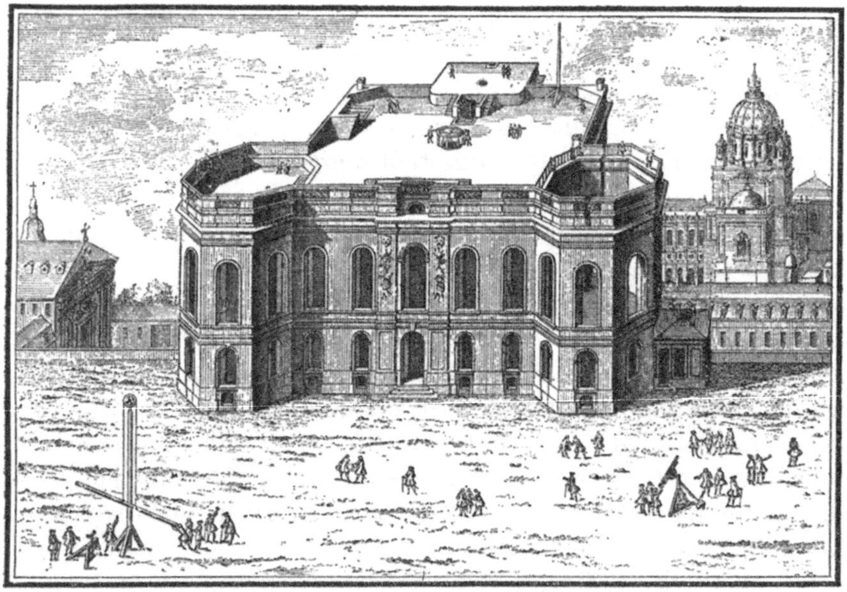

(Aus: C. WOLF, Histoire de l'observatoire de Paris)
Bild 52. Die Sternwarte zu Paris, erbaut 1667—72

Sternwarte bezüglich der Unterkunft für beobachtende Sternforscher so schlecht eingerichtet, daß außer den 3 für Cassini und den anderen für Picard und Römer vorgesehenen Räumen es keine Möglichkeit gab, Sternforscher unterzubringen, wurden doch Fenster erst viel später angeschafft und hatte es doch erst einer dringenden Aufforderung des Ministers Colbert bedurft, damit Perrault wenigstens in einige Räume Kamine setzen ließ.

In England war es die Rücksicht auf die Schiffahrt, welche die Errichtung einer Sternwarte erheischte. Die Längenbestimmung zur See verlangte genaue Mondtafeln, und diese mußten sich auf genaue Sternörter stützen. Da nun Flamsteed bei den Braheschen Sternen durchschnittlich Fehler von 5—6′ nachweisen konnte, so beschloß ein Ausschuß, dem König die Errichtung einer Sternwarte zu empfehlen. Karl II. verhielt sich ablehnend. Nur durch die Vermittlung seiner Freundin gelang es, wenigstens die von einem anderen Staatsbau übrigen Ziegelsteine für die Sternwarte zu erhalten und damit von 1675—76 eine bescheidene Sternwarte in Greenwich zu errichten. FLAMSTEED, der erste Direktor, bekam keine Geräte, sondern mußte sie aus eigener Tasche bezahlen, ebenso einen Gehilfen, so daß er sich wegen seiner kärglichen Bezahlung genötigt sah, sich durch Unterricht einen Nebenverdienst zu verschaffen. Noch schlimmer war für ihn, den Astronomer Royal, die Einsetzung eines Ausschusses, welchem er innerhalb 6 Monate nach Jahresschluß eine wahrheitsgetreue Abschrift seiner Beobachtungen des vergangenen Jahres liefern mußte und der ihm auch die Art seiner Beobachtung vorschreiben konnte. Unter solchen Umständen ist es verständlich, daß FLAMSTEED keine besondere Vorliebe für die Sternwarte besaß und daß nach seinem Tode sein Nachfolger HALLEY 1725 eine leere Sternwarte vorfand.

Aehnlich kümmerlich stand es um die Berliner Sternwarte, die der Astronom und Kalendermacher und Ernährer der Preußischen Gesellschaft der Wissenschaften zu seiner Arbeit nötig hatte. Auf die vielen Klagen des seit 1700 angestellten G. KIRCH, Klagen, die nicht unberechtigt waren, wie folgende Stelle in seinem Beobachtungstagebuch beweist: »*1704 Juli 20, Früh hell. Aber ich konte nicht auf den Boden, weil 2 Haushaltungen Wäsche droben hengen hatten. Schad also, daß ich die Zusammenkunft von Jupiter und Venus nicht habe observiren können*« wurde 1711 ein Beobachtungsturm auf einem Hause in der Dorotheenstraße errichtet. Aber die Einrichtung war so kümmerlich, daß MAUPERTUIS sich 1751 für seine Beobachtungen einen Mauerquadranten mitbrachte.

Außer diesen 3 Sternwarten und den Sternwarten zu Wien und Petersburg gab es im 18. Jahrhundert mehrere zu Hochschulen gehörige Sternwarten: zu Altdorf, Bologna seit 1714, Breslau, Coimbra seit 1792, Dijon seit 1780, Dublin seit 1783, Göttingen seit 1734, Ingolstadt vor 1700, Kopenhagen seit 1656, Leiden seit 1633, Leipzig seit 1794, Oxford vor 1700, Padua seit 1767, Palermo seit 1790, Pisa seit 1730, Rom seit 1787, Toulouse seit 1733, Turin seit 1790, Tyrnau seit 1735 (nach Verlegung der Universität nach Budapest wurde eine Sternwarte auf dem Universitätsgebäude 1777 errichtet), Upsala seit 1739, Utrecht seit 1642, Wien seit 1755, Wilna seit 1753, Würzburg, alle mehr oder weniger bescheiden ausgestattet und hauptsächlich zum Unterricht bestimmt. Nur die Sternwarte zu Kopenhagen, die von O. RÖMER auf dem Runden Turm errichtet worden war und durch HORREBOW zum Beobachten benützt wurde, war bis zum Brande 1728 eine durch ihre neue Einrichtung vorbildliche Sternwarte. Neben den Hochschulen legten sich auch einzelne Klöster, wie Kremsmünster und Wilten bei Innsbruck, Sternwarten oder zum mindesten »Physikalische Kabinette« mit sternkundlicher Einrichtung an. Das Benediktinerstift zu Kremsmünster schuf sich von 1748—58 ein Gebäude für den Unterricht und die Sammlungen, deren oberste Stockwerke der Sternwarte vorbehalten waren. Aehnlich hoch wurde die Sternwarte auf der Universität in Breslau errichtet, wobei das Bestreben der Sternwarte einen möglichst freien Blick, hoch über dem Dunst der Stadt, zu verschaffen maßgebend war, wie bei den auf Türmen errichteten Sternwarten, wie dem Runden Turm zu Kopenhagen, der Pleißenburg zu Leipzig oder der 1772 erbauten Sternwarte zu Mannheim, die in Gestalt eines Turmes von 111 Fuß Höhe errichtet worden ist. Die Turmform bewährte sich wenig; selbst bei gutdurchdachtem Bau besaßen die Fernrohre nicht die nötige feste Aufstellung, da es Pfeiler, die bis auf den gewachsenen Boden durchgingen, nicht gab. Es bildete sich daher am Ende des 18. Jahrhunderts eine andere Form der Sternwarte heraus, wobei man in einem womöglich ebenerdigen Gebäude die Geräte, Bücher und womöglich auch die Wohnung unterbrachte und die Fernrohre auf starken Pfeilern, die bis auf den Erdboden durchgingen und mit dem Fußboden in keiner Berührung standen, aufsetzte. Derart wurden die Sternwarten auf dem Seeberg bei Gotha, zu Oxford, München, Göttingen, Königsberg und Bonn erbaut. Die Herstellung großer Fernrohre führten zu besonderen Kuppelbauten, entweder in der Mitte oder am Rande des Sternwartgebäudes, wie in Pulkowo, oder abseits, aber durch einen Gang mit dem Gebäude verbunden wie in München. Die Wohnungen wurden von der Mitte des 19. Jahrhunderts an getrennt gelegt, zum Teil durch Verbindungsgänge mit der Sternwarte selbst verbunden, wie in Bamberg, oder ohne solche Gänge wie in Potsdam. In der Potsdamer Sternwarte entstand die erste reine Forschungssternwarte zugleich in räumlicher Verbindung mit dem Geodätischen und dem Meteorologischen Institut (Tafel XII).

Die im 18. und Anfang des 19. Jahrhunderts entstehenden Sternwarten waren wie in Bonn, Königsberg und Göttingen reine Universitäts-Sternwarten, wobei die Leiter zugleich der Universität angehörten oder wie die Sternwarten in Pulkowo und München teils Forschungssternwarten, teils mit der Ausführung der seit dem Anfang des 19. Jahrhunderts wieder auflebenden Erdmessung betraut. Nur wenige Stern-

Astrophysikalisches Observatorium mit Einsteinturm, Geodätischem Institut und Meteorologischem Institut, bei Potsdam

Tafel XIII

(Zu Seite 586)

LICK-Sternwarte auf dem Mount Hamilton

warten, wie die des W. HERSCHEL in Slough, wie die vom Kurfürst KARL THEODOR in Mannheim erbaute und die vom Herzog ERNST auf dem Seeberg errichtete Sternwarte dienten nur der Forschung, hatten aber entweder nur kurzen Bestand oder konnten wegen geringer Geldmittel größere Leistungen nicht aufweisen. Während in Europa nur wenige Forschungsanstalten gegründet wurden, außer der Sternwarte zu Nizza, der Remeis-Sternwarte zu Bamberg, der Kuffner-Sternwarte zu Wien, der Konkoly-Sternwarte zu O-Gyalla, dem Astrophysikalischen Observatorium zu Potsdam, nahm die Entwicklung in den Vereinigten Staaten von Amerika eine ganz andere Richtung. Dort wurde eine staatliche Vermessungsanstalt von HASSLER um 1800 gegründet, aber jeder Antrag auf Errichtung einer Sternwarte abgewiesen. Im Jahre 1832 konnte AIRY keine Sternwarte in den Vereinigten Staaten nennen. Im Jahre 1843 wurde die Marinesternwarte zu Washington gegründet und der große Komet des gleichen Jahres veranlaßte einige Bürger von Boston zur Stiftung der Harvard-Sternwarte zu Cambridge. Seitdem wurden so viele Sternwarten errichtet, daß E. WEISS bei seiner Besichtigungsreise 1872 sich auf den Besuch der wichtigsten Sternwarten beschränken mußte. Er nannte die Sternwarten ihrer Anlage und Einrichtung nach modern, häufig besser eingerichtet als die europäischen Sternwarten. An größeren Fernrohren sei ein solcher Ueberfluß, daß man meine, ein 6-Zöller genüge gerade noch zur Beobachtung der Sonne und ein 9-Zöller gerade für die Bedürfnisse der Schulen, während nur größere Fernrohre für die Wissenschaft in Betracht kämen. Nicht mit Unrecht erwähnt WEISS in seinem Bericht die Arbeiten des R. LUTHER in Düsseldorf, der mit einem noch nicht einmal parallaktisch aufgestellten 4 Zöller zahlreiche kleine Planeten entdeckt hatte. Bezüglich der Geldmittel seien einige amerikanische Sternwarten wie die Harvard-Sternwarte und die Yale-Sternwarte allen europäischen Sternwarten überlegen. Auffällig sei der Mangel an Arbeitskräften. Dieser Nachteil ist später behoben worden; denn die Mount-Wilson-Sternwarte übertrifft mit mehr als 50 Mitarbeitern jede europäische Sternwarte, und auch andere Sternwarten zeigen eine für europäische Begriffe beneidenswerte Zahl von Mitarbeitern, besonders für Rechnungen, Verwaltung und Unterhalt der Geräte. Die amerikanischen Sternwarten beruhen mit Ausnahme der Sternwarte zu Washington auf einer Stiftung und pflegen durch Zustiftung von Geldmitteln und Geräten weitgehend unterstützt zu werden; betrug doch der Sachetat der Mount-Wilson-Sternwarte 1913 bedeutend mehr als der sämtlicher deutschen und österreichischen Sternwarten zusammen. Besonders großartige Stiftungen sind die Licksternwarte, erbaut von 1880—88 auf dem Mount Hamilton in Kalifornien, die Yerkes-Sternwarte bei Williamsbay und die Sonnenwarte auf dem Mount Wilson bei Pasadena. Bei diesen Sternwarten wurde bei der Wahl ihres Ortes auf eine günstige Lage große Sorgfalt gelegt, weshalb die Licksternwarte (Tafel XIII gegenüber Seite 585) und die Mount-Wilson-Sternwarte auf hohen Bergen in Kalifornien errichtet wurden, in einem Lande mit so ausgezeichnetem Wetter, daß auf dem Mount Wilson die Hälfte aller Nächte ganz klar und ein weiteres Viertel, obwohl nicht ganz klar, so doch zum Beobachten brauchbar ist. Allerdings sind dafür die Beobachtungsverhältnisse am Tage, nämlich die Beobachtung der Sonne, wofür die Sonnenwarte errichtet worden war, wegen der großen Luftunruhe nicht günstig. Bei der Lick-Sternwarte wohnen die Beamten mit Familie auf dem Berge. Dagegen wurde bei der Sonnenwarte die Einrichtung getroffen, daß die Beamten in Pasadena wohnen, wo sich auch die Verwaltung und eine Werkstatt befinden, und jeder Beobachter für je einen halben Monat auf den Berg zum Beobachten zieht. Große Spenden ermöglichten es vielen amerikanischen Sternwarten Zweigsternwarten auf der südlichen Erdhälfte zu errichten, um die südlichen Sterne zu untersuchen. In Südamerika hatte immer schon starker nordamerikanischer Einfluß geherrscht. Gould war wohl der Erste, der zusammen mit seinen Gehilfen zu Cordoba die südlichen Sterne eingehend durchmusterte. Einige Jahrzehnte später, um 1889, errichtete E. C. Pickering eine Zweigsternwarte 2451 m hoch in Arequipa zu Peru. Bald nach 1900 wurde man auf das günstige Wetter von Südafrika aufmerksam, das dem peruanischen Wetter überlegen erschien, weil die Tage größerer Bewölkung sich mehr über das ganze Jahr verteilen als in Arequipa, wo sie hauptsächlich in die Monate Dezember bis März fallen. In Südafrika gab es bereits die Kap-Sternwarte und die Sternwarte in Johannesburg. Im Jahre 1909—10 untersuchte S. J. Bailey von der Harvard-Sternwarte die nächtliche Bewölkung zu Worcester, Hanover und Blomfontein und stellte sie zu 3,4, 3,4 und 3,3 fest; während sie zu Arequipa 5,6 betrug, innerhalb 3,0 im Juli und 9,2 im Dezember, schwankt sie in Worcester nur zwischen 2,2 und 4,7. Seitdem haben verschiedene amerikanische Sternwarten Zweigsternwarten in Südafrika errichtet, so die Yale-Sternwarte in Johannesburg, die Detroit-Sternwarte in Blomfontein und das Smithonian-Institut auf dem Brukkaros in Südafrika.

Während sich die nordamerikanischen Sternwarten bezüglich der Ausstattung an Geräten und Personal äußerst günstiger Verhältnisse, sowie der Möglichkeit, Zweigsternwarten an besonders günstigen Orten zu errichten, erfreuten, wurden die Verhältnisse für die europäischen Sternwarten immer schwieriger. Nur die Sternwarte in Pulkowo konnte eine Tochter-Sternwarte in Simeis auf der Krim gründen. Für viele andere Sternwarten wurde ihre Verbindung mit den Universitäten verhängnisvoll, weil die Universitäten Wert auf das Verbleiben der Sternwarten am Ort legten, selbst dann, wenn wie in manchen großen Städten, die infolge ihres Wachstums zunehmende Vermehrung der Bewölkung, die Beschädigung der Geräte durch andauernde Schwefelausscheidungen, die Veränderung der Strahlenbrechung und die Verschlechterung der Sicht durch die Unmassen kleiner Staubteilchen, die Störung durch Erschütterungen, immer mehr zunahm und ein Beobachten unmöglich machte. Einige Sternwarten, wie die Berliner und die Hamburger, mußten aus diesen Gründen bereits vor 1910 nach Babelsberg bei Berlin und Bergedorf bei Hamburg verlegt werden. Aber auch dort machten sich bereits Störungen infolge der zunehmenden nächtlichen Beleuchtung bemerkbar.

GELEHRTE UND UNTERRICHT

Das Ende des Mittelalters kannte Sternforscher als Lehrer an den Hochschulen, als Sterndeuter im Dienste von Fürsten oder als unabhängige Gelehrte. Dies setzte sich in der neuen Zeit fort. Die Hochschulen richteten sich einen oder wie in Wittenberg zwei Lehrstühle für Mathematik ein und besetzten die Stellen meistens mit einem Sternforscher, zu dessen Unterstützung seit dem 17. Jahrhundert Sternwarten oft verbunden mit »Physikalischen Kabinetten« eingerichtet wurden, die zum Teil im 19. Jahrhundert zu selbständigen Forschungsanstalten der Hochschulen, aber mit eigenen Beamten ausgebaut wurden. Auch die Anstellung im Dienste von Fürsten kam noch häufig vor. Die deutschen Kaiser hatten bis zum 18. Jahrhundert ihren kaiserlichen Mathematiker, dessen Pflicht zuerst häufig in der Deutung von Horoskopen, aber auch in der Herstellung wissenschaftlicher Arbeiten, wie es KEPLER oblag, bestand. Auch der Landgraf von Hessen hatte einen Mathematiker, seitdem WILHELM IV. sich zur Unterstützung seiner Beobachtungen CHR. ROTHMANN und JOST BÜRGI an seinen Hof gezogen hatte. Diese Stelle, die seit dem Ende des 17. Jahrhunderts mit einer Sternwarte verbunden war, wurde bis zum Ende des 18. Jahrhunderts mit Unterbrechungen besetzt und zwar meistens mit Sternforschern. Auch der Großherzog von Toskana, der Kurfürst von Bayern, der Kurfürst von Sachsen und andere Fürsten hatten zeitweilig Hofmathematiker. Bekannt ist die Fürsorge des Herzogs Ernst von Gotha, der auf Veranlassung Goethes für Zach eine Sternwarte auf dem Seeberg bei Gotha baute, welche Sternwarte später nach Gotha verlegt und daraufhin immer einem Sternforscher als herzoglichen Hofbeamten anvertraut war. Diesen Stellen vergleichbar waren die anscheinend zuerst bei der Londoner Gesellschaft der Wissenschaften eingerichteten Stellen für Gelehrte, auch für Sternforscher, die als Entgelt Vorschläge zur Verbesserung öffentlicher Einrichtungen oder wie R. Hooke bei jeder Sitzung 3 oder 4 »bedeutsame Experimente« liefern mußten. Aehnliche Stellen wurden bei den Gesellschaften der Wissenschaften zu Paris, Berlin und Petersburg eingerichtet.

Neben diesen beiden Gruppen von Gelehrten haben die Liebhaber gerade in der Sternforschung eine große Rolle gespielt. Es handelte sich häufig wie bei Hewelke, W. Herschel, H. Schröter, Goodricke, H. Schwabe, Lord Rosse, Anderson, Espin, Franklin-Adams um Männer, welche der Sternforschung zuliebe neben ihrem Berufe viele Zeit den Beobachtungen widmeten und dadurch die Wissenschaften bereicherten oder wie bei Draper, Remeis und anderen, die neben eigener Beschäftigung mit Beobachtungen durch Stiftung von Geldmitteln der Wissenschaft nützten.

Der Unterricht an den Hochschulen konnte als eine Fortsetzung des mittelalterlichen Schulbetriebes keinen Anschluß an das außerhalb der Hochschulen vorhandene geistige Leben finden. Zum Teil lag es daran, daß die Pflege des überlieferten Wissens der Griechen und Römer jede Anpassung an die Gegenwart hemmte. So konnte es kommen, daß bis zum 17. Jahrhundert das Lehrbuch des Holywood in der Sternkunde vorherrschte und in der Physik die Bücher des Aristoteles, so daß noch 1643 der von den Königsberger Studenten besonders geschätzte Wickelmann behaupten konnte, wenn Aristoteles etwas sage, so glaube er ihm mehr, als wenn tausend Andere das Gegenteil behaupteten, und die wären nicht recht gescheit, die von Aristoteles abwichen. Bei dieser Gesinnung sind die minderwertigen Leistungen der Hochschulen nicht verwunderlich. Von allen den neuen Entdeckungen am

Himmel und von der Ausgestaltung der Bewegungslehre ist kaum die Rede. Der Unterricht umfaßt immer dieselben Gegenstände, allgemeine Sternkunde, Vermessungswesen, Mathematik, Erdkunde und Sonnenuhrkunde, wobei die Bemühungen der KOPPERNIK, BRAHE und KEPLER nur gestreift wurden. Und die Doktorarbeiten, worunter nichts anderes als die von dem betreffenden Kandidaten zu verteidigende Arbeit seines Lehrers zu verstehen war, zeichneten sich durch eine Fülle von Literaturstellen aus griechischen und römischen Schriftstellern, gelegentlich sogar mit dem kritischen Versuch einer Gegenüberstellung, aus, aber ließen das Vorhandensein einer gärenden Gegenwart mit keiner Silbe ahnen. Dieses Hinbrüten dauerte noch das 18. Jahrhundert an; gelegentlich gab es einen Hochschullehrer, der wie A. CELSIUS die Neuerung einführte, in den Doktorarbeiten seiner Schüler über einzelne Sternbilder neben der so beliebten Anführung von Literaturstellen Messungen der Helligkeit der Sterne mitzuteilen. Aber auch dies blieb nur ein vorübergehender Versuch. Der seit dem 14. Jahrhundert erschallende Ruf »Zurück zur Natur«, wurde gedeutet als »Zurück zum Altertum«, wobei CICERO, PLINIUS und andere Schriftsteller als Kronzeugen der Naturwissenschaft des Altertums angesehen wurden. Erst das 19. Jahrhundert brachte einen Umschwung. Die Bahnbewegung und Störungsrechnung trat in den Vordergrund und blieb bis zum Anfang des 20. Jahrhunderts herrschend, wozu Vorlesungen über Orts- und Zeitbestimmungen, sphärische Sternkunde, Zeitrechnung, Ausgleichungsrechnung, Methode der kleinsten Quadrate, gelegentlich auch über die Figur der Himmelskörper auf Grund des Anziehungsgesetzes traten. Seit dem Ende des 19. Jahrhunderts wurden auch die Helligkeitsmessung, die Photographie, der Aufbau der Sonne und der Sterne berücksichtigt. Auch über einzelne Geräte wie Mikrometer oder Mittagskreise wurde gelegentlich vorgetragen. Die Doktorarbeiten, als beste Gradmesser des geistigen Lebens der Hochschulen, bezogen sich während des 19. Jahrhunderts fast ausschließlich auf Bahnbewegung und Ortsbestimmung, später auch auf andere Gegenstände.

Seit dem Anfang des 19. Jahrhunderts wurde die Sternkunde in Verbindung mit Erdkunde auch in den Schulen gelehrt. Dabei wurde zur Ergänzung des Unterrichts an einigen Schulen eine kleine Sternwarte mit Fernrohr zum Vorzeigen der wichtigsten Himmelserscheinungen eingerichtet. Für den Unterricht sind auch die seit 1925 in manchen Städten erbauten Planetarien von ZEISS bestimmt, wo in einem großen Kuppelbau ein von BAUERNFEIND erfundenes Gerät den Stern-

himmel mit der scheinbaren Bewegung der Planeten, einstellbar auf verschiedene Geschwindigkeiten, auf die Innenfläche der Kuppel entwirft. Der Bildung dienen auch die Führungen durch die Sternwarten, wobei den Besuchern oft ein Blick durch das Fernrohr auf den Mond und andere Himmelskörper gestattet wird; denn nur wenige Sternwarten können sich dem oft geäußerten Wunsche, die Sternwarte zu besichtigen, entziehen. In einigen Großstädten wie Berlin, Wien und Zürich wurde zur Befriedigung dieses Wunsches eine Sternwarte, meistens Urania genannt, mit Räumen für Vorträge über naturwissenschaftliche Gegenstände, seit dem Ende des 19. Jahrhunderts errichtet. Auch Sternwarten, wie die Treptower Sternwarte in Berlin, die des Deutschen Museums zu München und die der französischen sternkundlichen Gesellschaft zu Paris dienen diesem Zwecke. In manchen Großstädten besteht auch die Möglichkeit, durch ein auf der Straße aufgestelltes Fernrohr Himmelskörper zu betrachten. Viele Zeitungen bringen monatlich einen Bericht über die Himmelsschau.
Die Lehrtätigkeit war nicht die wichtigste Tätigkeit des Sternforschers, wurde auch vielfach als lästig angesehen, zumal die geringe Zahl der Zuhörer zu einem häufigen Wechsel in den Vorlesungen zwang. Die Ausbildung der jungen Sternforscher wurde seit dem Ende des 19. Jahrhunderts mehr und mehr von der Hochschule in die Sternwarte verlegt.

DER BEOBACHTER

Die letzten 4 Jahrhunderte lassen eine allmähliche Steigerung der Genauigkeit der Beobachtung durch Anpassen an die zu beobachtenden Gegenstände, durch Erfindung und Verbesserung von Hilfswerkzeugen und durch die Erkenntnis der Beobachtungsfehler erkennen. Die Beobachtung mit bloßem Auge konnte keine genauen Beobachtungen liefern. Bei Ortsbestimmungen konnte eine verfeinerte Teilung des Meßwerkzeuges und die Verwendung geeigneter Absehen und Hilfsteilung höchstens zu einer Meßgenauigkeit von $\pm 45''$ bei Brahe und von $\pm 18''$ bei Hewelke führen. Eine weitere Steigerung der Genauigkeit erfolgte durch die Anwendung des Fernrohres, später der photographischen Platte und der lichtelektrischen Zelle. Auch bei der Bestimmung der Helligkeit der Sterne führte die Verfeinerung des Beobachtungsverfahrens von einer halben Größenklasse bei den Größenschätzungen Brahes bis zu einer Zehntel Größenklasse bei den Beobachtungen W. Herschels, worauf mit Benützung der Fernrohre, der Selenzelle und der lichtelektrischen Zelle eine weitere Verfeinerung bis zu $^1/_{100}$ Größenklasse eintrat.

Die Anwendung des Fernrohres auf die Gegenstände der Sternforschung lieferte nicht sofort neue Erkenntnisse, sondern erst nach einer Zeit der Anpassung des Auges an diese Beobachtungsart. Am besten lassen dies die Beobachtungen Galileis erkennen. Seine Beobachtungen der Mondoberfläche von 1610 sind wenig genau; die des Gestaltenwechsels der Venus zeigen die typischen Eigentümlichkeiten eines Anfängers, nämlich eine sprunghafte Darstellung des Naturverlaufes, an Stelle des allmählichen; auch seine Beobachtungen der Jupitermonde waren wenig genau und wurden erst von 1612 an wertvoll. In dasselbe Jahr 1612 fällt auch bei den Sonnenfleckenbeobachtungen der Uebergang von einer ungenauen, durch vorgefaßte Meinungen beeinflußten Beobachtung zu einer wirklichkeitstreuen Wiedergabe der Natur. So glaubte er noch am 4. Mai 1612 die von ihm angenommene Wolkenform der Sonnenflecken durch seine Zeichnung bestätigt zu sehen. Erst die Zeichnungen vom Juni 1612 an werden genauer. Angesichts der Schwierigkeit des Beobachtens mit dem damaligen holländischen Fernrohr, das wegen seines kleinen Gesichtsfeldes, seiner Farbenzerstreuung und starken Helligkeitsabfalles zum Rande hin kleineren und schwächer vergrößernden Fernrohren unserer Zeit unterlegen war, ist die Zurückhaltung erfahrener Beobachter wie Mair und der Jesuiten bezüglich der Richtigkeit ihrer Beobachtungen verständlich. Aehnliche Schwierigkeiten bereitete auch die Anwendung der photographischen Platte und der lichtelektrischen Zelle zum Beobachten. Erst jahrelanger Gebrauch ließ die Anwendungsmöglichkeit und besonders auch die Grenzen der Anwendung richtig erkennen.

Zu der Erfahrung, daß ein wertvolles Beobachten erst auf Grund von Uebung möglich sei, kam im 19. Jahrhundert die neue Erfahrung, daß die Eigentümlichkeiten der menschlichen Sinne unter gewissen Umständen eine Verzerrung der Beobachtungstatsachen hervorrufen und daß diese Verzerrung für die einzelnen Beobachter nicht die gleiche sei. Bei der Wichtigkeit, welche die Erzielung genauer Beobachtungen für die Sternforscher schon wegen der langsamen und geringen scheinbaren Aenderung der meisten Himmelsvorgänge hat, lag es nahe, daß Abweichungen zwischen den Ergebnissen zweier Beobachter sich dem Sternforscher zuerst aufdrängten, ohne daß er dazu von einer anderen Wissenschaft eine Anregung erfuhr. Zuerst machte Bessel auf die für jeden Beobachter verschiedene Eigentümlichkeit der Sinne aufmerksam, indem er nachwies, daß der von MASKELYNE gegen seinen Gehilfen KINNEBROOK erhobene Vorwurf, durch ein falsches Beobachtungsverfahren im Laufe der Jahre 1795—96 für die Durchgangszeit der Sterne andere Werte erhalten zu haben als MASKELYNE, sodaß KINNEBROOK als unbrauchbar für weitere Beobachtungen erschien, nicht berechtigt war, sondern daß es sich hier um eine für jeden Beobachter verschiedene Auffassung des Verschwindens des Sternes hinter dem Faden im Verhältnis zu den gezählten Sekundenschlägen handle. Aus seinen seit 1820 gemachten Beobachtungen, im Vergleich mit denen anderer Sternforscher, ergab sich das Bestehen eines solchen persönlichen Fehlers, der bei BESSEL am kleinsten war und bei manchen Sternforschern bis zu einer Sekunde betrug. Auch ergab sich eine Veränderlichkeit des persönlichen Fehlers, ähnlich wie er in den Beobachtungen KINNEBROOKS zutage trat. Diese persönliche Gleichung ließ sich durch Anwendung des Tasters und später des unpersönlichen Mikrometers bei Durchgangsbeobachtungen erheblich verringern. Allerdings blieben bei den Durchgangsbeobachtungen noch Fehler übrig, zum Teil abhängig von der scheinbaren Helligkeit des beobachteten Sternes, derart, daß der Durchgang lichtschwächerer Sterne später beobachtet wurden als der hellerer Sterne. Bei den im Fernrohr schwachen Sternen wächst diese Verspätung rasch an. Gleichzeitig nimmt auch die Genauigkeit der Beobachtungen rasch ab. Um diese Helligkeitsgleichung zu beseitigen, wurden nach dem Beispiele KÜSTNERS und anderer die Sterne durch ein Drahtgitter auf annähernd gleiche Helligkeit gebracht. Noch ein anderer Fehler machte sich bei Durchgangsbeobachtungen bemerkbar, nämlich der Einfluß der Bewegungsrichtung des Sternes, der gemäß den Feststellungen von RENZ 1926 beim Polstern eine Sekunde betragen kann. Auch bei Messungen von Doppelsternen und Durchgängen der Planeten machten sich die persönlichen Eigentümlichkeiten sehr bemerkbar, besonders wenn die Verbindungslinie der Doppelsterne nicht der Augenverbindungslinie gleichgerichtet ist. Dieser Fehler, den O. STRUVE an natürlichen und künstlichen Doppelsternen eingehend untersuchte, wurde durch die Anwendung eines umkehrenden Prismas vor der Okularlinse verkleinert. Auch die Messungen der Durchmesser von Planeten ließen erkennen, daß die Art der Meßgeräte und die Beleuchtung der Planeten eine große Rolle spielen; die Messungen mit dem Fadenmikrometer gaben den Venus-Durchmesser, in der Entfernung 1, um 1″ größer an als die mit dem Doppelbildmikrometer gemachten und zwar bei Beobachtung der Venus im zurückgeworfenen Sonnenlicht, während die Messungen der dunklen Venus vor der Sonne, einen noch um ½″ kleineren Durchmesser ergaben.

Zu den Eigentümlichkeiten des Sehens gehört auch das Vermögen des Auges, die Grenze von Licht und Schatten zu erkennen. Diese Eigenschaft wurde von Seeliger 1896 und Mach 1900 unter Berücksichtigung der Beugung untersucht.

Auch die vom Beobachter in das Bild verlegten Formen fanden Beachtung. Typisch ist das Beobachten Galileis, der die von ihm auf den Himmelskörpern angenommenen Formen auch durch seine Beobachtungen feststellen zu können glaubte, und erst allmählich zu wirklichkeitsgetreuen Beobachtungen gelangte. Im 19. Jahrhundert war es ähnlich bei den Marsbeobachtungen, wo die Schwierigkeit der Beobachtung von Einzelheiten, besonders mit kleinen Fernrohren, bewirkte, daß Beobachter den wahrgenommenen Unterschieden von hell und dunkel bekannte Formen wie Linien, Kreise usw. unterlegten.

Zu besonderen Ergebnissen führten die Untersuchungen darüber, wie das Auge die Helligkeiten der Sterne bestimmt. Vom Altertum übernommen war die Helligkeitseinteilung nach Größenklassen, die noch vom 16.—19. Jahrhundert als reine Gedächtnisfolge zur Bestimmung der Helligkeiten der Sterne diente, erweitert seit Hewelkes Vorgehen auf die Sterne 7. Größe usw. Erst die mit dem 19. Jahrhundert anhebenden Helligkeitsmessungen konnten über das dieser Einteilung zugrunde liegende Gesetz aussagen. Steinheil wies 1835 nach, daß die gemessenen Lichtstärken sich zu den Größenklassen wie geometrische zu arithmetischen Reihen verhielten, was auch durch die Beobachtungen von J. Herschel bestätigt wurde. Fechner brachte 1859 diese Feststellung in eine Beziehung zu dem von Weber aufgestellten Gesetz, daß der von einem Sinne eben noch bemerkbare Unterschied eines Reizes nahezu denselben Bruchteil seines ganzen Reizes bildet, und konnte zeigen, daß es sich hier um ein für alle Sinne gültiges Gesetz handle, allerdings mit Abweichungen für zu große und zu kleine Helligkeiten. Spätere Untersuchungen Zinners über ausgedehnte Beobachtungsreihen geübter Beobachter ließen die Regel aufstellen: Jedes Auge stellt sich beim Beobachten auf einen ihm bequemen Helligkeitsbereich ein, kann dort die feinsten Unterschiede erkennen und am genauesten beobachten, entsprechend dem Weber-Fechnerschen Gesetz; zu den größeren und kleineren Helligkeiten hin arbeitet das

Auge gröber und ungenauer, ohne sich dessen bewußt zu werden. Die tatsächliche Reiz-Empfindungskurve verhält sich zu der Empfin-

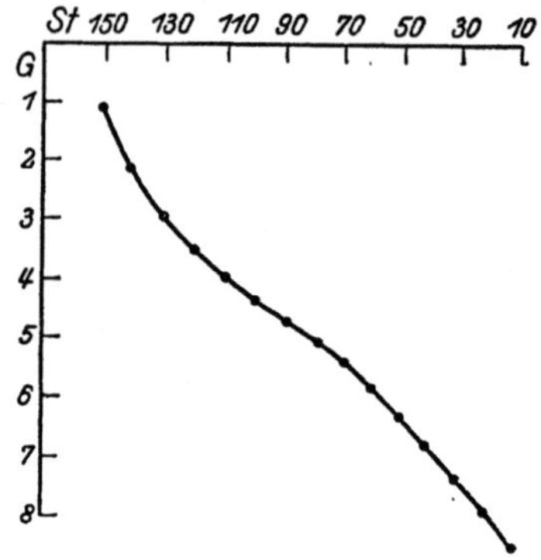

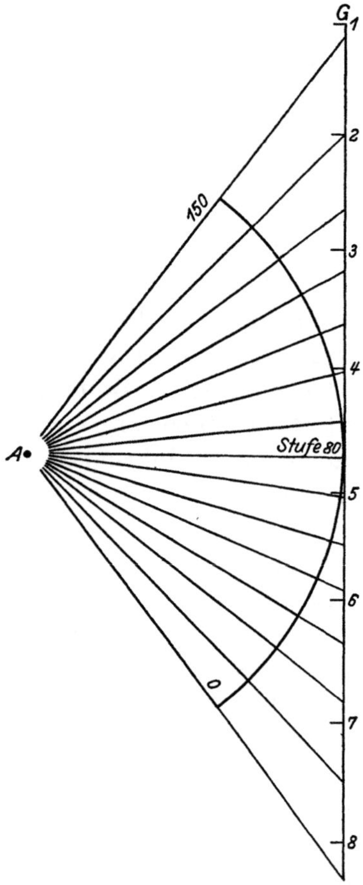

Bild 53.
Links: Darstellung der Arbeitsfähigkeit des Auges A bei der Helligkeitsbestimmung von Sternen, deren Größe G gemessen vorliegt, durch Stufenschätzungen.
Oben: Die zugehörige Kurve zwischen Reiz G (1—8) und Empfindung St (10—150) für die Stufenschätzungen ZINNERS

dungskurve des Fechnerschen Gesetzes wie der Kreisbogen zur Graden (Bild 53). Diese Regel gilt für die Beobachter von FLAMSTEEDS Zeit an und tritt in den Beobachtungen des 19. Jahrhunderts besonders zu Tage. Dagegen ergab die Kurve für die Vergleichung der Lichtstärken

und der Größen für die früheren Beobachter, von den Griechen an bis zu Brahe, einen etwas anderen Verlauf für kleine Helligkeiten.
Auch ein Einfluß der Sternfarben auf die Helligkeitsbestimmungen wurde festgestellt. In der 2. Hälfte des 19. Jahrhunderts kam man zu der Erkenntnis, daß lichtschwache farbige Sterne dem Auge schwächer erschienen, als weiße Sterne von gleicher Lichtstärke. Dieser Einfluß der Farbe machte sich auch bei Helligkeitsmessungen sehr bemerkbar, wie Müller und Kempf nachwiesen. Weitere Untersuchungen ließen erkennen, daß diese Wirkung mit der von Purkinje früher entdeckten Tatsache, daß bei gleichmäßiger Abschwächung gleichheller blauer und roter Lichter das rote Licht mehr als das blaue an Helligkeit verliert, verwandt ist und auf der Zusammenarbeit von Stäbchen und Zapfen in der Netzhaut beruht, indem bei schwachen Lichtreizen, wo keine Farbe mehr empfunden wird, nur noch die Stäbchen arbeiten. Die Farbenwirkung äußerte sich bei Beobachtern wie W. Herschel, Argelander und Heis derart, daß das Auge die Lichteindrücke der schwächsten beobachteten Sterne ungefähr wie eine hochempfindliche, aber nicht farbenempfindliche Platte aufnahm.
Ceraski 1890 und Lindemann 1891 stellten fest, daß bei den Helligkeitsbestimmungen die Lage der beiden zu vergleichenden Punkte zum Auge in Betracht kommt. Weitere Untersuchungen seit der 2. Hälfte des 19. Jahrhunderts ergaben auch eine Aenderung des Empfindungsvermögens des Auges für Helligkeit und Farbe, abhängig von Erregungen und von der Zeit. Untersuchungen von jahrzehntelangen Beobachtungen legten die Annahme nahe, daß der genialere Beobachter farbenempfindlicher ist und etwas ungenauer beobachtet als der beständigere und weniger eigenwillige Beobachter.
Auch über das Arbeiten des Auges wurden Untersuchungen angestellt. Labitzke konnte 1924 nachweisen, daß beim Einstellen eines Fadens die zufälligen Abweichungen sich um so regelmäßiger der Gausschen Fehlerkurve anschließen, wenn die Einstellung möglichst automatisch erfolgt. Dieselbe Erfahrung wurde auch bezüglich des Arbeitens der lichtelektrischen Zelle gemacht.
Eine ähnliche Feststellung wie für das Helligkeitsbestimmen, wo sich die größte Genauigkeit der Beobachtung für den bequemen Bereich nachweisen ließ, konnte auch für die zeitliche Aenderung der Genauigkeit gemacht werden und zwar auf Grund der Beobachtungen des St. Prantner (1782—1873), der immer in gleicher Weise beobachtete. Aus seinen Polhöhen-Bestimmungen ergab sich als mittlerer Fehler einer

Bestimmung: 1821 $\pm$ 16″, 1832 $\pm$ 18″, 1844 $\pm$ 24″, 1854 $\pm$ 29″, welcher Abnahme der Genauigkeit mit zunehmendem Alter eine ähnliche Zunahme vor 1821 entsprochen haben wird (Bild 54). Angesichts

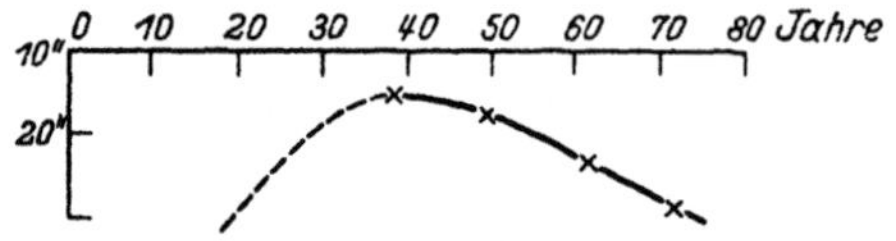

I. Leistungskurve Prantners, auf Grund der mittleren Fehler seiner Pohlhöhenbestimmungen entworfen.

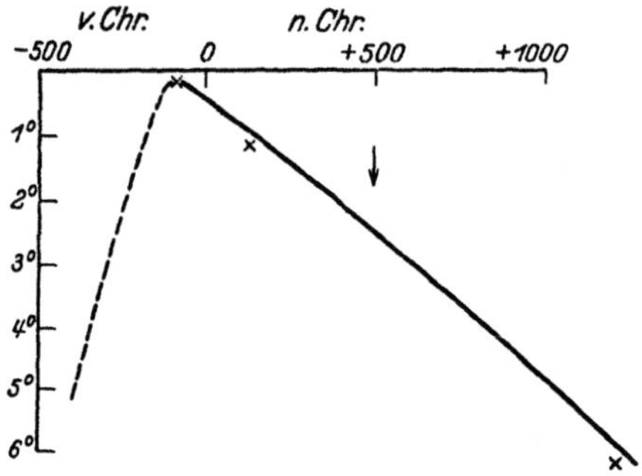

II. Annäherung der Griechen an die Wirklichkeit bezüglich der Festlegung der Länge von Sonne und Sternen.

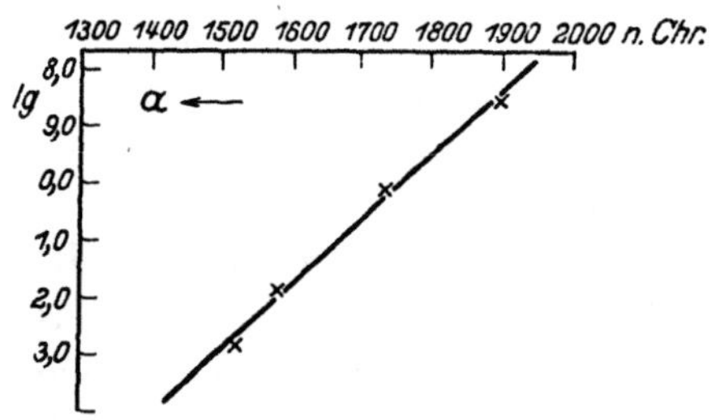

III. a) Annäherung der Germanen an die Wirklichkeit bezüglich den Festlegung der Länge von Sonne und Sternen in logarithmischer Darstellung.

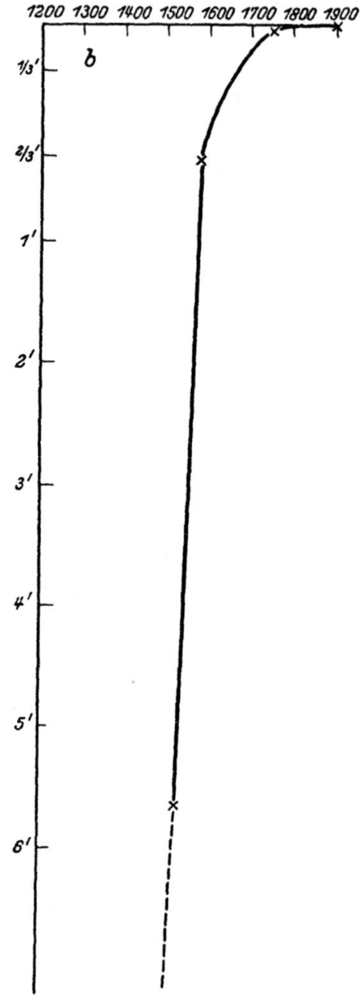

III. b.) Dieselbe Kurve in gewöhnlicher Darstellung

Bild 54. Leistungskurven Prantners, der Griechen und der Germanen

der Unzulänglichkeit des menschlichen Auges und auch der Werkzeuge zur Feststellung der Wirklichkeit war es Sache des Beobachters, die Güte seiner Beobachtungen zu beurteilen und dementsprechend zu bewerten.

Berühmt wurden die von BESSEL und seinen Zeitgenossen ausgearbeiteten Verfahren, die Eigentümlichkeiten der Geräte und der Beobachter bei der Bearbeitung der Beobachtungen zu berücksichtigen. Dabei war BESSEL sich bewußt, daß selbst die besten Geräte und die besten Rechenvorschriften nicht genügen, wenn der Beobachter nicht seine ganze Kraft seiner Arbeit widmet, wie die folgenden Worte BESSELS vom Jahre 1829 erkennen lassen: »*Es sind oft alle Mittel vorhanden, auch Einsicht, so daß man auf das Gelingen eines erheblichen Werkes rechnen sollte; allein wenn der Entschluß, dasselbe zu unternehmen, oder die Kraft es durchzuführen, nicht vorhanden sind, so geschieht trotz aller Erfordernisse nichts. Dieses ist gewöhnlicher, als daß eine große Idee vor einer Schwierigkeit stehen bleibt;*« und »*Man muß nie vergessen, daß die Kraft zu einem großen Unternehmen, während der dauernden Beschäftigung mit demselben, vielleicht langsam, aber so lange wächst, bis alle sichtbaren Schwierigkeiten über den Haufen geworfen sind.*«

Bei der Ableitung der Elemente der Bahnen der Planeten und Kometen hatte man sich immer genötigt gesehen auf frühere Beobachtungen zurückzugreifen, um die allmählichen Veränderungen der Elemente zu bestimmen, und war schließlich zur Berücksichtigung sämtlicher Finsternisbeobachtungen, bis zurück zu den Babyloniern, gelangt. Im 19. Jahrhundert übertrug man dieses Verfahren auch auf die anderen Himmelsvorgänge. BESSEL konnte aus einer sorgfältigen Untersuchung und Vergleichung der BRADLEYschen Beobachtungen mit den neueren die Eigenbewegungen vieler Sterne genau ableiten, was später durch AUWERS aufgenommen wurde und zu dem als Geschichte des Fixsternhimmels bekannten Unternehmen der Preußischen Akademie der Wissenschaften führte. Bei diesen Berechnungen suchte man auch bisher unbekannte oder nur handschriftlich vorhandene Beobachtungsreihen mitzuberücksichtigen. Aehnlich gingen ARGELANDER bei der Ableitung der Elemente des Lichtwechsels veränderlicher Sterne, R. WOLF bei der Ableitung der Sonnenfleckenperiode und ZINNER bei der Ableitung der Helligkeiten der helleren Sterne vor. In allen diesen Fällen war es nötig, besondere Verfahren zu ersinnen, um die älteren, meistens roheren Beobachtungen zu berücksichtigen.

DER STERNFORSCHER ALS MENSCH

Die Sternforscher der Aegypter, Babylonier, Inder und Chinesen gehörten fast immer dem Priesterstande an, wobei oft der Sohn dem Vater im Amt folgte. Bei den Griechen zählten die Sternforscher zu den freien Berufen und verdienten sich meistens als Lehrer ihr Einkommen. Aehnlich ist es bei den Germanen seit dem Ende des Mittelalters. Die Sternforscher bilden eine Gesellschaftsgruppe, deren Mitglieder in vielen Fällen durch die Zugehörigkeit zu einer Sternwarte gekennzeichnet sind. Wie ergänzt sich diese Gesellschaftsgruppe? Durch Vererbung wie bei den Grundbesitzern, oder durch Vererbung und Einheirat wie bei den Zünften? Beides trifft für die Sternforscher nicht zu. Werden nur die bedeutendsten Sternforscher berücksichtigt, so sind die Fälle einer Erbfolge oder einer Einheirat sehr selten. Meistens stammen die Sternforscher aus Schichten, die beruflich mit der Sternkunde nichts zu tun hatten und zwar etwa zu gleichen Teilen aus den Kreisen der wirtschaftlich unabhängigen und einflußreichen Leute, wie Großgrundbesitzern, Adel, höheren Beamten und Großkaufleuten und aus dem Mittelstand, der sich aus selbständigen Bauern und Handwerkern, Kaufleuten und mittleren Beamten zusammensetzt. Da der Mittelstand viel zahlreicher als der obere Stand ist, so entstammen verhältnismäßig mehr Sternforscher dem oberen Stande. Die Söhne und Schwiegersöhne der Sternforscher pflegen im allgemeinen dem oberen Stande anzugehören, aber nur ausnahmsweise Sternforscher zu sein.

Welche natürliche Anlage befähigt die Sternforscher zu ihren Arbeiten? Gemäß den Untersuchungen von Schritzka besitzen unter den geistig bedeutenden Männern die Mathematiker und Sternforscher die schwersten Gehirne. Aber auch das Auge spielt eine große Rolle. Das bei Griechen und Arabern als Maßstab für ein gutes Auge geltende Wahrnehmen des Alkor bei Vollmondslicht und des 7. Plejadensternes verlor für die Germanen seine Bedeutung. Diese stattete die Natur mit wesentlich schärferen Augen aus. 7 Plejadensterne sieht jeder, mancher wie Maestlin bis zu 14 Sternen mit bloßem Auge. Sehr scharfäugige Beobachter wie Heis vermochten alle Sterne ohne Strahlen zu sehen, beim Sternenlicht ohne künstliche Beleuchtung ihre Sternkarten mit dem Himmel zu vergleichen und weiße Sterne bis zur Größe 8,4 wahrzunehmen, während die Grenzgröße für das normale Auge 7,3 beträgt. Die Sehschärfe scheint mit dem Alter abzunehmen und weist von Forscher zu Forscher große Unterschiede auf, wie auch das Auffassungsvermögen, das im Falle von Durchgangsbeobachtungen um mehr als 1 Sekunde abweichen kann. Aehnlich steht es mit dem Verarbeiten der Beobachtungen und den Schlußfolgerungen aus den Beobachtungen. Die einen, wie GALILEI, können den Abschluß einer Beobachtungsreihe nicht abwarten und veröffentlichen sofort alles, was ihnen wichtig dünkt. Andere sind zurückhaltender und denken nicht an eine Veröffentlichung ihrer Beobachtungen, bis die Beobachtungsreihe abgeschlossen und womöglich durch andere bestätigt ist. Besonders bei den Theoretikern ist diese zurückhaltende Denkweise häufig. Während die Arbeiten der Beobachter häufig durch Himmelserscheinungen hervorgerufen werden und nach Beendigung einer solchen Erscheinung ihr Ende finden, pflegen andere mehr zusammenfassende und besonders theoretische Arbeiten den Sternforscher durch Jahrzehnte zu fesseln, lassen ihn immer neue Lösungen suchen und durch Erfahrung gewitzigt mit seinen Folgerungen vorsichtiger werden. Diese Arbeitsweise dürfte, im Gegensatz zu der einer Reizwirkung vergleichbaren Beobachtung von kurzer Dauer, als ein für das Gelehrtentum eigentümlicher Naturvorgang angesehen werden. Sie führt zu großen Leistungen, wenn sich Fleiß und Erfahrung des Gelehrten mit Offenbarungen der Natur vereinigen.

Was veranlaßte den Sternforscher, sich gerade dieser Wissenschaft zu widmen? Angesichts der meistens mangelhaften Lebensbeschreibungen läßt sich nicht für alle bedeutenden Sternforscher die Ursache ihrer Hinneigung angeben. Bei vielen ist es ein Aufsehen erregender Himmelsvorgang, wie Sonnenfinsternisse, Erscheinen von Kometen oder neuen Sternen gewesen, der den Wunsch, sich der Sternforschung zu widmen, auslöste.

Zu erwähnen ist, daß die bedeutendsten Sternforscher beinahe ausnahmslos einen Umsturz im Staatswesen ablehnten, sich vielmehr wie GAUSS eine ordentliche Staatsregierung wünschten, damit sie in Ruhe ihren Forschungen nachgehen könnten, und außerdem fromm (religiös) waren, falls nicht sogar kirchlich wie die CASSINIS, welche sich im Falle von Krankheit oder Altersschwäche ihrer Angehörigen einen Hauskaplan hielten und für den Gottesdienst eine Kapelle in der Pariser Sternwarte eingerichtet hatten.

Die Begabung der Sternforscher äußert sich vorzüglich in der Theorie, im Beobachten und im Herstellen von Geräten. Wohl die meisten Sternforscher haben sich nicht mit den ihnen gelieferten Geräten begnügt, sondern sie nach den Bedürfnissen der Forschung umgewandelt, falls sie nicht wie Hewelke, Huygens, W. Herschel, Schrader in Kiel, ihre Linsen und Spiegel selbst hergestellt haben. Als Hersteller von Geräten sind besonders zu nennen: Koppernik, Brahe, Galilei, Chr. Scheiner, Newton, Airy und Hale. Seit dem 18. Jahrhundert bildete sich das Gewerbe der Geräteehersteller aus, wenn von den Herstellern der kleinen, oft sorgfältig gearbeiteten Geräte und Sonnenuhren wie Trechsler, Schissler, Volkamer, Blond, Troschel abgesehen wird. In England entstanden die Werkstätten Harrison, Bird, Graham, Dollond, Ramsden, Cary, Troughton und Simms, Cooke, Grubb; in Frankreich Gambey, Eichens, Gautier, Henry; in Italien Porro; in den Vereinigten Staaten Rowland, A. Clark, Warner und Swasey; in Deutschland G. F. Brander in Augsburg und Breithaupt in Kassel hauptsächlich für Erdmeßgeräte, Repsold in Hamburg, Reichenbach, Fraunhofer, Ertel, Steinheil, Merz und Riefler in München, Pistor und Martins, Bamberg und Töpfer in Berlin; Heyde in Dresden, C. Zeiss in Jena.

Zwischen den Sternforschern und den Herstellern der Geräte bestand meistens ein gutes Verhältnis, beruhend auf gegenseitigem Verständnis und Unterstützung, wenn auch gelegentliche Verstimmungen nicht ausblieben, wie der erfahrene und gelegentlich boshafte Zach 1797 über Ramsden berichtet: »*Hr. Piazzi, um seinen Kreis von diesem großen Künstler zu erhalten, reiste selbst nach London, logierte sich neben ihm, erwarb sich auf alle mögliche Art die Gunst dieses Künstlers, machte seine Lebensbeschreibung und erhielt endlich zum Lohn in 2 Jahren seinen Kreis und nun klagt Hr. Piazzi über Mangel an Festigkeit, über Spuren der Eilfertigkeit bei Verfertigung dieses Werkzeuges!*« und »*Wer übrigens mit dieser Gattung Künstler viel zu schaffen gehabt hat, wird aus Erfahrung wissen, daß es bei den meisten in der Art ist, viel zu versprechen und wenig oder gar nichts zu halten.*«

Die Durchführung wissenschaftlicher Arbeiten der Sternforscher verlangte oft den Zusammenschluß verschiedener Gelehrten. Zuerst wurden Gesellschaften zur Förderung der Wissenschaften gegründet; die seit dem 17. Jahrhundert entstehenden gelehrten Gesellschaften Royal Society zu London seit 1662, Academie des Sciences zu Paris seit 1666, Preußische Akademie der Wissenschaften zu Berlin seit 1700, Russische Akademie der Wissenschaften zu Petersburg seit 1724, und andere stellten den ihnen angehörigen Gelehrten Versammlungsräume, gelegentlich auch Arbeitsräume, Arbeitsgeräte und Bücher zur Verfügung, gewährten die Möglichkeit zu Meinungsaustausch, zu gemeinsamen Arbeiten und suchten durch Aussetzung von Preisen den Abschluß mancher Untersuchungen zu beschleunigen. Durch die Herausgabe von Mitteilungen über das Ergebnis der Sitzungen (Journal des Savants 1665, Philosophical Transactions 1666, Miscellanea curiosa 1670, Acta eruditorum 1682) und von ausführlichen Arbeiten verschafften sie ihren Mitgliedern die Möglichkeit eines sehr ausgedehnten Gedankenaustausches. Das rege geistige Leben außerhalb der Hochschulen bis zum Ende des 18. Jahrhunderts ist diesen Gesellschaften zu verdanken. Mit dem 19. Jahrhundert begann das Auseinanderwachsen der Wissenschaften; auch wuchs die Zahl der Vertreter der einzelnen Fächer, so daß ihre Vereinigung zu gemeinsamer Arbeit im Rahmen der bestehenden Gesellschaften nicht mehr möglich war. Deshalb entstanden gelehrte Gesellschaften für die einzelnen Wissenschaftgebiete. Im Jahre 1820 wurde die Royal Astronomical Society in London gegründet, 1863 die Astronomische Gesellschaft mit dem Sitz in Leipzig, ferner die Societa delgi Spettroscopisti italiani, Société astronomique de France, Astronomical Society of the Pacific, British Astronomical Association, R. Astronomical Society of Canada, Vereinigung der Freunde der Astronomie und kosmischen Physik, Sternfreunde und andere Gesellschaften. Von diesen Gesellschaften bestehen einige zum größten Teil aus Liebhabern.

GEMEINSAME ARBEITEN

Gemeinsame Unternehmungen, abgesehen von Sonnenfinsternissen und Venusvorübergängen, traten erst mit dem 19. Jahrhundert auf, als Zach 1800 eine Vereinigung zur Herstellung der notwendigen Tierkreiskarten gründen wollte. Der Plan zerschlug sich, wurde von Bessel 1824 aufgenommen und unter Enckes Leitung von 1831—1859 durchgeführt. Dieses Unternehmen, an dem sich Sternforscher beteiligten, wies bereits all die Mängel solcher Unternehmungen auf, daß infolge der menschlichen Ungleichartigkeit die einzelnen Arbeiten nach Güte und Vollständigkeit sehr voneinander abweichen und sich außerdem die Fertigstellung der Arbeit sehr verzögert. Im Gegensatz zu dem unbefriedigenden Ergebnis der »Akademischen Sternkarten« steht das große Unternehmen Argelanders, ein alle Sterne des nördlichen Himmels, mit gleicher Reichweite wie die Tierkreiskarten, umfassendes Verzeichnis mit Karten zu schaffen, welches, von 1852—1862 durchbeobachtet, bereits 1863 zu einer noch jetzt viel benützten Sternkarte geführt hat. Um diese Zeit beschloß die Astronomische Gesellschaft die Herstellung eines genauen Sternverzeichnisses, beruhend auf Mittagskreisbeobachtungen zwischen dem Nordpol und 28° südlicher Breite. Zu dieser Arbeit schlossen sich verschiedene Sternwarten, nicht mehr die Sternforscher, zusammen und verteilten unter sich die einzelnen Himmelsgürtel. Diese möglichst rasch und gleichzeitig durchzuführende Arbeit beanspruchte zum Beobachten 36 Jahre von 1869 bis 1905; das letzte Verzeichnis erschien erst 1924. Die 1926 von der Astronomischen Gesellschaft beschlossene Wiederholung der Arbeit sieht nur noch 7 Sternwarten und die Durchführung der Beobachtungen innerhalb 3 Jahren vor. Auch die auf den wissenschaftlichen Tagungen in Paris 1887—91 beschlossene Herstellung einer Himmelskarte auf Grund von gleichlangen Aufnahmen mit gleichgroßen Fernrohren zu gleicher Zeit, an welcher Arbeit sich 18 Sternwarten beteiligen wollten, hatte mit den gleichen Schwierigkeiten wie die früheren gemeinschaftlichen Unternehmungen zu kämpfen, so daß in den darauffolgenden 3 Jahrzehnten nur ein Teil der Aufnahmen gebrauchsfertig und bearbeitet vorlag. Und wie ARGELANDER gegenüber den Akademischen Sternkarten ein einheitliches und großes Werk schuf, so vermochte auch in diesem Fall ein Einzelner, der kranke FRANKLIN-ADAMS durch Aufnahmen von 1903—09 in Greenwich und Südafrika eine den ganzen Himmel umfassende Abbildung zu schaffen. Aehnlich steht es mit gemeinschaftlichen Arbeiten wie Handbüchern. Auch hier macht sich die ungleiche Veranlagung und Fähigkeit der Mitarbeiter störend bemerkbar.

Von den gelehrten Gesellschaften wurden Preise, hauptsächlich Schaumünzen, zur Belohnung hervorragender Leistungen geschaffen, wie der Lalande-Preis der Pariser Akademie von 1802, die goldene Schaumünze der R. Astronomical Society von 1824, die goldene Bruce-Schaumünze der Astronomical Society of the Pacifice, die Donohoe-Schaumünze derselben Gesellschaft für die Entdeckung unerwarteter Kometen. Auch wurden für die Durchführung bestimmter Arbeiten Geldpreise ausgesetzt, von den Gesellschaften oder auch von den Hochschulen, später auch von der Notgemeinschaft der Deutschen Wissenschaft.

Die Veröffentlichung der wissenschaftlichen Arbeiten erfolgte in eigenen Werken, in den Veröffentlichungen der gelehrten Gesellschaften, in Zeitschriften, die ursprünglich wie das Journal des Savants Gesellschaftsschriften waren, aber später selbständig wurden, und in Kalendern und Jahrbüchern. Dazu kamen von 1800 an eigene Zeitschriften, die hauptsächlich zum raschen Austausch von Beobachtungen und Ergebnissen der Rechnung dienen sollten. Zu diesem Zweck gab ZACH die Monatliche Korrespondenz zur Beförderung der Erd- und Himmelskunde von 1800—13 und später die Correspondence Astronomique von 1818—26 heraus. An ihre Stelle traten die Astronomischen Nachrichten, 1821 durch SCHUMACHER begründet, die bedeutendste Zeitschrift der Sternforschung. In ihr vollzog sich der Wandel von der Veröffentlichung persönlicher, oft brieflicher Mitteilungen an den Herausgeber, mit dessen Bemerkungen dazu, zu dem Abdruck sachlich gehaltener Angaben über Beobachtungen und anderes. Ferner wurden zur raschen Verbreitung wichtiger Mitteilungen die telegraphische Uebermittelung und seit 1919 zur Verbreitung von kurzen Beobachtungsergebnissen die Mitteilung durch die Beobachtungszirkulare benützt. Zu dieser Zeitschrift, die sich besonders bemühte die Aufmerksamkeit auf wichtige Ereignisse zu lenken, traten noch andere, von denen als wichtigste zu nennen sind: Astronomical Journal 1851 durch GOULD und Astrophysical Journal 1890 begründet.

DIE SPRACHE DER STERNFORSCHER

Als mit den christlichen Priestern das Wissen des Altertums in die Länder der Germanen eindrang, fand es kein gleichwertiges Wissen vor. Wie für die Religion, so wurde auch für die Wissenschaft Latein die Umgangssprache. Vereinzelt findet sich in den Handschriften neben manchen Worten eine altenglische oder altdeutsche Uebersetzung geschrieben. Uebersetzungen ganzer Werke scheinen zuerst nur in England entstanden zu sein. Dort übersetzte AELFRIC 991 BEDAS Zeitrechnung, und um dieselbe Zeit wurden die volkstümlichen sterndeutigen Regeln eines Kalenders ins Altenglische übertragen. In Deutschland wurden durch die Bemühungen KARLS des Großen deutsche Monatsnamen geschaffen; auch für einige Begriffe der Zeitteilung entstanden neue Worte.

Die Teilnahme des Bürgertums im hohen Mittelalter nicht nur an der Verwaltung, sondern auch am geistigen Leben führte zur Uebersetzung der gebräuchlichsten Lehrbücher. GOSSUIN DE METZ verfaßte 1248 eine freie französische Uebersetzung der Sternkunde des HONORIUS D'AUTIN. RISTORO D'AREZZO gab 1282 ein Lehrbuch der Sternkunde in italienischer Sprache heraus. Die Sternkunde des HOLYWOOD wurde vor 1347 von KONRAD VON MEGENBERG ins Deutsche und zwischen 1361 und 1382 von Oresme ins Französische übertragen. Im Jahre 1373 veröffentlichte Wurmbrecht den ersten deutschen Kalender, dem später viele andere folgten. Um 1385 wurde das sterndeutige Werk des Richard of Wallingford ins Englische übertragen, und 1391 schrieb Chaucer englisch über die Verwendung des Astrolabes. Das 15. Jahrhundert sah neben zahlreichen lateinisch geschriebenen Werken eine beträchtliche Menge von Schriften, die auf hochdeutsch, niederdeutsch, französisch oder englisch verfaßt oder dorthin übersetzt worden waren. Die italienischen, französischen und englischen Uebersetzungen übernahmen die in der lateinischen Urform vorhandenen Fachausdrücke und paßten sie nur der Volkssprache an. So gebrauchte die englische Uebersetzung der Sterndeutung Ausdrücke wie Zodiakus, ascendens, signum, aries, orizont, statio und differentia. Ganz anders bei der Uebersetzung Megenbergs. Sie ist seit der Zeit der Griechen der erste Versuch, für die Fachwörter nicht nur wörtliche, sondern sinngemäße Uebersetzungen zu schaffen, unter Benützung bildhafter Vergleiche, wie des Kolurkreises mit dem halbkreisförmigen Schwanzschlagen des Auerochsen oder des Astrolabes mit den Lippen, welche die Geheimnisse der Sterne erzählen. Ebenso treffend sind Wörter wie Augenender für Horizont, Streitgott für Mars, Helfvater für Jupiter. Auch die Verdeutscher des 15. Jahrhunderts versuchten sich in neuen Erfindungen, wie Paider für Kulmination (1436), Gleichmaß der Nacht für Zenit (1477), Himmelsnab für Pol (1477), gemeren für multiplizieren (1477), Staffel für Grad (1439), Dicke für Diameter (Peuerbach 1454), Umschweif für Circumferentia (Peuerbach 1454), Aufsagung für Ascensio, Zwischung für Intervall.

Diese guten Ansätze zur Ausbildung einer selbständigen, germanischen Gelehrtensprache wurden durch die Neubelebung des Altertums im 15. Jahrhundert zunichte gemacht. Die Alleinherrschaft der lateinischen Sprache als Gelehrtensprache schien mehr als je befestigt. Ein Widerstand trat zuerst in Italien auf, wo Magini 1605 und Galilei sogar in ihrem Briefwechsel mit Ausländern italienisch schrieben. Galilei schuf in seinen wissenschaftlichen Schriften die Grundlage für die italienische Gelehrtensprache und konnte durch geschickte Verwendung mundartlicher Sprachweise einen großen Leserkreis für sich gewinnen. In dieselbe Zeit fallen die Bemühungen Stevins und später des J. Lulofs um die Schaffung niederdeutscher Fachwörter, die noch jetzt der niederländischen Gelehrtensprache ein eigenartiges Gepräge geben, wie die Wörter Sterrekunde für Astronomie, Wisconst für Mathematik, Meetconst für Geometrie, Dampring für Atmosphäre, Sichteinder für Horizont, Dwaalster für Planet, Aspunt für Pol. Manche weisen Anklänge an die im 16. Jahrhundert im Hochdeutschen üblichen Wörter auf.

In Deutschland waren im 16. Jahrhundert außer den Kalendern und Büchern der Volkssterndeutung nur wenige sternkundliche Werke auf Deutsch erschienen, hauptsächlich über Astrolabe, Sonnenuhren und Landesmessung, ferner Gelegenheitsschriften beim Erscheinen von Kometen und neuen Sternen. Die Werke des Koppernik waren, abgesehen von seiner deutschen Münzordnung, lateinisch abgefaßt, desgleichen die Schriften des Brahe. Kepler hatte in dem 1616 erschienenen Oesterreichischen Wein-Visier-Büchlein für eine Reihe von Fachwörtern Verdeutschungen eingeführt, darunter so bildhafte wie Heuschober für Rotationsparaboloid und Erbsenhaufen für Rotationshyperboloid und schon früher, 1611, die Ansicht geäußert, in einer Euklid-Ausgabe seine Uebersetzungen der fremdsprachlichen Fachausdrücke der Allgemeinheit zugänglich zu machen. Diese Absicht ist anscheinend nicht verwirklicht worden. Die meisten wissenschaftlichen Werke Keplers sind lateinisch geschrieben. Vielleicht waren dafür dieselben Gründe maßgebend, welche Schickard 1624 bestimmten seine Schriften nicht in deutscher Sprache zu veröffentlichen: 1. weil die Dummen die Wissenschaft nicht verstehen, 2. weil der Bereich der lateinischen Sprache größer als der der deutschen Sprache ist und 3. weil nur die Fachleute etwas untersuchen und beurteilen können. Jedenfalls bedeutete das Festhalten an der lateinischen Sprache als Gelehrtensprache eine Trennung des deutschen Volkes in Gebildete und Ungebildete und erschwerte diesen die Teilnahme an den wissenschaftlichen Bestrebungen. Der Sieg der lateinischen Gelehrtensprache hatte zur Folge, daß die lateinischen Fachwörter als Fremdwörter in die Volkssprache eindrangen und die einheimischen verdrängten. Diese Fremdwörter, die in der ersten Zeit durch besonderen Druck hervorgehoben wurden, gaben den deutsch geschriebenen Büchern ein fremdartiges Aussehen, da sie nicht nur ihre Schreibweise, sondern auch ihre Aussprache beibehielten. Seit der 2. Hälfte des 17. Jahrhunderts machte sich das Bestreben bemerkbar, diese Fremdwörter zu verdeutschen und auch wissenschaftliche Werke auf deutsch zu veröffentlichen. Leibniz befürwortete die Gründung der Preußischen Gesellschaft der Wissenschaften zur Pflege einer deutschen Wissenschaftssprache, ähnlich der französischen Gesellschaft. Im 18. Jahrhundert verdrängte das Französische vielfach das Lateinische als Wissenschaftssprache. Der Kalender der Preußischen Gesellschaft der Wissenschaften, der ursprünglich deutsch erschienen war, bekam seit 1749 noch eine lateinische und seit 1750 noch eine französische Ausgabe. Die deutsche Ausgabe wurde aber von 1749 an mehr und mehr von fremdsprachlichen Ausdrücken gereinigt. Der seit 1776 wieder erscheinende Kalender wurde aber nur noch deutsch veröffentlicht, zugleich als Ausdruck einer Zeit, in der die französische Sprache an Einfluß verlor und zahlreiche wissenschaftliche Werke deutsch erschienen. In den ersten Hälften des 19. Jahrhunderts erfolgten noch einige vergebliche Versuche, der lateinischen Sprache wieder größere Geltung zu verschaffen; so mußte GAUSS seine Bewegungslehre auf Verlangen seines Verlegers lateinisch veröffentlichen, und LAMONT, der SOLDNERS Beobachtungen noch deutsch veröffentlicht hatte, brachte seine eigenen in lateinischer Sprache heraus. Aber das waren nur vorübergehende Rückschläge. Sogar die Hochschulen verzichteten allmählich auf den Gebrauch der lateinischen Sprache und ließen in der 2. Hälfte des 19. Jahrhunderts deutsch geschriebene Arbeiten zu. Um diese Zeit war für die Naturwissenschaften eine besondere Gelehrtensprache wie die lateinische nicht so wichtig, wie die Schaffung der infolge der gesteigerten Bedürfnisse notwendigen Fachwörter.

In England ging die Entwicklung ähnlich vor. Vom 16. Jahrhundert an war Latein die Wissenschaftsprache. Im 17. Jahrhundert begegnet man einigen Versuchen Englisch als gleichberechtigt zu betrachten. Aber noch 1673 glaubte WALLIS es nicht verantworten zu können, den hauptsächlich englisch geschriebenen Briefwechsel des JER. HORROX unübersetzt zu veröffentlichen. Im 18. Jahrhundert erfolgte ein allmähliches Durchsetzen des Englischen als gleichberechtigte Wissenschaftsprache und im 19. Jahrhundert allmähliches Verschwinden des Lateinischen sogar bei den Hochschulen.

Eine bemerkenswerte Entwicklung machte die französische Sprache durch. Bis zur Mitte des 17. Jahrhunderts war Latein vorherrschend. Von da an entwickelte sich sehr rasch, infolge der Bemühungen der Französischen Gesellschaft der Wissenschaften, Französisch zur Gelehrtensprache, allerdings unter Umformung der übernommenen lateinischen und griechischen Fachwörter oder unter Bildung neuer Fachwörter aus griechischen und lateinischen Wortstämmen. Im 18. Jahrhundert galt Französisch als Gelehrtensprache über Frankreichs Grenzen hinaus, allerdings nicht an den Hochschulen, sondern hauptsächlich in den gelehrten Gesellschaften. Diese Machtstellung verlor es zuerst in den deutschen und skandinavischen Ländern, seit dem 20. Jahrhundert auch in den slavischen Ländern.

Die durch die lateinische Sprache übermittelten Fachwörter waren meistens griechischen Ursprungs mit lateinischen Endungen. Die Griechen hatten ihre Gelehrtensprache beinahe ohne Benützung ausländischen Sprachgutes geschaffen, wenn auch nicht ganz einheitlich, was in der Folgezeit manche Verwirrung verursachte. So bezeichneten die Griechen mit Polos nicht nur eine Achse, sondern auch die Auffangfläche einer Sonnenuhr und insbesondere eine kugelförmige Hohlsonnenuhr mit senkrechtem Schattenstab. Aehnlich mehrdeutig war das Wort Astrolab, worunter PTOLEMAIOS ein fest aufgestelltes Himmelsgerüst mit beweglichen Kreisen zur Ortsbestimmung verstand, während es einige Jahrhunderte später das aus mehreren Scheiben bestehende flache und in der Hand zu haltende Gerät zur Zeitbestimmung, Höhenbestimmung und Sterndeutung und seit dem 17. Jahrhundert auch ein Vollkreisgerät mit Gestellhülse bezeichnete. Daneben wurde der Name Astrolab zur allgemeinen Benennung von Geräten sehr beliebt, deren Bedeutung man nicht wußte, wie des Lehrgerätes in Regensburg und des Bewegungsgerätes in Athen. Auch das Wort Periodos, das die Zeit eines Umlaufes darstellt, erfuhr einen Bedeutungswandel, indem es die Bedeutung eines Zeitraumes bekam, so daß das abgeleitete Wort periodisch sinnlos wurde. Nicht nur dieser Umstand, daß manche fremdsprachlichen Fachwörter infolge mißbräuchlicher Benützung bedeutungslos wurden, bewirkte ein Zurückgreifen auf germanische Wortstämme zur Bildung neuer Fachwörter. Vielmehr war es das Unvermögen, den nötigen Bedarf an neuen Fachwörtern nur auf Grund des Schulunterrichtes in Latein und Griechisch zu decken. Offensichtliche Fehlbildungen wie Cepheiden für Sterne mit ähnlichem Lichtwechsel, wie bei δ Cephei, trugen dazu bei, rein germanische Sprachbildungen als Fachwörter zu übernehmen, wie es bereits im 19. Jahrhundert mit den Wörtern Durchmusterung, Gegenschein und run geworden war. Solche neuen Fachwörter, welche sich nur zum Teil übersetzen ließen, sind: Streiflicht-Sonnenuhr (BORCHARDT 1920), Blinkstern (HARTWIG 1913), Flutstern (HAGEN), Bildwölbung (SCHWARZSCHILD 1905), Heerstraße (SCHWARZSCHILD), Höhengleiche (MAURER), Ortung, Gestirnung (BRYK 1914), Höhenstrahlung.

Im Mittelalter war die lateinische Gelehrtensprache so allgemein geworden, daß die griechischen, arabischen und jüdischen Eigennamen lateinische Endungen erhielten, allerdings dabei oft so umgestaltet, daß sich ihre ursprüngliche Form kaum erkennen ließ. Die Namen der germanischen Gelehrten wurden auch ins Lateinische übersetzt: LABEO, CONTRACTUS, DE SAXONIA, DE LINERIIS, DE JANUA, DE MONTE REGALI. Aehnlich geschah es vom Ende des Mittelalters an, wo die gebräuchlich gewordenen Familiennamen ins Lateinische oder Griechische übersetzt oder durch eine angehängte Endung angeglichen wurden, wie MELANCHTHON, APIANUS, DASYPODIUS, PRÄTORIUS, BULLIALDUS, BRAHEUS, KEPLERUS. Diese Sitte hörte mit dem 17. Jahrhundert auf. Seit der 2. Hälfte des 19. Jahrhunderts bürgerte sich der Brauch ein, die Gelehrten nicht mehr mit ihren lateinischen Namen, sondern in der Form, wie sie sich jetzt nennen würden, zu bezeichnen: BOULLIAU statt BULLIALDUS, HUYGENS statt HUGENIUS, DESCARTES statt CARTESIUS, JOHANNES MÜLLER von Königsberg statt REGIOMONTANUS, HEWELKE statt HEWELIUS, GERICKE statt GUERICKE, KREBS statt CUSANUS, HOLYWOOD statt SACROBOSCO. Aehnlich verfuhr man mit den Namen der griechischen, arabischen und jüdischen Gelehrten.

Die Sprache der Sternforschung hat sich sehr vereinfacht durch die Benützung eindeutig festgelegter, mathematischer Ausdrücke, die in einer kurzen Gleichung soviel auszudrücken gestatten, wozu mittelalterliche Gelehrte mehrere Sätze brauchten. Eine weitere Vereinfachung erfolgte durch die Ersetzung der umständlichen Beschreibung eines Sternortes, wie er noch bei PTOLEMAIOS üblich war, durch die Angabe der Ordnungsnummer und des Sternbildes oder in neuerer Zeit durch die Nummer in einem Sternverzeichnis oder durch den Ort für ein bestimmtes Jahr. Aehnlich kurze Bezeichnungen wurden auch für die kleinen Planeten eingeführt. Die Erfahrung der letzten Jahrzehnte zeigte aber, daß es für die Verwendung solcher Vereinfachungen eine Grenze gibt, sofern an Stelle von Namen nur Zahlen treten. So wurden die benannten kleinen Planeten wie Davidis gegenüber den unbenannten wie 1928 A E bevorzugt, und ähnlich steht es mit den benannten veränderlichen Sternen wie R U Herculis gegenüber den unbenannten wie 29. 1921.

VIERZEHNTER TEIL

DIE STERNKUNDE DER KELTEN

VON der Sternkunde der Kelten, die Spanien, Frankreich, England und Süddeutschland bewohnten, ist nur wenig bekannt. Sie teilten das Jahr ursprünglich in Sommer und Winter, später in 4 Jahreszeiten zu je 3 Monaten. Neujahr »Samhain« wurde um den 1. November gefeiert. Feuer wurde angezündet, man reinigte sich, indem man durch das Feuer sprang, und brachte das Feuer in die Häuser. Mit Freudenfeuern auf den Hügeln wurde der Beginn des Sommerhalbjahres »Beltane« um den 1. Mai begangen und auch Mittsommer wurde durch Feuer gefeiert.

Auf dem Berge St. Michel in der Normandie wurden Feuer zu Ehren des Sonnengottes Belenus angezündet. Die Verehrung dieses Sonnengottes ist bis ins 1. Jahrtausend v. Chr. bis nach Norditalien hin nachweisbar. Mainz führt noch jetzt das Sonnenrad als Wahrzeichen des auch Mogo genannten Sonnengottes in seinem Wappen.

Die Monate waren Mondmonate, zu 29 und 30 Tagen, wie aus dem Kalender von Coligny hervorgeht. Anscheinend gab es Versuche, das Mondjahr mit den Jahreszeiten durch Einschaltung eines 30tägigen Monates alle 3 Jahre in Einklang zu bringen.

Ueber die Einteilung des Tages ist nichts überliefert. Die in diesen Ländern gefundenen Sonnenuhren wurden von den Römern eingeführt.

Die Tempel hatten eine rechteckige Form, anscheinend unter Berücksichtigung der Himmelsrichtungen. Der keltischen Zeit Süddeutschlands gehören wohl 2 viereckige Altäre an, von denen einer am Büchenbacher Exerzierplatz bei Erlangen und der andere bei Kosbach ausgegraben wurde. Der sogenannte Kosbacher Altar ist eine beinahe rechteckige Steinsetzung, deren Kanten den Himmelsrichtungen entsprechen. Oestlich des Altares befanden sich anscheinend 2 gegeneinander verschobene Steinkränze, die wohl eher der Totenverehrung, als sternkundlichen Zwecken gedient haben.

FÜNFZEHNTER TEIL

DIE STERNKUNDE DER SLAVEN

AUSSERORDENTLICH schwierig ist es, die früheren sternkundlichen Kenntnisse der Slaven festzustellen. Obwohl die Slaven eine nach vielen Millionen zählende Völkergruppe im Osten Europas bilden, obwohl ein geistiger Verkehr mit ihnen nicht so schwierig wie mit Chinesen und Indern ist und obwohl der Hauptteil der Bevölkerung von der westlichen Kultur wenig beeinflußt ist und noch viel altes Wissen besitzen sollte, so haben sowohl eigene Nachforschungen in Polen und Rußland, Bulgarien und Serbien wie auch Erkundigungen bei unterrichteten Slaven nur sehr wenig zutage gefördert. Der Drang nach dem westlichen Wissen scheint so stark zu sein, daß man die eigene Ueberlieferung gern weggeworfen und vergessen hat.

Der Hauptgott Swantewit wurde als Verkörperung der Sonne angesehen. Sein Standbild besaß 4 Köpfe, die nach den 4 Himmelsrichtungen sahen und zugleich den Jahreszeiten entsprachen. Sein 1168 zerstörtes Heiligtum bei Arkona auf der Insel Rügen lag gemäß den Ausgrabungen östlich des Festplatzes. Es hat einen Grundriß von 20 × 20 m, ist anscheinend genau nach den Himmelsrichtungen angelegt und zeigt eine merkwürdige Uebereinstimmung mit den älteren keltischen Heiligtümern in Süddeutschland.

Bezüglich des Mondes besteht der Glaube, daß der zunehmende Mond günstig für Säen und Pflanzen ist.

Bei den Bulgaren sind bekannt der Morgenstern und der Abendstern, ferner von den Sternbildern der Wagen (Großer Bär) zur Kennzeichnung der Nachtzeit und die Hühner (Plejaden).

Auf eine ursprüngliche Teilung des Jahres in Sommer und Winter deuten die Ziehtage der Dienstboten am 23. April und 26. Oktober hin. Am Abend des 24. Juni finden bei einem Feuer im Freien Freudentänze mit Gesang im Balkan und in Rußland statt.

Aufzeichnungen über Finsternisse finden sich gemäß den Untersuchungen von SWIATSKY in den Geschichtswerken der Klöster, besonders zu Nowgorod, das allerdings in mancher Hinsicht von den anderen russischen Städten abweicht. 88 Finsternisse von 1064—1706 wurden vermerkt. Die Zeitangaben sind nur roh. Beachtenswert ist die Mitteilung von der Sonnenfinsternis vom 1. Mai 1185, daß am Sonnenrande etwas Glühendes sichtbar gewesen sei. Ferner wurden Erscheinungen von Kometen von 1066—1744 aufgezeichnet, gelegentlich mit näheren Angaben, aber ohne Ortsangabe. Sternschnuppenschwärme wurden 1202, 1385, 1479, 1505 und 1533 vermerkt, ferner 20mal Nordlichter von 919—1572 und 3mal die Sichtbarkeit der Venus am Tage von 1331—1703. Bei Waldbränden 1365 und 1371 wurden auf der blutigrot aussehenden Sonne schwarze Flecken wie Nägel beobachtet.

Kometen galten immer als Anzeichen göttlichen Zornes und wurden auch gelegentlich als Anzeiger des Todes von Fürsten angesehen, so auch der Komet von 1585, der allerdings erst ein Jahr nach dem Tode Iwans des Schrecklichen erschien, aber trotzdem als der Ankünder seines Todes gilt.

Von sich aus scheinen die Slaven keine höhere Form der Zeitrechnung und der Sternkunde hervorgebracht zu haben. Der Einfluß der hochstehenden byzantinischen Kultur, die im ersten nachchristlichen Jahrtausend auf dem Balkan über die Bulgaren oder am Schwarzen Meer über die Reste der griechischen Siedlungen zu den Slaven gelangen und infolge ihres größeren Gehaltes — im Verhältnis zur römischen Kultur — eine größere Wirkung ausüben konnte, hat sich nur in der Einführung des christlichen Kalenders zu erkennen gegeben. Ein Einfluß der normannischen oder tartarischen Herrscher läßt sich nicht nachweisen. Dagegen übernahm die Sekte der »Verjüdelten Ketzer« im 15. Jahrhundert aus jüdischen Büchern Kenntnisse über die Sternkunde und die Bewegung der Planeten auf Grund der Ptolemaischen Lehre und berechnete daraufhin das Mondalter und die Finsternisse. Die Vorhersagen dieser Leute, die ursprünglich in Nowgorod, später in Moskau wohnten, wurden als so gefährlich angesehen, daß 1505 einige der Ketzer verbrannt wurden. Auch später noch galt die Vorhersage einer Finsternis in Rußland als ein des Todes würdiges Verbrechen; so wollte das Volk in Moskau einen Sekretär des persischen Gesandten verbrennen, weil er eine Sonnenfinsternis vorhergesagt hatte. Erst im 18. Jahrhundert wurde es anders. Peter der Große ließ die Sonnenfinsternis von 1706 durch den Engländer Farwarson berechnen und durch besondere Anschläge dem Volke mitteilen.

Im 15. Jahrhundert wurde die Sternkunde in Prag und Krakau gepflegt. Die Eigenheit dieser Hochschule wurde früher erörtert (S. 388 und 435). In Krakau lehrten neben Tschechen und Polen zahlreiche Deutsche. Ihrem Wesen nach unterschieden sich die Leistungen dieser beiden Hochschulen nicht von denen der anderen Hochschulen.
Seit dem 18. Jahrhundert wurden zahlreiche französische und deutsche Gelehrte nach Rußland berufen. Die Gesellschaft der Wissenschaften zu Petersburg und die Sternwarten standen zuerst fast nur unter ausländischem Einfluß. Seit der Mitte des 19. Jahrhunderts traten an Stelle der Ausländer Russen oder russisch gewordene Nachkommen von Ausländern und Rußland nahm an den geistigen Bestrebungen des anderen Europa teil. Auch in Polen und in der Tschechei zeigten sich ähnliche Bestrebungen.
Bei den Finnen und Ungarn, die nicht zu den Slaven gehören, liegen ähnliche Verhältnisse vor. Eine eigene Sternkunde scheint nicht ausgebildet worden zu sein. Seit dem 19. Jahrhundert erfolgte der Anschluß an die geistigen Bestrebungen der Germanen.

SECHZEHNTER TEIL

DIE GESCHICHTSSCHREIBUNG DER STERNKUNDE

VON der Geschichtsschreibung der nichtgermanischen Völker ist nur sehr wenig bekannt. Ueber die ägyptische, babylonische und mexikanische Sternkunde scheinen zur Zeit ihrer Blüte keine Geschichtswerke geschrieben worden zu sein.

Bei den Griechen soll THEOPHRASTOS von Lesbos, Schüler des Aristoteles, eine Geschichte der Sternkunde verfaßt haben. Von dem Werke seines Zeitgenossen, des EUDEMOS von RHODOS, über die Geschichte der Sternkunde haben sich einige Reste erhalten.

Ueber die indische Sternkunde gibt es aus der Blütezeit keine Werke. Die Werke der Inder P. S. DVIVEDĪ von 1892 und S. B. DĪKSIT von 1896 und der Engländer BENTLEY 1825, BURGESS 1893, THIBAUT und KAYE 1918 und 1924 stammen aus viel späterer Zeit, stützen sich aber auf die noch vorhandenen Kenntnisse und Einrichtungen.

Eine Geschichte der chinesischen Sternkunde wurde verfaßt von LI TSCHUN-FĔNG um 640 und von SONG-LIEN 1370.

Die arabische Sternkunde weist bereits seit dem 10. Jahrhundert Nachschlagewerke auf, welche Auskunft über arabische Gelehrte geben, vielfach allerdings nur Geschichtchen aus ihrem Leben erzählen. Von diesen Werken sind zu nennen, die Werke von IBN AL-QIFTĪ, von HĀGĪ CHALFA und von IBN AL-DĀJA. Auf Grund solcher Werke und der Handschriftenverzeichnisse hat H. SUTER 1900 ein Nachschlagewerk über arabisch geschriebene Sternforscher und Mathematiker veröffentlicht, zu dem er selbst 1902 und STEINSCHNEIDER 1901—02 (Orientalistische Literatur-Zeitung 4—5) einen Nachtrag gab. NALLINO veröffentlichte 1911 eine arabische Geschichte der arabischen Sternforschung.

Bei den Germanen tritt eine Geschichtsschreibung erst am Ende des Mittelalters auf und entwickelte sich nur allmählich. TANSTETTER fügte 1514 seiner Ausgabe von einigen Werken des PEUERBACH und JOH. MÜLLER von Königsberg Angaben über die Wiener Sternforscher und ihre Schüler bei. Das 16. und 17. Jahrhundert sah noch keine Geschichtsschreibung, sondern nur Lebensbeschreibungen, von denen das Werk GASSENDIS über BRAHE, KOPPERNIK, PEUERBACH und MÜLLER v. K. von 1654 wegen seiner eingehenden Forschungen besonders zu erwähnen ist. Im 18. Jahrhundert kam, hauptsächlich durch die Jesuiten, die Kunde von der indischen und chinesischen Sternkunde nach Europa und damit Nachrichten über Wissenschaften, welche angeblich auf überaus alten Beobachtungen aufgebaut waren. In dieser Zeit entstand der Einfall, die durch das Rückwärtsschreiten verursachte Verschiebung der Sternbilder gegenüber den Hauptpunkten der Sonnenbahn zu benützen, um aus alten Angaben über den Zusammenhang von Festen mit Sternaufgängen und über andere Verknüpfung irdischen und himmlischen Geschehens Anhaltspunkte zur Festlegung der Zeit dieser Vorkommnisse zu erhalten. Diese Berechnungen in Verbindung mit den Angaben dieser Wissenschaften über längst vergangene Beobachtungen schienen die Angaben der Inder und Chinesen zu bestätigen. BAILLY hat diesen Untersuchungen in seiner sonst groß angelegten Geschichte (1775—1787) Raum gewährt.

In dem 18. Jahrhundert entstanden auch Werke, wie WEIDLERS Historia astronomiae 1741 und Bibliographia astronomica 1755 und SCHEIBELS Einleitung zur mathematischen Bücherkenntnis 1769—98, die durch die Inhaltsangaben älterer Werke das geschichtliche Wissen vermehren wollten. Demselben Zweck diente auch LALANDES Bibliographie astronomique 1803, die aber weniger genau ist. Als wertvolle Ergänzung zu LALANDES Werk ist anzusehen das sorgfältig angelegte Verzeichnis der Pulkowoer Sternwarte (O. STRUVE, Librorum in bibliotheca speculae Pulkovensis continentorum catalogus systematicus, I + II, 1860—80), deren Bibliothek durch die Bemühungen von WILHELM STRUVE eine seltene Vollständigkeit erhielt. Noch umfassender ist die Bestandsaufnahme der bis 1880 etwa erschienenen Bücher in der nicht vollendeten Bibliographie générale de l'Astronomie von J. C. HOUZEAU und A. LANCASTER 1882—87. Dieses Verzeichnis, das wie das Pulkowoer Verzeichnis auch die in den Zeitschriften erschienenen Schriften berücksichtigte, nahm als erster auch Handschriften auf, allerdings nur auf Grund der bis dahin vorliegenden, nicht vollständigen, gedruckten Handschriften-Verzeichnisse. Den Bestand der vorhandenen Handschriften eines Kulturgebietes will ZINNERS 1925 erschienenes Verzeichnis der astronomischen Handschriften des deutschen Kulturgebietes aufzeichnen. Nachrichten über alle Wiegendrucke bis 1500 gibt der in Berlin erscheinende Gesamtkatalog der Wiegendrucke. Ueber die seit 1899 erschienenen Schriften unterrichtet der Astronomische Jahresbericht. Die Schriften über Geschichtsschreibung und Sterndeutung sind darin nicht vollständig erfaßt.

Auskunft über das Leben und die Werke der Naturwissenschaftler gibt J. C. POGGENDORFFS Biographisch-Literarisches Handwörterbuch, seit 1863 erscheinend. Jedoch ist es bezüglich der Gelehrten vor dem 18. Jahrhundert nicht vollständig.

Außerdem entstanden im 19. und 20. Jahrhundert noch andere Arbeiten, welche den Baustoff für eine Geschichtsforschung darstellen wollen. In erster Linie sind zu nennen die Neuausgaben älterer Werke, besonders solche vergangener Kulturen. Im 15.—17. Jahrhundert waren schon viele Werke dieser Art veröffentlicht worden, meistens auf Grund einer Handschrift, ohne Berücksichtigung anderer Lesarten und vielfach ohne Erklärungen. Die nunmehr entstehenden Neuausgaben älterer Werke erfolgten fast immer unter Berücksichtigung aller auftreibbaren Handschriften und meistens mit sehr ausführlichen Erklärungen und mit Hinweisen auf ähnliche Werke. Für die griechische Sternkunde sind als wichtig zu erwähnen der Catalogus Codicum Astrologorum Graecorum, der seit 1898 in Brüssel herausgegeben wird, und DIELS Fragmente der Vorsokratiker. Ebenso wurden Werke der babylonischen, ägyptischen, mexikanischen, indischen, arabischen und chinesischen Sternkunde veröffentlicht.

Auch die Werke der bedeutendsten Sternforscher wurden in Gesamtausgaben der Allgemeinheit zugängig gemacht. Solche Gesamtausgaben, die zum Teil noch nicht abgeschlossen sind, erschienen mit Bezug auf BESSEL, GAUSS, BRAHE, HUYGENS, OLBERS, W. HERSCHEL, EULER, KEPLER, SCHIAPARELLI und GALILEI. Die durch FRISCH besorgte Gesamtausgabe der Werke KEPLERS gibt die gedruckten Werke vollständig, die ungedruckten und die Briefe nur auszugsweise und unzusammenhängend wieder. Es ist daher auf Anregung DYCKS die Neuausgabe des wissenschaftlichen Nachlasses KEPLERS geplant. Der Herausgabe von GALILEIS Werken stellten sich Schwierigkeiten entgegen, weil die im 17. Jahrhundert einsetzende Vergötterung GALILEIS einer Veröffentlichung von Einzelheiten, die diesem Glauben abträglich sein konnten, entgegenstand. Bereits bei VIVIANI, dem Schüler GALILEIS, zeigte sich die Vergötterung in seiner Lebensbeschreibung des Meisters, worüber WOHLWILL, ein Anhänger GALILEIS, folgendes Urteil abgibt: »*Vivianis Lebensbeschreibung wird im Laufe der Zeit zu einer dichterischen Ver-*

herrlichung seines Helden. In seiner späteren Fassung wird der junge Galilei zu einem Jüngling von übernatürlicher Begabung, für den es ein geistiges Werden nicht eigentlich gegeben und der deshalb nicht irgendwelcher einführenden Studien bedurft hat, um neue Wahrheiten zu entdecken, um in den Werken, die für die Mitlebenden den Inbegriff des Wissens darstellen, auf den ersten Blick die leere Wortweisheit zu erkennen, um neue Weisen des Denkens und Begründens der veralteten Dialektik gegenüberzustellen. Zugleich aber machen die Varianten der späteren Bearbeitung in erhöhtem Maße wahrscheinlich, daß Vivianis Bild nicht den Erinnerungen und Aufzeichnungen des gewissenhaften Historikers entnommen, sondern aus der Phantasie des Künstlers hervorgegangen ist, der nach Bedürfnis und Neigung umgestaltet, was er gestaltet hat.« Ist es bei einer solchen Einstellung zu GALILEI verwunderlich, daß die von ALBERI besorgte Gesamtausgabe der Werke GALILEIS daran krankt, daß ALBERI nicht nur die ihm zur Verfügung stehenden Handschriften unvollständig wiedergibt, sondern sogar einen Satz GALILEIS fälscht (BOSSCHA S. 291), um die Unkenntnis seines Helden zu verdecken? Um so mehr ist es zu begrüßen, daß FAVARO in der Edizione Nazionale durch eine von zahlreichen Abbildungen der Handschriften unterstützte Neuausgabe der Gesamtwerke GALILEIS die Möglichkeit zu einer unvoreingenommenen Würdigung von GALILEIS Leistungen gegeben hat.

Der wissenschaftliche Briefwechsel von Gelehrten, häufig die einzige Möglichkeit des Gedankenaustausches, war bereits im 16. Jahrhundert gesammelt und gelegentlich veröffentlicht worden. Im 19. Jahrhundert bürgerte sich der Brauch ein, an Stelle der Veröffentlichung einzelner Briefe eines Gelehrten mit anderen, den gegenseitigen Briefwechsel zweier Gelehrten vollständig zu veröffentlichen. So geschah es mit dem Briefwechsel von GAUSS mit SCHUMACHER, BESSEL, OLBERS, GERLING, NICOLAI und HUMBOLDT, sowie von BESSEL mit OLBERS und STEINHEIL. Bei der Veröffentlichung dieser Briefwechsel wurde meistens nach dem 1846 von GAUSS ausgesprochenen Grundsatz verfahren, dasjenige zu unterdrücken, wodurch lebende Gelehrte gekränkt werden könnten. Gelegentlich ging man über diesen Grundsatz hinaus und zerstörte durch allzuviel Weglassen den Sinn und beraubte die späteren Geschlechter der Möglichkeit, sich auf Grund des Briefwechsels eine Vorstellung von dem Gesamtbilde des Gelehrten zu machen. Manche Gelehrte haben ihren wissenschaftlichen Briefwechsel vernichtet. Diese Maßnahmen können vom Standpunkte des Geschichtsforschers nur bedauert werden, denn durch die Vernichtung werden nicht die von dem Gelehrten ausgehenden, sondern nur die an ihn gerichteten Briefe betroffen und darunter können sich Briefe von Gelehrten befinden, über deren Gedankenwelt Näheres zu wissen sehr wichtig sein könnte. Und auch sonst kann man nur GAUSS zustimmen, wenn er SCHUMACHERS Bedenken gegen die Veröffentlichung von BESSELS Briefen mit folgenden Worten widerlegt: »*Aber auch solche Correspondenz, die nicht den Astronomen, sondern den Menschen darstellt, wird die Nachwelt wie ein schätzbares Vermächtnis betrachten. Lamberts Briefwechsel, Keplers Briefwechsel, Eulers, das Commercium Epistolicum und so manche andere ähnliche Sammlungen bilden doch köstliche Kleinode.*«

Seit dem 19. Jahrhundert wurden auch Geschichten über Sternwarten veröffentlicht. Handschriftliche Geschichten gibt es für viele Sternwarten. Gedruckte Geschichten liegen für folgende Sternwarten vor: Kopenhagen durch URSIN 1826, Leipzig durch BRUHNS 1861, Kremsmünster durch FELLÖCKER 1864, Zürich durch R. WOLF 1866, Leiden durch F. KAISER 1868, Brüssel 1874, Budapest durch HELLER 1878, Genf durch GAUTIER 1883, Toulouse durch BIGOURDAN 1883, Mannheim durch VALENTINER 1892, Greenwich durch E. W. MAUNDER 1900, Hamburg durch SCHORR 1901, Paris durch C. WOLF 1902, Arcetri durch A. ABETTI 1909, Utrecht durch NIJLAND 1909, Cordoba durch PERRINE 1910, Collegio Romano zu Rom durch LOVISELMI 1910, Cape durch GILL 1913, verschiedene französische Sternwarten durch BIGOURDAN 1918, die Sternwarten des Jai Singh durch KAYE 1918, Bonn durch KÜSTNER 1919, Oxford durch GUNTHER 1923, Gotha durch ANDING 1925, Stockholm durch N. V. E. NORDENMARK 1926, Upsala durch LUNDMARK 1928.

Aeltere sternkundliche Geräte befinden sich nur selten auf Sternwarten. Die Sternwarten zu Breslau, Kremsmünster, Oxford, Paris, Prag und Zürich enthalten eine Ausstellung von älteren Geräten. Häufiger sind solche Geräte in öffentlichen Sammlungen anzutreffen, die wie der Mathematische Salon zu Dresden und die Sammlung zu Kassel auf eine lange Vergangenheit zurückblicken. Nur für einige Sammlungen von älteren Geräten gibt es mehr oder weniger vollständige sachgemäße Verzeichnisse, so für den Mathematisch-Physikalischen Salon zu Dresden von DRECHSLER 1873 und 74, für das Museum zu Kassel von CÖSTER und GERLAND 1878, für das Germanische Museum zu Nürnberg von BEZOLD 1897—99, für das Deutsche Museum zu München von

Zinner 1925, für die Sammlungen zu Oxford durch Gunther 1925, für das städtische Museum zu Salzburg durch Haupolter 1908, für die Sternwarte Zürich durch R. Wolf. Andere Verzeichnisse sind meistens unzulänglich, ebenso die Auskünfte.

Wissenschaftliche Geräte, besonders schön verzierte und guterhaltene, sind im Kunsthandel sehr geschätzt und deshalb in großen Privatsammlungen nicht selten. Gedruckte Verzeichnisse mit Abbildungen sind erschienen von der Sammlung Spitzer, Paris 1892; Sammlung Roussel, Paris 1911; Sammlung F. Muller, Amsterdam 1911; Sammlung Mensing, Amsterdam 1924, durch M. Engelmann eingehend beschrieben.

Der Bestand der sternkundlichen Geräte ist noch nicht festgestellt worden. Eine Bestandsaufnahme der in den europäischen Sternwarten und öffentlichen Sammlungen befindlichen Gegenstände ist begonnen. Dabei wurden auch die älteren Sonnenuhren an Kirchen und Häusern berücksichtigt. Es ist zu wünschen, daß die staatliche Aufnahme der Kunstdenkmale beachte, daß in den früheren Zeiten die Hauptkirchen den Sammelplatz nicht nur der künstlerischen, sondern auch der wissenschaftlichen Bestrebungen darstellten, wie die Sonnenuhren der verschiedensten Formen seit dem 12. Jahrhundert, die Kunstuhren seit dem 14. Jahrhundert, die eingelassenen Normalmaße für Elle und Schuh beweisen.

Die anderen Quellen für die Geschichtsforschung: die Bücher und Handschriften befinden sich hauptsächlich in den großen und alten Bibliotheken. Der Bücherbestand läßt sich durch die Verzeichnisse feststellen, die meistens ungedruckt sind, mit Ausnahme des Britischen Museums zu London. Der für die Bibliotheken von Deutschland, Oesterreich und Schweiz eingeführte Büchernachweis läßt rasch feststellen, ob und wo ein gewünschtes Buch vorhanden ist. Ueber Handschriften sind Verzeichnisse, allerdings häufig wenig genaue, vorhanden. Die Briefsammlungen werden meistens getrennt verwaltet. Besonders große Briefsammlungen besitzen das Britische Museum zu London, Bibliothèque National zu Paris und die Darmstädter Sammlung der Preußischen Staatsbibliothek zu Berlin. Auch das Germanische Museum zu Nürnberg, die Staatsbibliothek und das Deutsche Museum zu München besitzen wertvolle Gelehrtenbriefe. Die Museen und Kupferstichkabinette enthalten oft Gelehrtenbildnisse und Einblattdrucke von Himmelserscheinungen, sowie Abbildungen von Sternwarten. In den Münzsammlungen sind Münzen zum Andenken an Kometen und

Sonnenfinsternisse und zum Gedächtnis an Gelehrte, desgleichen auch geschnittene Steine mit gelegentlich wichtigen Darstellungen aus dem Altertum anzutreffen. Eine Bestandsaufnahme darüber gibt es nicht. Im Anfang des 19. Jahrhunderts erschien das große Geschichtswerk von DELAMBRE. Im Grunde genommen ist es eine eingehende Besprechung der Leistungen der bedeutendsten Sternforscher auf Grund ihrer Werke, wobei DELAMBRE wohl als erster auch die mittelalterlichen Handschriften herangezogen hat. Einige Jahrzehnte später erschien die Geschichte der Sternkunde von GRANT, die unter besonderer Berücksichtigung der Bewegungslehre, die Fortschritte der Erkenntnis von der Mitte des 17. Jahrhunderts bis zur Mitte des 19. Jahrhunderts schildert. Jeder Abschnitt ist womöglich der Entwicklung einer Erkenntnis (Störungen, Unregelmäßigkeiten bei Jupiter und Saturn) gewidmet. Die englische Sternkunde ist vorzüglich geschildert. Das Durchdringen der Lehre NEWTONS bildet wie in der Geschichte WHEWELLS den Kern des Buches. Daneben werden die Leistungen der Griechen sowie von KOPPERNIK und KEPLER nur gestreift. Im 19. und 20. Jahrhundert entstanden noch andere Geschichtswerke, von denen die Werke von AIRY 1835, WHEWELL 1840, APELT 1852, BERTRAND 1865, HÖFER 1873, MÄDLER 1873, LEBON 1899, THIRION 1901, BRYANT 1907, FAYE 1907, DOUBLET 1922 erwähnt werden mögen. WOLFS Geschichte der Astronomie war Jahrzehnte hindurch führend. Bei ihm herrschte noch das Bestreben vor, den Werdegang der Sternkunde als eine nur durch das Mittelalter unterbrochene Entwicklung darzustellen. Deshalb beschränkte sich die Darstellung auf die Griechen und Germanen, unter gelegentlicher Erwähnung der Leistungen anderer Völker. Gegenüber GRANTS Werk stellte es insofern einen Fortschritt dar, als die Leistungen der verschiedenen europäischen Völker und auch die außerhalb der Bewegungslehre liegenden Erkenntnisse mehr berücksichtigt worden sind. Der Stoff ist sachlich eingeteilt worden. Dabei wurde überall der Gang der Entwicklung gezeigt. Noch mehr und besser ist dies in WOLFS Handbuch geschehen. Die im 19. Jahrhundert einsetzende Erweiterung der Forschungen über die Bewegungslehre hinaus hat CLERKE in ihrem 1885 erschienenen Werke geschildert. Die Entwicklung der Bewegungslehre von THALES bis KEPLER stellte DREYER 1906 dar. Eine noch größere Aufgabe: Die Entwicklung der Ansichten über die Welt von PLATO bis KOPPERNIK vorzuführen, stellte sich DUHEM in seinem 5bändigen Werk. Die Arbeiten der Griechen, Franzosen und Engländer werden dabei weitgehend berücksichtigt.

Die Entwicklung in der Sternkunde schilderte HOUZEAU in seiner Einleitung zur Bibliographie générale, wobei er die Zeit der Märchen, die Zeit der Erfahrung und die Zeit der Schlüsse unterschied. Aehnlich ging NORMANN 1925 bezüglich der Sternsagen vor.

Auch die Sternkunden der einzelnen Kulturen wurden im 19. Jahrhundert eingehend behandelt. Ueber die griechische Sternkunde erschienen umfangreiche Untersuchungen von SCHAUBACH 1802, BOECKH, SCHIAPARELLI 1873, H. BERGER 1887—93, ROSCHER 1890—1919, TANNERY 1893, G. THIELE 1898, BOLL 1899—1920, REHM 1911—20, HEIBERG 1911—25, HOPPE 1911, DIELS 1914. Ueber die Araber arbeiteten NALLINO, WIEDEMANN und seine Schüler FRANK und KOHL, ferner NIELSEN, WÜRSCHMIDT, SCHOY und SCHIRMER; über die Aegypter LEPSIUS, BOLL, BORCHARDT, RÖDER und SPIEGELBERG; über die Babylonier STRASSMEIER, KUGLER 1900—24 und C. BEZOLD 1911—16, die durch sorgsame Untersuchungen die Grundlage für eine Geschichte gelegt haben. Andere Forscher wie WEIDNER und HOMMEL haben geglaubt, aus der Lage der babylonischen Sternbilder auf ein sehr hohes Alter dieser Wissenschaft schließen zu müssen. Außerdem haben über die babylonische Sternkunde gearbeitet SCHNABEL, SCHOCH und PLUNKET. Ueber die Chinesen: SOUCIET, GAUBIL und BIOT und besonders eingehend L. DE SAUSSURE, GROOT und SH. SHINJO. SCHLEGEL hat in seinem groß angelegten Werke über die chinesischen Sternbilder den Versuch gemacht, aus der Lage der chinesischen Sternbilder ein sehr hohes Alter der chinesischen Sternkunde zu errechnen. Ueber die jüdische Sternkunde: STEINSCHNEIDER, SCHIAPARELLI, COBLENZ und B. COHN. Ueber die Altmexikaner SELER, FÖRSTEMANN, KREICHGAUER, H. BEYER, SPINDEN und LUDENDORFF. Ueber die Naturvölker: KÖTZ, LEHMANN-NITZSCHE, HAMBRUCH, WICHNEWSKI, ERDLAND und MAASS. Ueber die Germanen: G. FÖRSTER 1908—11, A. LINDHAGEN, TUPPER, SCHULTZ 1924, BENINGER 1926.

Die Sterndeutung wurde geschichtlich behandelt von G. THIELE 1898, BOUCHÉ LECLERQ 1899, BOLL 1899—1926, KROLL 1901, JASTROW, CUMONT 1912, SAXL 1915—27, HAUBER 1916, WEDEL 1920, GUNDEL 1922. Eingehende geschichtliche Mitteilungen finden sich auch in den großen Nachschlagewerken über das Altertum von PAULY-WISSOWA, DAREMBERG-SAGLIO, ROSCHER und in ähnlichen Werken über Islam, Inder und Germanen.

Auch über die Geräte im besonderen sind geschichtliche Untersuchungen angestellt worden. Ueber Geräte des Altertums arbeiteten G. THIELE,

Rehm, Diels und Schlachter; über ägyptische Geräte Borchardt; über arabische Geräte Sédillot, Jourdain, Wiedemann, Hauser, Würschmidt, Frank, Meyerhof, Repsold, Seemann. Ueber die Entwicklung der Meßgeräte vom Ende des Mittelalters bis 1900 gab Repsold ein umfassendes Werk heraus. Einzelne Geräte wurden behandelt von Gunther, Engelmann, Feldhaus, Hartmann, W. Hess, Bezold, Laussedat, Dalton, Hartig, Zinner und Rhode, Sonnenuhren insbesondere von Haupolter, Gatty, Green, Löschner und Drecker. Die Uhren in ihrer Gesamtheit sind von Bassermann-Jordan in verschiedenen Werken behandelt worden. Die von ihm herausgegebene Geschichte der Zeitmessung und Uhren will alle Kenntnisse über diesen Gegenstand vereinigen. Die Entwicklung der Erd- und Himmelskugeln schilderte Stevenson in einem Werk mit zahlreichen Abbildungen. Von Nolte stammt ein Versuch, die Entwicklung des Himmelsgerüstes darzustellen.

Die allgemeine Geschichte bedarf häufig der Unterstützung der Sternforscher, um die Zeiten von Finsternissen und anderen auffälligen Himmelserscheinungen festzustellen, die irgendwo erwähnt sind und nunmehr dazu dienen sollen, der Geschichte durch die Jahreszahlen ein festes Gerüst zu geben. Zur Berechnung solcher Himmelserscheinungen, soweit sie sich auf Bahnbewegungen beziehen, haben Oppolzer, Neugebauer, J. Fr. Schröter und Schoch Tafeln geliefert. Untersuchungen über die Zeit solcher frühen Himmelserscheinungen stellten besonders Oppolzer, Schoch, Kugler, J. K. Fotheringham, Schram und Ginzel an. Dabei wurde auch beachtet, ob die geschilderten Nebenumstände auf den Ort der Beobachtung zutreffen können. Oefters ließ sich nachweisen, daß die angeblich für einen Ort bezeugte Mitteilung nur von anderswoher übernommen worden sein kann, um die eigene Geschichtschreibung des Klosters, der Stadt oder des Landes auszuschmücken. Aehnlich steht es mit spätmittelalterlichen Nachrichten über Finsternisse, wo die genauen Zeitangaben Kalendern entnommen sein können. Dazu kam die Erfahrung, daß eine besondere Vorsicht allen solchen Nachrichten gegenüber nötig ist, die eine Verknüpfung von irdischen und himmlischen Ereignissen enthalten. In solchen Fällen wurden Irrtümer bis zu mehreren Jahren festgestellt. Auch das Alter von sternkundlichen Geräten mit der Einzeichnung einiger Sterne und der Himmelskreise versuchte man zu bestimmen. Dabei ging man häufig von der Ansicht aus, daß die Hersteller durch Beobachtung den gegenwärtigen Zustand des Himmels festgestellt und daraufhin auf ihren

Geräten verewigt hätten, und daß es daher leicht möglich sei, aus der Lage der Tierkreiszeichen zu den Monatstagen oder aus der Länge der abgebildeten Sterne das Jahr der Herstellung zu errechnen. Die Untersuchung der Vorschriften über die Herstellung solcher Geräte ergab aber, daß die betreffenden Zahlen im frühen Mittelalter der Zeit der Abfassung der betreffenden Vorschriften entsprechen sollten und erst vom Ende des Mittelalters an der Gegenwart angepaßt wurden, aber immer nur unter Benützung der zur Verfügung stehenden Tafeln, nicht auf Grund von Beobachtungen.

Da die Zeitrechnung für die allgemeine Geschichte eine große Rolle spielt, so wurden darüber eingehende Werke verfaßt, hauptsächlich von Ideler und Ginzel. Zu nennen sind auch die Untersuchungen und Tafeln von Scaliger, Boeckh, Krusch, Bilfinger, Borchardt, Kugler, Schram, Sewell, M. P. Nilsson.

SIEBZEHNTER TEIL

VERGLEICHENDE BETRACHTUNGEN

DIE Geschichte der Sternkunde kann sich nicht darauf beschränken, den Werdegang der Sternkunde mit ihren Auswirkungen auf die Erfassung des Raumes und der Zeit, in der Herstellung von Geräten und in der Sterndeutung bei den verschiedenen Völkern zu schildern, sondern sie muß auch versuchen, gewisse Eigentümlichkeiten in ihrem Werdegang in Beziehung zueinander zu bringen und dadurch einen Beitrag zur Geistesgeschichte der Menschheit zu liefern.

DIE NATURWISSENSCHAFTLICHE BETRACHTUNG DER STERNKUNDE

Wie in der Kunst und in den anderen Wissenschaften zeigt sich auch in der Sternkunde, daß ein neuer Gedanke durch einzelne Menschen eingeführt wird, sich oft im Kampf gegen andere herrschende Anschauungen durchsetzen muß und erst allmählich Anerkennung und Anhängerschaft findet. Es kommt zur Ausbildung einer Schule, die ihrerseits den Gedanken ausgestaltet und der Wirklichkeit so gut wie möglich anzupassen strebt. Aber neue Gedanken kommen auf, setzen sich durch und lassen den bisher geltenden Gedanken als veraltet erscheinen, so daß sich die Anhänger verlaufen und ihm nur wenige Rückständige treu bleiben. Die Zahl der Anhänger dieses Gedankens zeitlich betrachtet, läßt sich ungefähr durch die Kurve der Wahrscheinlichkeit eines Fehlers darstellen. Der Höhepunkt der Kurve entspricht dabei der Zeit der größten Ausgestaltung des Gedankens.
Oft tritt ein neuer Gedanke nicht bei einem, sondern gleichzeitig bei mehreren Menschen auf; allerdings nie massenweise. Je nach der Veranlagung des Trägers eines solchen neuen Gedankens wird der Gedanke lebensfähig oder nicht. Es ist ein ähnlicher Vorgang, wie ihn die Naturforscher bei der Entstehung neuer Tier- oder Pflanzenarten festgestellt haben. Noch in einer anderen Hinsicht weist der Werdegang der Sternkunde ähnliche Züge wie die Entfaltung der Pflanzen-

und Tierwelt auf. Bei verschiedenen Tieren oder Pflanzen konnten Wachstumssteigerungen festgestellt werden, die sich darin äußern, daß gewisse Teile ohne einen ersichtlichen Grund eine plötzliche Vergrößerung erfahren, so daß sich der Aufbau und die Ernährung dieser Lebewesen von Grund auf ändert. Diese Wachstumssteigerung, die zu den Riesenmuscheln, Riesenammoniten und -Seelilien, zu den Riesenflugsauriern, zu den Dinosauriern und Walfischen führte, ist mit solchen Vorgängen in der Sternkunde vergleichbar, wo ohne eine Aenderung der Beobachtungsgrundlage sich ein immer höheres Gedankengebäude auf dieser Grundlage erhebt. So steht es mit der Berechnung der riesigen Zeitdauern und Abstände durch die Inder, der ungeheuren Zeiten für die Zusammenkunft aller Planeten durch die Chinesen, wohl auch mit den jetzigen Berechnungen der Mittelpunktswärmen und der Abstände der Sterne und Sternhaufen.

Neben solchen Vergleichungen läßt die Geschichte der Sternkunde noch andere Betrachtungen zu oder fordert sie geradezu heraus. Die geistigen Vorgänge in der Menschheit, welche zur Erkenntnis der himmlischen Vorgänge und damit zur Sternkunde führen, können nicht als losgelöst von der Erde, den Wohnsitz der Menschen, angesehen werden. Es drängt sich also die Frage auf: Gibt es für das Entstehen oder die Weiterbildung der Sternkunde besonders bevorzugte Gebiete auf der Erde? Begünstigt die Einfachheit der Vorgänge am Aequator gegenüber der Mannigfaltigkeit in den polnahen Gegenden sowie die größere Häufigkeit klarer Nächte das Entstehen und Gedeihen einer Sternkunde? Diese Fragen lassen sich nur bejahen. Der Begriff der Regelmäßigkeit der himmlischen Vorgänge und die Erkenntnis der mit dem täglichen Umschwung zusammenhängenden Himmelserscheinungen, sowie die Festlegung und Erkenntnis der Sonnen- und Mondbahn entstanden in Gegenden zwischen 10° und 35° nördlicher Breite. Auch die Entsprechungen und die Sterndeutung zusammen mit der weitgehenden Anpassung der Völker an die Himmelsordnung erfuhren dort ihre Ausbildung. Besonders günstige Verhältnisse wie in Aegypten, wo die jährliche Nilschwelle zur Zeit des Frühaufganges des hellen Sirius auftrat, beschleunigten die Entwicklung der Sternkunde, worauf sich die gewonnenen Erkenntnisse nach Norden und Süden ausbreiteten. In höheren Breiten erfolgte bei den Germanen eine nicht dem Sonnenstande, sondern dem Wetter entsprechende Jahresteilung und die Verdrängung der Monate durch die siebentägige Woche. Später haben die Germanen die Fortführung der Sternkunde übernommen und trotz der Ungunst des Wetters an ihren Wohnsitzen in wenigen Jahrhunderten mehr Geheimnisse dem Himmel abgerungen als ihre Vorgänger in Jahrtausenden.

Die Entstehung einer Sternkunde, wie wir Menschen sie besitzen, ist nur möglich auf einem Planeten, der sich in so günstigen Umständen wie die Erde befindet: seine nicht allzu dichte Lufthülle gestattet die Beobachtung der Himmelsvorgänge, woraus das Gefühl für die Unendlichkeit und Ordnung der Welt entsteht. Die Nähe und Größe von Sonne und Mond lenken die Aufmerksamkeit auf diese Himmelskörper und auf die große Regelmäßigkeit ihrer auffälligen Erscheinungen, wie ihre tägliche Bewegung, die monatliche Aenderung der Lichtgestalten des Mondes und die jährliche Aenderung des Sonnenstandes, wodurch erst das Gefühl für die unwandelbaren Naturgesetze entstand. Auf einem Planeten mit dichter Lufthülle wie Uranus, wo die Himmelsvorgänge nicht zu beobachten sind und der Einfluß der Sonne sich nur undeutlich bemerkbar machen kann, fehlen die Voraussetzungen zum Entstehen unserer Sternkunde.

Die Betrachtung der Sternkunde als einer erdgebundenen Angelegenheit führt noch zu weiteren Erwägungen. Die Sternkunde stellt die Erwiderung der verschiedenen Völker auf die himmlischen Einflüsse dar. So ruft dieselbe Sonnenfinsternis bei den einen Völkern mühsame Vorbereitungen zur wissenschaftlichen Beobachtung des Vorganges und zur Bereicherung der Erkenntnis hervor, veranlaßt andere Völker zu Bußübungen und läßt noch andere Völker stumm. Aehnlich steht es mit der Weiterbildung der Sternkunde durch die einzelnen Völker. Nicht jedes Volk hat eigene Denkformen zur geistigen Verarbeitung der himmlischen Vorgänge erfunden. Vielmehr ist eine Weiter- oder Ausbildung der Sternkunde nur bei wenigen Völkern zu finden. Mit einer solchen Ausbildung pflegt auch eine entsprechende Weiterbildung der anderen Wissenschaften und damit der Kultur eines Volkes einherzugehen. Aus der geschichtlichen Betrachtung der Sternkunde ergibt sich dabei ein Maßstab für den zeitlichen Umfang und die Stärke solcher Kulturen. So läßt sich die Erfassung der Vorgänge am Himmel als Maßstab anwenden: Manche Völker geben sich mit einer Annäherung zufrieden. Hochstehende Völker zeigten aber immer das Bestreben, auch über die Bedürfnisse des täglichen Lebens hinaus die Wirklichkeit zu erkennen und rechnerisch darzustellen. Nur bei den Griechen und Germanen liegen Tatsachen vor, welche erkennen lassen, inwieweit die beabsichtigte Annäherung an die Wirklichkeit geglückt ist. Die für die Griechen spärlichen Angaben lassen ersehen, daß die Festlegung des Ortes der Sonne oder Sterne dem Hipparch um 130 v. Chr. auf 0,1°, dem Ptolemaios um 130 n. Chr. aber nur noch auf 1,1° gelang; Ammonios zeigte sich um 500 n. Chr. nicht imstande eine Abweichung von 1 ½° zu bemerken; für Gregoras um 1300 n. Chr. betrug die Abweichung von der Wirklichkeit bereits 6°. Diesem allmählichen Abwenden von der Wirklichkeit in der Zeit nach Hipparch wird eine entsprechende Annäherung in der Zeit vom Beginn der griechischen Sternkunde bis zu Hipparch entsprochen haben, worüber aber keine Nachrichten vorliegen. Dagegen läßt sich die Zeit der Selbständigkeit der griechischen Sternkunde einigermaßen festlegen; sie entsprach der Zeit, wo die Griechen mit Hilfe eigener Tafeln die Bewegung der Himmelskörper berechnen konnten. Der Beginn dieser Zeit dürfte in das 5. und 4. vorchristliche Jahrhundert fallen und das Ende in das 11.—14. nachchristliche Jahrhundert, worauf die griechische Sternkunde zum Volksaberglauben hinabsank, aus dem sie im 5. vorchristlichen Jahrhundert emporgestiegen war. In der Zwischenzeit fand eine allmähliche Annäherung und darauf folgende Abwendung von der Wirklichkeit statt mit dem Höhepunkte zur Zeit des Hipparch oder wenig später. Die Kurve (Bild 54 auf S. 596) dieser Entwicklung der Sternkunde erinnert an die für die Arbeitsfähigkeit des Auges gefundenen Kurve (Bild 53 links). Der Vergröberung der Arbeitsfähigkeit des Auges beim Arbeiten außerhalb des bequemen Bereiches entspricht für das Griechentum die Abweichung von der Wirklichkeit für die Zeit vom 5.—3. vorchristlichen Jahrhundert und vom 2.—14. nachchristlichen Jahrhundert. Wie sich der Mensch der zunehmenden Ungenauigkeit seiner Beobachtungen nicht bewußt wird, so wird das Griechentum jederzeit überzeugt gewesen sein, mit seinem Streben der Wirklichkeit so nah wie möglich zu kommen. So wußte Ptolemaios sicherlich nicht, daß er die Bewegung der Sonne schlechter als Hipparch kannte. Da diese beiden Kurven auch der menschlichen Leistungskurve (Bild 54, I), wo die größte Annäherung an die Wirklichkeit dem Mannesalter entspricht, ähneln, so ist die wissenschaftliche Leistung einer Kultur, sofern sie sich über den bloßen Nutzen erhebt, der Leistung eines Menschen vergleichbar. Aehnlich steht es mit den wissenschaftlichen Leistungen der Germanen. Zu der Zeit, wo die Griechen durch die Uebernahme fremder Tafeln den Verzicht auf eine eigene Sternforschung kundgaben, machte sich das Emporsteigen der germanischen Sternkunde durch die Uebernahme und Umarbeitung fremder

Bewegungstafeln bemerkbar, worauf bereits im 14. Jahrhundert die Ueberflügelung der gleichzeitigen griechischen und im 16. Jahrhundert die Ueberbietung (Bild 54, III) der besten Leistungen der griechischen Sternkunde erfolgte und bis jetzt eine um das 3000fache größere Annäherung an die Wirklichkeit (Bild 54) erreicht worden ist, in Uebereinstimmung mit einer gleichgroßen Verfeinerung der Teilung der Zeit und der Geräte. Im Zusammenhang mit diesem Gegensatz der germanischen und griechischen Leistungen steht die Verschiedenheit der Kurven der griechischen und germanischen Arbeitsfähigkeit des Auges.

Wie die Annäherung an die Wirklichkeit einen guten Wertmesser zur Beurteilung der Höchstleistung eines Volkes darstellt, so läßt sich aus der Anpassung der Zeitrechnung an die Wirklichkeit ein Schluß auf die geistige Anpassung des Gesamtvolkes machen. Große Herrscher wie Solon, Cäsar, chinesische Kaiser von Jau bis Kang-hi, babylonische und ägyptische Herrscher haben die Zeitrechnung neu geordnet, wenn die Feste sich zu sehr gegen die Jahreszeiten verschoben hatten. Gegen solche Neuerungen sträubte sich die Priesterschaft, besonders in Aegypten und Palästina, und wußte sie unwirksam zu machen. Ueber die Jahreslänge von 365 ¼ Tagen, welche auch der ägyptischen Neuordnung von 239 v. Chr. zugrunde lag, kam das Altertum indessen nicht hinaus, weshalb diese Jahreslänge durch die christliche Kirche den Slaven und Germanen übermittelt wurde. Während die allmähliche Verschiebung der Feste gegen die Jahrespunkte bei den Süd- und Ost-Slaven nicht sehr beachtet wurde und eine Neuordnung der Zeitrechnung erst in der letzten Zeit gegen den Willen der Priester erfolgte, mißfiel den Germanen die Nichtübereinstimmung zwischen Kalenderrechnung und Wirklichkeit so sehr, daß vom 12. Jahrhundert an eine Kalenderverbesserung erstrebt wurde, wobei besonders die Priester von Kunrad an bis Clavius sich beteiligten. Die gregorische Kalenderverbesserung legte einen so genauen Wert für die Jahreslänge zugrunde, daß die Abweichung des wirklichen Jahreslaufes gegen das Kalenderjahr für lange Zeit nur gering bleibt. Nur die Osterrechnung kann gelegentlich wegen Anwendung zu starrer Formeln zu einem falschen Ansatz für das Osterfest führen. Aber das sind geringe Fehler gegenüber der entsprechenden Kalenderordnung Cäsars, wobei die Fehler der Jahrespunkte 1—2 Tage und der Auf- und Untergänge der Sterne 3 Tage und mehr betrugen. Auch hier zeigt sich eine größere Empfindlichkeit der Germanen für die himmlischen Einflüsse.

DIE GEISTESWISSENSCHAFTLICHE BETRACHTUNG DER STERNKUNDE

Diese Lebensäußerungen der Erde lassen sich vielleicht mit den Helligkeitsänderungen mancher Sterne vergleichen. Außer dieser nur für einige Völker feststellbaren Entwicklung eigener Geistesausbildung verdienen die Denkformen oder Denkwege der Sternkunde besondere Beachtung als Ausdruck der im Laufe der Jahrtausende aufeinanderfolgenden Versuche der Darstellung der Himmelsvorgänge und zugleich als Mittel der Geschichtsforschung. Es lassen sich 3 Denkwege unterscheiden: der zur Gesetzmäßigkeit, der zur Bahnbewegung und der zum Sternaufbau führende Denkweg, entsprechend der gefühlsmäßigen, der darstellenden und der ursächlichen Naturerfassung.

DER ERSTE DENKWEG

Der erste Denkweg führte von dem Glauben an Tiergötter und an leichenfressende Unholde zu dem Glauben an die lichten Himmelsgötter, zuerst an den Gott des Himmels, wie er bei den Chinesen, Indogermanen (Tius, Jupiter und Zeus) und wohl auch bei den Babyloniern und Persern nachweisbar ist. Die Beobachtung der täglichen Himmelserscheinungen, besonders des täglichen Laufes von Sonne und Sterne über den Himmel, sowie der Aenderung der Gestalt und des Orts des Mondes führte zu der Vorstellung von der Regelmäßigkeit der Himmelsvorgänge und zu ihrer Vorbildlichkeit im Verhältnis zu den irdischen Vorgängen. Die himmlischen Vorgänge wurden als richtungsbestimmend aufgefaßt, nicht nur in bezug auf die Anordnung der Tempel, Altäre und Staatsgebäude, sondern auch bezüglich des Verhaltens der Staatshäupter und der Gesetze für die Völker. Eine weitgehende Anpassung der Tätigkeit der Völker an die vom Himmel hervorgerufenen Vorgänge: Tag und Nacht, sowie die Jahreszeiten, suchte einen Zusammenhang zwischen irdischem und himmlischem Geschehen und damit eine Teilnahme an den Himmelskräften herbeizuführen. Deshalb galt Unordnung am Himmel wie Finsternisse und das Rückwärtsschreiten der Planeten, sowie das Erscheinen von Kometen und hellen Feuerkugeln als ein Zeichen göttlicher Unzufriedenheit mit menschlichem Tun, in erster Linie mit der Verwaltung des Herrschers, und bedeutete Unheil, falls nicht Buße des Herrschers das drohende Unheil abwendete. Eine verfeinerte Deutung suchte die Himmelsvorgänge in bezug auf Freund und Feind und auf die Richtung des bedrohten Landes zu unterscheiden. Dabei half die durch die Himmelsvorgänge, besonders durch den täglichen Sonnenlauf nahegelegte Vierteilung des Horizontes in die 4 Himmelsrichtungen. Diese Vierteilung des Raumes in Verbindung mit der in den Jahreszeiten sich ausprägenden Vierteilung der Zeit führte zur Vierteilung des Himmels und der Bahnen von Sonne und Mond, zur Vierteilung der Scheiben von Sonne, Mond und Erde, zur Vierteilung des Tages und des Mondwechsels und damit wahrscheinlich zur Entstehung der 7tägigen Woche, ferner zur Vierteilung der Urstoffe, Gemütsarten, Eigenschaften und Farben. Eine Abart dieser Vierteilung unter Benützung der Mitte bildete die chinesische Fünfteilung und die bei 8 Himmelsrichtungen sich ergebende Neunteilung der Erde. Zugleich wurden Beziehungen und Entsprechungen zwischen den einzelnen Teilen der verschiedenen Vierteilungen hergestellt, so daß einer bestimmten Himmelsrichtung ein bestimmter Wind, Jahreszeit, Farbe, Gemütsart, gelegentlich auch ein Kaiser der Sage, ein Weltalter oder ein Tier zugeordnet wurde. Jedes Glied dieser Zuordnung konnte für das andere eintreten und ließ sich zur Deutung verwenden. Somit entstanden die Deutungsscheiben, welche eine Beziehung zwischen allen Bestandteilen des Raumes und der Zeit herstellen und für die Stunde oder Tageszeit der Befragung die günstige oder ungünstige Stellung des Weltalles entnehmen lassen. Im Gegensatz zu der Deutung der unregelmäßigen Himmelserscheinungen, die nur für den Herrscher oder sein Land in Betracht kamen, konnte diese Deutung für die gewöhnlichen Sterblichen angestellt werden. Zur Deutungsscheibe gehörte der Kalender, der auch Angaben über Sternaufgänge und über Glücks- oder Unglückstage enthielt und als Offenbarung der Himmelsordnung (»Tafeln des Geschickes«) angesehen wurde. Die Herrscher und die Priester hatten für die Uebereinstimmung des Kalenders mit dem Himmel zu sorgen.

Die Erfassung der Zeit beschränkte sich auf die Jahreszählung und auf eine rohe Teilung des Jahres in Jahreszeiten und Monate, wobei der Mondwechsel zur Unterscheidung von 12 Monaten führte. Die Dauer der Jahre wurde zu 360 Tagen angesetzt; Schalttage galten als unheilvoll, desgleichen auch der Schaltmonat. Die durch die Monate verursachte Hervorhebung der Zahl 12 führte allmählich zur Zwölfteilung des Himmelsumfanges, des Tages, des Durchmessers von Sonne und Mond und schließlich zur Zwölferrunde in der Gestalt der asiatischen Tierfolgen. Die Hervorhebung der 12 gehört aber erst der Spätzeit dieser ersten Denkart an.

Zur Auffindung der Himmelsrichtungen diente der senkrechte Schattenstab, der wohl auch zur Herstellung einer rohen Sonnenuhr verwendet wurde. Daneben brachten es die Aegypter zu Streiflicht- und Weihellen-Sonnenuhren. Wasseruhren als Einlauf- oder Auslaufuhren entstanden für die Zeitmessung, ursprünglich wohl für gleichlange Stunden, später für ungleichlange Stunden eingerichtet. Vor der Verwendung von Sonnen- und Wasseruhren wurde die Zeit am Tage aus dem Stande der Sonne und in der Nacht aus den Auf- oder Untergängen oder aus dem Mittagsstande der Sternbilder erschlossen. Die fortdauernde Verschiebung des Sternhimmels zu der Horizontebene führte zur Auswahl bestimmter, einen Gürtel am Himmel bildenden Sternbilder, bei den Aegyptern zu den Dekanen, bei den Babyloniern zu den 3 Wegen am Himmel mit ihren Sternbildern und bei den Chinesen zu dem Mondhäuserkreise, der auch die Mondbahn kennzeichnen sollte. Man kam somit zur Auffindung des als breiten Gürtel gedachten Aequators und des Polarsternes. Welche Bedeutung man dieser ins 3. Jahrtausend fallenden Entdeckung im Hinblick auf die Erkenntnis der Himmelsvorgänge beilegte, geht daraus hervor, daß die Chinesen den Sitz ihres Himmelsgottes in den Nordpol, die Babylonier in den Aequator selbst legten und daß für die Aegypter der Gürtel der Dekane als wichtigster Teil des Himmels und als schicksalbedeutend für die Menschen galt. Diese Bezugsebene des Aequators wurde allmählich aufgegeben, als man am Ende des 3. Jahrtausends zu der Erkenntnis kam, daß die Jahreszeiten nicht durch den Frühaufgang bestimmter Sternbilder hervorgerufen werden, sondern mit der Stellung der Sonne in ihrer Bahn zusammenhängen, und damit die Sonne als die Urheberin der Jahreszeiten und des mit ihnen verbundenen Aufwachens und Vergehens des Lebens erkannt worden war. Mit der nunmehr anhebenden Verehrung der Sonne, die bei einigen Völkern dem als Zeitregler besonders verehrten Mondgott gleichgestellt wurde, begann die Beachtung ihrer jährlichen Bahn am Himmel, die Kennzeichnung ihrer den Monaten entsprechenden Zwölftel und die Herausbildung des Tierkreises.

Die Erde wurde als runde oder viereckige Scheibe auf dem Weltmeer schwimmend aufgefaßt. Sonne und Mond wurden losgelöst vom Sternhimmel gedacht. Ihre Bewegung, vom Nordpol aus gelenkt, findet in Bahnen parallel zur Erdscheibe statt, wobei die Töpferscheibe bei den Indern und Chinesen, vielleicht auch bei den Germanen und Kelten zur Darstellung der Bewegung diente. Den Griff der Töpferscheibe bildete ein Berg, hinter dem die Sonne nachts verschwindet. Die

Griechen verwendeten zur Darstellung der Himmelsbewegungen ein anderes Drehwerkzeug, die Spindel, die bei ihnen an die Stelle des sich drehenden Stiles der Töpferscheibe trat und zur Vorstellung der Weltachse führte. Die anderen Planeten waren auch bekannt; die Bewegung der Venus wurde beachtet, vielleicht auch die der übrigen 4 Planeten.

Die Mathematik beschränkte sich auf die Kenntnis der Vierecke und der rechtwinkligen Dreiecke. Kreise und Kreisteilung waren bekannt, jedoch die schwierige Abbildung der Himmelsbewegungen auf die Erde suchte man durch die vereinfachende Annahme eines senkrechten Aufstieges der Sonne entweder auf einem Kreise oder auf gleichhohen Stufen zu entgehen.

Diese erste Denkart erreichte ihre Höchstleistungen bei den Aegyptern in der genau wagrechten und den Himmelsrichtungen entsprechenden Anlage der großen Pyramide und bei den Chinesen in einer die Jahrtausende überstehenden, an die Weltordnung angepaßten Staatsform.

Diese Zeit kam noch mit geringem mathematischen Rüstzeug und mit wenigen Geräten aus, die übrigens nur bei hochentwickelten Völkern anzutreffen waren. Bei den Naturvölkern handelte es sich mehr um ein gefühlsmäßiges Erfassen der Regelmäßigkeiten und um ein Sich-Anpassen an die Weltordnung, wobei die Erfahrung, besonders die in den Häuptlings- und Priestergeschlechtern vererbte Erfahrung, zur Mehrung des Wissens beitrug. Auf diese Weise kamen die erdkundlichen Kenntnisse und das Ortungsvermögen der Südseebewohner, ebenso die Zeitteilung gemäß dem Monde und die Tagesteilung mit Hilfe von Sonne und Sternen zustande. Ein ähnliches gefühlsmäßiges und dabei wirklichkeitsgetreues Erfassen der Natur läßt sich auch in der Ausbildung der Windmühlen, in dem Schiffsbau und der Schifffahrt der Wikinger sowie in der Herstellung und Färbung der Gläser im 2. vorchristlichen Jahrtausend nachweisen. Diese nur auf Erfahrung und nicht auf wissenschaftliche Untersuchungen gegründeten Einrichtungen haben, wie Betz 1927 bezüglich der Verbesserung der Windmühlen mitteilte, »einen so hohen Grad von Vollkommenheit erlangt, daß die moderne Wissenschaft nur noch verhältnismäßig geringfügige Verbesserungen bringen kann«. Dieses gefühlsmäßige Erfassen der Naturvorgänge dürfte auch bei den Tieren vorliegen, die wie die Zugvögel eine große Kenntnis der Länder und des Wetters besitzen, oder wie andere Vögel die Eigenschaften des Kreises und anderer Kurven bei ihren Flügen ausnützen. Aehnliches liegt auch bei Ameisen und Bienen vor, bei denen festgestellt wurde, daß sie sich zum Zurechtfinden zu ihren Stöcken oder zur Futterstelle nach dem Stande der Sonne richten; bei den Bienen ist sogar, wie E. Wolf 1928 feststellte, der tägliche Sonnenlauf mit seinen Aenderungen des Sonnenstandes derart in Fleisch und Blut übergegangen, daß sie nach zeitweiligem Dunkelaufenthalt sofort den veränderten Sonnenstand bei ihren Flügen berücksichtigen. Dieses gefühlsmäßige Erfassen scheint bei manchen Vögeln sogar von einem Gefühl für die Regelmäßigkeit der Himmelsvorgänge zu einem Erschrecken über große Unregelmäßigkeiten wie Sonnenfinsternisse zu führen, wenn die Berichte mancher Forscher zutreffen. Diese Vögel würden also geistig den Naturvölkern gleichen, bei denen das Erschrecken über regelwidrige Naturvorgänge und die Beschwörung dieser Vorgänge üblich ist. Von diesen Naturvölkern ist nur ein Schritt bis zu den höherstehenden Naturvölkern, die aus solchen Ereignissen auf die Uneinigkeit oder Ungeeignetheit der Herrscher schließen, und ein weiterer Schritt bis zu einer ausgestalteten Sterndeutung wie bei den Babyloniern und Chinesen.

DER ZWEITE DENKWEG

Während sich der erste Denkweg mehr oder weniger bei jedem Volke nachweisen läßt, trat der zweite Denkweg bei den Babyloniern und Griechen zu Tage. Seine Ergebnisse haben die Kulturen der Inder, Araber und Chinesen weitgehend und die der Germanen vorübergehend beeinflußt. Von den Bezugsebenen und Himmelsgürteln und von der räumlich-zeitlichen Gleichsetzung, zu denen der erste Denkweg geführt hatte, wurde nunmehr die Bezugsebene des Tierkreises bevorzugt und zum Gegenstand eingehender mathematischer und sterndeutiger Untersuchungen gemacht. Die Zahl 12 verdrängte die 4, ließ ihr nur die Bedeutung des Grundlegenden, und verwies die Zahl 7 auf das Gebiet der Zeitteilung, brachte aber zugleich die mit dem Tierkreis aufgekommene gleichmäßige Beachtung der 7 Planeten sowohl in der Zeitteilung (Stundenherrscher, Tagesherrscher, Jahresherrscher) als auch in den Tierkreiszeichen und Dekanen zum Ausdruck.

Der Glaube an die Gesetzmäßigkeit der Himmelsvorgänge herrschte auch in dieser Zeit. Man unterschied die untermondige Welt der Unordnung und die übermondige Welt der Ordnung und Stetigkeit. Die

Sinnbilder des Himmels galten auch als Abzeichen der irdischen Herrschaft wie in der ersten Zeit, nur daß der neuen Erkenntnis entsprechend nicht mehr Erdscheibe und Schattenstab (Zepter), sondern Erdkugel und Zepter zu Zeichen kaiserlicher Macht wurden, wozu noch der Tierkreis kam, der bei den Karthagern und Römern wie später bei den Deutschen den Herrschermantel zierte. Geburt und Tod von Herrschern, aber auch von Religionsstiftern, wurden mit Himmelserscheinungen in Beziehung gebracht. Die Sterndeutung wurde weiter ausgebildet und erreichte im Horoskop ihren Höhepunkt. Auch wurde versucht an Stelle der Entsprechungen eine ursächliche Verknüpfung aufzustellen.

Bedeutungsvoll wurde der Glaube an den Zusammenhang zwischen den Tönen und den Himmelsvorgängen. Die Abstände der Planeten und das Verhältnis ihrer größten, mittleren und kleinsten Geschwindigkeit wurde ähnlichen Verhältnissen bei den Tönen gleichgesetzt. Das Hauptstreben galt der Darstellung der Bewegung der Planeten, wobei die Unregelmäßigkeiten zuerst durch bloße Unterscheidung der Stellen größter und kleinster Geschwindigkeit, später durch eine gleichmäßige Zu- und Abnahme der Geschwindigkeit, darauf durch eine ungleichmäßige Zu- und Abnahme, zuletzt durch die Zusammensetzung der Bewegung aus mehreren kreisförmigen Bewegungen mit dem Uebergang zum Epizykel und exzentrischen Kreise berücksichtigt wurden. Als Meisterstück kann die Darstellung der Mondbewegung gelten, welche bereits die Babylonier zu großen Leistungen führte und durch Ptolemaios vollendet wurde.

Dieser Denkweg gipfelte in der Darstellung der Planetenbewegungen durch Ptolemaios, die aber nur durch die Außerachtlassung mancher wichtigen Denkversuche und durch eine gewisse Einseitigkeit erzielt wurde. Aehnlich beim Gerätebau. Die Bevorzugung des Tierkreises begünstigte den Bau von Geräten zur Messung gemäß dem Tierkreise an Stelle der sicheren Messung gemäß dem Aequator, sowie das Beibehalten der ungleichlangen Stunden, obwohl der Grundgedanke der wesentlich einfacheren Sonnen- und Wasseruhren mit gleichlangen Stunden bekannt war. Ebenso steht es mit den nicht ausgenützten Möglichkeiten: Linse und Spiegel.

Nach der Erreichung des Höhepunktes in dem Werke des Ptolemaios ging es abwärts. Neue Versuche zur Erfassung der Himmelsvorgänge wurden nicht gemacht, die älteren von Ptolemaios nicht berücksichtigten geraten in Vergessenheit. Inder und Chinesen nehmen die griechischen Gedanken auf und fügen einige Verbesserungen zu den Geräten des PTOLEMAIOS hinzu. Aehnlich steht es mit den Arabern, den bedeutendsten der geistigen Erben der griechischen Kultur. Auch hier nur Flickwerk. Wohl führt eine verfeinerte Beobachtungskunst zur besseren Kenntnis der Sonnenbahn, jedoch fehlt der Wille zu einer gründlichen Umgestaltung der Bewegungslehre. Ebenso steht es mit der Prüfung des Sternverzeichnisses des PTOLEMAIOS durch AL-SŪFĪ. Die Geräte weisen manche neue Gedanken auf: die Mauerquadranten und die drehbaren Dreistäbe und Quadranten, auch der Kompaß und die Sonnenuhr mit Polstab; jedoch fehlt der Wille, mit diesen Werkzeugen etwas Neues zu schaffen. Das geistige Leben ist blutleer: viel Spielerei, viel Mathematik, viel Rechnen, viel Auslegen der Bewegungsschriften, viel Geschwätz, aber wenig Beobachtungen! In China dagegen viele Beobachtungen nach den Vorschriften der ersten Denkart, aber keine Möglichkeit mit ihnen eine neue Bewegungslehre aufzustellen.

DER DRITTE DENKWEG

Wie der erste Denkweg, so hatte auch der zweite in einer Sackgasse geendet, aus der die Griechen, Araber, Chinesen und Inder keinen Ausweg fanden. Erst die Germanen bahnten einen neuen Weg, sowohl im sinnlichen als auch im geistigen Erfassen der Natur. Durch ihre handwerkliche Geschicklichkeit erwuchsen aus bloßen Möglichkeiten und aus Spielereien brauchbare Geräte: aus dem chinesischen Hilfsgerät der nassen Magnetnadel der Kompaß als Hauptrichtungsanzeiger für die Schiffahrt und wichtiges Werkzeug des Sternforschers, die Magnetnadel als Anzeiger der Erdkräfte und die elektrische Kraftmaschine in Fortführung gewonnener Erkenntnisse; aus der Spielerei der Wasseruhren die Räderuhr mit ihren Weiterbildungen zur Pendeluhr und Taschenuhr, zugleich mit erheblicher Verfeinerung der Zeitteilung von der Stunde des Altertums bis zur Sekunde der Neuzeit; aus der Linse als Schmuckstück und aus dem Spiegel als Vexierspiegel die Linsen- und Spiegelfernrohre als wichtigste Werkzeuge zur Verfeinerung der Messung und zur geistigen Eroberung des Weltalles. Zugleich rücksichtsloses Beseitigen unbrauchbarer Konstruktionen und dafür Berücksichtigung des Wesens des Rohstoffes und seiner Verwendbarkeit hinsichtlich der Bequemlichkeit und Unveränderlichkeit der Geräte: also Bevorzugung der Achsendrehung und der symmetrischen Lagerung der Teile und im Zusammenhang damit eine weitgehende Feinteilung bis zum 3600fachen der griechischen. Scharfsinnige Verfahren zur

Berücksichtigung der Eigentümlichkeiten der Geräte und der Beobachter wurden ersonnen, um aus den Beobachtungen das Wesentliche herauszuholen. Damit konnte an neue Ziele, aus der Beschränktheit des Sonnenalles an die Unendlichkeit der Sternenwelt herangegangen werden. Auch das Auge änderte sich, wurde weitgreifender und genauer, viermal so genau wie das Auge der Griechen, welche Genauigkeit die lichtelektrische Zelle auf das Zwanzigfache steigerte. Und wie diese Zelle das Auge als Beobachter zu verdrängen suchte, so geschah es in anderer Weise durch die photographische Platte, die sich besonders geeignet zur Erfassung der Vielheit der Sterne erwies. Zugleich erstand ein zahlreiches Gelehrtentum mit Sternwarten, mit gelehrten Gesellschaften und mit Veröffentlichungen, stets aufnahmebereit und geeignet zur sinnlichen und geistigen Erfassung der Himmelsvorgänge, während die zunehmende Erforschung der Erdoberfläche und der Lufthülle den Wunsch nach einer Fortsetzung dieser Forschungen über die Erde hinaus aufkommen ließ.

Bei der sinnlichen Erfassung der Himmelsvorgänge konnte die Ueberlieferung rasch überwunden werden. Wesentlich schwieriger war die Ablösung von den überlieferten Vorstellungen über die Himmelsvorgänge, da die jahrhundertlange Verehrung des Altertums sich einer unbefangenen Stellungnahme zur Natur hindernd in den Weg stellte. Besonders die mit der Sterndeutung eng verbundenen Vorstellungen von der Regelmäßigkeit und Vollkommenheit der himmlischen Vorgänge und der Himmelskörper hemmten noch lange das richtige Verstehen der Natur. Dabei wirkten zuerst, nach der Erkenntnis der Ungeeignetheit der Ptolemaischen Bewegungslehre, manche Vorstellungen der Sterndeutung anregend, aber doch nur vorübergehend, um bald überwunden zu werden: Die Vorstellung von der Sonne als Lenkerin ließ Koppernik seine Weltgebäude entwerfen; aber dessen Ausbau erfolgte nur durch die Keplerschen Ellipsen, einen für die Sterndeutung unmöglichen Gedanken. Die Vorstellung von dem Zusammenklang der Himmel ließ Kepler seine berühmten Gesetze entdecken; aber erst die Entdeckung der kleinen Planeten, die allen Voraussetzungen der Sterndeutung widersprachen, gab der Erkenntnis der Bewegung der Planeten die letzte Vollendung. Die sterndeutigen Vorhersagen über das Wetter fanden große Beachtung und veranlaßten Nachprüfungen und Erweiterungen durch Beobachtung des Wetters; aber ihre volle Ausbildung erhielt die Wetterkunde erst, als der Einfluß von Sonne und Mond und der anderen Planeten auf das Wetter richtig bestimmt worden war. So vollzog sich allmählich eine Befreiung von den Vorstellungen der 2. Denkart. Nur an den Hochschulen vermochte man sich bis zum 18. Jahrhundert, selbst in den Naturwissenschaften, vom überlieferten Wissen nicht zu lösen; geistige Unfruchtbarkeit war die Folge solcher Unnatur. Auch die überlieferte Vorstellung von der Vollkommenheit der Himmelskörper mußte fallen; nicht länger mehr durfte sie die Erkenntnis hemmen. Aehnlich ging es mit der Vorstellung von der Regelmäßigkeit der Himmelsvorgänge. Erst als diese eingeschränkt worden war, konnte an die Erfassung der unregelmäßigen Vorgänge wie der Sonnenflecken und des Lichtwechsels veränderlicher Sterne herangegangen werden. Aber noch lange ließ der tiefeingewurzelte Glaube die beobachteten Vorgänge im Sinne einer versteckten Regelmäßigkeit umdeuten und offensichtlich unregelmäßige Vorgänge als unbedeutend vernachlässigen. So lange wirkten die überlieferten Vorstellungen als Erbschaft der ersten und zweiten Denkart. Jedoch führten die feineren und weitreichenden Beobachtungen der Neuzeit zu neuen Zusammenhängen und zu neuen Versuchen ihrer Herr zu werden. Immer wieder erfolgte ein geistiger Vorstoß ins Weltall als ein Versuch, die Fülle der Tatsachen durch vereinfachende Gesetze zu erklären. Immer wieder glaubte man das Ziel erreicht zu haben. Und immer wieder kam man zu der Erkenntnis, wie sie der erfahrene Gauss in einem Briefe von 1854 an Alexander von Humboldt aussprach: »*Die Natur hat mehr Mittel als der arme Mensch ahnen kann.*«

DIE LITERATUR ZUR GESCHICHTE DER STERNKUNDE

R. H. ALLEN, Star Names and their meanings. London 1899.
A. ANTHIAUME et JULES SOTTAS, L'astrolabe-quadrant du musée des antiquités de Rouen. Rouen 1910.
E. F. APELT, Die Reformation der Sternkunde. Jena 1852.
J. S. BAILLY, Histoire de l'Astronomie ancienne. Paris 1775.
—, Histoire de l'Astronomie moderne. I—III. Paris 1779—82.
—, Traité de l'Astronomie Indienne et Orientale. Paris 1787.
E. v. BASSERMANN-JORDAN, Uhren. Ein Handbuch für Sammler und Liebhaber. 3. Aufl. Berlin 1922.
—, Die Geschichte der Räderuhr. 2. Aufl. Frankfurt 1921.
—, Die Geschichte der Zeitmessung und der Uhren (Bd. I, Lief. B: L. BORCHARDT, Altägyptische Zeitmessung, 1920; Lief. E: J.DRECKER, Theorie der Sonnenuhren, 1925; Lief. F: K. SCHOY, Gnomonik der Araber, 1923).
JOAQUIM BENSAUDE, Histoire de la science nautique portugaise à l'époque des grandes découvertes.
—, L'astronomie nautique au Portugal à l'époque des grandes découvertes. Bern 1912.
J. BENTLEY, Historical View of the Hindu Astronomy. Calcutta 1823.
H. BERGER, Geschichte der wissenschaftlichen Erdkunde der Griechen. Leipzig 1887 93.
—, Mythische Kosmographie der Griechen. Leipzig 1904.
ARTHUR BERRY, A short history of astronomy. London 1898.
HERMANN BEYER, El llamodo »Calendario Azteca«. Mexico 1921.
C. BEZOLD, Astronomie, Himmelsschau und Astrallehre bei den Babyloniern. 1911.
—, Zenit- und Aequatorialgestirne am babylonischen Fixsternhimmel. Heidelberg 1913.
G. v. BEZOLD, Wissenschaftliche Instrumente im germanischen Museum. (Mitteilungen des German. Museums 1897—99.)
M. G. BIGOURDAN, Histoire de l'astronomie a Toulouse de l'origine à la fondation de l'observatoire actuel. Paris 1883.
—, L'astronomie, évolution des idées et de méthodes. 1911.
—, Histoire de l'astronomie d'observation et des observatoires en France P. I. Paris 1918.
G. BILFINGER, Der bürgerliche Tag. Stuttgart 1888.
—, Die antiken Stundenangaben. Stuttgart 1888.
—, Die Sterntafeln von Biban-el-Moluk. Stuttgart 1891.
—, Untersuchungen über die Zeitrechnung der Germanen. Stuttgart 1899—1901.
J. B. BIOT, Études sur l'Astronomie Indienne et sur l'Astronomie Chinoise. Paris 1862.
AUGUST BOECKH, Ueber die vierjährigen Sonnenkreise der Alten. Berlin 1863.
F. BOLL, Beiträge zur Ueberlieferungsgeschichte der griechischen Astrologie und Astronomie. (Sitz.-Ber. Akad. d. Wiss. München Philos. Philol. Kl. 1899, Heft I.)
—, Sphaera. Leipzig 1903.
—, Griechische Kalender, I—V (Sitz.-Ber. Heidelberger Akad. d. Wiss. Phil. hist. Kl.) 1910—20.
—, Die Lebensalter. Leipzig und Berlin 1913.
—, Antike Beobachtungen farbiger Sterne (Abh. Akad. d. Wiss. München. Philos. Philol. Kl. XXX. Bd. 1. Abh.) München 1916.

F. BOLL, Die Sonne im Glauben und in der Weltanschauung der alten Völker. Stuttgart 1922.
—, mit Unterstützung von CARL BEZOLD, Sternglaube und Sterndeutung. Die Geschichte und das Wesen der Astrologie. 3. Aufl. Leipzig 1926.
J. BONNEL, Étude sur l'histoire de l'astronomie occidentale au moyen-age. Lyon 1879.
L. BORCHARDT, Längen und Richtungen der vier Grundkanten der großen Pyramide bei Gise. Berlin 1926.
A. BOUCHÉ-LECLERCQ, L'Astrologie Grecque. Paris 1899.
Dr. C. BRUHNS, Die astronomische Strahlenbrechung in ihrer historischen Entwickelung. Leipzig 1861.
W. BRYANT, A history of astronomy. 1907.
J. BURGESS, Notes on Hindu Astronomy and the History of our Knowledge of it. Journal R. Asiatic Society 1893.
H. CLEMENS, Die älteren Ephemeridenausgaben der Berliner Akademie und die Begründung des Astronomischen Jahrbuches (Veröffentl. des Kgl. Astronom. Rechen-Institutes zu Berlin Nr. 20. Berlin 1902).
A. M. CLERKE, Popular history of astronomy during the nineteenth century. 1885.
A. COESTER und Dr. E. GERLAND, Beschreibung der Sammlung astronomischer, geodätischer und physikalischer Apparate im Kgl. Museum zu Kassel. Kassel 1878.
FRANZ CUMONT, Astrology and religion among the Greeks and Romans. New York 1912.
DELAMBRE, Histoire de l'Astronomie ancienne. I—II. Paris 1817.
—, Histoire de l'Astronomie du moyen age. Paris 1819.
—, Histoire de l'Astronomie au XVIII. siècle. Paris 1827.
HERMANN DIELS, Antike Technik. 2. Aufl. Leipzig und Berlin 1920.
P. DITISHEIM. L'observatoire royal de Greenwich. Bull. Soc. Astron. France 39, S. 545—68. 1925.
E. DOUBLET, Histoire de l'Astronomie. Paris 1922.
AD. DRECHSLER, Katalog der Sammlung des K. mathematisch-physikalischen Salons. Dresden 1874.
DRECKER, Zeitmessung und Sterndeutung in geschichtlicher Darstellung. Berlin 1925.
J. L. E. DREYER, History of the Astronomical Society of London. London 1923.
—, History of the planetary systems from Thales to Kepler. Cambridge 1906.
PIERRE DUHEM, Le système du monde. I—V. Paris 1913—17.
MAX ENGELMANN, Sammlung Mensing. Altwissenschaftliche Instrumente. Katalog und Abbildungen. Amsterdam 1924.
P. AUGUST ERDLAND, Die Sternkunde bei den Seefahrern der Marshallinseln (Anthropos 5). Wien 1910.
F. G. FARAUT, Astronomie Cambodgienne. Saigon 1910.
H. FAYE, Sur l'origine du monde. Paris 1907.
P. SIGMUND FELLÖCKER, Geschichte der Sternwarte der Benediktinerabtei Kremsmünster. Linz 1864.
G. FERRAND, Introduction à l'astronomie naut'que arabe. Paris 1928.
FR. FLURY, Beitrag zur Geschichte der Astronomie in Bern. Bern 1929.
E. FÖRSTEMANN, Die Mayahandschrift der Kgl. Bibliothek zu Dresden. Leipzig 1880.
M. FÖRSTER, Beiträge zur mittelalterlichen Volkskunde. (Archiv für das Studium der neueren Sprachen und Literaturen Band 120—129). 1908—11.
JOSEPH FRANK, Zur Geschichte des Astrolabs. (Sitz.-Ber. Physik. Mediz. Soz. Erlangen. 50 1) 1918—19.
A. GASSER, Essai historique sur l'astronomie en Bourgogne. Mém. de l'Acad. des Sciences, Arts et Belles-Lettres de Dijon 1924, S. 89—167.
E. GASSER, Sternkunde der südarabischen Kabylen. Wien 1883.
ALFRED GATTY, The book of sun-dials. 2. Aufl. London 1900.
F. K. GINZEL, Astronomische Untersuchungen über Finsternisse. I—III (Sitz.-Ber. Akad. d. Wiss.). Wien 1882—84.
—., Handbuch der mathematischen und technischen Chronologie. I—III. Leipzig 1906—14.

F. K. GINZEL, Beiträge zur Kenntnis der historischen Sonnenfinsternisse und zur Frage ihrer Verwendbarkeit. (Abhandl. Akad. d. Wiss. Berlin. Phys. math. Kl.). 1918.
ROBERT GRANT, History of physical astronomy, from the earliest ages to the middle of the nineteenth century. London 1852.
HERMANN GRAUERT, Meister Johann von Toledo (Sitz.-Ber. K. B. Akad. d. Wiss., Philos. philol. und hist. Kl. 1901, II). München 1901.
ARTHUR ROBERT GREEN, Sundials, incised dials or mass-clocks. New York 1926.
J. G. GRIFFIN, Australian aboriginal astronomy. Journal Canad. R. Astron. Soc. 17, S. 156—63. 1923.
HUBERT GRIMME, Das israelitische Pfingstfest und der Plejadenkult. Paderborn 1907.
I. I. M. DE GROOT, Universismus. Berlin 1918.
Dr. SIEGMUND GÜNTHER, Mathematik, Naturwissenschaft und wissenschaftliche Erdkunde im Altertum. Nördlingen 1888.
—, Die indirekten Ortsbestimmungsmethoden in der Entwicklung der mathematischen Geographie (Sitz.-Ber. B. Akad. d. Wiss., Math. phys. Kl.). München 1919.
—, Optische Beweise für die Erdkrümmung sonst und jetzt. (Sitz.-Ber. B. Akad. d. Wiss. Math. physik. Kl.). München 1922.
W. GUNDEL, Sterne und Sternbilder im Glauben des Altertums und der Neuzeit. Bonn und Leipzig 1922.
R. T. GUNTHER, Early science in Oxford. I—V. Oxford. 1923—29.
Dr. PAUL HAMBRUCH, Die Schiffahrt auf den Karolinen- und Marshallinseln (Meereskunde Heft 66). Berlin 1912.
J. HARTMANN, Die astronomischen Instrumente des Kardinals Nikolaus Cusanus. (Abh. K. Ges. d. Wiss. zu Göttingen. Math. physik. Kl. N. F. Bd. X, Nr. 6). 1919. Berlin.
A. HAUBFR, Planetenkinderbilder und Sternenbilder. Straßburg 1916.
AL. HAUPOLTER, Die Sonnenuhren des Salzburger städtischen Museums. Salzburg 1908.
I. L. HEIBERG, Geschichte der Mathematik und Naturwissenschaften im Altertum. München 1925.
AUG. HELLER, Die St. Gerardsberger Sternwarte zu Ofen. Literar. Berichte aus Ungarn II. Budapest 1875.
Dr. NORBERT HERZ, Geschichte der Bahnbestimmung von Planeten und Kometen. I—II. Leipzig 1887—94.
FERDINAND HOEFER, Histoire de l'astronomie. Paris 1873.
FRITZ HOMMEL, Die Astronomie der alten Chaldäer. I—II mit Nachwort (Aufsätze und Abhandlungen S. 236—268, 434—474).
—, Beiträge zur Morgenländischen Altertumskunde. Heft I—III, 1920—22.
EDMUND HOPPE, Mathematik und Astronomie im klassischen Altertum. Heidelberg 1911.
L. IDELER, Handbuch der mathematischen und technischen Chronologie. I—II. 2. Aufl. Breslau 1883.
—, Untersuchungen über den Ursprung und die Bedeutung der Sternnamen. Berlin 1809.
P. JENSEN, Kosmologie der Babylonier. Straßburg 1890.
G. R. KAYE, The astronomical observatories of Jai Singh. Calcutta 1918.
—, Hindu astronomy (Memoirs of the Archaeological Survey of India Nr. 18). Calcutta 1924.
W. KIRFEL, Die Kosmographie der Inder nach den Quellen dargestellt. Bonn 1920.
KLÜBER, Die Sternwarte zu Mannheim. Mannheim 1811.
Dr. ALFRED KÖTZ, Ueber die astronomischen Kenntnisse der Naturvölker Australiens und der Südsee. (Diss. Univ. Leipzig). Leipzig 1911.
P. DAMIAN KREICHGAUER, Die Astronomie in der großen Wiener Handschrift aus Mexiko (Sitz.-Ber. K. Akad. d. Wiss. Wien, Philos. Hist. Klasse, 182, Nr. 5). Wien 1917.
BRUNO KRUSCH, Der 84jährige Ostercyclus und seine Quellen. Leipzig 1880.
W. KUBITSCHEK, Grundriß der antiken Zeitrechnung. München 1928.
F. X. KUGLER, Die babylonische Mondrechnung. Freiburg 1900.
—, Sternkunde und Sterndienst in Babel. I—II. Münster 1907—24.

J. J. LALANDE, Bibliographie Astronomique avec l'Histoire de l'Astronomie depuis 1781 jusqu'à 1802. (1803.)

A. LAUSSEDAT, Recherches sur les instruments, les Méthodes et le dessin topographique. Paris 1899—1903.

H. DE LA VILLE DE MIRMONT, L'astrologie chez les Gallo-Romains. Bordeaux 1904.

ERNEST LEBON, Histoire abrégée de l'Astronomie. Paris 1899.

R. LEHMANN-NITSCHE, Mitologia sudamericana (Revista del Museo de La Plata) I—XI. 1919—25.

J. N. LOCKYER, Stonehenge and other British Monuments astronomically considered. 2. edit. 1909.

H. LUDENDORFF, Über die Entstehung der Tzolkin-Periode im Kalender der Maya. Sitz.-Ber. d. Preuß. Akad. d. Wiss. Berlin 1930.

K. LUNDMARK, Några blad ur den svenska astronomiens historia. Populär Astron. Tidskrift IX. Stockholm 1928.

ALFRED MAAS, Sternkunde und Sterndeuterei im malaiischen Archipel. Tijdskr. voor Ind. Taal-, Land- en Volkenkunde LXIV, S. 1—172, 347—460. Weltevreden 1924—25.

J. H. v. MÄDLER, Geschichte der Himmelskunde. I—II. Braunschweig 1873.

TH. H. MARTIN, Mémoire sur l'histoire des hypothéses astronomiques chez les Grecs et les Romains. 1879.

E. W. MAUNDER, The Royal Observatory, Greenwich. London 1900.

KONRAD MILLER, Die Erdmessung im Altertum und ihr Schicksal. Stuttgart 1919.

PAUL V. NEUGEBAUER, Tafeln zur chronologischen Chronologie. I—III. Leipzig 1912—25.

—, Astronomische Chronologie. Berlin 1929.

—, Neudruck der im Selbstverlag von C. Schoch erschienenen Schriften. Die verbesserten Syzygientafeln. Astron. Abhandl. d. Astron. Nachrichten. Kiel 1930.

DITLEF NIELSEN, Die altarabische Mondreligion und die mosaische Ueberlieferung. Straßburg 1904.

MARTIN P. NILSSON, Primitive time-reckoning. Lund 1920.

FRIEDRICH NOLTE, Die Armillarsphäre. Erlangen 1922 (Abhandl. z. Geschichte d. Naturw. und Med. II).

N. V. E. NORDENMARK, Hur Stockholm fick ett observatorium? Populär Astron. Tidskrift VII. Stockholm 1926.

W. T. OLCOTT, Star Lore of all Ages. New York 1911.

—, Sun Lore of all Ages. New York 1914.

E. C. PALACIOS, The Stone of the Sun and the First Chapter of the History of Mexico. Bulletin VI. Univ. of Chicago, Department of Anthropology. Chicago 1921.

ERWIN PFEIFFER, Studien zum antiken Sternglauben. Leipzig 1916.

E. M. PLUNKET, Ancient calendars and constellations. London 1903.

A. REHM, Eine Zwillingssonnenuhr aus Pergamon. (Athen. Mitteil. 1911.)

—, Griechische Windrosen. Sitz.-Ber. K. B. Akad. d. Wiss. München. Philos. Philol. Kl. 1916. 3. Abh.

JOH. A. REPSOLD, Zur Geschichte der astronomischen Meßwerkzeuge. I—II. Leipzig 1908—14. Mit Nachträgen in den Astron. Nachrichten 4931, 4935, 5534.

FRITZ RÖCK, Kalender, Sternglaube und Weltbilder der Tolteken als Zeugen verschollener Kulturbeziehungen zur Alten Welt. Mitt. Anthropolog. Ges., Bd. LII. Wien 1922.

ALFRED ROHDE, Die Geschichte der wissenschaftlichen Instrumente vom Beginn der Renaissance bis zum Ausgang des 18. Jahrhunderts. Leipzig 1923.

WILH. H. ROSCHER, Ueber Selene und Verwandtes. Leipzig 1890.

—, Die hippokratische Schrift von der Siebenzahl und ihr Verhältnis zum Altpythagoreismus. Leipzig 1919.

MAX SARTORIUS, Die Entwicklung der Astronomie bei den Griechen bis Anaxagoras und Empedokles, in besonderem Anschluß an Theophrast. Halle 1883.

LEOPOLD DE SAUSSURE, Les origines de l'astronomie chinoise. T'oung Pao **10**, 121, 255; **11**, 221, 457, 583; **12**, **14**, 387; **15**, 645: **20**, 86; **21**, 251.

—, Le système astronomique des chinois. Archives des sciences physiqueset naturelles. Per. 5; Vol. **1**, 186.

LEOPOLD DE SAUSSURE, Origine babylonienne de l'astronomie chinoise. Archives des sciences physiques et naturelles.Per. 5; Vol. **5**, 5.
—, Le zodiaque lunaire asiatique. Archives des sciences physiques et naturelles. Per. 5; Vol. **1**, 105.
FRITZ SAXL, Verzeichnis astrologischer und mythologischer illustrierter Handschriften des lateinischen Mittelalters. I. Die Handschriften in römischen Bibliotheken. II. Die Handschriften der Nationalbibliothek in Wien. Sitz.-Ber. Heidelberger Akad. d. Wiss. Philos. hist. Kl. Jahrgang 1915 und 1925/26. Heidelberg 1915 + 1927.
J. K. SCHAUBACH, Geschichte der griechischen Astronomie bis auf Eratosthenes. Göttingen 1802.
G. SCHIAPARELLI, Origine del sistema planetaria eliocentrico presso i Greci. 1898.
—, Die Astronomie im Alten Testament. Gießen 1904.
—, Scritti sulla Storia dell'Astronomia antica. Bologna 1926.
A. SCHLACHTER, Der Globus, seine Entstehung und Verwendung in der Antike. Leipzig 1927.
G. SCHLEGEL, Uranographie chinoise. La Haye. 1875. Mit Atlas.
M. C. P. SCHMIDT, Die Entstehung der antiken Wasseruhr. Leipzig 1912.
PAUL SCHNABEL, Berossos und die babylonisch-hellenistische Literatur. Leipzig 1923.
C. SCHOY, Ueber den Gnomonschatten und die Schattentafeln der arabischen Astronomie. Hannover 1923.
—, Sonnenuhren der spätarabischen Astronomie. (Isis Bd. VI, 1924).
ROBERT SCHRAM, Kalendariographische und Chronologische Tafeln. Leipzig 1908.
J. FR. SCHROETER, Spezieller Kanon der zentralen Sonnen- und Mondfinsternisse, welche innerhalb des Zeitraums von 600 bis 1800 n. Chr. in Europa sichtbar waren. Kristiania 1923.
FR. R. SCHRÖDER, Algermanische Kulturprobleme. Berlin 1929.
A. SCHÜCK, Der Kompaß. Hamburg 1911—18.
Dr. WOLFGANG SCHULTZ, Zeitrechnung und Weltordnung. (Mannus-Bibliothek Nr. 35.) Leipzig 1924.
W. SCHUR, Beiträge zur Geschichte der Astronomie in Hannover (Beiträge z. Gelehrtengesch. Göttingens. Berlin 1901).
L. P. E. A. SÉDILLOT, Mémoires sur les instruments astronomiques des Arabes. 1841.
—, Matériaux pour servir à l'histoire comparée des sciences mathématiques chez les Grecs et les Orientaux. 1845—49.
HUGO J. SEEMANN, Die Instrumente der Sternwarte zu Marāgha nach den Mitteilungen von Al'Urdī. Erlangen 1928.
—, Das Kugelastrolab (Abhandlungen z. Gesch. d. Naturwissenschaften u. d. Medizin. Heft VIII.) Erlangen 1925.
Dr. E. SELER, Verschiedene Abhandlungen über die altmexikanische Sternkunde in seinen „Gesammelte Abhandlungen zur amerikanischen Sprach- und Altertumskund". Bd. I. Berlin 1902.
Dr. H. SERVUS, Die Geschichte des Fernrohrs bis auf die neueste Zeit. Berlin 1886.
KURT SETHE, Die Zeitrechnung der alten Aegypter im Verhältnis zu der der andern Völker. (Göttinger Ges. d. Wiss. Phil. hist. Kl. Nachrichten 1919—20).
A. SEVERINI, Notizie di Astrologia Giapponese. Genève 1874.
H. SHAPLEY and H. E. HOWARTH, A Source Book in Astronomy. New York 1929.
SH. SHINJO, On the development of the Astronomical Science in the Ancient Orient.
P. E. SOUCIET, Observations mathématiques, astronomiques, géographiques, chronologiques et physiques tirées des anciens livres chinois. I—III. Paris 1719—32.
HERBERT J. SPINDEN, The Reduction of Maya Dates. Papers Peabody Museum, Vol. VI Cambridge 1924.
EDWARD LUTHER STEVENSON, Terrestrial and celestial globes, their history and construction. I—II. New Haven 1921.
HEINRICH SUTER, Die Mathematiker und Astronomen der Araber und ihre Werke. (Abhandlg. z Geschichte d. mathematischen Wissenschaften, Heft 10. Leipzig 1900. Anhang in Heft 14, Leipzig 1902).
P. TANNERY, Recherches sur l'histoire de l'astronomie ancienne. 1893.

G. TANNSTETTER, Indices praeterea monumentorum, quae clarissimi viri Studii Viennensis alumni in Astronomia et aliis Mathematicis disciplinis scripta reliquerunt. (Tabulae Eclypsium Magistri Georgij Peurbachij, Wien 1514.)

G. THIBAUT, Astronomie, Astrologie und Mathematik (Grundriß der indo-arischen Philologie und Altertumskunde. III. Bd. 9. Heft).

GEORG THIELE, Antike Himmelsbilder. Mit Forschungen zu Hipparchos, Aratos und seinen Fortsetzern und Beiträgen zur Kunstgeschichte des Sternhimmels. Berlin 1898.

J. THIRION, S. J. l'évolution de L'Astronomie. Paris 1901.

IS. TODHUNTER, History of the Mathematical Theories of Attraction, and the Figure of the Earth, from Newton to Laplace. 1873.

C. DE WAARD, De uitvinding der verrekijkers. Rotterdam 1907.

THEODOR WAHLIN, Horologium mirabile lundense. Lund 1923.

THEODORE OTTO WEDEL, The mediaeval attitude toward astrology, particulary in England (Yale studies in English. LX). New Haven 1920.

J. FR. WEIDLER, Historia Astronomiae. Wittenbergae 1741.

—, Bibliographia Astronomica. Wittenbergae 1755.

ERNST F. WEIDNER, Alter und Bedeutung der babylonischen Astronomie und Astrallehre. Leipzig 1914.

—, Handbuch der Babylonischen Astronomie. 1915.

R. WEILL, Bases, méthodes et résultats de la chronologie égyptienne. Paris 1926 Compléments 1928.

HANS WEINHOLD, Die Astronomie in der antiken Schule. (Diss. Univ. München.) München 1912.

M. B. WEINSTEIN, Der Untergang der Welt und der Erde in Sage und Wissenschaft. Leipzig 1914.

W. WHEWELL, Geschichte der induktiven Wissenschaften, der Astronomie, Physik, Mechanik, Chemie, Geologie. I—III. Stuttgart 1840—41. (Deutsch von J. J. v. LITTROW.)

EILHARD WIEDEMANN, Beiträge zur Geschichte der Naturwissenschaften. I—LXXIII. (Sitz.-Ber. Physikal. Medizin. Sozietät.) Erlangen 1901—27.

—, Uhr des Archimedes und zwei andere Vorrichtungen (Nova Acta Bd. CIII. Nr. 2. Halle 1918).

—, und FRITZ HAUSER, Ueber die Uhren im Bereich der islamischen Kultur. (Nova Acta Bd. C Nr. 5. Halle 1915.)

JOSEPH WISCHNEWSKI, Afrikaner und Himmelserscheinungen. (Diss. Univ. Königsberg.) Leipzig 1915.

C. WOLF, Histoire de l'observatoire de Paris. Paris 1902.

RUDOLF WOLF, Geschichte der Astronomie. München 1877.

—, Handbuch der Astronomie, ihrer Geschichte und Literatur. I—II. Zürich 1890—93.

—, Sonnenfleckenliteratur Nr. 1—684. (R. WOLF, Astronomische Mitteilungen I—LXXXIII.)

—, Sammlungsverzeichnis Nr. 1—366. (R. WOLF, Astronomische Mitteilungen I—LXXXIII.)

K. ZIEGLER und S. OPPENHEIM, Weltentstehung in Sage und Wissenschaft. Leipzig 1925.

ERNST ZINNER, Wege und Ziele der Geschichte der Sternkunde. (Die Sterne 1925.)

—, Verzeichnis der astronomischen Handschriften des deutschen Kulturgebietes. München 1925.

LEBENSBESCHREIBUNGEN VON GELEHRTEN

Die folgende Übersicht enthält zuerst den Namen des Gelehrten, dann des Verfassers der Lebensbeschreibung, sowie die Literaturstelle oder den Erscheinungsort der Lebensbeschreibung.

Kürzere Hinweise auf die Lebensumstände von Gelehrten enthält das Werk von J. C. Poggendorf, Biographisch-Literarisches Handwörterbuch zur Geschichte der exakten Wissenschaften, Bd. 1—5. Leipzig 1863—1926.

Adams, John Couch — Sir Robert S. Ball, Great Astronomers, London 1895, S. 354—72.

Airy, George Bidell — Sir Robert S. Ball, Great Astronomers, London 1895, S. 289—302.

Al-Battānī-Albatenius — Nallino, in: Pubblicazioni del R. Osservatorio di Brera, Vol. XL, S. VII—LXIV. Milano 1903.

Apian, Peter und Philipp — S. Günther, in: Abhandl. Kgl. Böhm. Ges. d. Wiss., VI. Folge, 11. Band. Prag 1882.

Aristarchos von Samos — Sir Thomas Heath. Oxford 1913.

Bailly, Jean S. — Arago, Notices biographiques, Paris, Vol. 2, S. 247—426.

Bamberg, Carl — Franz M. Feldhaus. Berlin 1929.

Berossos — Paul Schnabel. Leipzig 1923.

Bessel, Fr. W. — J. A. Repsold, in: Astron. Nachrichten, Bd. 210, S. 161—214.

Bonatti, Guido-Bonatus — B. Boncompagni, Delle vita e delle opere di Guido Bonatti. Roma 1851.

Bond, William Cranch }
Bond, George Philipps } — Edward S. Holden, Memorial of W. C. Bond and of his son G. Ph. Bond. San Francisco 1897.

Borda, J. Ch. — J. Mascart, in: Ann. de l'Univ. de Lyon, Sér. B, Fasc. 33.

Bradley, James — St. Peter Rigaud in: Bradley, Miscellaneous Works and Correspondence. Oxford 1852.

Brahe, Tycho — P. Gassendi, Tychonis Brahaei, N. Copernici, G. Purbachii et J. Regiomontani vitae. Paris 1654.
Dreyer, E., Karlsruhe 1894.

Brander, Georg Fr. — Conrad Friedrich, München.

Brinkley, John — Sir Robert S. Ball, Great Astronomers. London 1895, S. 233 bis 246.

Burgi, Jost — Alhard v. Drach, in: Jahrbuch d. Kunsthistor. Sammlungen, Wien 1894, Bd. XV, S. 15—44.

Cardano, Girolamo — Hermann Hefele, Des G. Cardano von Mailand eigene Lebensbeschreibung. Jena.

Cassini, Giov. Dom. — M. J. Devic. Clermont 1851.

Coppernicus, Nicolaus — Leopold Prowe. Berlin 1883—84.

Cysat, Joh. Baptist — R. Wolf, Biographien 1, S. 105—18.

Dee, John — Ch. Fell Smith. 1909.

Dörffel, Georg Sam. — C. Reinhardt. Plauen 1882.

Dollond, John — John Kelly, 3. edit. 1808.

Encke, Joh. Franz — C. Bruhns. Leipzig 1869.

Etzlaub, Erhard — Dr. Aug. Wolkenhauer, in: Deutsche Geographische Blätter 1907, Bd. 30, S. 55—77.

Euler, Leonhard — Cantor, in: Allgemeine Deutsche Biographie 6, S. 422.

Eudoxos von Knidos — Friedrich Hultsch, in Weltall 4, S. 208; 1914.

FERGUSON, JAMES — E. HENDERSON. London 1867.
FLAMSTEED, JOHN — FRANCIS BAILY, An Account of Flamsteed, 1835—37.
FOERSTER, WILHELM, Lebenserinnerungen und Lebenshoffnungen (1832—1910). Berlin 1911.
FRAUNHOFER, JOS. — M. v. ROHR. Leipzig 1929.
GALILEI, GALILEO — JOHN JOSEPH FAHIE, 1903.
ADOLF MÜLLER, S. J. Galileo Galilei und das kopernikanische Weltsystem, Freiburg 1909; Der Galilei-Prozeß (1632 bis 1633) nach Ursprung, Verlauf und Folgen, Freiburg 1909.
EMIL WOHLWILL, Galilei und sein Kampf für die Copernikanische Lehre. Hamburg 1909—26.
Siehe auch SIMON MARIUS.
GAUSS, C. FR. — CANTOR, in: Allgemeine Deutsche Biographie 8 S. 430 und 796.
GERSON, LEVI BEN — JOSEPH CARLEBACH. Berlin 1910.
GHERARDO DA SABBIONETTA — BALD. BONCOMPAGNI, in: Atti dell'Accademia Pontificia de'Nuovi Lincei, Anno IV. Roma 1851.
GILL, DAVID — G. FORBES. London 1916.
GRUITHUISEN, FRANZ V. PAULA — S. GÜNTHER, Kosmo- und geophysikalische Anschauungen eines vergessenen bayerischen Gelehrten. Festred Akad. d. Wiss. München 1914.
HADLEY, JOHN — Biographical Account of Hadley, um 1830.
HAHN, PH. MATTH. — MAX ENGELMANN. Berlin 1923.
HALLEY, EDMUND — Sir ROBERT S. BALL, Great Astronomers. London 1895, S. 162 bis 186.
HANSEN, PETER ANDREAS — E. ANDING, in: Mitt. d. Vereinigung f. Gothaische Gesch.- u. Altertumsforschung, 1924.
HEINRICH, PLACIDUS — LUDWIG HARTMANN, in: Studien und Mitt. z. Gesch. d. Benediktinerordens 1929, Bd. 16 S. 157—82, 316—51.
HELL, MAXIMILIAN — P. F. PINZGER, S. J.; Budapest 1920—27 (ungarisch).
HENCKE, KARL LUDWIG — W. FÖRSTER, Wissenschaftliche Erkenntnis und sittliche Freiheit. Berlin 1896, S. 38—51.
HERMANNUS DALMATA — A. A. BJÖRNBO, in: Bibl. Mathem., 3. Folge, 4. Bd., S. 130—33. 1903.
HERSCHEL, CAROL. LUC., Memoir and Correspondence, 1876.
HERSCHEL, JOHN — Sir ROBERT S. Ball, Great Astronomers. London 1895, S. 247 bis 271.
HERSCHEL, W. — E. S. Holden. 1881.
HEVELIUS-HEWELKE — JOH. HEVELKE, Gert Havelke und seine Nachfahren. Geschichte der Familie Hevelcke und des Astronomen Johann Hevelius. Danzig 1927.
HIPPARCHOS — A. REHM, in: Realenzyklopädie d. klass. Altertums von Pauly-Wissowa 8. Sp. 1666—81; 1913.
HORROCKS, JER. — AR. BL. WHATTON. 1859.
HOUZEAU, J. C. — A. LANCASTER. Bruxelles 1889.
HUMBOLDT, ALEX. V. — K. BRUHNS. Leipzig 1872.
INGHIRAMI, GIOV. — G. GIOVANNOZZI, in: A. Mieli, Scienzati Italiani. Roma 1921, S. 188—96.
JUNGIUS, JOACHIM — E. WOHLWILL. Hamburg 1888.
KEPLER, JOH. — CH. FRISCH, J. Kepleri astronomi opera omnia, Vol. 8. Frankfurt 1870.
KOPPERNIK siehe COPPERNICUS.
LA CAILLE, N. L. DE — ARAGO, Notices biographiques 3, S. 375—81. Paris.
LAGRANGE, G. L. — G. LORIA, in: Annali di Mat. 3, Ser. 20, S. 9—52.
LALANDE, J. J. LE FRANÇOIS DE — MICHAUD, Biographie Universelle 22, S. 603 bis 614.
LAPLACE, P. S. — ARAGO, Notices biographiques 3, S. 456—515.
LE VERRIER, U. J. J. — Institut de France. Paris 1911.
LITTROW, J. J. V. — KARL V. LITTROW, Vermischte Schriften. Stuttgart 1846.
LOCKYER, J. N. — T. MARY LOCKYER and WINIFRED LOCKYER. 1928.
MAESTLIN, MICHAEL — STEIFF, in: Literar. Beilage des Staatsanzeigers f. Württemberg. Stuttgart 1892, S. 49—64.

MAGINI, GIOV. ANT. — A. FAVARO, in A. Mieli, Scienzati Italiani. Roma 1921, S. 101—11.
MARIUS, SIMON-MAIR — G. CHRIST. OERTELIUS. Erlangen 1775.
J. A. OUDEMANS et J. BOSSCHA, Galilei et Marius (Archives Néerlandaises S. II, T. VIII, S. 115—189).
J. BOSSCHA, Simon Marius. Réhabilitation d'un astronome calomnié (Archives Néerl. S. II, T. XII, S. 258—307, 490—528).
J. KLUG, Simon Marius aus Gunzenhausen und Galileo Galilei (Abhandl. Bayer. Akad. d. Wiss., II. Kl., XXII. Bd. München 1904).
MAYER, CHRIST. — A. WEISS, in: Mitt. d. Histor. Vereins d. Pfalz 26. S. 1; 1904.
MAYER, JOH. TOBIAS — S. GÜNTHER, in: Allgemeine Deutsche Biographie 21, S. 109.
MIDDELBURG, PAULUS VON — D. J. STRUIK, in: Medel. Nederl. Hist. Inst., 5. Deel, S. 79—118. Haag 1925.
MÖBIUS, AUG. FERD. — C. BRUHNS, Die Astronomen auf der Pleißenburg. Leipzig, S. 24—84.
MÜLLER (Regiomontanus), JOH. — S. GÜNTHER, in: Allgemeine Deutsche Biographien 22, S. 564.
NAPIER, JOHN — C. G. KNOTT, Napier Tercentenary Memorial Volume. London 1915.
NAṢĪR AL DĪN AL ṬŪSĪ — EILHARD WIEDEMANN, in: Sitz.-Ber. Physik. Med. Sozietät zu Erlangen 60, S. 289—316. 1928.
NESSTFELL, JOH. GEORG — W. HESS. Straßburg 1908.
NEWCOMB, SIMON, The Reminiscences of an Astronomer. 1903.
NEWTON, ISAAC — DAVID BREWSTER, Memoirs of the Life, Writings and Discoveries of Sir Isaac Newton. Edinburgh 1855.
W. JOHN GREENSTREET, Isaac Newton: a Memorial Volume. 1927.
OLBERS, WILHELM — C. SCHILLING. Berlin 1894—1909.
ORESME, NICOLAS — CH. JOURDAIN. Paris 1875.
ORIANI, B. — G. CELORIA, in: Riv. Astron. 6, S. 321—39. 1912.
PALITZSCH, JOH. GEORG — THEILE. Leipzig 1878.
PARMA, BLASIUS VON (Biagio Pelacani) — LYNN THORNDIKE, in: Archeion 9, S. 177 bis 190. 1928.
PIAZZI, G. — MAINERI. Milano 1871.
PRAETORIUS, JOH. — Vitae professorum philosophiae . . . Academia Altorfina. Nürnberg 1728.
PRITCHARD, CHARLES — ADA PRITCHARD. London 1897.
PTOLEMAIOS, CLAUDIOS — BOLL, Studien über Cl. Ptolemaeus. Leipzig 1894.
QUETELET, L. A. J. — ED. MAILLY. Bruxelles 1875.
REGIOMONTANUS siehe MÜLLER.
REICHENBACH, G. V. — W. V. DYCK. München 1912.
POSEIDONIUS — KARL REINHARD. München 1921.
REINHOLD, ER. — ERNST KOCH. Saalfeld 1908.
REPSOLD, JOH. GEORG — JOH. A. REPSOLD, Vermehrte Nachrichten über die Familie Repsold und insbesondere über Joh. Georg Repsold. Hamburg 1915.
RICHTER siehe PRAETORIUS.
RISTENPART, FR. — E. RISTENPART. Chemnitz 1915.
RÖMER, OLE — E. PHILIPSEN. Christiania 1860.
ROSENBACH, JOHANN R. VON HAYN — F. ROTH, in: Archiv Gesch. Med. 1919, S. 324—29.
SANTINI, GIOV. — Prof. GIUS. LORENZONI, In Occasione del primo centenario dalla nascita dell'astronomo Santini. Padova 1887.
SCHEINER, CHRISTOPH — A. V. BRAUNMÜHL. Bamberg 1891.
SCHIAPARELLI, GIOV. — E. MILLOSEVICH, in: A. MIELI, Scienzati Italiani, S. 46—67. Roma 1921.
SCHICKARDT, WIHELM — S. GÜNTHER, in: Allgemeine Deutsche Biographie 31, S. 174.

SCHIEGG, ULRICH — L. HARTMANN, in: Studien u. Mitt. z. Gesch. d. Benediktinerordens 44, S. 128—74. 1926.
SCHINDEL, JOH. = JOANNES DE PRAGA — JOSEF TEIGE, in: Ztschr. f. Math. u. Physik., Lit.-hist. Abt. 28, S. 41—44. 1883.
SCHÖNER, JOH. — E. REICKE, in: Abhandl. d. Naturhistor. Ges. 17, S. 41—59. Nürnberg 1907.
SCHRÖTER, JOH. HIER.— H. A. SCHUMACHER, Die Lilienthaler Sternwarte (Festschrift d. Naturwiss. Vereins zu Bremen). 1889.
SCHUMACHER, H. C. — J. A. Repsold, in: Astron. Nachrichten 208, S. 17—34. Kiel 1918.
SCHWABE, HEINRICH SAM. — THEODOR ARENDT. Dessau 1925.
SECCHI, ANGELO — GEORGIO ABETTI. Milano 1928.
SELEUKOS — S. RUGE, Der Chaldäer Seleukos. Dresden 1865.
SHARP, ABRAHAM — WILLIAM CUDWORTH. London 1889.
SOLDNER, JOH. GEORG V. — FRANZ JOH. MÜLLER. München 1914.
STEINHEIL, C. A. — J. A. REPSOLD, in: Astron. Nachrichten 203, S. 165—92. Kiel 1916.
STÖFFLER, JOH. — J. MOLL. Lindau 1877.
STRUVE. WILHELM — O. STRUVE. Karlsruhe 1895.
THURNEYSSER ZUM THURN, LEONHART — J. C. W. MOEHSEN, Beiträge z. Geschichte d. Wissenschaften i. d. Mark Brandenburg. Berlin 1783.
TOSCANELLI, PAOLO DAL POZZO — UZIELLI. Roma 1894.
TREU, ABDIAS — Vitae professorum ... Academia Altorfina ... Nürnberg 1728, S. 155—63.
VERBIEST, F. — H. BOSMANS. Loewen 1912.
WEIDLER, JOH. FRIEDRICH — W. WEIDLER, Leben und Schriften des Astronomen, Physikers und Rechtsgelehrten J. Fr. Weidler. Altona 1915.
WEIGEL, E. — E. SPIESS. Leipzig 1881.
WERNER, JOH. — KARL SCHOTTENLOHER, in: Festgabe an H. Grauert. Freiburg 1910, S. 147—55.
WILHELM IV. V. HESSEN — JOH. A. REPSOLD, in: Astron. Nachrichten 209. Kiel 1919.
WINTHROP, JOHN — F. E. BRASCH, in: Publ. Astron. Society Pacific 28, S. 153—70. 1916.
ZACH, FR. XAVER — R. WOLF, Astronomische Mitteil. 35.
ZARKALI — M. STEINSCHNEIDER, in: Bulletino di bibliografia, T. 14 u. 16. Roma 1884.
ZIEGLER, JAKOB — KARL SCHOTTENLOHER. Münster 1910.
ZÖLLNER, KARL FRIEDRICH — FELIX KOERBER. Berlin 1899

PERSONENVERZEICHNIS

SACHVERZEICHNIS

Druck von H. Laupp jr in Tübingen

GPSR Compliance

The European Union's (EU) General Product Safety Regulation (GPSR) is a set of rules that requires consumer products to be safe and our obligations to ensure this.

If you have any concerns about our products, you can contact us on ProductSafety@springernature.com

In case Publisher is established outside the EU, the EU authorized representative is:

Springer Nature Customer Service Center GmbH
Europaplatz 3
69115 Heidelberg, Germany

Batch number: 10683525

Printed by Printforce, the Netherlands